Klaus Hengesbach, Peter Hille, Fritz Koch, Jürgen Lehberger, Detlef Müser, Georg Pyzalla, Walter Quadflieg, Werner Schilke, Johannes Schmidt, Stefan Schnitzler, Wilfried Seinig

Prüftechnik
Qualitätsmanagement
PT

Lernfelder Metalltechnik

Zerspanungsmechanik
Fachwissen

Fertigungstechnik
FT

1. Auflage

Computergestützte
Arbeitstechniken
CA

Werkstofftechnik
WT

Maschinen- und
Gerätetechnik
MT

Bestellnummer 55070

Bildungsverlag EINS
a Wolters Kluwer business

Steuerungstechnik
ST

Hinweise für den Benutzer

Das Lernpaket „Lernfelder Metalltechnik Zerspanungsmechanik" besteht aus den zwei Büchern:

- „Lernfelder Metalltechnik Zerspanungsmechanik **Fachwissen**" (55070)
- „Lernfelder Metalltechnik Zerspanungsmechanik **Prozesswissen**" (55080)

Das vorliegende Buch **„Fachwissen"** enthält Sachinformationen, die notwendig sind, um Lernsituationen in den Lernfeldern 5 bis 13 zu bearbeiten.
Um diese fachlichen Informationen zusammenhängend darzustellen und die systematische Suche von Informationen zu erleichtern, ist in diesem Buche die bewährte Gliederung der bisherigen Buchreihe „Berufsfeld Metall" in den folgenden Kapiteln beibehalten worden:

Bildungsverlag EINS

Prüftechnik, Qualitätsmanagement,
Fertigungstechnik,
Computergestützte Arbeitstechniken,
Werkstofftechnik,
Maschinen- und Gerätetechnik,
Steuerungstechnik.

Jedes Kapitel wird mit einer Handlungsstruktur eingeleitet, die den Umgang mit dem dargebotenen Lernstoff näher darstellt. Den Kapiteln zugeordnet sind Arbeitsaufträge, mit denen das Handeln entsprechend der Handlungsstruktur geübt werden kann.

Bildungsverlag EINS

*Das zugehörige Buch **„Prozesswissen"** unter der Bestellnummer 55080 ist im ersten Teil nach Lernfeldern gegliedert. Hier wird der Umgang mit dem Lernstoff in den Lernfeldern 5 bis 13 erläutert.*
In jedem Lernfeld wird zunächst allgemein das Handeln des Fachmannes dargestellt und an Beispielen von kompletten Handlungssituationen erläutert. Es folgen zu jeder Handlungssituation Lernsituationen, an denen das selbstständige Analysieren, Planen, Ausführen und Bewerten – Letzteres nur eingeschränkt – geübt werden kann.

*Im zweiten Teil des Buches **„Prozesswissen"** befinden sich zur Ergänzung, Vertiefung und Übung des Lernstoffs nach Sachgebieten geordnet die Übungsaufgaben, auf die im Buch „Fachwissen" in den entsprechenden Kapiteln verwiesen wird.*

*Dem Buch **„Prozesswissen"** ist für den Schüler eine **DVD** mit ergänzenden Inhalten von Fachfirmen und Instituten beigelegt (u. a. mit Demo-Programmen für die CNC-Bearbeitung und Steuerungstechnik).*

***Unterrichtsbegleitmaterial** auf CD-ROM erhält der Lehrer unter der Bestellnummer 55081 mit:*
- *Lösungsbeispielen zu den Lernsituationen,*
- *Lösungen zu den Übungsaufgaben,*
- *didaktischen Hinweisen für den Unterricht,*
- *Vorlagen für Folien bzw. für den Einsatz mit einem Beamer.*

Inhaltsverzeichnis

Computergestützte Arbeitstechniken CA

Werkstofftechnik WT

Maschinen- und Gerätetechnik MT

Steuerungstechnik ST

Haben Sie Anregungen oder Kritikpunkte zu diesem Buch?
Dann senden Sie eine E-Mail an 55070@bv-1.de
Autoren und Verlag freuen sich auf Ihre Rückmeldung.

www.bildungsverlag1.de

Unter dem Dach des Bildungsverlages EINS sind die Verlage Gehlen, Kieser, Stam, Dähmlow, Dümmler, Wolf, Dürr + Kessler, Konkordia und Fortis zusammengeführt.

Bildungsverlag EINS
Sieglarer Straße 2, 53842 Troisdorf

ISBN 3-427-**55070**-2

Handlungsfeld: Bauteile prüfen

Problemstellung

Prüfauftrag

Prüfauftrag
Reduzierhülsen auf Rundlauf prüfen

Zeichnung

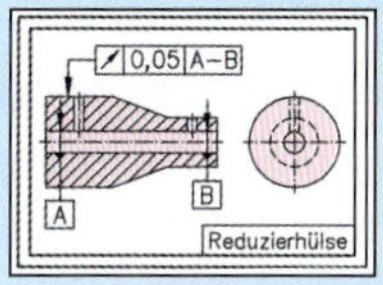

Werkstücke aus einer Vorserie

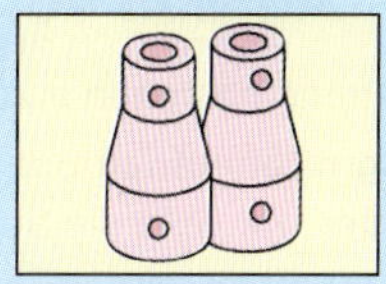

Analysieren

Auftrag und Zeichnungen auswerten nach
- zu prüfenden Eigenschaften (Form, Maße, Oberfläche ...)
- Toleranzen
- gefordertem Ergebnis (Maßangabe oder Bedingung erfüllt/Bedingung nicht erfüllt)

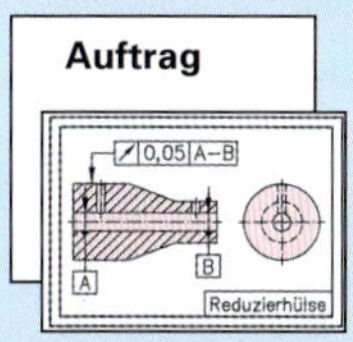

Ergebnisse
Entscheidung für
- Messen oder Lehren
- Subjektives oder objektives Prüfen
- Umfang der Prüfung

Planen

Überlegungen zu
- Prüfgerät (Art, Größe, Genauigkeit, Handhabung ...)
- Prüfaufbau (Positionierung von Werkstück und Messgerät ...)
- Durchführung der Prüfung (Abfolge der Prüfungen ...)
- Ergebnisdokumentation

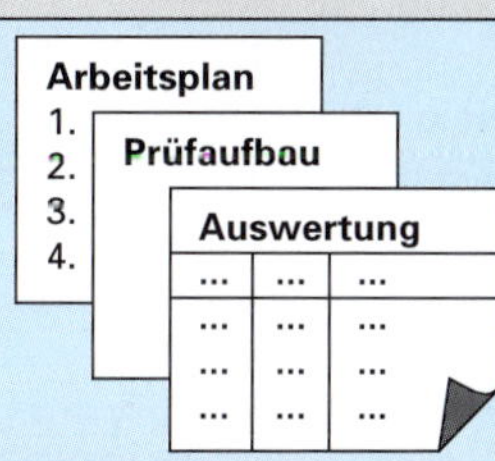

Ergebnisse
- Plan der Prüfeinrichtung
- Prüfplan (Prüfmethode)
- Dokumentations- und Auswerteformular

Prüfung durchführen

Prüfeinrichtung aufbauen → Prüfstück einrichten → Prüfgerät einrichten → Prüfen (Umgebungsbedingungen beachten) → Prüfergebnis und Umgebungsbedingungen aufzeichnen

Auswerten

- Soll-Ist-Vergleich durchführen
- Statistische Auswertung vornehmen

- Ergebnis beurteilen (z. B. gut, Nacharbeit, Ausschuss)
- Fehler analysieren
- Fehlerbehebung vorschlagen

1 Messsysteme

Messsysteme haben die Hauptfunktion, die **Messgröße,** z.B. eine Länge, mit einer Maßeinheit, z.B. der Längeneinheit 1 Millimeter, zu vergleichen und das Ergebnis des Vergleiches als **Messergebnis** auszugeben.

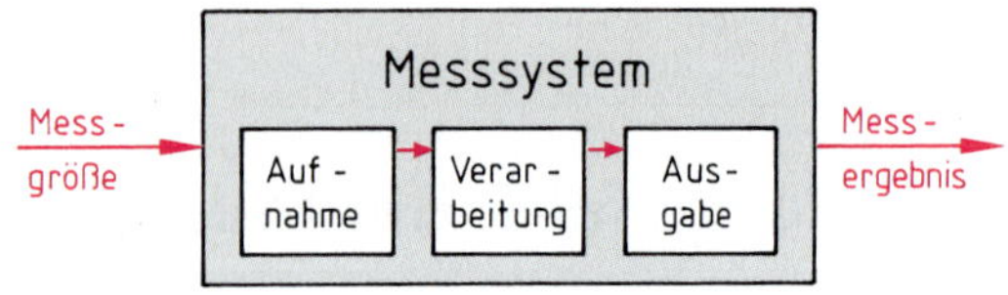

Hauptfunktion von Messsystemen

1.1 Aufbau von Messsystemen

Messsysteme bestehen aus Teilsystemen, die bestimmte Funktionen innerhalb des Gesamtsystems erfüllen:

- **Messgrößenaufnehmer** erfassen zunächst die zu messende Größe.
- **Wandler** wandeln die aufgenommene Größe so um, dass sie in Rechengliedern verarbeitet und danach weiter geleitet werden kann.
- **Rechenglieder** verarbeiten die Ausgangsgröße des Wandlers. Meist sind die Rechenglieder Verstärker. Verstärken bedeutet vervielfachen, d.h. multiplizieren.
- **Übertragungsglieder** leiten die Ausgangsgröße der Rechenglieder weiter.
- **Anzeige- oder Registriereinheiten** bringen die Messwerte zur Anzeige oder speichern sie.

Diese verschiedenen Teilsysteme sind nicht immer sichtbar voneinander getrennt. Die gedankliche Trennung in Teilsysteme erlaubt es jedoch, ein Messsystem präziser zu analysieren. Auch müssen die Teilsysteme nicht immer insgesamt vorhanden sein, so kann z.B. eine Fernübertragung oder Rechnung entfallen.

Beispiel **für die Teilfunktionen eines Messsystemes zur Längenmessung**

Bei der Messung mit einer Messuhr wird die Messgröße durch Längsverschiebung des Messbolzens aufgenommen.
Zahnstange und Zahnrad wandeln die Längsbewegung in eine Drehbewegung um.
Das Zahnradpaar vergrößert den Drehwinkel (Rechenglied).
Der Zeiger zeigt auf einer Skala den Messwert an.

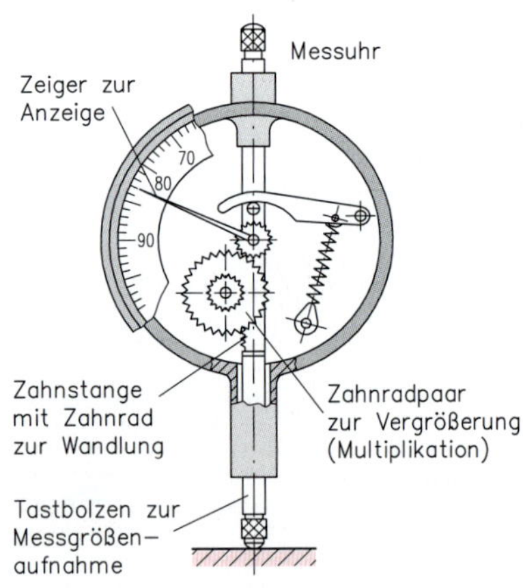

Messuhr

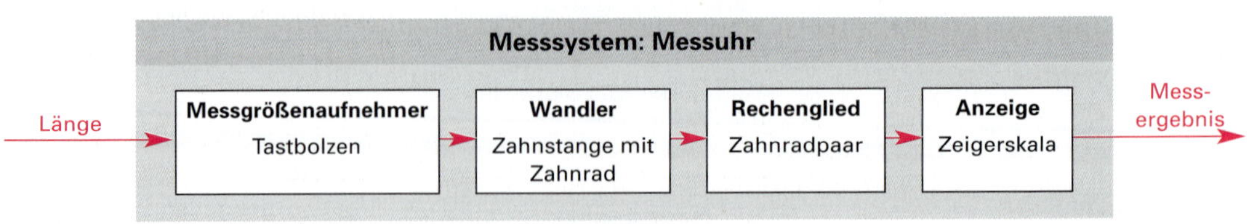

Messsysteme bestehen aus:
Messgrößenaufnehmer, Wandler, Rechenglied, Übertragungsglied, Anzeige und evtl. Registriersystem

Übungsaufgaben PT-1; PT-2; PT-3

1.2 Indirekte Längenmessung

Bei der indirekten Längenmessung wird die Länge aus einer anderen physikalischen Größe abgeleitet. Zur indirekten Längenmessung benötigt man stets Messsysteme, welche die Länge aufnehmen, umwandeln, verarbeiten und anzeigen.

Messgröße (Länge) → Aufnehmer → Wandler → Rechner → Übertragung → Anzeige → **Messwert**

1.2.1 Pneumatische Längenmessung

Pneumatische Längenmessung eignet sich besonders für die Feinstmessung in der Serienfertigung. Da der Messbereich pneumatischer Längenmessgeräte sehr klein ist, werden diese Messgeräte nur zur Unterschiedsmessung benutzt.

Messen mit pneumatischen Messgeräten hat Vorteile:

- Es wird nahezu berührungslos gemessen, damit werden Kratzspuren und Abnutzung von Messwertaufnehmern vermieden.
- Die ausströmende Luft hält die Messstelle von Verunreinigungen (z.B. Öl) frei.
- Es wird eine hohe Messgenauigkeit (± 0,2 bis 1 µm) erreicht.

Die Verfahren pneumatischer Längenmessung beruhen darauf, dass Änderungen an der Ausströmöffnung in einem Druckluftstrom Druck- und Geschwindigkeitsänderungen hervorrufen. Daraus ergeben sich als Messmethode für die Längenmessung am Werkstück zwei Verfahren, das **Durchflussmessverfahren** und das **Differenzdruckmessverfahren.**

- **Längenmessung nach dem Durchflussmessverfahren**

  Bei der Längenmessung nach dem Durchflussmessverfahren wächst mit größer werdendem Abstand der Messdüse vom Werkstück der Durchfluss an Druckluft. Der vermehrte Durchfluss bewirkt im Säulenmessgerät das Anheben eines Schwebekörpers. Dieser zeigt auf einer geeichten Skala den Abstand der Messdüse vom Werkstück an.

  Säulenmessgeräte werden bevorzugt für gleichzeitige Messungen an mehreren Messstellen eingesetzt.

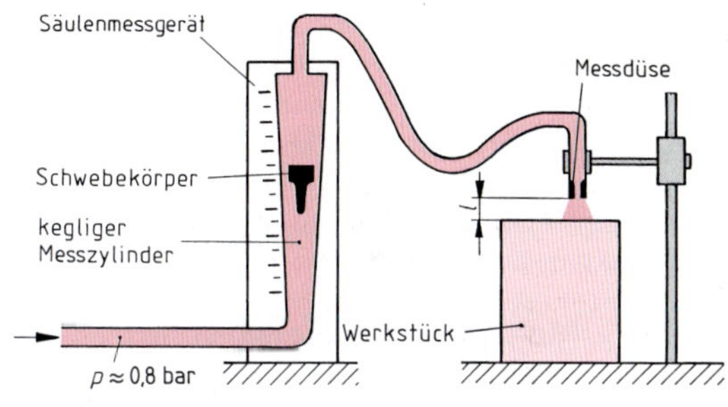

Durchflussmessverfahren

Das Durchflussmessverfahren wendet man bei Serienmessung und bei gleichzeitiger Messung an mehreren Messstellen an.

- **Längenmessung nach dem Differenzdruckmessverfahren**

  Bei der Längenmessung nach dem Differenzdruckverfahren wird zunächst der Abstand zwischen Messdüse und einem Normal, z. B. einem Endmaß, eingestellt.

  Die Düse zur Nullstellung wird so eingeregelt, dass sich der Druck auf beiden Seiten einer Membran so einstellt, dass die Anzeige Null zeigt.

  Veränderungen im Abstand zwischen Düse und Werkstück erzeugen Druckdifferenzen, die einen Ausschlag des Anzeigegerätes bewirken.

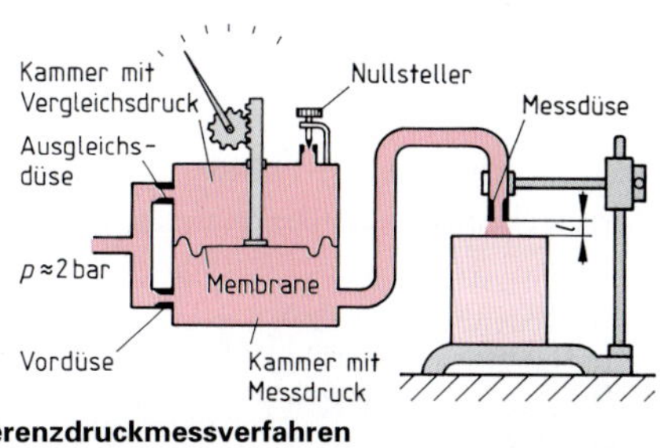

Differenzdruckmessverfahren

Das Differenzdruckverfahren setzt man ein, wenn höherer Messdruck und größerer Messbereich (bis ca. 0,2 mm) gefordert sind.

Das Differenzdruckmessverfahren wird angewendet, wenn größere Messbereiche und höhere Messdrücke gefordert sind.

Übungsaufgaben PT-4; PT-5

1.2.2 Elektrische Längenmessung

Längen beziehungsweise Längenänderungen können durch elektrische Messwertumformer in elektrische Größen wie Strom, Spannung, Widerstand überführt werden. Die aufgenommenen elektrischen Größen können durch Schaltungen wesentlich verstärkt werden, sodass eine hohe Empfindlichkeit gegeben ist.

Zur Umwandlung der Längenänderung in elektrische Größen werden wegen ihrer geringen Baugröße vorwiegend **induktive Taster** verwendet. Diese Taster verkörpern einen kleinen Transformator mit einer Primär- und zwei Sekundärwicklungen. Die Sekundärwicklungen sind so geschaltet, dass im Ausgang die Spannung Null ist. Der Taststift ist mit einem Eisenkern verbunden. Bei einer Verschiebung des Taststiftes steigt die Spannung in einer Sekundärwicklung, während sie in der anderen abnimmt. Aus der Spannungsdifferenz wird dann der Messwert ermittelt und angezeigt.

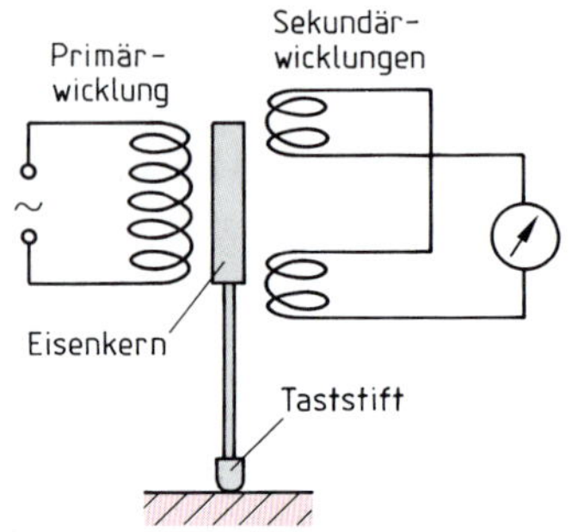

Induktiver Taster (Schema)

Die Vorteile der induktiven Längenmessung sind
- großer Messbereich (im Gegensatz zur pneumatischen Längenmessung),
- hohe Messgenauigkeit, z.B. ± 1 μm bei 1 mm Messbereich, ± 0,02 μm bei 3 mm Messbereich,
- einfache Weiterleitung und Verarbeitung der Messwerte in Datenverarbeitungsanlagen.

Induktive Messtaster formen Längenänderungen in Änderungen der magnetischen Eigenschaften von Spulen um.

In seltenen Fällen werden auch **kapazitive Messtaster** eingesetzt. In diesen bewirkt eine Längenänderung eine Verschiebung des Abstandes zwischen Kondensatorplatten. Die dabei auftretende Kapazitätsänderung wird zur Ermittlung des Messwertes genutzt. Wegen ihrer großen Bauweise werden kapazitive Taster weniger verwendet.
Größere Längen misst man durch Abstasten von Strichgittern (siehe *„Kapitel Grundlagen der CNC-Technik“)* mit Fotozellen.

1.2.3 Messen mit Laserstrahlen

Mithilfe von Laserstrahlen können berührungslos heiße, bewegte und sehr weiche Werkstücke mit hoher Genauigkeit gemessen werden.

Beispiel **für ein Gerät zur Längenmessung mit Laserstrahlen**

Ein Laserstrahl wird mithilfe eines Drehspiels 350-mal in einer Sekunde so durch eine Linse geführt, dass sich der Laserstrahl von oben nach unten durch den Messbereich bewegt. Ein Empfänger auf der gegenüberliegenden Seite misst die Zeit, in der der Laserstrahl vom Werkstück unterbrochen wurde. Aus dieser Zeit ermittelt ein Rechner das gesuchte Maß.

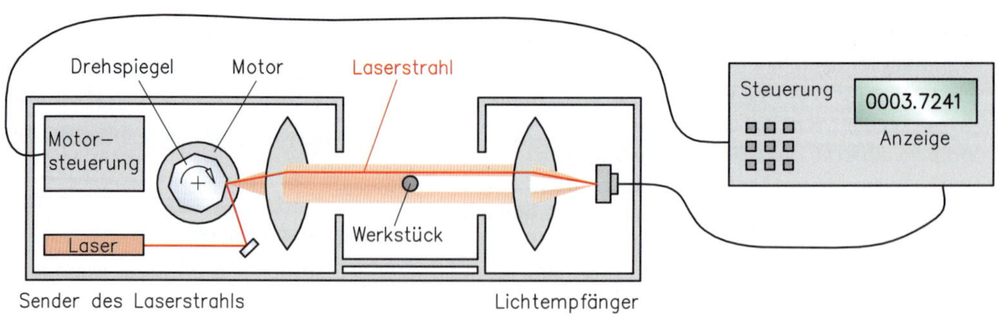

Messungen mit Laserstrahl ermöglichen berührungsloses Messen sowohl von bewegten wie auch weichen oder heißen Werkstücken.

Übungsaufgaben PT-6 bis PT-9

1.2.4 Maßüberwachung im Arbeitsbereich der Maschine

In der automatisierten Fertigung können Messungen während der Fertigung im Arbeitsbereich der Maschine notwendig sein, um Abnutzung des Werkzeuges noch während der Fertigung auszugleichen. Die Messungen können bei einigen Fertigungsverfahren während der Bearbeitung vorgenommen werden.

Beispiel **für Messen während der Bearbeitung**

Beim Honen (Ziehschleifen) kann das augenblickliche Maß durch einen pneumatischen Messtaster, der mit dem Werkzeug (Honahle) fest verbunden ist, fortlaufend festgestellt werden.

Aus dem Messwert ermittelt die Steuerung selbsttätig die notwendige Verschiebung der Konen, welche die Honbacken weiter nach außen drücken und so den notwendigen Schleifdruck erzeugen.

Ferner schaltet die Steuerung bei Erreichen des Sollmaßes den Honvorgang ab.

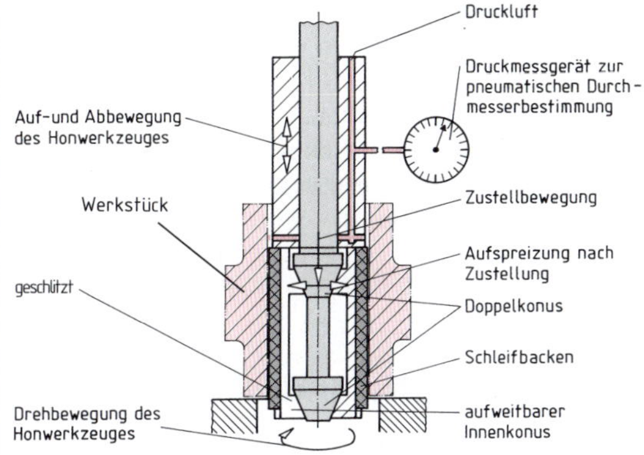

Indirektes Messen einer Bohrung beim Honen

Messen während des Bearbeitungsprozesses ermöglicht
- die fortlaufende Berücksichtigung von Werkzeugverschleiß ohne Prozessunterbrechung und
- das genaue Beenden des Prozesses bei Erreichen des Sollzustandes.

Häufig werden Messungen zur Feststellung des Istzustandes während kurzer Unterbrechungen des Bearbeitungsprozesses durchgeführt. Aufgrund der Messung wird die weitere Bearbeitung vorgenommen.

Beispiel **für den Einsatz einer Messeinrichtung bei einer Unterbrechung des Fertigungsprozesses**

Auf einer CNC-Maschine kann ein Messtaster eingeschwenkt und in die Hauptspindel eingewechselt werden. Mit ihm wird das Istmaß des gerade bearbeiteten Konturteiles bestimmt.

Aus der Abweichung zwischen dem vom Messsystem der Maschine gemeldeten Maß und dem Istmaß wird die notwendige Korrektur für die Weiterbearbeitung automatisch ermittelt und eingestellt.

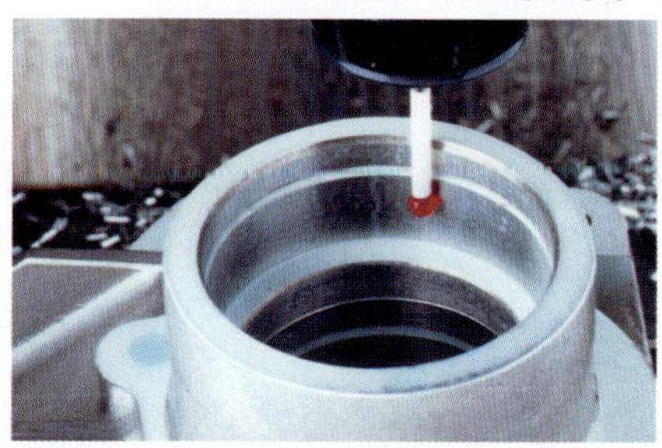

Messen einer Bohrung mit eingeschwenktem Taster

Messungen am Werkstück während Prozessunterbrechungen ermöglichen Korrekturen vor der endgültigen Fertigstellung.

Auch durch die Messung des Werkzeuges während kurzer Unterbrechungen des Bearbeitungsprozesses können Abweichungen zwischen Soll- und Istwert einer Werkstückkontur berücksichtigt werden. Aufgrund der Messung des Werkzeuges werden Werkzeugdaten, die im Werkzeugdatenspeicher gespeichert sind, korrigiert.

Beispiel **für die Messung des Verschleißes an einem Werkzeug**

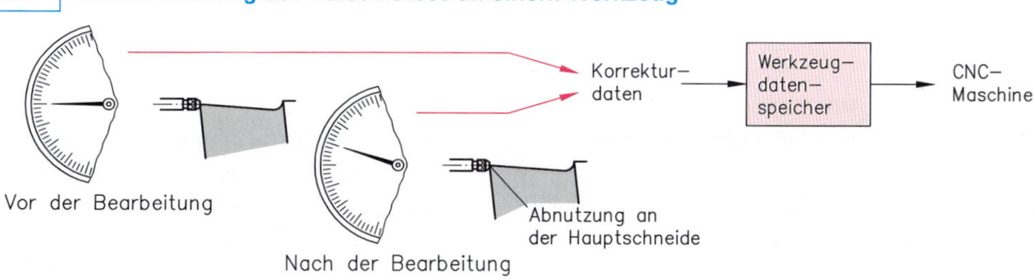

Übungsaufgaben PT-10; PT-11

2 Passungen und Prüfen von Passmaßen

2.1 Bedeutung der Passungen

Wie Bauteile zueinander passen sollen, ergibt sich aus der gewünschten Funktion und wird in Zeichnungen durch besondere Maßangaben festgehalten.
Die Normung von Maßen für den Zusammenbau ermöglicht den Austauschbau und die Arbeitsteilung. Damit werden Herstellungskosten in der Massenfertigung gesenkt.

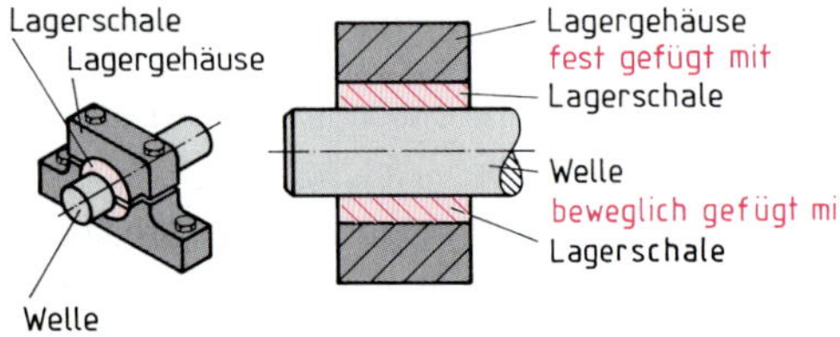

Fest und beweglich gefügte Bauteile

Die Normung von Zusammenbaumaßen erlaubt Austauschbau und Massenfertigung.

2.2 Begriffe und Maße bei Passungen

- **Passflächen**

Beim Zusammenpassen zweier Bauteile wird ein Außenteil mit einem Innenteil gepaart. Die Berührungsflächen zwischen den Teilen nennt man **Passflächen.** Bei kreisförmigen Passflächen bezeichnet man das Außenteil als „Bohrung" und das Innenteil als „Welle".
Sind die Passflächen der Paarungsteile eben, so spricht man von einer Passung zwischen zwei Paaren paralleler Passflächen.

Beispiele für Passungen

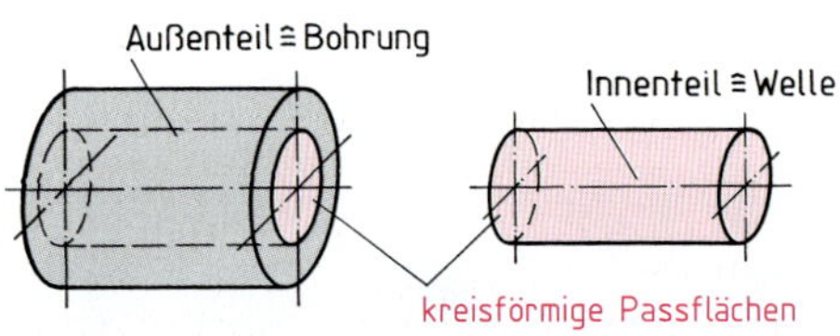

Kreiszylinderpassung (Rundpassung)

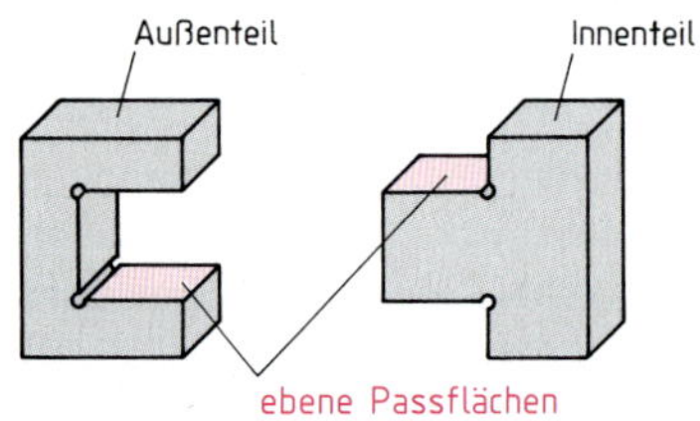

Passung zwischen zwei Werkstücken mit je zwei parallelen Passflächen (Flachpassung)

Passungen bestehen zwischen Bohrung und Welle oder zwischen ebenen Passflächen.
Für beide Passungsarten gelten gleiche Begriffe.

- **Höchstmaß und Mindestmaß**

Aus dem Nennmaß, das für gefügte Teile gleich ist, und den Abmaßen ergeben sich die übrigen Maße.

gewählte Maßbuchstaben	genormte Maßbuchstaben
N Nennmaß	ES Oberes Abmaß (Bohrung)
G_o Höchstmaß	EI Unteres Abmaß (Bohrung)
G_u Mindestmaß	es Oberes Abmaß (Welle)
T Maßtoleranz	ei Unteres Abmaß (Welle)

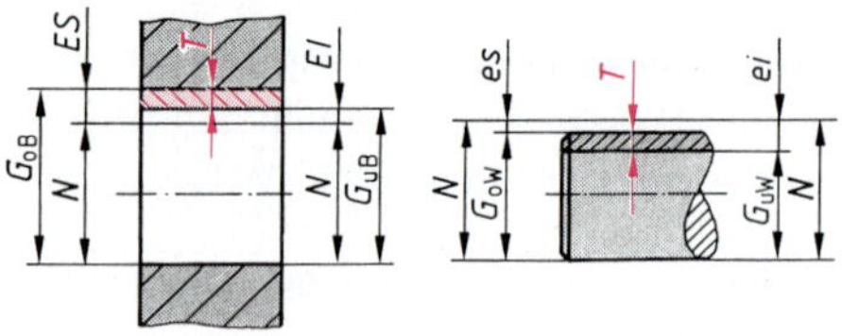

Höchstmaß und Mindestmaß

Bohrung

Höchstmaß = Nennmaß + oberes Abmaß

$G_{oB} = N + ES$

Mindestmaß = Nennmaß + unteres Abmaß

$G_{uB} = N + EI$

Welle

Höchstmaß = Nennmaß + oberes Abmaß

$G_{oW} = N + es$

Mindestmaß = Nennmaß + unteres Abmaß

$G_{uW} = N + ei$

Übungsaufgabe PT-12

- **Maßtoleranz**

Der Unterschied zwischen Höchstmaß und Mindestmaß bzw. zwischen oberem und unterem Abmaß wird **Maßtoleranz** genannt. Die Toleranz ist stets ein positiver Betrag, da das Höchstmaß immer größer als das Mindestmaß ist.

Maßtoleranz = Höchstmaß – Mindestmaß

$T = G_o - G_u$

oder

Maßtoleranz = Oberes Abmaß – Unteres Abmaß

$T_B = ES - EI$ *für Bohrungen*

$T_W = es - ei$ *für Wellen*

Nulllinie

Die Grenzabmaße einer Passungsangabe beziehen sich auf das Nennmaß. Das Nennmaß dient als Bezugsgröße. In bildlichen Darstellungen von Grenzabmaßen benutzt man **eine Begrenzungslinie** des Nennmaßes als Bezugslinie. Diese Linie wird Nulllinie genannt.

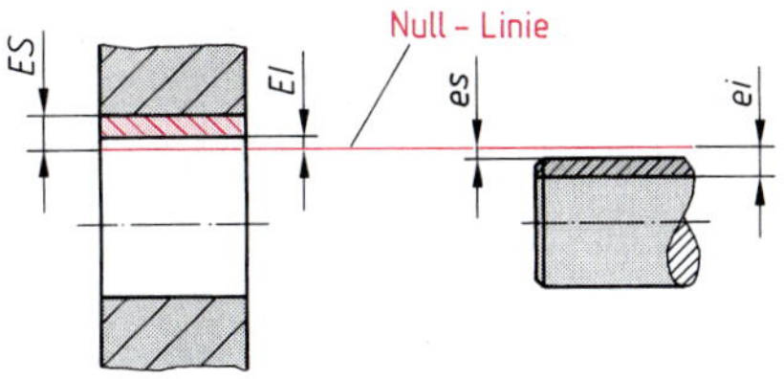

Nulllinie als Bezugslinie

Toleranzfeld

Bei der Darstellung der Grenzabmaße wählt man einen entsprechenden Vergrößerungsmaßstab. Für das obere und untere Abmaß zeichnet man in einem entsprechenden Abstand parallele Linien zur Nulllinie. Der Abstand zwischen diesen beiden Linien entspricht der Größe der Maßtoleranz.

Das Abmaß, das der Nulllinie am nächsten liegt, wird üblicherweise als **Grundabmaß** bezeichnet. Durch das Grundabmaß wird die Lage des Toleranzfeldes zur Nulllinie festgelegt. Als Toleranzfeld wird der Bereich bezeichnet, den die Linien für das Höchstmaß und Mindestmaß begrenzen.

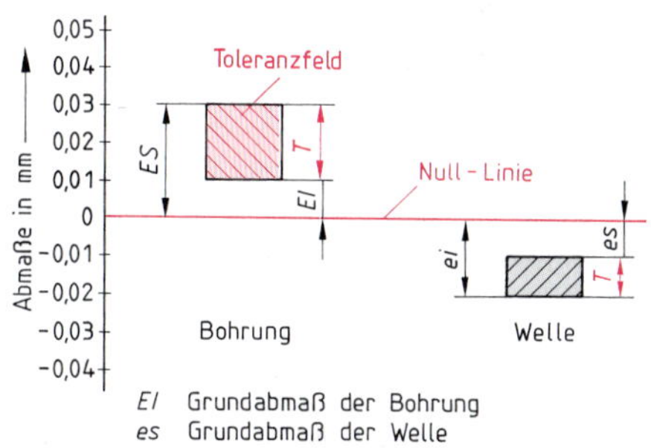

Lage von Toleranzfeldern zur Nulllinie

Das Toleranzfeld ist das Feld zwischen zwei Linien, die das Höchstmaß und Mindestmaß darstellen.

2.3 ISO-Normen für Maß- und Passungsangaben

Ein toleriertes Maß wird nach ISO-Norm verschlüsselt angegeben. Es setzt sich aus dem Nennmaß und der geforderten **Toleranzklasse** zusammen. Die Bezeichnung der Toleranzklasse besteht aus:

- einem Buchstaben für das **Grundabmaß** und
- der Zahl des **Grundtoleranzgrades**.

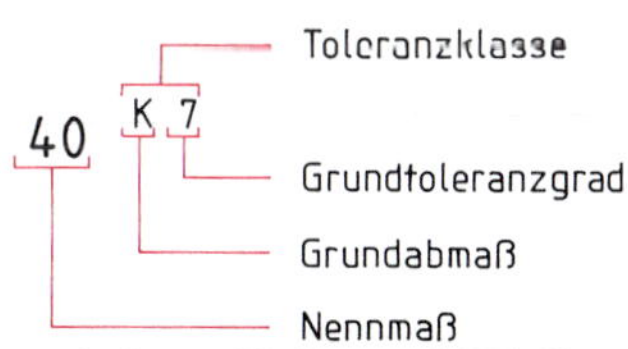

Angaben eines tolerierten Maßes nach ISO-Norm

Mithilfe von Tabellen für Grenzabmaße können die Toleranzklassen entschlüsselt werden. So sind z.B. für das Maß 40^{K7} das obere Abmaß mit + 0,007 mm und das untere Abmaß mit – 0,018 mm festgelegt.

Tabellenauszug für Grenzabmaße (*ES, EI* bzw. *es, ei*) nach DIN ISO 286

Nennmaß-bereich über ... bis ... mm	**Bohrungen** Grenzabmaße in µm (= 0,001 mm)									**Wellen** Grenzabmaße in µm				
	S 7	**R 7**	**N 7**	**M 7**	**K 7**	**J 7**	**H 7**	**G 7**	**F 7**	**s 6**	**r 6**	**n 6**	**m 6**	**k 6**
30 ... 50	– 34 – 59	– 25 – 50	– 8 – 33	0 – 25	+ 7 – 18	+ 14 – 11	+ 25 0	+ 34 + 9	+ 50 + 25	+ 59 + 43	+ 50 + 34	+ 33 + 17	+ 25 + 9	+ 18 + 2

Übungsaufgaben PT-13 bis PT-16

• Lage von Grundabmaßen

Die Buchstaben geben verschlüsselt die Lage der Grundabmaße zur Nulllinie an. Dabei kennzeichnen die Buchstaben den Abstand zwischen der Nulllinie und den Grundabmaßen.

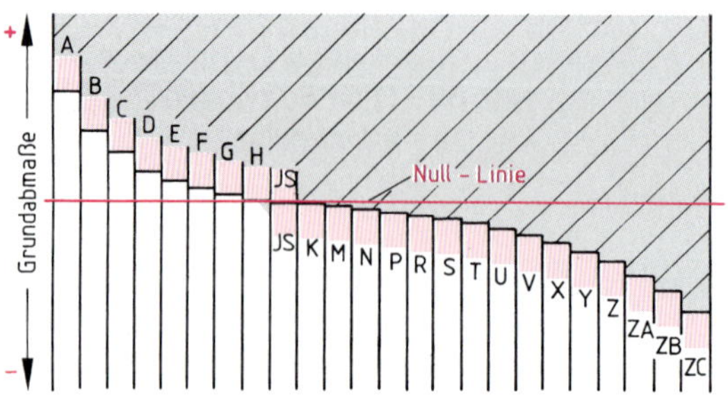

Lage der Grundabmaße für Bohrungen

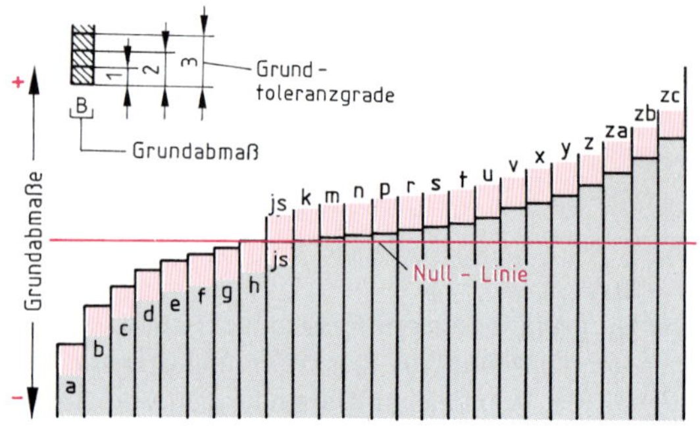

Lage der Grundabmaße für Wellen

Grundabmaße für **Bohrungen** haben große Buchstaben von **A bis Z**. Grundabmaße für **Wellen** werden mit kleinen Buchstaben von **a bis z** gekennzeichnet. Um Verwechslungen mit Zahlen zu vermeiden, werden die Buchstaben I, L, O, Q, W in der großen und kleinen Schreibweise nicht benutzt. Zur Vergrößerung des Toleranzbereiches wurden die Z-Toleranzen um die Toleranzfelder ZA, ZB, ZC bzw. za, zb, zc erweitert.

ISO-Passmaße kennzeichnen die Lage des Grundabmaßes zur Nulllinie durch Buchstaben:
- große Buchstaben für Bohrungstoleranzen,
- kleine Buchstaben für Wellentoleranzen.

• Grundtoleranzgrade und Grundtoleranzen

In den Kurzzeichen für die Toleranzklassen nach ISO stehen hinter den Buchstaben Zahlen. Diese Zahlen geben den Grundtoleranzgrad an. Der Grundtoleranzgrad und das Nennmaß bestimmen den Wert der Grundtoleranz. Es stehen 20 Grundtoleranzgrade zur Verfügung, die mit den Buchstaben IT und einer Zahl gekennzeichnet werden (z.B. IT 9). Im Zusammenhang mit einem Grundabmaß entfallen die Buchstaben IT (z.B. h 9 statt IT 9). Die Zahl allein wird als **Toleranzgrad** bezeichnet.

Grundtoleranzen in Mikrometer für den Nennmaßbereich von 30 mm bis 50 mm

Grundtoleranzgrad	IT01	IT0	IT1	...	IT4	IT5	IT6	IT7	IT8	IT9	IT10	IT11	IT12	IT13	IT14	...	IT18
Grundtoleranz in µm	0,6	1	1,5	...	7	11	16	25	39	62	100	160	250	390	620	...	3900

Bei gleichem Toleranzgrad vergrößert sich die Grundtoleranz mit größer werdendem Nennmaß. Jedoch erhält nicht jedes Nennmaß eine andere Grundtoleranzgröße. Man teilt die Nennmaße bis 500 mm in Bereiche mit jeweils gleicher Toleranz ein.

Grundtoleranzgröße in Abhängigkeit vom Nennmaß

Nennmaßbereich	Toleranz bei Toleranzgrad 7
über 6 bis 10 mm	15 µm
über 10 bis 18 mm	18 µm
über 18 bis 30 mm	21 µm

Der Grundtoleranzgrad wird entsprechend der Verwendung gewählt.
Bei gleichem Toleranzgrad wächst die Toleranz mit dem Nennmaß.

Übungsaufgaben PT-17; PT-18

2.4 Einteilung der Passungen

Beim Fügen durch Zusammenpassen werden zwei Bauteile gepaart. Dabei bestimmen die Istmaße der Einzelteile, ob die Bauteile fest oder lose zusammengepasst sind.

Die Passung (gewählter Maßbuchstabe = *P*) ist die Differenz zwischen dem Maß der Innenpassfläche (Bohrung) und dem Maß der Außenpassfläche (Welle) vor der Paarung.

> Passung = Maß der Innenpassflächen – Maß der Außenpassflächen

- **Spielpassung**

Die Passung, bei der beim Fügen von Bohrung und Welle immer ein Spiel entsteht, wird als Spielpassung bezeichnet.

Höchstspiel P_{So} entsteht, wenn eine Bohrung mit Höchstmaß und eine Welle mit Mindestmaß gefügt werden.

Mindestspiel P_{Su} tritt bei einer Bohrung mit Mindestmaß und einer Welle mit Höchstmaß auf.

Höchstspiel: P_{So} = 40,016 mm – 39,980 mm = 0,036 mm
Mindestspiel: P_{Su} = 40,000 mm – 39,991 mm = 0,009 mm

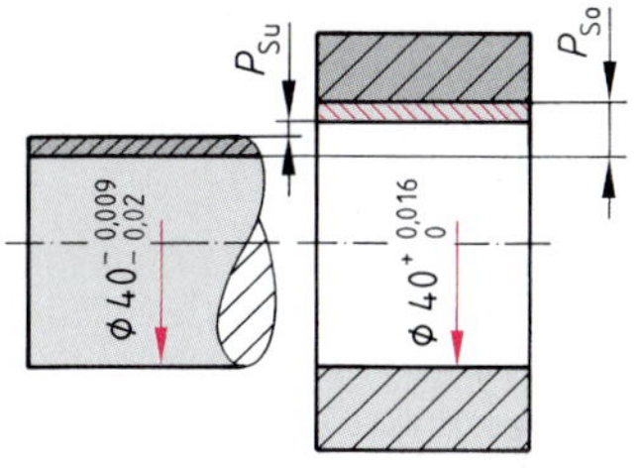

Spielpassung

> Bei einer Spielpassung ist das Höchstmaß der Welle kleiner/gleich dem Mindestmaß der Bohrung.
> Höchstspiel = Bohrung mit Höchstmaß – Welle mit Mindestmaß $P_{So} = G_{oB} - G_{uW}$
> Mindestspiel = Bohrung mit Mindestmaß – Welle mit Höchstmaß $P_{Su} = G_{uB} - G_{oW}$

- **Übermaßpassung**

Die Passung, bei der beim Fügen von Bohrung und Welle immer ein Übermaß entsteht, wird als Übermaßpassung bezeichnet.

Höchstübermaß $P_{Üo}$ entsteht, wenn eine Bohrung mit Mindestmaß und eine Welle mit Höchstmaß gefügt werden.

Mindestübermaß $P_{Üu}$ tritt bei einer Bohrung mit Höchstmaß und einer Welle mit Mindestmaß auf.

Höchstübermaß: $P_{Üo}$ = 40,000 mm – 40,059 mm = – 0,059 mm
Mindestübermaß: $P_{Üu}$ = 40,016 mm – 40,048 mm = – 0,032 mm

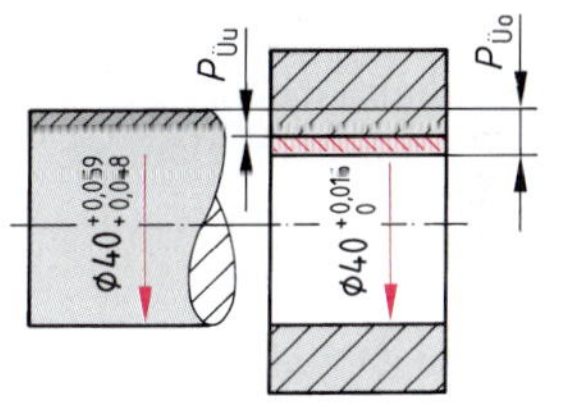

Übermaßpassung

> Bei einer Übermaßpassung ist das Mindestmaß der Welle größer als das Höchstmaß der Bohrung.
> Höchstübermaß = Bohrung mit Mindestmaß – Welle mit Höchstmaß
> Mindestübermaß = Bohrung mit Höchstmaß – Welle mit Mindestmaß.

- **Übergangspassung**

Die Passung, bei der beim Fügen von Bohrung und Welle entweder ein Spiel oder ein Übermaß entsteht, wird als Übergangspassung bezeichnet. Ob ein Spiel oder ein Übermaß entsteht, hängt vom Istmaß der Bohrung und der Welle ab.

Höchstspiel: P_{So} = 40,016 mm – 40,002 mm = + 0,014 mm
Höchstübermaß: $P_{Üo}$ = 40,000 mm – 40,018 mm = – 0,018 mm

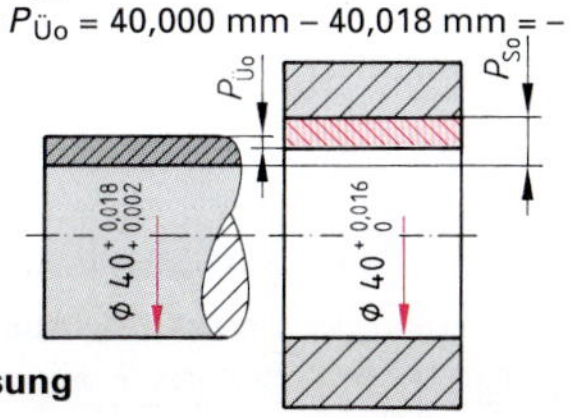

Übergangspassung

> Je nach Istmaß von Bohrung und Welle kann sich bei einer Übergangspassung nach dem Fügen der beiden Teile sowohl ein Spiel als auch ein Übermaß ergeben.

Übungsaufgaben PT-19; PT-20

2.5 Passungssysteme

ISO-Passungsnormen nach DIN ISO 286 bieten viele Möglichkeiten, gewünschte Paarungen auszuwählen. Um die Zahl der benötigten Werkzeuge und Prüfmittel gering zu halten, beschränkt man sich auf eine Auswahl von Passungen. Dabei unterscheidet man die beiden Auswahlsysteme Einheitsbohrung und Einheitswelle.

- **Passungssystem Einheitsbohrung**

Bei der Auswahl von Passungen hat man sich darauf beschränkt, dass die **Bohrungen** stets das **Grundabmaß H** erhalten, d.h. das Mindestmaß der Bohrung ist gleich dem Nennmaß. Die gewünschte Passung erreicht man durch die Auswahl geeigneter Grundabmaße für die Welle.

Anwendung findet das System Einheitsbohrung im Maschinen-, Kraftfahrzeug- und Elektromaschinenbau, weil dort Wellen mit Absätzen und verschiedenen Durchmessern eingebaut werden.

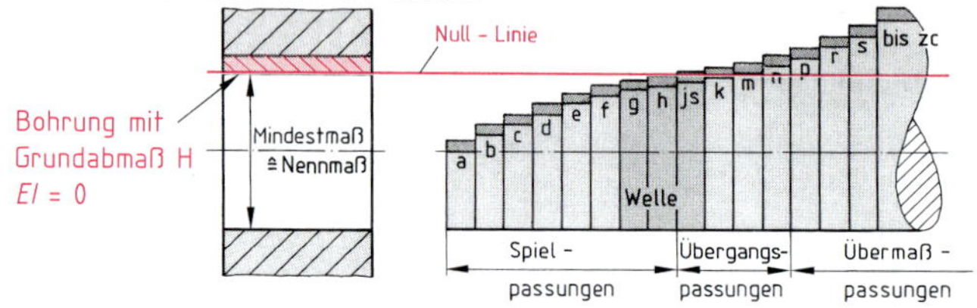

Passungssystem Einheitsbohrung

Beim Passungssystem Einheitsbohrung hat die Bohrung immer das Grundabmaß H.
Gewünschte Passungen erreicht man durch die Auswahl von Grundabmaßen für die Welle.

- **Passungssystem Einheitswelle**

Bei der Auswahl von Passungen hat man sich darauf beschränkt, dass die **Wellen** stets das **Grundabmaß h erhalten,** das Höchstmaß der Welle ist gleich dem Nennmaß. Die gewünschte Passung erreicht man durch die Auswahl Grundabmaße für die Bohrung.

Angewendet wird das Passungssystem Einheitswelle dort, wo man gezogene oder geschliffene Wellen ohne wesentliche Nacharbeit einsetzt. Das Passungssystem Einheitswelle wird bevorzugt in der Feinmechanik sowie im Textil- und Landmaschinenbau angewandt.

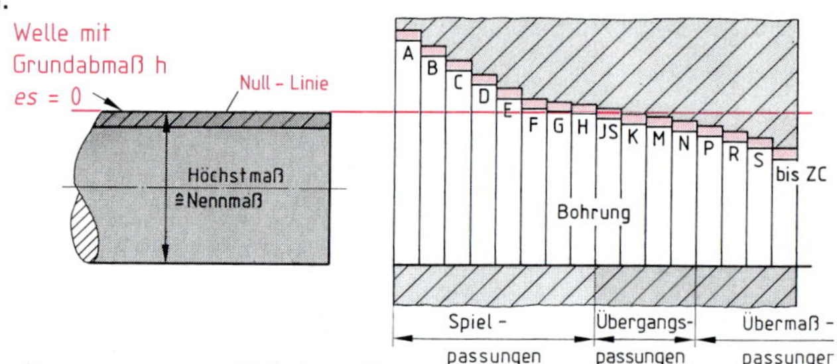

Passungssystem Einheitswelle

Bei Einheitswellen ist das Höchstmaß der Wellen gleich dem Nennmaß. Beim Passungssystem Einheitswelle paart man Wellen mit der Toleranzlage h mit Bohrungen unterschiedlicher Toleranzlagen.

2.6 Passungsnormen

- **Passungssystem Einheitsbohrung (Auszug)**

Nennmaßbereich mm	Reihe I (Grenzabmaße in µm)									Reihe II (Grenzabmaße in µm)								
	H7	r6	n6	h6	f7	H8	x8/u8¹)	h9	f7	H7	s6	m6	k6	j6	g6	H8	e8	d9
über 6 bis 10	+15 0	+28 +19	+19 +10	0 − 9	−13 −28	+22 0	+ 56 + 34	0 −36	−13 −28	+15 0	+32 +23	+15 + 6	+10 + 1	+ 7 − 2	− 5 −14	+22 0	−25 −47	− 40 − 76
über 10 bis 14 über 14 bis 18	+18 0	+34 +23	+23 +12	0 −11	−16 −34	+27 0	+ 67 + 40 + 72 + 45	0 +43	−16 −34	+18 0	+39 +28	+18 + 7	+12 + 1	+ 8 − 3	− 6 −17	+27 0	−32 −59	− 50 − 93

- **Passungssystem Einheitswelle (Auszug)**

Nennmaßbereich mm	Reihe I (Grenzabmaße in µm)									Reihe II (Grenzabmaße in µm)										
	h6	H7	F8	h9	H8	F8	E9	D10	C11	h11	D10	C11	h6	G7	h9	H11	h11	H11	A11
über 6 bis 10	0 − 9	+15 0	+35 +13	0 −36	+22 0	+35 +13	+ 61 + 25	+ 98 + 40	+170 + 80	0 − 90	+ 98 + 40	+170 + 80	0 − 9	+20 + 5	0 −36	+ 90 0	0 − 90	+ 90 0	+370 +280
über 10 bis 18	0 −11	+18 0	+43 +16	0 −43	+27 0	+43 +16	+ 75 + 32	+120 + 50	+205 + 95	0 −110	+120 + 50	+205 + 95	0 −11	+24 + 6	0 −43	+110 0	0 −110	+110 0	+400 +290

Übungsaufgabe PT-21

2.7 Auswahl von Passungen

Die Auswahl von Passungen geschieht entsprechend der Funktion der Bauteile.
Es haben sich dabei bestimmte Passungen als vorteilhaft erwiesen.

Beispiele **für häufig gewählte Passungen**

	Einheits-bohrung	Einheits-welle	Eigenschaft	Anwendungsbeispiele
Spiel-passung	H7/h6; H8/h9	H7/h6; H8/h9	noch gleitfähig durch Handkraft	Führungen an Werkzeugmaschinen
	H8/f7	F8/h6	geringes Spiel, leicht verschiebbar	Gleitlager, Kolben, Schieberäder
		C11/h9	großes Spiel	Baumaschinen
Übergangs-passung	H7/n6		fügbar mit geringer Presskraft, Verdrehsicherung nötig	Zahnräder, Lagerbuchsen, Kupplungen
	H7/m6		Fügen und Lösen möglich, Verdrehsicherung nötig	Passstifte, Kugellagerringe
Übermaß-passung	H8/x8; H8/n8		fügbar mit sehr großer Presskraft, schrumpfbar	Kurbeln auf Wellen, Laufringe auf Radkörpern
	H7/r6		fügbar mit großer Presskraft	Buchsen in Radnaben, Lagerbuchsen

Für einen bestimmten Fall wählt man aus diesen Kombinationen nach folgenden Schritten eine geeignete Passung aus:

Schritt	Entscheidungskriterien	Ergebnis
1. Auswahl des Passungssystems	Anwendungsgebiet	Passungssystem
2. Festlegung der Lage der Grundabmaße	Passungssystem Verwendungszweck	Grundabmaße
3. Bestimmungen der Grundtoleranzgrade	Nennmaß Anwendungsgebiet	Grundtoleranzgrade (Grundtoleranzen)
4. Angabe der tolerierten Maße	Einzelteile	tolerierte Maße
5. Angabe der Passung	Zusammenbau	Passungsangabe

Beispiel **für die Auswahl und Darstellung einer Passung**

Aufgabe

Eine Buchse soll in ein Gehäuse gefügt werden. Die Verbindung muss ohne zusätzliche Sicherung gegen axiales Verschieben oder Verdrehen auskommen. Zu bestimmen ist die für diesen Einsatz notwendige Passung. Das Nennmaß beträgt ∅ 40 mm.

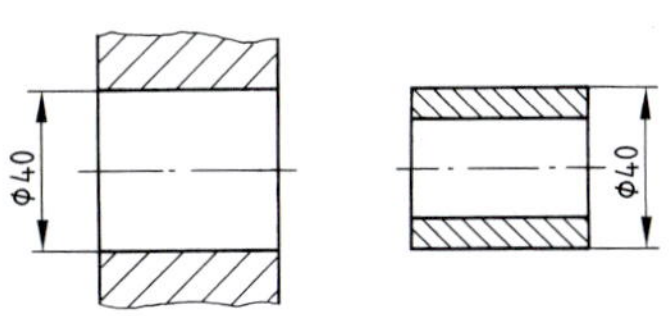

Lösung

1. Schritt	Auswahl des Passungssystems	**Entscheidung** →	Einheitsbohrung	
2. Schritt	Festlegung der Lage der Grundabmaße	**Entscheidung** →	Gehäuse H	Buchse r
3. Schritt	Bestimmung der Grundtoleranzgrade	**Entscheidung** →	Gehäuse IT7 (25 µm)	Buchse IT6 (16 µm)
4. Schritt	Angabe der tolerierten Maße	**Angabe** →	Gehäuse ∅40 H7	Buchse ∅40 r6
5. Schritt	Angabe der Passung	**Angabe** →	∅40 H7/r6	

Übungsaufgaben PT-22; PT-23; PT-24

2.8 Lehren von Passmaßen

In der Fertigung ist nur zu prüfen, ob das Istmaß innerhalb des Höchst- und Mindestmaßes liegt. Aus diesem Grunde müssen nur die **Grenzmaße** überprüft werden. Dies geschieht sehr einfach durch Prüfen mit Grenzlehren.

• Grenzlehren für Innenmaße

Innnemaße werden mit Grenzlehrdornen geprüft. Dabei sind meist die Gutlehre und die Ausschusslehre zu einem Prüfgerät vereinigt.

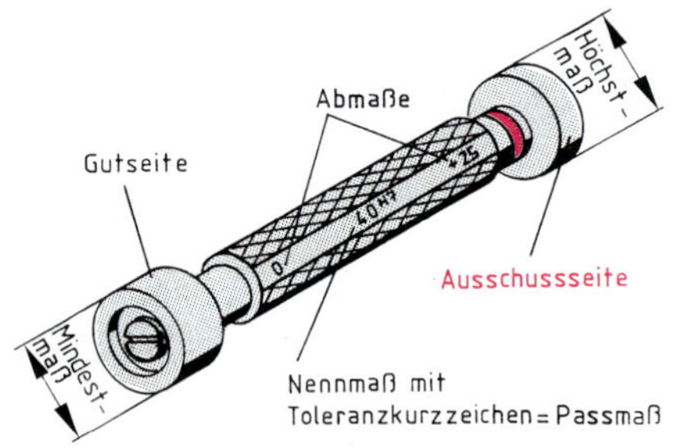

Grenzlehrdorn

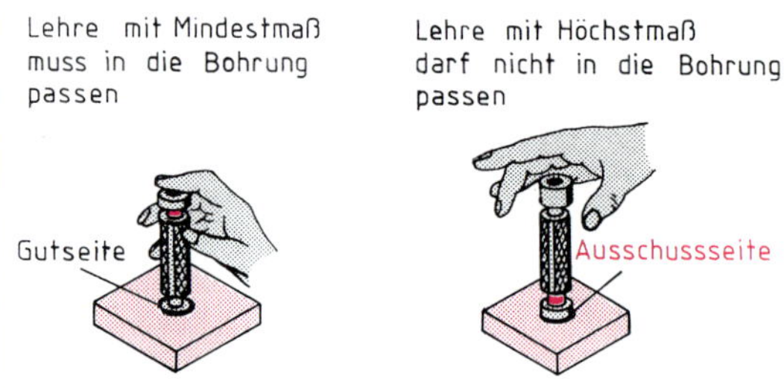

Prüfen mit Grenzlehrdorn

Mit der Gutseite des Lehrdorns wird ermittelt, ob die Bohrung nicht zu klein ist. Die Gutseite verkörpert das Mindestmaß. Sie muss in die Bohrung eingeführt werden können.
Mit der Ausschussseite des Lehrdornes wird geprüft, ob die Bohrung nicht zu groß ist. Die Ausschussseite verkörpert das Höchstmaß. Sie darf nicht in die Bohrung passen, andernfalls ist die Bohrung zu groß. Das Werkstück ist Ausschuss. Die Ausschusslehrdorne haben verkürzte Messzylinder und rote Farbmarkierungen.

Die Gutseite des Grenzlehrdorns verkörpert das Mindestmaß, die Ausschussseite das Höchstmaß. Kennzeichnung der Ausschussseite: Kurzer Prüfzylinder und rote Markierung.

• Grenzlehren für Außenmaße

Außenmaße, z.B. von Wellen, werden mit Grenzrachenlehren überprüft. Auch Grenzrachenlehren vereinigen meist eine Gutlehre und eine Ausschusslehre zu einem Prüfgerät.

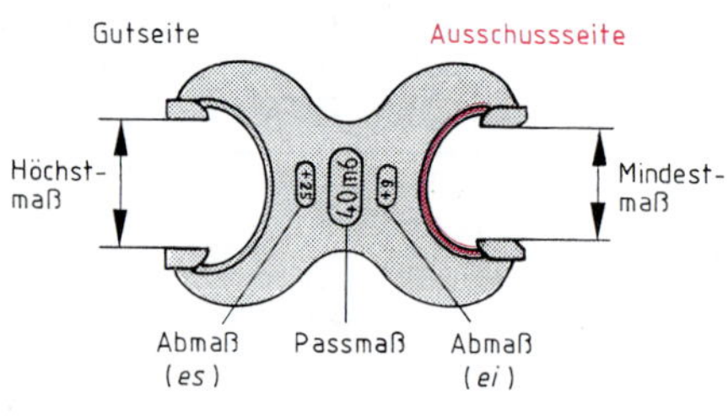

Grenzrachenlehre

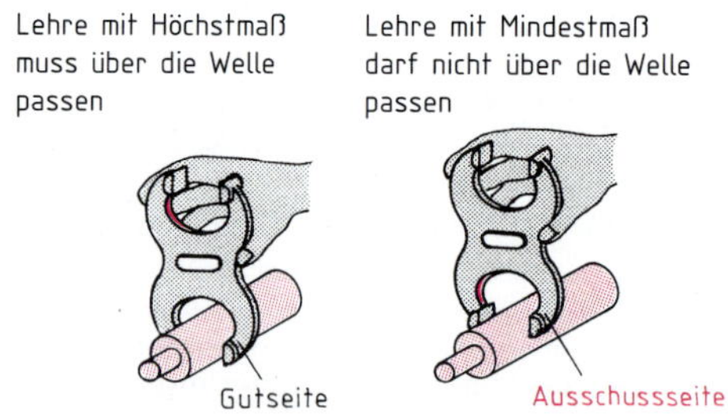

Prüfen mit Grenzrachenlehre

Mit der Gutseite der Rachenlehre wird festgestellt, ob die Welle nicht zu groß ist. Die Gutseite der Rachenlehre verkörpert das Höchstmaß. Die Gutseite muss durch Eigengewicht über die Welle gleiten.
Mit der Ausschussseite der Rachenlehre wird geprüft, ob die Welle nicht zu klein ist. Die Ausschussseite verkörpert das Mindestmaß. Sie darf nicht über die Welle gehen, sonst ist die Welle zu dünn. Das Werkstück ist Ausschuss. Die Ausschussseiten von Grenzrachenlehren haben Abschrägungen des Messrachens und eine rote Farbmarkierung im Rachen.

Die Gutseite der Grenzrachenlehre verkörpert Höchstmaß und die Ausschussseite Mindestmaß. Kennzeichnung der Ausschussseite: Angefaste Prüfflächen und rote Markierung.

Übungsaufgaben PT-25; PT-26

3 Form- und Lagetoleranzen

3.1 Toleranzzone

Zur Beurteilung von Form- und Lageabweichungen benötigt man die Beschreibung der zulässigen Abweichung von der Idealform. Man nennt den Bereich, innerhalb dem alle Punkte der tolerierten Form oder Lage liegen müssen, die **Toleranzzone**.

Beispiel **für eine Toleranzzone**

Die tolerierte Achse des Kurbelzapfens muss innerhalb eines Zylinders von 0,05 mm Durchmesser liegen, der parallel zur Bezugsachse A-B (Achse der Kurbelwelle) liegt.

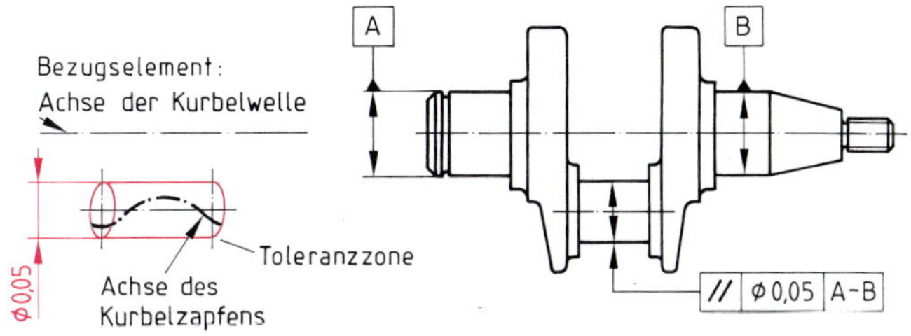

Die Toleranzzone gibt den Raum oder die Fläche an, in der alle Punkte des tolerierten Elementes liegen müssen.

3.2 Formtoleranzen

Formtoleranzen beschreiben die zulässigen Abweichungen eines Grundkörpers des Werkstückes von seiner geometrisch idealen Form.

In der technischen Zeichnung enthält die Eintragung einer Formtoleranz folgende Angaben:

- Symbol für die tolerierte Eigenschaft
- Hinweispfeil auf das tolerierte Element
- Maßangabe für die Größe der Toleranzzone

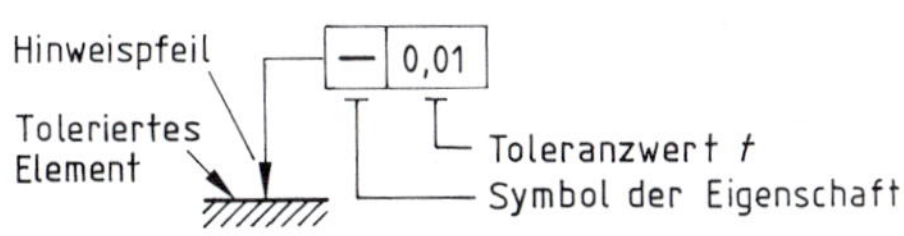

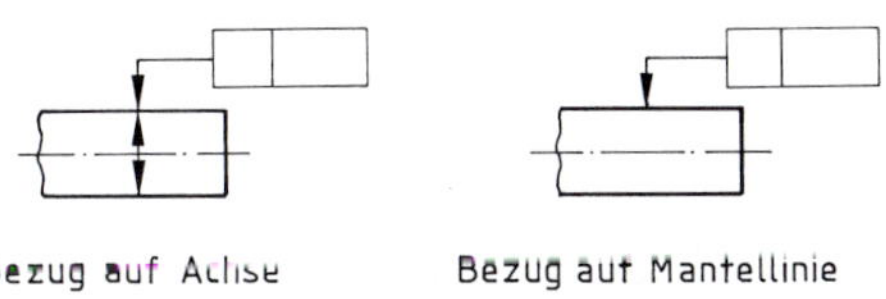

Formtoleranzen nach DIN ISO 1101 (Auszug)

Eigenschaft	Toleranzzone	Beispiele	
Geradheit —	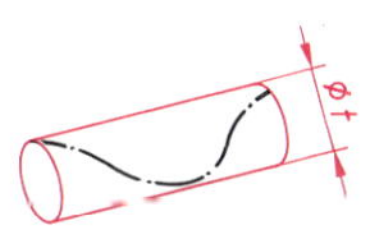	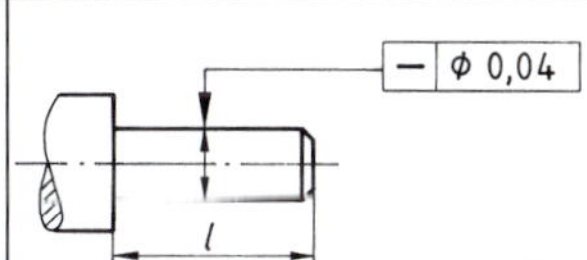	Die Achse des Bolzens muss auf der Länge l innerhalb eines Zylinders vom Durchmesser t = 0,04 mm liegen.
Ebenheit ▱	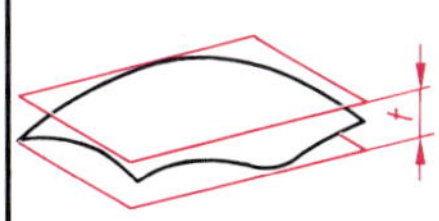	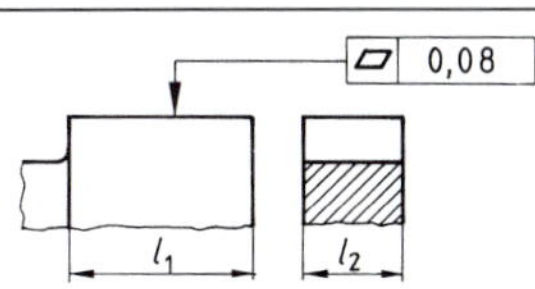	Die gekennzeichnete Fläche mit den Maßen l_1 und l_2 muss zwischen zwei parallelen Ebenen vom Abstand t = 0,08 mm liegen.
Rundheit ○	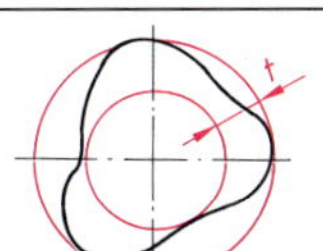	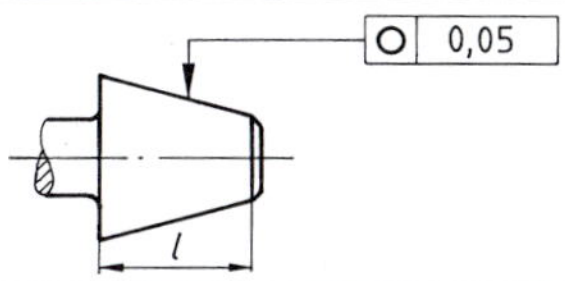	Die Umfangslinie muss auf der Länge l in jedem Querschnitt innerhalb eines Kreisringes von t = 0,05 mm Breite liegen.
Zylinderform ⌭	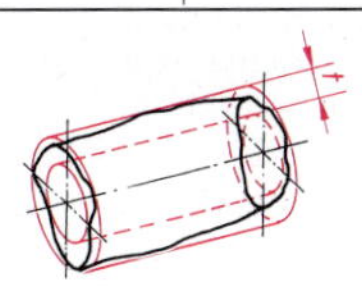	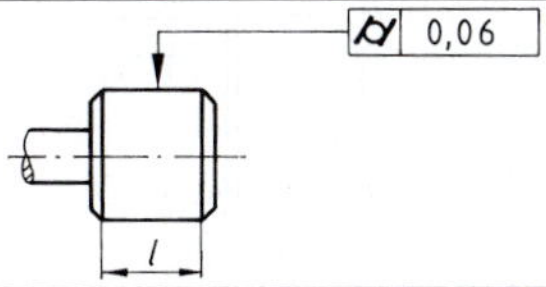	Die Zylinderoberfläche muss auf der Länge l innerhalb eines Zylindermantels von t = 0,06 mm Wanddicke liegen.

Übungsaufgabe PT-27

3.3 Lagetoleranzen

Lagetoleranzen beschreiben die zulässigen Abweichungen von Elementen eines Bauteiles zueinander. Dabei ist es notwendig, ein Element zum Bezugselement zu erklären. Als Bezugselement wird das Element gewählt, welches bei der Funktion des Bauteiles von besonderer Bedeutung ist. In der Zeichnung ist das Bezugselement durch das Bezugsdreieck und den Bezugsbuchstaben besonders gekennzeichnet.

In der technischen Zeichnung enthält die Eintragung einer Lagetoleranz folgende Angaben:

- Symbol für die tolerierte Eigenschaft,
- Maßangabe für die Größe der Toleranzzone,
- Bezugsbuchstabe für die Kennzeichnung des Bezugselementes,
- Hinweispfeil an das tolerierte Element.

Bei den Lagetoleranzen unterscheidet man Richtungs-, Lauf- und Ortstoleranzen.

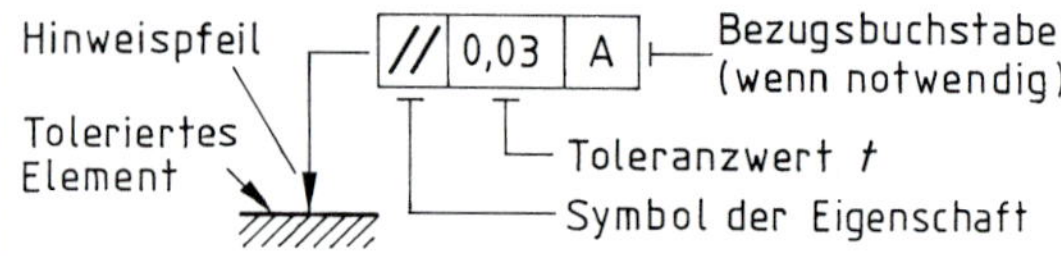

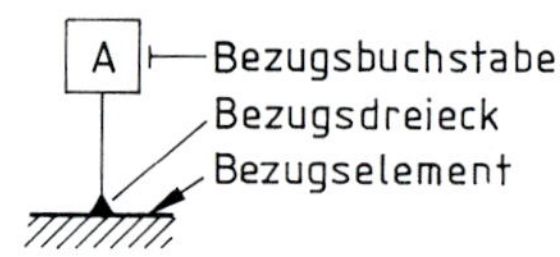

	Eigenschaft	Toleranzzone	Beispiele	
Richtungstoleranzen	**Parallelität** //		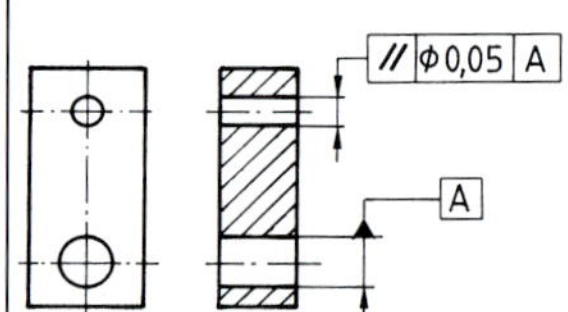	Die tolerierte Achse der kleinen Bohrung muss innerhalb eines zur Bezugsachse parallel liegenden Zylinders vom Durchmesser t = 0,05 mm liegen.
		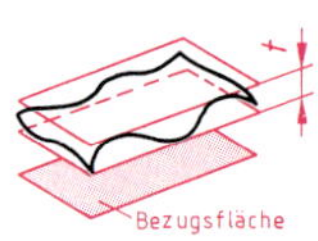	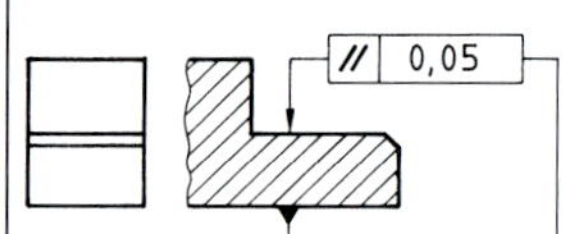	Die tolerierte Fläche muss zwischen zwei zur Bezugsfläche parallelen Ebenen liegen. Abstand t = 0,05 mm.
	Rechtwinkligkeit ⊥	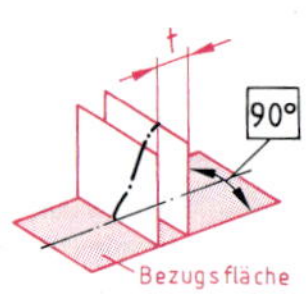	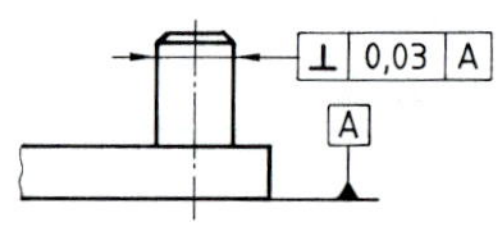	Die tolerierte Achse muss innerhalb von zwei parallelen Ebenen im Abstand t = 0,03 mm liegen. Die Ebenen stehen rechtwinklig zur Bezugsfläche.
	Neigung ∠	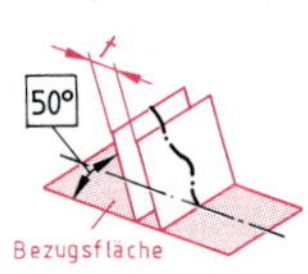	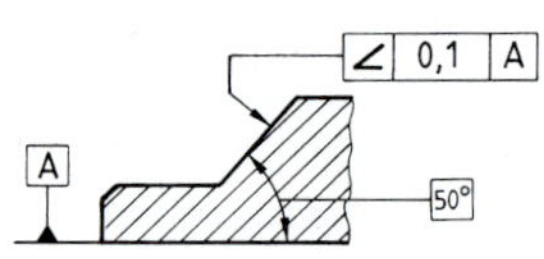	Die tolerierte Fläche muss zwischen zwei parallelen Ebenen (Winkel 50°) im Abstand von t = 0,1 mm liegen.
Lauftoleranzen	**Planlauf** ↗	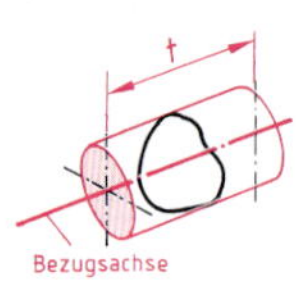	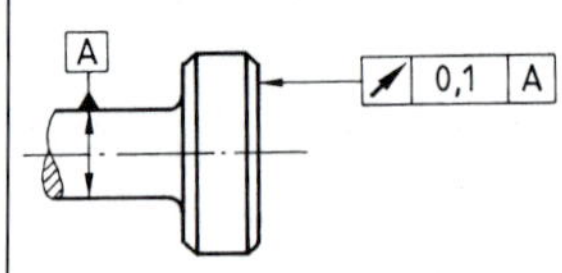	Die Planlaufabweichung, bezogen auf die gekennzeichnete Achse A, darf t = 0,10 mm nicht überschreiten.
	Rundlauf ↗		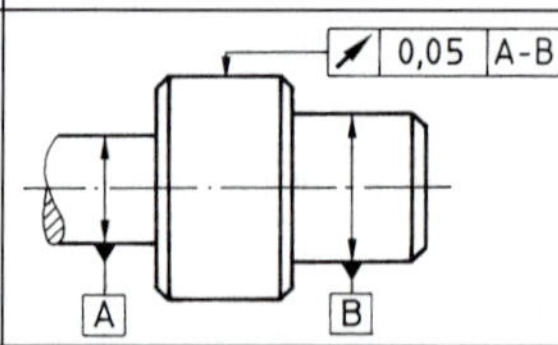	Die Rundlaufabweichung, bezogen auf die Achse A-B, darf t = 0,05 mm nicht überschreiten.

Übungsaufgabe PT-28

	Eigenschaft	Toleranzzone	Beispiele	
Ortstoleranzen	**Position** ⌖	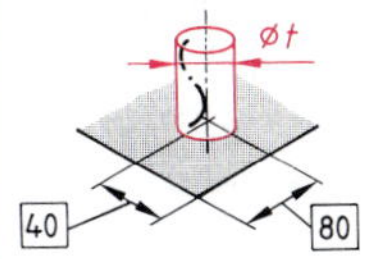	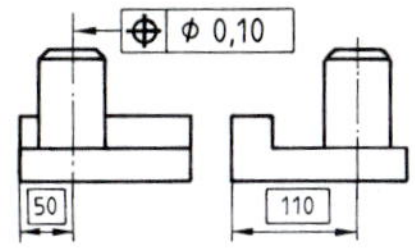	Die Achse des Bolzens muss innerhalb eines Zylinders von t = 0,10 mm Durchmesser liegen.
	Symmetrie ⌯	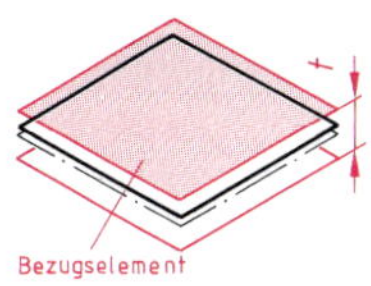	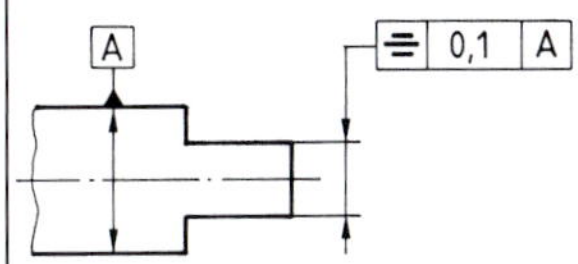	Die Mittelebene des Ansatzes muss zwischen zwei parallelen Ebenen liegen, die t = 0,1 mm Abstand haben und parallel zur Bezugsebene liegen.
	Koaxialität **Konzentrizität** ◎	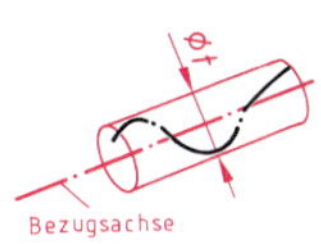	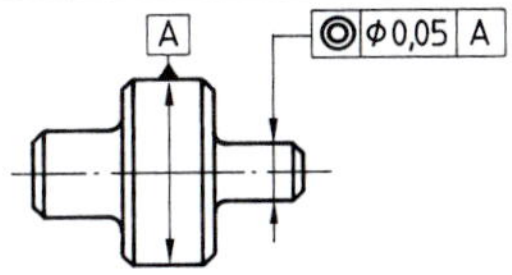	Die Achse des tolerierten Zapfens muss innerhalb eines Zylinders von t = 0,05 mm liegen. Dieser Zylinder muss mit der Achse des mit A gekennzeichneten Elements fluchten.

3.4 Messen von Form- und Lageabweichungen

3.4.1 Symbolische Darstellung von Prüfeinrichtungen

Das Messen von Form und Lage ist aufwändiger als das Messen von Längen. Meist müssen zum Prüfen von Form und Lage Messgeräte und Hilfsmittel zum Positionieren zu einer Messeinrichtung kombiniert werden. Zur Verdeutlichung des Aufbaus solcher Einrichtungen und der Bewegungen zur Messung verwendet man Symbole.

Grafische Symbole in der Längenprüftechnik nach DIN 2258 (Auszug)

Symbol	Erklärung	Symbol	Erklärung
	Messstelle		geradlinige Verschiebung
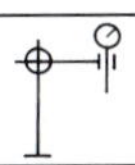	Messständer mit anzeigendem Längenmessgerät (Messuhr)		schrittweise geradlinige Verschiebung in beliebige Positionen
	Prüfplatte	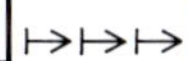	geradlinige Verschiebung in definierter Schrittweite
	Anschlag		schrittweise Verschiebung in beliebige Positionen in einer Ebene
	Auflager fest bzw. höhenverstellbar		schrittweise Drehung in beliebige Winkellagen
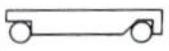	Sinuslineal		genau eine Umdrehung
	Parallelendmaß(e)	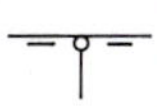	Rundtisch kippbar
	Prüfprisma		

Übungsaufgabe PT-29

3.4.2 Messverfahren zum Messen von Form- und Lageabweichungen

Die Messung von Form- und Lagetoleranzen bezieht sich stets auf ein angemessen genaues Hilfsbezugselement. Dies ist meist eine Prüfplatte, auf der das zu prüfende Werkstück und das Messgerät positioniert werden.
Zum Stützen und Sichern der Lage des Werkstücks werden zusätzlich Stütz- und Spannelemente verwendet, z. B. Prismen, Zentrierspitzen, Aufspannwinkel und Backenfutter.
Ein Messvorgang zum Ermitteln von Form- und Lageabweichung beginnt darum stets zunächst mit dem Positionieren (Ausrichten) des Prüflings. Danach werden Messwerte aufgenommen, aus denen die Abweichung des tolerierten Elementes berechnet werden können.

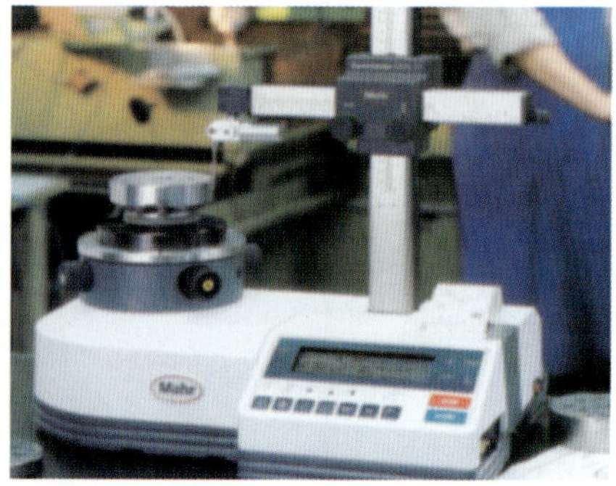

Prüfung von Formtoleranzen mit einem Formtestgerät

Beispiele **für Messverfahren zur Ermittlung von Formabweichungen**

Prüfauftrag	Messverfahren	Auswertung
Geradheit 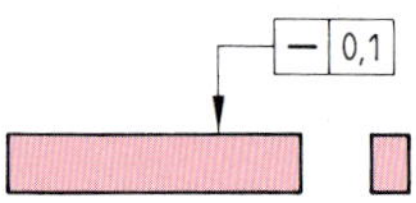	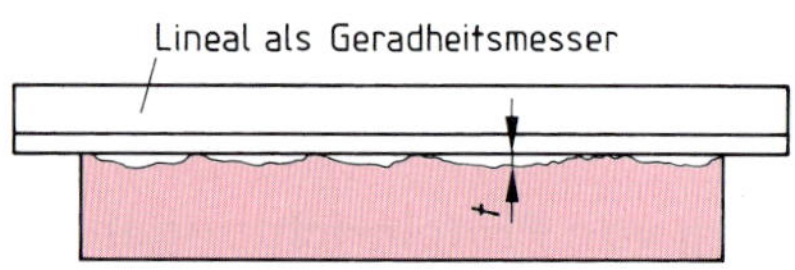 Durch Einschieben von Fühlerlehren wird die Spaltbreite ermittelt.	Die Geradheitsabweichung f_G ist das Maß der größten einschiebbaren Fühlerlehre. $f_G \leq t_{max}$
Geradheit 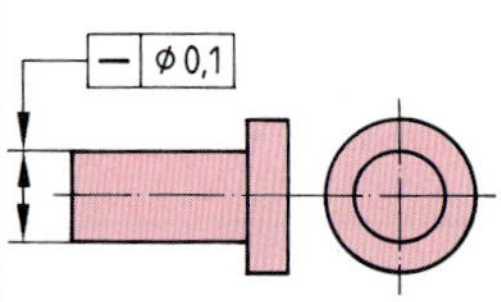	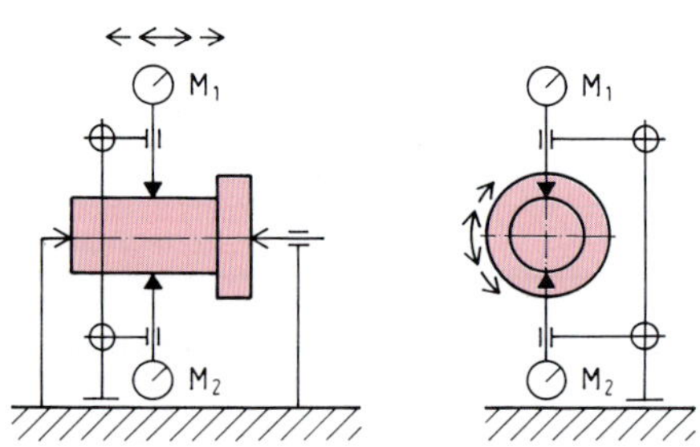	Die Geradheitsabweichung f_G der Achse ist die Hälfte des größten Unterschieds zwischen Messwert M_1 und Messwert M_2. $f_G = \frac{M_1 - M_2}{2}$
Ebenheit 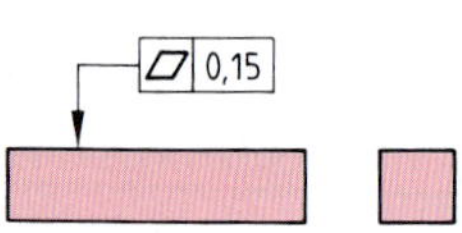	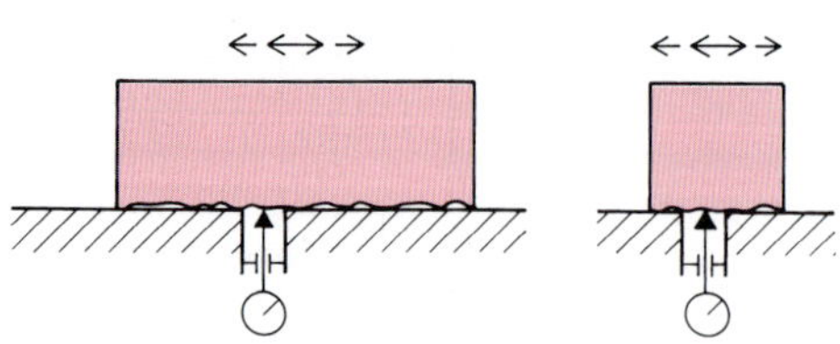	Die Ebenheitsabweichung f_e ist die größte Differenz zwischen den Messwerten. $f_e = M_{max} - M_{min}$ $f_e = \Delta M$
Rundheit 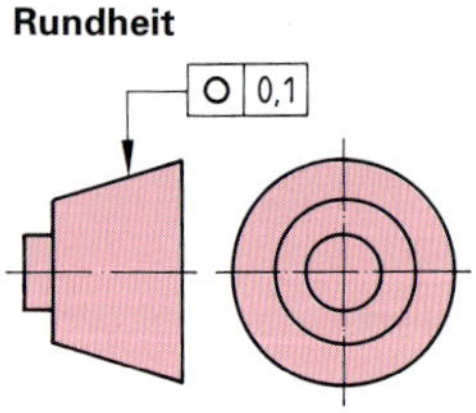	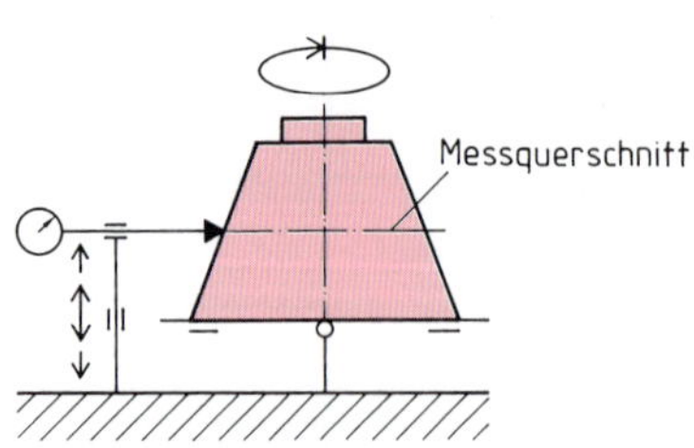	Für jeden Messquerschnitt wird aus einzelnen Messwerten das Profil dargestellt. Die Rundheitsabweichung im einzelnen Querschnitt ist die Radiendifferenz zum kleinsten Kreisring, der das Profil einschließt. Die Rundheitsabweichung ist die größte auftretende Radiendifferenz. $f_R = \Delta M$

Übungsaufgabe PT-30

Beispiele für Messverfahren zur Ermittlung von Lageabweichungen

Prüfauftrag	Messverfahren	Auswertung
Parallelität 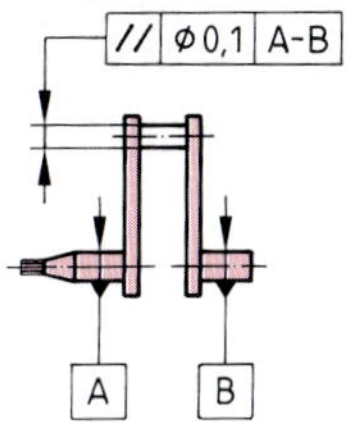	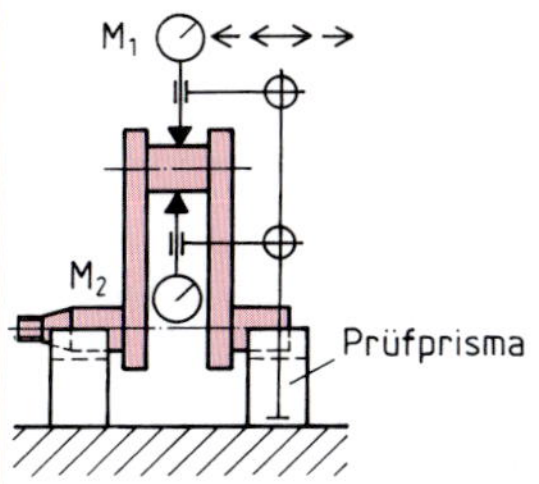 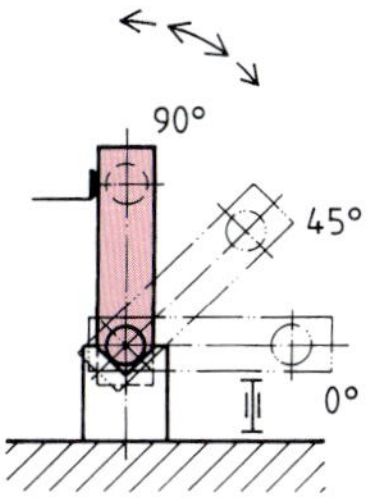	Die Parallelitätsabweichung f_P in einer Winkellage ist die halbe Differenz der Messwerte M_1 und M_2. $$f_P = \frac{M_1 - M_2}{2}$$ Die Parallelitätsabweichung des Werkstücks ist der größte der in den einzelnen Winkellagen ermittelte Wert der Abweichung.
Rechtwinkligkeit 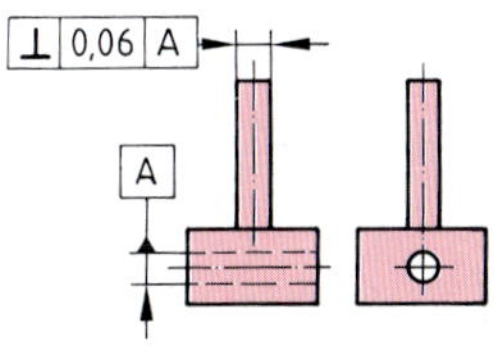	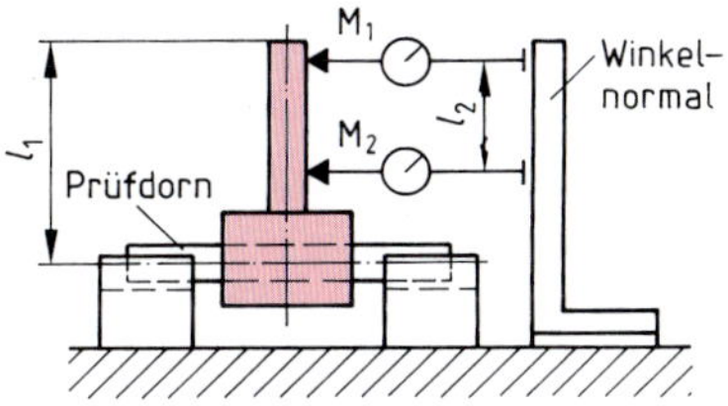 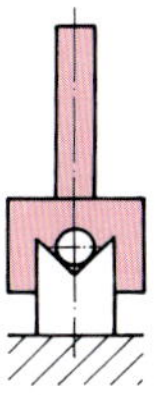	Die Rechtwinkligkeitsabweichung f_R wird aus der Differenz der Messwerte M_1 und M_2 und dem Verhältnis l_1/l_2 berechnet. $$f_R = (M_1 - M_2) \cdot \frac{l_1}{l_2}$$
Rundlauf 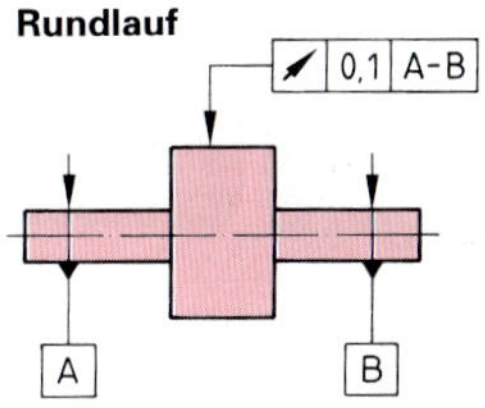	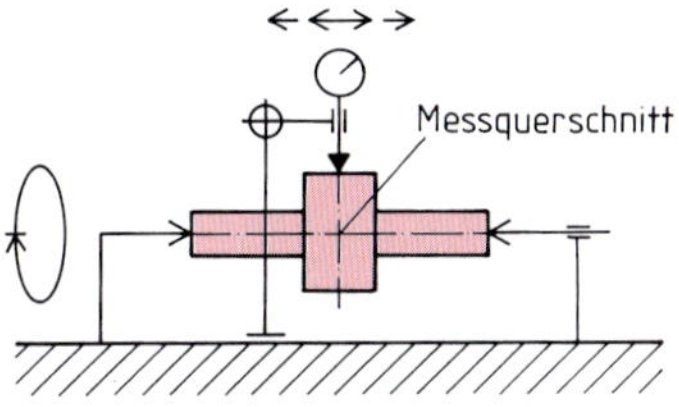	Die Rundlaufabweichung f_L ist die Differenz zwischen der größten und kleinsten Anzeige bei einer Umdrehung. $$f_L = M_{max} - M_{min}$$
Planlauf 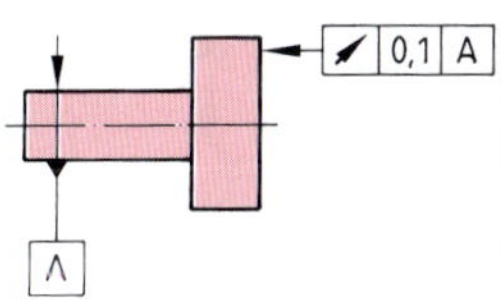	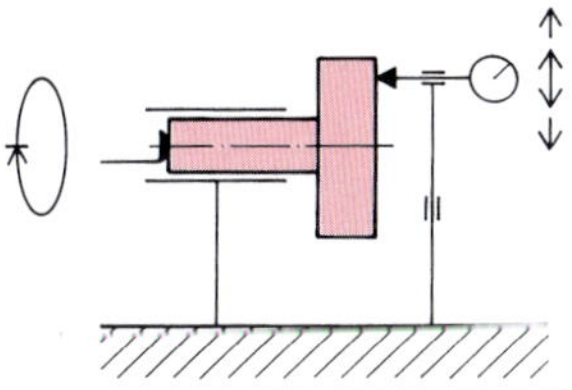	Die Planlaufabweichung f_L ist die Differenz zwischen der größten und kleinsten Anzeige bei einer Umdrehung. $$f_L = M_{max} - M_{min}$$ Bei einer Prüfung ist der größte Radius zu wählen.

In der Serienfertigung lassen sich Form- und Lageabweichungen mit speziellen Messvorrichtungen schnell und einfach feststellen.

Beispiele für den Einsatz pneumatischer Messvorrichtungen

Messen von Formabweichungen

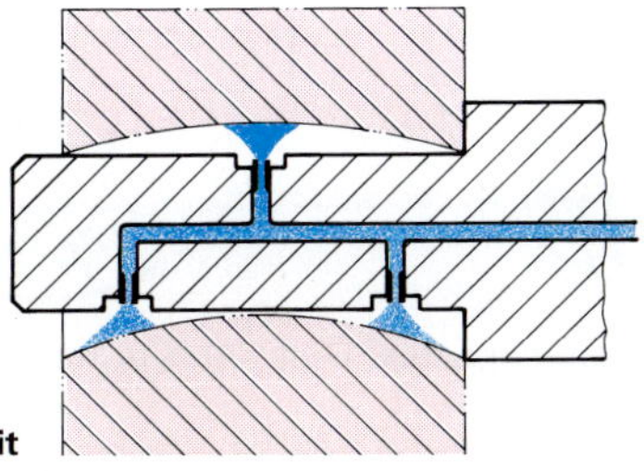

Geradheit

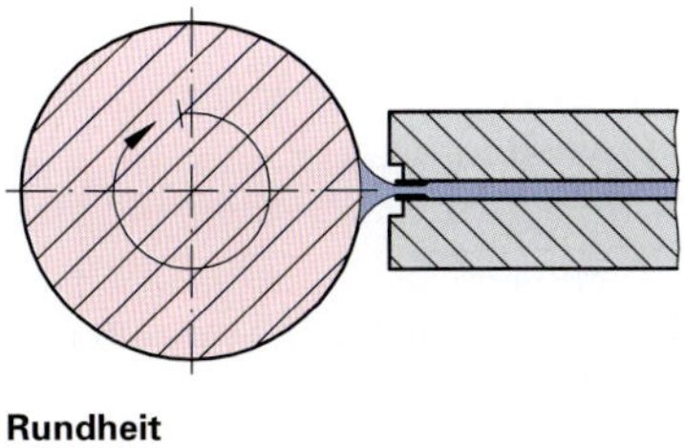

Rundheit

Übungsaufgabe PT-31

Messung von Lageabweichungen

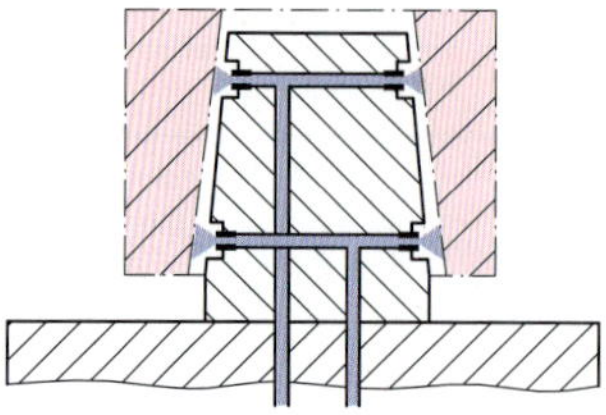

Neigung

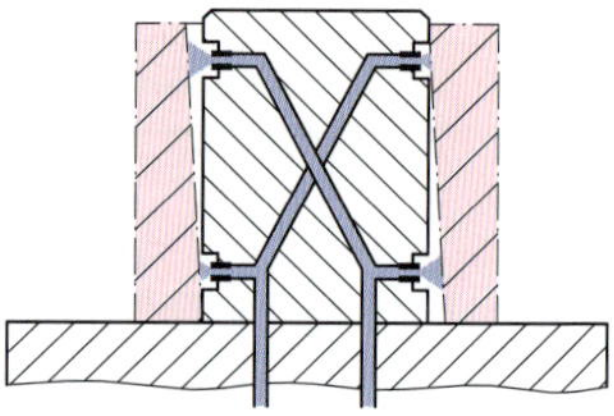

Rechtwinkligkeit

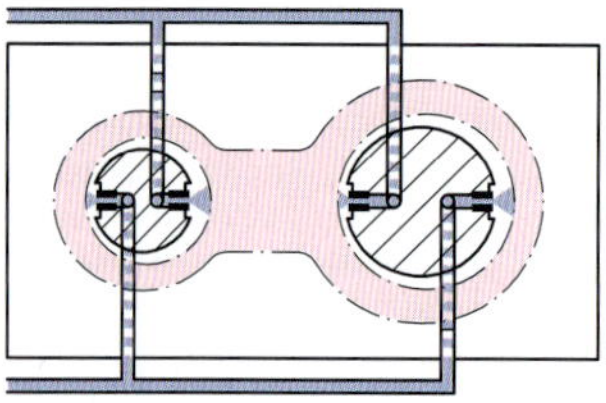

Position (Abstand)

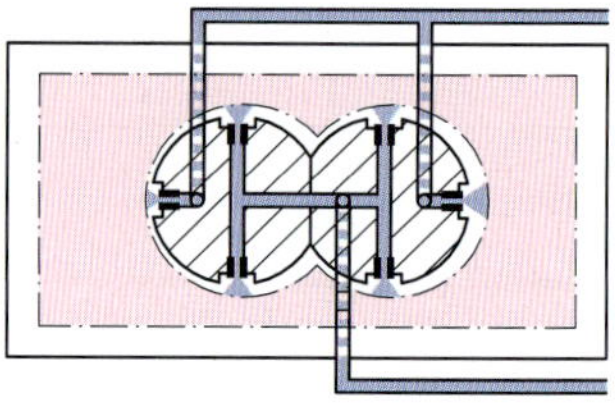

Position (Abstand)

• Messungen von Formabweichungen mit Profilprojektoren

Profilprojektoren vergrößern die Konturen aufgelegter Werkstücke und bilden sie in genauem Maßstab auf einem Bildschirm ab. Die meisten dieser Geräte vergrößern bis zum 100-fachen.

Die Glasbildschirme enthalten Zentrierlinien und die Werkzeugauflagen sind dreh- und verschiebbar, sodass die Werkstücke präzise ausgerichtet werden können.

Skalen und Musterkonturen können eingeblendet werden und erlauben so das Ausmessen von Längen, Radien, Kurvenverläufen und Winkeln.

Optische Schneidwinkelmessgeräte sind kleine Profilprojektoren mit 5- bis 10-facher Vergrößerung. Sie erlauben die Kontrolle von Werkzeugschneiden und die Messung von Werkzeugwinkeln.

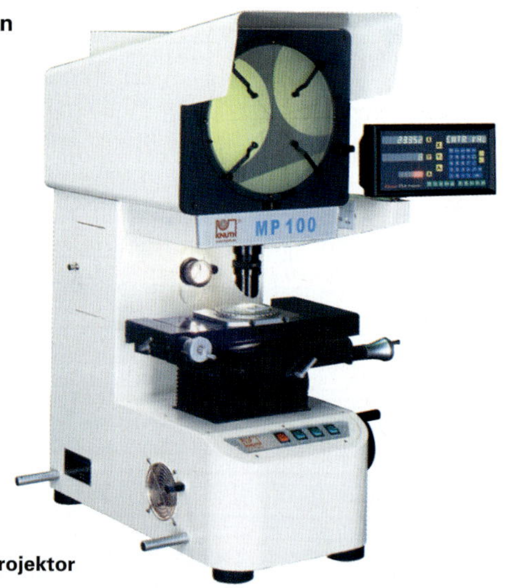

Profilprojektor

Beispiel für Projektionsbilder eines optischen Schneidwinkelmessgeräts

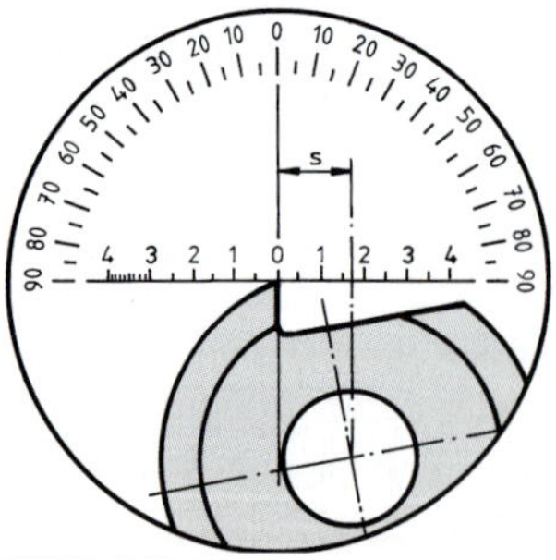

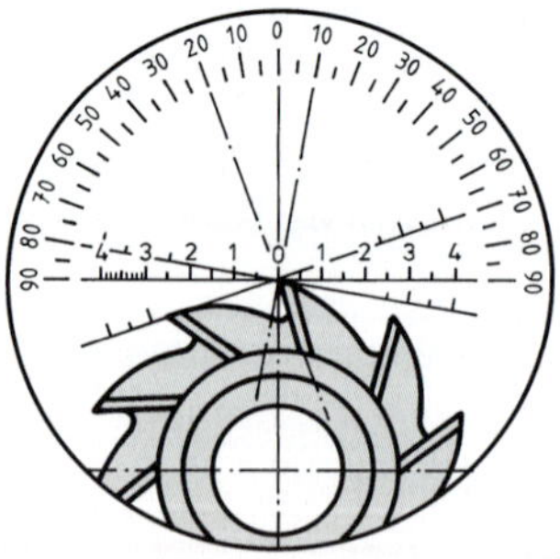

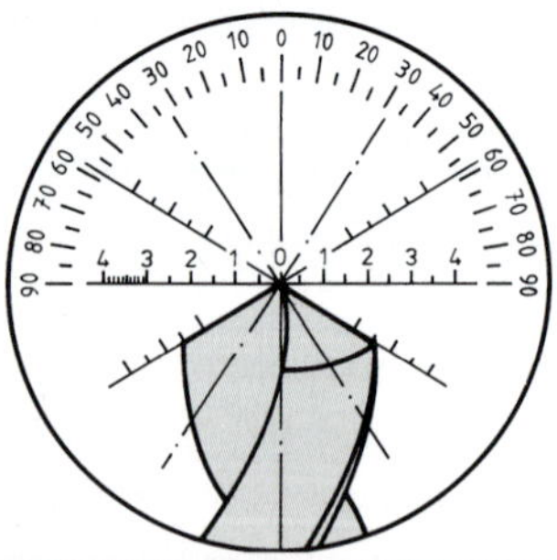

Profilprojektoren erzeugen vergrößerte Bilder des Werkstückprofils. Dies kann durch eingeblendete Skalen ausgemessen werden.

4 Messen von Winkeln

- **Universalwinkelmesser**

Der Universalwinkelmesser ist vielseitiger verwendbar als der einfache Winkelmesser. Der Universalwinkelmesser hat zwei feste Schenkel, die unter einem Winkel von 90° zueinander stehen. Ein weiterer Schenkel ist um eine Vollkreisskala schwenkbar. Die Vollkreisskala ist in 4 mal 90° eingeteilt. Sie bildet mit den beiden festen Schenkeln eine starre Einheit. Mit dem beweglichen Schenkel verbunden ist eine Nebenskala. Sie besteht aus je einem Nonius rechts und links vom Nullstrich.

Jeder Nonius ist in 12 Teile aufgeteilt und erstreckt sich auf 23°. Der Winkel zwischen zwei Teilstrichen auf dem Nonius ist daher 23°/12 = 1°55′. Die Ablesegenauigkeit beträgt 5′.

Das Ablesen erfordert eine Zusammenfassung der Werte von Hauptskala und Nonius. Der Winkelnonius muss von der Null zweiseitig vorhanden sein. Daher ist zu beachten, dass Hauptskala und Nonius **stets** in gleicher Richtung abgelesen werden.

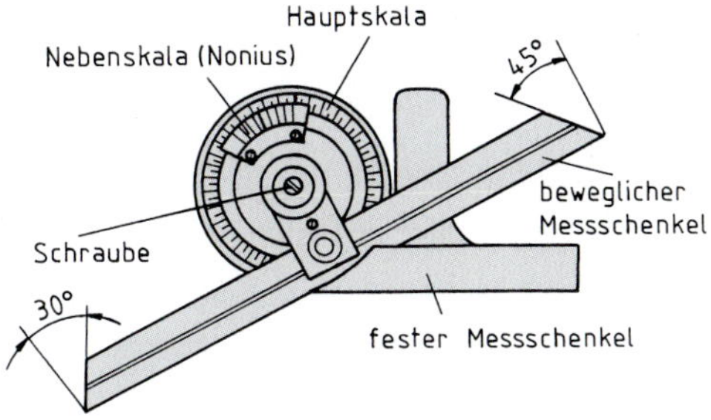

Universalwinkelmesser

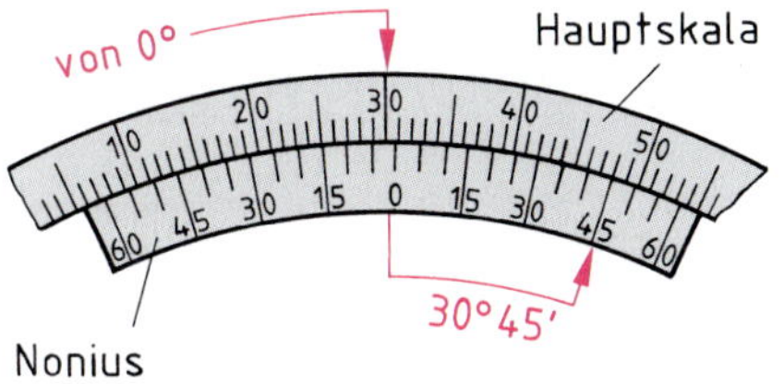

Ermittlung der Winkelgröße

Universalwinkelmesser haben einen Messbereich von 0° bis 360°. Die Ablesegenauigkeit beträgt 5′. Nonius und Hauptskala müssen stets in gleicher Richtung abgelesen werden.

- **Messen mit Winkelendmaßen**

Winkelendmaße sind sehr genaue Maßverkörperungen von Winkeln. Die geneigte Stellung zweier Meßflächen zueinander verkörpert den einzelenen Winkel. Die Größe des Winkels ist seitlich auf dem Endmaß aufgetragen. Zusätzlich trägt jedes Winkelendmaß am dünneren Ende das Minuszeichen und am dickeren Ende das Pluszeichen. Durch Zusammensetzen von Winkelendmaßen können sie zum Messen von Winkeln verwendet werden.

Winkelendmaße werden ähnlich dem Parallelendmaßen in Sätzen geliefert. Ein solcher Satz enthält z.B. 14 Winkelendmaße in drei Maßbildungsreihen für Grade, Minuten und Sekunden. Mit diesem Satz kann jeder Winkel zwischen 0° und 90° in Stufen von 10″ dargestellt werden.

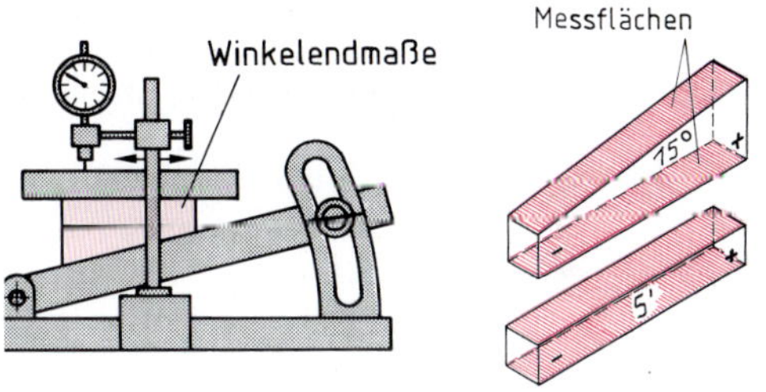

Einstellen mittels Winkelendmaßen

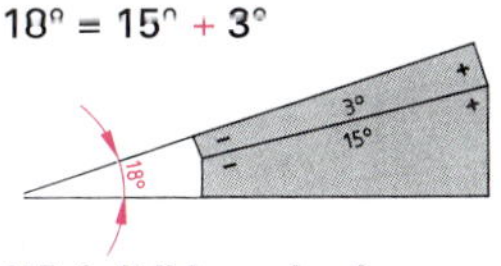

Winkelbildung durch Addition

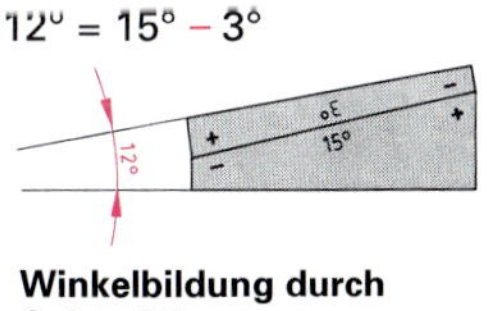

Winkelbildung durch Subtraktion

- **Messen mit dem Sinuslineal**

Mithilfe des Sinuslineals können Winkel durch Endmaßkombinationen zusammengestellt werden. Das Sinuslineal ist eine parallel geschliffene Platte, an der zwei Zylinder im Abstand *L* befestigt sind. Durch Unterlegen von Endmaßen wird der Winkel eingestellt. Es gilt die mathematische Beziehung:

$$\sin \alpha = \frac{H}{L}$$

α Winkel
H Höhe der Endmaße
L Länge des Sinuslineals

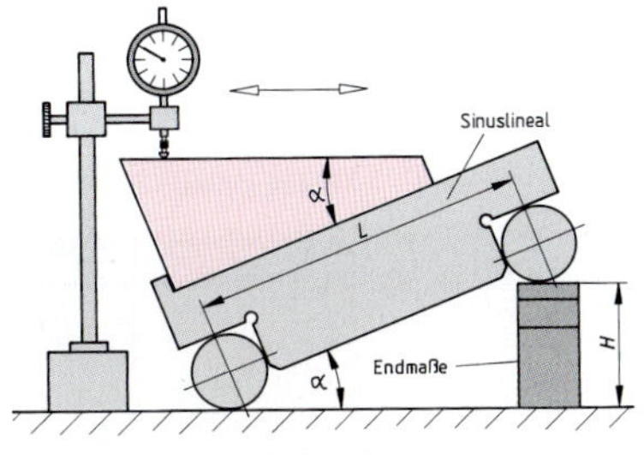

Messen mit dem Sinuslineal

Übungsaufgaben PT-32; PT-33; PT-34

5 Abnahmeprüfungen von Maschinen

Nach der Endmontage von Maschinen, Anlagen oder Geräten muss zur Qualitätssicherung eine abschließende Prüfung durchgeführt werden.

Diese **Abnahmeprüfung** stellt sicher, dass die Maschine den gestellten Anforderungen genügt. Das bedeutet z.B. für Werkzeugmaschinen, dass bei der Fertigung vorgegebene Toleranzen eingehalten werden.

Abnahmeprüfungen erfolgen nach vorgegebenen Normen und Richtlinien. In ihnen sind festgelegt:

- der *Gegenstand der Prüfung*, z.B. der Rundlauf der Arbeitsspindel einer Werkzeugmaschine,
- die *messtechnische Anordnung der Prüfung*, z.B. eine Anschlagleiste mit Messuhr.

Beispiel **für die Abnahmeprüfung einer Fräsmaschine**

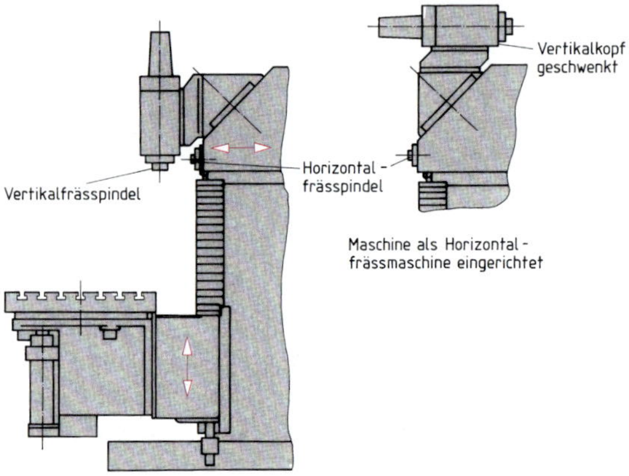

Die dargestellte Senkrecht- und Waagerechtfräsmaschine ist nach ihrer Fertigstellung an ihrem Einsatzort aufgestellt worden. Nach DIN 8615 sind die **geometrischen Prüfungen** der Schlittenführungen und der Arbeitsspindel durchzuführen und zu protokollieren.

Nr.	Gegenstand der Prüfung	Bild	Prüfmittel	Prüfanleitung	Abweichung in mm zulässig	gemessen
1	Parallelität der Aufspannfläche des Frästisches zur Horizontalfrässpindel	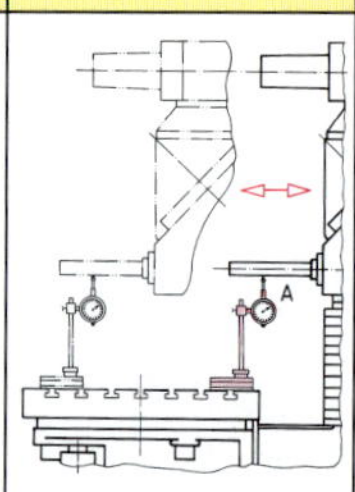	Messständer Messuhr	Messständer mit Messuhr auf dem Frästisch befestigen, Taststift der Messuhr in Position A an die Frässpindel anstellen, Querschlitten um die Messlänge verfahren und Anzeige ablesen	0,02 bei 300 Messlänge	0,012
2	Rundlauf des Außenkegels der Vertikalfrässpindel	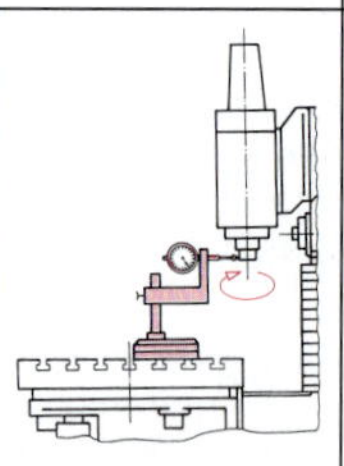	Messständer Messuhr	Messständer auf dem Frästisch befestigen, Messuhr anstellen, Spindel drehen und dabei Anzeige ablesen	0,01	0,005
3	Rechtwinkligkeit der Pinolenbewegung zur Aufspannfläche des Frästisches	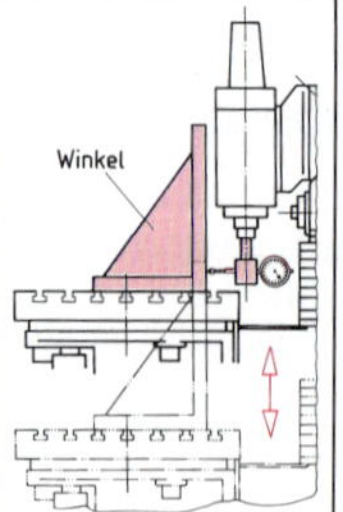	Feinzeiger und Prüfwinkel entsprechend der Länge des Pinolenweges	Längs- und Querschlitten in der Mittelstellung geklemmt, Prüfwinkel aufsetzen Messständer und Messuhr befestigen, Pinole um die Messlänge verfahren und Anzeige ablesen	0,025 bei 300 Messlänge	0,020

Auszug aus dem Abnahmeprotokoll

Übungsaufgabe PT-35

Beispiel für statische Montageprüfungen im Maschinenbau

Prüfen von Lageabweichungen

Beispiel	Prüfmittel	Einsatzgebiete
Abweichung von der Parallelität 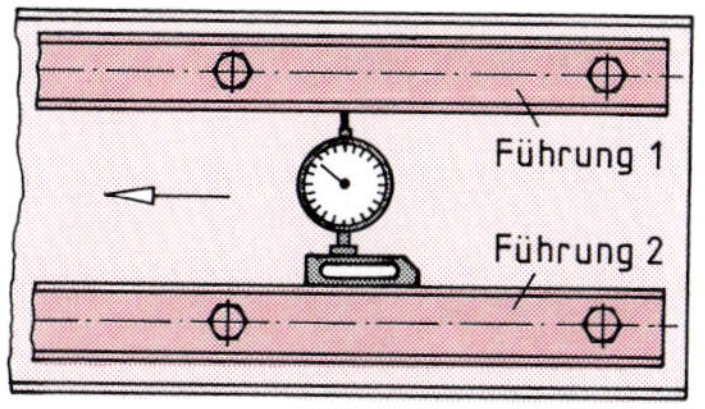	Messschieber, Richtwaage Parallelendmaße Messuhr mit Vorrichtung elektronische Mess-systeme Laser-Messsysteme	Prüfen von Führungsflächen zueinander Prüfen von Achs- und Wellenlagen zueinander
Abweichung von der Fluchtung 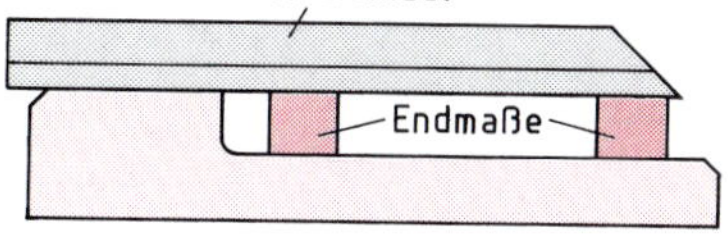	Endmaße, Messuhren optische und elektronische Messgeräte	Prüfen von Achsen, Wellen, Gleitbahnen, Kupplungen oder Riementrieben
Abweichung von der Rechtwinkeligkeit 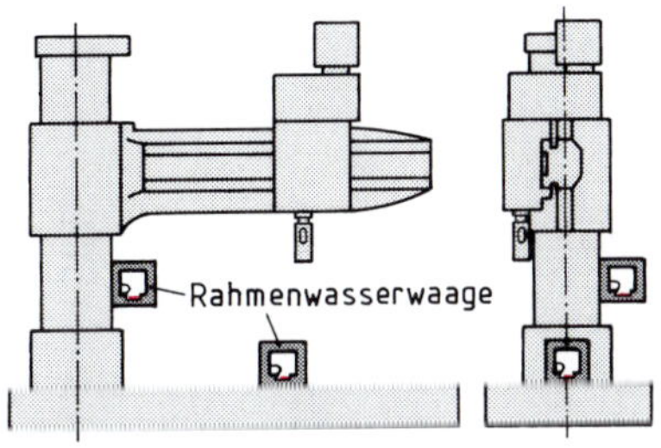	Prüfwinkel mit Messuhr elektronische Messgeräte Rahmenwasserwaage	Prüfen der Lage von Führungsflächen zueinander Prüfen von rechtwinkligen Bewegungsrichtungen, z.B. einer Spindelachse zur Führung
Abweichung vom Rundlauf 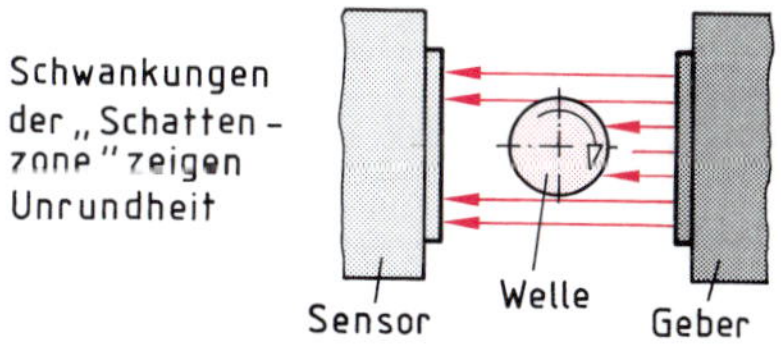	Messuhr Laser-Messsysteme	Prüfen von Wellen und Zahnrädern Prüfen von Spindeln an Werkzeugmaschinen
Abweichung vom Planlauf 	Messuhr elektronische Messgeräte	Prüfen von Wellen und Zahnrädern Prüfen von Aufspannflächen, Rundtischen sowie Maschinenspindeln

Während der Montage werden in statischen Prüfverfahren Werkstücke, vormontierte Baugruppen und fertig montierte Einheiten hinsichtlich Maßen, Form und Lage geprüft.

Übungsaufgaben PT-36; PT-37

Arbeitsauftrag: Planung der Prüfung eines Werkstücks

In einer Vorserie werden Gehäusedeckel aus ABS, in die Bronzebuchsen in der Inserttechnik umspritzt wurden, gefertigt. Die Gehäusedeckel müssen an den angegebenen Stellen geprüft werden.

Planen Sie die Prüfung entsprechend der Lösungsschritte im Handlungsfeld „Bauteile prüfen".

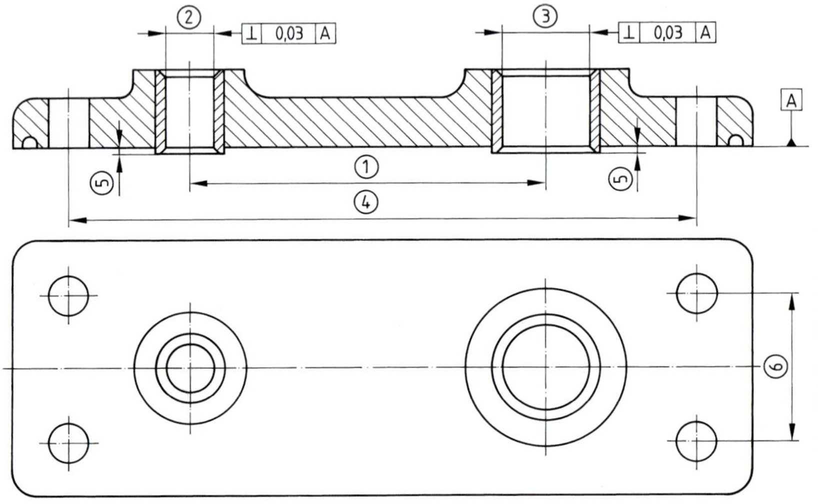

Nr.	Maß
1	$70^{+0,05}_{-0,02}$
2	10 H7
3	18 H7
4	124
5	1
6	25

Nicht tolerierte Maße nach DIN ISO 2768

Lösungsschritt 1 *(Auftrag analysieren)*

a) Schreiben Sie die oben stehende Tabelle ab und tragen Sie zu den einzelnen Maßen die oberen und unteren Abmaße ein.

b) Nennen und skizzieren Sie verschiedene Möglichkeiten zur Prüfung der Rechtwinkligkeit der Lagerbuchsenbohrungen.

c) Nennen und skizzieren Sie Möglichkeiten zur Prüfung des Mittenabstandes.

Nr.	Maß	unteres Abmaß	oberes Abmaß
1			
2			
3			
4			
5			
6			

Lösungsschritt 2 *(Bauteilprüfung planen)*

a) Entscheiden Sie sich für einen Prüfaufbau zur Prüfung der Rechtwinkligkeit und des Mittenabstandes der Lagerbuchsen. Zeichnen Sie den Aufbau unter Verwendung von grafischen Symbolen nach DIN ISO 1101.

b) Erstellen Sie einen Prüfplan, der die für eine Prüfung wichtigen Maße, die Prüfmittel, eine Spalte für das Istmaß und eine Spalte für die Bewertung des Istmaßes enthält.

6 Einsatz numerisch gesteuerter Messmaschinen

Die Überprüfung von Werkstücken mit sehr kleinen Maß-, Form- und Lagetoleranzen ist mit herkömmlichen Prüfmitteln, wie z. B. Messschiebern, Messschrauben oder Grenzrachenlehren, sehr zeitaufwändig. Sehr viel schneller und genauer kann die Überprüfung solcher Werkstücke auf Messmaschinen erfolgen. Sämtliche Messaufgaben können dabei mit *einem* Gerät – der Messmaschine – gelöst werden.
Moderne Messmaschinen sind CNC-gesteuert.

Beispiel **für die Durchführung eines Messauftrages in unterschiedlichen Techniken**

Messaufgabe
Es sind zu prüfen:
- Durchmessermaße der Bohrungen,
- Lage der Bohrungsachsen,
- Form des Grundkörpers

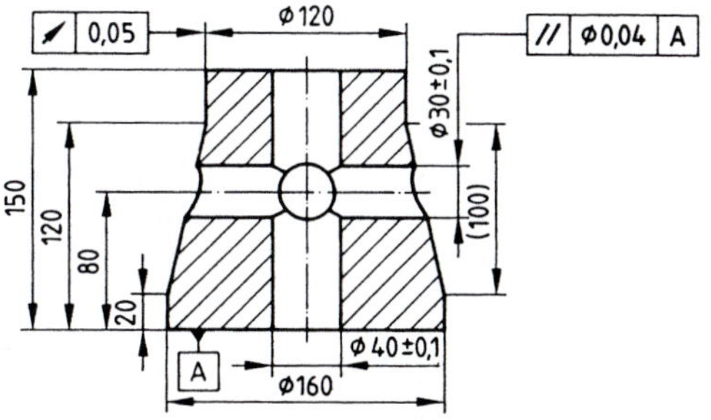

Lösungen in herkömmlicher Technik mit einzelnen Messgeräten	**Lösungen mit CNC-Messmaschine**
Maßprüfung des Bohrungsdurchmessers 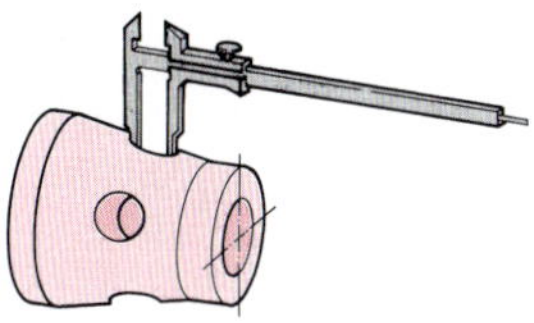	*Prüfen von Maßen, Formen und Lage mit Rechnerunterstützung auf einer CNC-Messmaschine* 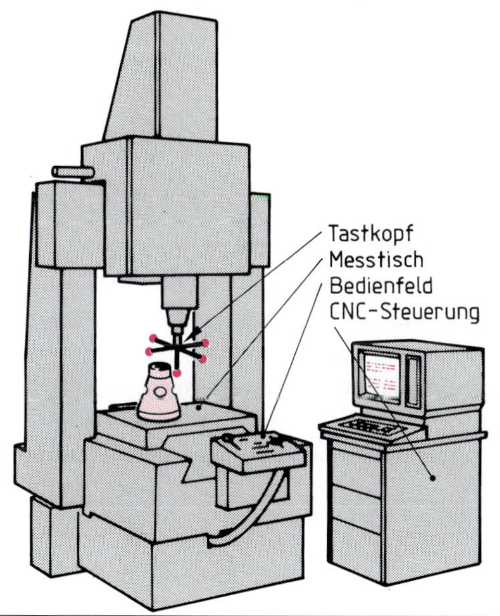
Lageprüfung der Bohrungsachsen 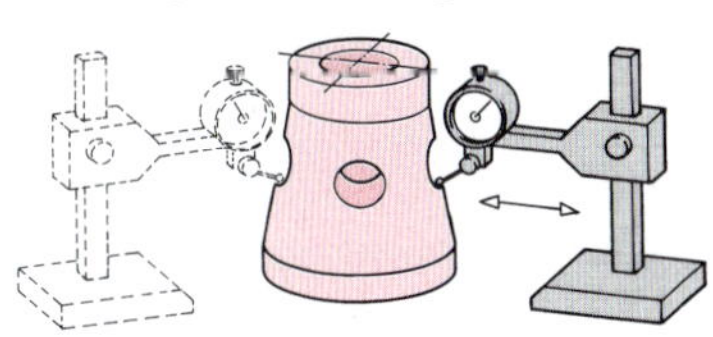	
Formprüfung des zylindrischen Teils des Grundkörpers 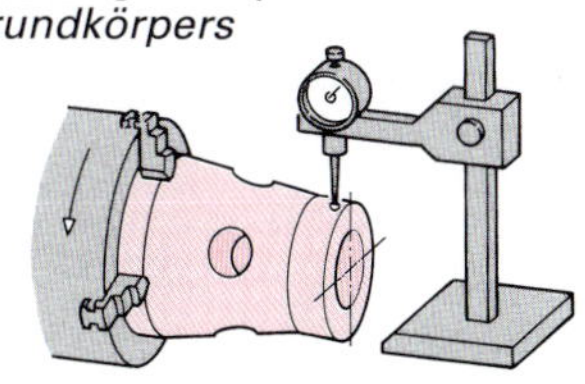	

6.1 Aufbau und Funktion von CNC-Messmaschinen

6.1.1 Baueinheiten einer CNC-Messmaschine

CNC-Messmaschinen ähneln in ihrem Aufbau sehr stark CNC-Bohr- und -Fräsmaschinen.
Das zu prüfende Werkstück wird auf den *Maschinentisch* gespannt. Ein *Portal* oder ein *Ausleger* trägt die Messeinrichtung. Der Messtaster im *Tastkopf* wird ähnlich einem Fräswerkzeug relativ zum Werkstück in allen drei Achsen bewegt. Vom *Bedienfeld* aus können alle Bewegungen manuell gesteuert werden. Über die *CNC-Steuerung* können die Messvorgänge automatisiert werden.

6.1.2 Koordinatensysteme

Für die Messung auf Messmaschinen sind drei Koordinatensysteme von Bedeutung:

- Das rechtwinklige **Koordinatensystem der Messmaschine** hat seinen Ursprung im Maschinennullpunkt. Die X- und Y-Achsen liegen auf der Oberfläche des Messtisches und die Z-Achse steht senkrecht dazu.
- Das rechtwinklige **Koordinatensystem des Tastsystems** hat seinen Ursprung im Mittelpunkt des Bezugstasters. Die Koordinatenachsen des Tastsystems verlaufen parallel zu den Maschinenkoordinatenachsen.
- Das rechtwinklige **Koordinatensystem des Werkstücks** hat seinen Ursprung in einem markanten Werkstückpunkt. Die Koordinatenachsen verlaufen parallel zu den Maschinenkoordinaten der Messmaschine.

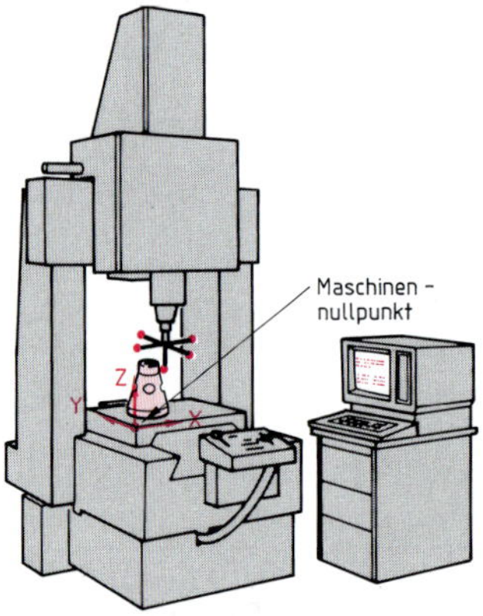

Koordinatensystem und Maschinennullpunkt einer Messmaschine

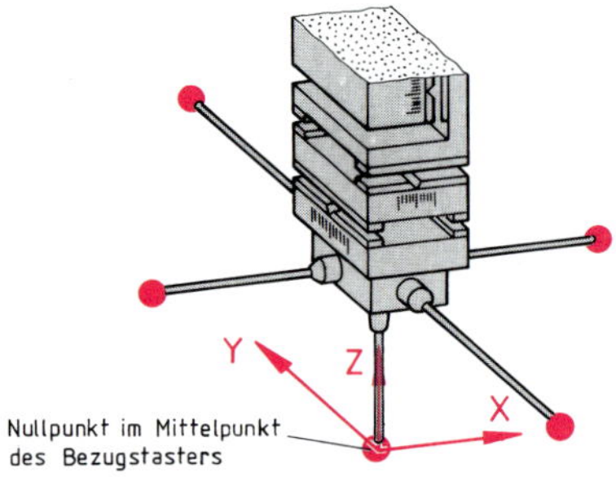

Koordinatensystem und Nullpunkt eines Tastkopfes

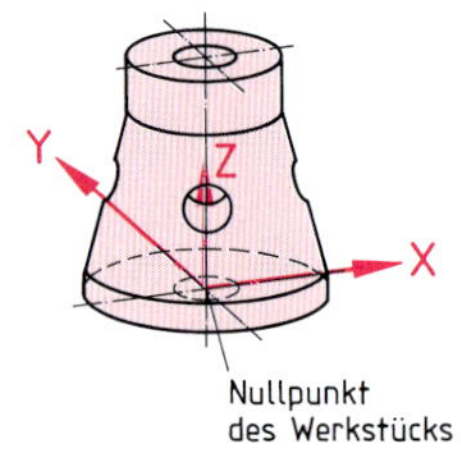

Koordinatensystem und Nullpunkt eines Werkstücks

6.1.3 Statische und dynamische Messwerterfassung

Bei der Messwerterfassung unterscheidet man zwei Verfahren:

- Bei **statischer Messwerterfassung** wird der Messwert bei Stillstand der Messmaschine und in Nullstellung des Tastsystems aufgenommen.
- Bei **dynamischer Messwerterfassung** wird der Messwert während der Bewegung aus den Messwerten von Maschine- und Tastermesssystem errechnet.

  Die kontinuierliche Aufnahme einer Vielzahl an Messpunkten innerhalb einer kurzen Zeit nennt man Scannen.

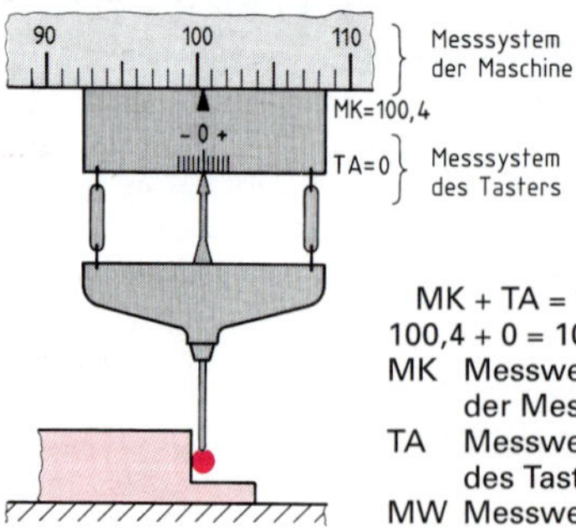

MK + TA = MW
100,4 + 0 = 100,4
MK Messwert auf der Messskala der Messmaschine
TA Messwert auf der Messskala des Tasters
MW Messwert

Statische Messwerterfassung (Schema)

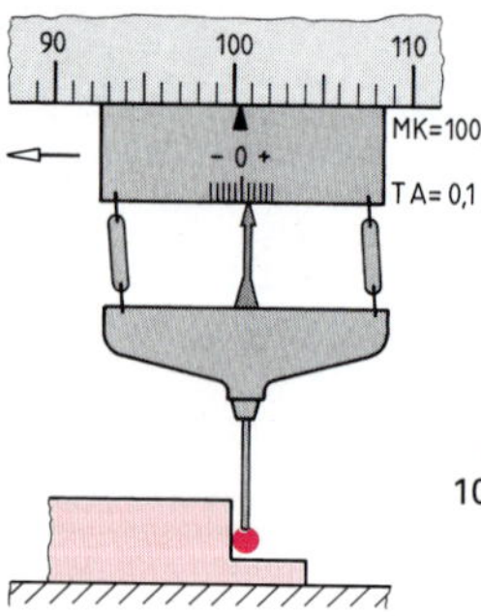

MK + TA = MW
100,3 + 0,1 = 100,4

Dynamische Messwerterfassung (Schema)

Übungsaufgabe PT-39

6.1.4 Messtaster und ihre Kalibrierung

• Aufbau von Messtastern

Messtaster bestehen aus der *Einspannvorrichtung* und den eingesetzten *Taststiften*. Der Taststift trägt an seinem Ende das *Tastelement*. Als Tastelemente verwendet man meist Kugeln aus Rubin, für Sonderzwecke auch Kegel oder Zylinder. Ferner werden Kombinationen verschiedener Messtaster eingesetzt.

Die Auswahl der Taststifte für einen Messtaster soll so erfolgen, dass alle Messvorgänge an einem Werkstück möglichst ohne Lageveränderung des Werkstückes und ohne Wechsel der Taststifte vorgenommen werden können.

Beispiel **für Taststifte und Taststiftkombinationen**

Normaleinsatz | **Zur schnellen Ermittlung von Bohrungsmitten** (geringe Genauigkeit) | **Zum Messen von Ringnuten** | **Zum allseitigen Messen** | **Zum Innenmessen waagerechter Bohrungen**

• Kalibrierung von Messtastern

Eine Voraussetzung für genaue Messungen ist die Feststellung von Ungenauigkeiten, die ihre Ursache im Tastsystem oder den Messkräften haben.

Die häufigsten Fehlerquellen sind:

- Abweichungen der Messtaster von Sollmaßen und Sollformen,
- Durchbiegung der Messtasterarme aufgrund der Einwirkung von Messkräften.

Um diese Fehler auszugleichen, stellt man mithilfe eines hochgenauen **Kugelnormals** die Messfehler unter verschiedenen Messbedingungen fest. Man nennt diese Erfassung der Messfehler **Kalibrieren**. Die beim Kalibrieren festgestellten Abweichungen werden beim Messen mithilfe von Software verrechnet – ähnlich den Werkzeugmaßkorrekturen bei der CNC-Bearbeitung.

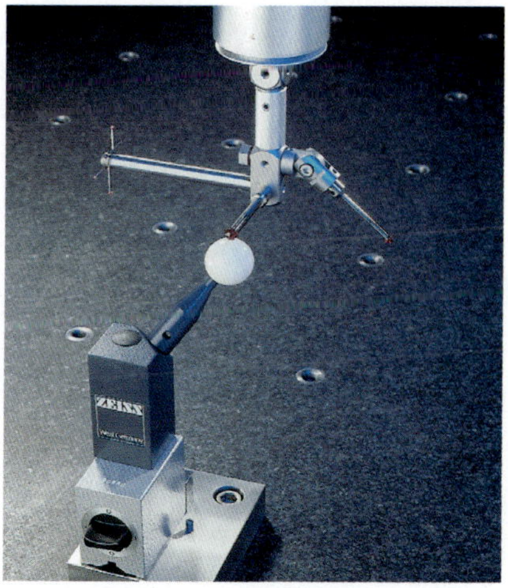

Kalibrieren eines Messtasters

Die Erfassung der Abweichungen von Messtastern von ihrer Sollform und ihren Sollmaßen nennt man Kalibrieren.
Das Kalibrieren der Messtaster erfolgt an hoch genauen Kugelnormalen bei festgelegten Messbedingungen. Die ermittelten Korrekturmaße werden bei späteren Messungen über Softwareprogramme verrechnet.

Übungsaufgabe PT-40

6.1.5 Steuerung von Messabläufen

Messungen an Einzelteilen und Kleinserien erfolgen meist über *manuelle* Steuerung. Bei Großserien werden *NC-Programme zur Steuerung* der Messmaschinen eingesetzt.

- **Manuelle Steuerung von Messungen**

Messmaschinen werden vom Bedienfeld aus mit einem oder zwei Steuerhebeln sowie Tasten manuell gesteuert:

- Die zu verfahrende Richtung wird entweder über Tasten oder über die Auslenkungsrichtung eines Steuerhebels eingegeben.
- Die Geschwindigkeit der Tasterbewegung wird entweder über Drehknopf oder über die Auslenkungsgröße eines Steuerhebels beeinflusst.

Sobald ein Messpunkt angefahren ist und die Maschine den Messwert erfasst hat, wird durch Tastendruck dieser Messwert automatisch an den Speicher übergeben.

Für eine manuelle Steuerung von Messmaschinen sind keine Programmierkenntnisse erforderlich.

Manuelle Steuerung der Messmaschine

Bei manueller Steuerung von Messmaschinen werden Steuerbefehle über das Bedienfeld eingegeben.

- **Programmgesteuerte Messungen**

Lernprogrammierung an CNC-Messmaschinen

Sollen viele gleiche Werkstücke geprüft werden, können die Messpunkte und Verfahrwege mit den Geschwindigkeiten der manuellen Messung des ersten Werkstückes gespeichert werden. Diese Daten werden mithilfe der Software automatisch in ein Programm übernommen, das alle weiteren Messungen an den folgenden Werkstücken steuert. Man nennt diese Art der Erstellung eines NC-Programms *Lernprogrammierung* (Teach-In-Programmierung).

Für die Messung der Werkstücke mit dem Lernprogramm müssen die Werkstücke zum Start des Programms entweder an der gleichen Stelle positioniert sein oder der Messtaster muss jeweils manuell zu einem festgelegten Punkt am Werkstück herangeführt werden.

Bei der Lernprogrammierung werden Messpunkte, Verfahrwege und Verfahrgeschwindigkeiten einer manuell gesteuerten Messung gespeichert und in ein Messprogramm für künftige Messungen umgeformt (Teach-In-Programmierung).

Programmerstellung mit CNC-Software

Zum Prüfen von Serien gleicher Werkstücke werden Messprogramme mithilfe separater Rechner erstellt. Mit der Messsoftware werden
- die für den Messvorgang wesentlichen Werkstückkonturen konstruiert,
- die Messpunkte festgelegt und
- Verfahrwege und -geschwindigkeiten bestimmt.

Aus den so gewonnenen Daten wird das Messprogramm erzeugt. In einer Simulation wird es geprüft, optimiert und in den Rechner der Messmaschine eingegeben.

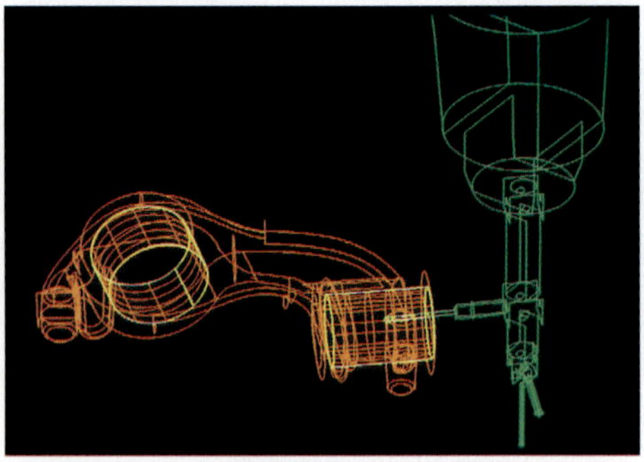

Simulation des Messvorgangs

Messprogrammerstellung mit CNC-Software erfordert die Eingabe von
- Geometriedaten des Werkstücks,
- Lage und Abfolge von Messpunkten und Messstrecken und
- Verfahrwegen und Verfahrgeschwindigkeiten des Messtasters.

Übungsaufgaben PT-41; PT-42; PT-43

Programmerstellung mithilfe von CAD-Daten

Für Werkstücke, die mithilfe eines CAD-Systems konstruiert wurden, liegen die Geometriedaten bereits vor. Mithilfe spezieller Software werden diese Daten übernommen und um die Lage von Messpunkten und Verfahrwegen zu einem Messprogramm ergänzt. Die Simulation und die folgende Optimierung geschieht in gleicher Weise wie bei der Programmerstellung mit CNC-Software.

PT

Die Programmerstellung mit Messsoftware kann durch die Übernahme der Geometriedaten von Werkstücken, welche mit CAD-Systemen konstruiert wurden, deutlich verkürzt werden.

6.2 Software für CNC-Messmaschinen

Messprogramme haben folgende Aufgaben:

- Messmaschinen steuern,
- den Messpunkten am Werkstück die ermittelten Messwerte zuordnen,
- Messwerte zwischenspeichern,
- Messwerte auswerten, z. B. Form- und Lageabweichungen ermitteln,
- Dokumentationen der Messwerte über Ausgabegeräte ermöglichen.

Messprogramme erstellt man aus *Standard-* und *Sondersoftware* entsprechend der Messaufgabe.

6.2.1 Standardsoftware

Standardsoftware wird zum manuellen und automatischen Messen von Werkstücken mit ebenen, zylindrischen, kegel- und kugelförmigen Begrenzungsflächen eingesetzt.

Mit ihrer Hilfe kann man

- Werkstücke rechnerisch auf dem Messtisch *ausrichten*, z. B. kann durch Antasten von Bezugsflächen der Werkstücknullpunkt bestimmt und die Lage des Werkstückkoordinatensystems gegenüber dem Maschinenkoordinatensystem verrechnet werden,
- Geometrieelemente wie Kreisfläche, Zylinder, Kegel durch Antasten von Einzelpunkten erfassen,
- gemessene Geometrieelemente *mathematisch verknüpfen*, z. B. können aus angetasteten Punkten auf Bohrungsumfängen Mittenabstände berechnet werden,
- Messwerte mit gespeicherten Sollwerten und Toleranzen des Werkstücks vergleichen,
- Messergebnisse durch Messprotokolle *dokumentieren*.

6.2.2 Sondersoftware

Sondersoftware gibt es für vielfältige Bereiche und Probleme, wie z. B.

- zum Prüfen von Kurven und gewölbten Flächen, z. B. Zahnflanken, Turbinenschaufeln, Gesenke,
- zum Prüfen von Normteilen, z. B. Schrauben, Schnecken, Verzahnungen,
- zur statistischen Auswertung von Großserienmessungen.

Beispiel **für die Prüfung einer Steuerkurve mit Auswertung der Messergebnisse**

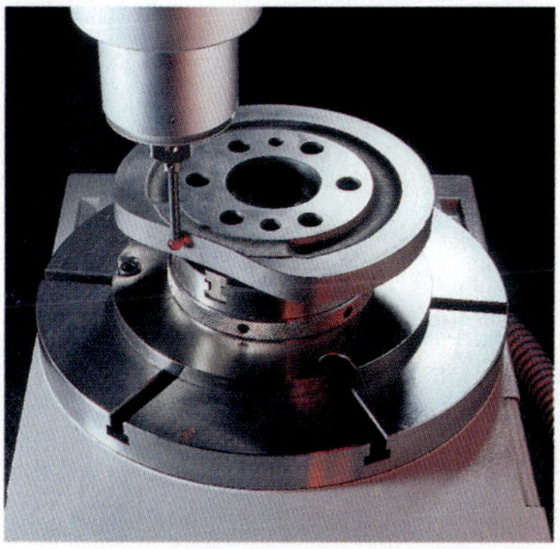

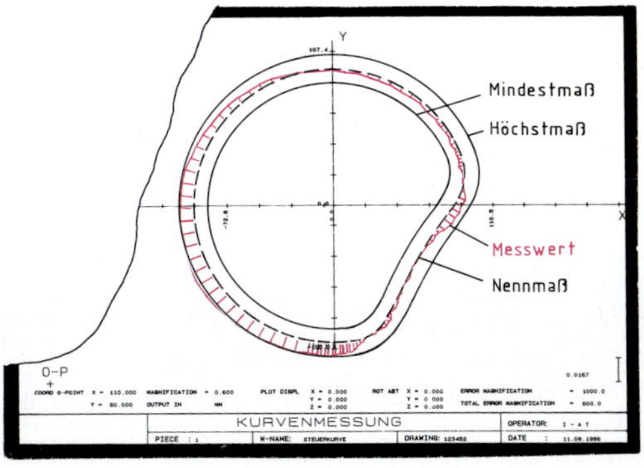

Übungsaufgaben PT-44; PT-45

Handlungsfeld: Überwachen von Produkt- und Prozessqualität

Problemstellung

Auftrag

Prüfauftrag

Für das angegebene Prüfmerkmal ist der Nachweis der Maschinen- und Prozessfähigkeit zu erbringen und der Fertigungsprozess kontinuierlich zu überwachen.

Prüfplan

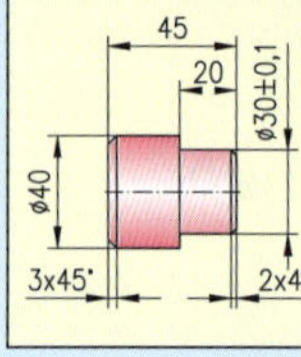

- Prüfmerkmal: ∅ 30±0,1
- Prüfumfang:
  - Maschinenfähigkeit: 50 Teile
  - Prozessfähigkeit: 125 Teile pro Schicht

Prüfergebnisse

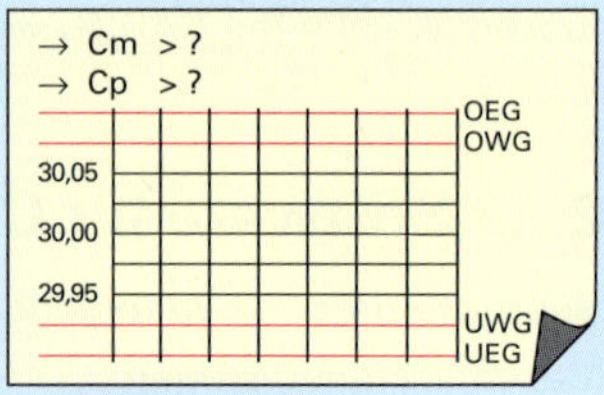

Analysieren

Auftrag und Prüfplan analysieren hinsichtlich

- festgelegter Prüfmerkmale
- Vorgaben zum Überwachungsverfahren einschließlich Angaben zum Prüfumfang und den -zeiten
- Hinweisen zur Art der Ergebnisdokumentation

Auftrag

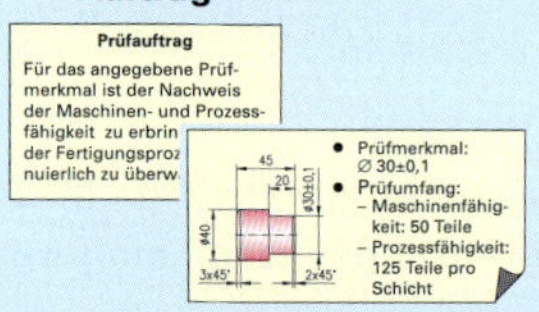

Ergebnisse

- Messverfahren
- Verfahren der Datenaufnahme und -dokumentation
- Verfahren der Datenauswertung und Ergebnisdokumentation zum Nachweis beim Kunden

Planen

Überlegungen zu

- Messmittel (Art, Größe, Genauigkeit)
- Art der Datenaufnahme und -dokumentation
- Vorgehen bei der Überwachung (Schrittfolge)
- Form der Ergebnisdokumentation zum Nachweis beim Kunden

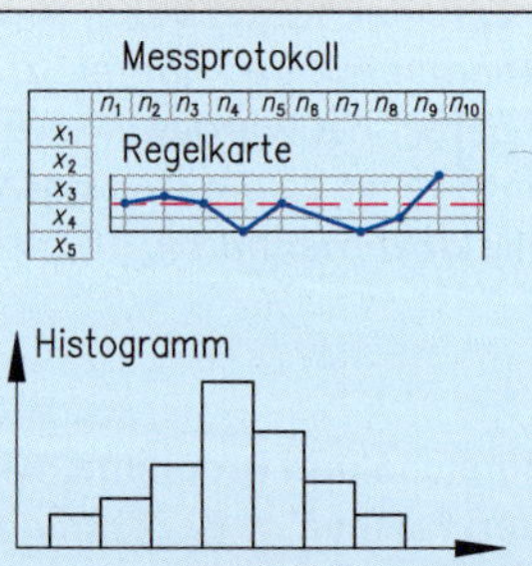

Ergebnisse

- Art des Messmittels
- Formulare zur Dokumentation und Auswertung der Messergebnisse
- zu berechnende Qualitätskenngrößen

Ausführung und Auswertung

Überwachung durchführen

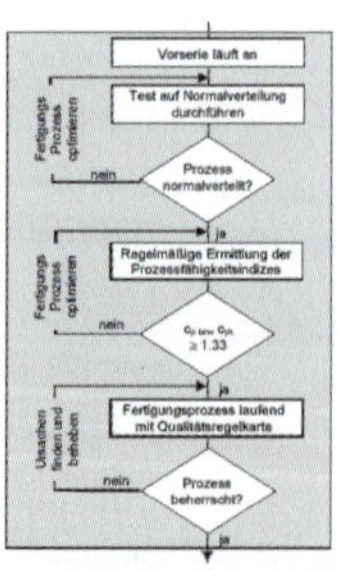

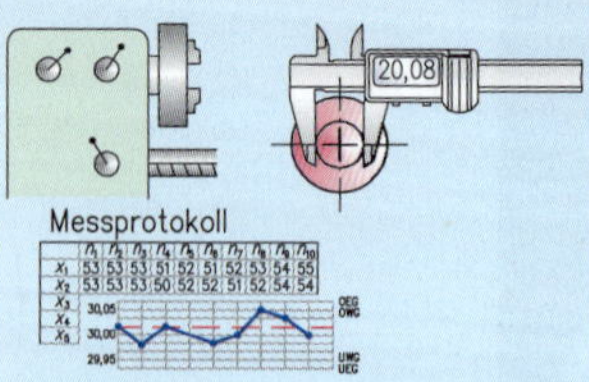

Ergebnisse

- c_m = 1,63, c_p = 1,48
- Maschine ist fähig
- Prozess ist fähig und beherrscht!

Ergebnisse

Entscheidung über

- Maschinenfähigkeit,
- Prozessfähigkeit und
- Beherrschbarkeit des Prozesses

7 Qualitätsmanagement

7.1 Einleitung

Von jedem Produkt, das ein Kunde kauft und von jeder Arbeit, die zu verrichten ist, wird **Qualität** verlangt. Was der Einzelne unter Qualität versteht, ist schwer genau zu beschreiben – man spürt fehlende Qualität erst, wenn Mängel erkennbar werden. Qualität kann man in Abwandlung der etwas komplizierten DIN-Definition etwa so beschreiben:

> „Ein Produkt oder eine Arbeit besitzen Qualität, wenn sie in Hinblick auf ihre Eignung festgelegte und vorausgesetzte Erfordernisse erfüllen."

Unter dem Begriff **Qualitätsmanagement** werden darum alle Maßnahmen verstanden, die im Laufe einer Produktentstehung und -anwendung auf allen Ebenen zu treffen sind, damit ein Produkt entsteht, dass alle vorausgesetzten Erfordernisse erfüllt. Qualitätsmanagement hat also den gesamten Lebensweg eines Produktes im Blick.

Beispiel **für den Lebensweg eines Produktes**

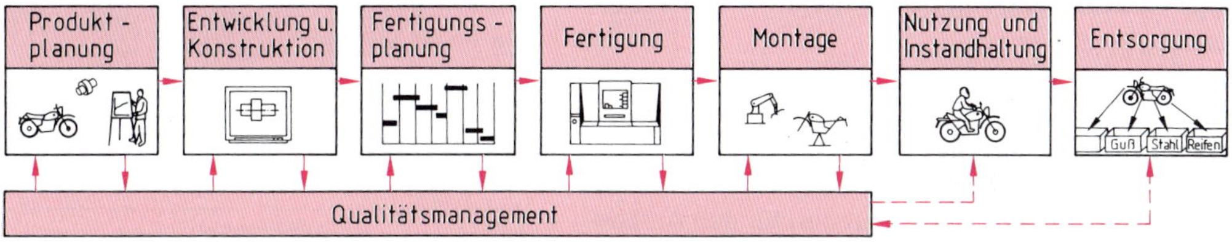

Das Qualitätsmanagement ist demnach etwas ganz anderes als eine reine Endkontrolle, in der die Qualität eines Produktes erst vor der Auslieferung bzw. Weitergabe geprüft wird. Qualitätsmanagement handelt gemäß dem Grundsatz: „Qualität ist zu erzeugen – nicht zu erprüfen."

Unter Qualitätsmanagement versteht man alle Maßnahmen im Laufe von Produktentstehung, Anwendung und Recycling, die notwendig sind, um Produkte zu erzeugen, welche die vorausgesetzten Erfordernisse erfüllen.

Dem Qualitätsmanagement kommt eine besondere Bedeutung in der Phase der Planung und Entwicklung zu, denn 75% der Fehler eines Produktes entstehen dort. Sie werden aber häufig erst im Laufe der Fertigung oder beim Einsatz erkannt und verursachen dann extreme Kosten zur Fehlerbeseitigung. Es gilt für die Kosten etwa die *Zehnerregel*. Sie besagt, dass die Kosten zur Beseitigung eines Fehlers aus der Stufe zuvor in der folgenden etwa das Zehnfache an Kosten verursacht.

Beispiel **für die Zehnerregel der Fehlerkosten**

Bei der Planung eines Motorrades wurde an einer Mutter die Sicherung vergessen.
Hätte man bei der Planung daran gedacht und dies notiert, wäre der zeitliche Aufwand eine halbe Minute gewesen, die 1,00 EUR gekostet hätte.
Wäre der Fehler bei der Zeichnungserstellung aufgefallen, hätte das Einarbeiten in die Zeichnung etwa 5 Minuten gedauert und damit 10,00 EUR gekostet, usw.
Eine Rückrufaktion wegen fehlender Schraubensicherung würde um 100 000,00 EUR Kosten verursachen.

Produktplanung →	Entwicklung und Konstruktion →	Fertigungsplanung →	Fertigung und Montage →	Endkontrolle →	Nutzung durch Kunden
Entstehung eines Fehlers, dessen Beseitigung 1,00 EUR kosten würde.	Kosten der Fehlerbeseitigung des Planungsfehlers 10,00 EUR	Fehlerkosten 100,00 EUR	Fehlerkosten 1 000,00 EUR	Fehlerkosten 10 000,00 EUR	Fehlerkosten bei Rückrufaktion 100 000,00 EUR

Die Fehlerbeseitigung kostet bei einer Entdeckung in der jeweils nächsten Verarbeitungsstufe etwa das Zehnfache (Zehnerregel der Fehlerkosten).

Übungsaufgaben PT-46; PT-47

7.2 Qualitätssicherungsnormen

Qualitätssicherungsnormen beschreiben, welchen Anforderungen ein Unternehmen genügen muss, um Qualitätsstandards zu erfüllen. Aufgrund der nationalen und internationalen Gültigkeit dienen diese Normen immer häufiger als Basis für vertragliche Vereinbarungen zwischen dem Kunden und dem Unternehmen. Jedes Produkt unterliegt anderen spezifischen Anforderungen und ist demnach nur unter individuellen Qualitätssicherungsmaßnahmen zu erzeugen. Trotzdem haben alle **Qualitätsmanagementsysteme** (QM-Systeme) einen ähnlichen Aufbau und sind ähnlich organisiert.

Mit den Normen ISO 9000, ISO 9001 und ISO 9004 sind Regelwerke geschaffen worden, welche das gegenseitige Verständnis zwischen Kunden, Unternehmen und Lieferanten national und international erleichtern.

Dabei wird die Kundenorientierung und eine **ständige Verbesserung** von QM-Systemen in den Mittelpunkt gestellt.

ISO 9000 erklärt die Grundlagen für QM-Systeme und die in den Normen verwendeten Begriffe.

ISO 9001 beschreibt anhand eines Modells die Grundsätze und die Anforderungen für den Aufbau eines umfassenden QM-Systems in einem Unternehmen. Diese Norm dient als Basis für ein QM-System.

ISO 9004 stellt einen Leitfaden bereit, der viele Anregungen zum QM-System enthält, besonders für solche Unternehmen, die über die Anforderungen der ISO 9001 hinausgehen bzw. die Wirksamkeit ihres QM-Systems ständig verbessern wollen.

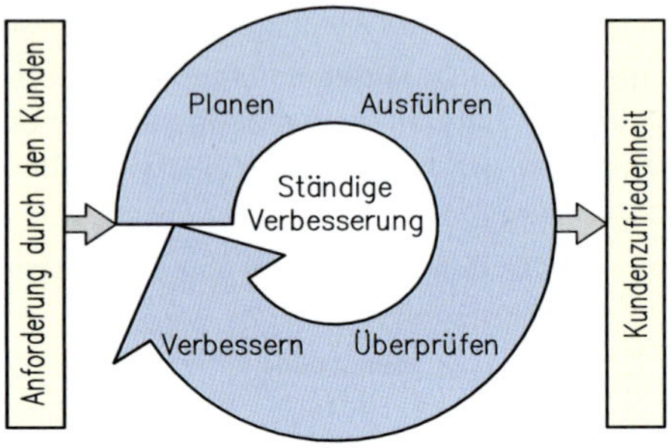

Ständige Verbesserung

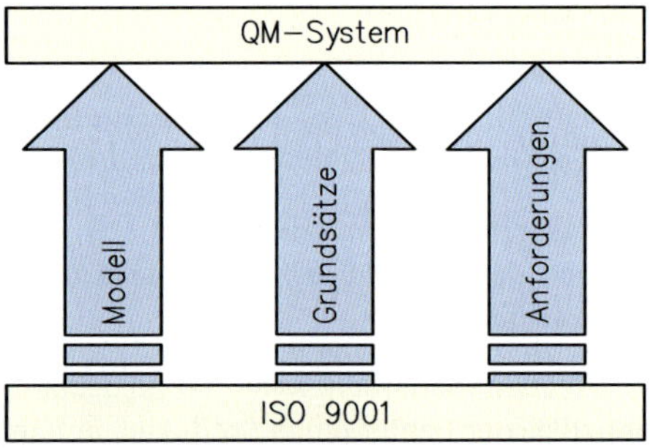

Basis eines QM-Systems

Die Normen zur Qualitätssicherung beschreiben modellartig die Qualitätssicherung von Produkten und geben Anregungen zum Aufbau eines Qualitätssicherungssystems.

7.3 Einflussgrößen auf Qualität

Qualität entsteht durch funktionsgerechtes Zusammenwirken unterschiedlicher Faktoren, die man merkwirksam unter den „7 M" zusammenfasst: **M**ensch, **M**ethode, **M**aschine, **M**aterial, **M**itwelt, **M**anagement und **M**essbarkeit. Am wichtigsten ist hier der **Mensch.** Er muss Qualität planen und erzeugen. Er muss an jeder Stelle der Produktentstehung den gesamten Ablauf, besonders aber die an seiner Tätigkeit anschließende Stufe im Auge haben. Dazu benötigt er

- technisches Fachwissen,
- Kenntnis von Qualitätssicherungsmethoden,
- Bereitschaft und Fähigkeit, sein Wissen anzuwenden und
- Innovationsbereitschaft und Kreativität.

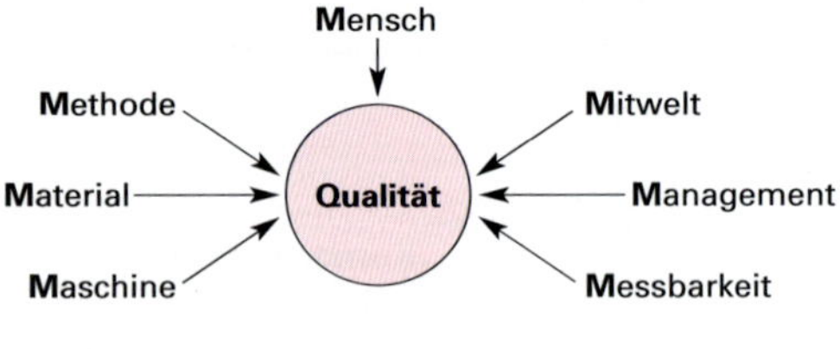

Einflussgrößen auf Qualität

Übungsaufgabe PT-48

Die **Methoden** zur Erzeugung und Sicherung von Qualität müssen in jeder Stufe der Produktentstehung sinnvoll ausgewählt und eingesetzt werden.
Die **Maschinen** stehen für alle Fertigungs-, Handhabungs- und Prüfmittel. Sie müssen fähig sein, Qualität zu erzeugen.
Das **Material,** dies sind alle Werk- und Hilfsstoffe, Vorprodukte und Komponenten, die meist von Zulieferern dem Prozess zugeführt werden, muss der geforderten Produktqualität entsprechen.
Die **Mitwelt** (Umwelt), wird nicht nur in Form des richtig ausgestatteten Arbeitsplatzes gesehen, sondern meint das gesamte betriebliche Sozialgefüge, das Qualität und Qaulitätsbewusstsein bestimmt.
Das **Management** mit seinem Führungsstil, z. B. seinem Umgang mit Mitarbeitervorschlägen, seiner Offenheit in der Entscheidungsfindung und seiner Bewertung von Mitarbeiterleistungen, trägt wesentlich zur Qualität bei.
Die **Messbarkeit** von Eigenschaften ist entscheidend für die Beurteilung von Qualität. Mit Messbarkeit sind nicht nur die physikalisch und chemisch erfassbaren Größen eines Produktes angesprochen, sondern auch alle zahlenmäßig erfassbaren Merkmale des Produktes und der Produktentstehung.

Qualität entsteht nur durch richtiges Zusammenwirken von Mensch, Methode, Maschine, Material, Mitwelt, Management und Messbarkeit.

Zur systematischen Fehlersuche kann das Ishikawa-Diagramm verwendet werden. Es unterstützt ein Team bei der Zerlegung eines Problems in seine Ursachen. Dabei werden die „7M“ oder eine reduzierte Anzahl von Faktoren als mögliche Hauptursachen berücksichtigt. Zu diesen Hauptursachen werden dann mögliche Nebenursachen ermittelt (z. B. mithilfe eines Brainstormings) und anschließend grafisch dargestellt. Durch eine Gewichtung der Nebenursachen (z. B. mithilfe von Klebepunkten) kann dann auf die wahrscheinlichsten Ursachen geschlossen werden. In einer genauen Untersuchung kann anschließend geprüft werden, ob die richtigen Ursachen für das Problem gefunden wurden.

Beispiel **für die Auflistung der Fehlerquellen beim Drehen einer gestuften Welle**

An die Welle werden Anforderungen hinsichtlich ihrer Maße und Form sowie die Lage der Zylinder zueinander gestellt. Die an der Produktion Beteiligten haben Stichworte zu möglichen Fehlerquellen zusammengetragen und den bedarfsgerecht gewählten Faktoren zugeordnet.

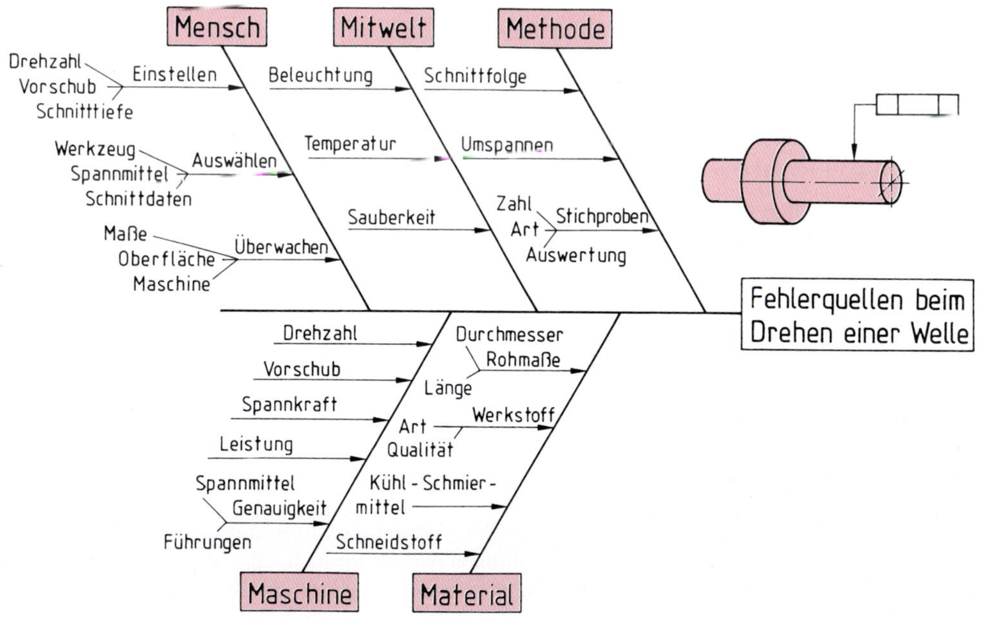

Übungsaufgaben PT-49; PT-50

7.4 Qualitätssicherung in der Fertigung

Um auch bei großen Stückzahlen den Prüfaufwand in wirtschaftlichen Grenzen zu halten, wird meist nicht die Qualität jedes einzelnen Teils geprüft (100 %-Prüfung). Stattdessen wird mithilfe statistischer Methoden auf der Grundlage von Stichproben eine Aussage über die Qualität des aktuellen Fertigungsprozesses und dessen zukünftige Entwicklung gemacht.

Die statistischen Methoden kommen im Rahmen spezieller Untersuchungs- und Überwachungsverfahren zum Einsatz. Die üblichen Verfahren sind:

- Maschinenfähigkeitsuntersuchung (MFU),
- Prozessfähigkeitsuntersuchung (PFU) und
- Prozessüberwachung mit Qualitätsregelkarten (QRK).

Die angegebenen Verfahren ermöglichen eine Regelung des Fertigungsprozesses im Sinne einer vorbeugenden Fehlervermeidung und werden unter dem Begriff **statistische Prozessregelung** (SPR) zusammengefasst.

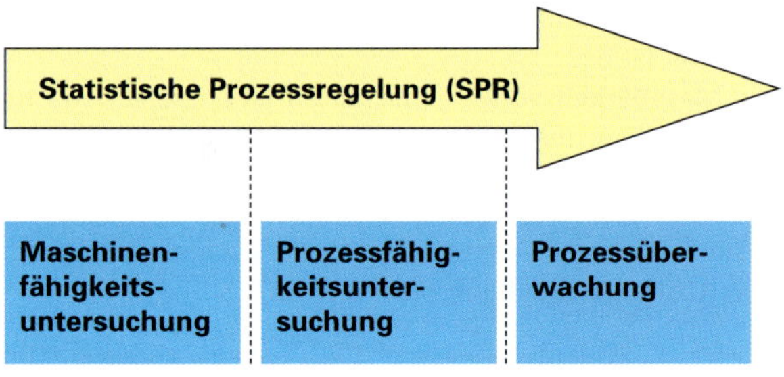

Mithilfe der statistischen Prozessregelung ist es möglich, Aussagen über die Fertigungsqualität und deren weitere Entwicklung auf der Grundlage von Stichproben zu treffen.

7.4.1 Maschinen- und Prozessfähigkeitsuntersuchung

Bei der Maschinen- und Prozessfähigkeitsuntersuchung werden Kennzahlen (Indices) ermittelt, die angeben, inwieweit die Maschine und der Fertigungsprozess in der Lage sind, Teile zu fertigen, welche die vom Kunden geforderte Qualität aufweisen.
Die Maschinenfähigkeits- und Prozessfähigkeitsuntersuchung unterscheiden sich hinsichtlich der

- Untersuchungsbedingungen,
- Dauer der Untersuchung und
- Anzahl der zu prüfenden Teile innerhalb einer Stichprobe.

Zur **Maschinenfähigkeitsuntersuchung** werden mindestens 50 Teile entnommen, entweder in Fertigungsreihenfolge oder bei sehr kurzen Fertigungszeiten stichprobenartig, und das festgelegte Prüfmerkmal oder die festgelegten Prüfmerkmale gemessen.
Die Maschinenfähigkeitsuntersuchung wird unter idealen Bedingungen durchgeführt. Ideale Fertigungsbedingungen sind vorhanden, wenn

- nur Material aus einer Charge verwendet wird,
- die Teile an der ausgewählten Maschine nur von einem Bediener gefertigt werden,
- konstante Umweltbedingungen herrschen und keine Veränderungen an der Maschineneinstellung, dem Werkzeug oder dem geeichten Prüfmittel vorgenommen werden.

Zur **Prozessfähigkeitsuntersuchung** werden dem Fertigungsprozess mindestens 100 Teile stichprobenartig entnommen und das Prüfmerkmal oder die Prüfmerkmale geprüft. Dabei muss die Anzahl der geprüften Teile pro Stichprobe (**Stichprobenumfang** n) mindestens 3 Teile betragen. Daraus ergibt sich die Anzahl der **Stichproben** m.
Die Prozessfähigkeitsuntersuchung wird unter realen Bedingungen durchgeführt.

Die Maschinenfähigkeit wird unter idealen Bedingungen und die Prozessfähigkeit unter realen Bedingungen nachgewiesen. Mithilfe statistischer Methoden wird festgestellt, ob und inwieweit die Maschine und der Prozess in der Lage sind, die Teile in der vom Kunden geforderten Qualität zu fertigen.

Übungsaufgaben PT-51; PT-52

7.4.2 Statistische Auswertung von Messungen zur Untersuchung der Maschinen- und der Prozessfähigkeit

PT

- **Feststellen der Normalverteilung**

Zur Untersuchung von Maschinen- und Prozessfähigkeit stellt man zunächst fest, ob die bei einer Untersuchung gemessenen Werte eine Normalverteilung (natürliche Verteilung) aufweisen.

Eine natürliche Verteilung liegt vor, wenn auf einen Fertigungsprozess keine systematischen Einflüsse mehr einwirken (z. B. Verwendung eines fehlerhaften Prüfmittels), sondern die Einflussgrößen nur noch zufälliger Art sind (z. B. Gewaltbruch der Werkzeugschneide). Ist dies der Fall, so streuen die Messwerte gleichmäßig um den Mittelwert des Prüfmerkmals. Zieht man dann über die Messwerte eine Linie, so entsteht eine Kurve, welche die Form einer Glocke hat. Darum wird diese Kurve auch oft als **Glockenkurve** bezeichnet.

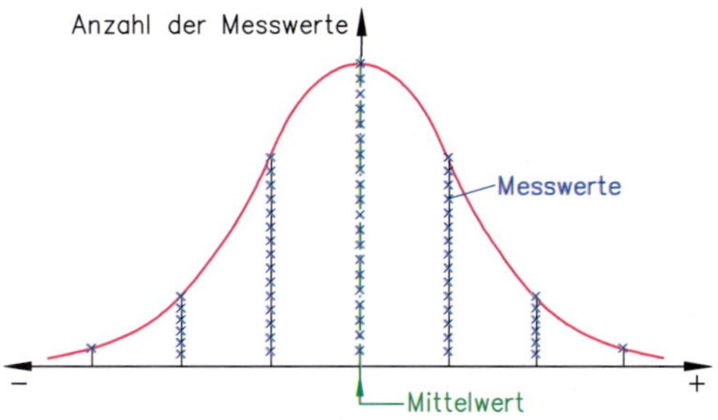

Normalverteilung

Um festzustellen, ob eine Normalverteilung der Messwerte vorliegt, werden am zu untersuchenden Produkt stichprobenartig Messungen durchgeführt und die Messwerte (x_1, x_2 usw.) in einer Liste erfasst. Diese Liste nennt man auch die **Urliste**.

Für jede Stichprobe kann ein **Mittelwert** ($\bar{x}$) errechnet werden, der ebenfalls in die Liste eingetragen werden kann. Ebenso kann für die gesamte Liste der Mittelwert ($\bar{\bar{x}}$) bestimmt werden.

$$\bar{x} = \frac{x_1 + x_2 + \ldots x_n}{n}$$

$\bar{x}$ Mittelwert

$x_1 \ldots x_n$ Einzelmesswerte einer Stichprobe

n Anzahl der Einzelmessungen

Beispiel für eine Urliste mit Messwerten von Bolzendurchmessern und Mittelwerten

Auf einer Drehmaschine werden Bolzen gedreht. Das Zeichnungsmaß ist 9 – 0,035/ – 0,075. Es wurden aus der Produktion 10 Stichproben genommen. Bei jeder Stichprobe wurden 5 Bolzen an der jeweils gleichen Stelle gemessen. Die Maschinenfähigkeit ist nachzuweisen.

Messwerte	Stichproben									
	1	2	3	4	5	6	7	8	9	10
x_1	8,953	8,958	8,951	8,953	8,952	8,957	8,953	8,950	8,953	8,951
x_2	8,955	8,954	8,957	8,947	8,954	8,954	8,951	8,955	8,959	8,954
x_3	8,950	8,953	8,951	8,956	8,948	8,953	8,955	8,953	8,950	8,953
x_4	8,952	8,951	8,954	8,953	8,954	8,950	8,952	8,954	8,953	8,955
x_5	8,952	8,953	8,951	8,955	8,947	8,955	8,950	8,954	8,952	8,950
$\bar{x}$	8,952	8,954	8,953	8,953	8,951	8,954	8,952	8,953	8,953	8,953
	Mittelwert aller Messungen $\bar{\bar{x}}$ = 8,9529 mm									

Die bei der Stichprobe aufgenommenen Werte geben noch keinen Überblick darüber, wie dicht die gemessenen Werte beieinander liegen und wie die Mehrzahl der Werte um das geforderte Maß herum liegen. Um dies näher zu erfassen, bildet man Klassen, in welche die Werte eingeordnet werden.

Die Zahl der Klassen (k) errechnet man näherungsweise aus der Quadratwurzel der Zahl der Messwerte (n).

$$k = \sqrt{n}$$

k Zahl der Klassen

n Zahl der Messwerte

Die Größe der einzelnen Klassen ermittelt man aus dem Abstand zwischen größtem und kleinstem aufgenommenen Messwert. Diesen Abstand teilt man durch die Zahl der Klassen, um die Klassenweite zu erhalten. Die Klassenweite rundet man auf, damit alle Messwerte in den Klassen enthalten sein können. Die unterste Klasse beginnt beim kleinsten Messwert.

Beispiel **für die Berechnung der Klassenzahl und der Klassenbreite von Bolzendurchmessern**

Es wurden 50 Messungen durchgeführt. Damit ergibt sich eine Klassenzahl von $\sqrt{50} = 7{,}07$ gerundet 7. In diese 7 Klassen sind die Messwerte einzugliedern.

	Stichproben									
Messwerte	**1**	**2**	**3**	**4**	**5**	**6**	**7**	**8**	**9**	**10**
x_1	8,953	8,958	8,951	8,953	8,952	8,957	8,953	8,950	8,953	8,951
x_2	8,955	8,954	8,957	8,947	8,954	8,954	8,951	8,955	8,959	8,954
x_3	8,950	8,953	8,951	8,956	8,948	8,953	8,955	8,953	8,950	8,953
x_4	8,952	8,951	8,954	8,953	8,954	8,950	8,952	8,954	8,953	8,955
x_5	8,952	8,953	8,951	8,955	8,947	8,955	8,950	8,954	8,952	8,950
$\bar{x}$	8,952	8,954	8,953	8,953	8,953	8,954	8,952	8,953	8,953	8,953

kleinster gemessener Wert

größter gemessener Wert

Der größte gemessene Wert ist 8,959 mm, der kleinste 8,947 mm.
Der Abstand ist 8,959 mm – 8,947 mm = 0,012 mm.
Verteilt man diesen Abstand von 0,012 mm auf 7 Klassen, so ergibt sich eine Klassenbreite von 0,012 mm / 7 = 0,0017 mm, aufgerundet 0,002 mm.

Nach Festlegung der Klassen können die aufgenommenen Messwerte den einzelnen Klassen zugeordnet werden. Zweckmäßig geschieht dies in einer Strichliste. Das Ergebnis lässt sich auch gut in einem Balkendiagramm (Histogramm) darstellen. Wenn man im **Balkendiagramm** die Mitten der einzelnen Balken verbindet, erhält man die **Verteilungskurve**.

Beispiel **für die Darstellung von Bolzendurchmessern in Strichliste, Balkendiagramm und Verteilungskurve von Bolzendurchmessern**

Klasse von (≥) … bis (<)	Strichliste
8,947 bis 8,949	///
8,949 bis 8,951	//////
8,951 bis 8,953	////////////
8,953 bis 8,955	////////////////////////
8,955 bis 8,957	///////
8,957 bis 8,959	///
8,959 bis 8,961	/

Balkendiagramm (Histogramm)	Verteilungskurve
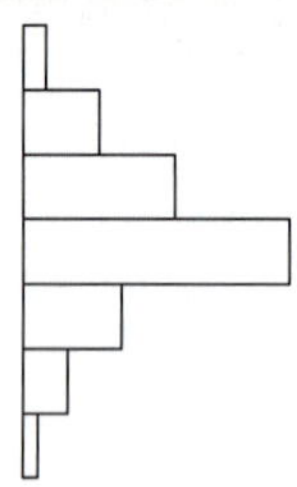	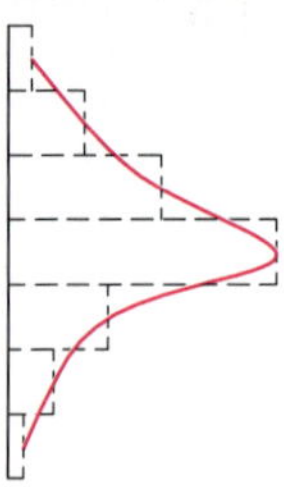

In der Urliste sind die Messwerte in der Reihenfolge ihrer Ermittlung aufgeführt. Zur Darstellung der Verteilung werden die Messwerte entsprechend ihrer Größe in Klassen eingeordnet.
Die Verteilung der Messwerte auf die einzelnen Klassen kann in Strichlisten, Balkendiagrammen oder Verteilungskurven veranschaulicht werden.

Übungsaufgaben PT-53; PT-54

Der Verlauf der Verteilungskurve erlaubt eine Bewertung der Messergebnisse. Eine ideale Verteilung liegt vor, wenn die Verteilungskurve die Form einer Glocke hat. Eine Fertigung ist statistisch optimal in Ordnung, wenn

- die Mitte der Glockenkurve in der Mitte des Toleranzfeldes liegt und
- der Größt- und der Kleinstwert noch genügend Abstand zu den Toleranzgrenzen haben.

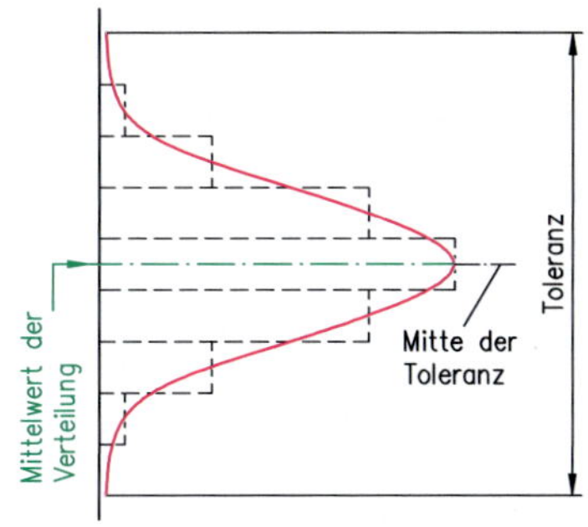

- **Berechnung von Fähigkeitsindices (Maschinenfähigkeit und Prozessfähigkeit)**

Die Fähigkeitsindices (Maschinenfähigkeitsindex c_m und Prozessfähigkeitsindex c_p) beschreiben mit einer Verhältniszahl, wie viel „Spiel" zu den Toleranzgrenzen der Teil der Normalverteilungskurve hat, in dem 99,7 % aller Messwerte enthalten sind. Bei einem Index von 1 grenzt dieser Teil der Kurve an die Toleranzgrenze. Als sicher gilt eine Produktion, wenn zu beiden Seiten der Kurve noch entsprechender Abstand besteht und ein Index von mindestens 1,33 vorliegt.

Zur Berechnung der Indices geht man so vor: Zunächst wird zu jeder Stichprobe aus dem Größt- und Kleinstmaß die **Spannweite** (R) errechnet und aus diesen Werten eine **mittlere Spannweite** ($\bar{R}$) ermittelt.

$$R = x_{max} - x_{min}$$

R Spannweite
x_{max} größter Messwert der Stichprobe
x_{min} kleinster Messwert der Stichprobe

Beispiel **für die Ermittlung der mittleren Spannweite von Bolzendurchmessern**

Messwerte	Stichproben 1	2	3	4	5	6	7	8	9	10
x_1	8,953	8,958	8,951	8,953	8,952	8,957	8,953	8,950	8,953	8,951
x_2	8,955	8,954	8,957	8,947	8,954	8,954	8,951	8,955	8,959	8,954
x_3	8,950	8,953	8,951	8,956	8,948	8,953	8,955	8,953	8,950	8,953
x_4	8,952	8,951	8,954	8,953	8,954	8,950	8,952	8,954	8,953	8,955
x_5	8,952	8,953	8,951	8,955	8,947	8,955	8,950	8,954	8,952	8,950
$\bar{x}$	8,952	8,954	8,953	8,953	8,951	8,954	8,952	8,953	8,953	8,953
R	0,005	0,007	0,006	0,009	0,007	0,007	0,005	0,005	0,009	0,005
Mittelwert aller Messungen $\bar{\bar{x}}$ = 8,9528 mm	*mittlere Spannweite aller Stichproben* $\bar{R}$ = *6,5 µm*									

XXX Kleinster Wert der Stichprobe (x_{min}) XXX größter Wert der Stichprobe (x_{max})

Berechnung der Spannweite für Stichprobe 1:

$R_1 = x_{max} - x_{min}$

R_1 = 8,955 mm – 8,950 mm = 0,005 mm

R_1 = 5 µm

Berechnung der mittleren Spannweite aller Stichproben $\bar{R}$:

$\bar{R} = (R_1 + R_2 + ... + R_n) / m$

$\bar{R}$ = (5 + 7 + 6 + 9 +7 + 7 +5 + 5 +9 + 5) µm / 10

$\bar{R}$ = 6,5 µm

Mithilfe eines Tabellenwertes, der von der Zahl der Messungen innerhalb einer Stichprobe abhängig ist, wird aus der mittleren Spannweite die **Standardabweichung** berechnet. Die Standardabweichung ist ein wichtiges statistisches Maß und schwer zu berechnen. Darum wird oft mit der **geschätzten Standardabweichung „Sigma-Dach"** ($\hat{\sigma}$) gerechnet.

Zahl der Messungen je Stichprobe	**Faktor d_2**
2	1,128
3	1,693
4	2,059
5	2,326
6	2,543
7	2,704
8	2,847
9	2,907
10	3,078

$$\hat{\sigma} = \frac{\bar{R}}{d_2}$$

$\hat{\sigma}$ geschätzte Standardabweichung
$\bar{R}$ mittlere Spannweite
d_2 Faktor (s. Tabelle)

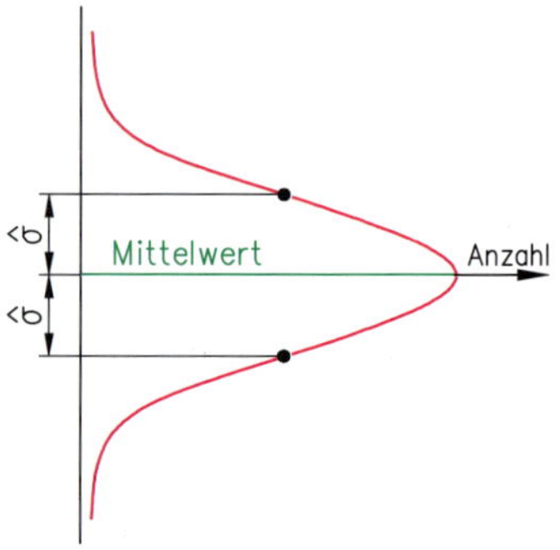

Innerhalb der einfachen Standardabweichung nach oben und unten vom Mittelwert liegen mit statistischer Sicherheit 68,3 % aller Messwerte, innerhalb der dreifachen Standardabweichung nach oben und unten liegen 99,7 % der Messwerte.

Beispiel **für die Berechnung der Standardabweichung und ihre statistische Bedeutung bei der Messung von 50 Bolzendurchmessern**

5 Messungen je Stichprobe: $d_2 = 2{,}326$ $\quad \hat{\sigma} = \frac{\bar{R}}{d_2} \quad \hat{\sigma} = \frac{6{,}5\ \mu m}{2{,}326} = \underline{2{,}79\ \mu m}$

Im Bereich vom Mittelwert ± 1 mal der Standardabweichung liegen statistisch 68,3 % aller Messwerte.
68,3 % aller Messwerte der untersuchten Bolzen liegen im Bereich von 8,9592 ± 0,00279 mm.
Im Bereich von ± 3 mal der Standardabweichung liegen statistisch 99,7 % aller Messwerte. 99,7 % aller Messwerte der untersuchten Bolzen liegen im Bereich von 8,9592 ± 0,00838 mm.

Wenn die Spanne von $\pm 3 \cdot \hat{\sigma}$ innerhalb der Toleranzgrenzen liegt, so werden wahrscheinlich 99,7 % aller Teile in Ordnung sein. Um zu zeigen, in welchem Verhältnis die Toleranzgrenzen zur Spanne $\pm 3 \cdot \hat{\sigma}$ stehen, hat man Fähigkeitsindices formuliert.

Das Verhältnis der Toleranz zur Spanne $\pm 3 \cdot \hat{\sigma}$ ist der Fähigkeitsindex.

Maschinenfähigkeitsindex

$$c_m = \frac{T}{2 \cdot 3 \cdot \hat{\sigma}}$$

c_m Maschinenfähigkeitsindex
T Toleranz
$\hat{\sigma}$ geschätzte Standardabweichung

Prozessfähigkeitsindex

$$c_p = \frac{T}{2 \cdot 3 \cdot \hat{\sigma}}$$

c_p Prozessfähigkeitsindex
T Toleranz
$\hat{\sigma}$ geschätzte Standardabweichung

Übungsaufgabe PT-55

Wenn die Grenzen der Toleranz mit der Spanne ± 3 · $\hat{\sigma}$ zusammenfallen, beträgt der Fähigkeitsindex 1. Damit noch genügende Sicherheit bleibt, ist festgelegt, dass eine Maschine bzw. ein Prozess fähig ist, wenn beide Fähigkeitsindices mindestens 1,33 betragen.

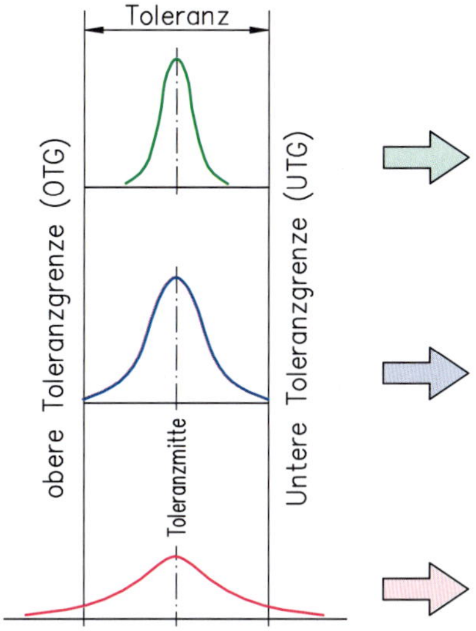

Fähigkeitsindex	Fehlerfreie Fertigung
≥1,33	unproblematisch
1	problematisch
<1	nicht möglich

Beispiel **für die Berechnung des Fähigkeitsindex und den Nachweis der Maschinenfähigkeit beim Drehen von Bolzendurchmessern**

Auf einer Drehmaschine wurden Bolzen gedreht. Das Zeichnungsmaß ist 9 – 0,035/ – 0,070. Die Toleranz beträgt damit 0,035 mm bzw. 35 µm.
Es wurden aus der Produktion stichprobenartig 50 Bolzen an der jeweils gleichen Stelle gemessen. Die Auswertung ergab eine Standardabweichung von $\hat{\sigma}$ = 2,79 µm.

$$c_m = \frac{T}{2 \cdot 3 \cdot \hat{\sigma}} \qquad c_m = \frac{35\ \mu m}{2 \cdot 3 \cdot 2{,}79\ \mu m} = 2{,}09$$

Die Maschine ist fähig, da der Maschinenfähigkeitsindex über 1,33 liegt.

- **Grafische Ermittlung der Maschinenfähigkeit**

Eine andere Möglichkeit die Maschinenfähigkeit nachzuweisen, bietet die **Wahrscheinlichkeitsgerade** in einem **Wahrscheinlichkeitsnetz**. Die Wahrscheinlichkeitsgerade ist eine andere Form der Darstellung einer Glockenkurve und ist einfacher zu zeichnen. Aufgrund einer speziellen Einteilung der Achsen im Wahrscheinlichkeitsnetz entsteht dabei anstatt einer Glockenkurve eine Gerade.
Die Wahrscheinlichkeitsgerade kann mithilfe von Einzelmesswerten oder aber mit den Werten der Strichliste bzw. des Balkendiagramms ermittelt werden. Um die Werte in ein Wahrscheinlichkeitsnetz übertragen zu können, ist es erforderlich, die Summenhäufigkeit Σf in % zu ermitteln. Dazu werden die Häufigkeiten *f* schrittweise von oben nach unten addiert und in die Spalte „Summenhäufigkeit Σf" eingetragen. Die so erhaltenen Werte werden in Prozentzahlen umgerechnet, in die Spalte „Summenhäufigkeit Σf (in %)" eingetragen und in das Wahrscheinlichkeitsnetz übertragen (die Gesamtheit der Messwerte entspricht 100 %).

Die Schnittpunkte erhält durch das Verbinden der Prozentwerte der Summenhäufigkeit mit dem gleichen Wert im Wahrscheinlichkeitsnetz. Liegen alle Schnittpunkte annähernd auf einer Geraden (Wahrscheinlichkeitsgerade) und liegt diese Gerade sicher innerhalb der zulässigen Toleranzgrenzen, dann sind die Messwerte normalverteilt. Liegt die Wahrscheinlichkeitsgerade innerhalb des Bereichs von +4s und –4s zwischen den Toleranzgrenzen, dann sind 99,994 % aller Teile fehlerfrei und die Maschine gilt als „fähig". Schneidet die Gerade eine oder beide Toleranzgrenzen innerhalb des Bereiches von +4s und –4s, dann ist die Maschine nicht fähig.

Beispiel für den Nachweis der Maschinenfähigkeit mithilfe der Wahrscheinlichkeitsgeraden beim Drehen von Bolzendurchmessern

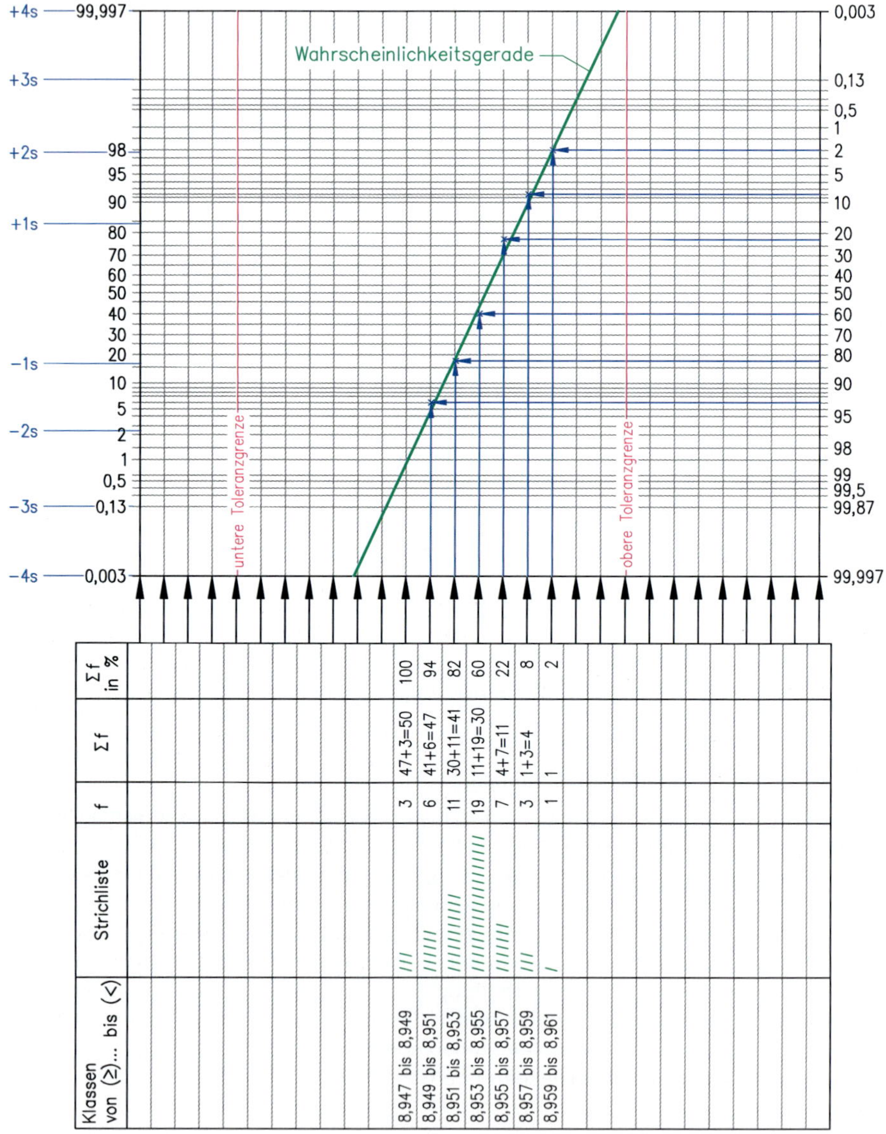

Klassen von (≥)... bis (<)	Strichliste	f	Σf	Σf in %
8,947 bis 8,949	///	3	47+3=50	100
8,949 bis 8,951	//////	6	41+6=47	94
8,951 bis 8,953	///////////	11	30+11=41	82
8,953 bis 8,955	///////////////////	19	11+19=30	60
8,955 bis 8,957	///////	7	4+7=11	22
8,957 bis 8,959	///	3	1+3=4	8
8,959 bis 8,961	/	1	1	2

Die Wahrscheinlichkeitsgerade ist eine andere Art der Darstellung der Verteilungskurve. Sie lässt sich einfacher zeichnen und an ihrer Lage lässt sich sofort erkennen, ob eine Normalverteilung der Messwerte vorliegt und ob eine Maschine fähig ist.

Übungsaufgabe PT-56

- **Berechnung von kritischen Fähigkeitsindices**

Die kritischen Maschinen- und Prozessfähigkeitsindices (c_{mk} und c_{pk}) beschreiben zusätzlich zur Streubreite des Fertigungsprozesses auch die Lage der Streuung gegenüber der Toleranzmitte. Wird z. B. eine sehr genaue Drehmaschine mit einer sehr kleinen Streubreite falsch eingestellt, so wird sie nicht in der Toleranzmitte fertigen, sondern rechts oder links daneben. Der Fertigungsprozess ist dann „verschoben". Darüber macht der Maschinenfähigkeitsindex c_m und der Prozessfähigkeitsindex c_p keine Aussage. Somit werden noch weitere Kennzahlen benötigt (c_{mk} und c_{pk}), welche die Lage der Streuung zur Toleranzmitte beschreiben. Dazu ist es erforderlich, den Abstand des Mittelwerts aller Messungen ($\bar{\bar{x}}$) bis zur nächstliegenden Toleranzgrenze zu bestimmen ($Z_{kritisch}$ bzw. Z_{krit}).

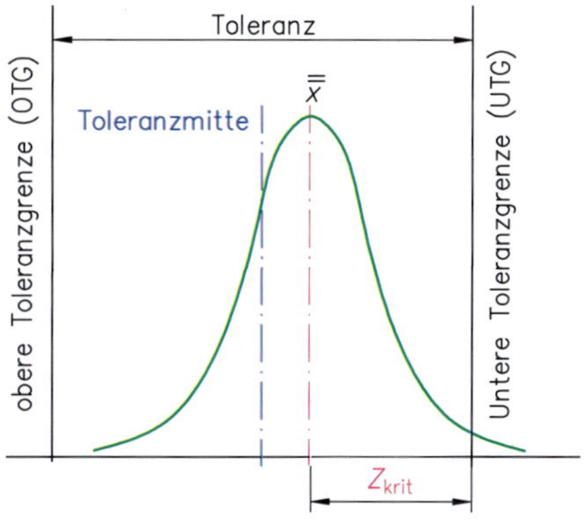

Ermittlung der kritischen Fähigkeitsindices

Die Maschine bzw. der Fertigungsprozess gilt als fähig, wenn die kritischen Fähigkeitsindices ≥ 1,33 sind. Zur Berechnung der Indices geht man so vor:

Zunächst werden der Mittelwert aller Messungen ($\bar{\bar{x}}$) und die geschätzte Standardabweichung $\hat{\sigma}$ berechnet. Anschließend werden die Abstände des Mittelwerts zu den beiden Toleranzgrenzen bestimmt. Der kleinere so errechnete Wert (Minimum) wird $Z_{kritisch}$ bzw. Z_{krit} genannt. Teilt man diesen Wert durch $3 \cdot \hat{\sigma}$, so erhält man die kritischen Fähigkeitsindices.

$$Z_{krit} = \text{Minimum } (OTG\ \bar{\bar{x}}\ ;\ \bar{\bar{x}}\ - UTG)$$

Z_{krit}	kleinster Abstand des Mittelwerts aller Messungen zur Toleranzgrenze
OTG	Obere Toleranzgrenze
UTG	Untere Toleranzgrenze
$\bar{\bar{x}}$	Mittelwert aller Messungen

$$c_{mk} \text{ (bzw. } c_{pk}) = \frac{Z_{krit}}{3 \cdot \hat{\sigma}}$$

c_{mk}/c_{pk}	kritische Fähigkeitsindices
Z_{krit}	kleinster Abstand des Mittelwerts aller Messungen zur Toleranzgrenze
$\hat{\sigma}$	geschätzte Standardabweichung

Vergleich von Prozessfähigkeitsindex und kritischem Prozessfähigkeitsindex

Der Fertigungsprozess ist auf Toleranzmitte zentriert.

Der Fertigungsprozess arbeitet zu nahe an der Toleranzgrenze. Er muss auf Toleranzmitte zentriert werden.

Der Fertigungsprozess arbeitet über der Toleranzgrenze. Er muss auf Toleranzmitte zentriert werden.

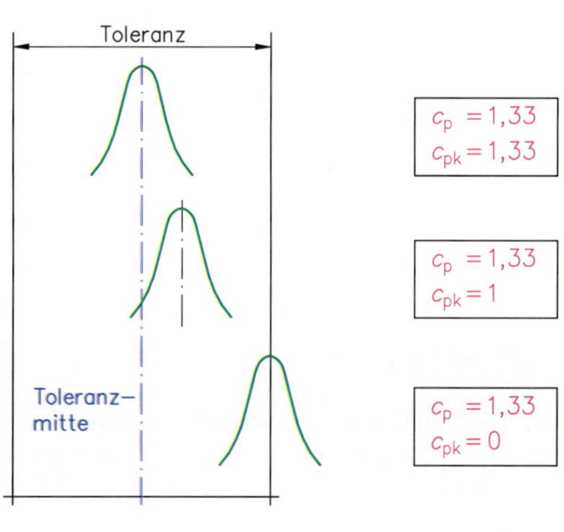

Beispiel **für die Berechnung des kritischen Maschinenfähigkeitsindex beim Drehen von Bolzendurchmessern**

Auf einer Drehmaschine wurden Bolzen gedreht. Das Zeichnungsmaß ist 9 – 0,035/ – 0,075. Die obere Toleranzgrenze (OTG) beträgt damit 8,965 mm und die untere Toleranzgrenze (UTG) beträgt 8,930 mm. Es wurden aus der Produktion stichprobenartig 50 Bolzen an der jeweils gleichen Stelle gemessen. Die Auswertung ergab einen Mittelwert für alle Messungen ($\bar{\bar{x}}$) von 8,9528 mm und eine geschätzte Standardabweichung von $\hat{\sigma}$ = 2,79 µm bzw. 0,00279 mm.

Z_{krit} (für OTG) = OTG – $\bar{\bar{x}}$ = 8,965 mm – 8,9528 mm = 0,0122 mm
Z_{krit} (für UTG) = $\bar{\bar{x}}$ – UTG = 8,9528 mm – 8,930 mm = 0,0228 mm

$$c_{mk} = \frac{Z_{krit}}{3 \cdot \hat{\sigma}} \qquad c_{mk} = \frac{0{,}0122\text{ mm}}{3 \cdot 0{,}00279\text{ mm}} = 1{,}46$$

Die Maschine ist fähig, da der kritische Maschinenfähigkeitsindex c_{mk} über 1,33 liegt.

Die kritischen Maschinen- und Prozessfähigkeitsindices (c_{mk} und c_{pk}) beschreiben die Lage der Streuung gegenüber der Toleranzmitte Die kritische Maschinenfähigkeit ist bei $c_{mk} \geq 1{,}33$ gegeben. Die kritische Prozessfähigkeit ist bei $c_{pk} \geq 1{,}33$ gegeben.

7.4.3 Prozessüberwachung

- **Arbeiten mit Qualitätsregelkarten**

Für Fertigungsprozesse, die eine Nullfehlerproduktion erbringen sollen, reichen die punktuellen Fähigkeitsnachweise allein nicht aus. Hier ist eine kontinuierliche stichprobenartige Überwachung des Fertigungsprozesses notwendig, um kritische Entwicklungen im Fertigungsprozessverlauf frühzeitig zu entdecken. Nur so können rechtzeitig Maßnahmen ergriffen werden, die das Auftreten von Fehlern bereits im Vorfeld verhindern. Ein Instrument zur frühzeitigen Erkennung kritischer Entwicklungen ist die **Qualitätsregelkarte**, die in unterschiedlichen Arten existiert und die Möglichkeit bietet, Messwerte aufzunehmen und mit statistisch abgesicherten **Eingriffsgrenzen** zu vergleichen.

Die Eingriffsgrenzen sind kleiner als die Toleranzgrenzen und werden je nach Qualitätsregelkartenart mithilfe verschiedener Formeln und Tabellenwerte ermittelt. Werden die Eingriffsgrenzen erreicht, müssen Maßnahmen zur Qualitätssicherung ergriffen und deren Auswirkungen beobachtet werden.

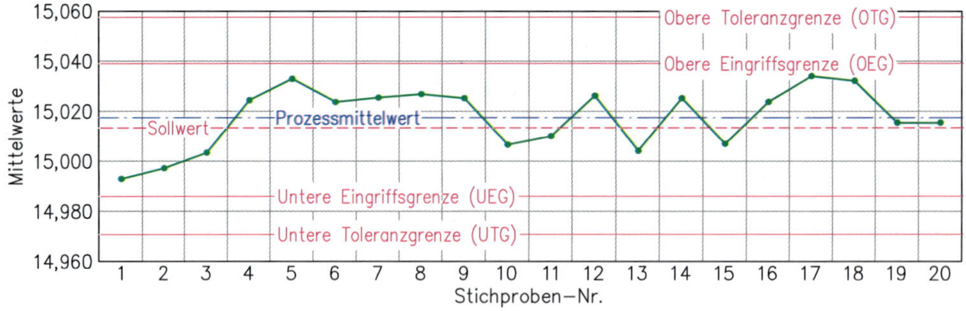

Darstellung einer Qualitätsregelkarte

Qualitätsregelkarten enthalten statistisch ermittelte Eingriffsgrenzen. Die Eingriffsgrenzen sind kleiner als die Grenzen, die durch die Toleranz vorgegeben sind. Beim Erreichen der Eingriffsgrenzen sind Maßnahmen zur Qualitätssicherung zu ergreifen.

Übungsaufgabe PT-57

- **Auswahl und Arten von Qualitätsregelkarten**

Die Auswahl der Qualitätsregelkarte richtet sich besonders nach dem Umfang der einzelnen Stichproben. Die in den verschiedenen Arten der Qualitätsregelkarten dargestellten Kennwerte geben der Karte ihren Namen. Typische Kennwerte sind

- der Mittelwert $\bar{x}$,
- die Spannweite R,
- der Medianwert $\tilde{x}$ (mittlerer Wert der nach der Größe angeordneten Messwerte einer Stichprobe) und
- Standardabweichung.

Den berechneten Kennwerten entsprechend, ergeben sich die

- **Mittelwertkarte ($\bar{x}$-Regelkarte)**: Sie liefert Informationen über Lage und Tendenzen von Mittelwerten unterschiedlicher Stichproben und zeigt so kritische Entwicklungen innerhalb der Fertigungsqualität an,
- **Spannweitenkarte (R-Regelkarte)**: Sie verdeutlicht besonders die kritischen Entwicklungen bezüglich der Streuung der Messwerte,
- **Medianwertkarte ($\tilde{x}$-Regelkarte)**: Sie verdeutlicht ohne größeren Rechenaufwand die Streuung der Messwerte und kann manuell geführt werden und die
- **Standardabweichungskarte (s-Karte)**: Sie liefert sehr genaue Aussagen bezüglich der Streuung der Messwerte, erfordert aber einen sehr großen Rechenaufwand.

Für die Beurteilung der Entwicklung der Fertigungsqualität sind sowohl Lage und Tendenz als auch die Streuung der Messwerte wichtig. Darum wird häufig eine Kombination der unterschiedlichen Regelkartentypen angewendet.

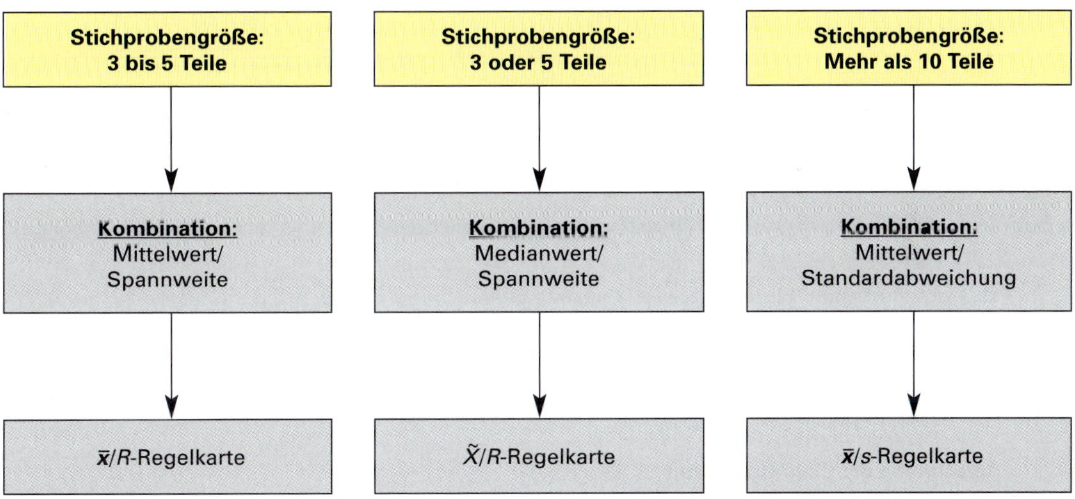

Qualitätsregelkarten werden nach ihren Kennwerten benannt. Typische Kennwerte sind: Mittelwert, Spannweite, Medianwert und Standardabweichung.
Die Auswahl des Regelkartentyps richtet sich nach dem Umfang der einzelnen Stichproben. Die verschiedenen Regelkartentypen werden häufig kombiniert.

- **Erstellung von Qualitätsregelkarten**

Zur kontinuierlichen Überwachung eines Fertigungsprozesses werden Qualitätsregelkarten auf den Prozess bezogen angelegt.
Die Auswahl des Regelkartentyps richtet sich nach Stichprobenumfang, Größe der Gesamtheit (Losgröße), der zu erwartenden Streuung innerhalb der Stichproben und dem Umfang der rechnerischen Auswertung. In allen diesen Kriterien ist die Mittelwert-Spannweitenkarte (*x*/R-Karte) geeignet bzw. gut geeignet. Darum wird sie sehr häufig eingesetzt.

In Vorversuchen, meist in Zusammenhang mit der Prozessfähigkeitsuntersuchung, werden zunächst die Grenzen berechnet, in denen der Prozess arbeiten muss und die Grenzen, ab denen in den Prozess eingegriffen werden muss, um das Ergebnis mit statistischer Sicherheit im Toleranzbereich zu halten.
Für die *x*/*R*-Regelkarte werden die Eingriffsgrenzen aus der mittleren Spannweite des Vorversuches und Tabellenwerten berechnet.

Stichprobenfaktor	Faktor		
	A_2	D_3	D_4
2	1,880	0	3,267
3	1,023	0	2,574
4	0,729	0	2,282
5	0,577	0	2,114
6	0,483	0	2,004

	Eingriffsgrenzen für	
	Mittelwerte	Spannweiten
OEG	$OEG_{\bar{\bar{x}}} = \bar{\bar{x}} + A_2 \cdot \bar{R}$	$OEG_{\bar{R}} = D_4 \cdot \bar{R}$
UEG	$UEG_{\bar{\bar{x}}} = \bar{\bar{x}} - A_2 \cdot \bar{R}$	$UEG_{\bar{R}} = D_3 \cdot \bar{R}$

Beispiel für die Berechnung der Eingriffsgrenzen und die Erstellung einer *x*-*R*-Qualitätsregelkarte

Es wurden im Rahmen der Prozessfähigkeitsuntersuchung Bolzen mit dem Nennmaß 9 – 0,035/ – 0,070 mm gedreht. Der Prozessmittelwert von 8,9525 mm wurde als Prozessmittelwert angestrebt. Bei der Feststellung der Prozessfähigkeit wurde eine mittlere Spannweite von 0,00652 mm festgestellt.
Es sind die Eingriffsgrenzen für die durchzuführende Fertigung zu berechnen.

Berechnung der Eingriffsgrenzen

1. Obere Eingriffsgrenze für die Mittelwerte
$OEG_{\bar{\bar{x}}} = \bar{\bar{x}} + A_2 \cdot \bar{R}$
$OEG_{\bar{\bar{x}}} = (8{,}9525 + 0{,}577 \cdot 0{,}00652)$ mm
$OEG_{\bar{\bar{x}}} = 8{,}956$ mm

2. Untere Eingriffsgrenze für die Mittelwerte
$UEG_{\bar{\bar{x}}} = \bar{\bar{x}} - A_2 \cdot \bar{R}$
$UEG_{\bar{\bar{x}}} = (8{,}9525 - 0{,}577 \cdot 0{,}00652)$ mm
$UEG_{\bar{\bar{x}}} = 8{,}949$ mm

3. Obere Eingriffsgrenze für die Spannweiten
$OEG_{\bar{R}} = D_4 \cdot \bar{R}$
$OEG_{\bar{R}} = 2{,}114 \cdot 0{,}00652$ mm
$OEG_{\bar{R}} = 0{,}014$ mm

4. Untere Eingriffsgrenze für die Spannweiten
$UEG_{\bar{R}} = D_3 \cdot \bar{R}$
$UEG_{\bar{R}} = 0 \cdot 0{,}00652$ mm
$UEG_{\bar{R}} = 0$

Die errechneten Werte werden in die Regelkarte eingetragen und entsprechende Grenzlinien gezogen.

In der laufenden Produktion werden die Messwerte aller Stichproben in die Tabelle der Qualitätsregelkarte eingetragen. Für jede Stichprobe werden die entsprechenden Kennwerte, z. B. der Mittelwert oder die Spannweite, errechnet.
Die errechneten Werte werden in den Grafikteil der Karte übernommen und dort als Kurvenverlauf dargestellt und so veranschaulicht. Aus dem Verlauf der Kurven können Schlüsse auf den Prozess gezogen werden.

Beispiel für die Übernahme der Stichproben in eine Qualitätsregelkarte

Tabelle der Qualitätsregelkarte mit Ergebnissen der Stichproben

Messwerte	Stichproben									
	1	2	3	4	5	6	7	8	9	10
x_1	8,953	8,958	8,951	8,953	8,952	8,957	8,953	8,950	8,953	8,951
x_2	8,955	8,954	8,957	8,947	8,954	8,954	8,951	8,955	8,959	8,954
x_3	8,950	8,953	8,951	8,956	8,948	8,953	8,955	8,953	8,950	8,953
x_4	8,952	8,951	8,954	8,953	8,954	8,950	8,952	8,954	8,953	8,955
x_5	8,952	8,953	8,951	8,955	8,947	8,955	8,950	8,954	8,952	8,950
$\bar{x}$	8,952	8,954	8,953	8,953	8,951	8,954	8,952	8,953	8,953	8,953
R	0,005	0,007	0,006	0,009	0,007	0,007	0,005	0,005	0,009	0,005

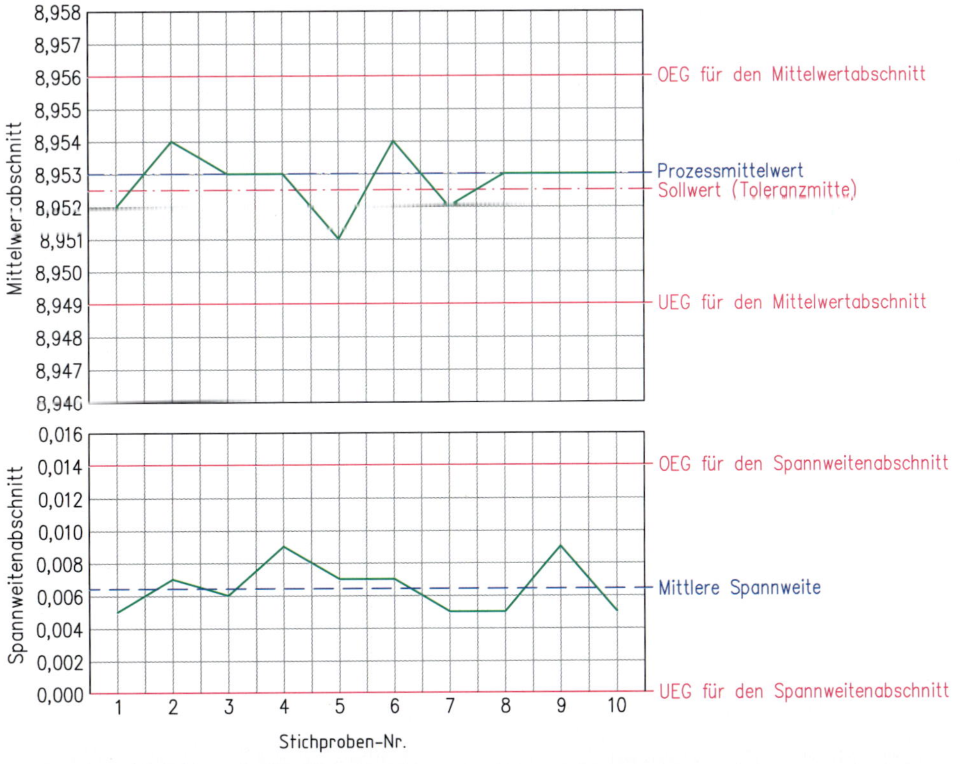

Vor der Erstellung einer Qualitätsregelkarte sind für die jeweiligen Abschnitte mithilfe der Ergebnisse der einzelnen Stichproben die obere – und untere Eingriffsgrenzen zu berechnen. Sollwert, Eingriffsgrenzen und Mittelwerte werden in die Qualitätsregelkarte eingetragen.

Übungsaufgabe PT-58

- **Auswerten von Qualitätsregelkarten**

Bei der Auswertung von Qualitätsregelkarten ist sowohl die Betrachtung
- der Lage der Kennwerte im Verhältnis zu den Eingriffsgrenzen als auch
- deren Lage zueinander in Abhängigkeit von der Entnahmezeit, d. h. deren Verlauf,

von besonderer Bedeutung.

Aus diesen beiden Beobachtungen können Rückschlüsse auf die Beherrschbarkeit von Fertigungsprozessen gezogen werden.

Zur Orientierung dienen Bewertungskriterien, mit deren Hilfe der Verlauf von Kennwerten bewertet werden kann. Einige typische Beurteilungskriterien und die entsprechenden Kurvenverläufe sind in der nachfolgenden Tabelle dargestellt.

Bewertungskriterien	Kurvenverläufe
Ausreißer Es liegen Kennwerte außerhalb der Eingriffsgrenzen. Der Fertigungsprozess muss sofort korrigiert werden.	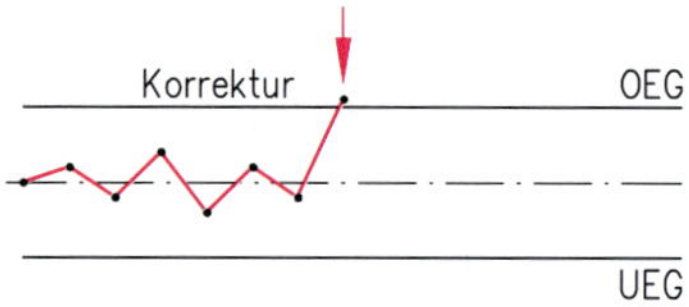
Trends Es liegen mindestens 7 Kennwerte in steigender oder fallender Folge. Der Fertigungsprozess muss sofort korrigiert werden.	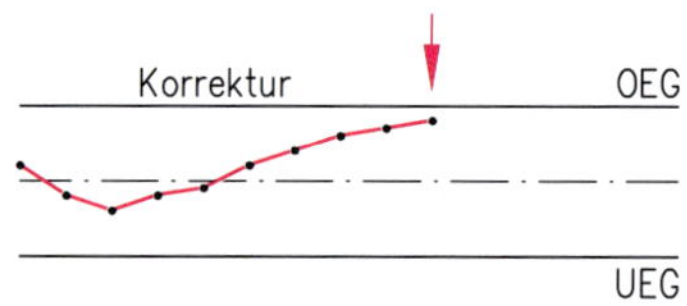
Runs Es liegen mindestens 7 Kennwerte oberhalb oder unterhalb der Mittellinie. Der Fertigungsprozess muss sofort korrigiert werden.	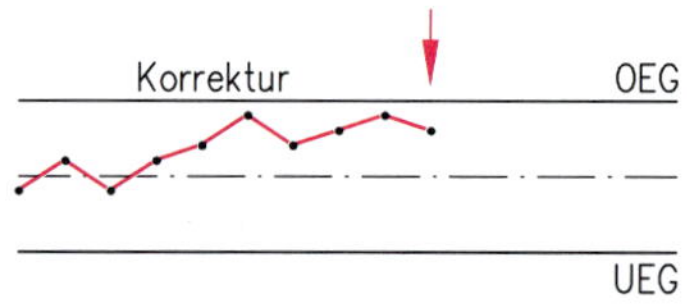
Middle Third Es liegen mehr als 2/3 aller Kennwerte zu nahe an den Eingriffsgrenzen. Der Fertigungsprozess muss sofort korrigiert werden.	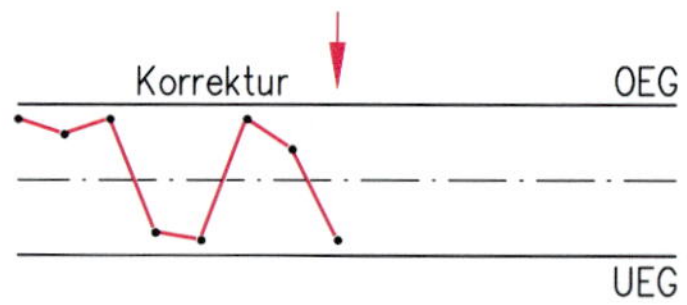

Beispiel **für einen störungsfreien, d. h. beherrscht verlaufenden Fertigungsprozess**

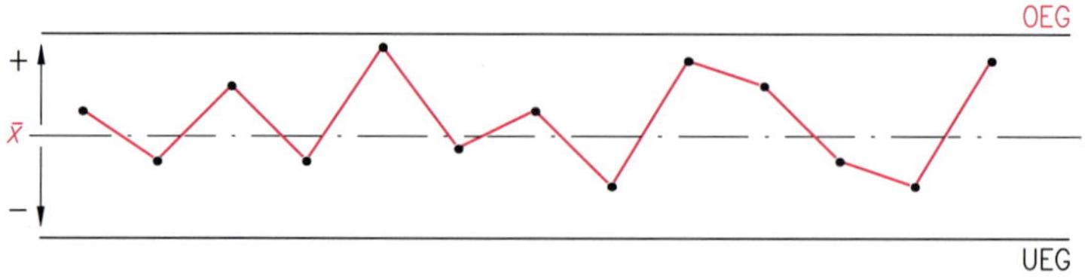

Anhand von speziellen Bewertungskriterien können Störungen im Fertigungsprozess erkannt werden, die darauf hinweisen, dass der Prozess nicht mehr beherrscht wird. In diesem Fall sind sofort Maßnahmen zur Korrektur des Prozesses einzuleiten und deren Wirkung zu beobachten.

Übungsaufgaben PT-59; PT-60; PT-61

Handlungsfeld: Werkstücke mit Maschinen fertigen

Problemstellung

Auftrag

Auftrag
Einspannzapfen aus C45 fertigen
...

Zeichnung

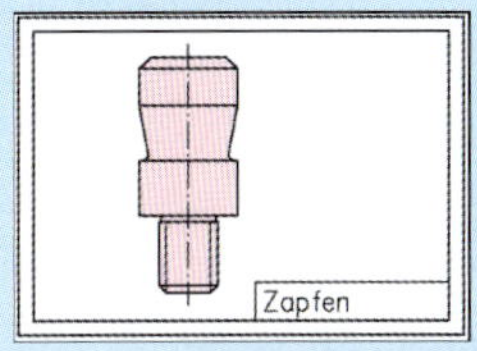

Analysieren

Vorgaben
- Werkstück (Form, Maße, Oberfläche, Toleranzen)
- Werkstoff
- Stückzahl
- Termine

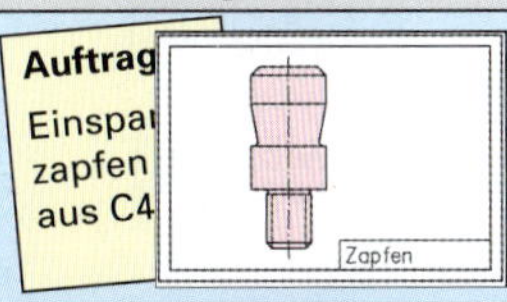

Ergebnisse
- Fertigungsverfahren (Maschine)
- Abfolge der Fertigung
- Rohteil (Form, Maße)

Fertigung planen
(für das jeweilige Verfahren)

Entscheidungen hinsichtlich Werkzeug
- Schneidstoff
- Werkzeugtyp
- Schneidenwinkel
- Einspannung
- Prüfung (Schneidhaltigkeit, Standzeit)

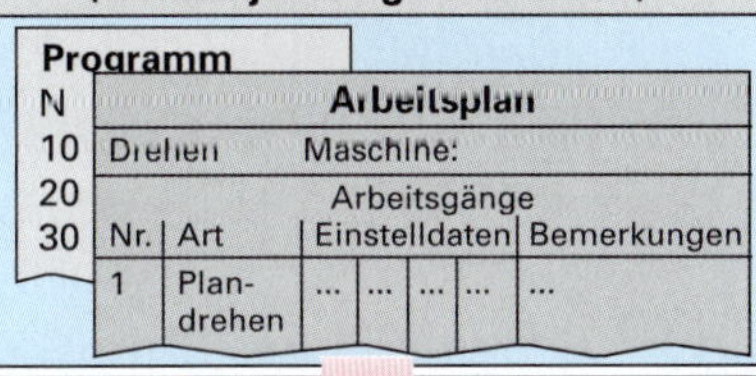

Entscheidung hinsichtlich Maschine
- Art der Maschine
- Technologiedaten (Umdrehungsfrequenz, Vorschub ...)
- Verfahrbewegungen
- Einspannung
- Werkzeugeinsatz

Fertigen

- Einstellen bzw. Eingeben von Technologiedaten
- Einrichten der Werkstücke (Positionieren, Spannen, ggf. Stützen)
- Einrichten der Werkzeuge
- Bereitstellen von Hilfsstoffen

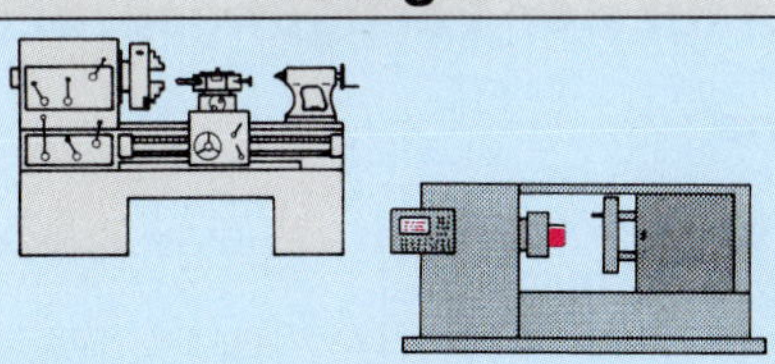

- Fertigung starten und überwachen
- Zwischenkontrollen durchführen
- Sicherheitsvorschriften beachten

Qualitätskontrolle durchführen

Kontrolle der
- Maße
- Form
- Oberfläche

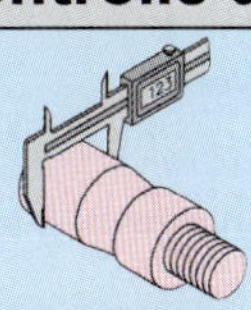

- Entscheidung über Verwendung (gut, Nacharbeit, Ausschuss)
- Fehleranalyse

1 Technologische Grundlagen der spanenden Fertigung

Zur maschinellen, spanenden Fertigung eines Werkstückes muss der Mechaniker von der Zeichnung ausgehend eine geeignete Maschine sowie Werkzeuge, Spann- und Hilfsmittel auswählen und die zur Fertigung notwendigen Bewegungen von Werkzeug und Werkstück ermitteln und einstellen. Bei richtiger Eingabe dieser Größen in den Fertigungsprozess und fachgerechter Durchführung der Arbeit soll ein maß- und formgerechtes Werkstück mit geforderter Oberflächenbeschaffenheit bei möglichst geringen Herstellkosten und geringer Umweltbelastung entstehen.

Eingang → **Fertigungsprozess** → **Ausgang**

Arbeitsaufgabe

Kundenvorgaben:

Werkstück
- Form und Werkstoff
- Maße und Qualität
- Losgröße und Liefertermin

Betriebsinterne Vorgaben:
- kalkulierte Vorgabezeit und Kosten

Zu wählen sind:

Rohteilform und -abmessungen

Maschine

Werkzeug
- Art
- Schneidengeometrie
- Schneidenradius
- Schneidenwerkstoff

Technologiedaten
- Schnittgeschwindigkeit
- Vorschub
- Schnitttiefe

Spannmittel

Hilfsmittel
- Kühlschmiermittel

Zu beachten sind:
Arbeitssicherheit und Umweltschutz

maschinelle spanende Fertigung

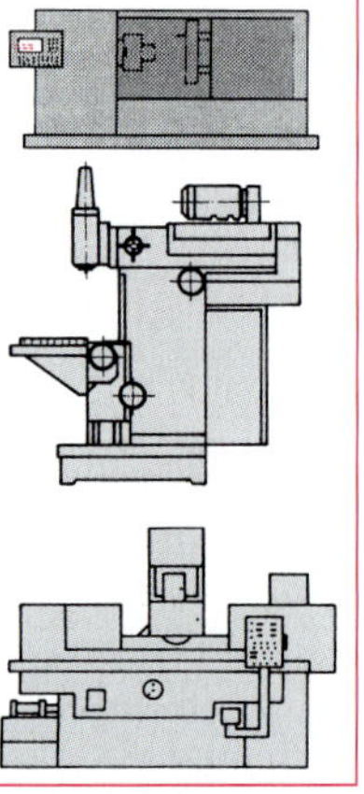

Arbeitsergebnis

Fertigteile mit hinreichender Qualität
- Maßgenauigkeit
- Form und Lagegenauigkeit
- Oberflächenbeschaffenheit

Daten zu Fertigungskosten
- Löhne
- Materialkosten
- Maschinenkosten
- Werkzeugkosten

Prozessdaten
- Maschinenzeiten
- Werkzeugkorrekturdaten
- zu Standzeiten, Standlängen
- Verschleißdaten

Umweltbelastung
- Lärm, Dämpfe, Wärme

Belastung der Mitarbeiter
- körperliche Belastung
- nervliche Belastung

Reststoffe
- Späne, Kühlschmiermittel

1.1 Eingangsgrößen für den Fertigungsprozess

1.1.1 Schneidengeometrie

Der **Keilwinkel** β_0 beeinflusst die Haltbarkeit des Werkzeuges. Für harte Werkstoffe wählt man deshalb größere Keilwinkel als für weiche Werkstoffe.

Der **Freiwinkel** α_0 vermindert die Reibung zwischen Werkstück und Werkzeug. Er vermindert dadurch die Wärmeentwicklung am Werkzeug.

Der **Spanwinkel** γ_0 beeinflusst die Spanbildung und damit die Oberflächenbeschaffenheit des Werkstückes.

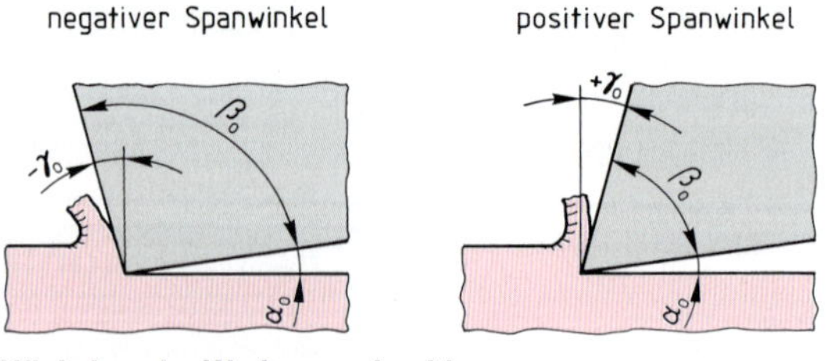

Winkel an der Werkzeugschneide

Die Winkel an der Werkzeugschneide sind hauptsächlich von der Festigkeit des zu bearbeitenden Werkstoffs abhängig.

1.1.2 Technologische Daten

- **Schnittgeschwindigkeit und Kühlschmierung**

Die Schnittgeschwindigkeit ist die relative Bewegung zwischen dem Werkzeug und dem Werkstück. Die Größe der Schnittgeschwindigkeit wird für ein Fertigungsverfahren nach dem Werkstoff des Werkstückes und dem Schneidenwerkstoff nach den Angaben des Werkzeugherstellers ausgewählt. Durch den Einsatz beschichteter Werkzeugschneiden können höhere Schnittgeschwindigkeiten gewählt werden.

Je nach Größe der Schnittgeschwindigkeit ist eine unterschiedlich starke Aufbauschneidenbildung zu beobachten. Die **Aufbauschneide** entsteht durch Verschweißung kleiner Werkstoffteilchen auf der Spanfläche und wird

- *groß,* bei niedrigen bis mittleren Schnittgeschwindigkeiten und bleibt
- *sehr klein,* bei hohen Schnittgeschwindigkeiten.

Kleine Partikel der sich periodisch aufbauenden und wieder abreißenden Aufbauschneide gleiten zwischen Span- und Freifläche ab und verursachen so eine große Rautiefe.

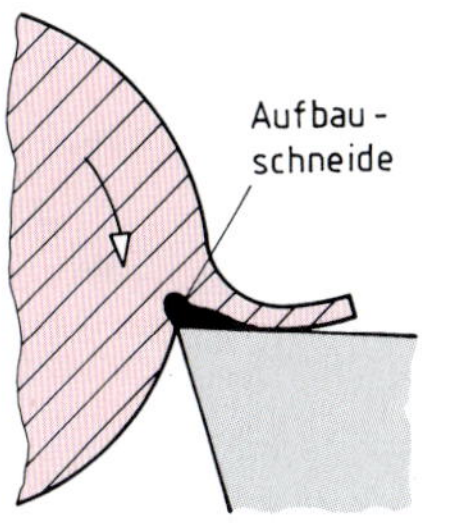

Bildung der Aufbauschneide

Abscherung der Aufbauschneide

Eine hohe Oberflächenqualität erzielt man durch den Einsatz von Kühlschmierstoffen mit

- einer guten Schmierwirkung, wie bei Schneidölen, bei niedrigen Schnittgeschwindigkeiten und
- einer starken Kühlwirkung, wie bei Kühlemulsionen, bei hohen Schnittgeschwindigkeiten.

Eine Erhöhung der Oberflächenqualität erzielt man durch den Einsatz von angepassten Kühlschmierstoffen.

- **Vorschub und Eckenradius**

Der Vorschub f ist der Weg in Millimeter, den eine Schneide bei einer Umdrehung oder einem Hub zurücklegt. Bei mehrschneidigen Werkzeugen, wie z. B. Fräsern, wird der Vorschub je Zahn angegeben und mit f_z bezeichnet.

Der Einsatz von Werkzeugen mit völlig spitzer Schneidenecke ist hinsichtlich Verschleiß und Oberflächengüte ungünstig.

Mit einer gerundeten Schneidenecke und einem kleinen Vorschub erzielt man z. B. beim Drehen eine hohe Oberflächengüte. Die zu erwartende theoretische Rautiefe R_t lässt sich überschlägig nach folgender Formel berechnen.

$$R_t = \frac{f^2}{8 \cdot R}$$

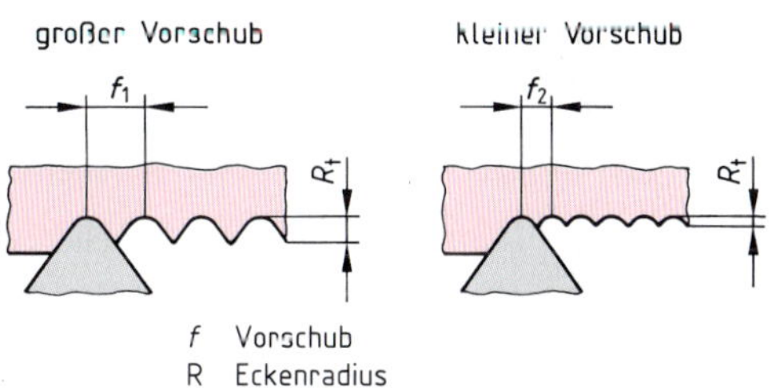

Vorschub, Eckenradius und Oberflächenbeschaffenheit

Ein größerer Eckenradius ergibt bei gleich bleibenden Vorschub eine geringere theoretische Rautiefe.

- **Schnitttiefe**

Die **Schnitttiefe** a_p ist der Betrag, um den die Schneide durch die Zustellbewegung in Eingriff gebracht wird. Zusammen mit dem Vorschub ergibt sie den **Spanungsquerschnitt** S.

Spanungsquerschnitt = Schnitttiefe · Vorschub

$$S = a_p \cdot f$$

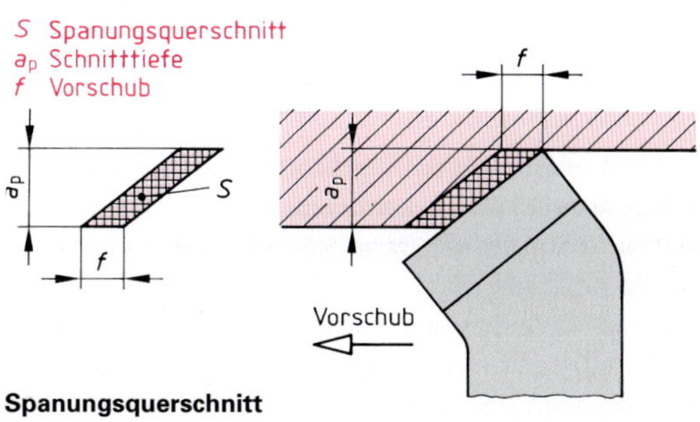

Spanungsquerschnitt

1.2 Ausgangsgrößen des Fertigungsprozesses

1.2.1 Maßgenauigkeit

Die **Maßgenauigkeit** der durch Spanen hergestellten Werkstücke hängt von vielen Faktoren ab.

Die Sorgfalt, mit welcher der Fachmann Einstellungen vornimmt und Maßkontrollen durchführt und auswertet, bestimmt wesentlich das Ergebnis. Sehr wichtig sind auch die Qualität der Maschine sowie die Werkzeuge und die Umweltbedingungen.

Fachmann
z.B. – Maschineneinstellung
– Auswertung von Prüfungen
– Planung von Umspannen

Werkzeuge, Spannmittel u.a.
z.B. – Abnutzung
– Genauigkeit

Maß-genauig-keit

Maschine
z.B. – Qualität von Lagern und Führungen
– Präzision der Steuerung

Umweltbedingungen
z.B. – Temperaturschwankungen
– Beleuchtung am Arbeitsplatz

1.2.2 Oberflächenbeschaffenheit

Das Produkt, welches durch Spanen hergestellt wird, soll möglichst gute Oberflächenbeschaffenheit aufweisen. Die Oberflächenbeschaffenheit wird verbessert durch:

- größeren Spanwinkel,
- größeren Schneidenradius,
- höhere Schnittgeschwindigkeit,
- geringeren Vorschub,
- Einsatz von Kühlschmiermitteln.

1.2.3 Werkzeugverschleiß

- **Standzeit und Standlänge**

Der wirtschaftliche Einsatz von Schneidwerkzeugen ist von der Zeit abhängig, in der das Werkzeug vom Anschliff bis zum Stumpfwerden im Eingriff ist. Diese Zeitspanne wird **Standzeit *T*** genannt. Ein Werkzeug ist stumpf, wenn ein definiertes **Standkriterium** am Werkzeug, dem Werkstück oder der Maschine eine bestimmte Verschleißgröße erreicht hat. Beim Bohren und Fräsen wird anstelle der Standzeit häufig die **Standlänge *L*** betrachtet. Die Standlänge kennzeichnet die Summe der Bohrtiefen bzw. der Bearbeitungslängen beim Fräsen, die mit dem Bohrer bzw. Fräser vom Anschliff bis zum Stumpfwerden bearbeitet werden kann. Je nach Schneidstoff ist entweder die an der Schnittstelle entstehende Temperatur oder der Abrieb an den Werkzeugflächen die Hauptursache für das Stumpfwerden.

Die Standzeit ist die Zeitspanne vom Anschliff bis zum Stumpfwerden eines Werkzeugs. Beim Bohren und Fräsen wird anstelle der Standzeit die jeweilige Standlänge betrachtet.

- **Standkriterien am Werkzeug**

Aufgrund hoher Zerspanungstemperaturen und mechanischer Belastungen kommt es an der Frei- und Spanfläche des Werkzeugs zum Verschleiß. Verschleißursachen sind:

- mechanischer Abrieb,
- Abscherung von Pressschweißungen (z. B. Aufbauschneiden) und
- Diffusion (z. B. Zerstörung der Karbide im Hartmetall)

Als Standkriterien am Werkzeug sind definiert:

- die **Verschleißmarkenbreite *VB***,
- der **Kolkmittenabstand *KM*** und
- die **Kolktiefe *KT***.

Aus der Kolktiefe und dem Kolkmittenabstand lässt sich das Kolkverhältnis ***K*** berechnen:

$$K = \frac{KT}{KM}$$

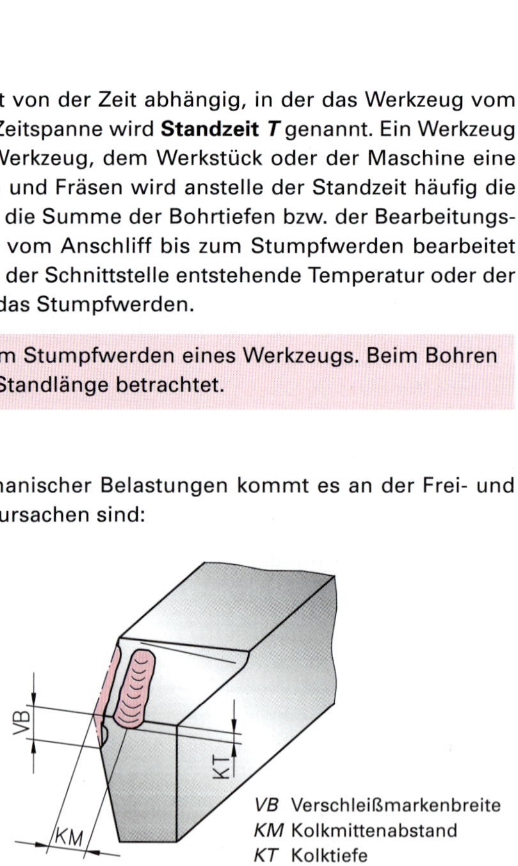

Freiflächen und Kolkverschleiß an einem Drehmeißel

Übungsaufgabe FT-6

Zu Beginn der Zerspanung ist der Freiflächenverschleiß größer als der Spanflächenverschleiß. Dieses Verhältnis kehrt sich mit zunehmender Zerspanungsdauer um. Deshalb wird zunächst die Verschleißmarkenbreite und später das Kolkverhältnis als Standkriterium berücksichtigt. Bei größeren Schnittgeschwindigkeiten überwiegt der Kolkverschleiß, deshalb sollte dieses Standkriterium bevorzugt im Bereich höherer Schnittgeschwindigkeiten eingesetzt werden. Zur Erfassung der Standkriterien, z. B. der Verschleißmarkenbreite, können optische Systeme eingesetzt werden, die etwa beim Werkstückwechsel ein Bild von der Meißelspitze aufnehmen, verarbeiten und auswerten.

Die Verschleißmarkenbreite, der Kolkmittenabstand und die Kolktiefe sind Standkriterien am Werkzeug. Aus dem Kolkmittenabstand und der Kolktiefe lässt sich das Kolkverhältnis berechnen. Die Standkriterien sind mithilfe optischer Systeme automatisch zu erfassen.

• Standkriterien am Werkstück

Der Werkzeugverschleiß führt zu Veränderungen am Werkstück. Erkennbare Veränderungen sind:

- größere Rauheit,
- Brandflecken oder Streifenbildung sowie
- Maßabweichungen.

Wird die Werkstückrauheit als Standkriterium gewählt, so bestimmt diese Größe das Standzeitende des Werkzeugs. Ein mögliches Standkriterium ist die gemittelte Rautiefe R_z. In der automatisierten Fertigung ist es oft sinnvoll, die Maßabweichung eines Werkstücks als Standkriterium einzuführen, z. B. wenn keine optische Erfassung des Werkzeugs vorgesehen bzw. möglich ist.

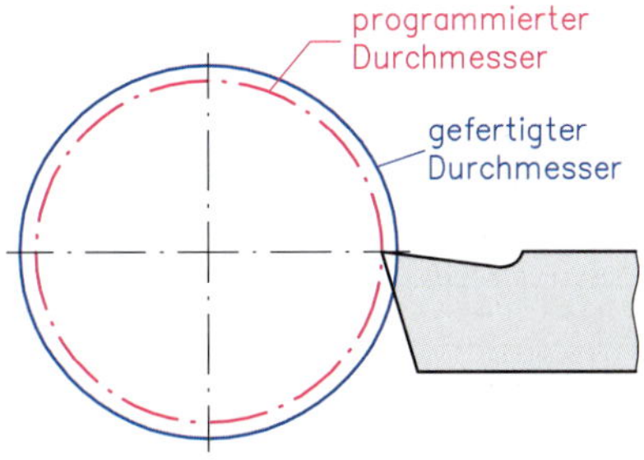

Freiflächenverschleiß und Maßabweichung beim Drehen

Rauheit, Brandflecken und Streifenbildung sowie Maßabweichungen sind Standkriterien am Werkstück. In der automatisierten Fertigung wird häufig die Maßabweichung am Werkstück als Standkriterium gewählt.

• Standkriterien an der Maschine und Standzeitvorgaben

Unter Berücksichtigung der Standkriterien sind Schnittbedingungen für unterschiedliche Schneid- und Werkstoffkombinationen ermittelt worden, die zu kostengünstigen Standzeiten führen. Das Standkriterium ist in diesem Fällen die Standzeit selbst. Die Standzeit beträgt bei Einhaltung der Vorgaben (Tabellenwerte) meist 20 Minuten. In der Praxis wird häufig die Veränderung bei der Zerspankraft bzw. dem Drehmoment an der Hauptspindel als Standkriterium herangezogen. In beiden Fällen ist jedoch nur eine sehr grobe Aussage über den Verschleißzustand am Werkzeug möglich.

Standzeitvorgaben, die für bestimmte Schnittbedingungen und Schneidstoff-Werkstoff-Kombinationen aufgrund von Langzeitversuchen ermittelt wurden, liefern Orientierungswerte für kostengünstige Standzeiten.

1.2.4 Analyse des Fertigungsprozesses

In der Serienfertigung untersucht man im Nachhinein den Fertigungsprozess, um ihn in Bezug auf Kosten und Fertigungszeiten zu optimieren. Der Fachmann für Zerspanung befasst sich dabei im Wesentlichen mit den wichtigen Eingangsgrößen.

Übungsaufgabe FT-7

- **Schnittgeschwindigkeit**

Die Schnittgeschwindigkeit beeinflusst die Standzeit bzw. die Standlänge von allen wichtigen Eingangsgrößen am stärksten. So fällt etwa die Standzeit T_{VB} (als Standzeitkriterium ist hier die Verschleißmarkenbreite VB angegeben) mit zunehmender Schnittgeschwindigkeit v_C stark ab, wie die nebenstehenden Diagramme zeigen. Der Standzeit-Schnittgeschwindigkeits-Verlauf ist sowohl in einem linearen als auch in einem logarithmischen Maßstab dargestellt. Die logarithmische Darstellung vereinfacht den Vergleich und die Berechnung unterschiedlicher Standzeitverläufe.

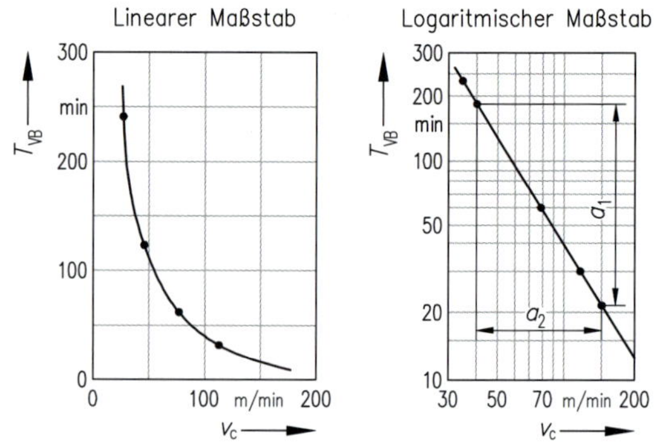

Einfluss der Schnittgeschwindigkeit auf die Standzeit

In Richtwertetabellen sind die Schnittgeschwindigkeiten für bestimmte Schneidstoff-Werkstoff-Kombinationen und vorgegebene Standzeiten angegeben. Diese sind jedoch auf die unterschiedlichen Fertigungsbedingungen wie Werkstückgeometrie, Stückzahl, Liefertermin oder Automatisierungsgrad zu optimieren. Die Optimierung kann entweder in Richtung zeitgünstiger Standzeit (geringere Hauptnutzungszeit) oder Richtung kostengünstigere Standzeit (höhere Hauptnutzungszeit) verlaufen. In beiden Fällen ist die Schnittgeschwindigkeit die entscheidende Einflussgröße und beeinflusst neben der Standzeit, den Ausstoß, die Maschinen-, Lohn- und Gemeinkosten, die Werkzeugkosten pro gefertigtes Werkstück sowie die Nebennutzungszeit bezogen auf den Auftrag. Diese Zusammenhänge zeigt die nachfolgende Tabelle.

gering	← Schnittgeschwindigkeit →	hoch
höher	← Standzeit →	geringer
geringer	← Hauptnutzungszeit („Fertigungszeit“) →	höher
höher	← Ausstoß →	geringer
geringer	← Maschinen-, Lohn- und Gemeinkostenanteil →	höher
höher	← Werkzeugkosten pro Stück →	geringer
geringer	← Nebennutzungszeit (wg. Werkzeugwechselzeiten u. ä.) →	höher

Über die Betrachtung der Wechselbeziehungen zwischen den unterschiedlichen Größen ist die kostengünstige Schnittgeschwindigkeit und damit auch die kostengünstigste Standzeit mithilfe einer Summenkurve zu ermitteln.

Beispiel für die Ermittlung der kostengünstigen Schnittgeschwindigkeit (Standzeit) bei Hartmetall

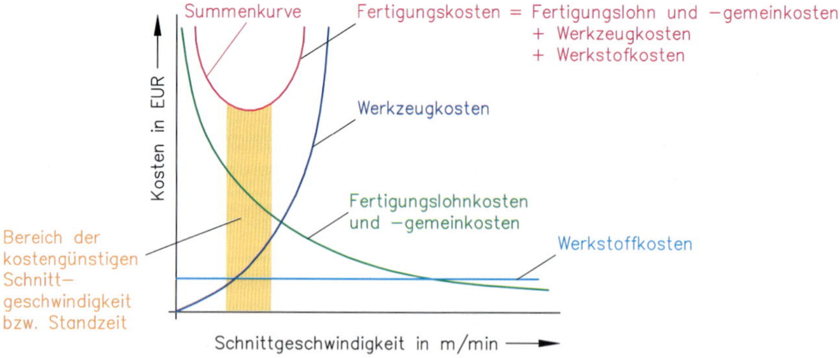

Die Schnittgeschwindigkeit beeinflusst die Standzeit bzw. die Standlänge von allen Eingangsgrößen am stärksten. Für jeden Schneidstoff existiert ein kostengünstiger Schnittgeschwindigkeitsbereich. In diesem Bereich sind die Fertigungskosten am geringsten.

Übungsaufgabe FT-8

- **Schnitttiefe und Vorschub**

Die Schnitttiefe und der Vorschub beeinflussen die Standzeit in der Weise, dass es bei einer Erhöhung der jeweiligen Eingangsgrößen zu einer Verringerung der Standzeit des Werkzeugs kommt. Die Grenzen dieser Eingangsgrößen werden durch die Schneidgeometrie und -stabilität sowie den Schneidstoff begrenzt. Im Sinne einer kostengünstigen Standzeit ist die Schnitttiefe möglichst groß und der Vorschub möglichst klein zu wählen. Hierbei hat sich ein Verhältnis zwischen Schnitttiefe und Vorschub von 5:1 bis 8:1 als günstig erwiesen. Damit ist bei vorgegebenem Spanungsquerschnitt (Richtwertetabelle) eine

- bessere Abfuhr der Zerspanungswärme,
- Verschließminderung und
- Standzeiterhöhung zu erreichen.

Mit einem Verhältnis zwischen der Schnitttiefe und dem Vorschub von 5:1 bis 8:1 ist eine kostengünstige Standzeit zu erzielen.

- **Schneidwerkstoff und Schneidgeometrie**

Je verschleißfester ein Schneidstoff ist, desto höher kann die Schnittgeschwindigkeit bei gleicher Standzeit gewählt werden. Zudem sind mit verschleißfesten Schneidstoffen höhere Standzeiten zu erreichen. Je nach Schneidstoff ist entweder die Temperatur die Hauptursache für den Verschleiß, z. B. bei Schnellarbeitsstählen (HSS), oder der Abtrieb, z. B. bei Hartmetallen (HW) oder keramischen Schneidstoffen (C). Das Standkriterium ist ebenfalls abhängig vom eingesetzten Schneidstoff. So tritt ein Kolkverschleiß im Wesentlichen bei rein keramischen Schneidstoffen auf.

Das Standzeit-Schneidstoff-Diagramm zeigt, dass jeder Schneidstoff einen bestimmten Schnittgeschwindigkeitsbereich abdeckt, in dem er wirtschaftlich eingesetzt werden kann. Durch eine Vergrößerung des Keilwinkels und eine Verkleinerung des Spanwinkels an der Werkzeugschneide wird eine Vergrößerung des beanspruchten Querschnitts erreicht, was bei sonst gleichen Zerspanungsbedingungen zu einem Anstieg der Standzeit führt. Zu beachten ist allerdings, dass die Wahl von Keil- und Spanwinkel häufig durch das gewünschte Arbeitsergebnis, z. B. die Oberflächenqualität, bestimmt wird.

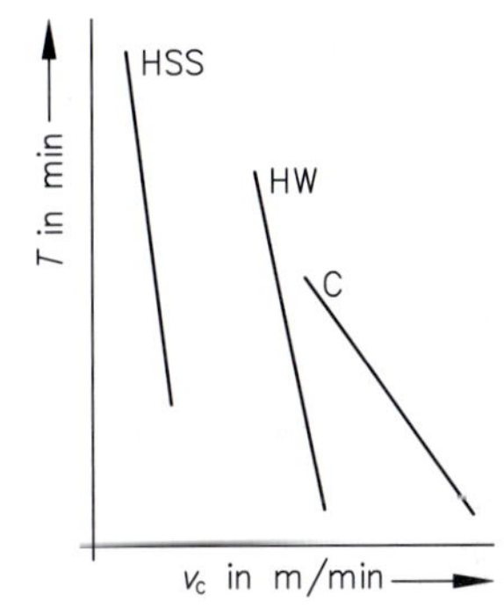

Standzeit und Schneidstoff

Jeder Schneidstoff deckt einen bestimmten Schnittgeschwindigkeitsbereich ab, in dem er wirtschaftlich eingesetzt werden kann. Je verschleißfester ein Schneidstoff ist, desto höher kann die Schnittgeschwindigkeit bei gleicher Standzeit gewählt werden.

- **Kühlschmierung**

Die Aufgaben der Kühlschmierung beim Zerspanungsprozess sind unterschiedlich und hängen von der gewählten Schnittgeschwindigkeit und damit von der Zerspanungstemperatur ab.

Zum Einsatz kommen Kühlschmierstoffe

- mit guter Schmierwirkung bei niedrigen Schnittgeschwindigkeiten und
- mit guter Kühlwirkung bei höheren Schnittgeschwindigkeiten.

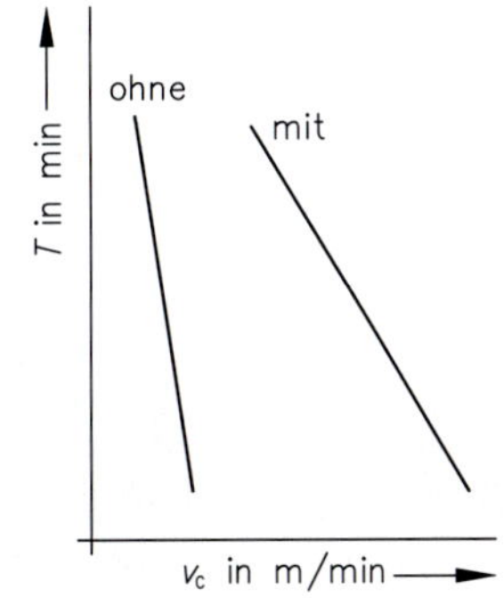

Standzeit und Kühlschmierstoff

Der spezifische Einsatz der Kühlschmierung führt insbesondere bei einem kontinuierlichen Werkzeugeingriff oder bei einem ununterbrochenen Schnitt zu einer Standzeiterhöhung. Wird eine Kühlschmierung bei einem unterbrochenen Werkzeugeingriff oder Schnitt eingesetzt, kann es zur Standzeitverringerung aufgrund der permanenten Temperaturschwankungen während des Eingriffs und des Freilaufs führen. Hier führt eine Minimalschmierung oder eine Trockenbearbeitung zu einer Erhöhung der Standzeit.

Der an der Schnittgeschwindigkeit orientierte Einsatz von Kühlschmiermitteln führt zu einer Standzeiterhöhung bzw. zu einer Verlängerung der Standlänge, wenn das Werkzeug ununterbrochen im Einsatz ist. Bei einem unterbrochenen Schnitt ist oft eine Minimalschmierung oder Trockenbearbeitung günstiger.

- **Spanarten und Spanformen**

Bei der spanenden Formgebung mit keilförmigen Schneidwerkzeugen bezeichnet man die abgetrennten Werkstoffteilchen als Späne. Diese Späne können auch aus mehr oder weniger zusammenhängenden Spanteilchen bestehen. Aus dem Zusammenwirken verschiedener Einflussgrößen, wie z.B. Spanwinkel und Werkstoff, ergeben sich unterschiedliche Späne.

Spanarten

Spanarten	Spanbildung		Schnittbedingungen	Auswirkungen
Fließspan  langer zusammenhängender Span	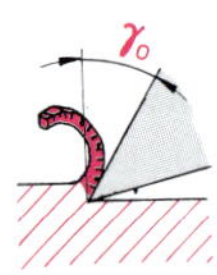	• geringe Werkstoffstauchung • kein voreilender Riss • schnelle Folge kleinster Schervorgänge • Spanteilchen bleiben zusammenhängend	• großer Spanwinkel • zäher Werkstoff • hohe Schnittgeschwindigkeit	• glatte saubere Oberfläche • kleine Schnittkraft • lange Späne behindern den Arbeitsvorgang
Scherspan  Stücke noch zusammenhängender Spanteilchen mit vielen Scherrissen	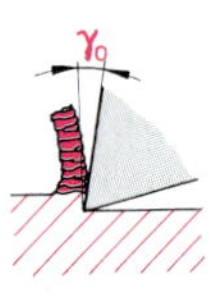	• stärkere Werkstoffstauchung • kurzer voreilender Riss • einzelne unregelmäßige Schervorgänge • Spanteilchen bleiben nur teilweise zusammenhängend	• kleiner bis mittlerer Spanwinkel • zähe und leicht spröde Werkstoffe • mittlere Schnittgeschwindigkeit	• nicht so glatte Werkstückoberfläche mit unregelmäßigem Aussehen • kurzer bröckliger Span behindert nicht den Arbeitsvorgang • nur wenig größere Schnittkraft
Reißspan 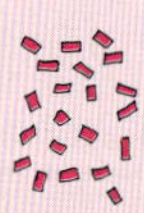 sehr kurzer unregelmäßiger Span	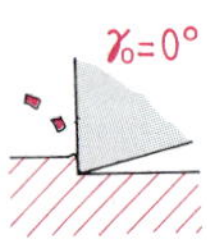	• geringe Werkstoffstauchung • bei spröden Werkstoffen • voreilender Riss, der auch in die Werkstückoberfläche eindringt • wenige unregelmäßige Schervorgänge	• kleiner Spanwinkel • vorwiegend bei spröden Werkstoffen • niedrige Schnittgeschwindigkeit	• raue Werkstückoberfläche • große Schnittkraft • kurzer Span behindert nicht den Arbeitsvorgang

Spanformen

Je nach eingestellten technologischen Bedingungen treten unterschiedliche Spanformen auf.
Der sich ergebende Span soll so kurz sein, dass eine Behinderung der Maschinenbedienung, Störungen des Fertigablaufs sowie eine Beschädigung von Arbeitsfläche und Werkzeug nicht auftreten.
Kurze Schraubenspäne, Schraubenbruchspäne und Sprialbruchspäne sind besonders günstig.

Beispiele für Spanformen

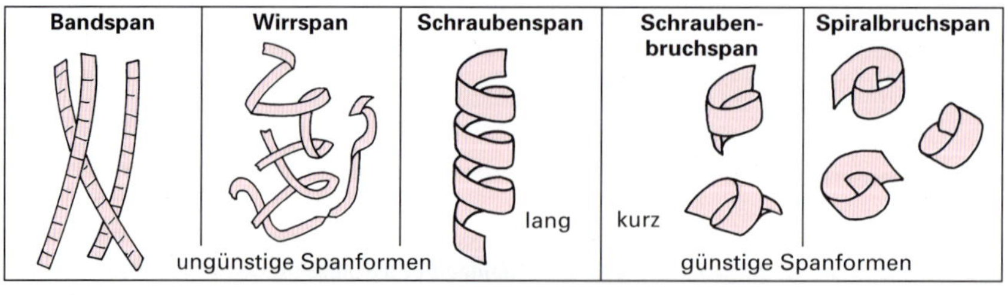

Übungsaufgaben FT-11; FT-12; FT-13

1.3 Schneidstoffe für maschinelles Spanen mit geometrisch bestimmten Schneiden

1.3.1 Schnellarbeitsstähle

Schnellarbeitsstähle sind hochlegierte Stähle, die kurz HSS-Stähle genannt werden. Sie besitzen hohe Zähigkeit und Biegefestigkeit. Sie sind daher wenig empfindlich gegen wechselnde Schnittkräfte. Die Warmstandfestigkeit über 600 °C ist hingegen gering, so dass keine hohen Schnittleistungen möglich sind. Zur Erhöhung der Standzeit werden Schnellarbeitsstähle im Bereich der Schneiden häufig mit Titannitrid (goldfarbig) beschichtet.

Schnellarbeitsstähle werden besonders als profilgebende Werkzeuge, z.B. Profildrehmeißel, eingesetzt, wenn die Anschaffung von Werkzeugen mit Wendeschneidplatten nicht wirtschaftlich ist.

Beschichtete Werkzeuge aus Schnellarbeitsstahl

1.3.2 Hartmetalle

Hartmetalle sind Sinterwerkstoffe aus sehr harten Karbiden und Nitriden mit Kobalt, Nickel und anderen Metallen als Bindemittel.

Hartmetalle aus überwiegend Wolframkarbid mit Kobalt als Bindemittel sind die klassischen Hartmetalle und werden meist verwendet. Sie werden mit dem Kürzel **HW** gekennzeichnet.

Hartmetalle auf der Baisis von wolframarmen Mischkarbiden, Nitriden und Karbonitriden werden auch als **Cermets** (**Cera**mics + **met**als) bezeichnet und mit dem Kürzel **HT** gekennzeichnet.

Hartmetall (HW)

Härteträger	**Bindemittel**
Wolframkarbid (+TiC, TaC u.a.)	Kobalt

Cermets (HT)

Härteträger	**Bindemittel**
Karbide und Nitride von Ti, Ta, Nb, Mo, W	Ni, Co, Mo

Cermets besitzen wegen der erheblich geringeren Dichte der Härteträger nur etwa 60 % der Dichte von Hartmetallen auf Wolframkarbidbasis. Sie sind zudem härter und verschleißfester. Da Cermets erst bei höheren Temperaturen oxidieren, erlauben sie beim Einsatz als Schneidstoff erheblich höhere Schnittgeschwindigkeiten.

Hartmetalle auf Basis von Wolframkarbid (HW) hingegen leiten Wärme besser ab und haben geringere Wärmedehnung. Als Folge dieser Eigenschaften ist die Beständigkeit gegen schnelle Temperaturwechsel höher als bei den Cermets.

Durch Beschichtungen kann die Verschleißfestigkeit von Hartmetallen verbessert werden. Dadurch werden auch höhere Schnittwerte möglich. Beschichtungen können aus Karbiden, Nitriden oder Karbo-Nitriden bestehen. Beschichtete Hartmetalle werden mit **HC** gekennzeichnet.

Fräser mit Wendeschneidplatten

Hartmetalle werden meist in Form von Schneidplatten mit unterschiedlichen Befestigungsmechanismen in Schneidenträger eingesetzt. Kleinere Werkzeuge können auch aus Vollhartmetall hergestellt werden.

Hartmetalle auf Wolframkarbidbasis (HW) haben höhere Temperaturwechselbeständigkeit und Wärmeleitfähigkeit.
Hartmetalle mit vorwiegend Titan- und Tantalkarbiden (HT) und -nitriden sind härter und verschleißfester.

Übungsaufgaben FT-14 bis FT-17

• Einteilung und Verwendung von Hartmetallen

Die Eignung der Hartmetalle zum Zerspanen bestimmter Werkstoffe wird durch einen Buchstaben und eine Zahl gekennzeichnet. Dabei gibt der Buchstabe an, für welche Art von Werkstoffen die jeweilige Hartmetallsorte geeignet ist. Dle Zahl steht für die Zähigkeit: je höher die Zahl desto zäher ist die Sorte.

Hauptgruppe und Kennfarbe	Anwendungsgruppe und Art der Bearbeitung	Eigenschaften	Schnittbedingungen	Werkstoff des Werkstückes
P Schaft blau	P01, P10: Feindrehen P15, P20, P25: Schlichten, Gewindedrehen P30, P40, P50: Vordrehen, Schruppen	↑ zunehmende Verschleißfestigkeit ↓ zunehmende Zähigkeit	↑ zunehmende Schnittgeschwindigkeit ↓ zunehmender Vorschub	**Lang spanende Werkstoffe:** • Baustahl • hochlegierte Stähle • Stahlguss • Temperguss
M Schaft gelb	M10, M20, M30: Schlichten, Vordrehen M40: Drehen auf Automaten			**Lang oder kurz spanende Werkstoffe** • Automatenstahl • Gusseisen
K Schaft rot	K01, K10: Schlichten K10, K20, K30: Vordrehen K30, K40: Schruppen			**Kurz spanende Werkstoffe:** • Vergütungsstahl • gehärteter Stahl • Gusseisen, Hartguss • Ne-Metalle • Kunststoffe

Der Buchstabe steht für die Hartmetallsorte, die Zahl für deren besondere Eigenschaften.

1.3.3 Keramische Schneidstoffe

Sinterwerkstoffe aus Aluminiumoxid (Al_2O_3) und weiteren Metallverbindungen (MgO; Cr_2O_3; TiC) bezeichnet man als oxidkeramische Schneidstoffe. Für sehr hohe Schnittleistungen werden Nitride, z. B. Siliciumnitrid (Si_3N_4) und kubisches Bornitrid (CBN) eingesetzt.

Oxidkeramische Werkstoffe sind äußerst temperaturbeständig und verschleißfest, jedoch sehr stoßempfindlich. Sie erlauben hohe Schnittgeschwindigkeiten bei kleinen Spanungsquerschnitten und schwingungs- und stoßfreier Betriebsweise.

Siliciumnitrid (Si_3N_4) besitzt gegenüber den genannten keramischen Werkstoffen folgende besonderen Eigenschaften:

- extrem hohe Schlagzähigkeit,
- hohe Festigkeit bis ca. 1200 °C,
- hervorragende Temperaturwechselbeständigkeit.

Siliciumnitrid wird deshalb zum Spanen bei *unterbrochenen* Schnitten bei Gusseisen und Stählen verwendet.

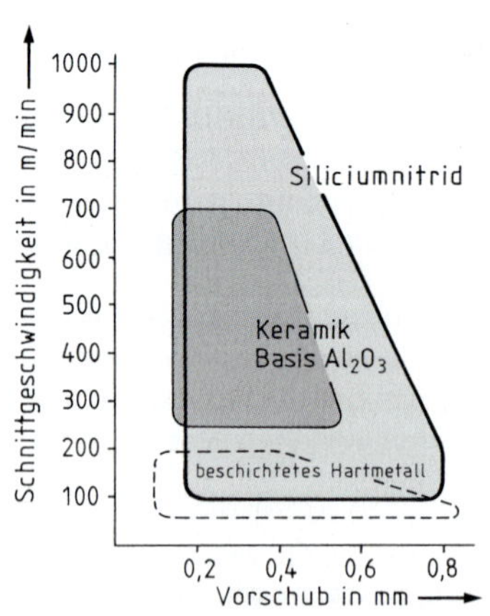

Schnittbedingungen beim Einsatz keramischer Werkstoffe

Oxidkeramische Schneidstoffe ermöglichen bei kleinen Spanungsquerschnitten eine Spanabnahme mit extrem hohen Schnittgeschwindigkeiten. Die Standzeit ist wegen der hohen Warmstandfestigkeit sehr gut.

Übungsaufgabe FT-18

1.3.4 Polykristalliner Diamant (PKD)

Der Diamant ist der härteste in der Natur vorkommende Stoff. Als Einkristall sind seine Eigenschaften sehr richtungsabhängig. Darum verwendet man als Schneidstoff synthetisch erzeugte, vielkristalline Diamantpulver, deren Körnchen in alle Richtungen gleiche Eigenschaften haben. Sie werden in einer dünnen Schicht (ca. 0,5 mm) auf Hartmetallplatten aufgebracht.
Polykristalliner Diamant (PKD) erlaubt sehr hohe Schnittgeschwindigkeit und wird zum Zerspanen von NE-Metallen und glasfaserverstärkten Kunststoffen eingesetzt. Für die Zerspanung von Stahl ist er nicht geeignet, da der Diamant, der aus reinem Kohlenstoff besteht, bei den Zerspanungstemperaturen in den Stahl eindiffundiert und so die Schneidhaltigkeit verloren geht.

Polykristalliner Diamant auf Hartmetallträgerplatten kann zum Zerspanen von NE-Metallen und Kunststoffen (GfK) eingesetzt werden. Zur Zerspanung von Stahl ist er ungeeignet.

FT

1.4 Wendeschneidplatten

1.4.1 Auswahl von Wendeschneidplatten

Hartmetalle und Schneidkeramiken werden auf CNC-Werkzeugmaschinen fast ausschließlich in Form von Wendeschneidplatten eingesetzt.

Beispiel **für den Einsatz von Wendeschneidplatten in Werkzeugen**

Drehmeißel **Drehmeißel** **Fräser** **Fräser** **Bohrer**

Die Auswahl der Schneidengeometrie für einen bestimmten Arbeitsauftrag hängt von vielen Faktoren ab. Zu diesen Faktoren zählen:

- Werkstoff des Werkstückes und der Schneidplatte.
- Art der Bearbeitung – Schruppen oder Schlichten.

Man richtet sich darum bei der Festlegung der Schneidengeometrie der Wendeschneidplatten nach den Angaben der Hersteller.
Bei der Auswahl von Wendeschneidplatten ist zu berücksichtigen, dass die *wirksamen Winkel* an der Schneide von der Lage der Wendeschneidplatte zum Werkstück abhängig sind. Daher müssen die Winkel von Wendeschneidplatte und Halter berücksichtigt werden.

Beispiel **für wirksame Frei- und Spanwinkel beim Drehen**

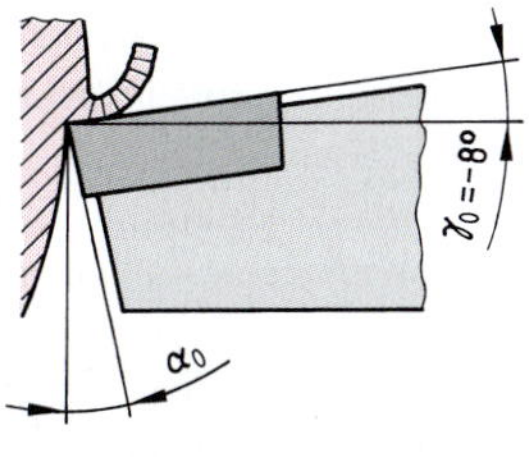

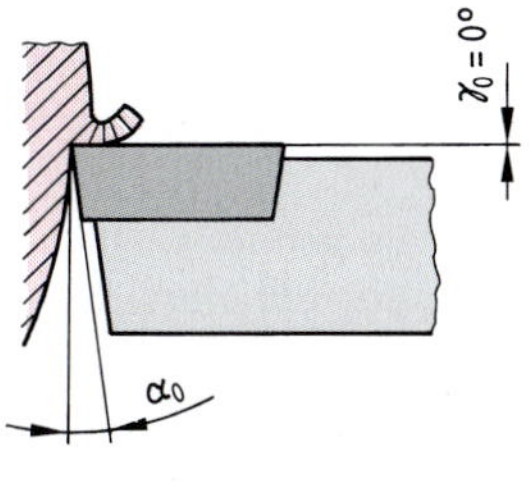

Wendeschneidplatten ohne Spanformelemente

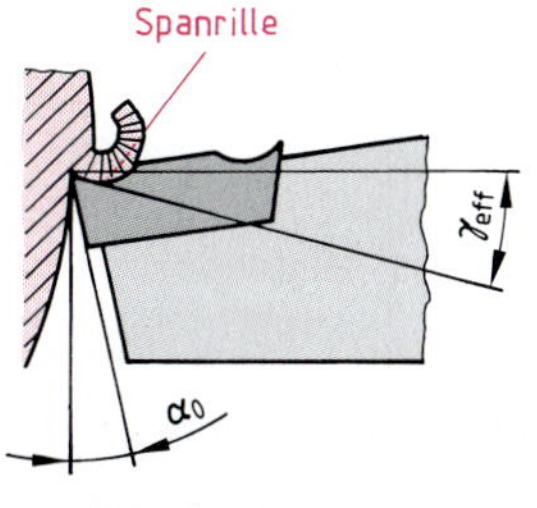

Wendeschneidplatte mit Spanformelement

Die wirksame Schneidengeometrie wird durch die Winkel an der Wendeschneidplatte und die Einspannwinkel im Schneidenträger bestimmt.

Eine Grundforderung bei der Bearbeitung von Werkstücken auf CNC-Drehmaschinen ist, dass die Späne kurz brechen und nicht als Band- oder Wirrspan den Fertigungsablauf stören.

Darum sind die meisten Wendeschneidplatten zum Bearbeiten von zähen Werkstoffen mit **eingepressten Spanformelementen** (Spanbrecher, Spanbrechernuten) versehen. Diese Formelemente übernehmen es, den Span gezielt zu formen und zum Brechen zu veranlassen. Zudem ergaben die Spanformelemente einen positiven Spanwinkel, wodurch die Schnittkraft und die erforderliche Antriebsleistung der Werkzeugmaschine gesenkt wird.

Wendeschneidplatten mit eingepresstem Spanbrecher

Weniger gebräuchlich ist es, Wendeschneidplatten ohne derartige Formelemente **mit aufgeklemmten Spanbrechern** zu verwenden.
Spröde Werkstoffe wie Gusseisen, vergütete Stähle oder Automatenlegierungen ergeben aufgrund ihrer Werkstoffeigenschaften kurz brechende Späne. Sie werden deshalb bevorzugt mit Wendeschneidplatten ohne Spanformelemente bearbeitet.

Nach der Entscheidung für eine bestimmte Schneidengeometrie und geeignete Maßnahmen zum Formen des Spanes wählt man die Wendeschneidplatten aus.

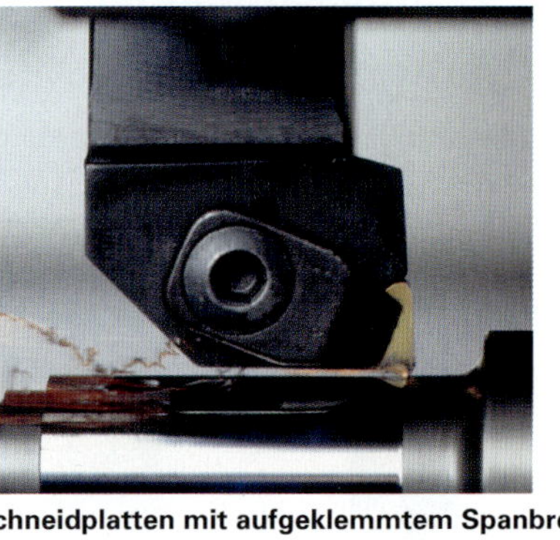

Wendeschneidplatten mit aufgeklemmtem Spanbrecher

Beispiel **für die Auswahl von Wendeschneidplatten**

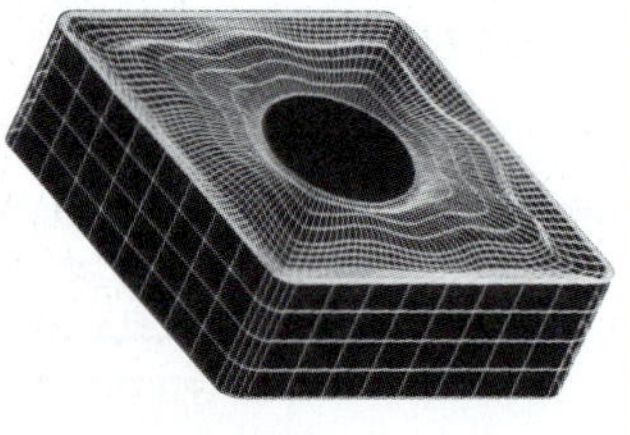	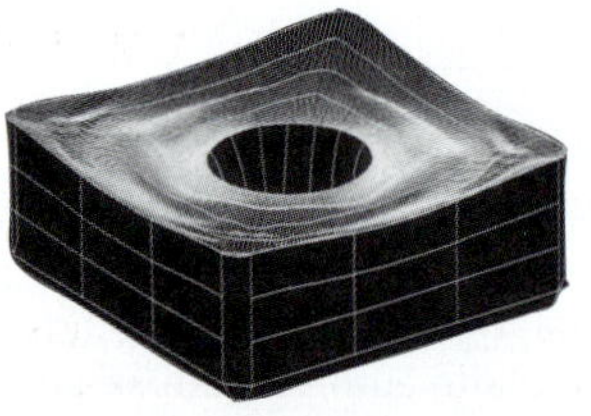	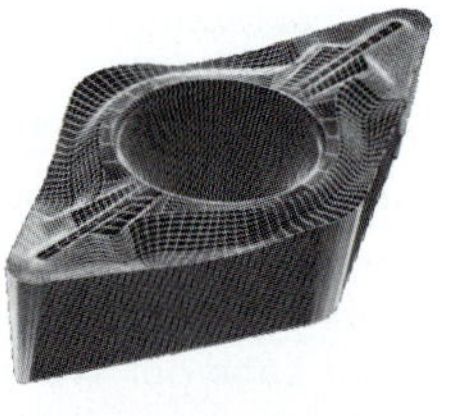
Wendeschneidplatte ohne Freiwinkel Geeignet zum Schruppen unterschiedlicher Werkstoffe *Vorschub:* 0,2 – 0,63 mm *Schnitttiefe:* bis 10 mm	**Wendeschneidplatte ohne Freiwinkel** Geeignet zum Schlichten unterschiedlicher Werkstoffe *Vorschub:* 0,1 – 0,48 mm *Schnitttiefe:* 0,5 – 6 mm	**Wendeschneidplatte mit 7° oder 11° Freiwinkel** Geeignet zum Feinschlichten vorbearbeiteter Werkstücke aus Stahl *Vorschub:* 0,03 – 0,2 mm *Schnitttiefe:* 0,05 – 0,5 mm

In Werkzeuge für CNC-Maschinen werden meist Wendeschneidplatten aus Hartmetall oder Schneidkeramik eingesetzt.
Für die Bearbeitung zäher Werkstoffe sind die Wendeschneidplatten mit Spanformelementen versehen, wodurch kurz brechende Späne entstehen.

Übungsaufgaben FT-22; FT-23

1.4.2 Spannsysteme für Wendeschneidplatten

Wendeschneidplatten müssen auf einen Schneidenträger (Halter) gespannt werden. Dieser soll folgende allgemeine Anforderungen erfüllen:

- ausgezeichnete Stabilität während der Bearbeitung,
- schneller und einfacher Wendeschneidplattenwechsel,
- hohe Positioniergenauigkeit der Wendeschneidplatte,
- ungehinderter Spanablauf.

Die gebräuchlichsten Spannsysteme sind:

- Spannung mit Schraube bei Wendeplatten mit angesenkter Befestigungsbohrung,
- Spannung über Kniehebel für Wendeplatten mit Befestigungsbohrung,
- Klemmung mit Spannfinger oder Spannpratze für Wendeplatten ohne Befestigungsbohrung

FT

Beispiel **für Spannsysteme mit Wendeschneidplatten**

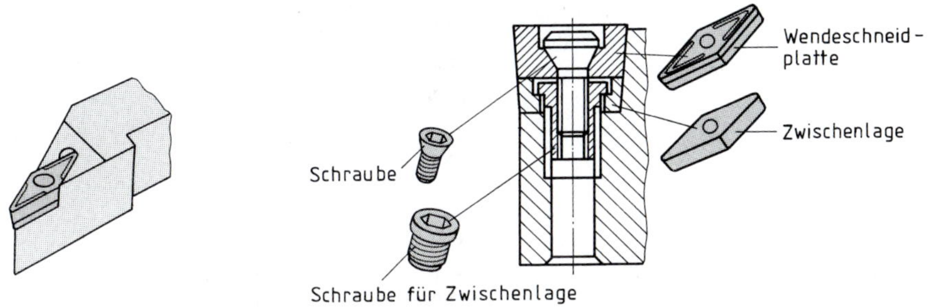

Schraubspannsystem von Wendeschneidplatten mit Befestigungsbohrung

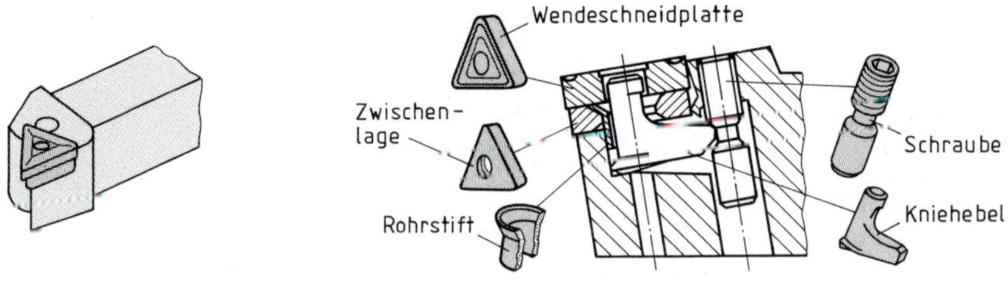

Klemmsystem für Wendeschneidplatten mit Befestigungsbohrung

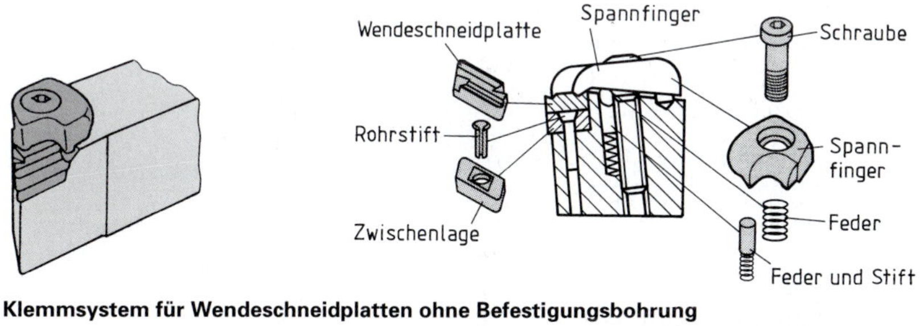

Klemmsystem für Wendeschneidplatten ohne Befestigungsbohrung

Wendeschneidplatten müssen für ein bestimmtes Spannsystem bestellt werden.

- Für Wendeschneidplatten aus Hartmetall sind Spannsysteme vorteilhaft, welche durch die Befestigungsbohrung spannen.
- Für Wendeschneidplatten aus Schneidkeramik sind Spannsysteme mit Spannfingern vorzuziehen.

Übungsaufgabe FT-24

2 Fertigen durch Drehen

Durch Drehen werden vorwiegend zylindrische Rohlinge durch Spanabnahme mit einem Werkzeug mit keilförmiger Schneide in ihrer Form verändert. Drehwerkzeuge werden aus unterschiedlichen Werkstoffen in vielen Formen hergestellt, man bezeichnet sie als Drehmeißel.

Die Spanabnahme erfolgt auf Drehmaschinen durch das Zusammenwirken zweier Bewegungen:

- Das Werkstück führt eine kreisförmige Schnittbewegung um die Drehachse aus. Eine rechnerische Erfassung der Schnittbewegung erfolgt durch die **Schnittgeschwindigkeit v_c**, sie wird in m/min gemessen.
- Das Werkzeug führt eine geradlige und stetige Vorschubbewegung aus.
  Der **Vorschub *f*** wird auf eine Werkstückumdrehung bezogen und in mm angegeben.

Die **Schnitttiefe a_p** wird durch die Zustellbewegung des Werkzeuges bestimmt.

Beispiel für die Bewegungen beim Drehen

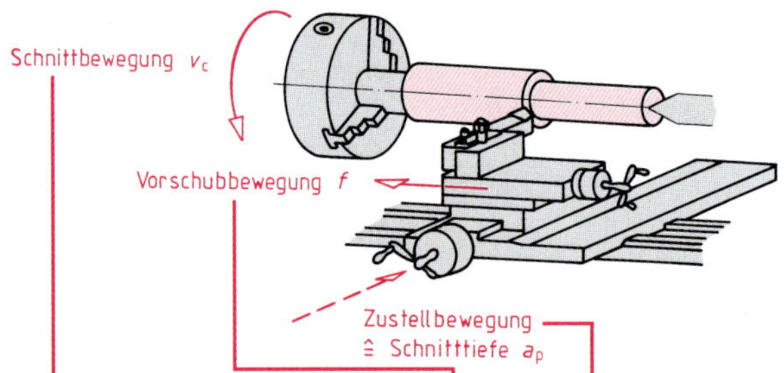

Werkstück-werkstoff	Zug-festigkeit R_m (N/mm²)	Schnitt-geschwin-digkeit v_c m/min	Vorschub f mm	Schnitt-tiefe a_p mm	Schneid-werkstoff	Frei-winkel α_o	Span-winkel γ_o	Nei-gungs-winkel λ_o
Stahl, unlegiert	< 500	65... 50	0,1...0,5	3	HS10-4-3-10	8°	18°	0... + 4°
		50... 40	0,2...1	6	HS18-1-2-10	8°	18°	0... – 4°
Stahl, legiert **Einsatzstahl**	500...900	70... 50	0,1...0,5	3	HS10-4-3-10	8°	18°	[illegible]
		50... 40	0,2...1	6	HS18-1-2-10	8°		
Vergütungsstahl	700 < 900	70... 40	0,5...1		[illegible]			

Bei der Ausführung einer Drehbearbeitung unterscheidet man zunächst zwischen **Schruppen** und **Schlichten**. Zweck des Schruppens ist es, ein großes Werkstoffvolumen abzutrennen, Zweck des Schlichtens, am Ende einer Bearbeitung eine hohe Maßgenauigkeit und Oberflächenglätte zu erzielen.

Für jede Bearbeitung muss ein geeignetes Werkzeug mit günstigem Schneidstoff und einer optimalen Schneidengeometrie ausgewählt werden. Ferner sind dazu entsprechende Werte für die Schnittbewegungen zu bestimmen. Diese Werte sind in allgemeiner Form in Tabellenbüchern enthalten. Werkzeughersteller empfehlen für ihre Werkzeuge erprobte Schnittwerte.

Drehbearbeitung

- **Werkstück:** Werkstoff, Art der Bearbeitung, Oberflächengüte
- **Werkzeug:** Schneidstoff, Form, Schneidengeometrie
- **Schnittbedingungen:** Schnittgeschwindigkeit, Vorschub, Schnitttiefe, Kühlschmiermittel

Für jede Drehbearbeitung wird abhängig vom zu bearbeitenden Werkstoff ein Werkzeug mit geeigneter Schneidengeometrie sowie Schnittgeschwindigkeit, Vorschub und Schnitttiefe ausgewählt.

Übungsaufgabe FT-25

2.1 Leit- und Zugspindel-Drehmaschine

2.1.1 Kenngrößen einer Leit- und Zugspindel-Drehmaschine

Bei Leit- und Zugspindel-Drehmaschinen werden alle Bewegungen vom Antriebsmotor erzeugt, über Getriebe verändert und vom Bediener über Hebel und Kurbeln mechanisch ausgelöst. Die Überwachung erfolgt durch den Bediener.

Der Vorschub wird vom Vorschubgetriebe über zwei verschiedene Spindeln auf den Bettschlitten übertragen. Dies geschieht

- beim Längs- und Querdrehen über eine **Zugspindel** (Profilspindel),
- beim Gewindedrehen über eine **Leitspindel** (Gewindespindel).

Eine solche Maschine wird daher **Leit- und Zugspindel-Drehmaschine** genannt.

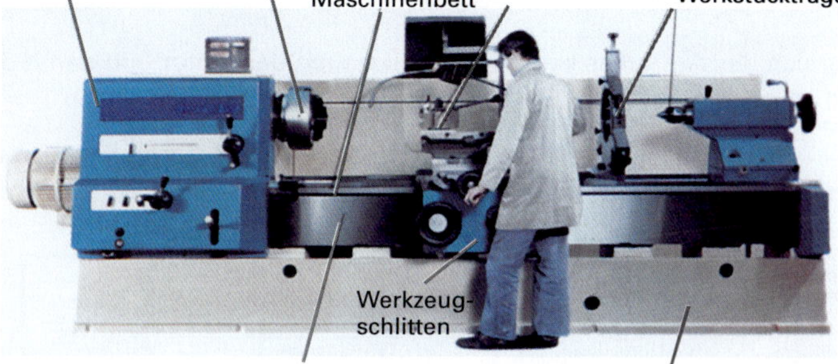

Leit- und Zugspindel-Drehmaschine

Die Einsatzmöglichkeiten einer Drehmaschine ergeben sich aus den folgenden **Kenngrößen**:

- **Spitzenweite**

Dies ist der maximale Abstand zwischen der Zentrierspitze in der Spindel und der Zentrierspitze im Reitstock. Die Spitzenweite bestimmt in etwa die größtmögliche Werkstücklänge, die auf der Maschine bearbeitet werden kann.

- **Spitzenhöhe**

Dies ist der Abstand zwischen Drehachse und Maschinenbett. Der maximale Drehdurchmesser ist stets etwas größer als die doppelte Spitzenhöhe.

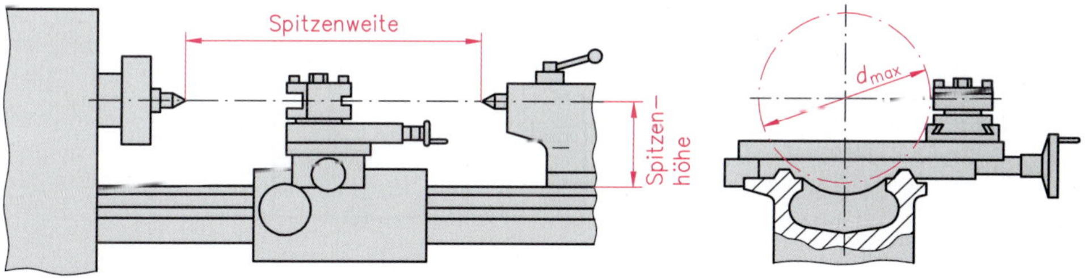

Kenngrößen einer Drehmaschine

- **Umdrehungsfrequenzbereich**

Er gibt die niedrigste und höchste Umdrehungsfrequenz der Spindel an. Man unterschiedet zwischen stufenloser und gestufter Umdrehungsfrequenzeinstellung.

- **Vorschubbereich**

Er gibt die einzustellenden Vorschübe und die Anzahl der Stufungen an. Dies ist besonders für die Möglichkeiten, unterchiedliche Gewinde zu schneiden, von Bedeutung.

- **Antriebsleistung**

Sie ist die Nennleistung des Antriebsmotors. Die Antriebsleistung bestimmt wedentlich die größtmögliche Zerspanungsleistung der Maschine.

Übungsaufgaben FT-26; FT-27

2.1.2 Energiefluss an einer Leit- und Zugspindel-Drehmaschine

Vom Motor wird die Energie meist schwingungsarm über ein Riemengetriebe auf ein mehrstufiges Hauptgetriebe und von dort über das Vorgelege auf die Arbeitsspindel übertragen.
Das Vorschubgetriebe erhält bei einer Leit- und Zugspindeldrehmaschine seinen Antrieb immer von der Arbeitsspindel. Der eingestellte Vorschub bezieht sich daher jeweils auf eine Umdrehung der Arbeitsspindel.

- **Antrieb der Arbeitsspindel**

In dem schematisch dargestellten Antrieb treibt ein zweistufiger Antriebsmotor über einen Mehrfachriementrieb das Hauptgetriebe. Durch zwei verschiebbare Zahnradblöcke können fünf verschiedene Umdrehungsfrequenzen eingestellt werden. Seinem Aufbau nach ist das Hauptgetriebe ein Schieberadgetriebe. Die Drehbewegung wird vom Hauptgetriebe über Rollenketten auf eine Hülse übertragen, die drehbar auf der Arbeitsspindel gelagert ist. Diese Hülse kann über eine Kupplung drehfest mit der Arbeitsspindel verbunden werden. Somit ergeben sich 10 Umdrehungsfrequenzen, die mithilfe eines Vorgeleges auf 20 erweitert werden kann.
Durch eine Bremse im Bereich des Antriebes kann beim Abschalten der Motor und damit die Arbeitsspindel schnell zum Stillstand gebracht werden.

Beispiel **für den Antrieb der Arbeitsspindel einer Drehmaschine**

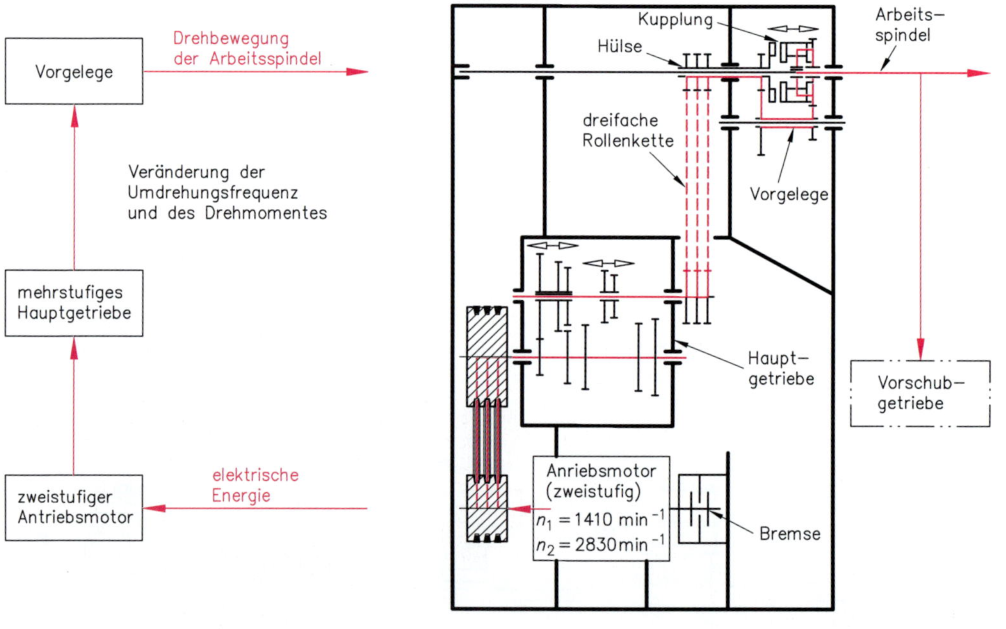

- **Antriebe für die Vorschubbewegungen**

Vorschubgetriebe

Die Vorschubbewegung des Werkzeugschlittens ist eine geradlinige Bewegung, die durch Umwandlung einer Drehbewegung erzeugt wird. Von der Arbeitsspindel aus wird das Vorschubgetriebe über ein Wechselrädergetriebe angetrieben. Im Vorschubgetriebe wird die eingegebene Umdrehungsfrequenz verändert und mittels Zugspindel oder Leitspindel auf den Werkzeugschlitten übertragen. Die Größe des Vorschubs wird über die Umdrehungsfrequenz im Vorschubgetriebe eingestellt. Das Wechselrädergetriebe hat an Bedeutung verloren, weil alle gängigen Gewindesteigungen am Vorschubgetriebe eingestellt werden. Nur bei sehr seltenen Gewindesteigungen müssen Wechselräder ermittelt und ausgetauscht werden.

Übungsaufgaben FT-28; FT-29; FT-30

Durch die Ableitung der Vorschubbewegung von der Arbeitsspindel erreicht man, dass ein eingestellter Vorschub bei jeder Umdrehung der Arbeitsspindel konstant bleibt.

Beispiel **für die Schaltmöglichkeiten eines Vorschubgetriebes**

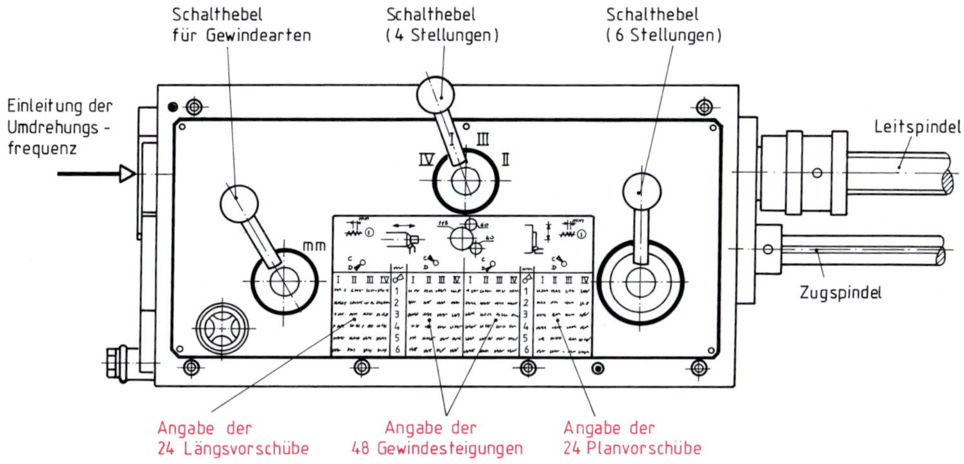

Das Vorschubgetriebe einer Drehmaschine wird von der Arbeitsspindel aus angetrieben und ermöglicht die Einstellung einer großen Anzahl von Vorschüben.

- **Schema des Energieflusses an einer Leit- und Zugspindel-Drehmaschine**

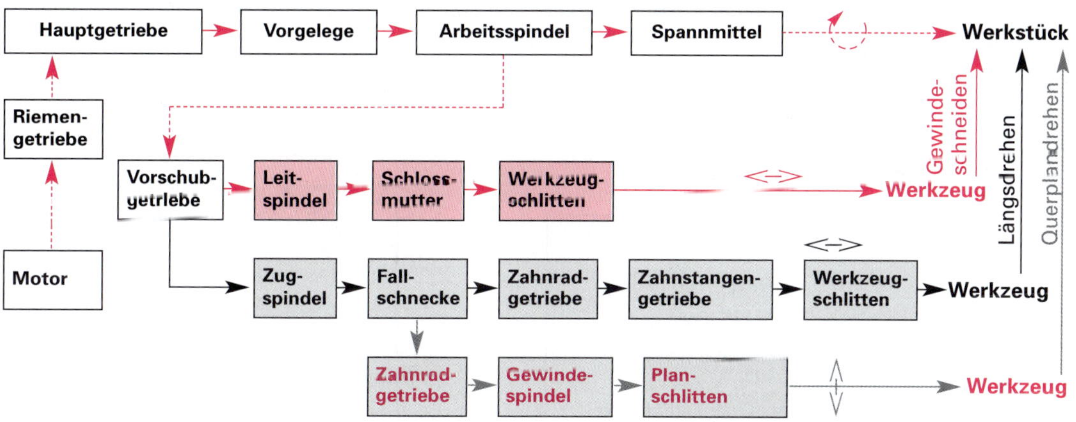

- **Werkzeugschlitten**

Der in der Längsführung des Maschinenbetts verschiebbare Werkzeugschlitten besteht aus den im Bild benannten Baugruppen:

- **Bettschlitten**

Der Bettschlitten wird in Prismenführungen auf dem Drehmaschinenbett geführt. Der Bettschlitten wird von Hand mithilfe des großen Handrades bewegt. Mit dem Handrad dreht sich ein Zahnrad, welches in eine Zahnstange an der Unterseite des Maschinenbettes eingreift.

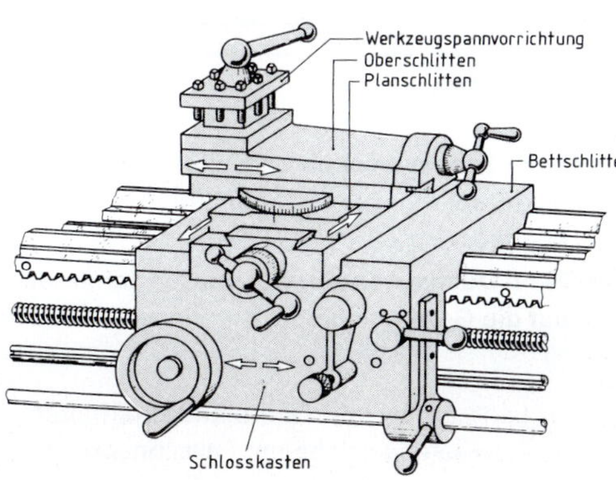

Baugruppen des Werkzeugschlittens

Übungsaufgabe FT-31

- **Planschlitten**

Der Planschlitten wird in einer Schwalbenschwanzführung rechtwinklig zum Drehmaschinenbett auf dem Bettschlitten bewegt. Der Antrieb kann von Hand über eine Kurbel erfolgen. Die Größe der Zustellung des Werkzeugs kann mithilfe einer Skala des Planschlittens von Hand exakt eingestellt werden.

- **Oberschlitten**

Auf dem Planschlitten befindet sich der schwenkbare Oberschlitten. Für die meisten Dreharbeiten ist er so eingestellt, dass er eine Verstellung in Richtung des Maschinenbetts ermöglicht. Der Oberschlitten kann meist nur von Hand betätigt werden. Der Verstellweg des Oberschlittens ist mithilfe einer Skala einstellbar.

- **Schlosskasten**

Der Schlosskasten ist fest mit dem Bettschlitten verbunden und enthält ein Getriebe, das Schlosskastengetriebe, und Bedienungselemente für die Vorschubantriebe.

Der Werkzeugschlitten besteht aus Bettschlitten, Planschlitten und Oberschlitten mit Werkzeugträger sowie dem Schlosskasten mit Getriebe.

- **Werkzeugschlittenantrieb über die Zugspindel**

Über die Zugspindel wird im Schlosskastengetriebe die Vorschubbewegung für den Längs- und Quervorschub erzeugt.

Die Drehbewegung der Zugspindel wird über ein **Zahnradpaar** auf eine **Schnecke** übertragen. Die Schnecke ist schwenkbar gelagert. Beim Drehen gegen einen Anschlag oder bei Überlastung schaltet sie selbstständig den Vorschub ab. Das geschieht, indem sie durch eine Schwenkbewegung außer Eingriff „fällt". Sie wird daher als Fallschnecke bezeichnet. Die Drehbewegung der Schnecke wirkt über ein Schneckenrad weiter auf das Zahnradpaar einer schwenkbaren Schere. Diese kann von einer Nullstellung aus wahlweise zum Längs- oder Quervorschub geschwenkt werden.

Beispiele für die Erzeugung der Längs- und des Quervorschubes

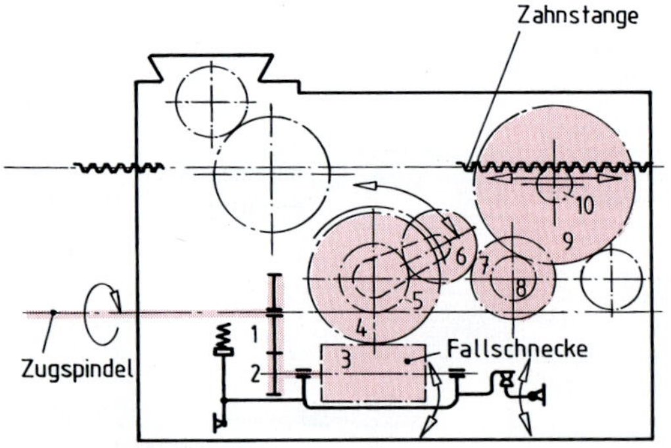

Längsvorschub

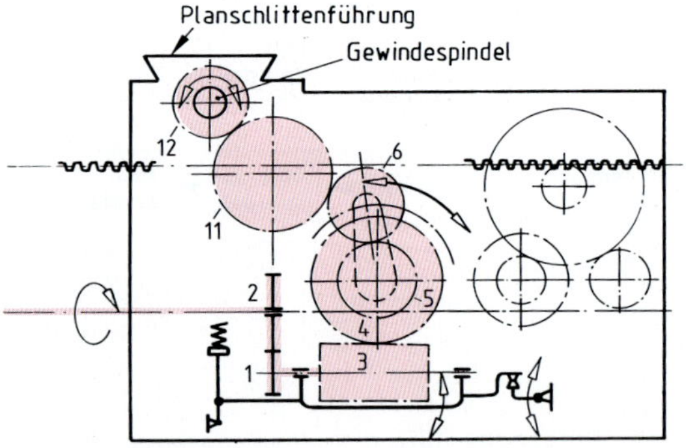

Quervorschub

- Beim **Längsvorschub** wird von den Zahnrädern der Schere die Drehbewegung über weitere Zahnradpaare auf ein Zahnstangengetriebe übertragen. Die Zahnstange ist fest mit dem Maschinenbett verbunden.
- Beim **Quervorschub** wird von den Zahnrädern der Schere die Drehbewegung über weitere Zahnradpaare auf die Gewindespindel des Planschlittens übertragen.

Für Längsrund- und Querplandreharbeiten erfolgt der Vorschubantrieb über die Zugspindel auf das Schlosskastengetriebe mit Fallschnecke. Beim Heranfahren gegen einen Anschlag wird der Vorschubantrieb durch die Fallschnecke abgeschaltet.

Übungsaufgaben FT-32; FT-33

- **Werkzeugschlittenantrieb über die Leitspindel**

Zum Gewindedrehen erfolgt der Antrieb des Bettschlittens über die Leitspindel. Die Leitspindel bewegt den Bettschlitten über eine Mutter am Schlosskasten. Diese **Schlossmutter** ist geteilt und kann geöffnet werden. Nur in geschlossenem Zustand wird die Vorschubbewegung von der Leitspindel auf den Bettschlitten übertragen. Dabei sind alle Getriebeteile im Schlosskasten außer Eingriff. Die Drehbewegung der Leitspindel bewirkt eine Schlittenverstellung, indem sich das Trapezgewinde der Spindel durch die geschlossene Mutter am Werkzeugschlitten schraubt.

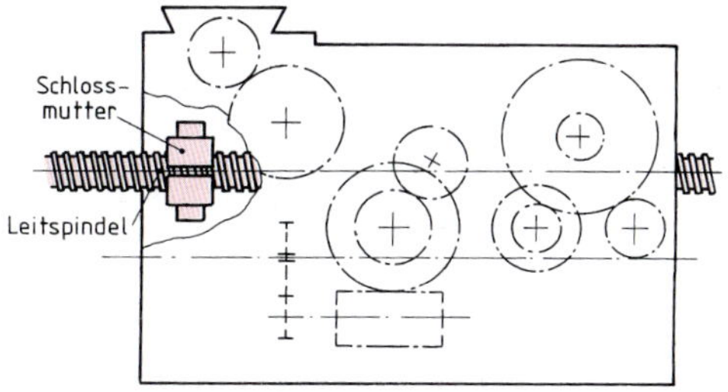

Werkzeugschlittenantrieb über die Leitspindel

Zum Gewindedrehen erfolgt der Vorschubantrieb über Leitspindel und Schlossmutter.

FT

2.2 Drehwerkzeuge

2.2.1 Drehmeißelgeometrie

Der Drehmeißel ist ein einschnittiges Werkzeug mit keilförmiger Schneide. Die Winkel am Schneidkeil und die Stellung der Schneide zum Werkstück beeinflussen stark die Kräfte zur Spanabnahme, den Werkzeugverschleiß und die Oberflächengüte des Werkstücks.

Die Spanabnahme erfolgt überwiegend durch die in Vorschubrichtung weisende Schneide, die daher als **Hauptschneide** bezeichnet wird. Die Hauptschneide ist die Kante des Schneidkeils, an der Span- und Freifläche aufeinander treffen. Über die Spanfläche fließen die Späne ab, die Freifläche liegt der bearbeitenden Schnittfläche zugewandt.

Außer der Hauptschneide ist auch die **Nebenschneide** mit an der Spanabnahme beteiligt. Die Nebenschneide ist die nicht in Vorschubrichtung weisende Begrenzungskante der Spanfläche. Die Lage und die Länge der im Eingriff befindlichen Nebenschneide beeinflussen die Oberflächengüte des Drehteils.

Haupt- und Nebenschneide treffen an der **Schneidenecke** zusammen. Je nach Einsatzbedingungen wird in Abhängigkeit von der angestrebten Oberflächengüte die Schneidenecke spitz, mit einer Eckenrundung oder mit einer Eckenfase ausgeführt.

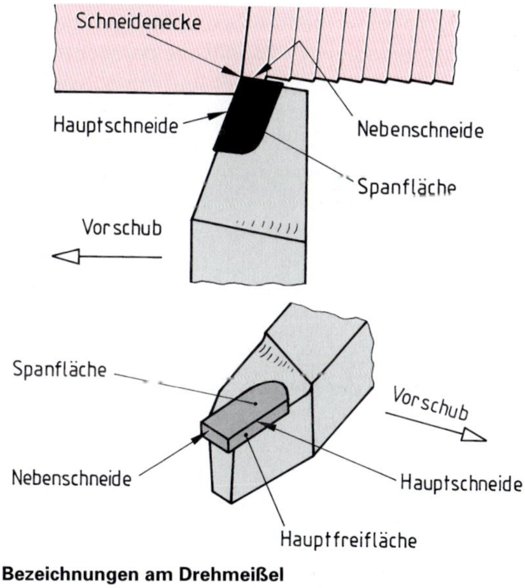

Bezeichnungen am Drehmeißel

- Die Hauptschneide weist in Vorschubrichtung und verrichtet den größten Teil der Zerspanarbeit.
- Die Ausführung der Schneidenecke beeinflusst die entstehende Oberflächengüte.

- **Werkzeugbezugssystem**

Die Winkel am Drehmeißel sind vom Hersteller zu fertigen und bei jeder Nacharbeit einzuhalten und zu überprüfen. Um die räumliche Lage des Schneidkeils genau bestimmen zu können, ist ein genormtes Werkzeugbezugssystem festgelegt. Dieses wird aus drei zueinander rechtwinklig angeordneten Bezugsebenen gebildet. Die Lage der Bezugsebenen ist von der Schnittrichtung und der Lage der Hauptschneide abhängig.

Übungsaufgaben FT-34; FT-35; FT-36

Lage der Ebenen für das Werkzeugbezugssystem (nach DIN 6581)

Werkzeugbezugsebene	Werkzeugschneideebene	Keilmessebene
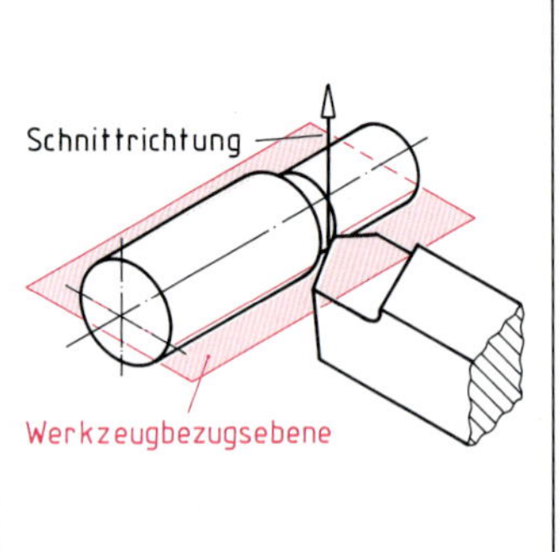	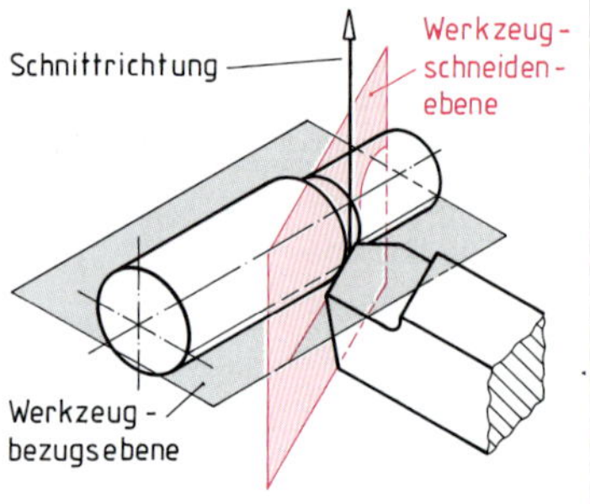	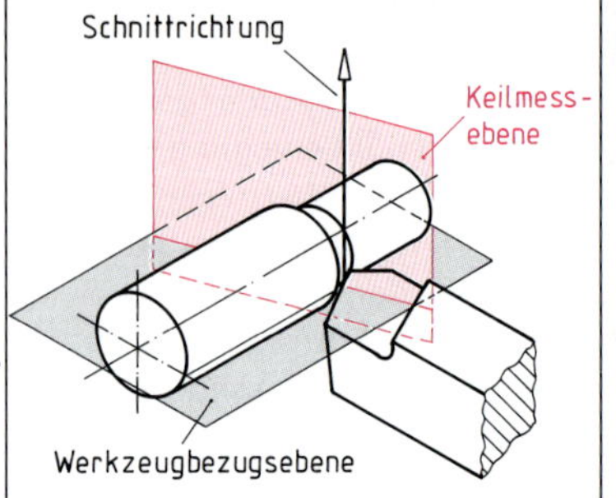
Die Ebene liegt senkrecht zur Schnittrichtung und meist parallel zur Auflagefläche des Drehmeißels.	Die Ebene verläuft in Richtung der Hauptschneide und steht senkrecht zur Werkzeugbezugsebene.	Die Ebene steht sowohl senkrecht zur Werkzeugbezugs- wie auch zur Werkzeugschneideebene; sie ist die Messebene für Winkel am Scheidkeil.

In der rechten Abbildung sind die drei Ebenen des Werkzeugbezugssystems dargestellt.

Die Einordnung des Drehmeißels in das Bezugssystem wird so vorgenommen, dass man den Drehmeißel mit seiner Auflagefläche parallel zur Werkzeugbezugsebene anordnet und ihn so weit dreht, dass die Hauptschneide die Werkzeugschneidenebene berührt. Dabei legt man den Ursprung des Werkzeugbezugssystems in einen beliebigen Punkt der Hauptschneide.

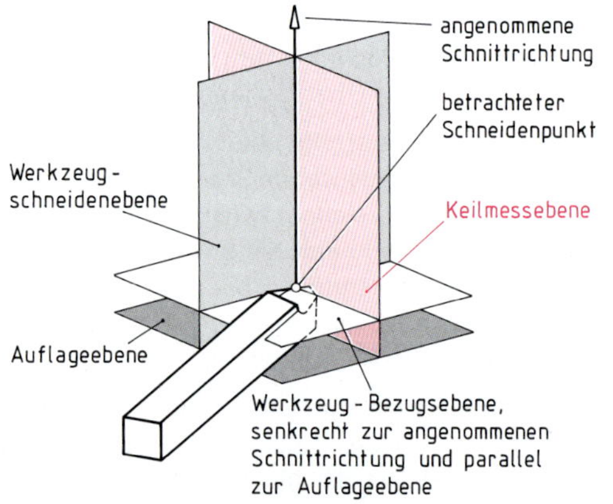

Drehmeißel im Werkzeugbezugssystem

- **Winkel an der Meißelschneide**

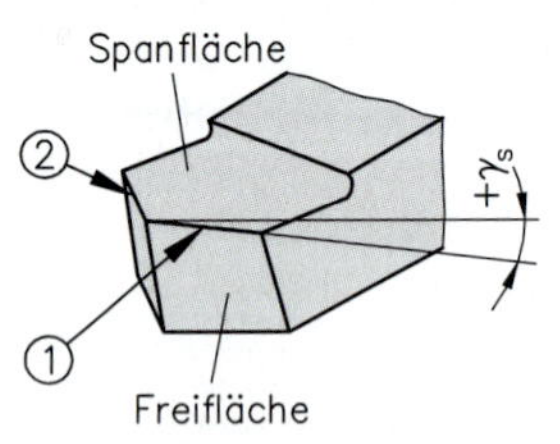

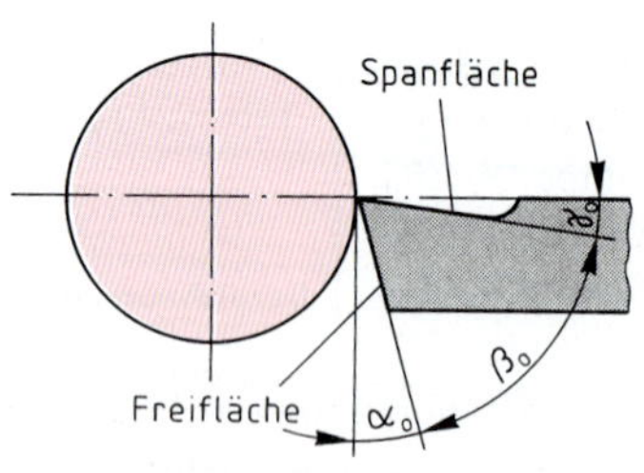

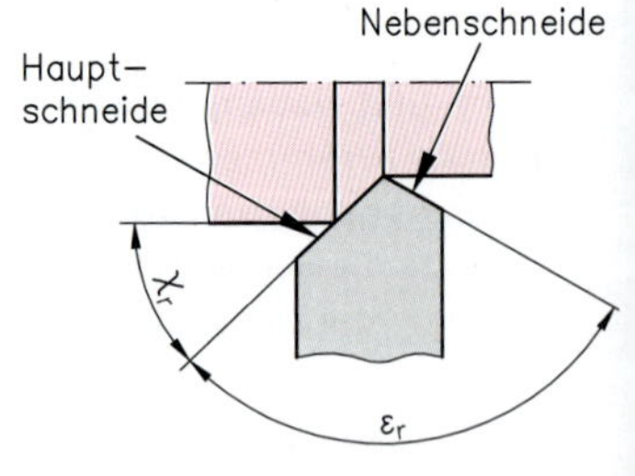

① **Hauptschneide:** Sie übernimmt hauptsächlich die Spanabnahme, sie weist in Vorschubrichtung.
② **Nebenschneide:** Sie ist geringfügig an der Spanabnahme mit beteiligt.
β_o **Keilwinkel:** Er liegt zwischen Spanfläche und Freifläche.
γ_o **Spanwinkel:** Er liegt zwischen der Spanfläche und einer waagerechten Bezugsfläche.
α_o **Freiwinkel:** Er liegt zwischen Freifläche und einer senkrechten Bezugsfläche.
ε_r **Eckenwinkel:** Er liegt zwischen der Hauptschneide und der Nebenschneide.
$\varkappa_r$ **Einstellwinkel:** Er liegt zwischen der Hauptschneide und der Vorschubrichtung.

Übungsaufgaben FT-37 bis FT-40

2.2.2 Einfluss der Werkzeugwinkel auf die Drehbearbeitung

- **Einfluss des Spanwinkels**

Span- und Keilwinkel sind voneinander abhängig, da jede Vergrößerung des Keilwinkels eine Verkleinerung des Spanwinkels zur Folge hat. In Richtwertetabellen findet man nur Angaben über die Größe des Spanwinkels.

Große Spanwinkel ergeben günstige Schnittkräfte und daher geringe Schneidenbelastungen. Deshalb können hohe Zerspanleistungen mit großen Spanwinkeln erreicht werden. Eine Vergrößerung ergibt jedoch eine Schwächung des Schneidkeils. Daher sind große Spanwinkel nur bei weichen und zähen Werkstoffen möglich. Bei Verkleinerung des Spanwinkels erhöht sich die Schneidenbelastung, die Zerspanleistung sinkt. Die Stabilität des Schneidkeils nimmt mit kleinerem Spanwinkel zu, sodass die Gefahr von Schneidenausbrüchen absinkt. Kleine oder negative Spanwinkel verwendet man für harte und spröde Werkstoffe und bei unterbrochenem Schnitt.

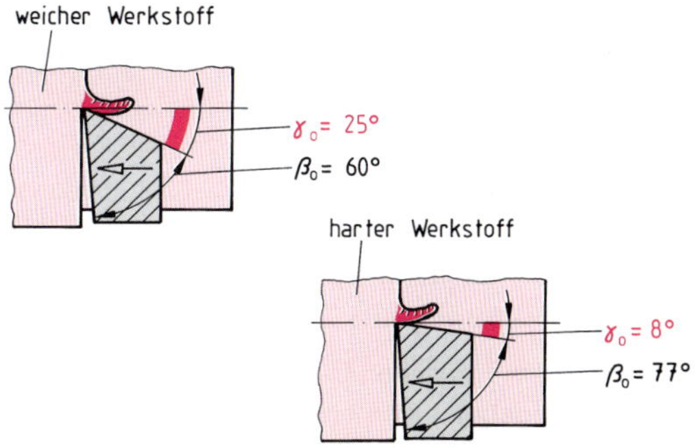

Abhängigkeit des Spanwinkels vom Werkstoff

Werkstoff des Werkstücks	Spanwinkel γ_0 bei SS-Stahl	Spanwinkel γ_0 bei Hartmetall
Messing, hartes Gusseisen	0° bis 8°	0° bis 5°
hochfeste Stähle, Stahlguss	12° bis 15°	10° bis 12°
Stahl mit R_m bis 700 N/mm², weiches Gusseisen	15° bis 20°	14° bis 18°
Al und Al-Legierungen	20° bis 40°	30° bis 35°

Die Wahl des Spanwinkels wird durch die Zerspanungsbedingungen beeinflusst. So können z. B. durch eine schwächere oder stärkere Schnittunterbrechung sowie das Bearbeiten einer Guss- oder Walzhaut die Beanspruchungen der Schneide erheblich ansteigen. Daher wählt man kleine bzw. negative Spanwinkel. Die ausgewählten Winkel für einen Schneidkeil werden nur an Drehmeißel aus Schnellarbeitsstahl angeschliffen. Beim Einsatz von Drehmeißeln mit Wendeschneidplatten ergeben sich die Winkel durch eine Überlagerung der Winkel der Schneidplatte und der Stellung der Schneidplatte im Schneidplattenhalter.

- Für weiche, zähe Werkstoffe wählt man große Spanwinkel.
- Für harte, spröde Werkstoffe und bei erschwerten Zerspanungsbedingungen wählt man kleine oder negative Spanwinkel.

- **Einfluss des Freiwinkels α_0**

Eine Vergrößerung des Freiwinkels bewirkt eine Verringerung der Reibung zwischen Werkzeug und Werkstück. Dadurch wird jedoch nur eine unbedeutende Erhöhung der Standzeit des Meißels erreicht. Man wählt Freiwinkel zwischen 5° und 10°. Für härtere Werkstoffe verwendet man die kleineren Freiwinkel.

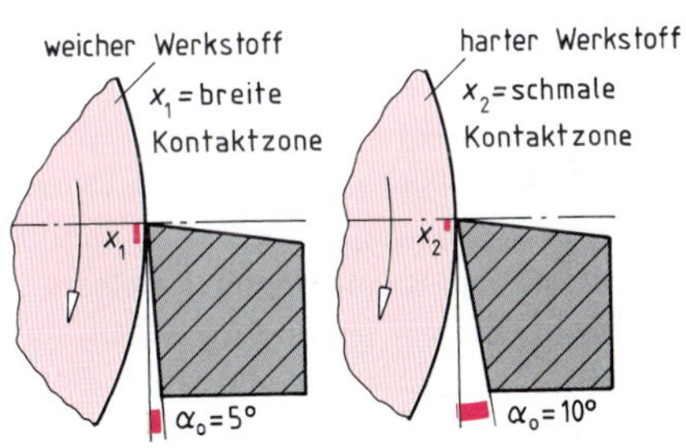

Freiwinkel und Kontaktzone

- **Einfluss der Höhenlage des Drehmeißels auf Span- und Freiwinkel**

Gewöhnlich werden Drehmeißel auf Mitte des Werkstücks eingestellt. Beim Außenrunddrehen können Schruppdrehmeißel hingegen etwas über Mitte eingerichtet werden. Dadurch wird der Wirkfreiwinkel etwas kleiner, der Wirkspanwinkel jedoch etwas vergrößert. Der Span kann jetzt leichter abfließen und die Zerspankraft wird geringer. Aus diesem Grunde kann eine größere Spantiefe gewählt werden.

Umgekehrt richtet man beim Innendrehen den Innenschrupp-Drehmeißel geringfügig unter Drehmitte ein und erreicht denselben Effekt.

Übungsaufgabe FT-41

Beispiel für den Einfluss der Höhenlage auf die Winkel an der Außendrehmeißelschneide

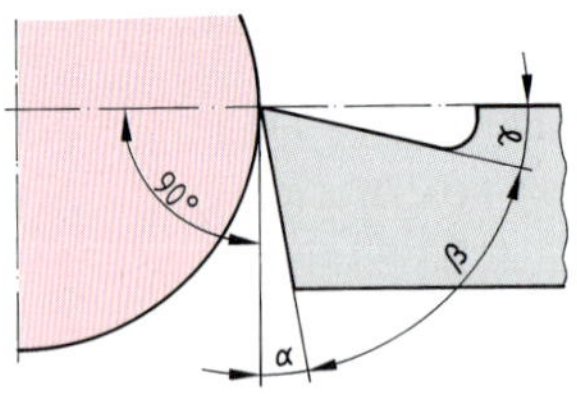

Frei- und Spanwinkel haben normale Größe
Drehmeißel auf Mitte

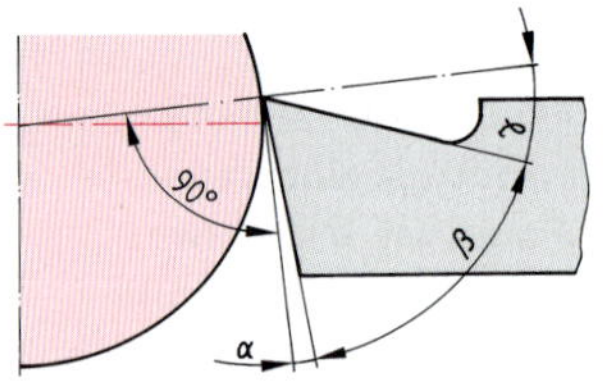

Wirk-Freiwinkel wird kleiner, Wirk-Spanwinkel wird größer
Drehmeißel über Mitte

Bei allen Formdreharbeiten (z. B. Gewindedrehen) ist der Meißel jedoch immer genau auf Mitte einzustellen, sonst ergeben sich Formverzerrungen.

Schruppdrehmeißel für das Außenrunddrehen können geringfügig über Werkstückmitte, Innendrehmeißel etwas unter Werkstückmitte eingerichtet werden. Alle Formdrehmeißel müssen genau auf Werkstückmitte stehen.

- **Einfluss des Neigungswinkels λ**

Der Neigungswinkel wird als positiv bezeichnet, wenn die Hauptschneide von der Schneidenecke aus nach hinten abfällt. Der Neigungswinkel ist negativ, wenn die Hauptschneide von der Schneidenecke aus nach hinten ansteigt.

Die Wahl des Neigungswinkels ist von der Zerspanbarkeit des Werkstoffs, der Größe der Schnittkräfte und von den Zerspanungsbedingungen abhängig.

positiver Neigungswinkel	negativer Neigungswinkel
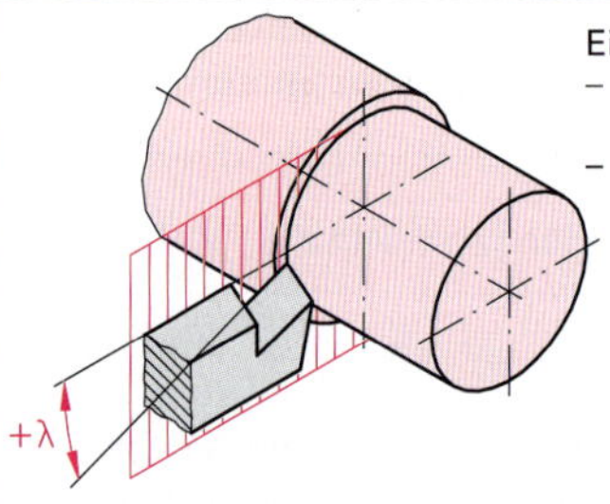 Einsatz bei – gut zerspanbaren Werkstoffen – ununterbrochener Schnitt	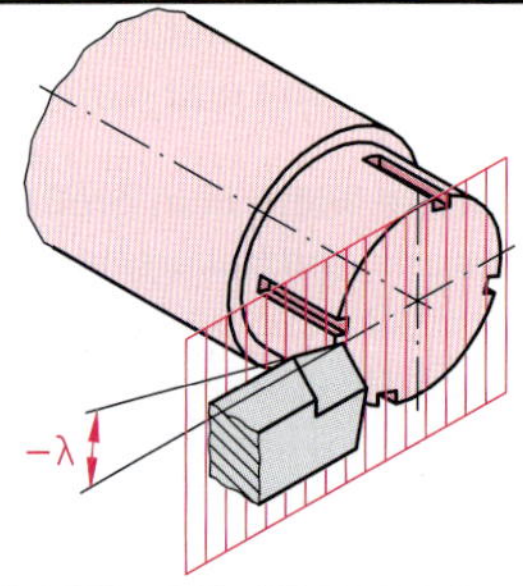 Einsatz bei – schwer zerspanbaren Werkstoffen und Gussoberflächen – unterbrochenem Schnitt – Schruppbearbeitung

Beim Drehen mit negativen Neigungswinkeln wird nicht die Schneidenecke, sondern die Spanfläche im Bereich hinter der Schneidenecke belastet. Diese Entlastung nutzt man besonders bei ungünstigen Schnittbedingungen, wie z. B. beim Drehen im unterbrochenen Schnitt. Hierbei wird eine stoßartige Belastung bei jedem Eindringen vermieden. Die Gefahr von Schneidenausbrüchen wird verringert.

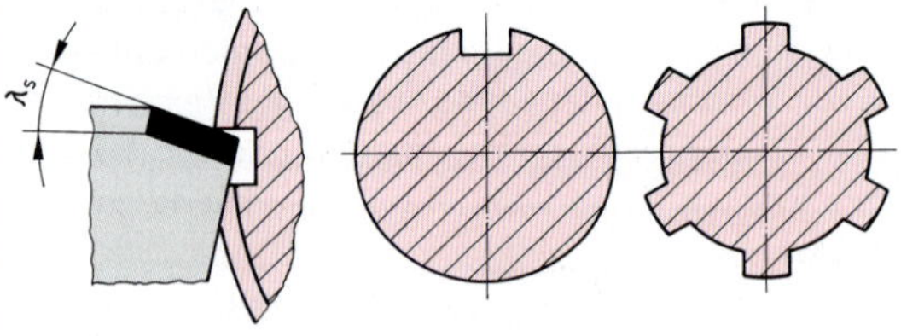

Negative Neigungswinkel bei unterbrochenem Schnitt

Häufig wird mit einem Neigungswinkel von 0° oder mit positiven Neigungswinkeln bis + 4° gedreht. Bei Schruppbearbeitung wird vorzugsweise mit negativen Neigungswinkeln bis – 4° gedreht. Beim Drehen mit Oxidkeramik wählt man zur Entlastung der Schneidenecke immer einen Neigungswinkel von – 4°.

- Beim Drehen von weichen und gut zerspanbaren Werkstoffen wählt man bei günstigen Zerspanungsbedingungen Neigungswinkel zwischen 0° und + 4°.
- Beim Drehen von harten und schwer zerspanbaren Werkstoffen wählt man bei ungünstigen Zerspanungsbedingungen Neigungswinkel zwischen 0° und – 4°.

Übungsaufgaben FT-42; FT-43; FT-44

- **Einfluss des Einstellwinkels $\varkappa_r$**

Der Einstellwinkel bestimmt die Länge des im Eingriff befindlichen Teils der Hauptschneide. Bei einem Einstellwinkel von 90° ergibt sich die kleinste im Eingriff befindliche Schneidenlänge, sie entspricht der Schnitttiefe.

Mit kleinerem Einstellwinkel vergrößert sich das Schneidenstück, das die Spanabnahme vornimmt. Bei langen im Eingriff befindlichen Schneiden verteilt sich die Belastung, zudem wird die entstehende Wärme besser abgeführt. Daher wählt man bei Schruppbearbeitungen Einstellwinkel von 45° oder 60°. Bei gleichem Vorschub und gleicher Schnitttiefe ist bei allen Einstellwinkeln der Spanungsquerschnitt gleich groß.

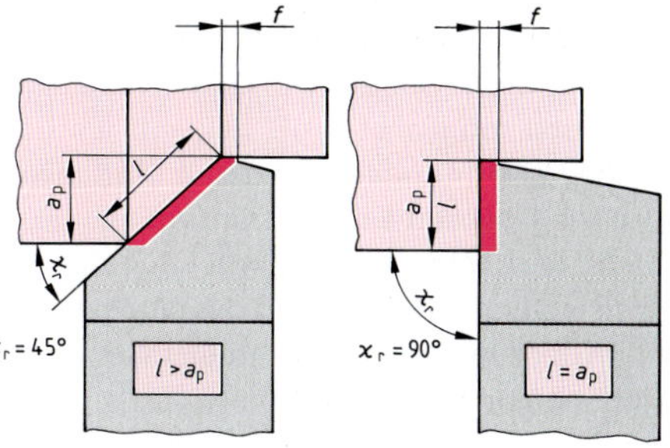

Einstellwinkel und Eingriffslänge

Die Gefahr der Durchbiegung beim Drehen langer, dünner Wellen wird bei einem großen Einstellwinkel gemindert, weil dadurch der Kraftanteil quer zur Drehachse (Passivkraft) F_p verringert wird.

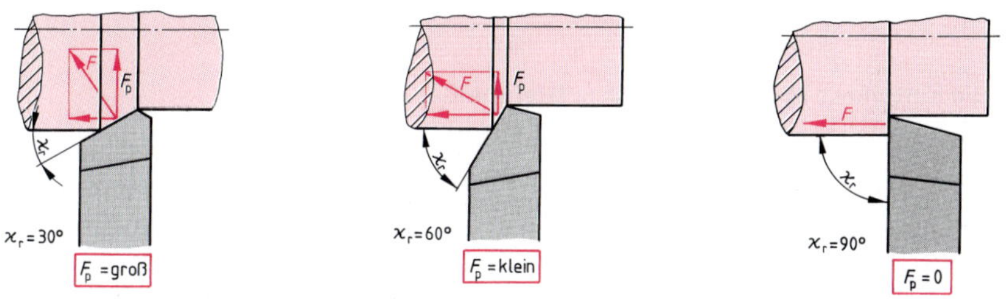

Einstellwinkel und Passivkraft

Die Größe der **Passivkraft F_p** kann durch Kräftezerlegung aus der rechtwinklig zur Hauptschneide verlaufenden Kraft F in Abhängigkeit vom Einstellwinkel ermittelt werden. Sie verringert sich bei größeren Einstellwinkeln bis sie bei 90° den Wert Null erreicht.

Zur Schruppbearbeitung wählt man kleine Einstellwinkel, weil sich die Zerspanungsarbeit auf einen längeren Schneidenanteil verteilt
Zum Drehen von langen, dünnen Wellen wählt man den Einstellwinkel $\varkappa_r = 90°$.

- **Einfluss von Spanleitstufen**

Spanleitstufen leiten den Span in eine vorbestimmte Richtung.
Eine Spanleitstufe kann parallel oder winklig zur Hauptschneide angeordnet sein

Der positive Öffnungswinkel wird beim Schlichten eingesetzt, denn er führt die Späne von der Werkstückoberfläche weg.
Spanleitstufen mit negativem Öffnungswinkel erleichtern das Brechen der Späne. Allerdings laufen während des Schneidvorgangs die Späne gegen die Werkstückoberfläche und zerkratzen sie. Diese Form ist somit nur beim Schruppen anzuwenden.

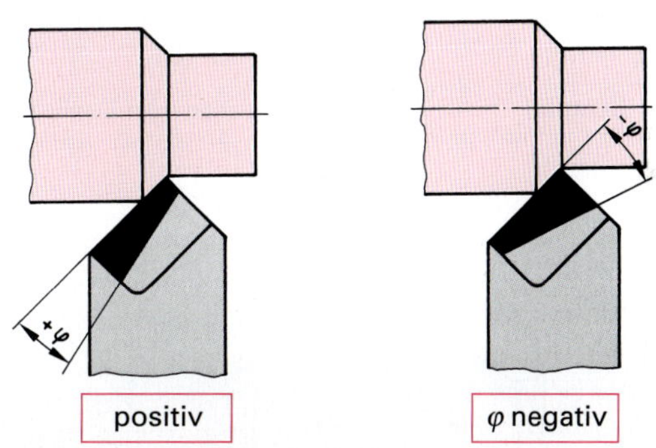

Öffnungswinkel der Spanleitstufen

Spanstufen leiten den Span und begünstigen das Brechen des Spanes.

Übungsaufgaben FT-45; FT-46

2.2.3 Bauarten von Drehmeißeln

• **Grundformen der Drehmeißel**

Drehmeißel haben häufig rechteckige oder quadratische Querschnitte. Für das Innendrehen werden auch runde Querschnitte verwendet. Der Querschnitt eines Drehmeißels soll möglichst groß gewählt werden, um elastische Verformungen und damit Maßabweichungen an Werkstücken einzuschränken.
Der Verlauf der **Mittellinie** durch Schaft und Schneidkopf ist für die **Benennung des Meißels** entscheidend. In der Längsrichtung können Drehmeißel gerade, gebogen oder abgesetzt sein.

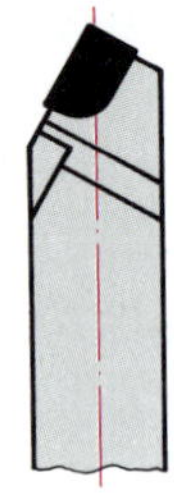

Gerader Drehmeißel

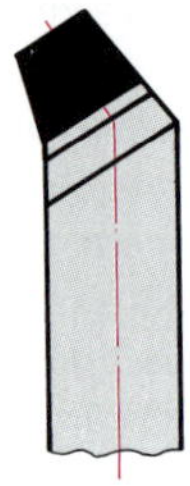

Gebogener Drehmeißel

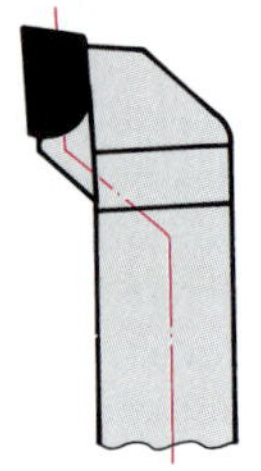

Abgesetzter Drehmeißel

• **Linke und rechte Drehmeißel**

Nach der Lage der Hauptschneide unterscheidet man rechte und linke Drehmeißel. Für die Klärung der normgerechten Bezeichnung sieht der Betrachter auf die Spanfläche des Meißels und dabei muss der Schaft von ihm fort gerichtet sein.

Beispiele für die Einteilung in linke und rechte Drehmeißel

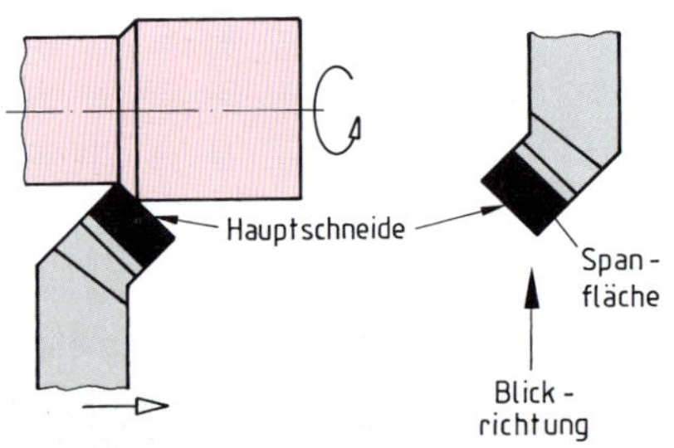

Linker Drehmeißel

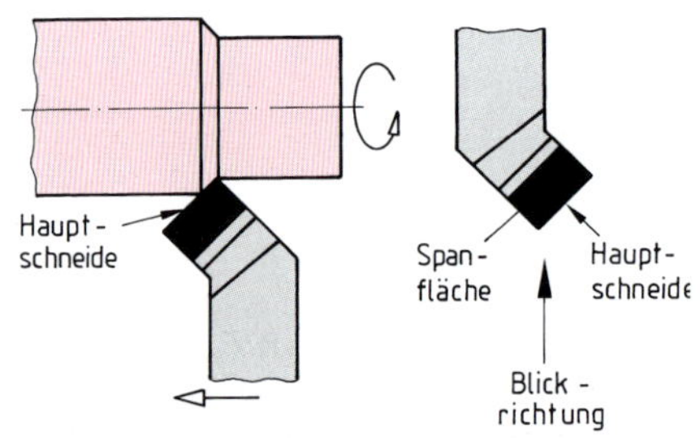

Rechter Drehmeißel

Sieht der Betrachter von der Schneide her in Schaftrichtung
– die Hauptschneide rechts, dann ist es ein rechter Drehmeißel, oder
– die Hauptschneide links, dann ist es ein linker Drehmeißel.

• **Ausführungsarten von Drehmeißeln**

Dem Aufbau nach unterscheidet man Drehmeißel, die vollständig aus Schnellarbeitsstahl bestehen, und Drehmeißel mit eingesetzten Schneidplatten.

Beispiel für Ausführungsarten von Drehmeißeln

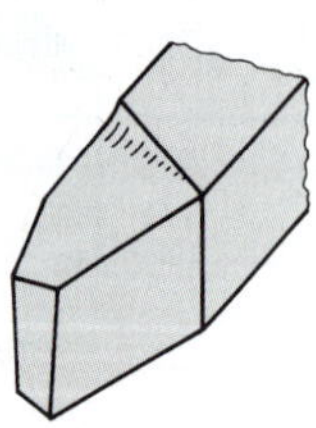

Drehmeißel aus HSS

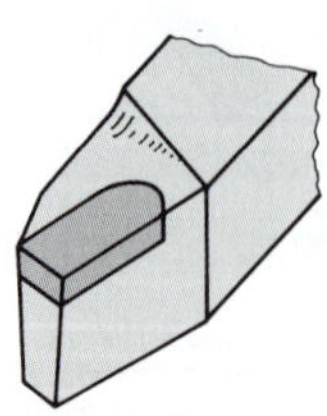

Drehmeißel mit eingelöteter Hartmetallschneidplatte

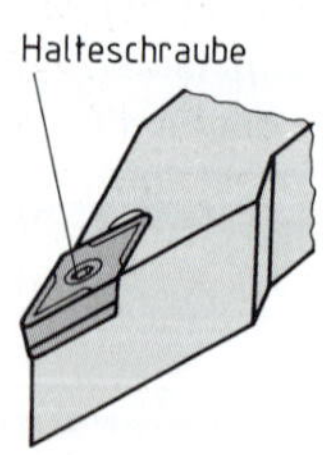

Drehmeißel mit eingeschraubter Schneidplatte

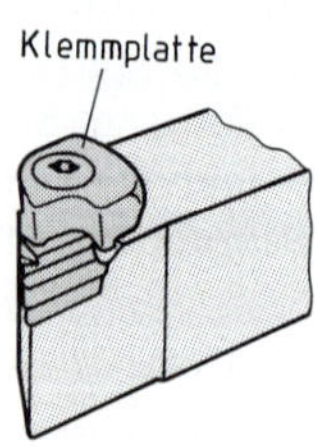

Drehmeißel mit geklemmter Schneidplatte

Übungsaufgaben FT-47; FT-48

2.3 Spannen von Drehwerkzeugen

Drehwerkzeuge müssen wegen der auftretenden Zerspanungskräfte möglichst waagerecht, kurz, fest und mit der Schneidecke auf Höhe der Drehachse eingespannt werden. Bei weit aus der Einspannung herausragenden Meißeln biegt sich dieser unter der Wirkung der Zerspanungskräfte durch und beginnt zu schwingen. Dadurch erhält die Werkstückoberfläche ein unerwünschtes Schwingungsmuster (Rattermarken).

Einfache Drehwerkzeuge werden mithilfe von **Spannplatten** in der Werkzeugaufnahme des Oberschlittens geklemmt. Die Höhenlage der Schneidenecke wird mithilfe von Einstelllehren oder an der Zentrierspitze des Reitstockes kontrolliert. Korrekturen der Höhenlage erfolgen durch Unterlegen von dünnen Blechen oder Verwendung von Spanntreppen.

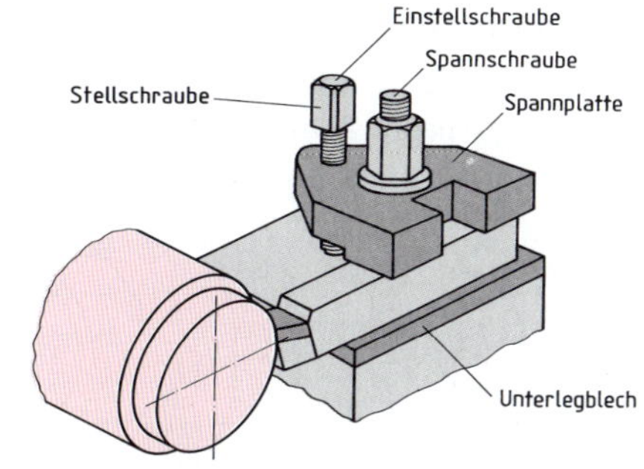

Spannen von Drehmeißeln mit Spannplatte

Im **Mehrfachhalter** können bis zu vier verschiedene Drehwerkzeuge gleichzeitig gespannt werden. Durch Drehen des Meißelhalters um die Achse der Feststellschraube wird das gewünschte Werkzeug in seine Arbeitsstellung gebracht. Durch Einrasten des Mehrfachhalters wird die jeweilige Position genau fixiert.

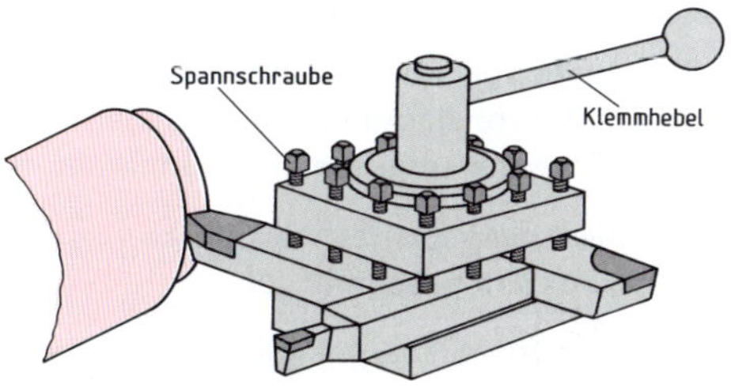

Vierfachhalter für Drehmeißel

Drehwerkzeuge müssen kurz, waagerecht und fest in die Werkzeugaufnahme gespannt werden. Die Schneidenecke wird auf die Höhe der Drehachse ausgerichtet.

Schnellwechselhalter bestehen aus einem Spannkopf und mehreren auswechselbaren Meißelhaltern. Ein Meißelhalter wird formschlüssig über zwei Aufnahmedorne auf den Spannkopf geschoben. Mit einem Hebel wird über einen Exzenterbolzen der Meißelhalter über die Dorne fest in eine profilgeschliffene Verzahnung gezogen und geklemmt. Die Verzahnung erlaubt ein unterschiedliches Einsetzen des Meißelhalters, um optimale Einstellwinkel festzulegen.

Die Höhenlage des im Werkzeughalter geklemmten Werkzeuges wird über eine Einstellschraube verändert.

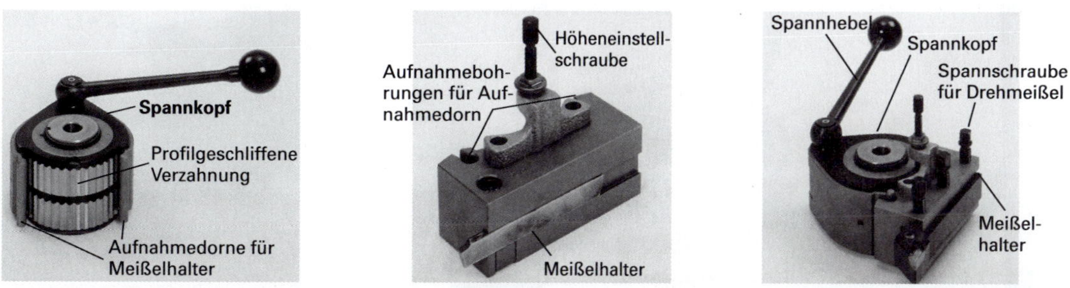

Spannen mit Schnellwechselhalter

In einem Schnellwechselhalter werden beliebig viele Werkzeughalter mit voreingestellten Drehmeißeln nacheinander eingespannt.

2.4 Spannen der Werkstücke

Zum Drehen müssen die Werkstücke sicher, schnell und mit gutem Rundlauf eingespannt werden. Die Art der Werkstückeinspannung richtet sich nach
- der Form und Größe des Werkstücks und
- nach der Anzahl gleicher Werkstücke.

2.4.1 Spannen in Spannfutter

Kurze Werktücke, z.B. Rundteile verschiedener Durchmesser oder Sechskantprofile, werden in das **Dreibackenfutter** eingespannt. Zum Spannen der Vierkant- oder Achtkantprofile ist ein **Vierbackenfutter** erforderlich.

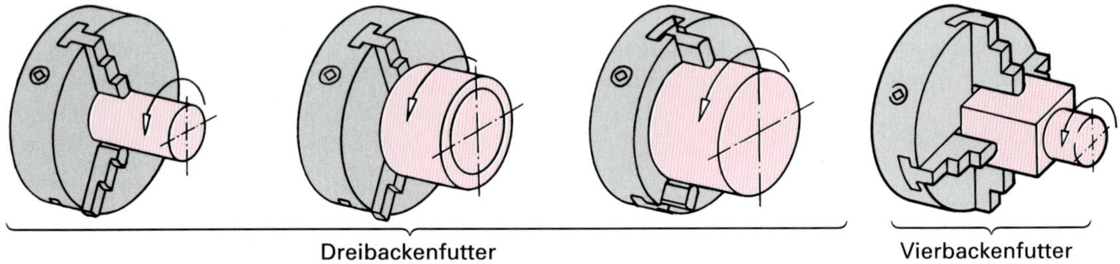

Spannmöglichkeiten in Spannfuttern

Die abgestuften Spannbacken der Futter werden in unterschiedlicher Weise zum Spannen eingesetzt. Werden Werkstücke von Backeninnenseiten gehalten, so wirken die Spannkräfte radial nach innen; beim Spannen mit Außenseiten müssen die Spannkräfte radial nach außen wirken.

Zum Drehen werden kurze Werkstücke verschiedener Formen und Durchmesser zentrisch in Drei- oder Vierbackenfuttern gespannt.

In den meisten Fällen werden Spannfutter mit Spiralnut zum Spannen der Werkstücke eingesetzt. In radialen Führungsnuten des Spannfutters sind gehärtete Spannbacken verschiebbar. An ihrer Unterseite haben die Spannbacken ein Plangewinde, das in eine entsprechende Spiralnut einer im Futter befindlichen Scheibe eingreift. Auf der Rückseite dieser Scheibe ist ein Kegelradkranz eingearbeitet. In den Kegelradkranz greifen Kegelräder ein, die mittels Spannschlüssel gedreht werden. Die Drehbewegung des Spannschlüssels wird über Kegelräder und Plangewinde in Radialbewegungen der Spannbacken umgewandelt. Zum Austausch der Backen müssen diese ganz herausgedreht werden. Beim Einsetzen der neuen Backen ist auf die richtige Reihenfolge zu achten. Für exzentrisches Spannen kann man Spannfutter mit einzeln verstellbaren Backen verwenden.

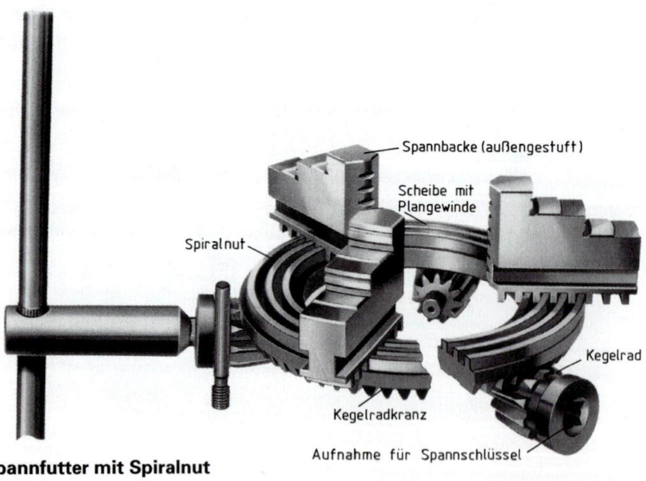

Spannfutter mit Spiralnut

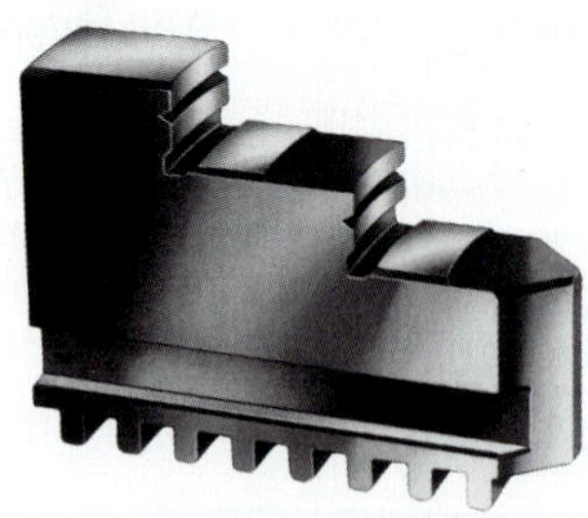

innengestufte Spannbacke

Spannfutter mit Spiralnut erlauben stufenlose Verstellung der Backen über den gesamten Spannbereich.

Keilstangenfutter werden dort eingesetzt, wo mit guter Rundlaufgenauigkeit und hohen Spannkräften besondere Spannprobleme gelöst werden müssen. Bei diesem Spannfutter wird durch eine Gewindespindel eine Keilstange mit Schrägverzahnung bewegt. Die Anzugsbewegung wird über einen Treibring gleichmäßig auf die anderen Keilstangen und somit auf die Spannbacken übertragen. Keilstangenfutter haben einen eng begrenzten Spannbereich.
Die Spannbacken sind zweiteilig und bestehen aus einer Grundbacke und auswechselbaren, aufgeschraubten Aufsatzbacken. Aufsatzbacken aus ungehärtetem Stahl (weiche Backen) können für besondere Spannvorgänge durch eine Drehbearbeitung der Werkstückform angepasst werden.

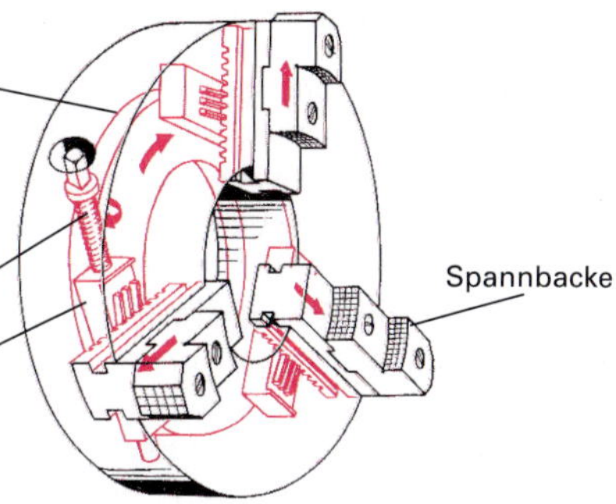

Keilstangenfutter

Beispiel **für eine Grundbacke mit Aufsatzbacken für Keilstangenfutter**

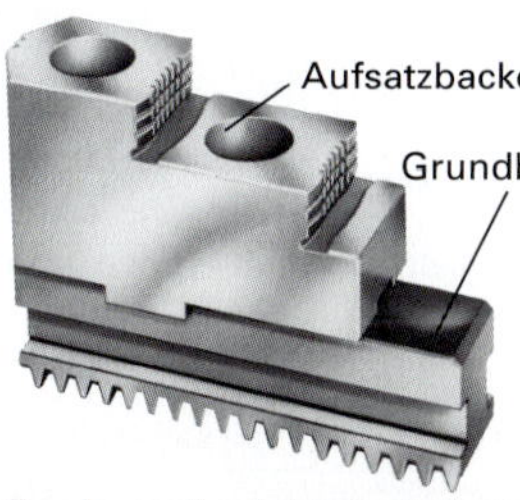

Grundbacke und gehärtete Aufsatzbacke

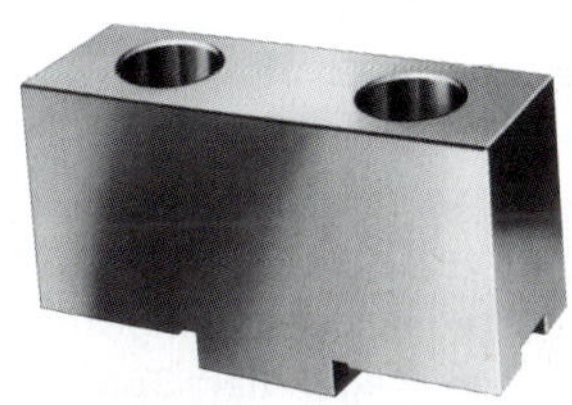

Aufsatzbacke zum Anpassen

Im Keilstangenfutter werden Drehteile schonend mit hoher Rundlaufgenauigkeit gespannt.
Ungehärtete Aufsatzbacken können der Werkstückform angepasst werden.

In der Serienfertigung werden zum schnelleren Einspannen **kraftbetätigte Spannfutter** eingesetzt. Beim kraftbetätigten Spannen wird die Spannkraft durch Druck in Luft oder Hydrauliköl aufgebracht. Dadurch erreicht man eine gleichmäßige und hohe Spannkraft. Dabei ist eine schnelle Bedienung ohne menschlichen Kraftaufwand möglich.

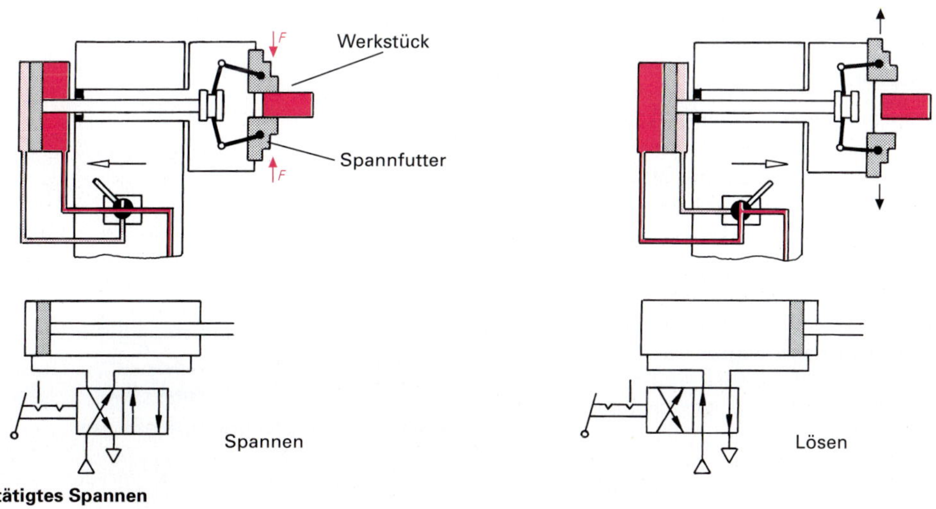

Kraftbetätigtes Spannen

2.4.2 Spannen in Spannzangen

Zum schnellen Einspannen von zylindrischen Werkstücken mit kleinen Durchmessern verwendet man bei mittleren und großen Stückzahlen Spannzangen. Diese Werkstückspannung wird vorzugsweise bei Stangenarbeiten verwendet und an kurzen vorgedrehten Werkstücken mit kleineren Durchmessern. Eine Spannzange ist ein geschlitzter Hohlzylinder, der im Einspannbereich einen kurzen Außenkegel hat. Die Spannzange wird entweder direkt in die kegelige Aufnahmebohrung der Arbeitsspindel eingesetzt oder wird in ein besonderes Schnellspannfutter für Spannzangen eingeschraubt. Zur Aufnahme des Werkstückes besitzt die Spannzange eine zentrische Bohrung, die nur das Spannen in einem *kleinen Durchmesserbereich* erlaubt, z. B. 9,5 mm – 10 mm. Daher muss für jeden zu spannenden Nenndurchmesser eine Spannzange vorhanden sein.

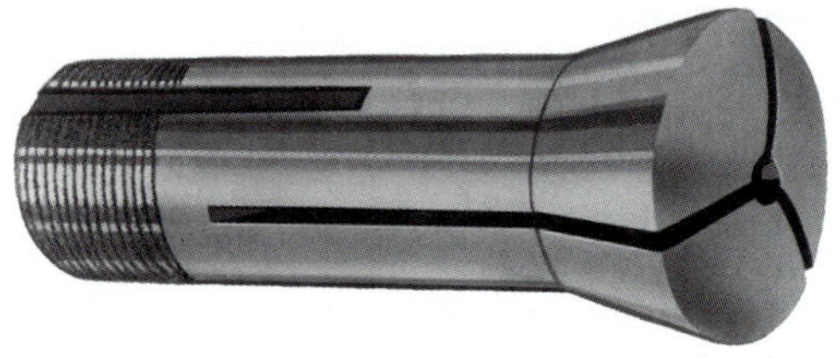

Zugspannzange

Meist ist der Spannzangenquerschnitt rund. Für die Weiterverarbeitung von Profilhalbzeugen sind auch quadratische oder sechseckige Querschnitte üblich.

Profilformen für Spannzangen

- **Zugspannzangen**

Nach dem Einführen des Werkstückes wird die Spannzange durch die Hebelbetätigung ein wenig tiefer in den Aufnahmekegel hineingezogen. Dabei wird der geschlitzte Kegel der Spannzange zusammengedrückt und hält das Werkstück durch Kraftschluss.

In der letzten Phase des Spannvorgangs kann bei Werkstücken mit abweichenden Durchmessern ein unterschiedlicher Längeneinzug erfolgen. Durch setzen von Längenanschlägen in der Spanneinrichtung wird eine gleich bleibende Positionierung der Drehteile erreicht.

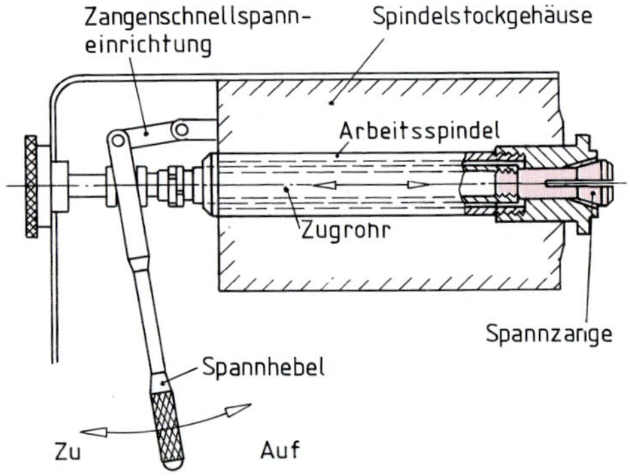

Zangenschnellspanneinrichtung für Zugspannzangen

Die Werkstücke können bei laufender Maschine gespannt und gelöst werden. Dadurch wird die Zeit zum Spannen erheblich verkürzt. Zum Drehen an Stangenenden können lange Stangen von der Antriebsseite her durch die hohle Arbeitsspindel in die Spannzange eingeführt und gespannt werden.

- **Druckspannzangen**

In Druckspannzangen werden Werkstücke gespannt, indem ein Druckrohr über eine Innenkegelhülse die Spannzange zuerst gegen eine Druckplatte schiebt und sie dann zusammendrückt. Die Spannkraft wird dadurch aufgebracht, dass die Hülse mit dem Innenkegel auf den Außenkegel der geschlitzten Spannzange einwirkt. Da die Spannzange keine Längenverschiebung erfährt, unterbleibt ein Längeneinzug wie bei der Zugspannzange.

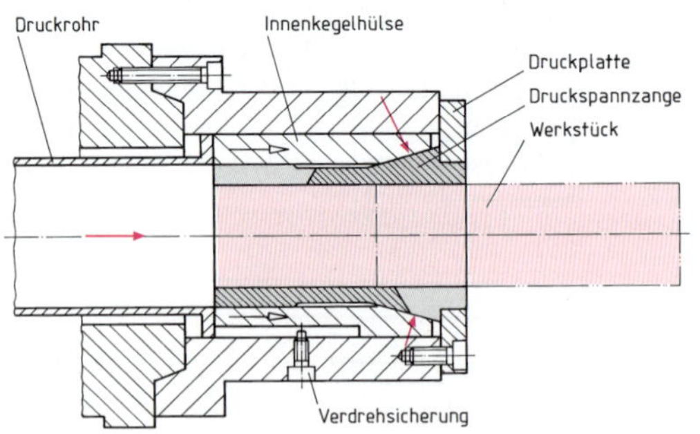

Spanneinrichtung für Druckspannzangen

Die Betätigung von Spannzangeneinrichtungen kann von Hand, pneumatisch oder hydraulisch erfolgen.

Übungsaufgaben FT-55; FT-56

Für Zugspannzangen gibt es in einer besonderen Ausführung auch ein Schnellspannfutter, das in der Bedienung dem eines Dreibackenfutters gleicht. Mit dem Spannschlüssel wird ein kleines Zahnrad bewegt, das auf einen Zahnkranz wirkt. Im Zahnkranz ist eine Buchse mit einem Innengewinde zur Aufnahme der Spannzange befestigt. Ein Drehen des Zahnkranzes hat zur Folge, dass sich die Spannzange, die nicht drehbar in der Kegelhülse liegt, in Längsrichtung gezogen wird und das Werkstück klemmt.

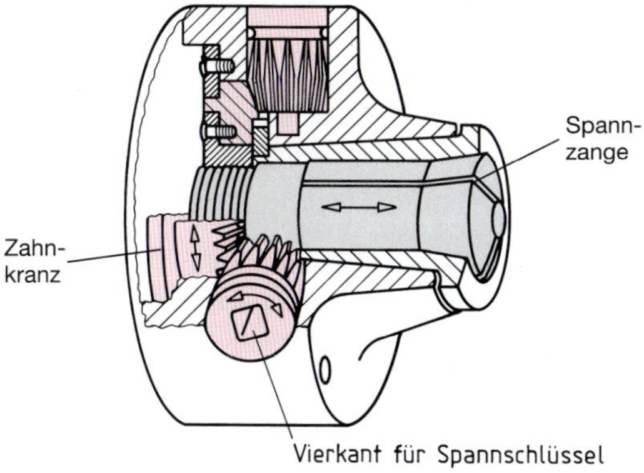

Spannfutter für Spannzangen

Der Spannvorgang in Spannzangen erfolgt nicht nur durch Zugkräfte, sondern auch durch Druckkräfte. Dazu ist eine entsprechende Gestaltung der Spannzange und der Aufnahme erforderlich. Die Betätigung der Spannzangen kann mechanisch von Hand, pneumatisch und hydraulisch erfolgen.

In Spannzangen werden kurze Drehteile mit kleinen Durchmessern gespannt, die meist aus Stangenmaterial gefertigt werden. Der Einsatz ist nur bei mittleren und hohen Stückzahlen wirtschaftlich.

2.4.3 Spannen in Stufenfutter

Für die Weiterbearbeitung von dünnen Scheiben dienen so genannte Stufenfutter. Zum Spannen von Werkstücken am Innendurchmesser einer Ausdrehung setzt man **Außenstufenfutter** ein. Werden scheibenförmige Werkstücke am Außendurchmesser gespannt, verwendet man **Innenstufenfutter**. Zum Spannen der Werkstücke werden die mehrfach geschlitzten Futter durch Zugkräfte mithilfe der entsprechenden Futteraufnahmevorrichtung gespreizt oder zusammengedrückt.

Stufenfutter spannen die dünnwandigen Werkstücke am gesamten Umfang, wodurch die Gefahr von Verformungen weitgehend ausgeschlossen wird.

Beispiel **für Stufenfutter**

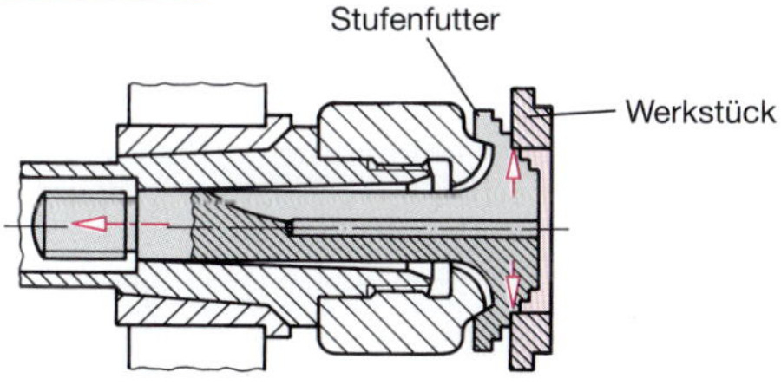

Außenstufenfutter

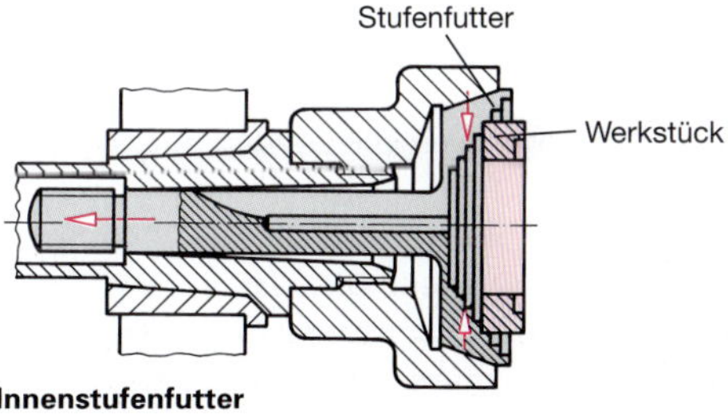

Innenstufenfutter

In Stufenfuttern können scheibenförmige Drehteile am inneren oder äußeren Umfang gespannt werden. Durch die Art der Einspannung werden Verformungen weitgehend vermieden.

2.4.4 Spannen mit Zentrierspitzen

Lange Werkstücke, die über einen großen Teil ihrer Länge zu bearbeiten sind, müssen weit aus der Einspannung im Spindelstock herausragen. Durch die beim Drehen auftretenden Schnittkräfte wird ein einseitig eingespanntes Werkstück weggedrückt. Daher wird das freie Ende langer Werkstücke zusätzlich geführt. Diese Führung erhält das Werkstück durch eine Zentrierspitze, die im Reitstock eingesetzt ist.

Übungsaufgabe FT-57

Zentrierspitzen gibt es in feststehender oder mitlaufender Ausführung. **Feststehende Zentrierspitzen** sind im Aufbau einfach, führen das Werkstück gut, jedoch muss zur Verringerung des Reibungswiderstandes in der Zentrierbohrung geschmiert werden. **Mitlaufende Zentrierspitzen** sind in Wälzlagern gelagert, sodass keine Reibung auftritt, jedoch können durch die Wälzlager Schwingungen zu Oberflächenmustern führen.
Zur Bearbeitung von Drehteilen an der Stirnseite werden zwei Sonderformen von Zentrierspitzen eingesetzt.

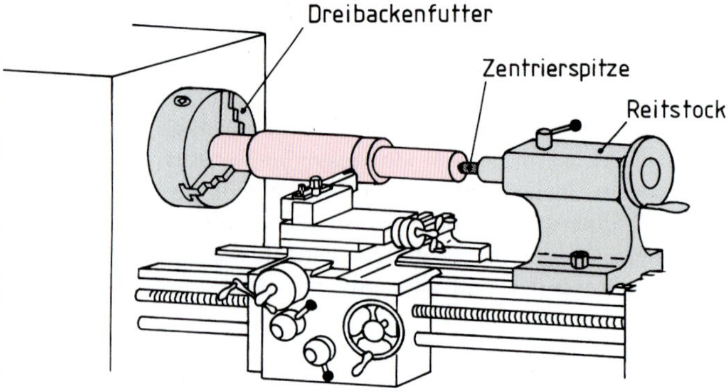

Spanen mit Zentrierspitze

- **Halbe Zentrierspitzen** in feststehender Ausführung und
- **Zentrierspitzen mit verlängerter Spitze** in mitlaufender Ausführung.

Beispiel **von Ausführungsformen der Zentrierspitzen**

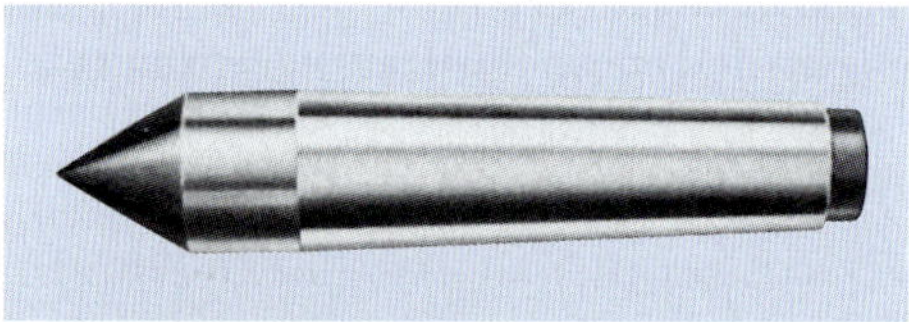
Feststehende Zentrierspitze

Mitlaufende Zentrierspitze

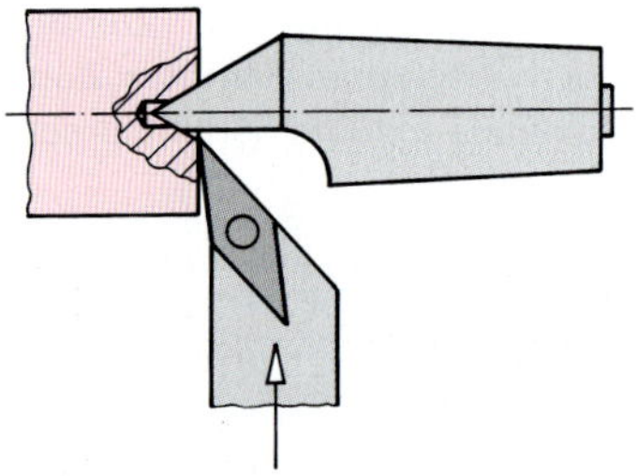
Planseitenbearbeitung mit halber Zentrierspitze

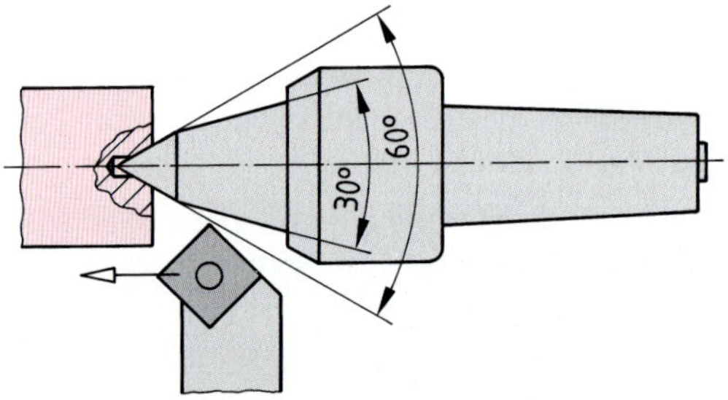

Mitlaufende Zentrierspitze mit verlängerter Spitze

Schlanke und lange Drehteile werden durch eine Zentrierspitze im Reitstock unterstützt und geführt.

Werkstücke können auch zwischen zwei Zentrierspitzen bearbeitet werden. Dies ist erforderlich, wenn ein Werkstück für verschiedene Arbeitsgänge umgespannt werden muss. Beim Drehen zwischen zwei Zentrierspitzen erzielt man stets einen guten Rundlauf.
Die Mitnahme kann über eine Mitnehmerscheibe auf der Arbeitsspindel erfolgen. Durch die Mitnehmerscheibe wird ein auf das Werkstück gespanntes Drehherz zwangsweise mitgenommen.
Das Drehteil kann im Spannbereich der Mitnehmerscheibe nicht bearbeitet werden, so dass bei einer Bearbeitung in ganzer Länge ein Umspannen erforderlich ist. Die Außenform der Mitnehmerscheibe schützt den Bediener vor Verletzungen durch die Drehbewegung der Mitnehmervorrichtung.

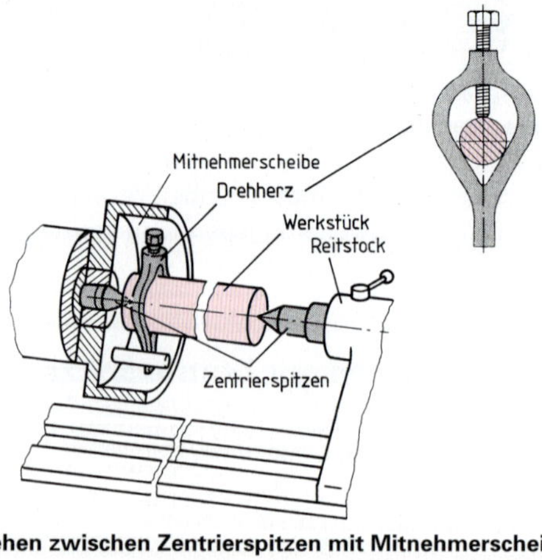

Drehen zwischen Zentrierspitzen mit Mitnehmerscheibe

Übungsaufgaben FT-58; FT-59

Eine stirnseitige Mitnahme des Werkstücks durch die Schneiden eines Stirnseiten-Mitnehmers erlaubt ein Überdrehen der gesamten Werkstücklänge ohne Umspannen.

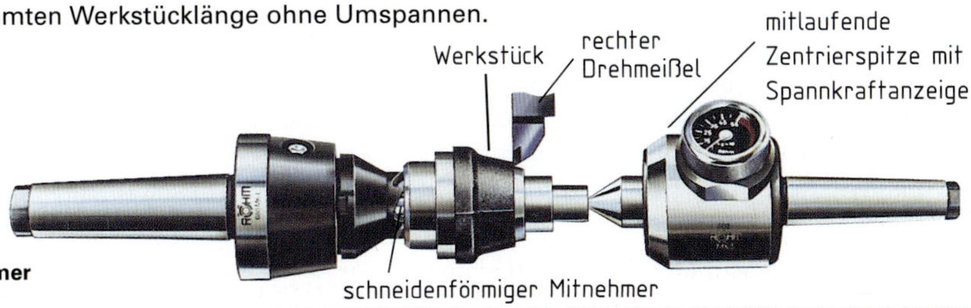

Spannen zwischen zwei Zentrierspitzen mit Stirnseiten-Mitnehmer

> Beim Spannen von Drehteilen zwischen zwei Zentrierspitzen erfolgt die Mitnahme durch eine Mitnehmerscheibe mit einem Drehherz oder durch einen Stirnseiten-Mitnehmer.

- **Zentrierbohrungen**

Bohrungen zur Aufnahme von Zentrierspitzen bezeichnet man als Zentrierbohrungen. Die Formen der Zentrierbohrungen sind nach DIN- und ISO-Normen festgelegt. Zentrierbohrungen unterscheiden sich durch gerade oder gewölbte Laufflächen, ferner können sie mit einer Schutzsenkung versehen sein.

Besteht die Gefahr, dass während der Lagerung von Werkstücken die Lauffläche einer Zentrierbohrung durch Anstoßen beschädigt werden könnte, wählt man eine Zentrierbohrung der Form B. Diese enthält zusätzlich eine 120°-Schutzsenkung.

Zentrierbohrungen mit gewölbten Laufflächen zeichnen sich durch folgende Vorteile aus:

- *eine nicht zu breite Kontaktfläche,* ohne Kantenpressung,
- *ausreichend Platz für das Schmiermittel,*
- *eine gute Führung,* auch wenn die Bohrung nicht zur Zentrierspitze fluchtet, z.B. beim Kegeldrehen mit Reitstockverstellung.

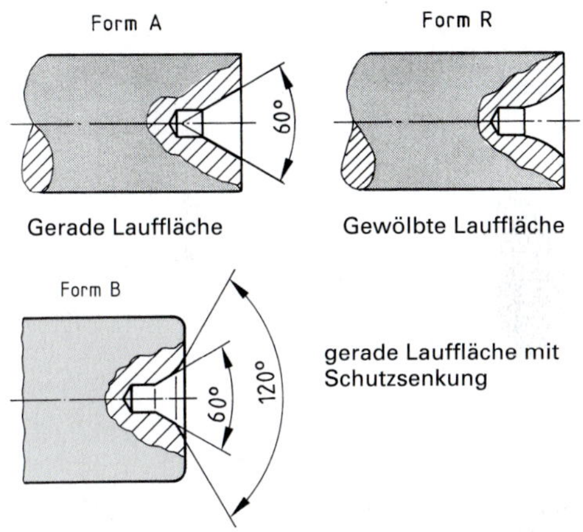

Zentrierbohrungen (DIN 332)

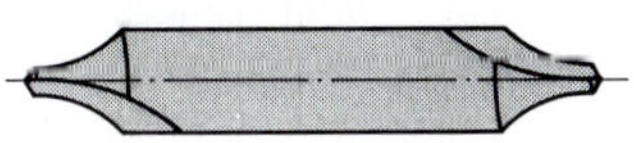

Zentrierbohrer Form R

> Werkstücke werden zur Aufnahme der Zentrierspitze mit Zentrierbohrungen versehen.
> Wegen ihrer günstigen Eigenschaften wird die Form R mit gewölbten Laufflächen bevorzugt.

2.4.5 Spannen mit Dreh- und Spanndornen

- **Drehdorne mit leicht kegeligem Spannteil**

Werkstücke mit Bohrungen, die auf der Drehmaschine fertig bearbeitet werden, können mithilfe von Dreh- oder Spanndornen gespannt werden. Diese Art des Spannens wählt man, wenn eine hohe Rundlaufgenauigkeit und Koaxialität der äußeren Kontur zur vorgearbeiteten Bohrung gefordert wird.

Zum Spannen werden die Drehdorne mit Dornpressen in die Aufnahmebohrung der Werkstücke gepresst. Die Mitnahme des Werkstücks erfolgt kraftschlüssig über die Reibung zwischen Drehdorn und Bohrungswandung.

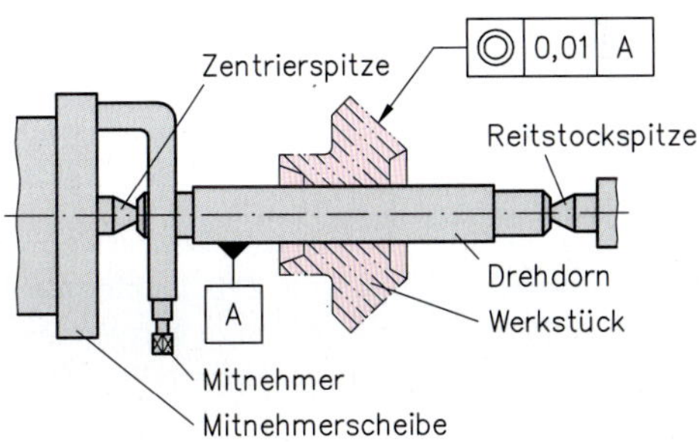

Spannen von Werkstücken mit Drehdorn

Übungsaufgaben FT-60; FT-61

Drehdorne bestehen aus einem leicht kegeligen, langen Spannteil. Sie sind einsatzgehärtet, geschliffen und haben eine Kegelverjüngung von 1 : 2000. Damit verringert sich der Durchmesser des Spannteils von 100 mm Länge um 0,05 mm. Sie werden für Bohrungsdurchmesser von 3 mm bis 100 mm geliefert und eignen sich für Werkstückbohrungen, die mit der Toleranz J6, G6 und H7 gefertigt wurden. Beide Enden der Drehdorne sind mit geschliffenen Zentrierbohrungen versehen. Am dickeren Ende des Drehdorns befindet sich ein Zapfen mit Abflachung, damit zur Mitnahme des Werkstücks ein Drehherz befestigt werden kann.

Für eine Serienfertigung sind Drehdorne ungeeignet, da die Lage des Werkstücks auf dem Drehdorn sich in Abhängigkeit vom Istmaß der Bohrung ändert.

Beispiel **für die Lageänderung eines Werkstücks auf dem Drehdorn**

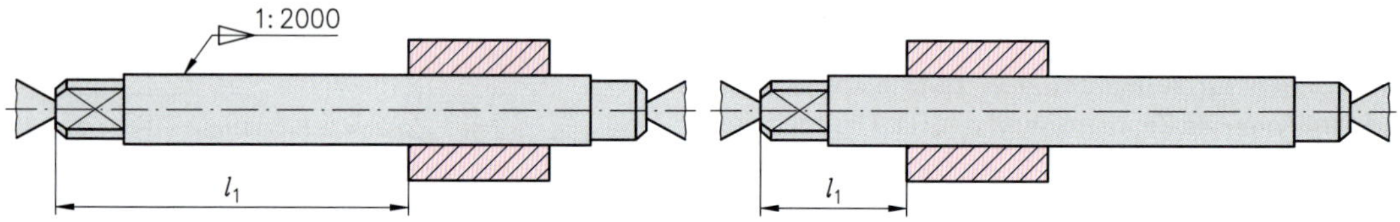

Bohrung mit Mindestmaß **Bohrung mit Höchstmaß**

Beim Spannen von Werkstücken auf Drehdornen erzielt man eine hohe Rundlaufgenauigkeit und Koaxialität der äußeren Mantelfläche zu vorgearbeiteten Bohrungen.

- **Spanndorne mit Spreizhülsen**

Beim Spannen von Drehteilen in ihrer fertig bearbeiteten Bohrung wird eine mehrfach geschlitzte Spreizhülse mit Innenkegel durch einen kegeligen Spanndorn aufgeweitet. Zum Spannen wird das Werkstück über die Spreizhülse geschoben und in der gewünschten Position fixiert. Hierzu wird die Spreizhülse durch Anziehen der Mutter auf den Außenkegel des Spanndorns gedrückt. Da die Spreizhülse von beiden Seiten geschlitzt ist, wird sie auf der ganzen Länge aufgeweitet und das Werkstück gleichmäßig gespannt. Alle Bauteile der Schnellspannung sind gehärtet und geschliffen.

Beispiel **für die Spannung von Drehteilen mit Spreizdornen**

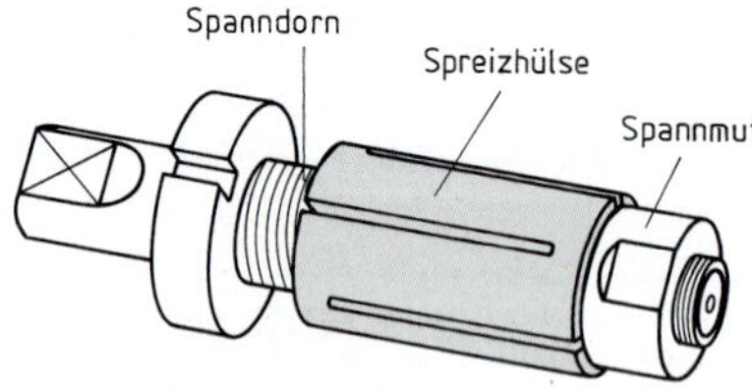

Spreizhülsen-Spanndorn

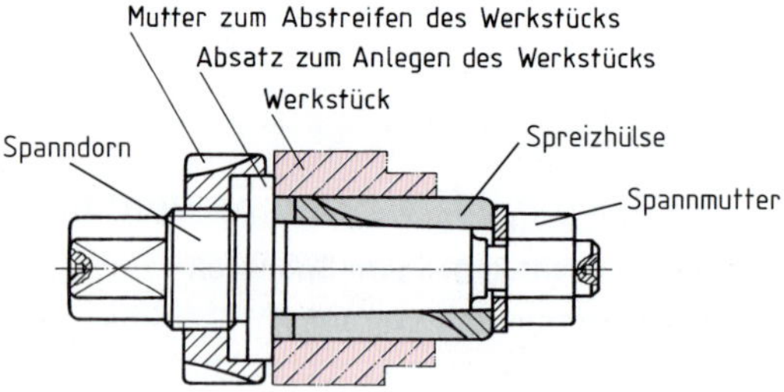

Spreizhülsen-Spanndorn mit Werkstückanschlag

Spanndorne mit Spreizhülsen werden von 9 mm bis 120 mm angeboten. Der Spannbereich ist von der Größe der Spreizhülsen abhängig. Z. B. ist eine Spreizhülse mit dem Nenndurchmesser von 20 mm für Bohrungen von 19,8 mm bis 20,4 mm zu verwenden. Es ist eine Rundlaufgenauigkeit von 0,01 mm zu erzielen. Die Kraftaufbringung bei dem dargestellten Spreizdorn erfolgt mechanisch über die Mutter.

Übungsaufgaben FT-62; FT-63; FT-64

Bei **hydraulischen Spanndornen** erfolgt das Aufweiten der Spreizhülse durch Hydrauliköl. Beim Anziehen einer Überwurfmutter wird über den Druckbolzen ein Flüssigkeitsdruck erzeugt. Der Druck weitet die Spreizhülse im Bereich der geringsten Wandstärke auf dem gesamten Umfang auf.

Hydraulische Spanndorne haben einen sehr kleinen Spannbereich, als Anhaltswert für die Bohrungstoleranz gilt 1/500 des Hülsendurchmessers. Z. B. liegt bei einem Nenndurchmesser der Hülsen von 80 mm die Bohrungstoleranz innerhalb einer Spanne von 0,16 mm. Für die Bohrung wird die Lage des Toleranzfeldes zur Nulllinie vom Hersteller angegeben.

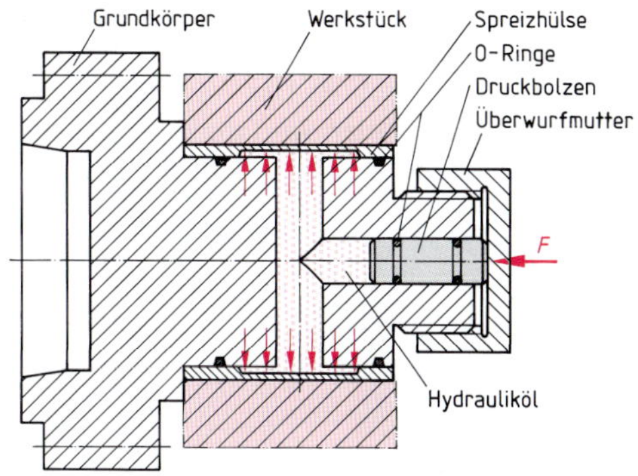

Spannen von Drehteilen mit hydraulischen Spanndornen

FT

Werkstücke mit vorgearbeiteten Bohrungen werden durch Aufweiten von Spreizhülsen gespannt. Die Mitnahme der Werkstücke erfolgt kraftschlüssig.

2.4.6 Spannen auf Planscheiben

Zum Spannen von *unregelmäßig geformten, großen Werkstücken* werden Planscheiben eingesetzt. Die Planscheiben werden direkt auf dem Kopf der Arbeitsspindel befestigt.

Im meist großformatigen Grundkörper der Planscheiben erlauben einzeln verstellbare Spannbacken variable Werkstückeinspannungen. Je nach Form werden Werkstücke ohne Spannbacken direkt mit Spannlaschen und Spannschrauben oder anderen Hilfsteilen befestigt.

Bei sehr unregelmäßig geformten Werkstücken kann der Gesamtschwerpunkt stark nach außen verlagert sein. Durch Aufschrauben von Gegengewichten muss eine solche Unwucht ausgeglichen werden.

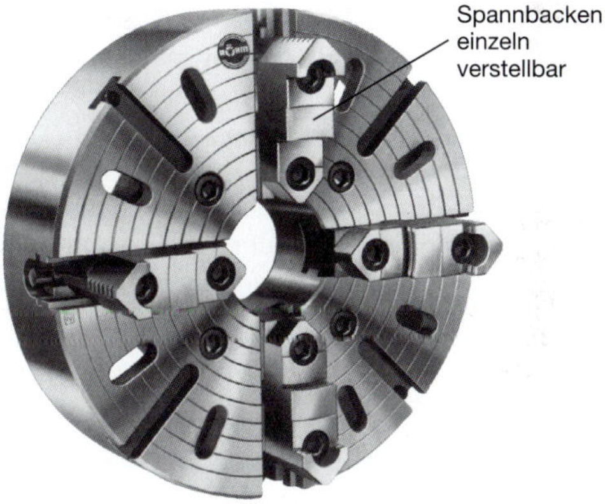

Planscheibe

Beispiel zum Spannen von Werkstücken auf Planscheiben

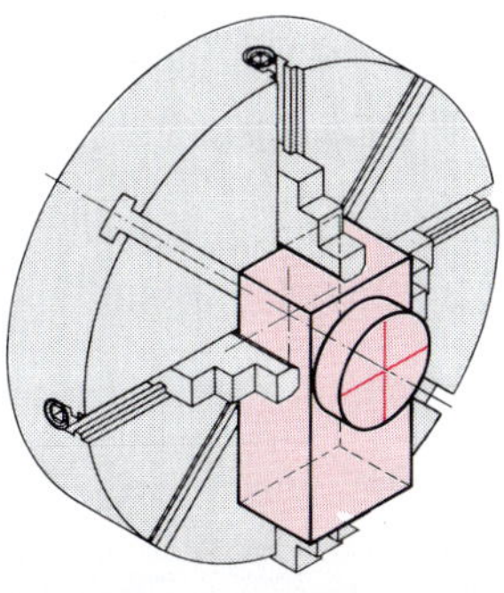

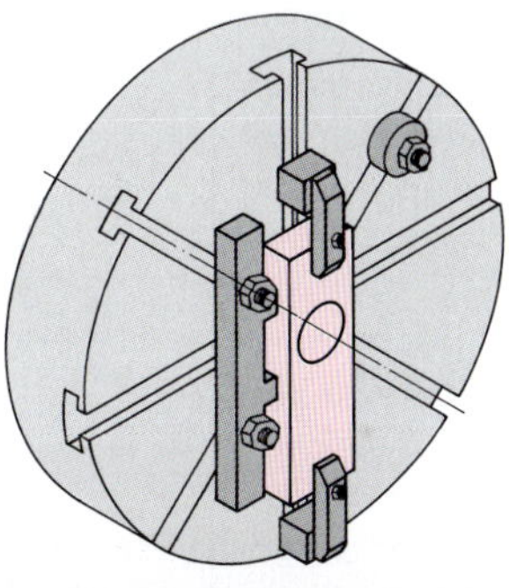

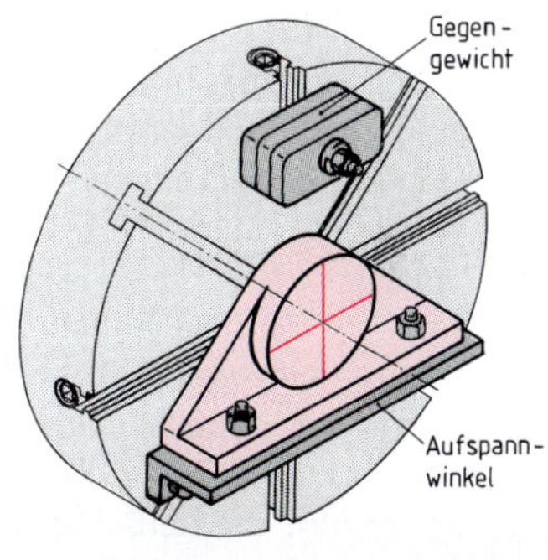

Planscheiben dienen zum Spannen von großen, unregelmäßig geformten Werkstücken, die durch Drehen bearbeitet werden. Werkstücke können mit einzeln verstellbaren Spannbacken, mit Spannlaschen und Schrauben oder mithilfe von Spannwinkeln auf der Planscheibe befestigt werden.

Übungsaufgaben FT-65; FT-66

• Ausrichten von Werkstücken

Bei der Einzelteilfertigung von massiven Werkstücken erfolgt das Ausrichten nach einem in der Drehmitte geschlagenen Körnerpunkt. Das Werkstück wird mit einer Zentrierspitze im Reitstock ausgerichtet und dann gespannt. Bei Kleinserien wird die Einspannlage durch Anschläge festgehalten, sodass bei den nachfolgenden Spannvorgängen eine hohe Wiederholgenauigkeit ohne erneutes Ausrichten gewährleistet ist.

Beispiel **für das Ausrichten von Massivteilen**

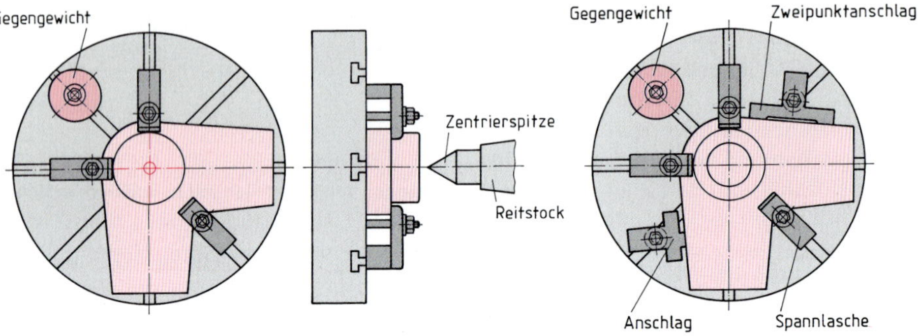

• Ausrichten von Werkstücken mit zylindrischen Außen- oder Innenformen

Gegossene, geschmiedete oder geschweißte Werkstücke mit zylindrischen Außen- oder Innenformen werden zunächst nach Augenmaß auf der Planscheibe ausgerichtet und leicht festgespannt. Mit Hilfe eines Parallelreißers wird der Rundlauf des Werkstücks überprüft und die Einspannlage korrigiert und dann fixiert.
Bei vorgedrehten Zapfen oder Bohrungen wird das Ausrichten mit einer Messuhr vorgenommen, welche wie die Reißnadel in einem Stativ gehalten wird.

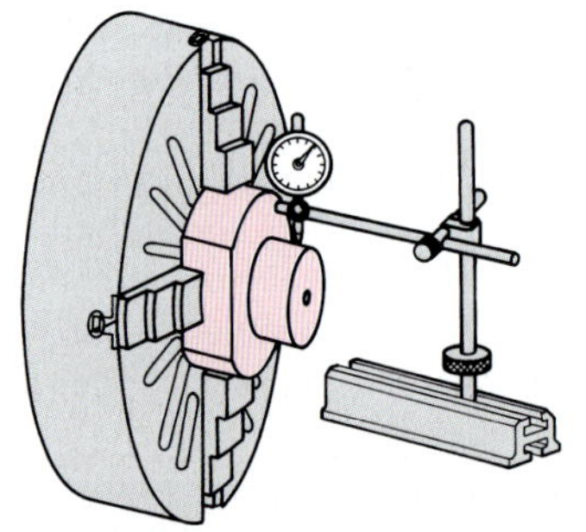

Ausrichten von Werkstücken mit einer Messuhr

Werkstücke müssen auf der Planscheibe so ausgerichtet werden, dass die Drehmitte mit der Achse der Arbeitsspindel übereinstimmt. Das Ausrichten erfolgt nach dem Anriss des Mittelpunktes oder durch Abtasten des Kreisumfangs mit Parallelreißer oder Messuhr.

• Auswuchten von Werkstücken und Spannmitteln

Durch die Aufspannung von ungleichförmigen Werkstücken auf Planscheiben befindet sich der Schwerpunkt außerhalb der Drehachse, es entsteht eine **Unwucht**.

Die Unwucht führt bei hohen Umlaufgeschwindigkeiten durch einseitig wirkende Fliehkräfte zu Verformungen der Arbeitsspindel und zu ungleichen Lagerbelastungen. Durch die regelmäßige Wiederholung kommt es zu Schwingungen des eingespannten Werkstücks. Auf der Werkstückoberfläche entstehen Schwingungsmuster, welche die Oberflächengüte beeinträchtigen.

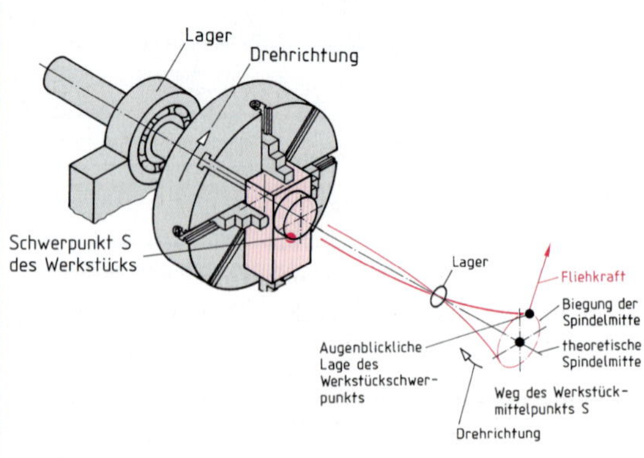

Auswirkungen einer Unwucht

Übungsaufgaben FT-67; FT-68

Diese Auswirkungen von einseitig wirkenden Fliehkräften müssen durch Gegengewicht mit der gleichen Fliehkraft ausgeglichen werden. Den Arbeitsgang nennt man **Auswuchten**.

Beim Auswuchten wird die Drehspindel vom Drehmaschinengetriebe durch Auskuppeln getrennt. Die Planscheibe mit einer Unwucht dreht die Spindel, bis der Schwerpunkt von Werkstück mit Spannmitteln unterhalb des Drehpunktes liegt. Durch Aufspannen eines Gegengewichtes oberhalb des Schwerpunktes gleicht man die Unwucht aus. Das Auswuchten ist abgeschlossen, wenn die Planscheibe in jeder Stellung in Ruhe bleibt. Diese Art des Auswuchtens nennt man **statisches Auswuchten**.

Beispiel **für das statische Auswuchten einer bestückten Planscheibe**

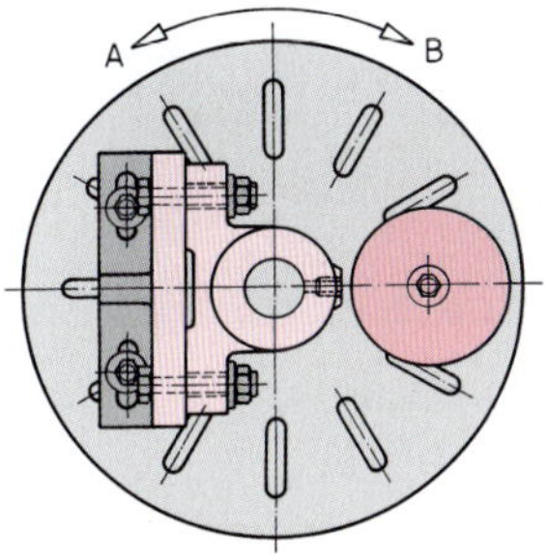

Eine Unwucht bewirkt ein Verdrehen der Planscheibe
Erfolgt ein Verdrehen
in Richtung A → Gegengewicht zu klein
in Richtung B → Gegengewicht zu groß

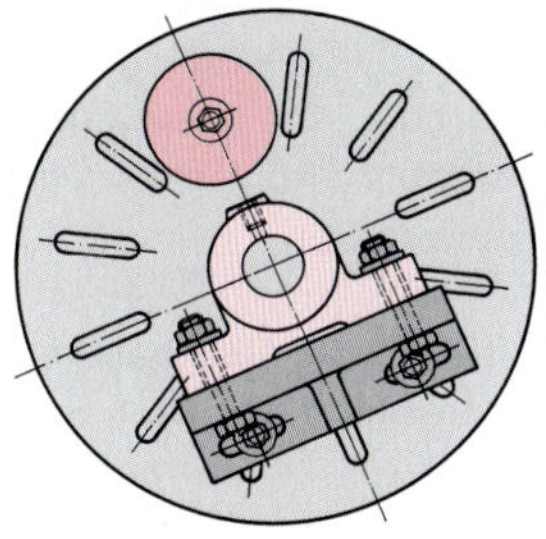

Planscheibe bleibt in Ruhe!
Ausgewuchtete Planscheibe bleibt in jeder Stellung im Gleichgewicht

FT

Durch statisches Auswuchten werden Unwuchten durch Gegengewichte ausgeglichen und damit einseitige Fliehkräfte mit ihren Auswirkungen beseitigt.

2.5 Stützen der Werkstücke in Setzstöcken

Bei langen und dünnen Werkstücken ist während der Drehbearbeitung eine Führung an den Werkstückenden unzureichend. Das Werkstück wird an der Bearbeitungsstelle durch die auftretenden Zerspanungskräfte weggedrückt und durchgebogen. So gefertigte Werkstücke weisen Form-, Lage- und Maßfehler auf. Ein zusätzliches Abstützen und Führen der Werkstücke vermeidet diese Fehler. Die dazu verwendeten Vorrichtungen werden **Setzstöcke** genannt.

- **Feststehende Setzstöcke**

Bei feststehenden Setzstöcken sind zwei Führungen symmetrisch im unteren Teil so angeordnet, dass sie einen Winkel von 120° bilden. Die obere Führung befindet sich in einem schwenkbaren Bügel. In geschlossener Anordnung drückt diese Führung senkrecht von oben auf das Werkstück.
Feststehende Setzstöcke werden auf das Drehmaschinenbett gespannt. Es wird die Stelle gewählt, an der die größte Werkstückdurchbiegung zu erwarten ist und die Vorschubbewegung des Bettschlittens nicht behindert wird. Im Bereich des Setzstockes kann eine Drehbearbeitung nicht erfolgen.
Das Drehteil wird bei geöffnetem Bügel eingelegt und meist an beiden Enden gespannt. Anschließend werden die zwei unten liegenden Setzstockbacken oder Rollen mit Einstellschrauben so ausgerichtet, dass das Drehteil zentriert ist. Nach dem Umlegen und Befestigen des Bügels wird auch die dritte Führung angepasst. Der Rundlauf wird durch Einsatz einer Messuhr kontrolliert.

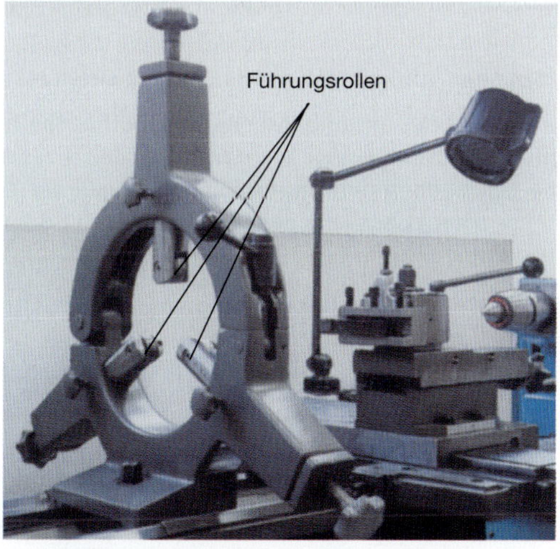

Drehteilführung durch feststehenden Setzstock

Feststehende Setzstöcke sollten möglichst so auf das Maschinenbett gespannt werden, dass das Werkstück dort unterstützt wird, wo sonst die größte Durchbiegung zu erwarten wäre.

Übungsaufgabe FT-69

• Mitlaufende Setzstöcke

Mitlaufende Setzstöcke unterscheiden sich von feststehenden dadurch, dass die Führungen in einem festen Bügel angeordnet sind und dass dieser auf der Seite der Drehbearbeitung offen ist. Die mittlere Führung ist waagerecht angeordnet und die beiden anderen schräg gestellt.

Die Aufspannung der mitlaufenden Setzstöcke erfolgt auf dem Bettschlitten. Die Aufspannlage wird so gewählt, dass die stützende Stelle möglichst dicht vor der Bearbeitungsstelle liegt. Die Einspannung und das Zentrieren des Drehteils wird wie beim feststehenden Setzstock vorgenommen.

Mitlaufende Setzstöcke sind wegen des konstanten Abstandes der Bearbeitungsstelle von der Stützstelle den feststehenden Setzstöcken vorzuziehen. Es können höhere Form- und Maßgenauigkeiten erzielt werden.

Die Drehbearbeitung von langen Gewindespindeln erfordert besonders den Einsatz mitlaufender Setzstöcke.

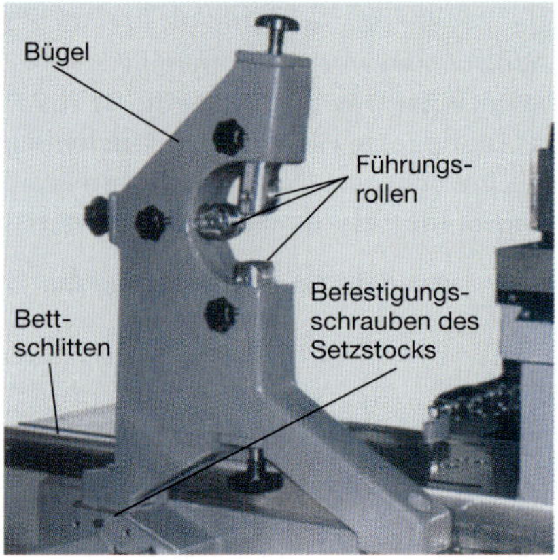

Mitlaufender Setzstock

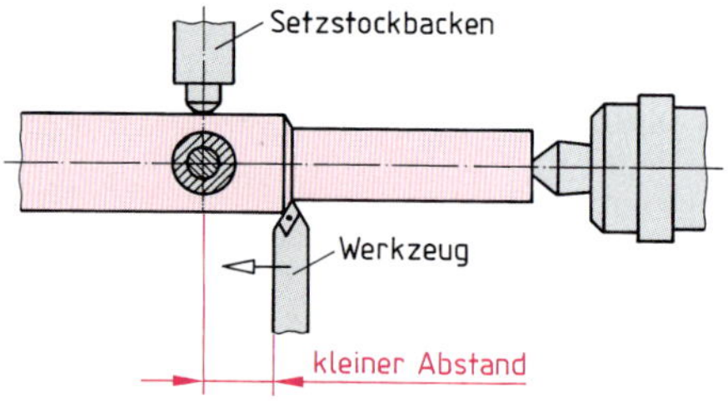

Setzstockanordnung zum Drehmeißel

Mitlaufende Setzstöcke werden auf dem Bettschlitten so befestigt, dass die Führung dicht vor der Schnittstelle liegt. Es werden hohe Form- und Maßgenauigkeiten erzielt.

• Spannen von unbearbeiteten, langen Drehteilen

Für Werkstücke mit unbearbeiteten Oberflächen muss für die Führungsbacken der Setzstöcke ein kurzer Zylinder im Stützbereich angedreht werden. Falls es nicht möglich ist, einen Stützbereich zu drehen, kann eine geschliffene Buchse mit Schrauben auf der Welle befestigt werden. Mithilfe einer Messuhr wird die Buchse so auf der Welle ausgerichtet und mit Schrauben befestigt, dass die Buchse rundläuft.

Beispiel für die Vorbereitung von unbearbeiteten Wellen zum Spannen in Setzstöcken

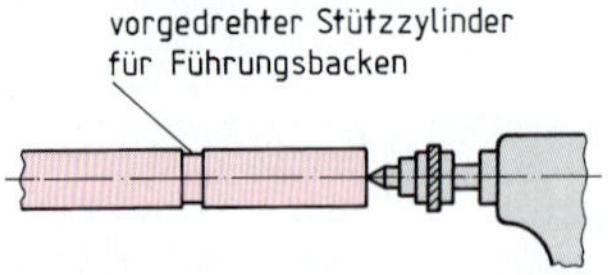

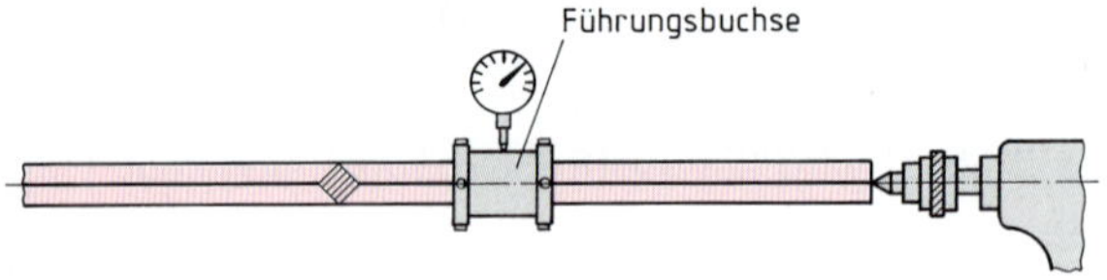

Übungsaufgaben FT-70; FT-71

2.6 Arbeitsverfahren auf Drehmaschinen

2.6.1 Einteilung und Benennung der Drehverfahren

Als vorrangiges Unterscheidungsmerkmal und wichtigster Bestandteil der Benennung der Drehverfahren ist die Form der erzeugten Fläche in der DIN-Norm aufgeführt. Hinzu kommt noch die Unterscheidung, wie die Werkstückform erzeugt wurde.

- **Einteilung nach der Form der erzeugten Fläche am Werkstück**

Querplan-drehen	Längsrund-drehen	Form-drehen	Profil-drehen	Schraub-drehen	Abstechen Einstechen
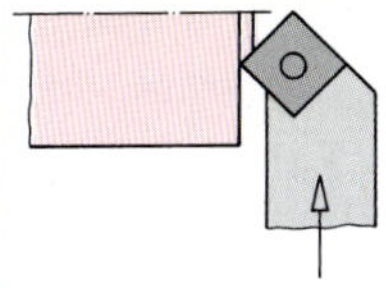	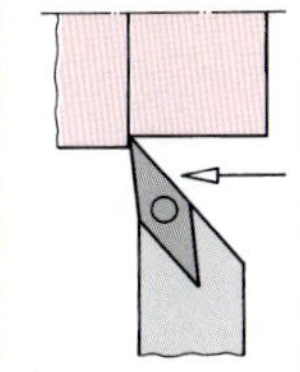	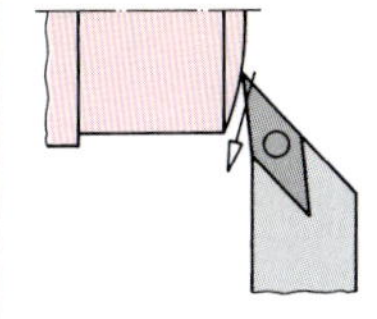	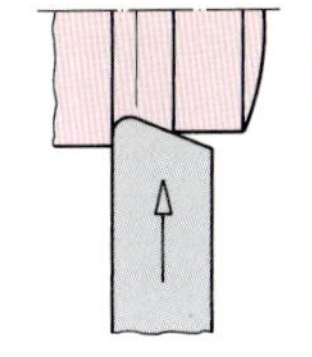	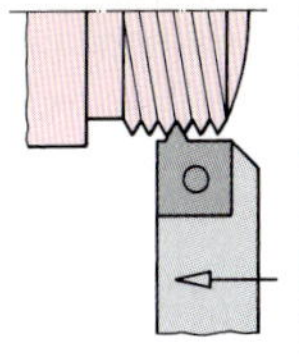	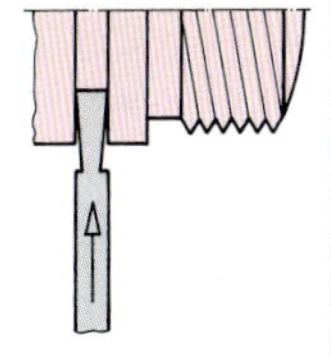
Erzeugen einer ebenen Stirnfläche	Erzeugen einer zylindrischen Außen- bzw. Innenfläche	Erzeugen einer beliebig geformten Mantelfläche durch Werkzeugsteuerung	Übertragen der Schneidenform auf die Mantelfläche	Erzeugen einer Schraubenlinie in der Mantelfläche	Erzeugen einer ebenen Stirnfläche

- **Einteilung nach der Lage der bearbeiteten Fläche am Werkstück**

Außendrehen	Innendrehen
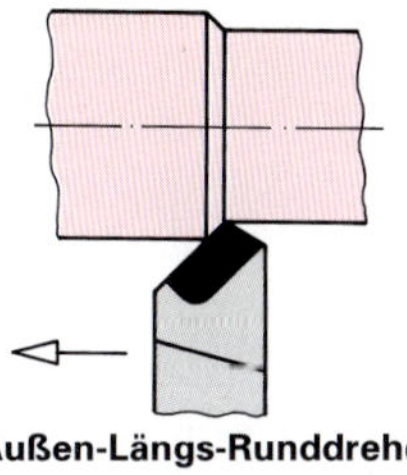 Bei Außendrehverfahren wird die Benennung meist ohne die Angabe des Wortes „Außen" angegeben.	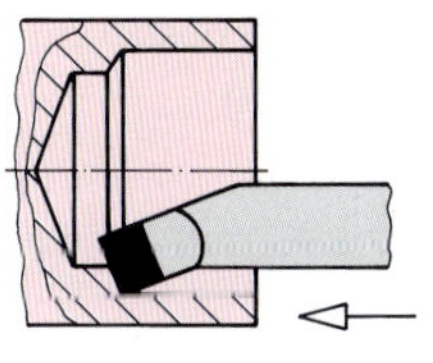 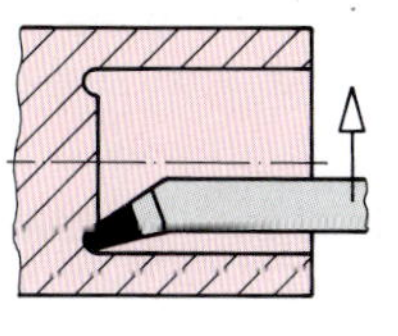
Außen-Längs-Runddrehen	**Innen-Längs-Runddrehen** **Innen-Quer-Plandrehen**

- Drehverfahren werden hauptsächlich nach der Form der bearbeiteten Fläche benannt.
- Als weiteres Merkmal wird bei Rund-, Plan- und Profildrehverfahren die Richtung der Vorschubbewegung mit **Längs**- bzw. **Plan**- vorangestellt.
- Bei Dreharbeiten innerhalb des Werkstücks wird das Wort **Innen**- der Benennung vorangestellt.

2.6.2 Außen- und Längsrunddrehen

- **Schnittaufteilung beim Längsdrehen**

An herkömmlichen Drehmaschinen wird beim Längsdrehen die Schnitttiefe a_p durch Zustellen des Planschlittens eingestellt. Der Verstellwert wird mithilfe einer Rundskala auf der Gewindespindel eingegeben. Dabei bewirkt eine Meißelzustellung a_p die Durchmesserabnahme von $2 \cdot a_p$. Jedoch gibt die Skaleneinteilung direkt die Durchmesserabnahme an.

So bewirkt z.B. eine Skalenzustellung von 6 mm auch eine Durchmesserabnahme von 6 mm, dabei beträgt die Schnitttiefe $a_p = 3$ mm.

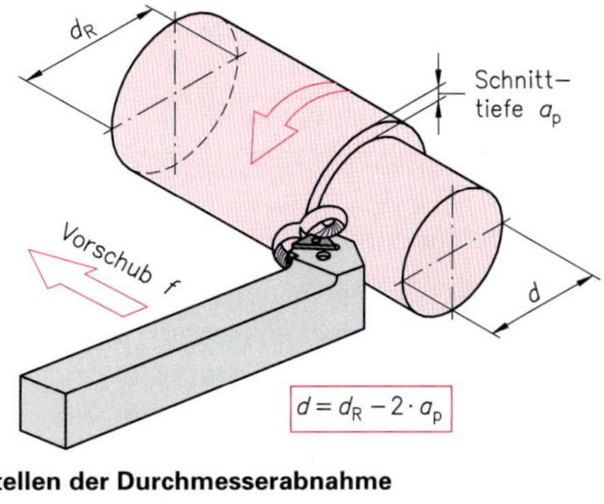

Einstellen der Durchmesserabnahme

Übungsaufgabe FT-72

Bei der Fertigung von Drehteilen wird ein Rohteil von bestimmtem Durchmesser in einem oder mehreren Schnitten bearbeitet. Die Schnittaufteilung beim Schruppen wird so vorgenommen, dass zum Fertigmaß eine Bearbeitungszugabe zum Schlichten von meist 1 mm addiert wird. Damit in wenigen Schnitten die erforderliche Durchmesseränderung erreicht wird, wählt man eine möglichst große Schnitttiefe.

Für einen Zerspanungsvorgang wählt man in Abhängigkeit von den Schnittbedingungen nach einer Richtwertetabelle die Schnittgeschwindigkeit und den Vorschub aus. Beim Schruppen kann die Schnitttiefe a_p = (6 bis 10) · Vorschub f festgelegt werden.

Beispiel für eine Festlegung der Schnittaufteilung

Aufgabe

Ein Wellenrohling aus Vergütungsstahl C45 soll mit einer Hartmetallschneide P10 durch Schruppdrehen bearbeitet werden.

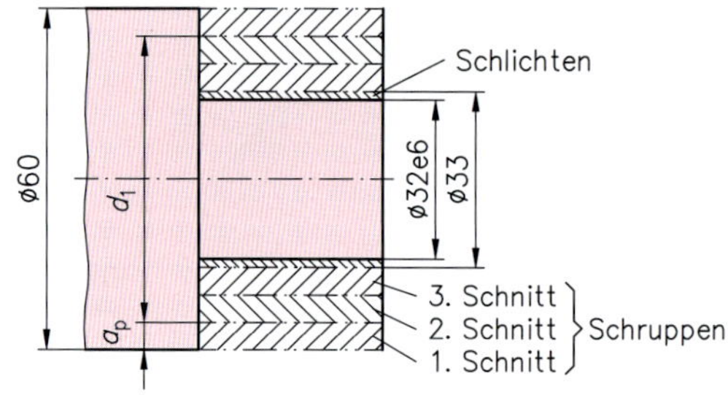

Lösung

Nach Richtwertetabelle:
v_c = 100 m/min;
f = 0,5 mm

Festlegung der maximalen Schnitttiefe:
a_p = 10 · 0,5 mm;
a_p = <u>5 mm</u>
kleinster Schruppdurchmesser = 32 mm + 1 mm = 33 mm
Durchmesserabnahme = 60 mm – 33 mm = 27 mm
Anzahl der Schnitte i = 27 mm : 10 mm = 2,7
Gewählt i = 3 Schnitte mit Durchmesserabnahme von je 9 mm
Schnitttiefe a_p = 0,5 · Durchmesserabnahme;
a_p = 0,5 · 9 mm; a_p = **4,5 mm**

Beispiele für Drehmeißel zum Außen-Längsrunddrehen

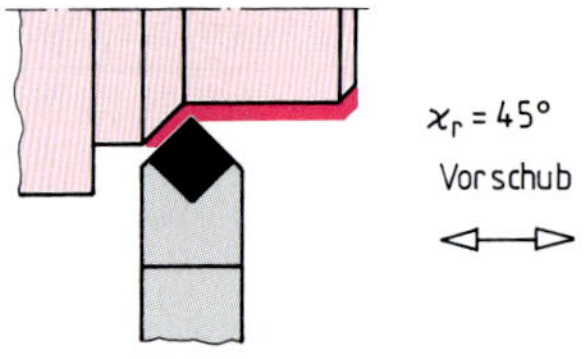	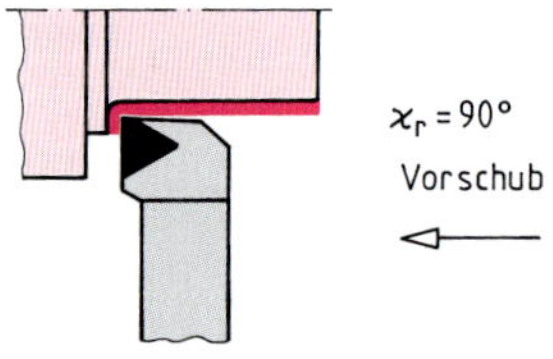	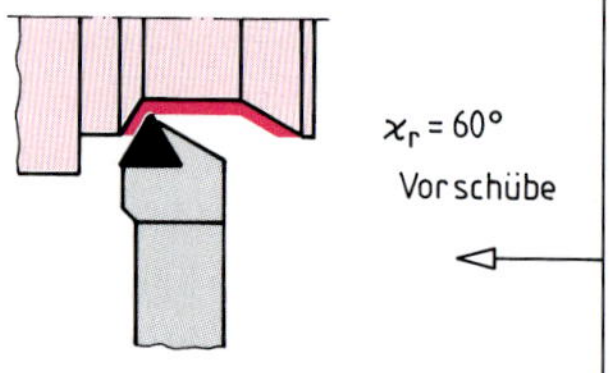
– Drehmeißel rechts und links schneidend – Schruppbearbeitung von hochfesten Werkstoffen und Werkstoffen mit schlechter Wärmeleitung – Längs-Runddrehen in Kombination mit 45°-Fasen	– Drehmeißel rechts schneidend – vorwiegend für eine Schlichtbearbeitung – Längs-Runddrehen mit rechtwinkligem Absatz am Ende	– Drehmeißel rechts schneidend – vorwiegend für eine Schlichtbearbeitung – geeignet zum Längs-Runddrehen – geeignet zum Formdrehen

- **Formfehler durch Schnittkräfte bei schlanken Drehteilen**

Bei Drehteilen, bei denen der Durchmesser im Verhältnis zur Länge sehr klein ist, besteht die Gefahr, dass bei der Bearbeitung Formfehler entstehen. Der Anteil F_p der Schnittkraft, der senkrecht zur Drehachse wirkt, führt zu einer Durchbiegung des Werkstücks, die sich in der Endform auswirkt. Die Formabweichung nimmt mit zunehmender Entfernung der Spanabnahme von der Einspannung zu.

Übungsaufgabe FT-73

Formfehler beim Außen-Längsrunddrehen

Drehteil einseitig gespannt

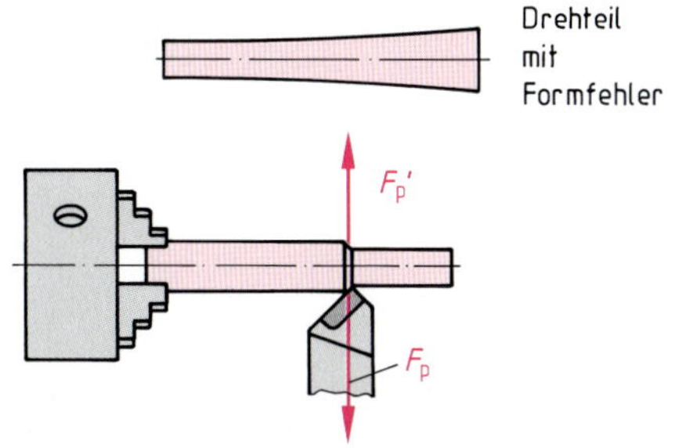

Drehteil beidseitig gespannt

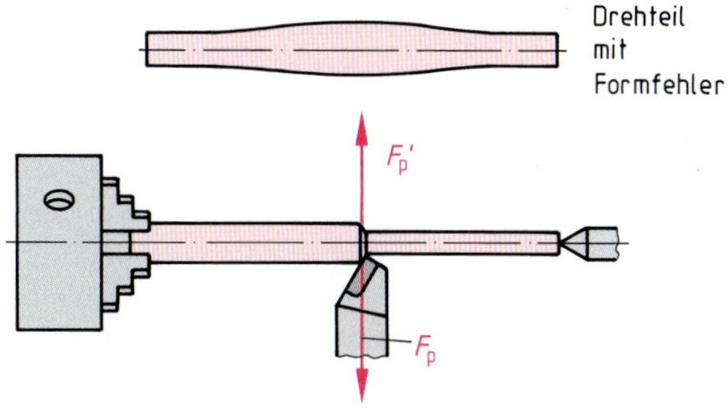

Formfehler beim Drehen schlanker Werkstücke werden verhindert
- durch Wahl des Einstellwinkels $x = 90°$ ($F_p = 0$) und
- durch Abstützen der Bearbeitungsstelle durch einen mitlaufenden Setzstock.

Formfehler an schlanken Drehteilen entstehen durch große Passivkräfte.

2.6.3 Quer-Plandrehen

Beim Quer-Plandrehen werden Stirnflächen an zylindrischen Werkstücken bearbeitet, die rechtwinklig zur Drehachse liegen. Planflächen können als Kreisfläche oder als Kreisringfläche an Werkstücken bearbeitet werden. Für die Auswahl des geeigneten Werkzeugs ist neben der Zerspanungsaufgabe die Lage der Planfläche innerhalb der Werkstückkontur entscheidend.

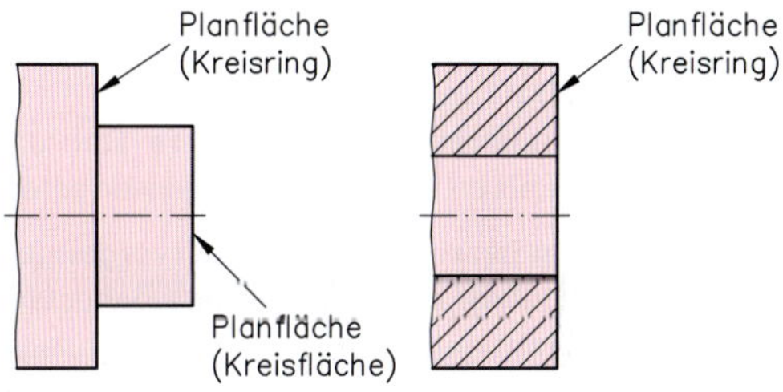

Planflächen an Werkstücken

Beispiele für Drehmeißel zum Quer-Plandrehen

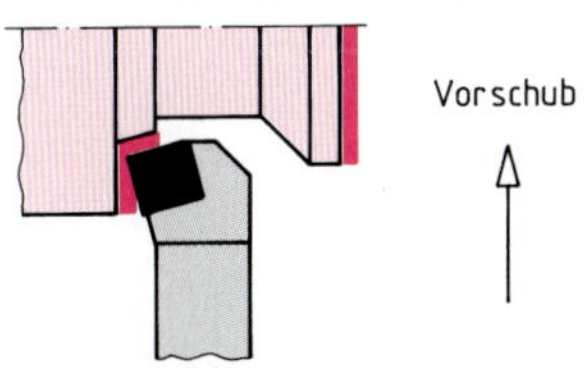

- Vorschub von außen zur Drehachse
- Schruppbearbeitung harter Außenschichten von Guss- und Schmiedeteilen
- Schruppbearbeitung rechtwinkliger Absätze

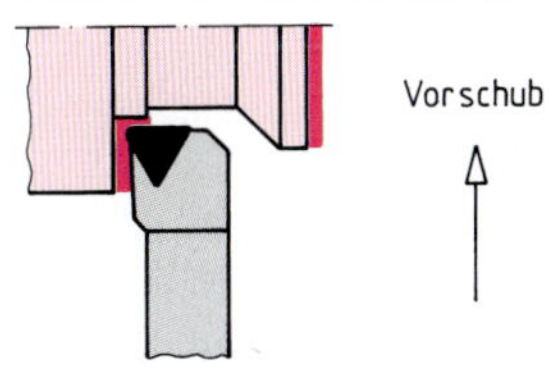

- Vorschub von außen zur Drehachse
- Schlichtbearbeitung aller Planflächen

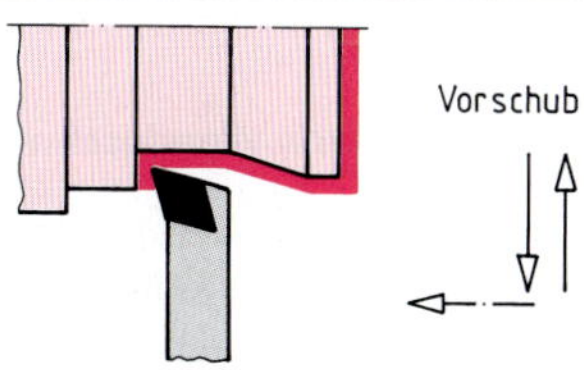

- Vorschub von außen zur Drehachse oder von der Drehachse nach außen
- Schlichtbearbeitung aller Planflächen

Mit Meißeln zum Plandrehen werden Stirnflächen bearbeitet, wobei die Vorschubrichtung meist quer zur Drehachse verläuft.

Übungsaufgabe FT-74

- **Schnittgeschwindigkeit beim Plandrehen**

Beim Plandrehen von Stirnflächen verändert sich bei gleich bleibender Umdrehungsfrequenz die Schnittgeschwindigkeit. Da die Oberflächengüte von der Schnittgeschwindigkeit abhängig ist, verändert sich die Oberflächengüte.

An CNC-Drehmaschinen wird zur Vermeidung der Oberflächengüteveränderung eine konstante Schnittgeschwindigkeit programmiert. Mit der Veränderung des Drehdurchmessers wird dadurch die Umdrehungsfrequenz angeglichen. Damit bleibt die Oberflächengüte konstant und die Bearbeitungsdauer wird verkürzt.

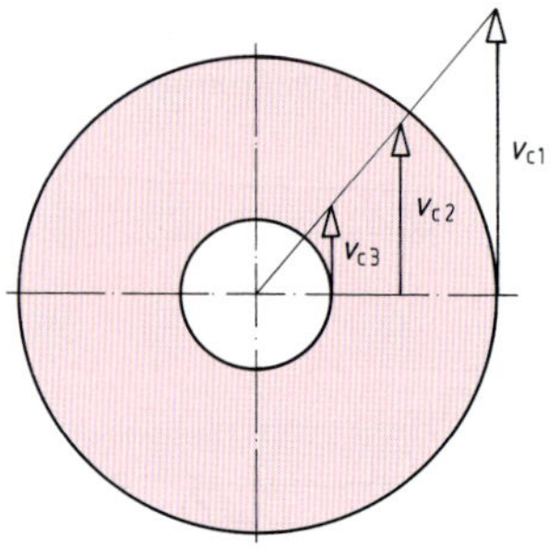

Änderung der Schnittgeschwindigkeit beim Quer-Plandrehen bei konstanter Umdrehungsfrequenz

Beim Quer-Plandrehen verringert sich bei gleich bleibender Umdrehungsfrequenz die Schnittgeschwindigkeit und damit die Oberflächengüte. Zur Vermeidung einer Oberflächenverschlechterung muss die Umdrehungsfrequenz angepasst werden.

2.6.4 Bohren und Innendrehen

Drehteile mit Innenkonturen werden meist durch Bohren vorgearbeitet. Dabei unterscheidet man das Bohren ins Volle und das Aufbohren.

Beim **Bohren ins Volle** werden
- mit Spiralbohrern (HSS- oder Vollhartmetallbohrer) kleine Bohrungen bis etwa 12 mm,
- mit Wendeplattenbohrern größere Bohrungen von 12 mm bis ca. 60 mm Durchmesser gefertigt.

Als **Aufbohren** bezeichnet man Bohrvorgänge, bei denen vorgebohrte oder gegossene Löcher mit einem mehrschnittigen Werkzeug durch Spanabnahme zu größeren Bohrungen aufgebohrt werden.

Das Aufweiten eines vorhandenen Loches mit einem geeigneten einschnittigen Zerspanwerkzeug kann auch als Innendrehen bezeichnet werden.

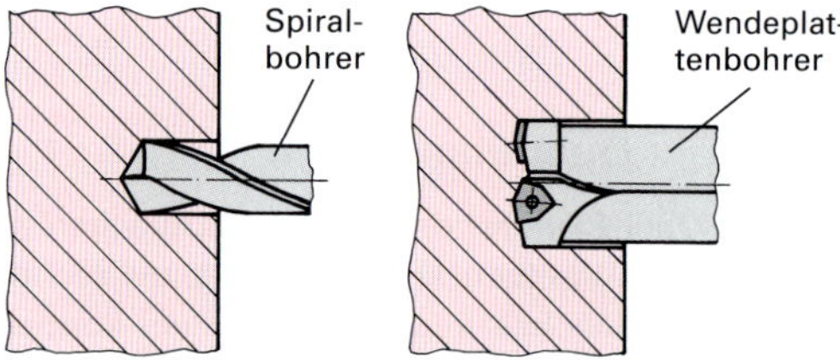

Bohren ins Volle

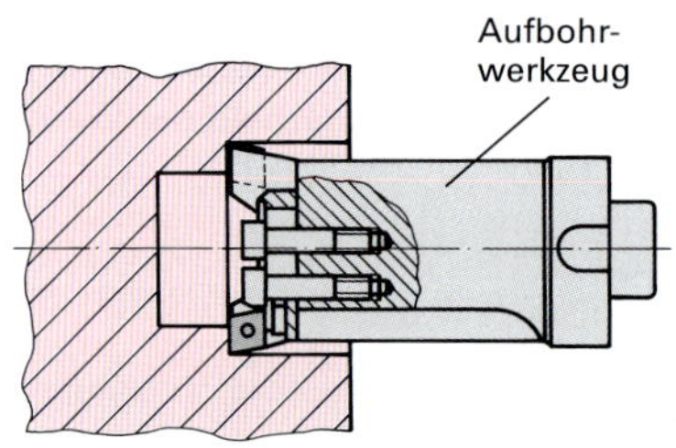

Aufbohren

- **Aufbau von Wendeschneidplattenbohrer**

Wendeschneidplattenbohrer bestehen aus einem Trägerkörper mit meist zwei oder mehreren Wendeschneidplatten. Der Trägerkörper besteht aus hoch festem Werkzeugstahl, bei dem im Schneidenteil Plattensitze und Befestigungsbohrungen sowie leicht gedrallte Spannuten eingearbeitet sind. Der zylindrische Schaft mit einer ebenen Spannfläche dient als Einspannteil. Kühlmittelkanäle führen vom Schaft bis zu den Schneiden.
Im unteren Durchmesserbereich von etwa 12 mm bis 18 mm verwendet man Bohrer mit einer Schneidplatte und darüber nur noch Bohrer mit zwei Wendeschneidplatten.

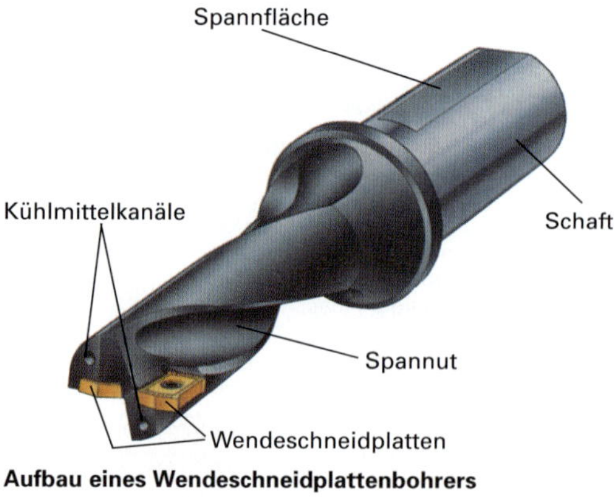

Aufbau eines Wendeschneidplattenbohrers

Übungsaufgaben FT-75; FT-76

Bei Bohrern nimmt die Stabilität mit zunehmender Länge ab, die Neigung zu Schwingungen nimmt dagegen zu. Daher sollte man Bohrer mit gerade noch ausreichender Länge einsetzen. Die Stabilität wird durch das Verhältnis vom Durchmesser zur Länge bestimmt.

Meist werden von den Herstellern Bohrer in drei verschiedenen Längen für Bohrtiefen von 2 x *D*, 3 x *D* und 4 x *D* angeboten. Bis zu diesen Bohrungstiefen können wegen des günstigen Spantransportes Bohrungen ohne zwischenzeitiges Lüften gefertigt werden.

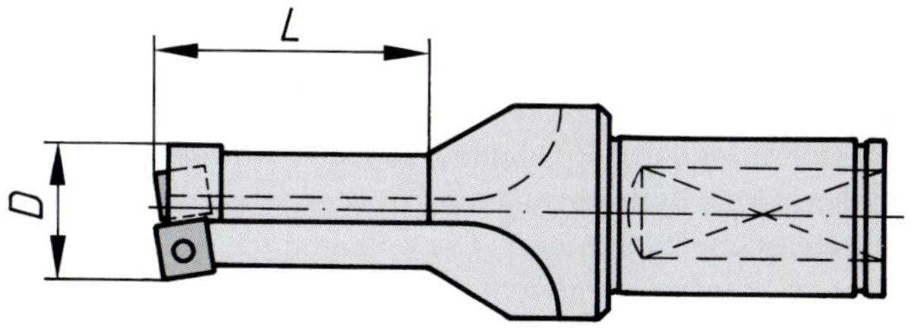

$L_1 = 2 \cdot D$, $L_2 = 3 \cdot D$, $L_3 = 4 \cdot D$

Durchmesser-Längenverhältnis bei Wendeschneidplattenbohrern

Für Bohrungen ins Volle soll stets der kürzest mögliche Wendeschneidplattenbohrer gewählt werden.

Die Schneidplatten sind so angeordnet, dass sie den Werkstoff des gesamten Bohrungsquerschnitts zerspanen. Um die Reibung zwischen Trägerkörper und Bohrungswandung zu verhindern, steht die Außenschneidplatte um etwa 0,6 mm vor.

Die Vorschubkraft ist gegenüber dem Bohren mit einem Spiralbohrer bedeutend kleiner, da keine Querschneide mit schabender Wirkung vorhanden ist.

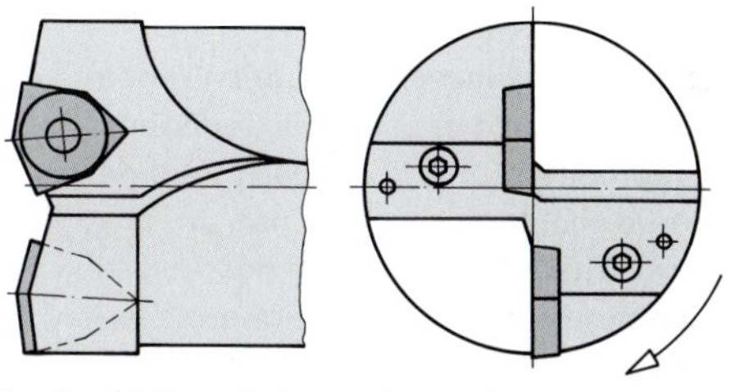

Wendeschneidplattenbohrer mit zwei Schneidplatten

Beim Bohren ins Volle mit Wendeschneidplattenbohrern wird von den eingesetzten Schneidplatten der Werkstoff des gesamten Bohrungsquerschnittes zerspant.

Damit die hohe Zerspanleistung der Wendeschneidplattenbohrer vollständig genutzt werden kann, empfehlen die Hersteller den Einsatz von Kühlschmiermitteln. Dabei ist die Zerspanleistung und die Standfestigkeit von Bohrern in hohem Maße von dem Druck und der Menge des Kühlschmiermittels abhängig. Zudem spült der Kühlmittelstrom die Späne rasch aus der Bohrung.

Teilweise rüsten Maschinenhersteller ihre Maschinen mit Hochdruckpumpen aus, die einem Volumenstrom von 80 l/min bei einem Druck bis zu 20 bar Druck abgeben.

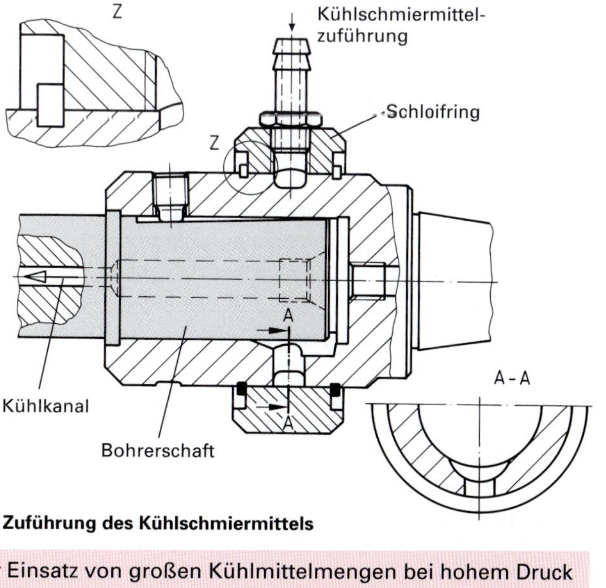

Zuführung des Kühlschmiermittels

Bei Wendeschneidplattenbohrern steigert der Einsatz von großen Kühlmittelmengen bei hohem Druck die Bohrleistung erheblich.

Bohr- und Dreharbeiten mit Wendeschneidplattenbohrern

Bohren ins Volle

Beim Bohren ins Volle lassen sich in einem Arbeitsgang Bohrungen in der Qualität bis zu IT7 fertigen. Dabei muss die Bohrerachse mit der Drehachse des Werkstücks übereinstimmen. Der entstehende Bohrungsdurchmesser entspricht dem Nenndurchmesser des Bohrers.

Bei der Herstellung von Durchgangsbohrungen auf Drehmaschinen entsteht wegen der vorstehenden Außenschneide eine scharfkantige Endscheibe, wenn der Bohrer die Bodenfläche des Werkstücks durchstößt. Diese Endscheibe kann aus dem rotierenden Spannfutter herausgeschleudert werden. Zur Vermeidung dieser Unfallgefahr wird jedes Werkstück vor einen Fangring in das Spannfutter gespannt.

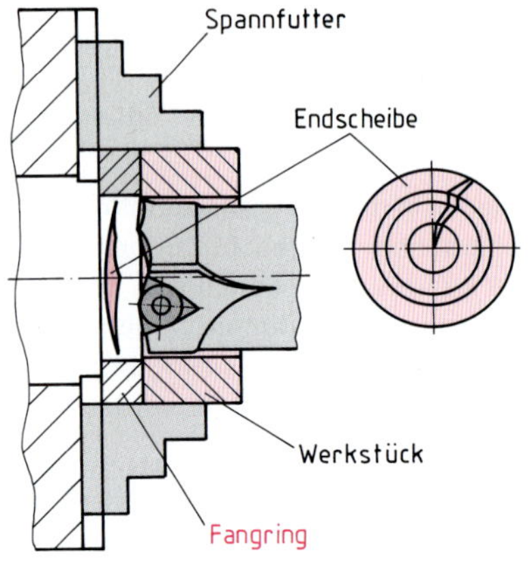

Endscheibe beim Durchbohren

Auf Bearbeitungszentren lassen sich mit Wendeschneidplattenbohrern auch größere Löcher bohren als es der Nenndurchmesser angibt. Dazu wird der stehende Bohrer in Richtung der X-Achse um eine bestimmte Exzentrizität *e* in Richtung der Außenschneide verschoben. Von den Werkzeugherstellern wird die maximale Exzentrizität für den jeweiligen Nenndurchmesser angegeben.

So kann z. B. ein Wendeschneidplattenbohrer mit dem Nenndurchmesser 30 mm maximal um das Maß e = 4 mm verstellt werden. Auf diese Weise lässt sich mit diesem Bohrer stufenlos jede Bohrung von 30 mm bis 38 mm Durchmesser fertigen.

$$d_{max} = d_{Nenn} + 2e$$

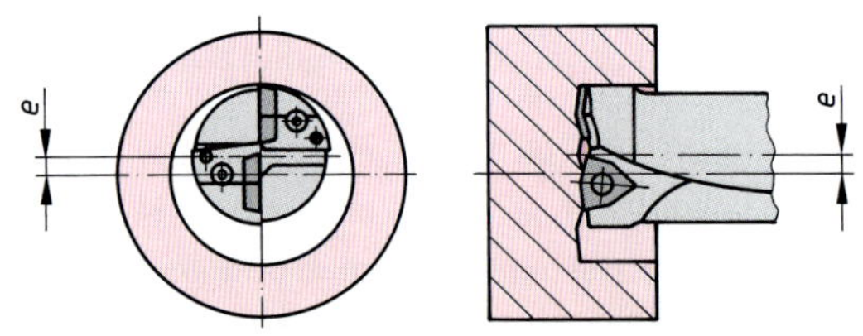

Bohrer ø d_{venn} in mm	Exzentrizität e in mm	Bohrung ø d_{max} in mm
16	1,5	19
19	2,0	23
24	3,0	30
30	4,0	38

Außermittigstellen des Wendeschneidplattenbohrers

Durch das Außermittigstellen des Wendeschneidplattenbohrers um das Maß *e* können Bohrungsdurchmesser stufenlos vom Nenndurchmesser bis zum maximalen Durchmesser gefertigt werden.

Aufbohren

Durch Aufbohren können Lageungenauigkeiten der Bohrungen oder versetzt vorgegossene Löcher in genauer Lage und maßgenau gefertigt werden.

Werkzeuge zum Aufbohren auf Drehmaschinen werden für Durchmesser von 20 mm bis 150 mm angeboten. Bei diesen Werkzeugen sind zwei Wendeschneidplatten symmetrisch in einen Trägerkörper eingesetzt. Sie sind auf einem Durchmesser angeordnet, die Entfernung der Schneidecken entspricht dem aufzubohrenden Durchmesser. Die Werkzeuge ermöglichen die Fertigung von Bohrungen eines bestimmten Durchmesserbereiches. Die Einstellung erfolgt über einen Verstellmechanismus.

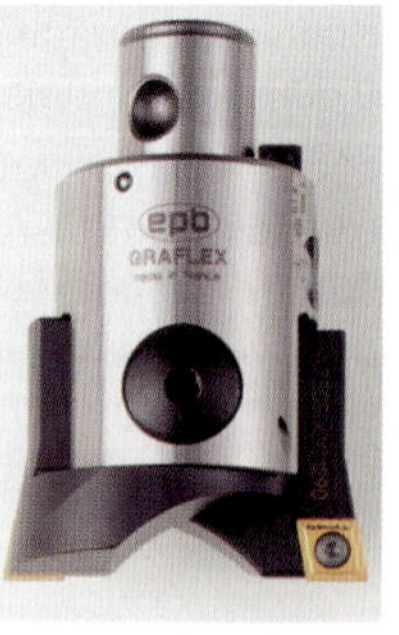

Aufbohrwerkzeug

Mit Aufbohrwerkzeugen werden vorgearbeitete Bohrungen maß- und formgenau aufgeweitet.

Übungsaufgabe FT-77

Drehen mit Wendeschneidplattenbohrern

Mit Wendeplattenbohrern können auch Innen- und Außendreharbeiten ausgeführt werden.

Die Schnittdaten sind abhängig von der Schneidplattensorte, dem zu bearbeitenden Werkstoff und dem Bohrverfahren, wie z. B. Vollbohren, Aufbohren, Senken und Feinbohren.

Beispiele für Außen- oder Innenbearbeitung mit Wendeschneidplattenbohrern

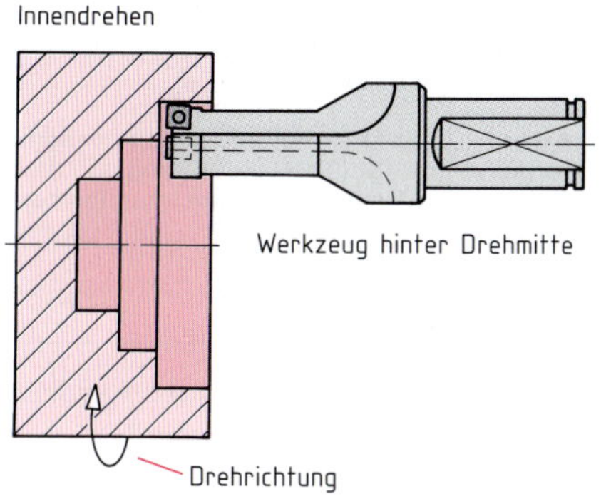

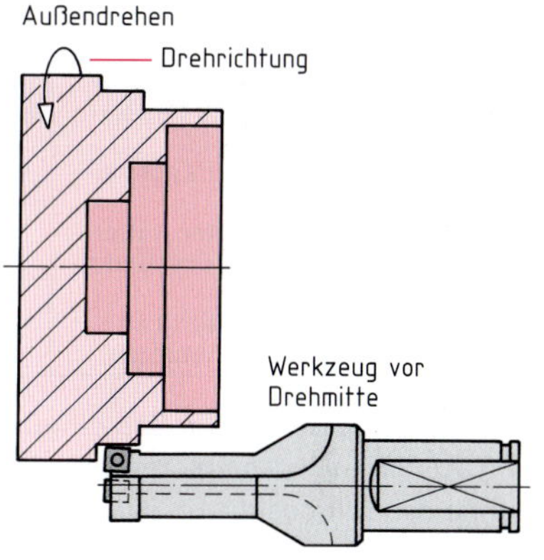

• Innendrehen

Beim Innendrehen wird mit einem geeigneten Drehmeißel ein im Drehteil vorhandener drehsymmetrischer Hohlraum aufgeweitet. Nach der Vorschubrichtung unterscheidet man das Innen-Längsrunddrehen und das Innen-Querplandrehen.

Die Auswahl der Drehmeißel für eine Innenbearbeitung wird in erster Linie von dem Durchmesser und der Länge der Ausdrehung bestimmt. Der Durchmesser der vorhandenen Bohrung bestimmt den maximalen Schaftdurchmesser des Drehmeißels; die Tiefe der Innenbearbeitung fordert eine entsprechende freie Länge *L* des Meißelschaftes. Diese sollte so kurz wie möglich gewählt werden.

Durch Verbreiterung der Drehmeißeleinspannung *B* verringert sich die Gefahr der Schwingungsbildung.

Für eine Innenbearbeitung, die eine größere freie Schaftlänge erfordert, werden von Werkzeugherstellern Drehmeißel mit einem schwingungsgedämpften Schaft angeboten. Bei diesen Meißeln ist eine freie Schaftlänge bis zum siebenfachen Schaftdurchmesser möglich. Allerdings erfordert dies eine längere Schafteinspannung, die mindestens dem dreifachen Schaftdurchmesser entsprechen muss.

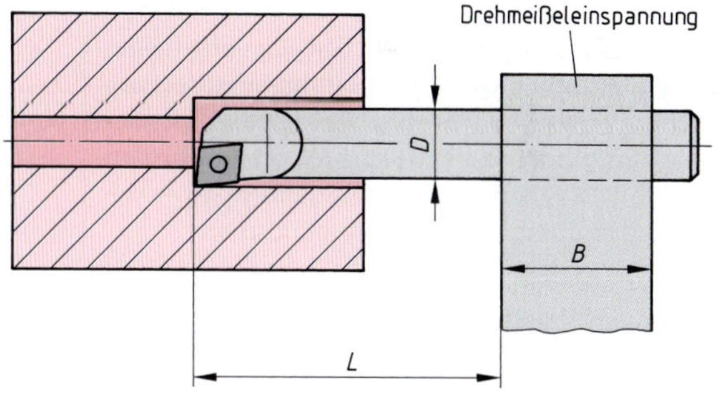

Werkzeugabmessungen beim Innendrehen

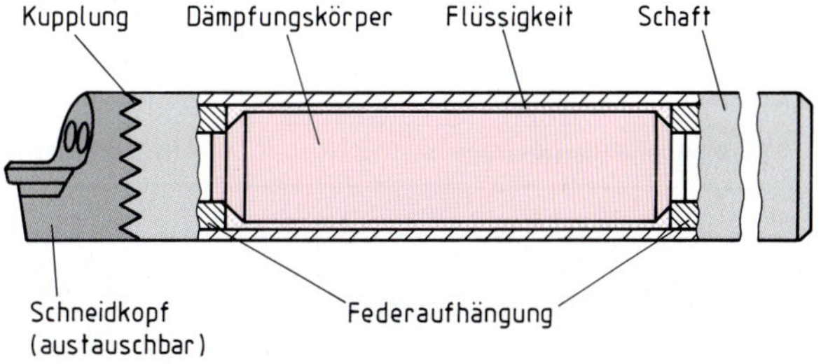

Meißel mit schwingungsgedämpftem Schaft

Beispiele **für Drehmeißel zum Innendrehen**

Innen-Längsrunddrehen	Innen-Längsrund- und Querplandrehen	Innen-Formdrehen
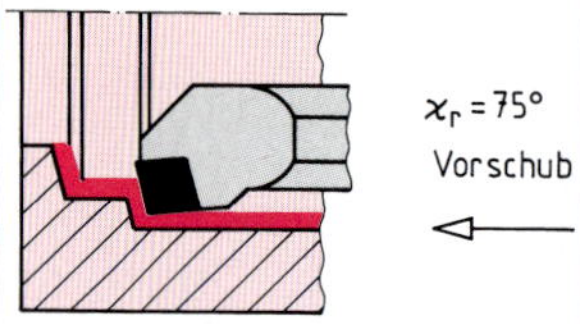	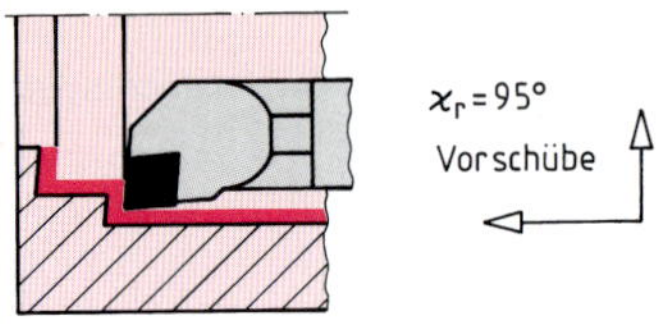	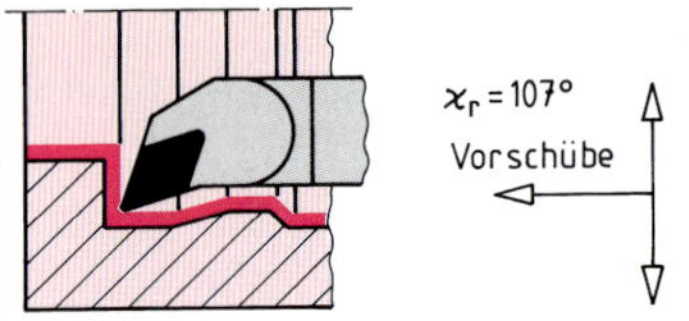
– Drehmeißel rechts schneidend – Bearbeitung harter Außenschichten von Guss- und Schmiedeteilen – Schruppbearbeitung an rechtwinkligen Absätzen	– Drehmeißel rechts schneidend – Schrupp- und Schlichtbearbeitung von zylindrischen Wandungen und winkligen Absätzen	– Drehmeißel rechts schneidend – Schlichtbearbeitung von drehsymmetrischen Innenformen

Zudem kann die Gefahr der Schwingungsneigung durch folgende Maßnahmen vermindert werden:

- Einsatz von unbeschichteten Wendeschneidplatten, da die Schneiden scharfkantiger sind,
- Schneiden mit positivem Spanwinkel, weil dabei geringere Schnittkräfte auftreten,
- Schneiden mit Einstellwinkeln von 75° bis 107°, damit kleinere Radialschnittkräfte wirken.

Für eine Innenbearbeitung durch Drehen ist der Drehmeißel stets so einzuspannen, dass das freie Schaftende möglichst kurz ist. Dadurch vermeidet man eine Beeinträchtigung der Oberflächengüte und Formfehler am Drehteil.

2.6.5 Formdrehen

Drehteile, bei denen das Werkstück aus verschiedenen geometrischen Grundformen mit entsprechenden Übergängen gebildet wird, werden durch Formdrehen fertig bearbeitet. Solche Werkstückformen enthalten z. B. zylindrische und kegelförmige Anteile mit Radienübergängen und Kugelformen.

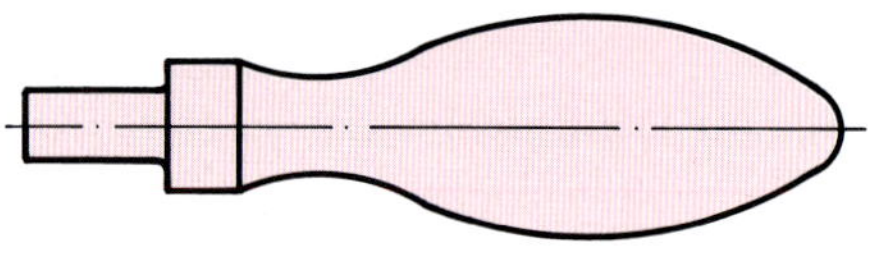

Griff für Handrad

Durch Formdrehen wird mit entsprechenden Drehmeißeln durch die Steuerung der Vorschubbewegungen die Form des Werkstücks erzeugt.

- **Meißel zum Formdrehen**

Aus der Vielzahl von Drehmeißeln zum Formdrehen werden an einer Auswahl die Möglichkeiten zum Bearbeiten von Außen- und Innenkonturen dargestellt. Die Form und die Stellung der Wendeschneidplatte muss entsprechend der zu drehenden Werkstückkontur ausgewählt werden. Formdrehmeißel werden von den Werkzeugmaschinenherstellern sowohl als rechts als auch als links schneidende Werkzeuge angeboten.

Beispiel **für Formdrehmeißel zum Außen- und Innendrehen**

Außen-Formdrehen		Innen-Formdrehen		
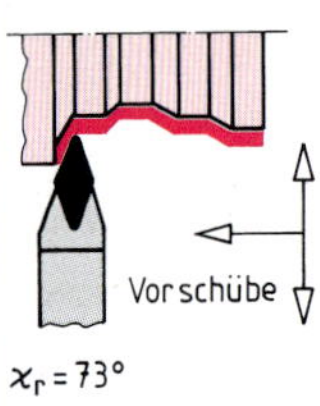	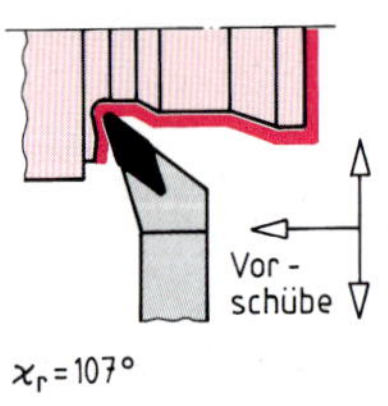	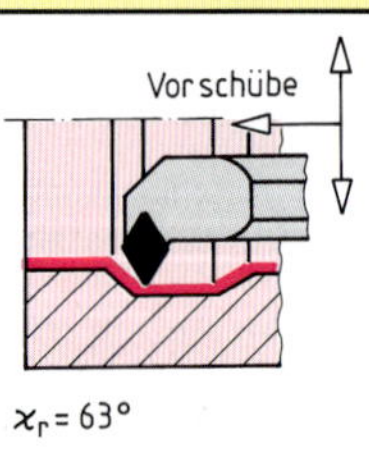	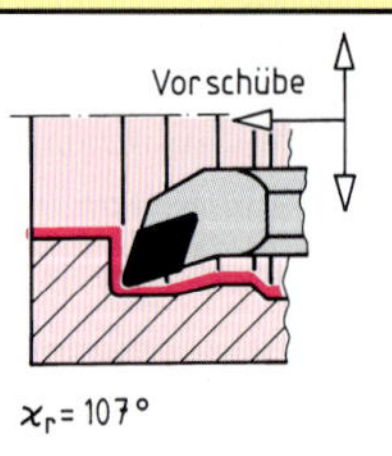	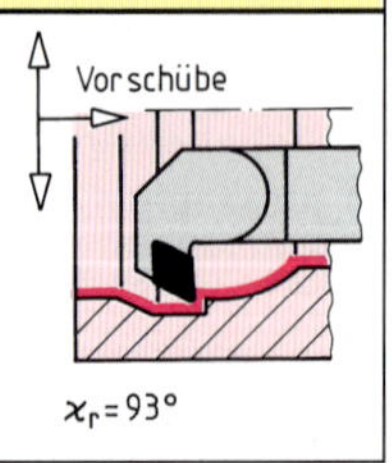

Übungsaufgabe FT-80

- **Verfahren zum Formdrehen**

Die **Vorschubbewegungen** können
– von Hand beim **Freiformdrehen**,
– über ein Bezugsformstück beim **Nachformdrehen**,
– von eingegebenen Daten beim **NC-Drehen** gesteuert werden.

Freiformdrehen

Auf einer Drehmaschine werden durch Freiformdrehen Werkstücke gefertigt, indem der Zerspanungsmechaniker gleichzeitig den Längs- und Quervorschub von Hand über Kurbeln steuert. Die Formgenauigkeit des Werkstücks ist von der Geschicklichkeit des Mechanikers abhängig und bei mehreren Werkstücken ist die Wiederholgenauigkeit nicht zu garantieren. Außerdem ist eine hohe Oberflächengüte nur durch Nacharbeit zu erzielen.

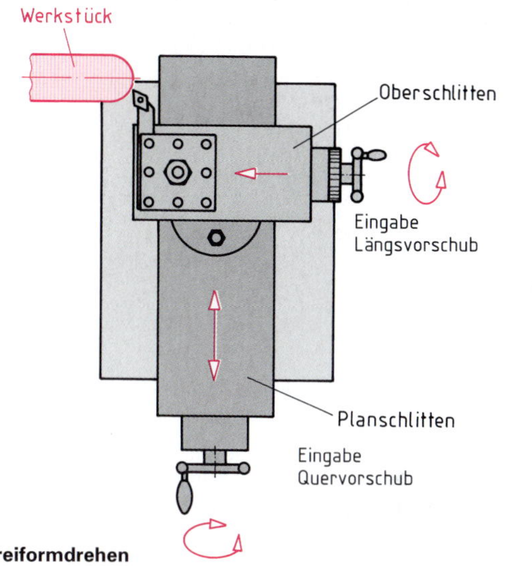

Freiformdrehen

Durch Freiformdrehen entstehen Werkstückformen durch gleichzeitige Eingabe eines abgestimmten Längs- und Quervorschubs, welche über Kurbeldrehungen von Hand eingegeben werden.

Nachformdrehen (Kopierdrehen)

Zum Nachformdrehen sind Drehmaschinen mit entsprechenden Einrichtungen erforderlich, mit denen an einem Bezugsformstück die Werkstückform abgetastet wird. Als Bezugsformstücke werden Musterwerkstücke, häufiger jedoch Schablonen verwendet.

Die Schablone wird parallel zum Werkstück fest mit dem Maschinenbett verbunden. Die Abtastvorrichtung ist auf dem Bettschlitten montiert. Zum Kopierdrehen bewegt sich der Bettschlitten durch den Vorschubantrieb gleichförmig in Längsrichtung. Dabei bewegt sich der Taststift mit leichtem Anpressdruck entlang der Kontur und steuert mit seiner Hubbewegung den Quervorschub des Drehmeißels.

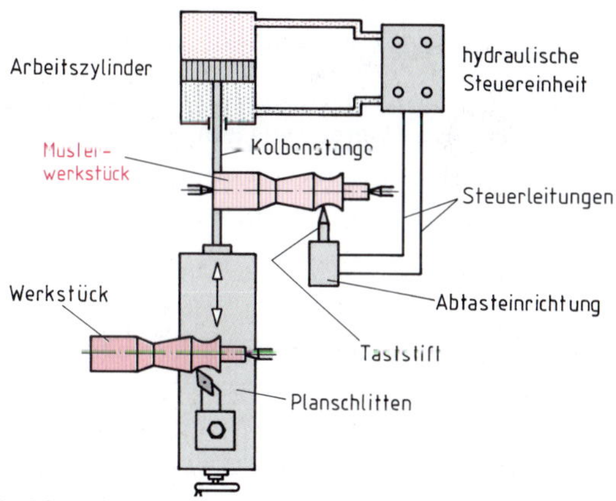

Nachformdrehen

Die Steuerung des Planschlittens erfolgt meist mittelbar über eine hydraulische Einrichtung. Bei einer hydraulischen Kopiereinrichtung ist die Kolbenstange eines Arbeitszylinders mit dem Planschlitten verbunden. Die Hubbewegung des Taststiftes steuert über Wegeventile den Ölstrom für den Arbeitszylinder. Dadurch bewegt sich der Kolben mit dem Planschlitten vor oder zurück. Der Drehmeißel wird auf das Drehteil hin- oder von ihm wegbewegt.

Nachformdrehen kann für die Fertigung von mittleren oder größeren Serien auf Drehmaschinen mit Kopiereinrichtung ausgeführt werden. Dabei ist eine hohe Wiederholgenauigkeit der Werkstücke gewähr-

Durch Nachformdrehen erzeugt man auf Drehmaschinen mit einer Kopiereinrichtung Werkstückformen, indem man über das Abtasten eines Bezugsformstückes die Drehmeißelbewegung steuert.

Übungsaufgabe FT-81

2.6.6 Profildrehen

Profildrehen ist ein Drehverfahren, bei dem ein kleiner Teilbereich der Werkstückkontur mit einem formgebenden Drehmeißel erzeugt wird. Das Profildrehen wird in Abhängigkeit von der Lage der erzeugten Kontur zur Drehachse als Quer- oder Längsdrehen bezeichnet.

Beispiele **für das Profildrehen in Abhängigkeit von der Vorschubrichtung**

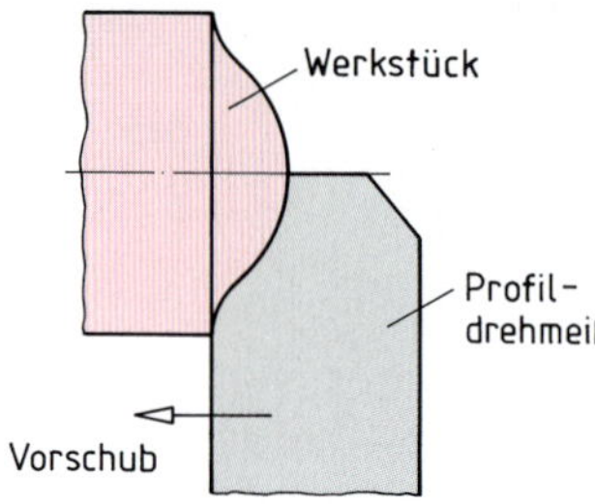

Längsprofildrehen eines Zapfenendes

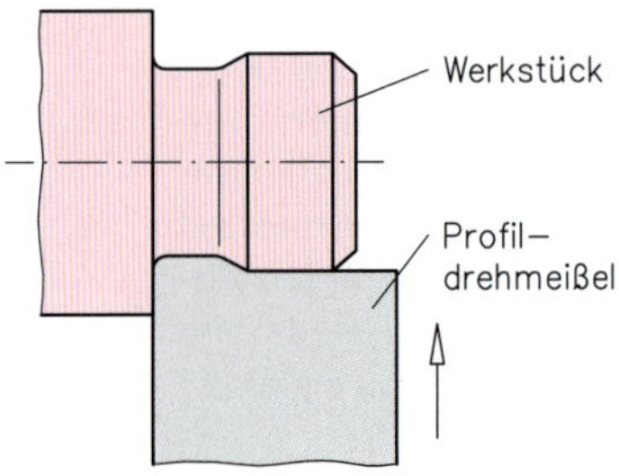

Querprofildrehen einer Kontur für ein Kurzgewinde mit Freistich

Profildrehmeißel sind Formdrehmeißel, die spiegelbildlich einem Teilbereich der Werkstückkontur entsprechen. Die Herstellung ist aufwendig und lohnt nur bei mittleren Werkstückserien oder bei immer wiederkehrenden Konturen, wie z. B. Gewindefreistichen, Radienübergängen u. Ä.

Beim Profildrehen auf LZ-Drehmaschinen und Drehautomaten dringt der Meißel nach und nach in das Drehteil ein, bis das gewünschte Profil in der geforderten Tiefe eingearbeitet ist.

Mit Profildrehmeißeln werden in einem Arbeitsgang kleien Teilbereiche der Kontur in Drehteile eingearbeitet.

- **Ausführungsarten von Profildrehmeißeln**

In Rohlinge aus hoch legiertem Werkzeugstahl (HSS) werden die Konturen durch Schleifen eingearbeitet. Profildrehmeißel werden aus Rohlingen mit rechteckigem Querschnitt oder in kreisförmigen Scheiben gefertigt.

Für genormte Kotnuren wie Keilnuten und Freistiche sind Drehmeißel mit geformten Hartmetallschneiden erhältlich.

Profildrehmeißel mit rechteckigem Querschnitt

Diese Rohlinge werden auf einer Schleifmaschine mit einer profilierten Schleifscheibe bearbeitet. Die Kontur wird an der Freifläche erzeugt, sodass die Schneide das verlangte Profil erhält. Der Spanwinkel beträgt immer 0°. Der für die Drehbearbeitung erforderliche Freiwinkel am Schneidkeil wird durch Schrägstellen des Meißels beim Schleifen erreicht.

Zur Drehbearbeitung werden Profilmeißel so eingespannt, dass die Schneide in Höhe der Drehachse liegt.

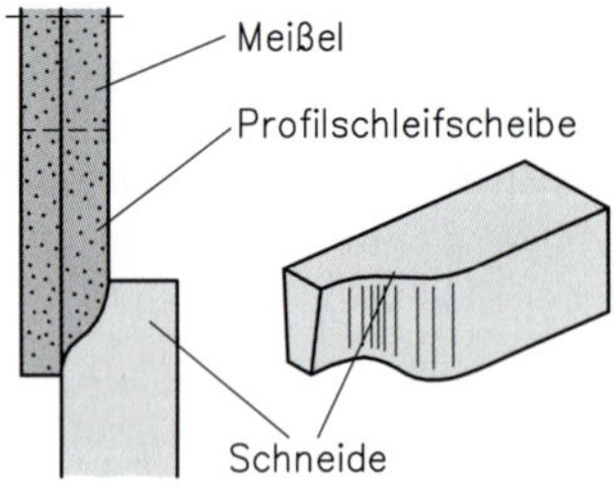

Profildrehmeißel

Profildrehmeißel mit rechteckigem Querschnitt haben einen Spanwinkel von 0° und werden wie alle Drehmeißel mit der Schneide in Höhe der Drehmitte eingespannt.

Übungsaufgaben FT-82; FT-83

Profildrehmeißel in Scheibenform

Diese Rohlinge haben einen Außendurchmesser zwischen 40 mm und 70 mm, zur Aufnahme in einen Werkzeughalter haben sie eine zentrische Bohrung. Eine entsprechende Profilform wird durch Schleifen in den Umfang der Scheibe eingearbeitet. Durch Schleifen einer Ausnehmung, die bis etwas unterhalb der Scheibenmitte reicht, entsteht eine Schneide.

Diese Drehmeißel haben stets einen Spanwinkel von 0°. Sie werden so in einen Werkzeughalter eingespannt, dass die Schneide in Höhe der Drehachse liegt.

Durch die Lage der Schneide unterhalb der Scheibenmitte wird der Freiwinkel vergrößert. Damit durch diese Lage der Schneide nicht eine Verzerrung des Profils eintritt, muss bereits beim Fertigen der Profilform eine entsprechende Profilveränderung berücksichtigt werden.

Das Nachschleifen dieser scheibenförmigen Profildrehmeißel erfolgt auf der Spanfläche. Dabei wird die Profilscheibe etwas gedreht, sodass im gleichen Abstand zur Scheibenmitte eine neue Schneide angeschliffen wird. Scheibenförmige Profildrehmeißel können häufig angeschliffen werden und damit ist ihr Einsatz wirtschaftlich.

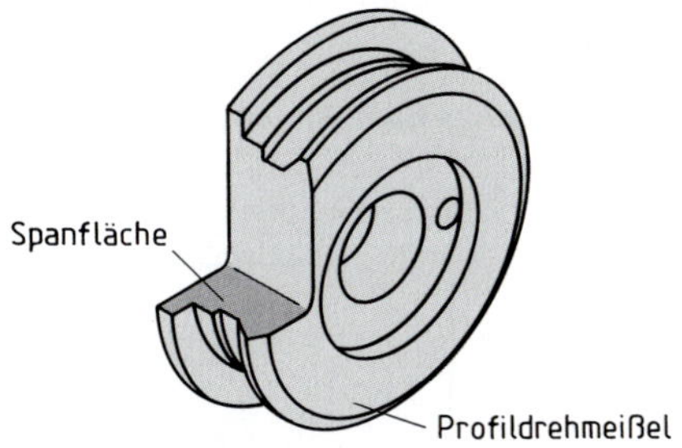

Scheibenförmiger Profildrehmeißel

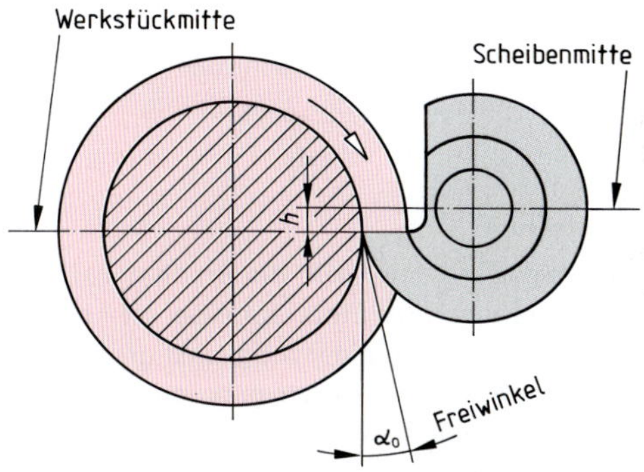

Einspannlage scheibenförmiger Profildrehmeißel

Beispiele für den Einsatz von Profildrehmeißeln in Scheibenform

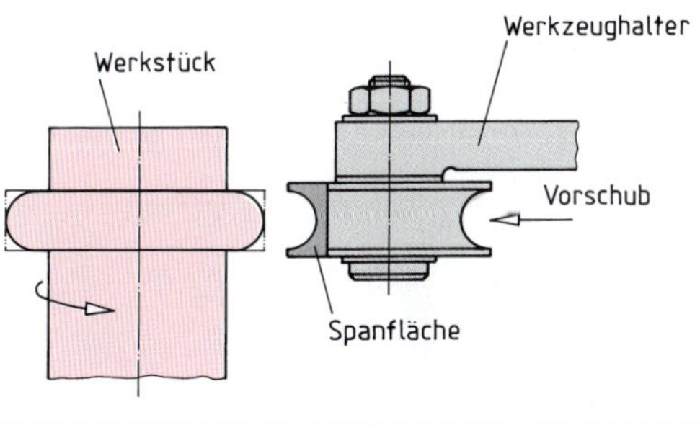

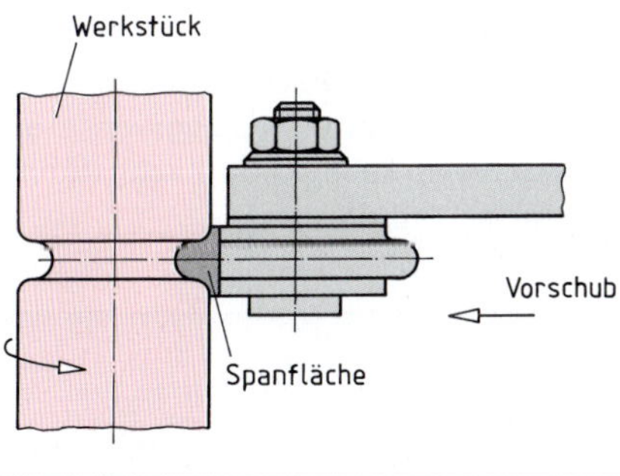

Profildrehmeißel in Scheibenform haben einem Spanwinkel von 0° und werden mit der Schneide in Höhe der Drehmitte eingespannt. Ein Freiwinkel entsteht dadurch, dass die Scheibenmitte um ein festgelegtes Maß oberhalb der Drehmitte eingespannt wird.

2.6.7 Einstechen und Abstechen

In Drehteile müssen häufig Nuten von rechteckigem Querschnitt eingearbeitet werden, z. B. als Sitz für Dichtringe, Sicherungsringe u. a. Die schmalen Nuten werden durch Einstechdrehen mit entsprechenden schmalen Einstechdrehmeißeln gefertigt. Solche Nuten können in die Mantelfläche einer zylindrischen Außen- oder Innenform und in Planfläche von Drehteilen eingearbeitet werden.

Übungsaufgabe FT-84

Das Abstechdrehen wird angewendet, wenn Werkstücke auf der Drehmaschine komplett bearbeitet sind und erst dann von einem Endstück abgetrennt werden.

Beispiele für das Einstech- und Abstechdrehen

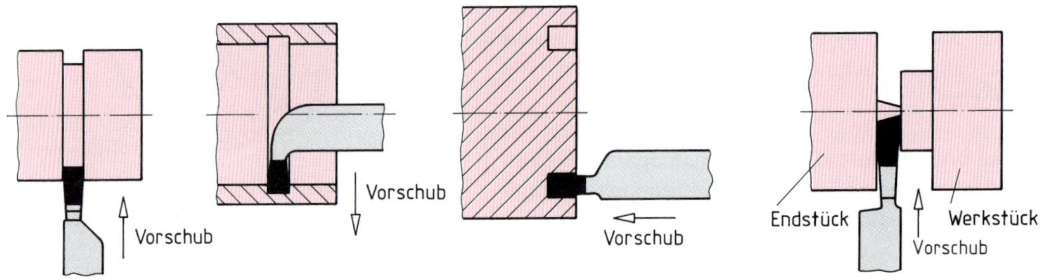

Einstechen **Abstechen**

Durch Einstechen werden schmale Nuten von rechteckigem Querschnitt in Drehteile eingearbeitet.
Durch Abstechen werden bearbeitete Werkstücke von einem Endstück abgetrennt.

• Einstechen

Beim Einstechen entspricht die Breite der Hauptschneide im Allgemeinen der geforderten Nutbreite. Daher sind die schmalen Eindrehmeißel sehr bruchgefährdet. Wegen der Stabilität soll der Schneidenteil des Meißels kurz und mit einer möglichst großen Höhe gewählt werden.
Einstechdrehmeißel werden ganz aus hoch legiertem Werkzeugstahl hergestellt oder mit Hartmetallschneiden in Meißelhaltern angeboten.

Folgende **Ausführungsformen von Einstechdrehmeißeln** werden unterschieden:
- Längenverstellbare Einstechmesser aus HSS-Stahl in Werkzeughaltern,
- Längenverstellbare Einstechleisten mit eingesetzten Hartmetallschneiden in Werkzeughaltern.

Längenverstellbare Einstechmesser

Einstechmesser sind lange, schmale Leisten mit großer Höhe. Die Seitenflächen sind abgeschrägt, die Spanfläche weist einen positiven Neigungswinkel auf. Ein Nachschleifen der Einstechmesser erfolgt an der Freifläche. Das Schärfen kann so oft durchgeführt werden, wie eine sichere Einspannung im Werkzeughalter gewährleistet ist.

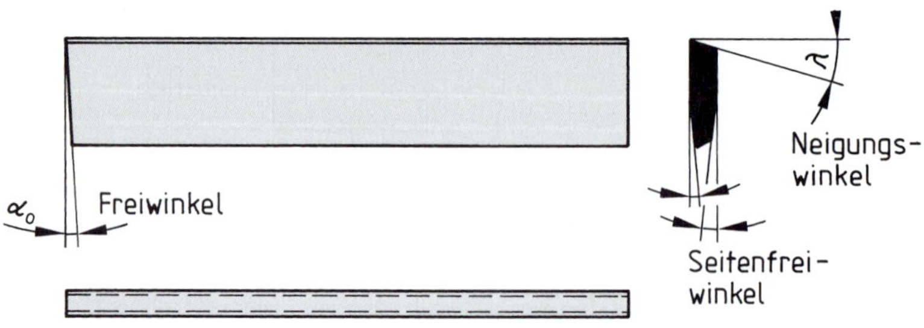

Einstechmesser

Längenverstellbare Einstechleisten mit eingesetzten Hartmetallschneiden

Diese Einstechdrehmeißel werden in unterschiedlichen Bauformen für das Einstechen von Nuten in die Mantelflächen von zylindrischen Außen- und Innenformen und für das Einstechen von Nuten in Planflächen bereitgestellt. Sie stimmen darin überein, dass die Schneidplatten in einem Werkzeughalter geklemmt werden.

Übungsaufgaben FT-85; FT-86; FT-87

Beim Einbau wird die Schneidplatte bis zum Anschlag in die keilförmige Öffnung des Schneidenträgers gedrückt. Vielfach wird durch eine elastische Aufweitung des Schneidenträgers eine hohe Klemmkraft erzeugt. Zur seitlichen Fixierung sind Schneidplatte und Aufnahme mit prismenförmigen Profilen versehen. Der Schneidenträger seinerseits wird mit Innensechskantschrauben in einem Werkzeughalter befestigt.

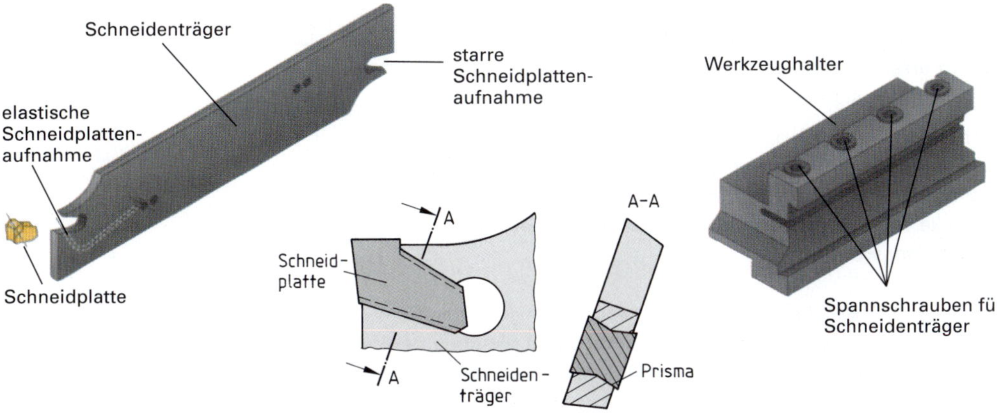

Schneidenträger mit Schneidplatte zum Einstechdrehen mit Werkzeughalter

Einstechmesser aus HSS-Stahl und Einstechleisten mit selbst klemmenden Hartmetallplatten sind in Werkzeughaltern längenverstellbar. Aus Gründen der Stabilität wird die herausragende Länge nur wenig größer als die Nuttiefe eingestellt.

Verfahren zum Einstechdrehen

Nuten können mit Einstechdrehmeißeln durch Quereinstechen in Außen- bzw. Innenzylinder oder durch Längseinstechen in die Planflächen prismatischer oder zylindrischer Körper eingedreht werden.

Quereinstechen		Längseinstechen
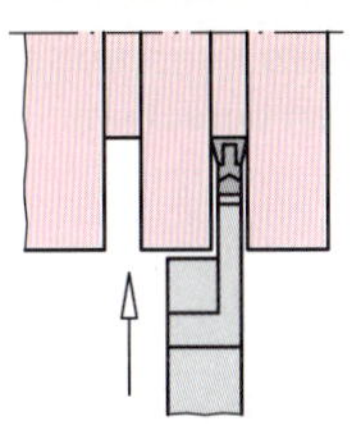 **Außen-Quer-Einstechen**	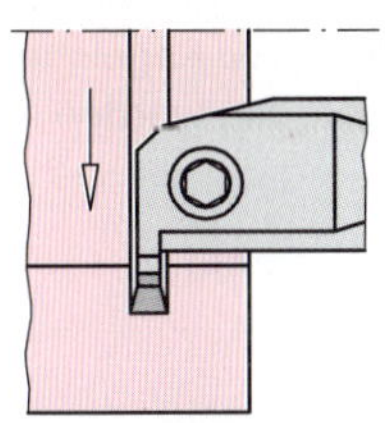 **Innen-Quer-Einstechen**	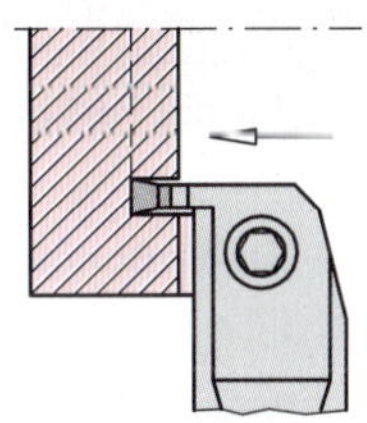 **Einstechen in Planfläche**
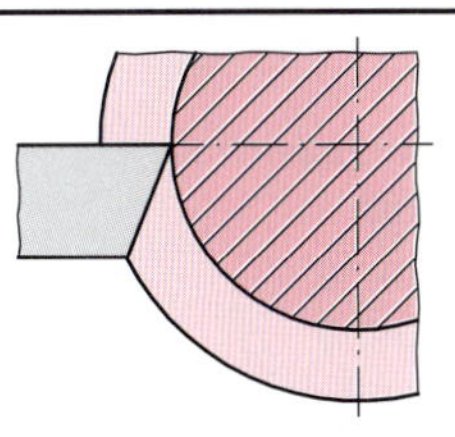	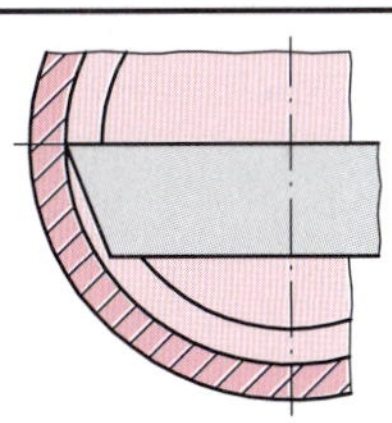	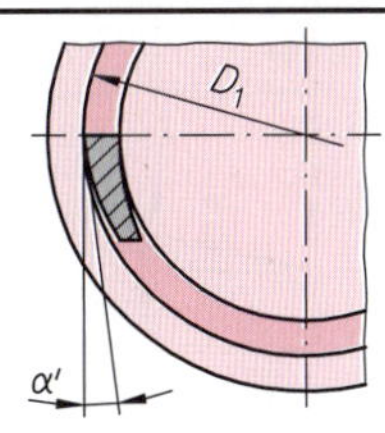

Beim Einstechen einer Nut dringt der Schneidenteil in die Nut ein. Daher muss dieser Bereich der Krümmung der Nut angepasst sein. Mit kleiner werdendem Durchmesser der Nut muss auch der Krümmungsradius des Schneidenteils kleiner werden. Andernfalls würden die Seitenflächen von Schneidplatte und Schneidenträger an der Nutwandung schaben.

Zum Einstechen von Nuten in Planflächen müssen Schneidenträger und Schneidplatte den Krümmungsradien der Nuten so angepasst sein, damit Schaben an der Nutwandung vermieden wird.

Übungsaufgabe FT-88

- **Abstechen**

Zum Abstechen eines Werkstückes wird ein gerader Abstechdrehmeißel quer zur Drehachse eingespannt. Die Hauptschneide steht in Höhe der Drehachse und ist häufig um einen Einstellwinkel zur Drehachse schräg gestellt. Durch diese Schrägstellung wird erreicht, dass beim Abstechen ein kegelstumpfartiges Reststück am Rohteil verbleibt.

Das Abstechen von Werkstücken wird vorgenommen, wenn bei der Einzelfertigung das Werkstück vom Einspannende oder bei der Serienfertigung Werkstücke von stangenförmig zugeführten Rohteilen abgetrennt werden.

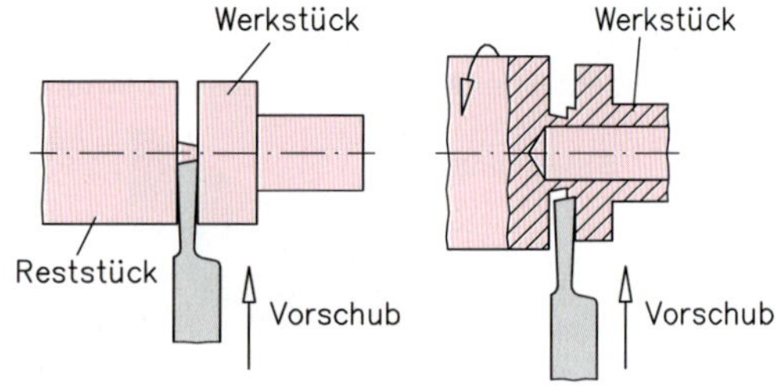

Abstechdrehen

Beim Ein- und Abstechdrehen müssen wegen der geringen Schneidenstabilität die Schnittdaten deutlich niedriger als bei anderen Dreharbeiten unter sonst gleichen Bedingungen gewählt werden. Die Schnittgeschwindigkeit und der Vorschub werden je nach Werkzeugbeschaffenheit um 30 % bis 50 % niedriger eingestellt.

Durch Abstechen werden fertig bearbeitete Drehteile durch schmale Drehmeißel mit schräg liegender Schneide von einem zylindrischen Einspannteil oder von der Stange abgetrennt.

2.6.8 Kegeldrehen

- **Geometrische Angaben zum Kegeldrehen**

Zur eindeutigen Bestimmung eines Kegels ist die Angabe des Durchmessers und der Kegellänge erforderlich; für einen Kegelstumpf muss der große und der kleine Durchmesser und die Kegelstumpflänge angegeben werden.

In der normgerechten Bemaßung eines Kegels bzw. Kegelstumpfes werden weitere Kenngrößen verwendet, die auch für die Fertigung benötigt werden. Sie werden aus den Grundmaßen berechnet.

Beispiel für Maßangaben an einem Kegelstumpf

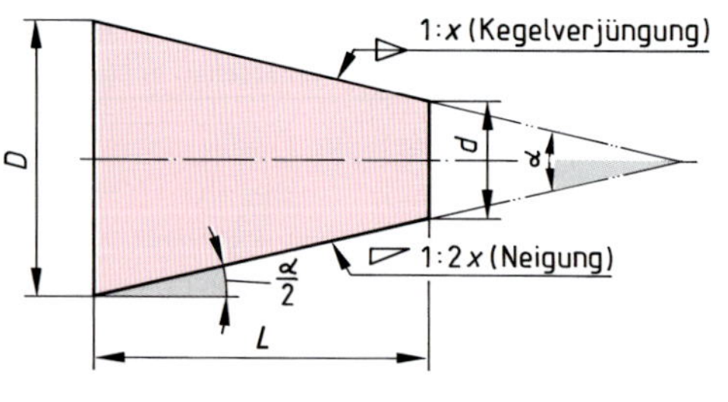

D	großer Kegeldurchmesser
d	kleiner Kegeldurchmesser
L	Kegellänge
α	Kegelwinkel
$\frac{\alpha}{2}$	Kegelerzeugungswinkel (Einstellwinkel)
C	Kegelverjüngung
$1:x$	Kegelverjüngung
$\frac{C}{2}$	Neigung

Kegelverjüngung C

Die Kegelverjüngung gibt das Verhältnis des Durchmesseranstiegs zur Kegellänge an. Die Angabe der Kegelverjüngung wird auf 1 mm Durchmesseranstieg bezogen.

$$\text{Kegelverjüngung } C = \frac{\text{Durchmesseränderung}}{\text{Kegellänge}}$$

$$C = \frac{D - d}{L}$$

Übungsaufgabe FT-89

Kegelneigung C/2

Die Kegelneigung gibt das Verhältnis des Anstiegs der Kegelmantellinie zur Kegellänge. Die Kegelneigung wird auf 1 mm Mantellinienanstieg bezogen, sie beträgt demnach die Hälfte der Kegelverjüngung.

$$\text{Neigung } \frac{C}{2} = \frac{\text{halbe Durchmesseränderung}}{\text{Kegellänge}}$$

$$\frac{C}{2} = \frac{D - d}{2 \cdot L}$$

Einstellwinkel $\alpha/2$

Der Spitzenwinkel eines Kegels wird mit α bezeichnet, meist wird er als Kegelwinkel angegeben. Der halbe Kegelwinkel stimmt mit dem Einstellwinkel an der Maschine überein, daher benennt man den Einstellwinkel mit $\alpha/2$. Der Einstellwinkel kann aus den Kegelabmessungen mit der Winkelfunktion des Tangens berechnet werden.

$$\tan \frac{\alpha}{2} = \frac{\text{Gegenkathete}}{\text{Ankathete}}$$

$$\tan \frac{\alpha}{2} = \frac{\text{halbe Durchmesseränderung}}{\text{Kegellänge}}$$

$$\tan \left(\frac{\alpha}{2}\right) = \frac{D - d}{2 \cdot L}$$

FT

Beispiel **für die Berechnung von Kenngrößen an einem Kegelstumpf**

Aufgabe

An ein Wellenende sind für die Aufnahme einer Radnabe die folgenden Angaben für den Bereich des Kegelstumpfes zu bestimmen:

a) Neigung $C/2$,
b) kleiner Durchmesser d als Kontrollmaß,
c) Einstellwinkel $\alpha/2$.

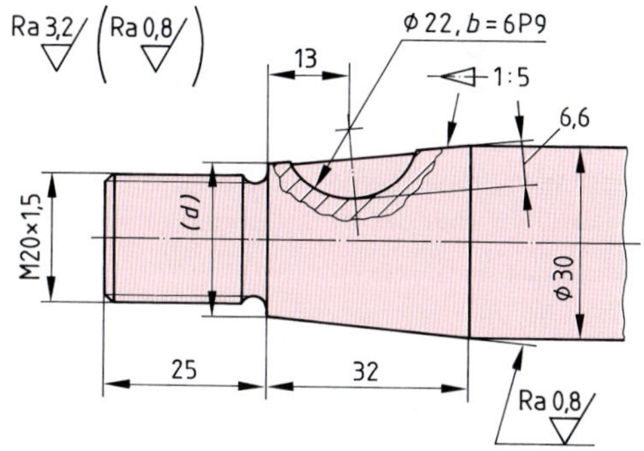

Lösung

a) Kegelneigung $C/2$ = **1 : 10**

b) kleiner Kegeldurchmesser $d = D - C \cdot L$, $\quad d = 30 \text{ mm} - \frac{1}{5} \cdot 32 \text{ mm}$; $\quad d =$ **23,6 mm**

c) Einstellwinkel $\alpha/2$: $\quad \tan \alpha/2) = \frac{D - d}{2 \cdot 1}$; $\quad \tan\alpha/2 = \frac{30 \text{ mm} - 23{,}6 \text{ mm}}{2 \cdot 32 \text{ mm}}$; $\quad \alpha/2 =$ **5,71°**

Beim Kegeldrehen muss eine gleichmäßige Durchmesseränderung in Längsrichtung des Werkstücks erfolgen. Kegel können nach verschiedenen Verfahren gedreht werden. Jedoch sind manche Kegelabmessungen nur mit bestimmten Verfahren herstellbar.

- **Kegeldrehen durch Oberschlittenverstellung**

Der Oberschlitten wird um den halben Kegelwinkel verstellt, so dass die Bewegung des Oberschlittens entlang der zu fertigenden Mantellinie erfolgt. Die Vorschubbewegung wird meist von Hand ausgeführt. Mit diesem Verfahren können nur kurze Kegel gefertigt werden, da der Vorschubweg des Oberschlittens verhältnismäßig kurz ist. Den Verstellwinkel des Oberschlittens nennt man **Einstellwinkel** $\alpha/2$.

$$\text{Einstellwinkel } \frac{\alpha}{2} = \frac{\text{Kegelwinkel}}{2}$$

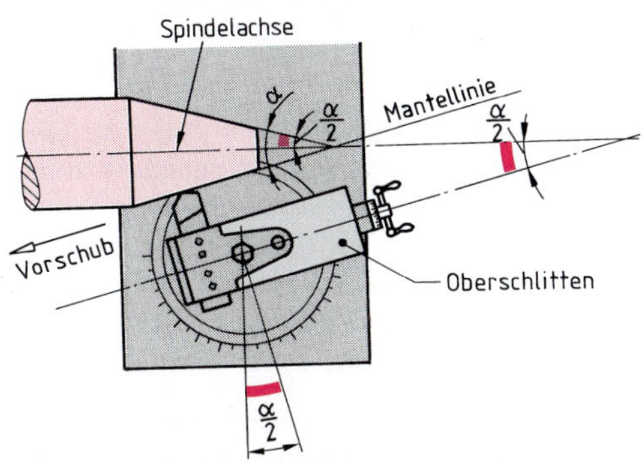

Kegeldrehen durch Oberschlittenverstellung

Übungsaufgabe FT-90

2.6.9 Gewindedrehen

Beim Gewindedrehen werden in Wellen oder Bohrungen entlang einer Schraubenlinie Gewindegänge in den Werkstoff geschnitten. Die Schneidenform des Drehmeißels entspricht dem Gewindeprofil. Der Vorschub des Drehmeißels bei einer Umdrehung muss gleich der Gewindesteigung P sein.

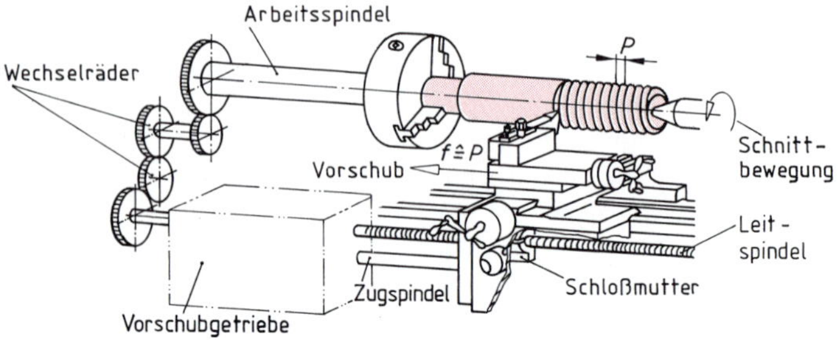

Gewindedrehen

Die Abstimmung der Schnittbewegung mit der Vorschubbewegung erfolgt über Zahnradgetriebe. Von der Arbeitsspindel wird die Drehbewegung über auswechselbare Zahnräder auf das Vorschubgetriebe übertragen. Das entsprechende Zahnradgetriebe bezeichnet man als Wechselrädergetriebe. An der Leit- und Zugspindeldrehmaschine wird mithilfe einer Gewindespindel – der Leitspindel – und einer Mutter – der Schlossmutter – die Drehbewegung in die Längsbewegung des Bettschlittens umgesetzt.

Häufig vorkommende Gewindesteigungen werden am Vorschubgetriebe der Drehmaschine eingestellt. Für selten verlangte Gewindesteigungen müssen Wechselräder entsprechend ausgetauscht werden.

Moderne Drehmaschinen, an denen der Bettschlitten mit Hilfe einer extrem spielarmen Kugelrollspindel bewegt wird, haben keine Leitspindel mit Schlossmutter. Hier erfolgt auch die Vorschubbewegung zum Gewindedrehen über das Vorschubgetriebe und die Kugelrollspindel.

- **Drehmeißel**

Herkömmliche Gewindedrehmeißel

Der Gewindedrehmeißel muss als Formmeißel so eingespannt werden, dass die Schneiden das gewünschte Gewindeprofil ohne Verzerrung erzeugen. Dazu muss der Drehmeißel

- mittig eingespannt sein,
- einen Spanwinkel $\gamma_o = 0°$ haben,
- mit der Werkstückachse einen rechten Winkel bilden,
- einen großen Freiwinkel haben ($\alpha_o = 10° - 15°$).

Bei einem solchen Drehmeißeleinsatz verhindert der große Freiwinkel eine einseitige stärkere Reibung des Schneidkeils am Gewindegang.

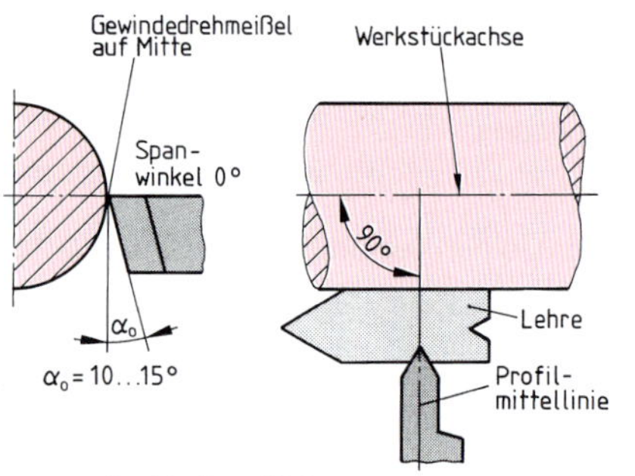

Einspannung des Drehmeißels

Wendeschneidplatten im Werkzeughalter

Beim Gewindedrehen mit einer in einen Werkzeughalter eingesetzten Wendeschneidplatte wird diese um einen Winkel λ schräg gestellt, damit der Schneidkeil an beiden Seiten des Gewindeganges mit dem gleichen Freiwinkel ansteht. Der Steigungswinkel der Gewindegänge und der Neigungswinkel der Schneidplattenauflage sollten übereinstimmen.

Da der Steigungswinkel je nach Gewindedurchmesser zwischen 2° und 4° schwankt, müsste die Schneidplattenauflage im gleichen Maße verändert werden.

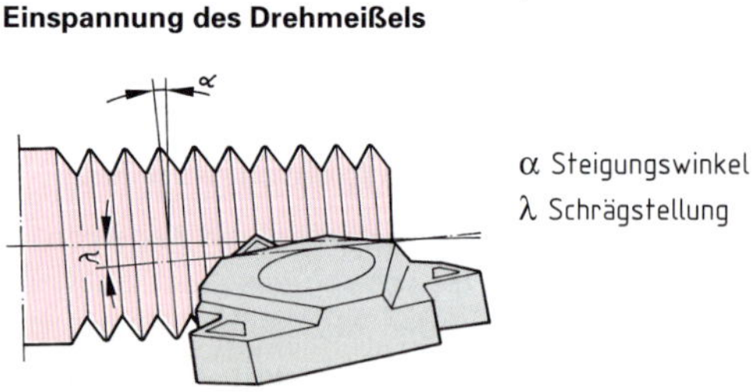

Metrisches Gewinde	Steigung P in mm	Flanken ϕ $d_2 = D_2$ in mm	Steigungswinkel α
M8	1,25	7,19	3,17°
M12	1,75	10,86	2,94°
M20	2,5	18,38	2,48°

Schrägstellung einer Wendeschneidplatte

Übungsaufgaben FT-91; FT-92

• Gewindedrehen auf Leit- und Zugspindeldrehmaschinen

Das Werkstück wird auf den Gewindenenndurchmesser vorgedreht, die Oberfläche soll Schlichtqualität haben, etwa R_Z 25 µm. Der Anfang des Gewindebereichs wird mit einer 45°-Fase, das Ende mit einem Gewindefreistich nach DIN 76 versehen. Eine sichere Werkstückspannung ist dabei erforderlich, z.B. im Dreibackenfutter mit Führung des freien Endes durch eine Zentrierspitze im Reitstock.

Als Drehmeißel wird eine in einem Werkzeughalter geneigt eingesetzte Wendeschneidplatte verwendet. Günstig ist eine Zustellung unter einem Winkel von 27°. Dazu wird der Oberschlitten um den entsprechenden Winkel verstellt. Die Meißeleinspannung muss rechtwinklig zur Drehachse erfolgen. Die Leitspindel wird zugeschaltet, am Vorschubgetriebe wird die Gewindesteigung als Vorschub eingestellt. Die Schlossmutter wird geschlossen, sie bleibt während des gesamten Gewindedrehens verriegelt. Der Bettschlitten wird nur mithilfe der Leitspindel vor- und zurückgefahren.

Abhängig von der Gewindesteigung wird die Gewindetiefe mit 4 bis 14 Einzelschnitten erreicht.

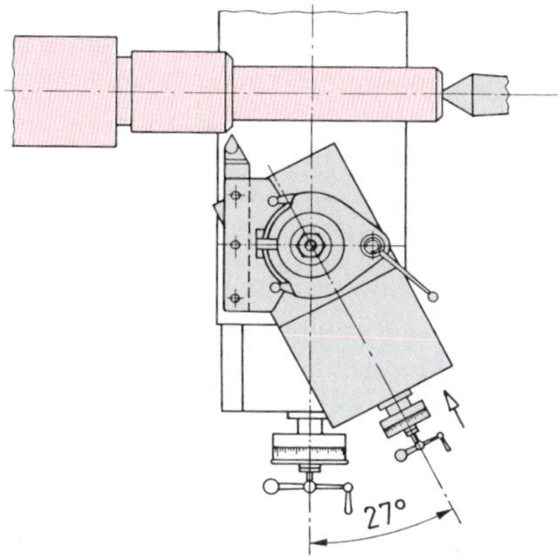

Die Anzahl der Zustellungen wird anhand von Erfahrungswerten nach der Gewindesteigung vorgenommen. Die Meißelzustellung auf Gewindetiefe kann auf unterschiedliche Weise ausgeführt werden.

Zustellarten

Radial	Radial – wechselnd	Über Flanke (30°)	Bedingt über Flanke (27°)	Radial über Flanke
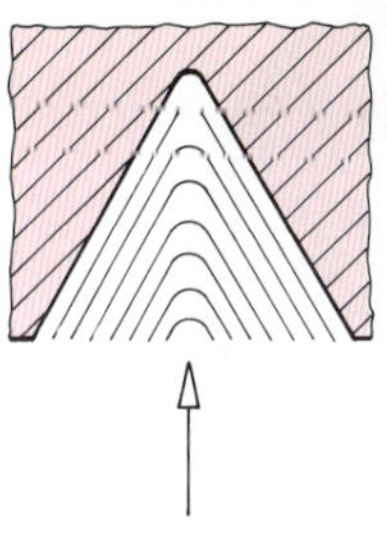	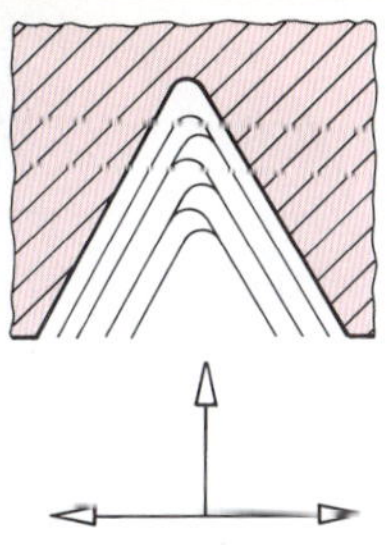	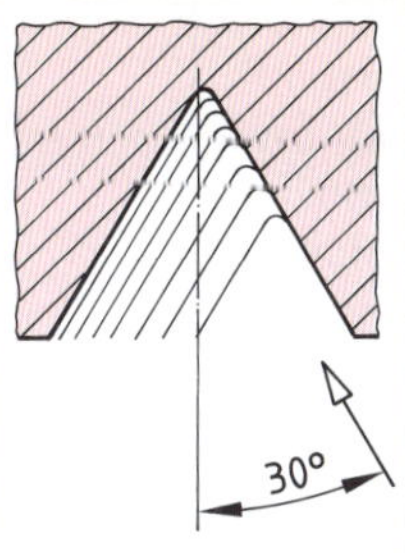	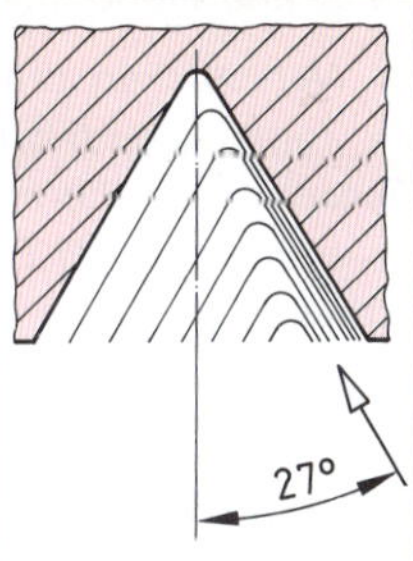	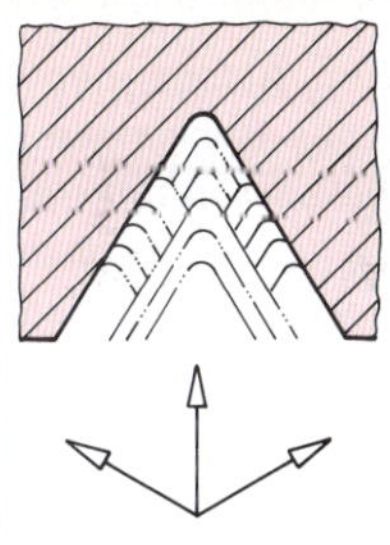
– 2 Schneiden im Eingriff	– im Wechsel jeweils 1 Schneide im Eingriff	– 1 Schneide im Eingriff	– 1 Schneide stark, 1 weniger im Eingriff	– im Wechsel jeweils 1 Schneide im Eingriff
– starke Wärmebelastung	– günstige Wärmebelastung	– günstige Wärmebelastung	– mittlere Wärmebelastung	– günstige Wärmebelastung
– große Spanhäufung	– günstiger Spanfluss	– günstiger Spanfluss	– günstiger Spanfluss	– günstiger Spanfluss
– mittlere Oberfläche der Gewindeflanken	– gute Oberfläche der Gewindeflanken	– leichte Riefen in einer Gewindeflanke	– gute Oberfläche der Gewindeflanken	– sehr gute Oberfläche der Gewindeflanken
– Oberschlitten bleibt achsparallel		– Oberschlitten verstellt		
– einfache Durchführung	– komplizierte Durchführung	– einfache Durchführung		– nur programmgesteuert
Einsatz auf herkömmlichen Drehmaschinen				*Einsatz nur auf CNC-Drehmaschinen*

Übungsaufgabe FT-93

Die Schnittgeschwindigkeit wird beim Gewindedrehen mit HSS-Drehmeißeln um etwa 25 % niedriger gewählt als beim Drehen unter sonst gleichen Bedingungen. Beim Gewindedrehen mit Hartmetall-Wendeschneidplatten werden häufig unbeschichtete Sorten der Gruppe P 10 eingesetzt; die Herstellerempfehlungen sind unbedingt zu beachten. Die Schnittgeschwindigkeit darf hierbei nicht zu sehr erniedrigt werden. Kühlschmierstoffe werden in Abhängigkeit vom zu zerspanenden Werkstoff eingesetzt.

Beim Gewindedrehen mit Hartmetallschneiden ist die Wendeschneidplatte um den Steigungswinkel des Gewindes schräg zu stellen. Auf einer Leit- und Zugspindel-Drehmaschine wird in einer größeren Anzahl von Schnitten mit einer Zustellung in einem Winkel von ca. 27° unter günstigen Bedingungen ein einwandfreies Gewinde gefertigt.

2.6.10 Exzenterdrehen

Werkstücke mit zylindrischen Zapfen oder Bohrungen, deren Achsen in einem bestimmten Abstand parallel zur Hauptachse verlaufen, nennt man *außermittig* oder *exzentrisch*. Den Abstand der parallelen Achsen bezeichnet man als Außermittigkeit oder Exzentrizität. Typisch exzentrische Bauelemente, die auf Drehmaschinen gefertigt werden, sind z. B. Exzenterscheiben und Exzenterwellen.

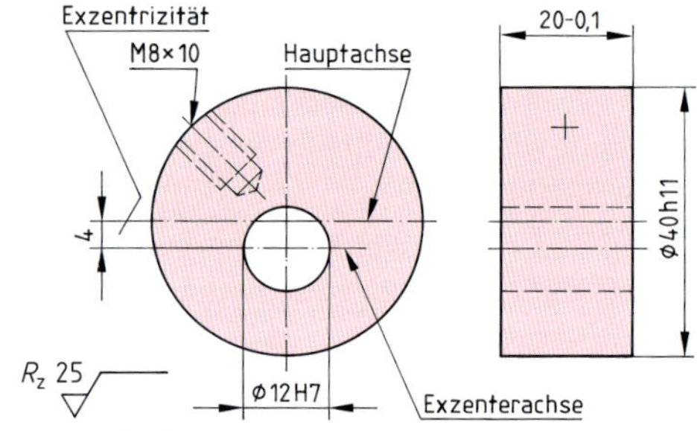

Exzenterscheibe

Exzentrische Werkstücke bestehen aus zylindrischen Teilen mit Zapfen oder Bohrungen, deren Achsen mit dem Abstand der Exzentrizität parallel zur Drehteilhauptachse verlaufen.

- **Spannen von exzentrischen Werkstücken**

Zum Aufspannen von Werkstücken mit exzentrischen Bohrungen oder Zapfen werden Drei- bzw. Vierbackenfutter mit einzeln verstellbaren Spannbacken, Planscheiben oder Exzenter-Drehfuttern eingesetzt. Die Einspannung muss so vorgenommen werden, dass die Exzenterachse mit der Drehachse übereinstimmt.

Bei **Exzenter-Drehfuttern** kann die Exzentrizität teilweise bis 50 mm an einer Skala mit einer Ablesegenauigkeit von 0,2 mm oder weniger direkt eingestellt werden.

Exzenter-Drehfutter

Bei Planscheiben und Spannfutter mit vier einzeln verstellbaren Backen wird zunächst das Werkstück zentrisch eingespannt und die untere Spannbacke senkrecht ausgerichtet. Mit einer Messuhr im Stativ wird der höchste Werkstückpunkt ermittelt.

Anschließend wird die untere Spannbacke um das Maß der Exzentrizität abgesenkt und das Werkstück mit der oberen Backe gespannt. Die erreichte Exzentrizität wird überprüft und gegebenenfalls korrigiert. Dann wird das Werkstück gespannt.

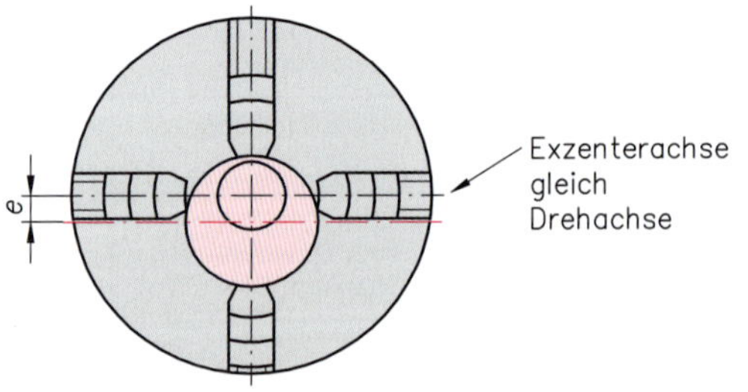

Spannen von exzentrischen Drehteilen in Spannfuttern oder Planscheiben

Beim Exzenterdrehen muss die Einspannung so verändert werden, dass die Exzenterachse auf die Drehachse verschoben wird.

Übungsaufgaben FT-94; FT-95

2.6.11 Unrunddrehen

Durch Meißelbewegungen, die über Kurvenscheibe und Getriebe mit der Drehbewegung des Werkstücks gekoppelt sind, können unrunde Teile gedreht werden. Dieses Verfahren wird zum **Ovaldrehen** und **Hinterdrehen** auf speziell eingerichteten Maschinen angewendet.

Beispiel **für Unrunddrehen auf einer Hinterdrehmaschine**

Formfräser werden mit hinterdrehten Profilen gefertigt, damit sie nach jedem Anschliff noch das gleiche Profil aufweisen.
Auf der Hinterdrehmaschine wird der vorgefräste Rohling auf einem Dorn gespannt. Mittels einer Hubscheibe (Kurvenscheibe), die über ein Getriebe mit der Hauptspindel verbunden ist, wird der Schlitten mit dem Meißel so hin und her bewegt, dass der Meißel die Oberseite des Fräserzahnes abspant. In jeder Zahnlücke wird der Schlitten durch Federkaft zurückgezogen.

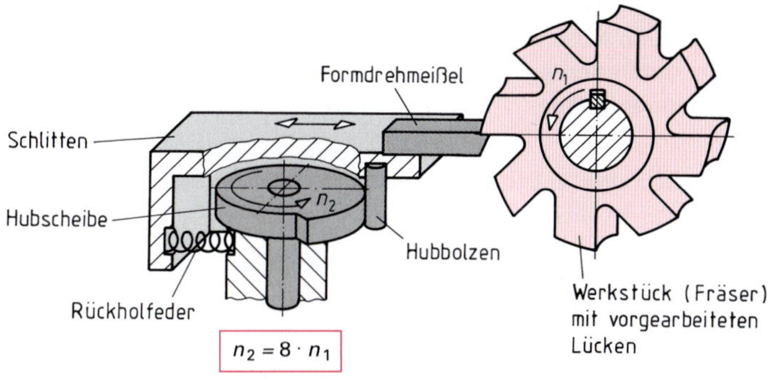

n_1 Fräserdrehzahl
n_2 Hubscheibendrehzahl
8 Zähnezahl des Fräsers

Durch gesteuerte Hin- und Herbewegung des Drehmeißels während einer Teildrehung des Werkstücks werden die Freiflächen der Fräserzähne spiralförmig hinterdreht.

2.6.12 Rändeln

Zylindrische Werkstücke, wie Drehgriffe, Schraubbolzen, Muttern, Schraubbuchsen, erhalten durch Rändeln auf der Drehmaschine eine griffige Oberfläche. Die Rillen können mit entsprechend profilierten Rädchen in die Oberfläche eingedrückt oder mit entsprechenden Fräsern ausgefräst werden.
Je nach dem Verlauf der zu erzeugenden Rillen unterscheidet man verschiedene Rändelarten.

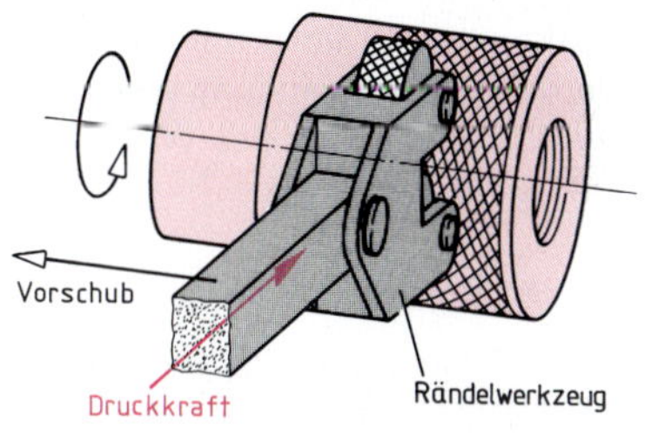

Rändeln

Rändelräder mit Fase für genormte Rändelarten

RAA	RBL	RBR	RKE
			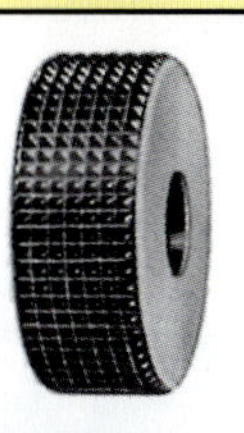
Rändel mit achsparallelen Riefen	**Linksrändel**	**Rechtsrändel**	**Kreuzrändel** Spitzen erhöht

Durch Rändeln werden parallele Rillen in unterschiedlichen Mustern in zylindrische Oberflächen eingearbeitet, um griffige Flächen zu erzeugen.

• Kurzzeichen für Rändel in Zeichnungen

Bei Rändelungen wird hinter dem Kurzzeichen der Rillenabstand in Millimeter angegeben, er wird Teilung genannt. Die Größe der Teilung ist nach der Norm von 0,5 mm bis 3,0 mm gestuft. Mit zunehmendem Werkstückdurchmesser muss eine Rändelung mit größerer Teilung gewählt werden. Das Rillenprofil ist durch den Winkel von 90° festgelegt.

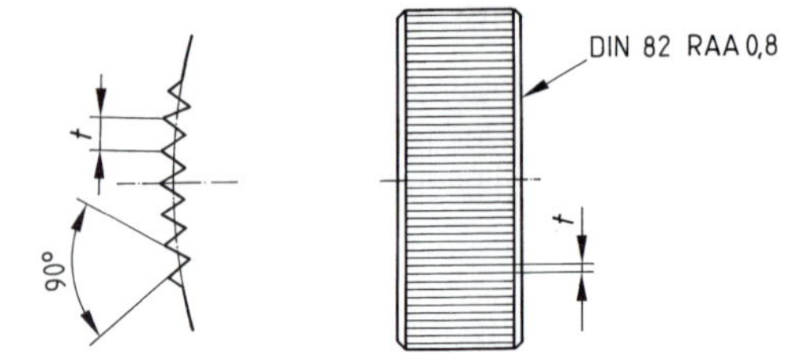

Teilung und Profil von Rändelungen

• Rändeln durch Umformen

Plastisch formbare Werkstoffe können durch Umlagerung von Werkstoffteilchen mit Rändelungen versehen werden. Der Werkstoff wird aus dem Grund der Rillen in die Spitzen gedrückt. Den neuen Außendurchmesser bezeichnet man als Nenndurchmesser der Rändelung, er wird in den Zeichnungen angegeben.

Die Rändelwerkzeuge zum Umformen bestehen aus einem oder zwei Rändelrädern, die drehbar in einem Werkzeughalter gelagert sind. Die Stellung der Räder im Halter kann starr oder verstellbar sein. Vielfach besitzen die Werkzeuge einen Gelenkkopf, der stets mit beiden Rädern gleichmäßig auf den Werkstückumfang einwirkt.

Beim Rändeln soll eine Umfangsgeschwindigkeit der Werkstücke zwischen 25 m/min und 30 m/min eingestellt werden. Die Zustellung erfolgt von Hand durch Verstellung des Planschlittens. Der Vorschub des Rändelwerkzeugs soll etwa mit halber Teilung eingestellt werden. Die Verwendung eines Schneidöls erhöht die Standfestigkeit des Werkzeugs und verbessert die Oberflächengüte.

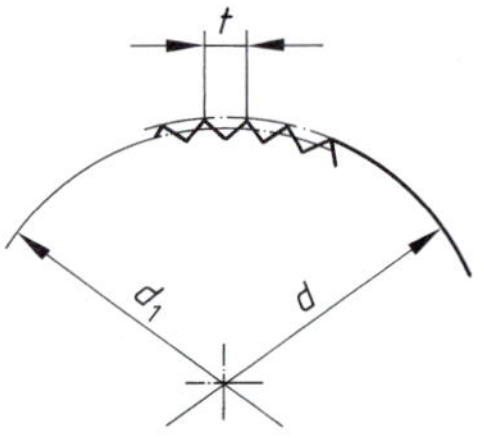

t Teilung
d_1 Ausgangsdurchmesser
d Nenndurchmesser

$$d = d_1 + \frac{t}{2}$$

Durchmesseränderung beim Rändeln durch Umformen

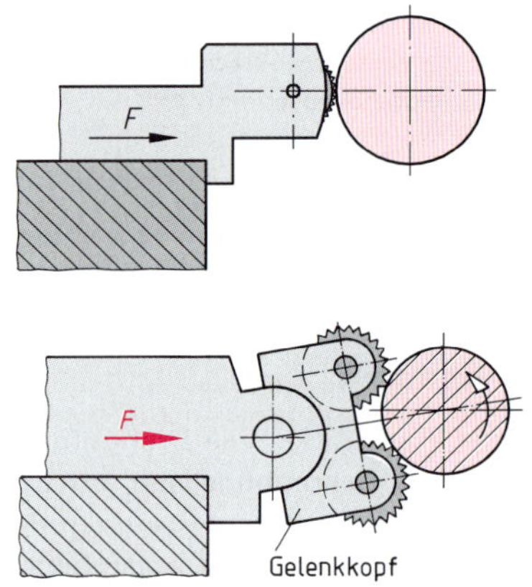

Rändelwerkzuege zum Umformen

• Rändeln durch Spanen

Werkzeuge zum Rändeln durch Spanen schneiden mit Schneidrädern die Rändelprofile in die Werkstückoberfläche. Es erfolgt keine Aufweitung des Ausgangsdurchmessers. Die Schnittkräfte sind verhältnismäßig klein, daher kann die Umlaufgeschwindigkeit der Werkstücke höher gewählt werden als beim Rändeln durch Umformen. Auch bei harten und spröden Werkstoffen werden einwandfreie Rändelmuster erzeugt. Der hohe Anpressdruck entfällt, sodass dünnwandige Werkstücke ohne Probleme gerändelt werden können.

Beispiel **für Rändelwerkzeuge zum Fräsen**

Rändelwerkzeug für herkömmliche Drehmaschine

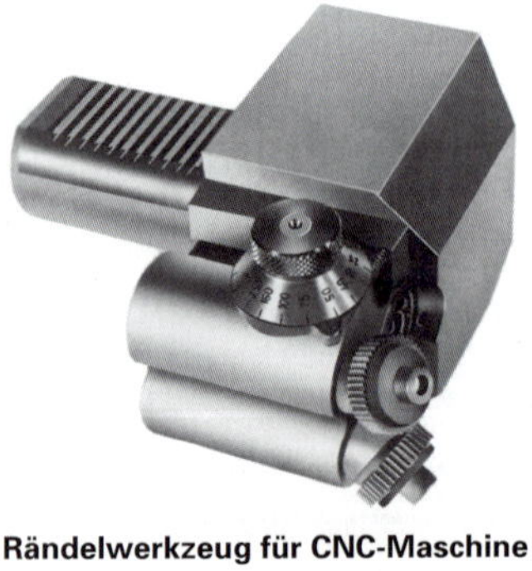

Rändelwerkzeug für CNC-Maschine

Übungsaufgaben FT-99; FT-100

2.6.13 Hartdrehen und Hochpräzisions-Hartdrehen

Das Hartdrehen wird zur spanenden Bearbeitung von harten oder gehärteten Bauteilen (Härte bis zu 70 HRC) mit einem Drehwerkzeug eingesetzt. Zur Bearbeitung von Hartmetall wird das **Hochpräzisions-Hartdrehen** als eine wirtschaftliche Alternative zum Schleifen und zur Funkenerosion für die Herstellung rotationssymetrischer Bauteile aus Hartmetall eingesetzt.

An die Hartdrehmaschinen werden hinsichtlich der Steifigkeit, Dämpfungseigenschaften und der Thermostabilität höchste Anforderungen gestellt. Der Spindelausschlag muss weniger als 0,1 µm betragen. Die notwendige Rund- und Planlaufgenauigkeit ist nut mit hydrostatisch gelagerten Arbeitsspindeln und Schlittenführungen zu erreichen. Umdrehungsfrequenzen von bis zu 10 000 min^{-1} ermöglichen Zeitspanvolumina von 150 mm^3/min (Schlichten) bis zu 1 500 mm^3/min (Schruppen).

Bearbeitung durch Hartdrehen

Für das Hartdrehen werden Schneidstoffe aus Mischkeramik (Aluminiumoxid/Titankarbid/Titannitrid) oder polykristallines Bornitrid für harte Werkstoffe eingesetzt. Es werden Bauteile bearbeitet, wie z. B. Wälzlagerringe, Ventile für Hydraulik- oder Pneumatikanlagen und Einspritzdüsen in Verbrennungsmotoren.

Für das Drehen und Fräsen von Hartmetallrohlingen (Grünlingen) kommen mit Diamant beschichtete Hartmetalle zum Einsatz, da sonst der Werkzeugverschleiß die Bauteilqualität erheblich vermindern würde. Zum Drehen fertig gesinterter Hartmetalle, wie sie z. B. für Werkzeuge in der Umformtechnik verwendet werden, werden in erster Linie Werkzeuge aus kubischem Bornitrid (CBN) verwendet. Anschließend werden diese Bauteile mit Diamantschleifscheiben geschliffen. Der Einsatz von diamantbeschichteten Hartmetallen für die Komplettbearbeitung derartiger Werkstücke ist bereits über das Versuchsstadium hinaus und kann in Zukunft das sehr aufwändige Schleifen mit Diamantschleifscheiben überflüssig machen.

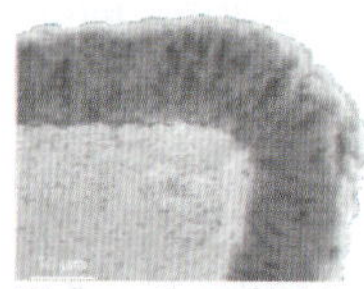

Diamantbeschichtete Wendeschneidplatte (Bruchfläche)

Wendeschneidplatte mit Diamant-Schneideinsatz

Mit dem Hochpräzisions-Hartdrehen lassen sich in kürzeren Zeiten gleichmäßigere Oberflächengüten erzielen, die bei dem nachfolgenden Polieren zur Erlangung des Rauheitswertes R_z = 0,03 µm nochmals deutlich kürzere Bearbeitungszeiten erfordern.

Vergleich der Oberflächengüten von geschliffenen und hartgedrehten Oberflächen

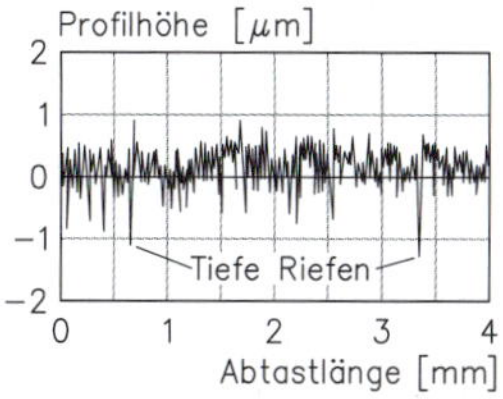

Geschliffene Oberfläche
R_a = 0,21 µm
R_z = 1,86 µm
R_z/R_a = 8,8

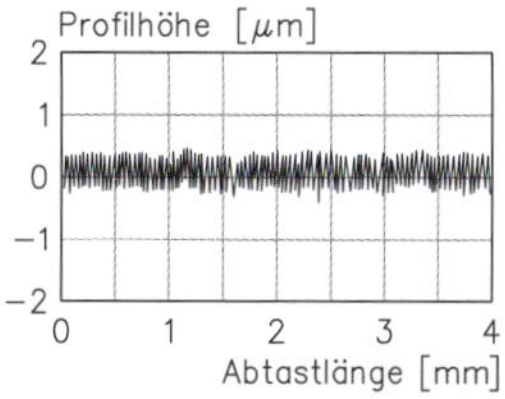

Hartgedrehte Oberfläche
R_a = 0,22 µm
R_z = 1,06 µm
R_z/R_a = 4,8

Gehärtete Bauteile werden durch Hartdrehen, Hartmetalle durch Hochpräzisios-Hartdrehen bearbeitet. Gegenüber der Schleifbearbeitung ist die Oberflächenqualität besser und die Fertigungszeit erheblich kürzer.

2.6.14 Glattwalzen

Glattwalzen ist ein Feinbearbeitungsverfahren, bei dem die Bearbeitungsriefen vom Feindrehen oder Reiben durch Umformen geglättet werden. Es können sowohl Außen- als auch Innenformen durch Glattwalzen bearbeitet werden. Dazu werden gehärtete Rollen allseitig mit großen Kräften auf die rotierenden Werkstückoberflächen gedrückt. Oberflächenerhebungen werden in die Oberflächenvertiefungen hinein gedrückt. Dadurch verändert sich in Abhängigkeit von der vorhandenen Oberflächengüte der Werkstückdurchmesser um 0,01 mm bis 0,03 mm. Eine entsprechende Bearbeitungszugabe muss berücksichtigt werden.
Das Glattwalzen wird auch als **Rollieren** bezeichnet.

Glattwalzen einer Bohrung

Vorzüge des Glattwalzens:
- Verbesserung der Oberflächengüte auf arithmetische Mittenrauwerte bis zu Ra = 0,4 µm,
- Verbesserung der Formgenauigkeit,
- Steigerung der Verschleißfestigkeit durch Kaltumformung.

Nachteile:
- Es findet eine nicht genau vorher bestimmbare Durchmesseränderung statt.

Werkstoff: X 6 CrNi 18–10; Aufmaß: 0,02 mm
Durchmesser: 10 mm, Länge 30 mm; Zeit: 6 s

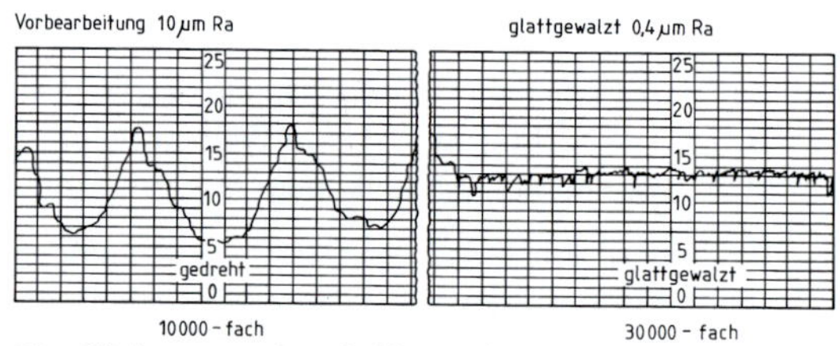

Oberfläche vor und nach Glattwalzen

Die Werkzeuge zum Glattwalzen können in Spindeln von Drehmaschinen, Bohrmaschinen und CNC-Maschinen eingesetzt werden. Der Arbeitsteil besteht aus einem käfigartigen Zylinder mit einer Anzahl gehärteter Rollen auf dem Umfang. Diese Rollen werden durch einen kegelförmigen Verstellmechanismus beim Innenglattwalzen gespreizt und beim Außenglattwalzen radial auf die Werkstückoberfläche gedrückt.

Beispiele **für Glattwalzwerkzeuge**

Innen-Glattwalzwerkzeug

Außen-Glattwalzwerkzeug

Angaben zur Durchführung des Glattwalzens:
- Alle gängigen Metalle, die zu Drehteilen verarbeitet werden, können in *ungehärtetem* Zustand glatt gewalzt werden.
- Umdrehungsfrequenzen und Vorschübe sind wie die entsprechenden Werte beim Bohren einzustellen. Die Bearbeitungszeiten sind entsprechend kurz.
- Der Einsatz von Schneidöl erhöht die Standzeit der Werkzeuge und verbessert die Oberflächen.

Glattwalzen ist ein Feinbearbeitungsverfahren zur Verbesserung der Oberflächengüte und Formgenauigkeit durch Umformen des Oberflächenprofils. Durch Kaltumformen tritt eine Erhöhung der Verschleißfestigkeit ein.

Übungsaufgaben FT-101; FT-102

2.7 Berechnungen zum Drehen

2.7.1 Berechnung der Hauptnutzungszeit

Die reine Nutzungszeit der Drehmaschine, also die Zeit, in der die Maschine das Werkstück bearbeitet, ist die Hauptnutzungszeit t_H. Die Hauptnutzungszeit wird aus dem Vorschubweg, der Zahl der Schnitte und dem Vorschub berechnet. Der Vorschubweg ist der Weg, auf dem das Werkzeug im Eingriff ist, plus dem Anschnittweg und ggf. dem Überlaufweg.

Längs-Runddrehen

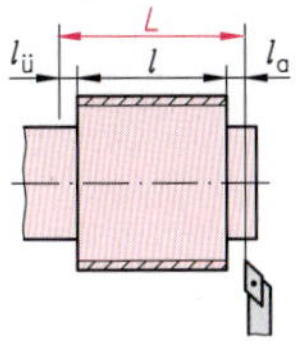

$L = l + l_a + l_ü$

$l_a \approx l_ü \approx 2$ mm

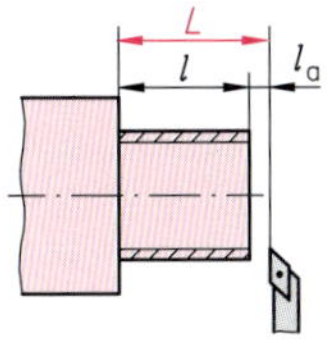

$L = l + l_a$

Quer-Plandrehen

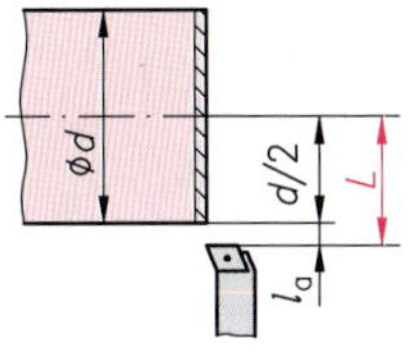

$L = \frac{d}{2} + l_a$

$l_a \approx 2$ mm

$l_ü = 0$

$l \approx 2$ mm

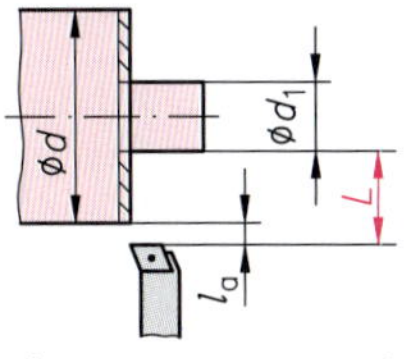

$L = \frac{d - d_1}{2} + l_a$

Hauptnutzungszeit: $$t_h = \frac{L \cdot i}{n \cdot f}$$

f	Vorschub
n	Umdrehungsfrequenz
i	Anzahl der Schnitte
t_h	Hauptnutzungszeit
l	Werkstücklänge
l_a	Anschnittlänge
L	Vorschubweg
i	Anzahl der Schnitte

2.7.2 Bestimmen der Schnitttiefe

Die Schnitttiefe wird mithilfe des ausgewählten Vorschubs festgelegt.
Dabei kann zum Schruppen eine Schnitttiefe gewählt werden, die dem 6- bis 10-fachen des Vorschubs entspricht. Beim Schlichten richtet sich die Schnitttiefe nach der Bearbeitungszugabe, sie beträgt bis zu 1 mm.

Schnitttiefe zum Schruppen: $a_p = (6 \text{ bis } 10) \cdot \text{Vorschub } f$

- **Berechnung des Spanungsquerschnittes *S***

Der Spanungsquerschnitt ist das Produkt aus Schnitttiefe und Vorschub:

$$S = a_p \cdot f$$

S	Spanungsquerschnitt
a_p	Schnitttiefe
f	Vorschub

Die für die Schnittkraftbestimmung erforderliche Spanungsdicke h errechnet man aus:

$$h = f \cdot \sin \cdot \varkappa_r$$

h	Spanungsdicke
f	Vorschub
$\varkappa_r$	Einstellwinkel

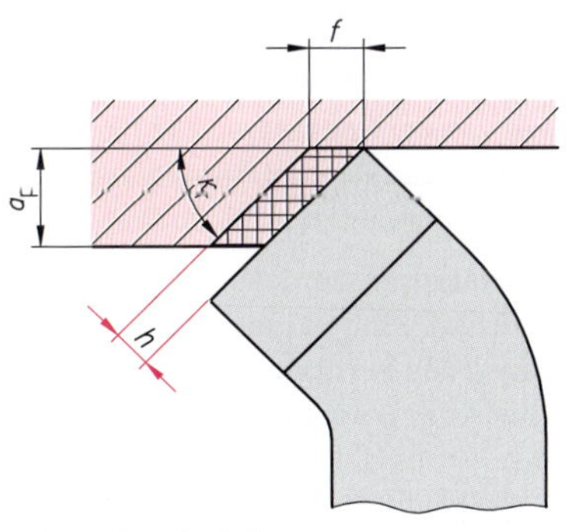

Vorschub und Schnitttiefe

Für den Einstellwinkel $\varkappa_r = 90°$ ist die Spanungsdicke h gleich dem Vorschub F.

2.7.3 Berechnung der Schnittkraft

Die beim Spanen auftretenden Kräfte bestimmen die Konstruktion der Werkzeugmaschine und ihre Leistung. Hohe Zerspankräfte dürfen nur geringe Verformungen der Maschine bewirken, da diese zwangsläufig zu Maßabweichungen am Werkstück führen. Schwankungen der Zerspankräfte können Ursachen von Schwingungen sein, welche neben Maßabweichungen zu einer Minderung der Oberflächengüte beitragen.

Übungsaufgaben FT-103; FT-104; FT-105

Die **Zerspankraft** F ist die auf den Schneidkeil wirkende Gesamtkraft. Sie ergibt sich aus der Addition von drei rechtwinklig zueinander wirkenden Teilkräften, die an einem gemeinsamen Angriffspunkt der Schneide angreifen. Von diesen drei Teilkräften ist die senkrecht nach unten wirkende Kraft die größte. Sie ist die Gegenkraft, die der Werkstoff der Spanabnahme entgegensetzt, und wird als **Schnittkraft** F_c bezeichnet. Die Berechnung der Antriebsleistung einer Zerspanungsmaschine wird mithilfe der Schnittkraft F_c vorgenommen.

Die Schnittkraft F_c wächst im gleichen Verhältnis wie der Spanungsquerschnitt S. Viele weitere Einflussgrößen werden zu einem konstanten Wert zusammengefasst, den man als **spezifische Schnittkraft** k_c bezeichnet.

Die **spezifische Schnittkraft** k_c steigt mit

- zunehmender Festigkeit des Werkstoffs,
- abnehmender Spanungsdicke h,
- abnehmendem Spanwinkel γ_o, Hartmetallscheide: $\gamma_o = 6°$ für Stähle; $\gamma_o = 2°$ für Gusseisen
- abnehmender Schnittgeschwindigkeit v_c
- abnehmender Schmierwirkung,
- dem Fertigungsverfahren.

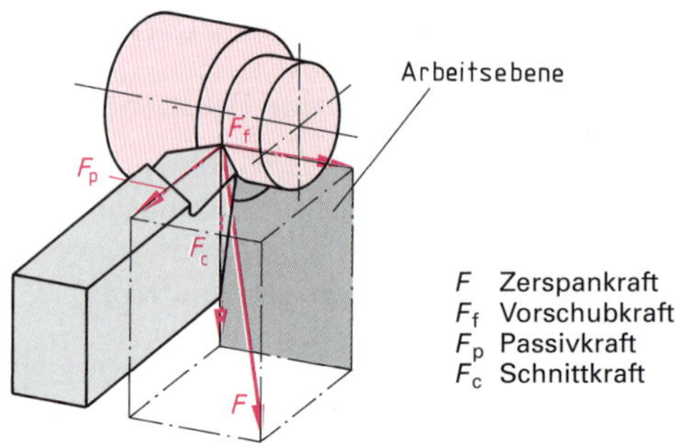

Zerlegung der Zerspankraft beim Drehen

Die Schnittkraft errechnet sich nach der Formel:

$$F_c = k_c \cdot S$$

F_c Schnittkraft
k_c spezifische Schnittkraft
S Spanungsquerschnitt

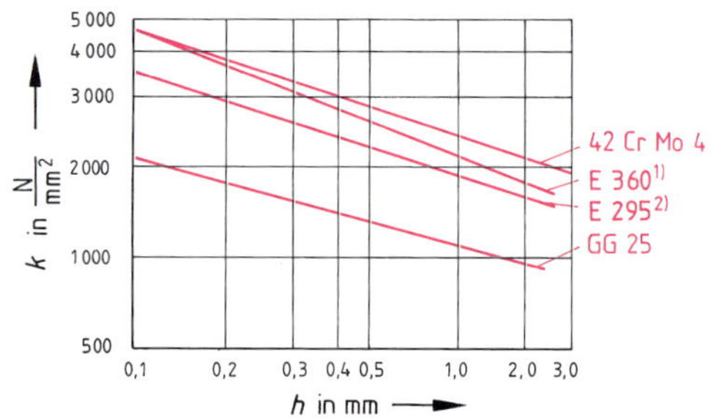

Grundwert k der spezifischen Schnittkraft in Abhängigkeit von der Spanungsdicke h

Eine Möglichkeit, die spezifische Schnittkraft k_c zu bestimmen, bietet die folgende Formel:

$$k_c = k \cdot c_1 \cdot c_2 \cdot c_3$$

Dabei ist k der **Grundwert** für die spezifische Schnittkraft, in dem bereits die Festigkeit verschiedener Werkstoffe bei festgelegter Schneidengeometrie in Abhängigkeit von der Spanungsdicke h berücksichtigt ist. Dieser Grundwert ist unabhängig vom jeweiligen Fertigungsverfahren. Er ist in Versuchen ermittelt.

Die **Korrekturfaktoren** berücksichtigen:

c_1 den Einfluss der **Schnittgeschwindigkeit,**
c_2 den Einfluss des **Fertigungsverfahrens,**
c_3 den Einfluss der **Schmierung.**

Korrekturfaktoren

Schnittgeschw. v_c in m/min	c_1	**Fertigungsverfahren**	c_2	**Schmierung**	c_3
10– 30	**1,3**	Bohren	**1,2**	Bohren	**1,0**
> 30– 80	**1,1**	Drehen	**1,0**	Drehen	**0,95**
> 80–300	**1,0**	Fräsen	**0,8**	Fräsen	**0,8**
> 300	**0,9**				

Die Schnittkraft F_c ergibt sich aus dem Spanungsquerschnitt mal der spezifischen Schnittkraft. Die spezifische Schnittkraft ist ein Widerstandswert, in dem die Einflussgrößen auf den Zerspanvorgang zusammengefasst sind.

2.7.4 Berechnung der Schnittleistung

Aus der Schnittgeschwindigkeit, der Schnittkraft und dem Wirkungsgrad der Drehmaschine ergibt sich die für den Zerspanungsvorgang erforderliche Leistung des Antriebsmotors.

$$P_{zu} = \frac{F_c \cdot v_c}{\eta}$$

P_{zu} Leistungsaufnahme des Motors
F_c Schnittkraft
v_c Schnittgeschwindigkeit
η Wirkungsgrad

Übungsaufgaben FT-106; FT-107

Arbeitsauftrag: Fertigungsplanung eines Bolzens

Der skizzierte Bolzen aus 22 S 20 soll auf einer LZ-Drehmaschine gefertigt werden.
Die Ausfräsung und die Querbohrung werden später gefertigt.

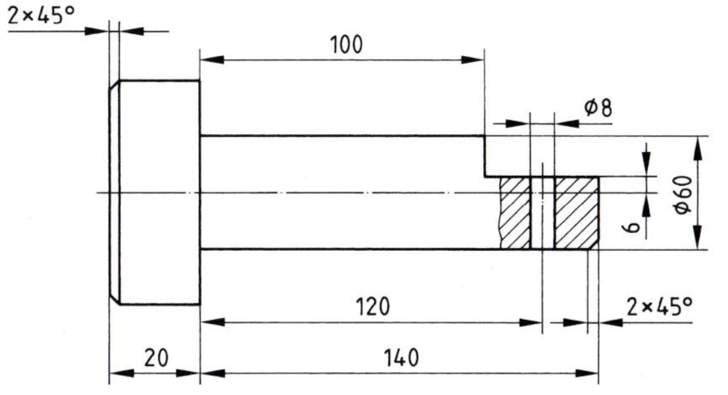

Aufgaben

1. Ermitteln Sie für die Schlichtbearbeitung des Bolzens die Schnittgeschwindigkeit mit dem Tabellenbuch. Bestimmen Sie die notwendige Umdrehungsfrequenz für das Schlichten.

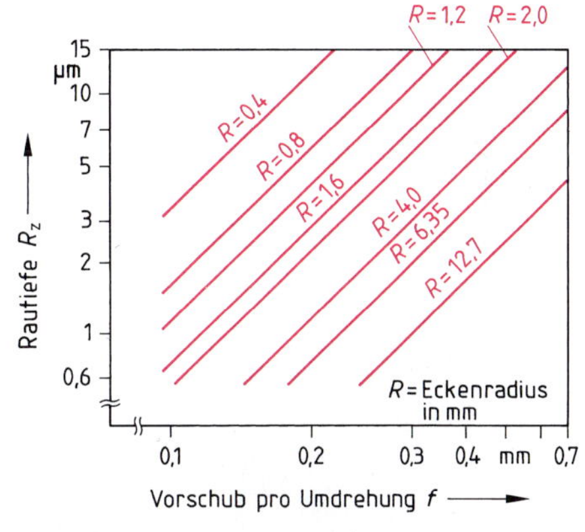

2. Ermitteln Sie den Vorschub *f*, der bei Verwendung einer Schneidplatte mit dem Eckenradius R = 1,2 mm den geforderten Mittenrauwert Rz = 6,3 µm ergibt. Der gesuchte Wert ist mithilfe des Schaubildes zu bestimmen.

3. Der Eckenwinkel der einzusetzenden Schneidplatte beträgt *ε* = 80°. Die Plattendicke ist *s* = 6,35 mm. Welchen Einstellwinkel *ϰ* und welche Spanungsdicke *h* sind zum Schlichten einzustellen?
Ermitteln Sie die gesuchten Werte mithilfe der Schaubilder.

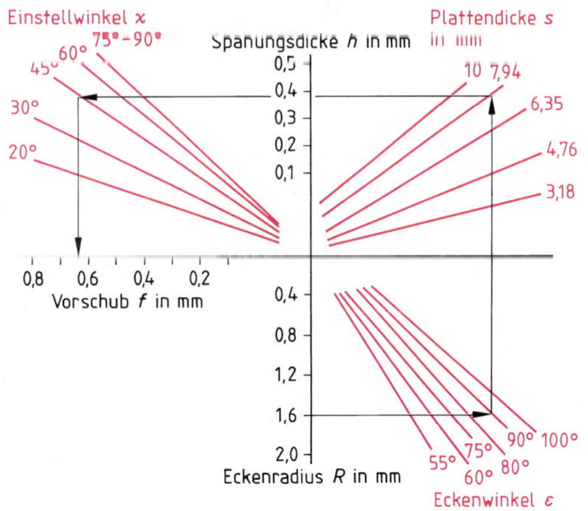

4. Skizzieren Sie im Maßstab 10 : 1 die Schneidenecke im Eingriff. Tragen Sie alle Winkel und Kenngrößen aus den vorherigen Aufgabenteilen in die Skizze ein.

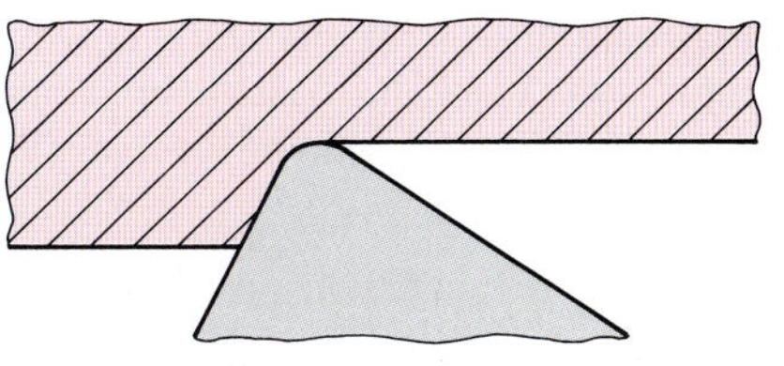

5. Zum maßgenauen Bohren des Bolzens wurde die skizzierte Vorrichtung geplant.
Die 8-mm-Bohrung wird nach dem Fräsen in der Bohrvorrichtung hergestellt.

3 Fertigung durch Fräsen

3.1 Fräsmaschinen

Zum Erzeugen einer Kontur muss der Fräser oder das Werkstück entlang einer vorbestimmten Bahn gesteuert werden. Die Steuerung der Vorschubbewegung kann mechanisch von Hand über Kurbeln und Hebel, über Formverkörperungen oder nummerisch durch Computer erfolgen.

Handgesteuerte Fräsmaschinen werden hauptsächlich in der Einzelfertigung zur Herstellung meist geradliniger Konturen und Bohrungen eingesetzt.

Durch Formverkörperungen gesteuerte Fräsmaschinen nutzt man im Modell-, Formen- und Gesenkbau. **Numerisch gesteuerte Fräsmaschinen** nutzt man vorteilhaft für sich wiederholende Arbeitsgänge, komplizierte Konturen und besonders, wenn deren Verlauf aus CAD-Systemen übernommen werden kann.

Nach der Art der Steuerung unterscheidet man handgesteuerte, durch Formverkörperungen gesteuerte und numerisch gesteuerte Fräsmaschinen.

Nach der Lage der Frässpindel unterscheidet man Waagerecht- und Senkrechtfräsmaschinen. Universalfräsmaschinen mit schwenkbarem Kopf oder mit zwei Spindeln erlauben den Einsatz sowohl als Waagerecht- als auch als Senkrechtfräsmaschine.

Beispiel für eine Universalfräsmaschine im Einsatz als Waagerecht- und als Senkrechtfräsmaschine

Waagerechtfräsmaschine (Horizontalfräsmaschine)

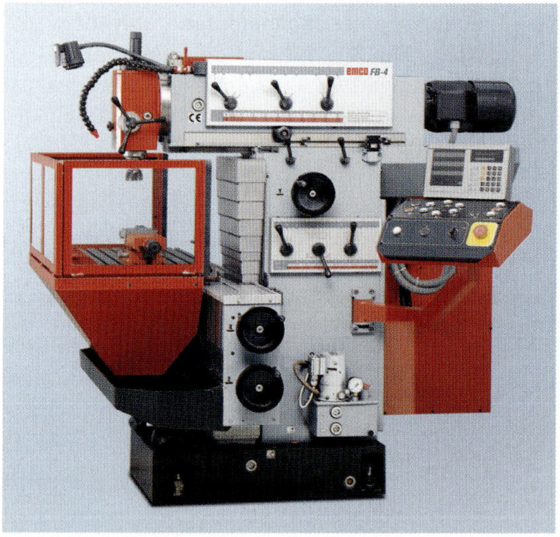

Senkrechtfräsmaschine (Vertikalfräsmaschine)

Waagerechtfräsmaschinen setzt man vorwiegend zum Fräsen langer Werkstücke mit gleich bleibendem Profil, z. B. zum Fräsen von Führungsbahnen, ein. Weiterhin verwendet man sie unter Einsatz von Stützlagern, wenn große Abstände zwischen Fräser und Werkzeugaufnahme unvermeidlich sind, z. B. beim Zahnradfräsen.

Für die übrigen Fräsarbeiten bevorzugt man Senkrechtfräsmaschinen.

Nach der Lage der Frässpindel unterscheidet man Waagerecht- und Senkrechtfräsen. Waagerechtfräsen wird für lange Profile und bei großen Abständen zwischen Fräser und Werkzeugaufnahme eingesetzt.

Übungsaufgabe FT-109

3.2 Spannsysteme für Werkstücke auf Fräsmaschinen

Alle Werkstückspannmöglichkeiten haben die folgenden Anforderungen zu erfüllen:

- Die Art der Werkstückspannung muss in Form und Abmessungen dem Werkstück und der vorgesehenen Bearbeitung angepasst sein.
- Ein möglichst einfacher Aufbau mit sicherer und schneller Handhabung soll eine hinreichend gute Wiederholgenauigkeit erbringen.
- Die Werkstücke müssen bei der Spanabnahme so fixiert sein, dass sie unter der Wirkung der Schnittkräfte ihre Lage nicht ändern und sich möglichst wenig verformen.

3.2.1 Positionieren von Werkstücken

Werkstücke müssen zur Bearbeitung auf dem Maschinentisch in eine bestimmten Lage gebracht werden, dies nennt man Positionieren. Je nach Bearbeitungsaufgabe muss die Position von Werkstücken in einer, zwei oder drei Ebenen festgelegt sein. Dazu ist es nötig, Anschläge so anzubringen, dass das Werkstück in diesen Ebenen positioniert wird.
Dies gilt nicht für die Werkstücke an sich, sondern auch für Maschinenschraubstöcke, Vorrichtungen, Teilapparate u. Ä., die auf Maschinentische aufgespannt werden und die Werkstücke aufnehmen.

Beispiele **für notwendige Positionierungen eines quaderförmigen Werkstücks**

Positionieren in einer Ebene	Positionieren in zwei Ebenen	Positionieren in drei Ebenen
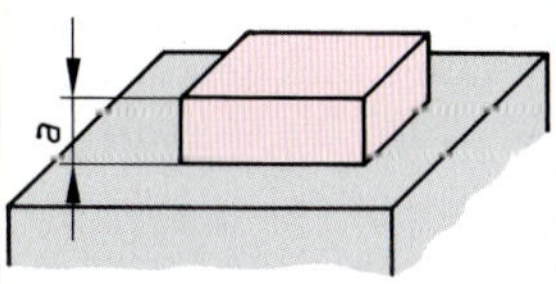 notwendig bei • Fräsen von Flächen	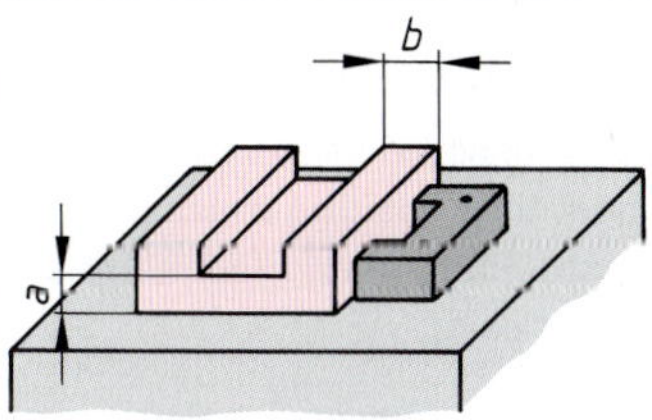 notwendig z.B. bei • Fräsen von Nuten	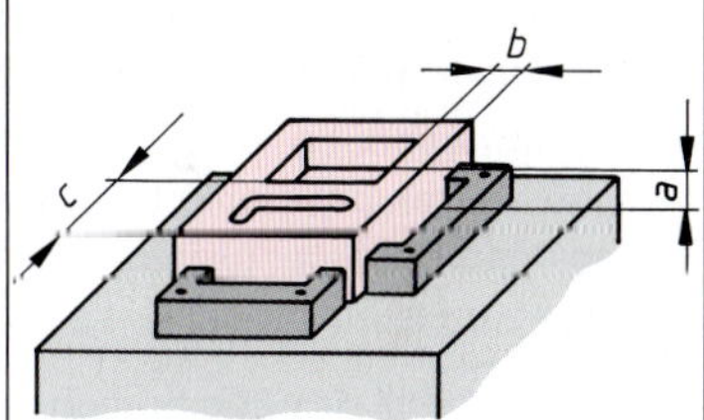 notwendig z.B. bei • Fräsen von Taschen • Fräsen von Bahnen

Positionieren heißt, ein Bauteil in der Lage so festlegen, dass diese jederzeit entsprechend wiederholbar ist.

Werden Werkstücke nach *mehr* als drei Ebenen positioniert, so sind sie **überpositioniert**. Überpositionierungen müssen vermieden werden, da sie infolge der Toleranzen der Werkstücke zu Maßfehlern führen können.

Werden Werkstücke in einer Ebene zweifach positioniert, so sind sie **überpositioniert**. Überpositionierungen sind zu vermeiden, sie erfordern unnötig hohen Aufwand und können infolge der Werkstücktoleranzen zu Maßfehlern führen. In dem nebenstehenden Beispiel wird deutlich, dass das Werkstück nicht gleichzeitig an die Positionierelemente 1 und 2 genau anliegen kann.

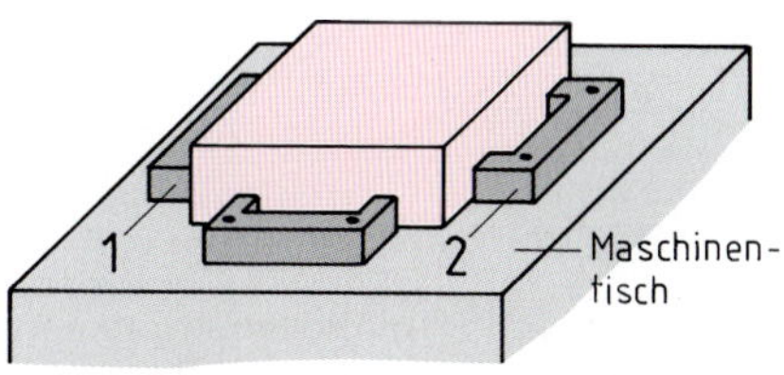

Überpositionierung

Übungsaufgabe FT-110

- **Positionieren von Werkstücken auf Maschinentischen**

Wenn ein Werkstück auf dem Maschinentisch gespannt werden soll, muss es zunächst entsprechend den Maschinenachsen ausgerichtet (positioniert) werden. Bei Werkstücken, die eine gerade Kante besitzen, welche zu einer Maschinenachse parallel liegt, wird diese Kante zunächst nach den Spannnuten des Maschinentisches grob ausgerichtet. Nach leichtem Anziehen der Spannelemente wird eine Lagekontrolle mithilfe der Messuhr durchgeführt und die Lage des Werkstücks entsprechend korrigiert.
Bei Werkstücken, die keine gerade Kante besitzen und die nach Anriss aufgespannt werden müssen, setzt man eine Zentrierspitze statt des Fräsers in die Spindel und kontrolliert durch Verfahren in der angerissenen Achse die Ausrichtung des Werkstücks.

Beispiel **für das Ausrichten von Werkstücken auf dem Maschinentisch**

Ausrichten nach einer Kante

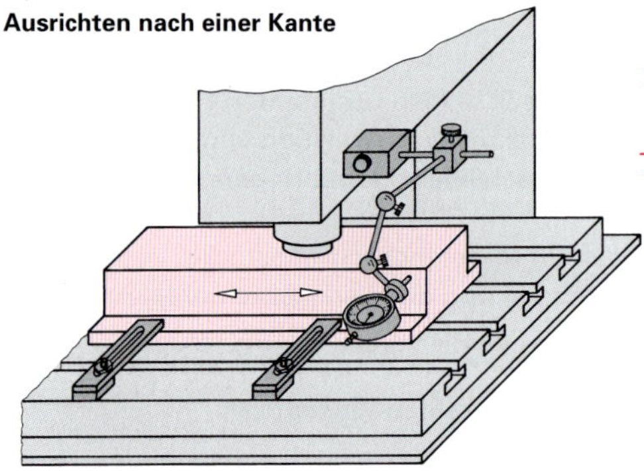

Ausrichten nach Anriss

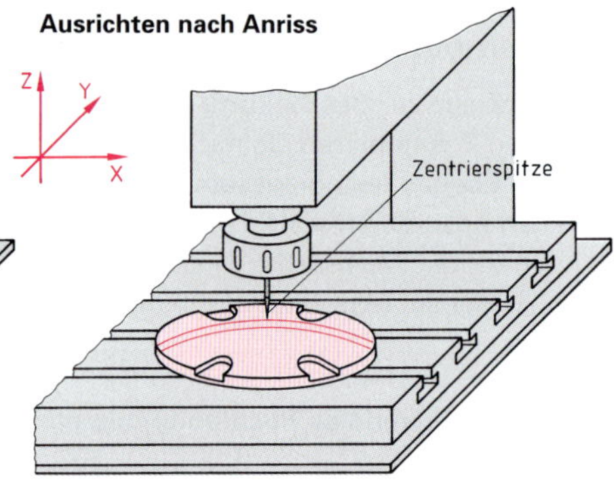

Werkstücke müssen auf dem Maschinentisch zu den Maschinenachsen ausgerichtet werden. Die Kontrolle der Ausrichtung erfolgt durch Messuhr oder durch Abtasten des Anrisses.

- **Positionieren von Werkstückträgern und Spannmitteln auf dem Maschinentisch**

Bei der Verwendung von Spannmitteln müssen diese mit den Anlageflächen für das Werkstück auf dem Maschinentisch positioniert werden, bzw. ihre Position muss überprüft werden. Dies geschieht durch Verfahren des Maschinentisches und Abtasten der Anlagefläche mit einer Messuhr. Die Messuhr muss in ihrer Lage zur Hauptspindel fest positioniert sein.

Beispiel **für das Positionieren und die Kontrolle der Anlageflächen eines Maschinenschraubstocks und eines Aufspannwinkels**

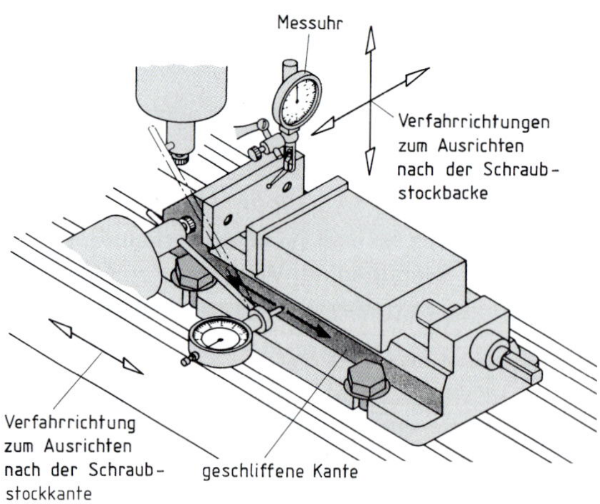

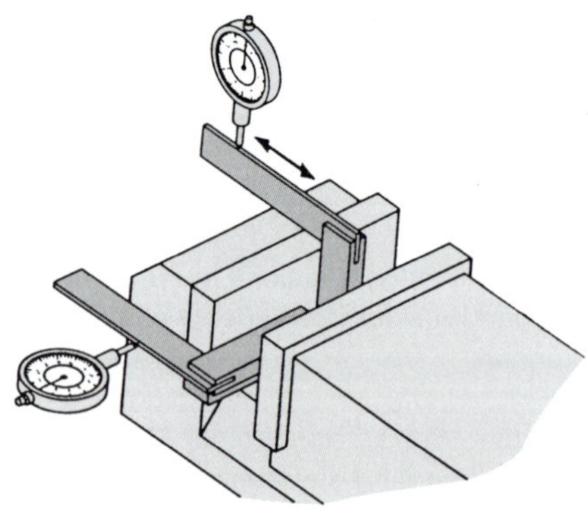

Anlageflächen von Spannmitteln werden mithilfe der Messuhr durch Verfahren des Maschinentisches kontrolliert und ausgerichtet.

Übungsaufgaben FT-111; FT-112

Da die Spannnuten der Frästische genau entsprechend einer Achse der Maschine verlaufen, nutzt man diese Nuten häufig zum Positionieren von Vorrichtungen und Maschinenschraubstöcken. In die Unterseite dieser Spannmittel setzt man in solchen Fällen Nutensteine ein, die genau in die Nuten der Maschinentische eingreifen.

Beispiel **für das Positionieren mithilfe der Spannnuten des Maschinentisches**

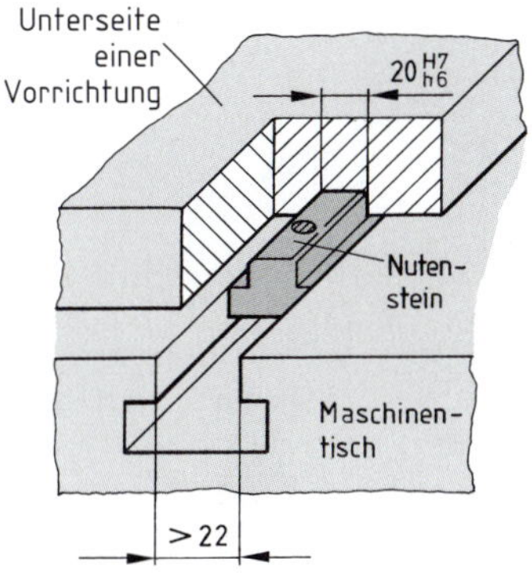

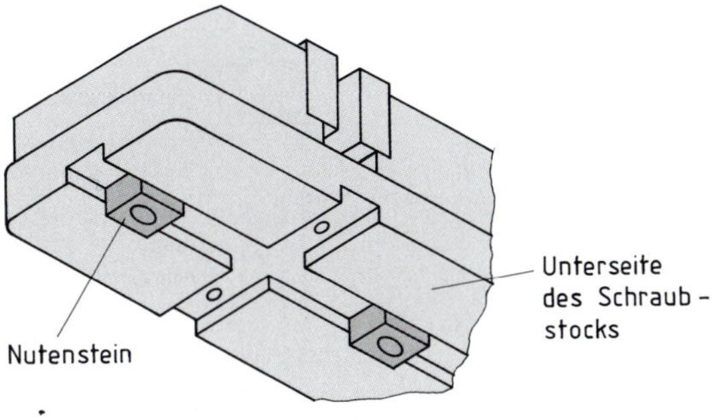

Spannmittel können auch mithilfe der Spannnuten durch Einsetzen passender Nutensteine positioniert werden.

3.2.2 Spannen von Werkstücken

Spannen auf dem Maschinentisch

Größere Werkstücke werden unmittelbar auf den Maschinentisch der Fräsmaschine gespannt. Die Spannkraft muss dabei senkrecht auf den Maschinentisch wirken, damit das Werkstück durch Reibung daran gehindert wird, seine Position unter Einfluss der Zerspankraft zu ändern. Die Spannkraft wird am günstigsten durch Spanneinrichtungen aufgebracht, die von oben auf das Werkstück wirken.

Die meist verwendeten Spanneinrichtungen bestehen aus Spannpratzen, Spannschraube mit Scheibe und Mutter sowie einem Gegenlager. Durch Anziehen der Spannschraube wird eine Kraft auf den Spannpratzen ausgeübt. Dieser wirkt als Hebel und verteilt die Kraft auf das Werkstück und das Gegenlager. Damit ein möglichst hoher Anteil der Zugkraft als Spannkraft genutzt werden kann, muss die Spannschraube dicht am Werkstück ansetzen.

Beispiel **für die Kraftwirkungen am Spannpratzen**

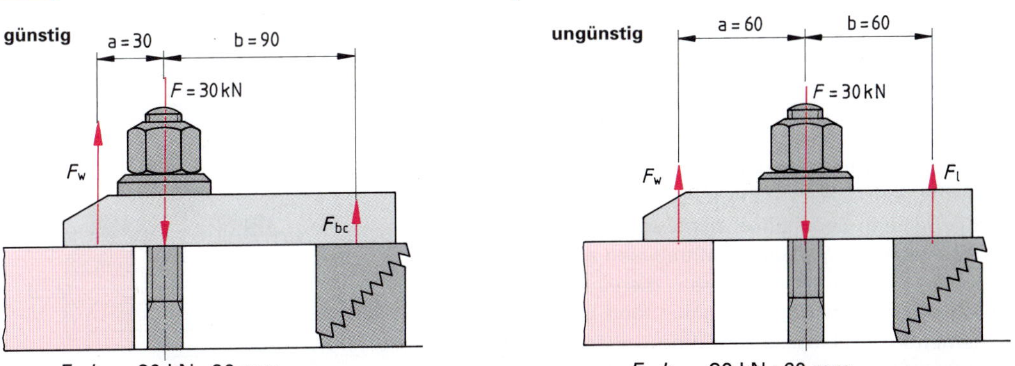

$$F_w = \frac{F \cdot b}{a + b} = \frac{30\ \text{kN} \cdot 90\ \text{mm}}{(30 + 90)\ \text{mm}} = \mathbf{22{,}5\ kN}$$

$$F_w = \frac{F \cdot b}{a + b} = \frac{30\ \text{kN} \cdot 60\ \text{mm}}{(60 + 60)\ \text{mm}} = \mathbf{15\ kN}$$

Damit ein hoher Anteil der Zugkraft der Schraube als Spannkraft wirkt, ist der Abstand zwischen Schraube und Werkstück kleiner zu halten als der Abstand zwischen Schraube und Gegenlager.

Übungsaufgaben FT-113; FT-114

Je nach Werkstückform, Spannmöglichkeit u. a. können diese Elemente unterschiedlich gestaltet sein. Als Werkstoffe für Spannpratzen verwendet man Stahl oder hoch feste Aluminiumlegierungen, da sie die Oberflächen der Werkstücke mehr schonen.

Beispiele **für Ausführungsformen der Elemente einer Spannvorrichtung**

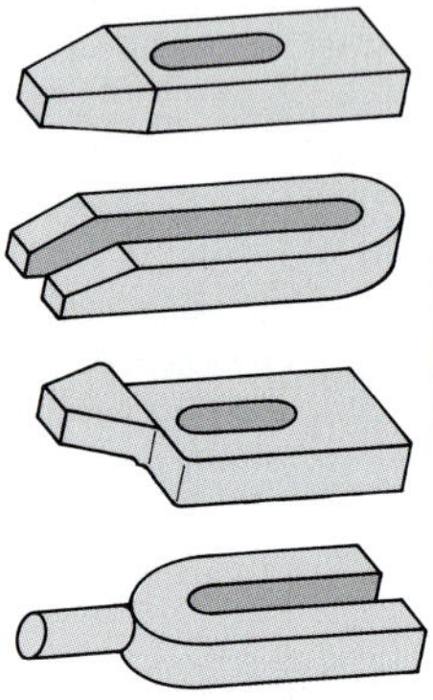

Spannpratzen

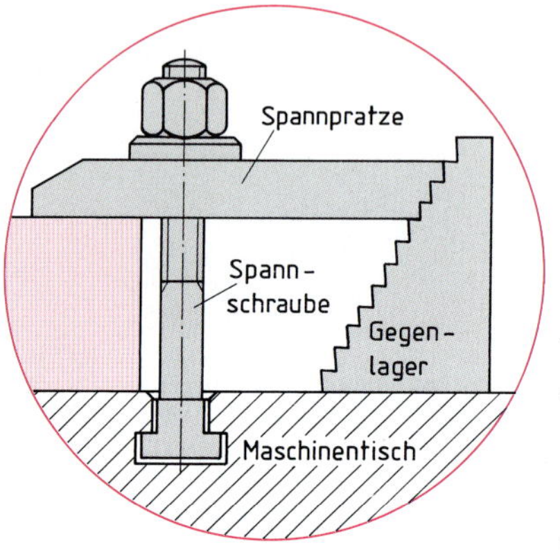

Spanneinrichtung

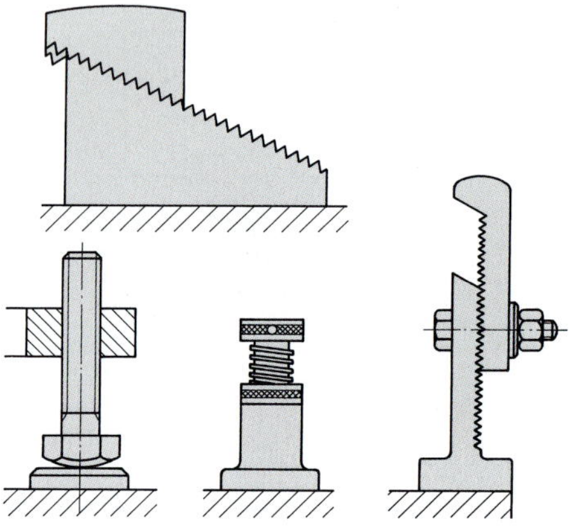

Gegenlager

Beim Spannen wird von der Betätigungskraft F in unterschiedlicher Weise die Spannkraft F_s erzeugt. Die Betätigungskraft kann Muskelkraft oder Druckkraft (Druckluft, Öldruck, Luftdruck bei Vakuumspannern) sein.

• Spannen im Maschinenschraubstock

Zum Spannen *kleinerer Werkstücke* verwendet man meist den Maschinenschraubstock. Zum Einspannen unterschiedlich geformter Werkstücke benutzt man Spannbacken und Hilfsmittel, wie zum Beispiel Unterlagen, die entsprechend der Werkstückform gestaltet sind.

Beim Einsatz eines Maschinenschraubstockes muss darauf geachtet werden, dass die Schnittkraft möglichst nicht auf die bewegliche Schraubstockbacke gerichtet ist.

Bei Maschinenschraubstöcken mit Unterzug bleibt beim Spannen die Parallelität der Spannbacken erhalten. Bei diesen wird die bewegliche Backe auf einer größeren Länge unter die feste Backe gezogen und damit sehr sicher geführt. Nachteilig ist die dadurch entstehende kurze Spannweite.

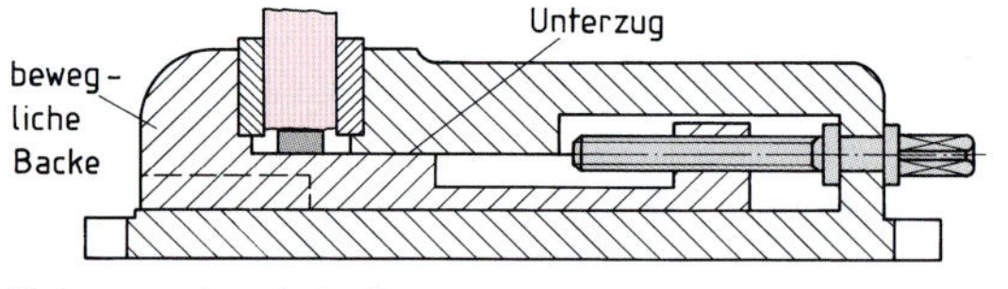

Unterzugschraubstock

Zylindrische Werkstücke werden ohne Exzentrizität positioniert, wenn eine Doppelprismen-Anordnung gewählt wird. Dieses mittige Positionieren mit anschließendem Spannen ist dann von großer Wichtigkeit, wenn die Werkstück-Mittellinien als Bezugsebenen für das Positionieren dienen. Bei der Positionierung in Doppelprismen sind die beiden Prismen formschlüssig über eine Gewindespindel mit Rechts- und Linksgewinde verbunden.

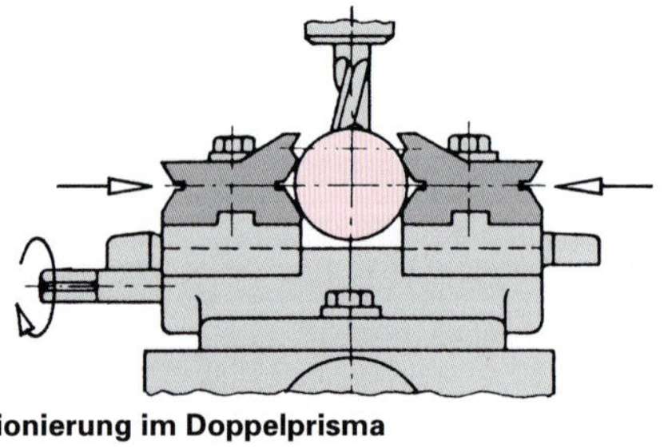

Positionierung im Doppelprisma

Übungsaufgabe FT-115

Zum Fräsen verschiedener Schrägen an Werkstücken können Maschinenschraubstöcke mithilfe von Drehplatten mit Winkeleinteilung erweitert werden.
Zur gleichzeitigen Erzeugung einer Dreh- und Schwenkbewegung kommen Aufspannwinkel zum Einsatz, welche zweidimensionale Verstellmöglichkeiten bieten.

Beispiele für Schraubstöcke mit winkelverstellbaren Einrichtungen

Schraubstock mit Drehplatte

Präzisions-Sinus-Spanner

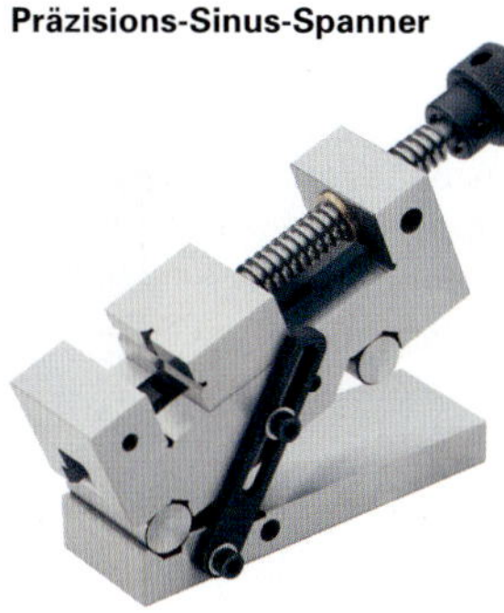

Dreh- und schwenkbarer Präzisions-Aufspannwinkel

3.2.3 Stützen der Werkstücke

Das Stützen von Werkstücken ist erforderlich, wenn die Gefahr besteht, dass das Werkstück unter seinem Eigengewicht, durch Spannkräfte oder durch die bei der Bearbeitung auftretenden Kräfte verformt wird. Stützelemente müssen variabel, stufenlos verstellbar und in ihrer Lage auf einfache Weise fixierbar sein.

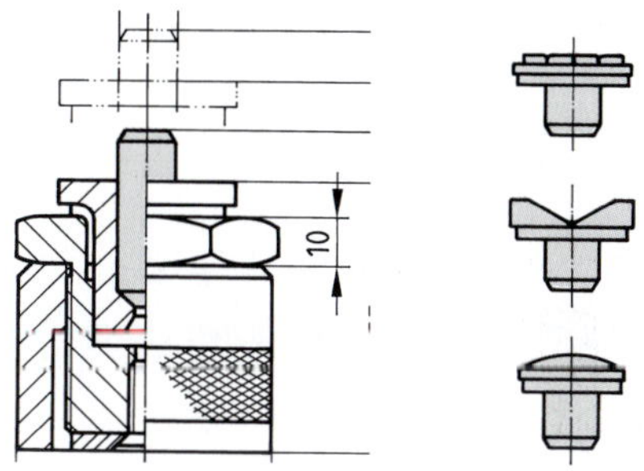

Schraubbock mit Einsätzen

Beispiele für den Einsatz von Stützen

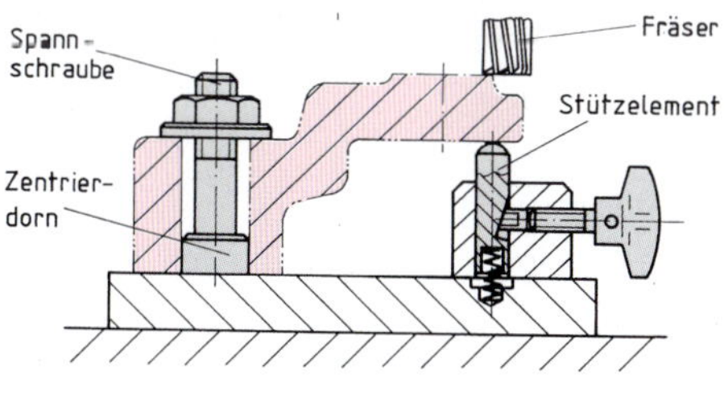

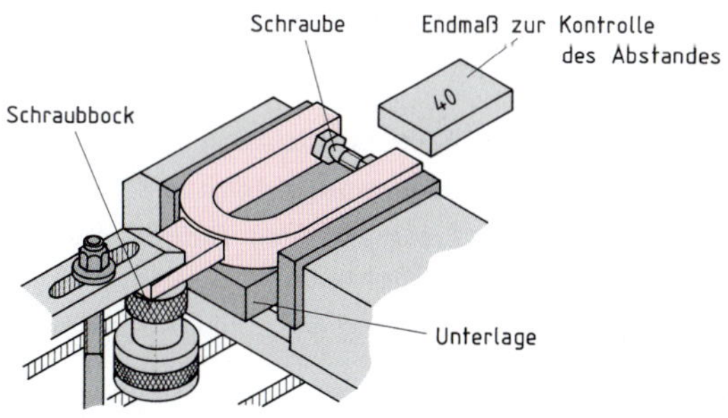

Die Anlageflächen von Stützelementen befinden sich im Gegensatz zu Positionierelementen in einer Vorrichtung nicht in einer festen Lage. Sie werden erst *nach* Positionieren des Werkstückes ohne Kraftaufwand an das Werkstück angelegt und gesichert. Nach der Bearbeitung werden die Stützen wieder zurückgenommen.

Stützelemente sind keine Positionierelemente. Sie werden erst nach dem Positionieren möglichst kraftfrei an das Werkstück herangeführt und in dieser Lage gesichert.

Übungsaufgabe FT-116

3.2.4 Aufbau modularer Spannsysteme

Modulare Spannsysteme ermöglichen den Aufbau von Spannvorrichtungen nach dem Baukastenprinzip. Ein modulares Spannsystem enthält u. a.

- Positionselemente
- Spannelemente
- Stützelemente

Es bietet folgende Vorteile

- Aufbau aus Standardteilen, in der Arbeitsvorbereitung nach Form und Maßen planbar,
- hohe Wiederholgenauigkeit der Einspannung,
- sicheres und schnelles Spannen der Werkstücke,
- schnelles Anpassen der Spannsysteme an wechselnde Werkstückformen,
- Steuern der Spannsysteme über Programme.

Einsatz eines modularen Spannsystems

Beispiel **für Bauteile aus einem Rasterspannsystem**

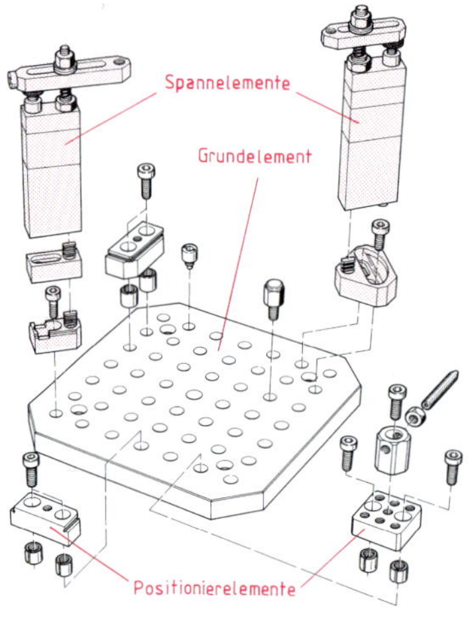

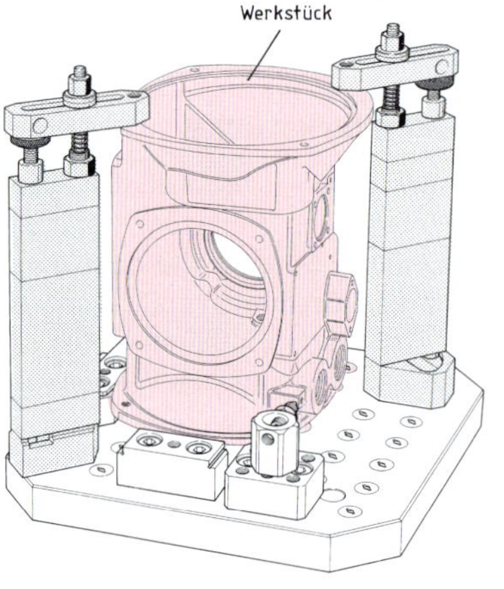

Aus Rasterspannsystemen können nach dem Baukastenprinzip Spannvorrichtungen geplant und aufgebaut werden. Rastersysteme bestehen aus Grund-, Positionier- und Spannelementen.

- **Einrichten einer Spannvorrichtung**

Die Planung der Aufspannung erfolgt in der Arbeitsvorbereitung:

- Bei manueller Erstellung des Aufspannplans wird die Aufspannvorrichtung nach Katalogen zusammengestellt und gezeichnet.
- Bei CAD/CAM-Fertigung wird die Aufspannung mithilfe von gespeicherten Daten am Bildschirm konstruiert.

In Einrichteblättern werden entsprechend der Planung alle für den Vorrichtungsbau notwendigen Angaben zusammengestellt:

- Der Aufspannplan stellt den Aufbau und die Anordnung der Bauelemente der Spannvorrichtung zeichnerisch dar.
- Die Stückliste gibt die Bauteile des Spannsystems und ihre Kennzeichnung an.
- Die Auflistung der Nullpunkte gibt die Koordinaten der Nullpunkte an, die für die Bearbeitung der verschiedenen Werkstückseiten gewählt wurden.

Übungsaufgabe FT-117

Beispiel **für ein Einrichteblatt einer Spannvorrichtung**

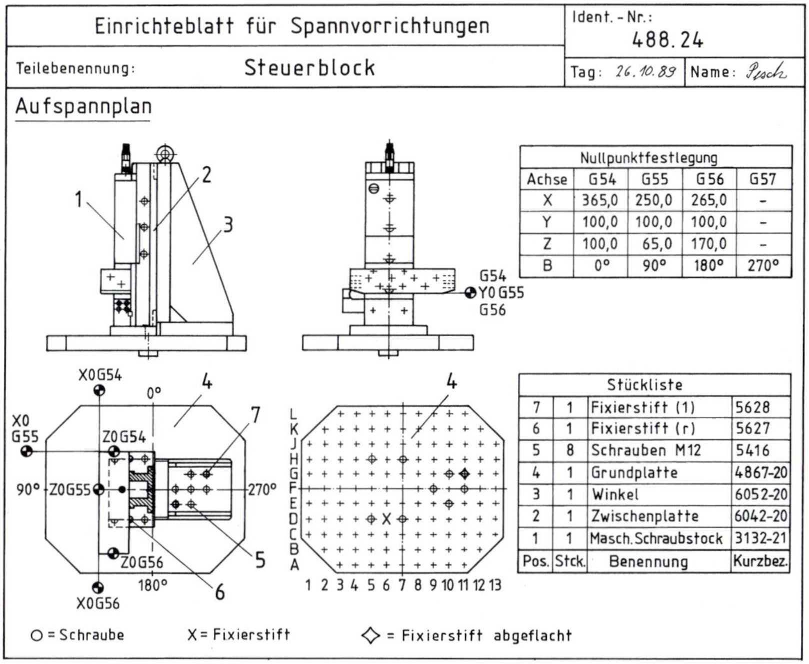

Nullpunktfestlegung				
Achse	G54	G55	G56	G57
X	365,0	250,0	265,0	-
Y	100,0	100,0	100,0	-
Z	100,0	65,0	170,0	-
B	0°	90°	180°	270°

Stückliste			
7	1	Fixierstift (l)	5628
6	1	Fixierstift (r)	5627
5	8	Schrauben M12	5416
4	1	Grundplatte	4867-20
3	1	Winkel	6052-20
2	1	Zwischenplatte	6042-20
1	1	Masch.Schraubstock	3132-21
Pos.	Stck.	Benennung	Kurzbez.

Einrichteblätter für Werkstückaufspannungen enthalten Angaben über:
- Konstruktion der Aufspannung, • Lage der Werkstücknullpunkte innerhalb der Aufspannung.

- **Paletten als Spannsystemträger**

An Bearbeitungszentren werden vielfach Aufspanntische mit aufmontierter Spannvorrichtung eingesetzt, welche mit den Werkstücken schnell in die Maschine eingewechselt werden. Diese Aufspanntische werden **Paletten** genannt. Palettenwechsler befördern auf einen programmierten Befehl hin die Palette automatisch zur Werkzeugmaschine, fixieren sie dort und transportieren sie nach der Bearbeitung weiter.

Beispiel **für den Palettenwechsel an einem Bearbeitungszentrum**

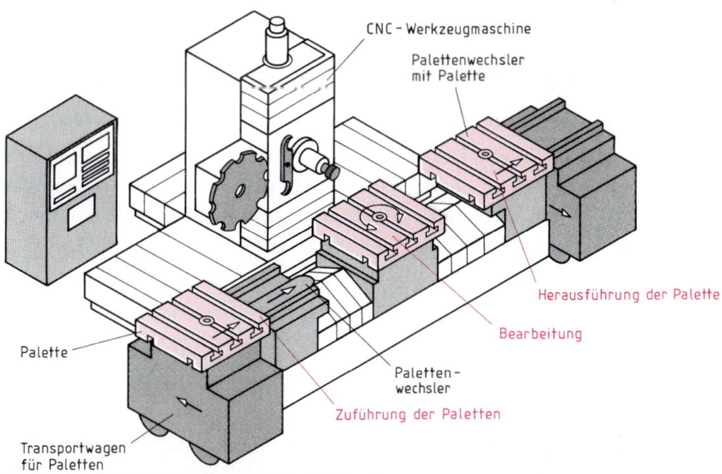

Paletten mit einem Spannsystem dienen in der Fertigung:
- zum Spannen und zum Transport der Werkstückrohteile außerhalb der Bearbeitungsstation,
- als Werkstückträger während des Bearbeitungsablaufs.

3.3 Fräswerkzeuge

3.3.1 Einteilung der Fräswerkzeuge

Fräser sind die wichtigsten Zerspanungswerkzeuge, die auf Fräsmaschinen eingesetzt werden. Wichtige Unterscheidungsmerkmale von Fräsern sind

- **Werkzeugaufbau:** Vollfräser oder Wendeplattenfräser
- **Einsatzbereich:** Nutfräser, Formfräser, Kopierfräser u. a.
- **Mitnahme:** Aufsteckfräser oder Schaftfräser

3.3.2 Werkstoffe von Fräserschneiden

Je nach Schneidenwerkstoff kann die Schneide unterschiedlich ausgeführt sein.

- An **Fräsern aus HSS-Stählen** und **massiven Hartmetallen** sind die Schneiden unmittelbar angeschliffen. Dadurch haben sie hohen Rundlauf. Vollhartmetallfräser werden darum hauptsächlich beim Hochgeschwindigkeitsfräsen eingesetzt.
- **Fräser mit eingelöteten Schneidplatten** aus Hartmetallen werden seltener verwendet. Wegen ihres besonders ruhigen Laufes finden sie in der Hochgeschwindigkeitszerspanung Anwendung.
- In der Serienfertigung werden besonders **Fräser mit eingesetzten Schneidplatten** verwendet. Diese können je nach Zerspanungsaufgabe aus Hartmetallen, Keramiken oder Cermets gefertigt sein.

Zur Erhöhung der Standzeit werden Fräser beschichtet. Hauptsächlich wird hier Titannitrid verwendet. In besonderen Fällen werden auch diamantbeschichtete Platten verwendet.

Beispiele **für den unterschiedlichen Aufbau von Fräserschneiden**

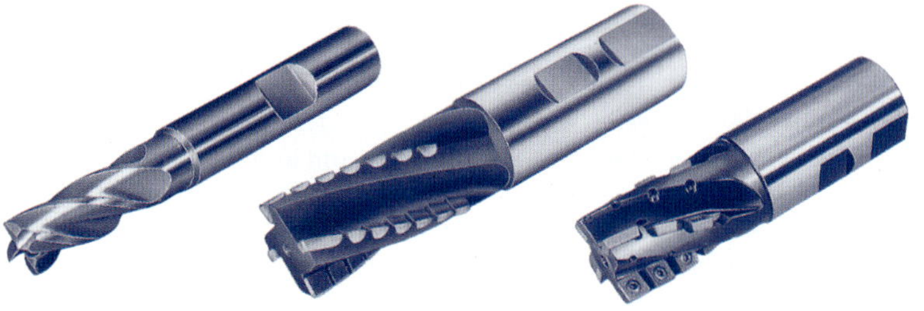

Vollhartmetall **Eingelötete Schneiden** **Eingesetzte Schneidplatten**

3.3.3 Walzen- und Walzenstirnfräser

- **Winkel an der Werkzeugschneide**

Walzenfräser sind mit drallförmigen Schneiden in der Mantelfläche ausgestattet, sie können nur zum reinen Umfangsfräsen zum Erzeugen ebener Flächen eingesetzt werden. Walzenstirnfräser sind zusätzlich mit Schneiden in einer Stirnseite versehen. Sie können so in das Material hineinschneiden, dass es dabei zu einem Umfangs- und Stirnfräsen kommt. So können auch rechtwinklige Absätze erzeugt werden.

Zur Bestimmung der Werkzeugwinkel an einem Walzenfräser mit achsparallelen Schneiden benutzt man die Tangente an einer Schneide.

Die Größe des Freiwinkels, Keilwinkels und Spanwinkels richtet sich hauptsächlich nach dem Werkstoff des zu bearbeitenden Werkstücks. Danach sind drei Fräsergrundtypen genormt:

H für harte und zähharte Werkstofffe
N für normalharte Werkstoffe
W für weiche Werkstoffe

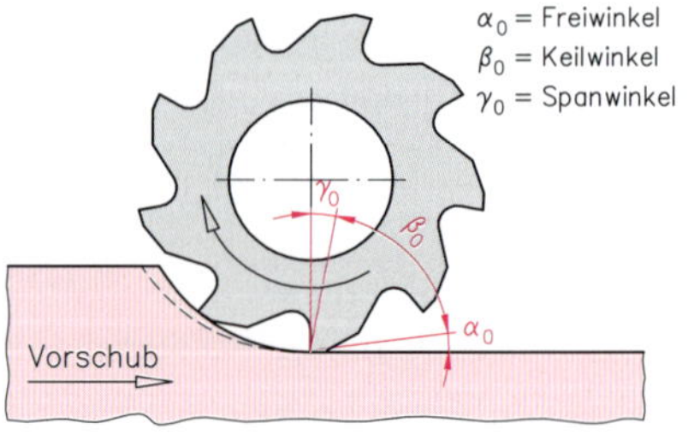

Schneidenwinkel am Walzenfräser

Übungsaufgabe FT-118

• Aufsteckfräser zum Walzen- und Walzenstirnfräsen

Die Grundtypen von Walzenstirnfräsern aus HSS-Stahl sind nach ihrer Schneidengeometrie, nach der Anzahl ihrer Schneiden und nach dem Spanraumvolumen auf die zu bearbeitende Werkstoffart abgestimmt.

Fräsertyp	**Typ H**	**Typ N**	**Typ W**

zu bearbeitender Werkstoff	harte und zähharte Werkstoffe, z. B. Werkzeugstahl	normalharte Werkstoffe, z. B. Baustahl und Stahlguss	weiche Werkstoffe, z. B. Aluminium
Keilwinkel	groß	mittel	klein
Spanwinkel	klein	mittel	groß
Anzahl der Schneiden	groß	mittel	klein
Spanraum	klein	mittel	groß

Die Schneiden von Fräsern zum Schlichten sind ungeteilt, um bei geringer Spandicke eine gute Oberfläche zu erzeugen.

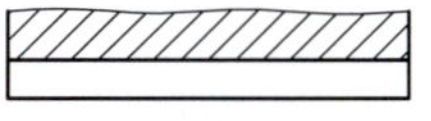

für Schlichtfräsen

Beim Schruppen wird eine hohe Zerspanleistung angestrebt. Darum werden Schruppfräser mit Spanteilern versehen. Fräser, die nur zum Schruppen bestimmt sind, haben runde Schneidenprofile. In der Bezeichnung werden diese Fräser durch den Buchstaben **R** hinter der Typenbezeichnung gekennzeichnet (z. B. **NR**).

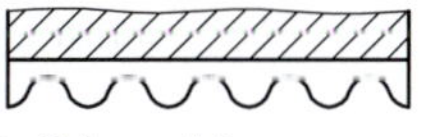

für Schruppfräsen

Fräser, die zum Schlichten und Schruppen etwa gleichermaßen geeignet sind, erhalten flache Schneidenprofile als Spanteile. In der Bezeichnung werden sie durch den Buchstaben **F** gekennzeichnet (z. B. **NF**):

für Schlicht-Schruppfräsen

Wendeplattenbestückte Walzenfräser werden für schwere Zerspan- und Schrupparbeiten mit einzelnen Wendeschneidplatten bestückt. Sie erhalten so das Aussehen eines Igels und werden darum auch **„Igelfräser"** genannt.
Wendeplattenbestückte Schlichtfräser werden meist mit leistenförmigen Hartmetallschneiden versehen, die eingelötet oder eingeschraubt werden.

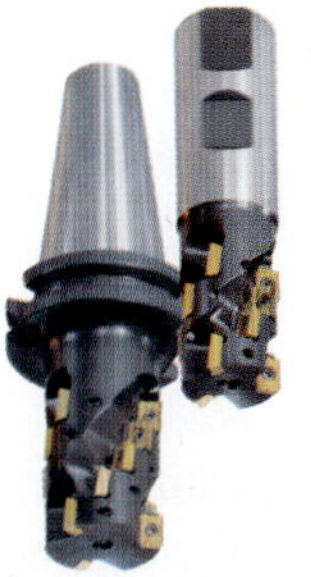

Walzenstirnfräser („Igelfräser")

Übungsaufgaben FT-119; FT-120

3.3.4 Planfräsköpfe (Messerköpfe)

Zum Planfräsen harter Werkstoffe und zur Erzielung sehr hoher Zerspanleistungen und großer Oberflächengüten werden Messerköpfe verwendet.

Ein Messerkopf besteht aus einem Grundkörper, in dem eine Vielzahl von Wendeplatten aus Hartmetall oder Schneidkeramik eingespannt sind.

Die Zahl der Schneiden steigt
- mit dem Durchmesser des Messerkopfes,
- mit der Sprödigkeit des zu bearbeitenden Werkstoffs und
- mit der zu erzielenden Oberflächengüte.

Wendeschneidplatten und Fräsergrundkörper mit Halterung werden mit so hoher Genauigkeit gefertigt, dass für eine Feinstbearbeitung eine Einstellung der Schneiden innerhalb von 2 µm möglich ist.

Planfräskopf mit Wendeschneidplatten

Beim **Schruppen mit Planfräsköpfen** werden Schneidplatten mit Eckenradien und Einstellwinkeln von 75° bei Stahl und 45° bei Grauguss eingesetzt. Mit kleineren Einstellwinkeln verteilt sich die Schnittbelastung auf einen längeren Schneidenanteil.
Für die Bearbeitung von Stahl, Stahlguss und Grauguss sind Spanwinkel von 0° oder negative Spanwinkel üblich.
Die Schneidengeometrie ist so gestaltet, dass wendelförmige Späne entstehen, die vom Werkzeug weggeführt werden. Dies ermöglicht einen hohen Vorschub und sehr hohe Zerspanungsleistungen.

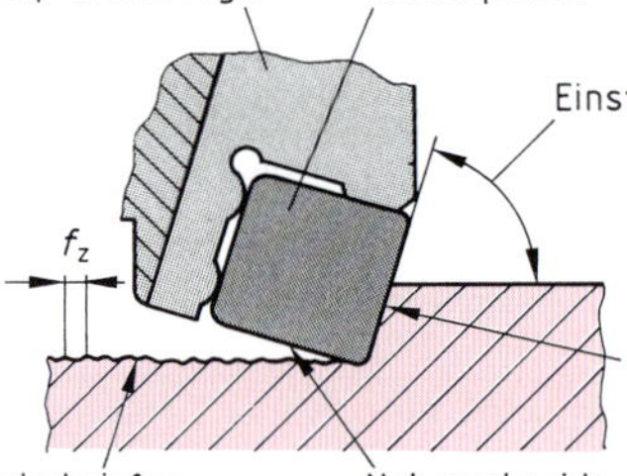

Radiusplatte mit Wendeplattenträger

Beim Schruppen mit Radiusplatten werden bei Spanwinkeln von 0° bzw. negativen Spanwinkeln und großem Vorschub sehr hohe Schnittleistungen erreicht. Der Einstellwinkel beträgt dabei je nach Werkstoff 45° bis 75°.

Beim **Schlichten mit Planfräsköpfen** werden Schneidplatten mit einer breiten Fase im Bereich der Nebenschneide verwendet. Der Einstellwinkel der Schlichtfase beträgt 0°.

Das Schlichten wird durchgeführt:
- mit Vorschüben kleiner als die Schlichtfaserbreite,
- mit hohen Schnittgeschwindigkeiten,
- mit sehr kleinen Schnitttiefen.

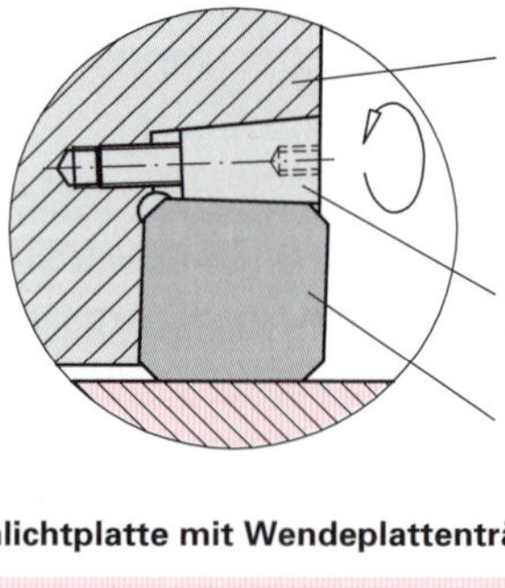

Schlichtplatte mit Wendeplattenträger

Mit Schlichtplatten ausgerüstete Planfräsköpfe erzeugen bei hohen Schnittgeschwindigkeiten und geringen Schnitttiefen hohe Oberflächenqualitäten. Der Einstellwinkel der Schlichtfase beträgt 0°.

Übungsaufgabe FT-121

3.3.5 Scheibenfräser

Scheibenfräser dienen zum Nutenfräsen, Schlitzen sowie zum Eck- und Trennfräsen, evtl. auch zum Planfräsen.
Sie stehen meist mit einer kreuzverzahnten Anordnung der Schneiden zur Verfügung. Es treten keine axialen Kraftanteile auf, dadurch ergibt sich eine hohe Rund- und Planlaufgenauigkeit. Vielfach werden die Scheibenfräser als Bestandteil von Satzfräsern eingesetzt.

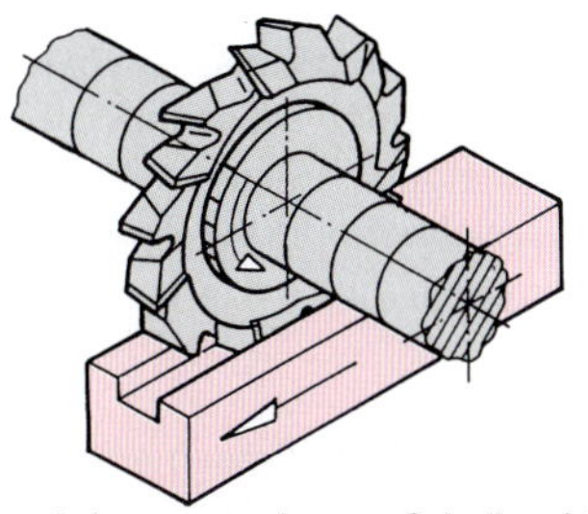

Nutenfräsen mit kreuzverzahntem Scheibenfräser

Num Nutenfräsen werden dreiseitig schneidende Scheibenfräser verwendet. Dabei werden die Breite und der Durchmesser des Fräsers auf die Abmessung der Nut abgestimmt. Zum Eck- und Planfräsen können Scheibenfräser auch zweiseitig schneidend sein.

Beispiele **für Scheibenfräser und ihren Einsatz**

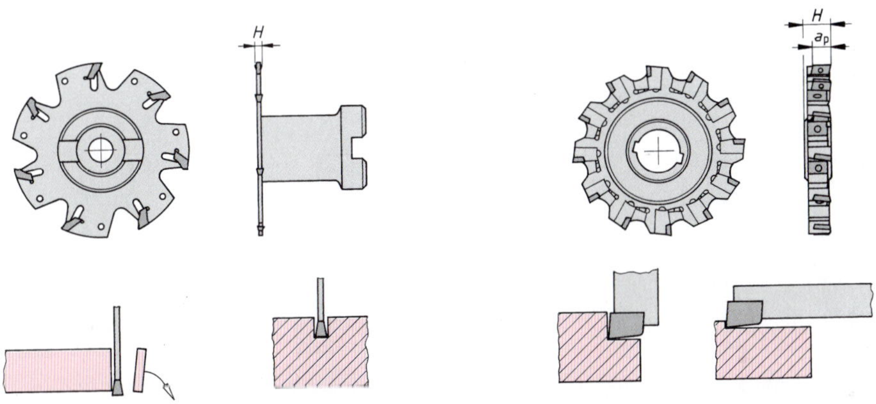

Trennfräsen Nutfräsen
Dreiseitig schneidend

Eckfräsen Planfräsen
Zweiseitig rechts schneidend

Scheibenfräser dienen zum Nut-, Trenn-, Eck- und Planfräsen

3.3.6 Schaftfräser

Der Begriff „Schaftfräser" ohne weitere Hinweise auf Form oder Verwendung wird als Bezeichnung der Gruppe von Schaftfräsern verwendet, die einen zylindrischen Schneidenteil aufweisen. Schaftfräser mit profilierten Schneidenbereichen werden entsprechend der Verwendung bezeichnet.

Schaftfräser werden vorwiegend zur Bearbeitung kleiner Flächen, Nuten, Langlöcher und Taschen verwendet. Es gibt Fräser mit Schruppverzahnung oder Schruppschlichtverzahnung. Schaftfräser werden aus HSS-Stahl, mit Hartmetallschneiden oder Vollhartmetall gefertigt und häufig mit Titannitrid beschichtet.

Beispiele **für Zahnformen bei Schaftfräsern**

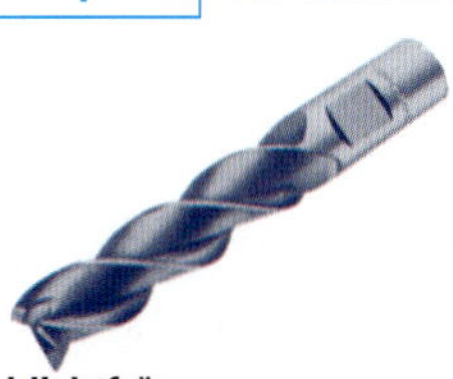

Schlichtfräser

Fräser mit Schrupp-schlichtverzahnung

Fräser mit Schrupp-verzahnung

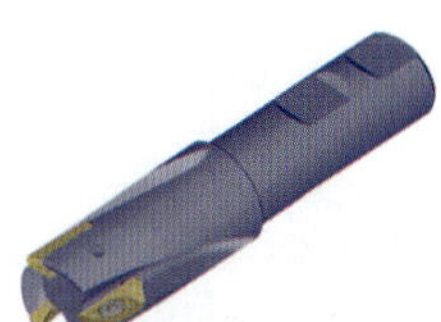

Fräser mit Wende-schneidplatten

Übungsaufgabe FT-122

Damit bei Schaftfräsern eine axiale Zustellung in das volle Material möglich ist, müssen die Schneiden die gesamte Grundfläche zerspanen. Mindestens eine der Schneiden muss deshalb bis zur Fräsermitte schneiden. Diese Anordnung der Schneiden bezeichnet man als Zentrumsschnitt.
Schaftfräser werden mit zwei oder mehreren Schneiden hergestellt.

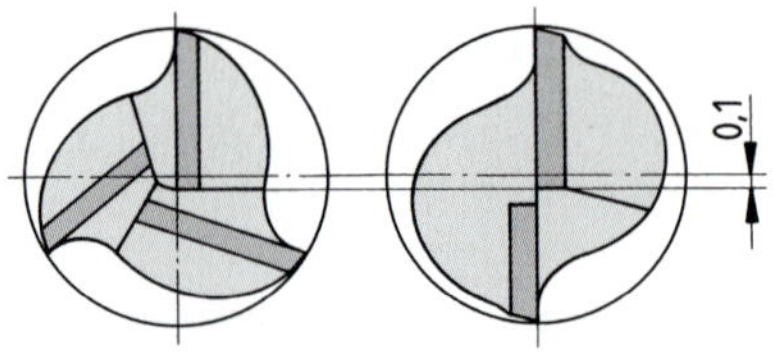

Schneiden bei Fräsern mit Zentrumsschnitt

Axiale Zustellung beim Fräsen erfordert Fräser mit Zentrumsschnitt.

3.3.7 Profilfräser

Zum Fräsen von Abrundungen, Kehlen, Führungen, Zahnrädern und speziellen Konturen werden Profilfräser eingesetzt. Man kann diese Fräser entsprechend in drei Gruppen unterteilen:

- Fräser zum Erzeugen von Radien,
- Fräser zur Erstellung von prismatischen Führungen und Fasen,
- Zahnradfräser,
- Fräser zur Erzeugung von Spezialprofilen.

Beispiele für Profilfräser zur Erzeugung von Radien

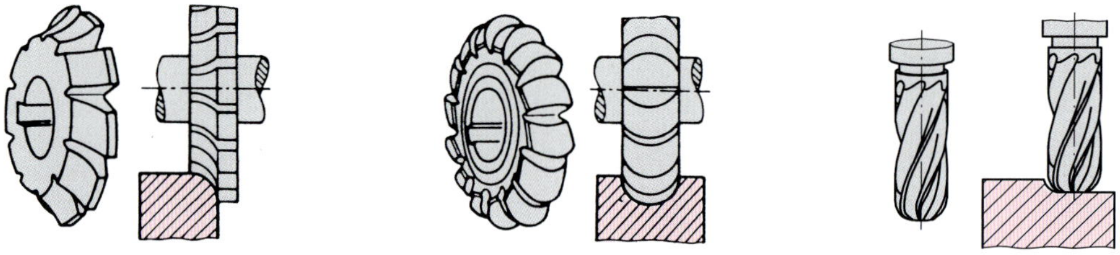

Beispiele für Profilfräser zum Fräsen von Führungen und Fasen

Prismenfräser

Winkelstirnfräser

Fasenfräser

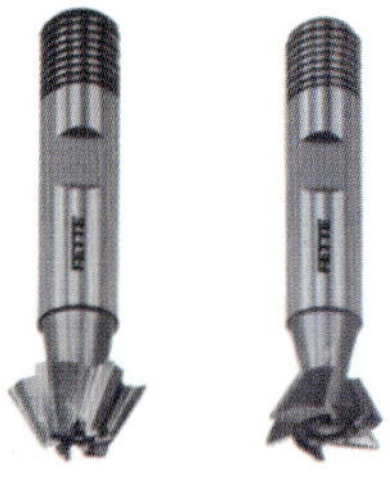
Winkelstirnfräser

Zur Erzeugung zusammengesetzter Profile werden sehr häufig **Satzfräser** verwendet. Dabei werden die einzelnen Fräser mit Zwischenringen so zusammengestellt, dass das gewünschte Führungsprofil ohne Fräserwechsel und Umspannen erzeugt werden kann.
Satzfräser werden auf Horizontal-Fräsmaschinen eingesetzt. Die weit aus dem Spindelgehäuse herausragende Frässpindel muss dabei an der Außenseite zusätzlich durch ein mit dem Gehäuse verbundenes Gegenlager gestützt werden.

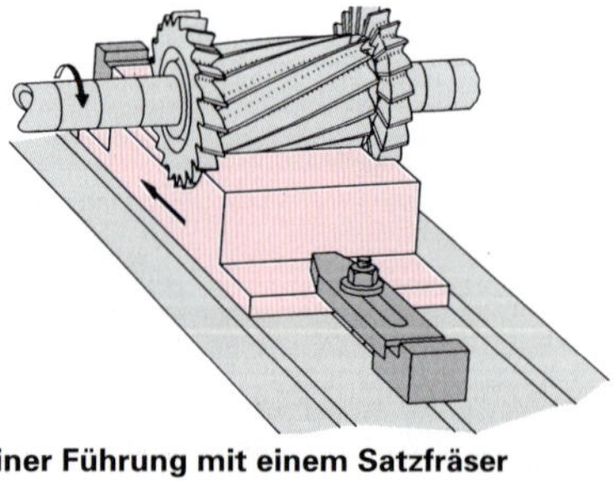
Fräsen einer Führung mit einem Satzfräser

Übungsaufgaben FT-123; FT-124

Bei Walzenfräsern mit drallförmigen Schneiden wirkt die Gesamtschnittkraft immer senkrecht zur Schneide. Daher ergibt sich bei Fräsern mit Rechts- bzw. Linksdrall ein Anteil der Schnittkraft in Richtung der Fräsdornachse. Durch Kräftezerlegung lässt sich dieser axiale Kraftanteil F_{axial} ermitteln.

Der gedrallte Fräser muss so auf den Fräsdorn eingesetzt werden, dass die axiale Teilkraft immer in Richtung des Spindelgehäuses wirkt.

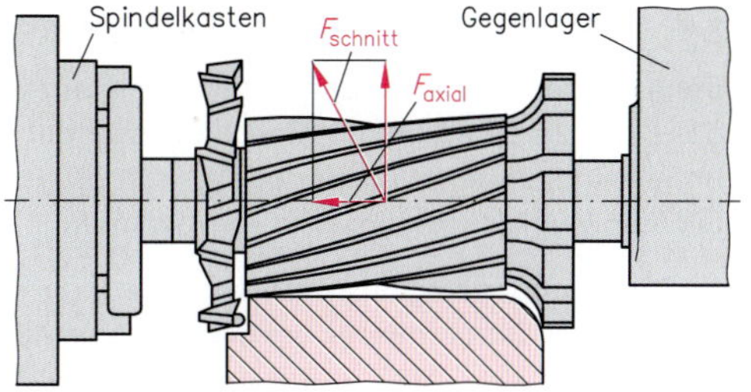

Zerlegung der Schnittkraft

Bei gedrallten Walzenfräsern und Satzfräsern soll der axiale Anteil der Schnittkraft stets in Richtung des Spindelkastens wirken.

FT

3.3.8 Kopier- und Gesenkfräser

Kopier- und Gesenkfräser werden im Modell-, Formen- und Gesenkbau verwendet. Diese Fräser haben runde Schneiden, um beliebige Übergänge mit geringer Welligkeit zu erzeugen.

Fräser mit runder Stirnfläche stellen an die Steuerung der Werkzeugmaschinen die geringsten Anforderungen, da der Mittelpunkt der Fräserschneide stets in einem gleichmäßigen Abstand von der Kontur geführt werden muss. Schwierig ist mit deisen Fräsern jedoch das Eintauchen ins Volle, denn der Fräser hat in der Mitte die Schnittgeschwindigkeit v_c = 0 m/min. Aus diesem Grund werden Kopier- und Gesenkfräser in Bearbeitungsfällen, in denen die Mitte theoretisch schneiden müsste, um 20 bis 30° angestellt, damit sie beim Eintauchen mit dem Umfang schneiden.

Kopier- und Gesenkfräser

Für umfangreichere Zerspanungsarbeiten an Modellen, Werkzeugen und Gesenken werden Torusfräser eingesetzt. Diese Schneiden dieser Fräser sind runde Wendeschneidplatten. Diese beschreiben bei ener Umdrehung einen Teil eines Kreisrings (Torus). Torusfräser können zum Planfräsen, Tauchfräsen, Zirkularfräsen u. a. eingesetzt werden. An die Steuerung der Werkzeugmaschinen stellen sie erhebliche Ansprüche.

Torusfräser

Beispiele für den Einsatz eines Formfräsers

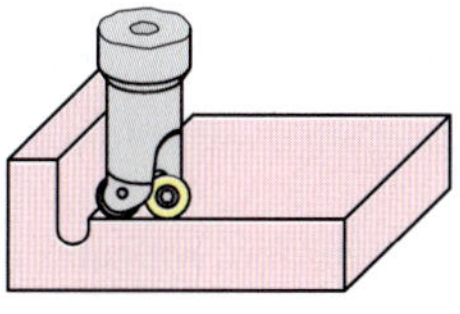

Planfräsen

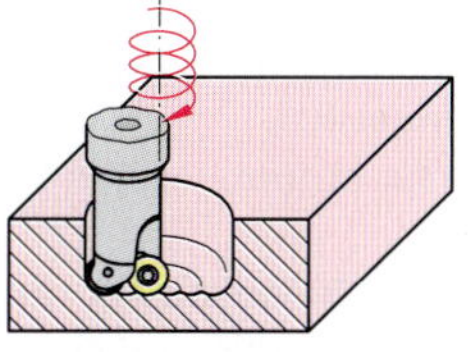

Zirkularfräsen

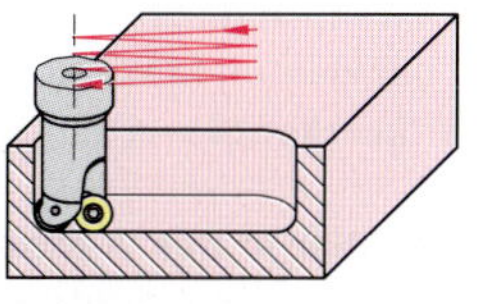

Auskammern

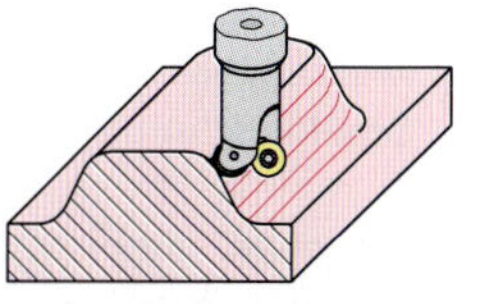

Profilfräsen

Übungsaufgaben FT-125; FT-126

4.3.4 Spannsysteme für Werkzeuge auf Fräsmaschinen

Spannsysteme für Werkzeuge haben die Aufgaben,

- das Drehmoment von der Maschinenspindel auf das Werkzeug zu übertragen,
- hohe Rundlaufgenauigkeit des Werkzeugs zu erreichen und
- leichten Werkzeugwechsel zu ermöglichen.

Hohe Rundlaufgenauigkeit wird durch keglige Werkzeugaufnahmen in der Spindel erreicht, da diese unabhängig vom Durchmesser bei gleichem Kegelwinkel das Werkzeug stets zentrisch aufnehmen.

Beispiele **für Werkzeuge und Werkzeugspannsysteme mit kegligen Schäften**

Morsekonus MK	**Steilkegel SK**	**Hohlschaftkurzkegel HSK**
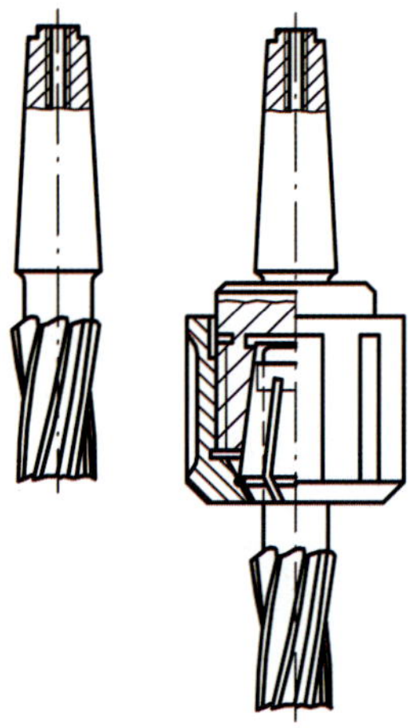	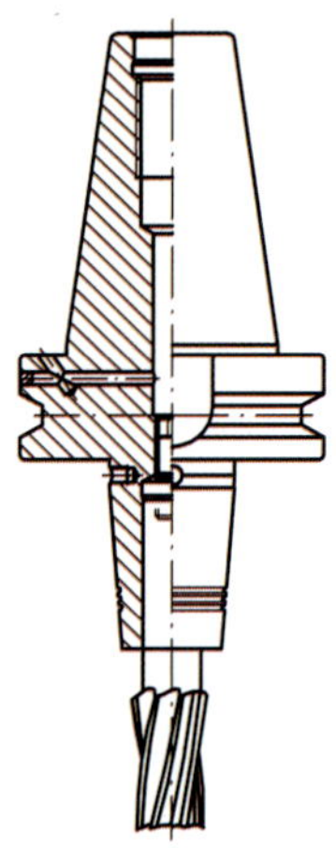	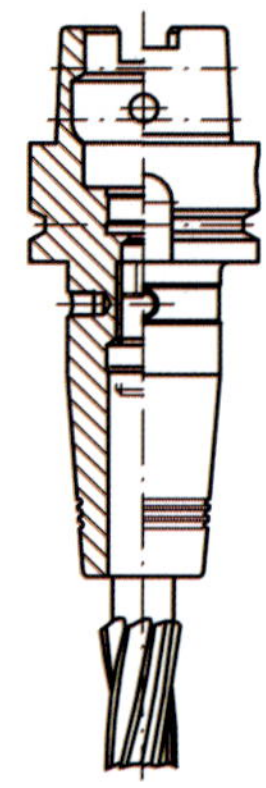

Morsekegel (MK1 bis MK3) zur Aufnahme von Werkzeugen und Werkzeugspannsystemen in die Maschinenspindel werden nur bei kleineren Fräsmaschinen eingesetzt. Diese Kegel haben einen Kegelwinkel von 1°26′ und wirken darum selbsthemmend. Dies erschwert nach dem Gebrauch des Werkzeugs das Austreiben aus der Maschinenspindel. Darum sind Spannsysteme auf dieser Basis für den automatischen Werkzeugwechsel wenig geeignet.

Für manuellen und automatischen Werkzeugwechsel eignen sich Steilkegel und Hohlschaftkurzkegel.

Steilkegel SK haben einen Kegelwinkel von über 8°. Sie sind darum nicht selbsthemmend. Zum sicheren Einsatz werden sie mit einer oben eingeschraubten Zugstange oder einem Greifer in die Maschinenspindel eingezogen und gehalten. Die Übertragung des Drehmoments geschieht weitgehend über Mitnehmer an der Spindel und Mitnehmernut am Bund des Steilkegels. Steilkegel liegen normalerweise nicht mit ihrem Bund an der Unterseite der Maschinenspindel an.

Hohlschaft-Kurzkegel HSK werden innen gefasst und durch ein Greifsystem in die Spindel eingezogen. Dabei wird durch die elastische Verformung der Kurzkegel fest an die keglige Bohrung der Masschinenspindel angelegt und der Bund wird gegen die Planfläche der Spindel gezogen. Dadurch ist eine sehr hohe Positioniergenauigkeit des Werkzeugs in der Maschinenspindel bei geringem Gewicht und kurzer Baulänge zu erreichen.

Werkzeugspannsysteme haben keglige Schäfte zur Aufnahme in die Maschinenspindel.
Morsekegel werden nur bei kleinen Maschinen eingesetzt.
Steilkegel und **Hohlschaftkurzkegel** werden auch für automatischen Werkzeugwechsel eingesetzt.

Werkzeuge, die nicht unmittelbar in der Werkzeugmaschinenspindel gespannt werden, müssen in Werkzeugaufnahmen positioniert und gespannt werden. Für herkömmliche Werkzeugmaschinen mit Umdrehungsfrequenzen bis etwa 5000 1/min geschieht dies durch Morsekegel, Spannzangen oder Aufsteckdorne.

Beispiele für Werkzeugbefestigungen in eine Werkzeugaufnahme mit Steilkegel

Morsekegel	Spannzange	Aufsteckdorn
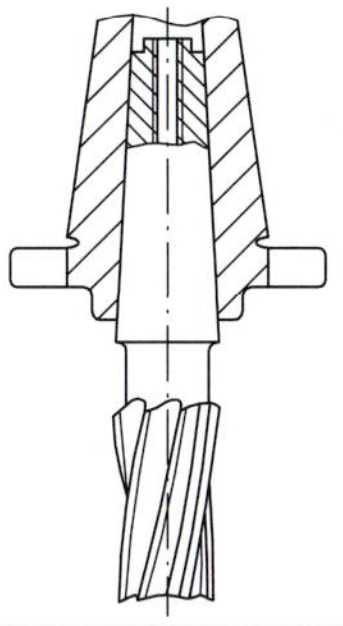	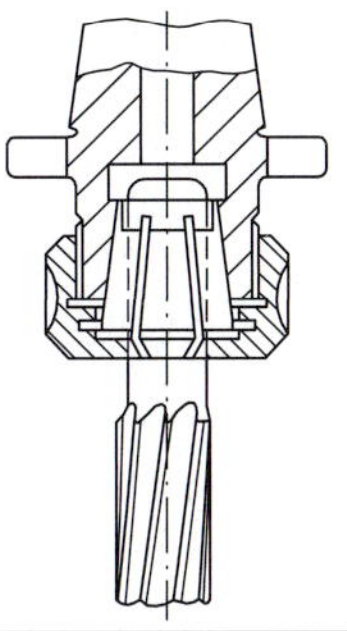	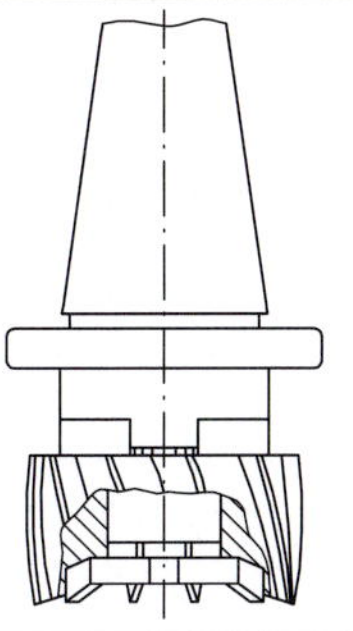

Werkzeugaufnahmen

Werkzeuge zur Hochgeschwindigkeitsbearbeitung (Umdrehungsfrequenzen teilweise über 30.000 1/min) werden in sehr gut ausgewuchteten mechanischen Spannzangenfuttern sowie durch Warmschrumpf-, Dehnspann- oder Polygonspannfutter in der Werkzeugaufnahme positioniert und gespannt.

Schrumpffutter	Hydro-Dehnspannfutter	Polygonspannfutter
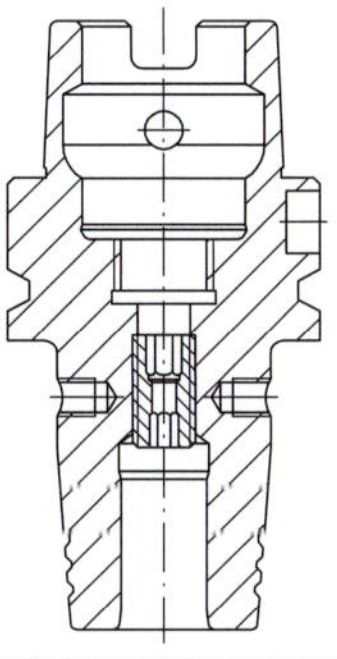	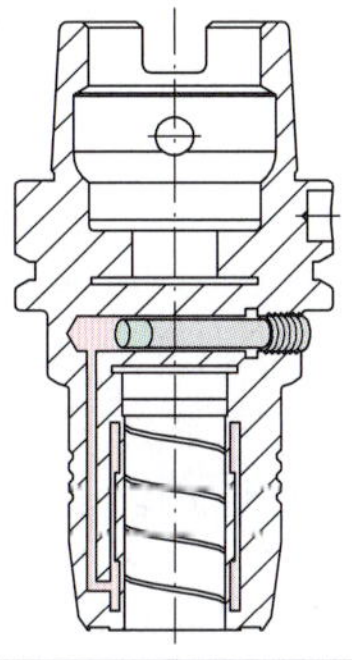	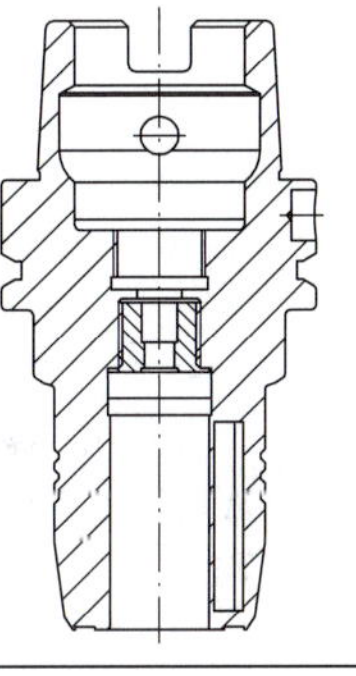

Bei der **Werkzeugspannung durch Wärmeschrumpftechnik** wird die Werkzeugaufnahme durch hochfrequente Induktionsströme nur an der Spannstelle erwärmt. Die Werkzeugaufnahme weitet sich und das kalte Werkzeug kann in die Aufnahme eingeschoben werden. Die Erwärmungszeit beträgt wenige Sekunden. Zum Wechsel des Werkzeuges wird die Werkzeugaufnahme ebenfalls durch Induktionsstrom nur in der Nähe des Werkzeugschaftes erhitzt.

Bei der **Werkzeugspannung durch Hydro-Dehnspannfutter** wird durch einen Spannkolben das hydraulische Medium hinter eine Spannbüchse gedrückt. Dadurch verformt sie sich und spannt das Werkzeug.

Bei der **Polygonspanntechnik** wird die Werkzeugaufnahme mit polygonartiger Bohrung durch ein Presssystem an der Spannstelle so deformiert, dass die Bohrung rund wird und das Werkzeug eingeführt werden kann. Nach Entlasten des Presssystems ist das Werkzeug gespannt.

Ablauf des Polygonspannens

ohne Werkzeug	nach Einleiten der Kraft	beim Einfügen des Werkz.	gespanntes Werkzeug
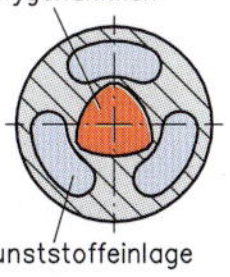	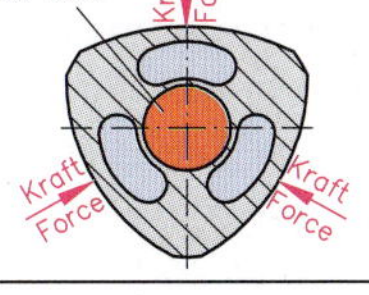	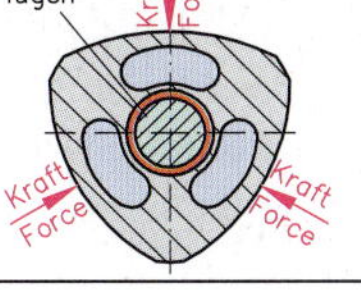	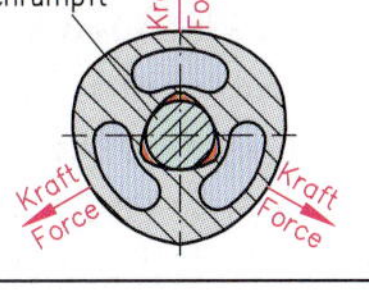

3.5 Werkzeugverschleiß und Werkstückfehler

3.5.1 Werkzeugverschleiß und Gegenmaßnahmen

Die Wahl einer ungünstigen Schneidengeometrie und/oder eines wenig geeigneten Schneidstoffes beeinträchtigen die Standzeit bzw. Funktionsfähigkeit der Schneiden. Das gleiche gilt für schlecht ausgewählte Schnittdaten. Es stellen sich vermeidbare Erscheinungsformen von Werkzeugverschleiß ein. Die Oberflächengüte der Werkstücke kann Mängel aufweisen.

Starker Kolkverschleiß

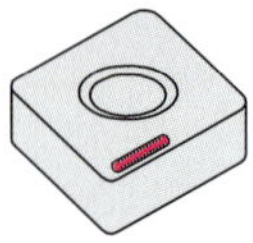

- Verminderung der Schnittgeschwindigkeit
- verschleißfesteres Hartmetall verwenden
- beschichtete HM-Schneide einsetzen

Starker Freiflächenverschleiß

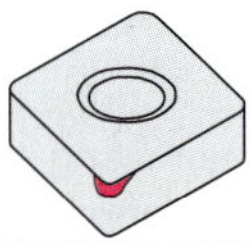

- verschleißfesteres HM verwenden
- Vorschub je Zahn erhöhen

Ausbröckelungen der Schneidkante (mechanische Belastung)

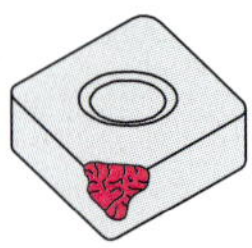

- zäheres Hartmetall verwenden
- negative Schnittwinkel wählen (Stabilisierungsfase)
- Steifigkeit der Maschine, Werkstück und Werkstückspannung überprüfen
- Vorschub je Zahn verringern
- Anschnittwinkel ändern (Initialkontakte)

Aufbauschneidenbildung

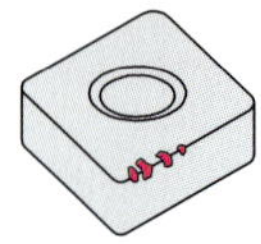

- Schnittgeschwindigkeit und/oder Vorschub erhöhen
- andere HM-Sorte verwenden
- geschliffene, positive Schneiden einsetzen
- beschichtete HM-Schneide einsetzen

Aussplitterung der Schneidkante (thermische Belastung)

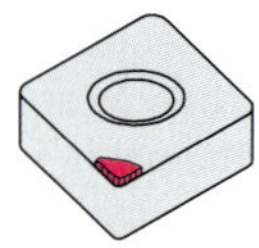

- zäheres Hartmetall verwenden
- Vorschub je Zahn verringern
- Schnittgeschwindigkeit erhöhen
- positive Schnittwinkel wählen

Plattenbruch

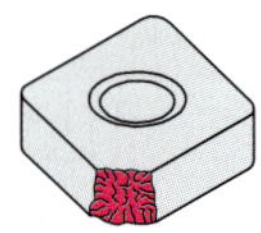

- auf freien Spanablauf achten
- zähere HM-Sorte verwenden
- Schnittwerte überprüfen
- Anschnittwinkel ändern (Initialkontakte)

3.5.2 Werkstückfehler und Gegenmaßnahmen

Rattermarken

- Stabilität von Aufspannung und Maschine überprüfen
- andere Schneidengeometrie wählen
- Fräser mit ungleicher Teilung einsetzen
- Anordnung des Fräsers zum Werkstück überprüfen

Ungenügende Oberfläche am Werkstück

- Breitschlichtschneide verwenden
- Vorschub je Zahn senken
- Stabilität von Aufspannung und Maschine überprüfen
- Schnittgeschwindigkeit erhöhen
- andere Schneidengeometrie verwenden
- Fräser auf Planschlag überprüfen

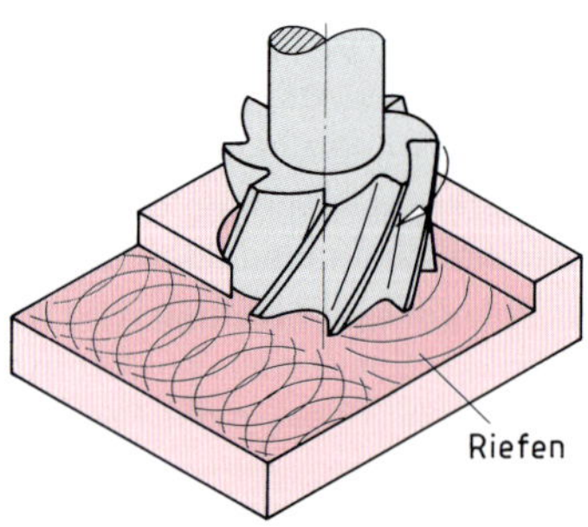

Die richtige Auswahl der Werkzeuge und Schnittbedingungen kommt in Hinblick auf die Fertigungszeit und Qualität der erzeugten Werkstücke eine große Bedeutung zu. Daher geben die Werkzeughersteller für die verhschiedenen Werkstoffe zu bearbeitender Werkstücke und der Zerspanbedingungen Empfehlungen heraus. Diese sind in Werkzeugkatalogen enthalten oder werden als Software für Computer zur Verfügung gestellt.

Übungsaufgaben FT-127; FT-128; FT-129

3.6 Arbeitsverfahren auf Fräsmaschinen

3.6.1 Einteilung der Fräsverfahren

Fräsverfahren werden nach der Form der zu erzeugenden Fläche, nach der Lage der Schneiden zur Vorschubbewegung und nach dem Zusammenwirken von Schnitt- und Vorschubbewegung unterschieden.

- **Einteilung nach der Vorschubbewegung und der Form der zu erzeugenden Fläche**

Nach der Form der zu erzeugenden Fläche unterscheidet man Planfräsen, Rundfräsen, Profilfräsen u. a.

Beispiele **für die Bezeichnung von Fräsverfahren nach Vorschub und Form der zu erzeugenden Fläche.**

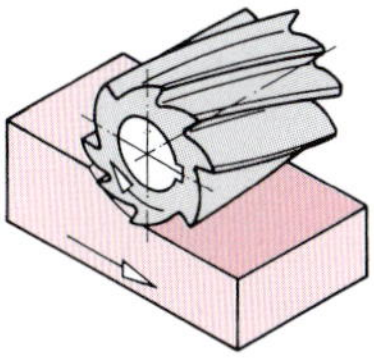
Planfräsen

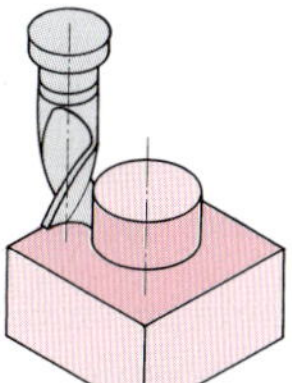
Rundfräsen

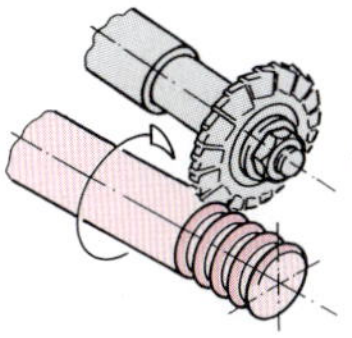
Schraubfräsen

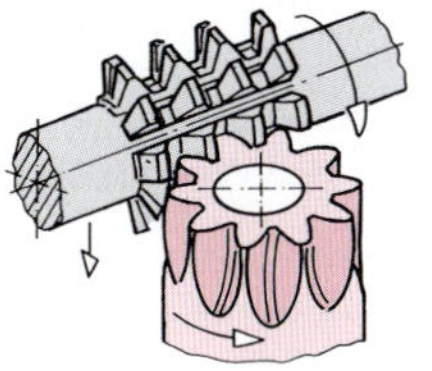
Zahnradfräsen

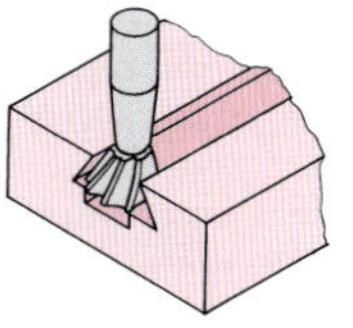
Profilfräsen

- **Einteilung nach der Lage der Schneiden zur Vorschubbewegung**

Als **Hauptschneiden** bezeichnet man die Schneiden, welche in Vorschubrichtung liegen. **Nebenschneiden** liegen nicht in Vorschubrichtung. Haupt- und Nebenschneiden bilden die **Schneidenecke**.
Nach der Lage der Schneiden am Fräser, durch welche die gewünschte Oberfläche erzeugt wird, unterscheidet man Umfangsfräsen, Stirnfräsen und Stirn-Umfangsfräsen.

Planfräsen durch Stirnfräsen	Planfräsen durch Umfangsfräsen	Planfräsen durch Stirn-Umfangsfräsen
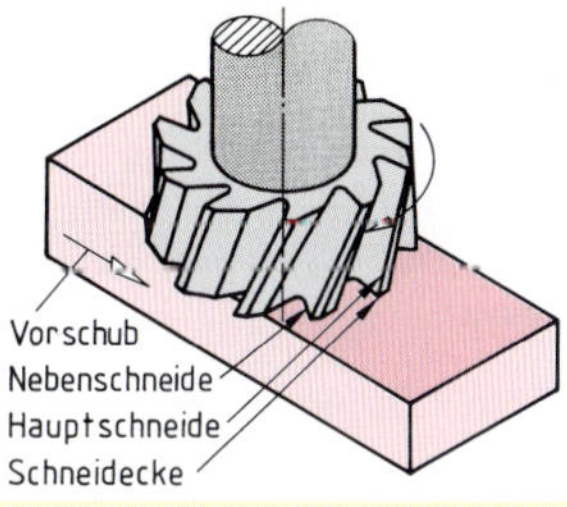	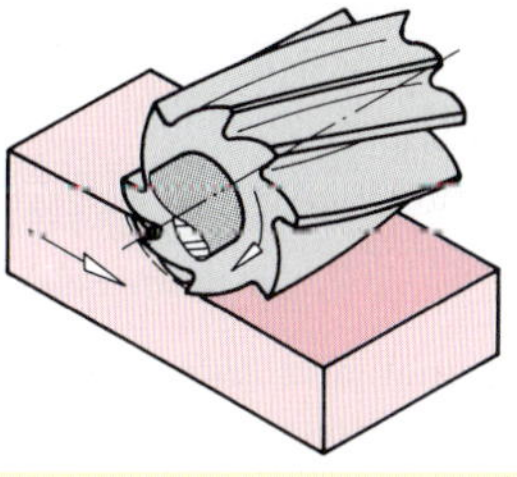	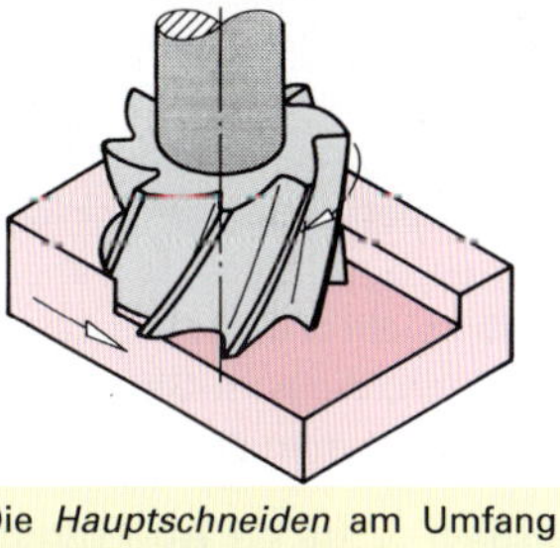
Die *Nebenschneiden* an der Stirnseite des Fräsers erzeugen die Werkstückoberfläche.	Die *Hauptschneiden* am Umfang des Fräsers erzeugen die Werkstückoberfläche.	Die *Hauptschneiden* am Umfang und die *Nebenschneiden* an der Stirnseite des Fräsers erzeugen die Werkstückoberfläche.

- **Einteilung nach der Art des Zusammenwirkens von Schnitt- und Vorschubbewegung**

Entsprechend dem Zusammenwirken von Schnitt- und Vorschubbewegung unterscheidet man Gegenlauf- und Gleichlauffräsen.

Gegenlauffräsen	Gleichlauffräsen
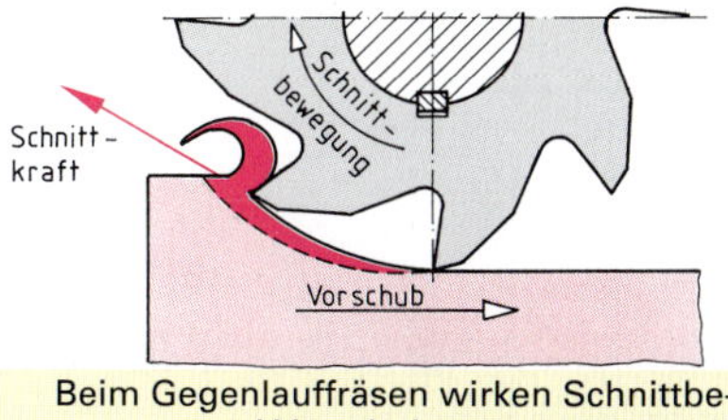	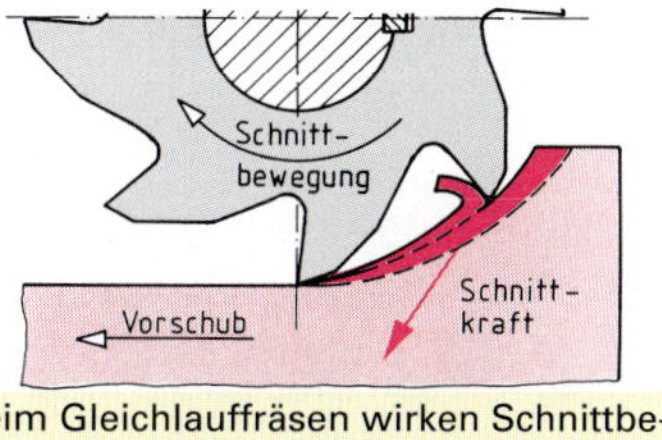
Beim Gegenlauffräsen wirken Schnittbewegung und Vorschub entgegengesetzt.	Beim Gleichlauffräsen wirken Schnittbewegung und Vorschub gleich gerichtet.

Übungsaufgaben FT-130; FT-131

- **Vergleich von Gegenlauf- und Gleichlauffräsen**

Beim **Gegenlauffräsen** dringt die Schneide allmählich in den Werkstoff ein. Am Ende des Schnittvorgangs ist der größte Spanungsquerschnitt abzutrennen. Die Schneide wird schlagartig von der maximalen Schnittkraft entlastet. Die starke Reibung zu Beginn des Schnittvorgangs führt zu hohem Verschleiß der Schneiden. Die Schnittkraft wirkt der Vorschubrichtung entgegen, daher wirkt sich ein Spiel im Vorschubantrieb nicht aus.

Als Folge der schräg nach oben gerichteten Schnittkraft droht das Werkstück bei jedem Span aus der Aufspannung gerissen zu werden und es entstehen häufig Rattermarken auf der Werkstückoberfläche.

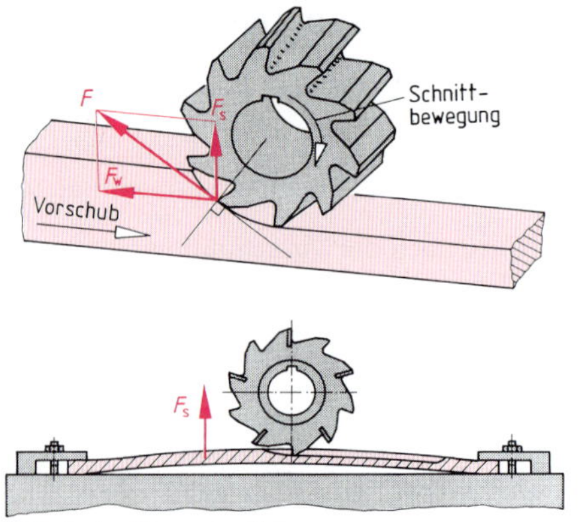

Kräfte beim Gegenlauffräsen

Zum Gegenlauffräsen muss das Werkstück besonders fest aufgespannt werden.
Beim Gegenlauffräsen entstehen leicht Rattermarken auf der Werkstückoberfläche.

Die Schneide dringt beim **Gleichlauffräsen** schlagartig in den Werkstoff ein. Der größte Spanungsquerschnitt wird am Anfang abgetrennt. Somit hat die Schnittkraft sofort ihren Höchstwert und nimmt allmählich ab.
Das schlagartige Auftreffen der Schneiden auf die Werkstückoberfläche – besonders bei Gussstücken mit harter Außenhaut – kann zum Bruch der Fräserschneiden führen. Die Schnittkraft wirkt in Vorschubrichtung. Während des gesamten Schnittvorganges ist die Schnittkraft schräg nach unten gerichtet. Hierbei wird das Werkstück fest auf den Tisch gedrückt.
Durch die Schnittkraft kann das Werkstück bei einem vorhandenen Spiel im Vorschubantrieb unter den Fräser gezogen werden. Daher muss der Vorschubantrieb spielfrei und starr sein.

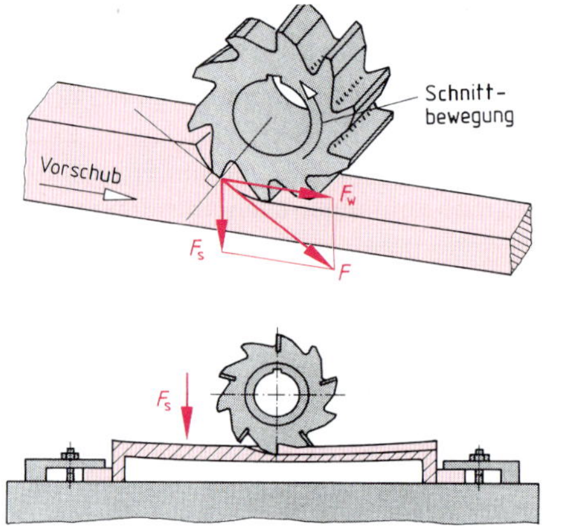

Kräfte beim Gleichlauffräsen

Maschinen, die zum Gleichlauffräsen geeignet sind, müssen möglichst geringes Spindelspiel aufweisen. Dies erreicht man durch Kugelumlaufspindeln oder Ausgleichsmuttern.

Beispiel für die Anwendung einer Ausgleichsmutter zur Verringerung des Spindelspiels

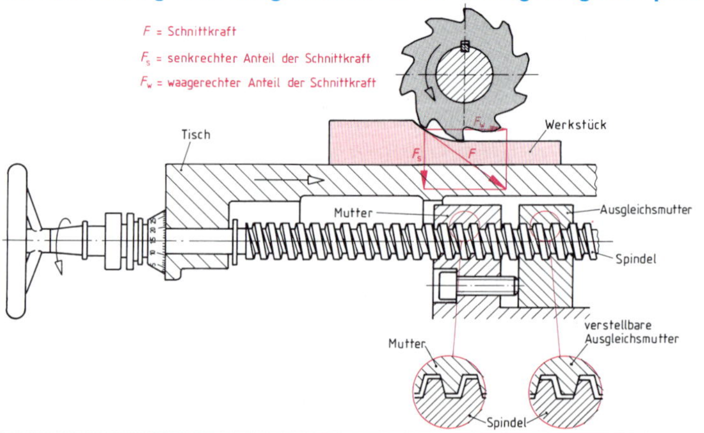

Beim Gleichlauffräsen muss der Vorschubantrieb der Fräsmaschine spielfrei sein, da sonst das Werkstück unter den Fräser gezogen wird. Gleichlauffräsen erlaubt größere Schnitttiefen.

Übungsaufgaben FT-132; FT-133

3.6.2 Fräsen ebener Flächen

Ebene Flächen können durch Umfangsfräsen (Walzfräsen) oder Stirnplanfräsen sowohl mit senkrechter als auch mit waagerechter Spindel erzeugt werden.

Die Wahl des Verfahrens richtet sich nach der Werkstückgröße und der Lage der Fläche. Man bearbeitet große Flächen, die parallel zum Maschinentisch liegen, hauptsächlich durch Stirnfräsen. Schmale Flächen bearbeitet man hingegen auch durch Umfangsfräsen (Walzfräsen).

- **Umfangsplanfräsen**

Beim **Umfangsplanfräsen** ist die Schneidenbelastung ungleichmäßig, aufgrund der geringen, im Eingriff befindlichen Schneidenzahl und des ungleichmäßigen **Spanungsquerschnitts** (Kommaspanbildung). Eine Verbesserung der Zerspanungsbedingungen wird durch den Einsatz von Walzenfräsen mit schraubenförmigem Schneidenverlauf erreicht.

Die Oberflächenbeschaffenheit ist niedriger, denn die ungleichmäßige Schneidenbelastung führt zu einem unruhigen Lauf des Fräsers. Eine Verbesserung der Oberflächenbeschaffenheit ist durch den Einsatz von Walzenfräsern mit schraubenförmigem Schneidenverlauf im Gleichlauffräsen zu erzielen.

Das Zeitspanvolumen ist gering, weil durch die Kommaspanbildung nur eine geringe mittlere **Spanungsdicke** erreicht wird.

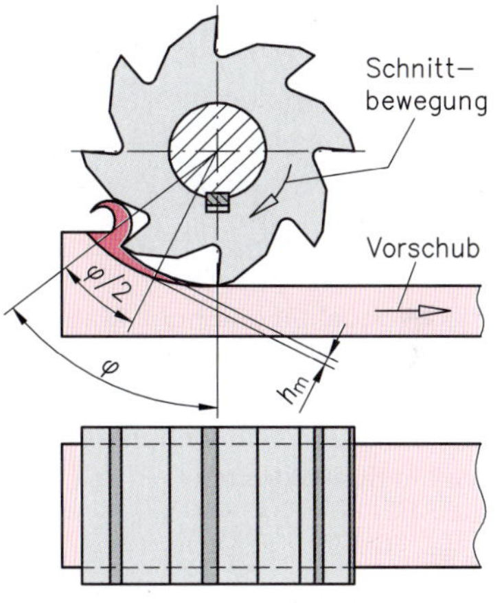

Umfangsplanfräsen

Umfangsplanfräsen führt zu unruhigem Lauf des Fräsers. Das Zeitspanvolumen ist gering.

- **Stirnplanfräsen**

Beim **Stirnplanfräsen** ist die Schneidenbelastung sehr gleichmäßig, weil viele Zähne im Eingriff sind und der Spanungsquerschnitt gleichmäßig ist.

Die spezifische Schnittkraft ist aufgrund eines günstigeren Scherflächenverlaufs niedriger als beim Umfangsplanfräsen.

Die Oberflächenbeschaffenheit ist hoch, denn die relativ gleichmäßige Schneidenbelastung am Fräserumfang führt zu einem ruhigen Lauf des Fräsers. Durch die schabende Wirkung der Stirnschneiden ergibt sich auch auf den Planflächen eine sehr gute Oberflächenbeschaffenheit.

Das Zeitspanvolumen ist hoch, da durch den relativ gleichmäßigen Spanungsquerschnitt eine große mittlere Spanungsdicke erreicht wird.

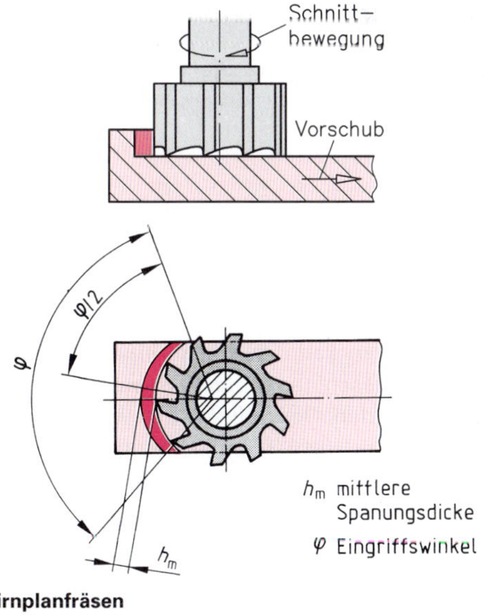

Stirnplanfräsen

Stirnplanfräsen führt zu ruhigem Lauf des Fräsers. Das Zeitspanvolumen ist hoch. Die erreichbare Oberflächenbeschaffenheit ist besser als beim Umfangsfräsen.

Übungsaufgabe FT-134

Beim **Stirnfräsen** entsteht immer Gleich- und Gegenlauffräsen. Bei Spanungsbeginn ist die Drehrichtung der Vorschubrichtung des Werkstücks entgegengesetzt, es liegt Gegenlauffräsen vor. Ab Werkstückmitte wandelt sich dies und es herrschen Gleichlaufbedingungen. Dadurch werden Schnittkraftschwankungen ausgeglichen und die Schneiden weniger belastet.

Wird die Fräsermitte so versetzt, dass der Gegenlaufanteil vergrößert wird, sinkt entsprechend der Gleichlaufanteil. Dadurch wird der Schnittverlauf ruhiger. Mit dieser Einstellung kann die Schnittleistung gesteigert werden.

Beispiel für Gleich- und Gegenlaufanteile beim Stirnplanfräsen mit einem Messerkopf

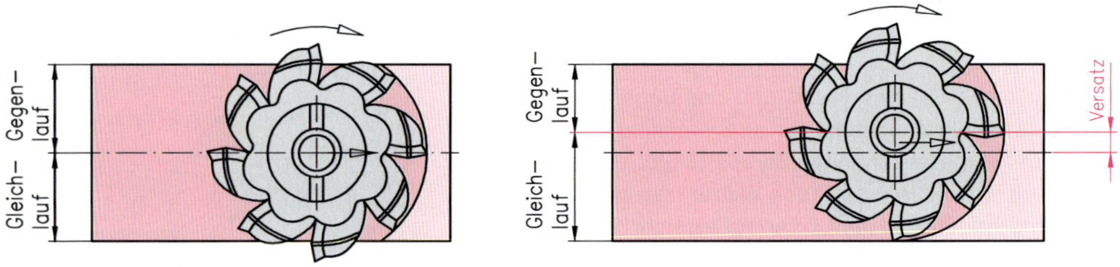

Gute Oberflächenqualität und hohe Maßgenauigkeit erreicht man bei Einhaltung der folgenden Regeln für das Stirnplanfräsen mit Messerköpfen:

- Zur Vermeidung von Schwingungen sollte der Fräserdurchmesser das Zweifache des Spindeldurchmessers nicht überschreiten.

- Beim Fräsen schmaler Werkstücke sollte der Fräserdurchmesser *d* etwa 25 % größer sein als die Werkstückbreite a_e.

$$D \approx 1{,}25 \cdot a_e$$

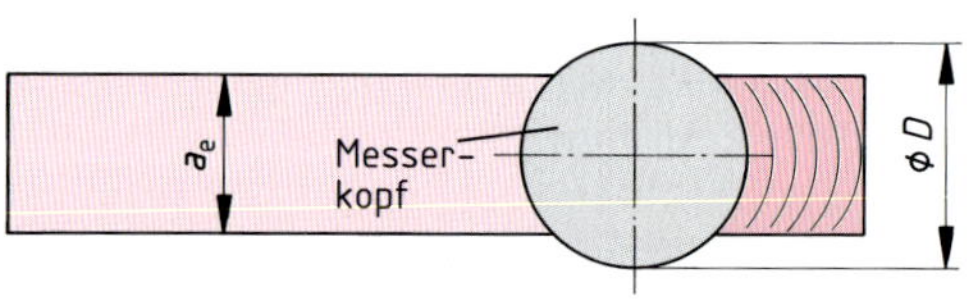

Fräsen eines schmalen Werkstücks mit einem Messerkopf

- Beim Zeilenfräsen soll die Fräsbreite a_e etwa 80 % des Fräserdurchmessers betragen.

$$a_e \approx 0{,}8 \cdot D$$

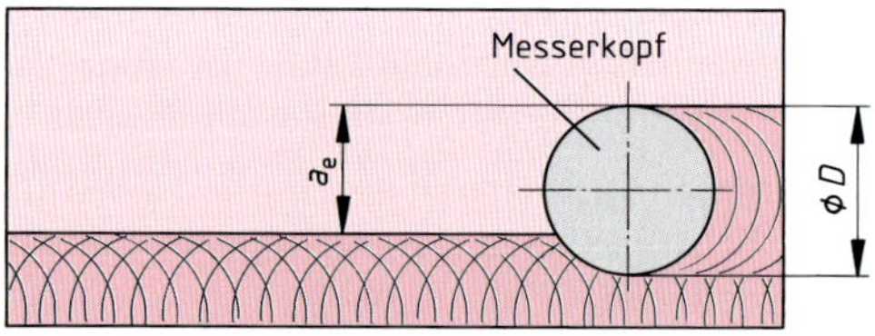

Zeilenfräsen mit einem Messerkopf

- Der Nachschneideeffekt beim Planfräsen mit Messerköpfen kann durch geringe Schrägstellung der Maschinenspindel (**Spindelsturz**) vermieden werden. Der Spindelsturz wird etwa zwischen 0,1 mm und 0,3 mm je Meter Spindellänge gewählt. Dies entspricht einem Winkel von 20 bis 60 Winkelsekunden. Durch den Spindelsturz entsteht eine sehr geringe Welligkeit der Oberfläche.

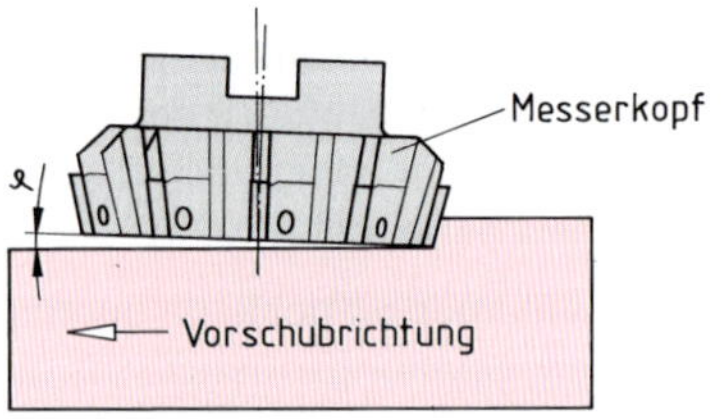

Spindelsturz

Beim Planfräsen mit Messerköpfen soll der Fräser nur zu etwa 70 % bis 80 % im Eingriff sein. Der Gleichlaufanteil soll größer als der Gegenlaufanteil sein.

Schmale Flächen können an Guss- und Schmiedestücken sehr wirtschaftlich erzeugt werden, indem die Bearbeitungszugabe mit Scheibenfräsern als Einzel- oder Satzfräser abgetrennt wird.

Die Breite der zu bearbeitenden Fläche ist durch den Nabendurchmesser des Fräsers begrenzt.

Beispiele **für die Bearbeitung schmaler Flächen mit Scheibenfräsern**

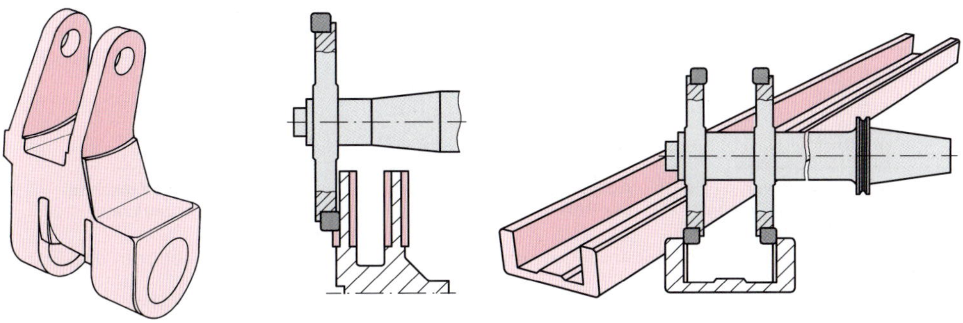

3.6.3 Nutfräsen

Zur Führung beweglicher Bauteile und zum Einpassen von Längsfedern und Scheibenfedern sind häufig Nute zu fräsen. Beim Nutfräsen treten leicht Schwierigkeiten bei der Spanabfuhr auf. Darum fertigt man lange und tiefe Nuten vorzugsweise mit **Scheibenfräsern**. Diese Fräser schneiden je nach Aufbau mit jedem Zahn dreiseitig oder wechselseitig bis nahezu zur Nabentiefe. Die Teilung des zu verwendenden Scheibenfräsers ist entsprechend dem Werkstoff zu wählen: Lang spanende und weiche Werkstoffe erfordern große Teilung, kurz spanende Werkstoffe erlauben eine enge Teilung.

Die Nutbreite wird entweder über die Breite des Fräsers eingestellt, oder die Nut muss in mehreren Arbeitsgängen gefräst werden.

Beispiele **für Nutfräsen mit Scheibenfräsern**

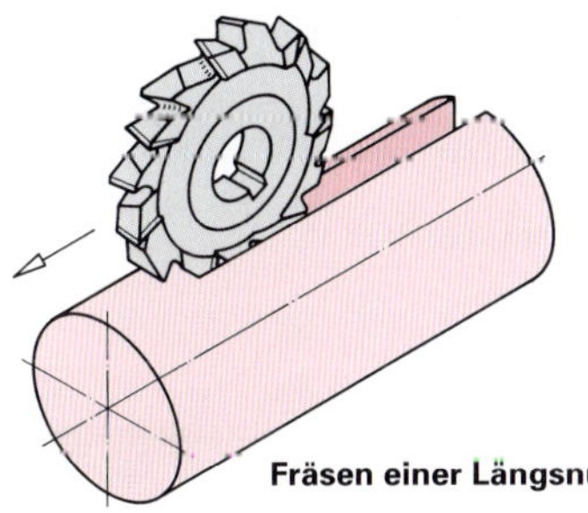

Fräsen einer Längsnut

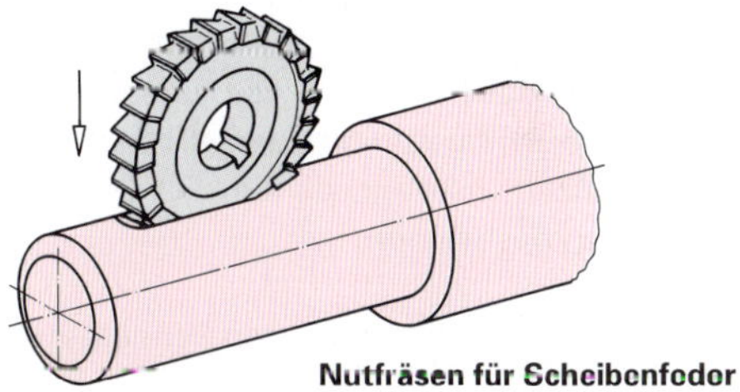

Nutfräsen für Scheibenfeder

Lange und tiefe Nute werden vorzugsweise mit Scheibenfräsern gefräst. Sie gewährleisten hohes Zeitspanvolumen.

3.6.4 Bohren

Auf Fräsmaschinen werden Bohrungen hergestellt, wenn das Werkstück in einer Aufspannung bearbeitet werden soll. Auf Bearbeitungszentren, die in der industriellen Fertigung vielfach eingesetzt sind, werden verschiedenartige Werkzeuge aus einem Werkzeugmagazin eingewechselt, sodass nahezu die gesamte Bearbeitung in einer Aufspannung ausgeführt wird.
In der Einzelfertigung und zur Herstellung kleiner Bohrungen verwendet man die bereits beschriebenen Bohrwerkzeuge.
In der Serienfertigung werden meist mit Schneidplatten bestückte Bohrer zum Bohren ins Volle (Vollbohren), Aufbohren und Feinbohren eingesetzt. Feinbohren dient zur Erzeugung sehr genauer Bohrungen (bis ca. ± 0,005 mm) mit einem verstellbaren einschnittigen Werkzeug.

Übungsaufgabe FT-135

Beispiele für Bohrverfahren

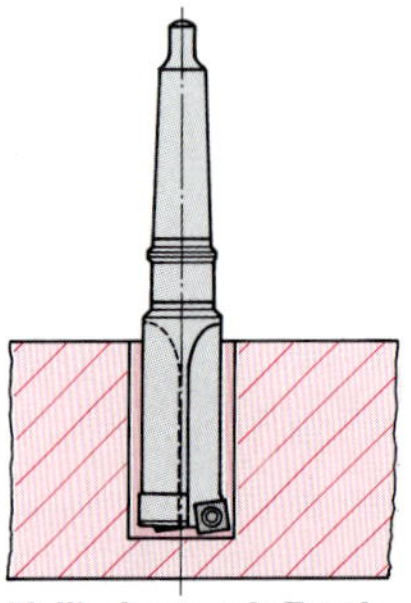

Vollbohren mit Zweischneider-Bohrwerkzeug

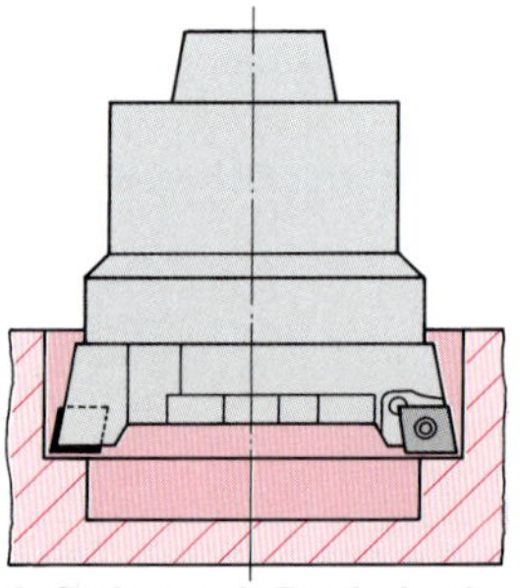

Aufbohren mit Zweischneider-Bohrwerkzeug

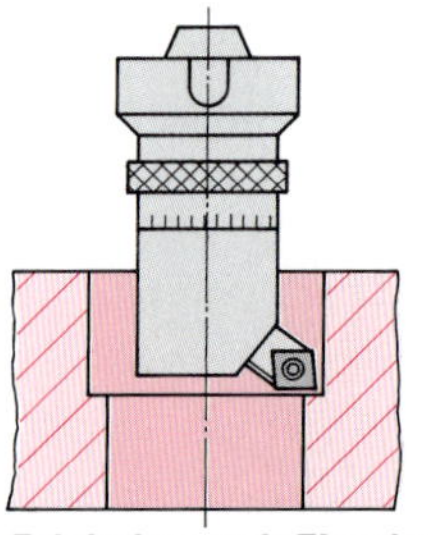

Feinbohren mit Einschneider-Feinbohrwerkzeug

Bohrverfahren, die auf Fräsmaschinen angewendet werden, sind Vollbohren, Ausbohren und Feinbohren.

Bohrer mit Wendeschneidplatten werden ab etwa 15 mm Durchmesser und Bohrlängen bis zum 5-fachen Durchmesser eingesetzt.

Im Gegensatz zu Spiralbohrern sind die einzelnen Schneiden von Wendeplattenbohrern auf beiden Seiten des Bohrers so versetzt, dass eine Schneide, die **Zentrumschneide**, den mittleren Bereich zerspant, und die andere Schneide, die **Peripherieschneide**, den äußeren Bereich der Bohrung spant. Beide Schneiden sollten zudem einen Winkel gegeneinander bilden, damit infolge der unterschiedlichen Wirkradien der Schneiden nur eine sehr geringe, radial nach außen gerichtete Kraft entstehen kann, denn eine solche Kraft kann das Verlaufen des Bohrers verursachen.

Da die Schnittgeschwindigkeit im Zentrum des Bohrers fast Null ist, werden die Zentrumplatten aus besonders zähen Hartmetallen gefertigt und mit einer großen Schutzfase an den Ecken versehen. Die Peripherieplatten hingegen werden mit besonders engen Toleranzen gefertigt, da sie den Durchmesser der Bohrung bestimmen.

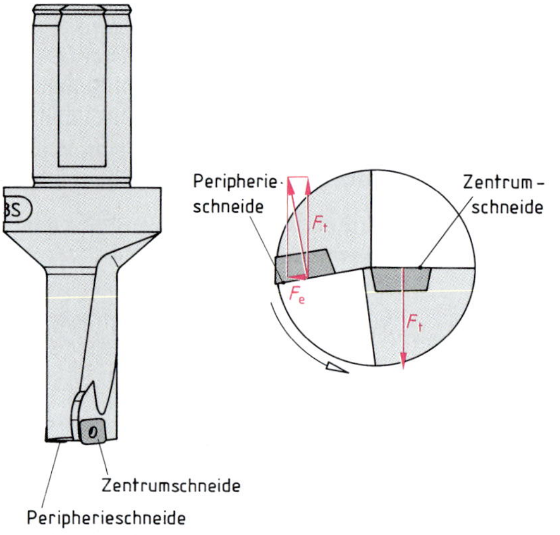

Wendeplattenbohrer

Da Wendeplattenbohrer mit ihren Schneiden auf unterschiedlichen Radien arbeiten, entstehen genaue Bohrungen nur, wenn beide Schneiden etwa gleichmäßig belastet sind.

Darum sollte zur Erzielung maß- und formgenauer Bohrungen folgendes beachtet werden:

- Es sollen möglichst kurze Bohrer eingesetzt werden.
- Es darf höchstens bis zu einem Viertel des Bohrerdurchmessers vorgebohrt werden. Beim Aufbohren ist der Vorschub zu verringern.
- Bei Ein- und Austrittsflächen, die mehr als 5° schräg verlaufen, ist der Vorschub beim Bohrerein- und -austritt um 50% zu verringern.

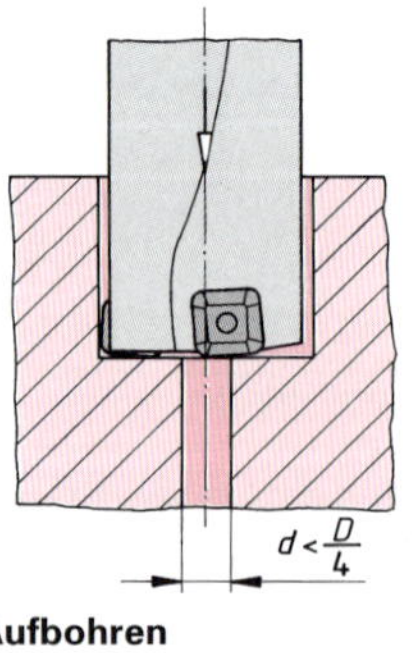

Aufbohren

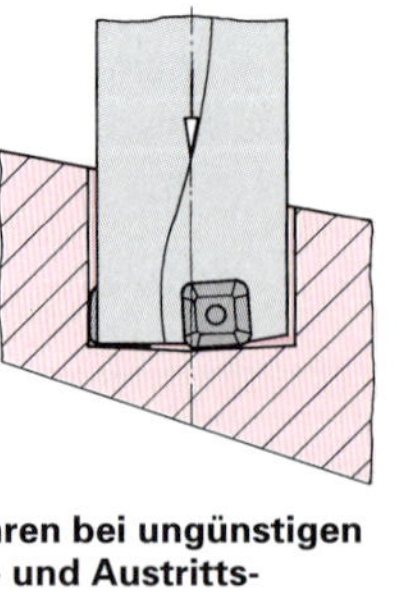

Bohren bei ungünstigen Ein- und Austrittsbedingungen

Bei Wendeplattenbohrern soll die Schneidenbelastung möglichst gleichmäßig sein. Bei ungleichmäßiger Belastung ist der Vorschub zu verringern.

Übungsaufgaben FT-136; FT-137

3.6.5 Arbeiten mit Plan- und Ausdrehköpfen

Mithilfe von Plan- und Ausdrehköpfen können auf Fräsmaschinen mit stehendem Werkstück und sich drehendem Werkzeug die gleichen Arbeiten durchgeführt werden, die auf Drehmaschinen mit rotierendem Werkstück und stehendem Werkzeug ausgeführt werden. Auf Fräsmaschinen werden diese Arbeiten jedoch mit erheblich niedrigerer Schnittgeschwindigkeit und geringerem Vorschub ausgeführt, sodass die Bearbeitungszeit zur Erzeugung der gleichen Kontur höher ist als beim Drehen auf einer Drehmaschine.
Aus diesem Grund verwendet man für solche Arbeiten auf Fräsmaschinen auch den Begriff „Drehen“ und bezeichnet Werkzeuge und Verfahren entsprechend.
Der auf Fräsmaschinen eingesetzte Werkzeugträger ist der **Ausdrehkopf**. Er kann zur Erzeugung runder Innen- und Außenkonturen sowie zur Erzeugung ebener Flächen eingesetzt werden.

Einsatz eines Plan- und Ausdrehkopfes

FT

Ausdrehköpfe bestehen aus dem Grundkörper mit dem Aufnahmekegel und einem darin verschiebbaren Schlitten mit der Aufnahme für das Werkzeug. Der Schlitten ist über eine Spindel verschiebbar. Universal-Plan- und Ausdrehköpfe haben zusätzlich selbsttätigen Vorschub, der bei Erreichen eines zuvor eingestellten Maßes ausgelöst werden kann.

Beispiel **für einen Plan- und Ausdrehkopf mit Planvorschub**

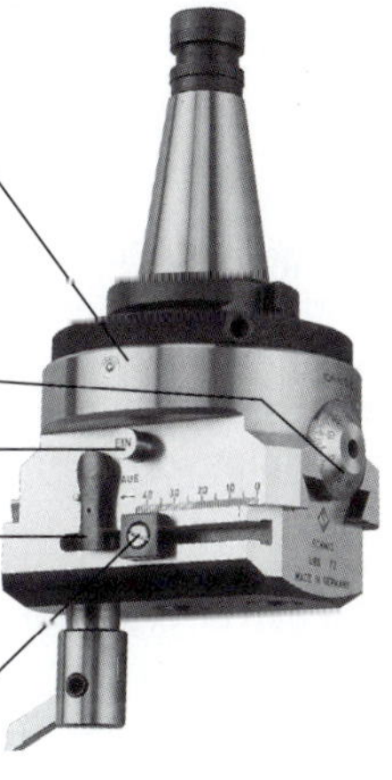

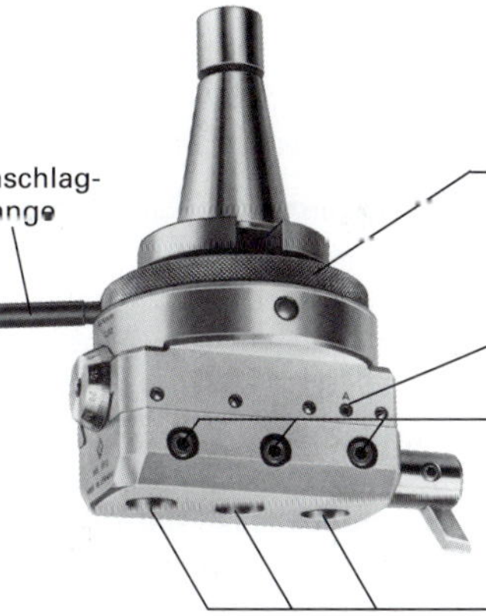

Die in den Ausdrehkopf einzuspannenden Werkzeuge werden nach der zu erzeugenden Kontur ausgewählt. Sie entsprechen vom Schneidenwerkstoff und den Schneidenwinkeln her den Meißeln, die zu entsprechenden Arbeiten auf Drehmaschinen eingesetzt werden.

Beispiele **für Drehwerkzeuge für Ausdrehköpfe**

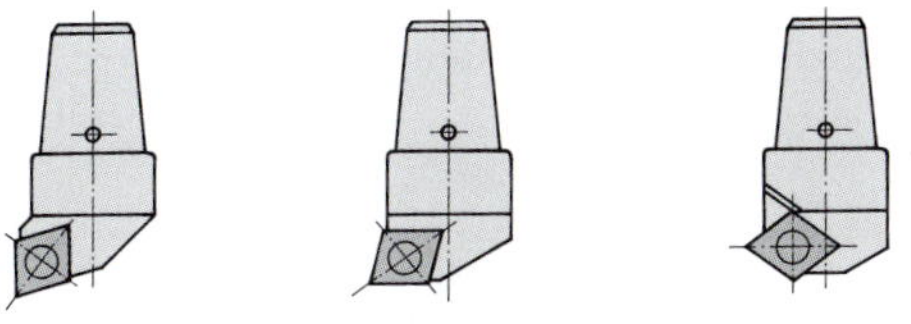

Drehmeißel mit Wendeschneidplatten

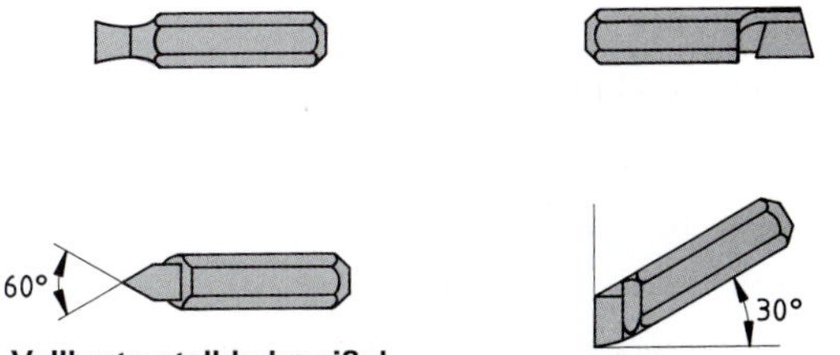

Vollhartmetalldrehmeißel

Beispiele für Einsatzmöglichkeiten von Ausdrehköpfen

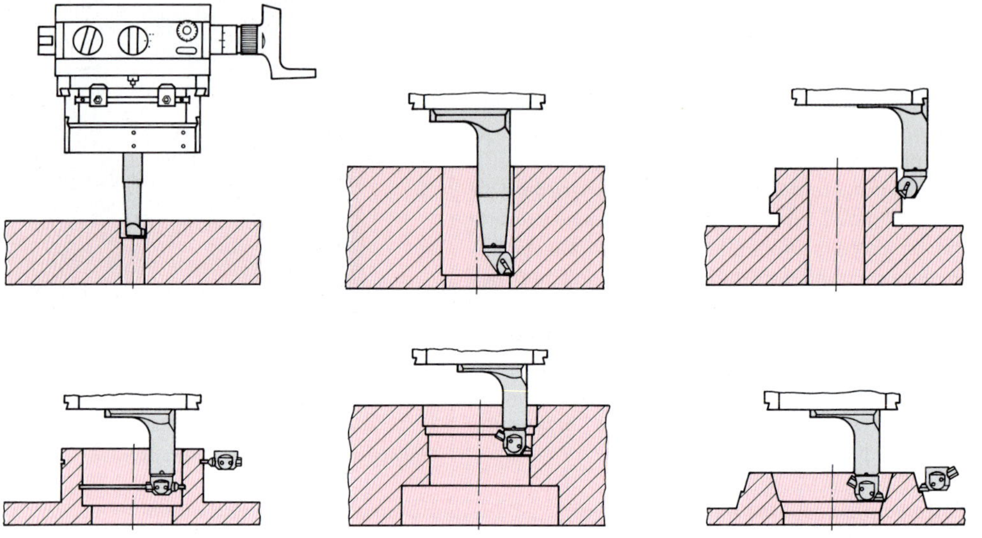

Mit Ausdrehköpfen können auf Fräsmaschinen ähnliche Arbeiten wie auf Drehmaschinen ausgeführt werden. Die Bearbeitungszeit ist wegen der niedrigeren Schnittgeschwindigkeit und dem kleineren Vorschub jedoch höher als beim Drehen.

3.6.6 Arbeiten mit dem Rundtisch

Bögen werden mit hoher Genauigkeit auf dem Rundtisch gefräst. Der Rundtisch wird auf dem Aufspanntisch der Fräsmaschine befestigt. Horizontal-Vertikal-Rundtische können in waagerechter und senkrechter Stellung ggf. mit einem Reitstock zur Werkstückstützung verwendet werden.
Rundtische bestehen aus einem Grundkörper, auf dem sich durch eine Schneckenwelle angetrieben der runde Aufspanntisch spielfrei drehen kann. Der Antrieb erfolgt von Hand oder bei motorisch angetriebenen Tischen über numerisch gesteuerte Elektromotoren.
Durch die hohe Übersetzung des Schneckenantriebes sind sehr kleine Winkelbewegungen des Rundtisches möglich. Das Einstellen und Ablesen der Winkeleinstellungen erfolgt über die Gradeinteilung am Umfang des Drehtisches und einen Nonius, ähnlich dem Nonius am Universalwinkelmesser, am Schneckenantrieb. Nummerisch angesteuerte Maschinentische sind meist mit einer elektronischen Positionsanzeige versehen.

Beispiele für Arbeiten mit dem Rundtisch

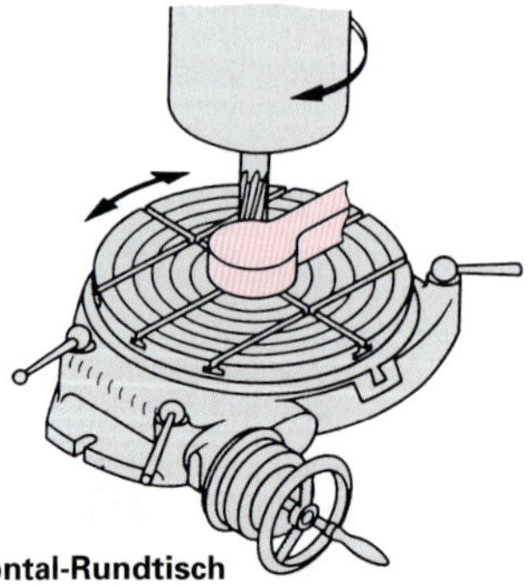

Horizontal-Rundtisch

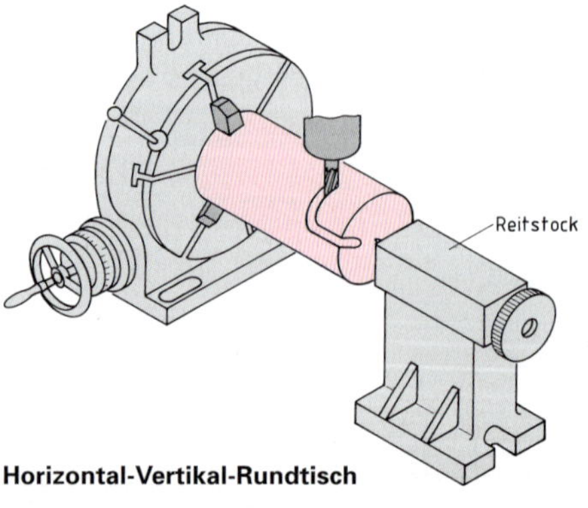

Horizontal-Vertikal-Rundtisch

Beim Einsatz eines Rundtisches sind zu beachten:

- Die Schnecke soll bei einem Bearbeitungsvorgang möglichst vom Beginn bis zum Ende des zu bearbeitenden Bogens nur in einer Richtung gedreht werden. So kommt evtl. im Spindelantrieb vorhandenes Spiel nicht zur Auswirkung.
- Zur Nutzung der Positionsanzeige des Fräsmaschinentisches zur Einstellung der zu fräsenden Radien müssen Spindelmitte und Mitte des Rundtisches auf einer Achse liegen.
- Rundtische sind zur Herstellung genauer Bohrungen und Zapfen weniger geeignet. Hier liefern Ausdrehwerkzeuge erheblich höhere Genauigkeit.

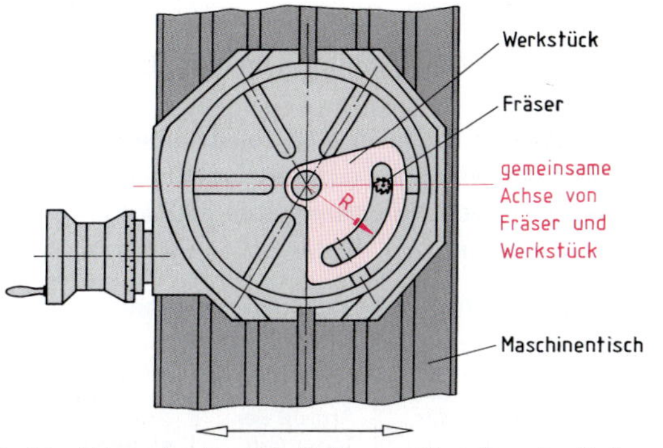

Richtige Stellung von Fräser- und Rundtischmitte zur Nutzung der Positionsanzeige

Rundtische dienen zum Fräsen von Bögen. Zur Erzeugung genauer Bohrungen und Zapfen sind sie weniger geeignet.

3.6.7 Teilen

Bei der Weiterbearbeitung zylindrischer Werkstücke sind vielfach am Umfang bzw. an der Stirnseite in regelmäßigen Abständen Einfräsungen vorzunehmen. Die Anzahl der gleichen Abstände nennt man Teilung. Zum Einstellen solcher Teilungen verwendet man Teilapparate. Teilapparate dienen der Werkstückspannung und ermöglichen eine Drehung des Werkstückes um einen bestimmten Teilungswinkel. Der Teilungswinkel wird über die Anzahl der Teilungen am Werkstückumfang ermittelt.

Beispiele für Werkstücke mit regelmäßigen Teilungen

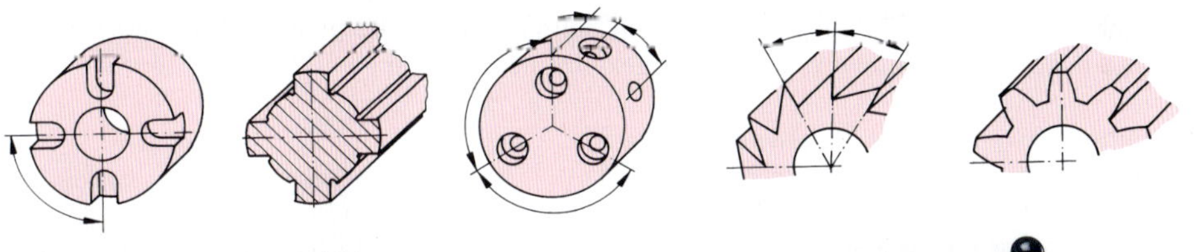

Universalteilapparate ermöglichen es, Teilungen nach dem direkten und nach dem indirekten Teilverfahren durchzuführen. Teilapparate besitzen eine drehbare Teilspindel mit einer Aufnahme für Werkstückspannvorrichtungen. Als Spannvorrichtungen dienen z. B. Spannfutter und Zentrierspitzen mit Mitnahmevorrichtungen. Somit wird das Werkstück stets direkt auf der Teilspindel gespannt.

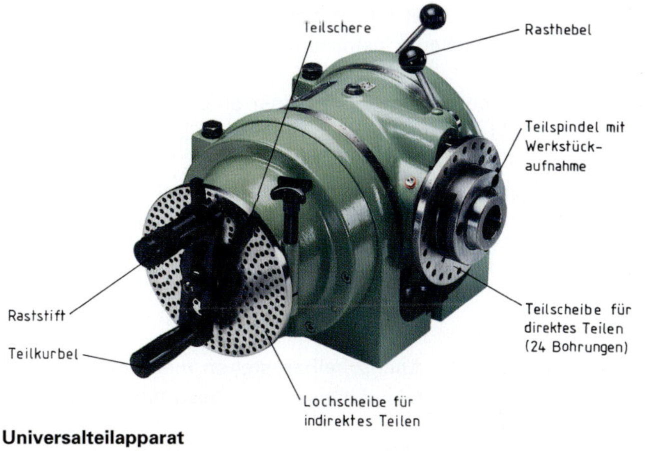

Universalteilapparat

Teilapparate sind Spannvorrichtungen, mit denen Werkstücke um einen bestimmten Teilungswinkel zur Bearbeitung gedreht werden.

FT

Übungsaufgaben FT-139; FT-140

Direktes Teilen

Das direkte Teilen kann mit einem einfachen Teilapparat oder mit einem Universalteilapparat ausgeführt werden.

Zum direkten Teilen ist eine **Teilscheibe** mit regelmäßig verteilten Bohrungen oder Rasten direkt auf der Teilspindel befestigt. Teilspindel mit Teilscheibe werden von Hand gedreht und mit einem Raststift festgestellt, der durch einen Rasthebel betätigt wird. Durch direktes Teilen kann man alle Teilungen herstellen, die als Teiler in der Zahl der Bohrungen bzw. Rasten enthalten sind.

Beispiel **für direktes Teilen mit einer 24er Rastenscheibe**

Anzahl der Rasten		Anzahl der Teilungen		Anzahl der zu verstellenden Rasten
24	:	2	=	12
24	:	3	=	8
24	:	4	=	6
24	:	6	=	4
24	:	8	=	3
24	:	12	=	2
24	:	24	=	1

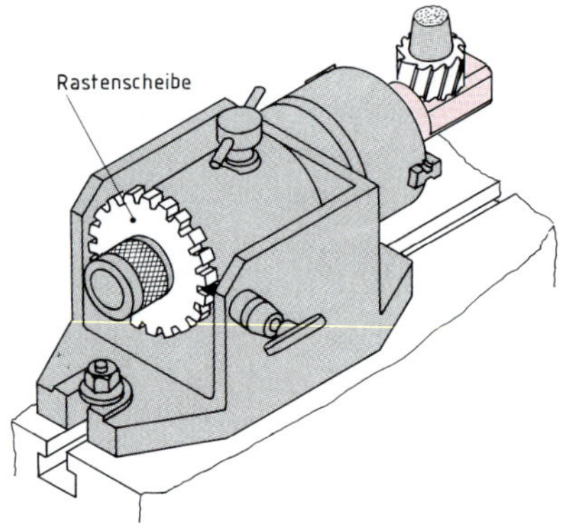

Beim direkten Teilen wird die Werkstückteilung unmittelbar auf der Teilscheibe der Teilspindel eingestellt.

Indirektes Teilen

Werkstückbearbeitungen, die durch direktes Teilen nicht durchgeführt werden können, werden mit dem indirekten Teilverfahren vorgenommen. Dazu wird der Gesamtaufbau des Universalteilapparates genutzt. Beim indirekten Teilen wird die Teilspindel über ein Schneckengetriebe gedreht. Dies besteht aus einem Schneckenrad auf der Teilspindel und einer Schneckenwelle, die über eine Teilkurbel gedreht wird.

Auf der Schneckenwelle werden auswechselbare Lochscheiben drehbar aufgesteckt und mit einem rückwärtigen Raststift fest mit dem Gehäuse verbunden. Die Teilkurbel wird mittels vorderem Raststift in der Lochscheibe festgestellt.

Das Getriebe besteht meist aus einer eingängigen Schnecke und einem Schneckenrad mit 40 Zähnen. Es hat ein **Übersetzungsverhältnis** von **40:1.** Damit sind durch ganze Umdrehungen der Teilkurbel alle Teilungen möglich, die selbst als Teiler in 40 enthalten sind.

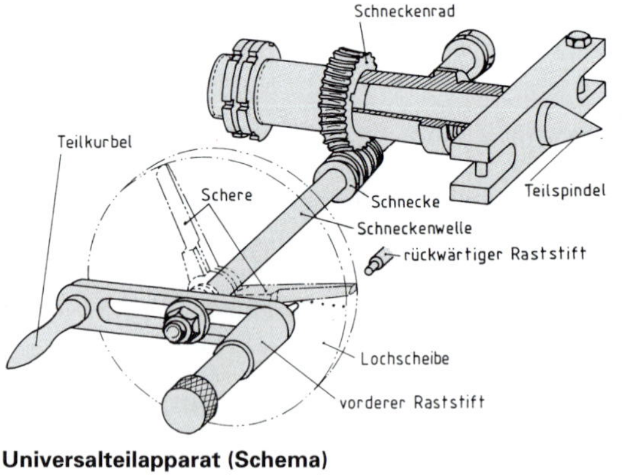

Universalteilapparat (Schema)

Als auswechselbare Lochscheiben stehen meist drei Typen mit einer großen Anzahl von Teilungen zur Verfügung. Auf jedem Lochkreis ist eine bestimmte Anzahl von Bohrungen mit gleichen Abständen angeordnet.

Für Teilungen, die nicht durch ganze Umdrehungen der Teilkurbel einstellbar sind, errechnet man aus dem Übersetzungsverhältnis 40:1 und der Zahl der gewünschten Teilungen die Anzahl der Teilkurbelumdrehungen nach der folgenden Beziehung:

Anzahl der Teilkurbelumdrehungen	$N_k = \dfrac{40}{\text{Zahl der Teilungen}}$

Falls die Berechnung keine ganze Zahl ergibt, so ist ein Lochkreis auszuwählen, in dem der Nenner des Bruches als Vielfaches enthalten ist. Zur Erleichterung des Abzählens der von einer vollen Kurbelumdrehung abweichenden Lochabstände verwendet man eine Teilschere.

I. Lochscheibe: 15, 16, 17, 18, 19, 20
II. Lochscheibe: 21, 23, 27, 29, 31, 33
III. Lochscheibe: 37, 39, 41, 43, 47, 49

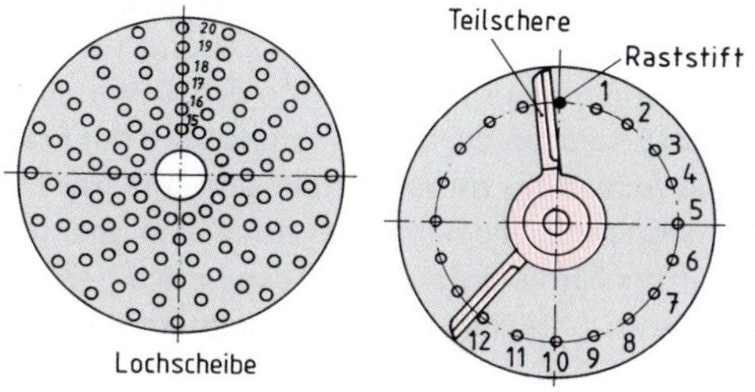

Auswechselbare Lochscheiben mit Teilschere

Beim indirekten Teilen wird die Werkstückteilung über ein Schneckengetriebe mit dem Übersetzungsverhältnis 40:1 und mithilfe von Lochscheiben eingestellt.

Beispiel für die Berechnung von N_k und die Wahl der Lochscheibe

Aufgabe: Ein Zahnrad mit 25 Zähnen ist zu fertigen. Die Zahl der Teilkurbelumdrehungen ist zu berechnen und ein Lochkreis auszuwählen.

Lösung: Anzahl der Umdrehungen der Teilkurbel $N_k = \frac{40}{25}$; $N_k = 1\frac{3}{5}$

Es ist eine Lochscheibe zu wählen, die einen durch 5 teilbaren Lochkreis besitzt. Es wird die Lochscheibe I mit 20 Bohrungen ausgewählt, weil sich mit dieser $\frac{3}{5}$ Umdrehungen einstellen lassen.

$\frac{3}{5} = \frac{12}{20} \Rightarrow$ 12 Lochabstände $\qquad N_k = 1$ Umdrehung $+ \frac{12}{20}$ Umdrehung

3.6.8 Gewindefräsen

- **Fräsen kurzer Gewinde**

Kurze Gewinde können mit walzenförmigen Gewindefräsern durch Kreisfräsen hergestellt werden. Dabei wird zunächst für Außengewinde ein Zapfen mit Gewindeaußendurchmesser bzw. für Innengewinde eine Bohrung mit Kernlochdurchmesser hergestellt.
Sodann wird der Walzenfräser mit dem Gewindeprofil in das Werkstück zugestellt und auf einer Kreisbahn um das Werkstück, bzw. in der Bohrung, herumgeführt. Während eines Umlaufs um das Werkstück wird der Fräser kontinuierlich um die Steigung in Längsrichtung zugestellt. So kann mit einem Umlauf des Fräsers um das Werkstück ein Gewinde mit der Länge des Walzenfräsers erzeugt werden.
Für die Gewindeherstellung wird meist Gegenlauffräsen eingesetzt.

Beispiel für das Fräsen eines Außengewindes

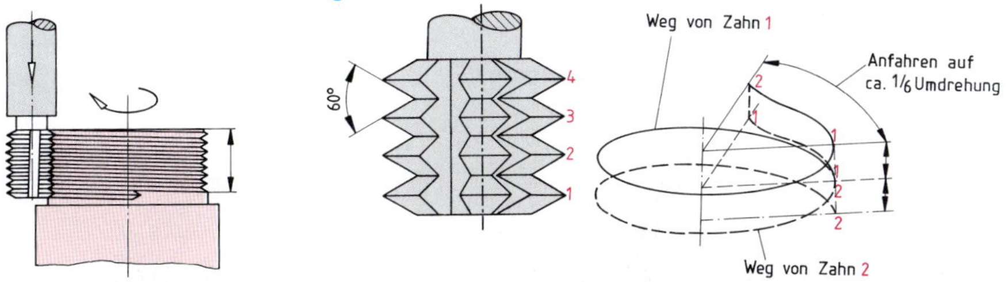

Durch Kreisfräsen mit gleichzeitiger Zustellung bei einem Umlauf um den Betrag der Steigung kann Gewinde mit speziellen Walzenfräsern hergestellt werden.

Das Vorbohren bei kurzen Gewinden kann durch den Einsatz spezieller Schaftfräser eingespart werden. Dies kann u. U. zur Verkürzung der Bearbeitungszeit um bis zu 60 % führen.

Diese Fräser fahren unter Zirkularbewegung in das Werkstück ein. Dabei erzeugen die Schneiden an der Stirnseite des Fräsers das Kernloch und die radial am Umfang angeordneten Zähne das Gewindeprofil. Nach Erreichen der Gewindetiefe wird der Fräser auf die Achsmitte zurückgestellt und aus der Bohrung gefahren. Falls der Fräser noch eine geeignete Fase an der Stirnseite aufweist, kann mit einem weiteren Umlauf die Bohrung angesenkt werden.

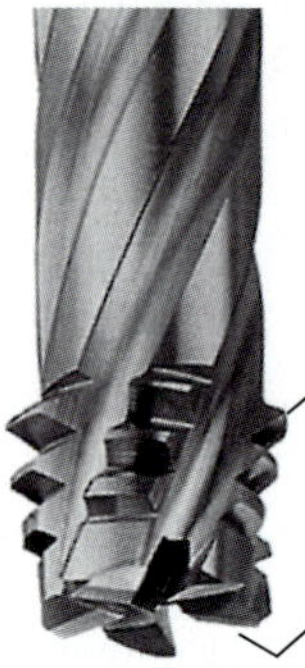

Schaftgewindefräser zur Gewindeherstellung ohne Vorbohren

Beispiel für die Herstellung eines Innengewindes ohne Vorbohren

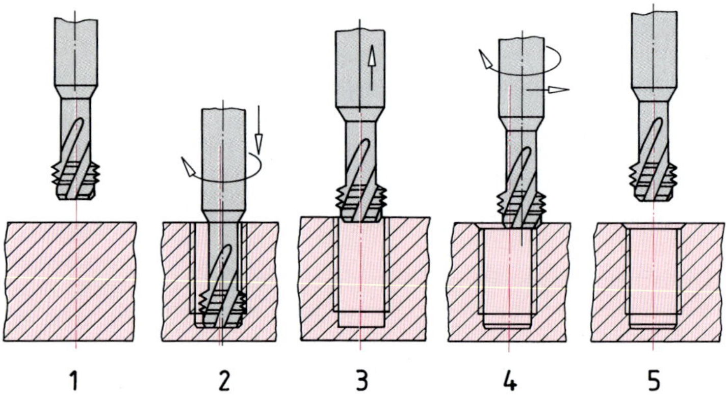

1 Ausgangsstellung
2 Zirkulares Einfahren auf Gewindetiefe
3 Zurückfahren auf Achsmitte
4 Umlauf zur Erzeugung der Senkung
5 Fräser zurück in Ausgangsstellung

- **Fräsen langer Gewinde**

Lange Gewinde, z. B. für Gewindespindeln von Werkzeugmaschinen, werden auf speziellen Gewindefräsmaschinen oder mit Fräsaufsetzen auf Drehmaschinen hergestellt.

Als Fräser werden scheibenförmige Profilfräser eingesetzt. Diese werden durch Schwenken um den Steigungswinkel des Gewindes in die richtige Arbeitslage gebracht.

Der einzustellende Steigungswinkel ergibt sich aus der Steigung und dem Umfang des Gewindes auf dem Flankendurchmesser:

$$\tan \alpha = \frac{P}{d_2 \cdot \pi}$$

α Steigungswinkel des Gewindes
P Gewindesteigung
d_2 Flankendurchmesser

Zur Gewindeherstellung dreht sich das Werkstück, während gleichzeitig der Frässchlitten bei einer Umdrehung des Werkstückes kontinuierlich um die Steigung P weiterbewegt wird.

Da die mit Gewinde zu versehenden Werkstücke meist sehr lang sind, werden sie meist unmittelbar vor dem Fräser durch Setzstöcke geführt.

Beispiel für das Fräsen eines langen Gewindes

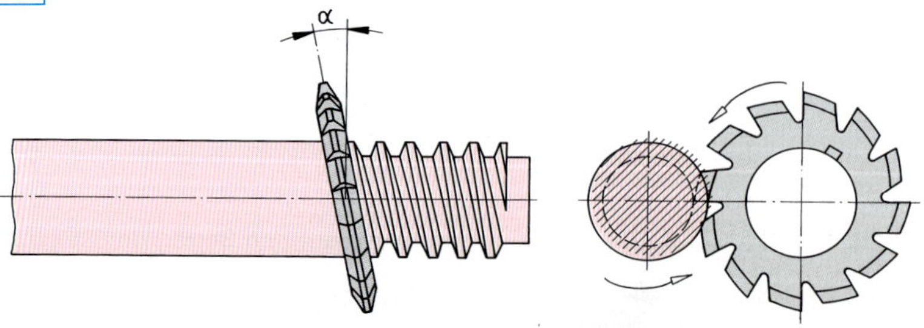

Übungsaufgabe FT-143

3.6.9 Zahnradfräsen

- **Zahnradfräsen mit Formfräsern**

Im Rahmen der Einzelteil- oder Ersatzteilfertigung werden Zahnräder auf Fräsmaschinen gefertigt. Dazu werden Formfräser mit dem Profil der Zahnlücke eingesetzt. Je nach Modul und Zähnezahl haben die Zähne jedoch unterschiedliche Flanken. Darum gibt es für jeden Modul einen Satz Fräser, mit dem mit hinreichender Genauigkeit in einem gewissen Zähnebereich die Lücken gefräst werden können.

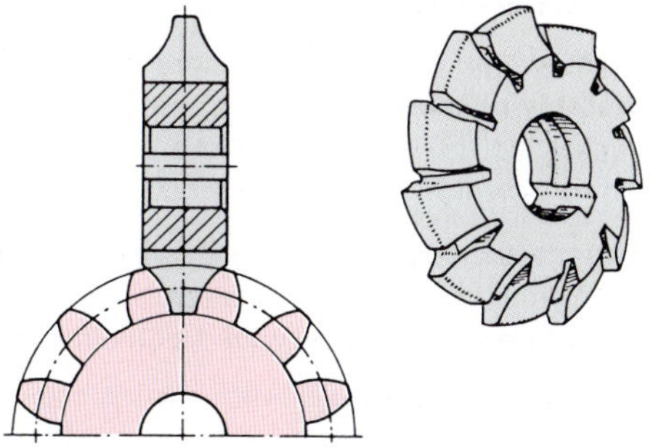

Zahnradfräsen mit Formfräser

Zum Formfräsen von Zahnrädern muss der Fräser nach Modul und Zähnezahl ausgewählt werden.

- **Walzfräsen von Zahnrädern**

In der Serienfertigung werden Zahnräder auf speziellen Zahnradwälzfräsmaschinen hergestellt. Als Werkzeug dient ein Wälzfräser mit Wendelung, der im Wirkquerschnitt einer Zahnstange entspricht, die mit dem zu fertigenden Zahnrad im Eingriff sein könnte.

Zum Herstellen eines geradverzahnten Rades wird der Fräser um den Steigungswinkel der Wendelung schräg gestellt, an den Zahnradrohling herangeführt und auf volle Tiefe zugestellt. Bei einer Umdrehung des Fräsers dreht sich der Zahnradrohling um einen Zahnabstand weiter. Nach einer Umdrehung des Zahnradrohlings sind so alle Zähne angeschnitten. Der Fräser macht gleichzeitig eine kontinuierliche Vorschubbewegung in axialer Richtung bis das Zahnrad vollständig gefräst ist.
Für Zahnräder mit gleichem Modul kann der gleiche Fräser unabhängig von der Zähnezahl eingesetzt werden.

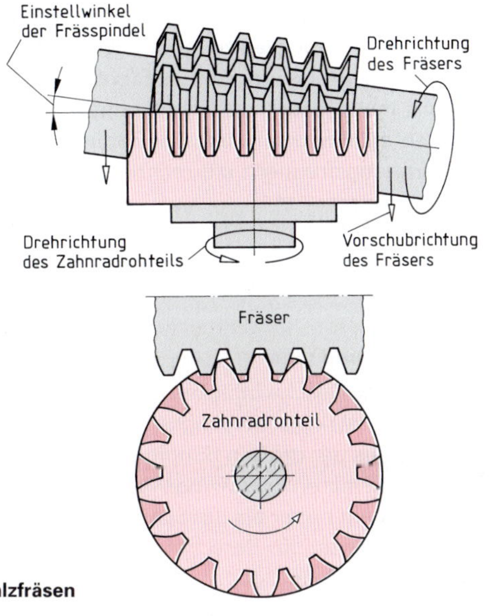

Walzfräsen

Walzfräsen von Zahnrädern erfolgt mit einem wendelförmigen Abwälzfräser, der bei Drehbewegung des Zahnrohlings kontinuierlich parallel zur Achse des Zahnradrohlings vorgeschoben wird.

3.7 Bestimmen von Arbeitsgrößen

3.7.1 Bewegungen

Zur Vereinfachung und Vereinheitlichung der Betrachtungsweise der Bewegungen beim Fräsen sind folgende Vereinbarungen genormt:

- *Der Fräser führt theoretisch alle Bewegungen aus, das Werkstück steht still.*
- *Die Drehrichtung des Fräsers, Rechts- oder Linkslauf, wird von der Antriebsseite aus beurteilt.*

Die Spanabnahme beim Fräsen erfolgt durch die kreisförmige **Schnittbewegung** und die gleichzeitig ablaufende **Vorschubbewegung**. Beide Bewegungen zusammen ergeben die tatsächliche Bewegung eines Schneidenpunktes. Man nennt diese die **Wirkbewegung**.

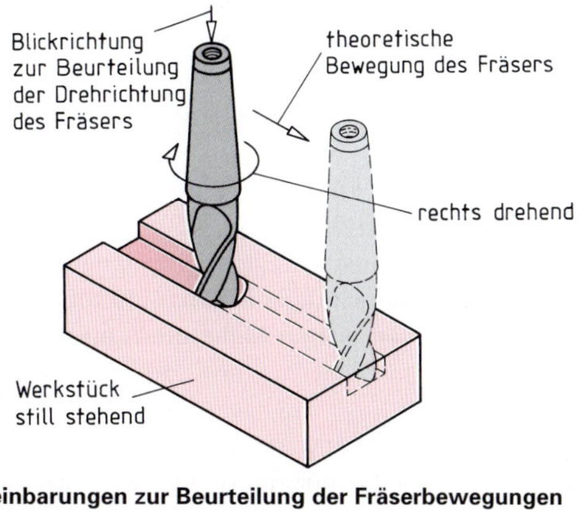

Vereinbarungen zur Beurteilung der Fräserbewegungen

Übungsaufgabe FT-144

- **Schnittgeschwindigkeit**

Die **Schnittbewegung** ist durch die Schnittrichtung und die **Schnittgeschwindigkeit** gekennzeichnet. Die Schnittgeschwindigkeit ist die Geschwindigkeit eines Schneidenpunktes am Außenumfang des Fräsers.

$$v_c = d \cdot \pi \cdot n$$

v_c Schnittgeschwindigkeit
d Fräserdurchmesser
n Umdrehungsfrequenz

Die Schnittgeschwindigkeit für eine Bearbeitungsaufgabe kann entsprechend dem zu bearbeitenden Werkstoff, dem Schneidstoff und den Bearbeitungsbedingungen aus Tabellen entnommen werden.
Aus der Schnittgeschwindigkeit wird die für eine Fräsaufgabe einzustellende Umdrehungsfrequenz errechnet.

- **Vorschubgeschwindigkeit**

Die **Vorschubbewegung** ist durch die Vorschubrichtung und die **Vorschubgeschwindigkeit v_f** gekennzeichnet. Mit der Vorschubgeschwindigkeit wird die Achse des Fräsers bei der Bearbeitung in Vorschubrichtung voranbewegt. Für Schaftfräser mit wenigen Zähnen wird die von Werkzeugherstellern empfohlene Vorschubgeschwindigkeit in Tabellen angegeben. Meist muss jedoch die Vorschubgeschwindigkeit aus dem **Zahnvorschub f_z**, der Zähnezahl z und der Umdrehungsfrequenz n errechnet werden.

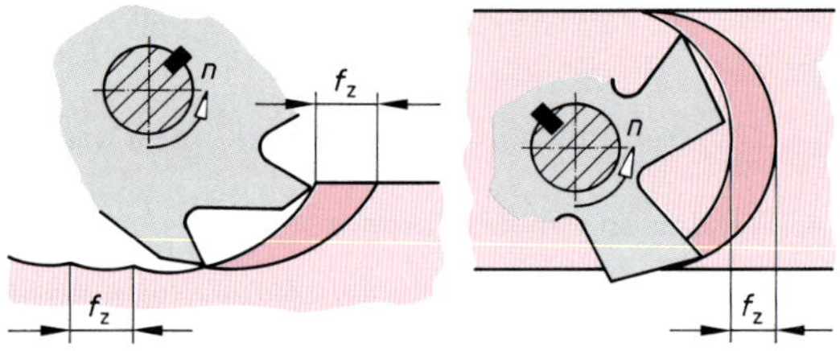

Walzfräsen
Stirnfräsen
Zahnvorschub

$$v_f = n \cdot f = n \cdot z \cdot f_z$$

v_f Vorschubgeschwindigkeit
f Vorschub
f_z Zahnvorschub
z Zähnezahl
n Umdrehungsfrequenz

- **Wirkgeschwindigkeit**

Die tatsächliche Geschwindigkeit der Spanabnahme erfolgt mit der Wirkgeschwindigkeit. Diese ist die Resultierende aus der großen Schnittgeschwindigkeit und der viel kleineren Vorschubgeschwindigkeit und damit nur wenig höher als die Schnittgeschwindigkeit. Sie wird darum für Berechnungen von Schnittwerten nicht herangezogen.

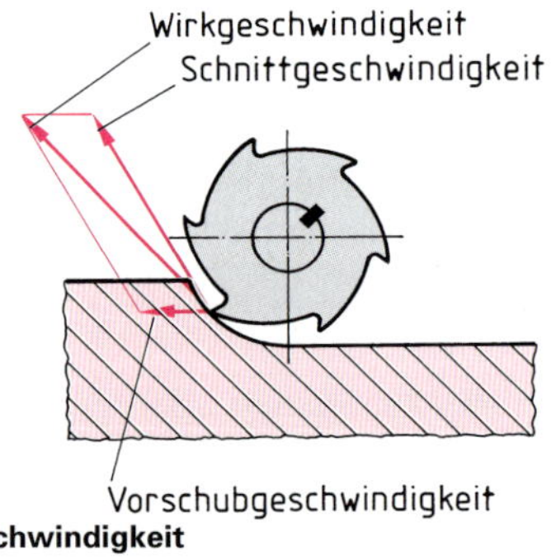

Wirkgeschwindigkeit

- **An- und Zustellbewegung**

Neben Schnitt- und Vorschubbewegung, die unmittelbar an der Spanabnahme beteiligt sind, muss der Fräser noch Zustell- und Anstellbewegungen durchführen.
Durch die **Zustellbewegung** wird der Fräser so bewegt, dass er im Eingriff eine bestimmte Schichtdicke abtrennen kann.
Durch die **Anstellbewegung** wird der Fräser an das Werkstück herangeführt. Die Wahl der Geschwindigkeit der Anstellbewegung geschieht nach folgenden Gesichtspunkten:

- hohe Geschwindigkeit (Eilgang) für lange Strecken,
- niedrige Geschwindigkeit zum unmittelbaren Anfahren auf den letzten Millimetern an das Werkstück.

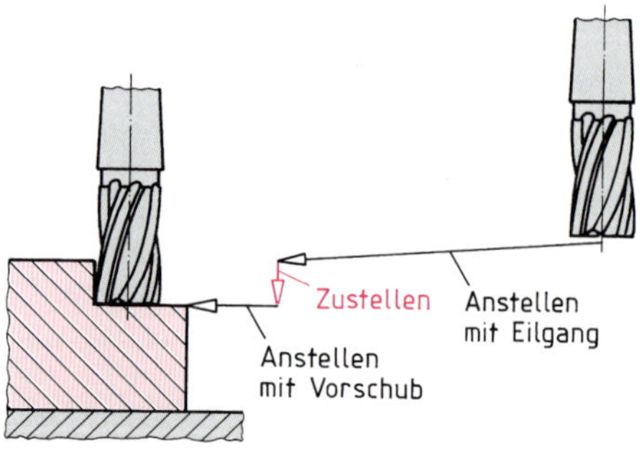

Anstell- und Zustellbewegung

Die Zustellbewegung bestimmt die abzutrennende Schichtdicke.
Durch die Anstellbewegung wird der Fräser an das Werkstück herangeführt.

Übungsaufgabe FT-145

3.7.2 Schnitttiefe und Eingriffgröße

Die **Schnitttiefe** a_p ist die Tiefe, über welche die Hauptschneide im Eingriff ist. Sie entspricht bei Umfangsfräsern der Schnittbreite.
Die **Eingriffsgröße** a_p ist die Projektion der Strecke, über welche die Schneide im Eingriff ist. Sie wird senkrecht zur Vorschubrichtung gemessen.

Beispiele für Schnitttiefe und Eingriffgröße

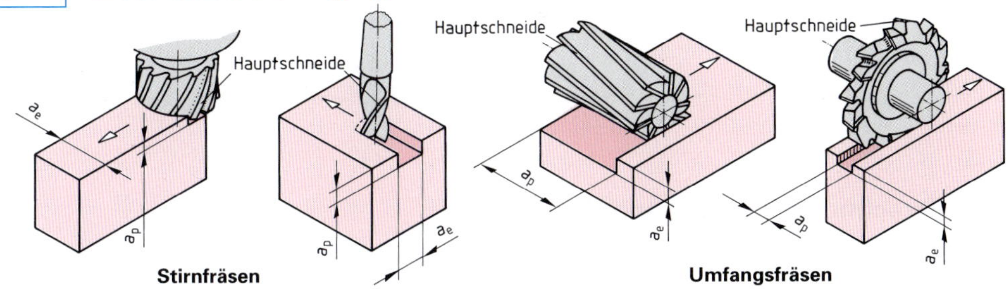

Die Höchstwerte der Schnitttiefe werden von den Werkzeugherstellern in ihren Unterlagen angegeben. Bei Werkzeugen mit Wendeschneidplatten ergeben sich die maximalen Schnitttiefen aus der Form der Wendeschneidplatten.
Die Auswahl der geeigneten Schnitttiefe im Rahmen eines Arbeitsauftrages hängt neben den Werkstoffen von Werkstück und Schneide besonders von der Stabilität und der Leistung der Fräsmaschine ab.

Beispiele für die Angaben von Werkzeugherstellern hinsichtlich der Schnitttiefe

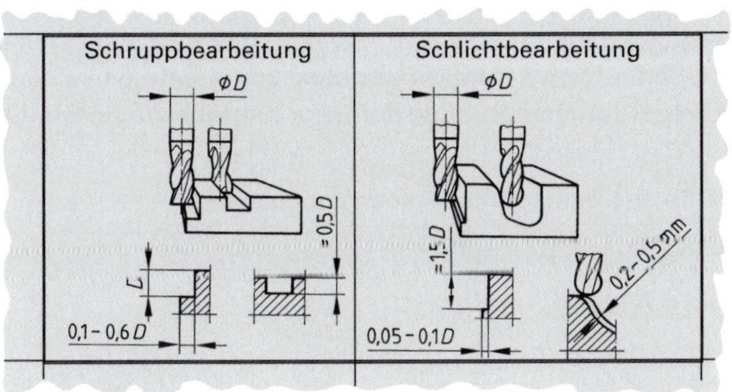

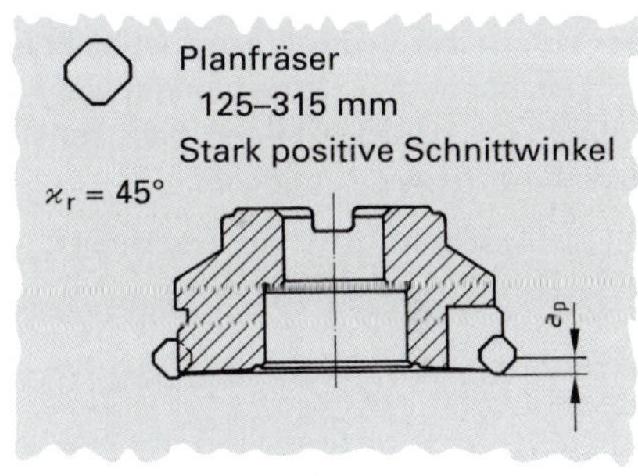

- **Schnittdaten**

Schnittdaten werden grob entsprechend Werkstück- und Werkzeugwerkstoff gewählt. Zur optimalen Ausnutzung der Werkzeuge entnimmt man die Schnittdaten-Tabellen der Werkzeughersteller.
In den meisten Fällen genügt eine Auswahl, die auch Fräserform, Vorschub und Schnitttiefe einbezieht.

Beispiele für Schnittdatentabellen

Schnittgeschwindigkeit, Vorschub, Eingriffsgrößen für Fräser aus HSS

Werkstückwerkstoff	Zugfestigkeit R_m N/mm²	Walzenfräser				Walzenstirnfräser				Schaftfräser			
			Eingriffsgröße a_e mm				Schnitttiefe a_p mm			Durchmesser d			
			1	4	8		1	4	8	mm bis 20		mm über 20	
		f_z mm/Zahn	v_c m/min			f_z mm/Zahn	v_c m/min			f_z mm/Zahn	v_c m/min	f_z mm/Zahn	v_c m/min
allgemeiner Baustahl	<500	0,25 0,10	28 36	22 30	20 25	0,20 0,10	26 34	22 30	20 27	0,05 0,05	25 30	0,08 0,05	19 23
	500 ... 700	0,16 0,08	22 30	18 22	15 20	0,15 0,08	20 26	18 23	16 21	0,03 0,01	20 25	0,05 0,03	15 18
Vergütungsstahl	700	0,18 0,10	28 36	22 30	19 25	0,16 0,08	26 34	22 30	21 27	0,03 0,01	22 27	0,05 0,03	18 20

Schnittgeschwindigkeit, Vorschub, Schnitttiefe für hartmetallbestückte Messerköpfe

Werkstück-werkstoff	**Zugfestigkeit R_m N/mm²**	**Vorschub je Zahn f_z** mm	**Schnitt-tiefe a_p** mm	**Schneid-werkstoff**	**Schnittgeschwindigkeit v_c** m/min
Stahl, unlegiert	<500	0,1	17 15	P40	145 ... 116 110 ... 88
		0,3	5 10		145 ... 116 110 ... 88
		0,8	5 10		115 ... 92 85 ... 68

3.7.3 Berechnung der Hauptnutzungszeit

Die reine Nutzungszeit der Fräsmaschine, also die Zeit, in der die Maschine mit Vorschubgeschwindigkeit tätig sein muss, ist die **Hauptnutzungszeit**. Sie hängt vom Fräserweg und der Vorschubgeschwindigkeit ab. Der Fräserweg ergibt sich aus dem Vorschubweg, den der Fräser bei einem Schnitt zurücklegt und der Zahl der Schnitte.

$$t_h = \frac{L \cdot i}{v_f} = \frac{(l + l_a + l_ü) \cdot i}{v_f}$$

t_h Hauptnutzungszeit
L Vorschubweg
i Anzahl der Schnitte
v_f Vorschubgeschwindigkeit
l Werkstücklänge
l_a Anlaufweg
$l_ü$ Überlaufweg

Der Vorschubweg des Fräsers ist nicht nur der Weg, auf dem der Fräser zur Erzeugung der Kontur im Eingriff ist, sondern auch der Anlaufweg l_a und der Überlaufweg $l_ü$, die jeweils etwa 2 mm betragen sollen. Ferner ist zu berücksichtigen, dass abhängig vom Fräserdurchmesser und der Eingriffsgröße ein Anschnitt- bzw. Austrittsweg l_s nötig ist.

Dieser **Anschnitt- bzw. Austrittsweg** l_s kann mithilfe des Pythagoras errechnet werden:

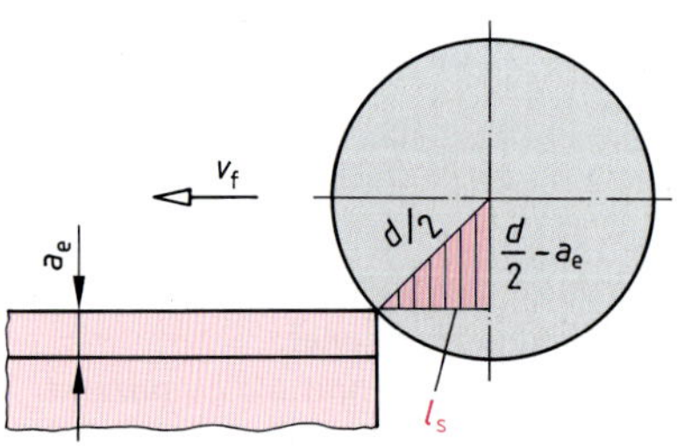

$$l_s^2 = \left(\frac{d}{2}\right)^2 - \left(\frac{d}{2} - a_e\right)^2$$

$$l_s^2 = \frac{d^2}{4} \frac{d^2}{4} + 2 \cdot \frac{d}{2} \cdot a_e - a_e^2$$

$$l_s^2 = d \cdot a_e - a_e^2$$

$$l_s = \sqrt{d \cdot a_e - a_e^2}$$

Anschnitt- bzw. Austrittsweg $l_s = \sqrt{d \cdot a_e - a_e^2}$

Der **Vorschubweg beim Umfangsplanfräsen** beginnt mit dem Anlaufweg und endet, wenn die Fräsermitte um den Überlaufweg hinter dem Werkstück steht.

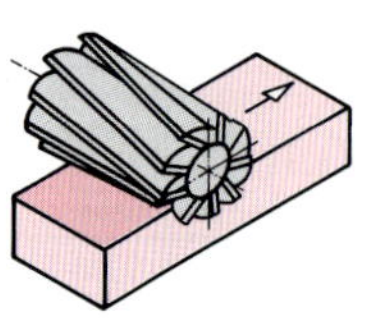

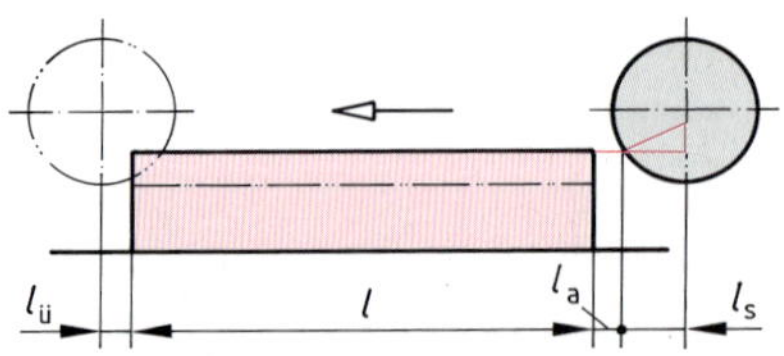

$$L = l_s + l_a + l + l_ü$$

Der **Vorschubweg beim Stirnplanfräsen** mit Planfräsern beginnt mit dem Anschnittweg.

Beim *Schruppen* endet der Vorschubweg, wenn die letzte im Eingriff befindliche Schneide um den Überlaufweg über das Werkstück hinaus ist.

Übungsaufgabe FT-147

Beim *Schlichten* soll zur Erzeugung eines gleichmäßigen Oberflächenbildes der Fräser in gleicher Weise über die gesamte Fläche vorgeschoben werden. Darum muss hier der Vorschubweg um den Fräserradius größer sein als beim Schruppen.

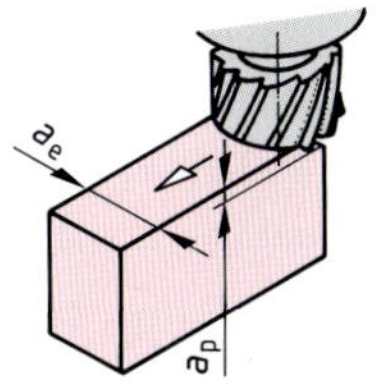

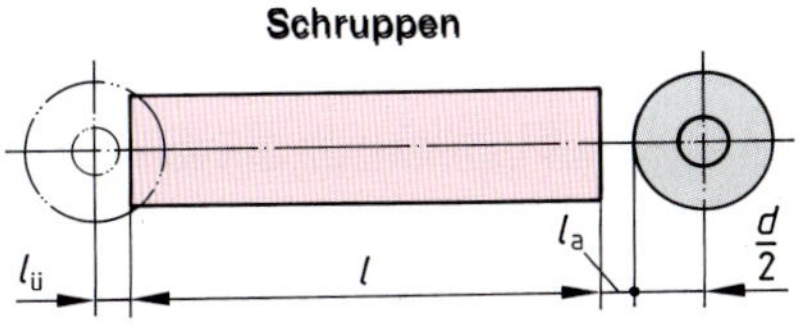

$$L = \frac{d}{2} + l_a + l + l_ü$$

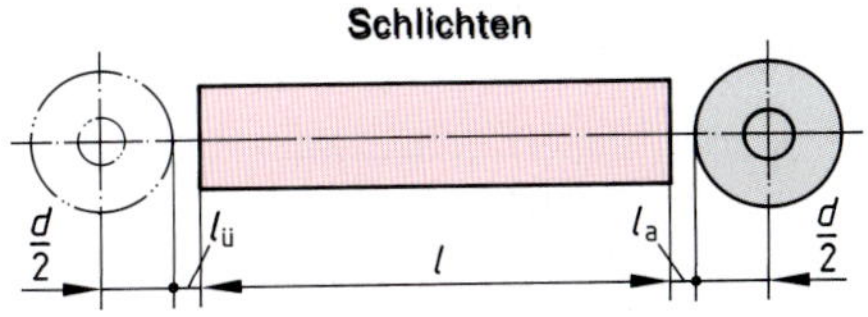

$$L = 2 \cdot \frac{d}{2} + l_a + l + l_ü$$

Der **Vorschub beim Stirnumfangsfräsen** beginnt mit dem Anschnittweg.

Beim *Schruppen* endet der Vorschubweg, wenn die letzte im Eingriff befindliche Schneide um den Überlaufweg über das Werkstück hinaus ist.

Nach dem *Schlichten* soll der Fräser voll aus dem Werkstück herausfahren. Darum muss er um den Austrittsweg l_s und den Überlaufweg $l_ü$ über das Werkstück hinaus vorgeschoben werden.

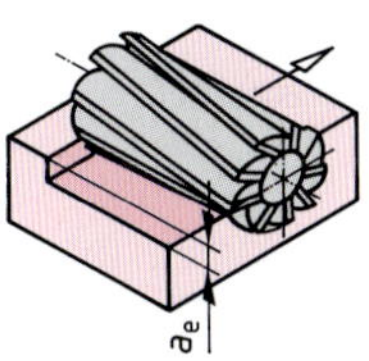

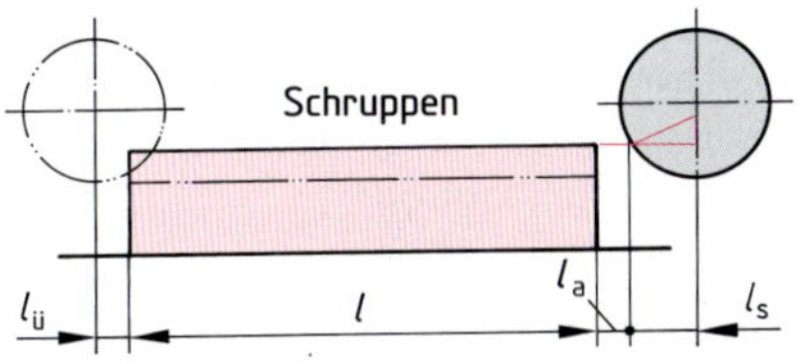

$$L = l_s + l_a + l + l_ü$$

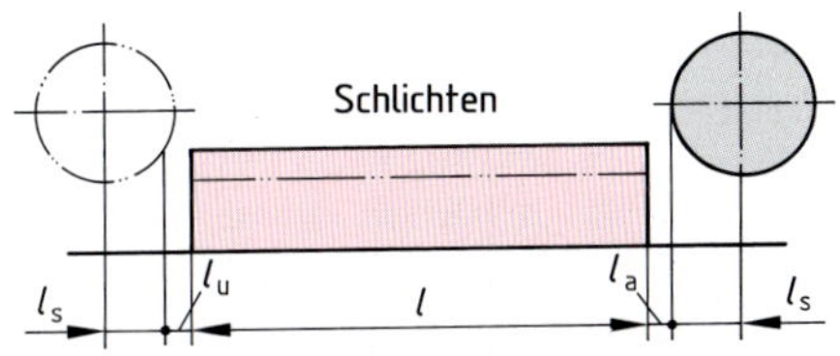

$$L = l_s + l_a + l + l_ü + l_s$$

Beispiel **zur Berechnung der Hauptnutzungszeit**

Aufgabe

Eine Platte von 600 mm Länge und einer Breite von 210 mm soll mit einem Stirnplanfräser von 100 mm Durchmesser bearbeitet werden. Die Vorschubgeschwindigkeit für das Schruppen soll 400 mm/min, für das Schlichten soll sie 250 mm/min betragen.

Es ist die Hauptnutzungszeit für das Schruppen und das Schlichten zu berechnen.

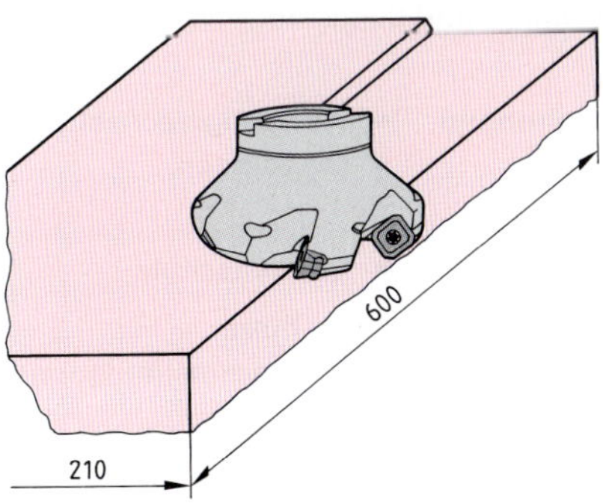

Lösung:

Schruppen (3 Schnitte)

$$L = \frac{d}{2} + l_a + l + l_ü$$

$$L = \frac{100}{2}\ \text{mm} + 2\ \text{mm} + 600\ \text{mm} + 2\ \text{mm} = 654\ \text{mm}$$

$$t_h = \frac{L \cdot i}{v_f} \quad i = 3\ \text{Schritte}$$

$$t_h = \frac{654\ \text{mm} \cdot 3\ \text{min}}{250\ \text{mm}} = \mathbf{7{,}8\ min}$$

Schlichten (3 Schnitte)

$$L = d + l_a + l + l_ü$$

$$L = 100\ \text{mm} + 2\ \text{mm} + 600\ \text{mm} + 2\ \text{mm} = 704\ \text{mm}$$

$$t_h = \frac{L \cdot i}{v_c}$$

$$t_h = \frac{704\ \text{mm} \cdot 3\ \text{min}}{400\ \text{mm}} = \mathbf{5{,}3\ min}$$

Übungsaufgabe FT-148

3.8 Arbeitsplanung einer Einzelanfertigung auf einer Fräsmaschine

Auftrag

Analysieren des Auftrags

Aus dem Auftrag werden unmittelbar entnommen:

- Werkstückmaße, Werkstückform, Werkstückoberfläche
- Werkstoff

In einer Übersicht wird die Fertigung festgelegt:

- Abfolge der verschiedenen maschinellen Bearbeitungsvorgänge
- Art der Einspannung; Lage der Spannflächen

Planung der Rohteilfertigung

Die Rohteilmaße werden bestimmt unter Berücksichtigung von:

- Bearbeitungszugaben
- evtl. Zugaben für Einspannungen

Der Zuschnitt des Rohteils erfordert Überlegungen über folgende Faktoren:

- Lage des Rohteils im Halbzeug (geringster Verschnitt)
- bei Maschineneinsatz zum Zuschneiden Maschinenauswahl, Werkzeugauswahl, Spannmittelauswahl
- Messzeuge zur Rohteilkontrolle

Planung vorbereitender Arbeiten

Es sind auszuwählen:

- Bezugsflächen für das Anreißen
- Anreißverfahren
  Evtl. ist die Bearbeitung von Maßbezugs- und Spannflächen zu planen

Planung der Fertigungsschritte an der Fräsmaschine

Es sind auszuwählen:

- Fräsmaschine
- Spannmittel
- Hilfsmittel
- Werkzeuge
- Messzeuge

Es sind Daten festzulegen für:

- Schnittgeschwindigkeit und Umdrehungsfrequenz
- Vorschub
- Schnitttiefen beim Schruppen und Schlichten

Es sind zu planen:

- Abfolge der Einzelbearbeitungen
- Werkzeugwechsel
- Umspannvorgänge
- Messungen

Es sind zu berücksichtigen:

- Arbeitssicherheit
- Umweltschutz

(Bei Fertigung auf CNC-Maschinen kommen hinzu:

- Programmerstellung
- Programmsimulation
- Programmdokumentation)

Planung der Kontrollmessungen am fertigen Werkstück

Es sind auszuwählen:

- Messzeuge
- Hilfsmittel

Fertigung des Werkstückes

Beispiel für die Fertigung auf einer Fräsmaschine

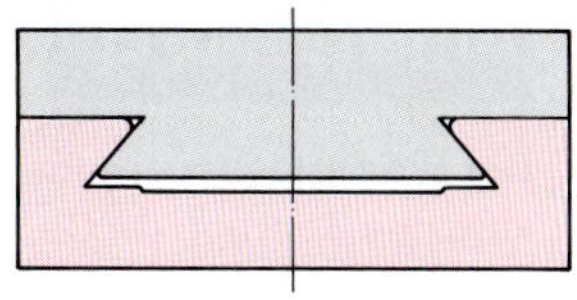

Auftrag: Es ist eine 120 mm lange Schwalbenschwanzführung mit 50° Flankenwinkel zu fräsen. Der Werkstoff ist Messing (CuZn 40 Pb2). Als Rohlinge liegen vorgefräste Platten 120 mm x 90 mm x 26 mm vor. Zur Bearbeitung steht eine Senkrechtfräsmaschine zur Verfügung.

Zur Fertigung liegt eine bereits aufbereitete Zeichnung mit Kontrollmaßen vor. Diese sind mit Messdornen von 8 mm Durchmesser zu prüfen.

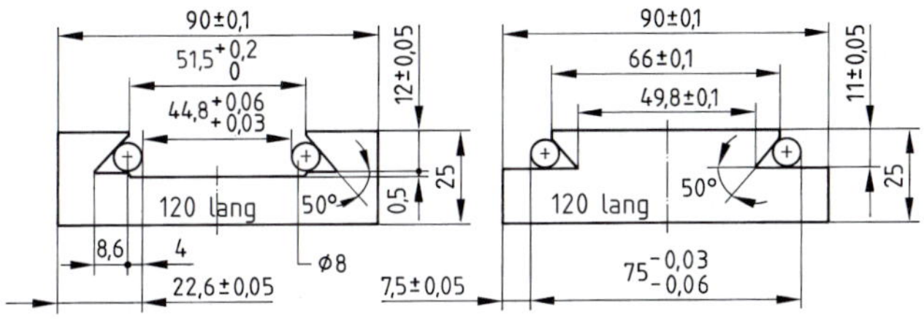

Arbeitsplan für Fräsarbeiten

Teilenummer 42-77-628.3
Bezeichnung Führungsunterteil
Zeichnungsnr. 42-77-632.2
Werkstoff CuZn 40 Pb 2
Rohteilmaße 120 x 90 x 26

Datum 18.04.2006 Unterschrift Meier

Einspannung (Skizze bzw. Nr. des Spannplans)

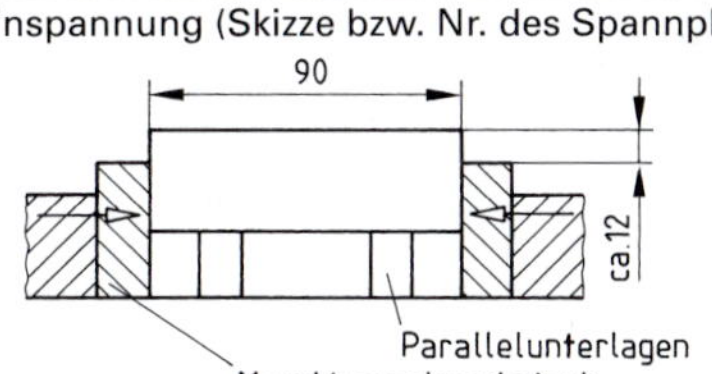

Nr.	Bezeichnung des Arbeitsschritts	Werkzeug/ Hilfsmittel	Schnittdaten	Bemerkungen
1	Einspannung prüfen 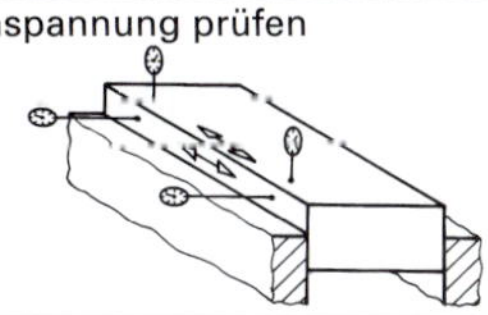	Messuhr		
2	Oberfläche fräsen 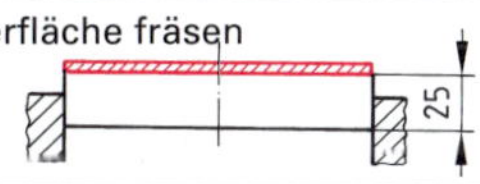	Walzenstirnfräser ∅ 60 8 Schneiden	v_c = 150 m/min n = 800 ^{1}/min f = 1,6 mm	
3	Nut fräsen 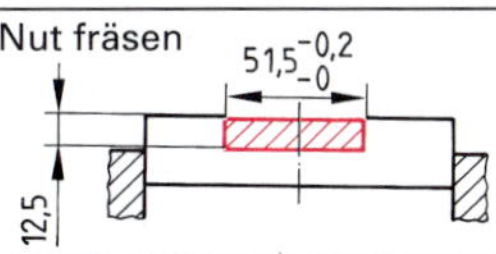	HSS-Schaftfräser ∅ 16	v_c = 150 m/min n = 3000 ^{1}/min f = 0,4 mm 3 Schnitte	
4	Winkelfräsen 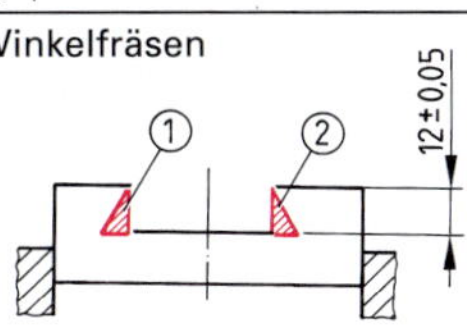	HSS-Winkel-Stirnfräser 14 Schneiden ∅ 40, 50° Messdorne ∅ 8 Messschraube	**Schruppen:** v_c = 120 m/min n = 1000 ^{1}/min f = 2 mm 2 Schnitte **Schlichten:** n = 1000 ^{1}/min f = 1 mm	Prüfen der Parallelität der Schwalbenschwanzkante zur Außenkante: Kontrollmaß 22,6 ± 0,05 mit Messdorn ∅ 8 und Messschraube prüfen Prüfen der Schwalbenschwanzbreite: Kontrollmaß $44{,}8^{+0{,}06}_{+0{,}03}$ mit zwei Messdornen und Messschraube. Prüfen jeweils letzter Schnitt mit ca. 0,3 mm Zustellung zum Schlichten

FT

Arbeitsauftrag:

Fertigung eines Steuerhebels

Der skizzierte Steuerhebel soll auf einem Rundtisch gefräst werden. Der Rundtisch hat in der Mitte eine kegelige Bohrung (MK2).

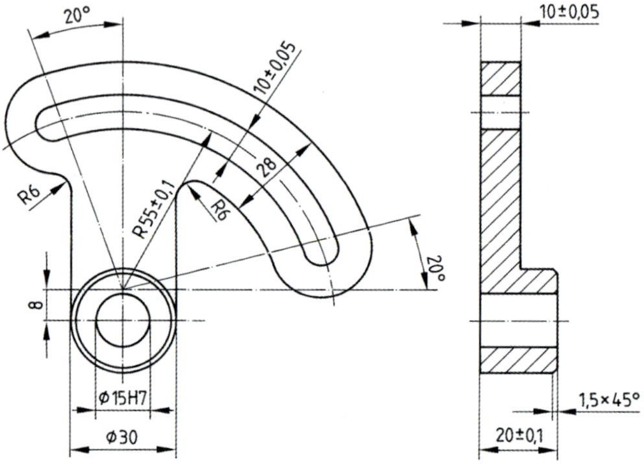

Allgemeintoleranzen DIN ISO 2768 -m

Aufgaben

1. Skizzieren Sie die Kontur des Rohlings.
2. Beschreiben Sie in Stichworten die Vorbereitung zum Positionieren und Spannen des Rohlings auf dem Rundtisch.
   Fertigen Sie zudem eine Skizze der Spannhilfe zum Einsatz in den MK2 an.
3. Listen Sie auf, in welcher Reihenfolge die jeweiligen Teilkonturen (z.B. Langloch, Schenkel usw.) gefertigt werden. Dabei ist auch anzugeben, an welchen Stellen das Werkstück während der Fertigung gespannt wird. Benutzen Sie bei Ihren Beschreibungen die in der Skizze angegebenen Bezeichnungen.
   Zur Unterstützung der Fertigungsplanung ist es hilfreich, sich ein Pappmodell von dem skizzierten Werkstück anzufertigen, das mithilfe einer Heftzwecke auf einem Papierbogen gespannt werden kann (vgl. Skizze). Mit diesem Modell ist es möglich, die Rundtischbewegungen zu simulieren.

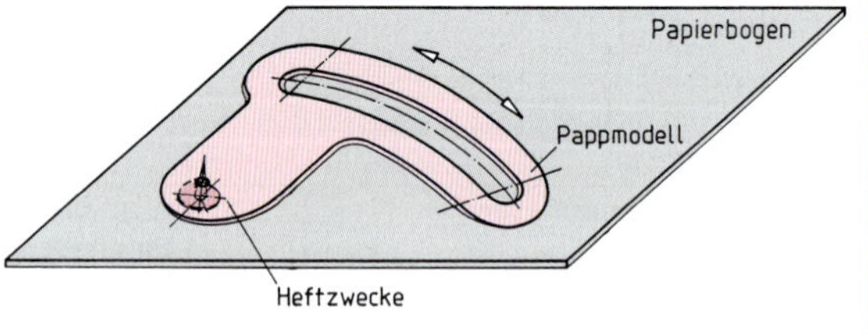

4. Wählen Sie die notwendigen Werkzeuge aus.
5. Geben Sie die für die Fertigung notwendigen Schnittdaten an. Der Werkstoff ist CuZn 44 Pb 2.

4 Fertigen durch Schleifen

Schleifen ist ein spanendes Fertigungsverfahren. Metallische Werkstücke werden durch Schleifen bearbeitet, um
- die Endform mit hoher Maßgenauigkeit und Oberflächengüte herzustellen,
- die Trennung von Werkstücken vorzunehmen,
- Schneidwerkzeuge zu schärfen.

Beispiele **für den Einsatz des Schleifens**

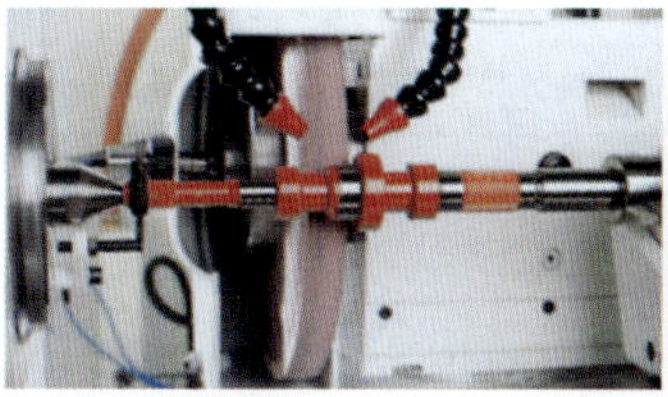

Formschleifen einer Getriebewelle

Trennschleifen eines Profiles

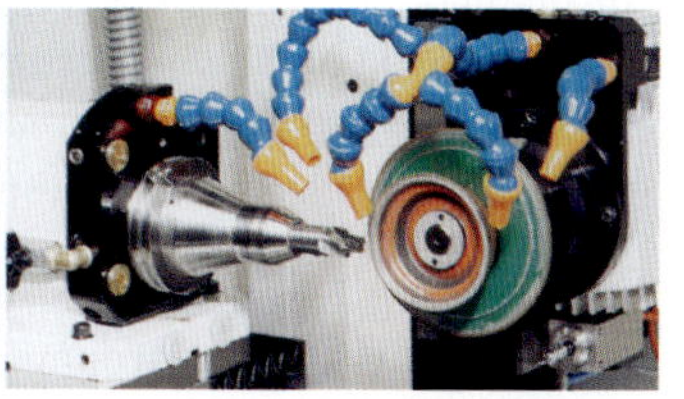

Werkzeugschleifen eines Fräsers

An der Oberfläche der Schleifwerkzeuge bilden die Schleifkörner, welche durch ein Bindemittel zusammengehalten werden, eine große Anzahl von keilförmigen Schneiden. Die Form und die Lage der Schleifkörner ist zufällig und daher unbestimmt. Darum bezeichnet man die Schleifwerkzeuge als **vielschnittige Werkzeuge mit geometrisch unbestimmten Schneiden.**

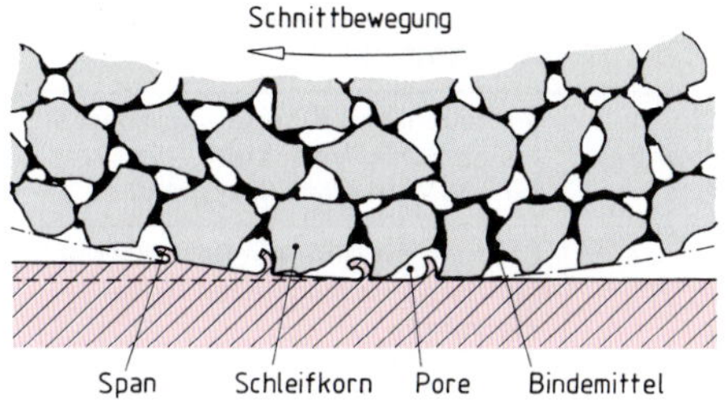

Spanabnahme beim Schleifen

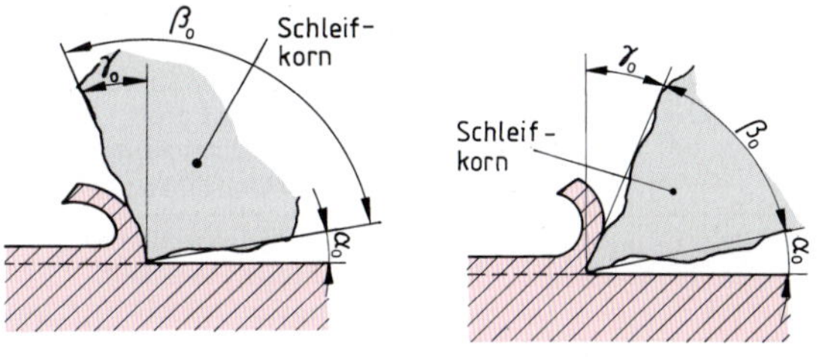

Winkel beim Schleifen

Schleifen ist ein spanendes Fertigungsverfahren, bei dem kleine Späne durch ein vielschnittiges Werkzeug mit geometrisch unbestimmten Schneiden abgetrennt werden.

4.1 Schleifwerkzeuge

4.1.1 Aufbau und Eigenschaften der Schleifwerkzeuge

- **Schleifmittel**

Die Schleifkörner eines Schleifwerkzeugs bestehen aus dem Schleifmittel. Dieses Schleifmittel muss stets härter als der zu bearbeitende Werkstoff sein.

Schleifmittel	Normbuchstabe (DIN ISO 525)	Farbe des Schleifmittels	Eigenschaften	zu bearbeitende Werkstoffe
Elektrokorund (im E-Ofen erschmolzenes Al_2O_3)	A	weiß oder rot	Ansteigende Härte und Sprödigkeit ↓	Baustähle, legierte Stähle, gehärtete Stähle, Titan
Siliziumkarbid (Karborundum SiC)	C	grün oder schwarz		Gusseisen, Hartguss, Messing, Bronze, Aluminium, keramische Werkstoffe, Hartmetalle
Bornitrid (BN)	B	schwarz		HSS-Stahl, Werkzeugstähle
Diamant	D	gelb		Hartmetalle, Keramik, Glas

Als Schleifmittel zur Bearbeitung verschleißfester Stahlwerkstoffe und zum Hochleistungsschleifen wird zunehmend das extrem verschleißfeste kubisch kristalline Bornitrid (CBN) eingesetzt.

Übungsaufgabe FT-149

- **Körnung**

Die Größe der Schleifkörner wird als Körnung bezeichnet. Das Sortieren der Schleifkörner wird mithilfe von Sieben verschiedener Maschenweite durchgeführt. Daher kennzeichnet man die Körnung durch eine Zahl, die der Anzahl der Siebmaschen auf 1 Zoll Länge (25,4 mm) entspricht.

Für Diamant und Bornitrid als Schleifmittel wird die Körnung direkt durch die Dicke der Schleifkörner in Mikrometer angegeben. Diamantkörner werden in der Dicke von 0,5 µm bis 300 µm verwendet.

Körnungsnummer	Bezeichnung	Art der Bearbeitung
F4 bis F24	**grob**	Schruppschleifen
F30 bis F60	**mittel**	Schruppschleifen
F70 bis F220	**fein**	Feinschleifen
F230 bis F1200	**sehr fein**	Feinstschleifen

Korngröße	Bezeichnung
0,5 µm ... 300 µm	D 0,5 ... D 300

Die Körnung richtet sich nach der Art der Schleifarbeit.
- Grobe Körnung erzielt ein großes Spanvolumen mit geringer Oberflächengüte.
- Feine Körnung erzielt ein kleines Spanvolumen mit hoher Oberflächengüte.

- **Bindung**

Die Schleifkörper werden durch ein Bindemittel zusammengehalten. Durch unterschiedliche Bindungen werden die Eigenschaften von Schleifwerkzeugen stark beeinflusst.

Bindung	Zeichen	Eigenschaften	Anwendung
Keramik	V	unelastisch, porös, unempfindlich gegen Wärme, Wasser und Öl, empfindlich gegen Schlag und Druck	gebräuchliche Bindung bei maschinellen Schleifverfahren, für alle Werkstoffe geeignet
Kunstharz	B	sehr elastische Bindung von hoher Festigkeit, geringe Empfindlichkeit gegen Stöße	Bindung für dünnere Schleifscheiben zum Feinstschleifen harter Werkstoffe
Kunstharz-faserverstärkt	BF	hohe Elastizität und hohe Zähigkeit	Bindung für Trennscheiben
Metall	M	sehr hohe Festigkeit, stoßunempfindlich, hohe Standzeit	Bindung für Diamantscheiben zum Schleifen von Hartmetallen

Die Bindung beeinflusst die Festigkeit, Elastizität und Wärmeempfindlichkeit von Schleifwerkzeugen.

- **Härte**

Die Widerstandskraft, welche die Bindung dem Ausbrechen der Schleifkörner entgegengesetzt, bezeichnet man als Härte.

Kennbuchstabe	A bis D	E bis K	L bis O	P bis Z
Eigenschaft des Schleifwerkzeugs	äußerst weich	sehr weich bis weich	mittel	hart bis äußerst hart

Bei *harten Werkstoffen* werden die Schleifkörner schnell stumpf. Die Härte des Schleifwerkzeugs muss daher gering sein, damit die stumpfen Körner schnell ausbrechen.
Bei *weichen Werkstoffen* werden die Schleifkörner langsam stumpf, und daher kann die Härte des Schleifwerkzeugs groß gewählt werden.

Härte nennt man bei Schleifscheiben den Widerstand des Bindemittels gegen das Ausbrechen der Körner.
- Harte Werkstoffe bearbeitet man mit weichen Schleifwerkzeugen.
- Weiche Werkstoffe bearbeitet man mit harten Schleifwerkzeugen.

Übungsaufgaben FT-150; FT-151

- **Gefüge**

Der innere Aufbau des Schleifwerkzeugs ist von dem Anteil der Schleifkörner, des Bindemittels und der Poren abhängig. Er wird Gefüge genannt.
Die Poren haben die Aufgabe, das Kühlschmiermittel in die Schleifzone zu befördern und die anfallenden Späne aufzunehmen und abzutransportieren. Daher muss der Porenanteil größer als die zu erwartende Spanmenge sein.

Ein Gefüge mit kleinen Poren wird als *dicht* bezeichnet. Dichtes Gefüge wählt man
- zum Schlichten,
- bei kleinen Vorschüben und Zustellungen,
- zum Schleifen kurzspaniger Werkstoffe.

Ein Gefüge mit hohem Porenanteil wird als *offen* bezeichnet. Offenes Gefüge wählt man
- zum Schruppen,
- bei hohen Vorschüben und Zustellungen,
- zum Bearbeiten langspaniger Werkstoffe und zum Schleifen von Werkstoffen, die zum Schmieren neigen (z.B. Kunststoffe, Leder).

Das Gefüge wird durch eine Ziffer gekennzeichnet.

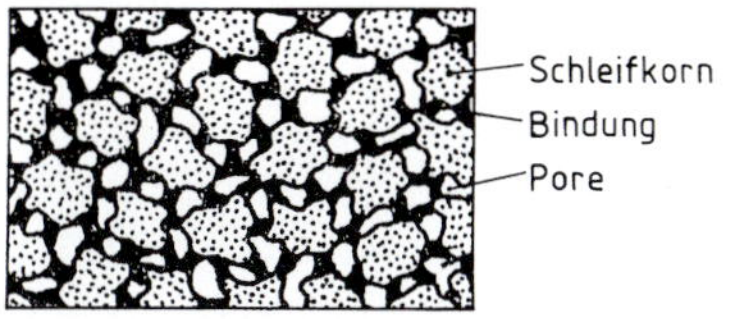

Dichtes Gefüge

Offenes Gefüge

Kennziffer	**0 – 4**	**5 – 8**	**9 – 11**	**12 – 14**
Gefüge	dicht	mittel	offen	sehr offen

Für ein Schleifwerkzeug ist die Auswahl des Gefüges abhängig von
• dem zu bearbeitenden Werkstoff, • der geforderten Spanleistung, • der geforderten Oberflächengüte.

4.1.2 Form und Verwendungszweck von Schleifwerkzeugen

Die Auswahl des Schleifwerkzeuges hinsichtlich Form und Abmessung erfolgt nach der Werkstückform, dem Schleifverfahren und der Schleifmaschine.

Benennung	Schleifkörperform	Verwendungszweck
gerade Schleifscheibe	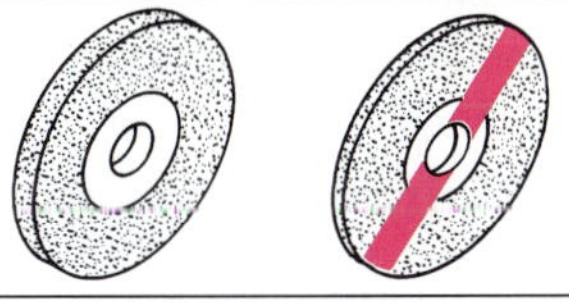	Diese vielseitigen Schleifscheiben werden zum Planschleifen, Rundschleifen, Schleifen auf Schleifböcken, Werkzeugschärfen und Trennschleifen eingesetzt.
Segment-Schleifscheibe	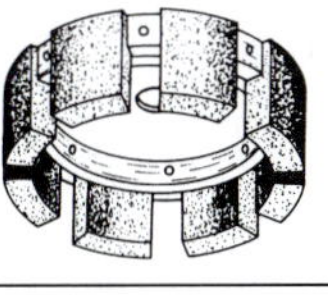	Schleifsegmentscheiben werden zur Bearbeitung großer Flächen mit hoher Abtragsleistung eingesetzt.
Topfschleifscheiben und Schleifteller	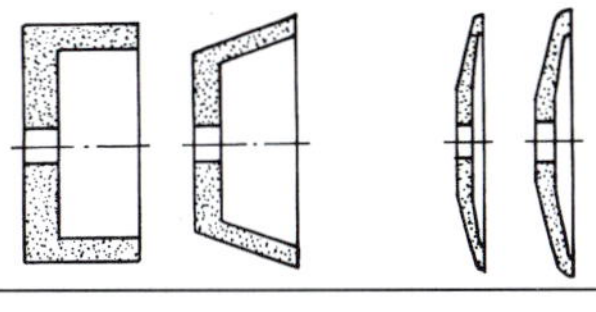	Diese Schleifscheiben werden zum Scharfschleifen von Trennwerkzeugen auf Universalschleifmaschinen verwendet. Sie sind in der Form den zu schleifenden Flächen an Bohrern, Senkern, Fräsern, Reibahlen angepasst.
Schleifstifte	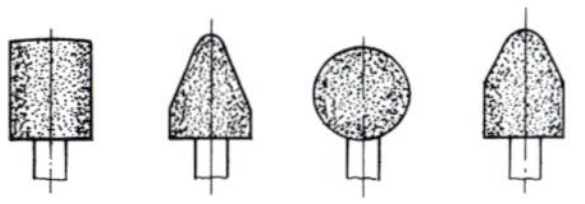	Schleifstifte werden im Werkzeug- und Formenbau verwendet. Sie werden mit dem zylindrischen Schaft meist in Handschleifmaschinen eingespannt. Mit ihnen werden vorgearbeitete Konturen fertig bearbeitet.

• Zulässige Umfangsgeschwindigkeiten von Schleifscheiben

Bei Schleifarbeiten zur Oberflächenverbesserung und zum Schärfen von Werkzeugen werden Schleifscheiben eingesetzt, die mit Schnittgeschwindigkeiten bis 40 m/s arbeiten.
Bei Sonderschleifverfahren, wie z. B. Trennschleifen und Hochleistungsschleifen, werden in Abhängigkeit von der Bindung wesentlich höhere Schnittgeschwindigkeiten gefahren.

Richtwerte für Umfangsgeschwindigkeiten

Werkstoff	Planschleifen	Rundschleifen	Trennschleifen
Stahl, Gusseisen	25–35 m/s	25–40 m/s	45–100 m/s
Hartmetall	10 m/s	8 m/s	–
Messing	25–30 m/s	20–35 m/s	–
Leichtmetall	15–20 m/s	15–20 m/s	–

Bei allen Schleifverfahren treten hohe Umfangsgeschwindigkeiten an der Schleifscheibe auf, die bei Überschreitung der zulässigen Umfangsgeschwindigkeit infolge der Fliehkräfte die Schleifscheibe zum Zerspringen bringen. Schwere Unfälle können die Folge sein. Schleifscheiben und Schutzvorrichtungen müssen den Vorschriften des **Deutschen Schleifscheibenausschusses** entsprechen. Auf Schleifscheiben wird ab 50 m/s die höchst zulässige Umfangsgeschwindigkeit durch Farbstreifen über den gesamten Durchmesser gekennzeichnet.

Umfangsgeschwindigkeit	Etikett/Farbbalken
< 50 m/s	kein
50 m/s	blau
63 m/s	gelb
80 m/s	rot
100 m/s	grün
125 m/s	grün + gelb

Farbkennzeichnung bei Schleifkörpern

Die höchste zulässige Umfangsgeschwindigkeit wird auf Schleifscheiben durch Farbstreifen gekennzeichnet.

• Bezeichnung genormter Schleifscheiben

Eine wirtschaftliche Bearbeitung durch Schleifen kann nur erfolgen, wenn das geeignete Schleifwerkzeug ausgewählt wird. Die Bezeichnung von Schleifkörpern aus gebundenen Schleifmitteln sind genormt und durch Maßangaben, Kennbuchstaben bzw. Kennzahlen verschlüsselt.
Eine vollständige Bezeichnung enthält Informationen zu folgenden Größen: Bezeichnung des Schleifwerkzeuges, Verweis auf die benutzte Norm, Form des Werkzeuges, Maße, Werkstoff, Arbeitshöchtsgeschwindigkeit.

Beispiel für die Bezeichnung von Schleifscheiben

Schleifscheibe ISO 603-1 1 –400 × **40** × **127 ... A 50 K 6 V ... –32**

Bezeichnung des Schleifwerkzeuges
Normverweis
Form ... **1** für gerade Scheibe
Außendurchmesser ......**400 mm**
Scheibenbreite ....**40 mm**
Bohrungsdurchmesser..**127 mm**
Schleifmittel....................**Korund** → für Baustähle mittlerer Festigkeit
Körnung............................**mittel** → für Schrupparbeitsgänge
Härte ....**weich** → für harte Werkstoffe
Gefüge ....**offen** → für große Spanabnahme
Bindung......................**keramisch** → zum maschinellen Schleifen
zulässige Umfangsgeschwindigkeit **32 m/s**

Übungsaufgaben FT-152; FT-153

4.1.3 Schleifwerkzeuge mit Diamant oder CBN beschichtet

Schleifwerkzeuge, die mit den Hochleistungsschleifmitteln Diamant oder CBN (CBN = kubisch kristalliner Bornitrid) beschichtet sind, sind sehr teuer. Diese Werkzeuge verwendet man daher nur dann, wenn sich normale Schleifkörper zu sehr abnutzen.

Diamant wird aufgrund seiner Härte und seiner Verschleißfestigkeit zum Schleifen von harten, spröden und kurzspanigen Werkstoffen wie z. B. Hartmetall, Glas, Keramik, Quarz oder Grafit eingesetzt.

Bornitrid verwendet man vorteilhaft bei Stählen mit großer Härte und bei hoch legierten Chromstählen

Schleifwerkzeuge mit Diamantbelag

FT

- **Aufbau beschichteter Schleifkörper**

Schleifscheiben mit Diamant- oder Bornitridbeschichtung bestehen aus einem Grundkörper und dem Schleifbelag. Der Grundkörper bestimmt die Festigkeitseigenschaften der Schleifscheibe. Er besteht je nach Art des Schleifbelages und des gewünschten Schleifverhaltens, z.B. aus Aluminium, Stahl, Kunstharz oder Keramik. Der Werkstoff des Grundkörpers bestimmt vor allem das Schwingungsverhalten der Schleifscheibe und die Wärmeableitung. Der Schleifbelag setzt sich zusammen aus den Schleifkörnern und der Bindung. Das Ausgangsmaterial für die Bindung ist pulverförmig. Es wird mit den Schleifkörnern vermischt. Man presst diese Mischung auf den Grundkörper und sintert bei höheren Temperaturen.

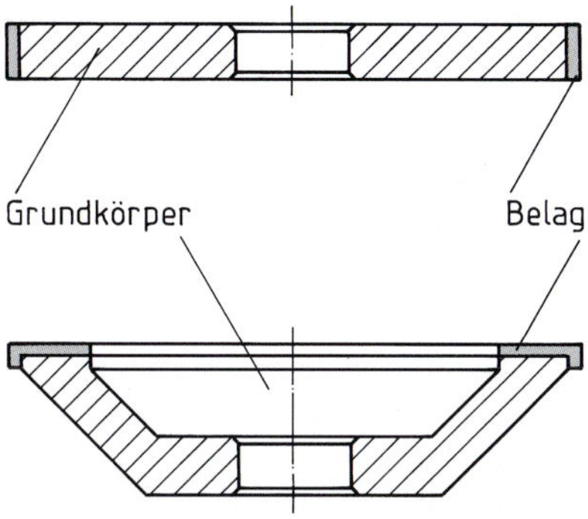

Aufbau eines Schleifwerkzeuges mit Diamant- oder CBN-Belag

Diamant und Bornitrid sind die härtesten Stoffe. Schleifscheiben mit Diamant oder Bornitrid bestehen aus einem Grundkörper und dem aufgesinterten Schleifbelag. Solche Scheiben eignen sich zum Schleifen besonders harter Werkstoffe.

4.2 Aufspannen, Auswuchten und Abrichten von Schleifkörpern

Schleifkörper sind spröde und arbeiten mit sehr hohen Drehfrequenzen. Daher stellen vor allem Schleifscheiben eine große Unfallgefahr dar. Aus diesem Grund müssen Schleifscheiben sorgfältig kontrolliert, aufgespannt und ausgewuchtet werden. Das Aufspannen von Schleifkörpern ist nur durch fachkundige Personen durchzuführen.

4.2.1 Aufspannen von Schleifscheiben

- **Klangprobe**

Bei der Anlieferung, bzw. vor dem Aufspannen werden die Schleifscheiben einer Klangprobe unterzogen. Man kann so schadhafte Schleifscheiben aussortieren. Für die Klangprobe steckt man kleinere Scheiben auf einen Dorn oder den Finger, schwere Schleifscheiben werden dazu auf den Boden gestellt. Man klopft die Scheiben an mehreren Punkten vorsichtig mit einem nicht metallischen Gegenstand ab. Unbeschädigte Schleifscheiben haben einen klaren Klang, beschädigte Scheiben dagegen klingen dumpf oder scheppernd.

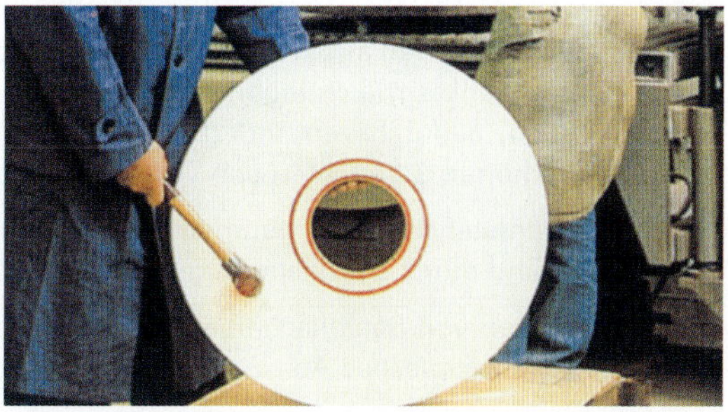

Klangprobe an großen Schleifkörpern

Übungsaufgabe FT-154

- **Befestigen der Schleifscheiben**

Die Schleifscheibe darf nur mit geringem Kraftaufwand auf die Welle oder den Aufnahmekörper geschoben werden und dabei nicht klemmen.
Spannflansche haben die Aufgabe, die Antriebskräfte kraftschlüssig auf die Schleifscheibe zu übertragen.

Elastische Zwischenlagen sollen Formabweichungen zwischen Spannflanschen und Schleifscheiben ausgleichen und die Reibungswerte vergrößern. Als Werkstoffe für Zwischenlagen benutzt man Kunststoff, Gummi, Pappe oder Leder.

Die Durchmesser der Spannflansche müssen auf beiden Seiten gleich groß sein. Bei Scheiben über 200 mm Durchmesser sollen die Flansche mindestens 1/3 des Scheibendurchmessers betragen. Die Flansche sind auf der Scheibenseite ausgedreht, damit die Spannkräfte möglichst weit außen wirksam werden.

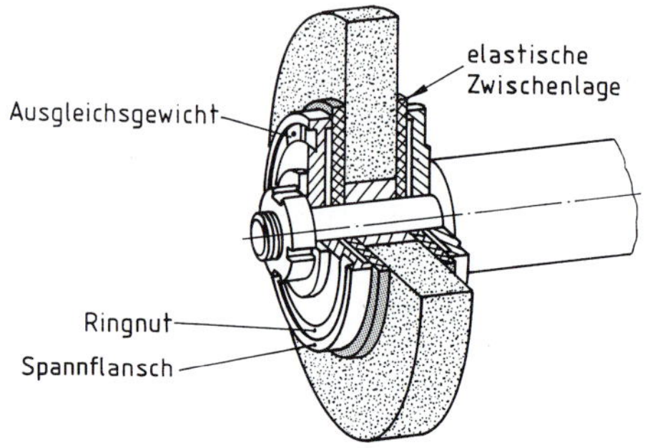

Aufspannen der Schleifscheibe

Schleifscheiben werden wegen ihrer hohen Umfangsgeschwindigkeit vor dem Einsatz durch eine Klangprobe auf Risse überprüft; sie sind sorgfältig und fachkundig aufzuspannen.

- **Schleifspindelgewinde**

An jeder Schleifmaschine ist die Drehrichtung der Schleifspindel gekennzeichnet. Aus Sicherheitsgründen muss die Drehrichtung des Gewindes an der Schleifspindel entgegengesetzt zu der Drehrichtung der Schleifscheibe sein. Dadurch kann sich die Spannmutter auch beim Anlaufen und Abbremsen der Schleifspindel nicht lösen.

Bei Schleifböcken mit zwei Schleifscheiben hat deshalb die Schleifspindel an der rechten Seite ein Rechtsgewinde und an der linken Seite ein Linksgewinde.

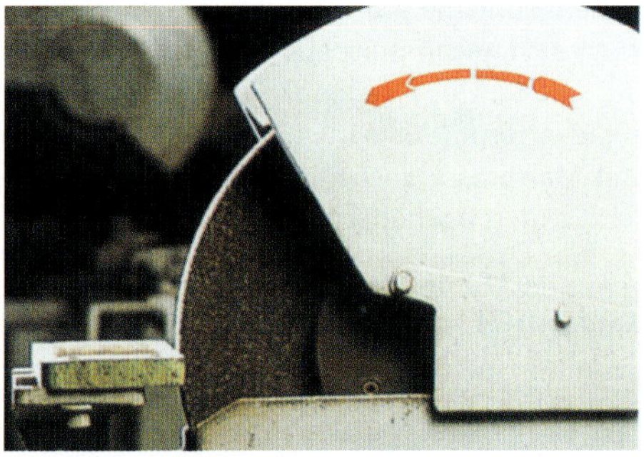
Drehrichtung der Schleifspindel

Die Drehrichtung der Schleifscheibenspindeln ist an Schleifmaschinen gekennzeichnet. Beim Ausspannen und Lösen von Schleifscheiben kann man so auf die entgegengesetzte Drehrichtung der Spannmutter schließen.

4.2.2 Auswuchten von Schleifscheiben

Schleifscheiben müssen ausgewuchtet werden, da durch die hohen Umdrehungsfrequenzen schon bei geringen Schwerpunktabweichungen von der Drehachse Unwuchten wirken. Diese Unwuchten verursachen Schwingungen, dadurch vermindern sich die Oberflächengüte und die Formgenauigkeit des Schliffes. Außerdem erhöhen Unwuchten den Verschleiß und die Bruchgefahr an der Schleifscheibe.

Unwuchten entstehen durch geometrische Abweichungen der Scheibe von der Idealform, durch Aufspannfehler und durch Unregelmäßigkeiten im Aufbau des Schleifscheibengefüges.

Das Auswuchten von Schleifscheiben einfacher Maschinen erfolgt beim Stillstand der Scheibe. Man bezeichnet dies als statisches Auswuchten.

Übungsaufgaben FT-155; FT-156

Auswuchten bei stehender Schleifscheibe

Schleifscheiben werden auf Vorrichtungen so ausgewuchtet, dass sie in jeder Stellung in Ruhe bleiben. Solche Verfahren eignen sich zum Vorauswuchten, sind jedoch zeitaufwendig. Die Schleifscheibe wird zwischen den Spannflanschen auf dem Schleifkörperdorn montiert und ohne Auswuchtgewichte auf einer Maschine möglichst allseitig mit einem Diamanten überdreht.

Die aufgespannte Schleifscheibe mit Dorn legt man auf einen Balancierbock. Der schwerste Punkt pendelt sich nach unten ein, wird markiert und genau gegenüber mit dem Auswuchtgewicht „1" versehen. Die beiden anderen Gewichte „2" und „3" werden so befestigt, dass zwischen den Gewichten eine 120°-Teilung entsteht. Zum Prüfen des Gleichgewichtes dreht man nun die Scheibe um 90°. Ist noch eine geringfügige Unwucht vorhanden, kann diese durch gleichmäßiges Versetzen der Gewichte „2" und „3" beseitigt werden.

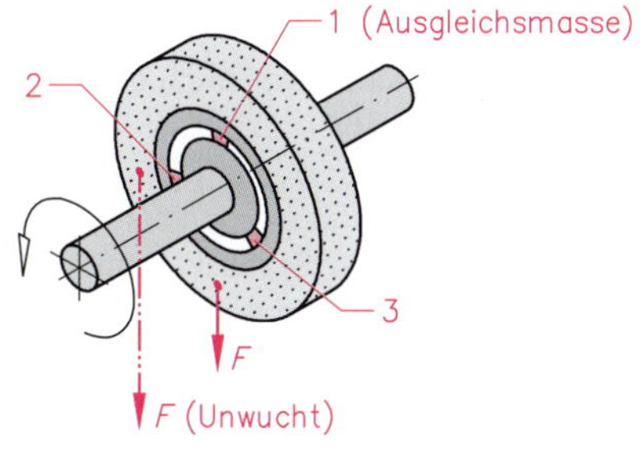

Auswuchten bei stehender Schleifscheibe

Auswuchten bei drehender Schleifscheibe

Hohe Anforderungen an die Schleifqualität und kürzere Wuchtzeiten machen ein Auswuchten auf der Schleifmaschine bei voller Umdrehungsfrequenz erforderlich. Die Einrichtung für das Auswuchten bei drehender Schleifscheibe ist bei hochwertigen Maschinen Bestandteil der Schleifmaschine.

Beim elektromechanischen Auswuchten ist das Auswuchtsystem in die Schleifspindel eingebaut. Der Sensor auf dem Schleifspindelgehäuse nimmt die Schwingungen auf, die durch die Unwucht der Schleifscheibe hervorgerufen werden. Die aufgenommenen Signale werden elektronisch verarbeitet und von einem Sender kontaktlos auf einen Empfänger übertragen. Dieser Empfänger betätigt seinerseits einen Stellmotor, der die Ausgleichsgewichte in der Spindel entsprechend verschiebt. Dieser vollautomatische Unwuchtausgleich erfolgt während des gesamten Schleifvorganges.

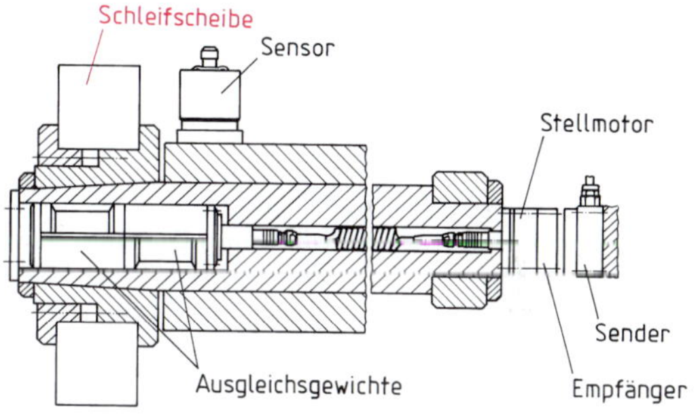

Auswuchten bei drehender Schleifscheibe

Probelauf

Jede wieder aufgespannte und ausgewuchtete Schleifscheibe muss bei voller Umfangsgeschwindigkeit aus Sicherheitsgründen probelaufen. Nach den „Europäischen Sicherheitsregeln für den richtigen Gebrauch von Schleifkörpern" gelten folgende Mindestzeiten für den Probelauf:

- bei Handschleifmaschinen 30 Sekunden,
- bei anderen Schleifmaschinen 1 Minute,
- bei Schleifmaschinen mit Scheiben ab 1000 mm Durchmesser 60 Minuten.

Schleifscheiben müssen vor ihrem Einsatz ausgewuchtet werden und nach jedem Aufspannen probelaufen.

Übungsaufgabe FT-157

4.2.3 Abrichten von Schleifkörpern

Schleifkörper nutzen beim Schleifen unregelmäßig ab und werden unrund. Außerdem werden die einzelnen Schleifkörner stumpf und es setzen sich die Poren in den Schleifkörpern mit Spänchen zu. Daher ist es notwendig, die Schleifkörper mit entsprechenden Abrichtgeräten zu warten.

Die ungleichmäßig abgenutzte Schicht wird abgetragen, bis die Schleifffläche wieder formgenau ist und überall scharfe Schleifkörner freigelegt sind. Diesen Vorgang bezeichnet man als **Abrichten**.

Unter Abrichten versteht man auch das Herstellen einer gewünschten Profilform des Schleifkörpers durch mechanischen Abtrag.

Beim Abrichten von Hand werden als Abrichtgeräte gezahnte oder gewellte Stahlrädchen verwendet. Für genaues Abrichten von Schleifkörpern benutzt man Einzeldiamanten oder diamantbestückte Rollen.

Beim maschinellen Abrichten ist die Abrichtvorrichtung in die Maschine eingebaut. Für das Abrichten beim Flach- und Profilschleifen sind Abrichtgeräte oberhalb der Schleifscheibe auf dem Spindelkasten oder unterhalb auf dem Arbeitstisch montiert. Durchweg benutzt man mit Diamant bestückte Abrichtwerkzeuge.
Schleifscheiben für das Profilschleifen oder Zahnflankenschleifen erfordern eine hohe Formgenauigkeit der Schleifscheibe; sie werden daher entsprechend oft abgerichtet.

Während bei Schleifscheiben aus Korund oder Siliziumkarbid das Abrichten mit einem Diamantwerkzeug in nur einem Arbeitsgang durchgeführt wird, ist es für Diamant- und Bornitridschleifscheiben meist erforderlich, dafür verschiedene Werkzeuge und Arbeitsgänge zu benutzen.

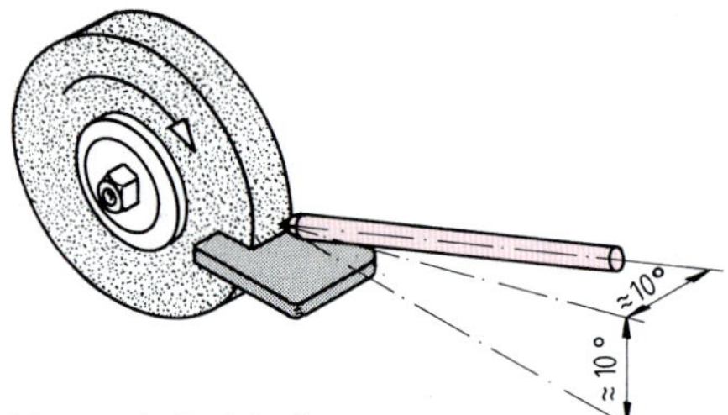

Abrichten mit Abrichtdiamanten

Abrichtwerkzeuge

Beispiele für das Abrichten mit Diamant bestückten Werkzeugen

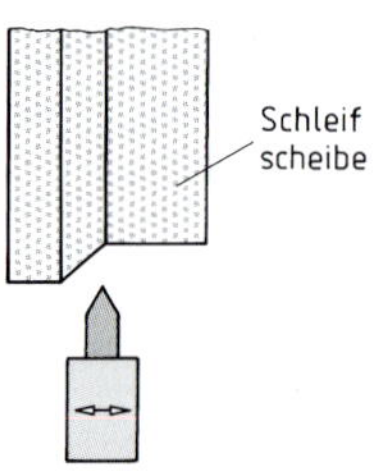

Abrichten mit Diamantspitze

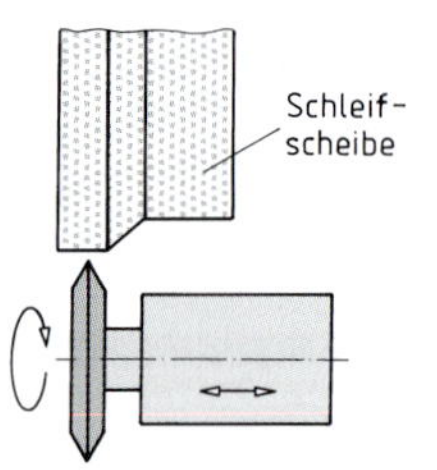

Abrichten mit rotierender Diamant-Formscheibe

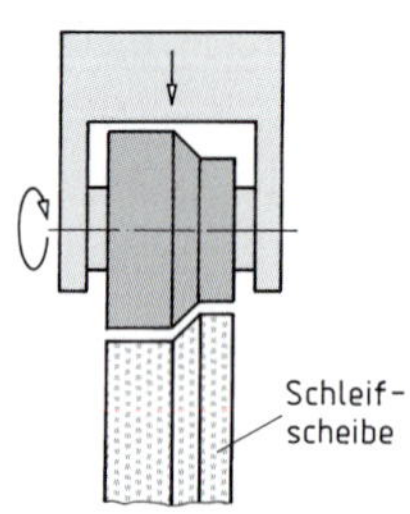

Abrichten mit rotierender Profil-Diamantrolle

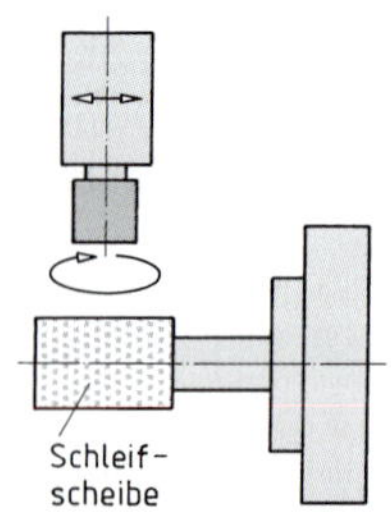

Abrichten mit rotierender Diamant-Topfscheibe

Schleifkörper werden abgerichtet, wenn sie stumpf oder nicht mehr formgenau geworden sind. Durch das Abrichten wird der Schleifkörper im Eingriffbereich geschärft und profiliert.

Übungsaufgaben FT-158; FT-159

4.2.4 Schleifkörperdorne

Schleifkörperdorne dienen zur Aufnahme von Schleifkörpern. Bei Bedarf werden sie komplett montiert in die Schleifspindel eingesetzt. Dadurch erreicht man, dass eine einmal montierte und abgerichtete Schleifscheibe auf dem Dorn belassen wird und bei erneutem Einsatz nicht wieder montiert, ausgewuchtet und abgerichtet werden muss. Durch den Einsatz von Schleifkörperdornen wird der Verlust an Schleifmitteln sehr gering gehalten, die Einrichtzeit von Schleifwerkzeugen lässt sich beträchtlich verkürzen und ein automatischer Schleifdornwechsel in CNC-gesteuerten Schleifmaschinen wird möglich.

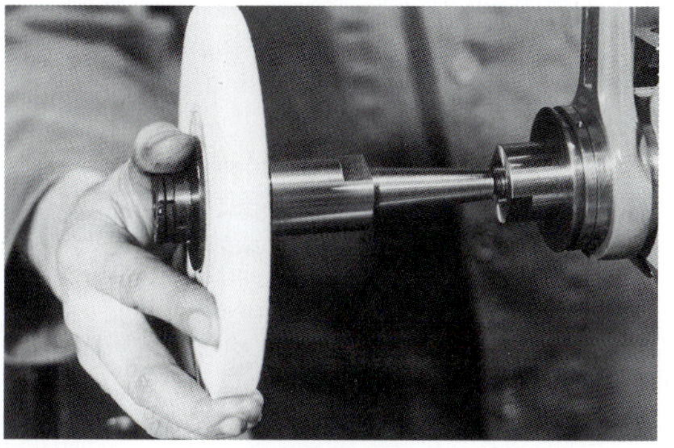

Montage eines Schleifkörperdornes

FT

4.3 Arbeitsverfahren auf Schleifmaschinen

Von den Schleifverfahren sind **Plan-** und **Rundschleifverfahren** von besonderer Bedeutung. Spant bei diesen Verfahren die Schleifscheibe mit ihrem Umfang, so bezeichnet man das Verfahren als *Umfangsschleifen.* Wird die Seitenfläche zum Spanen eingesetzt, nennt man das Verfahren *Seitenschleifen.*

- **Planschleifen**

Werden *ebene Werkstückflächen* durch Schleifen bearbeitet, bezeichnet man dies als Planschleifen. Dazu werden die Werkstücke auf den ebenen Arbeitstisch der Schleifmaschine gespannt.

Umfangs-Planschleifen	Seiten-Planschleifen

- Auf *Langtischen* erfolgt die hin- und hergehende Längsbewegung mit schrittweisem Quervorschub.

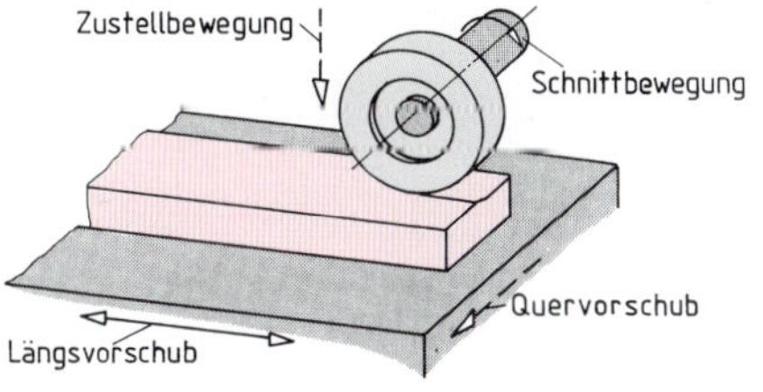

Umfangs-Planschleifen auf einem Langtisch

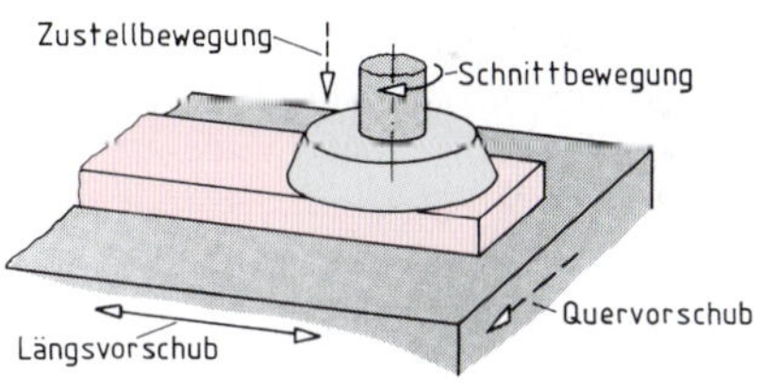

Seiten-Planschleifen auf einem Langtisch

Wegen der hin- und hergehenden Tischbewegung spricht man auch vom Pendelschleifen.

- Auf *Rundtischen* erfolgt eine drehende Vorschubbewegung der Werkstücke. Gleichzeitig führt der Schleifstein eine stetige Vorschubbewegung in radialer Richtung aus.

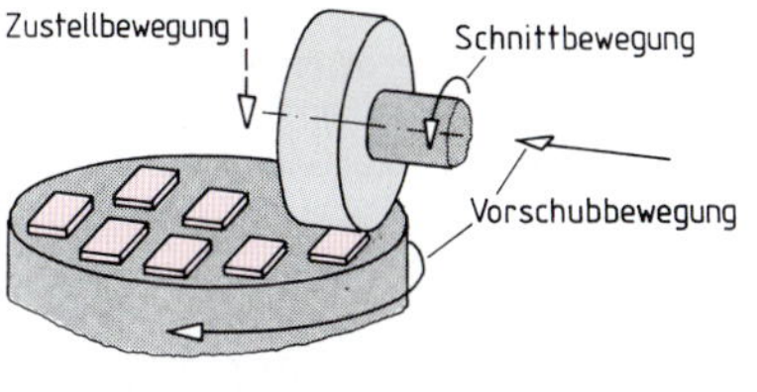

Umfangs-Planschleifen auf einem Rundtisch

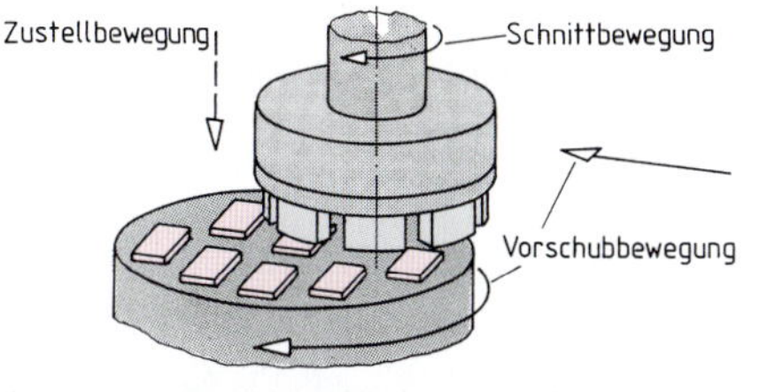

Seiten-Planschleifen auf einem Rundtisch

Beim Umfangs-Planschleifen erzielt man bei geringen Abtragleistungen eine besonders hochwertige Werkstückoberfläche.
Beim Seiten-Planschleifen erzielt man bei geringer Oberflächengüte eine hohe Abtragleistung.

• Rundschleifen

Die Verfahren des Rundschleifens unterteilt man danach, ob zylindrische Außenflächen oder Innenflächen bearbeitet werden.

Außen-Rundschleifen

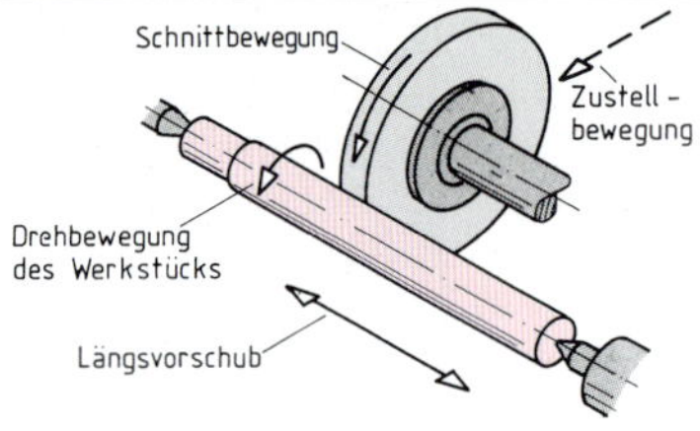

Längs-Umfangs-Außen-Rundschleifen

Innen-Rundschleifen

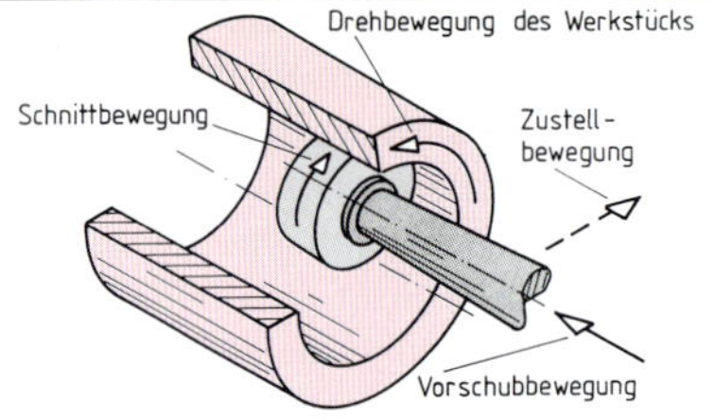

Längs-Umfangs-Innen-Rundschleifen

Kleinere zylindrische Werkstücke mit gleich bleibendem Außendurchmesser werden in der Massenfertigung durch **spitzenloses Außenrundschleifen** bearbeitet.
Die kleinere weichere Regelscheibe läuft mit viel geringerer Geschwindigkeit als die Schleifscheibe. Sie bremst die Drehbewegung des Werkstücks und erteilt dem Werkstück durch ihre Neigung eine Vorschubbewegung.

Spitzenloses Außenrundschleifen

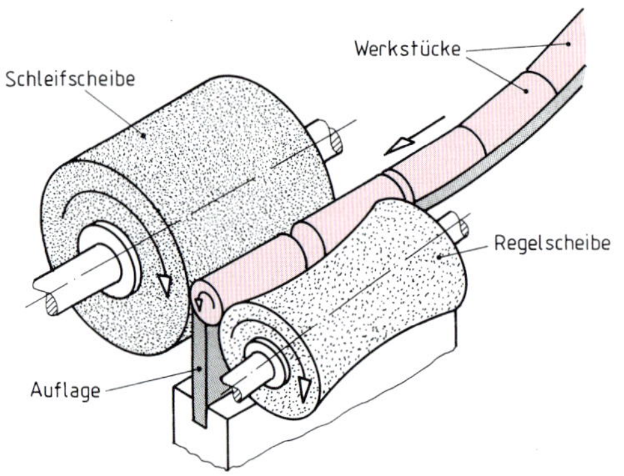

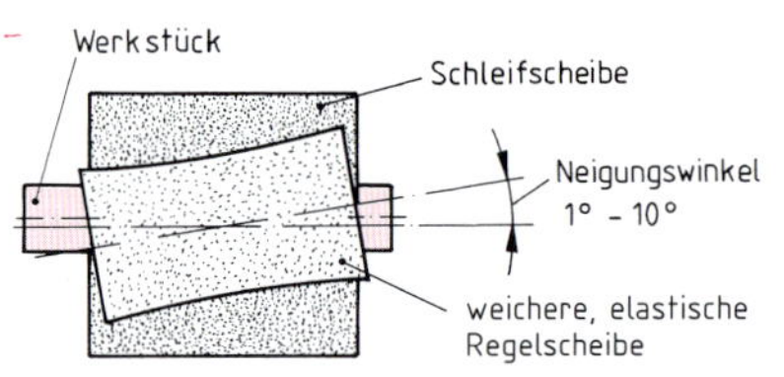

• Profilschleifen

Profilschleifen ist gekennzeichnet durch Einsatz von Schleifscheiben mit eingearbeiteten Profilen.

Außen-Profilschleifen

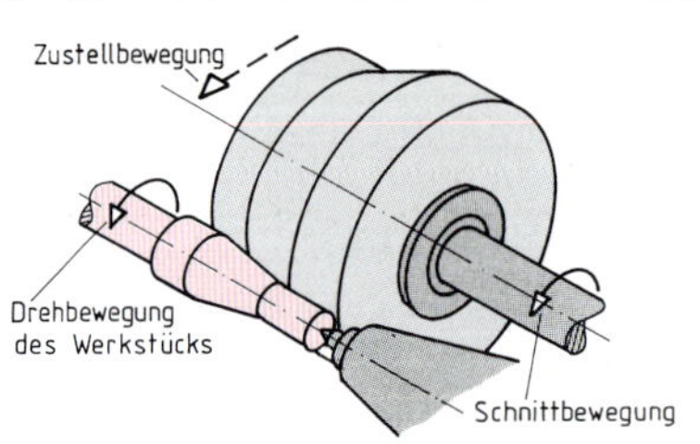

Quer-Außen-Profilschleifen

Innen-Profilschleifen

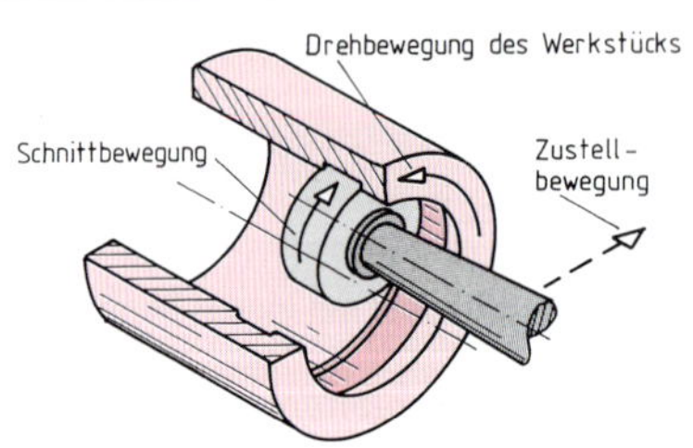

Quer-Innen-Profilschleifen

Übungsaufgaben FT-160; FT-161

- **Gewindeschleifen**

Bei der Gewindefertigung werden vorgefertigte Gewinde durch Schleifen fertig bearbeitet. Bei kleineren Gewinden können die Gewindegänge aus dem vollen Material durch Schleifen herausgearbeitet werden. Gewinde werden mit einprofiligen oder mehrprofiligen Schleifscheiben im Gegenlauf bearbeitet.

Mit einprofiliger Schleifscheibe wird der Gewindegang fortlaufend geschliffen. Dabei wird die Schleifscheibe um den Steigungswinkel zur Werkstückachse geneigt. Es wird eine relativ lange Schleifzeit benötigt.

Beim Gewinde-Einstechschleifen wird das Gewindeprofil mit einer mehrprofiligen Schleifscheibe erzeugt. Die Schleifscheibe wird auf volle Gewindetiefe zugestellt. Im Anschnittbereich steigen die Gewindegänge allmählich auf volles Profil an. Gewinde mit Bund können daher nicht gefertigt werden.

FT

Einprofilscheibe	Mehrprofilscheibe
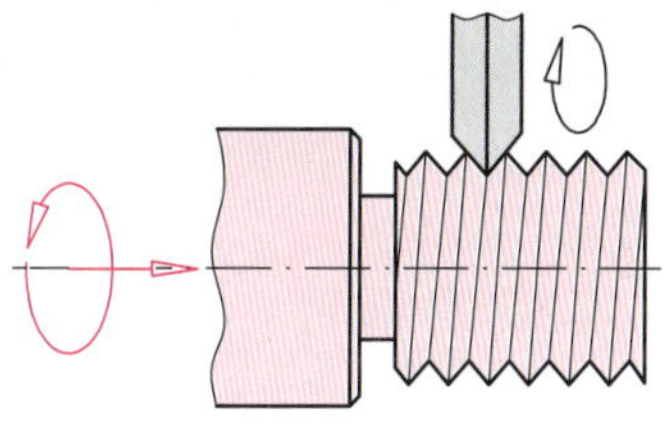	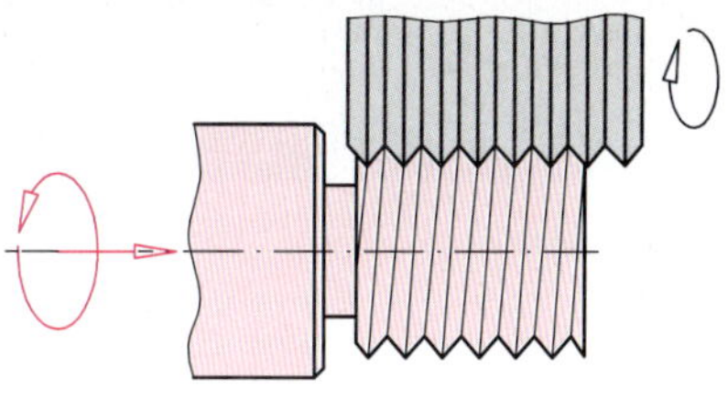

4.4 Schleifmaschinen

Für die verschiedenen Schleifverfahren sind unterschiedliche Schleifmaschinen entwickelt worden. Aus der Vielzahl der Schleifmaschinen werden die Flach- und Profilschleifmaschine, die Rundschleifmaschine und die Werkzeugschleifmaschine vorgestellt.

4.4.1 Flach- und Profilschleifmaschinen

Mit dieser Maschine können sowohl Flach-, Plan- und Profilschleifaufgaben durchgeführt werden. Dies kann sowohl mit dem herkömmlichen Pendelschleifverfahren als auch mit dem Vollschnittschleifverfahren erfolgen. Die X-, Y- und Z-Achsen in der CNC-Steuerung sind für die Vorschubgeschwindigkeit mit unterschiedlichen Stellbereichen vorgesehen. Über die C-Achse wird die Schnittgeschwindigkeit eingestellt.

Flach- und Profilschleifmaschine

An nummerisch gesteuerte Schleifmaschinen wird von eingebauten Schärf-Abrichtsystemen durch CNC-gesteuerte Diamantabrichtrollen in regelmäßigen Abständen die Schleifscheibe geschärft und mit genauem Profil versehen.

4.4.2 Rundschleifmaschinen

Mit dieser Maschine können sowohl Außenrund- als auch Innenrundschleifaufgaben durchgeführt werden. Durch die CNC-Steuerung lassen sich die Schleifaufgaben mit dem Pendelschleifen oder auch mit dem Einstechschleifen ausführen.

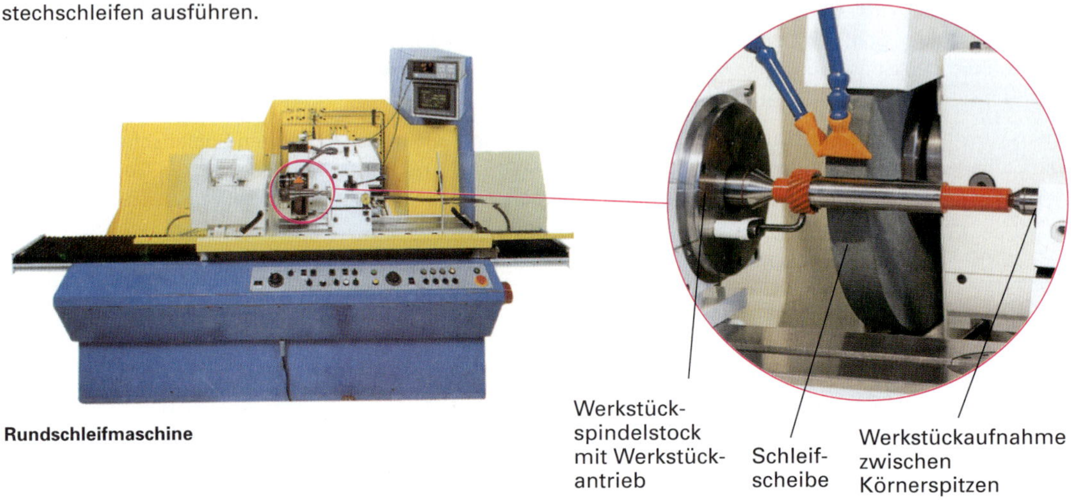

Rundschleifmaschine

4.4.3 Werkzeug- und Universalschleifmaschinen

Mit Werkzeug- und Universalschleifmaschinen werden Zerspanungswerkzeuge hergestellt und nachgeschärft sowie beliebig geformte Konturen erzeugt.

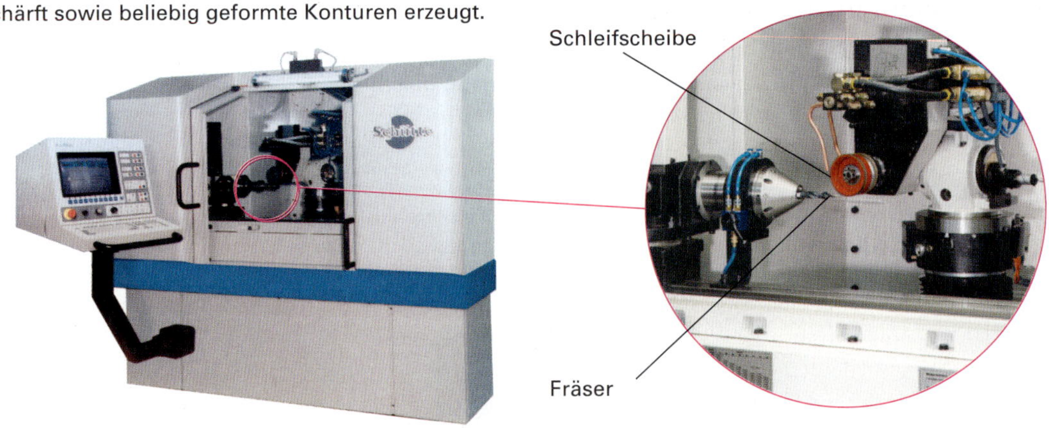

Werkzeug- und Universalschleifmaschine

Der Computer der Werkzeug- und Universalschleifmaschinen steuert zur Konturerzeugung sowohl die Werkzeugbewegung als auch die Werkstückbewegung.

Beispiele **für Werkzeuge, die in einer Aufspannung komplett geschliffen wurden.**

4.5 Einflüsse auf das Arbeitsergebnis beim Schleifen

Schleifen ist meistens ein Feinbearbeitungsverfahren und steht oft am Ende einer spanenden Bearbeitung. Deshalb ist beim Schleifen die Qualität der gefertigten Oberfläche der Werkstücke von Bedeutung. Die Qualität der Oberfläche wird gekennzeichnet durch ihre Maß- und Formgenauigkeit, durch die Rautiefe und durch die veränderten Werkstoffeigenschaften in der Randzone.

Beispiele für geschliffene Werkstücke von hoher Oberflächenqualität

Die Bewertung des Schleifens richtet sich neben der Werkstückqualität auch nach wirtschaftlichen Gesichtspunkten. Ein Vergleichsmaß zwischen den Fertigungsverfahren ist das zerspante Material pro Zeiteinheit, das so genannte **Zeitspanvolumen**. Im Schleifprozess wird das Zeitspanvolumen *Q* in mm^3/min oder in cm^3/min angegeben. Die Werkstückqualitäten, die heute unter Großserienbedingungen mit Schleifverfahren erreicht werden können, sind auch unter dem Gesichtspunkt der Wirtschaftlichkeit beachtlich.

Der Steigerung der Arbeitsgenauigkeit beim Drehen steht beim Schleifen eine Steigerung des Zeitspanvolumens gegenüber.

Allerdings hat ein größeres Zeitspanvolumen immer eine Abnahme der Genauigkeit zur Folge.

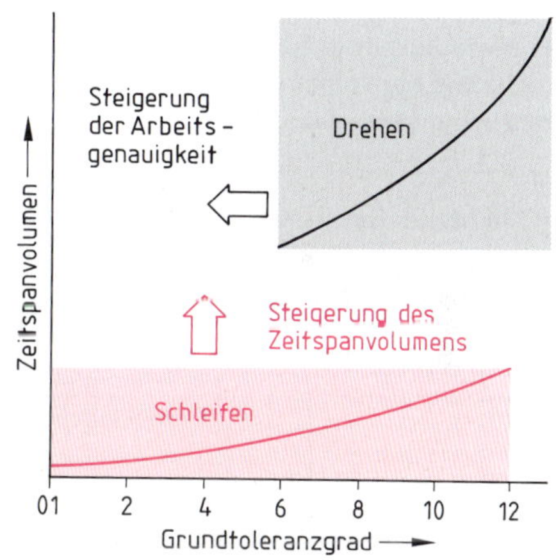

Fertigungsfelder Schleifen und Drehen

4.5.1 Zerspangrößen im Schleifprozess

Die Zerspangrößen Schnittgeschwindigkeit, Vorschubgeschwindigkeit und Zustellung beeinflussen stark die Qualität der geschliffenen Oberfläche. Diese Zerspangrößen selbst sind wiederum abhängig von dem angewandten Schleifverfahren, dem Werkstoff des Werkstückes, dem Schleifmittel und der Kühlschmierung.

Übungsaufgabe FT-162

- **Schnittgeschwindigkeit v_c**

Beim Schleifen ist die Schnittgeschwindigkeit v_c die Umfangsgeschwindigkeit des Schleifkörpers, sie wird in m/s angegeben. Die Schnittgeschwindigkeit wird beim Schruppen und Schlichten im Bereich v_c = 20 bis 45 m/s gewählt. Der zu bearbeitende Werkstoff hat nur geringen Einfluss auf die Auswahl der Schnittgeschwindigkeit.

v_c Schnittgeschwindigkeit
v_f Vorschubgeschwindigkeit
b_s Schleifscheibenbreite
a_p Eingriffsbreite
a_e Eingriffsdicke

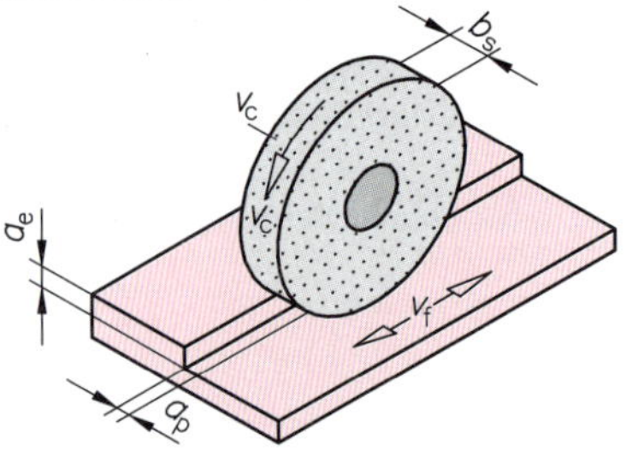

Planschleifen durch Pendelschleifen

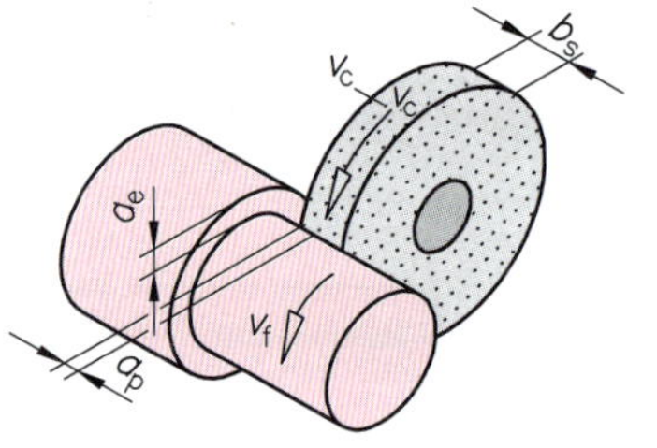

Längs-Rundschleifen

- **Voschubgeschwindigkeit v_f**

Beim **Planschleifen** ergibt sich die Vorschubgeschwindigkeit v_f aus der hin- und hergehenden Tischbewegung. Sie wird im Bereich von v_f = 10 bis 35 m/min eingestellt.
Beim **Rundschleifen** entspricht die Vorschubgeschwindigkeit v_f der Umfangsgeschwindigkeit des Werkstücks, sie wird im Bereich v_f = 10 bis 35 m/min gewählt.

- **Geschwindigkeitsverhältnis q**

Das Verhältnis zwischen Schnittgeschwindigkeit v_c und der Vorschubgeschwindigkeit v_f bezeichnet man als Geschwindigkeitsverhältnis q. Das bedeutet, dass z. B. bei q = 60 die Schnittgeschwindigkeit v_c 60mal so groß ist wie die Vorschubgeschwindigkeit v_f. Anhand dieser Kenngröße q erfolgt eine optimale Steuerung des Schleifprozesses.

$$\textbf{Geschwindigkeitsverhältnis} = \frac{\textbf{Schnittgeschwindigkeit}}{\textbf{Vorschubgeschwindigkeit}} \qquad q = \frac{v_c}{v_f}$$

Richtwerte für Schnittgeschwindigkeit, Vorschubgeschwindigkeit und Geschwindigkeitsverhältnis

Werkstoff	Planschleifen			Längsrundschleifen Außenrundschleifen			Längsrundschleifen Innenrundschleifen		
	v_c m/s	v_f m/min	q	v_c m/s	v_f m/min	q	v_c m/s	v_f m/min	q
Stahl, Gusseisen	30	10–35	70	30	10	110	25	23	70
NE-Legierungen	20	15–40	40	25	20	60	20	30	40

- **Eingriffsbreite a_p**

Die Eingriffsbreite ist die Querverschiebung a_p der Schleifscheibe, die in Bezug zur Scheibenbreite festgelegt wird.

Die Eingriffsbreite a_p wird
- beim Planschleifen nach einer hin- und hergehenden Tischbewegung und
- beim Rundschleifen während einer Werkstückumdrehung ausgeführt.

Nach der Art des Schleifvorgangs werden unterschiedliche Eingriffsbreiten gewählt:
- Schruppen: a_p = (2/3 bis 3/4) der Schleifscheibenbreite
- Schlichten: a_p = (1/4 bis 1/3) der Schleifscheibenbreite
- Feinschlichten: a_p = (1/10 bis 1/5) der Schleifscheibenbreite

Übungsaufgaben FT-163; FT-164

- **Eingriffsdicke a_e**

Die Schnitttiefe wird beim Schleifen als Eingriffsdicke a_e bezeichnet. Diese ist auf den zu schleifenden Werkstoff und die Art der Bearbeitung – Schruppen oder Schlichten – abzustimmen.

Beim **Planschleifen** durch **Pendelschliff** werden geringe Eingriffsdicken zwischen a_e = 0,005 und 0,2 mm eingestellt. Es wird für leicht schleifbare Werkstoffe und geringe Materialabträge auf einfachen Schleifmaschinen eingesetzt.
Nachteilig ist, dass bei jeder Pendelbewegung die Schleifscheibe mit der Werkstückkante kollidiert und dabei stärker abnutzt. Ein häufiges Abrichten ist erforderlich.

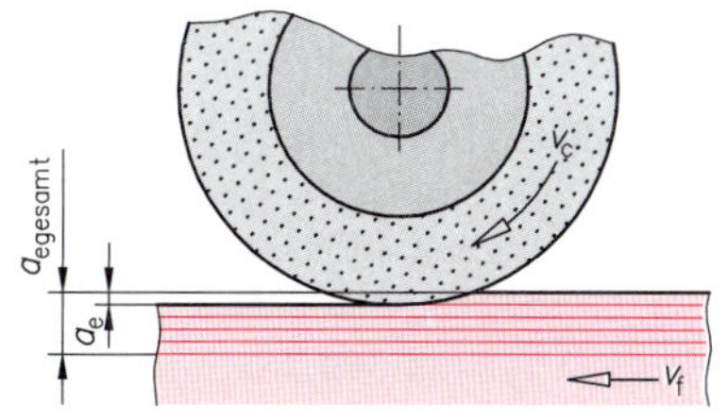

Pendelschleifen von Planflächen

Werden Planflächen durch **Tiefschleifen** bearbeitet, wird ein Mehrfaches der Eingriffsdicke a_e des Pendelschleifens und sehr geringe Vorschubgeschwindigkeit v_f eingestellt.
Bei geringem Schleifscheibenverschleiß wird ein großes Zeitspanvolumen abgetragen. Die Oberflächengüte ist höher als beim Pendelschleifen.
Das Tiefschleifen wird zur Endbearbeitung genauer Profile, wie z. B. von Führungbahnen, eingesetzt. Ein offenporiges Gefüge der Schleifscheibe muss die anfallende Spanmenge und die notwendige Kühlschmiermenge aufnehmen. Eine stabile Maschine mit hoher Antriebsleistung ist erforderlich.

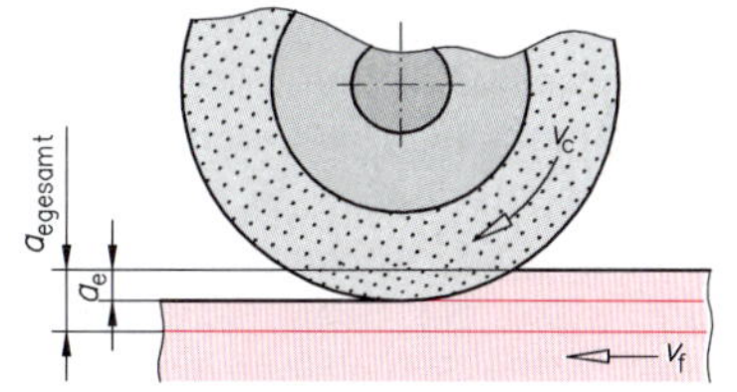

Tiefschleifen von Planflächen

Das **Außenrundschleifen** kann wie beim Planschleifen als Pendel- oder Tiefschleifen ausgeführt werden. Beim Außenrundschleifen durch Pendelschliff werden beim Schruppen Eingriffsdicken zwischen a_e = 0,02 bis 0,08 mm eingestellt, beim Schlichten Werte zwischen a_e = 0,002 bis 0,02 mm.
Innenrundschleifen führt man aus mit a_e = 0,01 bis 0,06 mm beim Schruppen und a_e = 0,002 bis 0,01 mm beim Schlichten.

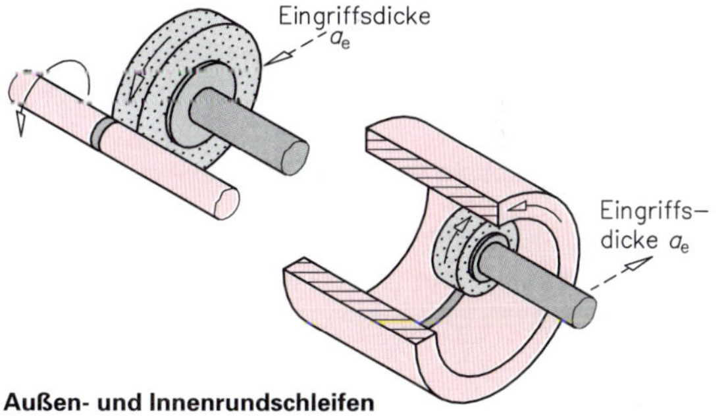

Außen- und Innenrundschleifen

- **Einsatz von Kühlschmierstoffen**

Beim Schleifen berühren sich Schleifwerkzeug und Werkstück nur in einem schmalen Bereich, der so genannten **Kontaktzone**. In diesem Bereich treten kurzzeitig hohe Temperaturen auf, die das Gefüge in der Randzone verändern. Es entsteht die so genannte **„Weichhaut"**. Die durch Wärme beeinflusste Kontaktzone wird beim Gleichlaufschleifen nahezu vollständig weggeschliffen, beim Gegenlaufschleifen bleibt sie teilweise erhalten. Die entstehende Wärme kann durch Kühlschmierstoffe abgeführt werden.
Schleifverfahren, bei denen Kühlschmierstoffe verwendet werden, bezeichnet man als **Nassschleifen**; schleift man ohne Kühlschmierstoffe, so liegt **Trockenschleifen** vor.

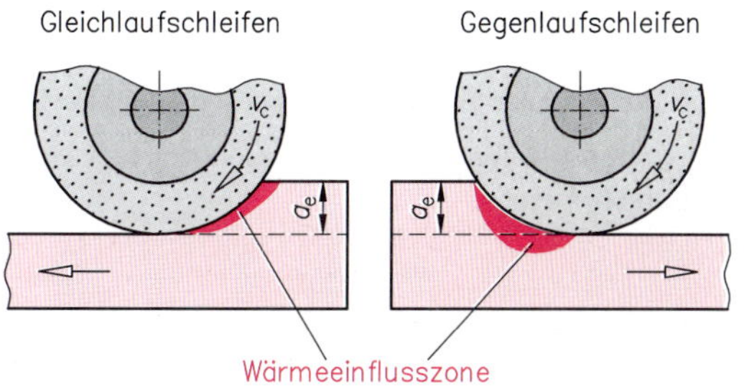

Wärmewirkung in der Kontaktzone

FT

Übungsaufgabe FT-165

Kühlschmierstoffe haben im Einzelnen folgende Aufgaben:

- Verringerung der Reibung zwischen dem Schleifkörper und dem Werkstück,
- Kühlung der Werkstückoberfläche,
- Reinigung der Poren des Schleifkörpers, damit die Schneidfähigkeit der Körner erhalten bleibt.
- Transport der Späne und des Schleifkörperabriebs von der Schleifstelle.

Zum Nassschleifen verwendet man als Kühlschmierstoffe Emulsionen oder Schneidöle (siehe auch Kap. Werkstofftechnik). Emulsionen setzt man ein, wenn die Kühlwirkung wie beim Präzisionsschleifen im Vordergrund steht. Schneidöle kommen zum Einsatz, wenn gute Schmierung erforderlich ist.

Bei steigendem Zeitspanvolumen zeigen Schneidöle folgende Vorteile gegenüber Emulsionen:

• geringere Zerspanungskräfte, • geringere Randzonenbeeinflussung, • geringere Oberflächenrauheit am Werkstück, • weniger Verschleiß der Schleifscheibe

Den hohen Schleiftemperaturen muss mit entsprechenden Kühlschmieranlagen entgegengewirkt werden, dabei ist der Volumenstrom, der Druck und die Form und Position der Düse von Bedeutung. Der Kühlschmierstoff sollte annähernd die gleiche Austrittsgeschwindigkeit (v_{KS}) wie die Schleifscheibe auf ihrem Umfang (v_c) aufweisen. Dadurch wird sichergestellt, dass die Schleifscheibe den Kühlschmierstoff in die Schleifzone transportiert und dort die Späne und den Schleifscheibenabrieb wegspült.

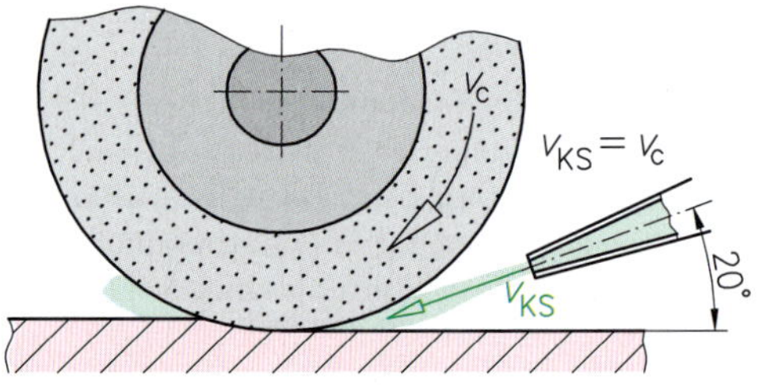

Optimale Kühlmittelzuführung

Für einen störungsfreien Ablauf des Nassschleifens ist eine dauernde Reinigung der Kühlschmierflüssigkeit notwendig. In der Regel ist die Anlage zur Reinigung Bestandteil der Maschine und verteuert diese. Durch die Verdunstung der Flüssigkeit während des Schleifprozesses, treten gesundheitsgefährdende Dämpfe auf, die durch zusätzliche Einrichtungen abgesaugt und gesammelt werden.

Zusätzliche Kosten entstehen durch verbrauchte Kühlschmierstoffe, die man sorgfältig entsorgen muss.

Der Einsatz von Kühlschmierstoffen erlaubt höhere Schnittleistungen und verbessert die Oberflächenqualitäten, er führt jedoch zu Problemen bei der Entsorgung und Reinigung. Außerdem können Kühlschmierstoffe gesundheitsgefährdend wirken.

4.5.2 Einflussmöglichkeiten auf den Schleifprozess

Beim Schleifprozess werden aus vorgearbeiteten Werkstücken fertige Werkstücke hergestellt. Diese Fertigung soll möglichst wirtschaftlich erfolgen. Dabei soll die geforderte Maß- und Formgenauigkeit, die Oberflächenrauheit und das gewünschte Randzonengefüge eingehalten werden. Diese Forderungen sind jedoch nicht alle gleichzeitig und gleich gut zu erfüllen. So wird z. B. beim Schleifen von Werkstücken mit sehr geringen Form- und Maßtoleranzen eine Schleifscheibe gewählt, die mit kleinen Schnittkräften arbeitet aber höheren Werkzeugverschleiß hat. In diesem Fall werden also höhere Werkzeugkosten in Kauf genommen.

Das folgende Schema veranschaulicht die Zusammenhänge und die Beeinflussung der einzelnen Größen im Schleifprozess.

Vorgaben durch Gerät und Material	Eingaben für den Schleifvorgang	Kenngrößen im Schleifprozess	Arbeitsergebnis
Schleifmaschine – Art – Eigenschaften **Werkstück** – Größe und Gestalt – Werkstückwerkstoff **Schleifkörper** – Art und Form – Zusammensetzung **Abrichtsystem** **Kühlschmierung** – Art – Zuführung	Schnittgeschwindigkeit Vorschubgeschwindigkeit Werkstückgeschwindigkeit Eingriffsdicke Abrichtbedingungen Flüssigkeitsmenge Flüssigkeitsdruck	Schnittkräfte Geschwindigkeitsverhältnis Zeitspanvolumen Schleifverhältnis Temperaturen	**Werkstück** – Formgenauigkeit – Maßgenauigkeit – Oberflächenqualität – Randzonenbeeinflussung **Schleifwerkzeug** – Verschleiß – Zusetzung **Kühlschmierstoff** – Verschmutzung – Umweltbelastung **Wirtschaftlichkeit** – Liefermengen – Fertigungskosten

In der folgenden Zusammenstellung werden jeweils die Auswirkungen auf den Schleifprozess durch das Verändern einer Einstellgröße aufgelistet.

Erhöhung der Schnittgeschwindigkeit v_c

- Pro Zeiteinheit sind mehr Schneiden im Eingriff.
- Die Späne werden feiner.
- Das einzelne Korn wird weniger belastet.
- Die Splitterung des Korns wird verringert.

Schleifscheibe wirkt härter (Körner bleiben länger schneidhaltig)

Erhöhung der Vorschubgeschwindigkeit v_f

- Die Zerspanleistung wird größer.
- Die Späne werden gröber.
- Das einzelne Korn wird stärker belastet.
- Die Splitterneigung des Korns wird erhöht.

Schleifscheibe wirkt härter (Körner bleiben länger schneidhaltig)

Erhöhung der Eingriffsdicke a_e

- Die Zerspanleistung wird größer.
- Die Späne werden gröber.
- Das einzelne Korn wird stärker belastet.
- Die Splitterneigung des Korns wird erhöht.

Schleifscheibe wirkt weicher (stumpfe Körner brechen schneller aus)

Erhöhung der Schmierfähigkeit

- Die Reibungsverhältnisse werden günstiger.
- Das einzelne Korn wird weniger belastet.
- Die Splitterneigung des Korns wird verringert.

Schleifscheibe wirkt härter (Körner bleiben länger schneidhaltig)

Übungsaufgaben FT-167; FT-168

5 Fertigen durch Feinbearbeiten

5.1 Honen

Das Honen ist ein spanendes Feinbearbeitungsverfahren.
Durch Honen werden Werkstückoberflächen endbearbeitet, die durch Drehen oder Bohren vorgearbeitet sind. Ziel ist es, die Oberflächengüte, die Maß- und Formgenauigkeit und im geringen Maße die Lagegenauigkeit zu verbessern. Bei Sinterteilen kann durch Honen der Endzustand ohne weitere spanende Vorbearbeitung erreicht werden.

Honbearbeitung setzt man ein, um
- Energieeinsparungen im Motorenbereich,
- Lebensdauererhöhung bei Lagern,
- exakte Steuerung bei Bauteilen für Einspritzpumpen sowie Hydraulik- und Pneumatikanlagen sowie
- Lärmreduzierung in Getrieben zu erreichen.

5.1.1 Honverfahren

Die Werkstoffabtragung erfolgt durch Honsteine. Sie bestehen aus einer großen Anzahl feiner Schleifkörner, die durch Bindemittel zusammengehalten werden. Während des Honvorgangs befinden sich die Honsteine im ständigen Kontakt mit der zu bearbeitenden Werkstückfläche.

Nach der Lage der zu bearbeitenden Flächen am Werkstück unterscheidet man *Innenhonen* und *Außenhonen*. Nach der Art der Arbeitsbewegungen und der Länge des ausgeführten Arbeitshubes wird das Innenhonen als Langhubhonen und das Außenhonen als Kurzhubhonen ausgeführt.

<table>
<tr><th>Innenhonen als Langhubhonen</th><th>Außenhonen als Kurzhubhonen</th></tr>
<tr><td>
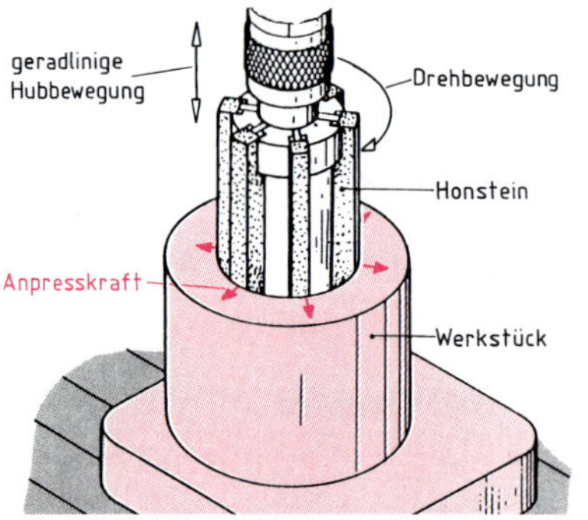

Gehont wird mit einer der Werkstücklänge angepassten großen Hubbewegung.
</td><td>
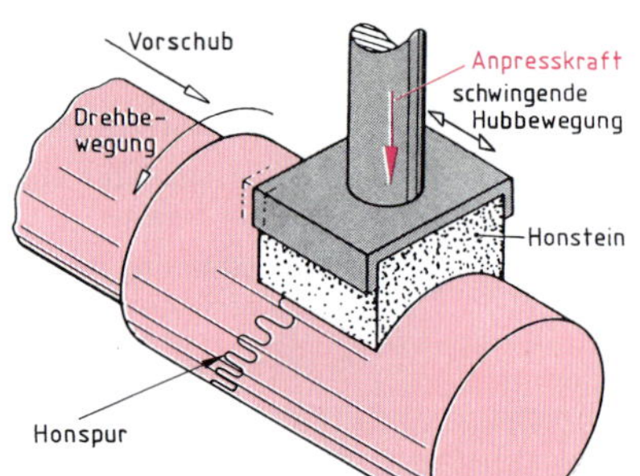

Zum Honen wird zusätzlich zu den übrigen Bewegungen ein kurzer Schwinghub ausgeführt.
</td></tr>
<tr><td>
Erforderliche Bewegungen:
• Gleichförmige Drehbewegung – von Werkzeug oder Werkstück – mit einer Geschwindigkeit von etwa 15 bis 40 m/min.
• Geradlinige Hubbewegung – von Werkzeug oder Werkstück – mit einer Geschwindigkeit von etwa 12 bis 15 m/min.
</td><td>
Erforderliche Bewegungen:
• Gleichförmige Drehbewegung – von Werkzeug oder Werkstück – mit einer Geschwindigkeit von etwa 15 bis 25 m/min.
• Geradlinige Vorschubbewegung – von Werkzeug oder Werkstück – mit einer Geschwindigkeit von etwa 8 bis 12 m/min.
• Schwingender Hub des Werkzeugs in einer Hublänge von 1 bis 6 mm bei ca. 700 bis 2 500 Schwingungen pro Minute
</td></tr>
</table>

Der Zerspanvorgang kommt durch die Überlagerung von zwei oder drei Bewegungen zustande. Dabei sind die Honsteine gleichzeitig im Eingriff, sie werden mit einem Anpressdruck von 20 bis 200 N/cm^2 gegen die Werkstückoberfläche gedrückt. Die abgetragenen Werkstoffteilchen und die stumpfen, ausgebrochenen Schleifkörner werden durch eine Spülflüssigkeit, dem Honöl, weggeschwemmt.

Übungsaufgabe FT-169

Weitere Honverfahren

Spitzenloses Einstechhonen	Durchlaufhonen
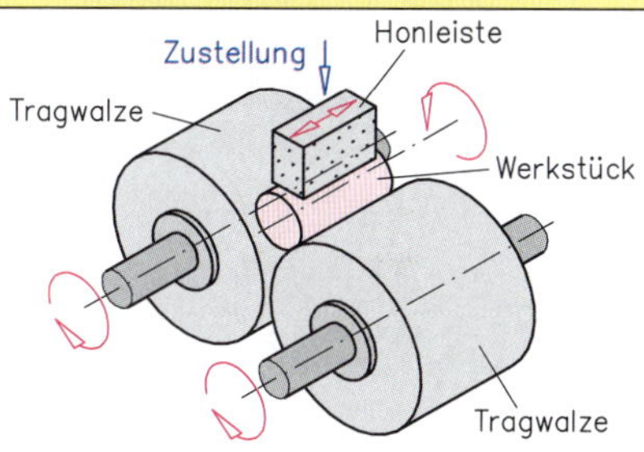 	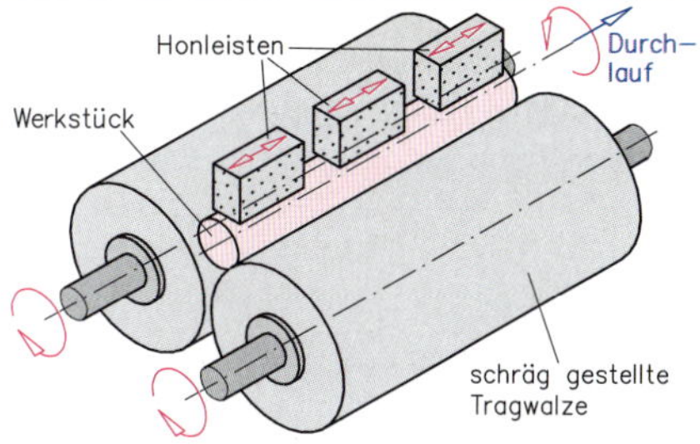
Verfahrensmerkmale: • Werkstückaufnahme durch 2 parallele Tragwalzen • Werkstückzentrierung nicht erforderlich • Axialpositionierung durch einen Längsanschlag • schrittweise Werkstückzufuhr • nur eine Honleiste je Bearbeitungsfläche im Einsatz • für automatisierte Fertigung in Kleinserien	**Verfahrensmerkmale:** • Werkstückaufnahme durch die Trag- und Vorschubwalzen • Längsvorschub durch Walzenschrägstsellung • kontinuierliches Arbeiten im Durchlaufverfahren • mehrere Honleisten können gleichzeitig im Einsatz sein • nur für Großserien geeignet
Erforderliche Bewegungen: • Kurzhub • Werkzuführung einzeln gegen den Anschlag • gleichförmige Drehbewegung der Werkstücke durch die Drehung der Tragwalzen • schwingender Längshub der Honleiste • Werkstückentnahme nach der Bearbeitung	**Erforderliche Bewegungen:** • Kurzhub • kontinuierliche Werkstückzuführung • gleichförmige Drehbewegung der Werkstücke durch die Drehung der Trag- und Vorschubwalzen. • schwingender Längshub aller Honleisten • geradliniger Längsvorschub als Durchlauf
Anwendungen: • kurze Wellen, Bundwellen, Nockenwellen u. Ä.	**Anwendungen:** • längere Wellen, Führungssäulen, Kolbenstangen u. Ä.

5.1.2 Bearbeitungsmittel und Werkzeuge

- **Schleifmittel**

Honleisten bestehen wie die Schleifsteine aus einem Schleifmittel, das durch ein geeignetes Bindemittel zu einem Schleifkörper geformt ist. Sie werden für die Kleinserienfertigung aus keramischen Schleifmitteln, wie Korund und Siliziumkarbid, oder für die moderne Großserienfertigung aus kubischem Bornitrid (CBN) oder mit Diamantbelag hergestellt.

Schleifmittel	Werkstoff der Werkstücke
Normalkorund	unlegierte Stähle, Werkstoffe mit niedriger Festigkeit
Edelkorund	legierte oder gehärtete Stähle, Hartchrom, Werkstoffe mit hoher Festigkeit
Siliziumkarbid	nitrierte Stähle, Gusswerkstoffe
Bornitrid (CBN)	hoch legierte Stähle, gehärtete Stähle
Diamant	unlegierte oder niedrig legierte Stähle, Gusswerkstoffe

Die Schleifmittel Korund und Siliziumkarbid werden in Keramik- oder Kunststoffbindung gefasst. Bornitrid und Diamantschleifmittel werden mit metallischer Bindung gefertigt.

Die Auswahl der Bindemittel erfolgt nach den gleichen Kriterien wie bei Schleifkörpern.

FT

Bornitrid und Diamant werden in metallische Bindemittel eingebettet, da die sehr hohe Härte der Schleifmittel mit ihrer geringen Abnutzung ein festes Bindemittel erfordert. Damit erfüllen diese Honsteine wegen ihrer langen Standzeit eine gute Voraussetzung, um in Fertigungsprozessen mit hohem Automatisierungsgrad eingesetzt zu werden.

Diamantkörner in metallischem Bindemitel

Von der Korngröße der Schleifmittel sind die Rautiefe der gehonten Flächen und die Zerspanleistung des Honsteines abhängig. Je größer das Korn, desto höher ist die Rautiefe und desto größer die Zerspanleistung. Wird in mehreren Arbeitsgängen gehont, wählt man beim Vorhonen „grobe" Körner, um eine hohe Zerspanleistung zu erzielen und beim Fertighonen kommen „feine" Körner zum Einsatz, um gezielt geringe Rautiefen zu erreichen.
Das nebenstehende Diagramm zeigt den Zusammenhang zwischen Korngröße und Rautiefe.

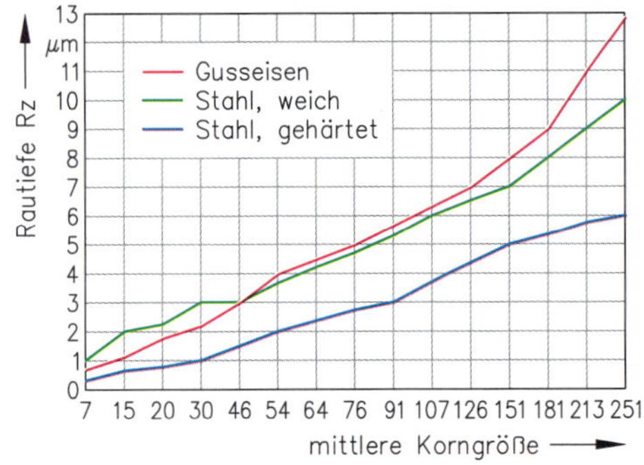

Rautiefe in Abhängigkeit von der Korngröße

Beispiele **für vorgehonte und fertig gehonte Oberflächen**

Bohrung – ausgedreht mit Oberflächengüte von Rz = 25 µm

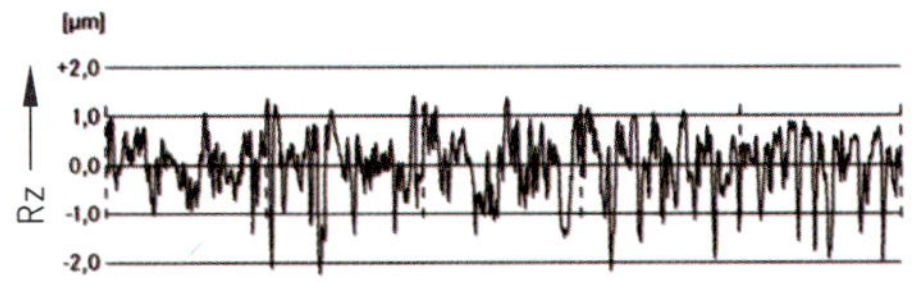

Oberflächengüte Rz = 3,05 µm
nach Vorhonen mit Korngrößenzahl 107

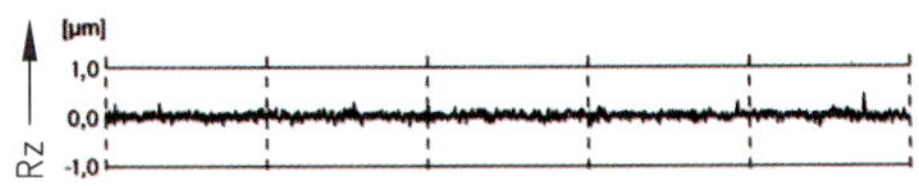

Oberflächengüte Rz = 0,05 µm
nach Fertighonen mit Korngrößenzahl 015

- **Honwerkzeuge**

Honleisten

Die Abmessungen der Honleisten sind auf die Anforderungen der Honwerkzeuge abgestimmt. Es werden kleine Leisten mit Querschnitten im Millimeterbereich und Längen bis etwa 10 mm und große Leisten bis zu Querschnitten von 20 mm x 20 mm und Längen bis zu 150 mm geliefert.
Meist befindet sich der Schneidenteil einer Honleiste auf einem Stahlfuß, der zum direkten Einbau in den Werkzeugkörper geeignet ist.
Im Anlieferzustand haben Honleisten eine ebene Arbeitsfläche, die vor dem Einsatz auf die Werkstückkrümmung vorgearbeitet wird.

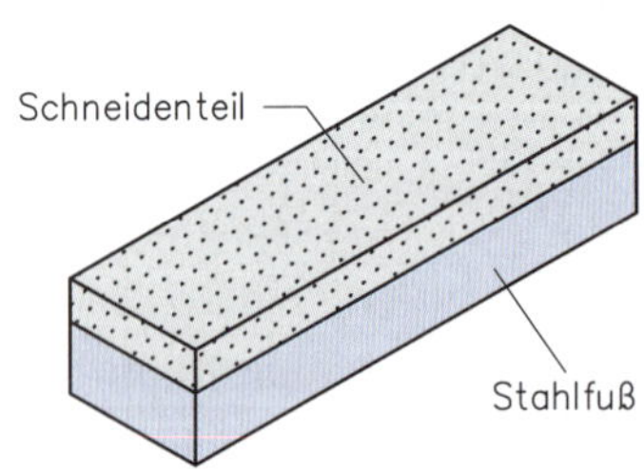

Honleiste auf Stahlfuß

Honleisten werden in Trägerwerkzeuge eingebaut. Dabei unterscheidet man Einstein-Honwerkzeuge und Mehrstein-Honwerkzeuge. Die Arbeitsbewegungen werden vom Maschinenantrieb auf das Honwerkzeug übertragen.

Übungsaufgaben FT-170; FT-171

Einleisten-Honwerkzeuge

Die Werkzeuge enthalten nur eine schneidende Honleiste, die einstellbar ist. Sie wird auf der gesamten Länge durch eine keilförmige Auflage unterstützt. Dadurch weist das Werkzeug eine hohe Stabilität auf. Die Führung bzw. Abstützung des Werkzeugs erfolgt über asymmetrisch angeordnete Diamant- oder Hartmetallleisten oder – bei kleinen Durchmessern – durch verschleißfeste Flächenanteile am Werkzeugrücken. Bei höchsten Anforderungen an die Geradheit von Bohrungen werden Einleisten-Honwerkzeuge eingesetzt.

Beispiel für den Aufbau eines Einleisten-Honwerkzeugs

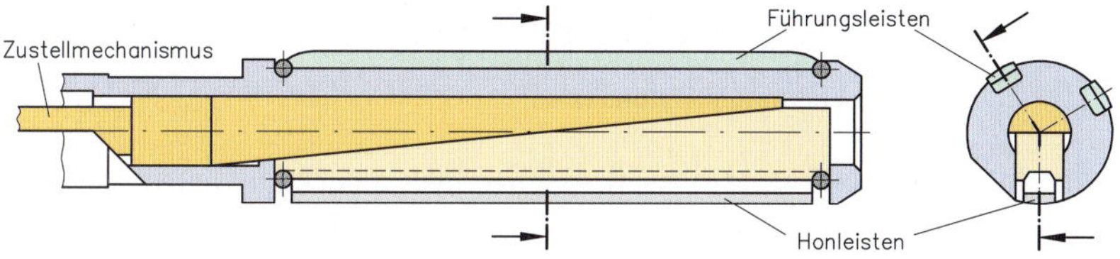

Mehrleisten-Honwerkzeuge

Bei Mehrleisten-Honwerkzeugen werden die radial angeordneten Honleisten durch einen im Werkzeuginnern befindlichen Zustellmechanismus voreingestellt. Die Kompensation des Werkzeugverschleißes erfolgt automatisch während des Arbeitsprozesses. Gesteuert wird das Nachstellen durch eine pneumatische Messeinrichtung mit den im Honwerkzeug integrierten Messdüsen.

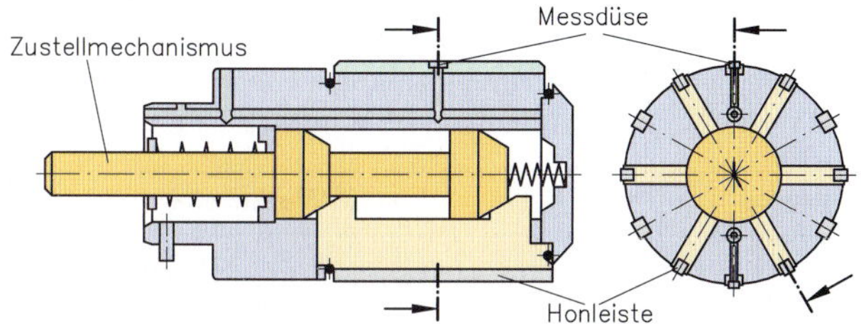

Mehrleistenhonwerkzeug

Mehrleisten-Honwerkzeuge werden zur Bearbeitung von Durchgangsbohrungen und Sacklochbohrungen in unterschiedlicher Ausführung eingesetzt. Für Grundlochbohrungen schließen die Honsteinkanten mit der Werkzeugunterkante ab.

Beispiel für den Einsatz von Mehrleistenhonwerkzeugen

- **Anpassen und Schärfen von Honwerkzeugen**

Honwerkzeuge stehen mit eingesetzten, zustellbaren Leisten oder auch mit Vollmantel- und Segmentschneidenteil zur Verfügung. Auch solche auf das Fertigmaß einer Bohrung fest eingestellte, so genannte Reibhonwerkzeuge gewinnen an Bedeutung. Mit diesen werden Bohrungen mit der sonst üblichen Umfangsgeschwindigkeit, aber sehr niedriger Vorschubgeschwindigkeit in ein bis drei Hüben bearbeitet.

Übungsaufgaben FT-172; FT-173

Honleisten aus Korund oder Siliziumkarbid müssen vor dem Einsatz meist durch mechanischen Abtrag der Werkstückkrümmung angepasst und geschärft werden. Dies ist bei breiten Honleisten und kleinen Bohrungen immer erforderlich. Der Profiliervorgang erfolgt in Egalisierhülsen aus gehärtetem Stahl.

Danach müssen sie nachgeschärft werden. Dazu kann man kurzzeitig den Anpressdruck erhöhen oder die schwingende Hubgeschwindigkeit steigern. Durch Verschleiß abgestumpfte Honleisten werden in gleicher Weise geschärft, wenn die Selbstschärfung im weiteren Einsatz nicht ausreicht.

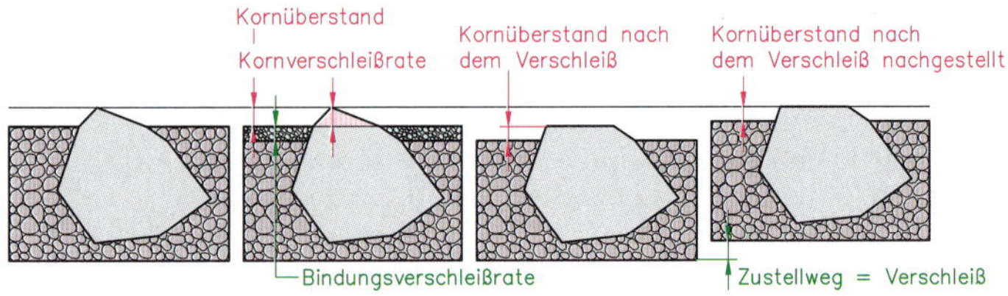

Selbstschärfung von Honleisten

Honleisten aus Bornitrid- oder Diamantschleifmittel müssen immer der Werkstückform angepasst werden. Das erfolgt durch Schleifen mit Siliziumkarbid- oder Edelkorundscheiben. Danach müsssen diese Honwerkzeuge duch einen Läppvorgang mit losen Schleifkörnern in feuchtem Zustand schneidfähig gemacht werden.

- **Honöle**

Honöle haben hauptsächlich die Aufgabe, den abgetrennten Werkstoffteilchen und den Werkzeugabrieb aus dem Bearbeitungsbereich zu spülen. Darüber hinaus wirken sie kühlend und schmierend. Das Honöl muss daher dünnflüssig und in hohem Maße spülfähig sein. Außerdem muss es leicht zu reinigen sein.

Honöle	**Werkstoffe**
Petroleum (dünflüssig)	harte, kurzspanende Werkstoffe
Petroleum-Hydrauliköl	Baustähle, Vergütungsstähle, Gusseisen
Hydrauliköl (höhere Viskosität)	zähe, langspanende Werkstoffe wie Aluminium, Kupfer, austenitische Stähle

5.1.3 Einstellwerte für den Honprozess

Die durch Honen erzielbaren Ergebnisse ergeben sich – wie bei allen Fertigungsprozessen – nur durch Eingabe optimaler Einstellwerte in die Anlage.

Eingang

Anlage	**Einstellgrößen**
Maschine: Art, Antriebe, Werkzeugaufnahme, Werkstückaufnahme	Vorschubgeschwindigkeit Umfangsgeschwindigkeit Hubgeschwindigkeit Hubfrequenz
Honwerkzeug: Art, Gesamtaufbau, Zusammensetzung der Honsteine	Kontaktfläche Anpressdruck
Kühlschmierstoff: Art, Zuführung	Zuführdruck Durchflussmenge

→ **HON-PROZESS** →

Ausgang

Ergebnisse
Werkstück: Oberflächengüte, Formgenauigkeit, Randzonenabweichungen
Werkzeug: Verschleiß
Kühlschmierstoff: Verschmutzung, Alterung
Wirtschaftlichkeit: Fertigungszeit, Kosten

- **Geschwindigkeiten beim Honprozess**

Die wirksame Schnittgeschwindigkeit ergibt sich beim Langhubhonen aus der Überlagerung der Drehbewegung von Werkzeug oder Werkstück und der axialen Vorschubgeschwindigkeit. Beim Kurzhubhonen beeinflussen zusätzlich Hublänge und Hubfrequenz die Geschwindigkeit der Spanabnahme.

Wegen der ständigen Richtungsänderungen unterliegen die einezelnen Schleifkörner einer Wechselbeanspruchung.
Je höher die Schnittgeschwindigkeit gewählt wird, dest größer ist das in einer Zeiteinheit abgetragene Spanvolumen.
Bei Honleisten aus Korund und Siliziumkarbid erfolgt durch höhere Schnittgeschwindigkeiten ein wirksames Nachschärfen und damit der Erhalt eines hohen Zeitspanvolumens.
Daher wählt man beim Vorhonen wegen der hohen Zerspanleistung höhere Schnittgeschwindigkeiten.

Werkstoff	Umfangsgeschwindigkeit v_u in m/min	Axialgeschwindigkeit v_a in m/min
Stahl ungehärtet	22	12
Stahl gehärtet	22	9
leg. Stähle	25	12
Grauguß	28	12
Messing und Bronze	26	14
Aluminium	24	9

Die Werte in der Tabelle gelten für das Verhonen.
Für das Fertighonen können diese Werte um 10 % erhöht werden.

- **Anpressdruck der Honleisten**

Der Anpressdruck wird meist durch einen kraftschlüssigen Zustellmechanismus aufgebracht. Die Druckeinstellung orientiert sich weniger an Zahlenwerten, sondern am Honleistenverschleiß bei bestimmten Schnittbedingungen. Dieser wird bei verschiedenen Geschwindigkeiten in Probeläufen ermittelt.

Anpressdruck:

Diamanthonleisten	300–600 N/cm²
kubisch kristalline Bornitridleisten	200–350 N/cm²
keramisch gebundene Honleisten	30–200 N/cm²

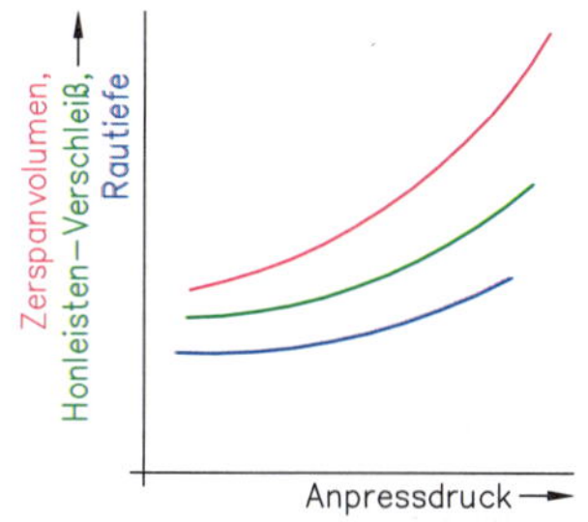

Einflüsse durch Änderungen des Anpressdruckes

Je größer der Anpressdruck gewählt wird, desto größer werden das Zerspanvolumen, der Werkzeugverschleiß und die Rautiefe der gehonten Fläche. Auch Formfehler am Werkstück können bei höherem Anpressdruck zunehmen.
Daher sind zur Erzielung geringer Rautiefen beim Fertighonen niedrige Anpressdrücke zu wählen.

- **Hublänge und Überlauf**

Die Festlegung der Honleistenlänge für einen bestimmten Honvorgang erfolgt in Abhängigkeit von der Werkstücklänge. Schlecht bemessene Hublängen und ungünstige Honsteinlängen haben meist Formfehler am Werkstück zur Folge. Die Einstellung der Hublänge wird beim Langhubhonen so vorgenommen, dass an den Umkehrpunkten des Hubes ein angemessener Überlauf $l_ü$ der Honleisten stattfindet.

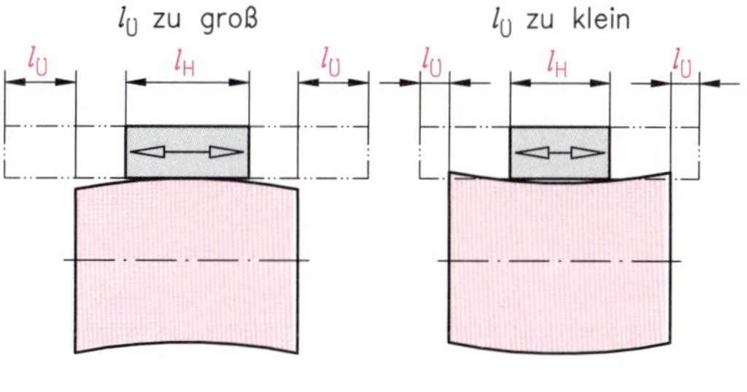

Formfehler durch falsche Überlauflänge

Mit hohen Schnittgeschwindigkeiten erzielt man beim Vorhonen große Zerspanleistungen. Geringe Rautiefen erreicht man beim Fertighonen durch niedrige Anpressdrücke. Durch günstig gewählte Überlaufwege am Hubende vermeidet man Formfehler am Werkstück.

5.2 Läppen

Das Läppen ist ein Feinbearbeitungsverfahren an vorgearbeiteten Werkstücken zur Verbesserung der Ebenheit, der Maßhaltigkeit und der Oberflächengüte. Eine größere Anzahl paralleler, gleich hoher Werkstücke wird gleichzeitig auf einer Läppmaschine bearbeitet.

Die Werkstücke werden in mehrere Aufnahmeringe gelegt, die sich auf einer waagerechten runden Läppscheibe bewegen. Zum Läppen werden lose feinkörnige Schleifmittel eingesetzt, die in einer Trägerflüssigkeit verteilt sind. Aufgrund der Rotation der Läppscheibe findet eine Relativbewegung zwischen den Werkstücken und der Läppscheibe statt. Die Abtragung kleinster Werkstoffpartikel erfolgt bei leichtem Anpressdruck durch die Läppkörner.

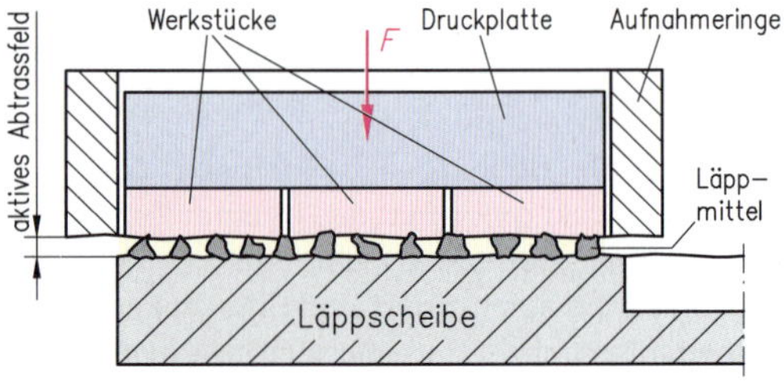

Aubau einer Läppanlage

- **Läppvorgang**

Das Läppgemisch wird auf die Läppscheibe aufgetragen oder aufgespült und gelangt beim Läppvorgang zwischen Läppscheibe und Werkstück. Der eigentliche Abtrag wird durch eine vielfach überlagerte Roll- und Gleitbewegung der unzähligen Läppkörner erreicht.

Die Oberflächenbearbeitung erfolgt auf zweifache Weise. Einerseits dringen während der Rollbewegung Kornspitzen der Läppkörner in die Werkstückoberfläche ein. Dabei werden kleinste Werkstoffteilchen eingeebnet oder teilweise abgetragen. Andererseits kommt es zum Festsetzen anderer Läppkörner in der porigen Läppscheibe. Diese fixierten Körner trennen, ähnlich wie beim Schleifen, Werkstoffpartikel aus der Oberfläche ab.

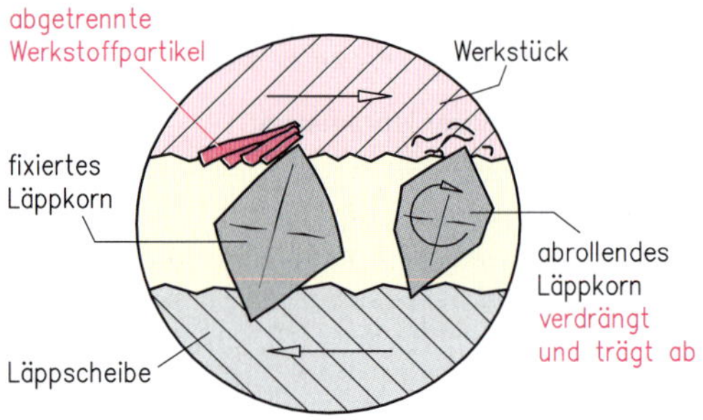

Wirkungsweise der Läppkörner (Schema)

Das Läppen ist ein spanabhebendes Fertigungsverfahren, bei dem durch ein feinkörniges Schleifmittel kleinste Werkstoffpartikel von der Werkstückoberfläche abgetragen werden. Die ungebundenen Schleifkörner kommen in einer Trägerflüssigkeit zum Einsatz.

5.2.1 Läppverfahren

Als **Planläppen** bezeichnet man das Verfahren, bei dem Werkstücke einseitig auf einer Läppscheibe bearbeitet werden. Es erfolgt auf **Einscheiben-Läppmaschinen**. Werden die Werkstücke zwischen zwei Läppscheiben gleichzeitig auf zwei Seiten planparallel bearbeitet, so bezeichnet man das als **Planparallelläppen**. Dazu sind **Zweischeiben-Läppmaschinen** erforderlich.

- **Planläppen**

Auf Einscheiben-Läppmaschinen werden meist kleinere Werkstücke einseitig bearbeitet. Bei gängigen Läppmaschinen hat die Läppscheibe einen Durchmesser von 500 mm. Die Werkstücke werden meist in drei Aufbewahrungsringen eingelegt. Jeder Ring wird mit so vielen Werkstücken beschickt, dass die Fläche nahezu ausgefüllt ist, jedoch eine ausreichende Bewegung der Teile gewährleistet ist.

Planläppen auf Einscheiben-Läppmaschine

Übungsaufgabe FT-174

Während des Läppvorgangs werden die Aufbewahrungsringe durch Vorrichtungen an ihren Plätzen gehalten, wobei sie jedoch eine Drehbewegung ausführen können. Damit verändern die Werkstücke ständig ihre Lage. Gleichzeitig wird die Läppscheibe fortwährend abgerichtet.
Der zum Läppen notwendige Anpressdruck wird bei größeren Teilen durch ihr Eigengewicht aufgebracht, bei kleineren Teilen durch zusätzliche Belastungsgewichte oder durch Anpresseinrichtungen. Es werden Anpressdrücke bis zu 30 N/cm^2 aufgebracht. Die Höhe des Anpressdruckes beeinflusst die erzielbare Oberflächengüte. Je höher die Oberflächengüte sein soll, desto geringer wird der Anpressdruck gewählt.
Die Drehzahl der Läppscheibe ist verhältnismäßig niedrig, da sonst das Läppmittel durch Fliehkräfte aus der Wirkzone an den Scheibenrand gedrängt würde.

Beim Planläppen werden Werkstücke von einer Läppscheibe einseitig in nicht angetriebenen Aufbewahrungsringen bearbeitet.

FT

- **Planparallelläppen**

Mit Zweischeiben-Läppmaschinen werden gleichzeitig zwei gegenüberliegende Planflächen der Werkstücke planparallel bearbeitet. Die Werkstücke werden in Läuferscheiben eingelegt, die durch eine Verstiftung bzw. Verzahnung geführt werden. Die Läuferscheiben haben eine geringere Höhe als die Werkstücke und bewegen sich wie umlaufende Räder eines Planetengetriebes zwischen dem angetriebenen inneren und dem stillstehenden äußeren Stiftkranz. Die Werkstücke führen dadurch zyklische Bewegungen aus und werden vor gegenseitiger Beschädigung geschützt.
Die oberen und unteren Läppscheiben bewegen sich gegenläufig. Der Anpressdruck wird über die obere Läppscheibe erzeugt, über die auch das Läppmittel kontinuierlich zugeführt wird.

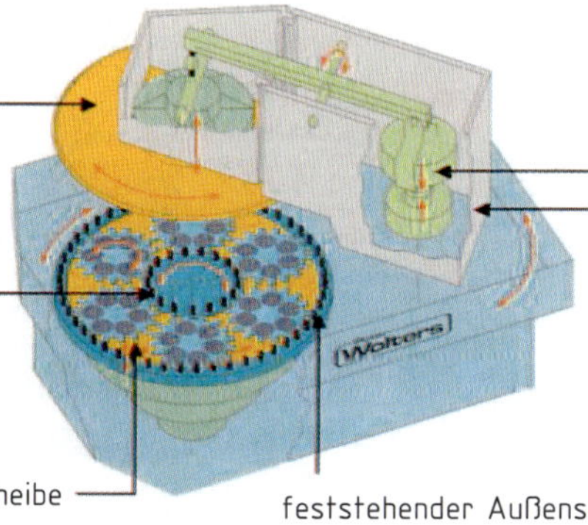

Planparallelläppen in einer Zweischeiben-Läppmaschine

Beim Planparallelläppen werden gleich dicke Werkstücke in angetriebenen Läuferscheiben zwischen zwei Läppscheiben gleichzeitig auf parallelen Seiten bearbeitet.

5.2.2 Arbeitselemente und Hilfsmittel

- **Läppmittel**

Die Läppmittel bestehen aus Gemischen von Läpppulver und Trägerflüssigkeiten. Als **Trägerflüssigkeiten** kommen wässrige Lösungen mit chemischen Zusätzen zur Steigerung der Benetzbarkeit und der Tragfähigkeit oder ölige Lösungen aus Gemischen von Öl, Paraffin, Vaseline und Petroleum zur Erhöhung des Rostschutzes zum Einsatz.
Die Auswahl eines **Läpppulvers** trifft man nach der Werkstoffart und der Härte der Werkstücke. Nach der verlangten Oberflächengüte werden die Korngröße, die Gleichmäßigkeit der Körner und die Art und Anzahl der Kornschneiden ausgewählt.
Läpppulver und Trägerflüssigkeiten werden in unterschiedlichen Konzentrationen gemischt. Zum **Schruppläppen** mischt man etwa 80 bis 100 g Läpppulver in 1 l Flüssigkeit und beim **Feinstläppen** etwa 65 bis 80 g Läpppulver in Läppöl. Bei der Verwendung von Trägerflüssigkeiten auf Wasserbasis muss die Menge des Läpppulvers um beim Feinstläppen das Drei- bis Vierfache erhöht werden.

Übungsaufgabe FT-175

Für das Läppen unterschiedlicher Werkstoffe nutzt man entsprechende Läpppulver.

Läpppulver	Werkstückwerkstoff
Korund	weiche Stähle, Leicht- und Buntmetalle, Grafit, Kunststoffe, Halbleitermaterialien
Siliziumkarbid	vergütete bzw. legierte Stähle, Gusseisen, Gläser, Porzellane
Bornitrid	Hartmetalle, Keramiken
Diamant	Edelsteine

Ein großer Nachteil des Läppens ergibt sich daraus, dass aufgrund der Normalbelastung durch die obere Läppscheibe die Läppkörner in der Kontaktzone zersplittern. Dadurch liegt bereits nach einmaligem Durchlauf eine ungleiche Korngröße des Läppmittels vor. Um durch die größeren Körner die Werkstückoberfläche nicht zu schädigen, muss das Läppmittel kontinuierlich ersetzt werden. In Deutschland sind jährlich große Mengen von Läppmitteln (bis zu 10 000 t) als Sondermüll zu entsorgen.

Läppmittel bestehen aus feinen Schleifkörnern gleicher Größe in einer Trägerflüssigkeit. Beide Bestandteile werden in unterschiedlichen Zusammensetzungen und Konzentrationen auf den Läppvorgang abgestimmt.

- **Läppscheiben**

Die Läppscheiben bestehen meist aus feinkörnigem, perlitischem Gusseisen oder aus einer gehärteten Stahllegierung. Es werden aber auch Läppscheiben aus Kupfer, Aluminium, Zinn und Sintermetallen eingesetzt. Für das Polieren verwendet man Scheiben aus Kunststoff und Textilien.

Eine geringe Scheibenhärte begünstigt das Festsetzen von Läppkörnern in der Scheibenoberfläche und führt eher zu einem Abtrennen kleinster Spänchen. Härtere Scheiben haben zur Folge, dass die Läppkörner abrollen und damit eher die Oberfläche einebnen und durch Mikrorisse zum Ausbruch von Partikeln führen.
Die Oberfläche der Läppscheiben ist eben oder radial genutet. Von den Nuten wird das abgetragene Material aufgenommen und mit der Läppflüssigkeit abgeleitet.

Läppscheibe mit Radialnuten

- **Läuferscheiben**

Eine Anlage zum Planparallelläppen mit angetriebenen Läuferscheiben erfordert für jede Werkstückform und -größe einen passenden Satz von 3 bis 7 dieser Läuferscheiben, die auf die Dimensionen der Läppmaschine abgestimmt sein müssen. Sie haben eine geringere Höhe als die Werkstücke. Während des Bearbeitungsprozesses werden die Werkstücke lose in den Läuferscheiben gehalten und deshalb spannungsfrei bearbeitet.
Beim Planparallelläppen drehen sich die obere und untere Läppscheibe gegenläufig. Um den Verschleiß der Läppscheiben gleichmäßig zu halten, wird die Laufrichtung der Läuferscheiben immer wieder gewechselt. Die Läuferscheiben bewegen sich wie die umlaufenden Räder eines Planetengetriebes, wodurch die Werkstücke eine zykloide Bewegung zwischen den Läppscheiben ausführen.

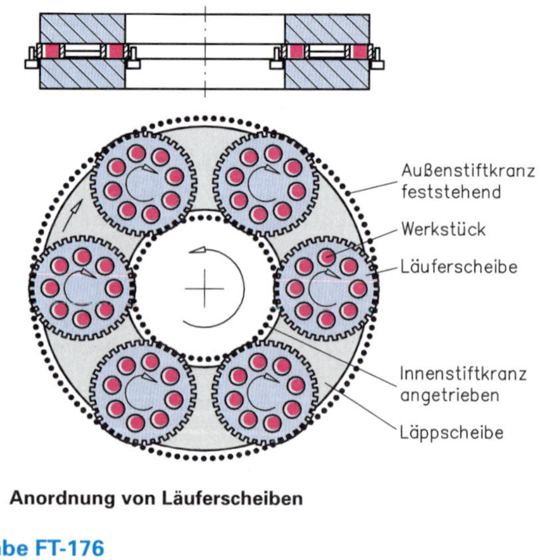

Anordnung von Läuferscheiben

Übungsaufgabe FT-176

5.2.3 Einflussgrößen auf den Läppvorgang

In der folgenden Übersicht werden Einflussgrößen aufgeführt, die das Läppergebnis beeinflussen. Von diesen ist die Auswahl der Läppscheibe und des Läppmittels sowie die Festlegung der Einstellgrößen an der Läppmaschine auf den jeweiligen Arbeitsprozess abzustimmen.

Läppscheibe	Bewegungsvorgänge	Läppmittel	Läppmaschine	Werkstück
Werkstoff, Ebenheit, Nutenanordnung	Umdrehungsfrequenz der Läppscheibe, Bewegungsrichtung und Umlaufgeschwindigkeit der Läuferscheiben	Läppmittelwerkstoff, Korngrößen, Trägerflüssigkeit, Mischungsverhältnis	Antriebsleistung, Stabilität gegen Schwingungen und Temperaturerhöhung, Anpressdruck, Volumenstrom	Werkstoff, Geometrie, Werkstückdicke, Ausgangsoberflächengüte, Qualität

FT

Das Messen der Werkstückdicke erfolgt meist direkt auf den Läppmaschinen durch einen eingebauten Messtaster während des Arbeitsprozesses. Toleranzen für die Dicke, die Ebenheit und die Parallelität sind im Bereich von 1 µm wirtschaftlich erreichbar. Die Oberflächenqualitäten von $Ra = 0{,}4$ µm bis zu $Ra = 0{,}07$ µm werden mit zunehmender Läppzeit erreicht.

5.2.4 Kontrolle und Wartung der Läppscheiben

- **Ebenheitsmessung der Läppscheiben**

Die Oberflächenform der Läppscheiben lässt sich mit Kontrolllinealen überprüfen. Dabei stellt man fest, ob sie eben, konkav oder konvex abgenutzt sind.
Mithilfe von Präzisionslinealen, die mit Messuhren ausgestattet sind, kann die Abweichung der Oberflächenform ermittelt werden. Dazu sind mehrere Messungen erforderlich. Die Messungen müssen in radialer Richtung und auf den Umfang verteilt vorgenommen werden.

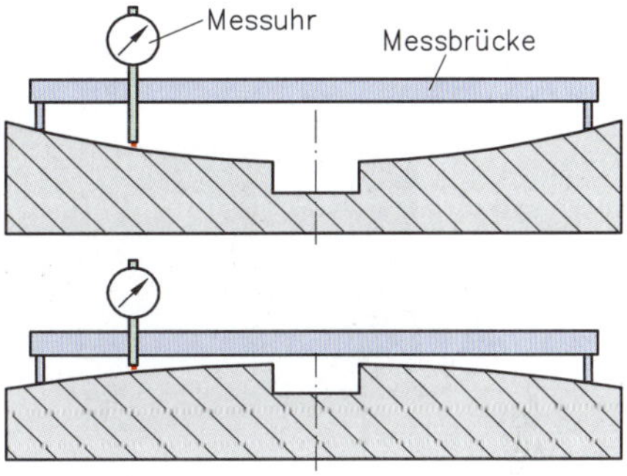

Prüfen der Ebenheit von Läppscheiben

- **Abrichten von Läppscheiben**

Häufiges Abrichten verkürzt die Bearbeitungszeiten und erhöht die Lebensdauer der Läppscheiben bei optimaler Nutzung. Ein Abrichten in kurzen Zeitabständen ist besonders erforderlich, wenn die zu läppenden Werkstücke eine sehr enge Ebenheitstoleranz mit hoher Oberflächengüte erreichen sollen.
Das Abrichten der Läppscheiben erfolgt während des Arbeitsprozesses:

- durch die auf der Läppscheibe aufliegenden Aufbewahrungsringe beim Planläppen,
- durch die auf der unteren Läppscheibe aufliegenden Läuferscheiben beim Planparallelläppen.

Ein gesondertes Abrichten der Läppscheibe erfolgt außerhalb des Arbeitsprozesses:

- durch in Aufbewahrungsringen bzw. Läuferscheiben eingelegte Schleifkörper,
- durch Plandrehen oder Planschleifen.

5.2.5 Bearbeitungsbeispiele

Es können Werkstücke aus nahezu allen metallischen Werkstoffen geläppt werden. Die geläppte Werkstoffoberfläche erhält ein typisches, matt glänzendes Aussehen. Bei Beanspruchung zeichnen sich geläppte Flächen durch einen geringen Verschleiß aus.

Geläppte Bauteile

Übungsaufgabe FT-177

5.3 Flachschleifen mit Planetenkinematik

Bauteile mit planparallelen Flächen werden durch Flachschleifen mit Planetenkinematik in kurzen Bearbeitungszeiten mit hoher Qualität gefertigt. Die verwendeten Maschinen zum Flachschleifen sind Weiterentwicklungen von Zweischeiben-Läppmaschinen. Statt der Läppscheiben haben sich Schleifscheiben aus gebundenen Diamant- und CBN-Körnern bewährt, sodass der Werkstoffabtrag nur durch die in den Schleifscheiben gebundenen Schleifkörper erfolgt. Die Werkstücke werden in Läuferscheiben eingelegt, wodurch Bewegungsabläufe wie beim Läppen vorliegen. Als Kühlschmiermittel werden wässrige Lösungen und Mineralöle eingesetzt, die durch Filteranlagen gereinigt in dem Fertigungskreislauf verbleiben. Dadurch lassen sich die Reinigungs- und Entsorgungskosten reduzieren.

Beispiel **für eine Flachschleifmaschine mit Planetenkinematik**

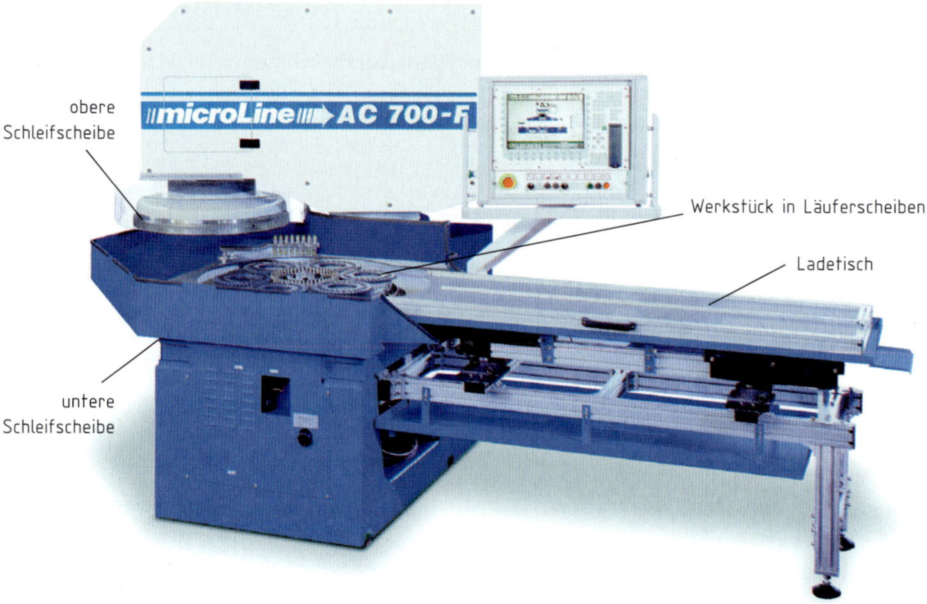

Die Schleifkörner liegen gebunden in kreisrunden Schleifscheiben vor, welche mit hoher Parallelität zur Werkstückaufnahme geführt werden. Die Werkstücke führen in den Läuferscheiben zwischen den Schleifscheiben planetenartige Bewegungen aus. Die feingeschliffenen Oberflächen sind von hoher Qualität und durch sich kreuzende Bearbeitungsspuren gekennzeichnet. Die Maßtoleranzen liegen im Bereich von 1 µm, in der Ebenheit bei 0,3 bis 0,6 µm, in der Parallelität bei 0,5 bis 1 µm und in der Oberflächengüte bis *Ra* 0,025 µm.

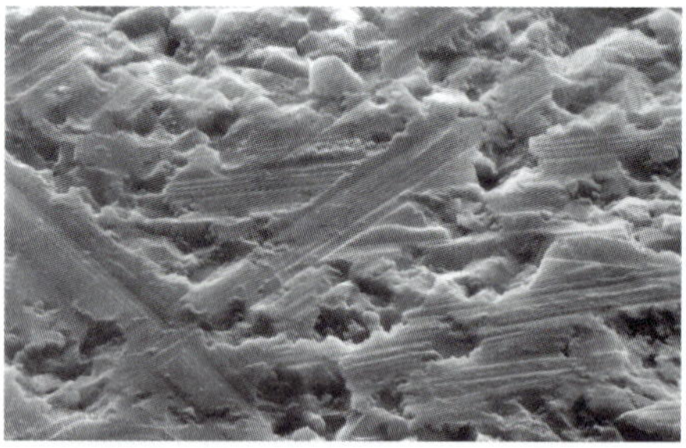

Oberfläche eines flach geschliffenen Bauteils aus Al_2O_3 in ca. 28 000-facher Vergrößerung

Die Hauptvorteile des Flachschleifens mit Planetenkinematik liegen in der hohen Abtragsrate mit entsprechend kurzen Bearbeitungszeiten.
Durch Flachschleifen lassen sich nahezu alle Werkstoffe bearbeiten, z. B. Metalle, Sintermetalle, Hartmetalle, Kunststoffe, Keramiken, Edelsteine, Gläser und Halbleiterwerkstoffe wie Silizium.

Beim Flachschleifen mit Planetenkinematik erfolgt ein Werkstoffabtrag durch in Schleifscheiben gebundene Schleifkörner. Er werden planparallele Werkstücke aus unterschiedlichen Werkstoffen in kurzen Bearbeitungszeiten mit hoher Oberflächengüte, hoher Maß- und Formgenauigkeit bearbeitet.

Übungsaufgabe FT-178

6 Fertigen durch funkenerosives Abtragen

Die Einsatzmöglichkeiten der spanenden Bearbeitungsverfahren sind durch die mechanischen Eigenschaften der Werkstoffe und die komplizierten geometrischen Abmessungen begrenzt. Deshalb werden häufig funkenerosives **Abtragverfahren** eingesetzt. Zum Einsatz kommen sie bei
- Werkstoffen mit hoher Festigkeit und Härte,
- Werkstücken mit komplizierten geometrischen Formen und
- Werkstücken mit hoher Form- und Maßgenauigkeit.

Das funkenerosive Abtragen gehört zu den thermischen Abtragverfahren und wird eingeteilt in die Verfahren:
- Funkenerosives Senken und
- Funkenerosives Schneiden.

Teile eines Spritzgießwerkzeugs, hergestellt durch funkenerosives Abtragen

Durch funkenerosives Abtragen können Werkstücke mit hoher Form- und Maßgenauigkeit hergestellt werden. Die Bearbeitung ist unabhängig von der Härte der erodierbaren Werkstücke. Zum Einsatz kommen die Verfahren funkenerosives Senken und Schneiden.

6.1 Funktionsprinzip

Durch **funkenerosives Abtragen** werden Schichten oder Teile eines elektrisch leitenden Werkstücks auf nicht mechanischem Wege abgetrennt. Der Werkstoffabtrag wird durch Verdampfen oder Aufschmelzen räumlich begrenzter Werkstückbereiche mithilfe von Wärme erzielt. Die dabei notwendige Wärme wird durch periodische **Funkenentladung** in einer nicht leitenden Flüssigkeit, die als **Dielektrikum** bezeichnet wird, erzeugt. Der Werkstoffabtrag wird vom Dielektrikum weggespült.

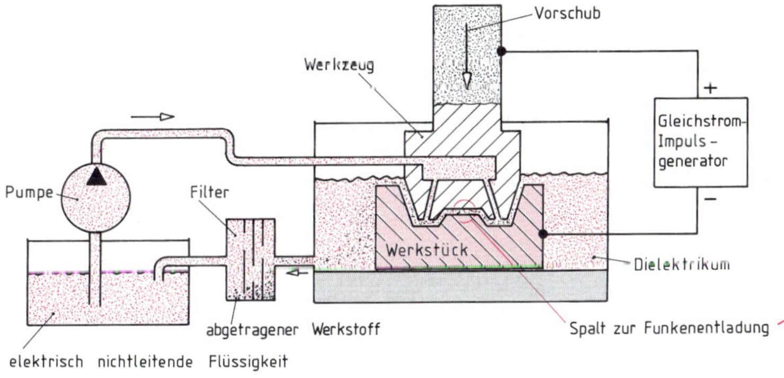

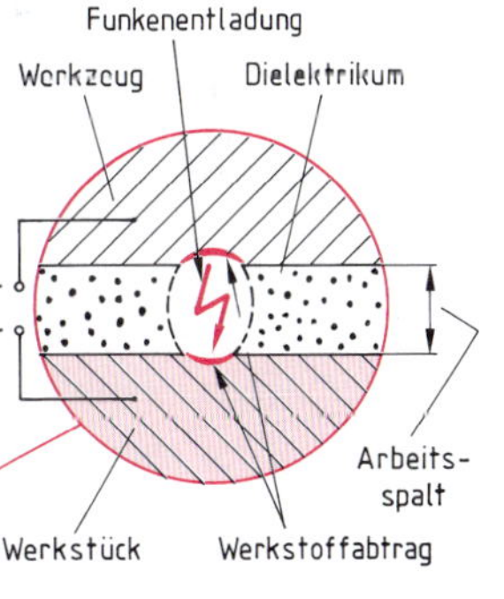

Werkstoffabtrag in einer Funkenerosionsanlage

Für das funkenerosive Abtragen werden spezielle Funkenerosionsanlagen eingesetzt. In diesen Anlagen werden Werkstück und Werkzeug als Pole eines Gleichstromkreises geschaltet, in dem ein Impulsgenerator 600 bis 1 000 000 Gleichstromimpulse entsendet. Die Anlagen werden so eingestellt, dass sich ein Spalt zwischen Werkstück und Werkzeug von 0,01 mm bis 0,1 mm ergibt. Der Spalt wird als **Arbeitsspalt** bezeichnet und vom Dielektrikum durchspült. Als Dielektrikum wird je nach Verfahren synthetisches Öl oder deionisiertes (salz- und säurefrei) Wasser eingesetzt.

Durch funkenerosives Abtragen werden elektrisch leitende Werkstückteile durch periodische Funkenentladung in einem Dielektrikum örtlich verdampft oder geschmolzen und weggespült. Das Verfahren wird auf speziellen Funktionsanlagen durchgeführt.

Übungsaufgaben FT-179; FT-180

6.2 Funkenerosives Senken

Das funkenerosive Senken wird in zwei Verfahrensvarianten durchgeführt,
- den abbildenden Verfahren und
- den formerzeugenden Verfahren.

Bei den **formabbildenden Verfahren** werden speziell hergestellte Formelektroden zur Erzeugung von Gravuren und Durchbrüchen eingesetzt. Die Formelektrode führt dabei eine Vorschubbewegung in einer Richtung aus.

Die **formerzeugenden Verfahren** arbeiten meist mit *einfachen Elektrodenformen* und erzeugen die gewünschte Werkstückform durch eine Elektrodenbewegung, die in mehreren Richtungen gesteuert werden kann. Bei beiden Verfahrensvarianten wird der gesamte Werkstoff, der zur Erzeugung einer bestimmten Werkstückform abgetrennt werden muss, durch Funkentladungen abgetragen.

Funkenerosives Senken (formabbildend)

Beispiel für unterschiedliche Verfahrensvarianten

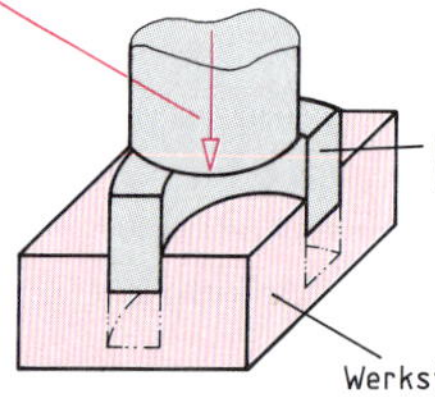

Formabbildendes Verfahren

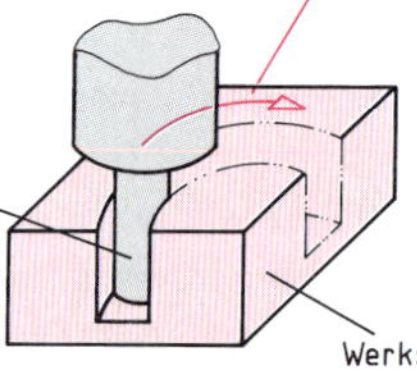

Formerzeugendes Verfahren

6.3 Planetärerosion

Die Bearbeitungstechnik, bei der zur Formerzeugung Elektrodenbewegungen in mehreren Richtungen überlagert werden, wird als *Planetärerosion* bezeichnet.

Häufig vorkommende Werkstückformen werden durch Elektrodenbewegungen erzeugt, die die Steuerung in Form von **Bearbeitungszyklen** bereithält. Die Bearbeitungszyklen können durch entsprechende Programmbefehle abgerufen werden.

Beispiel für die Planetärerosion mit Bearbeitungszyklen und mit einfachen Elektrodenformen

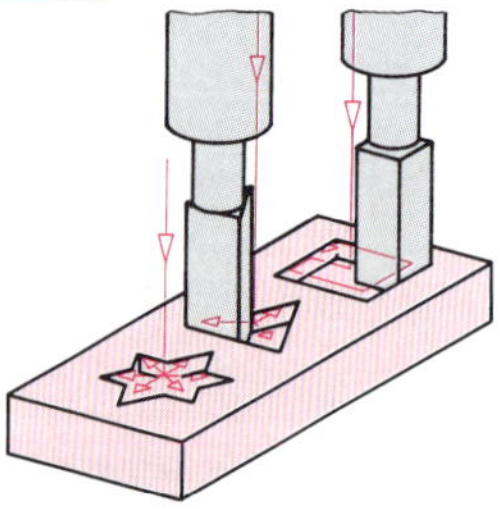

Sternförmiges und quadratisches Planetär-Aufweiten

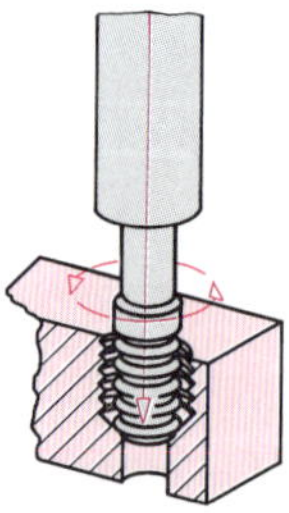

Kreisendes planetäres Aufweiten in einer oder zwei Hauptebenen.

Planetärerosion mit Bearbeitungszyklen

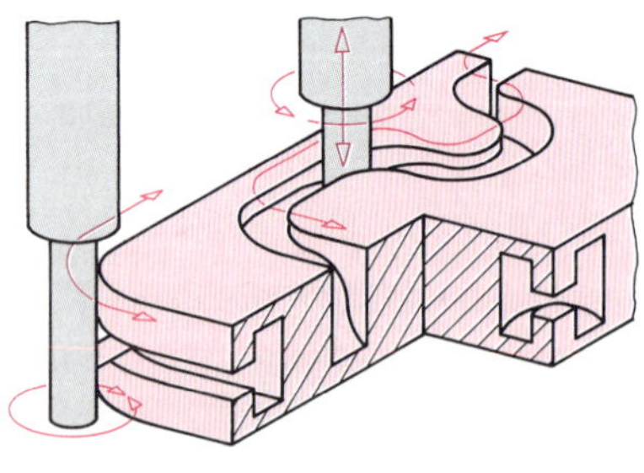

Planetärerosion mit einfacher Elektrodenform

Beim funkenerosiven Senken wird sowohl formabbildend mit Formelektroden als auch formerzeugend mit gesteuerten Elektrodenbewegungen gearbeitet. Bearbeitungstechniken, bei denen Elektrodenbewegungen in mehreren Richtungen überlagert werden, bezeichnet man als Planetärerosion.

Übungsaufgabe FT-181

6.4 Funkenerosives Schneiden

Das funkenerosive Schneiden ist ein formerzeugendes Verfahren, bei dem ein Draht als Elektrode eingesetzt wird. Die gewünschte Werkstückform wird durch eine Drahtbewegung erzeugt, die in mehreren Richtungen gesteuert werden kann. Um den Verschleiß der Drahtelektrode auszugleichen, wird mithilfe einer Transporteinrichtung ständig Draht von einer Rolle abgewickelt und durch den **Schnittspalt** geführt.

Die Werkstückkontur wird dadurch erzeugt, dass der Erodierprozess zwischen der Drahtelektrode und dem Werkstück auf einer vorprogrammierten Bahn stattfindet. Dabei entsteht meist ein Schnitt, der ein bestimmtes Werkstückvolumen umschließt. Das umschnittene Werkstückvolumen wird als **Ausfallteil** bezeichnet. Als Werkstück kann sowohl das Ausfallteil als auch das Einspannteil vorgesehen werden.

Funkenerosives Schneiden

Ist das Ausfallteil als Werkstück vorgesehen, so muss die **Startbohrung** zur Drahteinfädelung und der **Ausschnitt** zwischen Startbohrung und Werkstückkontur im Bereich des Einspannteils liegen.

Beispiel für die Erzeugung einer Werkstückkontur durch funkenerosives Schneiden

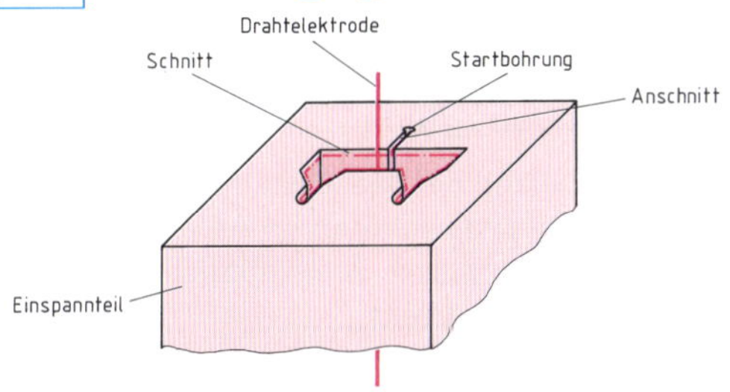

Einspannteil mit Startbohrung und Anschnitt

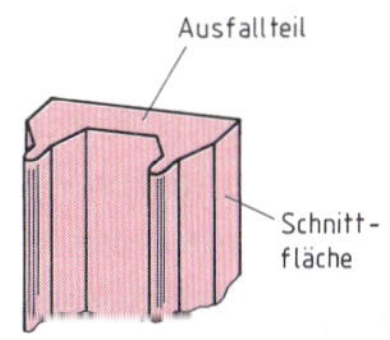

Ausfallteil wird als Schnittstempel benötigt

Ein wesentlicher Vorteil des funkenerosiven Schneidens gegenüber dem funkenerosiven Senken ist, dass nicht der gesamte Werkstoff des Einspannteils durch Funkenentladungen abgetragen werden muss, sondern nur der Werkstoff im Schnittspalt.

Durch funkenerosives Schneiden sind Schnittflächen zu erzeugen, die sowohl zylindrisch (parallel) als auch konisch verlaufen können.

Beispiel für Schnittflächenverläufe bei Profilen

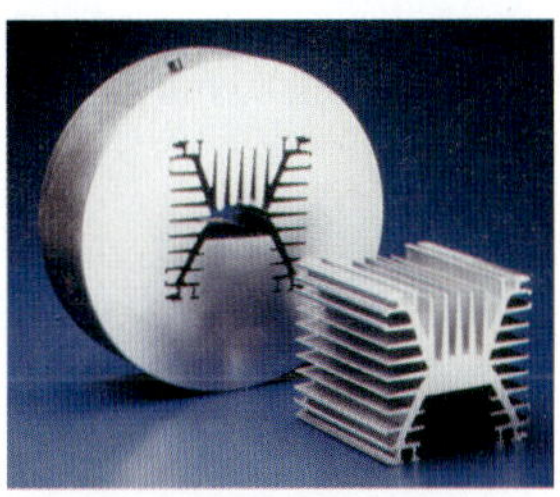

Zylindrischer Schnittflächenverlauf

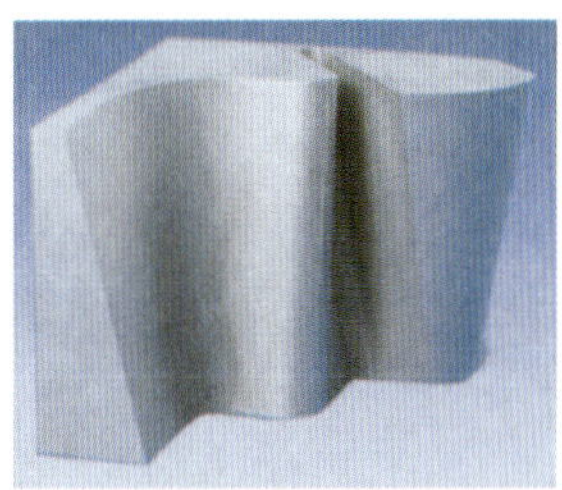

Konischer Schnittflächenverlauf

Das funkenerosive Schneiden ist ein formerzeugendes Verfahren, bei dem die Werkstückform durch die gesteuerte Bewegung einer Drahtelektrode erzeugt wird. Die dabei entstehende Schnittfläche kann sowohl zylindrisch als auch konisch verlaufen.

Übungsaufgaben FT-182; FT-183

7 Arbeitssicherheit und Unfallschutz

7.1 Betrieblicher Arbeitsschutz

Zum Schutz von Leben und Gesundheit der arbeitenden Menschen sind *Arbeitsschutzmaßnahmen* erforderlich. Der **Arbeitsschutz** umfasst *zwei* Arten von Schutzvorschriften:

- *staatliche Vorschriften*, gegliedert nach den sechs Sachgebieten:
  Arbeitsstättenverordnung, Gerätesicherheitsgesetz, Gefahrstoffverordnung, Arbeitszeitordnung, Jugendarbeitsschutzgesetz und Arbeitssicherheitsgesetz,

- *berufsgenossenschaftliche Unfallverhütungsvorschriften*, die insbesondere Gebote und Verbote für bestimmte Maschinen, Geräte oder Anlagen enthalten. Diese sind z. B. Unfallverhütungsvorschriften für Pressen, für Schweiß- und Schneidanlagen oder für Drehmaschinen.

7.1.1 Vorschriften zu Arbeitsstätten und Betriebshygiene

Der Arbeitsschutz beginnt bei den Einrichtungen und beim Zustand der Arbeitsstätte. Neben den Arbeitsräumen im Gebäude und den Arbeitsplätzen auf dem Betriebsgelände gehören zur Arbeitsstätte *auch* Räume und bauliche Anlagen wie Verkehrswege, Lagerräume, Pausenräume, Sanitäreinrichtungen und Sanitätsräume. Die wichtigsten Vorschriften im Bereich der Arbeitsstätten sind:

- **Größe der Arbeitsräume**

Der Luftraum für jeden ständig anwesenden Arbeitnehmer beträgt 15 m^3, bei überwiegend nicht sitzender Tätigkeit und einer freien Bewegungsfläche von 1,5 m^2.

- **Beleuchtung**

– *natürlich* 1/10 der Raumgrundfläche soll Fensterfläche sein.
– *künstlich:* Die Nennbeleuchtungsstärke am Arbeitsplatz muss mindestens 200 Lux betragen. Für feinmechanische Arbeiten sind 1000 Lux vorgeschrieben.

- **Lüftung**

Faustregel: Ein 3-facher Luftwechsel pro Stunde ist erforderlich. Beträgt die Fensterfläche 1/10 der Raumgrundfläche, muss ca. 1/3 der Fensterfläche zu öffnen sein. Bei Verwendung lüftungstechnischer Anlagen darf die Luftfeuchtigkeit bei 20 °C 80% nicht überschreiten.

- **Raumtemperatur**

Bei überwiegend nicht sitzender Tätigkeit muss die Raumtemperatur zwischen 17 °C und 26 °C betragen.

- **Lärm**

Ab 85 dB (A) ist Gehörschutz zur Verfügung zu stellen, ab 90 dB (A) ist Gehörschutz zu tragen.

- **Sonstige Einrichtungen**

– Notwendige Verkehrswege sind freizuhalten und bei mehr als 1000 m^2 Grundfläche zu kennzeichnen.
– Flucht- und Rettungswege müssen mit genormten Sicherheitsschildern versehen werden.
– Sozialräume sind erforderlich (Wasch-, Umkleideraum, WC).
– Ab 1000 Beschäftigten ist ein Sanitätsraum einzurichten.

7.1.2 Vorschriften zu Maschinen, Geräten und Anlagen

Bei sachgerechter Ausstattung von Maschinen, Geräten und Anlagen dürfen sich bei fachgerechter Benutzung keine Gefahren für Gesundheit und Leben ergeben. Zu beachten sind:

- Schutz gegen gefährliche Bewegungen,
- Schutz gegen Lärm,
- Schutz gegen Stäube, Dämpfe und Gase,
- Schutz gegen Berührung Strom führender Teile,
- Schutz gegen Brand und Explosionsgefahr,
- ergonomische Gestaltung der Einrichtungen.

- **Sicherheitszeichen**

Das **Gerätesicherheitsgesetz** verpflichtet Hersteller und Importeure, nur solche Einrichtungen auf den Markt zu bringen, die dem Arbeitsschutz und den **Unfallverhütungsvorschriften** und den allgemein anerkannten Regeln der Technik entsprechen. Werden Maschinen von einer amtlich anerkannten Prüfstelle auf ihre Sicherheit hin überprüft und zum Verkauf freigegeben, erhalten sie ein **Sicherheitszeichen**.

Grundlagen von Sicherheitsprüfungen an Maschinen, Geräten und Anlagen sind das Gerätesicherheitsgesetz, die Unfallverhütungsvorschriften sowie spezielle Verordnungen.

7.2 Sicherheit beim Arbeiten an Werkzeugmaschinen

Jährlich erleidet in der Bundesrepublik Deutschland jeder sechzehnte Arbeitnehmer einen Arbeitsunfall, der eine zeitliche oder gar dauernde körperliche Schädigung verursacht. Von diesen Unfällen entfällt ein großer Teil auf den Umgang mit Werkzeugen und Werkzeugmaschinen. Die hohe Zahl der Unfälle kann durch strikte Einhaltung von Sicherheitsbestimmungen und Erweiterung von Schutzmaßnahmen erheblich gesenkt werden.
Arbeits- und Unfallschutz soll gewährleisten, dass
- *Gefahren nicht wirksam werden können,*
- *Gefährdungen rechtzeitig erkannt werden,*
- *Arbeitsschutzmaßnahmen rechtzeitig ergriffen werden.*

Gefährdungen an Werkzeugmaschinen

Gefährdung	Ursachen der Gefährdung durch ...		mögliche Auswirkungen
– Erfassen von Kleidungs- und Körperteilen **– Berühren scharfer Werkzeugteile**	*Maschinenbewegungen*	– Schnittbewegungen – Vorschubbewegungen – Spannzeugbewegungen – Transportbewegungen	– Schnittwunden, Quetschungen, Brüche – Verluste von Gliedmaßen
– Auftreffen abgeschleuderter Teile **– Hautkontakt mit Schmier- und Kühlmitteln** **– Einatmen von Sprühnebeln und Stäuben**	*unkontrollierte Bewegungen von Maschinen- und Werkzeugteilen, Werkstoff- und Hilfsteilchen*	– Abreißen von Werkzeugen, Werkstücken oder Teilen infolge von Bruch oder Überlastung – Abschleudern von heißen Spänen – Abschleudern und Versprühen von Kühl- und Schmiermitteln – Mitreißen und Fortschleudern herumliegender Teile – Herabfallen von Teilen aus Transporteinrichtungen	– Schnittwunden, Brüche, Verbrennungen, Hautschäden (z.B. Ölakne) – Augenschäden – Schädigung der Atmungsorgane
– Bestrahlung mit gefährlichen Strahlen	*Wärme- und Lichtstrahlung*	– Laserstrahlung – UV-Licht	– Verbrennungen – Augenschäden
– Berührung spannungführender Teile	*elektrische Energie*	– Elektroantriebe – elektrische Steuerungen – elektrische Messsysteme	– Verbrennungen – Herz- oder Atemstillstand – Tod
– Einwirkung auf Gehör und Nervensystem	*Lärm*	– Lärm durch Antriebe – Lärm durch Arbeitsvorgänge – Lärm durch Transportvorgänge	– Schwerhörigkeit – Herz- und Kreislaufbeschwerden

7.2.1 Allgemeine Forderungen zum sicherheitsgerechten Verhalten

- Der Aufenthalt an Arbeitsplätzen ist nur befugten Personen erlaubt.
- Die Inbetriebnahme und Benutzung von Maschinen und Geräten ist nur den dafür ausgebildeten Personen erlaubt.
- Die Tätigkeiten sind so auszuführen, dass auch für andere Menschen keine Gefährdungen entstehen.
- Schutz- und Warneinrichtungen dürfen weder entfernt noch zweckentfremdet benutzt werden.
- Es ist eng anliegende Arbeitskleidung zu tragen. Gefährdende Schmuckgegenstände u.a. sind abzulegen. Vorgeschriebene Schutzkleidung ist anzulegen (z.B. Augenschutz, Handschutz, Sicherheitsschuhe).
- Vor Inbetriebnahme einer Maschine oder eines Geräts hat sich der Bediener von der Betriebssicherheit des entsprechenden Arbeitsmittels und seiner Umgebung zu überzeugen.
- Technologisch vorgegebene Daten wie Schnittgeschwindigkeiten und Vorschübe dürfen nicht überschritten werden.
- Arbeiten an oder in der Nähe bewegter Teile, z.B. Messen, Richten, Nachspannen, Säubern u.a. sind nur mit speziellen Vorrichtungen erlaubt. Falls diese nicht vorhanden sind, dürfen solche Arbeiten nur im Stillstand der Maschine vorgenommen werden.
- Maschinen und Anlagen dürfen in Betrieb nicht ohne die notwendige Aufsicht gelassen werden.
- Auftretende Störungen und Mängel sind unverzüglich der zuständigen Stelle zu melden.
- „NOT-AUS"-Schalter freihalten

Sicherheitskennzeichnung – Gebotszeichen

Augenschutz tragen

Kopfschutz tragen

Gehörschutz tragen

Schutzschuhe tragen

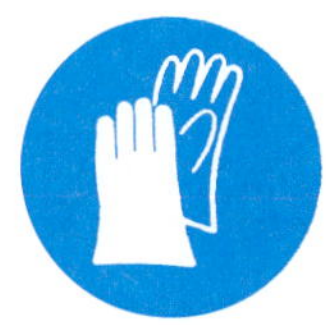
Schutzhandschuhe tragen

• Not-Aus-Schalter

Not-Aus-Schalter werden an Maschinen und Anlagen an leicht erreichbarer Stelle *und* in der Nähe von Gefahrenquellen angebracht. Diese Schalter sollen dem Bediener bei Gefahr für Personen und Gerät die Möglichkeit geben, gefahrbringende Bewegungen stillzusetzen oder unwirksam zu machen.

Not-Aus-Schalter sind an einem großen *roten Knopf* auf gelbem Grund zu erkennen. Auch bei speziellen Formen des Not-Aus – bei Reißleinen, Trittleisten oder Fußschaltern – ist die Farbe Rot über gelben Flächen vorgeschrieben. Sie sind als Schalter mit der Funktion eines Öffners ausgeführt.

Nach der Auslösung sind Not-Aus-Schalter verriegelt. Häufig werden Not-Aus-Schalter mit einem *Schaltschloss* versehen, damit nach dem Auslösen der Not-Aus-Funktion nur durch befugte Personen die Anlage wieder vorschriftsmäßig in Betrieb gesetzt werden kann.

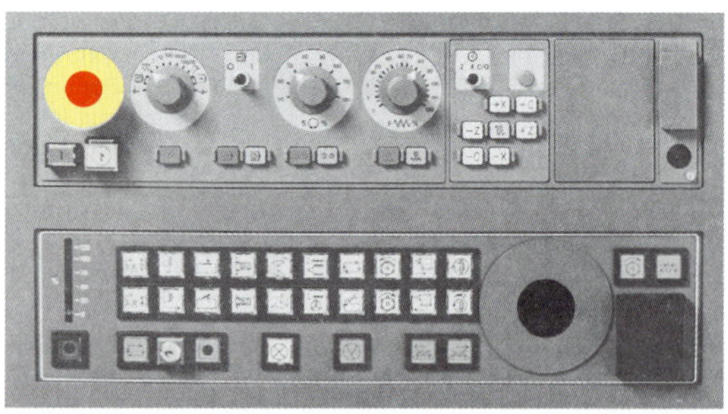
Not-Aus-Schalter an einer CNC-Steuerung

Achtung!
Not-Aus-Schalter müssen nicht unbedingt wie Hauptbefehlseinrichtungen wirken. Da könnte der falsche Eindruck aufkommen, mit dem Not-Aus seien alle Energien abgeschaltet – ein verhängnisvoller Irrtum beispielsweise bei Wartungsarbeiten.

Not-Aus-Schalter sind Rastschalter mit der Funktion eines Öffners. Nach Betätigung sind sie erst nach Abschalten des Hauptschalters wieder einzurasten.

Übungsaufgaben FT-185; FT-186; FT-187

7.2.2 Arbeitssicherheit bei spanenden Fertigungsverfahren

- **Sicherheit beim Bohren**

- Vor Inbetriebnahme Maschine auf Betriebssicherheit überprüfen.
- Bohrer zentrisch und fest einspannen. Spannschlüssel sofort wieder entfernen und sicher ablegen – nicht an Kette oder Schnur befestigen.
- Werkstück ausrichten und so sicher einspannen, dass es gegen Mit- und Hochreißen gesichert ist.
- Beim Bohren dünner Werkstücke Unterlagen aus Holz oder Kunststoff verwenden.
- Eng anliegende Ärmel tragen, bei langen Haaren Haarnetz benutzen, bei spröden Werkstoffen Schutzbrille tragen.
- Laufende Arbeitsspindel nach Abschalten der Maschine nicht mit der Hand abbremsen.
- Vorsicht vor Schnittverletzungen infolge Gratbildung.

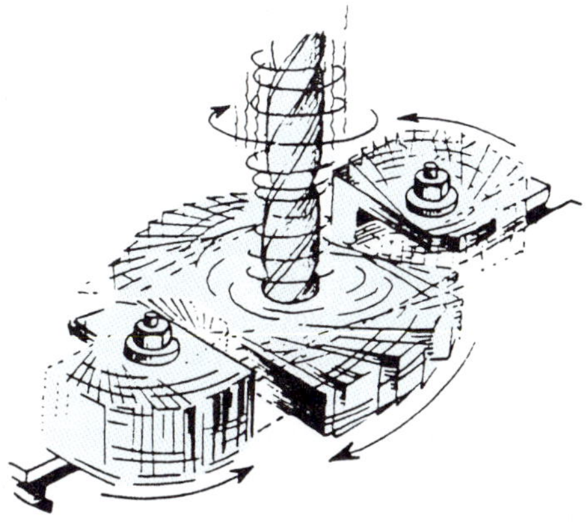

Werkstücke sicher spannen

Bei Verwendung von Handbohrmaschinen ist zusätzlich zu beachten:

- Vor dem Anschließen prüfen, ob der Betriebsschalter auf „AUS“ steht.
- Vor dem Anschließen Bohrer einspannen.
- Vor dem Einschalten sicheren Stand einnehmen.
- Vor dem Bohrerdurchtritt durch das Werkstück den Anpressdruck verringern.
- Maschine nicht feucht werden lassen, selbst nicht im Wasser stehen, nasse Maschinen nicht anfassen.
- Maschinen nicht mit eingespanntem Bohrer ablegen.

- **Sicherheit beim Fräsen**

- Geeignete Spannzeuge auswählen und auf dem Frästisch sicher befestigen.
- Fräser unfallsicher ablegen und zum Werkzeugeinbau Schneidenschutz benutzen.
- Werkstücke und Werkzeuge sicher spannen.
- Fräserschutz richtig einstellen.
- Augen durch Schutzbrille vor Spänen und Kühlmittelspritzern schützen.
- Vorgegebene technologische Daten (Umdrehungsfrequenz, Vorschub, Kühlmittelzufuhr) einhalten.
- Späne nur mit geeigneten Hilfsmitteln entfernen.

- **Sicherheit beim Drehen**

- Geeignete Spannzeuge auswählen, Werkzeuge und Werkstücke fest und sicher spannen, Spannschlüssel abziehen und sicher ablegen.
- Eng anliegende Kleidung tragen, keine Handschuhe anziehen, Augen gegen abspritzende Späne schützen.
- Rundlauf bei niedriger Umdrehungsfrequenz überprüfen und Unwucht ausgleichen.
- Vorschubweg durch Endschalter begrenzen.
- Vorschub und Umdrehungsfrequenz richtig einstellen.
- Maschine vor Fertigungsbeginn probelaufen lassen.
- Für geeigneten Spanablauf sorgen.
- Keine Messungen an laufenden Werkstücken vornehmen.
- Zur Beseitigung von Spänen Spanhaken verwenden.
- Backenfutter nicht mit der Hand abbremsen.

Augenschutz einhalten

Übungsaufgaben FT-188; FT-189; FT-190

- **Sicherheit beim Schleifen**
- Wellenenden, die mehr als 1/4 ihres Durchmessers aus der Spannmutter herausragen, sind zu verkleiden.
- Der Spalt zwischen Schleifkörper und Werkstückauflage, darf höchstens 3 mm betragen.
- Die Schutzhaube darf höchstens 65° geöffnet sein.
- Bei Trockenschliff Schleifstaub absaugen.
- Die auf den Schleifkörpern angegebenen höchsten Umfangsgeschwindigkeiten (= Schnittgeschwindigkeit) dürfen nicht überschritten werden.
- Schleifkörper sind vor dem Aufspannen auf Risse zu überprüfen (Klangprobe bei keramischen Schleifscheiben).
- Schleifkörper spannungsfrei auf die Schleifspindel schieben, neue elastische Zwischenlagen verwenden, Spannflansch so wählen, dass die Scheibe biegefrei gespannt wird.
- Bei Schleifscheiben für Nassschliff sind Zwischenlagen aus Papier oder Pappe ungeeignet.
- Nach dem Aufspannen Schleifkörper auf Unwucht prüfen.
- Nach jedem Neuaufspannen eines Schleifkörpers ist ein Probelauf von mindestens 5 Minuten bei der zulässigen Umfangsgeschwindigkeit durchzuführen.
- Schleifscheiben je nach Beanspruchung in regelmäßigen Abständen abrichten.
- Bei Schleifarbeiten ist eine geeignete Schutzbrille zu tragen. Eine normale Brille genügt nicht.

Augenschutz einhalten

Nicht zulässig für Freihand- und handgeführtes Schleifen

Warnung vor Handverletzungen

Augenschutz benutzen

Sicherheitskennzeichen beachten

7.3 Sicherheitsmaßnahmen für Industrieroboter

Besondere Sicherheitsmaßnahmen für Industrieroboter sind in VDI 2853 festgelegt. Aus Sicherheitsgründen unterscheidet man bei ihnen die beiden Betriebsarten *Automatik* – dies ist der reguläre Arbeitsablauf – und *Einrichten* – die Robotereinstellungen.

Die Bedienung von Produktionseinrichtungen mit Industrierobotern darf nur durch entsprechend geschultes Personal erfolgen.

Arbeitsstopp: Hierbei werden die Antriebe des Roboters in den sicheren Betriebszustand *„Bereitschaft"* geschaltet. Die Antriebe sind dabei stromlos und die Bremsen der Roboterachsen aktiviert.

Geschwindigkeitsüberwachung: Das integrierte Wegmesssystem für die einzelnen Achsantriebe des Roboters führt einen ständigen Soll-Ist-Wert-Vergleich durch und verhindert somit die Überschreitung der festgelegten Maximalgeschwindigkeit.

Arbeitsbereichüberwachung: Der Arbeitsbereich des Roboters wird durch mechanische Anschläge an den Hauptachsen des Roboters begrenzt. Zusätzlich wird die Annäherung an den maximal möglichen Achswinkel per Software überwacht.

Bedienerschutz: Die Schnittstelle Mensch/Roboter kann sowohl mechanisch oder mittels Lichtschranken abgesichert werden. Die Unterbrechung dieser Schutzeinrichtung löst Arbeitsstopp aus.

Begehungsschutz: Roboteranlagen sind durch einen geeigneten Schutzzaun vom Arbeitsfeld der Umgebung zu trennen. Der Zugang ist nur durch elektrisch überwachte Türen möglich. Bei Öffnen der Türen wird Arbeitsstopp ausgelöst.

Automatik-Betrieb: Hierbei müssen alle Sicherheitsfunktionen aktiv sein. Das Roboterprogramm wird automatisch abgearbeitet. Es kann in den Bewegungsablauf nicht mehr eingegriffen werden. Der Aufenthalt im Arbeitsbereich des Roboters ist verboten.

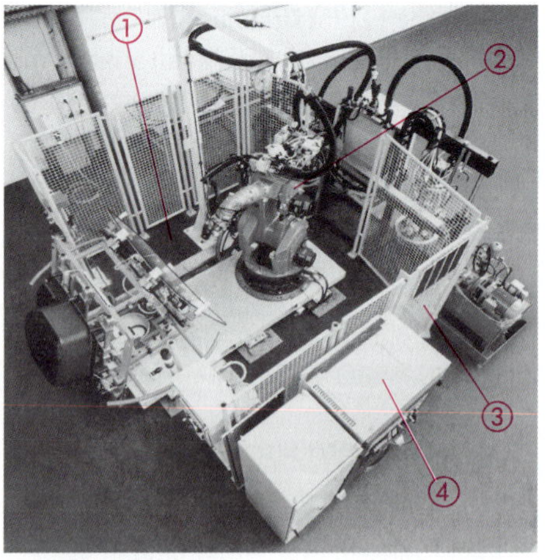

① Sicherheitsraum ② Industrieroboter
③ Sicherheitstür mit elektronischer Verriegelung
④ Steuerschrank mit Not-Aus-Schalter

Sicherheitskomponenten eines Industrieroboters

Übungsaufgaben FT-191; FT-192; FT-193

7.4 Schutzmaßnahmen beim Umgang mit Gefahrstoffen

- **Kühlschmierstoffe**

Hautschäden im Zusammenhang mit Schmierstoffkontakt gehören zu den häufigsten Berufskrankheiten in der Metall verarbeitenden Industrie. Neben dem Einatmen der entstehenden Dämpfe birgt der Hautkontakt mit Kühlschmierstoffen eine Reihe von Gefahren:

- Die Haut wird bei ständiger Berührung entfettet, verliert ihre Schutzschicht, wird rissig und anfällig gegenüber Krankheiten, z. B. Entzündungen, Akne und Ekzeme. Nicht selten treten diese Erkrankungen an Körperteilen auf, an denen ölverschmutzte Kleidung eng anliegt.
- Die in den Kühlschmierstoffen mitgeführten Fremdkörper wie kleine Metallspäne u. a. verursachen winzige Verletzungen, die ebenfalls zu Hautschäden führen können.

Einsatz von Kühlschmierstoffen beim Fräsen

FT

Den beschriebenen Gefahren kann mit einer Reihe von **Schutzmaßnahmen** begegnet werden.

- Kontakt mit Kühlschmierstoffen möglichst vermeiden.
- Vor der Arbeit eine schützende Hautcreme auftragen.
- Nach dem Kontakt mit Kühlschmierstoffen die Hände mit **geeigneten** Mitteln, z. B. Emulsionsreinigern waschen. Auf keinen Fall die reinigende Wirkung der Kühlschmierstoffe selbst ausnutzen.
- Öldurchnässte Arbeitskleidung **sofort** wechseln und nicht auf der Haut trocknen lassen.
- Neben der Haut sind auch die Augen durch spritzenden Kühlschmierstoff gefährdet. Gelangt ein Spritzer ins Auge, so ist als erste Hilfe **sofort** mit dem Ausspülen zu beginnen. Anschließend ist **in jedem Fall** ein Augenarzt aufzusuchen.

- **Gefahrstoffe**

Gefahrstoffe weisen für den Menschen gefährdende Eigenschaften auf, wie z. B. giftig, ätzend, reizend, Brand fördernd, entzündlich, explosionsgefährlich oder Krebs erzeugend. Für den Umgang mit Gefahrstoffen hat der Arbeitgeber eine Betriebsanleitung zu erstellen, in der die Gefahr für Mensch und Umwelt beschrieben sowie Schutzmaßnahmen, Verhaltensregeln und Entsorgungsmaßnahmen festgelegt sind. Gefährliche Arbeitsstoffe sind auf der Verpackung gekennzeichnet durch die Angaben:

- Stoffbezeichnung,
- Hinweis auf besondere Gefahren,
- Sicherheitsratschläge,
- Hersteller oder Lieferant,
- Warnzeichen,
- ggf. die Aufschrift „Kann Krebs erzeugen".

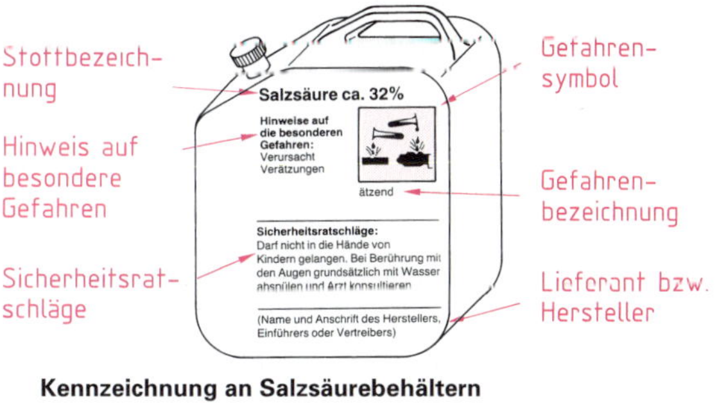

Kennzeichnung an Salzsäurebehältern

7.5 Maßnahmen bei Unfällen

Trotz Sicherheitseinrichtungen und sicherheitsbewusstem Verhalten kommt es zu Arbeitsunfällen. Damit in solchen Fällen zielgerichtet und schnell geholfen werden kann, ist es die Pflicht eines jeden Betriebsangehörigen, über die in seinem Betrieb vorhandenen Hilfs- und Meldeeinrichtungen informiert zu sein.

Sofortmaßnahmen nach einem Unfall:

- Maschinen und Geräte im unmittelbaren Gefahrenbereich abschalten.
- Verunglückte Personen aus dem Gefahrenbereich bergen.
- Verunglückte Personen sicher lagern.
- Hilfe herbeirufen.
- Verunglückten möglichst nicht allein lassen.
- Meldung des Unfalls nach betrieblichem Alarmplan.
- Soweit möglich erste Hilfe leisten.

Jeder Unfall ist sofort zu melden

Übungsaufgaben FT-194 bis FT-198

8 Umweltschutz

- **Entsorgung von Schmier- und Kühlschmierstoffen**

Schmier- und Kühlschmierstoffe werden nach einer bestimmten Einsatzdauer unbrauchbar.
Da Öle und Emulsionen zu den wassergefährdenden Stoffen zählen, dürfen sie nicht in den Boden, in Gewässer oder eine übliche Kläranlage geleitet werden. Die Entsorgung regeln Verordnungen, die aufgrund des Bundesabfallgesetzes erlassen wurden. So dürfen z.B. nur Unternehmen mit entsprechenden Genehmigungen die Entsorgung von Sonderabfällen (z.B. Kühlschmierstoffe usw.) vornehmen.
Entsorgungspflichtig ist in jedem Fall der Erzeuger von Sonderabfällen!

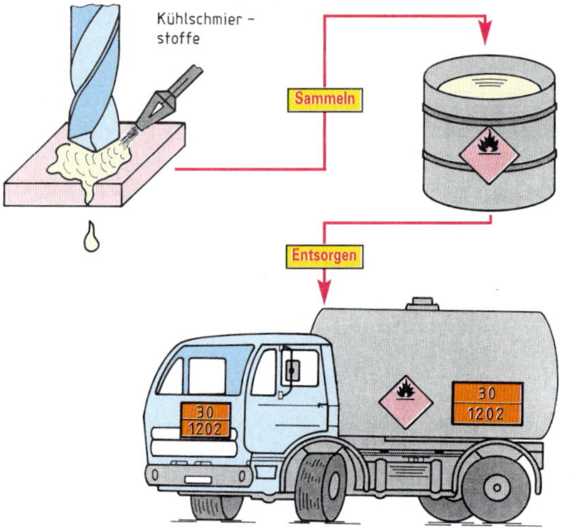

- **Umweltbelastungen**

Jedes Produkt und auch das damit verbundene Herstellungsverfahren stellen einen Eingriff in die Umwelt dar. Inwieweit diese Eingriffe von einer Gemeinschaft getragen werden können, muss diese Gemeinschaft unter sich entscheiden. Beurteilungskriterien für solche Entscheidungen unter den Gesichtspunkten der Umwelt- und der Sozialverträglichkeit kann die folgende Übersicht geben.

Umwelt-verträglichkeit	– **Luftverträglichkeit** (Schutz der Atmosphäre durch emissionsarme Produktion, Nutzung und Entsorgung) – **Wasserverträglichkeit** (Gewässerreinhaltung) – **Bodenverträglichkeit** (Bodenschutz) – **Pflanzenverträglichkeit** (Schutz der Artenvielfalt)
Ressourcenschonung[1])	– Schonung der **Energiereserven** (Öl, Erdgas, Kohle, Uran) – Schonung mineralischer **Rohstoffe** (Erze usw.) – Schonung der **Waldbestände** – Schonung der **Wasserreserven,** insbes. des Trinkwassers – Schonung der **Bodenflächen** (nur unbedingt nötiger Wohnungsbau, Straßenbau, Bahntrassenbau usw.) – Schonung des **Bodens** (z.B. kein Treibstoff aus Zuckerrohr, kein Mais für Schweinezucht)
Abfallvermeidung und Abfallverwertung	– Regenerierbarkeit – Wiederverwendbarkeit – Verpackungsaufwand
Gesundheits-verträglichkeit	– keine gesundheitlichen Gefährdungen und Belastungen für Menschen und Tiere durch **Schadstoff-Freiheit, Sicherheitstauglichkeit** und **Lärmarmut** der Produkte
Gebrauchs-tauglichkeit	– **Funktionstüchtigkeit** – **Verschleißarmut/Langlebigkeit** – **Bedienungs-** und **Reparaturfreundlichkeit** – **Gebrauchsintensität** (Wie intensiv kann bzw. muss das Produkt genutzt werden? Blockiert es die Nutzung anderer Produkte?) – **Fehlerfreundlichkeit** (Fähigkeit eines Produkts, Fehler, z.B. Material- und Bedienungsfehler, zu tolerieren)
Sozial-verträglichkeit	– Die Produkte sollen den Menschen und die Gesellschaft bereichern im Hinblick auf soziale Werte wie **Kommunikation, Kooperation, Qualifikation, Kreativität** – sie sollen den Besitzer nicht privilegieren, d.h. ihm keine **Prestige-** und **Machtvorteile** verschaffen (Kann das Produkt massenhaft verwendet werden?) – sie sollen nicht unter unzumutbaren **Arbeits-** und **Produktionsbedingungen** hergestellt worden sein (z.B. durch extreme Arbeitsteilung, Monotonie, Stress, psychische und physische Belastungen)

[1]) Ressource (franz.) = Hilfsmittel, Geldmittel

Übungsaufgaben FT-199; FT-200

Handlungsfeld: Werkstücke auf CNC-Maschinen fertigen

Problemstellung

Auftrag

Auftrag
Welle drehen

Zeichnung

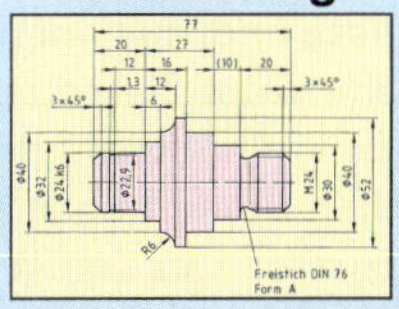

Analysieren

Zeichnung

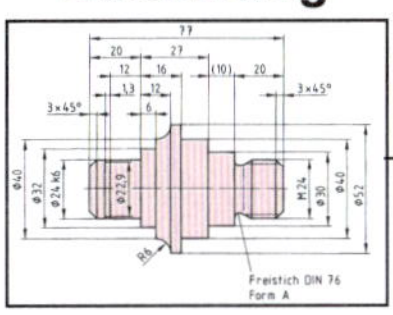

- Fertigmaße
- Toleranzen
- Oberflächengüte
- Rohteilform
- Werkstoff
- Fertigungsverfahren (Maschine)
- Stückzahl
- Termine

Auftrag

Auftrag
Welle drehen

Planen

Spannmitteldaten →
Werkzeugdaten →
Maschinendaten →

Spannplan
Werkzeugplan
Arbeitsablaufplan
1. Planschruppen
2. Außenlängsschruppen
3. Planschlichten

→ **Spannplan**
→ **Werkzeugplan**
→ **Arbeitsplan**

Programmieren

Konstruktion

CAD-Daten

Programmier-Handbuch

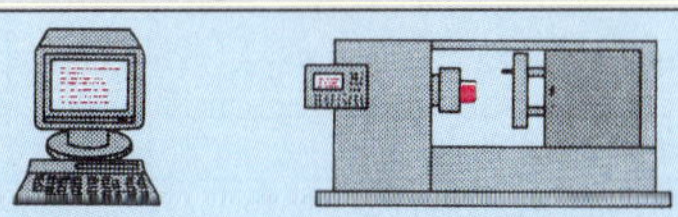

Programmier-platz oder Werkzeug-maschine

Programm

N1
N2 G1 .....
N3 .....
N4

Überprüfen und Speichern

Programm

N1
N2 G1 .....
N3 .....
N4

Simulation

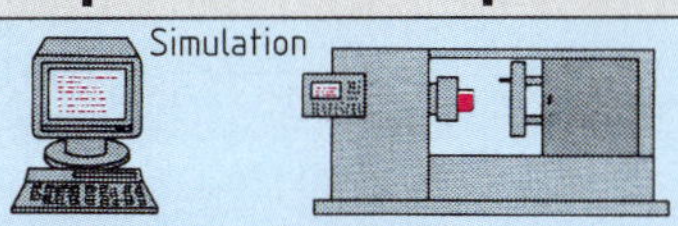

Programmierplatz oder Werkzeugmaschine

Speichern
- Ausdruck
- CD-ROM
- Diskette
- Magnetband

Fertigen und Optimieren

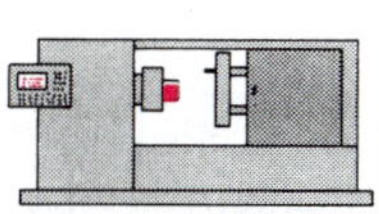

- Überwachte Fertigung
- Optimierung vom Programmablauf

Optimierung Speichern

1 CNC-Werkzeugmaschinen

1.1 Datenfluss in CNC-Maschinen

Bei der Bearbeitung von Werkstücken auf Werkzeugmaschinen müssen der Werkstückrohling und das Werkzeug so geführt werden, dass ein Werkstück in der vorgegebenen Form entsteht.
In der herkömmlichen Fertigung werden vom Maschinenbediener die Wege gesteuert, Bewegungen (z.B. Vorschub, Umdrehungsfrequenz) geschaltet und der Ablauf überwacht. In modernen Werkzeugmaschinen werden all diese Informationen als Programm, bestehend aus Buchstaben und Zahlen, eingegeben. Ein Computer verarbeitet dieses und gibt entsprechende Stellbefehle an die Steuerung der Maschinenantriebe. Gleichzeitig überwacht der Computer die Ausführung der Befehle. Man bezeichnet darum Maschinen mit solchen Steuerungen als „computerüberwacht und zahlenwertgesteuert" – engl. **c**omputerized **n**umerical **c**ontrol – als CNC-Maschinen.

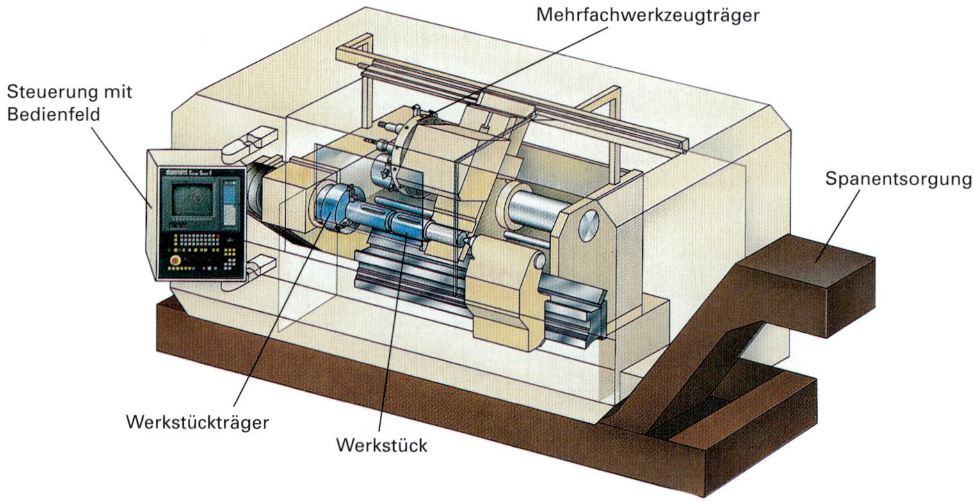

CNC-Drehmaschine

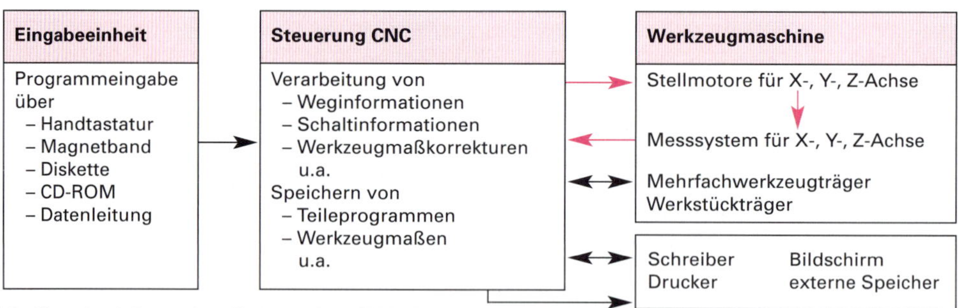

Übersicht über den Informationsfluss an einer CNC-Maschine

CNC-Maschinen sind Fertigungsmaschinen, die mit einer computergeführten Steuerung ausgestattet sind. Sie führen entsprechend einem aus Zahlen und Buchstaben bestehenden Programm einen selbstständigen Fertigungsablauf durch.

Eine CNC-Maschine besteht aus der eigentlichen Werkzeugmaschine und der Steuerung. Die Steuerung erhält Informationen über Eingabeeinheiten und von dem Messsystem der Maschine. Sie kann Befehle an die Werkzeugmaschine und Informationen an Anzeige- und Dokumentationseinrichtungen weitergeben.

1.2 Koordinatensysteme

Jeder Punkt eines Werkstücks, der bei der Bearbeitung auf einer Maschine angefahren wird, muss eindeutig festgelegt sein. Diese Festlegung geschieht im Sprachgebrauch z.B. durch die Angabe von Länge, Breite und Höhe. Für eine Bearbeitung auf CNC-Maschinen ist diese Angabe zu unpräzise, darum stellt man sich jedes Werkstück in einem rechtwinkligen Koordinatensystem vor und gibt die Abstände der Bearbeitungspunkte in X-, Y- und Z-Richtung an. Die Lage dieser Achsen zueinander ist in DIN 66217 festgelegt und wird durch die **„Rechte-Hand-Regel"** anschaulich gemacht.

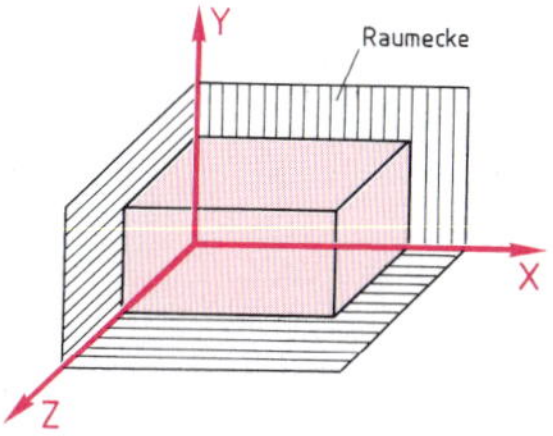

Dreiachsiges Koordinatensystem

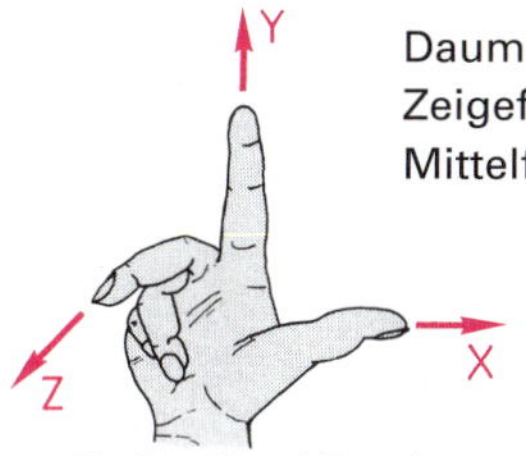

Rechte-Hand-Regel

Daumen	in X-Richtung
Zeigefinger	in Y-Richtung
Mittelfinger	in Z-Richtung

Die Stellungen der drei Finger – entsprechend der „Rechten-Hand-Regel" – weisen auch jeweils in die positiven Achsrichtungen (Z-Richtung liegt parallel zur Richtung der Arbeitsspindel).

In einem X- Y- Z-Koordinatensystem ist die Lage jedes Punktes im Raum eindeutig bestimmt.
Für die Lage der Achsen zueinander gilt die „Rechte-Hand-Regel".

Die richtige Lage des Koordinatensystems am Werkstück richtet sich nach dem Bearbeitungsvorgang und ist für jeden Werkzeugmaschinentyp genormt.

CA

Beispiele **für die Achsrichtungen bei Werkzeugmaschinen nach DIN 66217**

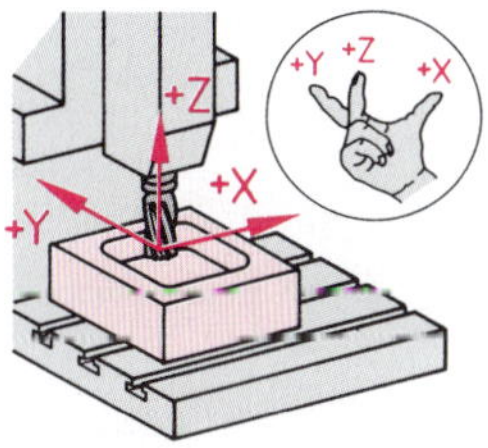

Senkrechtfräsmaschine

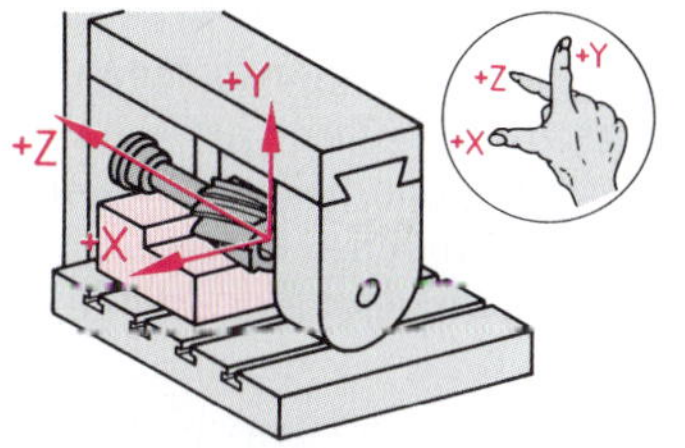

Waagerechtfräsmaschine

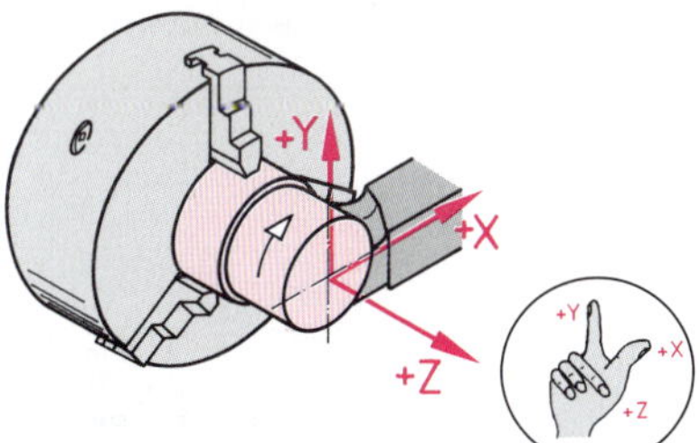

Meißel hinter der Drehmitte

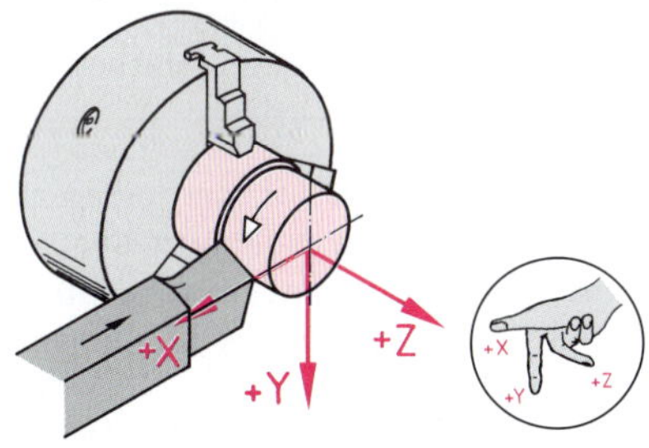

Meißel vor der Drehmitte

Die Festlegung der Achsrichtungen erfolgt immer parallel zu den Führungsbahnen der Maschine; sie ist jedoch stets im Zusammenhang mit dem aufgespannten Werkstück zu sehen.
Die Z-Richtung liegt immer parallel zur Arbeitsspindel. Ihre positive Richtung ist so festgelegt, dass mit zunehmendem Z-Wert der Abstand zwischen Werkzeug und Werkstück größer wird, wenn das Werkzeug nicht im Eingriff ist.

Die Achsrichtungen einer Werkzeugmaschine ergeben sich aus der Lage von Führungsbahnen und Werkzeugbewegung.
Sie sind auch im Handbuch der jeweiligen Werkzeugmaschine angegeben.

Übungsaufgabe CA-2

1.3 Lageregelung an CNC-Maschinen

• Lageregelkreis

Die programmgemäße Bewegung von Werkstück und Werkzeug wird in einem **Lageregelkreis** geregelt. Dabei misst das zu einer Bearbeitungsrichtung gehörende Messsystem in jedem Augenblick den Istwert der Lage des Werkzeugs zum Werkstückträger. Eine elektronische Regeleinrichtung vergleicht ihn mit dem Sollwert und gibt einen entsprechenden Stellbefehl an den Stellmotor. Dies wird so lange fortgeführt, bis der Istwert – innerhalb festgesetzter Grenzen – mit dem Sollwert übereinstimmt.

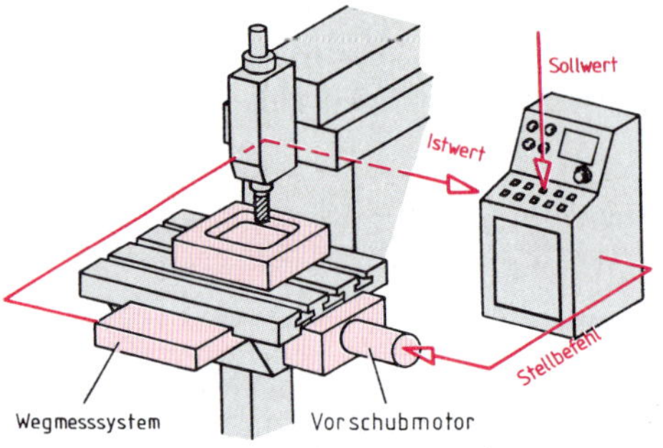

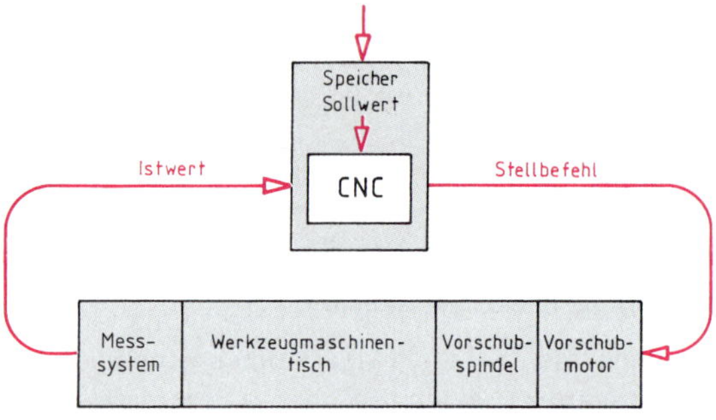

Lageregelung an einer CNC-Maschine

• Messverfahren zur Lageregelung

Inkrementales Messen geschieht, wenn man einen neuen Standort jeweils vom letzten Standort aus bestimmt, z.B. 30 mm nach rechts, von dort 20 mm zurück nach links, dann von dort 40 mm nach links. Man verwendet an Werkzeugmaschinen zum inkrementalen Messen in 0,001 mm geteilte Glaslineale, die von einer Lichtquelle beleuchtet werden. Eine Fotozelle zählt die bei einer Bewegung auftretenden Lichtreflexe und meldet ihre Zahl an den Rechner der Maschine. Dieser ermittelt dann aus dieser Zahl die Positionsänderung gegenüber dem letzten Standort.

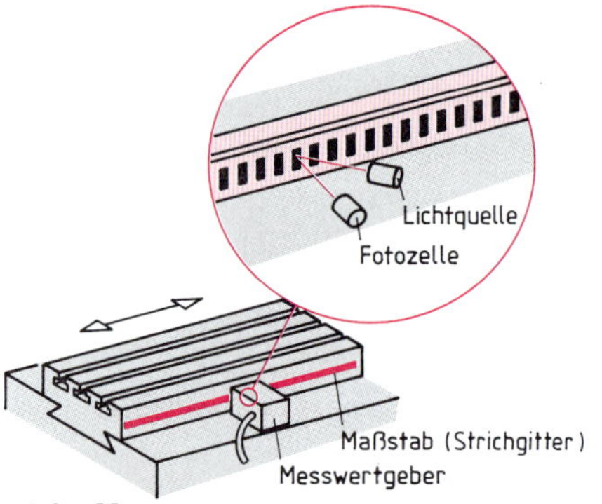

Inkrementales Messen

Inkrementale Messverfahren erfassen den Messwert in Schritten von einem wählbaren Nullpunkt aus.

Absolutes Messen liegt vor, wenn man alle Standorte von einem festen Nullpunkt aus misst, z. B. nach rechts auf 120 mm vom Nullpunkt, zurück auf 80 mm vom Nullpunkt, wieder nach links auf 200 mm vom Nullpunkt.

Man verwendet zum absoluten Messen in 0,001 mm geteilte Code-Lineale, auf denen jeder Punkt ein ganz bestimmtes Hell-Dunkel-Muster aufweist.

Zur genauen Bestimmung der Maschinentischposition wird dieses Muster von Fotozellen aufgenommen und an den Rechner der Maschine weitergeleitet. Daraus ermittelt der Rechner die genaue Position auf dem Maschinentisch.

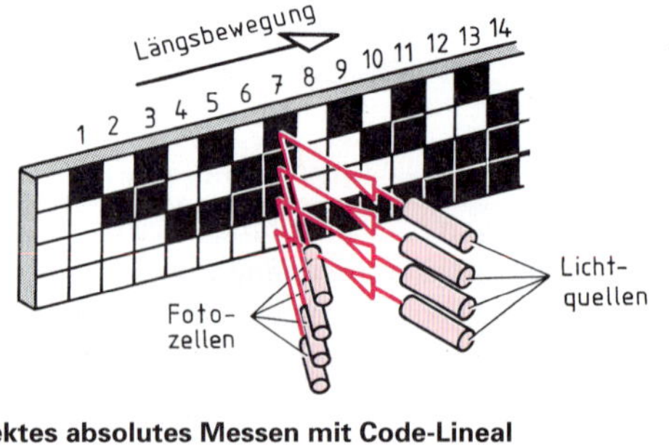

Direktes absolutes Messen mit Code-Lineal

Bei absoluten Messverfahren kann jeder Punkt auf der Messstrecke sofort zahlenmäßig bestimmt werden, weil er ein für die Messstrecke nur einmal auftretendes Signal liefert.

Übungsaufgaben CA-3; CA-4; CA-5

1.4 Steuerungsarten an CNC-Maschinen

An CNC-Maschinen werden die Positionen und Bewegungen von Werkzeug und Werkstückträger zueinander durch die Lageregelkreise geregelt. Es werden laufend Positionen gemessen und korrigiert. Ob dabei das Werkstück maßgerecht wird, kontrolliert die Steuerung der CNC-Maschine während der Bearbeitung nicht. Die Fertigung von Werkstücken auf CNC-Maschinen ist daher ein gesteuerter Vorgang.
Die Art der Bearbeitung von Werkstücken stellt unterschiedliche Anforderungen an die Steuerung einer CNC-Maschine; danach unterscheidet man drei Arten numerischer Steuerungen: *Punktsteuerung, Streckensteuerung, Bahnsteuerung.*

- **Punktsteuerung**

Die Punktsteuerung ist für Werkstücke anwendbar, bei denen nur an bestimmten Stellen Arbeitsgänge durchzuführen sind, z.B. für das Bearbeiten ebener Werkstücke auf Bohrmaschinen, Punktschweißmaschinen und Stanzmaschinen. Das Anfahren eines Punktes und das Verfahren von Punkt zu Punkt erfolgt im Eilgang. Die Zielpunkte werden exakt angesteuert. Die Bearbeitung beginnt nach dem Halt.

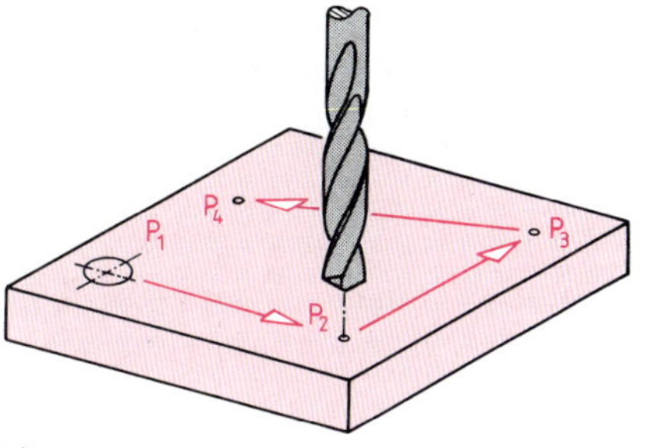

Punktsteuerung

Bei Punktsteuerungen wird im Eilgang ein Zielpunkt angesteuert, hier erfolgt eine Bearbeitung. Nacheinander können weitere Zielpunkte angefahren und bearbeitet werden.

- **Streckensteuerung**

Die Streckensteuerung ist für Werkstücke anwendbar, bei denen eine Bearbeitung nur in Ebenen parallel zu den Führungsbahnen der Maschine erforderlich ist, z.B. Fräsarbeiten in Längs- oder Querrichtung, reines Längs- oder Plandrehen, oder Fertigen von Durchbrüchen auf Senkrechterosionsmaschinen. Die Bearbeitung kann nur in einer Achsrichtung erfolgen.

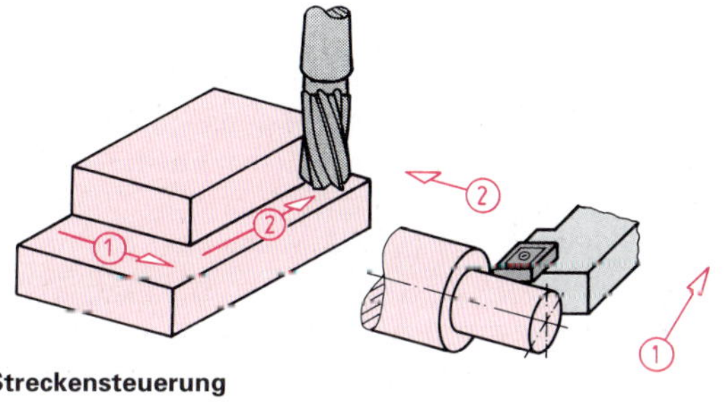

Streckensteuerung

Bei Streckensteuerungen erfolgt die Bearbeitung immer nur in einer achsparallelen Richtung zur Werkzeugmaschine.

- **Bahnsteuerung**

Mit einer Bahnsteuerung können in einer Ebene oder im Raum beliebige Schrägen oder Kurven gesteuert werden, das Werkzeug ist während der Bewegung im Eingriff. Beliebige Umrisse erreicht man durch das gleichzeitige Zusammenwirken von zwei oder mehreren Vorschubmotoren.
Bahnsteuerungen verwendet man bei Drehmaschinen, Fräsmaschinen, Brennschneidmaschinen und Drahterodiermaschinen zur Bearbeitung von Werkstücken mit schrägen oder kurvenförmigen Begrenzungsflächen.

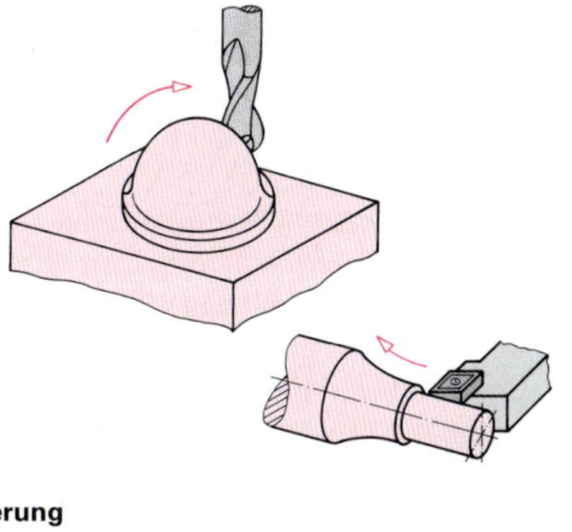
Bahnsteuerung

Bei Bahnsteuerungen erfolgt die Bearbeitung auf räumlichen Geraden oder Kurven, bei denen mehrere Achsen gleichzeitig mit voneinander unabhängigen Geschwindigkeiten gesteuert werden.

- **2D-Bahnsteuerung**

Die Steuerung einer Senkrechtfräsmaschine, mit der nur in der X-Y-Ebene Geraden, Kreisbögen und beliebige Kurven gefahren werden, nennt man eine 2D-Bahnsteuerung. Dabei müssen Zustellbewegungen in Z-Richtung von Hand vorgenommen werden. Bei einer 2D-Bahnsteuerung werden nur die Bewegungen in X- und Y-Richtung programmiert.
An Fräsmaschinen werden 2D-Bahnsteuerungen nur an Maschinen zur Schriftgravur eingesetzt.
Bei Drehmaschinen können in der X-Z-Ebene Geraden, Kreisbögen und Kurven gefahren werden.

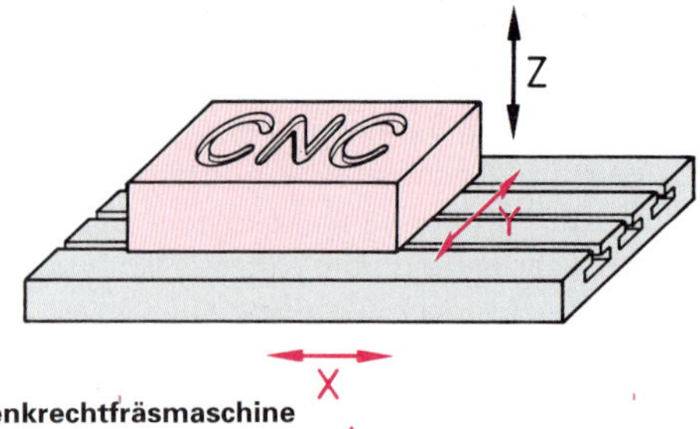

Senkrechtfräsmaschine

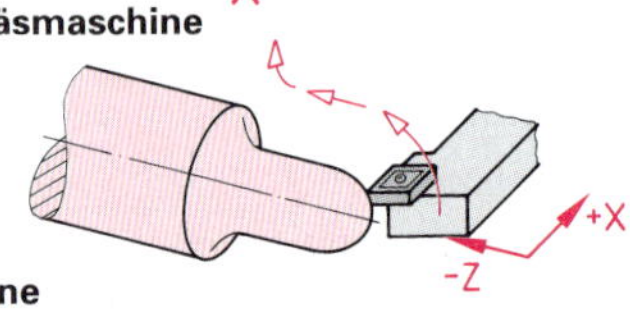

Drehmaschine

Bei einer 2D-Bahnsteuerung erfolgt eine Steuerung in zwei Achsrichtungen. Alle Drehmaschinen sind mit einer 2D-Bahnsteuerung ausgestattet.

- **$2^1/_2$ D- und 3D-Bahnsteuerung**

Im Gegensatz zur Drehmaschine, die in einer Ebene zu steuern ist, wird eine Fräsmaschine in drei Achsrichtungen gesteuert. Das gleichzeitige Steuern von drei Achsen stellt hohe Anforderungen an den Computer der Steuerung. Man unterscheidet bei Fräsmaschinen noch zusätzlich zur *2D-Bahnsteuerung* die *2 $^1/_2$-D-Bahnsteuerung* und die *3D-Bahnsteuerung.*

- **$2^1/_2$ D-Bahnsteuerung**

Eine Steuerung, die zwar in jeder beliebigen Ebene Geraden, Kreisbögen und Kurven fahren kann, jedoch gleichzeitig immer nur in zwei Achsrichtungen, nennt man eine $2^1/_2$ D-Bahnsteuerung. Die beiden steuerbaren Achsrichtungen sind in allen Ebenen möglich.
Eine $2^1/_2$D-Bahnsteuerung kann in einem Satz nur in zwei Achsrichtungen programmiert werden, z. B. in der X-Y-Ebene oder der X-Z-Ebene oder der Y-Z-Ebene.

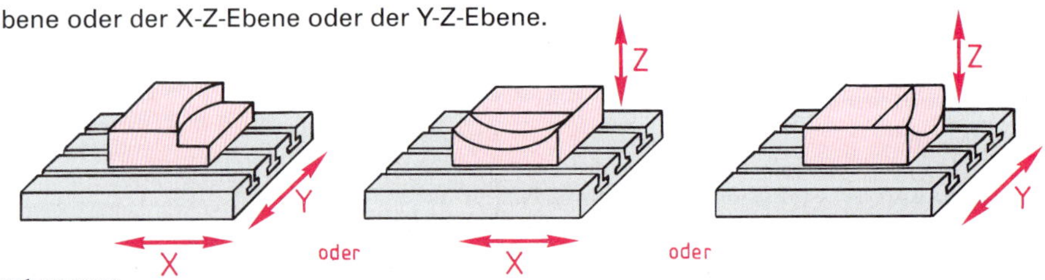

$2^1/_2$ D-Bahnsteuerung

Bei einer $2^1/_2$D-Bahnsteuerung sind die drei Achsen steuerbar, gleichzeitig können jedoch stets nur zwei Achsen gesteuert werden.

- **3D-Bahnsteuerung**

Die Steuerung einer Werkzeugmaschine, bei der alle drei Achsen gleichzeitig vom Computer aus steuerbar sind, nennt man eine 3D-Bahnsteuerung.
Bei einer 3D-Bahnsteuerung können in einem Satz gesteuerte Bewegungen in X-, Y- und Z-Richtung programmiert werden, d.h. es können beliebige räumliche Bewegungen ausgeführt werden.

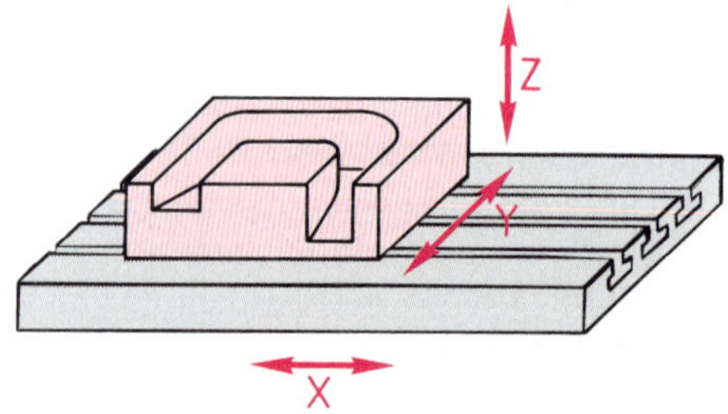

3D-Bahnsteuerung

Bei einer 3D-Bahnsteuerung können alle drei Achsen gleichzeitig gesteuert werden.

Übungsaufgabe CA-6

1.5 Bedienfeld von CNC-Maschinen

- **Aufbau des Bedienfeldes**

Alle außerhalb der Maschine erstellten Programme werden mit Datenträgern oder Datenleitung in die CNC-Maschine eingegeben. Zudem können fertige Programme manuell über das Bedienfeld eingegeben werden.

Beim Programmieren in der Werkstatt werden Programme am Bedienfeld erstellt.
Die Fertigungssteuerung erfolgt in allen Fällen vom Bedienfeld der Maschine aus. Dazu kann der Bediener verschiedene Betriebsarten aufrufen:
- Simulation der Fertigung auf dem Bildschirm
- Probefertigung mit verminderter Vorschubgeschwindigkeit bzw. im Einzelsatzbetrieb
- Fertigung im Automatikbetrieb

Zudem können zur Optimierung der Bearbeitung über das Bedienfeld Programmteile, Werkzeug- und Schnittdaten verändert werden.

Beispiel **für die Gestaltung der Bedientafel und des Bildschirmes einer CNC-Steuerung**

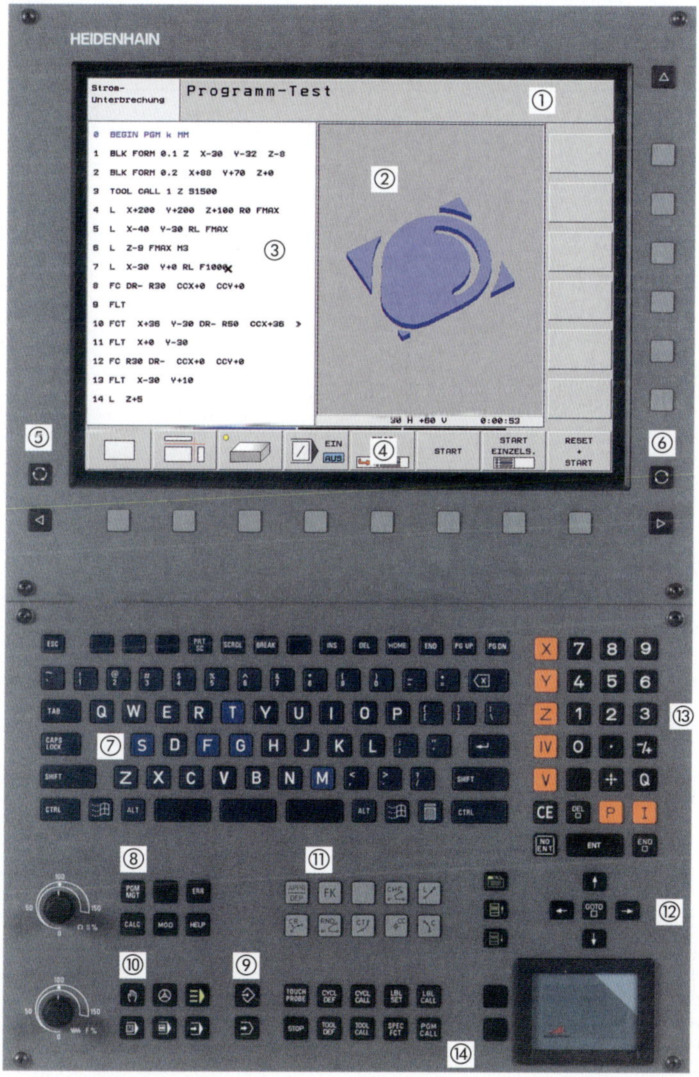

① Kopfzeile, zeigt Betriebsarten, Dialoge und Meldetexte
② Programmiergrafik
③ Programm
④ Fußzeile mit Softkeys und Umschalttasten
⑤ Wahl des Bildschirminhalts, z. B. *Programm und Programmiergrafik zeigen*
⑥ Umschalten des Bildschirms zwischen Programmierbetriebsart und Maschinenbetriebsart
⑦ Tastatur für Texteingabe, z. B. *Dateiname eingeben*
⑧ Dateiverwaltung, z. B. *Programm wählen*
⑨ Programmierbetriebsarten, z. B. *Programm einspeichern, Programm testen*
⑩ Maschinenbetriebsarten, z. B. *Manueller Betrieb*
⑪ Eröffnung der Programmierdialoge, z. B. *Kreisbewegung zu bestimmtem Zielpunkt*
⑫ Pfeiltasten, Zahleneingabe und Achswahl
⑬ ENTER-, Löschtaste
⑭ Zyklen, Unterprogramme

CA

• Bildzeichen für numerisch gesteuerte Werkzeugmaschinen

Viele Bildzeichen an numerisch gesteuerten Werkzeugmaschinen werden aus mehreren Grundbildzeichen zusammengesetzt. Der Pfeil nimmt unter den Bildzeichen eine Sonderstellung ein. Er erscheint selten allein und wird benutzt, um einem Bildzeichen eine ergänzende Aussage zu geben.

Grundbildzeichen

		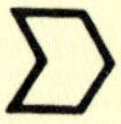	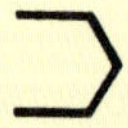	
Richtungspfeil	Funktionspfeil für Maschinenfunktion	Datenträger	Programm ohne Maschinenfunktion	Programm mit Maschinenfunktion

Bezugspunkt	Korrektur oder Verschiebung	Satz	Speicher	Wechsel

Bildzeichen für CNC-Werkzeugmaschinen (Auswahl)

Bildzeichen (Symbol)	**Bezeichnung und Anmerkungen**
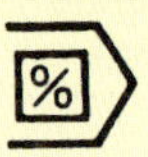	Programmanfang
	Handeingabe
	Dateneingabe extern
	Satzweises Einlesen ohne Maschinenfunktion, Auslösung durch Handbetätigung
	Programm einlesen mit Maschinenfunktionen
	Hauptsatz-Suche rückwärts
	Satznummern-Suche vorwärts
	Satzunterdrückung
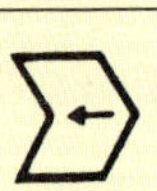	Rücklauf Datenträger (ohne Einlesen, ohne Maschinenfunktionen)
	Programmende; Datenträgerrücklauf zum Programmanfang (ohne Maschinenfunktionen)

Bildzeichen (Symbol)	**Bezeichnung und Anmerkungen**
	Dateneingabe in Speicher
	Daten im Speicher verändern
	Speicherinhalt löschen
	Absolute Maßangaben
	Relative (inkrementale) Maßangaben
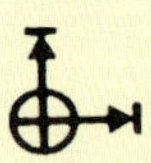	Verschiebung des Nullpunktes
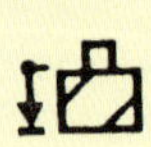	Korrektur der Werkzeuglänge
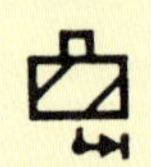	Korrektur des Werkzeugradius
	Werkzeug-Korrektur
	Kompensation des Schneidenradius

2 Grundlagen zur Programmierung

2.1 Arbeitsablauf beim manuellen Programmieren

Alle Tätigkeiten, die ein Fachmann an einer herkömmlichen Werkzeugmaschine aufgrund seiner Erfahrung ausführt, müssen bei einer Fertigung auf CNC-Maschinen sorgfältig vorgeplant und als Befehle der Maschine eingegeben werden. Diese Befehle sind in Form von Buchstaben, Zahlen und Zeichen verschlüsselt; man bezeichnet sie als alphanummerische Zeichen. Die Auflistung der Befehle zur Fertigung eines Werkstücks nennt man das **Programm.**

Programme werden meist von Programmierern geschrieben und im Büro erstellt (externe Programmierung). Kleinere Programme und Programmänderungen dagegen werden vom Fachmann im Dialog mit der Steuerung der Werkzeugmaschine erstellt (Werkstattprogrammierung). Vor der Fertigung wird das Programm in die Maschine eingegeben.

Das Programm ist die Auflistung aller Befehle an die Steuerung einer Werkzeugmaschine zur Fertigung eines Werkstückes.

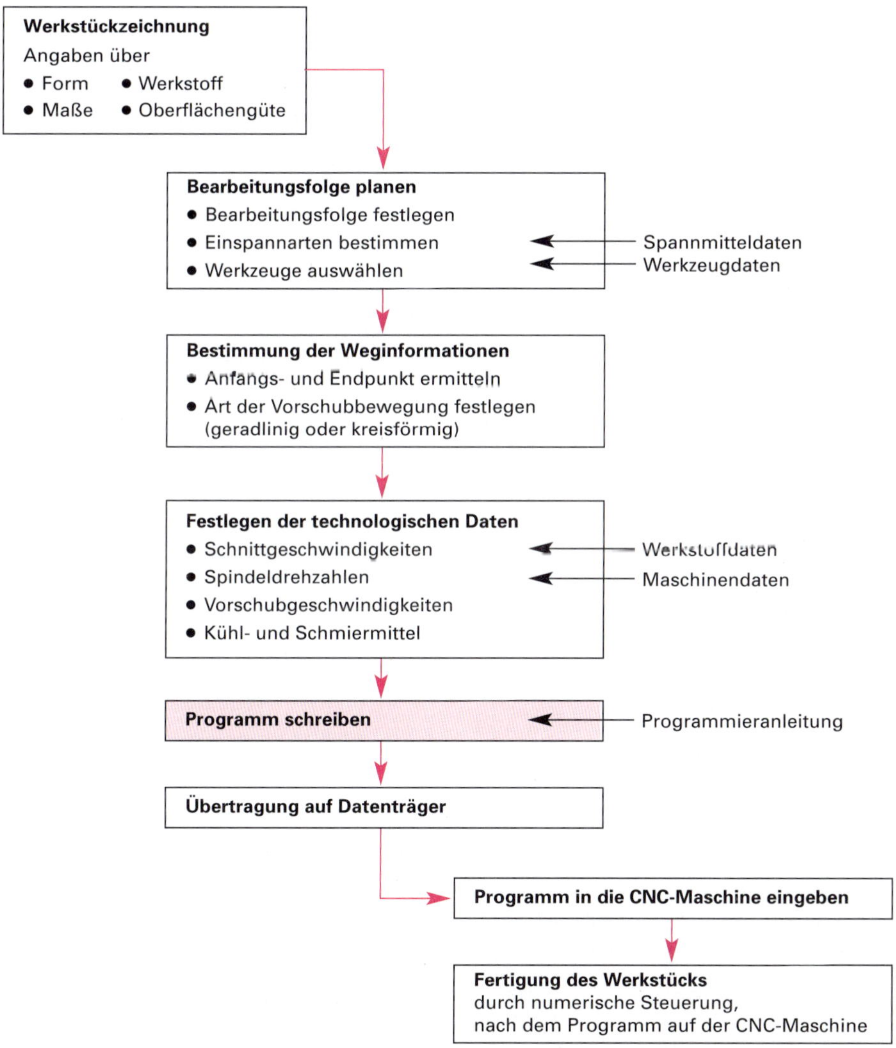

2.2 Wahl des Werkstücknullpunktes

Bei der Programmierung werden die Werkstückabmessungen als Koordinaten erfasst, um die erforderlichen Wegbeschreibungen programmieren zu können. Daher bezieht man das Koordinatensystem immer auf das Werkstück; als Nullpunkt des Systems wählt man einen charakteristischen Punkt des Werkstücks.

Diesen frei gewählten Bezugspunkt bezeichnet man als Werkstücknullpunkt. In den Zeichnungen trägt man den Werkstücknullpunkt durch das abgebildete Symbol ein. Bei Werkstücken mit dreidimensionaler Ausdehnung muss die Nullpunktfestlegung sich auf alle drei Achsen erstrecken.

Symbol für Werkstücknullpunkt

Beispiele für die Lage von Werkstücknullpunkten

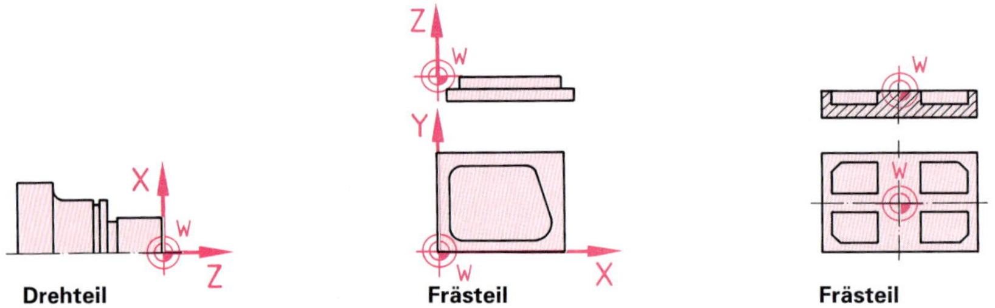

Drehteil **Frästeil** **Frästeil**

Als Ursprung des Werkstück-Koordinatensystems wählt man einen sinnvollen Punkt des Werkstücks als Werkstücknullpunkt. Der Werkstücknullpunkt wird in der Zeichnung durch ein Symbol angegeben.

2.3 Bemaßungsarten für die Programmierung

- **Absolutbemaßung**

In den meisten Fällen gibt man der Steuerung von CNC-Maschinen alle Maße so ein, dass sie sich auf den Werkstücknullpunkt beziehen. Die Maßangaben sind in einem solchen Falle Absolutmaße. Da der Werkstücknullpunkt jedoch nicht immer einem Eckpunkt entspricht, können sich Werkstückbereiche nach allen Seiten vom Nullpunkt aus erstrecken.

Beispiel für eine Konturbeschreibung durch Absolutmaße

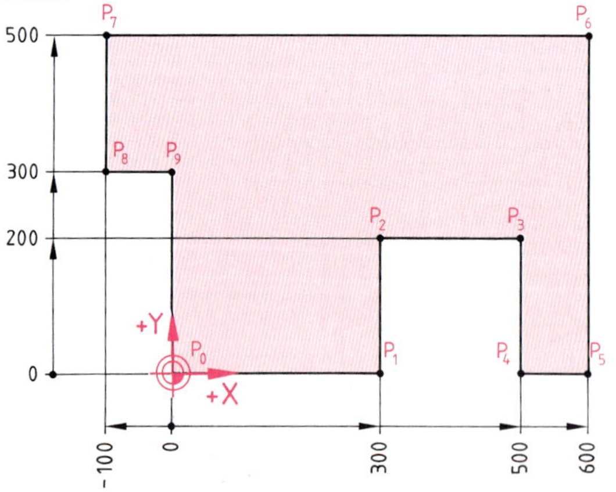

G90

	X	Y
P_0	X 0	Y 0
→ P_1	X + 300	Y 0
→ P_2	X + 300	Y + 200
→ P_3	X + 500	Y + 200
→ P_4	X + 500	Y 0
→ P_5	X + 600	Y 0
→ P_6	X + 600	Y + 500
→ P_7	X – 100	Y + 500
→ P_8	X – 100	Y + 300
→ P_9	X 0	Y + 300
→ P_0	X 0	Y 0

Normalerweise befinden sich CNC-Maschinen nach dem Einschalten in der **Absolutprogrammierung,** sodass kein zusätzlicher Befehl eingegeben werden muss. Wenn jedoch innerhalb eines Programmes von einer anderen Art der Maßangabe, z.B. von der Inkrementalprogrammierung, in die Absolutprogrammierung umgeschaltet werden soll, ist **G90** einzugeben.

Die Absolutmaßprogrammierung wird der Steuerung durch G90 eingegeben.
Absolutmaße sind die tatsächlichen Abstände zum Werkstücknullpunkt.

Übungsaufgaben CA-7; CA-8

- **Inkrementalbemaßung**

Aus fertigungstechnischen Gründen kann es erforderlich sein, dass die Steuerung jeden angefahrenen Punkt als Startpunkt für die nachfolgende Bewegung ansieht. In diesem Falle muss die Entfernung und die Bewegungsrichtung von einem Punkt zum nächsten angegeben werden.
Die Abstände werden durch die Koordinaten in X-, Y- und Z-Richtung angegeben. Die Bewegungsrichtung wird entsprechend den Achsrichtungen des Koordinatensystems mit Vorzeichen gekennzeichnet. Das Pluszeichen braucht als Vorzeichen nicht geschrieben zu werden.
Die Bewegungen von Punkt zu Punkt erreicht man durch die erforderliche Anzahl von Verstellschritten. Da man den kleinsten Wegabschnitt (meist 1 µm) als Inkrement bezeichnet, nennt man diese Art, die Steuerung zu programmieren, die **Inkrementalmaßprogrammierung.**
Der Steuerung wird die Inkrementalmaßprogrammierung durch **G91** eingegeben.

Beispiel für eine Konturbeschreibung durch Inkrementalmaße

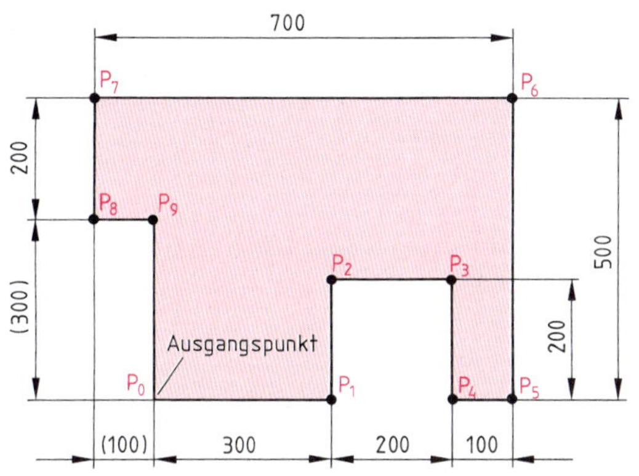

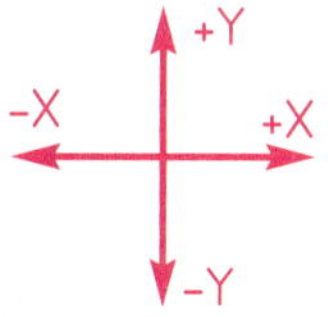

Bewegungs-richtungen

G91

	weiterzufahrende Strecke in **X**-Richtung	in **Y**-Richtung
P_0	Ausgangspunkt	
→ P_1	X + 300	Y 0
→ P_2	X 0	Y + 200
→ P_3	X + 200	Y 0
→ P_4	X 0	Y − 200
→ P_5	X + 100	Y 0
→ P_6	X 0	Y + 500
→ P_7	X − 700	Y 0
→ P_8	X 0	Y − 200
→ P_9	X + 100	Y 0
→ P_0	X 0	Y − 300

Die Inkrementalmaßprogrammierung wird der Steuerung durch G91 eingegeben.
Bei Inkrementalmaßprogrammierung gibt man die Entfernungen vom letzten bis zum nächsten Punkt in den jeweiligen Achsrichtungen an.

2.4 Programmierung von Bahnbewegungen

- **Bearbeitungsrichtung**

Bei der Fertigung können die Anfahr- und Bearbeitungswege vom Werkzeugträger oder vom Werkstückträger ausgeführt werden. Die Bearbeitungsrichtung ändert sich jedoch dadurch nicht. Man betrachtet nur die relative Bewegung des Werkzeugs gegenüber dem Werkstück. Um keine Missverständnisse aufkommen zu lassen, hat man deshalb vereinbart, bei der Programmierung so vorzugehen, als stünde das Werkstück fest und es würde nur das Werkzeug bewegt.

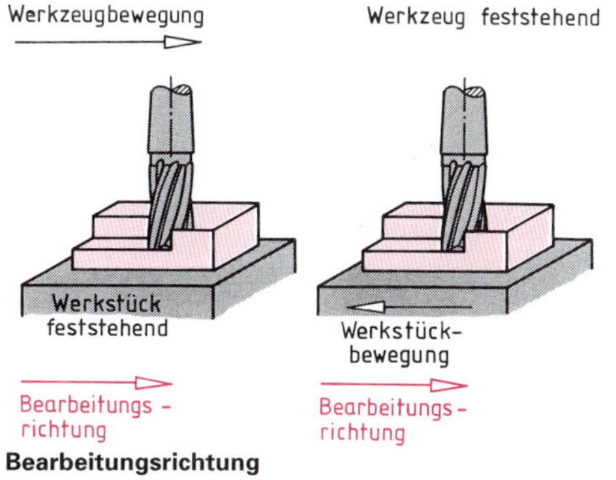

Bearbeitungsrichtung

Beim Programmieren geht man immer davon aus, dass sich das Werkzeug bewegt und das Werkstück stillsteht, auch wenn die Bearbeitung an der Maschine anders erfolgt.

- **Bewegungen im Eilgang**

Wenn ein Werkzeug, das nicht im Eingriff ist, von einem Punkt zu einem anderen verfahren werden soll, erwartet man, dass diese Bewegung möglichst schnell ausgeführt wird. Die Vorschubmotoren werden dann in jeder Achse den Werkzeug- oder Werkstückträger im Eilgang bewegen. Sobald das Werkzeug in die Nähe des anzufahrenden Punktes kommt, wird es abgebremst und am Zielpunkt genau gestoppt. Der Zielpunkt wird auf einer unbestimmten Bahn angefahren. Der Maschinensteuerung gibt man den Befehl, einen Punkt im Eilgang anzusteuern, durch **G00** (vereinfacht G0) ein, es folgen die Koordinaten des Zielpunktes.

Beispiel **für die Beschreibung einer Eilgangbewegung bei Absolutmaßprogrammierung**

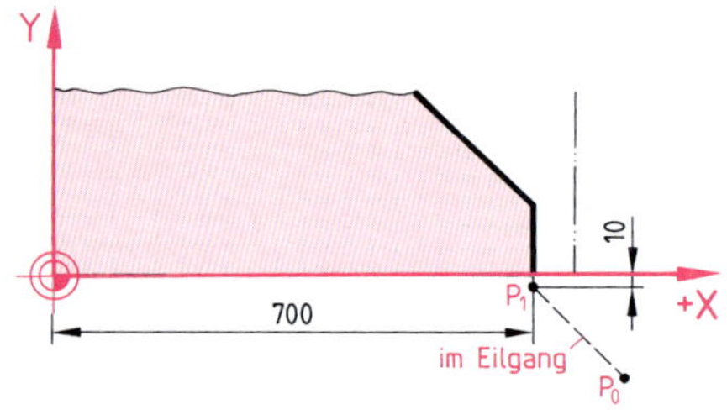

G00

	Wegbedingung	X	Y
	G 90		
→ P_1	G 00	X 700	Y – 10

Das exakte Ansteuern eines Punktes im Eilgang auf nicht vorgegebener Bahn wird durch G00 (auch G0) eingegeben.

- **Geradlinige Arbeitsbewegungen**

Soll die Steuerung von einem bestimmten Anfangspunkt aus eine geradlinige Arbeitsbewegung zu einem Endpunkt hin ausführen, so ist dazu **G01** (vereinfacht G1) erforderlich. Es ist gleichgültig, ob die Bewegungsrichtung achsparallel oder schräg verläuft. Hat man den Befehl zur geradlinigen Bewegung und die Koordinaten des Bewegungsendpunktes eingegeben, dann ermittelt der Rechner die erforderliche Bahn.

Beispiel **für die Beschreibung geradliniger Arbeitsbewegungen bei Absolutmaßprogrammierung**

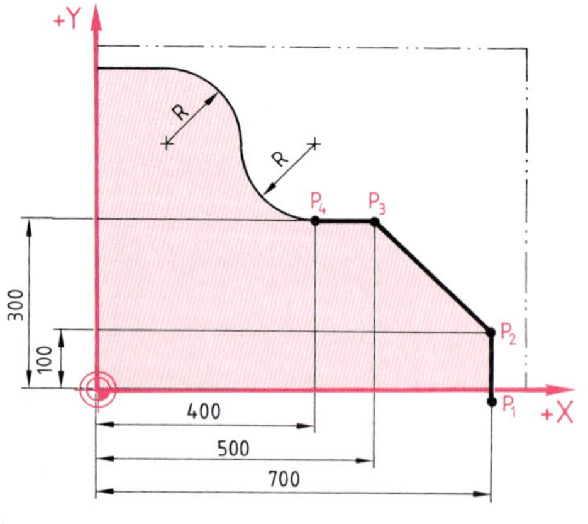

G01

	Wegbedingung	X	Y
	G 90		
→ P_1	G 00	X 700	Y – 10
→ P_2	G 01	X 700	Y 100
→ P_3	G 01	X 500	Y 300
→ P_4	G 01	X 400	Y 300

Der Wegbefehl G01 bleibt in der Steuerung so lange wirksam, bis er durch einen anderen Wegbefehl aufgehoben wird. Es genügt daher in einem Programm mit mehreren aufeinander folgenden geradlinigen Bewegungen G01 nur im ersten Satz einzugeben.

Geradlinige Arbeitsbewegungen mit vorgegebenem Vorschub werden auf G01 hin ausgeführt.

Übungsaufgabe CA-11

- **Kreisförmige Arbeitsbewegungen**

Zur eindeutigen Durchführung einer kreisförmigen Arbeitsbewegung sind neben den Zielkoordinaten auch Angaben zur Bewegungsrichtung und zur Lage des Kreismittelpunktes erforderlich.

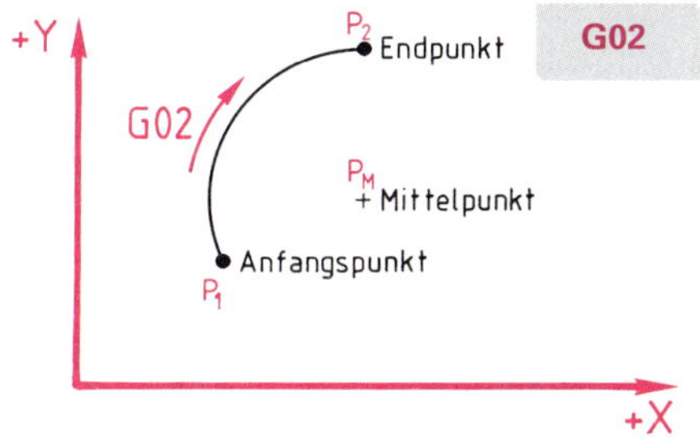

Kreisbewegung im Uhrzeigersinn

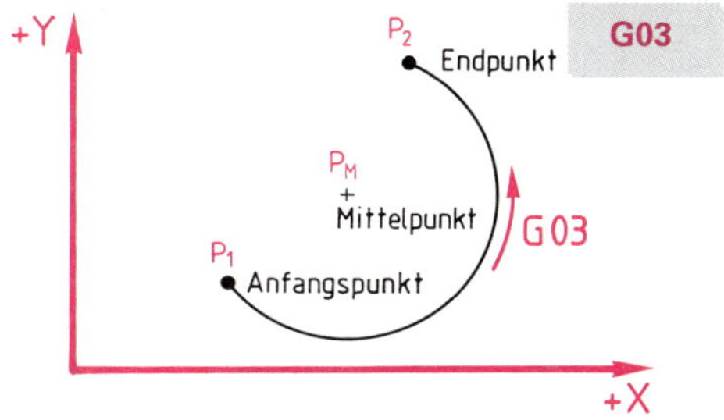

Kreisbewegung im Gegenuhrzeigersinn

Kreisförmige Arbeitsbewegungen im Uhrzeigersinn werden auf den Befehl G02 hin ausgeführt, kreisförmige Arbeitsbewegungen im Gegenuhrzeigersinn erfolgen auf den Befehl G03.

Bei einer Bahnbeschreibung ist der Kreismittelpunkt im Gegensatz zum Anfangs- und Endpunkt ein Punkt, der außerhalb der Bewegungsbahn liegt; er dient der Steuerung lediglich als Information über Lage und Größe des Kreises. Daher gibt man die Koordination des Kreismittelpunkts – meist auch bei Absolutmaßprogrammierung – inkremental als Abstand vom Anfangspunkt in das Programm. Nähere Angaben findet man im Handbuch der entsprechenden Steuerung.

CA

Die Kreismittelpunktkoordinaten bekommen die Adressbuchstaben:

I für den Abstand vom Anfangspunkt auf der **X-Achse,**
J für den Abstand vom Anfangspunkt auf der **Y-Achse,**
K für den Abstand vom Anfangspunkt auf der **Z-Achse.**

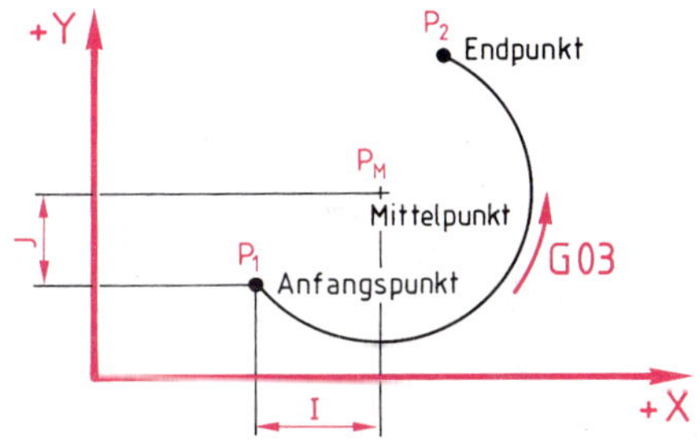

Inkrementale Mittelpunktbemaßung

Beispiel für die Beschreibung einer Kontur mit kreisförmiger Bewegung bei Absolutmaßprogrammierung

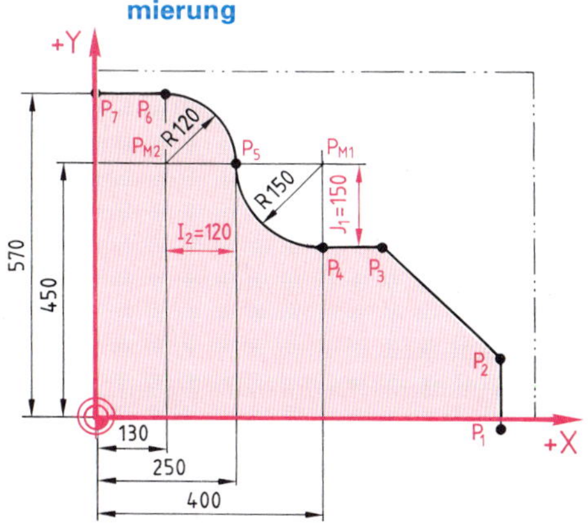

	Wegbedingung	X	Y	I	J
	G 90				
→ P_1	G 00	X 700	Y – 10		
→ P_2	G 01	X 700	Y 100		
→ P_3	G 01	X 500	Y 300		
→ P_4	G 01	X 400	Y 300		
→ P_5	G 02	X 250	Y 450	I - 0	J 150
→ P_6	G 03	X 130	Y 570	I - 120	J 0
→ P_7	G 01	X 000	Y 570		

Bei einer kreisförmigen Arbeitsbewegung werden die Koordinaten des Kreismittelpunkts häufig inkremental vom Anfangspunkt des Kreisbogens programmiert.

Übungsaufgabe CA-12

2.5 Grafische Konturerstellung (GKE)

2.5.1 Konturerstellung extern am Computer

Für maschinelles Programmieren wurden so genannte höhere NC-Programmiersprachen geschaffen. Bei dieser Technik werden in einem steuerungsunabhängigen Quellenprogramm die Zeichnungsdaten, die Geometrie, eingegeben. Meist wird hier erst die Zeichnungsrohkontur und dann in einem zweiten Gang die Feinkontur über so genannte Piktogramme erstellt. Hierin werden im Dialog mit dem Bediener Maße und Angaben erfragt und von diesem eingegeben.

Beispiel **für die Erstellung der Konturerstellung aus Zeichnungsdaten**

Zeichnung

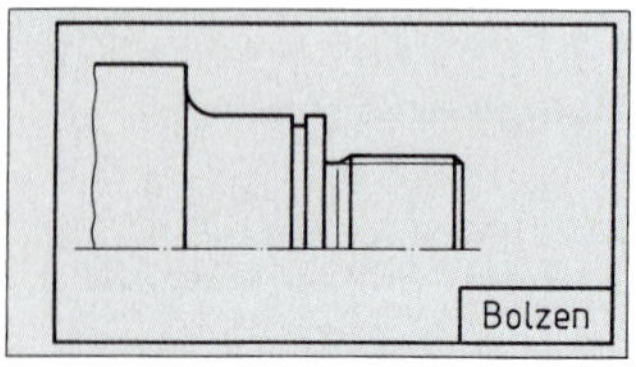

Gewünschtes Werkstück

1. Erstellen der Rohkontur

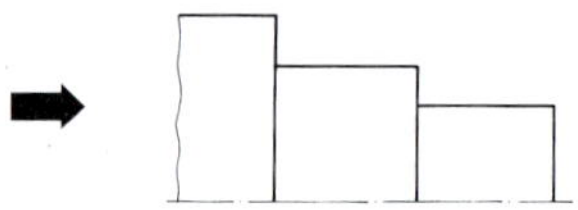

2. Bearbeiten der Rohkontur

Piktogramm:

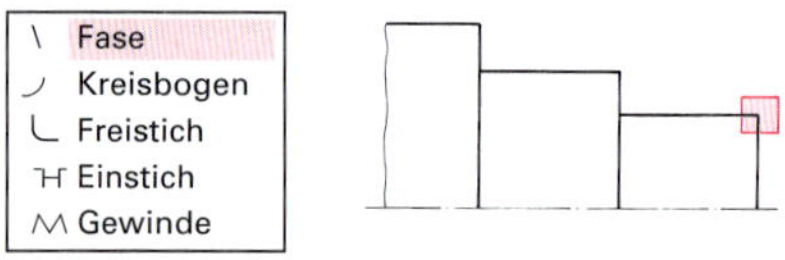

1. Schritt: Fase

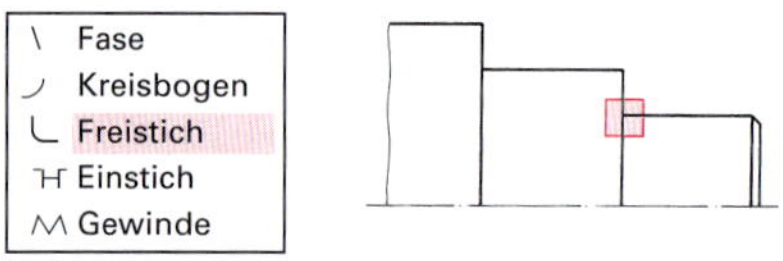

2. Schritt: Freistich

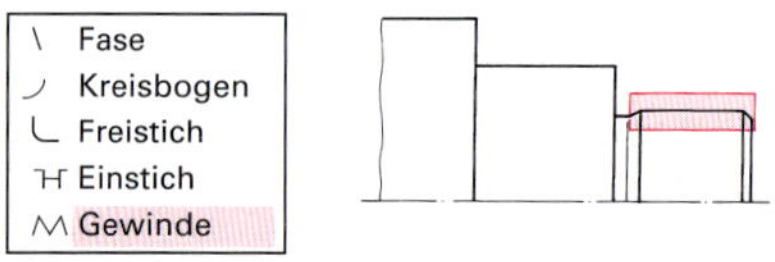

3. Schritt: Gewinde

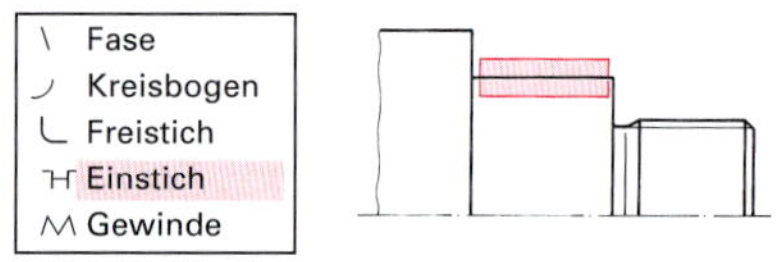

4. Schritt: Einstich

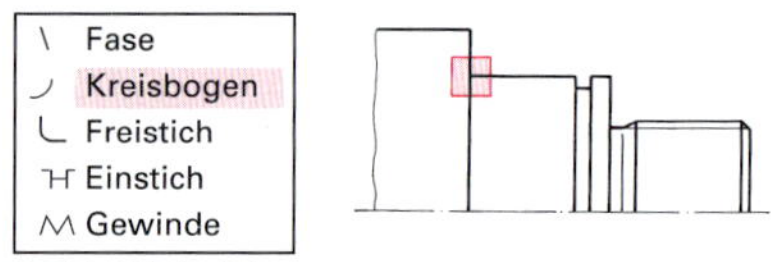

5. Schritt: Kreisbogen

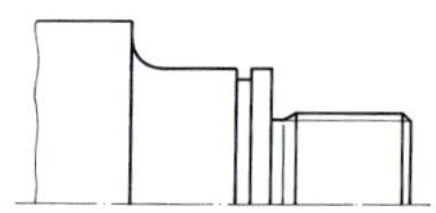

fertige Kontur

Nach Auswahl der Maschine und der Werkzeuge sowie der Eingabe der technologischen Daten wird nun durch ein spezielles Programm (Postprozessor) für die gewünschte Werkstückkontur und für die einzusetzende Maschine ein Arbeitsplan vorgeschlagen, der angenommen oder geändert werden kann. Anschließend wird ein fertiges CNC-Programm für die eingesetzte Maschine ausgegeben. Alle notwendigen Berechnungen, wie fehlende Kontur- und Hilfspunkte und Schnittaufteilungen werden vom Computer vorgenommen.

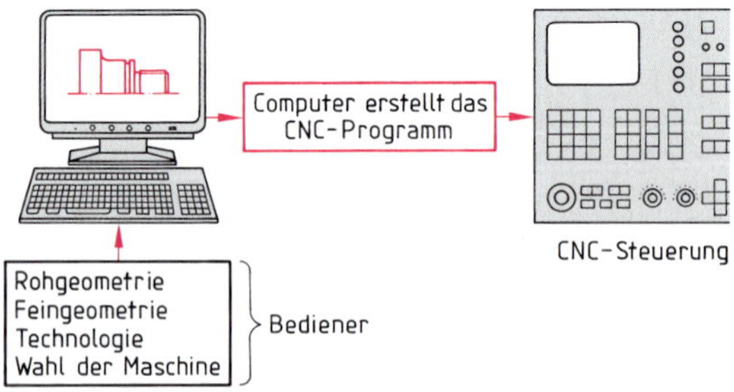

Ablauf der grafischen Konturerstellung am Computer

Die Ausgabe erfolgt über Magnetband, Diskette, CD-ROM oder direkt über einen Datentransfer an die CNC-Maschine. Für maschinelles Programmieren wird allerdings für jeden Maschinensteuerungstyp ein eigener Postprozessor benötigt, der das passende Programm erzeugt.

Beim maschinellen Programmieren wählt der Programmierer die Maschine aus, gibt die Werkstückgeometrie und Technologie ein. Der Rechner erstellt daraufhin automatisch das komplette CNC-Programm.

2.5.2 Konturerstellung mit automatischer Programmerstellung an CNC-Maschinen

Für zweidimensionale Bearbeitungen, wie z. B. Drehen oder Brennschneiden, gibt der Anwender an der CNC-Maschine zunächst die Rohteilkontur und die Lage des Werkstücknullpunktes ein. Danach zeichnet er mithilfe einfacher Symbole (Piktogramme) im Dialog mit der Steuerung die Werkstückumrisse auf dem Bildschirm.
Die fehlenden Koordinaten von Konturpunkten errechnet die Steuerung mithilfe eingegebener Geometrie-Programme automatisch.

Beispiel **für die Bedienerführung bei grafischer Konturerstellung (steuerungsabhängiges Beispiel)**

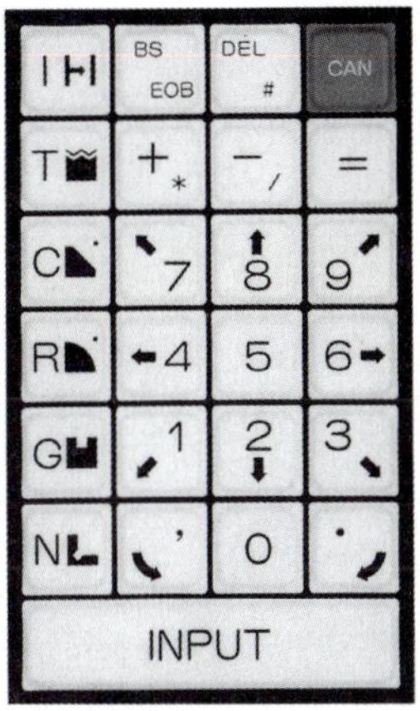

Tastenfeld

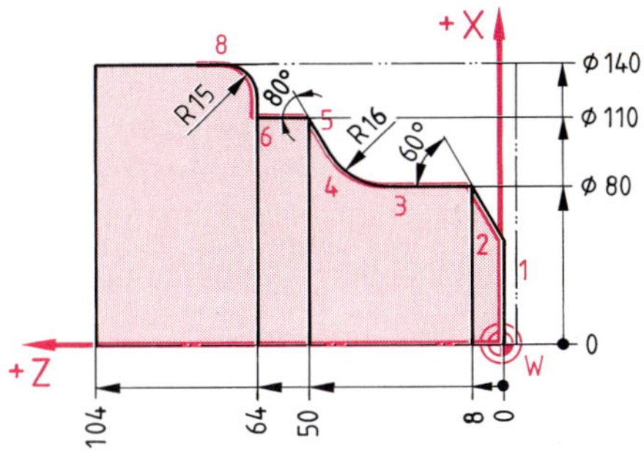

Werkstückzeichnung

Bedeutung der Piktogramme

- ⬆ Gerade
- ↙ Kreisbogen
- I Inkrementalbemaßung
- T Gewinde
- C Fase
- R Radius
- G Einstich
- N Freistich

Programmeingabe im Dialog mit der Steuerung

Nr.	Symbol	Koordinaten des Elementen-endpunkes	Winkel zur Z-Achse	Zusatz-angaben
Startpunkt:		SDX = 0; SZ = 0		
1	⬆	DX = – Wert wird intern errechnet		
2	⬉	DX – 80 Z – 8	A – 60	
3	⬅	Z = –*)		
4	↙	Durchmesser für den Mittelpunkt des Radius = 144		R = 16
5	⬉	DX = 110 Z = 50	A = 80	
6	⬅	Z = 64		
7	◣			R = 15
8	⬅	Z = 80		

*) Dieser Strich ist Platzhalter für einen Wert, den der Rechner intern ermittelt.

Durch die Anwahl des „Automatischen Verarbeitungsprozesses" wird der Fertigungsablauf von der Steuerung in einer bestimmten Reihenfolge festgelegt.
Nach dem Eingeben des Werkstückwerkstoffes werden dem Anwender auf dem Bildschirm entsprechend dem Werkzeugkatalog des Speichers die Werkzeuge mit den Schnittdaten angezeigt.

Der Anwender kann diese Werkzeug- und Schnittwerteauswahl bestätigen oder abändern.
Nach Betätigung der Starttaste für die Simulation werden die vorher angezeigten Bearbeitungsschritte in der angegebenen Reihenfolge auf dem Bildschirm ausgeführt. Unterhalb der Bildschirmgrafik erscheint der DIN-gerechte Satz für den jeweiligen Fertigungsschritt. Falls der Anwender den erstellten Fertigungsablauf akzeptiert, speichert er diese Daten in der NC-Steuerung unter einer gewählten Programmnummer ab. Im anderen Falle können über die Tastatur Korrekturen vorgenommen werden.

Übungsaufgaben CA-13; CA-14; CA-15

2.6 Programmierung von Schaltinformationen

2.6.1 Programmierung von Technologiedaten

- **Schaltinformationen für die Vorschubbewegung**

Die Vorschubbewegung kann nach dem Adressbuchstaben **F** als Vorschub in mm (je Umdrehung) oder als Vorschubgeschwindigkeit in mm/min eingegeben werden.

Vorschubbewegung	Befehl	Beispiel
in mm/min in mm	G94 G95	G94 F100 bedeutet $v_f = 100$ mm/min G95 F0,25 bedeutet $f = 0{,}25$ mm (je Umdrehung)

- **Schaltinformationen für die Schnittbewegung**

Die Schnittbewegung kann beim Drehen entweder mit konstanter Schnittgeschwindigkeit oder konstanter Umdrehungsfrequenz mit dem Adressbuchstaben **S** eingegeben werden.
Beim Fräsen wird nur mit konstanter Umdrehungsfrequenz gearbeitet.

Schnittbewegung	Befehl	Beispiel
konstante Schnittgeschwindigkeit konstante Umdrehungsfrequenz	G96 G97	G96 S40 bedeutet $v_c = 40$ m/min G97 S900 bedeutet $n = 900$ 1/min

Beim Drehen ist bei den meisten Maschinen eine konstante Schnittgeschwindigkeit programmierbar. Die Steuerung stellt entsprechend dem programmierten X-Wert die Umdrehungsfrequenz ein. Damit beim Plandrehen in Nähe der Werkstückmitte nicht extreme Umdrehungsfrequenzen auftreten, kann ein Höchstwert eingegeben werden, z. B. bedeutet bei PAL der Befehl G 92 S2000 höchste Umdrehungsfrequenz 2000 $^1/_{\text{min}}$.

2.6.2 Programmierung von Werkzeugeinsatz und Zusatzfunktionen

- **Schaltinformationen für den Werkzeugeinsatz**

Die benötigten Werkzeuge sind in einem Mehrfach-Werkzeugträger oder Magazin abgelegt und durch Nummerierung gekennzeichnet. Durch den Adressbuchstaben **T** werden die Schaltbefehle zum Werkzeugeinsatz erteilt. Das **T-Wort** enthält als Zahlenwert die Nummer des verlangten Werkzeugs.

T03 Einsatzbefehl für Werkzeug Nr. 3

Bei vielen Steuerungen löst allein der Buchstabe **T** einen Werkzeugwechsel aus. Aus Kollisionsgründen muss *vor* jedem Werkzeugwechsel eine sichere Werkzeugwechselposition angefahren werden.

Mehrfachwerkzeugträger: Revolverkopf mit angetriebenen Werkzeugen

- **Schaltinformationen für Zusatzfunktionen**

Zusatzfunktionen werden durch M-Wörter eingegeben.

M 00 Programmierter Halt
M 03 Spindel EIN, Rechtslauf
M 04 Spindel EIN, Linkslauf
M 17 Unterprogrammende
M 30 Programmende mit Rücksprung auf Satz 1
M 06 Werkzeugwechsel
M 08 Kühlmittel EIN
M 09 Kühlmittel AUS

Die Spindeldrehrichtung wird folgendermaßen beschrieben:

- Bei Drehmaschinen blickt man von der Antriebsseite auf die Werkstückeinspannung.
- Bei Fräsmaschinen blickt man von der Arbeitsspindel auf die Werkstückeinspannung.

Dreht sich die Spindel im Uhrzeigersinn, so ist das ein Rechtslauf, der mit M03 zu programmieren ist. Dreht sich die Spindel im Gegenuhrzeigersinn, so ist das ein Linkslauf mit dem Befehl M04.

Übungsaufgaben CA-16; CA-17

2.7 Zusammenstellung von Programmdaten zu Sätzen

In das Programm werden alle Daten eingegeben, welche die Steuerung benötigt, um am Werkstück einen Arbeitsschritt ausführen zu können. Dabei werden zusammengehörige Befehle zu Sätzen zusammengefasst. Die Sätze nummeriert man nach der Abfolge der Arbeitsschritte in Einer- oder Zehnerstufen.

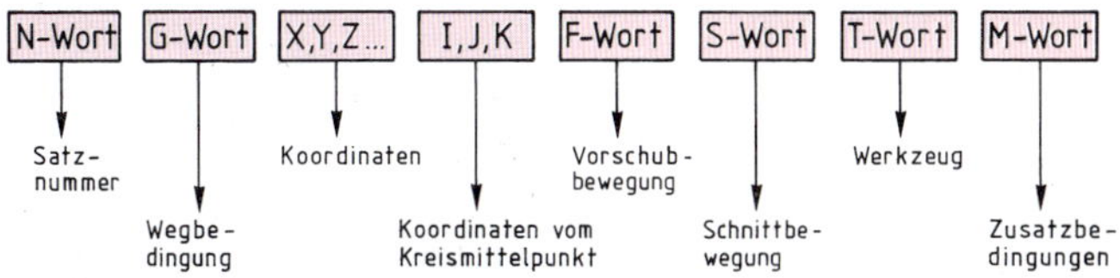

In einem Satz können Befehle und Wegangaben entfallen, die für den jeweiligen Arbeitsablauf nicht notwendig oder bereits wirksam sind. Man nennt solche Programmworte **modal** wirksam oder **selbst haltend.**

Beispiel **für die Programmierung eines ebenen Werkstücks (nach PAL)**

Aufgabe: Die unten bemaßte Nut soll in einem Schnitt durch Schruppen gefräst werden. Der Werkstückwerkstoff ist aus S 235. Der Fräser ist aus HSS und hat zwei Zähne.

Zeichnung

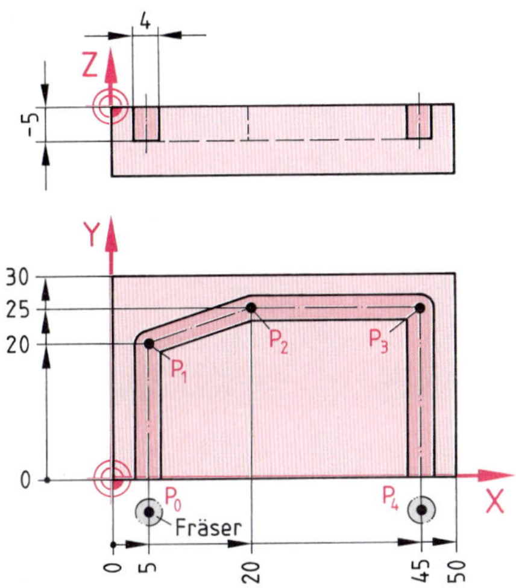

Programm

(mit Eintragung modal wirksamer Programmwerte)

N	G	X	Y	Z	F	S	T	M
N010	G90							
N020	G94				F540			
N030						S2700		M03
N040							T0100	M08
N050	G00	X5	Y-10					
N060	G00	(X5)	(Y-10)	Z2				
N070	G01	(X5)	(Y-10)	Z-5				
N080	(G01)	(X5)	Y20					
N090	(G01)	X20	Y25					
N100	(G01)	X45	(Y25)					
N110	(G01)	(X45)	Y-10					
N120	G00	(X45)	(Y-10)	Z50				M09
N130	G00	X-50	Y-20					M30

Die Werte in Klammern sind modal wirksam.
Sie werden normalerweise wegen Gefahr der Falscheingabe und zur Verbesserung der Übersichtlichkeit fortgelassen.

Erklärung

N010 Absolutmaße gelten bis auf Widerruf für alle Sätze
N020 Vorschub wird in mm/min angegeben, vorgesehen werden 540 mm/min
N030 Spindel soll im Uhrzeigersinn drehen, Umdrehungsfrequenz 2700 1/min
N040 Werkzeug T0100 einwechseln, Kühlschmiermittel einschalten
N050 Im Eilgang auf X5, Y-10 fahren
N060 Im Eilgang auf Z2 fahren.
N070 Mit Vorschubgeschwindigkeit (540 mm/min) geradlinig auf Z-5 herunter fahren
N080 Mit Vorschubgeschwindigkeit geradlinig bis Y20 fräsen
N090 Mit Vorschubgeschwindigkeit geradeaus bis X20 Y25 fräsen
N100 Mit Vorschubgeschwindigkeit geradeaus bis X45 (Y25) fräsen
N110 Mit Vorschubgeschwindigkeit geradeaus bis (X45) Y-10 fräsen
N120 Im Eilgang auf Z50 fahren, Kühlschmiermittel ausschalten
N130 Im Eilgang auf X-50, Y-20 fahren, Ende des Programms

Übungsaufgaben CA-18; CA-19; CA-20

2.8 Erprobung und Optimierung von NC-Programmen an CNC-Werkzeugmaschinen

- **Simulation von NC-Programmen**

Nach Erstellung der NC-Programme erfolgt die Überprüfung durch Simulation am Bildschirm des Programmierplatzes bzw. der Werkzeugmaschine. Dabei werden die Werkstückform und eventuelle Kollisionen von Werkzeug mit Werkstück bzw. Werkstückeinspannung überprüft. Auf dem Bildschirm wird eine Kollision als „Crash" bildlich dargestellt. Ein Crash ereignet sich, wenn z.B. ein Werkzeug in die Einspannung fährt oder das Werkzeug im Eilgang zum Schnitt kommt.
Gleichzeitig kann bereits mit der Simulation die tatsächliche Bearbeitungszeit (Echtzeit) ermittelt werden.

Simulation einer Fräsbearbeitung am Bildschirm

- **Überwachte Probefertigung**

Mit einem neu erstellten NC-Programm wird die erste Fertigung eines Werkstücks unter großen Vorsichtsmaßnahmen durchgeführt, weil Programmierfehler zu Kollisionen, Werkzeugbruch und zu falschen Werkstückabmessungen führen können.

Mögliche Vorsichtsmaßnahmen sind:

- *Verminderung der Vorschubgeschwindigkeit*
  Mit einem Vorschub-Korrekturschalter stellt man Prozentanteile des programmierten Vorschubwertes ein. Durch eine starke Vorschubbegrenzung erleichtert man dem Bediener die Beobachtung des Bearbeitungsvorgangs und ermöglicht ein schnelles Abschalten.

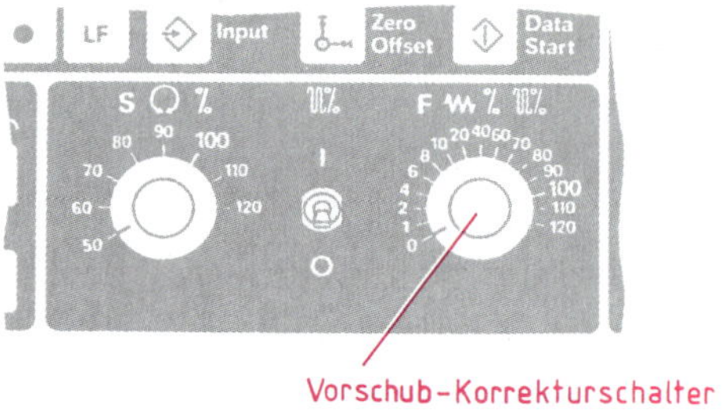

Prozentuale Schnittwertregulierung

- *Programmabarbeitung im Einzelsatzbetrieb*
  Die Taste „Single" der Betriebsartentastatur aktiviert die satzweise Bearbeitung eines Werkstücks. Der Bediener kontrolliert schrittweise den Arbeitsablauf. Der nachfolgende Satz wird erst nach einem Tastendruck abgearbeitet.

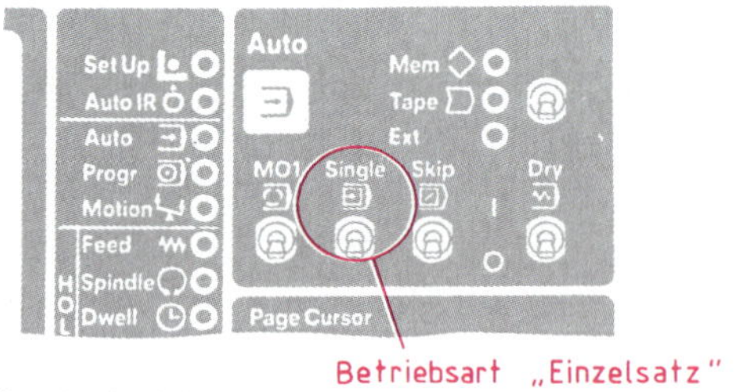

Betriebsartentastatur

- *Probefertigung eines Werkstückes aus einem Ersatzwerkstoff*
  Räumlich komplizierte, große Werkstücke können aus einem preiswerten, leicht zu bearbeitenden Werkstoff probeweise gefertigt werden. Der Ablauf der Arbeitsbewegungen eines Fertigungsvorgangs kann auch ohne Werkstück überprüft werden (Luftschnitte).

Nach der überwachten Probefertigung und erfolgten Programmkorrekturen kann die Fertigung erst nach einer abschließenden Probe erfolgen.

Eine Probeanfertigung führt man mit verminderter Vorschubgeschwindigkeit, im Einzelsatzbetrieb oder an Ersatzwerkstücken aus.

Übungsaufgabe CA-21

Optimierung von NC-Programmen

Vielfach kann ein lauffähiges Programm weiter verbessert werden, um
- die Haupt- und Nebenzeiten zu verkürzen und
- die Oberflächengüte zu erhöhen.

Veränderungen an lauffähigen Programmen bezeichnet man als Programmoptimierung.

Programmänderungen in der Optimierungsphase werden vom Zerspanungsmechaniker aufgrund von Mängeln in der Werkstückausführung und im Fertigungsablauf an der CNC-Maschine vorgenommen.

Häufig können die Fertigungszeiten verkürzt werden durch:
- Erhöhung von Schnittgeschwindigkeit, Vorschub und Schnitttiefe,
- Verbesserung der Einspannmöglichkeiten,
- Vermeidung von unnötigen Umspannarbeiten,
- Einsatz von Werkzeugen mit Mehrfachfunktionen, z. B. Dreh- und Bohrwerkzeuge statt mehrerer Einzelwerkzeuge,
- Vermeidung unnötiger Werkzeugwechsel,
- Verkürzung der Werkzeugwege durch günstigere Schnittaufteilung.

Beispiel für die Optimierung einer Schnittaufteilung

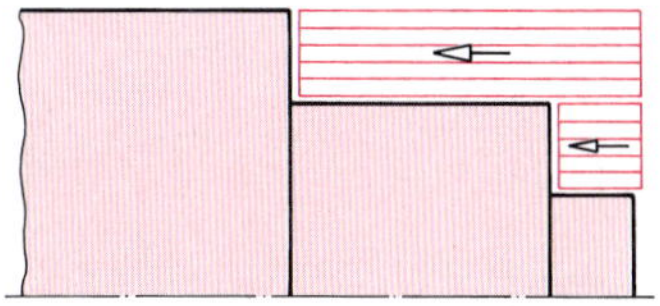

Anwendung bei kurzen Absätzen, bei großem Durchmesserunterschied, häufige Schnittunterbrechung mit zeitaufwändigen Rückzugbewegungen

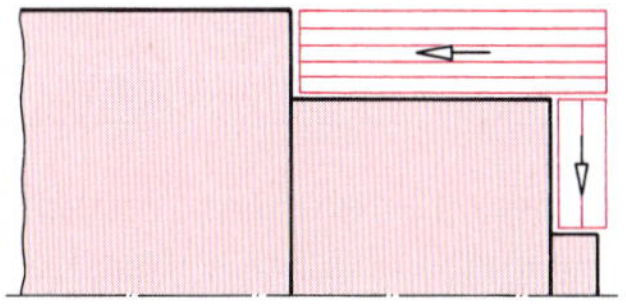

Sehr günstig bei kurzem Absatz
Werkzeugwechsel

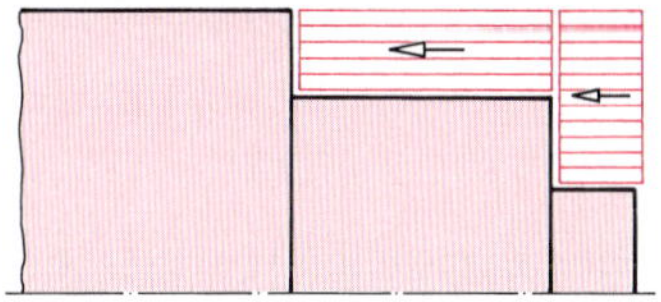

Häufige Schnittunterbrechung, sehr zeitaufwändige Rückzugbewegungen

Bei der Erstbearbeitung eines Werkstückes stellt man häufig fest, dass die Oberflächenbeschaffenheit nicht den Anforderungen entspricht. Vielfach sind mehrere ungünstige Schnittbedingungen für Mängel in der Oberflächenbeschaffenheit verantwortlich.

Eine Optimierung der Oberflächenqualität ist möglich durch:
- Änderung von Schnittgeschwindigkeit, Vorschub und Schnitttiefe,
- Änderung der Werkzeugform, der Schneidengeometrie und des Schneidstoffs,
- Änderung des Kühlschmiermitteleinsatzes, z. B. Schneidöl statt Kühlemulsion.

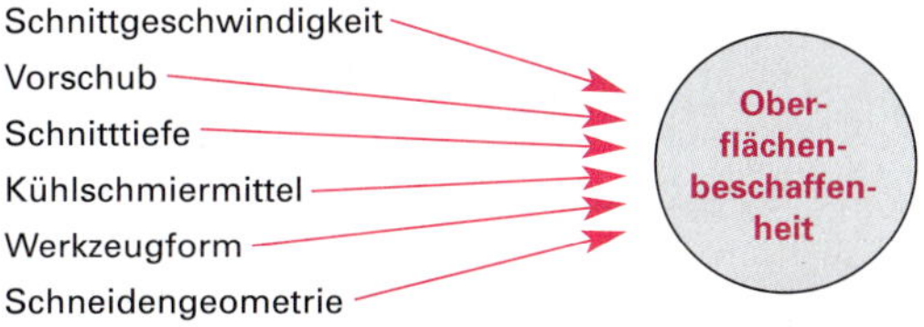

Optimierungsgrößen für die Oberflächenbeschaffenheit

Die Optimierung von Programmen für eine spanende Fertigung beinhaltet meist
- eine Verbesserung der Oberflächenbeschaffenheit durch Änderung der Schnittbedingungen und
- eine Verkürzung der Fertigungszeit durch Änderung des Arbeitsablaufes.

Übungsaufgabe CA-22

3 Fertigung auf CNC-Drehmaschinen

3.1 Programmieren der Weginformationen beim Drehen

3.1.1 Koordinatensysteme

Drehmaschinen werden mit Werkzeugträgern gebaut, bei denen das Werkzeug von vorne gesehen vor oder hinter der Drehmitte angeordnet ist. Im Gegensatz zu herkömmlichen Drehmaschinen werden CNC-Maschinen bevorzugt mit Werkzeugträgern ausgerüstet, die sich hinter dem Werkstück befinden. Daher muss je nach Bauform der Maschine zum Programmieren eine andere Lage des Koordinatensystems berücksichtigt werden. In beiden Fällen entspricht die Werkstückachse der Z-Achse.
Die positive X-Achse weist immer vom Drehteil aus in radialer Richtung auf das Werkzeug. Damit ergibt sich für beide Werkzeuganordnungen, dass größere Z-Werte eine größere Werkstücklänge und größere X-Werte einen größeren Werkstückdurchmesser zur Folge haben.

Drehmeißel vor der Drehmitte	**Drehmeißel hinter der Drehmitte**
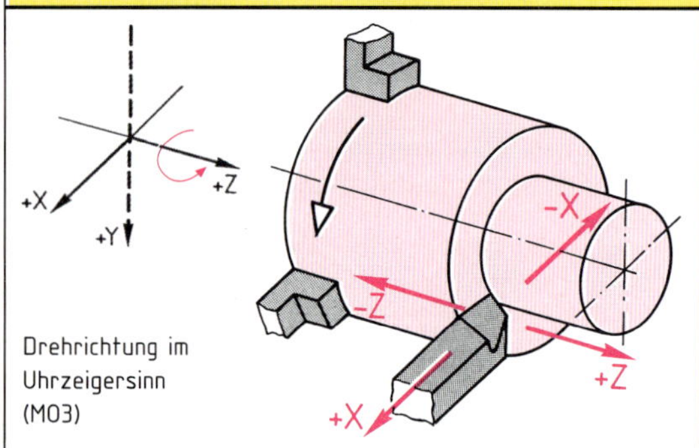	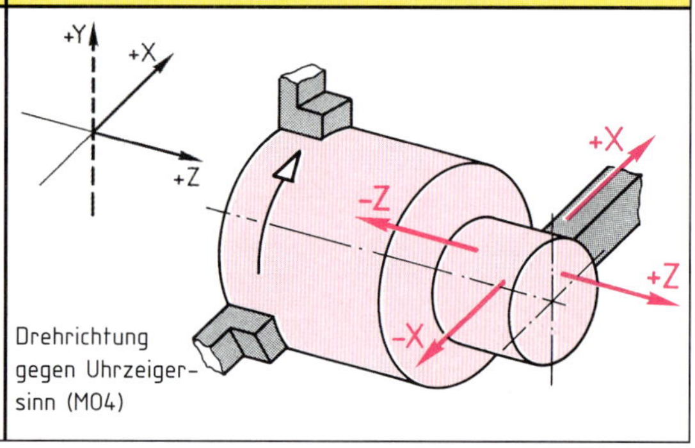

Die Z-Achse ist immer Drehachse des Werkstücks. Größerer Z-Wert bedeutet größere Werkstücklänge. Die X-Achse verläuft rechtwinklig zur Z-Achse auf das Drehwerkzeug zu. Größerer X-Wert bedeutet größerer Werkstückdurchmesser.

3.1.2 Nullpunkte und Bezugspunkte

- **Maschinennullpunkt, Referenzpunkt und Werkstücknullpunkt**

Nullpunkte legen für die Bearbeitung auf CNC-Maschinen das Koordinatensystem fest. Dabei unterscheidet man einen Maschinennullpunkt und einen Werkstücknullpunkt. Bezugspunkte – auch Referenzpunkte genannt – sind genau festgelegte Punkte, welche die Programmierung und das Bedienen der Maschine erleichtern.

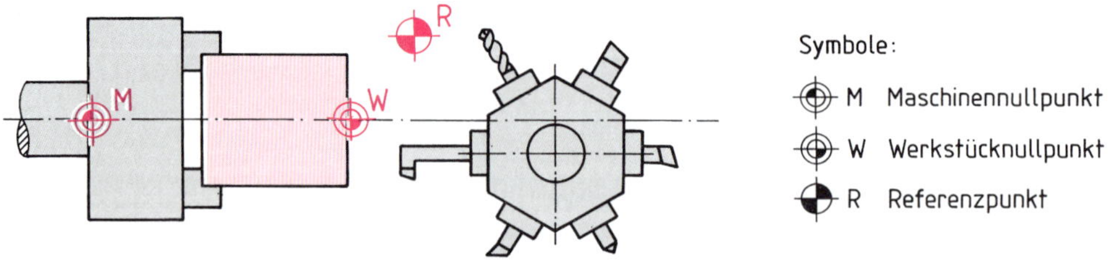

Nullpunkte und Bezugspunkte an einer Drehmaschine

Der **Maschinennullpunkt** ist der Ursprung des Maschinenkoordinatensystems. Er liegt bei CNC-Drehmaschinen im Schnittpunkt der Arbeitsspindelachse mit dem Werkstückträger.

Der **Referenzpunkt** ist ein festgelegter Punkt im Arbeitsbereich inkremental messender CNC-Drehmaschinen, welcher einen genau bestimmten Abstand zum Maschinennullpunkt hat. Der Referenzpunkt wird zum Nullsetzen des Messsystems angefahren, da der Maschinennullpunkt meist nicht angefahren werden kann.

3.1.3 Werkstücknullpunkte

- **Wahl des Werkstücknullpunktes**

Der Werkstücknullpunkt ist vom Programmierer frei wählbar. Meist legt man ihn auf die rechte Planseite des Werkstücks. Weniger üblich ist es, ihn auf die linke Planseite festzulegen.

Beispiele **für mögliche Lagen von Werkstücknullpunkten**

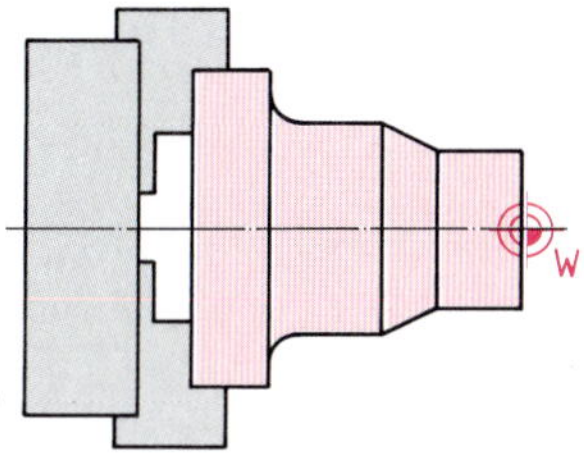

Werkstücknullpunkt auf rechter Planseite

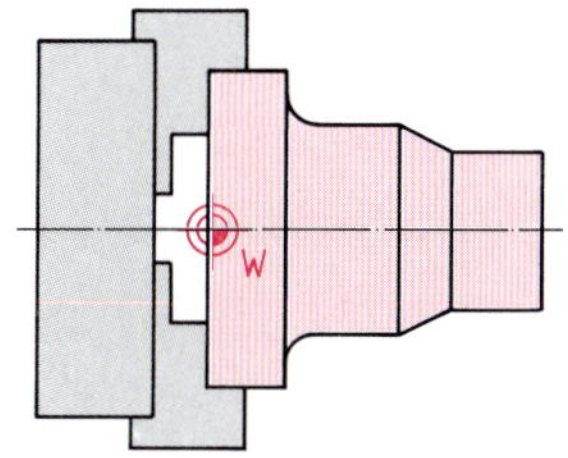

Werkstücknullpunkt auf linker Planseite

Ist zunächst eine Werkstückaußenbearbeitung an der rechten Planseite und danach eine Innenbearbeitung an der linken Planseite erforderlich, muss das Werkstück umgespannt werden. In solchen Fällen legt man zwei Nullpunkte fest.

Beispiel **für Umspannvorgang und Werkstücknullpunktlage**

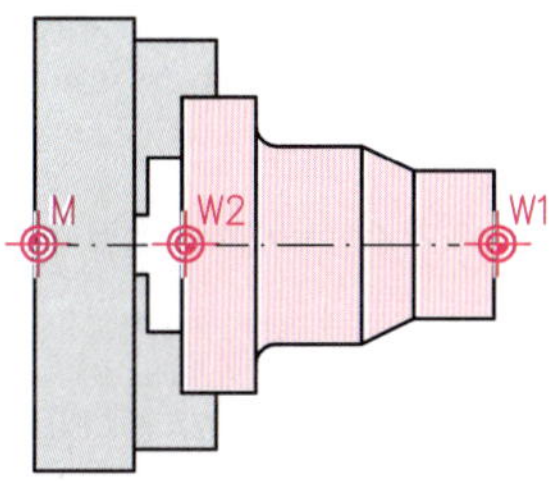

1. Aufspannung

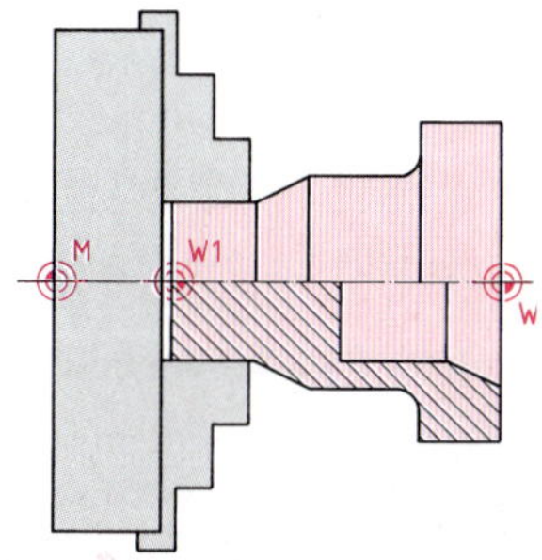

2. Aufspannung

Der Programmierer legt den Werkstücknullpunkt entsprechend der Bearbeitungsaufgabe an der linken oder rechten Planseite fest. Bei Werkstücken für die ein **Umspannvorgang** benötigt wird, werden zwei Werkstücknullpunkte angegeben.

3.1.4 Programmierung von Bahnbewegungen beim Drehen

- **Bewegungen im Eilgang**

Wenn ein Werkzeug, das nicht im Eingriff ist, von einem Punkt zu einem anderen verfahren werden soll, erwartet man, dass diese Bewegung möglichst schnell ausgeführt wird. Die Vorschubmotoren werden dann in jeder Achse den Werkzeugträger im Eilgang bewegen. Sobald das Werkzeug in die Nähe des anzufahrenden Punktes kommt, wird es abgebremst und am Zielpunkt genau gestoppt. Der Zielpunkt wird auf einer unbestimmten Bahn angefahren. Der Maschinensteuerung gibt man den Befehl, einen Punkt im Eilgang anzusteuern, durch **G00** (vereinfacht G0) ein, es folgen die Koordinaten des Zielpunktes.

Beispiel **für die Beschreibung einer Eilgangbewegung bei Absolutmaßprogrammierung**

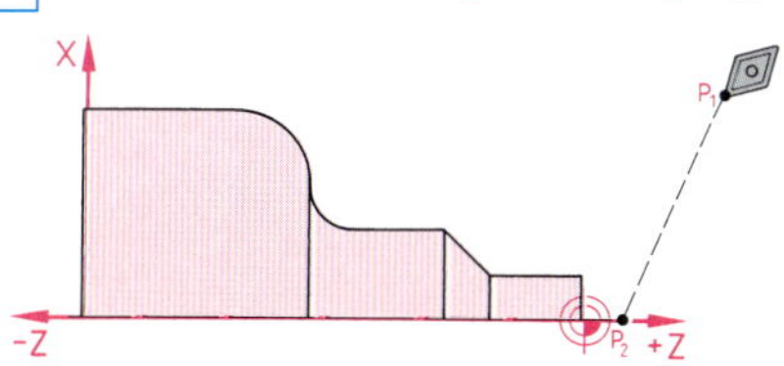

G00

	Wegbedingungen	X	Z
	G 90		
→ P_2	G 00	X 0	Z 5

Das exakte Ansteuern eines Punktes im Eilgang auf nicht vorgegebener Bahn wird durch G00 (auch G0) eingegeben.

- **Geradlinige Arbeitsbewegungen**

Soll die Steuerung von einem bestimmten Anfangspunkt aus eine geradlinige Arbeitsbewegung zu einem Endpunkt hin ausführen, so ist dazu **G01** (vereinfacht G1) erforderlich. Es ist gleichgültig, ob die Bewegungsrichtung achsparallel oder schräg verläuft. Hat man den Befehl zur geradlinigen Bewegung zum Endpunkt eingegeben, dann ermittelt der Rechner die erforderliche Bahn. Programmiert wird der Z-Wert und der X-Wert immer mit dem Maß des gewünschten Durchmessers.

Beispiel **für die Beschreibung geradliniger Arbeitsbewegungen bei Absolutmaßprogrammierung**

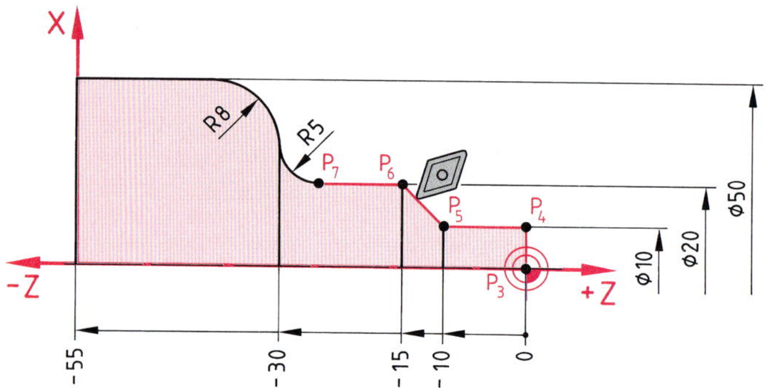

G01

	Wegbedingungen	X	Z
	G 90		
	G 00	X 0	Z 5
→ P_3	G01		Z 0
→ P_4	(G01)	X 10	
→ P_5	(G01)		Z – 10
→ P_6	(G01)	X 20	Z – 15
→ P_7	(G01)		Z – 25

Der Wegbefehl G01 bleibt in der Steuerung so lange wirksam, bis er durch einen anderen Wegbefehl aufgehoben wird. Es genügt daher in einem Programm mit mehreren aufeinander folgenden geradlinigen Bewegungen G01 nur im ersten Satz einzugeben.

Geradlinige Arbeitsbewegungen mit vorgegebenem Vorschub werden auf G01 hin ausgeführt.

- **Kreisförmige Arbeitsbewegung**

Zur Festlegung des Richtungssinns von kreisförmigen Bewegungen muss ein Betrachter immer in Richtung der negativen Y-Achse auf die X-Z-Ebene blicken. Soll sich – aus dieser Sicht – der Meißel in Vorschubrichtung im Uhrzeigersinn bewegen, so ist das durch einen G02-Befehl zu programmieren, soll er sich im Gegenuhrzeigersinn bewegen, so ist ein G03-Befehl zu programmieren.

Werkzeug vor der Drehmitte	Werkzeug hinter der Drehmitte
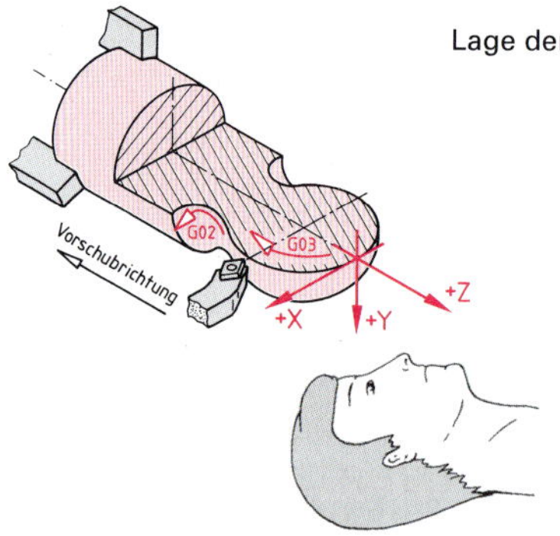	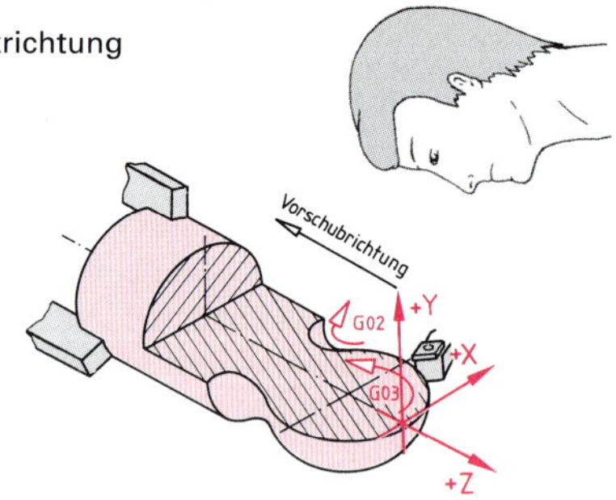

Lage der Achsen und Blickrichtung

Sowohl für den Werkzeugeinsatz „Drehmeißel vor der Drehmitte" als auch für den Werkzeugeinsatz „Drehmeißel hinter der Drehmitte" sind die Programme gleich.

Hinweis: Wenn nichts anderes angegeben ist, wird im Folgenden immer davon ausgegangen, dass sich die Werkzeuge hinter der Drehmitte befinden.

Zur Beurteilung des Richtungssinns für die Wegbedingungen G02 und G03 blickt man bei einer Stellung des Drehmeißels **vor** der Drehmitte **von unten** auf das Werkstück, bei Stellung des Drehmeißels **hinter** der Drehmitte **von oben** auf das Werkstück.

- **Kreisprogrammierung mit Angabe der Mittelpunktkoordinaten**

Bei der Programmierung kreisförmiger Bahnbewegungen der Werkzeuge in der X-Z-Ebene werden die Koordinaten des Endpunktes und die Mittelpunktkoordinaten angegeben. Die Mittelpunktkoordinaten werden immer inkremental auf den Anfangspunkt der kreisförmigen Arbeitsbewegung des Werkzeuges bezogen. Der Abstand des Mittelpunktes in X-Richtung hat dabei den Adressbuchstaben **I** und der Abstand in **Z**-Richtung den Adressbuchstaben **K**.

Beispiel **für die Programmierung von Radien mit Mittelpunktkoordinaten**

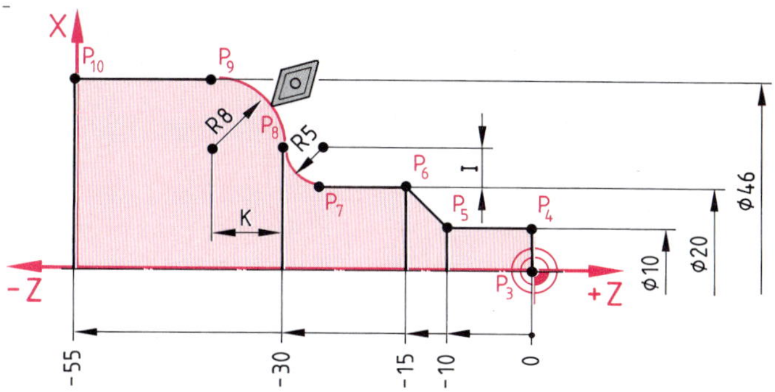

G02/G03

	Weg-bedin-gungen	K	Z	I	K
	G90				
	G00	X0	Z5		
→ P 3	G01		Z0		
→ P 4	(G01)	X10			
→ P 5	(G01)		Z-10		
→ P 6	(G01)	X20	Z-15		
→ P 7	(G01)		Z-25		
→ P 8	G02	X30	Z-30	I5	K0
→ P 9	G03	X46	Z-38	I0	K-8
→ P 10	G01		Z-55		

Angaben bei kreisförmiger Arbeitsbewegung mit Mittelpunktkoordinaten:
- Richtungssinn mit G02 im Uhrzeigersinn oder G03 im Gegenuhrzeigersinn,
- Endpunktkoordinaten der Kreisbewegung mit X; Z,
- Mittelpunktkoordinaten der Kreisbewegung mit I und K inkremental,
  I für den Abstand vom Anfangspunkt auf der X-Achse,
  K für den Abstand vom Anfangspunkt auf der Z-Achse.

- **Kreisprogrammierung mit Angabe des Radius**

Bei komplizierten Konturen ist es einfacher, statt der Mittelpunktkoordinaten den Radius der Werkzeugbewegung zu programmieren. Bei der Programmierung wird der Endpunkt mit seinen Koordinaten X und Z und der Radius mit der Adresse **R** in das Programm eingesetzt. Nicht alle CNC-Maschinensteuerungen bieten beide Möglichkeiten der Kreisprogrammierung.

Beispiel **für die Programmierung von Radien mit Radienangaben**

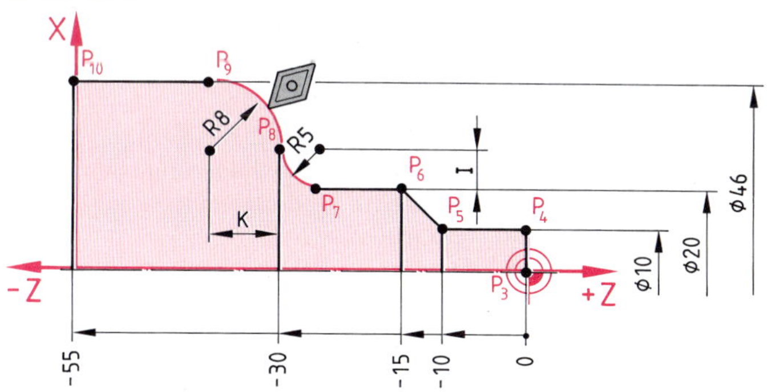

G02/G03

	Weg-bedin-gungen	X	Z	R
	G90			
	G00	X0	Z5	
→ P 3	G01		Z0	
→ P 4	(G01)	X10		
→ P 5	(G01)		Z-10	
→ P 6	(G01)	X20	Z-15	
→ P 7	(G01)		Z-25	
→ P 8	G02	X30	Z-30	R5
→ P 9	G03	X46	Z-38	R8
→ P 10	G01		Z-55	

Angaben bei kreisförmiger Arbeitsbewegung mit Radiusangabe:
- Richtungssinn mit G02 oder G03,
- Endpunktkoordinaten der Kreisbewegung,
- Radius der Kreisbewegung mit R.

Übungsaufgabe CA-26

- **Stützpunktberechnungen bei Drehteilen**

Beim Programmieren eines Konturzuges müssen Beginn und Ende der Kontur ins Programm eingegeben werden. Anfangs- bzw. Endpunkte von Konturzügen, die in der Zeichnung nicht bemaßt sind, nennt man Stützpunkte. Die Koordinaten der Stützpunkte müssen bei älteren Steuerungen errechnet werden.

Beispiel **für eine Stützpunktberechnung**

Aufgabe: Es sind die Koordinaten des Punktes P_2 zu berechnen.

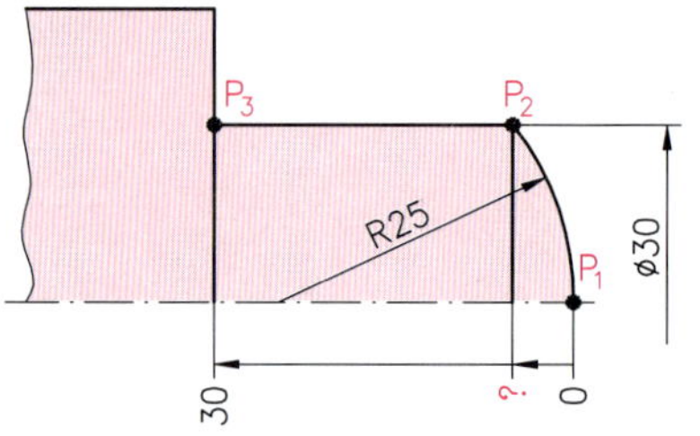

Zeichnung

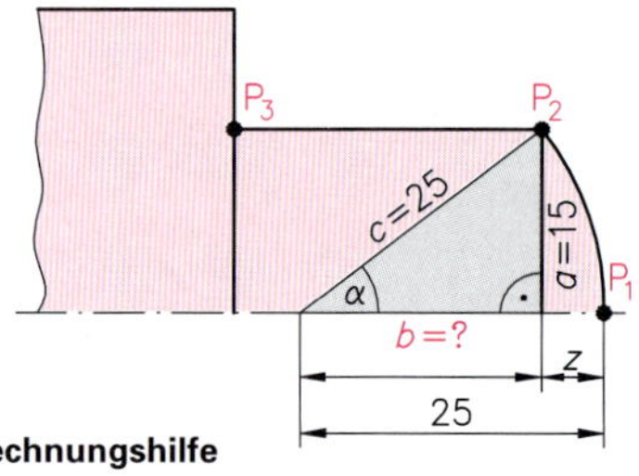

Berechnungshilfe

Lösung:
In der Werkstückgeometrie wird ein rechtwinkliges Berechnungsdreieck gesucht, von dem mindestens zwei Werte gegeben sein müssen.

Berechnung mit dem Satz des Pythagoras

$c^2 = a^2 + b^2$

$b = \sqrt{c^2 - a^2}$

$b = \sqrt{(25\ \text{mm})^2 - (15\ \text{mm})^2}$

$b = \sqrt{625\ \text{mm}^2 - 225\ \text{mm}^2}$

$b = \mathbf{20\ mm}$

Berechnung mit Winkelfunktionen

$\sin\alpha = \frac{a}{c}$

$\sin\alpha = \frac{15\ \text{mm}}{25\ \text{mm}} = 0{,}6$

$\alpha = 36{,}86°$

$\cos\alpha = \frac{b}{c}$

$b = \cos\alpha \cdot c$
$= 0{,}8 \cdot 25\ \text{mm}$
$b = \mathbf{20\ mm}$

Die Programmierung des Kreisbogens lautet:

	G	X	Z	I	K
	G90				
	G00		Z2		
→ P1	G01	X0	Z0		
→ P2	G03	X30	Z-5	I0	K-25
→ P2	G01	Z-30			

Der Z-Wert ergibt sich aus 25 mm – 20 mm = **5 mm** → Koordinaten von P_2 : X30 z – 5

- **Fehler bei der Bahnbewegung durch Schleppfehler**

Wird der Schlitten mit wechselnden Geschwindigkeiten bewegt, muss zur Steuerung des Werkzeugs ständig über das Messsystem die Werkzeugposition kontrolliert werden. Während die Steuerung rechnet, um die Sollposition zu bestimmen, ist die Istposition durch die Bewegung des Werkzeugs wieder verändert. Daraus ergibt sich, dass die Istposition zum Kontrollzeitpunkt nicht mehr aktuell ist.
Dadurch entsteht bei allen CNC-Maschinen während des Spanvorgangs ein Schleppfehler. Dieser Fehler ist klein. Er bewegt sich im Mikrometer-Bereich und ist von der Vorschubgeschwindigkeit abhängig.

Beispiele **für die Gestaltung von Werkstückkanten (steuerungsabhängig, hier: Sinumerik)**

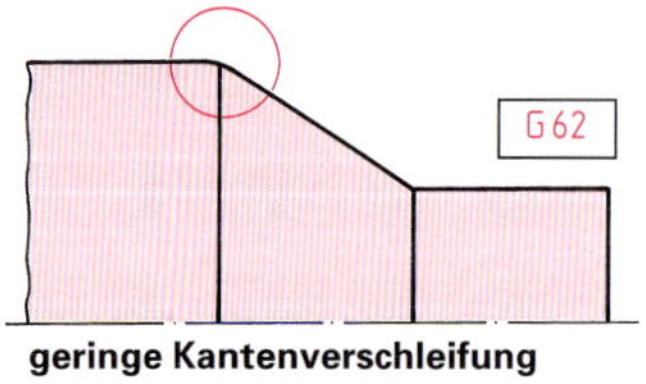

geringe Kantenverschleifung

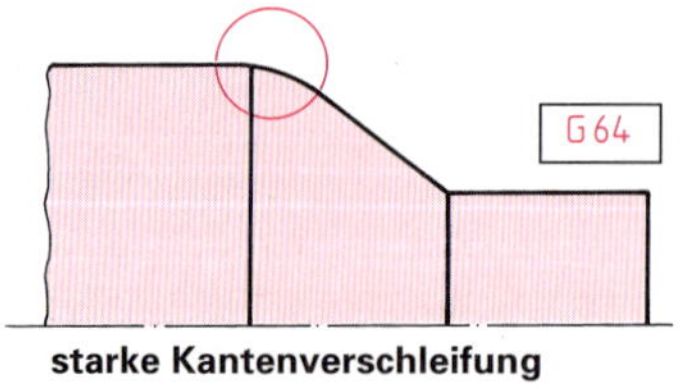

starke Kantenverschleifung

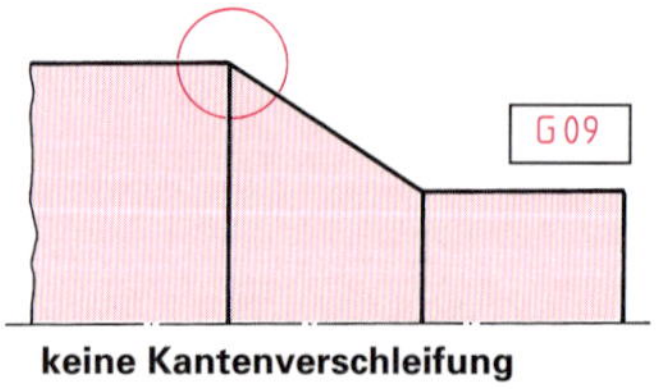

keine Kantenverschleifung

Übungsaufgaben CA-27; CA-28

3.1.5 Schneidenradiuskompensation

Die Schneide eines Drehmeißels endet nie in einer punktförmigen Schneidenspitze, sondern ist stets mit einem kleinen Radius versehen. Dadurch erhöht sich die Standzeit des Werkzeugs und die Oberflächenqualität des Werkstücks verbessert sich. Die Schneidenradien betragen etwa 0,2 bis 2 mm. Beim Drehen zylindrischer Werkstücke verursacht ein Schneidenradius keinen Fehler. Beim Drehen konischer Werkstücke und beim Drehen größerer Radien muss der Schneidenradius berücksichtigt werden. Dabei ist der Weg, den ein Meißel mit *punktförmiger* Schneidenspitze zur Erzeugung der programmierten Kontur zurücklegen würde, nicht gleich dem Weg einer *gerundeten* Schneidenecke. In der Praxis würde das gefertigte Werkstück nicht die vorbestimmte Form haben, sondern eine Formabweichung aufweisen.

Beispiele **für die Entstehung von Konturfehlern durch einen Schneidenradius**

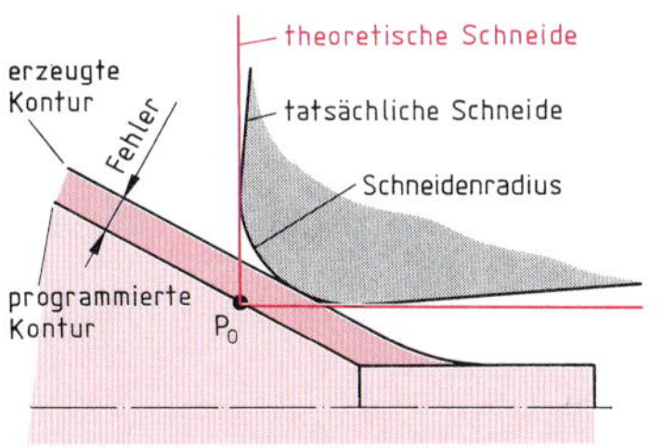

Fehler an Schrägen

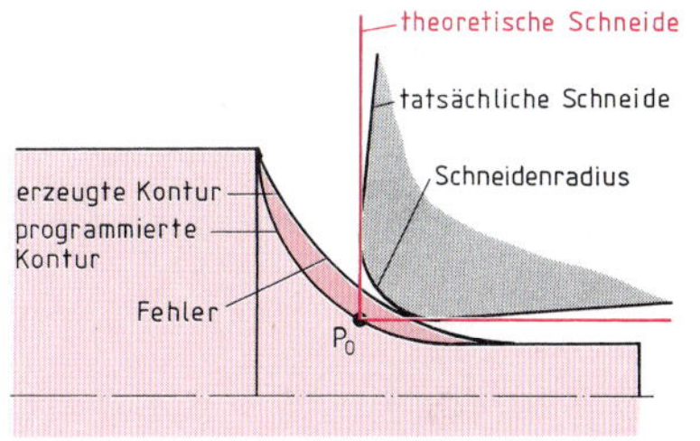

Radiusfehler

Beim Drehen mit Meißeln mit gerundeter Schneidenecke entstehen an Schrägen und in großen Radien Konturfehler, falls keine Korrekturen vorgenommen werden.

Um eine Schneidenradiuskompensation zutreffend ausführen zu können, benötigt die Steuerung folgende Angaben:

- Lage der Schneide zur Werkstückkontur in Vorschubrichtung und
- Schneidenradius und Stellung der Schneide zum Werkstück.

- **Lage der Schneide zur Werkstückkontur in Vorschubrichtung**

Bei dem Befehl **G41** erfolgt die Korrektur für ein Werkzeug, das links von der Kontur arbeitet – *betrachtet in Vorschubrichtung.*

Bei dem Befehl **G42** erfolgt die Korrektur für ein Werkzeug, das rechts von der Kontur arbeitet – *betrachtet in Vorschubrichtung.*

Die Schneidenradiuskompensation bleibt so lange wirksam, bis mit dem Befehl **G40** die vorherige Anweisung zur Werkzeugkorrektur aufgehoben wird.

Beispiele **für die G-Funktionen zur Schneidenradiuskompensation bei Drehteilen**

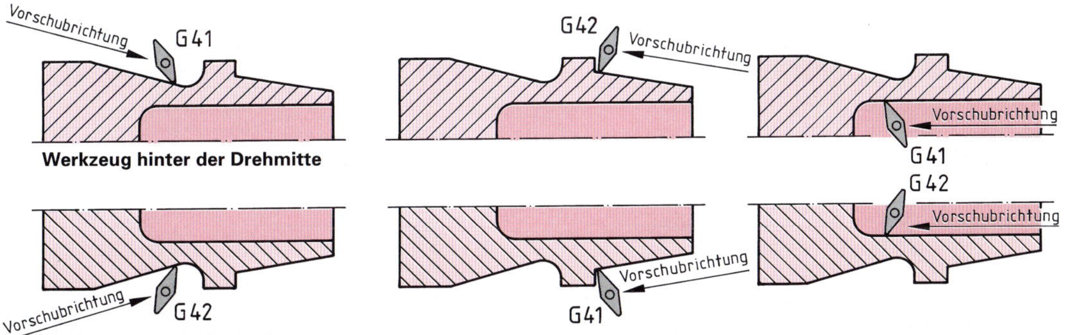

Werkzeug hinter der Drehmitte

Werkzeug vor der Drehmitte

Schneidenradiuskompensation:	G41 Werkzeug in Vorschubrichtung links von der Kontur, G42 Werkzeug in Vorschubrichtung rechts von der Kontur, G40 für das Aufheben der Schneidenradiuskompensation.

Übungsaufgaben CA-29; CA-30; CA-31

Schneidenradius und Stellung der Schneide zum Werkstück

Bei der Schneidenradiuskompensation muss der Schneidenradius und die Lage der theoretischen Schneidenspitze zum Werkstück eingegeben werden, damit die Steuerung die Korrektur in der richtigen Weise berechnen kann.

Häufig wird hierzu der so genannte „Werkzeugquadrant" für die Festlegung der Schneidenlage verwendet. Hierbei soll das weiße Quadrat in der Mitte des Bildes das Werkstück darstellen. Je nachdem wie die Schneidenlage zum Werkstück (weißes Quadrat) gerichtet ist, kann die der Lage zugeordnete Zahl entnommen werden. Diese wird dann im Werkzeugspeicher unter einer Adresse angegeben.

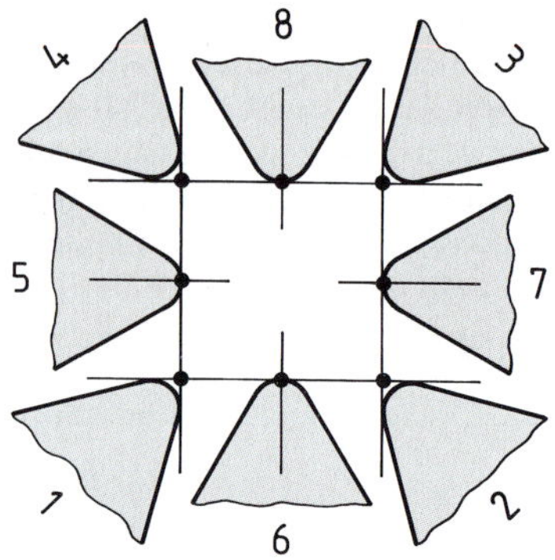

Werkzeugquadranten 1 bis 8

Beispiele für die Festlegung der Schneidenlage (steuerungsabhängig, hier: Sinumerik)

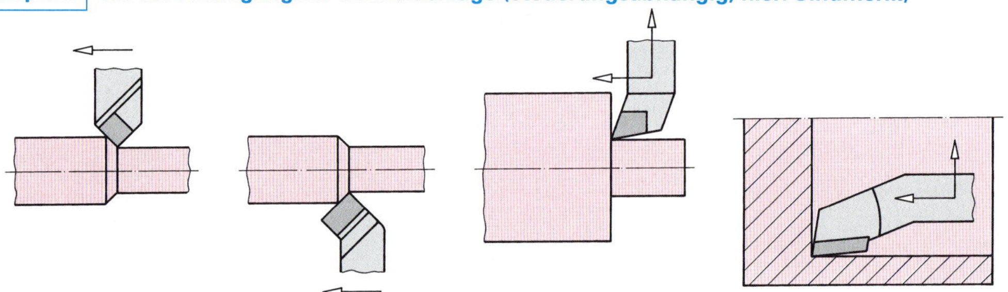

Schneidenanlage 8 **Schneidenanlage 6** **Schneidenanlage 3** **Schneidenanlage 3**

Eingaben von Schneidenradius und Stellung der Schneide in Programm und Werkzeugspeicher

Zur Berücksichtigung des Schneidenradius bei der Fertigung sind folgende Daten einzugeben:

- Ins Programm werden Werkzeugnummer und Nummer der Werkzeugkorrektur eingegeben.
- In den Werkzeugspeicher werden unter der Werkzeugnummer, die Maße, die Korrekturen, der Schneidenradius und seine Lage im Werkzeugquadranten angegeben.

Beispiele für Eingaben in den Werkzeugspeicher (steuerungsabhängig)

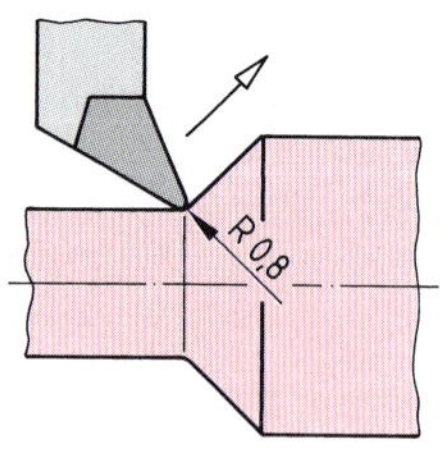

Werkzeugnummer: **T0101**
Schneidenlage (Werkzeugtyp): **4**
Radius: **0,8**

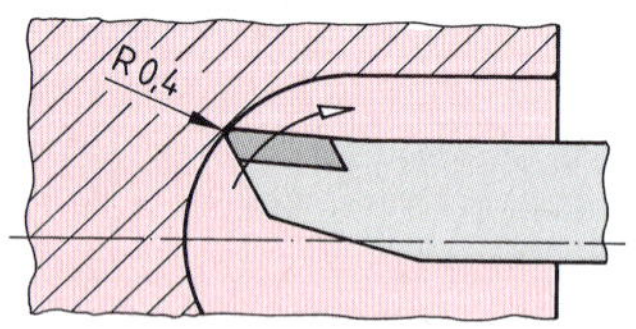

Werkzeugnummer: **T0808**
Schneidenlage (Werkzeugtyp): **2**
Radius: **0,4**

Schneidenradius und die Schneidenlage zum Werkstück müssen im Werkzeugspeicher angegeben werden.

3.2 Programmierhilfen

3.2.1 Zyklen beim Drehen

- **Schruppzyklen**

Bei vielen Dreharbeiten gibt es Arbeitsgänge, die sich häufig wiederholen, wie z.B. das Schruppen von einem großen Durchmesser in mehreren Schnitten auf einen kleineren Durchmesser. Eine solche Abfolge nahezu gleicher Schnitte beim Drehen nennt man Drehzyklus.

Längsdrehzyklus	Plandrehzyklus	Konturenparalleler Zyklus
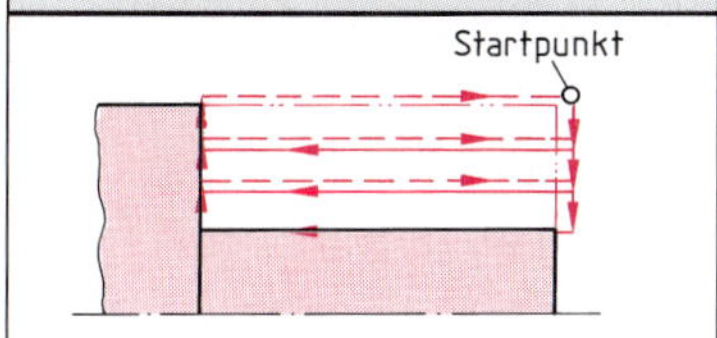	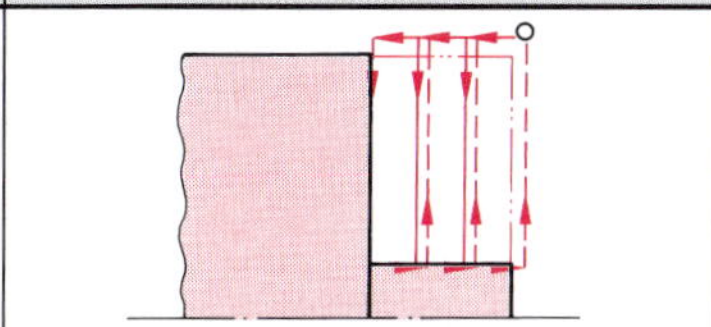	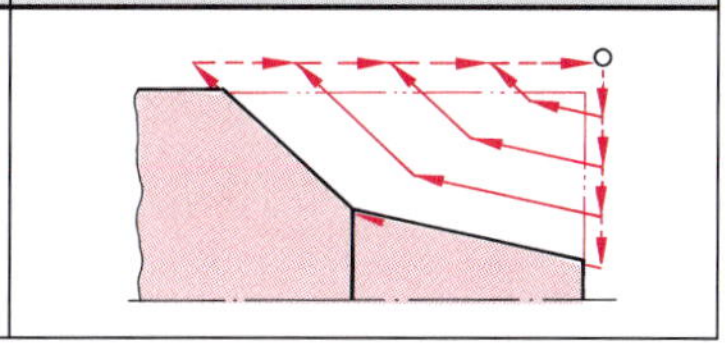

Beispiele für das Programmieren von Längsdrehzyklen

Abspanzyklus längs (nach PAL)
Zustellung in X

G 81

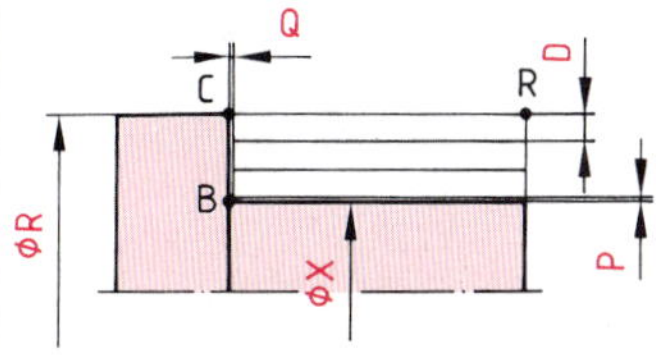

G 83

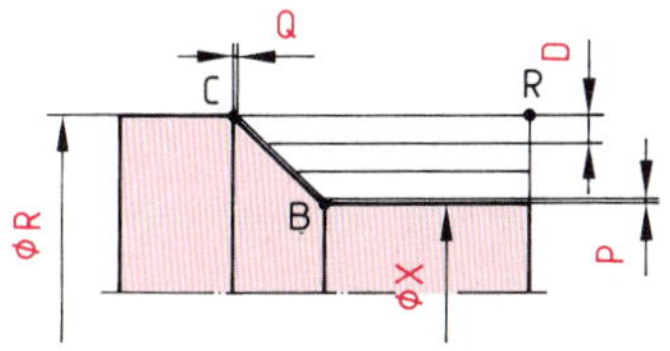

- **X** Zielposition (Fertig-ø)
- **Z** Zielposition (Länge Punkt B)
- **H** Zielposition (Länge Punkt C)
- **R** Startposition (Anfangs-ø)
- **D** Zustellung pro Schnitt
- **P** Bearbeitungszugabe in X
- **Q** Bearbeitungszugabe in Z

Abspanzyklus längs
Zustellung in X

G 82

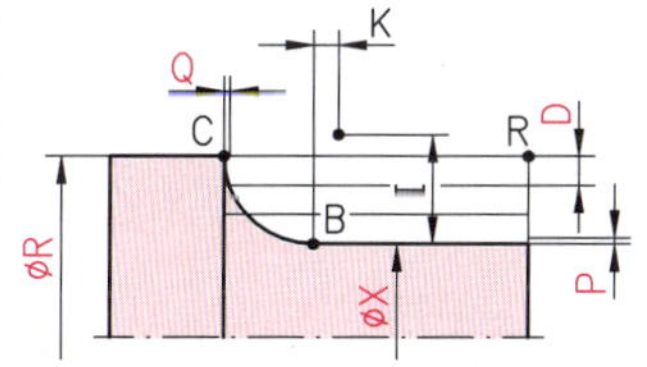

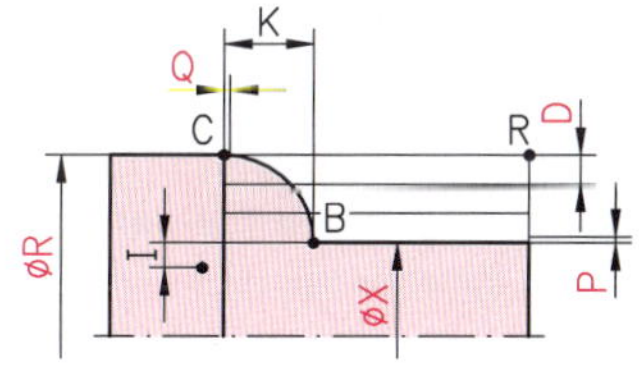

- **X** Zielposition (Fertig-ø)
- **Z** Zielposition (Länge Punkt B)
- **H** Zielposition (Länge Punkt C)
- **R** Startposition (Anfangs-ø)
- **I** Kreismittelpunktkoordinate in I von B
- **K** Kreismittelpunktkoordinate in K von B
- **D** Zustellung pro Schnitt
- **P** Bearbeitungszugabe in X
- **Q** Bearbeitungszugabe in Z

Hinweis: Vor dem Zyklusaufruf ist das Werkzeug in eine Startposition kurz vor der Bearbeitungsstelle zu fahren. Alle Zyklen werden mit einem G-Wort aufgerufen und mit allen Parametern in einem Satz programmiert. In den Zyklen müssen alle Parameter belegt sein.

In den Steuerungen von CNC-Maschinen sind häufig verwendete Bearbeitungsprogramme fest als Zyklen enthalten. Zyklen werden durch ein G-Wort im Programm aufgerufen und durch Parameter mit Adressbuchstaben in einem Satz programmiert.

CA

Übungsaufgabe CA-33

Zum Vordrehen komplizierter Konturen kann man bei der DIN- und Zyklenprogrammierung die Kontur durch aufeinander folgende Zyklen freistellen.

Beispiel **für die Verarbeitung einer Kontur mit einer Folge von Zyklen**

Aufgabe:
Das Drehteil soll aus einem auf Durchmesser 50 mm vorgearbeiteten Rohteil gefertigt werden. Das Schruppen ist in Zyklen zu programmieren.

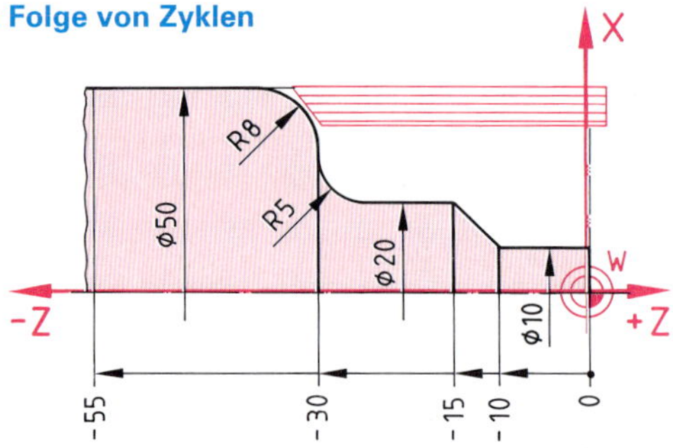

Lösung:

1. Werkzeug auf Startposition stellen:
   - auf den Rohteildurchmesser,
   - mit Abstand zur Planfläche (z. B. 2 mm)

```
N... G00 X50 Z2
N... G82 X34 Z-30 H-34 R50 I0 K-8 D3 P0.5 Q0.2
N...
N... G81 X30 Z-30 H-30 R35 D3 P0.5 Q0.2
N...
N... G82 X20 Z-25 H-30 R31 I5 K0 D3 P0.5 Q0.2
N...
N... G81 X10 Z-10 H-15 R21 D3 P0.5 Q0.2
N...
```

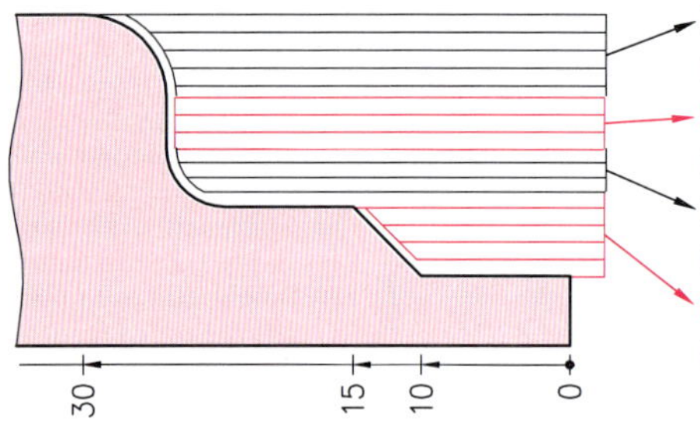

- **Bearbeitung fallender Konturen**

Fallende Konturen an Werkstücken erfordern spezielle Zyklen zur Bearbeitung. Vorschub und Schnitttiefe werden verringert. Die Drehmeißel müssen so gewählt werden, dass ein Freiwinkel bleibt.

Beispiel **für das Drehen eines Werkstücks mit einer fallenden Kontur**

Vordrehen ohne fallende Kontur

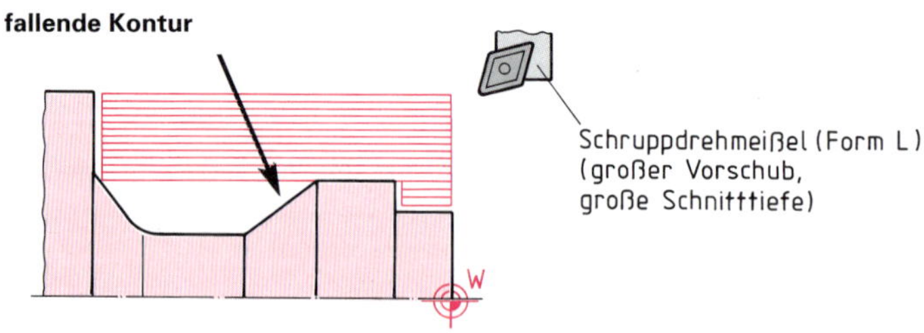

Werkzeug wechseln und fallende Kontur mit Aufmaß herausdrehen

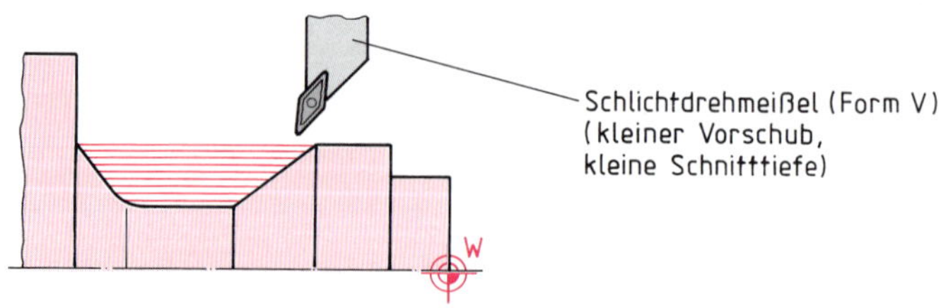

Übungsaufgabe CA-34

- **Gewindezyklen**

Gewindezyklen werden benutzt, um Rechts- und Linksgewinde mit speziellen Drehmeißeln zu erzeugen.

Beispiel **eines Gewindezyklus (G83) nach PAL**

Gewindezyklus längs
Zustellung in X

G 83

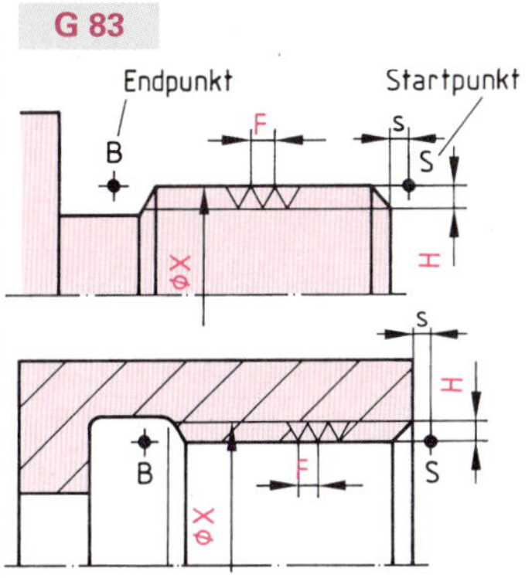

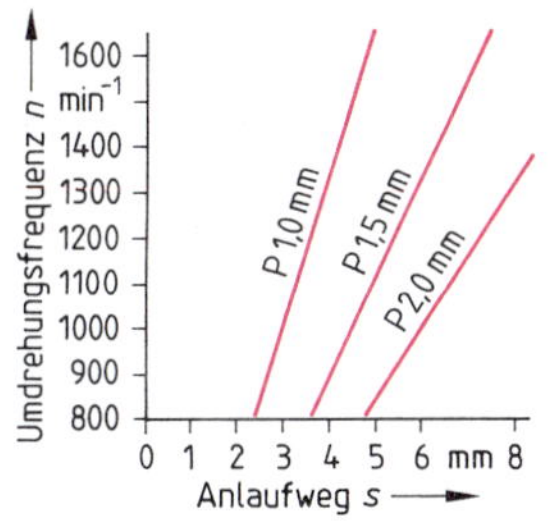

Diagramm zur Ermittlung des Anlaufweges *s*

X Gewinde-Außendurchmesser
Z Zielposition (Länge Punkt B)
F Gewindesteigung (P)
D Anzahl der Schnitte
H Gewindetiefe

Die Drehrichtung der Spindel im Zusammenhang mit der Vorschubrichtung bestimmt die Art des Gewindes – Rechts- oder Linksgewinde.

Beispiel **für die Anwendung eines Gewindezyklus**

Auf den dargestellten Zapfen soll Rechtsgewinde M20 x 1,5 geschnitten werden.

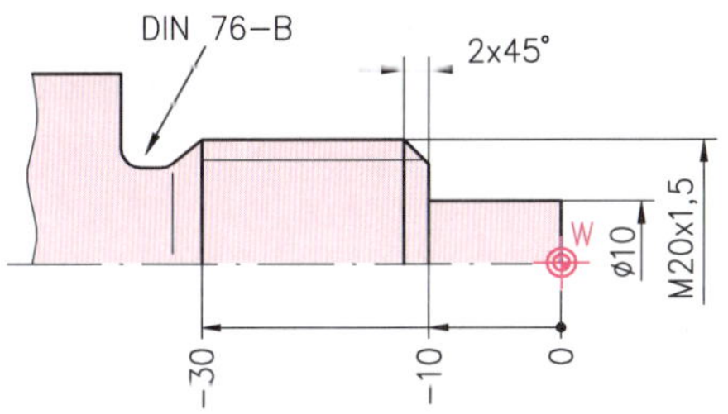

Ermittlung der zu programmierenden Daten:

M20 × 1,5

→ **F1,5**

→ **X20**

→ Anlaufweg lt. Diagramm: ***s* = 5 mm**

→ Gewindetiefe lt. Tabellenbuch: *H* = **0,92 mm**

gewählte Schnittzahl: D = **6**

Schneide des Werkzeugs nach unten gerichtet.

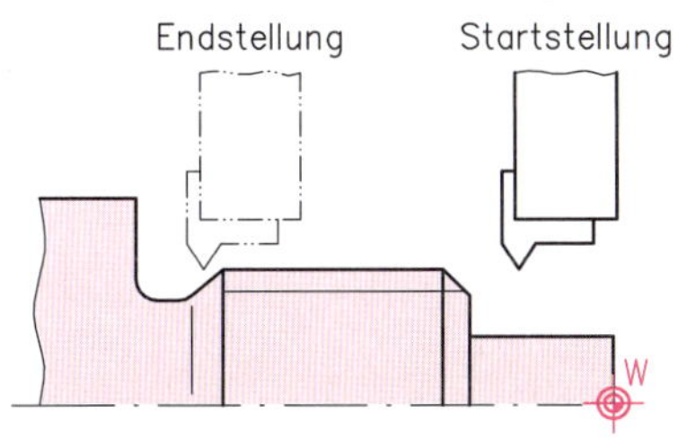

N	G	X	Y	Z	I	J	K	F	S	T	D	H	R	P	Q	M
N63										T600						M00
N64	G97								S300							M04
N65	G00	X20		Z-5												
N66	G83	X20		Z-28				F1.5			D6	H0.92				

Soll in diesem Beispiel ein Linksgewinde mit gleichem Werkzeug geschnitten werden, muss in N65 der Z-Wert in Z-28 und in N66 in Z-5 geändert werden. Drehrichtung bleibt M03.

Übungsaufgabe CA-35

3.2.2 Unterprogramme

• Unterprogramme mit festen Zahlenwerten

Für gleiche Bearbeitungsabläufe, die in der Fertigung an unterschiedlichen Stellen eingesetzt werden, werden Unterprogramme erstellt. Diese Unterprogramme können an jeder beliebigen Stelle eines Hauptprogramms aufgerufen werden.

Beispiel **für ein Unterprogramm mit festen Zahlenwerten** (nach PAL)

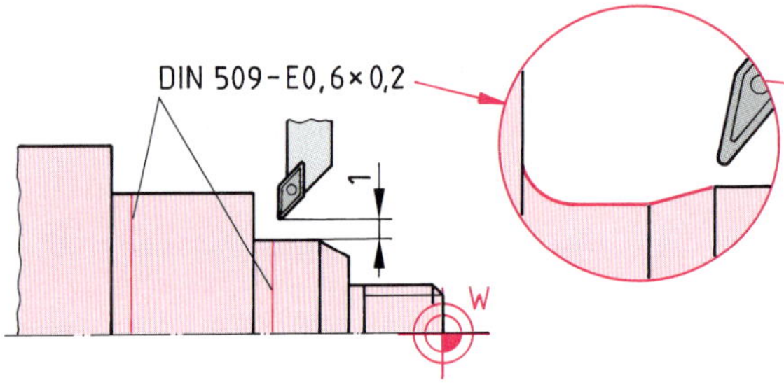

Unterprogramm Freistich
L 22

N	G	X	Z	I	K	M
N1	G91					
N2	G01	−1				
N3	G42					
N4	G01	−0.18	−0.671			
N5	G02	−0.02	−0.154	0.58	−0.154	
N6	G01		−0.575			
N7	G02	0.6	−0.6	0.6	0	
N8	G40					
N9	G01	0.2	2			
N10	G90					
N11						M17

Erklärungen:

L 22 01
- 01 — Zahl der Durchläufe: 1
- 22 — Unterprogrammnummer: 22
- L — Unterprogrammaufruf

M17 Unterprogrammende

Hinweis zum Programm: Das Werkzeug wird im Hauptprogramm jeweils 1 mm vor den Durchmessern platziert. Darum wird hier im 2. Satz X-1 programmiert.

Für gleiche Bearbeitungsabläufe, die an unterschiedlichen Stellen aufgerufen werden, erstellt man Unterprogramme.
Sie sind durch den Buchstaben L vor der Programmnummer gekennzeichnet. Das Unterprogrammende wird im letzten Satz mit M17 angegeben.

• Unterprogramme mit Parametertechnik

Für Bearbeitungsvorgänge, bei denen ähnliche Formen mit unterschiedlichen Maßen vorkommen, werden statt der Maße Parameter programmiert. Parameter werden von den Steuerungsherstellern unabhängig von Normen mit unterschiedlichen Buchstaben benannt – zum Beispiel **R**.

Beispiel **für ein Unterprogramm mit Parametertechnik (steuerungsabhängiges Beispiel)**

Werkstück Nr. 1

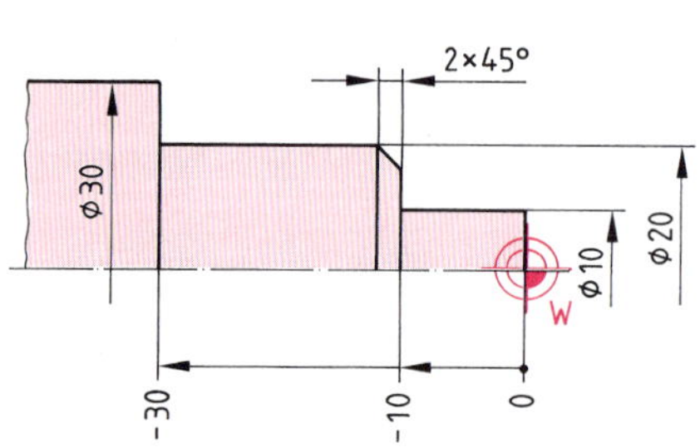

Werkstück Nr. 2

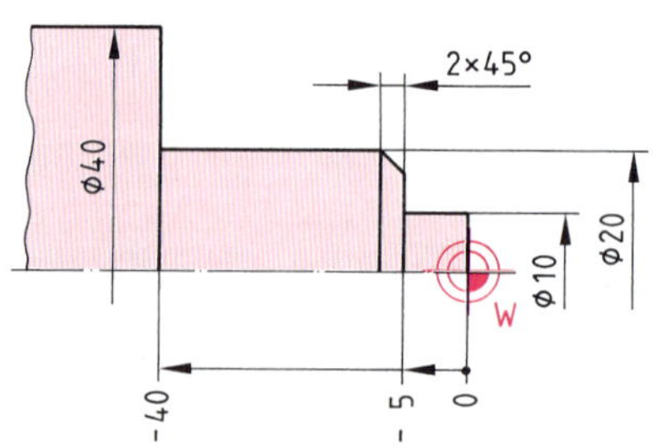

Werkstück Nr. 1 und Nr. 2 unterscheiden sich in der Länge ihrer zylindrischen Ansätze und im Wert des letzten Durchmessers. Es soll trotzdem ein gemeinsames Programm geschrieben werden. Dies geschieht dadurch, dass die unterschiedlichen Werte mit den Parametern R1, R2 und R3 belegt werden. Soll Werkstück Nr. 1 gefertigt werden, müssen *vor* Programmbeginn die Parameter mit den Werten von Werkstück Nr. 1 belegt werden; entsprechend wird bei Werkstück Nr. 2 vorgegangen:

Parameter von Werkstück Nr. 1
R1 = – 10 (Länge des 1. Zylinders)
R2 = – 30 (Länge des 2. Zylinders)
R3 = 30 (∅ des 3. Zylinders)

Parameter von Werkstück Nr. 2
R1 = – 5 (Länge des 1. Zylinders)
R2 = – 40 (Länge des 2. Zylinders)
R3 = 40 (∅ des 3. Zylinders)

N	G	X	Z	I	K
N1		R1=....			
N2		R2=....			
N3		R3=....			
N4					
N5	G90				
N6	G00	X0	Z0		
N7	G42				
N8	G01	X10			
N9	(G01)		Z=R1		
N10	(G01)	X20			
N11	(G01)		Z=R2		
N12	(G01)	X=R3			
N13	G40				

Bei Teilefamilien benötigt man mit Parametertechnik *ein* Programm. Unterschiedliche Werte werden unmittelbar vor dem Programm festgelegt.

CA

3.2.3 Einbau von Unterprogrammen und Zyklen in Hauptprogramme

In Hauptprogramme versucht man zur Verringerung des Programmieraufwandes, möglichst viele Zyklen oder bereits vorhandene Unterprogramme einzubauen. Im Verlauf des Hauptprogramms werden dem Fertigungsablauf entsprechend Unterprogramme mit Unterprogrammnummern, z.B. L22 und Zyklen mit G-Worten, z.B. G83 aus dem Programmspeicher aufgerufen. Es ist möglich, eingearbeitete Unterprogramme und Zyklen mehrfach in einem Hauptprogramm zu verwenden.

Beispiel **für einen geschachtelten Aufbau eines Hauptprogramms** (PAL-Simulation)

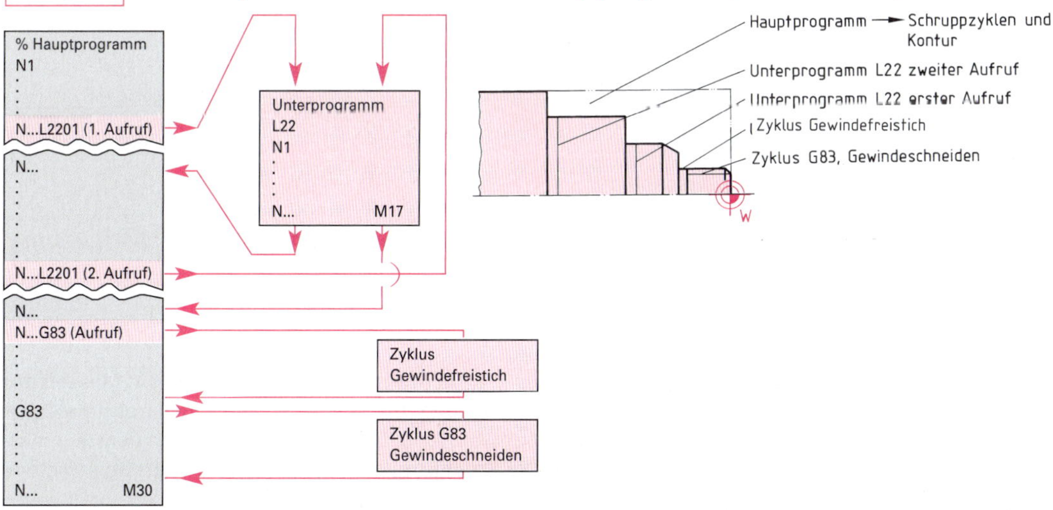

In Hauptprogrammen werden zur Verringerung des Programmieraufwands häufig Unterprogramme und Zyklen direkt oder geschachtelt eingearbeitet.

Übungsaufgabe CA-36

3.3 Werkzeuge und Werkzeugmaße

3.3.1 Aufbau von Drehwerkzeugen

Auf CNC-Drehmaschinen setzt man ausschließlich Drehmeißel mit auswechselbaren Wendeschneidplatten ein. Der Drehmeißel wird in den Werkzeughalter eingesetzt. Werkzeughalter sind meist mit genormten Schäften nach DIN 69880 ausgestattet, mit denen sie in entsprechend gestaltete Mehrfachwerkzeugträger (Werkzeugrevolver) eingesetzt werden.

Beispiel **für einen Werkzeughalter mit Schaft und einen Werkzeugrevolver einer CNC-Drehmaschine**

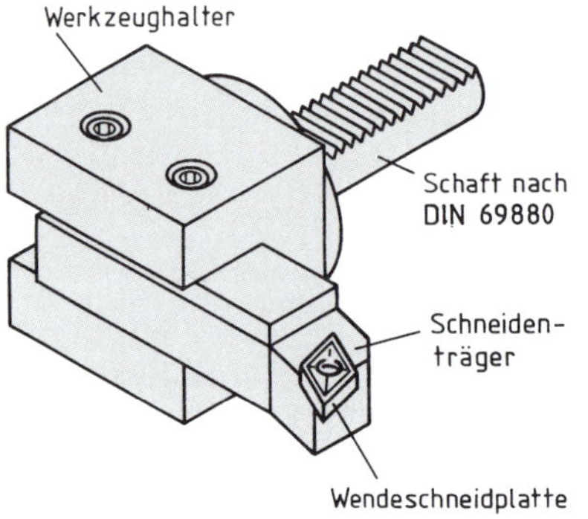

3.3.2 Werkzeugmaße

Der Steuerung müssen die Maße der eingesetzten Werkzeuge eingegeben werden. Bezugspunkt für die Ermittlung der Werkzeugmaße ist der so genannte **Werkzeugeinstellpunkt.**

Der Werkzeugeinstellpunkt ist ein der Steuerung bekannter Punkt, der bei allen Werkzeugpositionen an der dem Futter zugewandten Seite des Revolvers liegt.

Zur Eingabe in den Werkzeugspeicher der Steuerung benötigt man folgende Daten des Werkzeugs:

- **Werkzeuglänge *L***
  Dies ist der Abstand der Schneidenspitze vom Werkzeugeinstellpunkt in Z-Richtung.
- **Querlage *Q***
  Dies ist der Abstand der Schneidenspitze vom Werkzeugeinstellpunkt in X-Richtung.
- **Schneidenradius *R***
  Dies ist die Rundung der Werkzeugschneide.

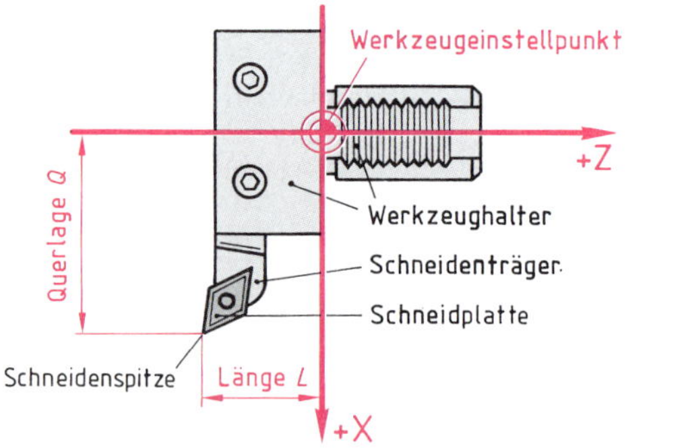

Für den Einsatz der Werkzeuge werden folgende Daten in den Werkzeugspeicher eingegeben:
- die Länge *L*
- die Querlage *Q*
- der Schneidenradius *R*.

- **Ermittlung von Werkzeugmaßen**

Manuelle Ermittlung an der Maschine

Zuerst wird ein beliebiger Durchmesser angedreht und in Z-Richtung freigefahren. Nach dem Messen des Zylinderdurchmessers wird dieser Wert in die Steuerung eingegeben. Sie errechnet sich daraus die Querlage *Q*. Anschließend wird eine Planfläche angedreht und in X-Richtung freigefahren. Nach dem Ausmessen der Werkstücklänge wird dieser Wert ebenfalls der Steuerung eingegeben. Die Steuerung errechnet daraus die Werkzeuglänge *L*.

Aus der Eingabe des angedrehten Werkstückdurchmessers und der Werkstücklänge errechnet sich die Steuerung die Querlage *Q* und die Länge *L*.

Übungsaufgaben CA-37; CA-38

Optische Ermittlung an der Maschine

Eine optische Messeinrichtung wird in die dafür vorgesehene Aufnahme an der Maschine geschoben. Das Werkzeug wird so unter die Einrichtung verfahren, dass die Schneide im Fadenkreuz der Optik liegt. Der Nullpunkt des Fadenkreuzes wurde vom Maschinenhersteller genau mit dem Werkzeugeinstellpunkt am Werkzeughalter ausgemessen und der Steuerung unveränderbar eingegeben. Mit dem Verfahrweg des Werkzeugs auf das Fadenkreuz wird die Querlage Q und die Länge L des Werkzeugs ermittelt. Nun können diese Daten über einen Befehl in den Werkzeugspeicher übernommen werden.

Beispiel **für die optische Ermittlung der Werkzeugmaße an der Maschine**

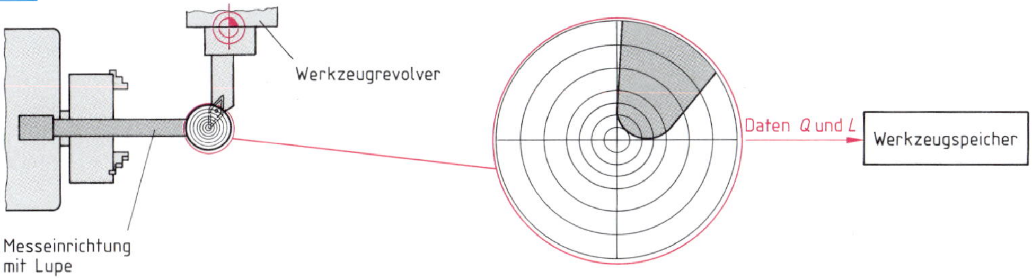

Nach dem Einrichten der Schneide in das Fadenkreuz der Lupe errechnet sich die Steuerung die Querlage Q und die Länge L des eingespannten Werkzeugs.

Ermittlung mit Werkzeugvoreinstellgeräten außerhalb der Maschine

Mit Werkzeugvoreinstellgeräten wird die Lage der Schneide zum Werkzeugeinstellpunkt außerhalb der Maschine gemessen. Das Werkzeug wird im genormten Werkzeughalter in das Voreinstellgerät geführt und ein Messtaster ermittelt die Maße der Querlage Q und der Länge L.

Die Übergabe der Werkzeugdaten an die Steuerung der CNC-Maschine kann unterschiedlich erfolgen,
- direkt durch die Datenleitung an die Steuerung,
- durch Speichern in einen Chip am Werkzeug und Datenübernahme beim Einwechseln des Werkzeugs oder
- durch Handeingabe der Werkzeugdaten in den Werkzeugspeicher der CNC-Maschine.

Identifikationssysteme mit einem Chip als Datenträger haben den Vorteil, dass die Dateneingabe vor jeder Einwechslung mit Angabe der Reststandzeit erfolgt. Verwechslungen sind somit ausgeschlossen.

Beispiel **für die Datenübertragung der Werkzeugmaße vom Werkzeugvoreinstellgerät in den Werkzeugspeicher**

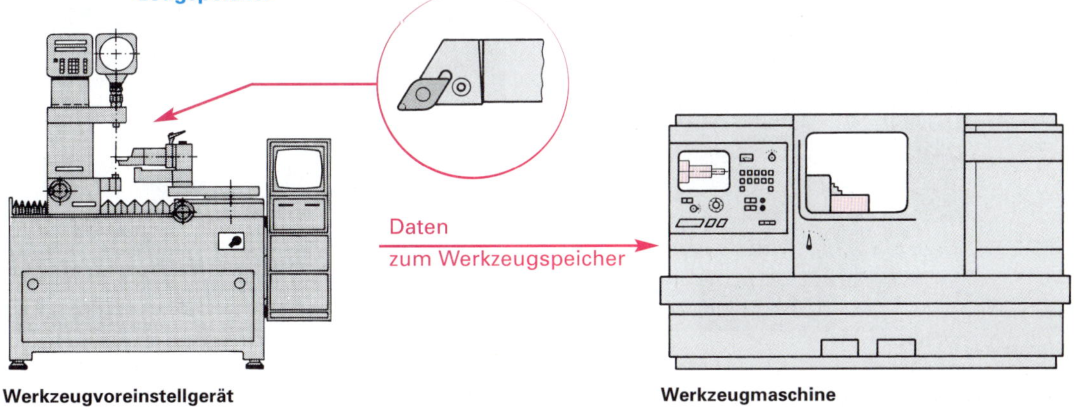

Werkzeugvoreinstellgerät **Werkzeugmaschine**

Mit Werkzeugvoreinstellgeräten werden die Querlage Q und die Länge L gemessen. Diese Daten werden entweder einem Chip auf dem Werkzeug oder mit einer Datenleitung in den Werkzeugspeicher übertragen.

- **Zusammenfassung der Werkzeugdaten**

Alle Daten eines Werkzeugs werden in der Werkzeugdatei zusammengefasst.

Beispiel **für ein Karteiblatt**

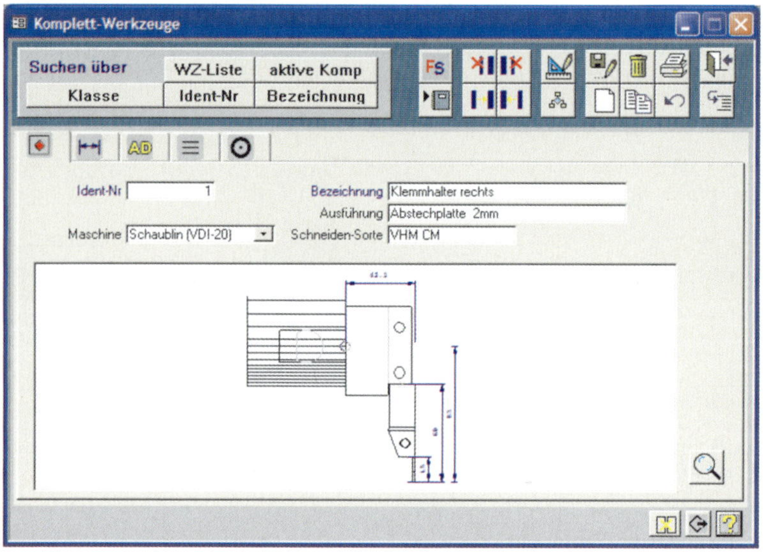

In Werkzeugdateien werden Daten für die Werkzeugbeschaffung, die Lagerhaltung und den Werkzeugeinsatz erfasst und bereitgestellt.

3.3.3 Mehrfachwerkzeugträger

Zur Verringerung der unproduktiven Nebenzeiten sind CNC-Drehmaschinen mit Mehrfachwerkzeugträgern (Revolver) ausgerüstet. Bei den Werkzeugrevolvern unterscheidet man zwischen Stern- und Trommelrevolver.

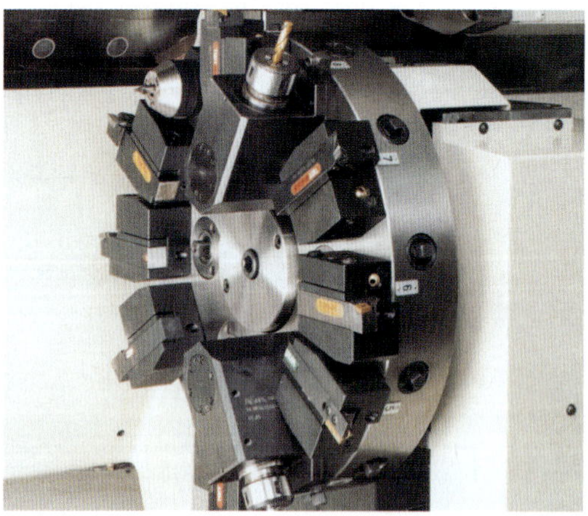

Sternrevolver

Trommelrevolver

Der durch das NC-Programm gesteuerte Werkzeugwechsel bewirkt, dass sich der Revolver so lange dreht, bis das gewünschte Werkzeug in Arbeitsstellung ist. Revolver mit Richtungslogik verkürzen die Wechselzeit, indem sie automatisch immer den kürzesten Drehweg wählen.

Bei CNC-Drehmaschinen unterscheidet man Stern- und Trommelrevolver mit und ohne Richtungslogik.

Übungsaufgabe CA-39

3.3.4 Einwechseln des Werkzeugs

Zum Werkzeugwechsel muss der Werkzeugträger in die Werkzeugwechselposition fahren. Diese Position ist ein Punkt,

- der bei einem Wechsel des am weitesten in den Arbeitsraum reichenden Werkzeugs noch einen genügenden Sicherheitsabstand zum Werkstück gibt,
- der einfache Handhabung des Werkzeugwechsels ermöglicht,
- der nach jeder Teilbearbeitung einfach angefahren werden kann und
- kurze Anfahrwege zum nächsten Bearbeitungsschritt ermöglicht.

Nach Anfahren des Werkzeugwechselpunkts löst die Programmierung eines neuen Werkzeugs mit der Adresse T... den Werkzeugwechsel aus.

Beispiel für die Lage des Werkzeugwechselpunkts und die Programmierung des Werkzeugwechsels

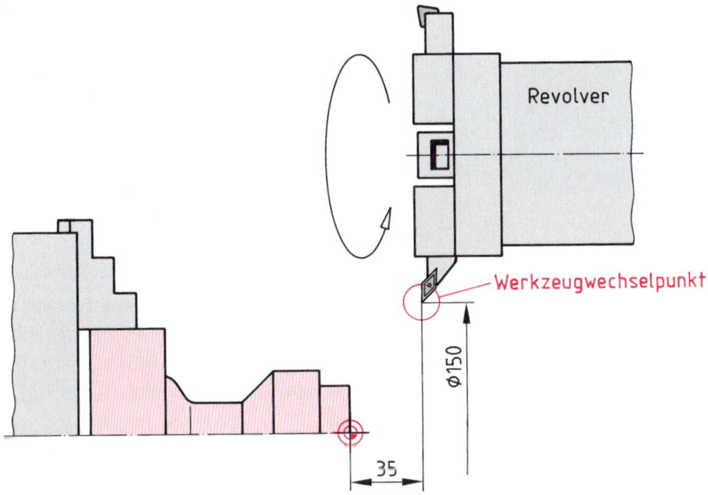

N ... G00 X150 Z35
N ... T0200 M03

Zur Verhinderung von Kollisionen beim Werkzeugwechsel muss zuvor der Werkzeugwechselpunkt angefahren werden. Die Adresse T löst dann einen Werkzeugwechsel aus.

3.3.5 Zufuhr von Kühlschmiermittel

Kühlschmiermittel kann durch biegsame Leitungen oder durch Kanäle in den Revolvern zugeführt werden.

Beispiele für die Kühlschmiermittelzuführung

M08 – Kühlschmiermittel EIN
M09 – Kühlschmiermittel AUS

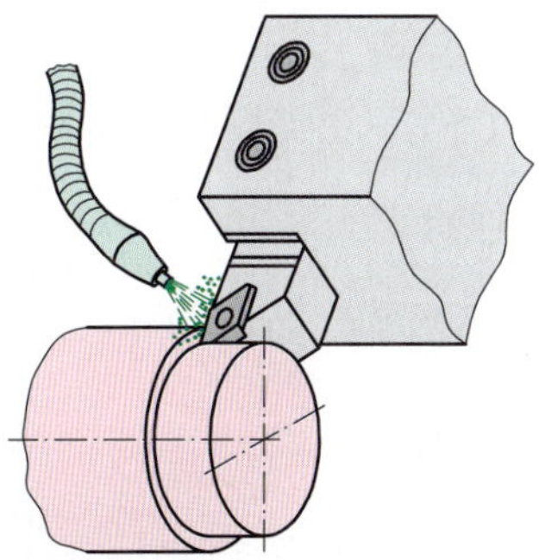

Kühlmittelzufuhr über biegsame Leitung

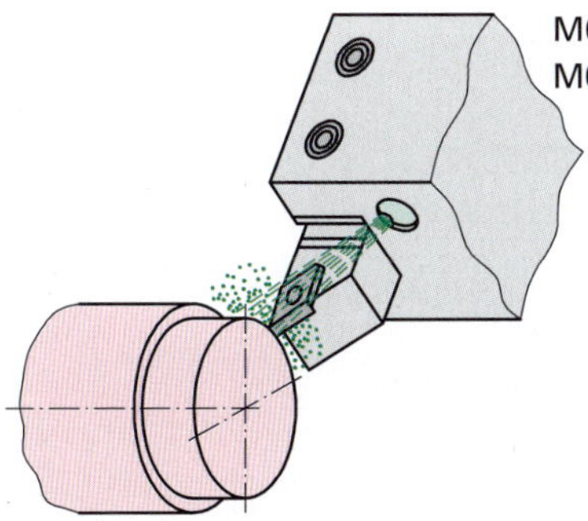

Kühlmittelzufuhr durch den Werkzeughalter

- **Angetriebene Werkzeuge**

Der Einsatz von angetriebenen Werkzeugen erweitert das Einsatzspektrum der CNC-Drehmaschinen erheblich. Es können Werkzeuge zum außermittigen Bohren und Senken und Gewindeschneiden zum Fräsen, Schlitzen usw. eingesetzt werden. Durch eine Komplettbearbeitung entfallen zusätzliche Aufspannungen auf andere Werkzeugmaschinen und betriebliche Durchlaufzeiten werden spürbar verringert. Hochleistungsdrehmaschinen sind mit einem oberen und einem unteren Werkzeugrevolver ausgestattet, die mit angetriebenen Werkzeugspindeln bestückt sind. Damit können Werkstückbearbeitungen gleichzeitig mit zwei Werkzeugen vorgenommen werden. Die Werkzeuge, wie Bohrer, Gewindebohrer, Fräser, Ausdrehmeißel usw. können in den Revolvern radial oder axial angeordnet sein.

Beispiele für Werkzeugrevolver mit angetriebenen Werkzeugen

Axiale Anordnung

Radiale Anordnung

Zur Steuerung der Werkstückbearbeitung sind **zusätzliche Achsen** erforderlich:
Über die **C-Achse** kann die Spindel für Bohr- und Fräsarbeiten am stillstehenden Werkstück in beliebigen Winkelstellungen positioniert und sicher gehalten werden. Jedoch kann auch während eines Fräsvorgangs eine Drehung der Spindel erfolgen, um bestimmte Konturen zu erzeugen. Über die **Y-Achse** können Werkzeuge so gesteuert werden, dass sie nicht nur in X-Richtung, sondern auch auf und ab bewegt werden können.

Für eine wirtschaftliche Komplettbearbeitung sind Drehbearbeitungszentren mit einer Gegenspindel ausgerüstet. Dabei wird das Werkstück von der linken zur rechten Arbeitsspindel automatisch gesteuert übergeben, sodass Werkstücke von allen Seiten bearbeitet werden können.

Beispiel für eine Drehmaschine mit Arbeitsspindel, Gegenspindel und Werkzeugrevolver

3.4 Schutzmaßnahmen

- **Programmieren von Schutzzonen**

Durch Festlegung von Schutzzonen kann die Kollisionsgefahr zwischen Werkzeug, Futter bzw. Reitstock verhindert werden.

Die Form der Schutzzonen um Futter, Reitstock und andere feststehende Teile wird in den Speicher der Maschine eingegeben. Stellt die Steuerung bei Aufruf eines Teileprogramms fest, dass diese Programmierung eine Schutzzone verletzt, gibt sie eine Fehlermeldung aus und sperrt die Automatik.

Beispiele **für Schutzzonen um Futter und Reitstock**

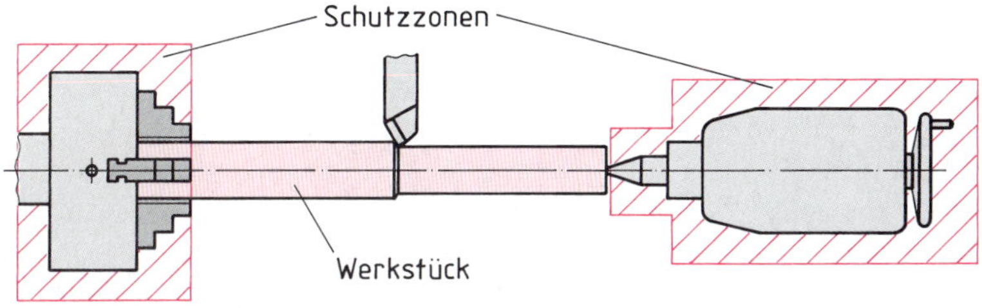

Zur Verminderung der Kollisionsgefahr können Schutzzonen programmiert werden.

- **Spanndruckerhöhung an Werkstücken bei hohen Umdrehungsfrequenzen**

Bei hohen Umdrehungsfrequenzen lässt der Spanndruck für das eingespannte Werkstück wegen der hohen Fliehkräfte nach. Der Spanndruck kann jedoch *vor* der Bearbeitung wegen der möglichen Verformung der Werkstücke nicht beliebig erhöht werden. Aus diesem Grunde werden häufig Futter mit Fliehkraftausgleich eingesetzt. Diese sind in der Lage, die Spannkraft an den Backen auch bei hohen Umdrehungsfrequenzen konstant zu halten.

Futter mit Fliehkraftausgleich verhindern das Nachlassen der Werkstückspannkraft bei hohen Umdrehungsfrequenzen.

CA

3.5 Rohteilzuführung

Zur automatisierten Zuführung von Rohteilen verwendet man Stangenlader zur Zuführung von Profilmaterial und Greifersysteme zur Zuführung einzelner Rohteile.

- **Stangenlader**

Stangenladermagazine dienen dem Speichern von Stangenmaterial und dem automatischen Zuführen in den Arbeitsraum von Werkzeugmaschinen. Das Stangenmaterial hat zumeist einen runden Querschnitt, aber es werden auch Sechskant- bzw. Vierkantprofile zugeführt.

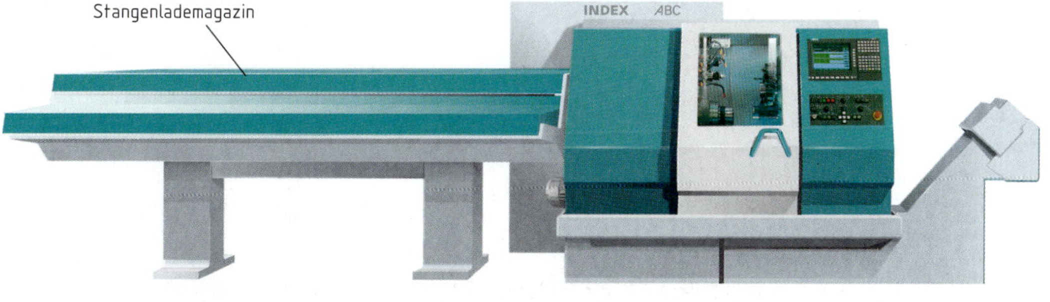

Stangenlademagazin an CNC-Drehmaschine

Übungsaufgabe CA-41

Bei Drehmaschinen haben Stangenlader die Aufgabe:
- die Profilstangen zu vereinzeln,
- die Stange gezielt durch die hohle Arbeitsspindel in den Bearbeitungsraum einzuführen,
- die Stange bei der Bearbeitung vibrationsfrei zu führen,
- nach der Bearbeitung eines Werkstücks die Stange weiter zu schieben,
- am Ende der gesamten Bearbeitung das Reststück der Stange durch Greifersysteme herauszuziehen und abzulegen.

Beispiel für Funktionen eines Stangenladers und seine Stangenführung

Beladen

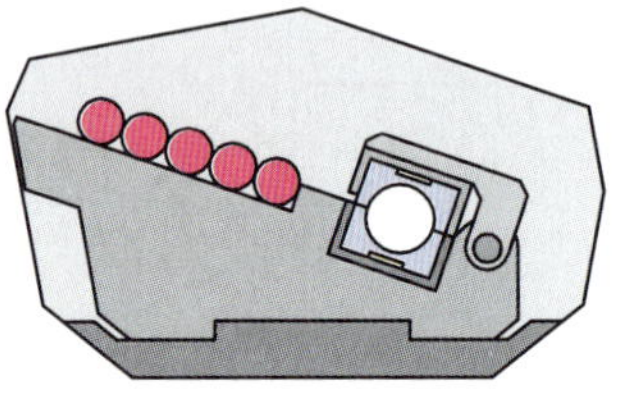

Materialstangen werden auf der seitlichen Auflage abgelegt.

Vereinzeln

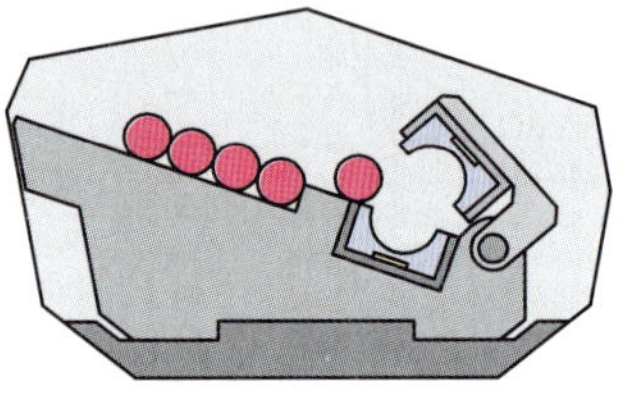

Materialstange wird von der Bevorratungsfläche in den Zuführungskanal vereinzelt.

Führen

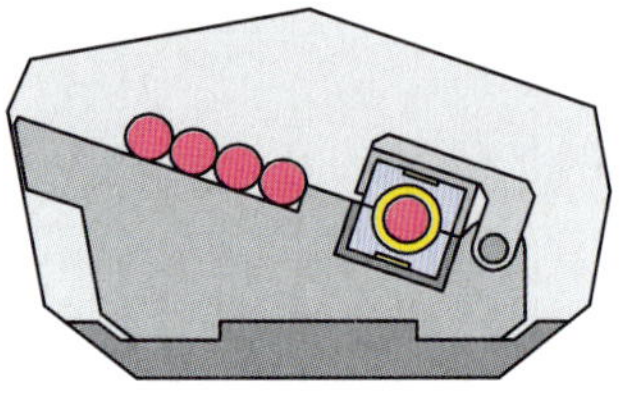

Materialstange wird im ölgefluteten Zuführkanal geführt

Stangenführungsprinzip

Von einem Pumpenaggregat wird das Führungsrohr mit Öl gefüllt. Die durch die rotiernde Materialstange in Turbulenz versetzte Ölfüllung lässt die Stange aufschwimmen. Eine direkte Berührung mit dem Führungsrohr wird vermieden. Bei dünnen Stangen und hohen Umdrehungsfrequenzen entsteht ein Wirbel, in dessen Zentrum die Materialstange Führung findet.
Bei stärkeren Materialstangen, die sich in den Durchmessern dem maximalen Durchlass nähern, tritt hydrodynamische Lagerwirkung auf.

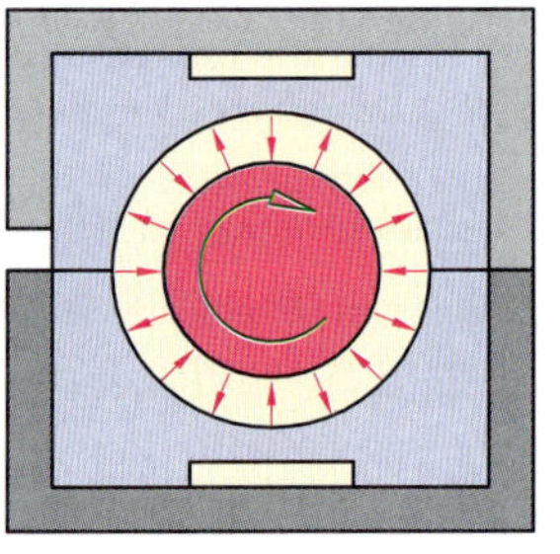

Stangenführungsprinzip

- **Portallader**

Portallader sollen den CNC-Drehmaschinen Rohteile zuführen, halbfertige Teile wenden oder fertig bearbeitete Werkstücke entnehmen. Eine automatisierte Bearbeitung wird damit ohne Eingreifen des Anlagebedieners möglich. Das Portalladersystem wird als Komplettgruppe an der linken oder rechten Maschinenseite montiert. Der Beladearm holt aus dem Spiecher ein Rohteil und führt es horizontal in den Arbeitsraum der Maschine ein. Der Beladearm und sein Greifer erreichen sowohl die Haupt- wie auch die Gegenspindel. Die fertig bearbeiteten Werkstücke werden ebenfalls mit dem Portallader entweder am Außendurchmesser mit einer Spannhülse oder am Innendurchmesser mit einem Innenspanndorn aus dem Futter entnommen und abgelegt.

CNC-Drehmaschine mit Portallader

Übungsaufgabe CA-42

4 Fertigung auf CNC-Fräsmaschinen

4.1 Programmieren von Weginformationen beim Fräsen

4.1.1 Koordinaten an Fräsmaschinen

Bei Fräsmaschinen unterscheidet man nach der Lage der Arbeitsspindel Senkrechtfräsmaschinen und Waagerechtfräsmaschinen.

Senkrechtfräsmaschine	Waagerechtfräsmaschine
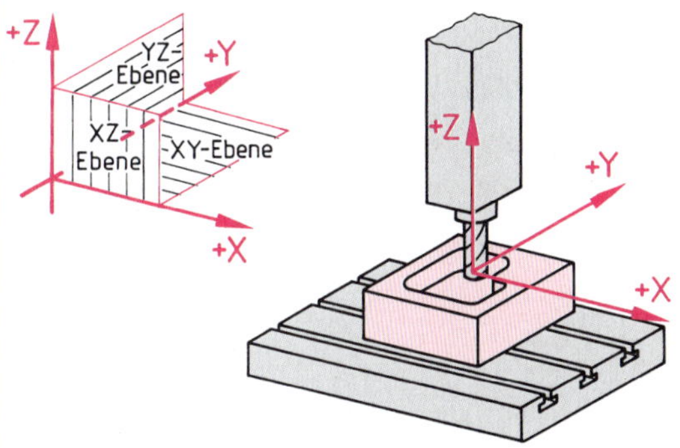	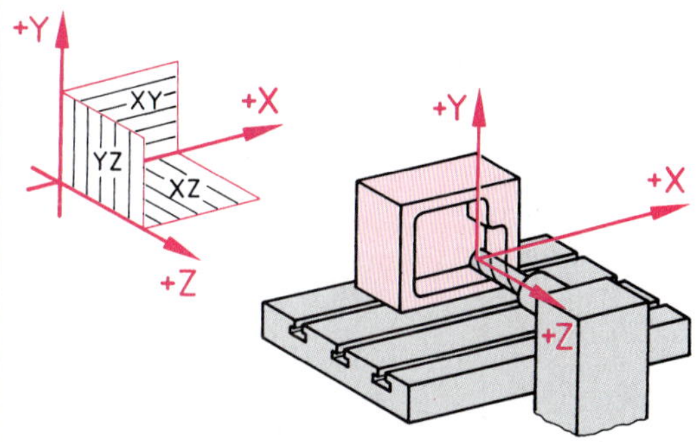

Zur Fertigung komplizierter Werkstücke müssen Fräsmaschinen über zusätzliche Bewegungsrichtungen verfügen. Solche Maschinen bezeichnet man als Bearbeitungszentren.

Zum Programmieren der Schwenkbewegungen um die drei Achsen sind Adressbuchstaben festgelegt, die durch Winkelangaben ergänzt werden.

Dabei bezeichnet der Buchstabe

A eine Schwenkbewegung um die **X-Achse,**
B eine Schwenkbewegung um die **Y-Achse,**
C eine Schwenkbewegung um die **Z-Achse.**

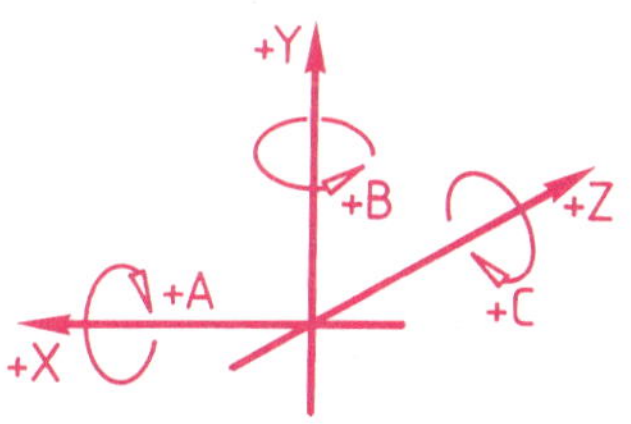

Die Bewegungen sind dann positiv, wenn sie in Richtung der positiven Achse gesehen im *Uhrzeigersinn* erfolgen.

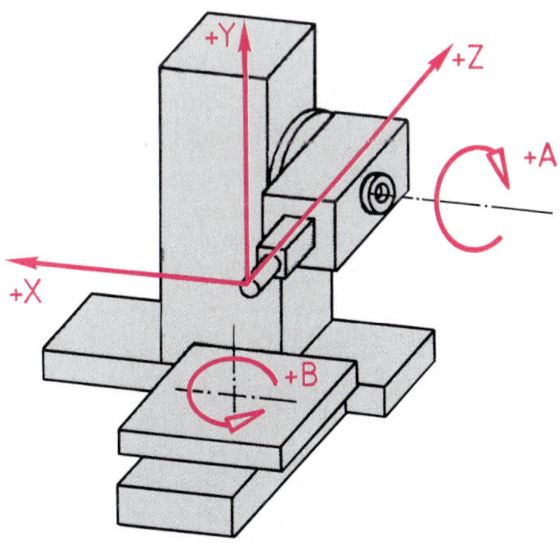

Waagerecht-Bohr-Fräsmaschine mit schwenkbarem Spindelkopf und Drehtisch

Programmgesteuerte Schwenkbewegungen um die X-, Y- und Z-Achse werden mit A, B und C bezeichnet. Die Bewegungen sind positiv, wenn sie sich in Richtung der positiven Achse gesehen im Uhrzeigersinn drehen.

Übungsaufgabe CA-43

4.1.2 Maschinennullpunkt und Referenzpunkt

Der Maschinennullpunkt ist der Ursprung des Koordinatensystems. Er liegt bei CNC-Fräsmaschinen an der Grenze des Arbeitsbereiches. Bei Fräsmaschinen mit inkrementalen Messsystemen muss beim Einschalten der Maschine ein Nullpunkt angefahren, und die Messsysteme müssen dort in allen Achsrichtungen Null gesetzt werden. Einen solchen Punkt bezeichnet man als Referenzpunkt. An Fräsmaschinen sind der Referenzpunkt und der Maschinennullpunkt vielfach identisch. Zum Anfahren des Referenzpunktes sind auf allen Maßstäben der Bewegungsachsen Markierungen (Referenzmarken) vorhanden.
Kann bei einer Fräsmaschine der Maschinennullpunkt nicht angefahren werden, so wird ein Referenzpunkt ersatzweise an anderer Stelle im Arbeitsbereich festgelegt.

Beispiel **für die Lage von Maschinennullpunkt und Referenzpunkt an Fräsmaschinen**

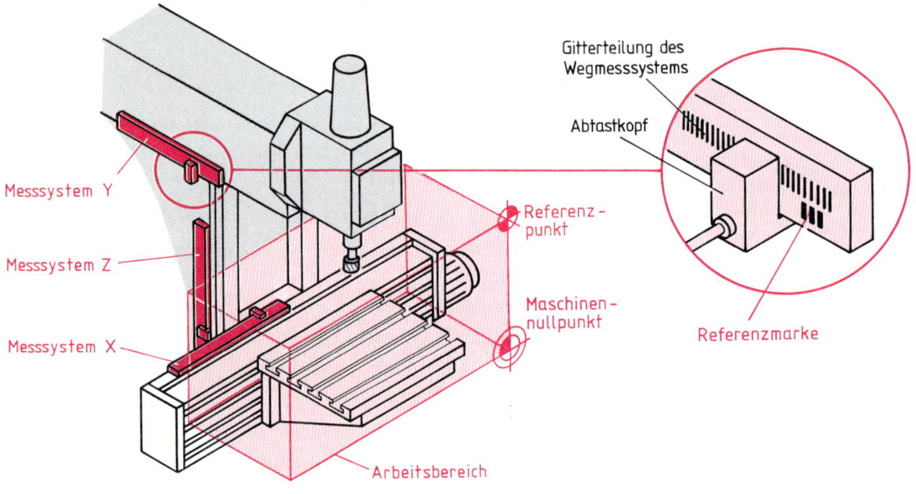

4.1.3 Werkstücknullpunkte

- **Wahl des Werkstücknullpunktes**

Der Werkstücknullpunkt wird vom Programmierer frei gewählt. Die Festlegung erfolgt jedoch so, dass alle Werkstückmaße leicht auf den Nullpunkt zurückgerechnet werden können. Ferner muss nach dem Aufspannen des Werkstückes eine einfache Lagebestimmung des Nullpunktes möglich sein. Zweckmäßig wählt man bei einfachen Frästeilen den Nullpunkt an einer Werkstückecke.
Bei symmetrischen Werkstücken legt man den Werkstücknullpunkt auf die Symmetrieachse, bei radialen Anordnungen in den Kreismittelpunkt.

Beispiele **für Nullpunktslagen an einfachen Frästeilen**

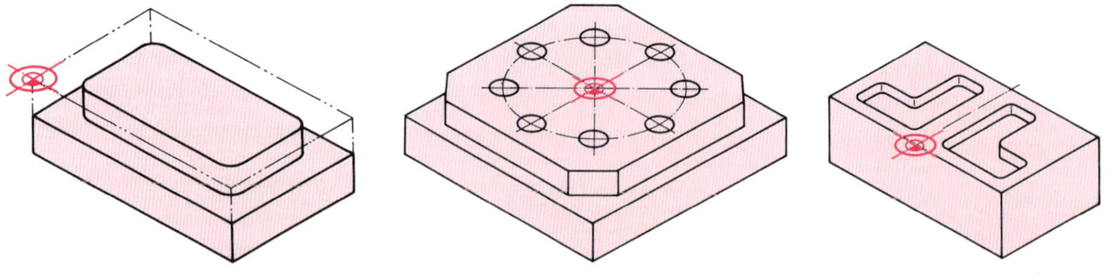

Werkstücknullpunkt an einem Werkstückeckpunkt

Werkstücknullpunkt in der Symmetrieachse

Den Werkstücknullpunkt legt man bei einfachen Werkstücken an einen Werkstückeckpunkt, bei symmetrischen Werkstücken auf die Symmetrieachse.

Übungsaufgabe CA-44

- **Verschiebung des Werkstücknullpunktes**

Für die Bearbeitung auf CNC-Maschinen kann es vorteilhaft sein, den Werkstücknullpunkt innerhalb eines längeren Fertigungsprozesses zu verlegen. Dies geschieht mit dem Befehl **G54**. Der Befehl **G53** hebt die Verschiebung wieder auf.

Beispiel **für eine Nullpunktverschiebung mit dem Befehl G54** (nach PAL)

Eine programmierte Grundkontur kann mithilfe einer Nullpunktverschiebung an die gewünschte Stelle übertragen werden. Die Verschiebung wird mit dem Befehl G54 aufgerufen und durch die Angabe der Absolutmaße für die Nullpunktverschiebung programmiert. Weitere Verschiebungen können mit der Absolutbemaßung auf den neuen Nullpunkt programmiert werden.

N... G54 X120 Y100

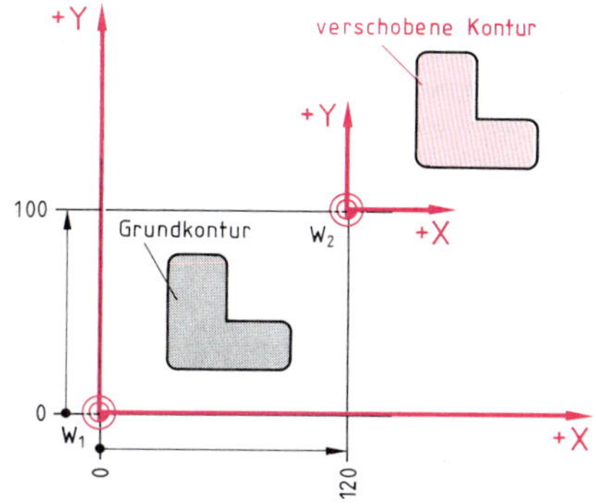

Für die Bearbeitung komplizierter Werkstücke können nacheinander mehrere Werkstücknullpunkte gesetzt werden. Die Verschiebung des Werkstücknullpunktes wird mit dem Befehl G54 programmiert. G53 hebt die Verschiebung wieder auf.

4.1.4 Werkzeugbahnkorrekturen

Die erforderliche Werkzeugbewegung für eine Fräsarbeit entspricht theoretisch der Bahn des Fräsermittelpunktes parallel zur zu fertigenden Werkstückkontur. Je nach Durchmesser des eingesetzten Fräsers muss die Bahn des Werkzeugmittelpunktes entlang der Werkstückkontur nach links oder rechts verlegt werden.

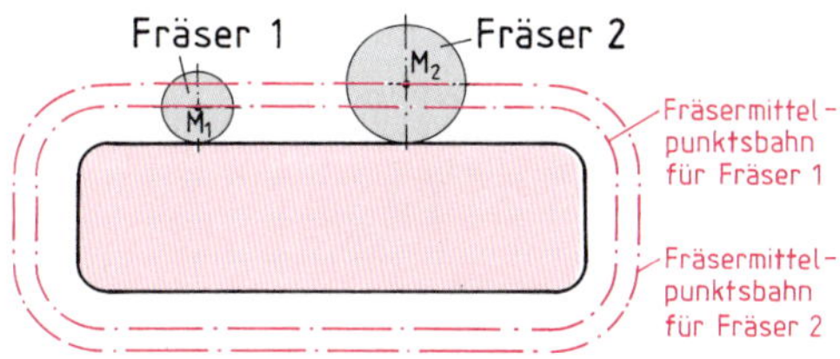

Lage der Fräsermittelpunktsbahn

Soll das Werkzeug in Vorschubrichtung links von der gewünschten Kontur arbeiten, dann ruft man die Korrektur durch den Wegbefehl **G41** auf.
Soll das Werkzeug in Vorschubrichtung rechts von der gewünschten Kontur arbeiten, dann ruft man die Korrektur durch den Wegbefehl **G42** auf.
Der Befehl **G40** hebt die Bahnkorrektur wieder auf.

Beispiele **zu Werkzeugbahnkorrekturen mit den Befehlen G41 und G42**

G41 korrigiert bei der Stellung des Werkzeugs in Vorschubrichtung links von der Kontur.
G42 korrigiert bei der Stellung des Werkzeugs in Vorschubrichtung rechts von der Kontur.
G40 hebt Korrekturen wieder auf.

Bei Fräsern mit der Schnittrichtung rechts führt G42 immer zu Gegenlauffräsen und G41 zu Gleichlauffräsen.

Übungsaufgaben CA-45; CA-46

4.2 Programmierhilfen

4.2.1 Zyklen beim Fräsen

Häufig sind bei Arbeiten auf Fräsmaschinen sich wiederholende, gleichartige Arbeiten durchzuführen, die in sehr vielen Einzelfällen programmiert werden müssten. Man fasst diese Arbeiten in Zyklen zusammen. Diese können in einem Satz programmiert werden.

Wichtige Zyklen für die Fräsbearbeitung sind

- *Bohrzyklen:* Durchbohren, Tiefbohren, Gewindebohren, Lochmusterbohren (z.B. Teilkreise)
- *Konturzyklen:* Taschenfräsen, Zapfenfräsen, Fasenfräsen, Eckenrunden
- *An- und Ausfahrzyklen:* sanftes Anfahren an die Kontur

Beispiele **für zyklisch zu programmierende Vorgänge:**

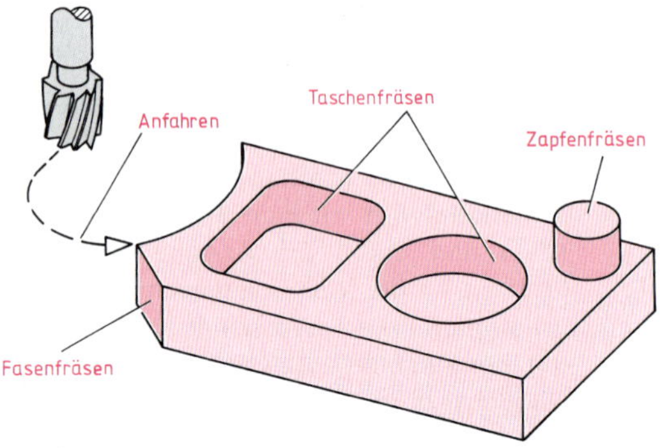

Bei Bohr- und Konturzyklen muss bei den meisten Steuerungen zunächst auf Teilkreis oder Taschenmitte mit einem geringen Sicherheitsabstand – meist 1 mm oder 2 mm – gefahren werden. Im nächsten Satz wird dann der Zyklus aufgerufen. Er muss mit allen vorgegebenen Parametern programmiert sein. Nach dem Abarbeiten des programmierten Zyklus fährt das Werkzeug wieder in die Startposition zurück.

Beispiele **für Fräszyklen** (nach PAL)

Teilkreisbohrzyklus

G85

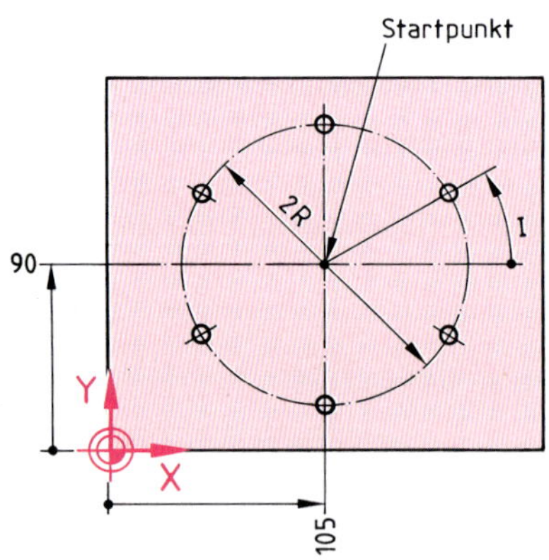

Satzformat für dieses Beispiel:

R	=	75 mm	(Teilkreisradius)
Z	=	15 mm	(Bohrungstiefe)
I	=	30°	(Startwinkel bezogen auf X-Achse)
J	=	6	(Anzahl der Bohrungen)

```
N... G00 X105 Y90 Z1        -(Startpunkt)
N... G85 R75 Z-15 I30 J6    -(Zyklus)
```

Taschenfräszyklus

G86

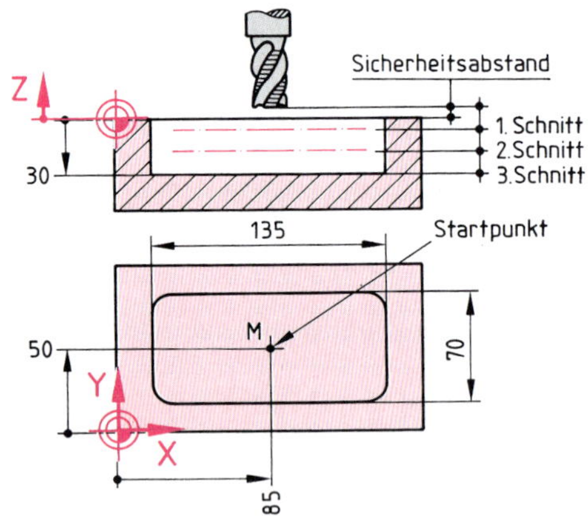

Satzformat für dieses Beispiel:

X	=	135 mm	(Taschenlänge)
Y	=	70 mm	(Taschenbreite)
Z	=	30 mm	(Taschentiefe)
D	=	10 mm	(Einzelschnitttiefe)
I	=	0	(Drehwinkel)

```
N... G00 X85 Y50 Z1             -(Startpunkt)
N... G86 X135 Y70 Z-30 D10 IO   -(Zyklus)
```


Übungsaufgabe CA-47

4.2.2 Manipulation von Programmteilen

Der Programmieraufwand kann erheblich vermindert werden, wenn eine Grundkontur mithilfe von Befehlen in ihrer Lage, Form und Größe verändert werden kann. Vorgänge, mit denen solche Veränderungen wie *Verschieben*, *Drehen* und *Spiegeln* o. Ä. bewirkt werden, nennt man **Manipulationen.** Die Verschlüsselung von Manipulationen sind nicht genormt und daher steuerungsabhängig.

Beispiel **für eine Drehung einer Grundkontur** (nach PAL)

Eine programmierte Kontur kann um den wirksamen Nullpunkt mit einem steuerungsabhängigen Befehl G73 und z. B. I20 um einen Winkel von 20° gedreht werden. Die Winkelangabe wird in Gegenuhrzeigerrichtung mit *positiven* und in Uhrzeigerrichtung mit *negativen* Vorzeichen versehen. Der Winkel 0° liegt auf der positiven waagerechten Achse.

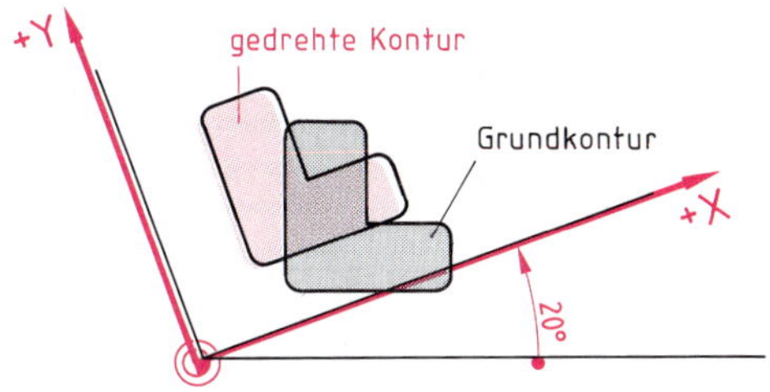

G73 Befehl zum Drehen einer Kontur
I Angabe des Drehwinkels

Programmierung:

```
N... G73 X0 Y0 I20
```

Beispiele **für Spiegelungen einer Grundkontur** (steuerungsabhängiges Beispiel)

Eine programmierte Kontur kann mit einem festgelegten Befehl, z.B. mit G74, durch eine Vorzeichenumkehr der Koordinatenwerte gespiegelt werden. Die Spiegelung ist um eine Achse oder um zwei Achsen möglich.

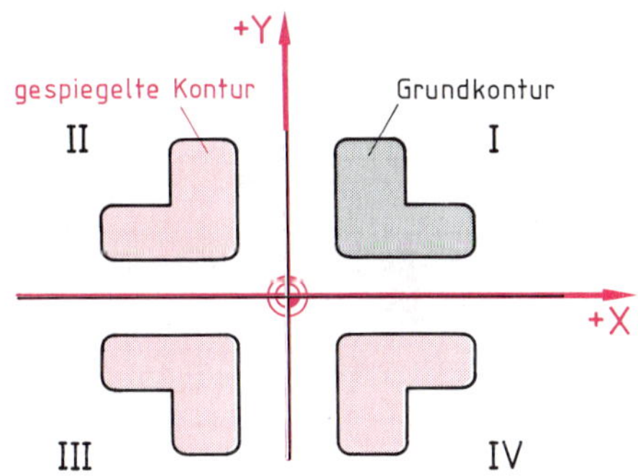

Programmierung:

von I nach II:	N... G74 X-1
von I nach III:	N... G74 X-1 Y-1

Beispiele **für Vergrößerung einer Grundkontur** (steuerungsabhängiges Beispiel)

Die Abmessungen einer Kontur können mit dem Befehl G75 vergrößert oder verkleinert werden. Die Umwandlung der Längen wird mit A4 programmiert und die Größenveränderung mit einem Faktor angegeben. So wird eine Längenänderung auf 150% mit dem Faktor 1,5 programmiert.

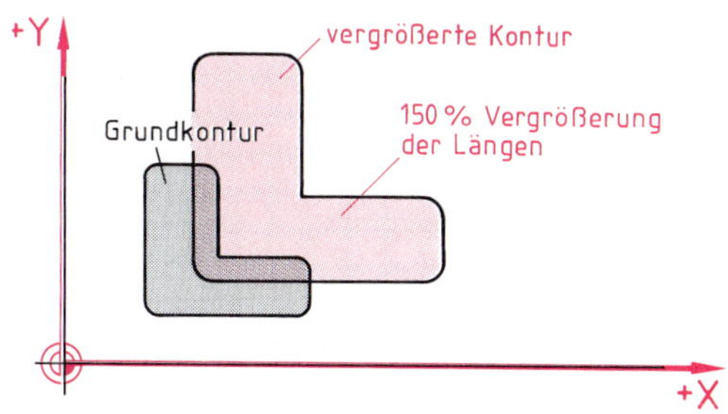

G75 Befehl zum Vergrößern einer Kontur
A4 Angabe des Vergrößerungsfaktors

Programmierung:

```
N... G75 A4=1.5
```

Eine programmierte Grundkontur kann mit kurzen Befehlen vielfach manipuliert werden. Häufige Manipulationen sind Verschiebung, Drehung, Spiegelung und Größenveränderung von Grundkonturen.

Übungsaufgaben CA-48; CA-49; CA-50

4.2.3 Programmieren mit Parametertechnik

Gleiche Bearbeitungsabläufe, die in der Fertigung an unterschiedlichen Stellen eingesetzt werden, werden als Unterprogramm geschrieben. Diese Unterprogramme können an jeder beliebigen Stelle eines Hauptprogramms aufgerufen werden.

Für Bearbeitungsvorgänge, bei denen zwar ähnliche Formen mit unterschiedlichen Maßen vorkommen, werden statt der Maße Parameter programmiert. Parameter werden von den Steuerungsherstellern unabhängig von Normen mit unterschiedlichen Buchstaben benannt, zum Beispiel **R**.

Beispiel **für ein Unterprogramm mit Parametertechnik** (steuerungsabhängiges Beispiel)

Festlegung der Parameter

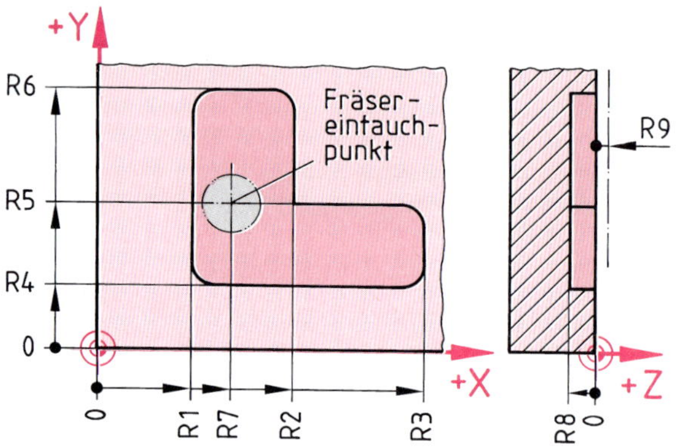

Fräserdurchmesser: d = 20 mm ≙ Eckenradius

L 42		**Unterprogramm** Ausfräsung			
N1	G90			S220	T1
N2	G00	X=R7	X=R5	X=R9	M3
N3	G01			X=R8	F25
N4	G43	X=R1			F50
N5	G42		X=R6		
N6		X=R2			
N7			X=R5		
N8		X=R3			
N9			X=R4		
N10		X=R1			
N11			X=R5		
N12				X=R9	
N13	G40				
N14	G00	X=0	Y=0	Z=40	
N15	M17				

Anwendung:

N... R1=20 R2=54 R3=76 R4=20
R5=60 R6=35 R7=30 R8=–12 R9=2

N... R1=24 R2=44 R3=110 R4=16
R5=48 R6=72 R7=36 R8=–8 R9=2

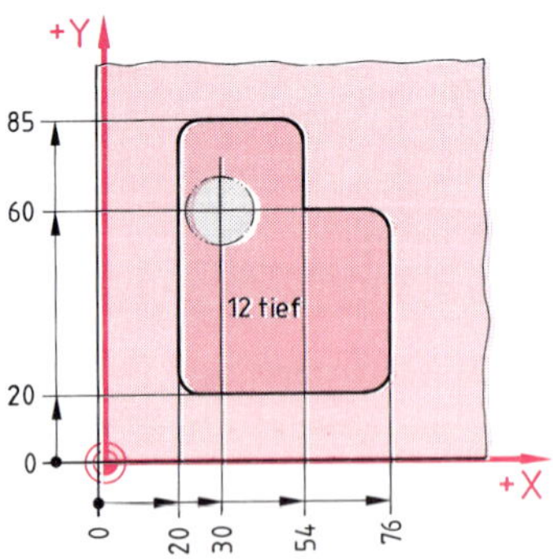

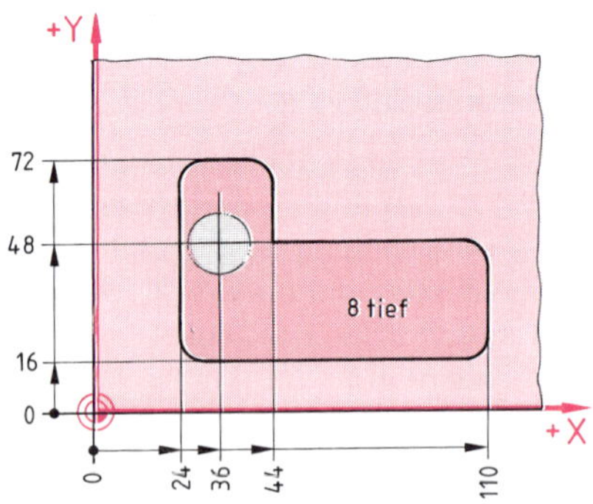

Unterprogramme für wiederkehrende Konturen mit unterschiedlichen Maßen werden in Parametertechnik programmiert. Jedem Parameter wird im Hauptprogramm ein fester Zahlenwert zugeordnet.

Übungsaufgabe CA-51

4.3 Fräswerkzeuge

4.3.1 Aufbau von Fräswerkzeugen

Zum Werkzeugsystem einer komplett ausgerüsteten CNC-Fräsmaschine gehören
- die Werkzeuge mit angearbeiteten Schneiden oder mit eingesetzten Schneidplatten,
- die Werkzeugaufnahme zum Einsetzen des Werkzeugs in die Arbeitsspindel,
- das Werkzeugmagazin, in dem die Werkzeuge gespeichert sind und
- die Werkzeugwechseleinrichtung.

Als Werkzeugaufnahmen werden vorwiegend Systeme verwendet, die in die keglige Bohrung der Arbeitsspindel eingezogen werden.
Bei Kleinmaschinen ohne Werkzeugwechselsysteme sind dies Aufnahmen mit Morsekonen **(MK)**.
Für Maschinen mit Werkzeugwechselsystemen werden Steilkegel und Hohlschaftkurzkegel verwendet (siehe auch Seite 128).

Beispiele **für Werkzeugaufnahmen**

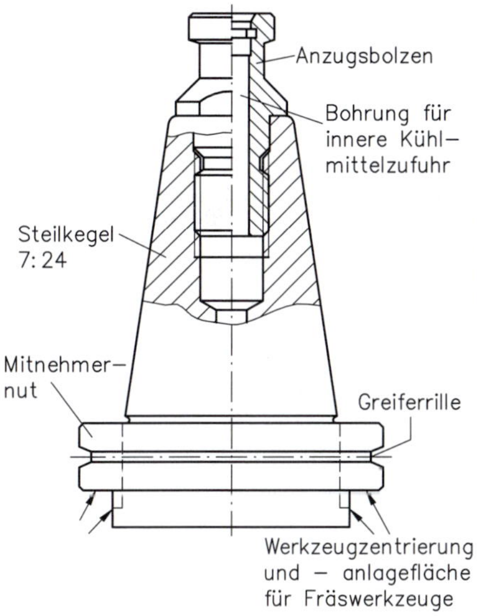

Steilkegel (SK)

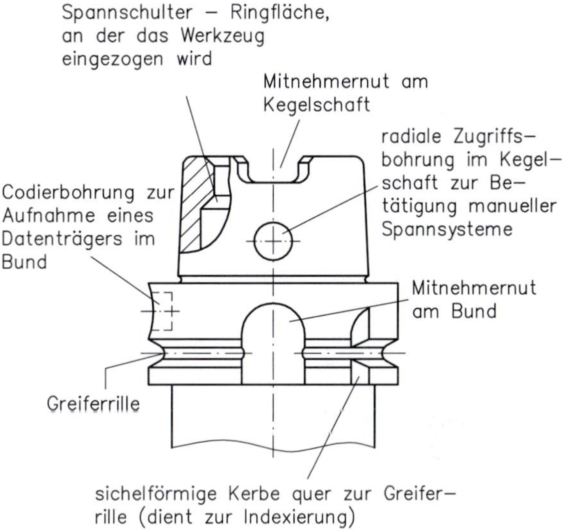

Hohlschaftkurzkegel (HSK-A)

In die Werkzeugaufnahme werden größere Werkzeuge unmittelbar eingesetzt. Kleinere Werkzeuge, z. B. zylindrische Schaftfräser und Bohrer, werden durch zusätzlich in den Steilkegel eingefügte Spannzeuge aufgenommen.

4.3.2 Werkzeugmaße

- **Bestimmung und Verwaltung der Werkzeuge**

Die Planflächenebene der Frässpindel ist die Bezugsebene für die Angabe der Werkzeuglängen. In dieser Ebene legt man den Werkzeugeinstellpunkt auf die Drehachse der Spindel.

Als Abmessungen der Fräswerkzeuge werden Fräserdurchmesser, Fräserlänge und evtl. weitere Maße, z.B. bei Formfräsern, erfasst. Die Werkzeugabmessungen werden unter der Werkzeugadresse in der Werkzeugdatei und im Speicher der Werkzeugmaschine abgelegt.

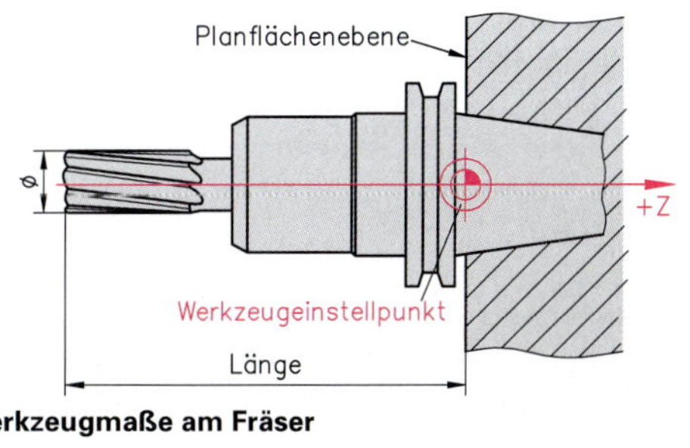

Werkzeugmaße am Fräser

Übungsaufgaben CA-52; CA-53

Als Folge von Werkzeugabnutzung im Laufe der Standzeit, durch Nachschleifen der Schneiden oder durch Wechsel der Wendeschneidplatten können geringfügige Maßabweichungen gegenüber den im Werkzeugspeicher abgelegten Maßen auftreten.

Mithilfe von Tastsystemen können diese Abweichungen am stehenden oder rotierendem Werkzeug (Rotation gegen die Schneidrichtung) ermittelt werden.

Festgestellte Maßabweichungen werden in den Werkzeugkorrekturspeicher eingegeben, damit die Steuerung sie bei der weiteren Verwendung des Werkzeugs ausgleicht.

3D-Tastsystem zum Vermessen von Werkzeugen

Außer den Standarddaten zu Länge und Durchmesser können weitere Daten, die mit der Nutzung zusammenhängen, in den Werkzeugspeicher eingegeben werden. Diese Daten werden von der Steuerung unmittelbar genutzt oder geben dem Programmierer und dem Maschinenbediener Hinweise beim geplanten Einsatz. Wichtige Daten dieser Art sind

- maximale Eintauchwinkel beim Eintauchen ins Volle,
- maximale Standzeit,
- verfügbare Standzeit,
- Standarddaten zu Länge, Durchmesser und Nummer des Schwesternwerkzeugs.

Beispiele **für Eintauchwinkel ins Volle**

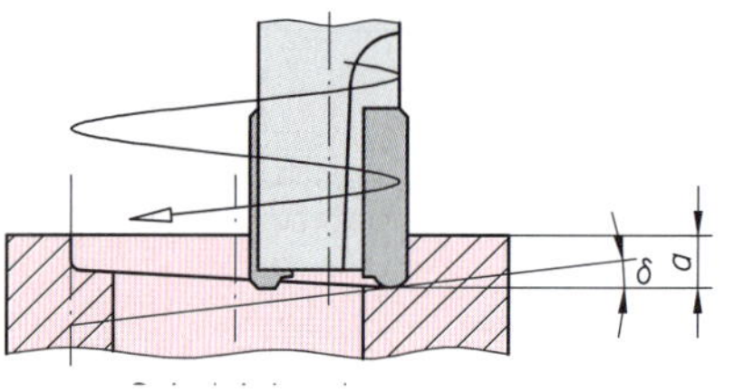

Spiraleintauchen

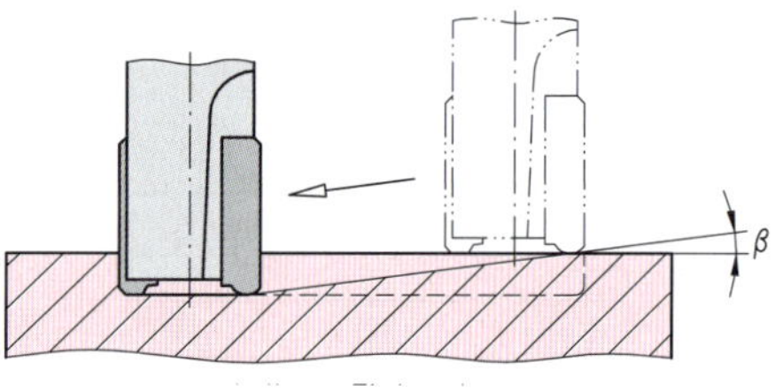

schräges Eintauchen

4.3.3 Werkzeugcodierung

Zur Unterscheidung der verschiedenen Werkzeuge durch die Steuerung muss jedes Werkzeug eine eigene Kennzeichnung besitzen, man spricht von Codierung. Die Codes sind von der Steuerung lesbare Zahlen.

Man unterscheidet zwei Codiersysteme:

- Bei der **Platzcodierung** erhält ein Werkzeug im Werkzeugmagazin der Maschine einen festen Platz, auf den es nach jeder Benutzung wieder abgelegt wird. Der Platz wird durch seinen Code aufgerufen.
- Bei der **Werkzeugcodierung** erhält jedes Werkzeug selbst eine eigene Kennzeichnung, z.B. durch einen Speicherbaustein, in dem neben der Werkzeugadresse alle Werkzeugdaten gespeichert sind.

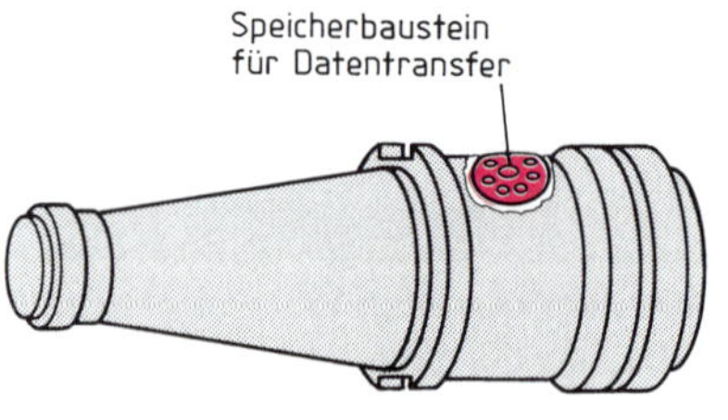

Werkzeugcodierung

Für den Einsatz in automatischen Werkzeugwechselsystemen werden Werkzeuge codiert.
Bei der Platzcodierung sind die Werkzeugdaten dem Magazinplatz zugeordnet.
Bei der Werkzeugcodierung trägt das Werkzeug die Informationen mit sich.

4.3.4 Werkzeugüberwachungssysteme

Bei der Zerspanung bewirken die auftretenden Schnittkräfte an den Bauteilen der Werkzeugmaschine sehr geringe, aber messbare, elastische Verformungen. Diese können durch Sensoren erfasst werden, die an geeigneten Stellen der Maschine angebracht sind. Die derartig gewonnenen Signale werden sorgfältig ausgewertet und zur Überwachung herangezogen.

Für eine optimale Nutzung von CNC-Maschinen ist ein frühzeitiges Erkennen von Störungen im Arbeitsablauf erforderlich. Dadurch können Folgeschäden an Werkzeugmaschinen und Produktionsausfallzeiten vermindert oder verhindert werden. Vollautomatische Überwachungssysteme entlasten außerdem das Bedienungspersonal. Diese Systeme dienen zur Vermeidung von großen Schäden durch Kollisionen und Werkzeugbruch.

Beispiel **für die Wirkungsweise eines Werkzeugüberwachungssystems**

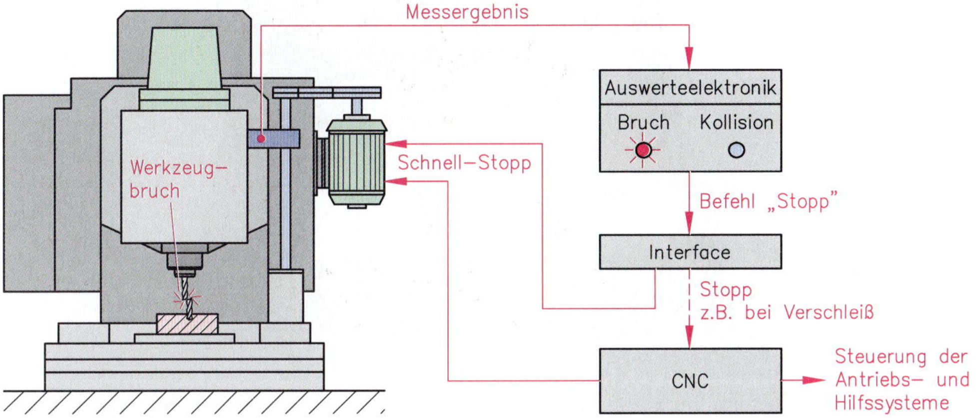

Funktionsablauf

- Ein Messwertaufnehmer (Sensor) nimmt während der Spanabnahme ständig Signale auf.
- Die aufgenommenen Signale werden im Mikrocomputer der Auswertelektronik mit vorher festgelegten Grenzwerten verglichen.
- Bei *geringen* Abweichungen von den Grenzwerten wird von der Auswerteelektronik innerhalb weniger Millisekunden ein Befehl zum Vorschubstopp erteilt.
- Bei *starken* Abweichungen von den Grenzwerten wird von der Auswerteelektronik ein Stoppbefehl über das Interface unter Umgehung der Maschinensteuerung direkt an den Vorschubantrieb weitergeleitet.

Ein Werkzeugschaden ist eindeutig von einer charakteristischen Veränderung der Schnittkraft innerhalb eines kurzen Zeitintervalls begleitet. Die Abweichung vom Verlauf normaler Zerspanungsvorgänge wird registriert und führt zum Abschalten der Maschine.

Im Kraft-Zeit-Diagramm wird der Kraftanstieg bei einer Kollision in Schnittrichtung oder bei Werkzeugbruch erkennbar. Bei Erreichen des vorher festgelegten Grenzwertes wird von dem Werkzeugüberwachungssystem der Vorschubantrieb gestoppt.

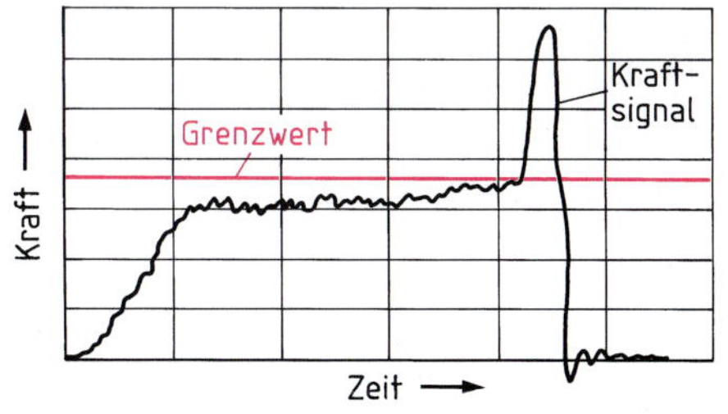

Kraftverlauf bei Kollision und Schneidenbruch

Werkzeugüberwachungssysteme nehmen Signale auf und vergleichen diese mit festgelegten Grenzwerten. Beim Überschreiten der Grenzwerte wird der Vorschubantrieb abgeschaltet. Mit einem Werkzeugüberwachungssystem werden bei einem Werkzeugausfall größere Schäden an der CNC-Maschine verhindert.

Übungsaufgabe CA-55

4.4 Werkstückspannsysteme für CNC-Fräsmaschinen

Ein wirtschaftlicher Einsatz von CNC-Maschinen verlangt weitgehende Verkürzung der Nebenzeiten für den Werkstückwechsel. Dieses Ziel kann durch schnelles Auf- und Abspannen der Werkstücke auf der Werkzeugmaschine oder durch schnelles Einwechseln von Werkstückträgern (Paletten) mit aufgespannten Werkstücken in die Werkzeugmaschinen erreicht werden. In jedem Fall wird mit einem den Werkstücken angepassten Spannsystem gearbeitet.

Beispiel **für den Einsatz eines flexiblen Spannsystems**

Ein **Werkstückspannsystem** hat die Aufgabe, Werkstücke im Raum zu *positionieren* und zu *spannen*. Dabei dürfen die Werkstücke durch einwirkende Kräfte (Eigengewichts-, Spann-, Bearbeitungs- und Rotationskräfte) nicht unzulässig verformt werden.

Spannsysteme unterscheiden sich:

- *im Aufbau* der folgenden Elemente:
  - Grundelemente, z. B. Paletten
  - Stützelemente, z. B. Auflagenstücke, Auflageböcke
  - Positionierelemente, z. B. Anschläge, Zentrierbolzen, Zentrierhülsen
  - Spannelemente, z. B. Spannpratzen
- *durch die Art der Kraftaufbringung:*
  - mechanisches Spannen mit Gewinden, Exzentern, Hebeln u. a.
  - pneumatisches oder hydraulisches Spannen durch Spannzylinder
  - elektromagnetisches und magnetisches Spannen mit Magnetspannplatten
- *durch die Steuerung der Spannfunktion:*
  - handgesteuert
  - programmgesteuert

Anforderungen an Spannsysteme für eine CNC-Fertigung:

- Aufbau aus Standardteilen. Er muss in der Arbeitsvorbereitung nach Form und Maßen planbar sein,
- hohe Wiederholgenauigkeit der Einspannung bei wiederholtem Aufbau der Spannvorrichtung,
- sicheres und schnelles Spannen der Werkstücke in einer festgelegten Lage,
- schnelles Anpassen der Spannsysteme an wechselnde Werkstückformen,
- Steuern der Spannsysteme über Programme.

Die Fertigung von Werkstücken mit einer hohen Maß- und Formgenauigkeit auf CNC-Maschinen erfordert ein hochwertiges Spannsystem mit exakter Lagefixierung auf dem Werkstückträger.

4.4.1 Paletten als Spannsystemträger

Als Bearbeitungszentren werden vielfach Aufspanntische eingesetzt, welche mit aufgespannten Werkstücken schnell in die Maschine eingewechselt werden. Diese Aufspanntische werden **Paletten** genannt. Palettenwechsler befördern auf einen programmierten Befehl hin die Palette automatisch zur Werkzeugmaschine, fixieren sie dort und transportieren sie nach der Bearbeitung weiter.

Beispiel **für den Palettenwechsel an einem Bearbeitungszentrum**

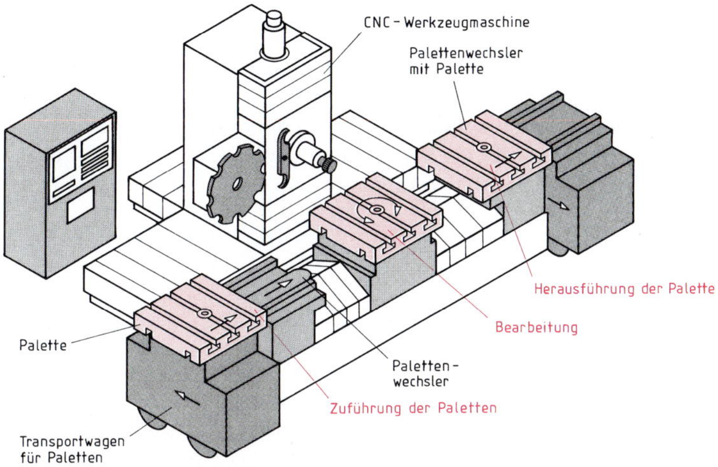

Paletten mit einem Spannsystem dienen in der Fertigung:
- zum Spannen und zum Transport der Werkstückrohteile außerhalb der Bearbeitungsstation,
- als Werkstückträger während des Bearbeitungsablaufs.

4.4.2 Rasterspannsysteme nach dem Baukastenprinzip

In zunehmendem Maße werden Spannsysteme nach dem Baukastenprinzip verwendet. Der Anwender kombiniert für jedes Werkstück aus der Vielfalt der Elemente die Spannvorrichtung.

Beispiel **für die Aufspannung eines Werkstückes mit einem Rasterspannsystem**

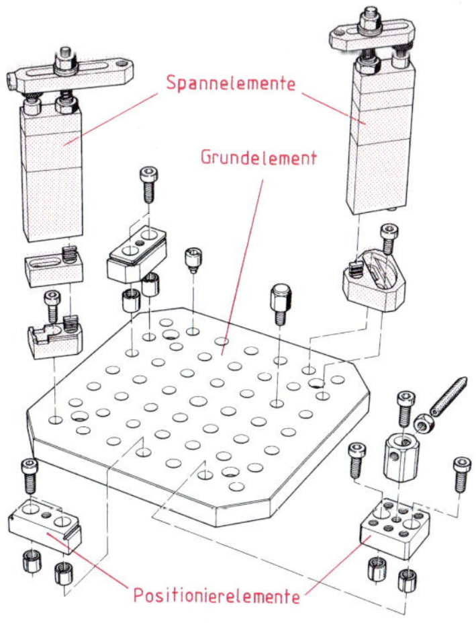

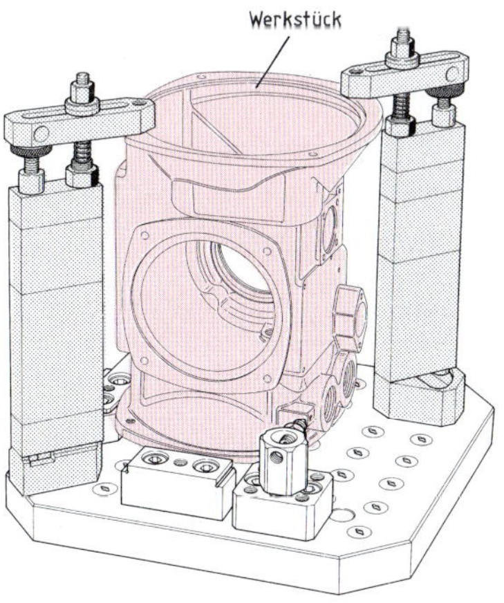

Aus Rasterspannsystemen können nach dem Baukastenprinzip Spannvorrichtungen geplant und aufgebaut werden. Rastersysteme bestehen aus Grund-, Positionier- und Spannelementen.

Übungsaufgaben CA-56; CA-57

4.4.3 Planung der Aufspannung

Die Planung der Aufspannung erfolgt in der Arbeitsvorbereitung:

- Bei manueller Erstellung des Aufspannplans wird die Aufspannvorrichtung nach Katalogen zusammengestellt und gezeichnet.
- Bei CAD/CAM-Fertigung wird die Aufspannung mithilfe von gespeicherten Daten am Bildschirm konstruiert.

In Einrichteblättern werden entsprechend der Planung alle für den Vorrichtungsbau notwendigen Angaben zusammengestellt:

- Der Aufspannplan stellt den Aufbau und die Anordnung der Bauelemente der Spannvorrichtung zeichnerisch dar.
- Die Stückliste gibt die Bauteile des Spannsystems und ihre Kennzeichnung an.
- Die Auflistung der Nullpunkte gibt die Koordinaten der Nullpunkte an, die für die Bearbeitung der verschiedenen Werkstückseiten gewählt wurden.

Beispiel **für ein Einrichteblatt einer Spannvorrichtung**

Einrichteblatt für Spannvorrichtungen	Ident.-Nr.: 488.24	
Teilebenennung: Steuerblock	Tag: 26.10.89	Name: Pusch

Aufspannplan

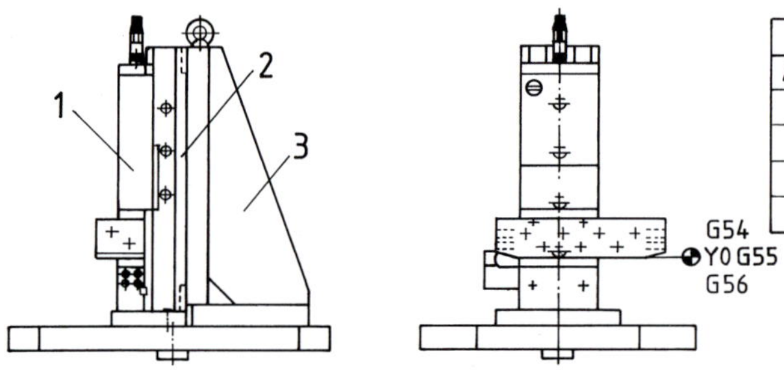

Nullpunktfestlegung				
Achse	G54	G55	G56	G57
X	365,0	250,0	265,0	-
Y	100,0	100,0	100,0	-
Z	100,0	65,0	170,0	-
B	0°	90°	180°	270°

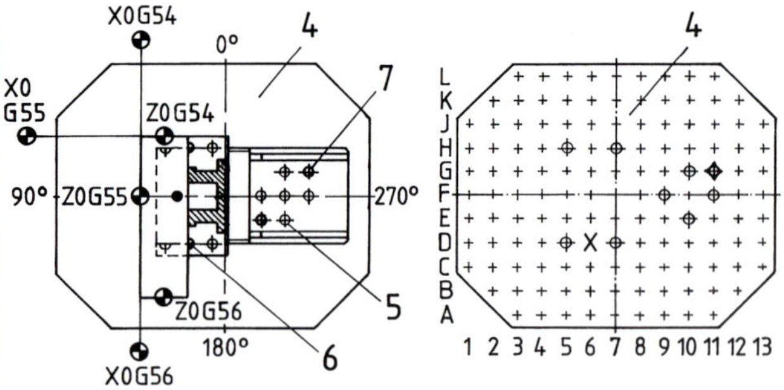

Stückliste			
7	1	Fixierstift (l)	5628
6	1	Fixierstift (r)	5627
5	8	Schrauben M12	5416
4	1	Grundplatte	4867-20
3	1	Winkel	6052-20
2	1	Zwischenplatte	6042-20
1	1	Masch. Schraubstock	3132-21
Pos.	Stck.	Benennung	Kurzbez.

O = Schraube   X = Fixierstift   ◇ = Fixierstift abgeflacht

Einrichteblätter für Werkstückaufspannungen enthalten Angaben über:

- Konstruktion der Aufspannung,
- Lage der Werkstücknullpunkte innerhalb der Aufspannung.

Übungsaufgabe CA-58

5 CNC-Technik im Rahmen moderner Fertigung

- **CIM – eine industrielle Revolution**

Die Fabrik der Zukunft wird durch den Einsatz von Rechnern in allen Bereichen des Betriebes bestimmt. Der Oberbegriff für einen solchen durchgehenden Einsatz von Computern, die untereinander verbunden sind, ist **CIM** (= **C**omputer **I**ntegrated **M**anufacturing).

CIM hat zum Ziel, durch Erfassung aller Bereiche des Unternehmens die Produktion schneller und effektiver zu machen, um die Marktchancen zu verbessern. Das bedeutet:

- Produkte werden mittels computerunterstützter Entwicklungs- und Konstruktionsverfahren schneller geplant, und Änderungen können in kürzester Zeit durchgeführt werden.
- Produkte werden auf computergesteuerten Maschinen und Anlagen schneller und qualitativ besser gefertigt.
- Die Fertigung wird so gesteuert, dass jegliche Form der Verschwendung von Material und Zeit entfällt.

Der letzte Punkt sagt aus, dass stets Sorge getragen wird, dass „das richtige Teil zur richtigen Zeit am richtigen Ort" gefertigt bzw. bereitgestellt wird. Damit werden Materialläger verkleinert, und somit wird weniger Kapital gebunden.

CIM = Computer Integrated Manufacturing
CIM beschreibt den Einsatz von Rechnern, die miteinander gekoppelt sind, in allen mit der Produktion zusammenhängenden Betriebsbereichen.

CA

- **CAD/CAM-Konzept**

Im Bereich der Produktion werden die Verknüpfung von computerunterstützter Konstruktion, Fertigungsplanung und Fertigung innerhalb CIM mit den Kürzeln CAD-CAP-CAM beschrieben. Häufig spricht man auch nur von CAD/CAM.

CAD = Computer Aided Design (Berechnen und Konstruieren mit Computern)
CAP = Computer Aided Planning (Erstellung von Fertigungsplänen mit Computern)
CAM = Computer Aided Manufacturing (Computeranwendung in der Fertigung mit Computern)

Man kann die Aufgaben in den einzelnen Bereichen CAD, CAP und CAM nicht genau trennen. So plant der Konstrukteur mittels CAD die Form, Abmessungen, Werkstoffe, Oberflächenqualität. Diese Daten übernimmt die Fertigungsplanung über Datenleitungen und setzt sie in CNC-Programme für Werkzeugmaschinen, Robotersteuerungen u.a. um. In der Fertigungsplanung werden auch Norm- und Lagerteile mit der Konstruktion abgestimmt. Im Bereich CAP und CAM entscheiden Fachleute beider Seiten über die einzusetzenden Maschinen und Einrichtungen zur Fertigung.

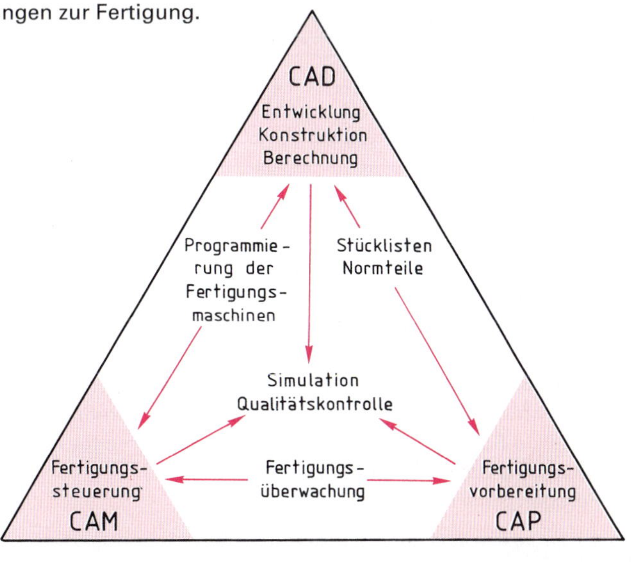

Zusammenwirken von CAD, CAP und CAM im Rahmen von CIM

Arbeitsauftrag: Fertigungsplanung für die Fertigung auf CNC-Werkzeugmaschinen

Die dargestellten Werkstücke sollen auf CNC-Maschinen gefertigt werden.
Planen Sie für eines der beiden Werkstücke den Fertigungsablauf.

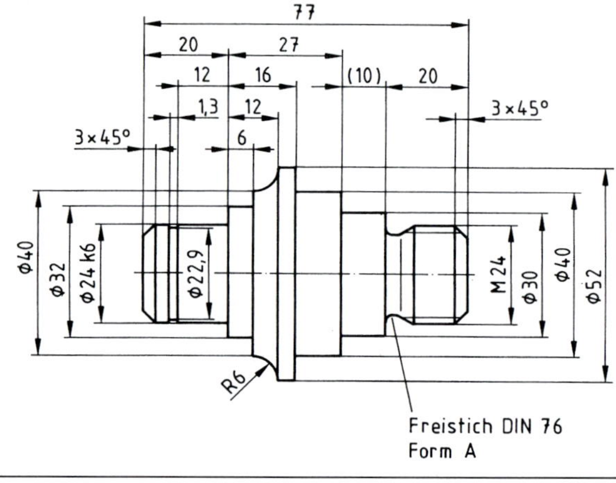

Werkstück 1

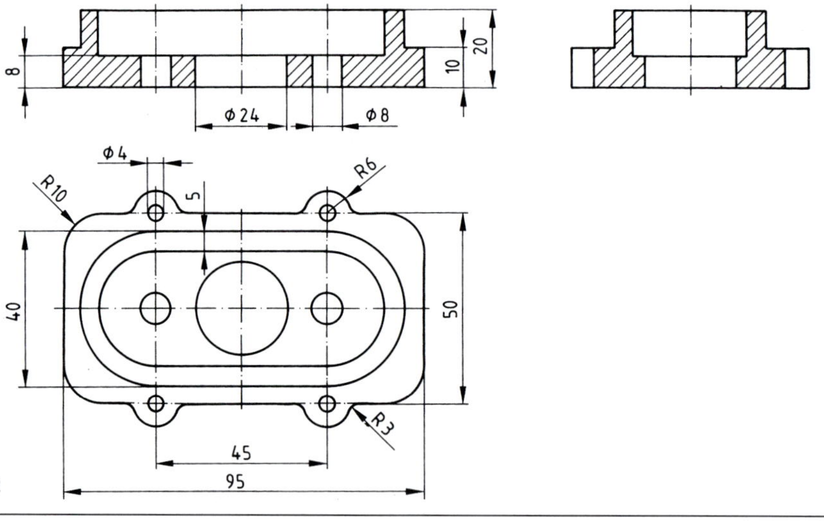

Werkstück 2

Aufgaben

1. Legen Sie die Bearbeitungsfolge fest. Berücksichtigen Sie dabei Spannen, Umspannen, Nullpunktlage(n) u.a.
2. Erstellen Sie – Ihrer Fertigungsplanung entsprechend – eine Zeichnung mit CNC-gerechter Bemaßung.
3. Legen Sie die zu verwendenden Werkzeuge fest.
4. Bestimmen Sie Schnittgeschwindigkeiten, Umdrehungsfrequenzen, Vorschübe, Zustellungen u.a.
5. Erstellen Sie das Programm bzw. Teilprogramme für die Fertigung.
6. Testen Sie das Programm durch Simulation.
7. Fertigen Sie ein Werkstück.

Handlungsfeld: Werkstoffe auswählen

Problemstellung

Für ein Bauteil ist der Werkstoff auszuwählen

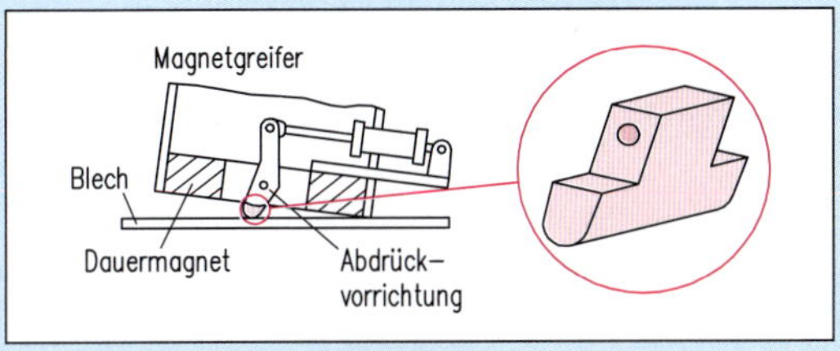

Analysieren

- Belastung des Bauteils feststellen (mechanisch, thermisch, chemisch)
- notwendige Eigenschaften aus der Belastung ermitteln

Belastung:
- Biegung
- Verschleiß

notwendige Eigensch.:
- unmagnetisch
- fest
- abriebfest
- weicher als Blech
- etc.

- bisher verwendete bzw. in ähnlichen Fällen eingesetzte Werkstoffe auflisten
- Kostenrahmen für Werkstoff ermitteln

Vorauswahl durchführen

Werkstoffe mit den notwendigen Eigenschaften auswählen

geeignet:
- austenitischer Stahl
- Messing, Bronze
- PA, PE, PTFE
- Al-Legierungen

- Werkstoffhauptgruppe auswählen (Stahl, Leichtmetall, Kunststoff...)
- Werkstoffuntergruppe benennen (z.B. Baustahl, Messing...)

Werkstoff technisch und wirtschaftlich bewerten

- Fertigung:
  - Werkstoffkosten
  - Fertigungskosten
  - Umweltbelastung

	Punktebewertung Werkstoff-preis	Fertigungs-kosten	Um be
austenitischer Stahl	1	1	
Messing	2	2	
Bronze	1	2	
Polyamid	3	2	
Polytetrafluorethylen	2	1	

- Beseitigung:
  - Recycelbarkeit

- Nutzung:
  - Wartung
  - Instandhaltung (Ersatzteilbeschaffung...)

ausgewählten Werkstoff normgerecht definieren

- Werkstoffbezeichnung

Druckstück:
Polyamid PA 610

- Werkstoffnummer
- Kurzzeichen

1 Eisenwerkstoffe

1.1 Gefüge und Eigenschaften von Stahl

1.1.1 Gefüge unlegierter Stähle bei Raumtemperatur

Unlegierte Stähle sind Eisenkohlenstofflegierungen mit höchstens 2,06 % Kohlenstoff. Sie können noch geringe Beimengungen an Silizium, Mangan, Phosphor und Schwefel enthalten.

Das Gefüge von Stahl ist bei Raumtemperatur ein Kristallgemenge aus zwei verschiedenen Arten von Körnern. Je nach Anteil der einzelnen Kornarten hat Stahl unterschiedliche Eigenschaften.

Ferrit

Eine Sorte Köner besteht aus reinem Eisen. Dieses Gefüge wird als **Ferrit** bezeichnet. Innerhalb der Ferritkörner ist das Eisen kubisch-raumzentriert aufgebaut. In diesem Gitter sind die Gitterlücken so klein, dass kein Kohlenstoff eingelagert werden kann. Ferrit ist weich, leicht umformbar und bildet wegen seiner Zähigkeit lange Späne.

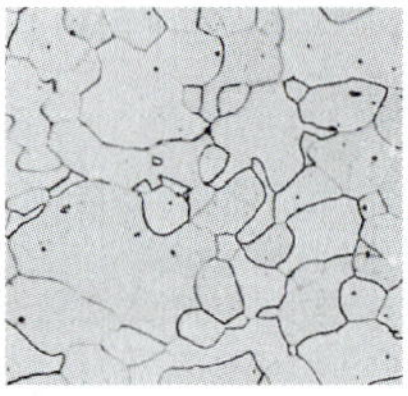

200fach vergrößert
Gefüge von Ferrit

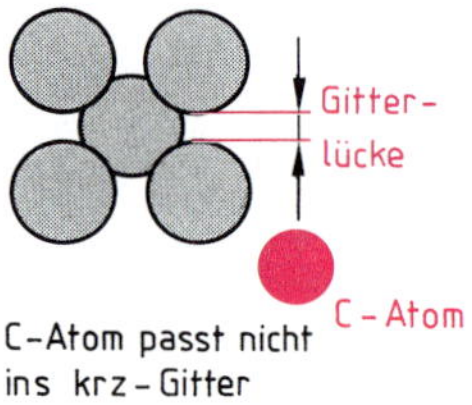

Gitterlücke im krz-Gitter

Ferritkörner bestehen aus reinem Eisen. Sie sind weich, zäh und gut umformbar.

Perlit

Die andere Sorte Körner besteht aus einem schichtartigen Aufbau von Eisen und einer sehr harten chemischen Verbindung von Eisen und Kohlenstoff (Fe_3C = Zementit). Man bezeichnet das Gefüge aus schichtwweise aufgebauten Ferrit und Zementit als **Perlit**. Perlitkörner enthalten 0,8 % Kohlenstoff, haben höhere Festigkeit als Ferrit, sind härter und spröder.

Gefüge von Perlit

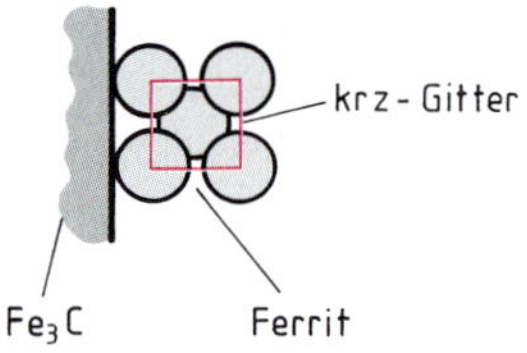

Kristallaufbau von Perlit

Perlitköner enthalten Eisen und 0,8 % Kohlenstoff und haben einen schichtartigen Aufbau aus Ferrit und Zementit. Sie haben höhere Festigkeit und sind hart und spröde.

Stähle, die nur aus Perlitkörnern bestehen, werden eutektoide Stähle genannt. Entsprechend werden Stähle mit weniger als 0,8 % Kohlenstoff als untereutektoidische Stähle und Stähle mit mehr als 0,8 % Kohlenstoff als übereutektoidische Stähle bezeichnet.

Übereutektoidischer Stahl

In Stählen über 0,8 % Kohlenstoff tritt in unlegierten Stählen entlang der Perlitkorngrenzen schalenförmig Zementit auf. Man spricht vom **Korngrenzenzementit**.
Unlegierte Stähle mit mehr als 0,8 % C werden als übereutektoidische Stähle bezeichnet.

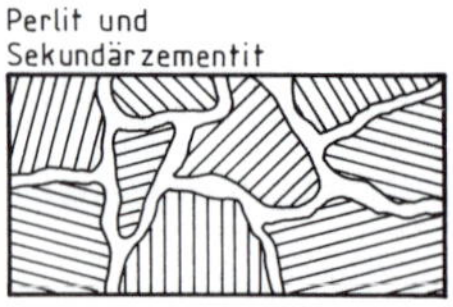

Gefüge von übereutektoidischem Stahl mit 1,2 % C

Übereutektoidische Stähle enthalten Eisen und mehr als 0,8 % Kohlenstoff. Die Perlitkörner werden schalenförmig von Zementit umhüllt.
Übereutektoidische Stähle haben mit zunehmenden Kohlenstoff eine größere Festigkeit, Härte und Sprödigkeit.

1.1.2 Eigenschaften der Stähle in Abhängigkeit vom Gefüge

Aus der Kombination Ferrit/Zementit ergeben sich unterschiedliche Eigenschaften der Stähle.
Je höher der Gehalt an Zementit wird, desto härter und fester wird der Stahl. Seine Umformbarkeit und Zähigkeit sinken. Das Auftreten von Korngrenzenzementit (Sekundärzementit) führt zu besonders starkem Abfall der Zähigkeit. Die Härtbarkeit der Stähle steigt mit steigendem Kohlenstoffgehalt.

C-Gehalt	**0%**	**0,4%**	**0,6%**	**0,8%**	**1,2%**
Perlitanteil	0%	50%	75%	100%	93% (7% Sek.-Zem.)
Bezeichnung	**untereutektoidischer Stahl**			**eutektoidischer Stahl**	**übereutektoidischer Stahl**
Gefüge	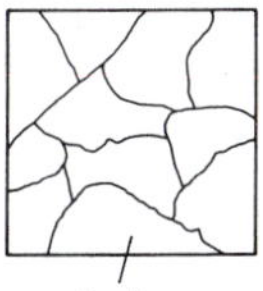 Ferrit	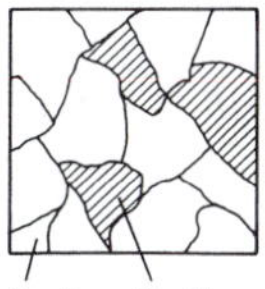 Ferrit Perlit	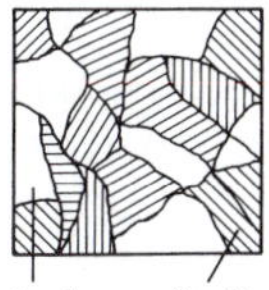 Ferrit Perlit	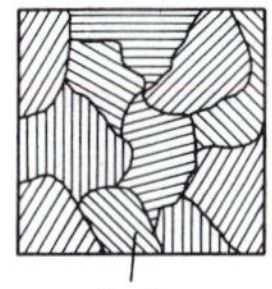 Perlit	 Perlit Sekundär-zementit
Zugfestigkeit	ca. 200 N/mm²	ca. 700 N/mm²	ca. 850 N/mm²	ca. 950 N/mm²	ca. 1000 N/mm²
Härte	ca. 150 HB	ca. 180 HB	ca. 220 HB	ca. 240 HB	ca. 260 HB
Härtbarkeit	bis 0,35 % nicht härtbar	**steigende Härtbarkeit** →			

Mit steigendem Gehalt eines Stahles an Zementit wachsen Härte, Festigkeit, Verschleißfestigkeit und Härtbarkeit. Die Zähigkeit und der Widerstand gegen Rissbildung sinken.

1.1.3 Zerspanbarkeit der Stähle

Ein Stahl ist gut zerspanbar, wenn er

- hohes Spanvolumen in kurzer Zeit abzutrennen ermöglicht,
- geringen Schneldenverschleiß verursacht,
- geringe Zerspanungskräfte benötigt,
- glatte Werkstückoberflächen ergibt und
- kurze Späne anfallen lässt.

WT

- **Zerspanbarkeit unlegierter Stähle**

Unlegierte Stähle haben ein Gefüge aus Ferrit und Perlit und evtl. Korngrenzenzementit.

Ferrit ist weich. Er neigt beim Zerspanen zum Verkleben und damit zur Bildung von Aufbauschneiden. Ferner ergibt er lange Späne.

Perlit ist hart und spröde. Er ergibt kurze Späne, erzeugt aber beim Zerspanen hohe Schneidentemperaturen und erhöhten Verschleiß.

In Stählen über 0,8 % C tritt zusätzlich noch Zementit an den Korngrenzen auf. Dieser hat sehr hohe Härte und verschlechtert die Zerspanbarkeit erheblich.

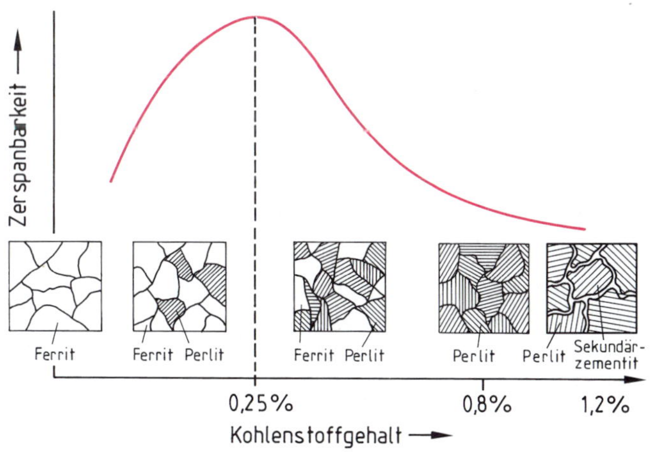

Zerspanbarkeit unlegierter Stähle

Beste Zerspanbarkeit bei den unlegierten Stählen ergibt sich darum im Bereich von etwa 0,2 bis 0,4% C, wo etwas Perlit in weichem Ferrit zu gutem Spanbruch führt.

Unlegierte Stähle mit Kohlenstoffgehalten zwischen 0,2 und 0,4 % C sind gut zerspanbar.

- **Einfluss von Legierungselementen auf die Zerspanbarkeit**

Legierungselemente, welche die Festigkeit des Stahles erhöhen, ohne eigene Gefügebestandteile zu bilden, z.B. kleine Mengen an Vanadium und Titan, erschweren die Spanabnahme und verschlechtern die Zerspanbarkeit. Auch Elemente, welche die Zähigkeit stark steigern, senken die Zerspanbarkeit.

Alle Elemente, die mit Kohlenstoff sehr harte Karbide bilden, z.B. Chrom und Molybdän, die im Stahlgefüge eingelagert sind, führen zwar zu kurzen Spänen. Sie erhöhen aber den Schneidenverschleiß und senken darum die Zerspanbarkeit erheblich.

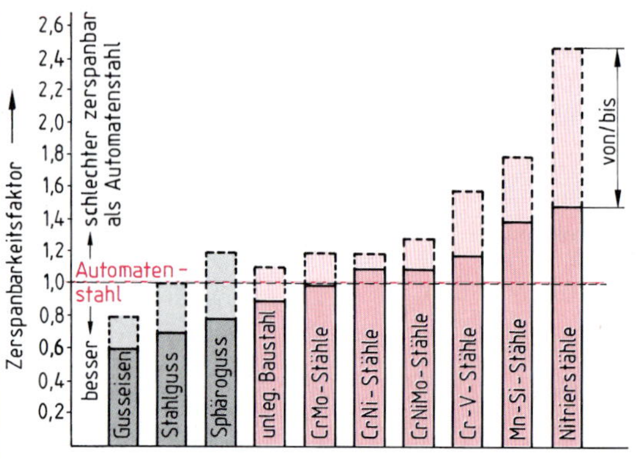

Zerspanbarkeit der Stähle und Gusswerkstoffe

Elemente, die im Stahl leicht brüchige und leicht schmelzende Einschlüsse bilden, senken die Zähigkeit des Stahles. Sie erhöhen aber sehr die Zerspanbarkeit, da sie kurze Späne verursachen, glatte Oberflächen ermöglichen und den Schneidenverschleiß senken. Zu diesen Elementen gehören

- Schwefel, der mit Mangan im Stahl rundliche Mangansulfide bildet, an denen der Span bricht und
- Blei, das in Form kleiner Einschlüsse in den Stahl eingelagert ist und damit spanbrechend und schmierend wirkt.

Automatenstähle weisen darum die Legierungselemente Schwefel und Blei auf, z. B. 22S20, 9SMn36, 9SMnPb28.

Die Legierungselemente Schwefel und Blei verbessern die Zerspanbarkeit des Stahles. Titan, Chrom, Nickel, Vanadium und Molybdän verschlechtern schon in kleinen Mengen die Zerspanbarkeit.

Durch Legierungselemente kann die Perlitbildung unterdrückt werden. Dadurch entstehen Stähle, die auch bei Raumtemperatur ein Austenitgefüge aufweisen. Man bezeichnet diese Stähle als **austenitische Stähle**. Von den austenitischen Stählen werden die hoch mit Chorm und Nickel legierten Stähle besonders häufig eingesetzt. Sie sind korrosionsbeständig und unmagnetisch.

Austenitische Stähle, z.B. der X5CrNi 18-10 (18% Cr, 10% Ni), sind schwer zerspanbar. Der Werkstoff neigt beim Eindringen des Meißels zur Kaltverfestigung. Wegen der hohen Zähigkeit des Austenits ergibt sich auch eine schlechte Bruchbildung des Spans, eine hohe Klebeneigung am Meißel mit Aufbauschneidenbildung. Wegen des geringen Wärmeleitvermögens dieses Werkstoffs muss der Meißel mehr Zerspanwärme aufnehmen, was seine Standzeit sehr verringert.

Zerspanung dieses schwierigen Werkstoffs setzt prinzipiell eine stabile, antriebsstarke Maschine und eine schwingungssteife Spindellagerung voraus.

Gute Ergebnisse bei der Zerspanung werden erzielt mit

- kleinen Einstellwinkeln zwischen 45 u. 75°,
- Wendeschneidplatten der Form RNGN, SNMG oder CNMG,
- großem Schneidenradius,
- unterschiedlichen Schnitttiefen bei mehreren Schnitten,
- großen Schitttiefen möglichst über 1 mm,
- großen Vorschub über 0,1 mm,
- Einsatz von Kühlschmiermitteln.

Die Zerspanung von rostfreien Stählen verbessert sich, wenn Wendeschneidplatten mit möglichst kleinem Einstellwinkel und möglichst großem Schneidenradius gewählt werden.
Ihre Standzeit kann verlängert werden, wenn die Schnitttiefe variiert und Kühlmittel eingesetzt werden.

Übungsaufgaben WT-4; WT-5; WT-6

1.2 Stoffeigenschaftändern von Stahl

1.2.1 Glühen

- **Weichglühen**

Ziel des Weichglühens ist ein Gefüge, das besser spanend bearbeitet werden kann als das Ausgangsgefüge. Im Perlit muss die Werkzeugschneide die Zementitlamellen zerbrechen und stumpft dabei schnell ab. Durch Weichglühen überführt man die Zementitlamellen des Perlits in Kugeln, die leicht vom Werkzeug aus der Ferritmasse herausgehoben oder zur Seite gedrängt werden können. Dadurch wird die Schneide weniger beansprucht.

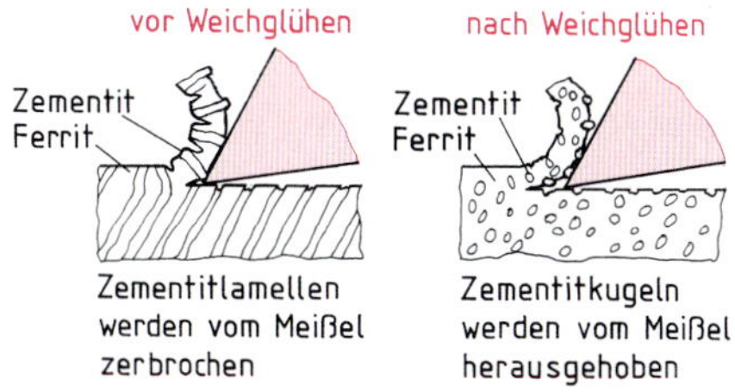

Spanen vor und nach dem Weichglühen

Bei untereutektoidischen Stählen glüht man viele Stunden lang unterhalb von 723 °C. Bei übereutektoidischen Stählen formt man zunächst durch eine mehrstündige Glühung bei etwa 750 bis 780 °C den schalenförmigen Zementit an den Korngrenzen zu Kugeln um. Danach glüht man unter 723 °C weiter, um Perlit mit kugelförmigem Zementit zu erhalten.

Beispiel für Weichglühen

Ausgangszustand → **Weichglühen** → **Endzustand**

Lamellarer Zementit des Perlits

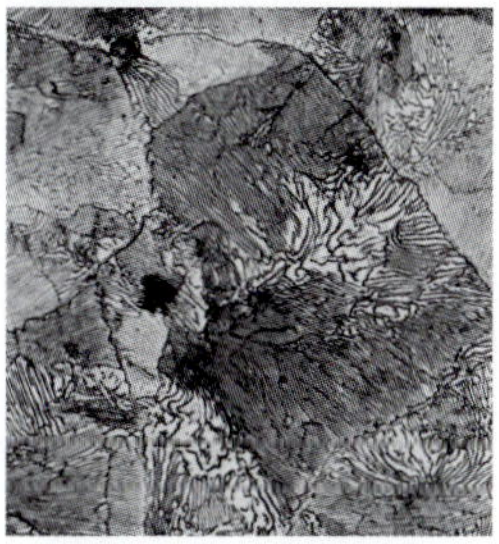

Zugfestigkeit: 950 $\frac{N}{mm^2}$
Bruchdehnung: 9%
Härte: 240 HB

Glühtemperatur:	700 °C
Glühzeit:	5 Stunden
Abkühlung:	im Ofen

Kugeliger Zementit des Perlits

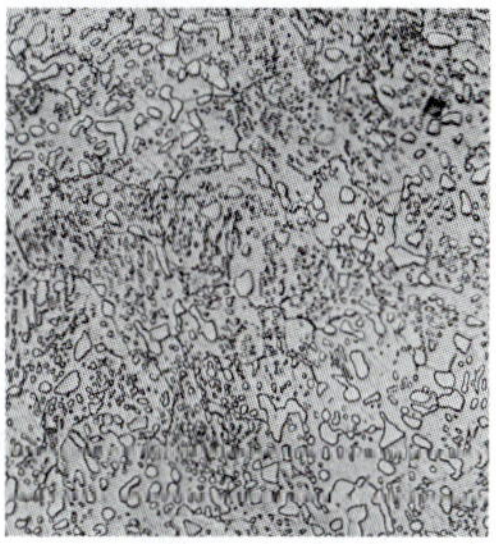

Zugfestigkeit: 520 $\frac{N}{mm^2}$
Bruchdehnung: 27%
Härte: 150 HB

Weichglühen dient zur Verbesserung der Zerspanbarkeit und Umformbarkeit.
Beim Weichglühen wird lamellarer Zementit in Kugelform überführt.

- **Spannungsarmglühen**

Enthält ein Werkstück starke Eigenspannungen durch ungleichmäßiges Abkühlen beim Gießen, Schweißen, Schmieden oder anderen Verfahren, so können diese Spannungen durch Erwärmen abgebaut werden.

Damit keine Gefügeänderungen und keine Verformung durch das Eigengewicht des Werkstückes eintreten, erfolgt das Spannungsarmglühen bei Temperaturen zwischen 500 und 600 °Celsius. Beim Spannungsarmglühen muss das Werkstück über den ganzen Querschnitt die gleiche Temperatur aufweisen und anschließend sehr langsam abgekühlt werden. Deshalb zieht sich dieses Glühverfahren über mehrere Stunden hin.

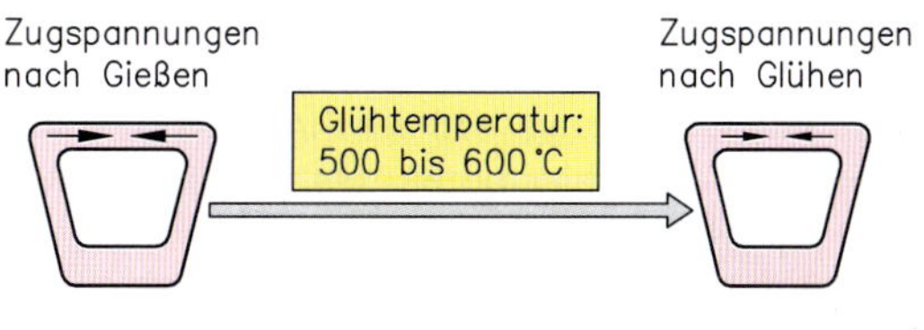

Spannungsarmglühen

Spannungsarmglühen geschieht bei Temperaturen zwischen 500 und 600 °Celsius über mehrere Stunden. Spannungsarmglühen führt man durch, um Spannungen im Werkstück abzubauen.

Übungsaufgabe WT-7

- **Normalglühen**

Häufig muss das Gefüge gehärteter oder geschweißter Bauteile wieder in den Zustand, den es nach dem Fe-Fe_3C-Diagramm haben müsste, zurückgeführt werden. Dies geschieht durch Normalglühen. Gleichzeitig wird beim Normalglühen ein feinkörniges und damit zähes Gefüge erzeugt.
Normalglühen geschieht dadurch, dass man die Stähle bis in den Austenitbereich erhitzt. Es entsteht ein neues Gefüge. Man glüht etwa 15 Minuten je 10 mm Wanddicke. Danach kühlt man an ruhender Luft ab. Bei übereutektiodischen Stählen glüht man den Stahl meist vorher weich, sodass der Sekundärzementit in Kugelform überführt wird. Danach führt man die Normalglühung bei etwa 750 °C durch.

Beispiel **für das Normalglühen einer 20 mm dicken Platte aus C35**

Ausgangszustand → **Normalglühen** → **Endzustand**

Gefüge nach der Reparaturschweißung an einem Werkstück, 0,35 % C
Plattendicke: 20 mm

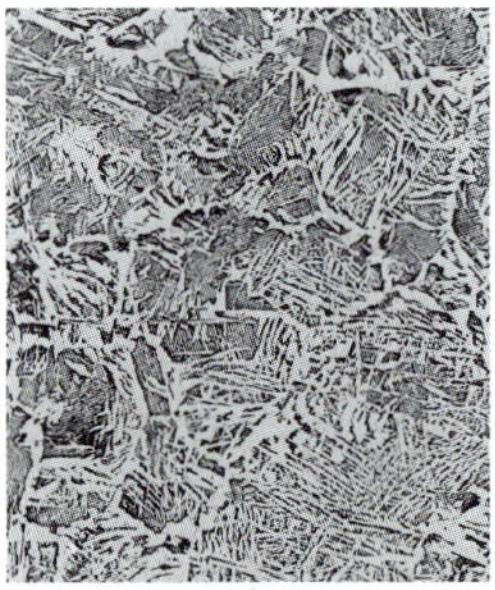

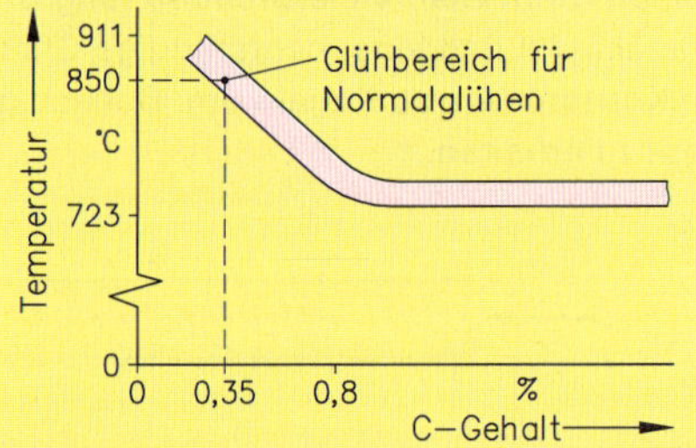

Glühtemperatur: 850 °C
Glühzeit: 30 Minuten
Abkühlung: an ruhender Luft

Ferrit-Perlit-Gefüge, feinkörnig

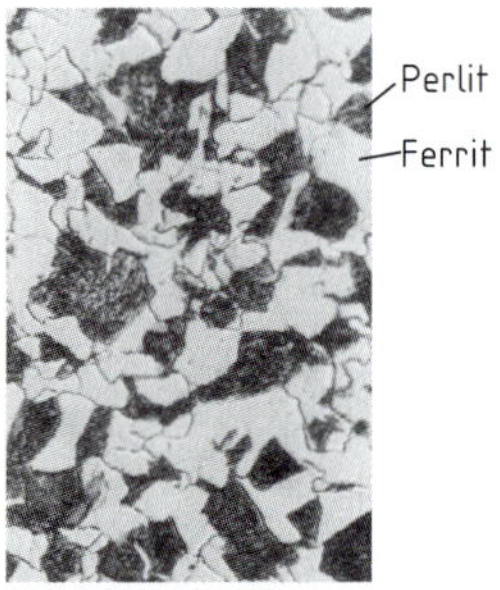

Beim Normalglühen erhitzt man den Stahl kurzzeitig in den Austenitbereich und kühlt anschließend an der Luft ab. Normalglühen geschieht zur Erzeugung eines feinkörnigen und gleichmäßigen Gefüges.

1.2.2 Härten

Die Eigenschaften von Stahl mit einem Kohlenstoffgehalt von mindestens 0,3 % können auch durch Wärmebehandlung geändert werden. Dabei erwärmt man den Stahl je nach Kohlenstoffgehalt auf 750 bis 900 °C. Bei dieser Temperatur ist der Perlit in Austenit umgewandelt. Durch schnelles Abkühlen in Wasser wird aus dem kubisch-flächenzentrierten Gitter des Austenits ein kubisch-raumzentriertes Gitter. Wegen des schnellen Abkühlens (Abschrecken) fehlt den Kohlenstoffatomen jedoch die Zeit, Fe_3C zu bilden. Die Kohlenstoffatome werden im kubisch-raumzentrierten Gitter des Eisens eingeschlossen und verzerren das Gitter. Durch diese Gitterverzerrung wird der Stahl hart. Das Abschrecken des Stahles bezeichnet man als **Härten**. Beim Härten entsteht ein Gefüge mit nadelförmigem Aufbau. Man bezeichnet dieses Gefüge als **Martensit**.

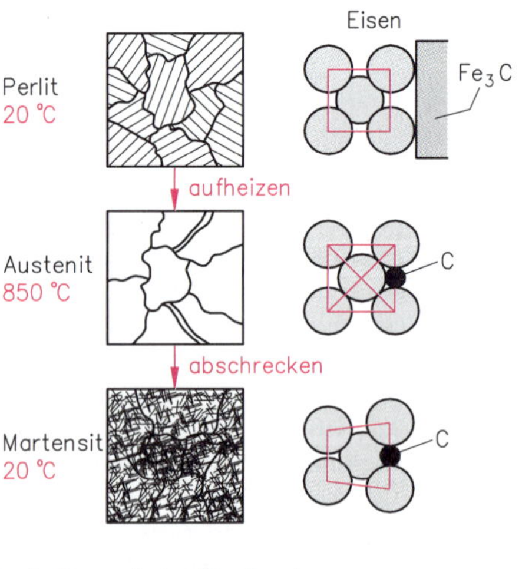

Gefügeänderung beim Abschrecken

Unter Härten von Stahl versteht man ein so schnelles Abkühlen des Austenits, dass die Kohlenstoffatome in den Gitterlücken des Ferrits zwangsweise eingeschlossen werden. Durch Gitterspannungen tritt eine erhebliche Härtesteigerung ein. Das entstandene Gefüge heißt Martensit.

Übungsaufgaben WT-8; WT-9

- **Anlassen bei niederen Temperaturen**

Durch Erwärmen auf niedrige Temperaturen von etwa 180° bis 250 °C können Kohlenstoffatome auf günstigere Zwischengitterplätze umgelagert werden. Dieses Erwärmen bezeichnet man als **Anlassen** bei niederen Temperaturen. Es führt zu einer unbedeutenden Minderung der Härte. Die Neigung zu Spannungsrissen nimmt jedoch *erheblich* ab. Darum werden alle Werkzeuge nach dem Härten etwa 1 Stunde je 20 mm Wanddicke, mindestens aber 2 Stunden lang, angelassen. Das Anlassen geschieht in Öfen, Salz- oder Ölbädern. Die Abkühlung erfolgt an der Luft oder in Öl.

Anlassen bei niederen Temperaturen bewirkt
– geringen Abfall der Härte, – geringen Anstieg der Zähigkeit, – starke Minderung der Rissneigung.

Die Anlasstemperatur wird dem notwendigen Widerstand gegen Rissneigung und der Stahlqualität angepasst. Je geringer die Gefahr der Rissentstehung ist, desto geringer sind die Anlasstemperaturen.

Beispiele **für Anlasstemperaturen**

Messzeuge, Lehren	100 bis 200 °C;	Bohrer, Gewindebohrer	bis 250 °C;
Drehmeißel, Fräser	bis 200 °C;	Messer, Äxte	bis 300 °C.

Je geringer die Gefahr der Rissbildung, desto niedriger die Anlasstemperatur.

1.2.3 Vergüten

Bei hoch beanspruchten Bauelementen wie Drahtseilen, Schrauben und Wellen steigert man durch ein Wärmebehandlungsverfahren die Festigkeit und die Widerstandsfähigkeit gegen schlagartige Belastung (Zähigkeit). Die Veränderung dieser Eigenschaften erzielt man durch einen Härtevorgang mit nachfolgendem Anlassen bei Temperaturen zwischen 400–700 °C. Diese Wärmebehandlung durch Härten mit Anlassen bei hohen Temperaturen nennt man **Vergüten**.

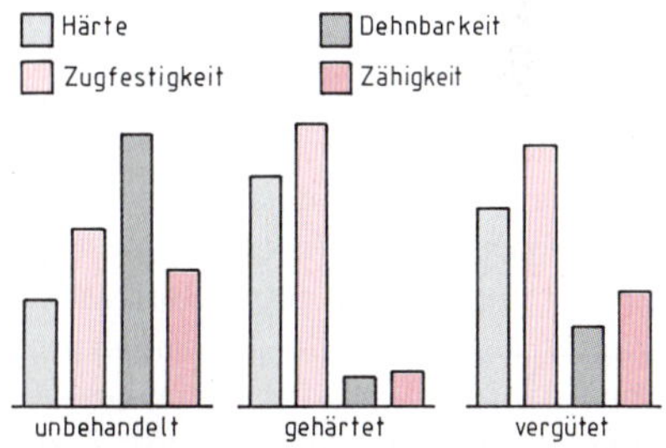

Vergleich von Festigkeitskennwerten eines Stahles nach Härten und Vergüten

Vergüten ist Härten mit nachfolgendem Anlassen bei Temperaturen zwischen 400 ° bis 700 °C.
Durch Vergüten erzielt man eine hohe Zugfestigkeit und hohe Widerstandsfähigkeit gegen schlagartige Belastung (Zähigkeit).

Beim Vergüten richtet sich die Temperatur für das Anlassen nach der Art des Stahles und der geforderten Zugfestigkeit. Stähle, die besonders zum Vergüten geeignet sind, heißen **Vergütungsstähle**. Sie sind in DIN EN 10083 genormt. Vergütungsstähle sind unlegierte Stähle mit einem Kohlenstoffgehalt von 0,22 bis 0,6% und niedrig legierte Stähle.

Für jeden Stahl hat man in Versuchen Diagramme aufgestellt, aus denen die erreichbaren Festigkeitskennwerte in Abhängigkeit von der Anlasstemperatur abgelesen werden können. Diese Schaubilder heißen **Anlassschaubilder**.

Beispiel **für die Ermittlung der Anlasstemperatur**

Eine Kurbelwelle aus 34 Cr 4 soll auf eine Zugfestigkeit von 800 N/mm² vergütet werden. Im Anlassschaubild für den Stahl 34 Cr 4 findet man dafür eine Anlasstemperatur von 590 °C, eine Streckgrenze von 550 N/mm² und eine Bruchdehnung von 17 %.

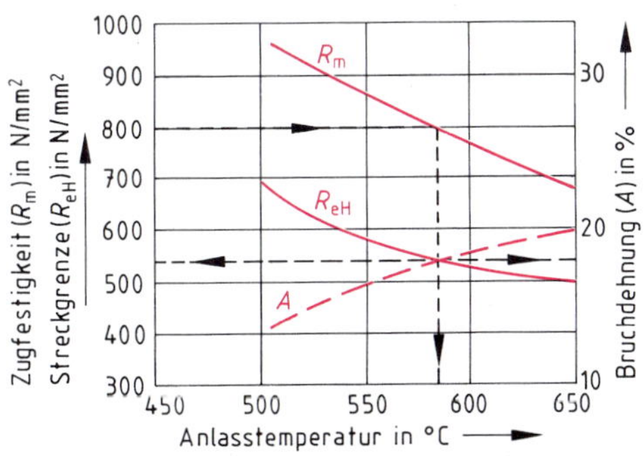

Anlassschaubild von 34 Cr 4

Aus Anlassschaubildern können die Anlasstemperaturen für verschiedene Vergütungsstähle entnommen werden. Bei diesen Temperaturen werden bestimmte Festigkeitswerte erreicht.

Übungsaufgaben WT-10 bis WT-13

1.2.4 Härten der Randschicht

Werkstücke, welche stoßartiger oder ständig wechselnder Belastung ausgesetzt sind, werden nur in der Randschicht gehärtet. Dadurch erhalten die Bauelemente eine harte und verschleißfeste Randschicht, während der Kern zäh bleibt. So werden z.B. die Gleitflächen an Kurbelwellen oder an Nockenwellen, die Zahnflanken bei Zahnrädern und Messflächen bei Messwerkzeugen in der Randschicht gehärtet.

Getriebewelle

Härten der Randschicht zielt auf harte und verschleißfeste Randschicht bei zähem Kern ab.

1.2.4.1 Flamm- und Induktionshärten

Härtbare Stähle mit 0,3 bis 1,2 % Kohlenstoff werden nur in der Randzone auf Härtetemperatur erwärmt und dann abgeschreckt.

Beim **Flammhärten** wird das Werkstück von einem Brenner schnell bis zur Härtetemperatur erwärmt und sofort mit einer Brause abgeschreckt.
Die Härtetiefe beträgt mindestens 1 mm und kann durch Verringerung der Vorschubgeschwindigkeit von Brenner und Brause vergrößert werden. Das Flammhärten kann bei jeder Werkstückgröße vorgenommen werden. Es wird vor allem für große Teile und für Teile mit komplizierter Form angewendet.

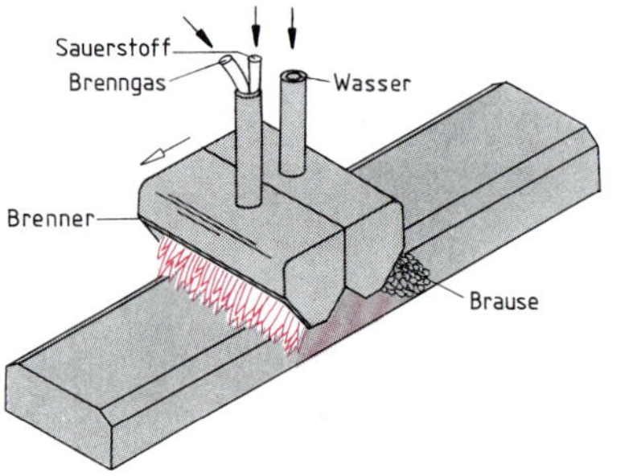

Flammhärten eines Gleitstücks

Beim **Induktionshärten** wird das Werkstück mithilfe von elektrischem Wechselstrom in der Randschicht erwärmt. Dazu wird das Werkstück in eine Spule eingeführt, durch die Wechselstrom mit hoher Frequenz fließt. Dadurch werden im Werkstück Wirbelströme induziert, die die Randzone schnell auf Härtetemperatur erwärmen. Mit einer Brause, die hinter der Spule angeordnet ist, wird das Werkstück abgeschreckt. Die Einhärtetiefe ist sehr gleichmäßig und kann gut gesteuert werden. Sie beträgt 0,1 bis 1 mm und wird mit höherer Frequenz des Stromes geringer.

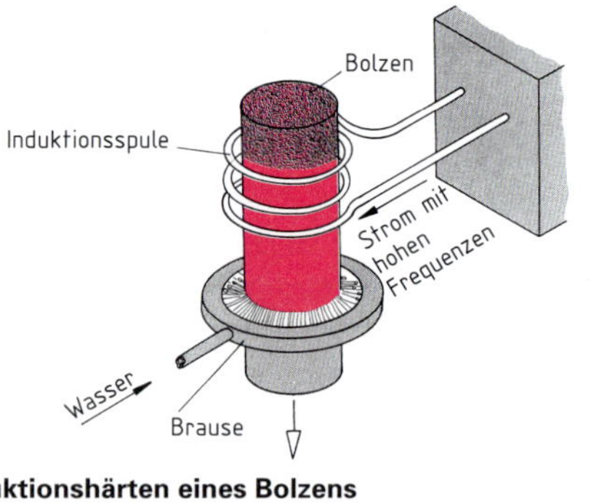

Induktionshärten eines Bolzens

Bauelemente aus härtbarem Stahl mit einem Kohlenstoffgehalt von 0,3 bis 1,2 % werden in der Randschicht gehärtet, indem man die Randschicht hoch erhitzt und dann abschreckt. Nach der Art der Erwärmung unterscheidet man: • Flammhärten, • Induktionshärten.

1.2.4.2 Einsatzhärten

- **Übersicht über den Verfahrensablauf**

Bauteile aus kohlenstoffarmen Stählen (C < 0,2%) sind gut bearbeitbar und sehr zäh. Sie können stoßartige und wechselnde Belastungen gut aufnehmen. Ihre Randschicht verschleißt jedoch sehr schnell. Zur Erzeugung einer harten und verschleißfesten Randschicht werden diese Stähle zunächst durch Einbringen von Kohlenstoff in die Randschicht aufgekohlt (eingesetzt) und danach abschreckgehärtet.

Übungsaufgaben WT-14; WT-15

Das **Einsetzen** geschieht in Öfen, in die man gleichzeitig Stoffe gibt, welche leicht Kohlenstoff abgeben. Dies sind häufig Gasgemische aus Kohlenmonoxid (CO), Methan (CH_4) u.a. Damit die Kohlenstoffatome in die Werkstückoberfläche eindringen können, erfolgt die Aufkohlung bei Temperaturen, bei denen das Eisen ein kubisch-flächenzentriertes Gitter hat. Dies ist im Austenitbereich der Fall.

Das **Härten nach dem Einsetzen** geschieht nach erneutem vorsichtigem Aufheizen in den Austenitbereich der Randschicht. Als Abschreckmittel werden je nach Zusammensetzung des Stahles Wasser, Öl oder besser das Warmbad mit ca. 200 °C verwendet.

Beispiel **für Verfahrensablauf und Gefüge beim Einsatzhärten**

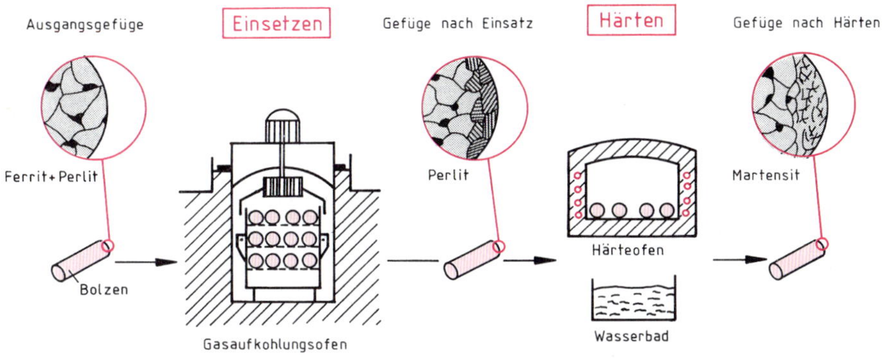

Beim Einsatzhärten werden kohlenstoffarme Stähle in der Randschicht aufgekohlt (eingesetzt) und anschließend abschreckgehärtet.

1.2.4.3 Nitrieren

Beim Nitrieren dringen Stickstoffatome in die Randschicht der Werkstücke ein und bilden mit den metallischen Legierungszusätzen (Cr, V) chemische Verbindungen, die besonders hart sind. Ein Abschrecken erübrigt sich. Chemische Verbindungen von Metallen und Stickstoff bezeichnet man als **Nitride**. Die Dicke der Nitridschicht wird durch die Glühdauer bestimmt. Zum Beispiel benötigt man 20 Stunden für 0,3 mm Eindringtiefe.

Für das Randschichthärten durch Nitrieren sind Stähle mit 0,3 bis 0,5% Kohlenstoffgehalt und zusätzlichen Legierungsanteilen aus Aluminium, Chrom, Molybdän, Vanadium u.a. geeignet. Diese Stähle werden in Stickstoff abgebenden Mitteln, meist in Ammoniakgas (NH_3), bei etwa 500 bis 580 °C geglüht. Zum Nitrieren werden in seltenen Fällen auch Zyansalzschmelzen wie z.B. NaCN und KCN verwendet.

WT

Die geringe Glühtemperatur und das Fehlen des Abschreckens ermöglichen es, dass man fertig bearbeitete Werkstücke nitrieren kann. Es tritt kein Verzug auf. Die Nitride der Legierungszusätze Aluminium, Molybdän, Vanadium, Chrom u.a. haben neben der hohen Härte große Korrosionsbeständigkeit und Hitzebeständigkeit.

Nitriergehärtet werden Messzeuge und Verschleißteile warmbeanspruchter Werkstücke, wie z.B. Ventile in Verbrennungsmotoren.

Oberfläche

Gefüge eines nitrierten Stahles

Beim Nitrieren bilden die Legierungszusätze besonders legierter Stähle in der Randschicht der Werkstücke Nitride. Die Randschicht nitrierter Bauelemente ist sehr hart und verschleißfest, hitzebeständig und korrosionsbeständig.

Übungsaufgaben WT-16; WT-17

1.3 Stahlsorten

- **Unlegierte Baustähle**

Unlegierte Baustähle nach DIN EN 10025 sind Grund- und Qualitätsstähle, die vorwiegend aufgrund ihrer mechanischen Eigenschaften im Stahlbau und Maschinenbau eingesetzt werden.
Häufig verwendete unlegierte Baustähle sind S235 und E360.

- **Vergütungsstähle**

Vergütungsstähle sind nach DIN EN 10083 unlegierte und legierte Stähle. Sie sind für kleine Maschinenelemente mit geringer Festigkeit wie Schrauben und Bolzen bis zu großen Bauelementen mit hohen Festigkeitseigenschaften wie Schiffskurbelwellen einzusetzen.

Beispiele **für Vergütungsstähle**

Kurznamen nach DIN EN 10083	Werkstoffnummer	Gewährleistete mechanische Werte (16 bis 40 mm ∅)		
		Zugfestigkeit N/mm²	Streckgrenze N/mm²	Bruchdehnung %
C 45	1.0503	800 bis 650	305	16
34 Cr 4	1.7033	950 bis 800	590	14
34 CrNiMo 6	1.6582	1300 bis 1100	900	10

- **Nitrierstähle**

Nitrierstähle nach DIN EN 10085 sind Stähle, die als Legierungselemente Cr, Al und V enthalten. Diese Legierungselemente bilden mit Stickstoff harte und verschleißfeste Nitride.
Typische Nitrierstähle sind 39 CrMoV 13-9 und 41 CrAlMo 7.

- **Einsatzstähle**

Einsatzstähle nach DIN EN 10084 sind Qualitäts- und Edelstähle, die nach Aufkohlen und Härten der Oberfläche vorwiegend im Maschinen- und Werkzeugbau verwendet werden.

Beispiele **für Einsatzstähle**

Kurznamen nach DIN EN 10084	Werkstoff-nummer	Gewährleistete mechanische Werte (30 mm ∅)		
		Zugfestigkeit N/mm²	Streckgrenze N/mm²	Bruchdehnung %
C 10 E	1.1121	490 bis 640	295	16
16 MnCr 5	1.7131	880 bis 1180	390	11
18 CrNiMo 13-4	1.6587	1180 bis 1420	785	8

- **Automatenstähle**

Automatenstähle nach DIN EN 10087 sind Stähle, die sich durch gute Zerspanbarkeit und gute Spanbrüchigkeit auszeichnen. Diese Eigenschaften werden durch Einschlüsse von Schwefel im Grundgefüge erzielt. Bleizusätze erhöhen ebenfalls die Zerspanbarkeit.
Automatenstähle sind z.B. 10 S 20 für verschleißfeste Kleinteile und 38 SMn 28 für große Bauteile.

- **Schnellarbeitsstähle**

Schnellarbeitsstähle werden zur Herstellung von Zerspanungs- und Schnittwerkzeugen eingesetzt. Sie erhalten ihre hohe Härte vorwiegend durch harte und warmfeste Karbide der Legierungselemente.
Schnellarbeitsstähle werden durch ein besonderes Bezeichnungssystem gekennzeichnet. Der Kurzname beginnt mit **HS,** es folgen in ganzen Zahlen die Gehalte an Wolfram, Molybdän, Vanadium und Cobalt. Der Kohlenstoffgehalt (0,6% bis 1,2%) und der Chromgehalt (meist 4%) werden nicht angegeben.

Beispiele **für Schnellarbeitsstähle**

Kurzname HS (W-Mo-V-Co)	Werkstoff-nummer	Chemische Zusammensetzung in % (Mittelwerte)						Härte nach dem Anlassen in HRC
		C	Cr	W	Mo	V	Co	
HS 3 - 3 - 2	1.3333	0,99	4,15	2,85	2,75	2,35	–	62 ... 64
HS 6 - 5 - 2 - 5	1.3343	0,88	4,15	6,35	4,95	1,85	–	64 ... 66
HS 10 - 4 - 3 - 10	1.3207	1,27	4,15	10,25	3,75	3,25	10,50	65 ... 67
HS 12 - 1 - 4 - 5	1.3202	1,37	4,15	12,00	0,85	3,75	4,75	65 ... 67

1.4 Gusseisen

1.4.1 Gefüge und Eigenschaften von Gusseisen

Gusseisen enthält 3 bis 5% Kohlenstoff. Bei diesen Kohlenstoffgehalten erhält man niedrige Schmelztemperaturen. Darüber hinaus sind die Gießeigenschaften wie Dünnflüssigkeit, geringe Schrumpfung, geringe Rissneigung u.a. besonders günstig. Darum können auch sehr dünnwandige Werkstücke aus Gusseisen hergestellt werden.
Im Gefüge der meisten Eisen-Kohlenstoff-Gusswerkstoffe mit höherem Kohlenstoffgehalt liegt der Kohlenstoff überwiegend als Graphit vor. Den Gefügebestandteil, der das Eisen enthält, bezeichnet man als Grundgefüge.

Gusseisen ist eine Eisen-Kohlenstoff-Legierung mit 3 bis 5% C. Gusseisen besteht aus einem Grundgefüge, das im Wesentlichen vom Eisen gebildet wird und darin eingelagertem Graphit.

Dieses Grundgefüge kann wie beim Stahl nur aus Ferrit, aus Ferrit und Perlit oder ganz aus Perlit bestehen. Je höher der Perlitanteil ist, desto größer sind Festigkeit und Härte des Gefüges. Festigkeit und Zähigkeit des Grundgefüges können bei besonderen Anforderungen durch Vergüten erhöht werden.

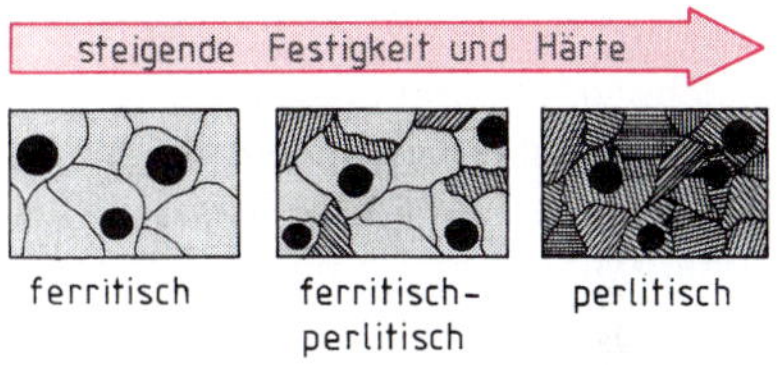

Grundgefüge in Gusseisen mit Kugelgraphit

Das Grundgefüge des Gusseisens kann bestehen aus:
- Ferrit,
- Perlit,
- Ferrit und Perlit,
- Vergütungsgefüge

Der im Grundgefüge eingelagerte Graphit hat nur sehr geringe Festigkeit und Härte und vermindert die Festigkeitseigenschaften des gesamten Gefüges. Dabei werden Festigkeit und Härte weniger durch die Menge des Graphits als vielmehr durch seine Form beeinflusst. Lamellenförmig eingelagerter Graphit schwächt das Grundgefüge stärker als flockenförmiger oder gar kugelförmiger Graphit, denn jede Graphitlamelle wirkt auf das Grundgefüge wie eine Kerbe, von der Risse ausgehen können.

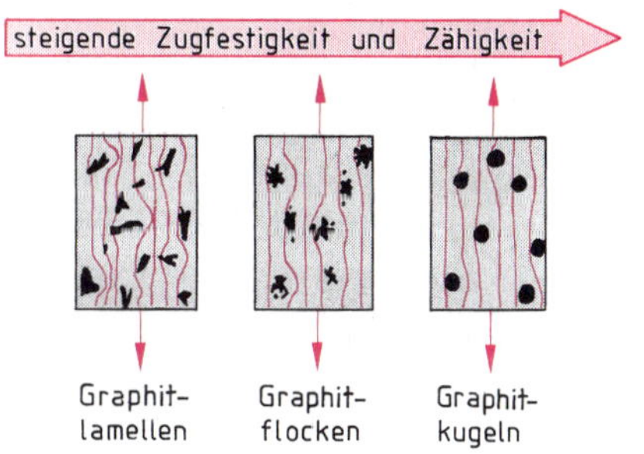

Einfluss der Graphitform

Die Graphitform beeinflusst entscheidend die Festigkeit und Zähigkeit von Gusseisen.

1.4.2 Gusseisen mit Lamellengraphit (GJL)

Gusseisen mit Lamellengraphit nach DIN EN 1561 ist ein Eisen-Kohlenstoff-Gusswerkstoff, dessen Kohlenstoff im Gefüge überwiegend in Form von Graphitlamellen vorliegt. Er hat in der Regel Kohlenstoffgehalte von 2,5% bis 4,0% bei Siliziumgehalten um 2,0%. Dadurch ergeben sich gute Gießeigenschaften.

Getriebegehäuse aus Gusseisen mit Lamellengraphit

Gusseisen mit Lamellengraphit (GJL) ist ein Eisen-Kohlenstoff-Gusswerkstoff, bei dem der Kohlenstoff überwiegend als Graphit in Lamellenform vorliegt.

WT

Da jede Graphitlamelle eine Kerbe für das Grundgefüge darstellt, ist die Festigkeit des Gusseisens weit geringer als die von Stahlguss. Dabei weisen Gefüge von Gusseisen mit gleicher Zusammensetzung, aber mit kleineren Lamellen höhere Festigkeit auf als Gefüge mit großen Lamellen.
Weiterhin bestimmt die Art des Grundgefüges die Festigkeitseigenschaften.

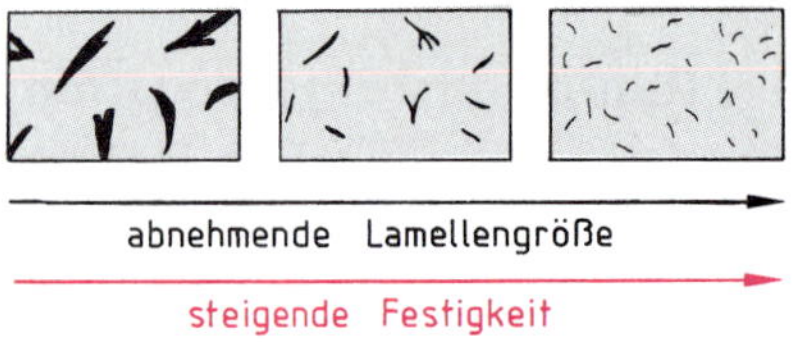

Einfluss der Lamellengröße auf die Festigkeit

Die Festigkeit von Gusseisen mit Lamellengraphit (GJL) hängt von der Größe der Graphitlamelle und der Art des Grundgefüges ab.

Gusseisen dämpft Schwingungen. Diese Dämpfungseigenschaften des Gusseisens beruht darauf, dass die Graphitlamellen wie Polster das Übertragen der Schwingungen verhindern. Wegen seiner schwingungsdämpfenden Eigenschaft und seiner guten Gießbarkeit wird Gusseisen zur Herstellung von Ständern für Werkzeugmaschinen, Motorengehäuse u.a. verwendet.

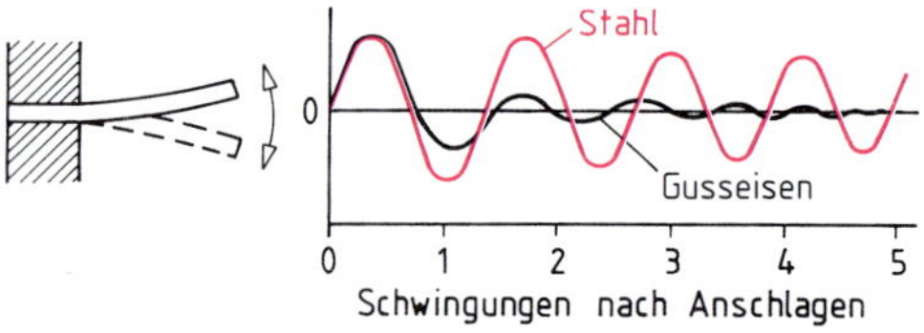

Schwingungsverlauf bei Stahl und Gusseisen

Gusseisen mit Lamellengraphit (GJL)
- ist gut gießbar,
- wirkt schwingungsdämpfend,
- ist relativ korrosionsbeständig.

1.4.3 Gusseisen mit Kugelgraphit (GJS)

Gusseisen mit Kugelgraphit nach DIN EN 1563 ist ein Eisen-Kohlenstoff-Gusswerkstoff, dessen Kohlenstoff im Gefüge weitgehend kugelförmig vorliegt. Der Kohlenstoffgehalt liegt zwischen 3,5 und 4,5%. Die kugelförmige Ausbildung des Graphits im Gefüge entsteht durch Zugabe von Magnesium in die Schmelze. Da die Graphitkugeln nur geringe Kerbwirkung für das Grundgefüge haben, ist die Festigkeit von Gusseisen mit Kugelgraphit annähernd so hoch wie bei Stahlguss, ohne dass sich die Gießeigenschaften gegenüber Gusseisen mit Lamellengraphit verschlechtern.

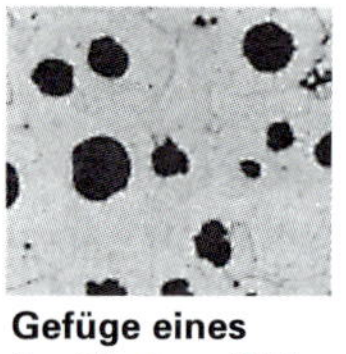
Gefüge eines ferritischen GJS

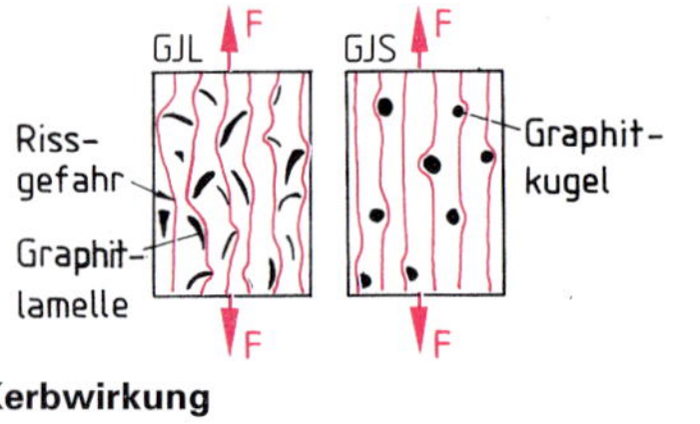

Kerbwirkung

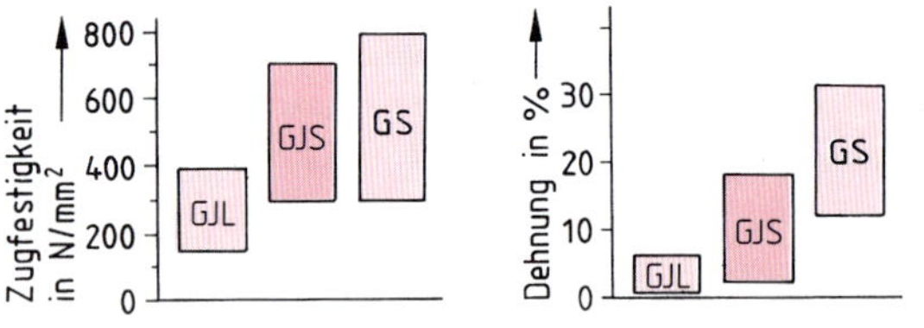

Festigkeitskenntwerte von Fe-C-Gusswerkstoffen

Gusseisen mit Kugelgraphit ist ein Eisen-Kohlenstoff-Gusswerkstoff, bei dem der Kohlenstoff überwiegend als Graphit in Kugelform vorliegt.

Gusseisen mit Kugelgraphit wird als Werkstoff für Automobilteile (Achsgehäuse, Getriebegehäuse, Bremstrommeln, Kurbelwellen u.a.), hoch beanspruchte Maschinenteile, Bauteile im Landmaschinenbau und Waggonbau verwendet.

Achsgehäuse aus GJS

Gusseisen mit Kugelgraphit (GJS)
- ist fester und zäher als GJL,
- ist gut gießbar,
- ist relativ korrosionsbeständig.

Übungsaufgaben WT-18; WT-19

1.4.4 Normbezeichnungen von Fe-C-Gusswerkstoffen

- **Kurznamen von Gusseisenwerkstoffen**

Der Kurzname für Gusseisenwerkstoffe wird nach DIN EN 1560 durch maximal sechs Angaben gebildet, wobei nicht alle Positionen belegt sein müsen. Es wird immer die Sorte des Gusseisenwerkstoffs und die mechanische Eigenschaft bzw. die Härte angegeben.

Beispiele für Kurznamen von Gusseisenwerkstoffen

EN – G J L – 150

- 150: Mindestzugfestigkeit R_m = 150 N/mm²
- L: Lamellengraphit
- J: Eisen (Iron)
- G: Guss
- EN: Europäische Norm

EN – GJL – HB 155

- HB 155: Brinellhärte HB 155

EN – G J S – 400 – 18

- 18: zusätzlich: Mindestbruchdehnung 18%
- 400: Mindestzugfestigkeit R_m = 400 N/mm²
- S: Kugelgraphit (Sphäroguss)
- J: Eisen (Iron)
- G: Guss
- EN: Europäische Norm

Kurznamen für Gusseisenwerkstoffe beginnen immer mit EN, es folgt ein G für Guss und dann ein J für Eisen, die Sorte schließt diese Buchstabenfolge mit L für Lamellengraphit oder S für Kugelgraphit ab. Abschließend werden mechanische Eigenschaften angegeben.

- **Werkstoffnummern für Gusseisenwerkstoffe**

Die Werkstoffnummern für Gusseisenwerkstoffe unterscheiden sich nach DIN EN 1561 von denen der Stahlwerkstoffe. Sie beginnen immer mit EN, es folgt die Sorte des Gusseisenwerkstoffs, wie z.B. JL oder JS, und eine vierstellige Zahl.

Beispiele für Werkstoffnummern von Gusseisenwerkstoffen

Werkstoff	Kurzname	Werkstoff-nummer	Bisheriger Kurzname	Festigkeitseigenschaft/ Härte
Gusseisen mit Lamellengraphit	EN-GJL-200	**EN-JL 1030**	GG-20	Zugfestigkeit R_m = 200 bis 300 N/mm²
Gusseisen mit Lamellengraphit	EN-GJL-HB 235	**EN-JL 2050**	GG-240 HB	Brinellhärte HB 165 bis 235
Gusseisen mit Kugelgraphit	EN-GJS-400	**EN-JS 1030**	GGG-40	Zugfestigkeit R_m = 370 bis 400 N/mm²

- **Werkstoffnummern für Stahlguss**

Die Werkstoffnummern werden für Stahlguss nach dem Nummernsystem für Stähle nach DIN EN 10027 angegeben. Sie beginnen immer mit einer 1. und dann folgt eine vierstellige Zahl.

Beispiele für Werkstoffnummern von Stahlguss

Werkstoff	Kurzname	Werkstoff-nummer	Bisheriger Kurzname	Festigkeitseigenschaft
Stahlguss für Druckbehälter	GP 240	**1.0619**	GS-C 25	R_m = 420 bis 600 N/mm²
Stahlguss	–	**1.0552**	GS-52	R_m = 520 N/mm²

Bei Stahlguss beginnt die Werkstoffnummer immer mit 1. und es folgt eine vierstellige Zahl.

1.4.5 Herstellen von Werkstücken durch Gießen

Beim Gießen von Metallen wird der flüssige Gusswerkstoff in einen vorher gefertigten Hohlraum gegossen. Das flüssige Material erstarrt in diesem Hohlraum und erhält damit seine erste Gestalt, seine Urform. Wegen form- und gießtechnischer Anforderungen entsprechen Gussstücke nur bei einfachen Werkstücken dem geforderten Endprodukt. Die Unterschiede zwischen Rohgussteil und Endprodukt werden besonders beim Herstellen von Gussstücken in Sandformen deutlich.

• Herstellen von Gussstücken in Sandformen

Konstruktion des Gussteils

Der Konstrukteur hat den Reitstock so gestaltet, dass er seine Funktion als Bauelement der Drehmaschine erfüllt und durch Gießen leicht zu fertigen ist.

Wichtige Grundregeln der Konstruktion sind:

- Alle Wanddicken sollen möglichst gleich sein,
- Kanten und Ecken sollen abgerundet werden, damit das Werkstück gleichmäßig und spannungsfrei erstarren kann,
- Hinterschneidungen sollen vermieden werden, damit der Formhohlraum einfach herzustellen ist.

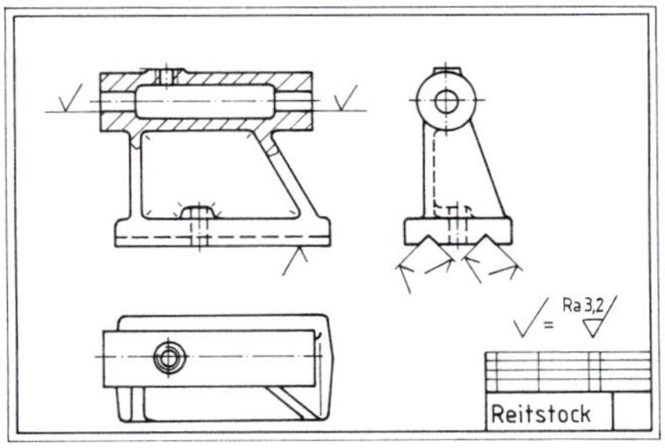

Zeichnung eines Reitstockoberteiles

Herstellen einer Modelleinrichtung

Nach der Konstruktionszeichnung fertigt der Modellbauer eine neue Zeichnung an, den **Modellriss,** welche alle form- und gießtechnischen Gesichtspunkte berücksichtigt, d.h.

- alle Maße werden um das **Schwindmaß** vergrößert, da das Werkstück beim Erkalten schwindet. So beträgt die *Längenschwindung* bei:
  - Gusseisen 1%,
  - Messing 1,5%,
  - Aluminium 1,25%,
  - Stahlguss 2%.
- damit der Formvorgang vereinfacht wird, sieht man eine **Modellteilung** möglichst im größten Querschnitt vor.

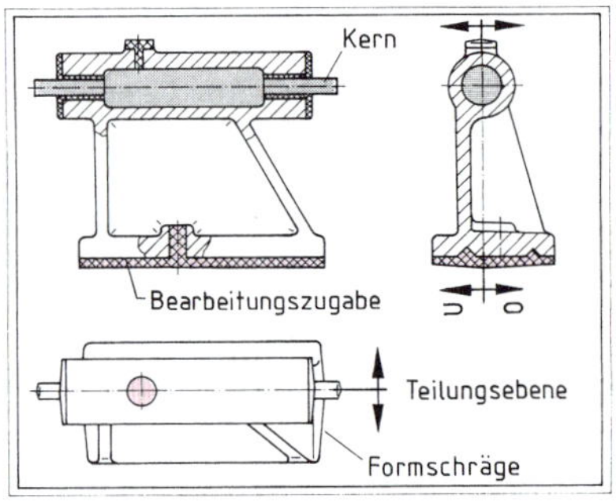

Modellriss eines Reitstockoberteiles

- alle Flächen, die in der Form senkrecht zur Teilung liegen, erhalten eine Schräge, damit das Modell leicht aus der Form zu heben ist. Bei kleinen Modellen beträgt die **Formschräge** 2°.
- alle Flächen, die später bearbeitet werden, erhalten eine **Bearbeitungszugabe.** Kleine Bohrungen werden voll gegossen. Bei kleinen Werkstücken beträgt die Bearbeitungszugabe etwa 2 mm.
- für hinterschnittene Konturen und Innenkonturen wird ein Kernkasten vorgesehen, in dem Sandteile (Kerne) gefertigt werden, die später die entsprechenden Hohlräume erzeugen. Die Lagerstellen des Kerns werden durch die Kernmarken am Modell erzeugt.

Entsprechend dem Modellriss wird die Modelleinrichtung gefertigt. Als Modellwerkstoff verwendet man je nach Zahl der geforderten Abgüsse Holz, Metall oder Kunststoff.

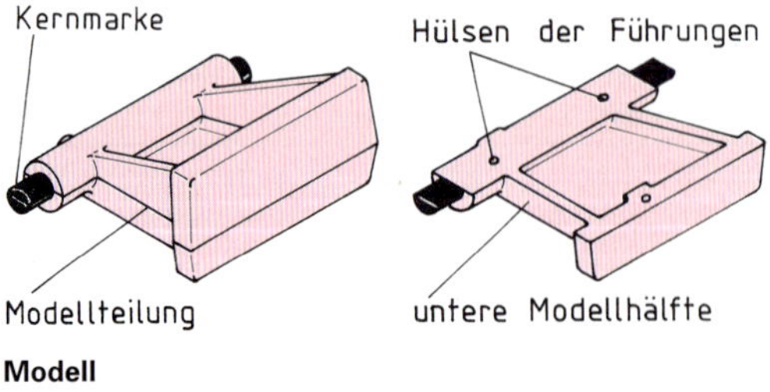

Modell

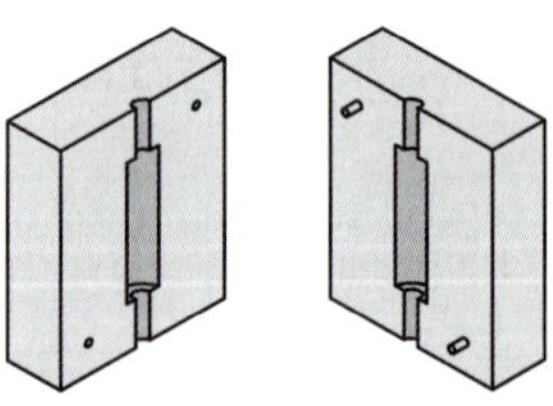
Kernkasten

Übungsaufgabe WT-20

• Herstellen der gießfertigen Form in der Handformerei

In der Formerei fertigt man mithilfe des Modells die verlorene Sandform an. Dies geschieht in folgenden Arbeitsschritten:

1. Eine Modellhälfte wird auf eine Platte gelegt und mit Trennmittel eingepudert. Ein Formrahmen aus Metall wird darüber gesetzt, Formsand in den Kasten gefüllt und festgestampft. Der aufgestampfte Unterkasten wird umgedreht.
   Die zweite Modellhälfte wird auf die erste, bereits eingeformte Hälfte gelegt und ist gegen seitliches Verschieben durch Dübel gesichert. Dann wird der Oberkasten aufgestampft.

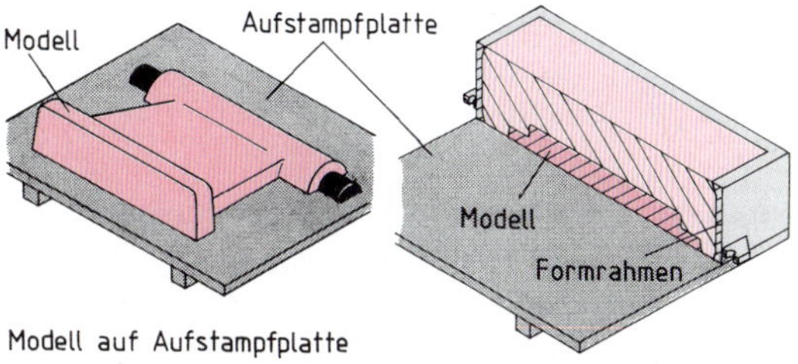

Aufstampfen des Unterkastens

2. Ober- und Unterkasten werden voneinander getrennt. Zwischen dem Einguss und dem Formhohlraum des Reitstockes wird in den Sand ein Verbindungskanal, der so genannte Lauf, geschnitten. Alle Modellteile werden aus dem Formsand herausgehoben.

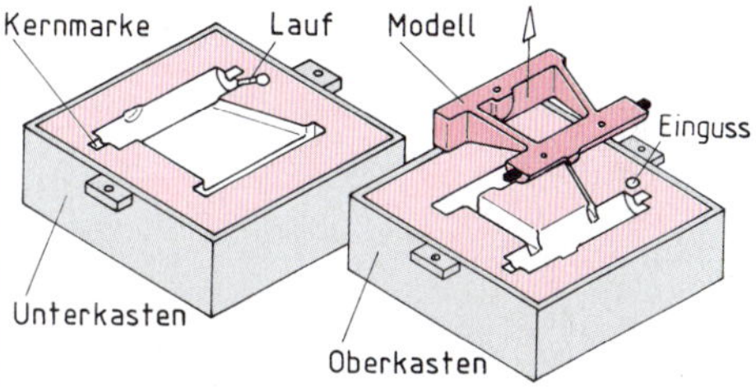

Ausheben der Modelle

3. Der Kern für die durchgehende Bohrung wird in die Kernmarken des Unterkastens eingelegt. Der Oberkasten wird auf den Unterkasten gesetzt. Die Führungen zwischen den beiden Kästen verhindern ein seitliches Verschieben. Zum Schluss beschwert man den Oberkasten, damit er durch das Gießmaterial nicht hoch gedrückt werden kann. Die Form ist gießfertig.

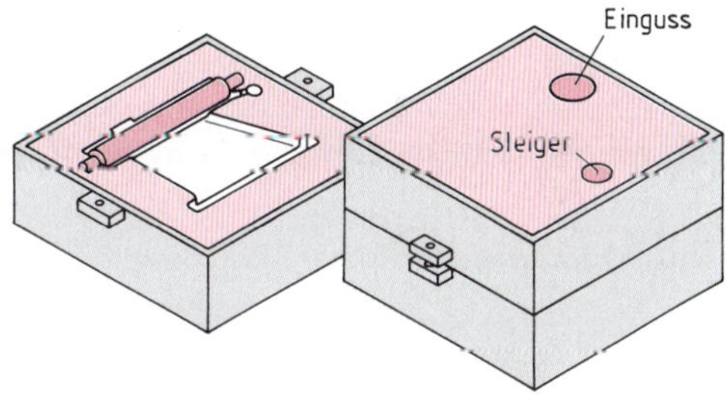

Unterkasten mit eingelegtem Kern **Zusammengelegte Form**

Abgießen und Putzen des Gussstückes

Durch den Eingusstrichter wird der flüssige Gusswerkstoff in die Form gegossen. Nach dem Erstarren wird die Form zerschlagen und das Gussstück herausgenommen. Eingusstrichter, Lauf und Speisertrichter (Steiger) werden abgeschnitten und das Gussstück gesäubert. Abschließend werden Grate und andere Überstände abgeschliffen.

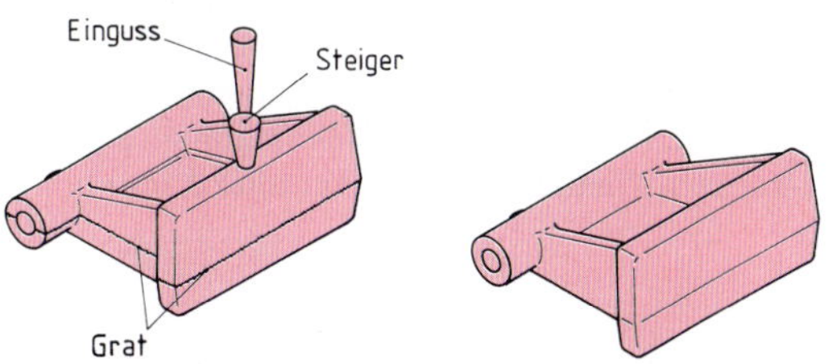

Gussstück mit Einguss und Steiger **Fertiges Gussstück**

WT

1.4.6 Spanende Bearbeitung von Gussstücken

Gegossene Werkstücke weisen als Rohteile meist gegenüber den durch die Zeichnung vorgegebenen Konturen Abweichungen auf:

- Spanend zu bearbeitende Flächen sind mit einer Bearbeitungszugabe versehen.
- alle Flächen senkrecht zur Formteilung weisen Formschrägen auf,
- Wandstärken und für die Funktion unwichtige Konturen können aus form- und gießtechnischen Gründen geringfügig verändert sein.

Beispiel **für Konturänderungen an einem gegossenen Lagerbock (Formschrägen sind stark übertrieben dargestellt!)**

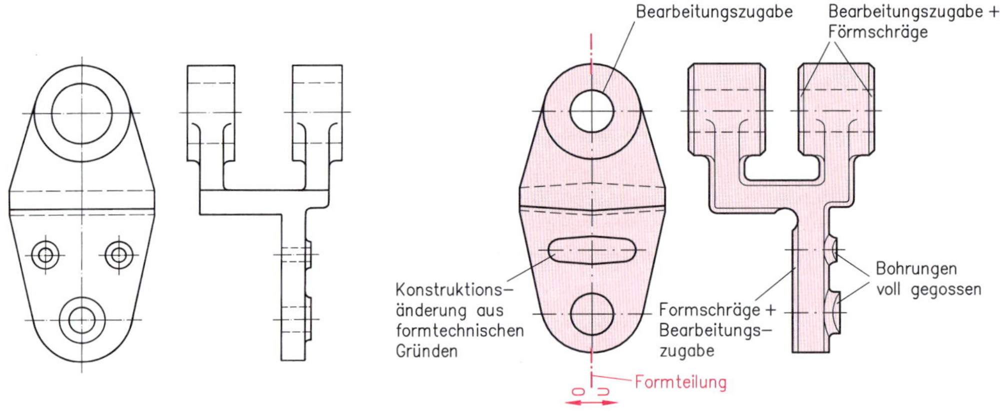

Zeichnung **Rohgussteil**

Um das Werkstück an allen Passflächen entsprechend der Zeichnung zu erzeugen, muss der Zerspanungsmechaniker das Werkstück auf seiner Maschine ausrichten. Dabei führen besonders die Formschrägen und die unterschiedlich großen Bearbeitungszugaben zu Schwierigkeiten.

Rohgussstücke weichen in der Kontur von der Zeichnungsdarstellung ab wegen Bearbeitungszugaben, Formschrägen und evtl. form- und gießtechnischen Konstruktionsänderungen.

Mit der spanenden Bearbeitung beginnt man stets an den Flächen, die für die weitere Bearbeitung günstige Einspann- bzw. Aufspannflächen ergeben. Dies sind z. B. die Auflagefläche bei Lagerböcken, die zum späteren Aufspannen auf einem Winkel der Planscheibe zwecks Ausdrehen der Lagerbohrung benutzt wird.

Hinsichtlich der einzustellenden Schnitttiefe ist bei Gussstücken zu beachten, dass die Gusshaut oft recht hart ist und die Werkzeugschneiden stark beansprucht. Darum ist bei der Schnittaufteilung stets zuerst eine Zustellung möglichst über 2 mm nötig, damit die Schneidecke tief unter die Gusshaut greift.

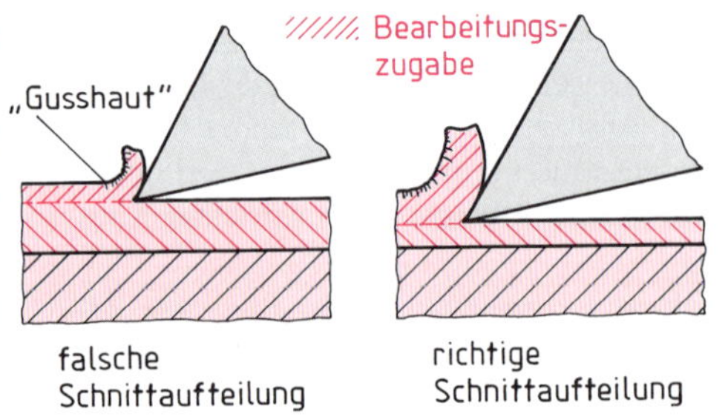

Schnittaufteilung

Bei spanender Bearbeitung an Gussstücken muss zunächst ein dickerer Span abgenommen werden, damit die Schneidecke tief unter die Gusshaut greift.

Übungsaufgaben WT-22; WT-23

2 Sinterwerkstoffe

Aus pulverförmigen metallischen und nicht metallischen Ausgangsstoffen stellt man in zunehmendem Maße Bauelemente her, an die hohe Anforderungen in Bezug auf Maßhaltigkeit, Festigkeit und Belastbarkeit gestellt werden. Darüber hinaus lassen sich aus den zunächst pulverförmigen Stoffen neue Werkstoffe mit bisher unbekannten Eigenschaften herstellen. Sie erlauben technische Lösungen, die vorher undenkbar waren.

So kann man aus pulverförmigen Ausgangsstoffen:

- Bauelemente herstellen, die aus Werkstoffen mit sehr hohen Schmelzpunkten bestehen, z.B. Glühfäden aus Wolfram für Glühlampen. Sie haben einen Schmelzpunkt von 3 380 °C.
- Werkstoffe herstellen, deren Bestandteile im schmelzflüssigen Zustand nicht mischbar sind, z.B. Graphit und Kupfer als Werkstoff für Stromabnehmer.
- poröse metallische Werkstoffe erzeugen, z.B. Bronzen für Gleitlager und Metallfilter.

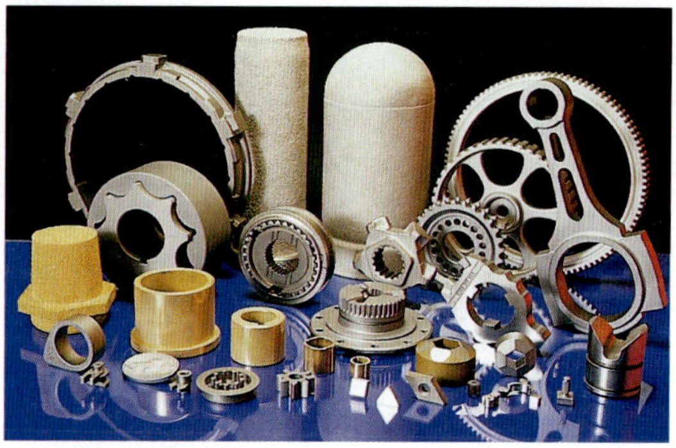

Gesinterte Bauteile

Nachteile bei der Herstellung von Sinterwerkstoffen und Sinterwerkstücken sind:

- Die Pulverherstellung ist oft sehr teuer.
- Die Presswerkzeuge können erst bei Großserien wirtschaftlich eingesetzt werden.
- Bei der Herstellung von Werkstücken, die Hinterschneidungen und Hohlräume enthalten, treten erhebliche Schwierigkeiten auf.

2.1 Herstellung von Sinterteilen aus Metallpulvern

Durch das Urformverfahren Sintern stellt man aus pulverförmigen Ausgangsstoffen feste Werkstücke in ihrer Endform her. Diese Werkstücke zeichnen sich durch hohe Form- und Maßgenauigkeit aus.
Die Fertigung von Werkstücken aus Metallpulver oder aus Pulver metallischer Verbindungen erfolgt meist in mehreren Arbeitsgängen.

WT

Arbeitsgänge beim Sintern

Pulverherstellung → Erzeugung des Formkörpers durch Pressen → Sintern des Formkörpers

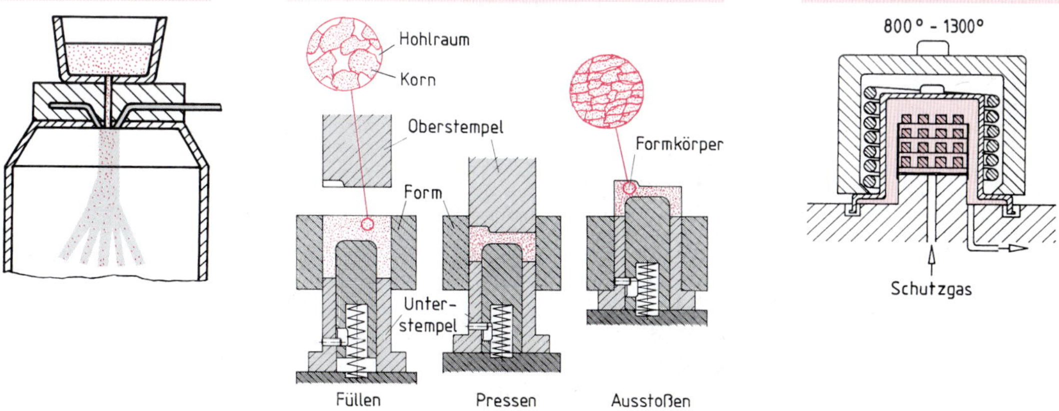

Beim Sintern wird aus metallischen Pulvern unter hohem Druck ein Rohling gepresst und unter Wärmewirkung ein zusammenhängendes Werkstückgefüge geschaffen.

2.2 Sintermetalle

2.2.1 Arten, Eigenschaften und Verwendung

Aus Pulvern von Reinsteisen, Stahl, Kupfer- und Aluminiumlegierungen werden durch Sintern Bauelemente hergestellt. Sintergefüge sind gleichmäßiger und feinkörniger als Gussgefüge und zeigen deshalb erhöhte Festigkeitseigenschaften. Durch Sintern hergestellte Bauelemente sind so maßgenau, dass sie unmittelbar eingebaut werden können. Die Herstellung von Bauelementen durch Sintern ist nur bei großen Serien wirtschaftlich.

Werkstoffe aus Sinterbronzen und Eisen-Kupfer-Graphit-Sinterwerkstoffe besitzen sehr gute Eigenschaften als **Lagerwerkstoffe.** Sie sind nahezu wartungsfrei, geräuscharm und besitzen wegen ihrer Porosität gutes Ölspeichervermögen. Durch den eingelagerten Kohlenstoff sind diese Lagerwerkstoffe im Notfall selbst schmierend. Sie haben dadurch gute **Notlaufeigenschaften.**

Hoch poröse Werkstoffe wie Sinterkupfer, Sinterbronzen und Sinterstahl eignen sich besonders für die Herstellung von Filtern, Schalldämpfern und als Flammenschutz in der Autogentechnik.

Werkstücke aus Sintermetall

Filter aus Sinterkupfer

2.2.2 Normung

Die Kennzeichnung der Sintermetalle ist nach DIN festgelegt. Eine normgerechte Werkstoffbezeichnung enthält folgende Angaben:

Kennwort SINT für Verfahren	**Kennbuchstabe für Werkstoffklasse**	**Kennziffer für Werkstoff**	**Zählziffer für Einordnung in die Norm**	**Wort für Werkstoffbehandlung**	**Wort für Oberflächenzustand**

Bedeutung der Kennzeichen

Werkstoffklasse	Raumausfüllung
AF	<73%
A	75%
B	80%
C	85%
D	90%
E	94%
F	>95%[1]
G	>92%[2]
S	>90%[3]

Kennziffer	chemische Zusammensetzung
0	Eisen und Stahl, 0 bis 1% Cu
1	Eisen und Stahl, 1 bis 5% Cu
2	Eisen und Stahl, >5% Cu
3	Eisen und Stahl, <6% legiert[4]
4	Eisen und Stahl, >6% legiert[4]
5	legiert mit Cu > 60%
6	Buntmetalllegierung (außer Ziffer 5)
7	Leichtmetalle

Werkstoffbehandlung
gesintert
kalibriert
wärmebehandelt
dampfbehandelt
sintergeschmiedet
isostatisch gepresst

Oberflächenzustand
sinterglatt
kalibrierglatt
sintergeschmiedet glatt
mechanisch bearbeitet
oberflächenbehandelt

[1] warm gepresste Formteile [2] infiltrierte Formteile [3] warmgepresste Gleitlager [4] außer Cu

Beispiel **für den Aufbau von Normbezeichnungen von Sintermetallen**

SINT-D 30 dampfbehandelt

- dampfbehandelt: Behandlung mit Wasserdampf
- 30: Sintereisen unter 6% legiert evtl. zusätzlich Cu
- D: Raumerfüllung 90%, d.h. 10% Porenvolumen

Übungsaufgaben WT-26; WT-27

2.2.3 Spanende Bearbeitung von Sintermetallen

- **Spanen der Werkstücke**

Das Spanen der Werkstücke muss besonders bei Werkstücken mit geringer Festigkeit, z.B. bei Metallfiltern, sehr sorgfältig durchgeführt werden. Ebenso muss die Schnittkraft möglichst gering gehalten werden. Gleichmäßiges Spannen kann durch Verwendung pneumatischer oder hydraulischer Spannelemente erreicht werden.

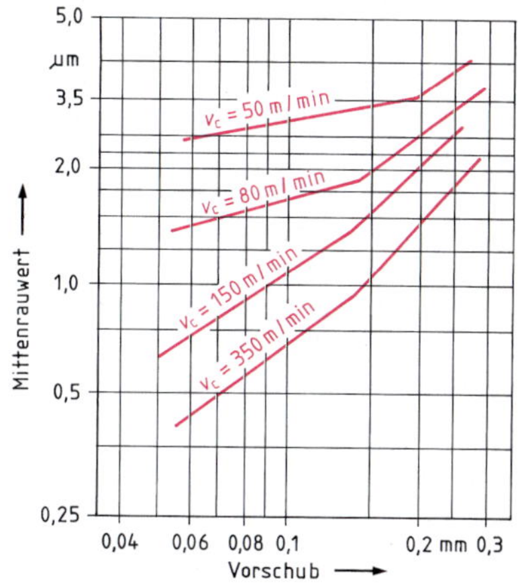

Erreichbare Mittenraumwerte bei der Bearbeitung von Sinterstahl

- **Verwendung von Kühlmitteln**

Wegen der Porigkeit soll bei der spanenden Bearbeitung von Sintermetallen Luftkühlung angewendet werden. Es empfiehlt sich eine anschließende Rostschutzbehandlung, z.B. durch Tränken. Reicht die Luftkühlung nicht aus, dann sind Kühlmittel, die Rostschutzmittel enthalten, zu verwenden.

- **Nachbehandlung**

Werden flüssige Kühlmittel eingesetzt, ist ein Waschen der Werkstücke erforderlich, um Korrosionserscheinungen in den Kapillaren zu vermeiden. Zum Waschen eignet sich z.B. Benzin in Ultraschall-Reinigungsanlagen. Anschließend ist eine Trocknung bei über 100 °C erforderlich.

Eine Ölnachbehandlung kann erfolgen, indem man die Teile in 70 °C bis 80 °C warmes Tränköl taucht. Die Tränkung ist beendet, wenn keine Blasenbildung mehr erfolgt. Anschließend sollen die Teile im Tränköl auf Raumtemperatur abkühlen, um Ölverlust zu vermeiden.

Beim Spanen von Sintermetallen ist ihre Porigkeit besonders beim Spannen und beim Kühlmitteleinsatz zu beachten.

2.3 Hartmetalle

- **Aufbau von Hartmetallen**

Die Ausgangsstoffe für die Hartmetalle sind chemische Verbindungen aus Metallen und Kohlenstoff. Diese Verbindungen bezeichnet man als **Metallkarbide**. Wolframkarbid (WC), Titankarbid (TiC), Borkarbid (B_4C) haben eine Härte, die um ein Vielfaches über der Härte von Stahl liegt.

Eigenschaften		**WC**	**TiC**	**TiN**
Dichte	g/cm³	15,7	4,93	5,21
Schmelzpunkt	°C	2776	3067	2950
Oxidationsbeständigkeit		mäßig	gut	sehr gut
Vickershärte	HV10	1800	3200	2450
Druckfestigkeit	N/mm²	400	300	
Biegebruchfestigkeit	Nmm²	550	350	

Nach der Zusammensetzung unterscheidet man zwei Gruppen von Hartmetallen:

- Hartmetalle, in denen vorwiegend Wolframkarbid der Härteträger und Kobalt das Bindemittel ist, werden als **Hartmetalle HW** gekennzeichnet.
- Hartmetalle, in denen die Härteträger Mischungen aus Karbiden und Nitriden von Tantal, Titan u.a. sind, und ein Gemisch aus Nickel, Kobalt und Molybdän das Bindemittel ist, werden als **Hartmetalle HT** bezeichnet. Man nennt diese Hartmetalle auch **Cermets** (**cer**amics + **met**als).
- Beschichtete Hartmetalle, gleich welcher Art, werden mit HC gekennzeichnet.

Hartmetalle **HW:**	Härteträger: WC	Bindemittel: Co
Hartmetalle **HT:** (Cermets)	Härteträger: Karbide und Nitride von Ta, Ti, W, Nb	Bindemittel: Ni, Co, Mo

Zur Herstellung von Hartmetallen mischt man die pulverförmigen Härteträger mit pulverförmigem Bindemittel. Das Gemisch wird zu Formkörpern gepresst und anschließend gesintert.
Hartmetalle als Schneidstoffe siehe Fertigungstechnik, Kap. 1.3

Übungsaufgaben WT-28; WT-29

2.4 Keramische Werkstoffe

Keramische Werkstoffe sind Sinterwerkstoffe. Die meisten technischen Keramiken sind Verbindungen von Metallen und Halbmetallen mit Sauerstoff, Kohlenstoff oder Stickstoff. Man unterscheidet demnach *oxidische* und *nicht oxidische* Keramiken. Die im Maschinenbau und in der Fertigungstechnik eingesetzten technischen Keramiken haben drei besondere Eigenschaften:

- Sie sind *nicht metallisch* und unterscheiden sich dadurch von Metallen.
- Sie sind *anorganisch* und unterscheiden sich dadurch von den Kunststoffen.
- Sie sind zu mindestens *30% kristallin* und unterscheiden sich so von den Gläsern.

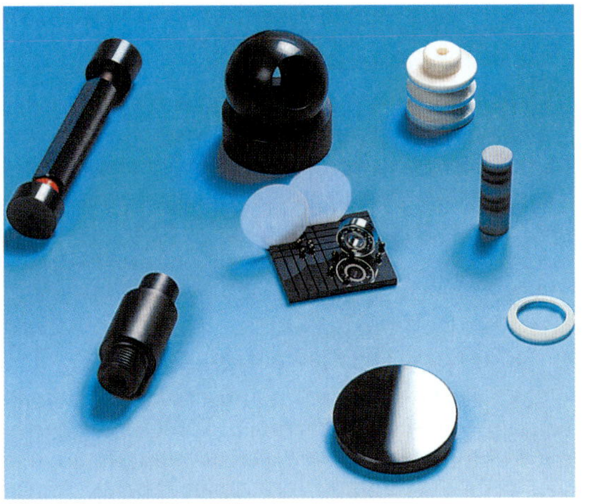

Werkstücke aus Keramik

Technische Keramiken sind Sinterwerkstoffe aus chemischen Verbindungen von Metallen mit Nichtmetallen. Sie sind nicht metallisch, anorganisch und mindestens teilweise kristallin.

2.4.1 Erzeugung keramischer Werkstücke

Die **Herstellung der Pulverteilchen** erfolgt wegen der Sprödigkeit der Ausgangsstoffe, z.B. das Siliziumkarbid, vorwiegend durch Mahlen.

Die **Formgebung** kann vor der Sinterung auf unterschiedliche Weise erfolgen:

- **Kaltpressen** geschieht in Stahl- oder Hartmetallformen und führt zu Werkstücken mit kreideartiger Festigkeit.
- **Kaltisostatisches Pressen** geschieht in Form mit einer elastischen Seite. Die Formkörper müssen evtl. an der entsprechenden Seite nachgearbeitet werden.
- **Spritzpressen** geschieht – wie in der Kunststoffverarbeitung – in Metallformen.
- **Extrudieren** wird ebenfalls – wie in der Kunststoffverarbeitung – mit angeteigten Keramikmassen zur Formgebung von Profilen durchgeführt.

Durch die **Sinterung**, die bei 1 600 ° bis 1 800 °C durchgeführt wird, erhalten die Pulverteilchen den Zusammenhalt. Es tritt dabei eine erhebliche Schwindung ein, die größer ist als die der Sintermetalle. Sie beträgt in Einzelfällen bis zu 20%.

2.4.2 Eigenschaften und Verwendung keramischer Werkstoffe

Übersicht über Eigenschaften und Verwendung technischer Keramiken

Eigenschaften und Verwendung	Aluminiumoxid Al_2O_3	Zirkonoxid ZrO_2	Siliziumkarbid SiC	Siliziumnitrid Si_3N_4
Biegefestigkeit in N/mm²	bis 350	bis 800	kalt gepresst 350 heiß gepresst 700	heiß gepresst 750
Druckfestigkeit in N/mm²	bis 3 500	bis 2 000	1 200	3 000
Härte in HV	3 000	2 800	3 500	4 200
Ausdehnungskoeffizient in 1/K	0,000 008	0,000 011	0,000 004	0,000 003
obere Verwendungstemperatur in °C	1 700	2 300	1 400	1 400
Verwendung im Maschinen- und Motorenbau und in der Fertigungstechnik	Armaturenteile Schneidplatten Ziehkonen Pumpenkolben	Ventilteile Lagerteile Ziehkonen	Gleitringe Lagerteile Wellenschutzhülsen	Turboladerrotoren Düsen Motorenteile

Keramische Schneidstoffe siehe Fertigungstechnik, Kap. 1.3.3

Übungsaufgabe WT-30

3 Verbundwerkstoffe

3.1 Einteilung

Durch Kombination verschiedener Werkstoffe kann man optimale Werkstoffeigenschaften erreichen. Verbundwerkstoffe teilt man ein in

- **Durchdringungsverbundwerkstoffe,** bei denen fest zusammenhängende Teilchen, zwischen denen Hohlräume vorliegen, von einem zweiten Stoff durchdrungen werden. Die fest zusammenhängenden Teilchen (Grundwerkstoff) bezeichnet man als Matrix.
- **Teilchenverbundwerkstoffe,** bei denen in einem zusammenhängenden Stoff (Matrix), kleine Teilchen eines zweiten Stoffes eingelagert sind.
- **Faserverbundwerkstoffe,** bei denen Fasern in den Grundwerkstoff (Matrix) eingelagert sind.
- **Schichtverbundwerkstoffe,** bei denen gleichartige oder verschiedenartige Materialschichten miteinander verbunden sind.

Beispiele **für die Struktur und die Verwendung von Verbundwerkstoffen**

Durchdringungsverbund	Teilchenverbund	Faserverbund	Schichtverbund

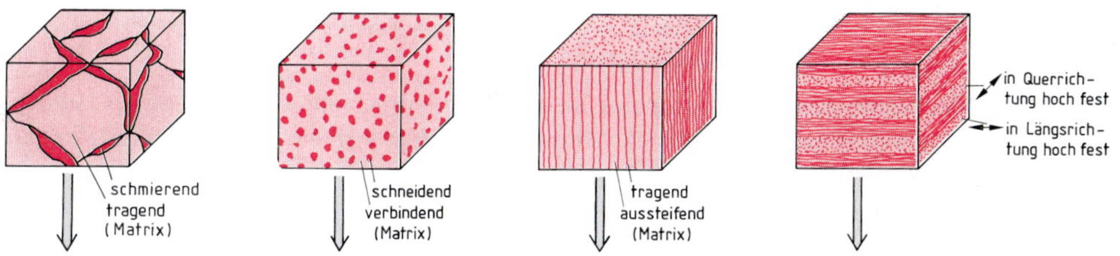

Tränkwerkstoffe	**Schneidstoffe**	**Konstruktionswerkstoffe**	**Platten (Halbzeug)**
– getränkte Sinterwerkstoffe	– Hartmetalle	– Faserverstärkte Werkstoffe	– Sperrholz
– Lagerwerkstoffe	– Schleifscheiben	– Stahlbeton	– Schichtpapier
			– Damaszenerstahl

Verbundwerkstoffe kombinieren die Eigenschaften der Grundwerkstoffe.
Man unterscheidet:
- Durchdringungsverbundwerkstoffe,
- Teilchenverbundwerkstoffe,
- Schichtverbundwerkstoffe,
- Faserverbundwerkstoffe,

WT

3.2 Spanen von Verbundwerkstoffen

Die unterschiedlichen Eigenschaften der einzelnen Stoffe, aus denen ein Verbundwerkstoff aufgebaut ist, erschweren häufig die Zerspanung, besonders deutlich wird das bei faserverstärkten Kunststoffen.

Füllstoffe, z. B. Glasfasern, Kohlenstofffasern, Papierbahnen, werden besonders zur Verstärkung duroplastischer Kunststoffe eingesetzt. Diese Füllstoffe bewirken hohen Verschleiß an Werkzeugen. Darum werden verstärkte Kunststoffe mit Hartmetallwerkzeugen oder diamantbeschichteten Werkzeugen bearbeitet.
Beim Zerspanen fällt Staub aus den Füllstoffen an, der gesundheitsgefährdend ist. Darum sollte möglichst mit Wasserkühlung oder unter guten Absauganlagen gearbeitet werden. Beim Fräsen ist bei Faser- und Schichtverbundwerkstoffen darauf zu achten, dass Gleichlauffräsen durchgeführt wird, damit die Schichten nicht vom Werkzeug aufgerissen (delaminiert) werden.

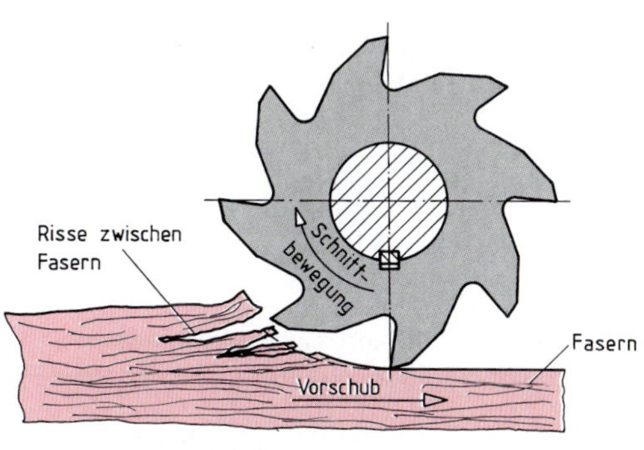

Delaminieren bei Gegenlauffräsen

Kunststoffe mit Füllstoffen erfordern Hartmetallwerkzeuge oder diamantbeschichtete Schneiden. Stäube von verstärkten Kunststoffen, besonders von Glasfasern, sind gesundheitsgefährdend.

Übungsaufgaben WT-31; WT-32

4 Kunststoffe

4.1 Erzeugung von Kunststoffen

- **Kunststofferzeugung durch Polymerisation**

Bei der Polymerisation werden Makromoleküle aus meist gleichartigen kleinen Molekülen aufgebaut. Diese kleinen Moleküle müssen zwischen zwei Kohlenstoffatomen eine Doppelbindung aufweisen.

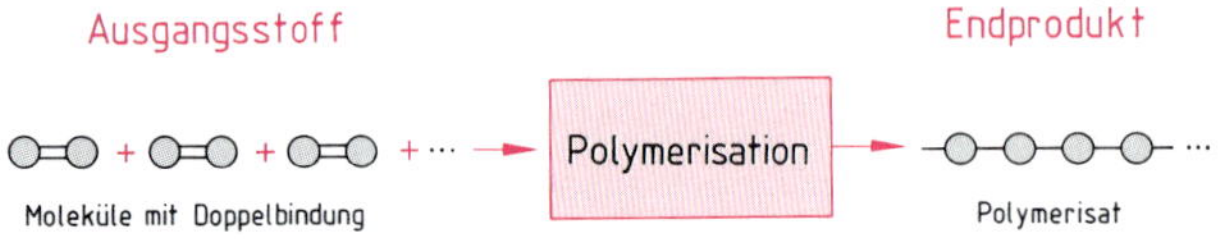

Kleine Moleküle mit Doppelbindungen zwischen zwei C-Atomen werden durch Polymerisation zu Großmolekülen verknüpft. Es entstehen Polymerisate.

Beispiele **für wichtige Polymerisate, die häufig spanend bearbeitet werden**

Werkstoff	Kurzzeichen	Handelsnamen	Verwendung
Polymethylmetakrylat	PMMA	Plexiglas	Anschauungsmodelle
Polyfluorethylen	PTFE	Teflon	Lagerbuchse

- **Kunststofferzeugung durch Polykondensation**

Bei der Polykondensation werden Makromoleküle aus meist verschiedenartigen kleinen Molekülen aufgebaut. Die Bindung der einzelnen Moleküle erfolgt dadurch, dass sich ein Nebenprodukt (Kondensat) abspaltet. Dieses Nebenprodukt ist in vielen Fällen Wasser.

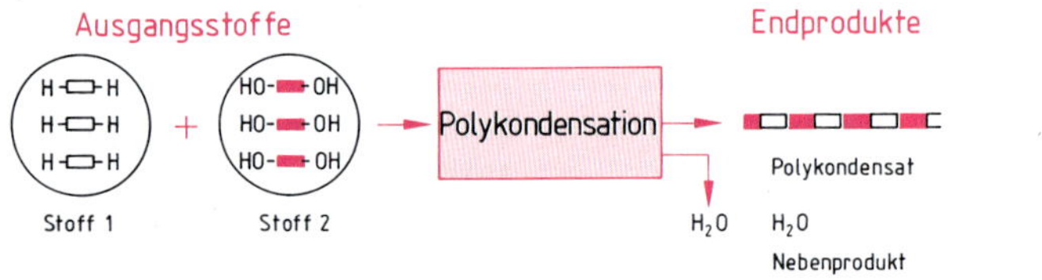

Kleine Moleküle von zwei verschiedenen Stoffen werden unter Ausscheidung von Wasser durch Polykondensation verknüpft. Es entstehen Polykondensate.

Beispiele **für wichtige Polykondensate, die häufig spanend bearbeitet werden**

Werkstoff	Kurzzeichen	Handelsnamen	Verwendung
Polyamid	PA	Nylon	Lagerbuchsen
Phenoplast	PF	Bakelite	Montageplatten

- **Kunststofferzeugung durch Polyaddition**

Bei der Polyaddition werden Makromoleküle aus meist verschiedenartigen kleinen Molekülen aufgebaut. Die Bindung der Moleküle wird möglich durch Platzwechsel von Wasserstoffatomen von Stoff 1 zu Stoff 2.

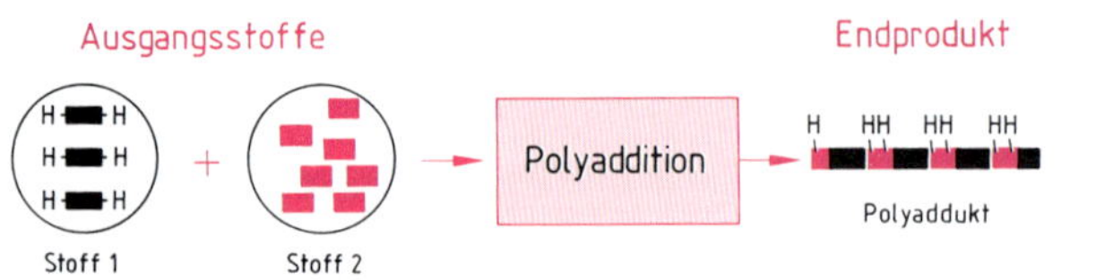

Kleine Moleküle von zwei verschiedenen Stoffen werden ohne Nebenprodukte zu Großmolekülen durch Polyaddition verknüpft. Es entstehen Polyaddukte.

Beispiele **für wichtige Polyaddukte, die häufig spanend bearbeitet werden**

Werkstoff	Kurzzeichen	Handelsnamen	Verwendung
Epoxidharze	EP	Araldit	mit Kohlenstofffaser verstärkt für Wellen
Polyurethan	PUR	Ultramid	Zahnräder

4.2 Urformen von Kunststoffen

- **Spritzgießen**

Granulate thermoplastischer Kunststoffe können durch Spritzgießen zu Formkörpern verarbeitet werden. Der Spritzgießvorgang erfolgt in mehreren Stufen:

Einspritzen des Kunststoffes

- Das geschlossene Werkzeug und die Spritzeinheit werden zusammengepresst.
- Mithilfe eines Druckkolbens wird die stillgesetzte Schnecke nach vorne geschoben, dadurch wird Formmasse aus dem Sammelraum unter hohem Druck in den Formhohlraum gespritzt.

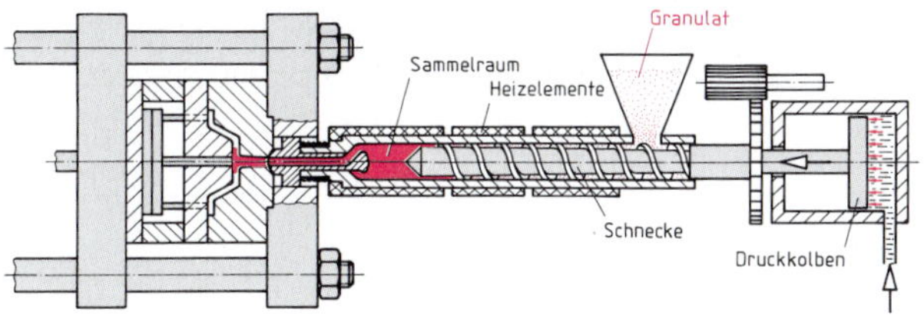

Nachdrücken und Plastifizieren

- Der Nachdruck wird aufrecht erhalten, indem die Schnecke wieder in Drehung versetzt wird.
- Die Schnecke fördert das Granulat aus dem Massetrichter durch den beheizten Spritzzylinder in den Sammelraum, der Kunststoff wird geschmolzen und gleichmäßig durchgeknetet.
- Im Sammelraum staut sich der nach vorn geförderte Kunststoff, dadurch wird die Förderschnecke nach hinten geschoben.

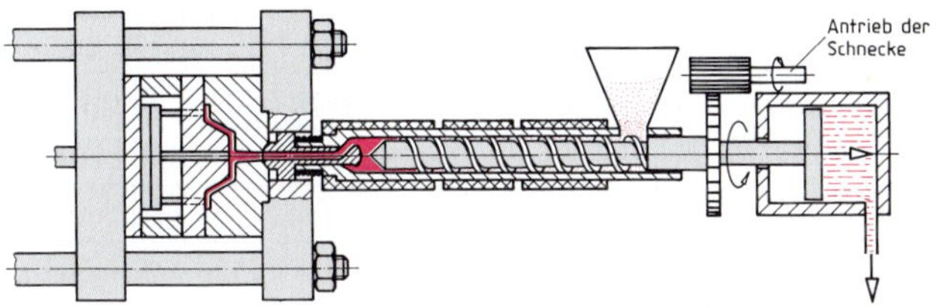

Entformen des Formteiles

- Das Werkzeug und die Spritzeinheit werden voneinander getrennt.
- Das abgekühlte Formteil wird ausgestoßen.

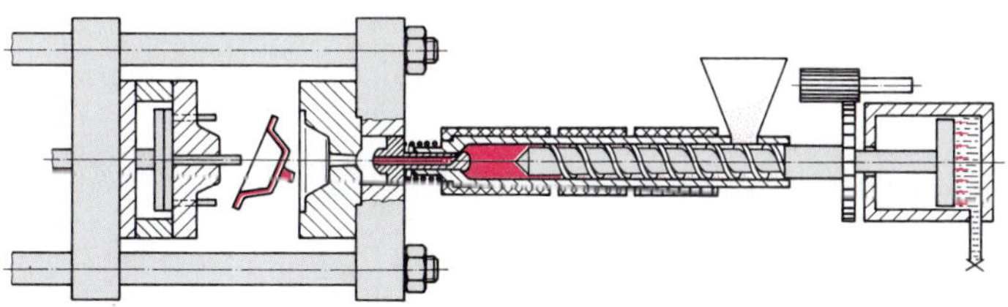

Durch Spritzgießen werden Formteile vor allem aus thermoplastischen Kunststoffen erzeugt.

- **Pressen**

Durch Pressen werden Kunststoffpulver oder vorgeformte Pressmassen unter Druck zu duroplastischen Formkörpern gepresst, die in der beheizten Form aushärten.
Um die Zeit bis zum Aushärten zu verkürzen und um Gefügelockerungen, wie sie bei der Polykondensation durch die Wasserbildung auftreten können, zu vermeiden, setzt man noch nicht voll vernetzte Vorprodukte ein, die dann aushärten.

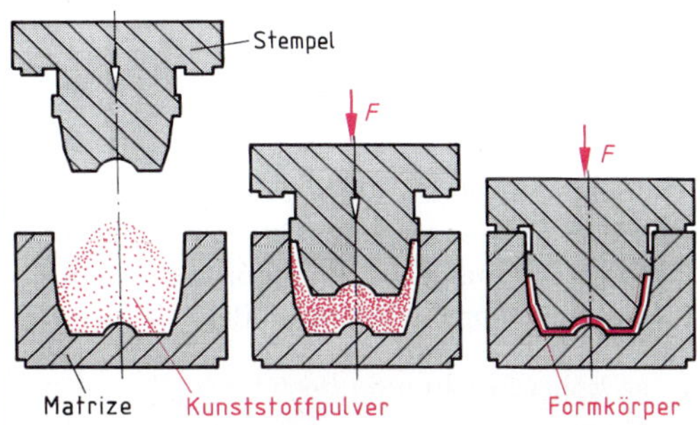

Pressen von Kunststoffpulver in einem Füllwerkzeug

Übungsaufgabe WT-33; WT-34

- **Extrudieren**

Mithilfe des Extruders werden stabförmige Profile und Rohre aus thermoplastischen Kunststoffen hergestellt. Der Extruder ist eine beheizte Schneckenpresse, in der das zu verarbeitende Material erwärmt, plastifiziert und *kontinuierlich* zum profilgebenden Werkzeug gefördert wird.

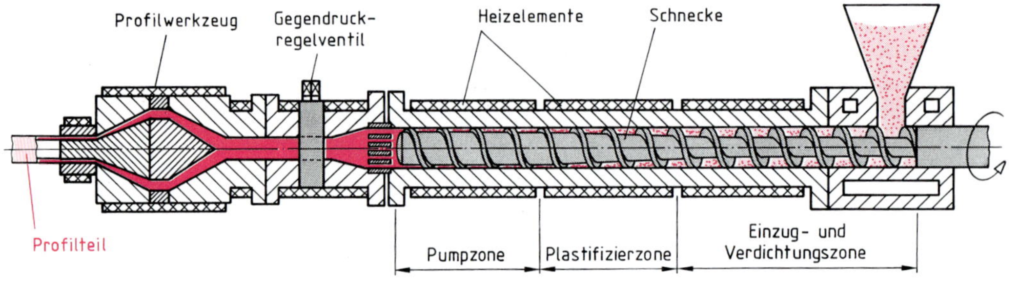

Extruder mit Schlauchwerkzeug

4.3 Spanen von Kunststoffen

Die **schlechte Wärmeleitfähigkeit** der Kunststoffe kann bei thermoplastischen Kunststoffen zum Aufschmelzen auf Schneiden und zum Schmieren führen. Darum müssen diese Kunststoffe mit hoher Schnittgeschwindigkeit und niedriger Schnittkraft gespant werden. Der Vorschub muss je nach Werkstoff angepasst werden. Zu hoher Vorschub führt zu starker Erwärmung – bei zu niedrigem Vorschub wird die Wärme nicht über den Span abgeführt und Werkstück und Schneide werden stark erwärmt.
Bei Duroplasten hat sich ebenfalls hohe Schnittgeschwindigkeit mit großem Vorschub bewährt.

Kunststoff	Drehen v_c m/min	Fräsen v_c m/min
PVC, PP, PE	200 bis 500	200 bis 1000
PS, ABS, SAN	50 bis 80	200 bis 2000
GfK	40 bis 60	200 bis 1000
PF, UF	40 bis 80	200 bis 100

Richtwerte für die spanende Bearbeitung

Kunststoffe erfordern hohe Schnittgeschwindigkeiten. Der Vorschub ist je nach Kunststoff unterschiedlich zu wählen.

Die **große Elastizität** der Kunststoffe kann bei Durchbiegung sowie elastischen Verformungen des Werkstücks an der Schnittstelle und damit Ungenauigkeiten bewirken. Mit steigender Elastizität der Werkstoffe wächst auch die Größe der Kontaktzone zwischen Werkzeug und Werkstück. Darum erhalten Werkzeuge für die Kunststoffverarbeitung große Freiwinkel von 5° bis 10°.

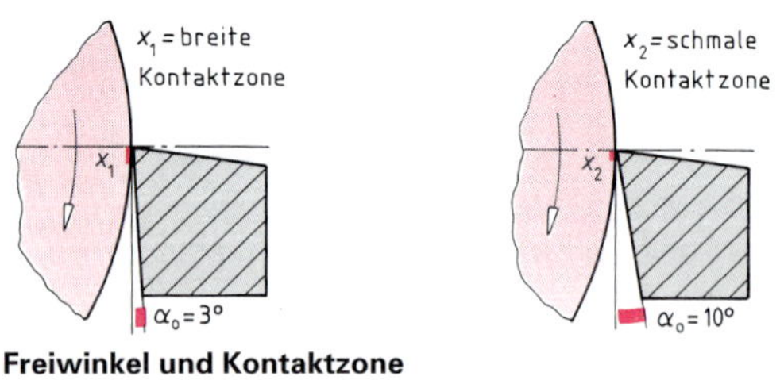

Freiwinkel und Kontaktzone

Werkzeuge für die Kunststoffzerspanung erhalten große Freiwinkel von bis zu 10°.

Durch den **molekularen Aufbau** besteht bei erhitzten Kunststoffen die Gefahr des Zersetzens. So können bei der PVC-Zerspanung Salzsäuredämpfe entstehen. Bei der Zerspanung von POM besteht die Gefahr der Bildung von Formaldehyddämpfen. Aus diesen Gründen ist eine Absaugung von Stäuben und Gasen bei der Kunststoffzerspanung notwendig.

Bei zu hoher Erwärmung besteht die Gefahr der Zersetzung des Kunststoffes. Es können sich giftige Gase entwickeln.

Übungsaufgaben WT-35; WT-36

5 Kühlschmierstoffe

5.1 Bedeutung von Kühlung und Schmierung beim Zerspanen

5.1.1 Wärmeentwicklung und Verschleiß beim Zerspanen

Beim Zerspanen wird die aufgewendete Energie fast ausschließlich in Wärme umgewandelt. Man unterscheidet an der Werkzeugschneide drei Bereiche, in denen Wärme entsteht:

- **Kontaktbereich der Spanfläche** mit dem Span. Hier entsteht durch Reibung zwischen abgleitendem Span und der Spanfläche des Werkstücks eine große Wärmemenge, welche die Werkzeugschneide erheblich belastet und damit die Standzeit senkt.
- **Scherzone**
  Hier entsteht die Wärme durch Abscheren des Spanes. Sie geht vor allem in den Span und wird nur gering auf das Werkzeug übertragen.
- **Kontaktbereich der Freifläche** mit dem Werkstück. Hier entsteht infolge geringer elastischer Verformungen von Werkstück und Werkzeugschneide eine schmale Gleitfläche, die erhebliche Reibungswärme verursachen kann. Die entstehende Wärme geht teilweise ins Werkstück und belastet auch die Werkzeugschneide.

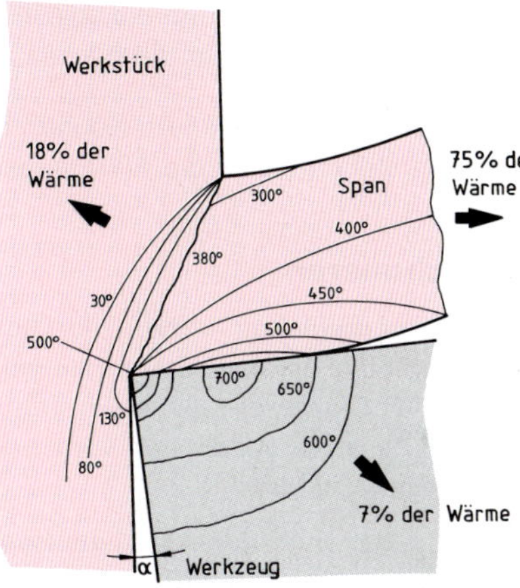

Temperaturverteilung beim Drehen von Vergütungsstahl mit Hartmetallwerkzeug

Beim Zerspanen entsteht Wärme durch Reibung an Span- und Freifläche sowie durch Umformung in der Scherzone des Spanes.

Bei der Gleitung des Spanes über die Spanfläche des Werkzeugs werden Werkstoffteilchen aus der Randschicht des Werkzeugs herausgeschabt. Man nennt dies **abrasiven Verschleiß.**

Ferner kommen bei der Spanbildung immer wieder völlig reine Metalloberflächen von Werkstück und Werkzeug so eng in Kontakt, dass sie miteinander verschweißen können. Bei weiterer Bewegung können dann Teilchen aus der Oberfläche herausgerissen werden. Man bezeichnet diesen Verschleiß durch Anhaften **Adhäsionsverschleiß.**

Abrasiver Verschleiß und Adhäsionsverschleiß führen zur Änderung der Schneidkante und zu **Auskolkung**.

Beim Zerspanen der Werkstoffe kann durch den Werkstoffübergang vom Werkstück auf die Werkzeugschneide die **Aufbauschneide** entstehen. Sie stellt eine Veränderung der Winkel an der Werkzeugschneide dar. Dadurch kommt es zu Maßungenauigkeiten und Verringerung der Oberflächenbeschaffenheit des Werkstücks.

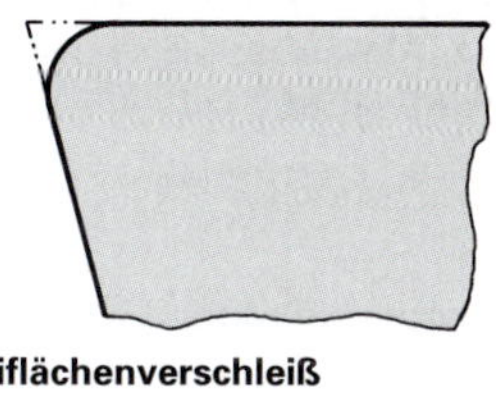

Span- und Freiflächenverschleiß

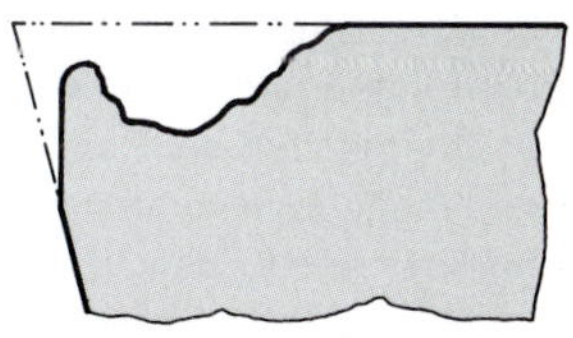

Starker Kolk- und Freiflächenverschleiß

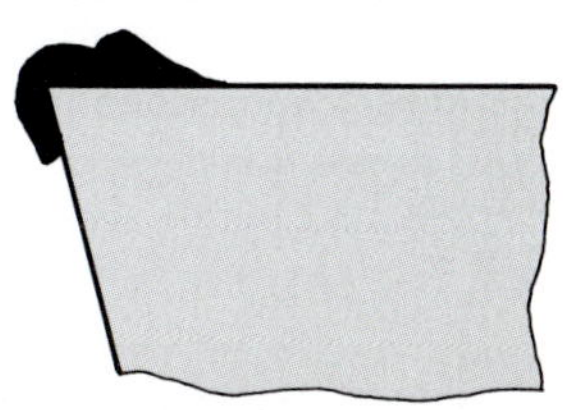

Starke Aufbauschneidenbildung

Beim Zerspanen entsteht Verschleiß an der Werkzeugschneide durch Adhäsionsverschleiß und durch Bildung von Aufbauschneiden.

WT

Übungsaufgabe WT-37

5.1.2 Kühlen

Die Kühlwirkung eines Kühlschmierstoffes hängt von zwei Eigenschaften dieses Stoffes ab:

- Von der **spezifischen Wärmekapazität**, d. h. welche Wärmemenge ein Kilogramm eines Stoffes aufnimmt, bevor er um ein Grad erwärmt wird.
- Von der **Wärmeleitfähigkeit**, die angibt, wie gut ein Werkstoff die Wärme weiterleitet.

Je höher die spezifische Wärmekapazität und die Wärmeleitfähigkeit sind, desto besser ist die Kühlwirkung eines Stoffes.
Wasser ist als Kühlschmierstoff dem Mineralöl sehr weit überlegen, denn
- Wasser hat mehr als die doppelte spezifische Wärmekapazität,
- Wasser leitet viermal besser die Wärme ab.

Wasser ist das beste Mittel zum Kühlen. Es kann doppelt so viel Wärme aufnehmen wie die gleiche Menge Mineralöl und leitet die Wärme viermal schneller weiter.

5.1.3 Schmieren

Bei der Zerspanung gleiten immer Oberflächen in so engem Kontakt aufeinander, dass kein durchgehender und trennender Schmierfilm entstehen kann. Solche trennenden Schmierfilme bilden sich bei der Schmierung von Gleitlagern. Schmiermittel zur Zerspanung müssen im Gegensatz zu Schmiermitteln für Gleitlager mit Zusätzen (**Additiven**) versehen werden, welche sehr starke Haftung auf den sich berührenden Oberflächen erzeugen.

Man unterscheidet unter den Additiven zwei Gruppen, die polaren und die chemischen Zusätze. In Kühlschmierstoffen sind meist beide Gruppen miteinander vermischt.

Polare Zusätze sind tierische und pflanzliche Fettstoffe. Deren Moleküle sind so aufgebaut, dass sie eine Seite haben, mit der sie auf metallischen Oberflächen haften. Sie werden unter dem Sammelbegriff „Fettölprodukte“ gehandelt. Wegen ihrer guten biologischen Abbaubarkeit werden sie häufiger sowohl als Schmierstoffe, wie auch als Zusätze zu Kühlschmierstoffen eingesetzt.

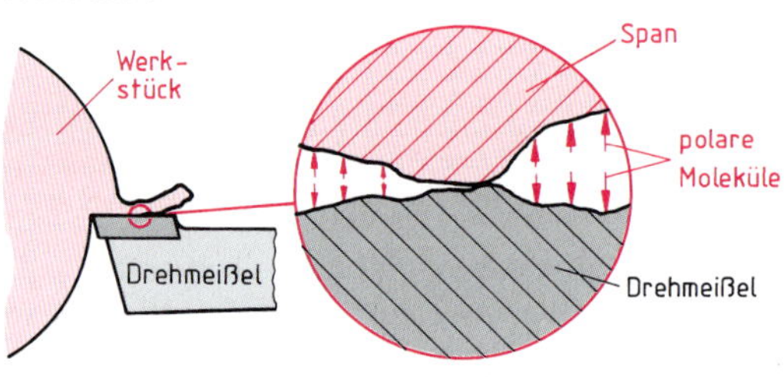

Wirkung polarer Zusätze

Zusätze von Fettölprodukten verbessern die Schmierung und sind relativ umweltverträglich.

Chemische Zusätze sind Chlor-, Schwefel- und Phosphorverbindungen, welche mit den aufeinander gleitenden Oberflächen sehr schnell reagieren können und so trennende Schichten bilden. Sie sind darum meist wirksamer als Zusätze von Fettstoffen. Chlorverbindungen führen z. B. auf Stahl zur bildung hoch belastbarer und Verschleiß mindernder Eisenchloridschichten.
Man bezeichnet diese chemischen Zusätze als **EP-Zusätze** (extreme pressure).
Chemische Zusätze sind häufig wenig umweltverträglich.

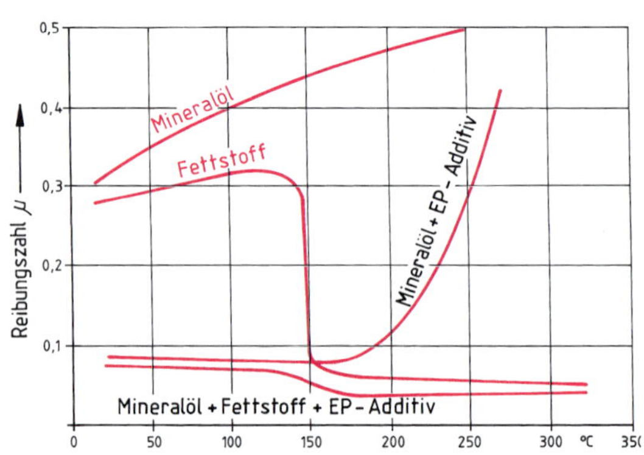

Reibungsverhalten von Kühl-Schmierstoffen.

Chemische Zusätze (EP-Zusätze) verbessern die Schmierung stark durch Bildung von Verbindungen auf den Gleitflächen. Die chemischen Zusätze sind meist wenig umweltverträglich.

Übungsaufgaben WT-38; WT-39

5.2 Anforderungen an Kühlschmierstoffe

Kühlschmierstoffe sollen durch Schmierung die Entstehung von Prozesswärme vermindern und durch Kühlung die entstandene Wärme abführen. Dies ist notwendig, um

- *wirtschaftlich zu produzieren*, denn nur so sind hohe Schnittgeschwindigkeiten, Vorschübe und Zustellungen möglich,
- *Werkzeugstandzeiten zu erhöhen,*
- *Oberflächenbeschaffenheiten der Werkstücke zu verbessern,*
- *maßhaltige Werkstücke zu erzeugen.*

Kühlschmierstoffe kommen aber nicht nur mit dem Werkzeug und dem Werkstück in Berührung, sondern auch mit dem Maschinenbediener, der Maschine und der sonstigen Umwelt. Darum müssen Kühlschmierstoffe zusätzliche Anforderungen erfüllen:

- **Kühlschmierstoffe müssen ungiftig sein.**
  Fein versprühte Kühlschmierstoffe dürfen weder giftige Stoffe in die Luft abgeben, die beim Einatmen zu Krankheiten führen, noch Hautausschläge und Allergien verursachen. Die Entsorgung von Kühlschmierstoffen darf nicht zu Umweltbelastungen führen.
- **Kühlschmierstoffe dürfen keine Korrosion an Werkstücken und Maschinenteilen verursachen.**
  Sie dürfen auch nicht zu Verfärbungen von Werkstückoberflächen führen, wie z. B. schwefelhaltige Kühlschmiermittel dies bei Kupfer und hoch kupferhaltigen Werkstoffen bewirken. Kühlschmierstoffe sollen möglichst die Werkstücke nach der Bearbeitung mit einem dünnen, vor Korrosion schützenden Film überziehen.
- **Kühlschmierstoffe dürfen keinen Schaum bilden.**
  Dieser stört die Beobachtung des Bearbeitungsvorganges, behindert den Zutritt des Kühlschmierstoffes zur Bearbeitungsstelle und stört beim Umpumpen und Filtern.
- **Kühlschmierstoffe dürfen Kunststoffe und Gummi nicht angreifen.**
  Die Anstriche von Maschinen und Dichtungen zwischen Bauteilen dürfen nicht durch Kühlschmierstoffe angegriffen werden.
- **Kühlschmierstoffe dürfen sich nicht zersetzen, entmischen oder Nährböden für Bakterien und Pilze bilden.**
  Da wasserhaltige Kühlschmierstoffe immer Gemische mit hohen Anteilen an Kohlenwasserstoffen sind, müssen sie besonders dagegen geschützt werden. Bakterienkolonien und Pilze, die sich auf ungeschützten Kühlschmierstoffen bilden können, sind auch gesundheitsschädlich.
- **Kühlschmierstoffe müssen sich von Spänen leicht trennen lassen und dürfen Späne und Werkstücke nicht verkleben.**
  Nur so können hohe Anteile an Kühlschmierstoffen wieder zurückgewonnen und Störungen im Prozessablauf vermieden werden.

Die Hersteller von Kühlschmierstoffen bemühen sich, durch die Auswahl der Ausgangsstoffe und durch Einsatz spezieller Zusätze diese Bedingungen zu erfüllen. Da aber viele Eigenschaften gegenläufig sind, z.B. sind bakterien- und pilzhemmende Zusätze meist gesundheitsschädlich, stellen Kühlschmierstoffe meist nur bestmögliche Kompromisse dar.

Einsatz von Kühlschmierstoffen an einer CNC-Fräsmaschine

Übungsaufgaben WT-40; WT-41

5.3 Arten von Kühlschmierstoffen

Bei Zerspanungsvorgängen entsteht an der Schnittstelle Wärme. Sie wird verursacht durch die Umformung der Werkstoffteilchen und durch die Reibung. Die Wärme muss von der Schneide abgeführt werden, da sonst ihre Härte erheblich gemindert wird. Dies wird mit Kühlschmierstoffen erreicht.

Anwendung von Kühlschmierstoffen

Zerspanungsart	bevorzugter Kühlschmierstoff	
	wasser-mischbar	nicht wasser-mischbar
Drehen	x	○
Bohren	x	○
Tieflochbohren	(x)	x
Fräsen	x	○
Räumen	x	x
Automatenarbeiten	(x)	x
Zahnradfräsen, -stoßen, -hobeln, -schaben	○	

Zerspanungsart	bevorzugter Kühlschmierstoff	
	wasser-mischbar	nicht wasser-mischbar
Rund- und Flachschleifen	x	○
Formschleifen mit profilierter Scheibe	○	x
Spitzenloses Außenrundschleifen	x	○
Hochgeschwindigkeits-schleifen	(x)	x
Honen, Läppen	(x)	x

x häufige Anwendung (x) weniger häufige Anwendung ○ seltene Anwendung

Es werden entsprechend der Norm zwei Gruppen von Kühlschmierstoffen unterschieden:

- **nicht wassermischbare Kühlschmierstoffe** und
- **wassermischbare Kühlschmierstoffe.**

Die Auswahl für einen bestimmten Fertigungsprozess hängt davon ab, ob Kühlen oder Schmieren im Vordergrund steht. Weitere Gesichtspunkte, welche die Auswahl betreffen, sind:
- die *Wirtschaftlichkeit,* hier sind wassermischbare Kühlschmierstoffe erheblich preisgünstiger,
- der *Pflegeaufwand* und die *Entsorgung,* nicht wassermischbare Kühlschmierstoffe sind leichter zu pflegen und brauchen nur selten entsorgt zu werden.

5.3.1 Nicht wassermischbare Kühlschmierstoffe

Nicht wassermischbare Kühlschmierstoffe werden häufig auch als Metallbearbeitungsöle (Schneidöl, Honöl u.a.) bezeichnet. Sie bestehen aus Mineralöl mit Zusätzen und werden eingesetzt, wenn die Schmierung bei der Metallbearbeitung im Vordergrund steht. Ferner finden sie Verwendung auf Automaten, die mit einem **Einheitsöl** arbeiten, das gleichzeitig für die Hydraulik, die Maschinenschmierung und die Zerspanung eingesetzt wird.

Die wichtigste Eigenschaft von nicht wassermischbaren Kühlschmierstoffen ist die Viskosität. Je höher die Viskosität, desto zähflüssiger ist ein Öl. Für den Zerspanungsbereich liegt die Viskosität der Öle bei 40 °C etwa zwischen 2 mm^2/s (Honöle) bis 45 mm^2/s (für schwerste Zerspanungsarbeiten). Am häufigsten werden Öle im Viskositätsbereich von 20 bis 35 mm^2/s angewendet.

Die Erhöhung der Viskosität eines Kühlschmierstoffs ergibt folgende Eigenschaftsänderungen:
- Die Wärmeleitfähigkeit wird geringer.
- Die Nebelbildung beim Zerspanen nimmt ab.
- Der Austrag von Kühlschmierstoffen mit den Spänen nimmt zu.
- Der Spantransport wird durch Verkleben der Späne erschwert.
- Die Entflammbarkeit nimmt ab.

Man verwendet deshalb Kühlschmierstoffe mit hoher Viskosität
- bei großen Bauteilen,
- beim Zerspanen mit niedrigen Schnittgeschwindigkeiten,
- bei großen Spanquerschnitten,
- bei unterbrochenem Schnitt.

Übungsaufgaben WT-42; WT-43; WT-44

5.3.2 Wassermischbare Kühlschmierstoffe

Wassermischbare Kühlschmierstoffe werden wegen der guten Kühlwirkung und vor allem wegen des günstigen Preises am häufigsten eingesetzt. Sie werden vom Hersteller als Konzentrat geliefert und vom Anwender mit Wasser entsprechend den Herstellerangaben verdünnt. Die meisten dieser wassermischbaren Kühlschmierstoffe sind Gemische von Öl, einem Emulgator, bakterien- und pilztötenden Zusätzen u.a., die als Konzentrat geliefert werden, und Ansetzwasser. Im fertigen Zustand enthalten Kühlschmierstoffe 2 % bis 10 % Konzentrat.

- **Emulgatoren**

Wichtigster Bestandteil der Konzentrate sind Stoffe, die dafür sorgen, dass die öligen Bestandteile in feinster Verteilung im Wasser gehalten werden können. Man nennt solche Stoffe **Emulgatoren.** Dies sind seifenartige chemische Verbindungen, die aus kettenförmigen Molekülen bestehen. Diese Moleküle weisen ein „fettliebendes" und ein „wasserliebendes" Ende auf. Im wassermischbaren Kühlschmierstoff lagern sich die Emulgatormoleküle um die Öltröpfchen und verhindern so eine Vereinigung der Tröpfchen zu größeren Öltropfen, die im Wasser aufsteigen und damit den Kühlschmierstoff entmischen können.

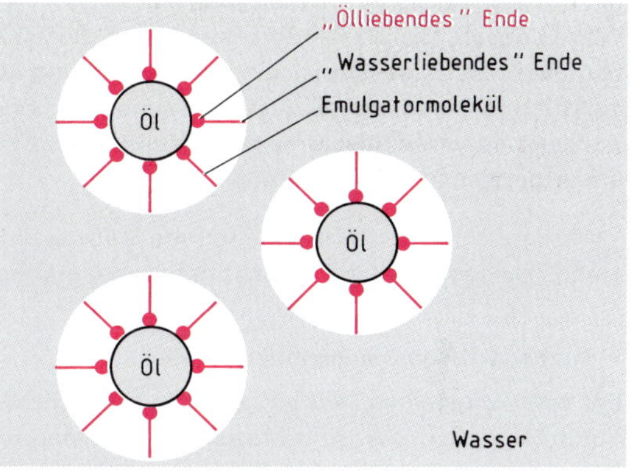

Wirkung des Emulgators

Öltröpfchendurchmesser und Aussehen der Lösung

Öltröpfchen	**0,001 µm**	**0,01 µm**	**0,1 µm**	**1 µm**
Aussehen der Lösung	wasserhell	trüb	undurchsichtig	milchig

Die Art des Emulgators bestimmt entscheidend, wie stabil das Gemisch bleibt und welche Menge an Fremdöl, z.B. aus der Schmierung von Maschinenbetten, der wassermischbare Kühlschmierstoff aufnehmen kann. Weitere Zusätze in Konzentraten für wassermischbare Kühlschmierstoffe sind korrosionshemmende Stoffe, Hochdruckzusätze (EP-Zusätze), Antischaummittel sowie bakterien- und pilztötende Zusätze (Biozide).

Wassermischbare Kühlschmierstoffe enthalten 2% bis 10% ölhaltiges Konzentrat und 90% bis 98% Wasser. Der Emulgator bestimmt besonders die Eigenschaften des Kühlschmierstoffes.

- **Ansetzwasser**

Beim Anwender des Kühlschmierstoffs wird zum Konzentrat Ansetzwasser gegeben. Die Qualität des Ansetzwassers kann die Eigenschaften des Kühlschmierstoffes beeinflussen. Ansetzwasser muss keimfrei und möglichst salzarm sein. Darum sind Brunnenwasser und Oberflächenwasser, z.B. aus Regenauffangbecken oder Bächen, meist ungeeignet. Mit dem Ansetzwasser eingetragene Bakterien- und Pilzstämme können den Kühlschmierstoff verderben und ihn gesundheitsschädlich werden lassen.
Beim Zerspanen verdampft im wassermischbaren Kühlschmierstoff ein Teil des Wassers, während die Salze zurückbleiben. Bei jeder Ergänzung des Wassers reichern sich darum die Salze im Kühlschmierstoff an. In der Praxis erreicht der Salzgehalt im Gebrauch das 4- bis 5-fache des Anfangsgehaltes. Durch chemische Reaktionen der Salze mit dem Emulgator werden Kühlschmierstoffe nach einiger Zeit ebenfalls unbrauchbar. Der Gehalt an Calcium- und Magnesiumsalzen in Wasser wird durch den Härtegrad angegeben. Je geringer die Wasserhärte ist, desto kleiner ist der Gehalt an diesen Salzen und desto besser ist das Wasser als Ansetzwasser geeignet. Wasser mit weniger als 13 Grad deutscher Härte (13° dH) gilt als weich, bei über 16 Grad deutscher Härte spricht man von hartem Wasser. Ansetzwasser soll höchstens 16° dH aufweisen und Trinkwasserqualität besitzen.

Ansetzwasser soll möglichst weich und keimfrei sein. Es ist mindestens Trinkwasserqualität gefordert.

Übungsaufgabe WT-45

5.4 Umgang mit Kühlschmierstoffen

Bei nicht wassermischbaren Kühlschmierstoffen reicht meist eine gute Filterung zur Pflege aus. Wassermischbare Kühlschmierstoffe benötigen dagegen eine erhebliche Pflege. Darum bezieht sich das folgende Kapitel weitgehend auf diese.

- **Lagerung**

Wassermischbare Kühlschmierstoffe sind Gemische aus Stoffen sehr unterschiedlicher Dichte. Darum steigt mit der Lagerzeit die Gefahr des Entmischens. Längere Lagerzeiten (meist über 1/2 Jahr) von Konzentraten müssen darum vermieden werden.
Wegen des hohen Wasseranteiles können diese Kühlschmierstoffe bei Frost gefrieren. Andererseits können bei Fässern, die starker Sonnenbestrahlung ausgesetzt sind, Temperaturen bei 60 °C zu Entmischungen führen. Darum sollten wassermischbare Kühlschmierstoffe bei Raumtemperatur gelagert werden.
Konzentrate von Kühlschmierstoffen sind grundwassergefährdend. Fässer mit Konzentrat werden darum am sichersten in Auffangwannen abgestellt.

Wassermischbare Kühlschmierstoffe werden am besten bei Raumtemperatur gelagert. Für Lagerung und Transport sind die Vorschriften zum Umgang mit wassergefährdenden Stoffen zu beachten.

- **Austausch von Kühlschmierstoffen**

Bei einer Umstellung auf ein anderes Kühlschmierstoff-System und beim Wechseln infolge Zerstörung durch Bakterien o. Ä. sind Maschinen, Pumpen und Leitungen gründlich mit speziell angebotenen Systemreinigern zu spülen. Alte Späne und Schlämme sind aus allen Ecken zu entfernen, denn nur bei gründlicher Reinigung können alle Keime vernichtet werden.
Reinigungsmittel und alter Kühlschmierstoff müssen fachgerecht entsorgt werden.

Vor dem Austausch von Kühlschmierstoffen ist die gesamte Anlage mit speziellen Reinigern zu desinfizieren.

- **Ansetzen von frischem Kühlschmierstoff**

Das Konzentrat zum Ansetzen frischer Kühlschmierstoffe wird stets in Wasser gegeben – am besten in einen Wasserstrahl. Spezielle Mischgeräte erlauben präzise Durchmischung und Konzentrationseinstellung. Die Konzentration richtet sich nach der geplanten Bearbeitung, darf aber die Untergrenze, die ab der Korrosion auftritt, nicht unterschreiten. Normal sind folgende Konzentrationen:

Konzentration	2 bis 3 %	3 bis 6 %	8 bis 12 %
Bearbeitung	Schleifen	allgemeine Zerspanung	Feinstbearbeitung

Beim Ansatz muss stets Kühlschmierstoff in strömendes Wasser gegeben werden.
Die Konzentration wird entsprechend der geplanten Bearbeitung eingestellt.

- **Schutz des Kühlschmierstoffes vor Bakterien und Pilzen**

Bakterien und Pilze zerstören den Emulgator in Kühlschmierstoffen. Sie bilden Säuren und fördern damit die Korrosion. Aus Schwefelverbindungen können sie Schwefelwasserstoff bilden, der außerordentlich unangenehm riecht. In Leitungen und an Filtern können Bakterien und Pilze schleimartige Massen bilden, welche die Anlagen verstopfen. Schließlich sind bei der Zerspanung fein versprühte Bakterien- und Pilzkolonien gesundheitsgefährdend. Aus diesen Gründen müssen Kühlschmierstoff und Anlagen gepflegt werden.
Da Bakterien vor allem unter Sauerstoffabschluss vermehrt wachsen, muss Sorge getragen werden, dass Luft immer guten Zutritt hat und keine Abfälle, die Nahrung für Bakterien bilden können, wie Zigarettenkippen oder Nahrungsreste, in den Kühlschmierstoff gelangen.
Guten Zutritt der Luft zur Oberfläche des Kühlschmierstoffes erreicht man durch großflächige und offene Behälter ohne toten Ecken. Ferner muss aufschwimmendes Fremdöl aus Schmierung u. a. von der Oberfläche der Kühlschmierstoffe abgezogen werden. In Stillstandzeiten sollte der Kühlschmierstoff belüftet wer-

Übungsaufgabe WT-46

den. Ferner sollte die Menge an Kühlschmierstoff möglichst groß gehalten werden, damit er sich im Betrieb nicht auf die für die Bakterienvermehrung ideale Temperatur von etwa 35 °C einstellt.
Wenn all diese Möglichkeiten nicht helfen, müssen Bakterien- und Pilzgifte (Mikrobiozide) eingesetzt werden.

Kühlschmierstoffe müssen möglichst gut belüftet und kühl gehalten werden, damit sich Bakterien und Pilze nicht übermäßig vermehren. Zusätzliche Verunreinigungen des Kühlschmierstoffes müssen vermieden werden.

- **Reinigung von Kühlschmierstoffen**

Metallspäne, Werkzeugabrieb besonders von Schleifscheiben, Grafit von Gussteilen, Fremdöl u. a. verunreinigen den Kühlschmierstoff und mindern seine Gebrauchseigenschaften. Die Reinigung des Kühlschmierstoffs von festen Teilchen geschieht durch Absetzen, Filtrieren oder Magnettrennung.
Fremdöl kann nach Aufschwimmen von der Oberfläche abgezogen werden. Eine andere Möglichkeit der Fremdölabtrennung ist das Zentrifugieren.
Durch Zusätze spezieller Emulgatoren kann auch ein Teil des Fremdöls vom Kühlschmierstoff aufgenommen werden, dabei verschlechtern sich aber auf Dauer die Gebrauchseigenschaften.

- **Entsorgung verbrauchter Kühlschmierstoffe**

Sobald der Gehalt an Salzen, der Fremdölanteil oder der Anteil an feinstverteilten Feststoffen so hoch geworden ist, dass der Kühlschmierstoff seine Aufgabe nicht mehr erfüllen kann, muss er ausgetauscht und entsorgt werden.
Nicht wassermischbare Kühlschmierstoffe werden meist vom Händler zurückgenommen und wieder aufbereitet.
Wassermischbare Kühlschmierstoffe werden von Spezialfirmen entsorgt. Um die Entsorgungskosten zu senken, versucht man z. T. schon beim Benutzer des Kühlschmierstoffes einen Teil des Wassers abzutrennen. Dies geschieht durch Zugabe von Chemikalien, durch Eindampfen oder durch Zentrifugieren. Da außer beim Eindampfen leicht verunreinigtes Wasser übrig bleibt, das nicht in allen Fällen ins Abwasser gelangen darf, werden diese Entsorgungsmöglichkeiten seltener benutzt.

Kühlschmierstoff darf nicht ins Grundwasser und ins Abwasser gelangen. Darum ist die Entsorgung von Spezialfirmen durchzuführen.

- **Gesundheitsprobleme im Umgang mit Kühlschmierstoff**

Winzige Metallsplitter, die stets im Kühlschmierstoff enthalten sind, können kleinste und kaum sichtbare Verletzungen in der Oberhaut bewirken, wenn sie über die Haut gescheuert werden. Im Zusammenhang mit der fettemulgierenden Wirkung der Kühlschmierstoffe versprödet die Haut, Talgdrüsen der Haut werden verstopft und es kann die **Fremdkörper-Ölakne** entstehen. Sie äußert sich in eitrigen Entzündungen, die besonders an Körperstellen, an denen durch Kühlschmierstoff verunreinigte Kleidung anliegt, und an den Händen entsteht.
Bei wassermischbaren Kühlschmierstoffen kann durch langzeitliche Belastung der Haut das so genannte **Ölekzem** auftreten. Es zeigt sich als großflächiger, geröteter und häufig nässender Ausschlag. Bei Dauerbelastung können daraus allergische Hautreaktionen entstehen, die u. U. einen Arbeitsplatzwechsel nötig machen.

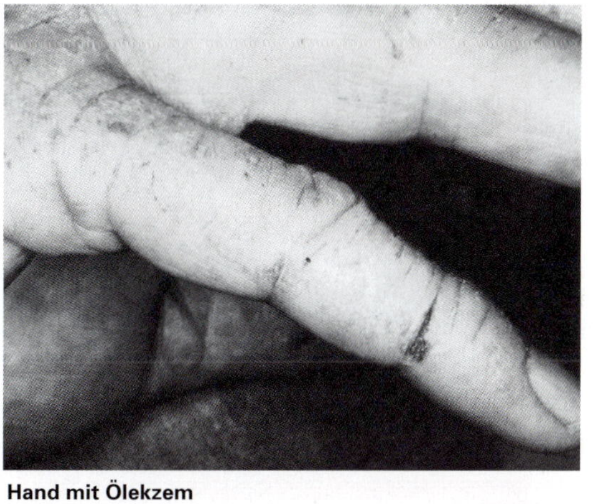

Hand mit Ölekzem

Fettlösende Mittel und besonders feine Metallspäne im Kühlschmierstoff können zu schweren Hautschädigungen führen.

WT

Übungsaufgaben WT-47 bis WT-50

Für den Umgang mit Kühlschmierstoff gilt darum
- Hände nicht in Kühlschmierstoff waschen, auch wenn diese gute Reinigungswirkung haben,
- mit Kühlschmierstoff verschmutzte Kleidung wechseln,
- keine Handreiniger mit Sand als Scheuermittel benutzen, da dadurch die Oberhaut schon leicht angerissen wird. Reiniger mit Holzmehl als Scheuermittel wirken ebenso, ohne die Haut zu beschädigen,
- vor Beginn der Arbeit und nach Arbeitspausen Handschutzcreme auftragen.

Die Schutzmaßnahmen werden als Betriebsanweisung in den Firmen ausgehängt.

Beispiel **für eine Betriebsanweisung**

Maschinenbau GmbH 4000 Düsseldorf	BETRIEBSANWEISUNG GEM. § 20 GEFSTOFFV	D10 7/90
ARBEITSBEREICH: Dreherei	ARBEITSPLATZ: Drehautomat MAK 6 TÄTIGKEIT: Bedienen des Drehautomaten	

GEFAHRSTOFFBEZEICHNUNG

BG-Neutral 750
Wassergemischter Kühlschmierstoff

GEFAHREN FÜR MENSCH UND UMWELT

- Längerer Hautkontakt führen zu Entfettung, Erweichung und Erkrankung der Haut
- Eingeatmet können Kühlschmierstoffnebel zu Schleimhautreizungen führen.
- Emulsion darf nicht ins Erdreich, Grundwasser oder in die Kanalisation gelangen.

SCHUTZMASSNAHMEN UND VERHALTENSREGELN

- Emulsion darf nicht in die Augen gelangen.
- Hautkontakt weitgehend vermeiden.
- Durchnässte Arbeitskleidung ablegen und im Magazin gegen saubere austauschen.
- Am Arbeitsplatz nicht essen, trinken, rauchen, keine Lebensmittel aufbewahren.
- Statt Putzlappen Einweg-Papiertücher verwenden.
- In dem KSS-Kreislauf keine Abfälle z. B. Zigarettenkippen werfen.
- Für die Werkstück- und Maschinenreinigung keine Druckluft benutzen.

Hautschutz:
- ● Vor Arbeitsaufnahme und nach Pausen: Hautschutzcreme „X“ auftragen Mat.-Nr. 11.36
- ● Vor Pausen und nach Arbeitsende : Hautreinigungsmittel „Y“ verwenden Mat.-Nr. 11.07
- ● Nach Arbeitsende und Reinigung : Hautpflegecreme „Z“ auftragen Mat.-Nr. 11.27

Hautschutz- und Reinigungsmittel sind im Magazin erhältlich.

VERHALTEN IM GEFAHRFALL

- Nach Verschütten oder Auslaufen der Emulsion mit Bindemittel (Mat.-Nr. 14.21) aufnehmen, dabei Schutzhandschuhe (Mat.-Nr. 14.15) tragen.
- Schichtmeister informieren.

ERSTE HILFE

- Verletzungen, auch geringen Umfangs, mit Hinweis auf KSS-Kontakt versorgen lassen.
- Nach Augenkontakt: Mehrere Minuten bei geöffnetem Lidspalt unter fließendem Wasser spülen. Gegebenfalls Facharzt aufsuchen.
- Bei Hautrötungen oder verdächtigen Hautreizungen Vorgesetzten informieren und Arbeitsmediziner aufsuchen.

Unfalltelefon: 333 Ersthelfer: Herr Schmitz

SACHGERECHTE ENTSORGUNG

- Benutzte Putztücher in Behälter 14 (blau) ablegen.
- Benutzte Ölbindemittel in Abfallbehälter 16 (rot) geben.

5.5 Minimalschmierung und Trockenbearbeitung

Kühlschmierstoffe verursachen in der Metallbearbeitung etwa 8 bis 16 % Kosten, hauptsächllich durch Versorgungsanlagen, Beschaffung und Entsorgung.
Durch völligen Verzicht auf Kühlschmierstoffe – Trockenbearbeitung – oder wenigstens eine starke Reduzierung – Minimalschmierung – wird versucht, die Kosten und die Umweltbelastung durch Kühlschmierstoffe zu senken. Minimalschmierung und Trockenbearbeitung sind bisher nur in Verfahren mit geometrisch bestimmten Schneiden, z. B. Sägen, Drehen, Fräsen, einzusetzen.

• Minimalschmierung

Minimalschmierung ist mit herkömmlichen Kühlschmiermitteln nur bedingt möglich. Schmiermittel für Minimalschmierung werden beim Einsatz nahezu völlig verbraucht, sie müssen wegen der höheren Erwärmung folgende Bedingungen erfüllen:
- hohe Temperaturbeständigkeit (Flammpunkt ≥ 150 °C),
- keine Bildung giftiger Dämpfe,
- keine Verharzung,
- nicht brennbar.

Aus diesen Gründen scheiden folgende Stoffe aus:
- herkömmliche wassergemischte Kühlschmierstoffe und ihre Konzentrate, weil sie geringer temperaturbeständig sind und giftige Zusätze enthalten,
- natürliche Ester (Rapsöl, Rüböl), weil sie zum Verharzen neigen,
- Schmieröle mit hohen Anteilen an Stoffen, die von Benzol abstammen. Diese bilden giftige und gesundheitsschädliche Dämpfe.

Für die Minimalschmierung haben sich synthetische Esteröle und Fettalkohole bewährt.

Bei Minimalschmierung fallen Späne nahezu trocken an und sind darum preisgünstiger zu entsorgen. Andererseits werden solche Späne beim Zerspanungsprozess nur schlecht von der Bearbeitungsstelle entfernt. Sie neigen zum Anhaften und Verkleben am Werkstück und an den Maschinenteilen, was einen größeren Reinigungsaufwand erfordert.
Minimalschmierung erfordert spezielle Werkzeuge und Zuführsysteme. Besonders günstig sind Werkzeuge mit Schmierstoffzuführung von innen.

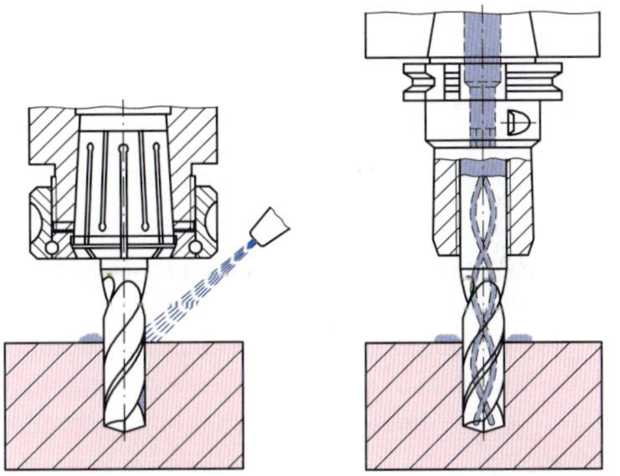

Äußere und innere Schmierstoff-Zuführung

• Trockenbearbeitung

Trockenschnitt ist nur bei Werkstoffen durchführbar, die nicht zum Verkleben an der Werkzeugschneide neigen. Ferner müssen die anfallenden Späne leicht von der Bearbeitungsstelle abgeführt werden, günstig sind sehr kurze Späne. Aus diesen Gründen ist der Trockenschnitt besonders bei Fe-C-Gusswerkstoffen erfolgreich einsetzbar. Hier wirkt der Grafit schmierend und spanbrechend.

Trockenbearbeitung von Bremstrommeln durch „Überkopfdrehen“

Aus Gründen des Umweltschutzes sollte dort, wo es möglich ist, auf Kühlschmierung verzichtet werden.

Übungsaufgaben WT-53; WT-54

6 Schmierstoffe

Schmierstoffe sollen Energieverluste, die durch Reibung auftreten, und Verschleiß an Maschinen und Geräten mindern. Jährlich müssen zur Zeit in der Bundesrepublik Deutschland 5 Mrd. EUR für zusätzliche Energie- und Materialkosten, die durch Reibung und Verschleiß verursacht werden, aufgewendet werden.

Befindet sich Schmiermittel in genügender Menge zwischen Gleitflächen, so werden diese durch die Schmiermittelschicht voneinander getrennt. Diese Schmiermittelschicht bezeichnet man als **Schmierfilm.** Der Schmierfilm haftet fest an den Gleitflächen. Werden die Bauelemente gegeneinander bewegt, verschieben sich kleinste Schmiermittelteilchen innerhalb des Schmierfilms. Der Schmierfilm bleibt dabei erhalten, sodass sich die Bauelemente selbst nicht berühren. Reibung und Verschleiß sind sehr gering.

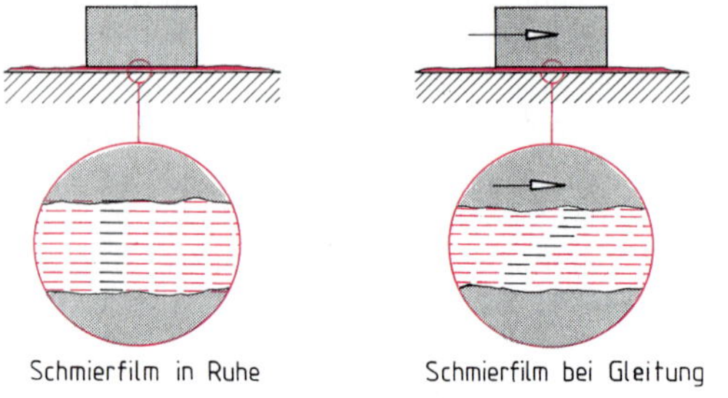

Wirkungsweise der Schmierung

Auswahlkriterien für Schmierstoffe

- Einsatzgebiet z. B. Hydraulikanlagen, Gleitlager,
- Betriebsbedingungen z. B. Drehfrequenzen, Betriebstemperatur,
- Umgebung z. B. erhöhte Explosionsgefahr

Die Auswahl der Schmierstoffarten richtet sich im Wesentlichen nach:
- Drehfrequenzen, • Betriebstemperaturen, • Gleitgeschwindigkeiten und • Umwelteinflüssen.

6.1 Schmieröle

6.1.1 Viskosität von Schmieröl

Der wichtigste Kennwert eines Schmieröles ist seine Viskosität. Ein Öl mit niedriger Viskosität ist dünnflüssig, ein Öl mit hoher Viskosität ist zähflüssig. Die Viskosität beeinflusst zum Beispiel die Schmierfilmdicke in Lagern, die Leckverluste in Hydraulikanlagen, die Reibungsverluste in Schmierölleitungen.

Beim Messen im Kapillarviskosimeter lässt man eine bestimmte Ölmenge bei Prüftemperatur durch ein langes dünnes Rohr, die Kapillare, laufen. Aus der Auslaufzeit ermittelt man die kinematische Viskosität. Wasser hat bei 20 °C eine kinematische Viskosität von etwa 1 mm²/s.

Industrieöle werden nach ISO in 18 Klassen unterteilt. Die ISO-Klassifikation wird in Viskositätsgraden (ISO-VG) angegeben. Sie ist zahlenmäßig an der Viskosität bei 40 °C orientiert.

Kfz-Öle werden gemäß der amerikanischen society of Automative Engineers (SAE) gekennzeichnet. Die Kennzeichnung stimmt nicht mit der Einteilung nach DIN ISO überein. Auch die Bezugstemperatur ist unterschiedlich, die SAE-Klassen haben je nach Klasse unterschiedliche Bezugstemperaturen.

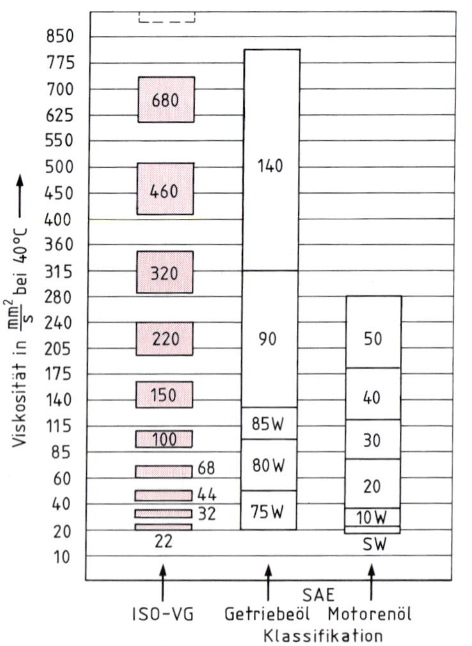

Vergleich wichtiger Ölklassen

Übungsaufgaben WT-55; WT-56

Die Viskosität ist stark von der Temperatur abhängig. Mit steigender Temperatur sinkt die Viskosität. Da Maschinen häufig bei unterschiedlichen Temperaturen beansprucht werden, ist das Viskositäts-Temperatur-Verhalten von Schmierstoffen von großer Bedeutung. Am günstigsten sind Öle, die bei niedrigen Temperaturen noch so dünnflüssig sind, dass Maschinen leicht anfahren, und bei der Betriebstemperatur noch eine ausreichend hohe Viskosität besitzen, damit der Schmierfilm bei Belastung nicht abreißt. Die Temperaturabhängigkeit der Viskosität lässt sich durch Zusätze verbessern. Die zugesetzten Stoffe enthalten fadenförmige Großmoleküle, die sich mit steigender Temperatur entknäulen und so den Viskositätsabfall verringern.

Die Viskosität eines Öles sinkt mit steigender Temperatur.

6.1.2 Arten von Schmierölen

- **Mineralöle**

In Erdölraffinerien werden aus dem Erdöl verschiedene Produkte wie Benzin, Heizöl, Schmieröl, Bitumen gewonnen. Dies geschieht, indem das Erdöl zunächst vergast wird. Die verschiedenen Kohlenstoff-Wasserstoff-Verbindungen des Gases verflüssigen sich wieder bei unterschiedlichen Temperaturen. Zu den Produkten, die man dabei gewinnt, gehören neben den verschiedenen Kraftstoffen die Mineralöle. Den Gesamtvorgang bezeichnet man als **Destillation.** In einem anschließenden Reinigungsverfahren entfernt man alle schädlichen Bestandteile aus dem Mineralöl. Diese Verunreinigungen können bei Gebrauch Harze oder Säuren bilden und vermindern die Einsatzdauer der Schmiermittel.

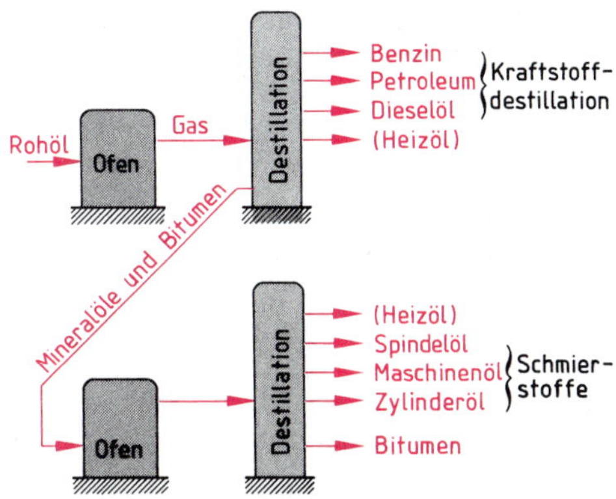

Vom Rohöl zu Kraft- und Schmierstoffen

Hochwertigen Mineralölen setzt man besondere Wirkstoffe zu. So verbessert man z.B. durch Zusätze die Tragfähigkeit des Schmierfilms oder erweitert die Wirksamkeit eines Schmieröls auf einen größeren Temperaturbereich.

Mineralöle gewinnt man aus Erdöl durch Destillation und anschließende Reinigung.

- **Synthetische Flüssigschmierstoffe**

Synthetische Flüssigschmierstoffe werden aus einfachen einheitlichen Kohlenstoff-Wasserstoff-Verbindungen oder Silizium-Verbindungen durch chemische Synthese aufgebaut. Deshalb sind diese Flüssigschmierstoffe in ihrem chemischen Aufbau besonders einheitlich und frei von schädlichen Beimengungen. Synthetische Flüssigschmierstoffe zeichnen sich durch eine gleich bleibende Viskosität in einem großen Temperaturbereich aus. Darüber hinaus sind sie schwer entflammbar und beständig gegen Säuren und Laugen. Man verwendet sie außer zur Schmierung auch als hochwertige Hydrauliköle.

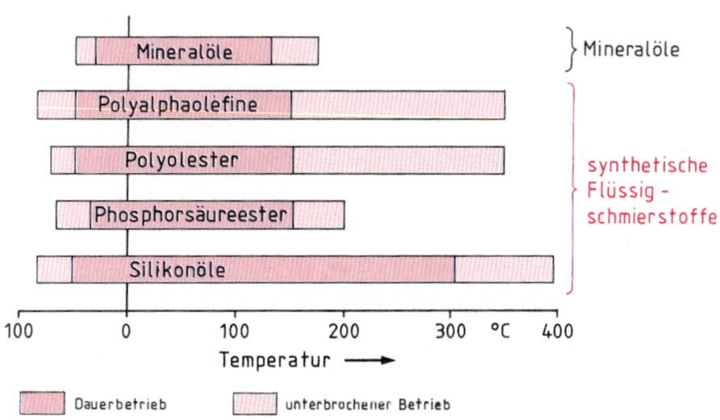

Temperatur-Einsatzgrenzen von Schmierstoffen

Neben den Flüssigschmierstoffen aus reinen Kohlenwasserstoffen werden auch phosphorhaltige Kohlenwasserstoffe und Silikone als synthetische Schmierstoffe verwendet.
Synthetische Flüssigschmierstoffe und Mineralöle dürfen nicht miteinander vermischt werden.

Synthetische Flüssigschmierstoffe werden aus einfachen Verbindungen synthetisch aufgebaut. Sie sind einheitlich im Aufbau und frei von schädlichen Beimengungen, aber teurer als Mineralöle.

- **Zweitraffinate**

Aus gebrauchten Schmierölen werden durch mehrstufige Aufbereitungsprozesse so genannte Zweitraffinate gewonnen.

6.1.3 Kennzeichnung von Schmieröl

Die Bestandteile der Schmieröl-Kennzeichnung haben folgende Bedeutung:

- *geometrisches Symbol* für die Art der Erzeugung, z. B. Mineralöl,
- *Kennbuchstaben* für das Einsatzgebiet des Öles, z. B. Hydrauliköl,
- *weitere Kennbuchstaben* für die Zusätze – Additive -, z. B. Alterungsschutz,
- *Kennzahlen* für die Ölklasse durch den Viskositätsgrad, z. B. Viskositätsgrad 100 m^2/s.

Beispiel **für die Kennzeichnung eines Schmieröls**

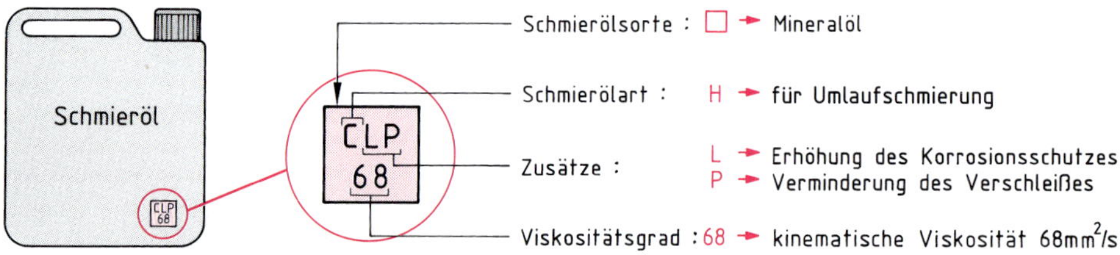

Die Kennzeichnung der Schmieröle gibt Auskunft über:
- Schmierölart, • Additive im Schmieröl und • Viskositätsgrad.

6.2 Schmierfette

Für viele Anwendungsfälle sind flüssige Schmiermittel wenig geeignet, weil sie von der Schmierstelle wegfließen, z.B. bei frei stehenden Lagern. Hier werden Schmierfette verwendet. Sie haften an der Schmierstelle und gewähren den geschmierten Lagerstellen guten Schutz gegen das Eindringen von Wasser und Verunreinigungen.
Der Verbrauch von Schmierfetten ist in der Bundesrepublik wegen verbesserter Ölschmiereinrichtungen erheblich zurückgegangen. Er beträgt nur etwa 2 % des Mineralölverbrauchs.

6.2.1 Aufbau von Schmierfetten

Schmierfette bestehen aus einem Eindickmittel, in das Mineralöle und Zusätze (Additive) eingemischt sind. Als Eindickmittel werden Metallsalze von Fettsäuren, Metallseifen genannt, verwendet. Die Metallseifen bilden ein Gerüst, in dem das Öl sehr fein verteilt wird. Man bezeichnet das Fett nach der Art des Eindickmittels.
Mehr als die Hälfte der verwendeten Schmierfette sind mit Lithiumsalzen von Fettsäuren eingedickt – man nennt diese Schmierfette lithiumverseifte Fette. Für Sonderfälle gibt es ein metallfreies Eindickmittel, ein Gel.

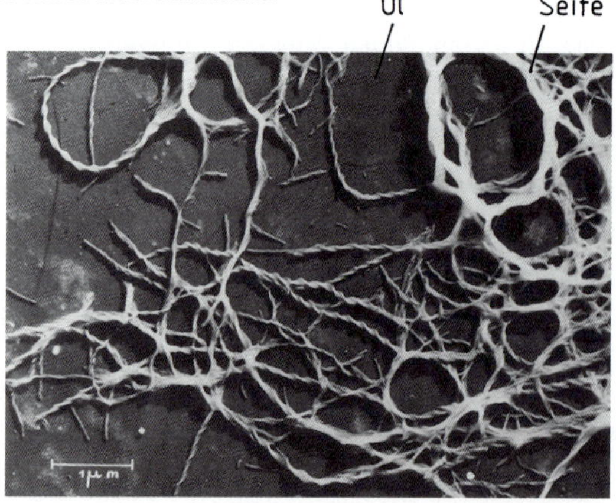

Elektronenmikroskopische Aufnahme eines Schmierfettes

- **Klassifizierung der Schmierfette nach der Konsistenz**

Fette zeigen je nach Gehalt an Eindickmitteln und Temperatur unterschiedlich starken Zusammenhalt beim Verschmieren (Konsistenz), sie reicht von einem Verhalten wie dickes Öl über salbenartig bis zu fast wachsartig.
Am häufigsten werden Schmierfette der Konsistenzklasse 2 verwendet.

Konsistenz-klassen	Konsistenz	Verwendung
000 00 0	ähnlich sehr dickem Öl halb fließend sehr weich	Getriebefette
2 3 4	salbenartig beinahe fest fest	Wälzlagerfette Gleitlagerfette Gleitlagerfette
5	sehr fest	Blockfette

Schmierfette werden nach ihrer Konsistenz in Klassen von 000 bis 6 eingeteilt. Mit steigender Nummer wächst die Konsistenz.

- **Klassifizierung von Schmierfetten nach dem Eindickmittel**

Eindickmittel	Gebrauchstemperaturbereich in °C	Verhalten gegenüber Wasser
Lithiumseife	– 30 bis + 140	beständig
Calciumseife	– 30 bis + 60	abweisend
Natriumseife	– 30 bis + 100	nicht beständig
Lithiumkomplexseife	– 30 bis + 160	beständig
Gel	– 20 bis + 160	beständig

Schmierfette bestehen aus Mineralöl und einem Eindickmittel sowie Additiven.
Das Eindickmittel bestimmt stark das Verhalten des Fettes gegenüber Wasser.

6.2.2 Kennzeichnung von Schmierfetten

Die Bestandteile der Schmierfett-Kennzeichnung haben folgende Bedeutung:

- *Geometrisches Symbol* für die Schmierfettbasis, z. B. Mineralölbasis.
- *Kennbuchstaben* für das Einsatzgebiet des Fettes, z. B. Gleit- und Wälzlagerfett.
- *Weitere Kennbuchstaben* für die Einsatztemperatur, z. B. –20 °C bis +80 °C.
- *Kennzahlen* für die Konsistenzklasse, z. B. Klasse 3 für beinahe festes Wälzlagerfett.

Beispiel **für die Kennzeichnung eines Schmierfettes**

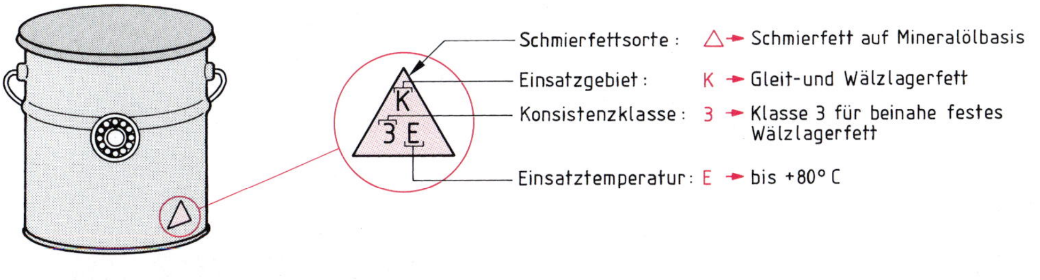

Die Kennzeichnung der Schmierfette gibt Auskunft über:
- Schmierfettart,
- Einsatzgebiet mit Temperaturbereich,
- Konsistenzklasse.

Übungsaufgaben WT-59; WT-60

7 Werkstoffprüfung

Damit die verschiedenen Eigenschaften der Werkstoffe erfasst werden können, sind viele Prüfverfahren entwickelt worden.

- **Mechanische Prüfverfahren** dienen der Ermittlung von Festigkeitskennwerten des Werkstoffs. Besonders wichtig unter diesen Prüfverfahren sind die Prüfung der Zugfestigkeit und der Härte.
- **Technologische Prüfverfahren** dienen zur Ermittlung des Werkstoffverhaltens bei der Verarbeitung. Wichtige technologische Prüfverfahren sind die Verfahren zur Prüfung der Umformbarkeit.
- **Metallographische Prüfverfahren** geben Auskunft über das Gefüge der Werkstoffe.
- **Zerstörungsfreie Prüfverfahren** dienen zur Fehlersuche an fertigen Werkstücken.

7.1 Mechanische Prüfverfahren

7.1.1 Zugversuch

Der Zugversuch nach DIN EN 10002 ist einer der wichtigsten Versuche zur Prüfung von Metallen. Man ermittelt im Zugversuch das Werkstoffverhalten unter Zugbeanspruchung. Dabei werden als wichtige Werkstoffkennwerte die Zugfestigkeit, die Streckgrenze und die Dehnbarkeit des Werkstoffes festgestellt.
Als Proben für den Zugversuch werden genormte Rund- oder Flachproben verwendet. Ausschnitte aus dickwandigen Werkstücken und Gussteilchen werden zu Rundproben gedreht. Aus Blechen werden Flachproben gefertigt.

Für die Probenabmessung gilt:

- Rundproben $L_0 = 5 \cdot d_0$
- Flachproben $L_0 = 5 \cdot 1{,}13 \cdot \sqrt{S_0}$

d_0 Anfangsdurchmesser
L_0 Anfangsmesslänge
S_0 Anfangsquerschnitt

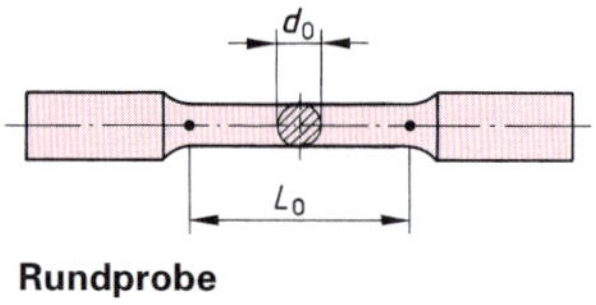

Rundprobe

Diese Werkstoffproben werden auf einer Zugprüfmaschine einer stetig wachsenden Belastung ausgesetzt. Als Prüfmaschinen verwendet man meist Universalprüfmaschinen, die neben dem Zugversuch auch die Durchführung von Biege-, Scher- und Druckversuchen erlauben.
Die Aufbringung der Prüfkraft auf die Zugprobe erfolgt mechanisch oder hydraulisch, wobei die jeweils wirkende Kraft durch einen Kraftmesser angezeigt wird. Ein Schreibgerät zeichnet die Verlängerung der Probe in Abhängigkeit von der wirkenden Kraft auf. Es entsteht ein **Kraft-Verlängerung-Schaubild.**

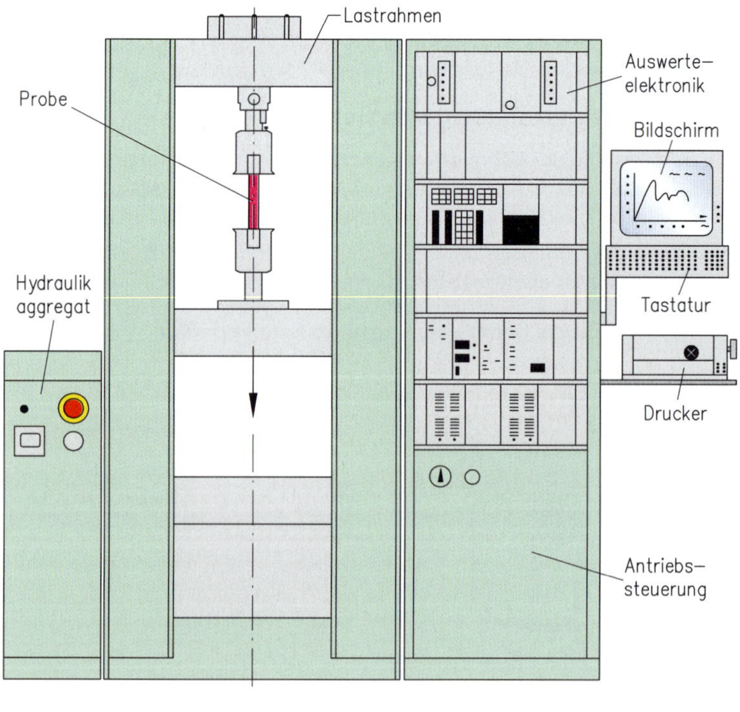

Zerreißmaschine mit Anzeige- und Schreibgerät

Durch die Umrechnung der Kraft- und Verlängerungswerte ergibt sich das Spannung-Dehnung-Schaubild des geprüften Werkstoffes. Dieses Diagramm zeigt das Verhalten eines Werkstoffes unter Zugbelastung. Aus dem **Spannung-Dehnung-Schaubild** können wichtige Kennwerte des Werkstoffes entnommen werden.

Im Zugversuch ist die **Spannung** (σ) das Verhältnis zwischen Zugkraft und Anfangsquerschnitt der Probe.

$$\text{Spannung} = \frac{\text{Kraft}}{\text{Anfangsquerschnitt}} \qquad \sigma = \frac{F}{S_0}$$

Die **Dehnung** (ε) ist die prozentuale Längenänderung, bezogen auf die Anfangsmesslänge.

$$\text{Dehnung} = \frac{\text{Verlängerung}}{\text{Anfangsmesslänge}} \cdot 100\ \% \qquad \varepsilon = \frac{L - L_0}{L_0} \cdot 100\%$$

- **Spannung-Dehnung-Schaubild eines unlegierten Baustahls**

Unlegierte Baustähle werden in Konstruktionen verwendet. Sie werden nach ihrem Verhalten unter Zugbelastung beurteilt.

Die Spannung-Dehnung-Kurve eines unlegierten Baustahles zeigt folgenden Verlauf:

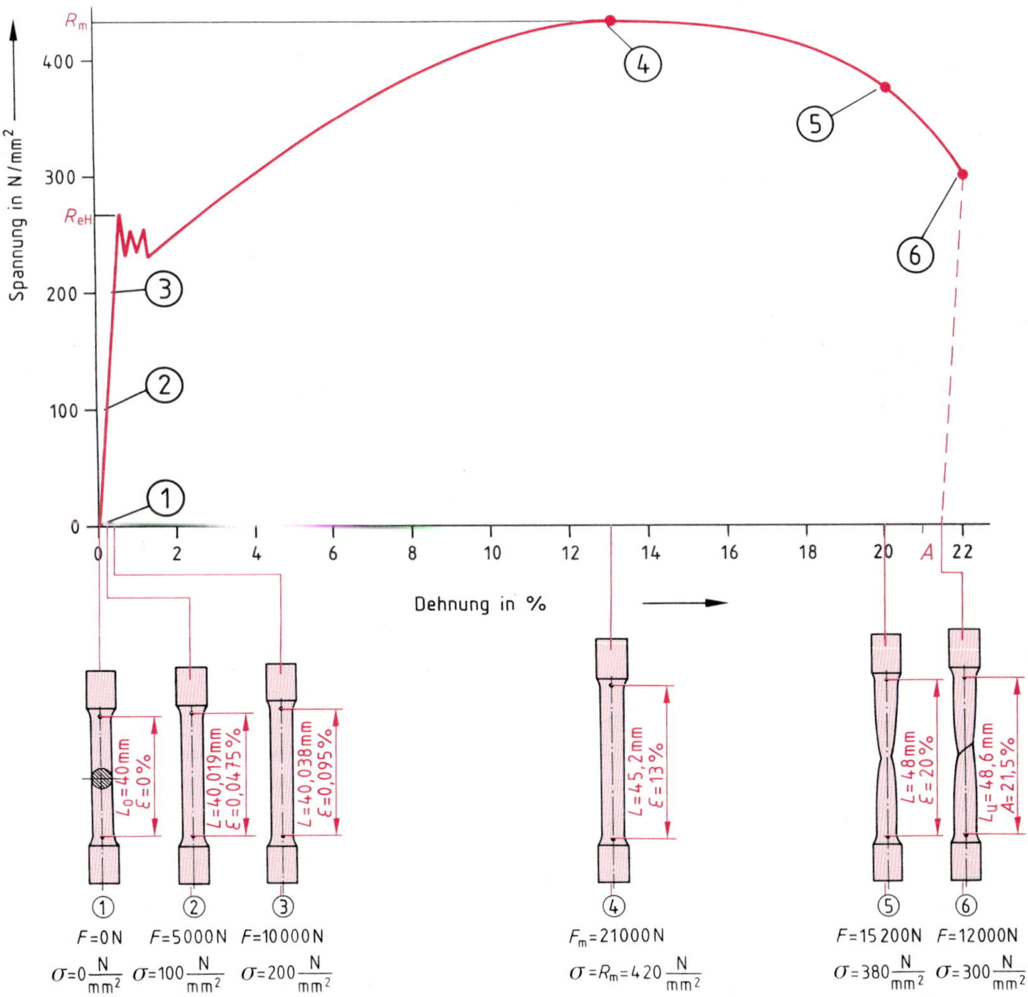

- **Wichtige Bereiche und Kennwerte**

Die zeichnerische Darstellung des Spannung-Dehnung-Verlaufs zeigt im Anfangsbereich eine ansteigende Gerade. Spannung und Dehnung sind hier einander proportional. Der Werkstoff verhält sich in diesem Bereich **elastisch.**

- Die **Streckgrenze** (R_{eH}) ist die Spannung, bei der erstmals eine plastische Verformung ohne Anstieg der Belastung auftritt. Bei gut dehnbaren Werkstoffen wird die in Bauteilen zulässige Spannung aus der Streckgrenze berechnet.
- Die **Zugfestigkeit** (R_m) ist die höchste Spannung, die der Werkstoff im Zugversuch ertragen hat. Bei spröden Werkstoffen wird die in Bauteilen zulässige Spannung aus der Zugfestigkeit berechnet.

$$\text{Zugfestigkeit} = \frac{\text{größte Zugkraft}}{\text{Anfangsquerschnitt}} \qquad R_m = \frac{F_m}{S_0}$$

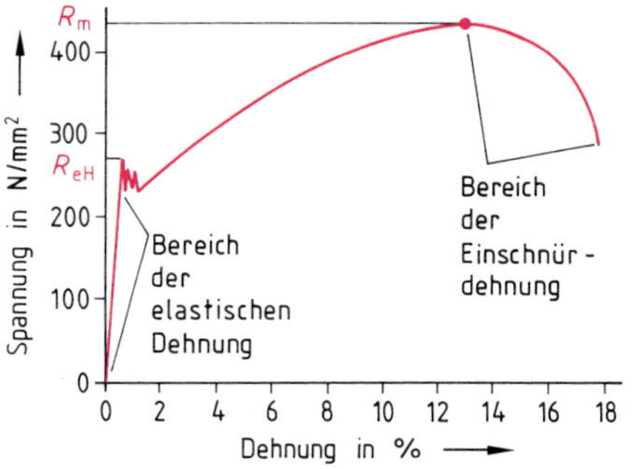

Spannung-Dehnung-Diagramm eines unlegierten Baustahls

Nach Erreichen der Zugfestigkeit schnürt die Probe an einer Stelle ein, dadurch fällt die Spannung bis zum Bruch ab.

- Die **Bruchdehnung** (A) ist die bleibende Längenänderung nach dem Bruch bezogen auf die Anfangsmesslänge. Die Längenänderung wird nicht aus dem Diagramm entnommen, sondern an den zusammengelegten Probenteilen ermittelt.

$$\text{Bruchdehnung} = \frac{\text{Verlängerung}}{\text{Anfangsmesslänge}} \cdot 100\%$$

$$A = \frac{L_u - L_0}{L_0} \cdot 100\%$$

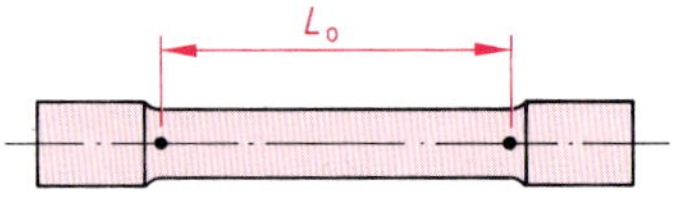

Probestab vor dem Versuch

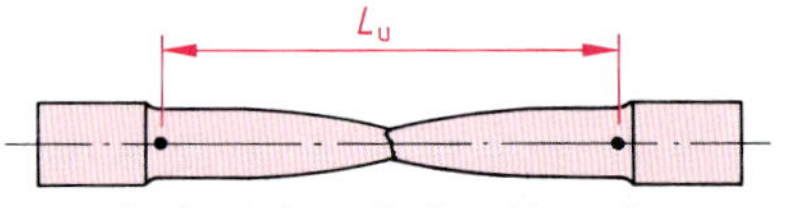

Probestab nach dem Versuch

Die Bruchdehnung dient zur Beurteilung der Verformungsfähigkeit eines Werkstoffes.

Wichtige Kennwerte des Zugversuchs sind
- Streckgrenze,
- Zugfestigkeit,
- Bruchdehnung.

7.1.2 Härteprüfung

Neben dem Zugversuch ist die Prüfung der Werkstoffe auf ihre Härte ein wichtiges Prüfverfahren metallischer Werkstoffe.

Als Härte bezeichnet man den Widerstand, den ein Werkstoff dem Eindringen eines Körpers in seine Oberfläche entgegensetzt.

Die Ergebnisse von Härteprüfungen sind wichtig, um zum Beispiel:
- Anhaltswerte für die richtige Wahl des Werkstoffes von Werkzeugen für die spanende Bearbeitung zu finden,
- den Erfolg einer Wärmebehandlung an Werkstoffen zu kontrollieren,
- in der automatisierten Fertigung Werkstücke mit ungeeigneter Härte zu ermitteln und von der Weiterverarbeitung auszuschließen.

Bei der Härteprüfung erhält man Werte über die Härte eines Werkstoffes, die lediglich Vergleichswerte darstellen. Sie können nicht als Grundlage zur Berechnung von Konstruktionen verwendet werden. Die durch verschiedene Härteprüfverfahren erhaltenen Werte sind nur bedingt miteinander vergleichbar.

Übungsaufgaben WT-62; WT-63

Härteprüfung nach Brinell (DIN EN ISO 6506)

Die Härteprüfung nach Brinell dient zur Bestimmung der Härte von

- weichen Werkstoffen, z.B. unlegiertem Baustahl, Aluminiumlegierungen und
- Werkstoffen mit ungleichmäßigem Gefüge, z.B. Gusseisen.

Bei dem Härteprüfverfahren nach Brinell wird eine gehärtete Stahlkugel oder eine Hartmetallkugel mit einer festgelegten Prüfkraft in die Oberfläche des zu prüfenden Werkstückes gedrückt.

Nach einer Belastungszeit von mindestens zehn Sekunden wird der Durchmesser *d* des bleibenden Eindrucks im Werkstück gemessen. Aus diesem Durchmesser wird die Oberfläche des Eindrucks bestimmt. Das Verhältnis von Prüfkraft zur Eindruckoberfläche multipliziert mit dem Faktor 0,102 bezeichnet man als die Brinellhärte.

Bei Einsatz einer Hartmetallkugel wird der Härtewert mit **HBW,** bei einer Stahlkugel mit **HBS** gekennzeichnet.

$$HB = 0{,}102 \cdot \frac{F}{A}$$

$$HB = 0{,}102 \cdot \frac{2\,F}{D \cdot \pi\,(D - \sqrt{D^2 - d^2})}$$

F Prüfkraft in N
A Oberfläche des bleibenden Eindruckes in mm²
D Durchmesser der Prüfkugel in mm
d Durchmesser des Eindruckes in mm
(In die Gleichungen werden nur die Zahlenwerte ohne Einheiten eingesetzt.)

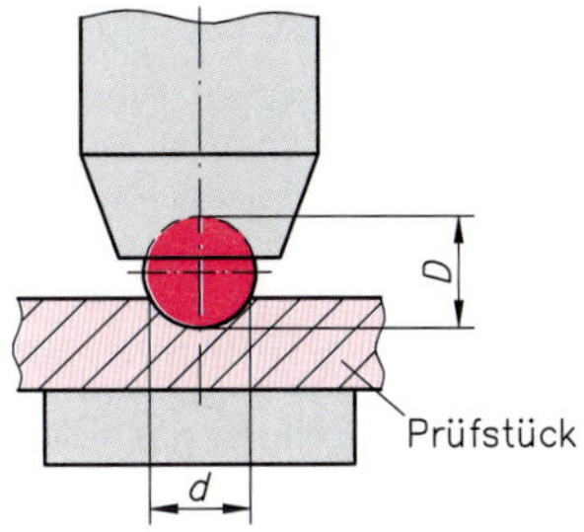

Härteprüfung nach Brinell (Schema)

Die Brinellhärte eines Werkstoffes ergibt sich aus dem Verhältnis von Prüfkraft zur Eindruckoberfläche, die von einer Prüfkugel erzeugt wurde.

Die Zugfestigkeit allgemeiner Baustähle lässt sich näherungsweise aus der Brinellhärte errechnen.

$$R_m \approx 3{,}5 \cdot HB \text{ in N/mm}^2$$

Beispiel **für die Berechnung der Zugfestigkeit aus dem HBS-Wert**

gemessene Härte: 200 HBS

Zugfestigkeit $R_m = 3{,}5 \cdot 200\ \text{N/mm}^2$

$\mathbf{R_m = 700 \cdot N/mm^2}$

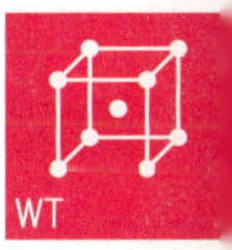

Härteprüfung nach Vickers (DIN EN ISO 6507)

Die Härteprüfung nach Vickers dient zur Prüfung harter und gleichmäßig aufgebauter Werkstoffe. Dieses Verfahren wird auch zur Härteprüfung an dünnwandigen Werkstücken und Randzonen eingesetzt. Bei der Härteprüfung nach Vickers wird eine Diamantpyramide mit einer festgelegten Prüfkraft in das Werkstück eingedrückt. Aus den Diagonalen *d* des bleibenden Eindrucks wird die Eindruckoberfläche errechnet. Das Verhältnis von Prüfkraft zur Eindruckoberfläche ergibt mit dem Faktor 0,102 multipliziert die Vickershärte (HV).

$$HV = \frac{0{,}102 \cdot F}{A} = \frac{0{,}1891 \cdot F}{d^2}$$

F Zahlenwert der Prüfkraft in N
A Zahlenwert der Oberfläche des bleibenden Eindrucks in mm²
d Zahlenwert der Länge der Eindruckdiagonale in mm

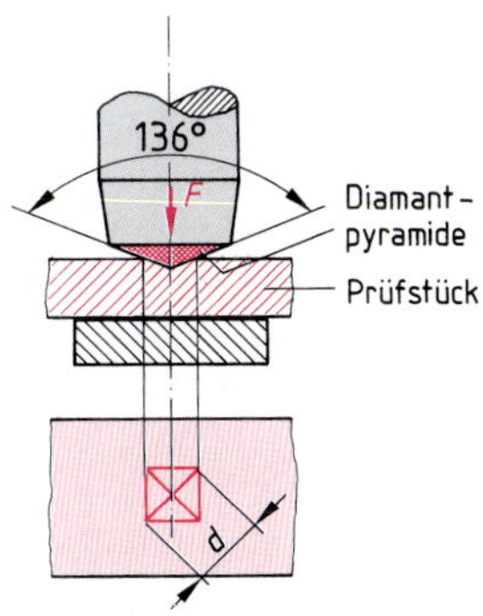

Härteprüfung nach Vickers (Schema)

Die Vickershärte ergibt sich aus dem Verhältnis von Prüfkraft zur Eindruckoberfläche, die durch einen pyramidenförmigen Prüfkörper aus Diamant erzeugt wurde.

Übungsaufgaben WT-64; WT-65; WT-66

• **Härteprüfung nach Rockwell-C (DIN EN ISO 6508)**

Die Härteprüfung nach dem Rockwell-C-Verfahren dient zur Bestimmung der Härte bei sehr harten Werkstoffen. Als Prüfkörper wird ein Diamantkegel verwendet. Mit einer festgelegten Prüfkraft wird dieser Kegel in die Oberfläche des zu prüfenden Werkstückes eingedrückt. Die Eindringtiefe des Diamantkegels ist ein Maß für die Härte des Werkstoffes. Eine Messuhr, die mit dem Prüfgerät verbunden ist, misst die Eindringtiefe. Auf der Skala der Uhr kann man die Härtewerte in Rockwelleinheiten (*HRC*) unmittelbar ablesen.

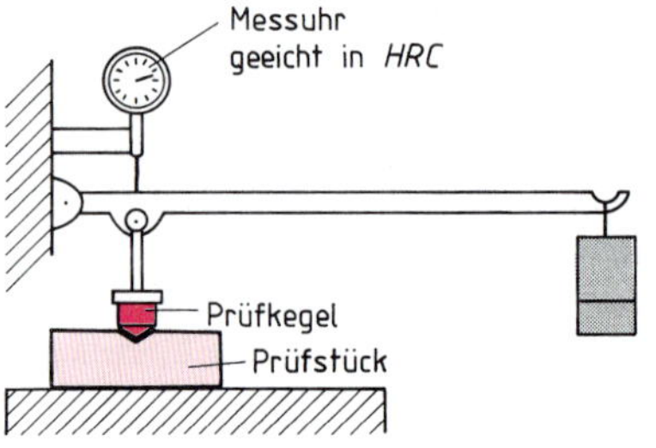

Schema der HRC-Prüfung

Die Rockwellhärte HRC eines Werkstoffes ergibt sich aus der Eindringtiefe eines kegelförmigen Prüfkörpers aus Diamant.

7.1.3 Kerbschlag-Biegeversuch

Der Kerbschlag-Biegeversuch nach DIN EN 10045 dient zur Beurteilung der Zähigkeit eines Werkstoffes. Der Versuch liefert keinen Kennwert für die Festigkeitsberechnung.
Beim Versuch wird eine sorgfältig gekerbte Probe, die zwischen zwei Widerlagern liegt, auf einem Pendelschlagwerk mit einem einzigen Schlag entweder durchgebrochen oder durch die Widerlager gezogen. Die dabei verbrauchte Schlagarbeit ist die **Kerbschlagarbeit**. Die Kerbschlagarbeit (*K*) in Joule, im Zusammenhang mit der Angabe der verwendeten Probe, ist der im Kerbschlag-Biegeversuch ermittelte Kennwert eines Werkstoffes.

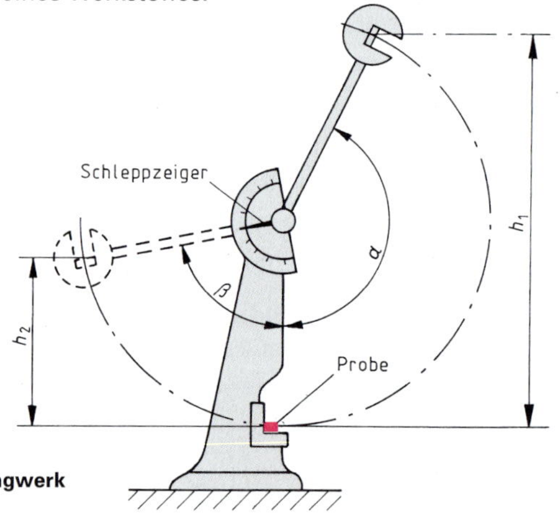

Pendelschlagwerk (Schema)

$$K = F_G \cdot (h_1 - h_2)$$

K Kerbschlagarbeit
F_G Gewichtskraft des Hammers
h_1 Fallhöhe
h_2 Steighöhe

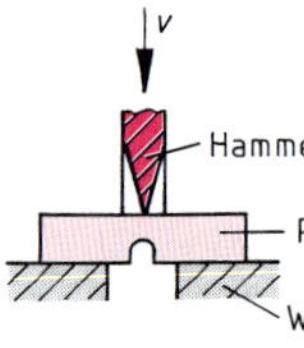

Auftreffen der Hammerschneide auf die Probe

Je nach Temperatur verhält sich ein Werkstoff zäh oder spröde. Mit Kerbschlagbiegeversuchen bei unterschiedlichen Temperaturen ermittelt man die Übergangstemperatur zwischen zähem und sprödem Verhalten unter den Versuchsbedingungen.

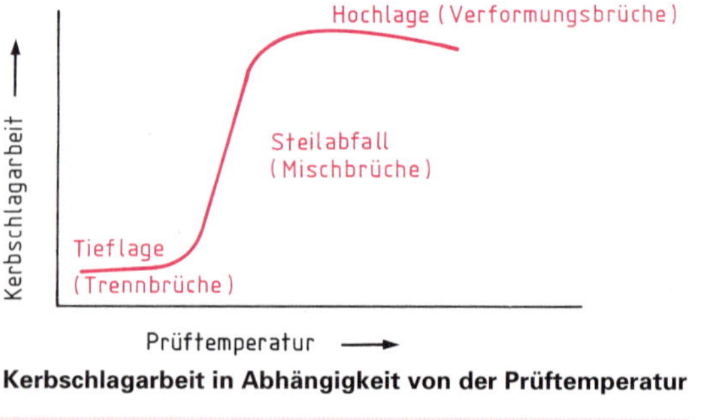

Kerbschlagarbeit in Abhängigkeit von der Prüftemperatur

Der Kerbschlag-Biegeversuch dient zur Beurteilung der Zähigkeit eines Werkstoffes.

Übungsaufgaben WT-67; WT-68

7.2 Technologische Prüfverfahren

Technologische Prüfverfahren untersuchen das Verhalten der Werkstoffe bei der Verarbeitung. Demzufolge sind die Prüfverfahren sehr zahlreich. Die entsprechenden Prüfverfahren sind meist genormt.

- **Ausbreitprobe**

Die Ausbreitprobe dient zur Ermittlung der Schmiedbarkeit eines Werkstoffes. Ein Flachstab wird bei Schmiedetemperatur soweit ausgeschmiedet (ausgebreitet), bis Risse an den Kanten auftreten. Ein gut schmiedbarer Werkstoff soll auf das Doppelte bis Dreifache der Ausgangsbreite ausschmiedbar sein.

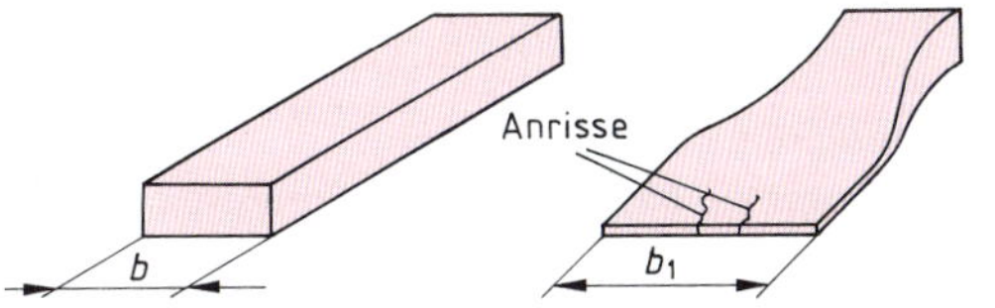

Ausbreitprobe

- **Faltversuch**

Der Faltversuch nach DIN EN ISO 7438 dient zur Ermittlung der Faltbarkeit eines Werkstoffes. Dabei wird eine Probe stetig bis zum Auftreten von Rissen gebogen. Der Winkel, bei dem die ersten Risse auf der Zugseite auftreten, ist ein Maß für die Faltbarkeit eines Werkstoffes. Gut faltbare Werkstoffe sollen sich ganz zusammenfalten lassen.

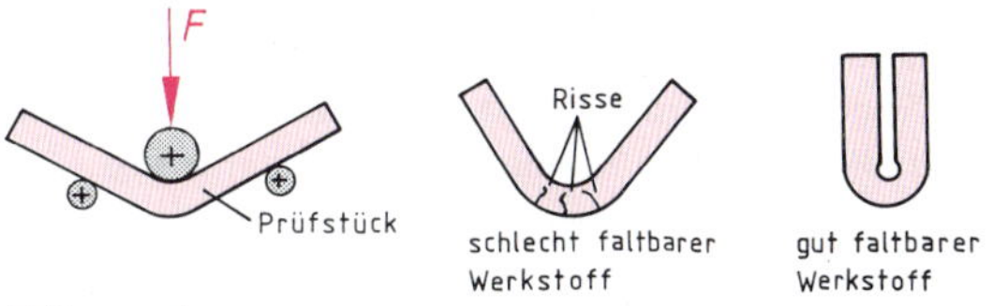

Faltversuch

- **Tiefungsversuch nach Erichsen**

Der Tiefungsversuch nach DIN 50101 dient zur Ermittlung der Tiefziehfähigkeit von Blechen. Dabei wird das Probeblech mithilfe einer Stahlkugel von 20 mm Durchmesser in einer Matrize so lange getieft, bis der erste Riss auftritt. Die Tiefung bis zu diesem Anriss dient zur Beurteilung des Werkstoffes.

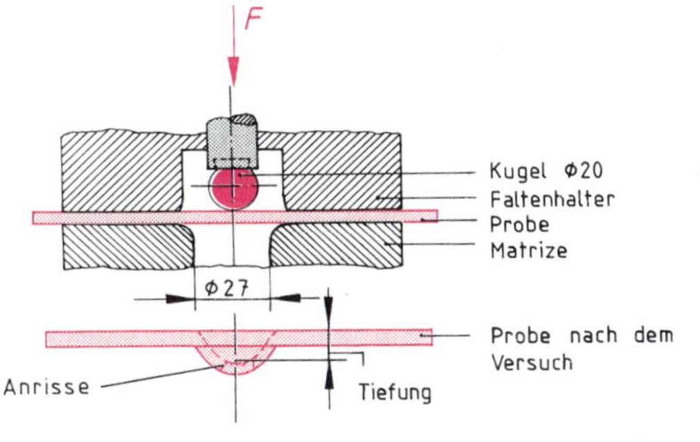

Tiefungsversuch nach Erichsen

In technologischen Prüfverfahren wird das Verhalten des Werkstoffes bei der Verarbeitung untersucht.

WT

7.3 Metallografische Prüfverfahren

Bei der metallografischen Prüfung wird das Gefüge des Werkstoffes sichtbar gemacht, um Aufschluss über Gefügeaufbau und Gefügefehler zu erhalten.

- **Mikroskopische Untersuchungsverfahren**

Durch die Metallmikroskopie ist es möglich, das Gefüge einer Werkstoffprobe insgesamt oder nur einzelne Gefügebestandteile sichtbar zu machen. Die Werkstoffprobe wird zunächst geschliffen und poliert. Um die für die Beurteilung des Gefüges wesentlichen Bestandteile untersuchen zu können, wird der Schliff geätzt. Je nach dem Ziel der Untersuchung verwendet man unterschiedliche Ätzmittel. Das Gefüge von Stählen und die Korngrenzen von reinen Metallen werden z.B. mit einer 1%igen Salpetersäure geätzt.
Einzelne Gefügebestandteile können auch durch entsprechende Beleuchtung, z.B. durch schräg einfallendes Licht oder durch farbiges Licht, hervorgehoben werden.

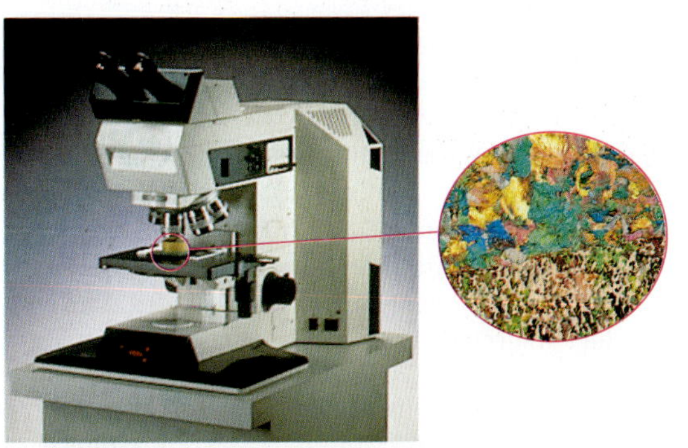

Lichtmikroskop zur Metalluntersuchung

Übungsaufgaben WT-69

7.4 Zerstörungsfreie Prüfverfahren

Ein fertiges Werkstück kann versteckte Fehler wie Lunker, Risse oder Schlackeneinschlüsse aufweisen. Die Fehler können bei einer Verwendung des Werkstückes zu Gefahrenquellen für Menschen und Geräte werden. Es ist Aufgabe der zerstörungsfreien Werkstoffprüfung, solche Fehler ohne Beschädigung des Bauteils ausfindig zu machen.

- **Prüfung mit Röntgenstrahlen**

Röntgenstrahlen sind wie das sichtbare Licht elektromagnetische Wellen. Die Wellenlänge der Röntgenstrahlen beträgt jedoch nur 1/10 000 der Wellenlänge des sichtbaren Lichtes. Deshalb sind Röntgenstrahlen unsichtbar. Sie durchdringen jedoch lichtundurchlässige Körper und schwärzen dahinter befindliche Filme. **Röntgenstrahlen sind sehr schädlich für den menschlichen Organismus.** Darum sind bei der Anwendung umfangreiche Sicherheitsbestimmungen zu beachten.

Mithilfe der Röntgenstrahlen werden in der zerstörungsfreien Werkstoffprüfung Schlackeneinschlüsse, Gasblasen, Lunker und andere größere Werkstofffehler sichtbar gemacht. Das zu prüfende Werkstück wird zwischen eine Röntgenröhre und einen Film gebracht. Die Röntgenstrahlen werden durch die Werkstofffehler weniger abgeschwächt als durch das fehlerfreie Metall. Die Strahlen schwärzen darum den Film hinter dem Fehler stärker als an den anderen Stellen. Damit werden die Werkstofffehler auf dem Film deutlich.

Ähnlich verfährt man bei der Werkstoffprüfung mit Gammastrahlen. Hier hat man jedoch statt einer Röhre einen radioaktiven Stoff, der ständig Strahlen aussendet.

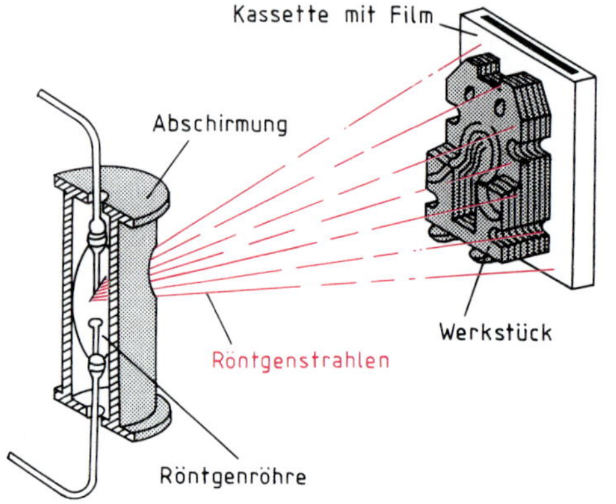

Prüfung eines Zylinderkopfs mit Röntgenstrahlen

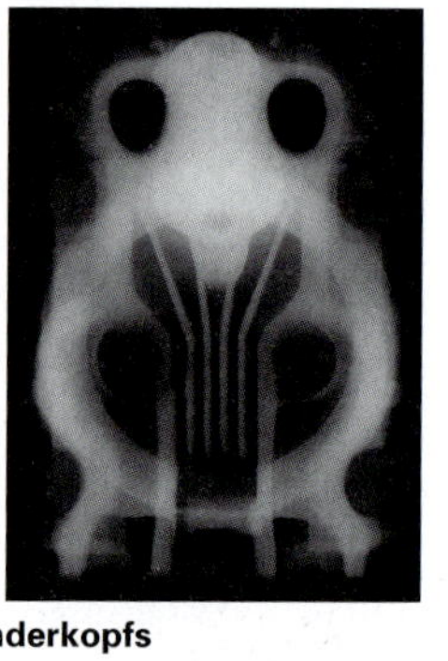

Foto und Röntgenbild eines Zylinderkopfs

Mithilfe von Röntgenstrahlen können Werkstofffehler wie Lunker, Schlackeneinschüsse u.a. in Werkstoffen aller Art aufgespürt werden.

- **Prüfung mit Magnetpulver**

Mit dem Magnetpulver-Prüfverfahren können Risse, Lunker und andere Fehlerstellen, die dicht unter der Oberfläche von Werkstücken aus Stahl liegen, erkannt werden.

Bei diesem Verfahren wird das Werkstück durch einen Elektromagneten magnetisiert. Die magnetischen Feldlinien, welche das Werkstück durchdringen, stoßen an den Fehlerstellen auf einen Widerstand, den sie außerhalb des Werkstückes umgehen. Eisenpulver, das mit Petroleum auf das Prüfstück geschlämmt wird, haftet infolge der austretenden Feldlinien an der Fehlerstelle. Dadurch ist die Fehlerstelle erkennbar.

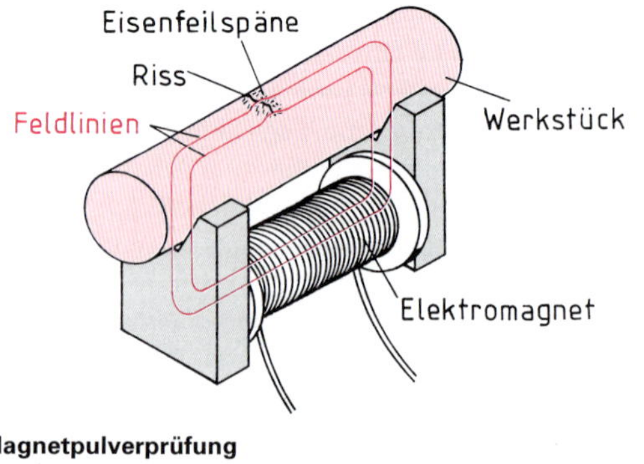

Magnetpulverprüfung

Mithilfe der Magnetpulverprüfung können Werkstofffehler in der Nähe der Oberfläche von ferromagnetischen Werkstoffen aufgespürt werden.

Übungsaufgabe WT-70

- **Prüfung mit Kapillar-Verfahren**

Durch Kapillar-Verfahren werden feinste Risse, so genannte Haarrisse, Poren und andere Werkstofffehler, die mit der Oberfläche des Werkstücks in Verbindung stehen, sichtbar gemacht.

Viele Flüssigkeiten steigen aufgrund von Anhaftkräften (Adhäsionskräften) und Kräften in der Oberfläche (Oberflächenspannung) in engen Spalten hoch. Man nennt enge Röhren Haarröhrchen oder Kapillare und spricht entsprechend von Kapillarwirkung.

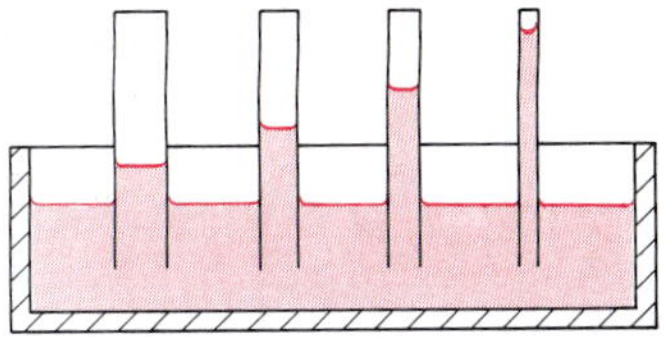
Kapillarwirkung

Bei allen Kapillarverfahren wird zunächst eine meist rote Kapillarflüssigkeit auf das Werkstück gesprüht. Diese Flüssigkeit dringt wegen ihrer Dünnflüssigkeit in die Fehlerstellen ein. Nach Abwischen der Werkstückoberfläche wird ein weißer Entwickler aufgesprüht. Die rote Flüssigkeit, die noch in den Fehlerstellen geblieben ist, färbt den Entwickler rot. Die Fehlerstellen sind so mit bloßem Auge erkennbar.

Beispiel **für die Arbeitsfolge bei einem Kapillar-Verfahren**

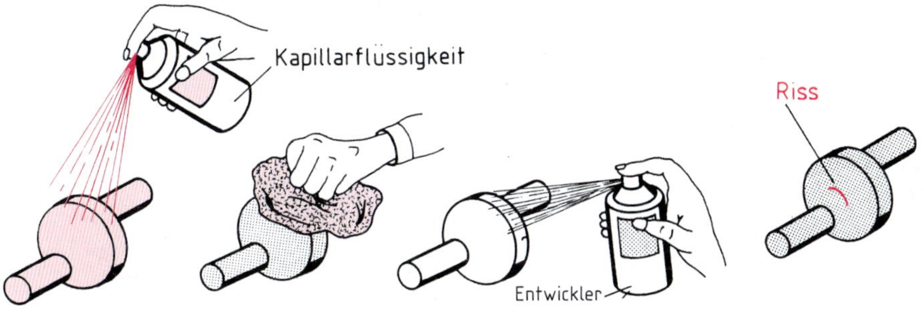

① **Aufsprühen der Kapillarflüssigkeit** ② **Säubern der Oberfläche von Kapillarflüssigkeit** ③ **Aufsprühen des Entwicklers** ④ **Betrachtung der Fehlerstellen**

Mithilfe von Kapillarverfahren können Werkstofffehler wie Risse, Lunker u.a., die mit der Oberfläche in Verbindung stehen, aufgespürt werden.

- **Prüfung mit Ultraschall**

Durch die Prüfung mit Ultraschall können Werkstücke bis zu mehreren Metern Dicke auf Fehler untersucht werden. Die Schallwellen zur Werkstoffprüfung führen 500 000 bis 10 000 000 Schwingungen in einer Sekunde aus.

Bei der Werkstoffprüfung mit Ultraschall wird ein Schallkopf, der als Sender und Empfänger arbeitet, auf das zu prüfende Werkstück gesetzt. Für eine sehr kurze Zeit (einige Mikrosekunden) sendet der Schallkopf Ultraschall. Er wird dann auf Empfang geschaltet. Der Schall durchläuft das Werkstück, wird an der gegenüberliegenden Werkstückoberfläche zurückgeworfen und kehrt als Echo zum Schallkopf zurück. Die Laufzeit des Schalles wird auf einem Bildschirm als Abstand zweier Zacken sichtbar gemacht. Befindet sich ein Fehler im Werkstück, so wird ein Teil des Schalles bereits von dort zum Schallkopf zurückgeworfen. Da dieses Echo früher im Empfänger ist als das Bodenecho, zeichnet sich der Fehler auf dem Bildschirm als zusätzliche Zacke zwischen Eingangs- und Bodenecho ab.

Fehlersuche mit Ultraschall

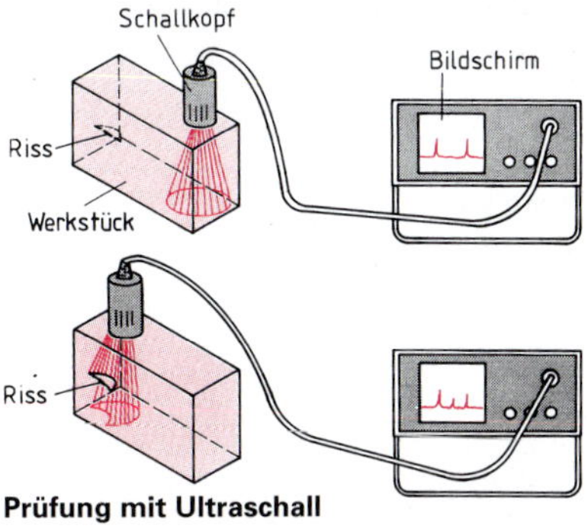

Prüfung mit Ultraschall

Mithilfe der Ultraschallprüfung können in metallischen Werkstoffen Fehler aller Art in beliebiger Tiefenlage im Werkstück aufgespürt werden.

Handlungsfeld: Technische Systeme gestalten

Problemstellung

Konstruktionsauftrag

Auftrag
Einrichtung zum Zuführen von Bolzen aus einem Fallmagazin zu einer Übergabestation an einen Roboter konstruieren.

Skizze

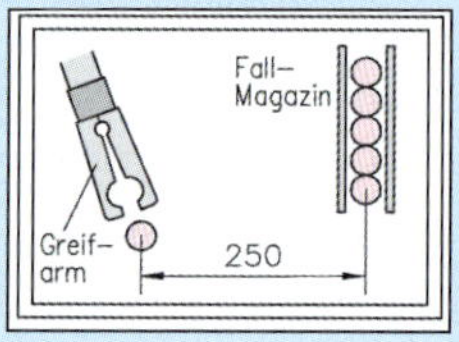

Analysieren

Anforderungen
- Technisch
  - Funktionstechnisch
  - Fertigungstechnisch
  - Werkstofftechnisch
- Wirtschaftlich
- Gesellschaftlich

Anforderungen
- Technisch
  - Präzise Vereinzeln
  - Sichere Lage des Bolzens an der Übergabestelle
  - Automatischer Betrieb
  - Hohe Betriebssicherheit
- Wirtschaftlich
  - Kostengünstige Herstellung

Ergebnisse
- Anforderungsliste
- K.o.-Kriterien

Planen

Lösungsprinzipsuche
- Auswahl einer Suchsystematik (Brainstorming, morphologischer Kasten ...)
- Lösungsalternativen suchen
- Bewertung der Lösungen
- Entscheidung für eine Lösung

Dimensionierung
- Berechnung wesentlicher Konstruktionsdetails

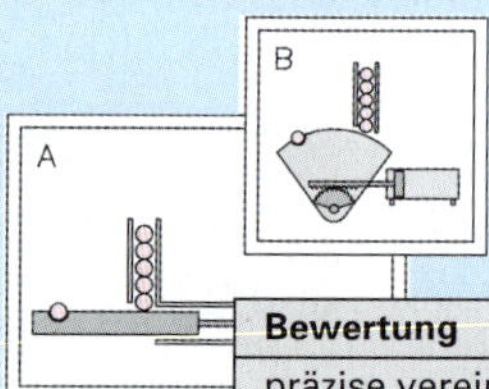

Bewertung	A	B
präzise vereinzeln	4	4
sichere Lage	4	3
betriebssicher	3	2

Ergebnisse
- Skizzen
- Beschreibungen
- Maße
- Entscheidungsmatrix

Konstruieren

Berücksichtigung von
- Vorschriften (Sicherheit ...)
- Normen
- Lagervorräte
- Zulieferungen

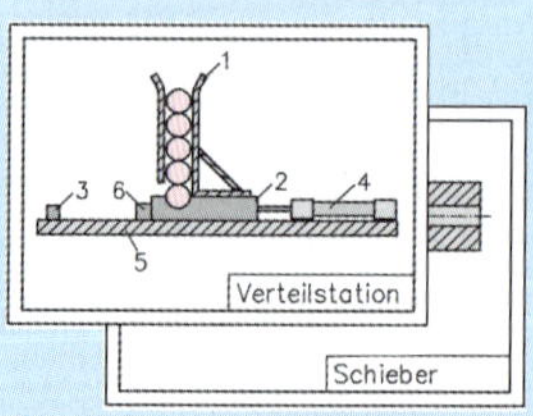

Ergebnisse
- Gesamtzeichnung
- Teilzeichnungen
- Stücklisten
- CAD-Daten
- Gebrauchshinweise Wartungspläne u. a.

1 Elektrische Antriebstechnik

In elektrischen Antriebssystemen, den Elektromotoren, wird elektrische Energie in mechanische Energie umgewandelt. Der Industriemechaniker hat Elektromotoren zu montieren – das Anschließen übernimmt der Elektroniker.
Meist unterscheidet man die Elektromotoren nach der Art des Antriebstromes in **Gleichstrom-, Wechselstrom-** und **Drehstrommotoren**.
Nach der Art der Bewegung kann man **Rotationsmotoren**, die Drehbewegungen ausführen und **Linearmotoren**, die geradlinige Bewegungen bewirken, unterscheiden.
Falls die Bewegung nicht stetig, sondern in Schritten erfolgen kann, spricht man von **Schrittmotoren**. Es gibt Rotations- und Linear-Schrittmotoren

Schienenfahrzeug mit Antrieb durch Linearmotor

Trotz unterschiedlicher Spannungen zum Antrieb und unterschiedlicher Bewegungen haben alle Elektromotoren ein gemeinsames Prinzip:

- Jeder Motor besteht aus mindestens zwei Bauelementen: einem fest stehenden und einem beweglichen Element.
- In beiden Bauelementen werden getrennt Magnetfelder erzeugt, die aber stets so gerichtet sind, dass der bewegliche Teil bei Stromfluss in Bewegung gesetzt wird.

Die Umsetzung dieses Prinzips geschieht bei den Motoren jedoch in unterschiedlicher Weise.

1.1 Prinzip des Elektromotors

Auf einen stromdurchflossenen Leiter wirken in einem Magnetfeld Kräfte ein. Bei freier Lagerung des Leiters können diese Kräfte eine Bewegung des Leiters verursachen. In Elektromotoren wird diese Bewegung ausgenutzt, um elektrische Energie in Bewegungsenergie umzuwandeln.

Hängt man in das Magnetfeld eines hufeisenförmigen Dauermagneten eine Leiterschaukel, so erfährt diese eine Ablenkung, sobald sie von einem Gleichstrom durchflossen wird. Ursache dieser Bewegung ist die Wechselwirkung zwischen dem Magnetfeld des Dauermagneten – dem äußeren Feld – und dem Magnetfeld um den stromdurchflossenen Leiter – dem inneren Magnetfeld.

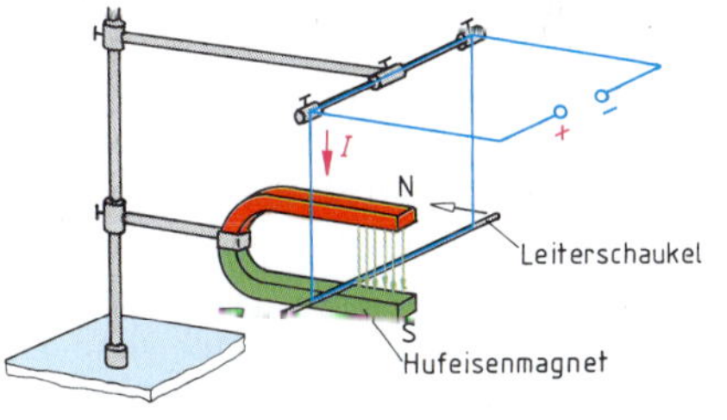

Bewegung durch Magnetkräfte

Betrachtet man den Feldlinienverlauf der beiden überlagerten Magnetfelder, dann stellt man fest, dass bei der angenommenen Stromrichtung im Bereich rechts vom Leiter die Feldlinien gleich gerichtet sind; hier verstärken sich die Magnetfelder. Links vom Leiter sind die Feldlinien entgegengesetzt gerichtet; äußeres und inneres Magnetfeld schwächen sich in ihrer Wirkung gegenseitig. Dies erklärt, warum die Leiterschaukel zur Seite der Magnetabschwächung ausweicht.

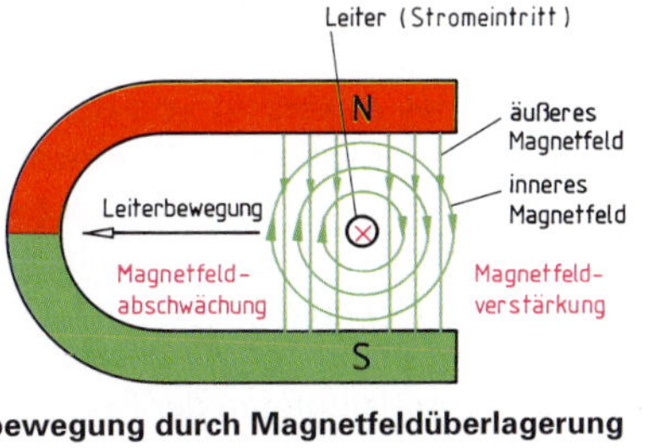

Leiterbewegung durch Magnetfeldüberlagerung

Ein stromdurchflossener Leiter erfährt in einem äußeren Magnetfeld eine Kraftwirkung, die senkrecht zu den Kraftlinien des äußeren Feldes gerichtet ist.

MT

Übungsaufgabe MT-1

Setzt man in das Feld eines Dauermagneten statt einer Leiterschaukel eine leicht drehbare, stromdurchflossene Spule ein, so bilden sich an dieser Spule Nord- und Südpol aus. Die Spule stellt sich daraufhin mit einer Drehbewegung so ein, dass ihre Pole den Polen des äußeren Feldes entgegengerichtet sind.

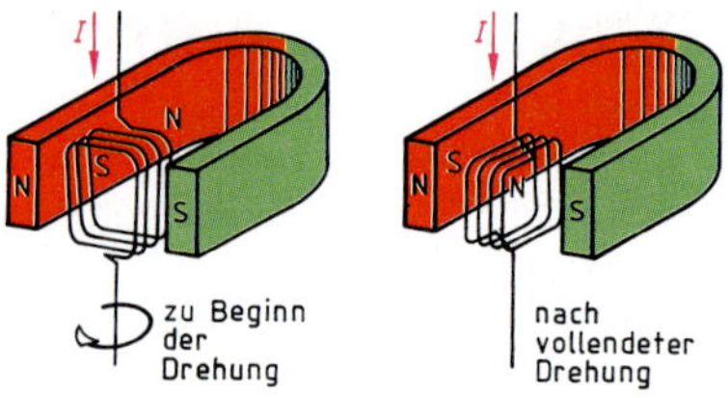

Halbdrehung einer Spule im Magnetfeld

Um eine dauernde Drehbewegung zu erhalten, kehrt man durch einen selbsttätigen Polwender, den **Kommutator,** die Stromrichtung – und damit die Polung der Magnetspule – um.

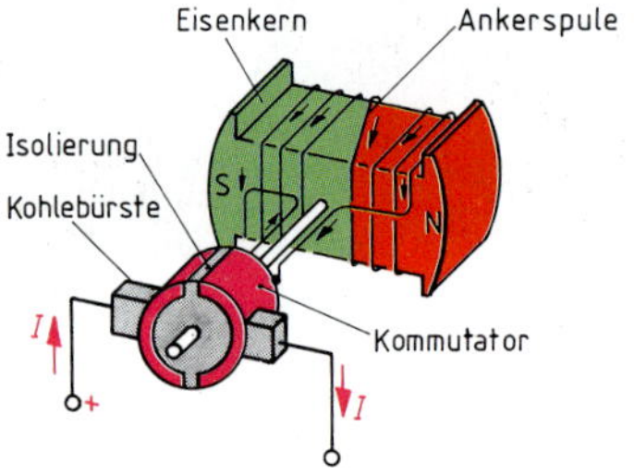

Stromzufuhr über Kommutator

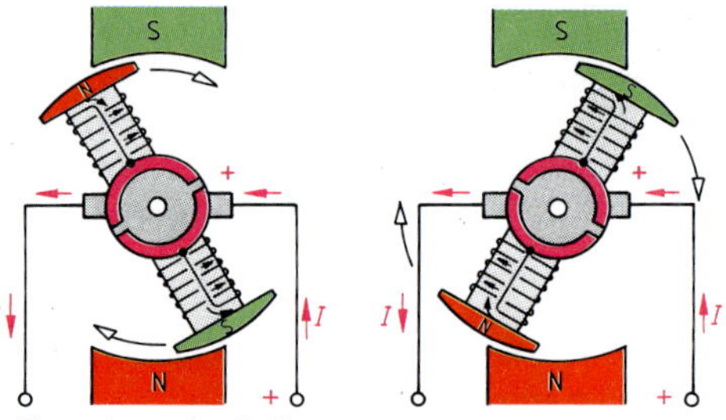
Umpolung durch Kommutator

Die Drehbewegung des Ankers ergibt sich durch die Anziehung bzw. Abstoßung der Pole. Durch die Umpolung des inneren Magnetfeldes wird die Drehbewegung aufrecht erhalten.

1.2 Aufbau und Wirkungsweise von Gleichstrommotoren

Gleichstrommotoren bestehen aus einem Anker, der drehbar zwischen den Polen eines Ständers gelagert ist.
Dem Anker wird über Kohlebürsten und einen Stromwender (Kommutator) Strom zugeführt. Der Ständer wird durch eine stromdurchflossene Spule (Feldwicklung) magnetisiert. Der Stromwender bewirkt, dass der Stromfluss im Anker stets so gerichtet ist, dass im Anker ein Magnetfeld entsteht, welches ihn im Ständerfeld in eine Drehbewegung versetzt.
Je nach Schaltung der Ankerwicklung und der Ständerwicklung können die Eigenschaften des Motors beeinflusst werden.

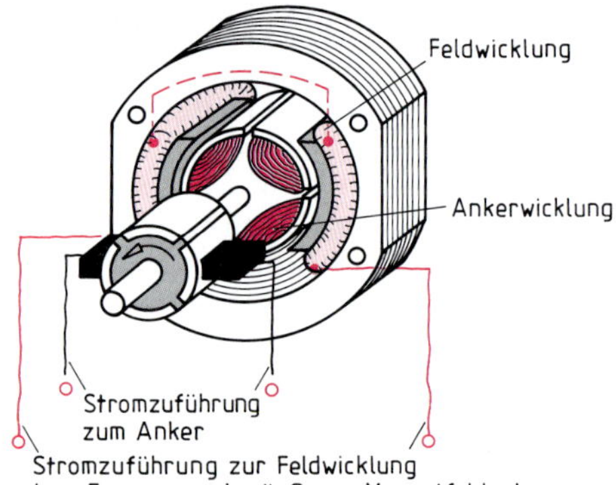

Schematischer Aufbau eines Gleichstrommotors

• Drehrichtungsänderung

Die Drehrichtung des Ankers ist von der Magnetisierungsrichtung *und* damit der Stromrichtung im Anker *und* in der Feldwicklung abhängig. Es bestehen demnach *zwei* verschiedene Möglichkeiten, die Drehrichtung eines Gleichstrommotors zu ändern:

- Umkehr der Stromrichtung im Anker oder
- Umkehr der Stromrichtung in der Feldwicklung.

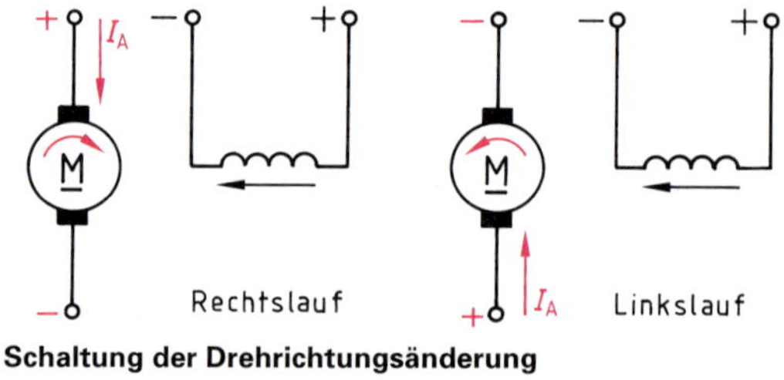

Schaltung der Drehrichtungsänderung

Drehrichtungsänderung von Gleichstrommotoren geschieht durch Änderung der Richtung des Ankerstromes oder Änderung der Stromrichtung in der Feldwicklung.

- **Änderung der Umdrehungsfrequenz**

Änderungen der Umdrehungsfrequenz von Gleichstrommotoren geschehen durch Änderungen der Ankerspannung oder Änderung der Erregerspannung. Geräte, welche nahezu verlustlos und extrem schnell die Höhe der Gleichspannung und die Stärke des Gleichstromes ändern können, nennt man **Stromrichter**.

- **Grundschaltungen, Eigenschaften und Verwendung**

Je nach Schaltung von Anker- und Feldwicklung ergeben sich unterschiedliche Eigenschaften und damit Verwendungen von Gleichstrommotoren.

Fremd erregter Motor	Nebenschlussmotor	Kennlinie
Die Feldwicklung wird durch einen *eigenen Stromkreis* gespeist. 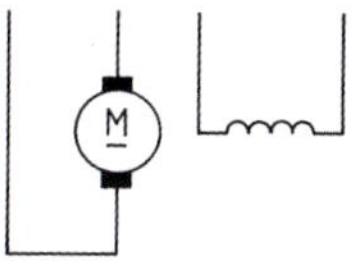	Die Feldwicklung wird *parallel* zum Anker geschaltet. 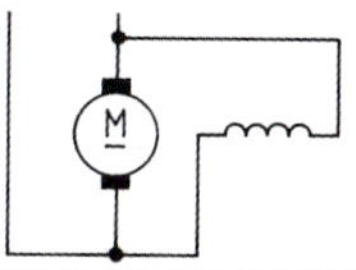	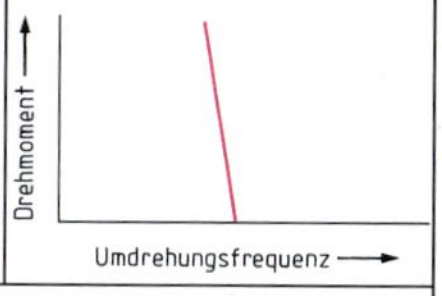
Verwendung Maschinen mit gleich bleibenden oder genau einstellbaren Umdrehungsfrequenzen, z.B. CNC-Maschinen, Personenaufzüge		

Reihenschlussmotor	Kennlinie
Die Feldwicklung wird mit dem Anker *in Reihe* geschaltet. 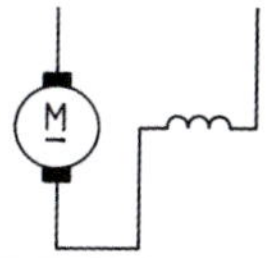	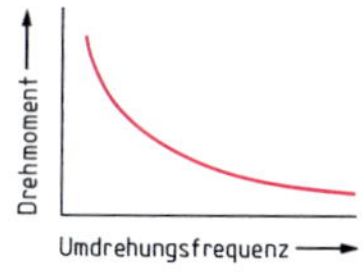
Verwendung Maschinen mit schwerem Anlauf, z. B. Hebezeuge, Fahrzeuge, Kreiselpumpen	

1.3 Wechselstrom- und Drehstrommotoren

- **Wechselstrom**

Kenngrößen für einen Wechselstrom sind in der Technik die Frequenz sowie die Effektivwerte von Spannung und Stromstärke:

Frequenz *f*

Sie gibt die Zahl der Perioden je Sekunde an. Die Einheit der Frequenz ist ein Hertz.

1 Hz = 1 Periode je Sekunde

Effektivwert der Spannung U_{eff}

Dies ist der Wert der Spannung, den eine Gleichspannung haben müsste, um die gleiche Wirkung wie eine Wechselspannung zu erzeugen.

Effektivwert des Stromes I_{eff}

Dies ist der Wert des Stromes, den ein Gleichstrom haben müsste, um die gleiche Wirkung wie ein Wechselstrom zu erzeugen.

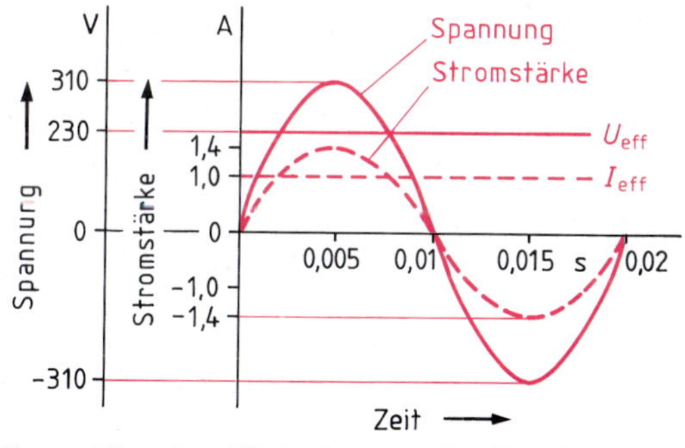

Kenngrößen eines Wechselstromes (230 V, 50 Hz)

In der Technik werden stets die Effektivwerte von Strom und Spannung angegeben.

- **Drehstrom**

Bringt man in einem Wechselstromerzeuger – einem Wechselstromgenerator – mehrere Spulen versetzt zueinander an, so wird in jeder Spule eine Wechselspannung erzeugt.

Die Wechselspannungen sind in ihrem Verlauf gegeneinander verschoben. Die Verschiebung ist bei gleichmäßiger Verteilung der Spulen auf dem Umfang 120°. Man nennt die Verschiebungen der einzelnen Wechselspannungen gegeneinander die **Phasenverschiebung**.

Übungsaufgabe MT-2

Beispiel **für die Erzeugung von Drehstrom (Schema)**

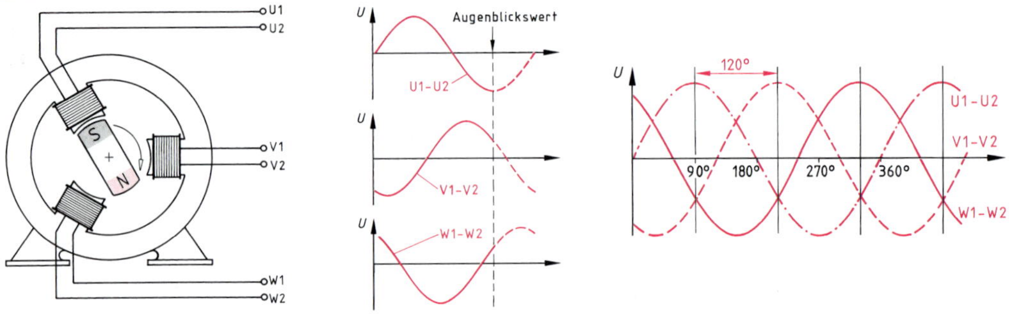

Bei der Dreiphasenwechselspannung besteht zwischen den Phasen eine Verschiebung von 120°.

Die sechs Leitungen von den drei Spulen können so zusammengeschaltet werden, dass drei Leitungen genügen, die drei Wechselströme fortzuleiten und eine vierte Leitung zur gemeinsamen Rückleitung dient. Dies ist das *Vierleitersystem des* **Drehstromnetzes**.

Bei entsprechendem Zusammenschalten kann mit diesem Dreiphasenwechselstrom in einem Motor ein umlaufendes Magnetfeld erzeugt werden.

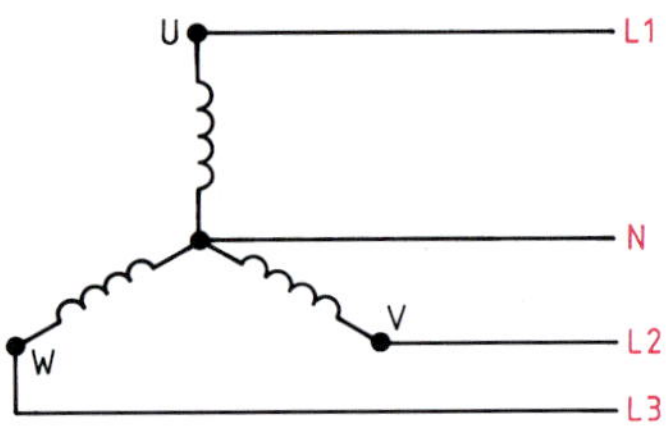

Vierleitersystem bei Drehstrom

Durch eine Dreiphasenwechselspannung wird im Stromkreis ein Drehstrom erzeugt.

Im Vierleitersystem des Drehstromnetzes kann man unterschiedliche Spannungen abgreifen:

- **Sternspannung**

Die Spannung zwischen einer Leitung, *Außenleiter* genannt, und der gemeinsamen Rückleitung, dem *Neutralleiter*, nennt man **Sternspannung**.

Die Sternspannung beträgt im üblichen Drehstromnetz 230 V.

- **Dreieckspannung**

Die Spannung zwischen *zwei Außenleitern* nennt man die **Dreieckspannung**.

Die Dreieckspannung beträgt im üblichen Drehstromnetz 400 V.

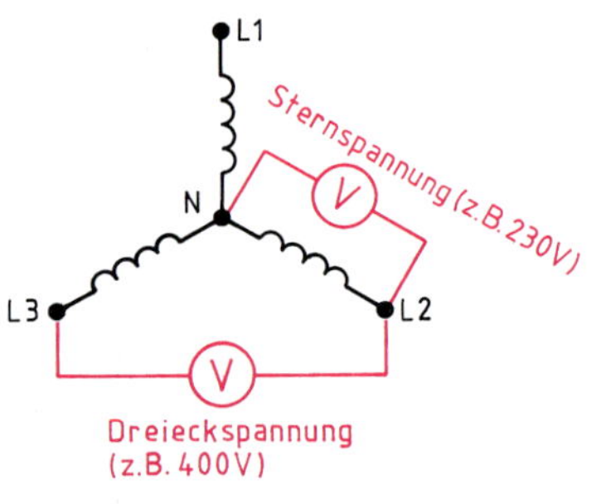

Stern- und Dreieckspannung

Steckdosen für Drehstrom enthalten neben den 4 Leitern auch noch den Anschluss für den Schutzleiter. Der zugehörige Stecker weist entsprechend 5 Stifte auf. Durch eine Nut in der Steckdose und eine entsprechende Ausbauchung am Stecker ist das Stecksystem gegen falsches Strecken abgesichert. Die Leiter sind in der Steckdose so geschaltet, dass ein angeschlossener Motor stets **rechtsherum** läuft.

Im üblichen Vierleiter-Drehstromnetz können je nach Anschlussart 400 V oder 230 V entnommen werden.

1.3.1 Drehstrommotoren

1.3.1.1 Synchronmotoren

Motoren für Drehstrom bestehen aus einem Ständer, dessen Wicklungen so angebracht und geschaltet sind, dass bei eingeschaltetem Strom ein umlaufendes Magnetfeld entsteht. Dieses umlaufende Magnetfeld nennt man **Drehfeld**.

Bringt man einen zentrisch gelagerten Magneten in dieses Drehfeld, so rotiert er in gleicher Weise wie das Feld – er dreht sich *synchron* (griechisch: zeitgleich).
Man bezeichnet Motoren, die mit gleicher Umdrehungsfrequenz wie das Feld umlaufen, als **Synchronmotoren**.

Beispiel **für die Entstehung der Drehbewegung in einem Synchronmotor (Schema)**

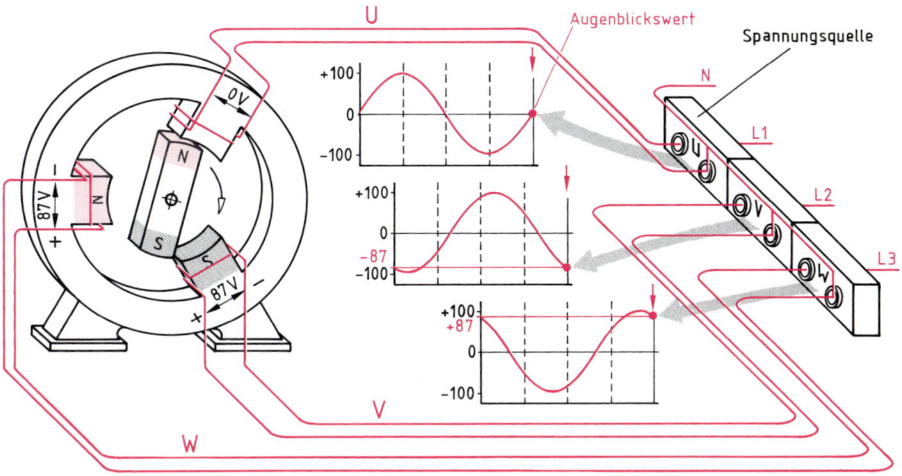

Synchronmotoren haben konstante Umdrehungsfrequenz. Ihr Anker dreht sich synchron mit dem Magnetfeld des Ständers.

Synchronmotoren können nicht von alleine anlaufen, weil die sich drehenden Teile des Motors zu träge sind, um dem schnell umlaufenden Drehfeld zu folgen. Sie werden daher mit Hilfswicklungen ausgerüstet, die das Anlaufen ermöglichen und nach Erreichen des Gleichlaufs abgeschaltet werden.

Synchronmotoren benötigen Anlaufhilfen – sie laufen nicht von selbst an.

Wird der Synchronmotor belastet, so bleibt der Anker ein wenig hinter dem Feld zurück, läuft aber synchron mit. Man nennt den Winkel, um den der Anker zurückbleibt, den **Lastwinkel**. Er wächst mit steigender Belastung.
Erst bei einem Drehmoment, das etwa doppelt so hoch wie das vom Hersteller angegebene Nennmoment des Synchronmotors ist, gerät der Motor „aus dem Tritt" und läuft nicht mehr synchron. Auch bei Entlastung gelingt es ihm dann nicht mehr, auf die Synchrondrehfrequenz hochzulaufen.

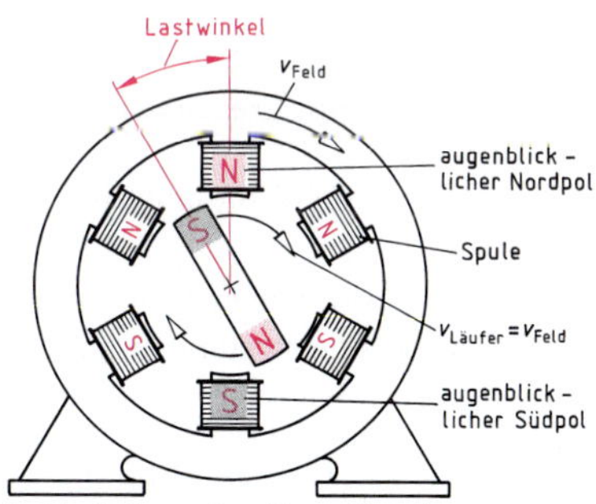

Lastwinkel bei einem 6-poligen Synchronmotor

Synchronmotoren geraten bei etwa doppelter Nennlast aus dem Synchronlauf.

Synchronmotoren werden häufig im Werkzeugmaschinenbau als Vorschubmotoren verwendet. Sie sind dazu besonders geeignet wegen
- reaktionsschneller Änderung der Umdrehungsfrequenz bei Frequenzänderung des Drehstromes,
- nahezu konstantem Drehmoment bei unterschiedlichen Umdrehungsfrequenzen,
- weitgehender Wartungsfreiheit durch einfachen Aufbau.

Übungsaufgabe MT-3

1.3.1.2 Asynchronmotoren

- **Physikalische Grundlagen des Asynchronantriebs**

Asynchronmotoren bestehen aus einem Ständer mit Wicklungen, in denen durch den Drehstrom ein umlaufendes Drehfeld erzeugt wird.

Die Magnetwirkung im Läufer (= Anker) entsteht durch Ströme, die vom äußeren Drehfeld im Läufer induziert werden. Ein induzierter Strom erzeugt stets ein Magnetfeld, das seiner Ursache – in diesem Falle dem Magnetfeld des Ankers – entgegengerichtet ist. Darum besteht zwischen den Magnetfeldern in Ständer und Läufer *stets* Abstoßung.

Die Erzeugung der Bewegung aufgrund dieser Abstoßungskräfte lässt sich versuchsmäßig sehr einfach darstellen und erklären.

Beispiel **für einen Versuch zur Erzeugung einer Bewegung durch einen induzierten Strom**

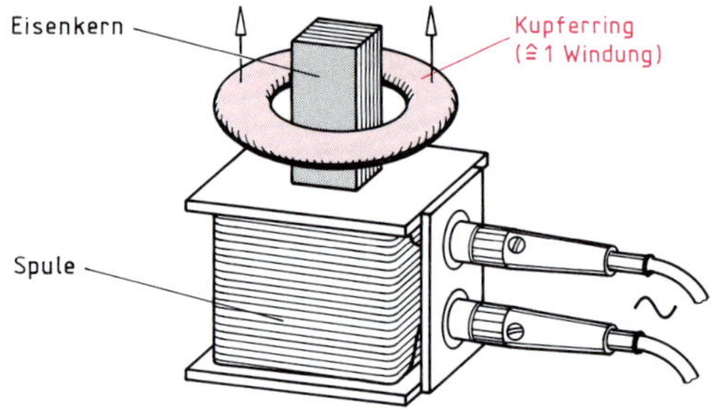

Eine Spule ist mit einem dicken Eisenkern versehen. Ein Kupferring liegt lose um den Eisenkern. Dieser Ring stellt eine kurzgeschlossene Windung dar.

Legt man an die Spule eine Wechselspannung, so wird in dem Kupferring durch Induktion ein Strom erzeugt. Dieser verursacht um den Ring ein Magnetfeld, das dem Magnetfeld der Spule entgegengerichtet ist. Als Folge der sich abstoßenden Magnetfelder wird der Kupferring beim Einschalten des Stromes vom Eisenkern weggeschleudert.

Ein induzierter Strom erzeugt stets ein Magnetfeld, welches dem verursachenden Magnetfeld entgegengerichtet ist.

In Asynchronmotoren verwendet man dieses Prinzip sich abstoßender Magnetfelder zum Erzeugen der Drehbewegung des Läufers, indem man den Läufer aus mehreren kurzgeschlossenen Windungen zusammensetzt.

Da die Erzeugung eines Induktionsstromes nur dann erfolgt, wenn Feldlinien geschnitten werden, kann der Läufer nicht synchron mit dem Drehfeld mitlaufen. Er bleibt in seiner Umdrehungsfrequenz immer hinter der Umdrehungsfrequenz des Feldes zurück. Man nennt das Zurückbleiben des Läufers gegenüber dem Drehfeld den **Schlupf**.

Der Schlupf steigt mit – wachsender Belastung, – geringerer Nenndrehzahl, – geringerer Nennleistung.

Der Läufer von Asynchronmotoren bleibt mit seiner Umdrehungsfrequenz hinter der Umdrehungsfrequenz des Feldes zurück. Die Differenz nennt man Schlupf.

- **Asynchronmotoren mit Käfigläufern**

Aufbau des Motors

Der einfachste Drehstrom-Asynchronmotor enthält einen **Läufer** aus einem Blechpaket, in dessen Längsnuten oder Bohrungen Leiterstäbe eingelegt sind, die an den Stirnseiten mit Ringen kurzgeschlossen sind. Da die Leiterstäbe mit den Kurzschlussringen einem Käfig ähneln, spricht man von **Käfigläufern**.

Beispiele **für den Aufbau eines Käfigläufers**

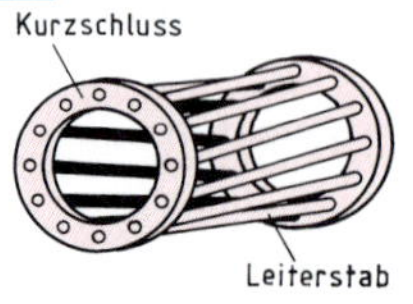

Leiterstäbe mit Kurzschlussringen (Käfig)

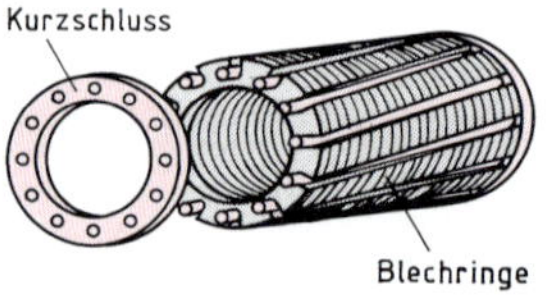

Käfig mit Blechpaket

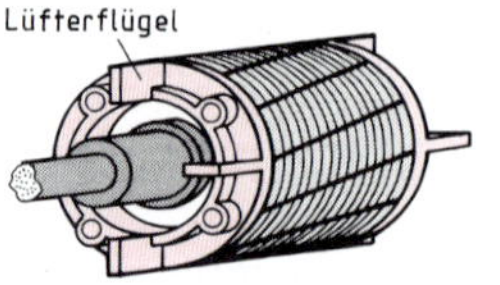

Kurzschlussläufer mit Welle

Einfache Asynchronmotoren haben einen Käfigläufer aus Leiterstäben und Kurzschlussringen.

Übungsaufgabe MT-4

Kennlinien von Käfigläufermotoren

Käfigläufermotoren mit einfachen Rundstäben haben nur ein geringes Anzugsmoment. Durch besondere Querschnittsformen der Leiterstäbe und die Gestaltung der Nuten kann das Anzugsmoment der Käfigläufermotoren gesteigert werden. Die Kennlinien von Käfigläufermotoren sind meist sattelförmig.

Beispiele für Leiterstäbe und Nuten in Kurzschlussläufern und ihre Auswirkung auf die Kennlinie

Rundstabläufer

Tiefnutläufer

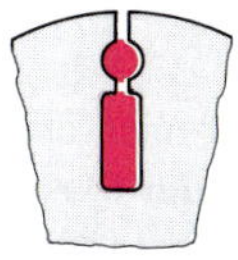

Doppelnutläufer

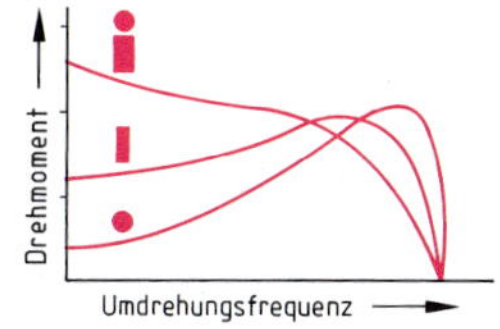

Kennlinien der Läuferarten

Käfigläufermotoren haben eine sattelförmige Kennlinie, die je nach Bauart der Leiterstäbe und der Nuten unterschiedlich stark ausgeprägt ist.

Anlassen von Käfigläufermotoren

Käfigläufermotoren nehmen im Augenblick des Einschaltens sehr hohe Stromstärken auf. Diese betragen bis zum Achtfachen des Nennstromes. Dieser hohe *Einschaltstrom* belastet das Netz außerordentlich. Darum dürfen nur Motoren bis etwa 3 kW Leistung *direkt* eingeschaltet werden.

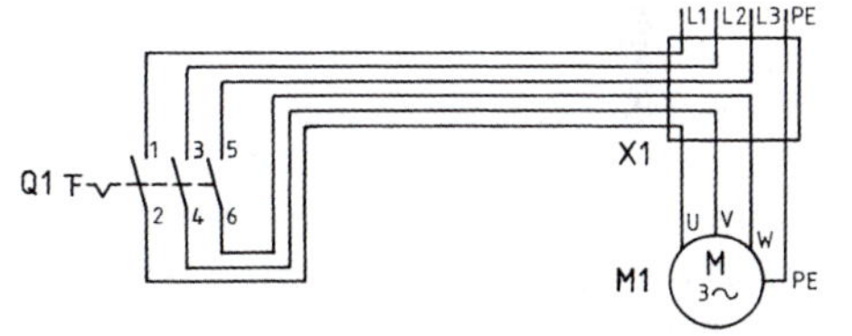

Schaltung zum direkten Einschalten eines Asynchronmotors

Für größere Motoren wird der Motor *zunächst in Sternschaltung* ans Netz gelegt. Die Ständerwicklungen liegen damit zum Anlaufen an der niedrigeren Sternspannung, und es fließt demnach ein kleinerer Strom – aber auch das Anzugsmoment ist geringer.
Nach Hochlaufen auf etwa die Nennumdrehungsfrequenz wird auf die *Dreieckschaltung* weitergeschaltet.

Beispiele für Ströme und Spannungen im Augenblick des Anlaufs

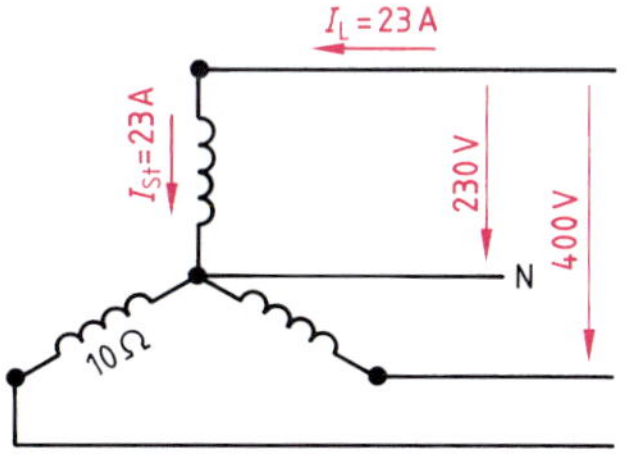

Sternschaltung Y

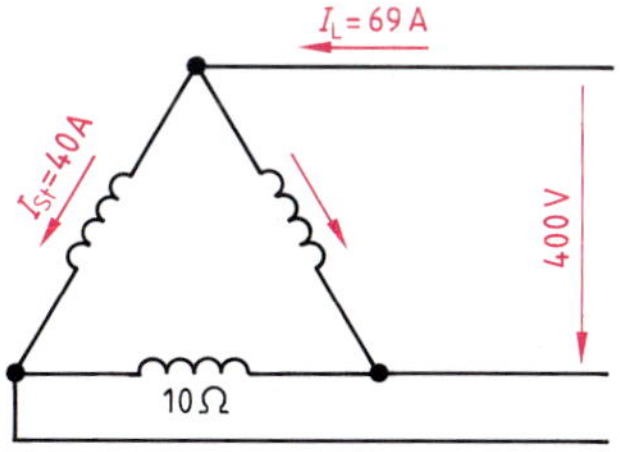

Dreieckschaltung △

Das Umschalten von Stern auf Dreieck geschieht von Hand über Stern-Dreieck-Schalter oder selbsttätig über eine zeitabhängige Steuerung.

Asynchronmotoren mit Käfigläufern mit mehr als 3 kW Leistung werden zur Vermeidung hoher Einschaltströme in der Stern-Dreieck-Schaltung angelassen.
Von Stern auf Dreieck darf erst nach Erreichen der Nennumdrehungsfrequenz weitergeschaltet werden.

MT

1.3.1.3 Drehrichtungsumkehr bei Drehstrommotoren

Die Drehrichtung von Drehstrommotoren kann durch Vertauschen von zwei Außenleitern umgekehrt werden. Für Motoren, die mit beiden Drehrichtungen im Betrieb eingesetzt werden, erfolgt der Anschluss des Motors über Wendeschalter.

An Motoren, die mit einer bestimmten Drehrichtung im Betrieb laufen müssen, kann die Drehrichtung durch Vertauschen der Leitungen im Anschlusskasten geschehen. Diese Arbeit darf nur der Elektroniker durchführen. Damit auch der Nichtelektroniker einfach und gefahrlos in Steckverbindungen eine Vertauschung von zwei Außenleitern vornehmen kann, gibt es Phasenwendestecker, in denen diese Vertauschung durch Drehen eines eingebauten Schalters ohne Öffnung des Steckers möglich ist.

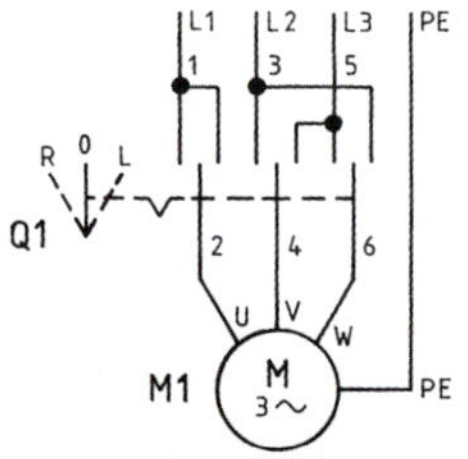

Hebelschalter für Wendeschaltung

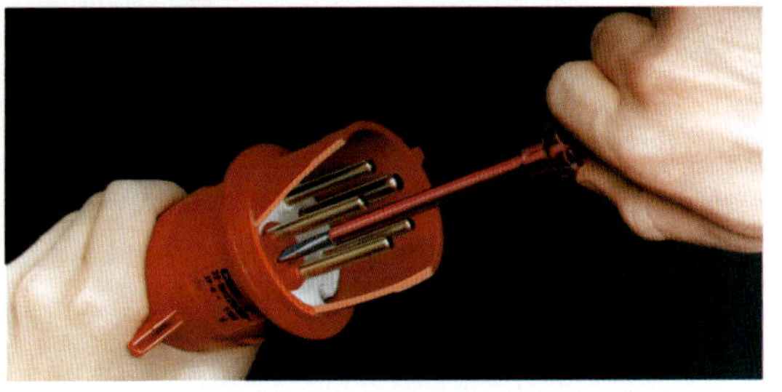

Phasenwendestecker (teilweise aufgeschnitten)

Wichtig!

Steckdosen für Drehstrom sollen so angeschlossen sein, dass ein Motor immer rechts herum läuft. Ältere Steckdosen und fehlerhaft angeschlossene Steckdosen können einen Motor unversehens in die nicht gewünschte Drehrichtung laufen lassen. Dies kann Gefahr für Personen und Anlage bedeuten – darum soll der Industriemechaniker vor Inbetriebnahme von Maschinen zuvor die Drehrichtung der Felder durch den Elektroniker prüfen lassen.

Drehrichtungsumkehr geschieht durch Vertauschen von Außenleitern. Vor Inbetriebnahme von Maschinen, die über Steckverbindungen angeschlossen werden, ist die Drehrichtung zu prüfen.

1.3.2 Wechselstrommotoren

- **Universalmotoren**

In Handbohrmaschinen, Trennschleifmaschinen und anderen Werkzeugmaschinen mit Leistungen bis etwa 1000 W setzt man Universalmotoren ein (siehe Gleichstrommotoren). Diese Motore können mit Gleichstrom und mit Wechselstrom betrieben werden, weil der Drehsinn dieses Motors durch Umpolen der Anschlussklemmen nicht geändert wird.
Universalmotoren benötigen beim Betrieb mit Wechselstrom eine höhere Spannung als bei Gleichstrom.

- **Drehstrommotoren als Wechselstrommotoren**

Für den Betrieb eines Drehstrommotors mit Wechselstrom wird durch Zuschalten eines Kondensators die fehlende Phasenverschiebung und damit die Erzeugung des Drehfeldes bewirkt. Diese Motoren erreichen beim Antrieb mit Wechselstrom nur etwa 70% bis 80% der Leistung, die sie bei Betrieb mit Drehstrom haben würden. Das Drehmoment beträgt im Anlauf sogar nur 30% des Momentes bei Betrieb mit Drehstrom.

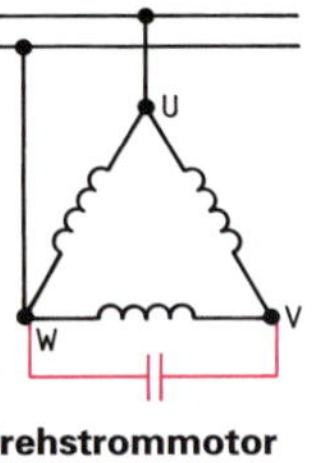

Drehstrommotor in Dreieckschaltung am Einphasennetz

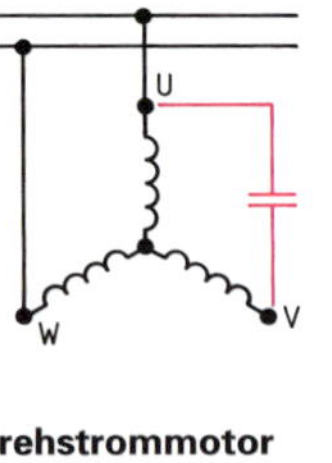

Drehstrommotor in Sternschaltung am Einphasennetz

Durch Zuschalten eines Kondensators können Drehstrommotoren mit Wechselstrom betrieben werden. Leistung und Drehmoment im Anlauf sind beim Wechselstrombetrieb geringer als beim Betrieb mit Drehstrom.

Übungsaufgaben MT-5; MT-6

- **Schrittmotoren**

Motoren, die ihre Drehbewegung nicht kontinuierlich, sondern in *Winkelschritten* durchführen, bezeichnet man als Schrittmotore. Jeder Schritt wird durch einen Stromimpuls ausgelöst.

Die Größe der Winkelschritte ist abhängig von der Bauart des jeweiligen Motors und beträgt meist zwischen 48 und 200 Schritten.

Eine hohe Impulsfolge hat eine nahezu kontinuierliche Drehung des Ankers zur Folge. Die Umdrehungsfrequenz ist auf etwa 1000 1/min begrenzt, da sonst Schritte verlorengehen können. Die Drehrichtung kann durch Umpolen geändert werden.

Beispiel **für Aufbau und Wirkungsweise eines Schrittmotors (Schema)**

Der Motor besteht aus einem Stator mit mehreren Polpaaren, die elektromagnetisch erregt werden können.

Die Polpaare des Rotors sind Dauermagnete.

Ändert die Steuereinrichtung den Strom so, dass gegenüber der Ausgangsstellung die Nachbarspule erregt wird, dreht sich der Motor um einen Schritt weiter.

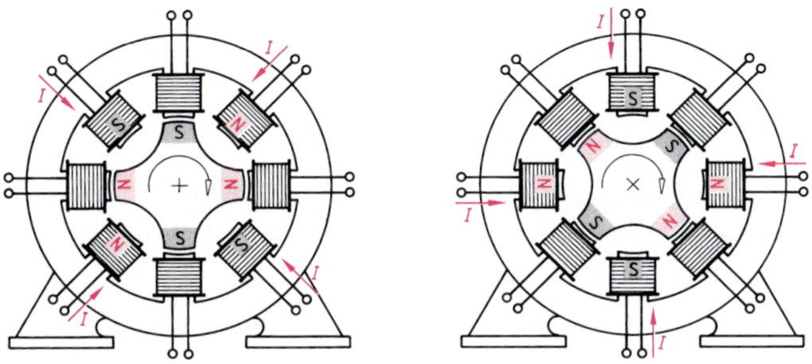

Schrittmotoren werden in der Regelungstechnik, im Büromaschinenbau, als Vorschubeinheiten kleiner Werkzeugmaschinen und als Stellmotoren für Ventile eingesetzt.

Schrittmotoren führen impulsgesteuerte feste Winkelschritte aus. Die Größe der Winkelschritte ist bauartabhängig.

1.4 Kenngrößen von Elektromotoren

Maschinen und Geräte werden durch typische Daten beschrieben. Für einen Elektromotor sind dies:

- die *Leistung* in kW oder W,
- die *Stromart*, z.B. Gleichstrom, Wechselstrom,
- die *Spannung* in V, meist 42 V, 230 oder 400 V,
- die *Nennumdrehungsfrequenz* in 1/min,
- der *elektrische Wirkungsgrad*.

Diese Angaben sind mit anderen Daten zusammen auf dem Typenschild aufgedruckt.

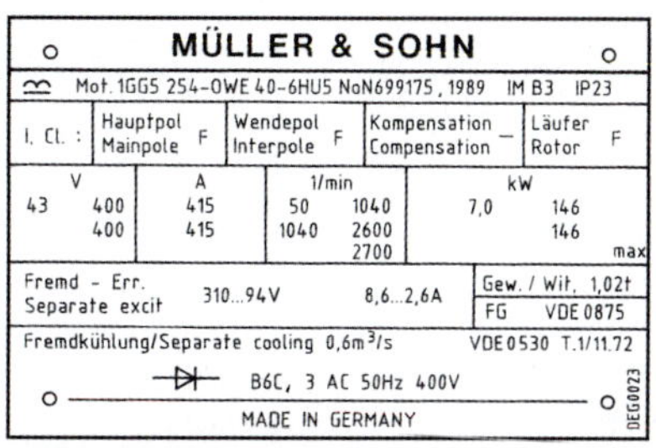

Typenschild eines Elektromotors

Diese Daten allein genügen noch nicht zur eindeutigen Kennzeichnung des Betriebsverhaltens. Besonders wichtig ist der Zusammenhang zwischen dem Drehmoment und der Umdrehungsfrequenz, der von der Art des Motors abhängig ist. Dieser Zusammenhang ist ein besonderes Kennzeichen eines Elektromotors. Man nennt es die **Drehmoment-Umdrehungsfrequenz-Kennlinie**.

Übungsaufgabe MT-7

2 Getriebetechnik

Getriebe sind Funktionseinheiten zum Übertragen und Wandeln von Bewegungen und Kräften (Drehmomenten). Den Getrieben vorgeschaltet sind meist Kupplungen.

2.1 Kupplungen

Kupplungen übertragen Drehmomente von Antriebsmotoren zu Getrieben oder zu Arbeitseinheiten. Mit Kupplungen werden Verbindungen zwischen den Wellenenden der Baueinheiten hergestellt. Um die Montage und die Ausrichtung zu erleichtern, bestehen Kupplungen aus zwei Hälften, die auf unterschiedliche Weise konstruktiv verbunden sind. Kupplungen können unterschiedliche Aufgaben innerhlab von Antriebssystemen erfüllen.

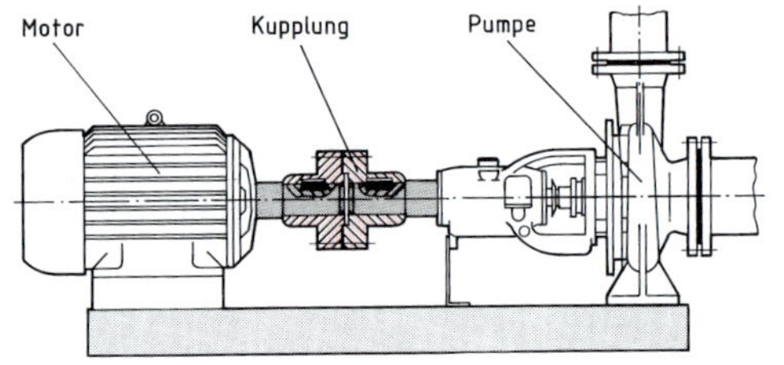

Antrieb – Kupplung – Arbeitseinheit

- **Aufgaben von Kupplungen innerhalb von Antriebssystemen**
  - **Dämpfung von Stößen,** z. B. elastische Kupplungen bei Förderanlagen
  - **Ausgleich von Querverlagerungen und Beugungswinkeln von Wellen,** z. B. Gelenkkupplungen an Kardanwellen
  - **Zeitweilige Trennung von laufendem Antriebselement und Getriebe,** z. B. schaltbare Kupplung im Auto
  - **Schutz vor Überlastung,** z. B. Rutschkupplung an Bohrmaschinen
  - **Trennen oder Zuschalten von Antrieb oder Getriebe bei bestimmter vorgegebener Drehzahl oder Drehrichtung,** z. B. Freilauf am Fahrrad

Kupplungen sind Baueinheiten, die Drehmomente von einer Welle auf eine andere übertragen.

- **Bauformen von Kupplungen**

Die Kupplungen lassen sich nach der Bauform in nicht schaltbare Kupplungen und in schaltbare Kupplungen einteilen.

2.1.1 Nicht schaltbare Kupplungen

- **Starre, nicht schaltbare Kupplungen**

formschlüssige Kupplung	**kraftschlüssige und formschlüssige Kupplung**	**kraftschlüssige Kupplung (mit Sicherung durch Passfeder)**
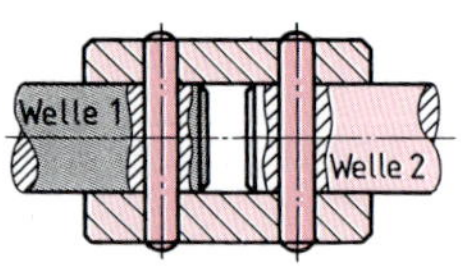	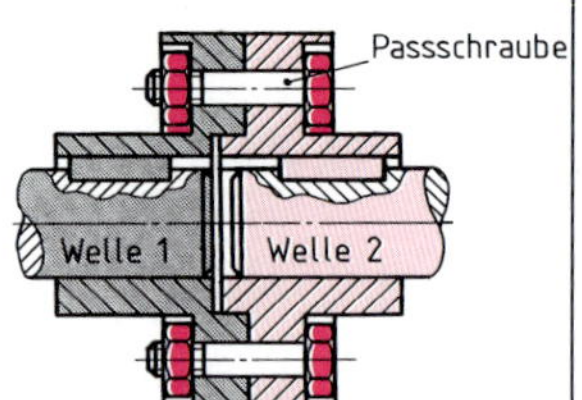	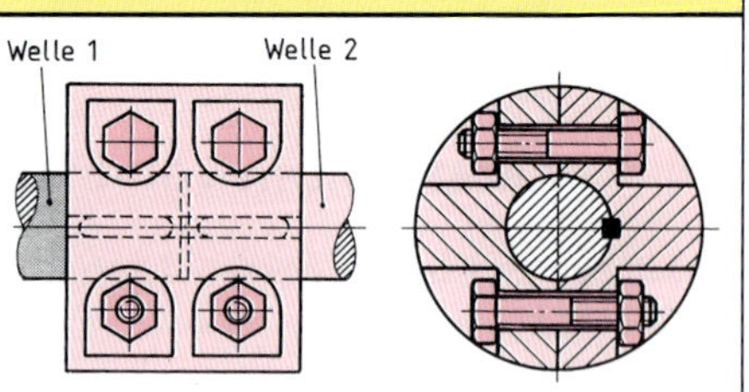
Stiftkupplung	**Scheibenkupplung**	**Schalenkupplung**
Vorteile: einfache Herstellung und Montage, platzsparend.	*Vorteile:* Übertragung großer und wechselseitiger Drehmomente.	*Vorteile:* leichter Ein- und Ausbau.
Nachteile: Übertragung geringer Drehmomente	*Nachteile:* schwieriger Ein- und Ausbau.	*Nachteile:* Übertragung kleinerer Drehmomente als bei Scheibenkupplungen

Starre nicht schaltbare Kupplungen verbinden Wellen dreh- und biegefest, so als bestünden die Wellen aus einem Stück. Abweichungen zwischen Wellen können nicht ausgeglichen werden.

Nachgiebige, nicht schaltbare Kupplungen

Nachgiebige, nicht schaltbare Kupplungen, welche durch Formschluss Wellen miteinander verbinden, erlauben den Ausgleich von

- *Längenänderung,*
- *Winkelbeugung,*
- *Querverlagerung.*

Formschluss zwischen den Teilen der Kupplung auf den Wellenenden kann durch starre oder elastische Glieder erzielt werden.

Elastische Glieder aus Gummi, Kunststoff, Federstahl o. Ä. dämpfen Stöße und erlauben in Grenzen den Ausgleich von Wellenverlagerungen aller Art.

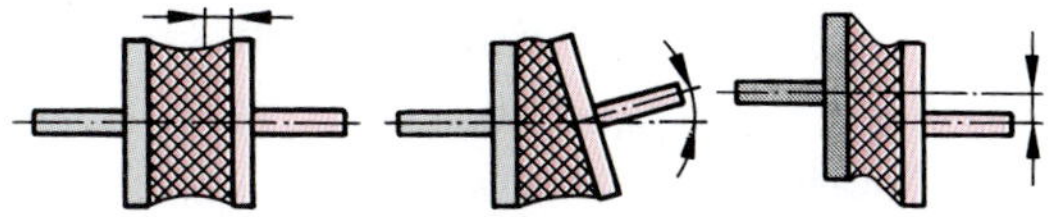

Längenänderung Winkelbeugung Querverlagerung

Verlagerung von Wellen zueinander

Nachgiebige, nicht schaltbare Kupplung

starre Verbindung	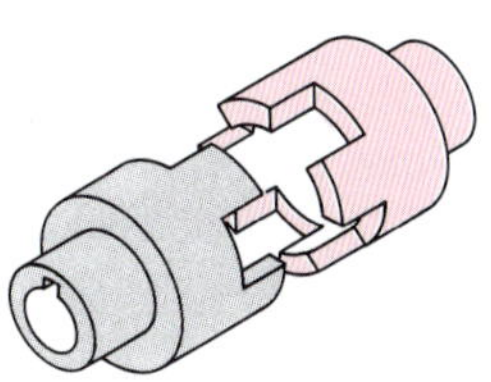 Klauenkupplung (erlaubt nur Längenänderung)	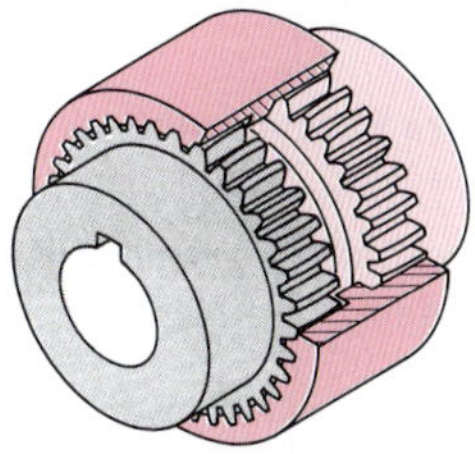 Balligzahn-Kupplung	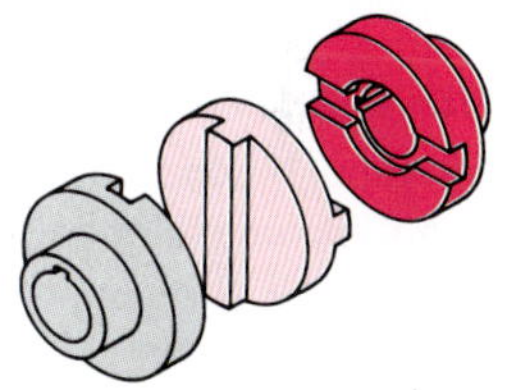 Kreuzscheiben-Kupplung
elastische Verbindung	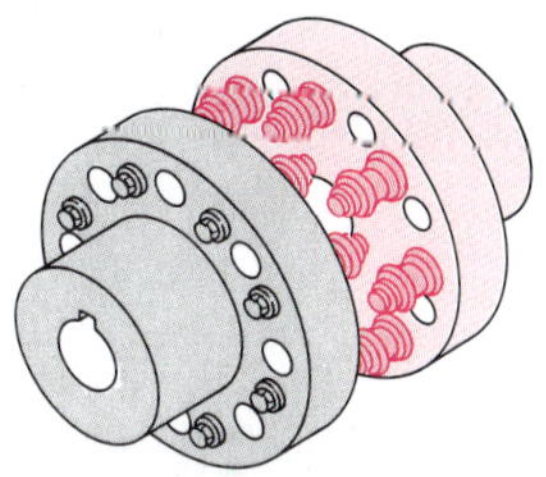 ELCO®-Kupplung mit gummierten Bolzen	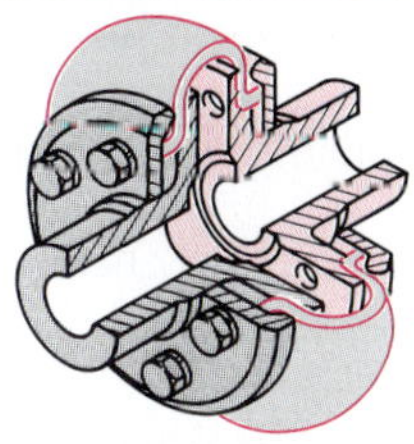 Periflex®-Kupplung mit Gummireifen	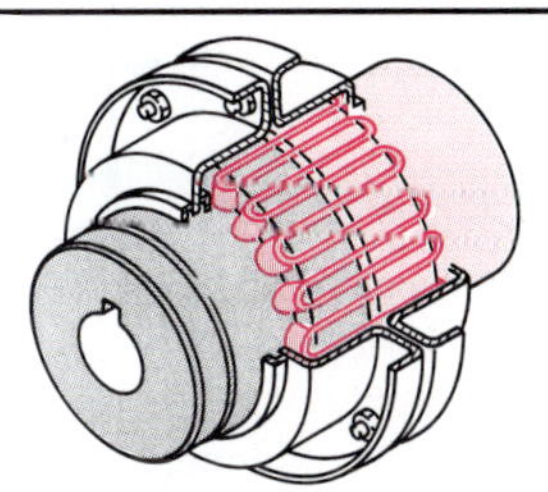 Winiflex®-Kupplung mit Stahlband

Nachgiebige, nicht schaltbare Kupplungen verbinden Wellen stoßdämpfend miteinander. Die Verbindungsglieder bestehen aus Gummi, Federstahl, Leder, Textilgewebe u.ä. Diese Verbindungsteile lassen folgende Verlagerungen zwischen den Wellen zu:

- Längenänderung
- Winkelbeugung
- Querverlagerung

MT

Gelenkkupplung

Zur Übertragung von Drehmomenten zwischen Wellen, deren Mitten verlagert sind oder die ihre Lage zueinander im Betrieb ändern, verwendet man Gelenkwellen mit zwei Gelenkkupplungen. Zur Übertragung kleiner Drehmomente, z.B. an den Spindeln von Mehrspindelbohrmaschinen, eignen sich Kugelgelenke. Größere Drehmomente überträgt man durch Kreuzgelenke.

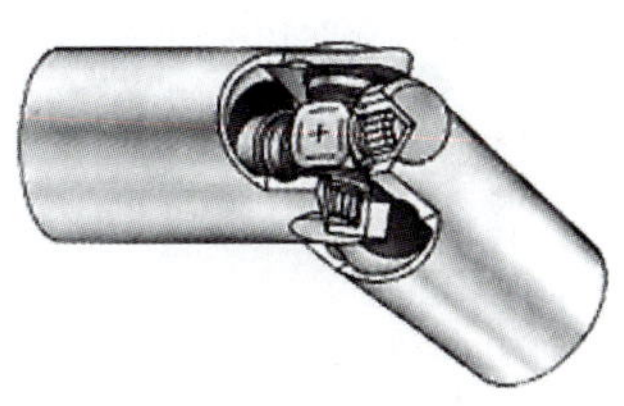

Nadelgelagertes Kreuzgelenk

Übungsaufgabe MT-8

2.1.2 Schaltbare Kupplungen

Schaltbare Kupplungen erlauben es, die Verbindung zwischen treibenden und getriebenen Baueinheiten einer Maschine zu unterbrechen.

- **Im Stillstand schaltbare Kupplungen**

Nur im Stillstand (oder bei Gleichlauf) schaltbare Kupplungen sind in der Regel formschlüssige Kupplungen. Sie sind während des Betriebes bedingt ausrückbar. Bei formschlüssigen Schaltkupplungen muss eine Hälfte der Kupplung auf der Welle axial verschiebbar sein. Dadurch können die Verbindungselemente (Klauen, Zähne, Bolzen usw.) bei Schaltung ineinander gefügt werden. Die Verbindung zwischen dem beweglichen Teil der Kupplung und der Welle erfolgt durch Gleitfederverbindungen oder durch Profilwellen.

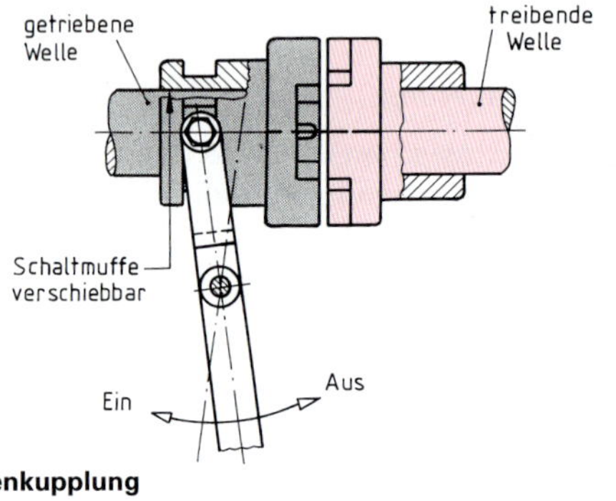

Klauenkupplung

Formschlüssige Schaltkupplungen sind nur im Stillstand (oder bei Gleichlauf) schaltbar.

- **Während des Betriebes schaltbare Kupplungen**

Diese Kupplungen übertragen die Drehmomente durch Kraftschluss. Dabei werden die Reibflächen der beiden Kupplungshälften durch eine Kraft gegeneinander gepresst. Die Reibflächen können als Scheiben, Kegel oder als Backen konstruiert sein. Im Maschinenbau und Kraftfahrzeugbau verwendet man meist Scheibenkupplungen.

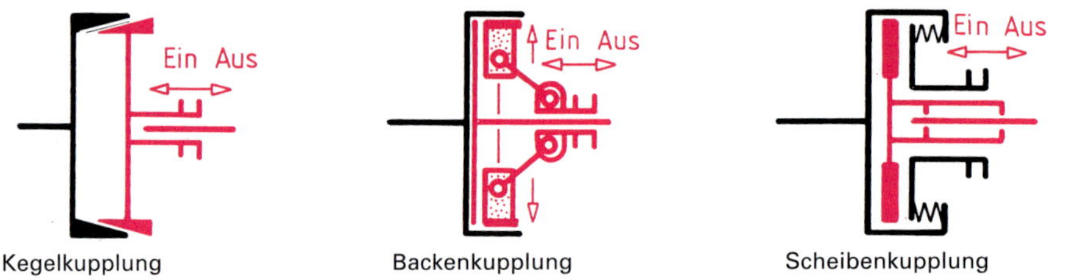

Wirkprinzipien kraftschlüssiger Schaltkupplung Kegelkupplung Backenkupplung Scheibenkupplung

Scheibenkupplungen

Scheibenkupplungen werden als Einscheibenkupplungen und Mehrscheibenkupplungen (Lamellenkupplungen) hergestellt.

Bei **Einscheibenkupplungen** wird durch Federkraft eine Druckplatte gegen eine axial verschiebbare Scheibe, die sich auf der getriebenen Welle befindet, gepresst. Die Kupplungsscheibe drückt dadurch gegen das Kupplungsgehäuse auf der Antriebswelle. Die Kupplungsscheibe ist auf beiden Seiten mit einem besonderen Reibbelag versehen. Zum Entkuppeln wird die Druckplatte mithilfe von Ausrückhebeln gegen die Federkraft zurückgezogen.

Einscheibenkupplungen werden meist in Kraftfahrzeugen verwendet.

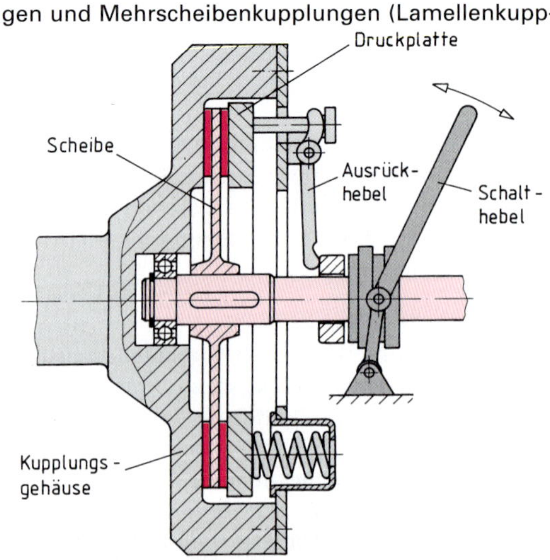

Einscheibenkupplung mit mechanischer Betätigung

Übungsaufgabe MT-9

Mehrscheibenkupplungen, Lamellenkupplungen genannt, haben mehrere Scheiben bzw. Lamellen. Mit der Anzahl der Lamellen und der Anpresskraft erhöht sich das übertragbare Drehmoment. Dabei unterscheidet man Außen- und Innenlamellen, die abwechselnd angeordnet sind. Die Außenlamellen werden vom Kupplungsgehäuse, die Innenlamellen von der getriebenen Welle in Nuten mitgenommen. Beim Einschalten der Kupplung werden die Lamellen durch Hebel gegeneinander gepresst.
Mehrscheibenkupplungen verwendet man in Werkzeugmaschinen und Getrieben.

Lamellen gekuppelt Lamellen entkuppelt

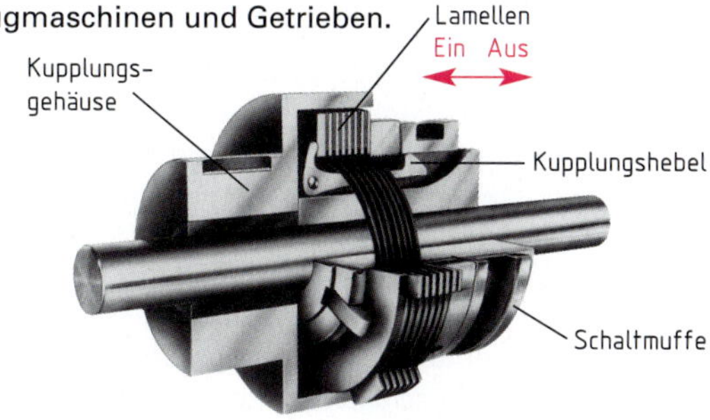

Lamellenkupplung mit mechanischer Betätigung

Zur **Ausführung der Schaltbewegung** bei Kupplungen benötigt man einen Schaltmechanismus. Dieser Schaltmechanismus kann auf verschiedene Weise betätigt werden:

- *mechanisch,*
- *hydraulisch bzw. pneumatisch,*
- *magnetisch.*

Verschiedene Arten der Schaltung einer Lamellenkupplung

mechanisch geschaltet	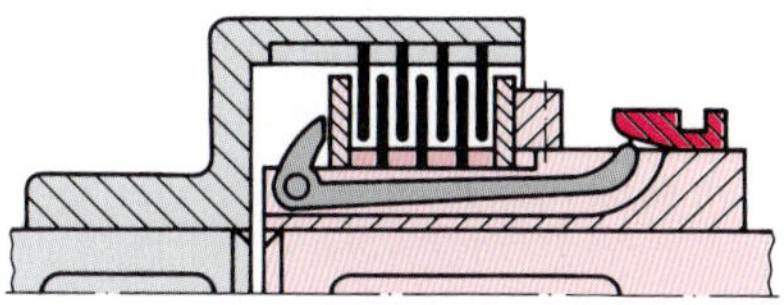	*besondere Merkmale:* feinfühliges Schalten, geringe Schaltgenauigkeit, ungeeignet für Fernbedienung und Programmsteuerung. *Einbaubeispiele:* Werkzeugmaschinen, Bootsgetriebe, Verladegeräte
hydraulisch geschaltet	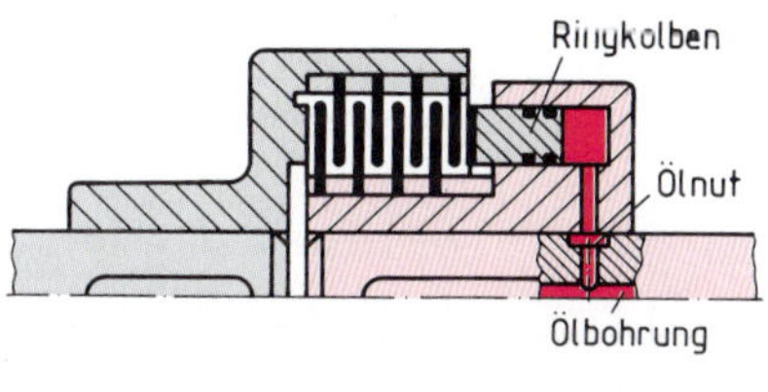	*besondere Merkmale:* sehr kleine und robuste Bauart, Übertragung großer Drehmomente, größere Schaltgenauigkeit als mechanische Schaltung, weitgehende Wartungsfreiheit. *Einbaubeispiele:* Maschinen mit eigener Hydraulik, z.B. Bagger, Baumaschinen, Werkzeugmaschinen
elektrisch geschaltet	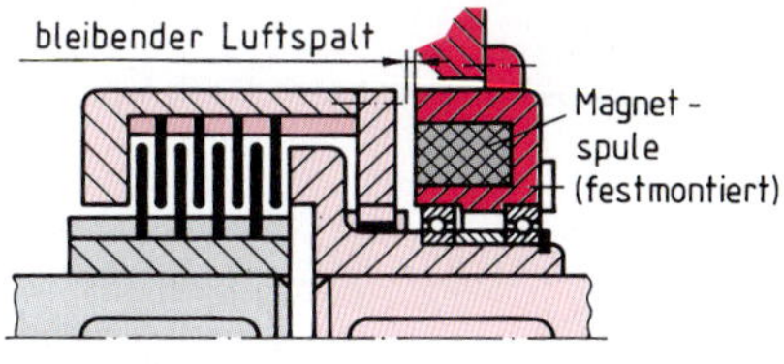	*besondere Merkmale:* sehr hohe Schaltgenauigkeit, sehr gut geeignet für Fernbedienung und Programmsteuerung. *Einbaubeispiele:* fernbediente Förderanlagen, programmgesteuerte Maschinen.

Die **Auswahl der Schaltung,** ob mechanisch, hydraulisch, pneumatisch oder elektromagnetisch, richtet sich nach folgenden Gesichtspunkten:

- *Größe der zu übertragenden Drehmomente,*
- *Größe der Schaltkraft,*
- *geforderte Schaltzeit und Schaltgenauigkeit,*
- *Entfernung der Schaltstelle von der Kupplung,*
- *Baugröße,*
- *Medium, das an der Maschine vorliegt.*

Kraftschlüssige Kupplungen sind im Stillstand und in Betrieb schaltbar.
Der Schaltvorgang kann mechanisch, hydraulisch, pneumatisch oder elektromagnetisch erfolgen.

MT

Übungsaufgabe MT-10

Strömungskupplung

Bei sehr großen zu bewegenden Massen und hohen Antriebsleistungen werden häufig Strömungskupplungen verwendet.

Eine Strömungskupplung besteht aus zwei Schalen. Dabei wirkt die treibende Schale wie eine *Pumpe.* Beim Lauf des Antriebs strömt das Öl in dieser Schale infolge der Fliehkraft nach außen. Das strömende Öl tritt in die Kupplungsschale auf der angetriebenen Welle ein. Diese getriebene Schale wirkt wie eine *Turbine.* Sie bremst das strömende Öl ab, wird aber dadurch in Bewegung gesetzt.

Je größer die Drehzahldifferenz und die Ölmenge ist, desto größer ist das übertragbare Drehmoment. Durch die Flüssigkeitsmenge werden in der Kupplung auch Drehzahl und Drehmoment verändert. Strömungskupplungen gleichen Unregelmäßigkeiten in der Belastung gut aus und schützen vor Überbelastung.

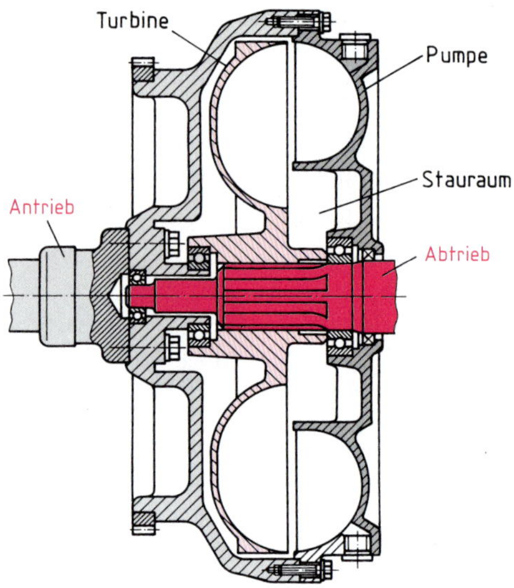

Schema einer Strömungskupplung

In Strömungskupplungen verleiht die treibende Schale – Pumpe – dem Öl kinetische Energie, die an die getriebene Schale – Turbine – auf der getriebenen Welle wieder abgegeben wird.

• Selbsttätig schaltende Kupplungen

Anlauf- und Überlastkupplung

Damit Motoren vorsichtig anlaufen können, setzt man Anlaufkupplungen ein, die mit steigender Drehzahl allmählich einkuppeln.
Überlastkupplungen werden als Sicherheitskupplungen eingesetzt. Sie sind meist als Rutschkupplung ausgeführt.

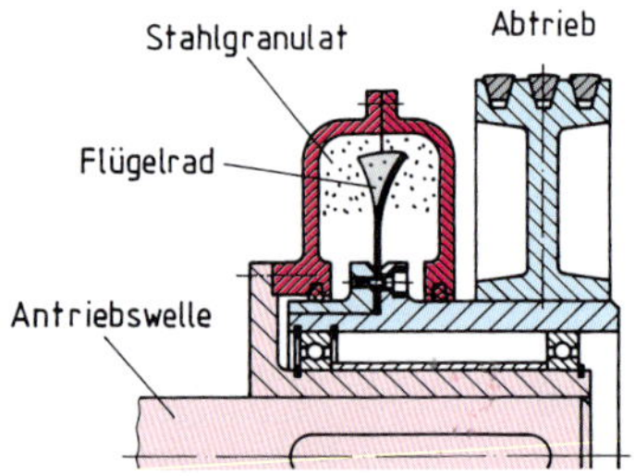

Anlaufkupplung

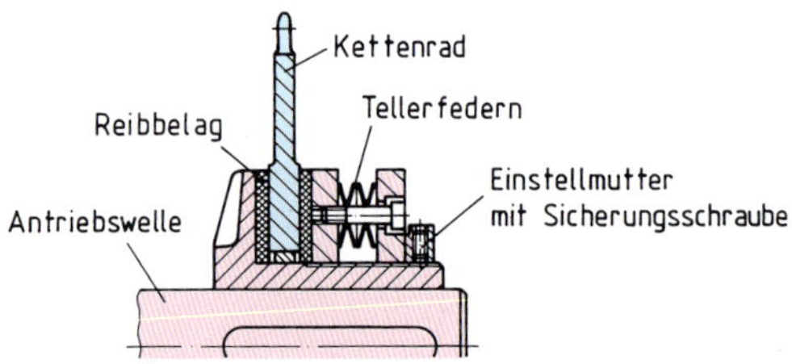

Überlastkupplung

Anlaufkupplungen bewirken „weichen" Anlauf.
Überlastkupplungen schützen durch Rutschen bei überhöhtem Drehmoment.

Richtungsbetätigte Schaltkupplungen

Freiläufe sind richtungsbetätigte Schaltkupplungen. Sie verbinden treibende und getriebene Wellen miteinander, sobald beide Kupplungsteile die gleiche Drehzahl haben. Sobald der treibende Teil langsamer läuft als der getriebene Teil, löst der Freilauf und hierdurch überholt das getriebene Teil das treibende. Deshalb verwendet man Freiläufe als Überholkupplungen und als Rücklaufsperren.

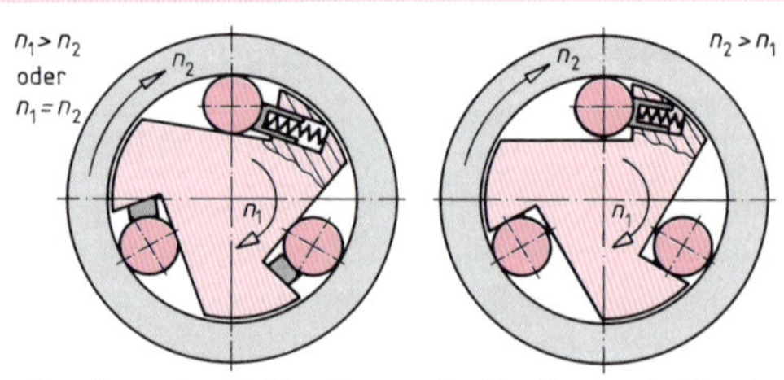

Mitnahme des Außenrings   frei laufender Außenring

Klemmrollen-Überholkupplung (Freilauf)

Freiläufe sind richtungsbetätigte Schaltkupplungen. Sie entkuppeln, wenn das getriebene Teil das treibende in der Drehzahl überholt.

Übungsaufgaben MT-11; MT-12

2.2 Getriebe

2.2.1 Zahnradgetriebe

Mithilfe von Zahnrädern werden Drehbewegungen von einer Welle auf eine andere durch Formschluss und damit ohne Schlupf übertragen. Zahnradgetriebe eignen sich je nach Ausführung zur Übertragung von sehr niedrigen Leistungen, wie z.B. in der Uhrentechnik, bis zu sehr großen Leistungen, wie z.B. bei Walzenantrieben. Neben der Übertragung der Drehbewegung werden meist Drehzahl, Drehmoment oder auch Drehrichtung geändert.

Zahnradgetriebe

2.2.1.1 Zahnradmaße und ihre Berechnung

Als **Teilkreis** bezeichnet man die gedachte Linie auf dem Zahnrad, auf welcher der Abstand von Zahn zu Zahn bestimmt wird. Den Teilkreisdurchmesser bezeichnet man mit *d*.

Teilung nennt man den Abstand zweier Zähne auf dem Teilkreis. Sie hat das Kurzzeichen *p*.

Die **Zähnezahl** hat das Kurzzeichen *z*.

Die Zahnteilung lässt sich aus Umfang des Teilkreises ($U = d \cdot \pi$) und der Zähnezahl berechnen:

$$p = \frac{d \cdot \pi}{z}$$

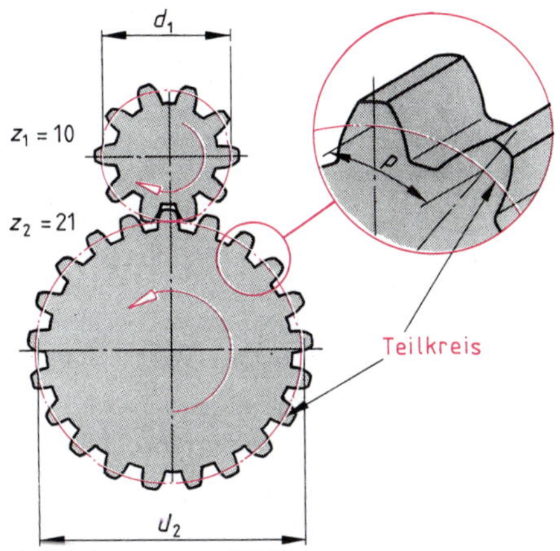

Teilkreisdurchmesser und Teilung

Die Zahnteilung *p* ist das Maß des Bogens von Zahnmitte zu Zahnmitte auf dem Teilkreis.

Als **Modul** *m* bezeichnet man das Verhältnis von Teilkreisdurchmesser *d* zur Zähnezahl *z*.

Damit ergibt sich für den Modul: $$m = \frac{d}{z}$$

Für die Teilung gilt dann: $$p = m \cdot \pi$$

Durch den Modul werden die meisten Maße eines Zahnrades bestimmt. Zahnräder mit gleichem Modul haben gleiche Zahnteilung und können darum bei gleicher Zahnform miteinander in Eingriff gebracht werden. Die Module sind genormt und in DIN 780 festgelegt, sie werden in mm angegeben, z.B. 0,4 mm, 1 mm.

Der Modul ist das Verhältnis von Teilkreisdurchmesser zu Zähnezahl. Er bestimmt die wichtigen Maße eines Zahnrades.

Geht man davon aus, dass sich bei einem Zahnradeingriff die beiden Teilkreise berühren, dann gilt

für den **Achsabstand** *a*: $$a = \frac{d_1}{2} + \frac{d_2}{2}$$

daraus folgt: $$a = \frac{m \cdot (z_1 + z_2)}{2}$$

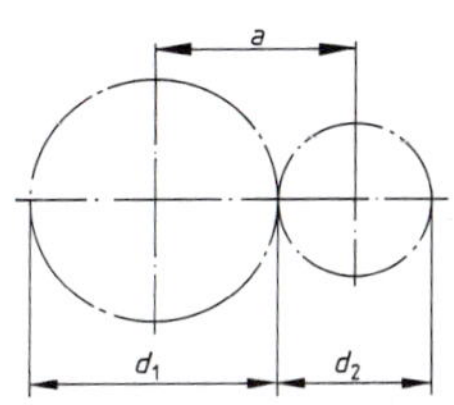

Achsabstand

Übungsaufgabe MT-13

Die **Kopfhöhe** h_a ist der Abstand vom Teilkreis bis zum Außendurchmesser. Die Kopfhöhe ist genau so groß wie der Modul. Damit ist der Außendurchmesser $d_a = d + 2 \cdot m$.
Der Außendurchmesser wird auch als Kopfkreisdurchmesser bezeichnet.
Die **Fußhöhe** h_f des Zahnes ist der Abstand vom Teilkreis bis zum Zahngrund. Die Fußhöhe beträgt $h_f = 1{,}2 \cdot m$.
Damit ergibt sich für den Fußkreisdurchmesser eines Zahnrades die Beziehung $d_f = d - 2{,}4 \cdot m$.

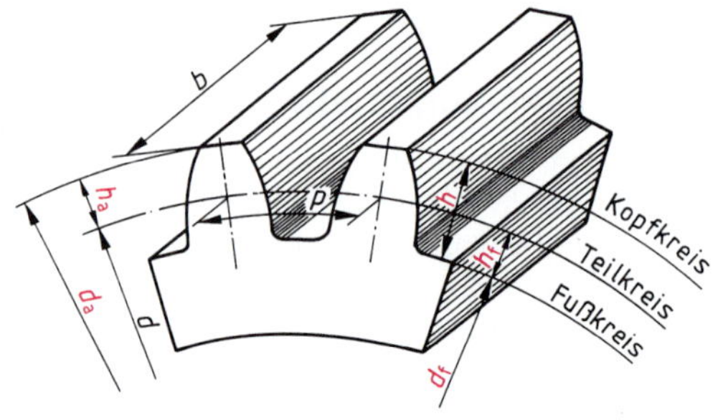

Abmessungen an Geradstirnrädern

Für den Kopfkreisdurchmesser gilt: $d_a = d + 2 \cdot m$, $\quad d_a = m \cdot (z + 2)$
Für den Fußkreisdurchmesser gilt: $d_f = d - 2{,}4 \cdot m$, $\quad d_f = m \cdot (z - 2{,}4)$

2.2.1.2 Zahnflankenformen

Die Übertragung der Drehbewegung durch Zahnräder soll gleichförmig, d.h. ruckfrei und kontinuierlich sowie reibungsarm erfolgen. Fertigungstechnisch müssen Zahnformen verwendet werden, die in Massenfertigung herzustellen sind. Bei der Montage auftretende geringe Achsabstandsfehler dürfen im Betrieb nicht zu Beschädigungen führen.

- **Evolventenverzahnung**

Zähne, welche die Zahnflanken als Evolventenkurve gestaltet haben, erfüllen die an eine Zahnflankenform gerichteten Bedingungen in bestmöglicher Weise.
Eine Evolvente entsteht als Bahnkurve, wenn ein Faden von einem Zylinder abgewickelt wird.
Von dieser Evolventenkurve wird lediglich der Beginn der Abwicklung als Bestandteil für die Zahnflanken verwendet.

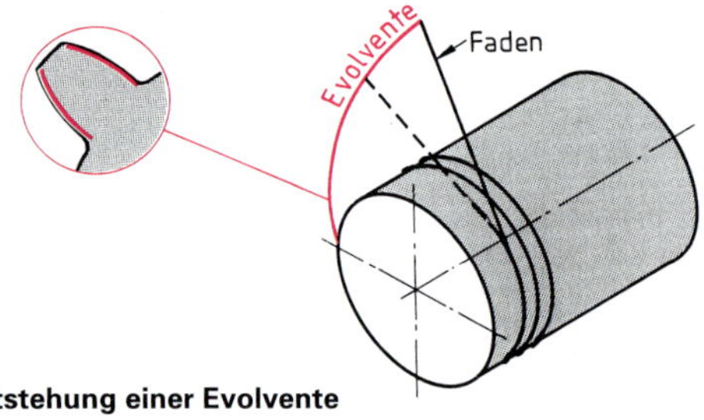

Entstehung einer Evolvente

Die Evolventenkurve wird im Maschinenbau und im Kfz-Bau als Zahnflankenform verwendet.

Im Maschinenbau und im Kfz-Gewerbe verwendet man Zahnräder mit Evolventenverzahnung.

Die Form der Zahnflanke lässt sich am einfachsten erläutern, wenn eines von zwei im Eingriff befindlichen Zahnrädern durch eine Zahnstange ersetzt wird.

Bei der genormten Evolventenverzahnung wird eine Zahnstange verwendet, die einen Zahnflankenwinkel von 20° hat. Man bezeichnet ihn als **Eingriffswinkel**. Die Linie, welche auf der Zahnstange dem Teilkreis entspricht, bezeichnet man als **Profilmittellinie.**
Im Normalfall berührt diese Profilmittellinie den Teilkreis des zweiten Rades. Man spricht in diesem Fall von **Null-Rädern** (N-Räder).
Bedingt durch die Zahnflankenform tritt unterhalb der Grenzzähnezahl von 17 Zähnen bei Null-Rädern ein Unterschneiden der Zähne auf, d.h. die Zähne müssen im Zahngrund ausgearbeitet werden. Durch dieses Unterschneiden wird nicht nur der Zahn im Fuß geschwächt, sondern es werden auch die Eingriffsverhältnisse verschlechtert.

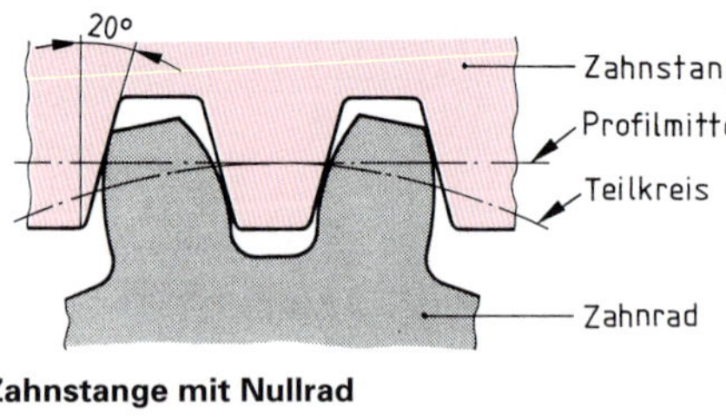

Zahnstange mit Nullrad

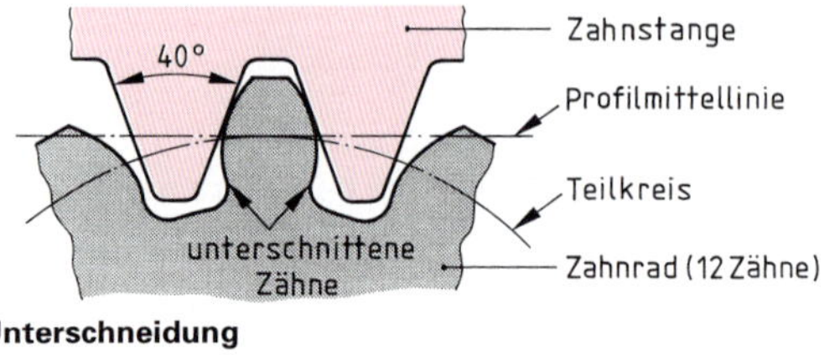

Unterschneidung

Bei Null-Rädern berührt die Profilmittellinie den Teilkreis. Unterhalb von 17 Zähnen tritt Unterschnitt auf.

Übungsaufgaben MT-14; MT-15

Meist verschiebt man die Profilmittellinie gegenüber dem Teilkreisdurchmesser. Dadurch erreicht man günstigste Laufeigenschaften und hohe Lebensdauer. Zahnräder, bei denen die Profilmittellinie verschoben ist, bezeichnet man als **V-Räder**. Bei der Paarung zweier Zahnräder, bei der ein V-Rad beteiligt ist, wälzen sich die Teilkreisdurchmesser nicht mehr aufeinander ab.

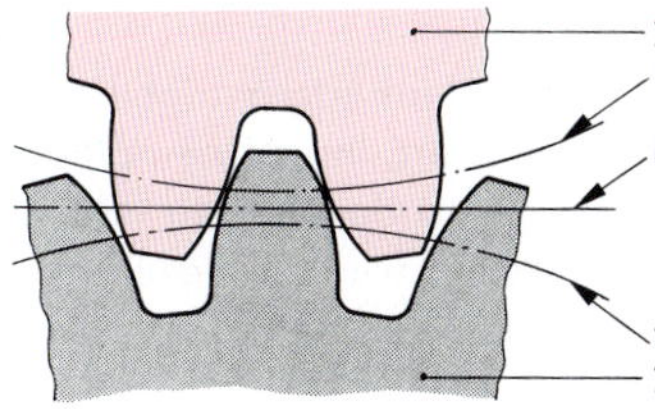

Positive Profilverschiebung (V-Plus-Räder)

Wird die Profilmittellinie von der Radmitte nach außen verschoben, so ist dies eine positive Profilverschiebung. Durch positive Profilverschiebung ist es außerdem möglich, bestimmte vorgegebene Achsenabstände zu erreichen, die Zähne zu verstärken und Unterschnitt zu vermeiden.
Man nennt Räder mit positiver Profilverschiebung **V-Plus-Räder**.

Positive Profilverschiebung bei Evolventenverzahnung wendet man an:
- zur Vermeidung des Unterschnitts bei kleinen Zähnezahlen (unter 17 Zähnen),
- um einen bestimmten Achsabstand zu erreichen,
- zur Verstärkung der Zähne.

2.2.1.3 Bauformen von Zahnradgetrieben

- **Stirnradgetriebe**

Stirnradgetriebe werden zur Übertragung von Drehmomenten von einer Welle auf eine parallel dazu liegende andere Welle verwendet. Nach der Lage der Zähne zur Drehachse spricht man bei Stirnradgetrieben von Rädern mit Geradverzahnung und Schrägverzahnung.
Bei schräg verzahnten Stirnrädern sind stets mehrere Zähne im Eingriff. Dadurch laufen diese Getriebe ruhiger. Infolge der schrägen Verzahnung treten aber Kräfte in Achsrichtung auf, die von den Lagern aufgenommen werden müssen.

Stirnradgetriebe mit Schrägverzahnung

Geradstirnräder gerade verzahnt	Schrägstirnräder schräg verzahnt	Schrägstirnräder pfeilverzahnt	Schrägstirnräder doppelt schräg verzahnt
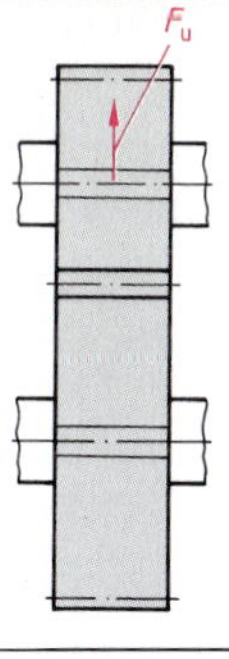	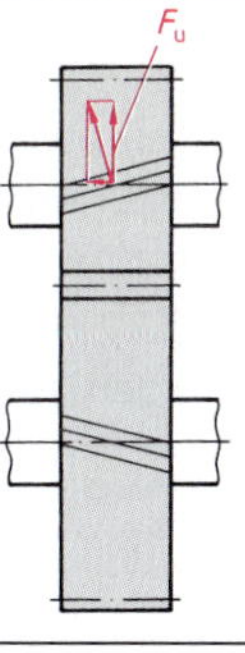	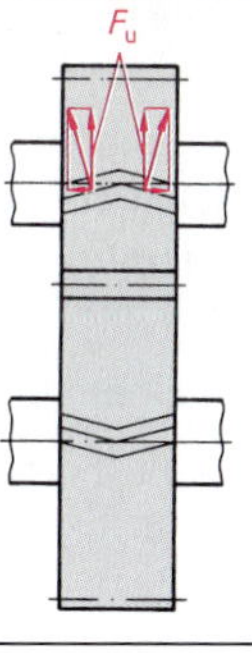	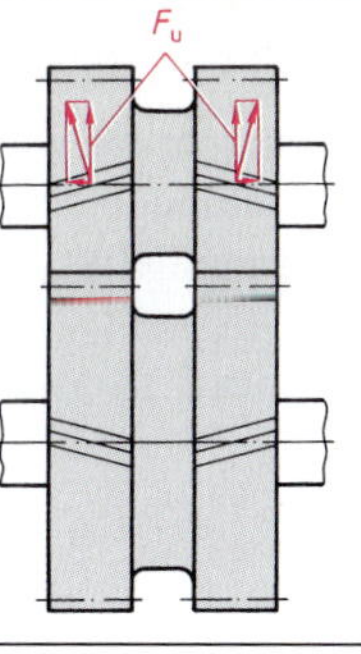
– geringe Reibungsverluste – hohe Geräuschentwicklung – empfindlich gegen Zahnformfehler	– höhere Laufruhe – bessere Eignung für hohe Drehzahlen – geringere Empfindlichkeit gegen Zahnformfehler – Axialkraft, wird durch Pfeil- oder Doppelschrägverzahnung kompensiert		

Schrägverzahnte Stirnräder haben gegenüber geradverzahnten Stirnrädern:
- höhere Laufruhe,
- bessere Eignung für hohe Drehzahlen,
- geringe Empfindlichkeit gegen Zahnformfehler,
- geringeren Wirkungsgrad,
- Schubkraft in Axialrichtung, kann durch Doppelschräg- und Pfeilverzahnung aufgehoben werden.

Übungsaufgaben MT-16; MT-17; MT-18

• Planetengetriebe

Planetengetriebe sind Umlaufrädergetriebe. Wegen ihrer Platz sparenden Bauart, ihrer Unempfindlichkeit gegen Lastspitzen und der nahezu fehlenden Biegebelastung der Wellen werden diese Getriebe im Maschinenbau als Stand- oder Anbaugetriebe eingesetzt.

Planetengetriebe bestehen neben Gehäuse und Lagern aus

- dem zentralen Sonnenrad mit Außenverzahnung,
- dem Planetenträger mit den außen verzahnten Planetenrädern und
- dem Hohlrad mit Innenverzahnung

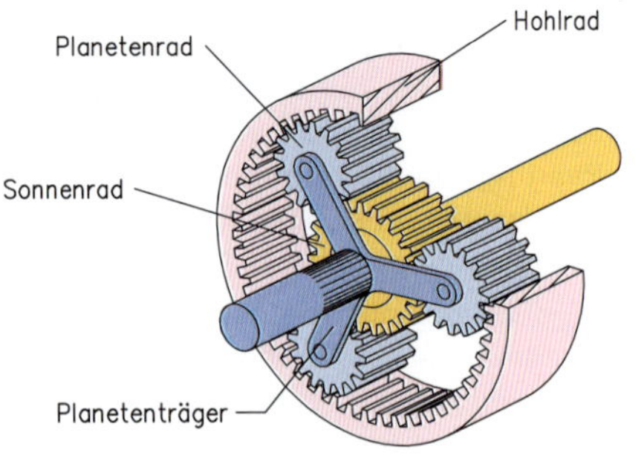

Planetengetriebe (Schema)

Beispiel **für ein einstufiges Planetengetriebe als Standgetriebe**

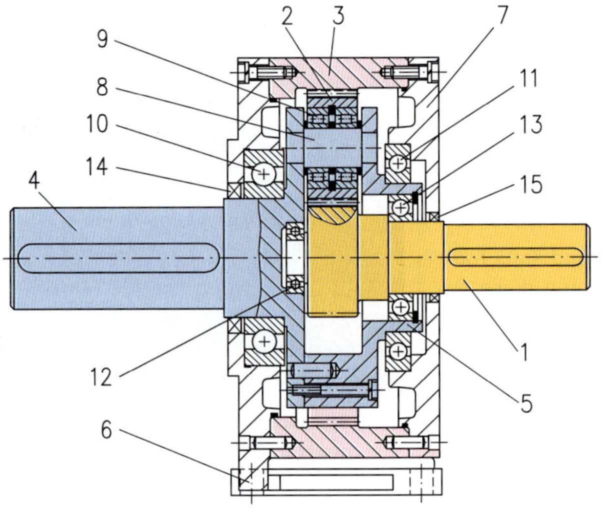

1	Ritzelwelle (Sonenrad)
2	Planetenrad
3	Zahnkranz (Hohlrad)
4	Antriebswellenflansch
5	Gegenflansch
6	Fuß
7	Lagerdeckel
8	Planetenwelle
9	Planetenlager
10 + 11	Planetenträgerlager
12 + 13	Ritzelwellenlager
14 + 15	Wellendichtringe

Planetengetriebe werden in der Kfz-Technik in automatischen Getrieben und in der Fahrradtechnik in Nabenschaltungen eingesetzt. Zum Schalten werden jeweils durch Bremsbänder und Kupplungen Teile des Planetengetriebes festgesetzt bzw. andere mit dem Antrieb gekoppelt.

Beispiele **für Übersetzungen an einem einstufigen Planetengetriebe (Schema)**

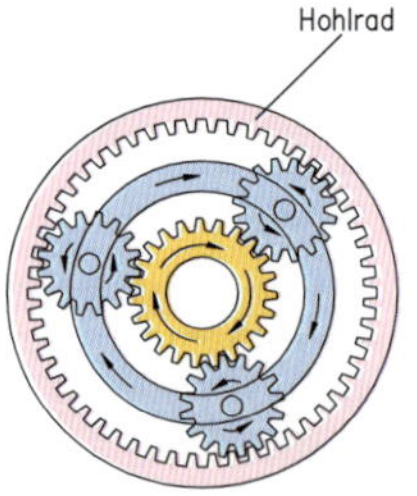

Hohlrad fest – Sonnenrad treibt

– große Übersetzung ins Langsame

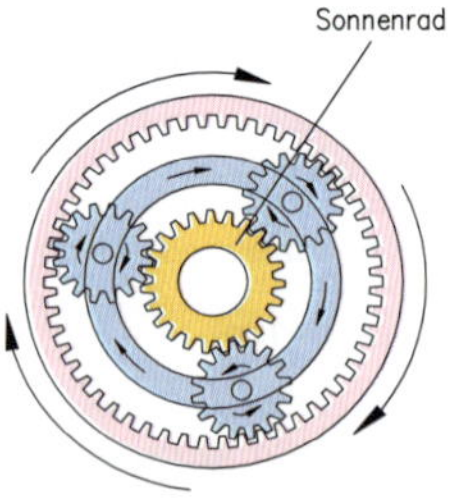

Sonnenrad fest – Hohlrad treibt

– kleine Übersetzung ins Langsame

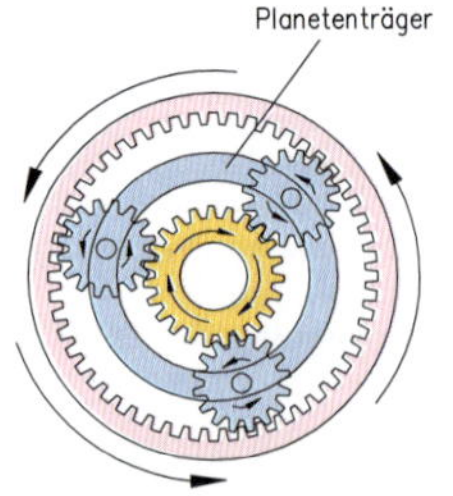

Planetenträger fest – Sonnenrad treibt

– Drehrichtungsumkehr

Übungsaufgabe MT-19

• Harmonic-Drive-Getriebe

Harmonic-Drive-Getriebe sind Umlaufgetriebe, bei denen ein elastisch verformbares Innenrad umläuft. Wegen ihrer kompakten und sehr spielarmen Konstruktion finden Harmonic Drive Getriebe Anwendung in allen Bereichen des Maschinenbaus, z. B. in Industrierobotern, Werkzeugmaschinen, Druckmaschinen, Mess- und Prüfmaschinen sowie in der Luft- und Raumfahrt.

Ein Harmonic Drive Getriebe besteht außer Lagern und Gehäuse aus drei Komponenten:

Wellengenerator (Wave-Generator)
elliptische Stahlscheibe mit zentrischer Nabe und aufgezogenem, elliptisch verformbaren Spezialkugellager.

Zahnbüchse (Flexspline)
dünnwandige, zylindrische und verformbare Stahlbüchse mit Außenverzahnung.

Zirkularscheibe (Circular-Spline)
zylindrischer Ring mit Innenverzahnung

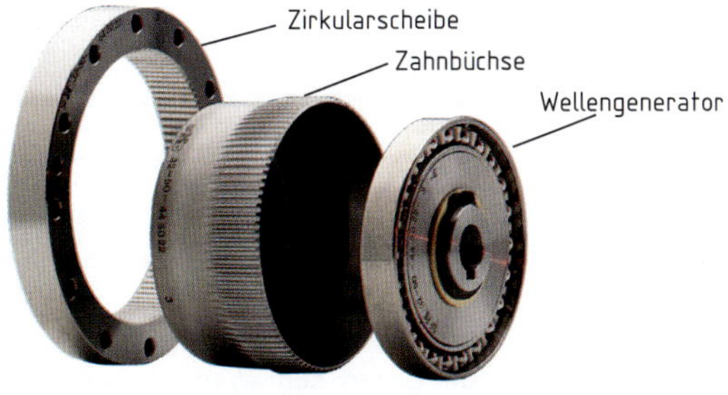

Bauelemente eines Harmonic Drive Getriebes

Funktionsprinzip für eine Übersetzung ins Langsame
Der elliptische Wellengenerator wird angetrieben. Er verformt über das Kugellager die Zahnbüchse, die sich im Bereich der großen Ellipsenachse mit der innenverzahnten, feststehenden Zirkularscheibe im Eingriff befindet.
Durch Drehen des Wellengenerators verlagert sich die große Ellipsenachse und damit der Zahneingriffsbereich. Da die Zahnbüchse zwei Zähne weniger als die Zirkularscheibe besitzt, vollzieht sich nach einer halben Umdrehung des Wellengenerators eine Relativbewegung zwischen Zahnbüchse und Zirkularscheibe um die Größe eines Zahnes und nach einer vollen Umdrehung um die Größe zweier Zähne. Bei fixierter Zirkularscheibe dreht sich die Zahnbüchse verlangsamt entgegengesetzt zum Antrieb.

Beispiel für den Bewegungsablauf bei einer Umdrehung der Antriebswelle (Schema)

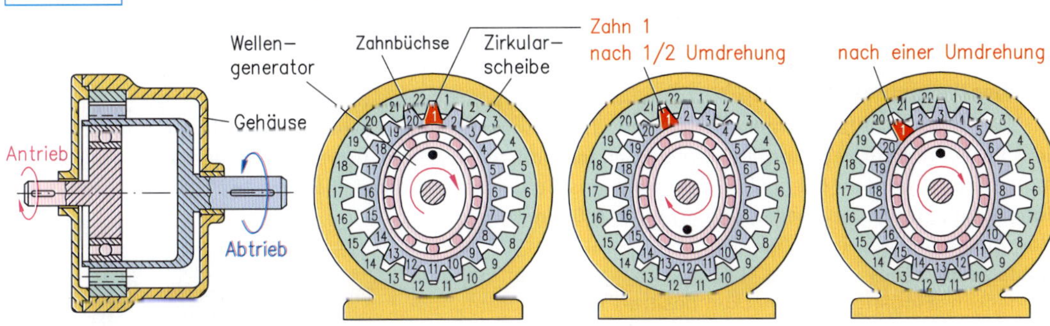

Vorteile der Harmonic-Drive-Getriebe (HD-Getriebe)

- hohe einstufige Untersetzungen von 50 : 1 bis 320 : 1
- großer Zahneingriffsbereich, damit Übertragen sehr hoher Drehmomente
- Wirkungsgrade bis 85%
- hervorragende Positioniergenauigkeit und eine Wiederholgenauigkeit von wenigen Winkelsekunden.
- nicht selbsthemmend

Harmonic-Drive-Getriebe sind kompakte Umlaufgetriebe, die sehr hohe einstufige Untersetzungen erlauben.

• Kegelradgetriebe

Kegelradgetriebe dienen zur Übertragung von Drehmomenten von einer Welle auf eine andere Welle, die im rechten Winkel dazu steht. Nach der Lage der Zähne zur Kegelspitze unterscheidet man gerade verzahnte, schräg verzahnte und bogenverzahnte Kegelräder.

Übungsaufgabe MT-20

gerade verzahnt	schräg verzahnt	bogenverzahnt
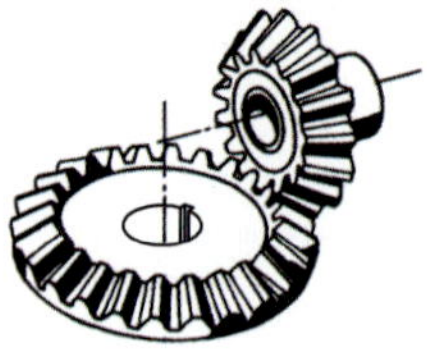	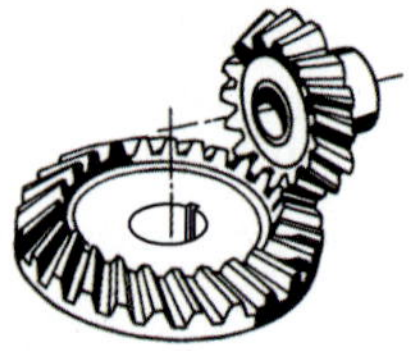	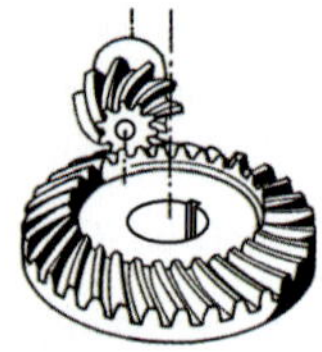

höhere Laufruhe

bessere Eignung für hohe Drehzahlen

Kegelräder mit Bogenverzahnung erlauben eine geringe Verschiebung der Wellen, sodass auch zwischen Wellen, die nicht genau in einer Ebene liegen, die Drehbewegung übertragen werden kann.

Kegelradgetriebe dienen zur Übertragung von Drehbewegungen bei sich schneidenden Wellen. Man unterscheidet gerad, schräg und bogenverzahnte Kegelräder.

- **Schraubenradgetriebe**

Bringt man Schrägstirnräder mit verschiedenen Schrägungswinkeln zusammen, so kreuzen sich die Wellen. Dadurch schieben sich die Zähne wie bei einem Schraubengewinde aneinander vorbei und übertragen so die Drehbewegung. Wegen der geringen Berührungsfläche der Zähne und der starken Gleitreibung können diese Schraubenradgetriebe nur geringe Drehmomente übertragen und weisen hohen Verschleiß auf.

Schraubenradgetriebe

Schraubenradgetriebe dienen zur Übertragung von Drehbewegungen bei sich kreuzenden Wellen. Punktförmige Berührung der Zahnflanken erlaubt nur geringe Drehmomentübertragung werden können.

- **Schneckengetriebe**

Wird bei einem Schraubenradgetriebe der Schrägungswinkel der Zähne so groß, dass nur ein Zahn auf dem Radzylinder umläuft, erhält man ein Schneckengetriebe. Dabei bewegt die Schnecke – gleich einem Bewegungsgewinde – bei einer Umdrehung das Schneckenrad um den Betrag der Steigung weiter. Dadurch sind extreme Übersetzungen bis max. 100:1 möglich.

Man unterscheidet (wie bei Schrauben) bei den Schnecken rechts und links gängige sowie ein- und mehrgängige Schnecken. Eingängige Schnecken besitzen kleinere Steigungswinkel als mehrgängige. Sie haben dadurch eine höhere Reibung und einen geringeren Wirkungsgrad als mehrgängige Schnecken. Bei kleiner werdendem Steigungswinkel des Schneckenganges tritt bei etwa 5° infolge der Reibung Selbsthemmung ein. Der Schneckentrieb kann dann nur noch von der Schneckenseite angetrieben werden.

Schneckengetriebe laufen geräuscharm und können große Leistungen übertragen. Sie haben aber wegen der Gleitbewegung der Zahnflanken aufeinander einen hohen Verschleiß. Nachteilig sind ferner die hohen Axialkräfte, die in der Schnecke auftreten und von den Lagern aufgenommen werden müssen.

Schneckengetriebe

Schneckengetriebe dienen zur Übertragung von Drehbewegungen bei sich kreuzenden Wellen. Mit Schneckengetrieben sind extreme Übersetzungen möglich.

2.2.1.4 Verstellbare Zahnradstufengetriebe

In verstellbaren Zahnradstufengetrieben sind mehrere Rädergetriebe vereinigt. Mit ihnen lassen sich unterschiedliche Umdrehungsfrequenzen, Drehmomente und Drehrichtungen einstellen.

- **Schieberadgetriebe**

In Schieberadgetrieben werden gerade verzahnte Zahnradpaare, Stirnradsätze oder Schiebeblöcke durch axiales Verschieben zum Eingriff gebracht. Die Schiebeblöcke werden meist auf Keilwellen geführt und durch Schaltgabeln in die jeweilige Eingriffsposition geschoben.

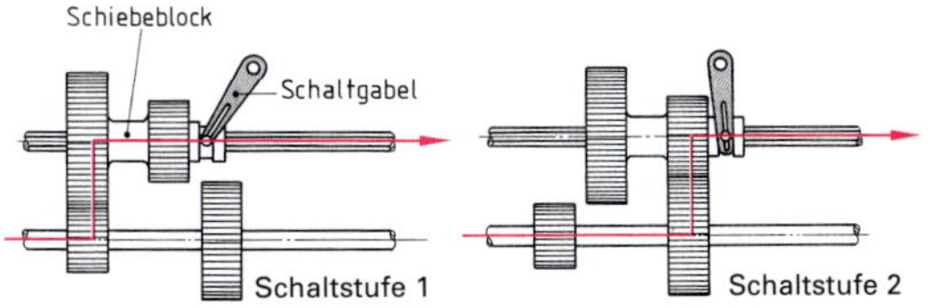

Schieberadgetriebe

- **Kupplungsgetriebe**

Bei Kupplungsgetrieben sind stets alle Zahnräder im Eingriff. Die getriebenen Räder werden jedoch hier mit der Antriebswelle durch eine elektrisch oder mechanisch betätigte Kupplung verbunden. Müssen große Leistungen übertragen werden, verwendet man Lamellenkupplungen.

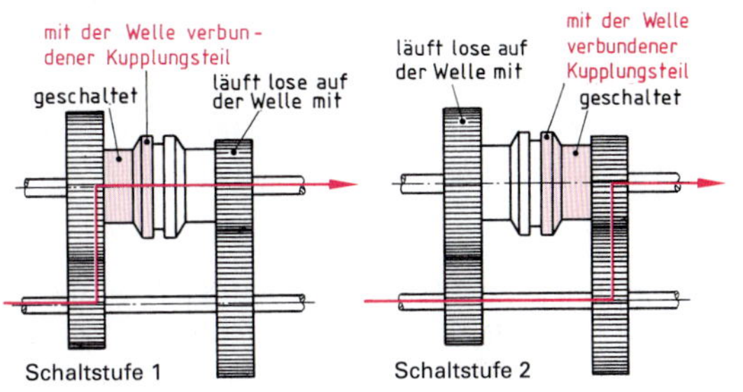

Kupplungsgetriebe (vereinfacht)

2.2.2 Berechnungsgrundlagen für Getriebe

- **Umdrehungsfrequenz und Umfangsgeschwindigkeit**

Die Zahl der Umdrehungen, die ein Rad eines Getriebes in einer Zeiteinheit (min oder s) ausführt, wird als Umdrehungsfrequenz (Drehzahl) bezeichnet. Meist wird die Drehzahl n mit der Einheit 1/min verwendet. Die Umfangsgeschwindigkeit für die kreisförmige Bewegung wird aus dem Durchmesser und der Drehzahl berechnet:

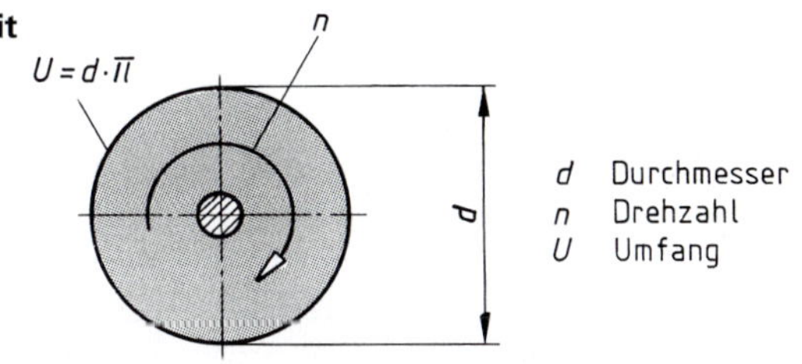

Umfangsgeschwindigkeit = Durchmesser · π · Umdrehungsfrequenz

$$v = d \cdot \pi \cdot n$$

- **Übersetzungsverhältnis**

Treibt ein Rad in einem Getriebe ein anderes Rad, ohne dass die Oberflächen aufeinander rutschen, so haben beide Räder die gleiche Umfangsgeschwindigkeit v, auch wenn die Räder unterschiedliche Durchmesser haben.

Es gilt dann die Beziehung:

$$v_1 = v_2$$
$$d_1 \cdot \pi \cdot n_1 = d_2 \cdot \pi \cdot n_2$$

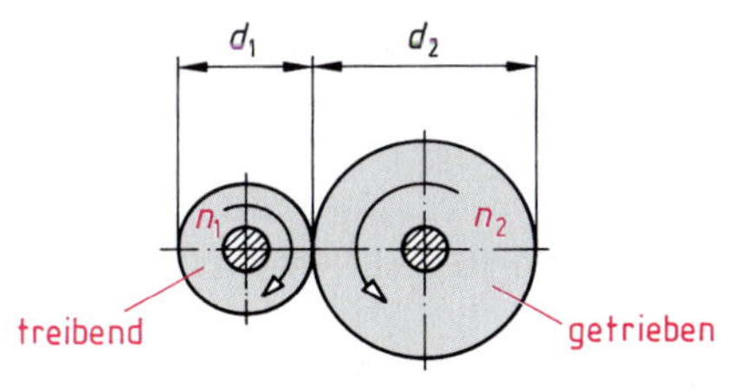

Einstufiges Getriebe

Aus dieser Gleichung ergibt sich durch Umstellen und Kürzen von π das Verhältnis der Drehzahlen. Das Verhältnis der Drehzahl des treibenden Rades zur Drehzahl des getriebenen Rades ist das **Übersetzungsverhältnis** i. Das Übersetzungsverhältnis wird als Bruch angegeben, z.B. i = 1:5.

$$\text{Übersetzungsverhältnis } i = \frac{\text{Drehzahl des treibenden Rades } n_1}{\text{Drehzahl des getriebenen Rades } n_2} = \frac{\text{Durchmesser des getriebenen Rades } d_2}{\text{Durchmesser des treibenden Rades } d_1}$$

$$i = \frac{n_1}{n_2} = \frac{d_2}{d_1}$$

Übungsaufgabe MT-21

Will man die Drehzahl noch weiter verändern, bringt man auf die Welle des getriebenen Rades ein weiteres Rad, das ein viertes Rad auf einer dritten Welle treibt. Man hat nun ein zweistufiges Getriebe.
Kennzeichnung von Durchmessern und Drehzahlen:
- *treibende Räder ungerade Kennzahlen (d_1; d_3; n_1...)*
- *getriebene Räder geradzahlige Kennzahlen (d_2; n_2;...)*

Das Übersetzungsverhältnis eines Getriebes insgesamt (i_{ges}) ist das Verhältnis der Drehzahlen vom ersten treibenden zum letzten getriebenen Rad.

$$i_{ges} = \frac{n_A}{n_E}$$

n_A Drehzahl des ersten treibenden Rades
n_E Drehzahl des letzten getriebenen Rades

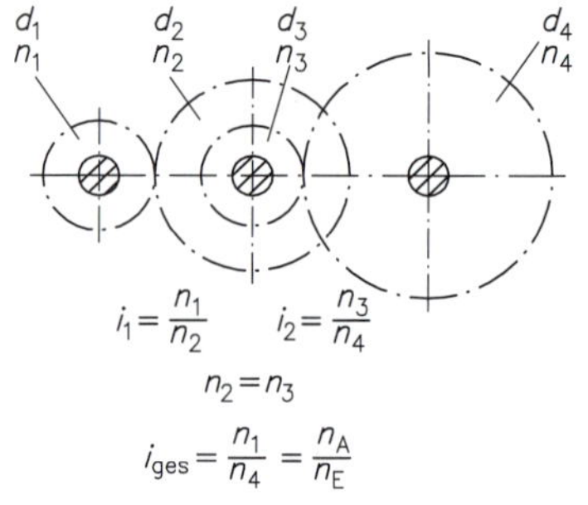

Zweistufiges Getriebe

Das gesamte Übersetzungsverhältnis kann auch aus dem Produkt der Übersetzungsverhältnisse der einzelnen Stufen berechnet werden, $i_{ges} = i_1 \cdot i_2 \cdot ...$

Bei mehrstufigen Getrieben ist das Gesamtübersetzungsverhältnis das Produkt der Übersetzungsverhältnisse jeder Stufe. Das Gesamtübersetzungsverhältnis lässt sich auch aus dem Verhältnis der Drehzahl des ersten Rades n_A zur Drehzahl des letztes Rades n_E berechnen.

$$i_{ges} = i_1 \cdot i_2 \cdot ... \quad \text{oder} \quad i_{ges} = \frac{n_A}{n_E}$$

• Drehmoment

Ein Drehmoment M_d an einer Welle oder einem Rad ist das Produkt aus Umfangskraft F und Radius r.

$$M_d = F \cdot r$$

Nach der Drehtrichtung unterscheidet man rechts drehende Momente M_r und links drehende Momente M_l.
Gleichgewicht herrscht an einem Bauelement, wenn die Summe der rechts drehenden Momente gleich der Summe der links drehenden Momente ist (Hebelgesetz).
Zur Berechnung der Drehmomente in Getrieben fasst man die Radien von Rädern und Wellen als Hebel auf, deren Drehpunkt die Drehachse ist.
Die Bestimmung der Kräfte und Momente erfolgt über das Gleichgewicht am Hebel.

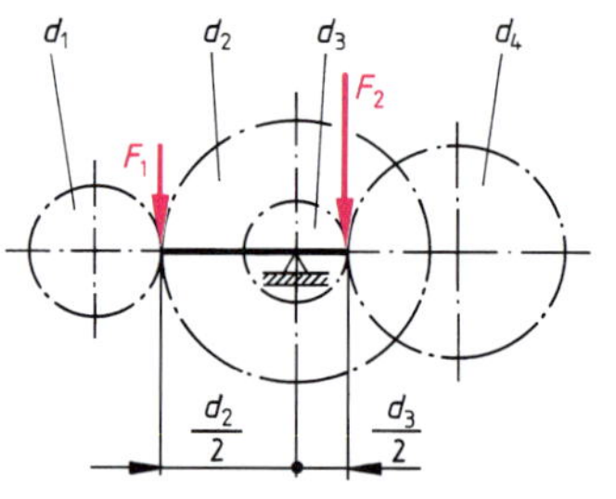

Hebelwirkung am Zahnrad

$$M_l = M_r$$

$$F_1 \cdot \frac{d_2}{2} = F_2 \cdot \frac{d_3}{2}$$

Gleichgewicht am Hebel:
Summe der rechts drehenden Momente = Summe der links drehenden Momente

Bei Getriebewellen ist meist die Umfangskraft, welche an den Rädern angreift, nicht gegeben. Bekannt sind dagegen die zu übertragende Leistung und die Umdrehungsfrequenz. Aus diesen Größen kann das Drehmoment berechnet werden.

$P = F \cdot v$
$P = F \cdot 2r \cdot \pi \cdot n$
$M_d = F \cdot r$

$$M_d = \frac{P}{2\pi \cdot n}$$

M_d Drehmoment
P Leistung
n Umdrehungsfrequenz
v Umfanggeschwindigkeit

Übungsaufgaben MT-22; MT-23

3 Fertigungssystemtechnik

3.1 Einteilung von Fertigungssystemen

Fertigungssysteme werden hinsichtlich ihrer Flexibilität und Produktivität unterschieden in:

- *Bearbeitungszentren,*
- *flexible Fertigungszellen,*
- *flexible Fertigungssysteme,*
- *Transferstraßen.*

Flexibilität und Produktivität von Fertigungssystemen sind gegenläufige Größen, eine hohe Flexibilität eines Systems geht stets zu Lasten der Produktivität und umgekehrt.

So können in Bearbeitungszentren unterschiedlichste Werkstücke ohne große Systemumstellung schnell, aber nicht vollautomatisch gefertigt werden.

In flexiblen Fertigungssystemen können unterschiedliche Werkstücke schnell und vollautomatisch gefertigt werden. Eine Systemumstellung ohne großen Aufwand ist nur möglich, wenn die Werkstücke zur gleichen Teilefamilie gehören. Produktionsänderungen auf andere Teilefamilien bedürfen einer aufwändigen Systemumstellung.

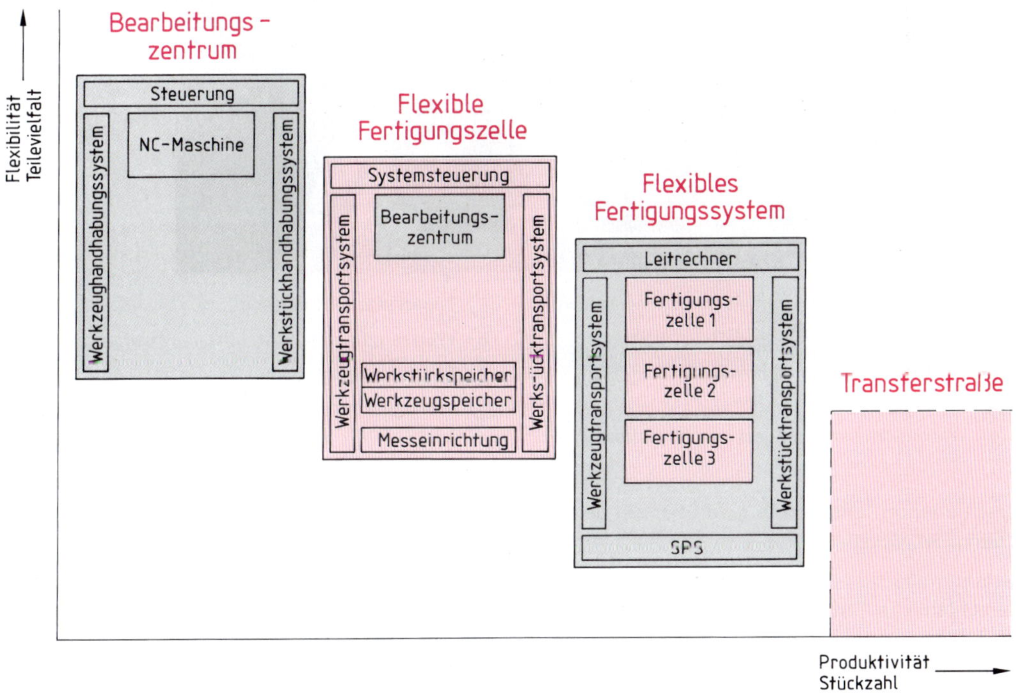

Produktivität und Flexibilität von Fertigungssystemen

Fertigungssysteme werden je nach Flexibilität und Produktivität eingeteilt in:

- Bearbeitungszentren,
- flexible Fertigungszellen,
- flexible Fertigungssysteme,
- Transferstraßen.

MT

3.2 Flexible Fertigungssysteme

3.2.1 Aufbau flexibler Fertigungssysteme

Flexible Fertigungssysteme bestehen aus folgenden miteinander verketteten Teilsystemen:

- Fertigungszellen mit Handhabungs-, Versorgungs- und Entsorgungssystemen,
- Werkzeugtransport- und Werkzeughandhabungssystemen,
- Werkstücktransport- und Werkstückhandhabungssystemen,
- Systemsteuerungen,
- Mess- und Überwachungssystemen.

Beispiel **für den Aufbau eines flexiblen Fertigungssystems**

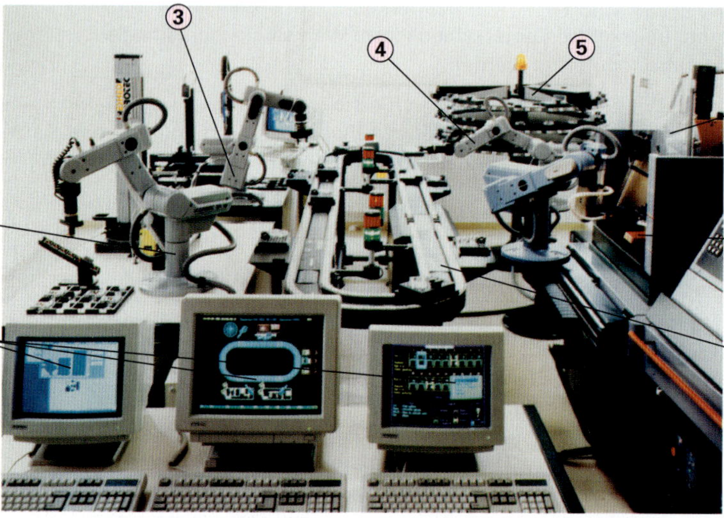

① Systemsteuerungs- und Überwachungssystem (Leitrechner, Stationsrechner, Controller)
② Montagesystem
③ Messsystem
④ Werkstückhandhabungssystem (Roboter)
⑤ Lagersystem (Rundtisch)
⑥ Werkzeughandhabungssystem (Werkzeugrevolver)
⑦ Bearbeitungszentrum
⑧ Werkstücktransportsystem (Förderband)

Die verschiedenen Teilsysteme sind über ein gemeinsames Steuerungs- und Transportsystem so miteinander verkettet, dass:

- eine automatische Fertigung stattfinden kann,
- unterschiedliche Fertigungsaufgaben an Teilefamilien durchgeführt werden können und
- keine Unterbrechung der automatischen Fertigung durch manuelle Eingriffe entsteht.

Flexibilität eines Fertigungssystems bedeutet die Fähigkeit, verschiedene Fertigungsaufgaben ohne große Umstellung der Teilsysteme ausführen zu können.

Flexible Fertigungssysteme ermöglichen die automatische Fertigung verschiedenartiger Werkstücke ohne große Systemumstellung. Sie bestehen aus folgenden Teilsystemen:

- Fertigungszellen mit Handhabungs-, Ver- und Entsorgungssystemen,
- Werkzeugtransport- und -handhabungssystemen,
- Werkstücktransport- und -handhabungssystemen,
- Systemsteuerung
- Mess- und Überwachungssystemen.

Übungsaufgabe MT-24

3.2.2 Stoff- und Informationsfluss in flexiblen Fertigungssystemen

Der Ablauf einer flexiblen Fertigung wird durch den Stoff- und den Informationsfluss bestimmt. Damit die flexible Fertigung automatisch erfolgen kann, müssen vor dem Fertigungsbeginn die folgenden Vorgänge abgeschlossen sein:

- Definition des Auftrags
  1. Auswahl der Teilsysteme,
  2. Festlegungen der Fertigungsprozesse,
  3. Vergabe der Teilenummern.
- Erstellen von NC-Programmen
  1. Zeichnen der Konturen,
  2. Festlegen der Bearbeitungsschritte, Werkzeuge und Technologiedaten,
  3. Simulation und Postprozessorlauf,
- Aktivieren der Teilsysteme
  1. Einrichten der NC-Maschine,
  2. Aktualisieren des Lagerbestandes,
  3. Vorbereiten der Handhabungs- und Transportsysteme.

Die Auftragsdefiniton und die NC-Programme werden über das Leitsystem (Leitrechner) in das flexible Fertigungssystem übertragen. Start und Überwachung der Fertigung erfolgen vom Leitsystem aus.

Beispiel **für Stoff- und Informationsfluss in einem flexiblen Fertigungssystem**

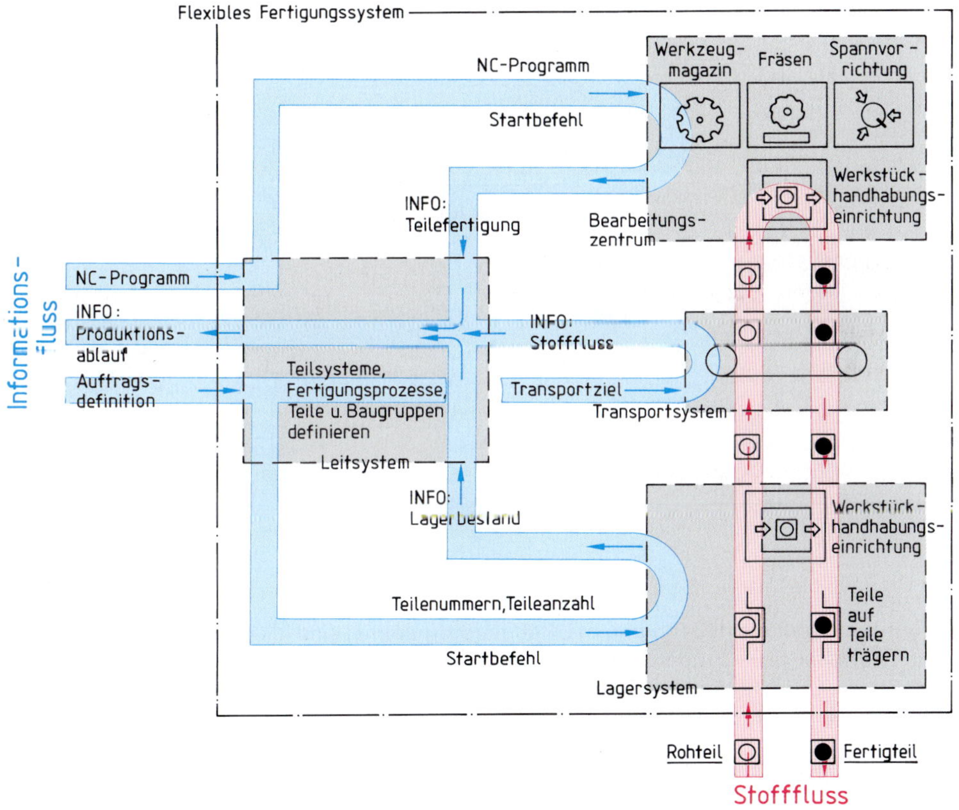

Der Stoff- und der Informationsfluss bestimmen den Ablauf einer flexiblen Fertigung. Vor dem Start einer automatischen Fertigung müssen der Auftrag definiert, die NC-Programme erstellt und die Teilsysteme aktiviert worden sein.

3.2.3 Vernetzung der Teilsysteme

Das automatisch arbeitende Fertigungssystem benötigt Informationen. Diese sind

- **Fertigungsprogramme** für Maschinen und Handhabungsgeräte,
- **Steuerungsprogramme** zur Steuerung des Materialflusses,
- **Start- und Stopp-Information** für das Gesamtsystem.

An den verschiedenen Teilsystemen des Gesamtsystems müssen diese Informationen aufeinander abgestimmt werden. Dies erfordert einen bestimmten Systemaufbau mit einzelnen Eingabe-, Speicher-, Rechner- und Kontrolleinrichtungen.

Beispiel **für die Teilsysteme eines flexiblen Fertigungssystems**

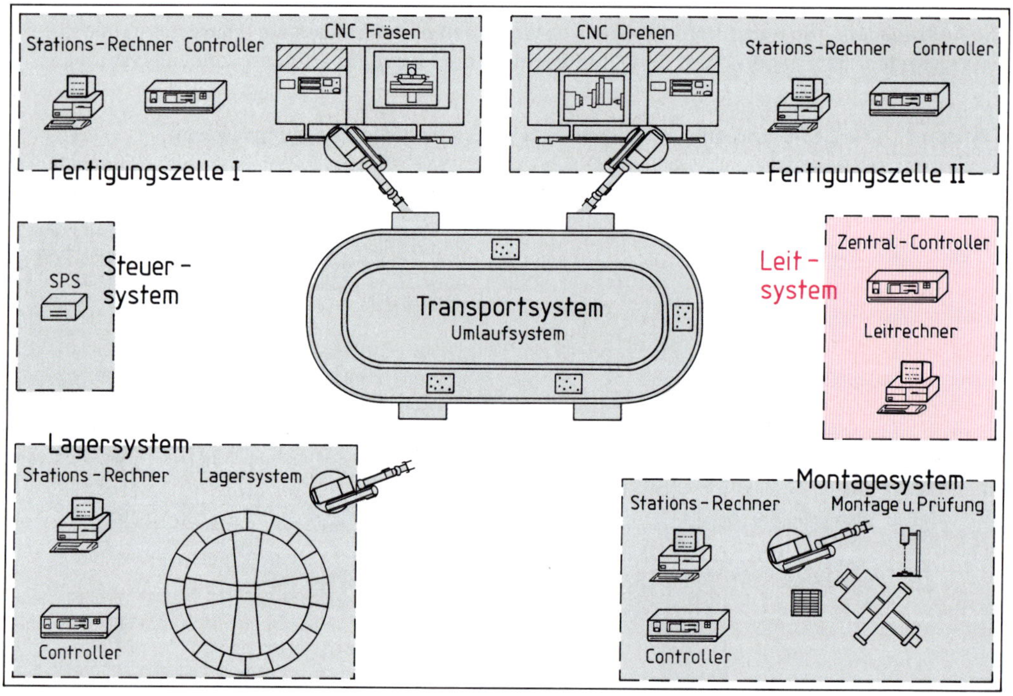

Die Fertigungsprogramme (NC-Programme, Roboterprogramme) sind in den **Controllern** jeder Station gespeichert. Controller sind Computer mit sehr hoher Leistung, in denen gleichzeitig mehrere Programme ablaufen können. Über PC können an jeder Station Programme und Fertigungsdaten eingegeben werden. Am Bildschirm der PCs kann der Fertigungsablauf beobachtet werden.

Das Steuerungsprogramm ist in der **SPS** gespeichert. Die SPS fragt die Sensoren der Transporteinrichtung ab und gibt entsprechende Ausgangssignale an die Stationscontroller weiter. Diese binden die Signale in ihre Programme ein, z. B. Signal: „Palette 5 mit Werkstück 3 in Greifposition" löst den Startbefehl für das Teilprogramm „Werkstück greifen und vom Transportband nehmen" aus.

Ein **Zentral-Controller** koordiniert den gesamten Stoff- und Informationsfluss zwischen den Teilsystemen. Ein **Leitrechner** erlaubt die Eingabe von Fertigungsdaten, Programmstart, Programmstopp und Ablaufkontrolle am Bildschirm.

Übungsaufgabe MT-25

3.3 Handhabungssysteme

Der Stofffluss innerhalb flexibler Fertigungssysteme geschieht durch:

- *Transportieren,*
- *Lagern,*
- *Handhaben.*

Als **Transportieren** bezeichnet man dabei Ortsveränderungen von Werkstücken bzw. Werkzeugen über größere Entfernungen. Demgegenüber ist das **Handhaben** das gerichtete Bewegen von Werkstücken bzw. Werkzeugen innerhalb eines abgegrenzten Arbeitsraumes.

Handhaben ist ein gerichtetes Bewegen von Werkstück oder Werkzeug in einem abgegrenzten Arbeitsraum.

3.3.1 Werkzeughandhabungssysteme

Die für einen überschaubaren Arbeitszeitraum erforderlichen Werkzeuge eines Bearbeitungszentrums werden in einem Werkzeugmagazin gespeichert. Nach dem Aufbau der Magazine unterscheidet man

- *Kettenmagazine* und
- *Kassettenmagazine.*

Bei Kettenmagazinen werden die Werkzeuge im Magazin zunächst positioniert, um den Zugriff des Greifers zu ermöglichen.
Bei Kassettenmagazinen wird zum Entnehmen eines Werkzeuges ein Zubringergreifer in die vorgesehene Position gebracht. Zur Identifizierung der Werkzeuge ist eine Codierung erforderlich.
Der Werkzeugwechsel vom Magazin zur Spindel und umgekehrt erfolgt mithilfe eines Schwenkgreifers. Die Handhabung der Werkzeuge durch den Schwenkgreifer ist bei beiden Magazinarten verschieden.

Kettenmagazin mit Schwenkgreifer

Das Werkzeughandhabungssystem eines Bearbeitungszentrums besteht aus Werkzeugmagazin und Greifersystem. Für die Entnahme ist eine Werkzeugcodierung erforderlich.

3.3.2 Werkstückhandhabungssysteme

In flexiblen Fertigungssystemen werden Palettiersysteme zur Positionierung und Fixierung von Werkstücken eingesetzt. Ein Palettiersystem besteht aus einer Palettenaufnahme und einer Palette, auf der das Werkstück positioniert und fixiert ist. Die Palette kann automatisch gelagert, transportiert und in einer Werkzeugmaschine als Spannvorrichtung eingesetzt werden. Die Werkstückbearbeitung und -handhabung findet auf der Palette statt.

Palettiersystem mit Handhabungseinrichtung

Die Werkstücke werden zur Bearbeitung auf Universalpaletten gespannt dem Bearbeitungszentrum zugeführt.

MT

Übungsaufgabe MT-26

Handhabungssysteme unterscheidet man nach der Art der Steuerung und ihrer Programmierung in Manipulatoren, fest programmierte Handhabungsgeräte (Einlegegeräte) und Roboter.

Manipulatoren sind Handhabungsgeräte, bei denen fast alle Funktionen vom Bediener gesteuert werden. Es sind lediglich die Grenzen der Bewegungen und Kräfte fest programmiert. Die Manipulatoren dienen zum Bewegen heißer und schwerer Lasten, z.B. von Schmiedestücken beim Schmieden an Schmiedepressen. Manipulatoren, die ferngesteuert zu Arbeiten mit gefährlichen Materialien (radioaktiven Stoffen, Sprengstoffen, gefährlichen Viren oder Bakterien u.a.) und Arbeiten im Weltraum oder unter Wasser eingesetzt werden, bezeichnet man auch als Teleoperatoren.

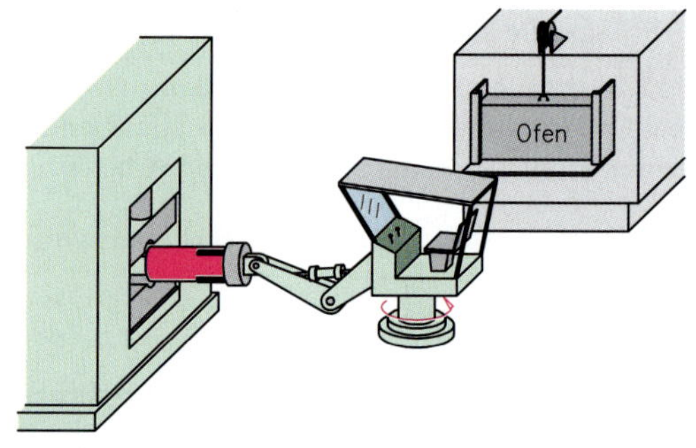

Manipulator im Schmiedebetrieb

Manipulatoren sind Handhabungsgeräte, in denen alle Bewegungsfunktionen vom Bediener gesteuert werden. Lediglich die Grenzen der Bewegungen und Kräfte sowie Warnhinweise sind fest programmiert.

Durch **Einlegegeräte** werden im Takt arbeitende Maschinen mit Bauteilen bestückt. Diese Geräte führen beim Einsatz immer die gleichen einfachen Drehungen und Schwenkungen sowie geradlinige Bewegungen in hoher Zahl aus. Wegen der Einfachheit der Bewegungen kann man in diesen Steuerungen das Ablaufprogramm durch festes Verdrahten oder Verschlauchen festlegen. Die Reihenfolge der Bewegungen wird durch Grenztaster, Sensoren, Anschläge u.ä. ausgelöst.
Eine Änderung des Ablaufes ist nur durch eine Schaltungsänderung zu bewirken. Darum nennt man diese Geräte fest programmiert.

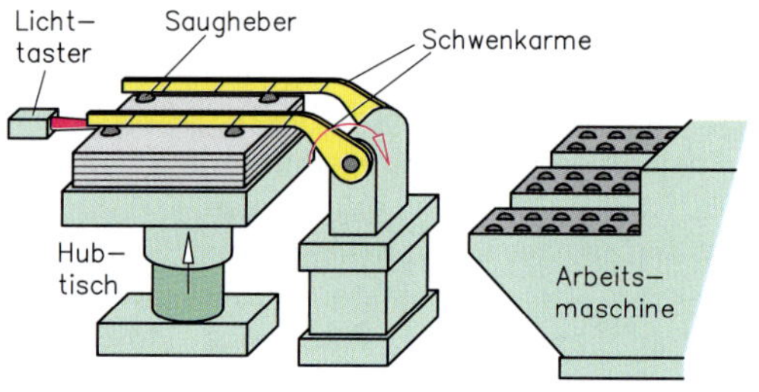

Einlegegerät

Einlegegeräte, in denen das Programm durch Verdrahtung oder Verschlauchung vorgegeben ist, sind fest programmierte Handhabungsgeräte.

Industrieroboter sind Handhabungssysteme, deren einzelne Achsen unabhängig voneinander durch eine frei programmierbare Steuerung, bzw. durch einen Rechner, gesteuert werden. Wegen der Möglichkeit, das Programm ohne großen Aufwand zu ändern, sind die Industrieroboter universell einsetzbar. Ein Programm zur Steuerung eines Industrieroboters muss alle Informationen zur Durchführung und Überwachung des Bewegungsablaufes und zur Kommunikation mit anderen Systemen enthalten.

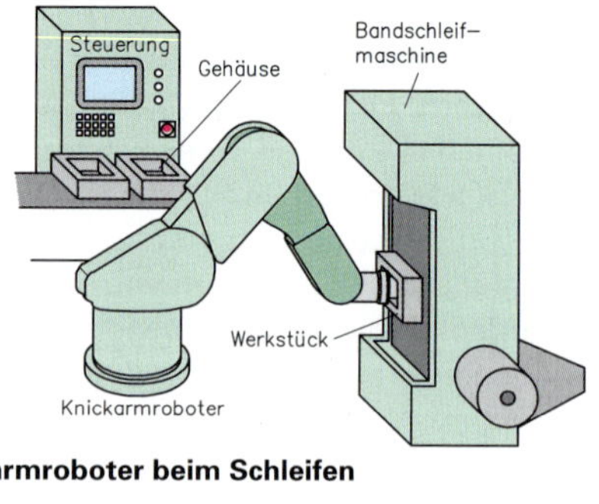

Knickarmroboter beim Schleifen

Industrieroboter sind frei programmierbare Handhabungssysteme und darum universell einsetzbar.

Übungsaufgabe MT-27

3.4 Industrieroboter

Für eine frei programmierbare Handhabung in flexiblen Fertigungssystemen werden Industrieroboter eingesetzt.

3.4.1 Einrichtungen von Industrierobotern

Industrieroboter bestehen aus folgenden Einrichtungen:

Effektor

Teilfunktionen:
Greifen, Polieren, Schweißen, Farbspritzen u.a.

Basisgerät

Teilfunktion:
Aufnahme der Kräfte und Momente in den Gelenken und Armen des Roboters

Steuerung

Teilfunktion:
Programmablauf speichern, steuern, überwachen und verknüpfen

Antrieb

Teilfunktion:
Achsbewegungen mit vorgegebener Geschwindigkeit zur Positionierung

Messsystem

Teilfunktion:
Messen der Lage, Geschwindigkeit und Beschleunigung der Achsbewegungen

Sensoren

Teilfunktion:
Signalerfassungen, z. B. Lageerkennung oder Vorhandensein von Objekten

In flexiblen Fertigungssystemen übernehmen Industrieroboter vielfach die Handhabung.
Einrichtungen eines Industrieroboters sind:

- Basisgerät, • Effektor, • Steuerung, • Antrieb, • Sensoren, • Messsystem.

Achsen eines Industrieroboters

Die drei Hauptachsen (1, 2 und 3) bilden den Roboterarm. Mithilfe der **Hauptachsen** können alle Positionen im Raum angefahren werden. Für die Handhabung von Werkstücken oder Werkzeugen sind drei weitere Achsen – die **Handachsen** (4, 5 und 6) – erforderlich. Durch die rotatorischen Handachsen können die Handhabungsobjekte in ihren Positionen die notwendige Orientierung erhalten.

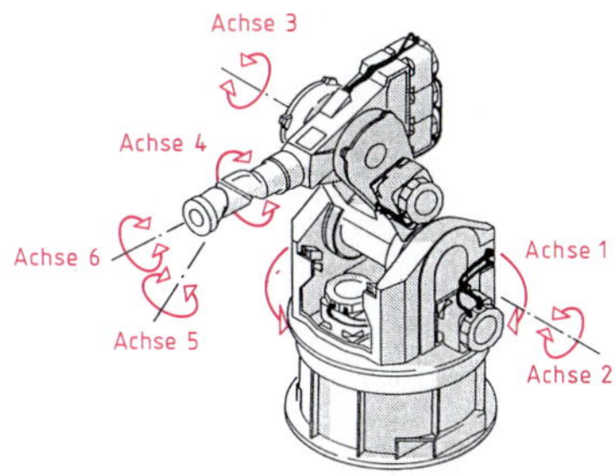

Haupt- und Handachsen eines Industrieroboters

Bei einem Industrieroboter wird zwischen den Hauptachsen zur Positionierung und den Handachsen zur Orientierung von Werkzeugen und Werkstücken unterschieden.

3.4.2 Bauarten von Industrierobotern

Industrieroboter werden nach der Art ihrer Bewegungen unterschieden. Die Bewegungen können Drehbewegungen – *rotatorisch* – sein, man spricht von **R-Achsen**. Sind die Bewegungen geradlinig – *translatorisch* – dann spricht man von **T-Achsen**.

Bauart	**Bewegungen und Arbeitsraum**	**Anwendungsbeispiele**
Portalroboter 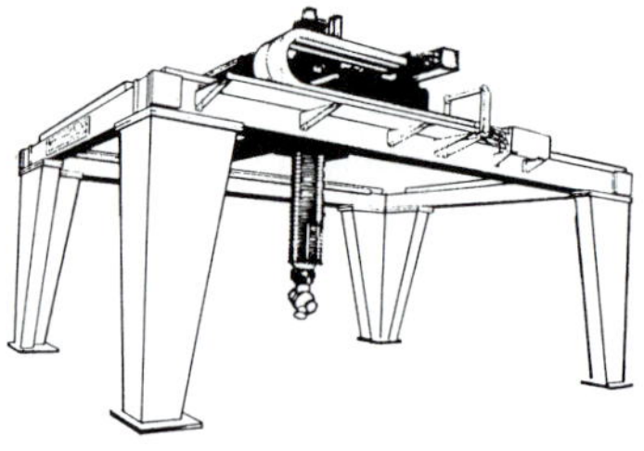	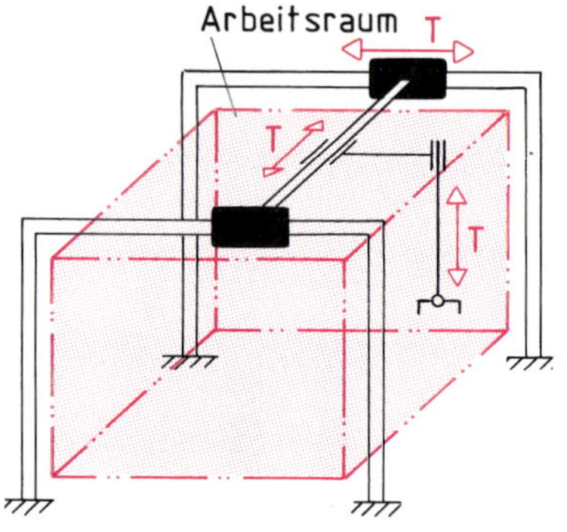 TTT-Bewegungsablauf	Be- und Entladen von Paletten, Montagetätigkeiten, Maschinenbeschickung
Schwenkarmroboter 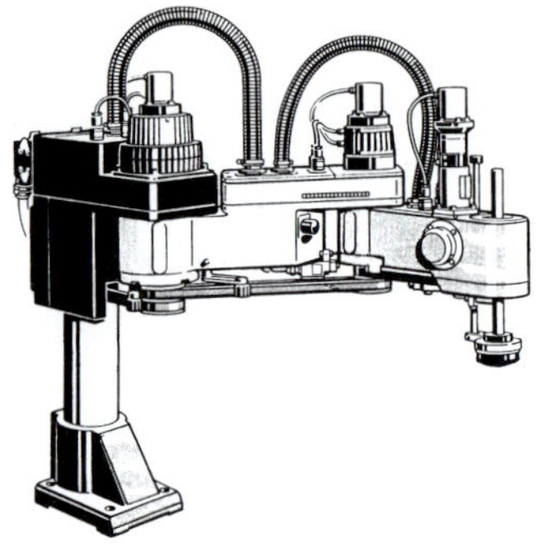	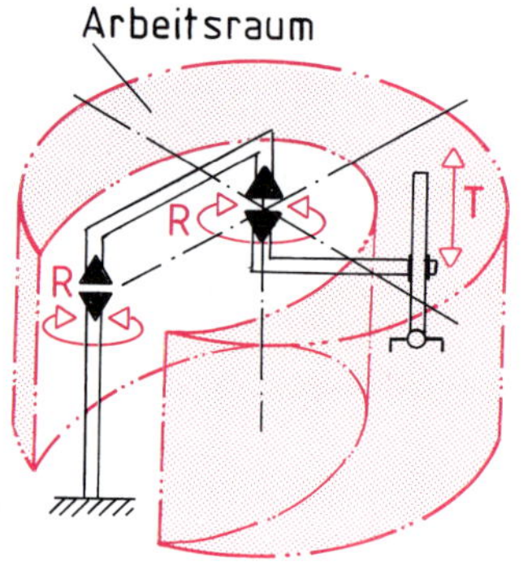 TRR-Bewegungsablauf	Montageroboter
Gelenkroboter 	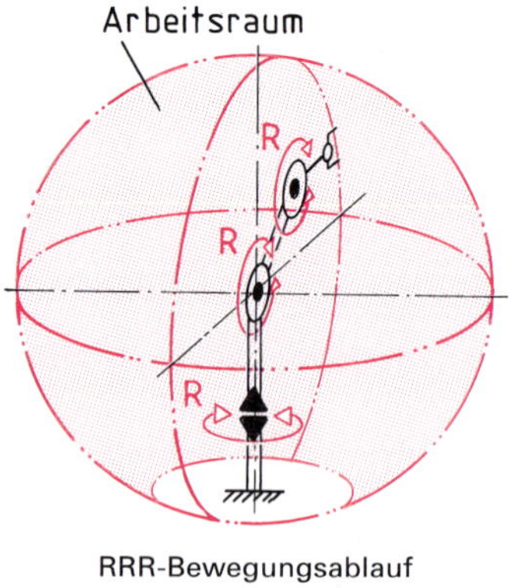 RRR-Bewegungsablauf	Maschinenbeschickung in der flexiblen Fertigung

Industrieroboter positionieren und orientieren Werkstücke und Werkzeuge durch rotatorische und translatorische Bewegungen.

Übungsaufgabe MT-28

3.4.3 Effektoren an Industrierobotern

Roboter führen mit Effektoren ihre eigentlichen Aufgaben durch. Effektoren können zu diesem Zweck mit eigenen Antrieben ausgestattet sein.
Zum Handhaben von Werkstücken werden Greifer eingesetzt, die nach unterschiedlichen Prinzipien das Greifobjekt festhalten.

Beispiele **für Festhaltemöglichkeiten eines Greifobjekts:**

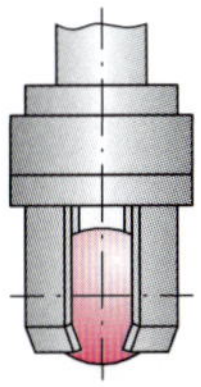

Formschluss

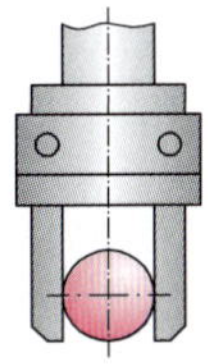

Kraftschluss

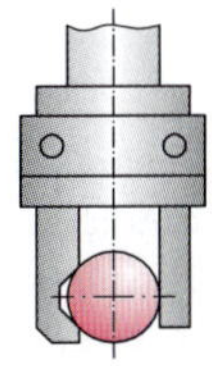

Kraft- und Formschluss

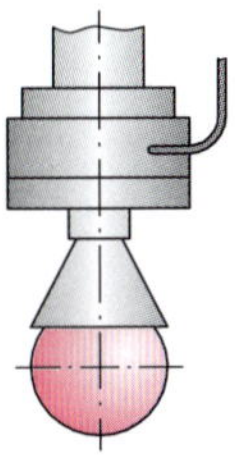

Saugkraft

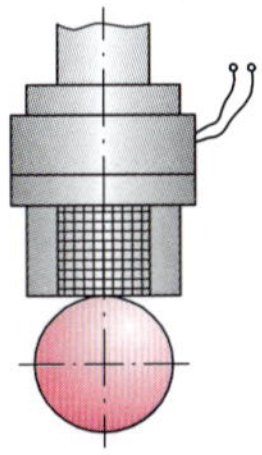

Magnetkraft

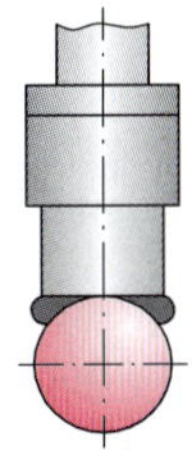

Adhäsionskraft, z. B. Kleber

Diese Festhaltemöglichkeiten werden in unterschiedlichsten Greiferbauformen umgesetzt. Bei Greifern mit dauernder Haftung, zum Beispiel mit Dauermagneten oder Klebern, sind zusätzliche Ablöseeinrichtungen notwendig.

Beispiele **für Effektoren zum Greifen**

Zangengreifer

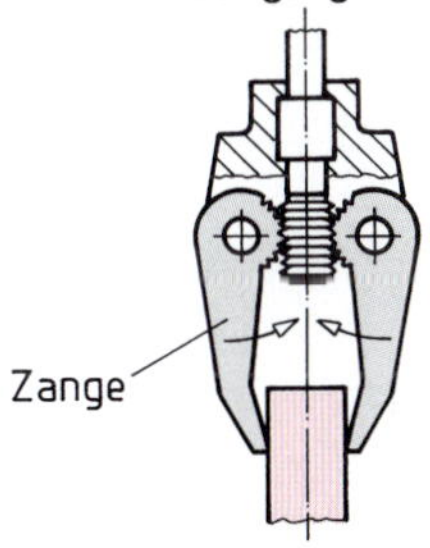

Magnetgreifer

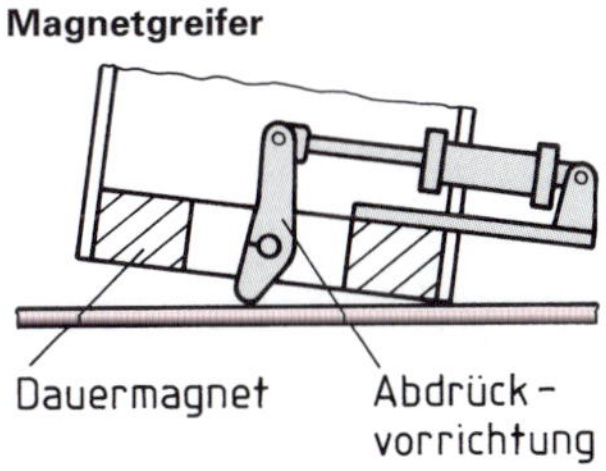

Sauggreifer

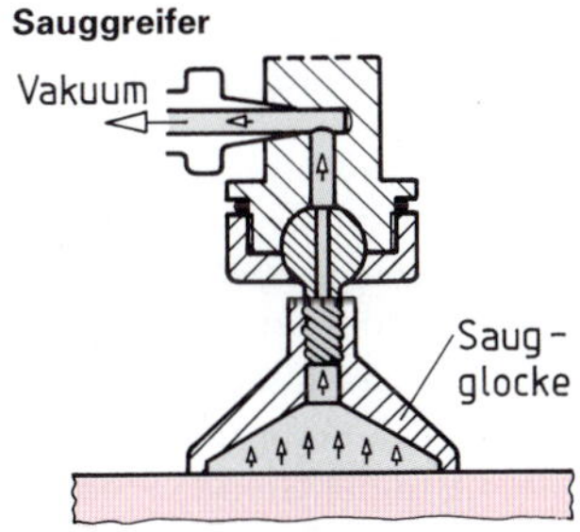

Roboter können auch Werkzeuge handhaben, z. B. Schweißgeräte, Bohrmaschinen, Farbspritz- und Klebepistolen.
Durch den Einsatz von automatischen Effektorwechselsystemen können Roboter in einem Arbeitszyklus unterschiedliche Aufgaben durchführen.
Effektoren müssen lagegerecht eingesetzt werden. Jeder Effektor hat deshalb einen Bezugspunkt für die Programmierung. Er wird mit Tool Center Point (TCP) bezeichnet. Der Tool Center Point ist bei Greifern meist die geometrische Mitte, bei Schweißgeräten der Punkt, in dem der Lichtbogen wirkt.

Effektoren führen die Handhabungsaufgabe des Roboters durch. Sie werden unter Berücksichtigung des Tool Center Points (TCP) programmiert.

Übungsaufgabe MT-29

3.4.4 Steuerung von Industrierobotern

Die mithilfe der unterschiedlichen Programmierverfahren festgelegten Positionen sind auf ein feststehendes Koordinatensystem bezogen. Zur Bewegung der einzelnen Achsen des Roboters müssen diese laufend in die Koordinaten der einzelnen Roboterachsen umgerechnet werden (Koordinatentransformation). Dies geschieht je nach Verfahren mit unterschiedlichem Rechenaufwand:

- Der Rechenaufwand ist gering, wenn der Rechner nur für jede Achse die Endstellung errechnen muss und die Form der Bewegung vom Anfangs- zum Endpunkt beliebig ist (Punktsteuerung).
- Der Rechenaufwand ist jedoch sehr hoch, wenn die Bahn einer festgelegten Funktion, z.B. einer Geraden, folgen soll (Bahnsteuerung).

Punktsteuerung [Point-to-Point (PTP)]

Bei dieser Steuerungsart verfährt der Roboter durch gleichzeitige Bewegung aller Achsen vom Ausgangspunkt zum Endpunkt. Zwischen den Bewegungen der Achsen besteht kein mathematischer Zusammenhang – je nach Länge der Wege erreichen die einzelnen Achsen ihren Zielpunkt zu unterschiedlichen Zeiten. Deshalb fährt der Roboter entlang einer komplizierten und nicht vorherbestimmten Raumkurve. Wegen des geringen Rechenaufwands ist die Verfahrenszeit bei der Punktsteuerung entsprechend kurz.

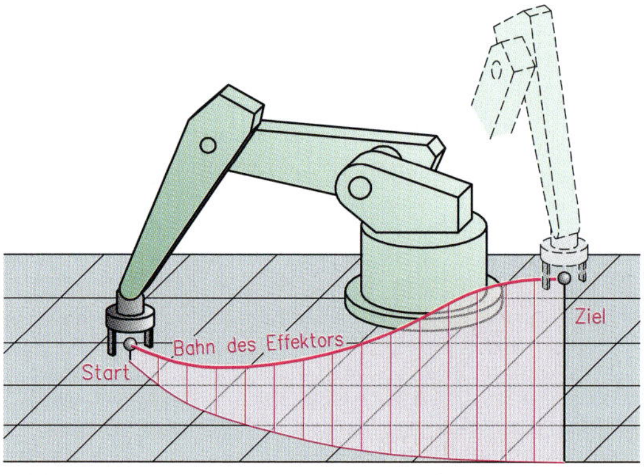

Punktsteuerung

Eine Abwandlung der PTP-Steuerung ist die Synchro-PTP-Steuerung. Bei ihr werden alle Achsbewegungen der langsamsten Bewegung angeglichen. Dadurch beginnen und enden alle Achsen zur gleichen Zeit mit der Bewegung. Dies führt zu ausgeglichenen Bewegungen und verringert Belastung und Verschleiß.

Die Punktsteuerung (PTP) ist nur anwendbar, wenn keine definierten Bahnen für die Arbeitsaufgabe zurückgelegt werden müssen, wie etwa bei der Werkstück- oder Werkzeughandhabung. Hier kommt es ausschließlich auf die Positioniergenauigkeit am Start- und Zielpunkt an.

Der Roboter bewegt sich bei der Punktsteuerung (PTP) zwischen Anfangs- und Endpunkt auf einer nicht vorherbestimmten Bahn. Diese Steuerung ermöglicht jedoch eine sehr schnelle Bewegung zwischen zwei Punkten, z.B. zum Werkstücktransport.

Bahnsteuerung [Continous-Path (CP)]

Die Bahnsteuerung bezieht alle Roboterachsen aufeinander und erzeugt so eine definierte Bewegung. Zu diesem Zweck wird die Verbindung zwischen Start- und Zielpunkt entlang der vorbestimmten Bahn, z.B. einer Geraden, vom Rechner in eine sehr hohe Zahl von Zwischenpunkten zerlegt (Interpolation), die nacheinander angefahren werden. Die einzelnen Achsen werden dadurch in einem genau vorbestimmten Zusammenhang verfahren.

Die Bahnsteuerung benötigt einen sehr hohen Rechenaufwand. Sie ist aber für alle Roboterbewegungen auf definierten Bahnen, z.B. beim Schweißen, notwendig.

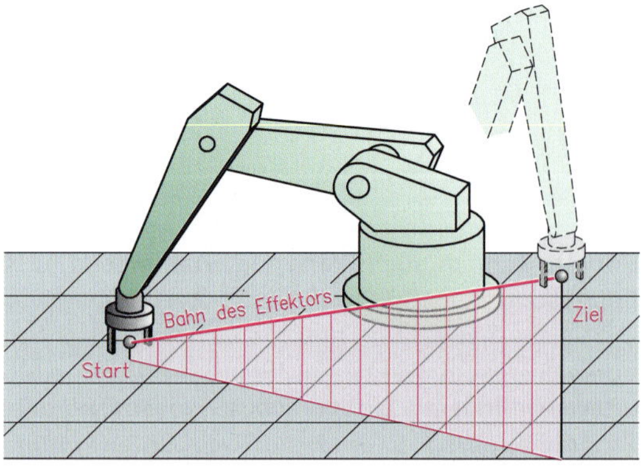

Bahnsteuerung

Die Bahnsteuerung ist für einen sehr genauen Bewegungsablauf geeignet, der z.B. beim Schweißen erforderlich ist.

Bahnüberschleifen

Die vom Roboter zurückgelegten Bahnen setzen sich je nach gewählter Steuerung aus unterschiedlichen Bahnsegmenten zusammen. Diese Bahnsegmente liegen jeweils zwischen zwei programmierten Positionen. Sind neben dem Start- und Zielpunkt, z.B. wegen den baulichen Gegebenheiten im Arbeitsraum oder der Lage von Start- und Zielpunkt zueinander, weitere Stützpunkte notwendig, kommt es zu einem „hakelnden“ Bewegungsablauf. Da in der Regel ein stetiger Bewegungsablauf angestrebt wird, verzichtet man auf das exakte Anfahren der programmierten Stützpunkte und verrundet stattdessen zwei Bahnsegmente miteinander. Diese Verrundung wird als Überschleifen bezeichnet.

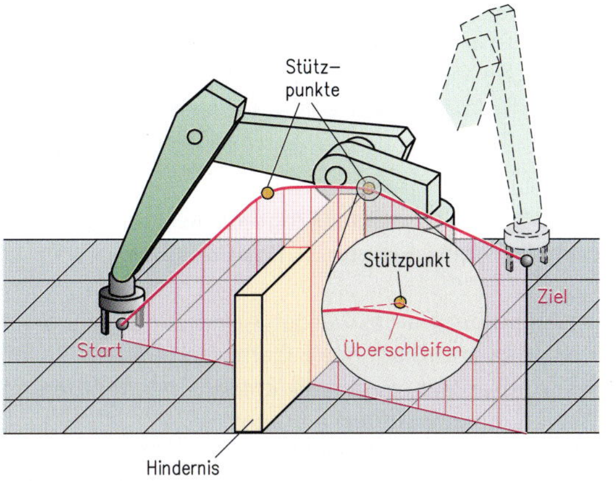

Bahnüberschleifen

Das Überschleifen von Stützpunkten ermöglicht einen stetigen Bewegungsablauf des Industrieroboters beim Überfahren von Stützpunkten.

3.4.5 Programmierung von Industrierobotern

3.4.5.1 Grundbestandteile von Roboterprogrammen

Die Anweisungen in Steuerungsprogrammen von Industrierobotern gliedern sich in:

- **Ablaufanweisungen,** mit denen der Ablauf des Programmes in Form einfacher Befehle beschrieben wird.
- **Bewegungsanweisungen,** welche die anzufahrenden Positionen und die Art der Bewegung dorthin beschreiben und welche Anweisungen zu den Bewegungen des Effektors enthalten.
- **Kommunikationsanweisungen,** durch die Hinweise und Aufforderungen an das Fachpersonal ausgelöst werden und die ein Informationsaustausch mit angeschlossenen Geräten einleiten.
- **Kontroll- und Diagnoseanweisungen,** mit denen das Verhalten des Roboters bei Unterbrechungen beschrieben wird.

Übersicht über die Grundbestandteile von Roboterprogrammen

Ablaufanweisungen	Bewegungsanweisungen	Kommunikationsanweisungen	Kontroll- und Diagnoseanweisungen
Start/Stopp	Positionsangaben	Anzeigen	Verhalten bei NOT-AUS
Warten	Wegbedingungen (Gerade, Kreisbogen, Verschleifen, Anfahrbedingungen, Bremsverhalten u.a.)	Warnungen	Verhalten bei Testlauf
Verzweigen zu Unterprogramm		Dateneingabeanforderungen	Verhalten bei Sensormeldungen von Störungen
Schleife bilden (Wiederholung von Programmteilen)	Verfahrgeschwindigkeit	Datenausgabe	
Zählen	Anweisungen an Effektor (Greifer, Schweißgerät, Spritzpistole o.a.)		
logisch Verknüpfen (wenn..., dann...)			

MT

Übungsaufgabe MT-30

Steuerprogramme von Industrierobotern enthalten
- Ablaufanweisungen,
- Bewegungsanweisungen,
- Kommunikationsanweisungen,
- Kontroll- und Diagnoseanweisungen.

Eine Vereinfachung der Programmierung geschieht durch die Aufteilung des Steuerprogramms in ein **Ablaufprogramm** und in eine **Positionsliste.**

Im Ablaufprogramm werden Anweisungen für den Programmablauf, Bewegungen, Kommunikation sowie Kontrolle und Diagnose zusammengefasst. Für die anzufahrenden Positionen und evtl. auch für den Bewegungsablauf werden die entsprechenden Daten in der Positionsliste erfasst. Die Positionsliste wird auch Bewegungsprogramm genannt.

Weiterhin werden viele wiederkehrende Abläufe in Unterprogrammen zusammengefasst, die mit anderen Positionslisten in verschiedensten Roboterprogrammen einsetzbar sind.

Durch Aufteilung des Steuerprogramms in ein Ablaufprogramm und ein Bewegungsprogramm (Positionsliste) und die Verwendung von Unterprogrammen kann die Programmierung von Industrierobotern erheblich vereinfacht werden.

3.4.5.2 Programmierungsverfahren

- **Online-Programmierung**

Bei der Online-Programmierung wird das Programm des Roboters unmittelbar in Zusammenhang mit der Steuerung des Roboters erstellt. Der Roboter ist in der Zeit der Programmierung nicht einsatzfähig.

Playback-Programmierung

Die Online-Programmierung für schwer zu beschreibende Bewegungen, wie z.B. das Spritzlackieren von Autos oder das Polieren von gegossenen Türgriffen, geschieht durch Playback-Programmierung.

Zur Programmierung werden zunächst alle Antriebe und Bremsen des Roboters abgeschaltet. Dann führt der Fachmann zur Progammierung den Effektor des Roboters so, wie er selbst von Hand auch arbeiten würde. Die Steuerung des Roboters nimmt dabei in sehr kurzen Zeitabständen alle Bewegungen und Schaltungen auf und speichert sie als Bewegungsprogramm. Dieses Programm kann beliebig oft vom Roboter selbstständig wiederholt werden – es kann Playback (to play back = wieder abspielen) ablaufen.

Das Bewegungsprogramm muss noch durch Anweisungen zum Ablauf (z. B. Start, Wiederholung, Sonderanweisungen) zum Steuerprogramm des Roboters ergänzt werden.

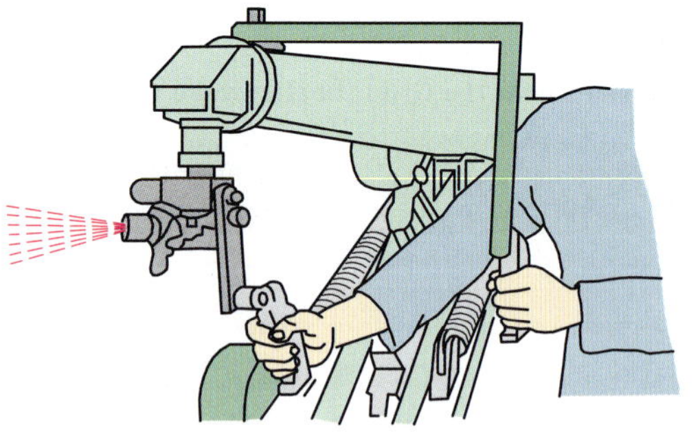

Playback-Programmierung beim Farbspritzen

Bei der Online-Programmierung im Playback-Verfahren führt der Fachmann den Roboter am Effektor. Die Bewegung wird von der Steuerung des Roboters als Bewegungsprogramm gespeichert und auf Abruf hin genau wiederholt.

Übungsaufgabe MT-31

Teach-In-Programmierung

Steuerprogramme für Industrieroboter, in denen die Bewegungen einfach zu beschreiben sind (z. B. Transportbewegungen, geradlinige oder kreisförmige Montagebewegungen) werden meist nach dem Teach-In-Verfahren programmiert. Zur Programmerstellung gibt der Fachmann mit einem Programmierhandgerät die Ablaufanweisungen über Tasten ein. Durch Richtungstasten oder über einen Joystick fährt er dann zur Erstellung des Bewegungsprogramms (Positionsliste) den Effektor an wichtige Positionen und speichert diese auf Tastendruck.

Programmierhandgerät

Bei der Teach-In-Programmierung erstellt der Fachmann das Programm, indem er mit dem Programmierhandgerät Anweisungen eingibt und wichtige Positionen anfährt und abspeichert.

Der Roboter ist während der Teach-In-Programmierung ebenso wie bei der Playback-Programmierung produktiv nicht einsetzbar. Darum verlegt man häufig die Programmierung des Ablaufes in die Arbeitsvorbereitung. Dort werden alle Anweisungen bis auf die Positionsangaben als Programm geschrieben. Lediglich die Positionswerte werden online aufgenommen.
Da hier ein Teil der Arbeit offline, also nicht unmittelbar an der Steuerung des Roboters durchgeführt wird, spricht man von einer gemischten Programmierung.

- **Offline-Programmierung**

Durch Offline-Programmierung wird der gesamte Aufwand zum Programmieren des Industrieroboters in die Arbeitsvorbereitung verlegt. Dadurch steht der Roboter auch während der Programmierung weitgehend zur Produktion zur Verfügung.

Zu einem Offline-Programmiersystem gehören zwei Funktionseinheiten,

- eine Roboterprogrammerzeugung, in der das Programm mit den Anweisungen in einer Programmiersprache geschrieben wird und
- eine Simulation, in welcher der Arbeitsbereich des Roboters exakt abgebildet ist. In der Simulation wird die Brauchbarkeit des Programmes getestet und es können die Zeiten für die einzelnen Bewegungen realistisch bestimmt werden.

Simulation einer Roboterzelle

Bisher verwenden die verschiedenen Hersteller von Industrierobotern unterschiedliche Programmiersprachen. Dadurch ist der Wechsel eines Programmes von einem Roboter auf den eines anderen Herstellers sehr aufwändig. In der Praxis setzen sich besonders Programmiersprachen durch, in denen in leicht verständlichem Klartext die Anweisungen programmiert werden. So lautet z.B. in der Sprache BAPS (Bewegungs-Ablauf-Programmiersystem) der Befehl zu Position 3 zu fahren: FAHRE NACH POS3.

Offline-Programmierung geschieht in der Arbeitsvorbereitung unter Anwendung einer Programmiersprache und der Kontrolle durch eine Computersimulation der Roboterbewegungen.

Übungsaufgabe MT-32

3.4.6 Sicherheitsmaßnahmen für Industrieroboter

Besondere Sicherheitsmaßnahmen für Industrieroboter sind in VDI 2853 festgelegt. Aus Sicherheitsgründen unterscheidet man bei ihnen die beiden Betriebsarten *Automatik* – dies ist der reguläre Arbeitsablauf – und *Einrichten* – die Robotereinstellungen.

Die Bedienung von Produktionseinrichtungen mit Industrierobotern darf nur durch entsprechend geschultes Personal erfolgen.

Beispiele **für Sicherheitskomponenten eines Industrieroboters**

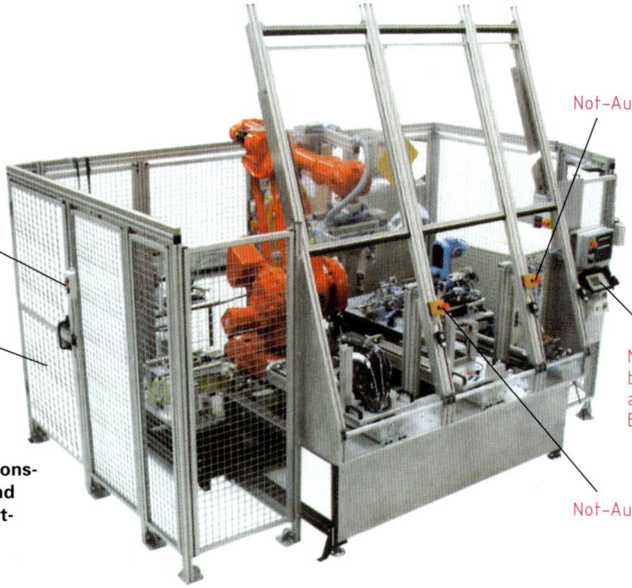

SPS-gesteuerte Produktionsanlage für das Bohren und Schrauben am KFZ Hauptscheinwerfer

Not-Aus-Funktion
Wird diese Funktion ausgelöst, so werden alle Steuerspannungen für die Roboterantriebe abgeschaltet und deren Bremsen aktiviert, sodass keine Bewegungen möglich sind. Diese Funktion darf nur dann rückgesetzt werden, wenn die Ursache bekannt ist und behoben wurde.

Arbeitsstopp
Hierbei werden die Antriebe des Roboters in den sicheren Betriebszustand *„Bereitschaft"* geschaltet. Die Antriebe sind dabei stromlos und die Bremsen der Roboterachsen aktiviert.

Geschwindigkeitsüberwachung
Das integrierte Wegmesssystem für die einzelnen Achsantriebe des Roboters führt einen ständigen Soll-Ist-Wert-Vergleich durch und verhindert somit die Überschreitung der festgelegten Maximalgeschwindigkeit.

Arbeitsbereichüberwachung
Der Arbeitsbereich des Roboters wird durch mechanische Anschläge an den Hauptachsen des Roboters begrenzt. Zusätzlich wird die Annäherung an den maximal möglichen Achswinkel per Software überwacht.

Bedienerschutz
Die Schnittstelle Mensch/Roboter kann sowohl mechanisch oder mittels Lichtschranken abgesichert werden. Die Unterbrechung dieser Schutzeinrichtung löst Arbeitsstopp aus.

Begehungsschutz
Roboteranlagen sind durch einen geeigneten Schutzzaun vom Arbeitsfeld der Umgebung zu trennen. Der Zugang ist nur durch elektrisch überwachte Türen möglich. Bei Öffnen der Türen wird Arbeitsstopp ausgelöst.

Automatik-Betrieb
Hierbei müssen alle Sicherheitsfunktionen aktiv sein. Das Roboterprogramm wird automatisch abgearbeitet. Es kann in den Bewegungsablauf nicht mehr eingegriffen werden. Der Aufenthalt im Arbeitsbereich des Roboters ist verboten.

4 Maschinenschaden

4.1 Verschleiß

Gleiten Oberflächen aufeinander, so werden vor allem wegen der Unebenheiten der Oberflächen laufend Teilchen aus ihnen herausgetrennt – man spricht von **Verschleiß**. Er tritt z.B. in Lagern, an Führungen, in Fördereinrichtungen, Getrieben, Düsen u.a. auf. Verschleiß ist eine der Hauptursachen für Bauteilschädigung und den damit verbundenen Ausfall von Maschinen und Geräten. Die Verringerung von Verschleiß ist darum eine wesentliche Möglichkeit, die Lebensdauer von Maschinen und Geräten zu erhöhen und damit Kosten und Rohstoffe einzusparen.
Man nennt die Wissenschaft und Technik, die sich mit Reibung und Verschleiß befasst, **Tribologie**.

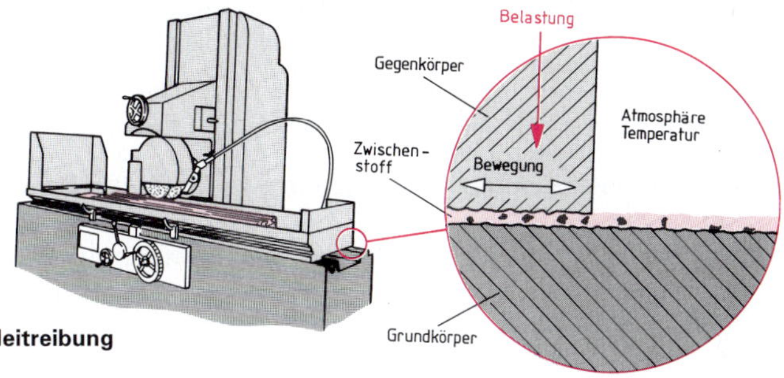

Einflüsse bei Gleitreibung

Die Höhe des Verschleißes wird von vielen Faktoren bestimmt:

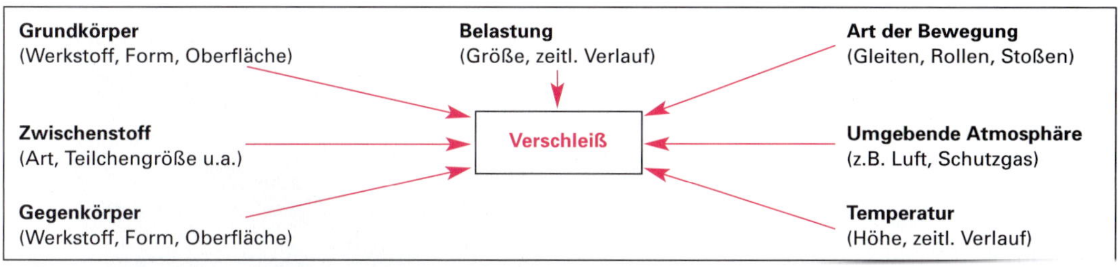

Einflussgrößen auf den Verschleiß

4.1.1 Verschleiß beim Rollen und Wälzen

Rollen belastete Körper über Flächen, wie zum Beispiel Räder über Schienen, Wälzkörper über Lagerringe, so treten an den Berührungsstellen hohe Flächenpressungen auf. Diese führen zu Spannungen an der belasteten Stelle und schließlich zur Rissbildung dicht unter der Oberfläche. Die Risse breiten sich im Inneren der Randschicht aus und führen schließlich zum Abschälen einzelner Teilchen. So entstandener Verschleiß wird als **Rollverschleiß** bezeichnet. Die Ursache ist die Oberflächenzerrüttung oder Materialermüdung. Die abgeschälten Teilchen bleiben häufig in der Zwischenschicht und verursachen dann abrasiven Verschleiß.

Innenring eines Rillenkugellagers mit fortgeschrittener Schälung

In ähnlicher Weise entsteht auch der **Wälzverschleiß,** zum Beispiel an Zahnflanken. Wegen des Gleitanteils, der hier auftritt, geht der Anriss vorzugsweise von der Oberfläche aus.

Roll- und Wälzverschleiß beruht im Wesentlichen auf Oberflächenzerrüttung, verbunden mit Abrasion.

Gegen Roll- und Wälzverschleiß hilft Schmierung nur sehr begrenzt.
Als Werkstoffe gegen Roll- und Wälzverschleiß haben sich hochlegierte und vergütete Stähle bewährt, allerdings sollten diese im Gebrauchszustand nicht kaltverformt sein, da dies zu vorzeitiger Ermüdung führt.

Übungsaufgabe MT-33

4.1.2 Verschleiß durch strömende Medien

- **Verschleiß durch Feststoffteilchen in strömenden Medien**

Feststoffteilchen, z.B. Sandkörner, Späne, die an einem festen Körper entlang gleiten, verursachen Verschleiß.
Wenn das Transportmittel der Teilchen ein Gas ist, spricht man von **Strahlverschleiß.** Beim Teilchentransport durch eine Flüssigkeit spricht man von **hydroabrasivem Verschleiß.**

Durch diese Verschleißarten sind besonders pneumatische und hydraulische Fördereinrichtungen, Sand- und Stahlstrahlanlagen, aber auch Leitungen, in denen mit Spänen oder Werkstoffabrieb verunreinigte Kühl- oder Schmiermittel gefördert werden, gefährdet.

Verschleiß durch Feststoff-Teilchen

Eine Werkstoffauswahl bei Beanspruchung durch Festkörperteilchen in Gasen und Flüssigkeiten ist schwierig, da alle Werte, die in Versuchen ermittelt wurden, nur für diesen speziellen Fall zutreffen.

Feststoffteilchen, die von strömenden Medien mitgeführt werden, verursachen Verschleiß. Die Höhe des Verschleißes hängt ab von
- der Art und Form der Feststoffteilchen,
- der Art des Transportmittels,
- den Strömungsverhältnissen,
- dem Werkstoff des angestrahlten Bauteils.

- **Kavitation**

In schnell strömenden Flüssigkeiten und Gasen kann Unterdruck entstehen. Da die Siedetemperatur von Flüssigkeiten mit sinkendem Druck geringer wird, können in einer schnell strömenden Flüssigkeit infolge des Unterdrucks Dampfblasen entstehen. Diese Dampfblasen werden wenige Augenblicke später schlagartig wieder zu Flüssigkeit.
Durch die stete Bildung von Dampfblasen und ihre schlagartige Umwandlung wieder zur Flüssigkeit entstehen heftige Schläge auf die Oberfläche der Werkstücke, durch die Werkstoffteilchen aus der Oberfläche herausgerissen werden können. Diese Art der Beanspruchung nennt man **Kavitation.** Der entstandene Schaden wird als **Kavitationserosion** bezeichnet.

Kavitationsschäden an einem Turbinenrad

Kavitationserosion kann an Düsen, in Gleitlagern, an Rührwerken, Propellerschaufeln, Hydraulikbauteilen u.a. auftreten.

Schnell strömende Flüssigkeiten verursachen Kavitationserosion, wenn sich infolge niedrigen Druckes Dampfblasen bilden können, die sich schlagartig wieder verflüssigen.

Kavitationserosion an Bauteilen kann vermindert werden durch
- weniger kavitationsempfindlichen Werkstoff.

hochlegierter Stahl	Polyamid	hochfeste Al-Legierung	Gusseisen	Weich-	Acrylglas	Glas
X10CrNi18-8	PA 66	EN AW-AlCu4Mg1	EN-GJL250	PVC	PMMA	

→ zunehmende Kavitationsempfindlichkeit

- geringe Anteile an niedrig siedenden Bestandteilen in der Flüssigkeit, z.B. in Ölzusätzen.
- Absenken der Strömungsgeschwindigkeit, zum Beispiel durch niedrigere Drehzahlen von Pumpen oder größere Rohrquerschnitte.

Übungsaufgaben MT-34; MT-35

4.2 Maschinenbruch

Bruch an Bauteilen kann zwei Ursachen haben: *Überlastung oder schwingende Beanspruchung.* Überlastung kann zu **Gewaltbrüchen,** schwingende Beanspruchung zu **Dauerbrüchen** führen.

4.2.1 Gewaltbruch

Ein Bauteil darf sich beim Betrieb nicht plastisch verformen. Es darf nur im elastischen Bereich beansprucht werden – bei Zugbeanspruchung ist dies unterhalb der Streckgrenze. Steigt die Belastung weiter an, so tritt bei Überschreiten der Festigkeit der Bruch ein. Man nennt einen solchen, durch Überbelastung verursachten Bruch, einen Gewaltbruch.

Ein Gewaltbruch an einem zähen Werkstoff hat eine zerklüftete Bruchfläche, die an den Rändern verformt ist. An spröden Werkstoffen ist die Gewaltbruchfläche samtartig glatt und zeigt keine Verformungen.

Beispiel **für Gewaltbrüche an Schrauben**

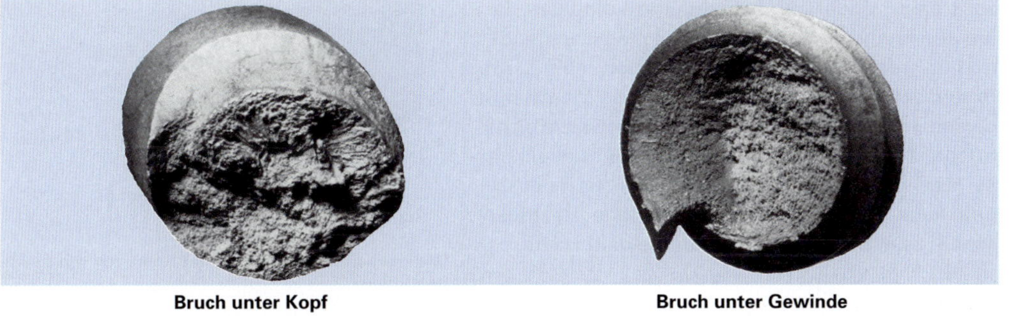

Bruch unter Kopf **Bruch unter Gewinde**

Gewaltbrüche entstehen durch Überlastung.
Sie sind an der Bruchfläche und den Bruchkanten zu erkennen.

Häufig treten Gewaltbrüche auf, obwohl rechnerisch die Spannung im Werkstück die Fließgrenze nicht erreicht und der Werkstoff demnach nicht überlastet scheint. Hier ist die ungleichmäßige Spannungsverteilung infolge ungünstiger Konstruktion die Ursache. An jeder Querschnittsveränderung eines belasteten Werkstücks, z.B. an Übergängen von Wellenzapfen, treten höhere Spannungen auf als im übrigen Querschnitt – im Durchschnitt entsprechen die Spannungen jedoch den rechnerischen Werten. Je scharfkantiger und spitzer nun ein solcher Übergang ist, desto höher sind die Spannungsspitzen. Man nennt diese Auswirkung von Querschnittsübergängen **Kerbwirkung**. Wenn die Spannung an der Kerbe die Festigkeit des Werkstoffes übersteigt, setzt an dieser Stelle ein Gewaltbruch ein.

Beispiel **für eine Spannungsverteilung an Querschnitten verschieden gekerbter Zugproben**

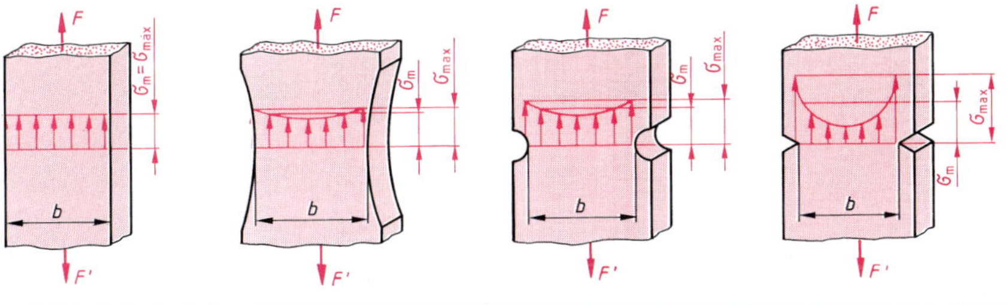

An Kerben treten erhöhte Spannungen auf. Diese Kerbwirkung erhöht die Bruchgefahr.

Gewaltbrüche können durch Einsatz von Bauteilen mit größeren tragenden Querschnitten oder durch Verwendung von Werkstoffen mit höherer Festigkeit vermieden werden.

Falls Spannungsspitzen durch Kerbwirkung die Ursache einer örtlichen Überlastung sind, kann die Gefahr von Gewaltbrüchen durch veränderte Gestaltung der Bauteile begrenzt werden.

4.2.2 Dauerbruch

Im Maschinen- und Fahrzeugbau werden Bauteile häufig schwellenden und wechselnden Belastungen ausgesetzt. Dabei kann schon bei Belastungen *weit unterhalb* der Streckgrenze ein Bruch auftreten. Ausgangsstellen von Dauerbrüchen sind meist Kerben an der Oberfläche des Werkstücks. Diese Kerben können entsprechend ihrer Ursache in drei Gruppen eingeordnet werden:

- *Konstruktiv bedingte Kerben,* z.B. Gewindegänge, scharfkantige Übergänge an Wellen.
- *Kerben durch Fehler bei der Bearbeitung,* z.B. Riefen durch Anreißen mit scharfen Reißnadeln, Bearbeitungsriefen, Schleifrisse, Härterisse.
- *Kerben durch Werkstofffehler, z.B. Schlackeneinschlüsse, Korrosionsstellen, Kristallbaufehler.*

- **Entstehung des Dauerbruches**

Dieser Bruch beginnt meist an Fehlerstellen der Oberfläche, reißt etwas weiter, verlangsamt sich oder hält einige Zeit mit Weiterreißen inne und setzt dann wieder ein. Durch die schwingende Beanspruchung reiben die Bruchflächen aneinander und es entsteht, auch durch Oxidation, eine glatte Bruchfläche mit typischen Rastlinien. Man nennt diesen Teil der Bruchfläche die Dauerbruchfläche. Sobald durch diesen Dauerbruch der Querschnitt so geschwächt ist, dass er die Last nicht mehr tragen kann, bricht er. Der gebrochene Restquerschnitt zeigt die Merkmale eines Gewaltbruchs.

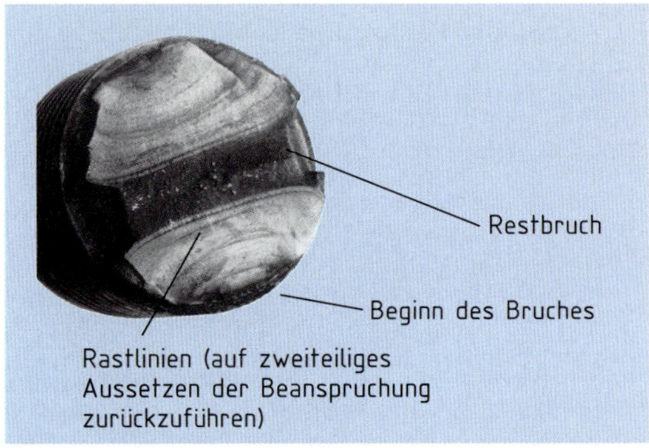

Dauerbruch im Gewinde einer Schraube mit ausgeprägten Rastlinien

Ein Dauerbruch ist an der Bruchfläche deutlich erkennbar. Die Bruchfläche zeigt
- die Dauerbruchfläche mit Rastlinien und
- die Restbruchfläche als Gewaltbruch.

Die Dauerbruchfläche macht wichtige Aussagen über die Entstehung des Dauerbruches und die aufgetretenen Belastungen:

- Die *Art der Belastung* ist an der Lage von Dauer- und Gewaltbruchfläche zueinander erkennbar. So liegt z.B. bei schwellender Biegebeanspruchung die Dauerbruchfläche einseitig, bei wechselnder Biegebeanspruchung oberhalb und unterhalb des Restbruches und bei umlaufender Biegebeanspruchung als Kranz um die Restbruchfläche.
- Die *Höhe der Gesamtbelastung* ist an der Größe der durch Gewaltbruch entstandenen Restbruchfläche abzuschätzen – je höher die Belastung war, desto größer ist die Gewaltbruchfläche.

Beispiele **für Dauerbruchflächen aufgrund unterschiedlicher Biegebeanspruchung**

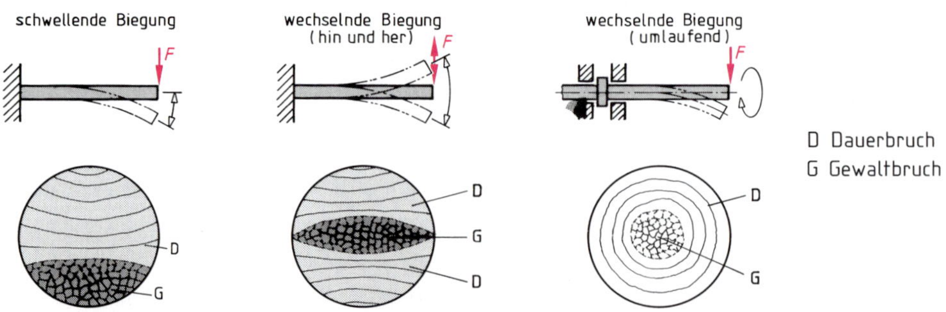

Die Bruchfläche eines Dauerbruches gibt
- mit der Lage der Restbruchfläche Auskunft über die Art der Beanspruchung,
- mit der Größe der Restbruchfläche Auskunft über die Höhe der Belastung.

Übungsaufgaben MT-38; MT-39

5 CIM-Konzept

Flexible Fertigungssysteme können in ein CIM-Konzept integriert werden. Unter CIM (**C**omputer **I**ntegrated **M**anufacturing) versteht man die Integration von:

- **CAD** (**C**omputer **A**ided **D**esign), durch rechnerunterstütztes Konstruieren können u. a. Zeichnungen für die NC-Programmierung erstellt werden.
- **CAM** (**C**omputer **A**ided **M**anufacturing), in der computerunterstützten Fertigungsplanung und Fertigung werden u. a. NC-Programme anhand von Konturzeichnungen und Technologiedaten zur Steuerung von NC-Maschinen erzeugt.
- **PPS** (**P**roduction **P**lanning **S**ystem), im Produktionsplanungssystem werden Auftragsverwaltung, Kapazitätsplanung, Kalkulation usw. durchgeführt.

Beispiel für ein CIM-Konzept

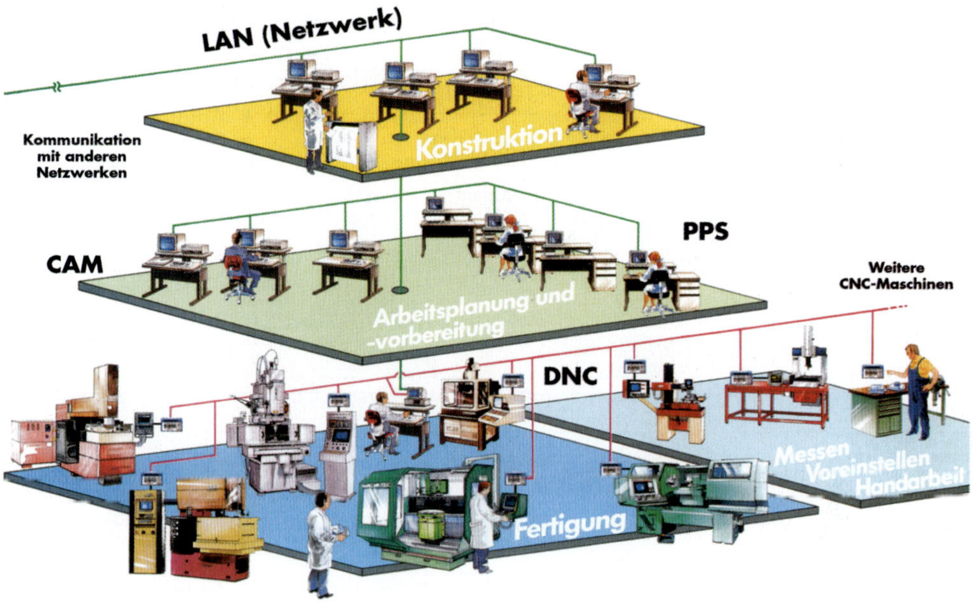

Mit der Einführung des CIM-Konzepts werden folgende Ziele verfolgt:

- Steigerung der Produktivität bei ausreichender Flexibilität,
- Verbesserung der Qualität,
- Erhöhung der Kapazitätsauslastung.

Für die in einem CIM-Konzept arbeitenden Menschen ergeben sich folgende Anforderungen:

- Kooperations- und Kommunikationsfähigkeit,
- Verantwortungsbereitschaft und
- Denken in komplexen Systemen.

In einem CIM-Konzept sind Konstruktions-, Produktionsplanungs- und Fertigungssysteme integriert und miteinander verkettet, um u. a. die Produktivität und die Qualität zu steigern. Das CIM-Konzept fordert von den Mitarbeitern ein hohes Maß an Kommunikations- und Kooperationsfähigkeit sowie geistige Flexibilität.

Übungsaufgabe MT-40

Handlungsfeld: Entwickeln von Steuerungen

Problemstellung

Auftrag

Auftrag
Lagerbuchsen in Laufrollen einpressen
Schaltung für die Presse entwickeln.

Anlage

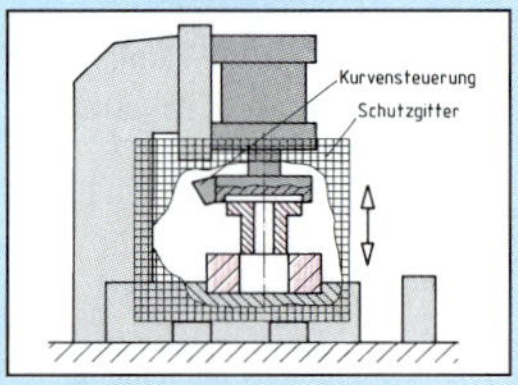

Analysieren

Technische Anforderungen:

- Art des Arbeitselements (z.B. Motor, Zylinder ...)
- Größe des zu steuernden Energie- oder Massestroms
- Länge der Zuleitungen
- Schrittfolgen
- Sicherheitsanforderungen (z.B. explosionssicher, NOT-AUS ...)

Anlage-beschreibung

Ablauf

Anforderungen
- Sicherheits-schaltung
- Gitter vor Start geschlossen

Ergebnisse:

- Anforderungskatalog
- Daten für Planungs-Entscheidung
- Ablaufbeschreibung
- Lagepläne

Planen

Entscheidung über:

- Art der Steuerung (z.B. pneumatisch, SPS ...)
- Ablauf
- Schaltung
- Einbau
- Bauelemente

Einbauplan

Geräteliste

Bauglieder	Schritte

Schalt-plan

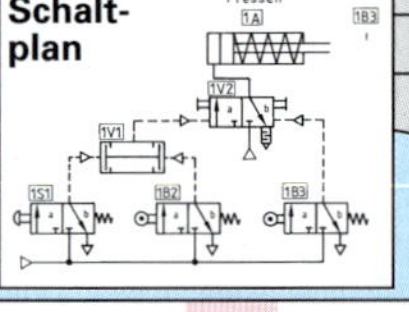

Ergebnisse:

1. Technologieschema
2. Funktionsplan
3. Schaltplan
4. Geräteliste
5. Einbaupläne

Realisieren (Aufbauen)

Geräte einbauen → Geräte verdrahten bzw. verrohren bzw. verschlauchen → Probelauf durchführen → Testergebnisse protokollieren

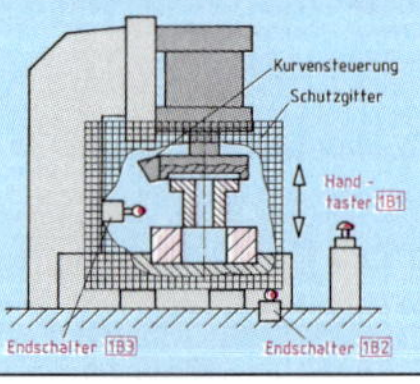

1 Pneumatische Steuerungen

1.1 Steuerung mit Zeitglied

In Steuerungen mit Zeitgliedern werden die eingegebenen Signale zeitlich verzögert weitergeleitet. Die Verzögerungszeit ist stufenlos einstellbar. Je nach dem Aufbau eines Verzögerungsventils unterscheidet man Ventile, die den Druck zeitverzögert zuschalten oder den Druck zeitverzögert abschalten.

Beispiel **für eine Steuerung mit Zeitglied**

Aufgabenstellung

In einer Klebepresse drücken drei Pneumatikzylinder Kunststoffplatten aufeinander. Die Platten werden von Hand eingelegt. Der Pressvorgang soll mit einem Handtaster eingeleitet werden und eine einstellbare Zeit andauern.

Schritt	Beschreibung des Ablaufes
1	Zylinder 1A fährt aus, Anpressen der Platten
2	Zylinder 2A1 und 2A2 fahren aus, pressen
3	Pressvorgang dauert eine einstellbare Zeit an
4	Alle drei Zylinder fahren ein

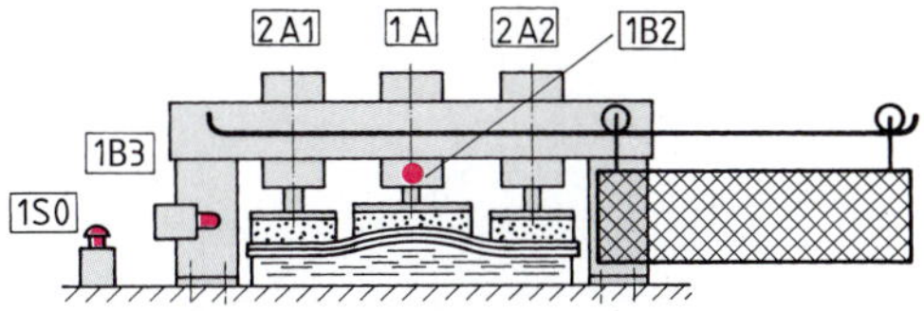

Technologieschema Kunststoffpresse

Anmerkungen:

- Die Anlage wird über ein Schutzgitter abgesichert; der Start ist nur möglich, wenn das Schutzgitter geschlossen ist (Endschalter 1B3).
- Der mittlere Presszylinder 1A soll dann ausfahren, wenn der Starttaster 1S0 betätigt wurde.
- Erst wenn Zylinder 1A seine Endlage erreicht hat, sollen die beiden anderen Zylinder ausfahren.
- Alle drei Zylinder bleiben eine einstellbare Zeit ausgefahren und pressen die Platten. Danach sollen die Zylinder einfahren.

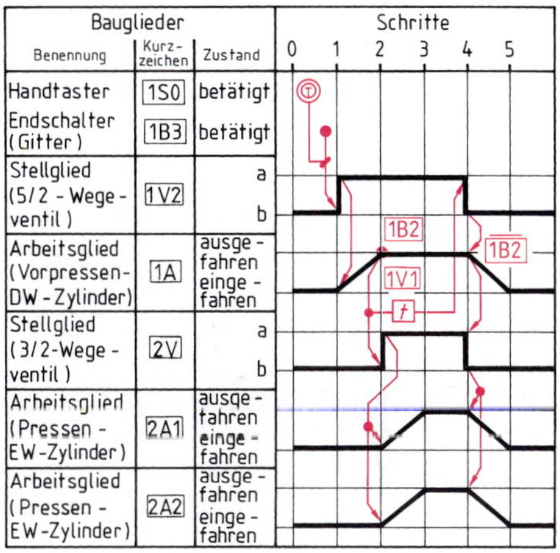

Funktionsdiagramm

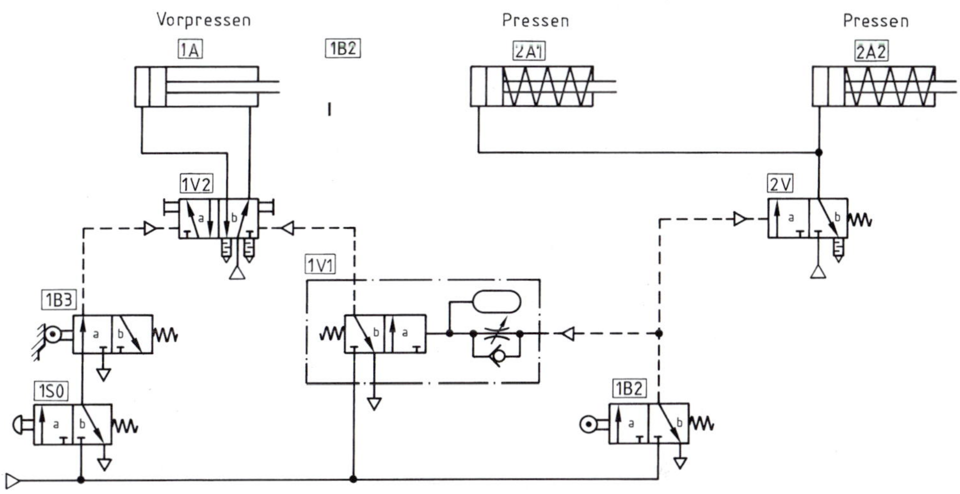

Pneumatikschaltplan

1.2 Steuerung mit Zweihand-Betätigung

Beispiel für eine Steuerung mit verschiedenen Steuergliedern (Zweihand-Betätigung)

Aufgabenstellung

In einer Vorrichtung sollen Lagerbuchsen in Laufrollen eingepresst werden. Die Laufrollen werden von Hand eingelegt und gespannt. Der Arbeitshub der Pressmaschine darf aus Sicherheitsgründen nur durch die gleichzeitige Betätigung von zwei Handtastern eingeleitet werden. Nach dem Pressvorgang soll der Pressenstößel selbsttätig in die Ausgangslage zurückfahren. Die Geschwindigkeit für den Arbeitshub soll einstellbar sein.

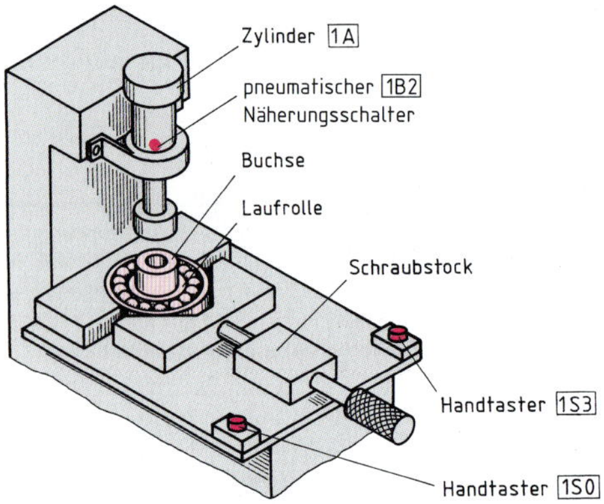

Technologieschema Presse

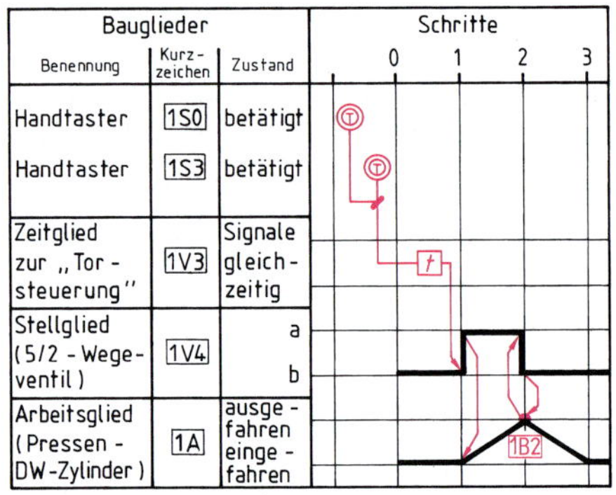

Funktionsdiagramm

Anmerkungen:

- Die Vorrichtung wird über eine Zwei-Hand-Schaltung abgesichert. Nur durch das fast gleichzeitige Drücken der Handtaster 1S0 und 1S3 beginnt der Pressvorgang.
- Werden beide Handtaster nicht innerhalb einer kurzen Zeit gedrückt, so schaltet das Zeitglied 1V3 die Steuerleitung zum Stellglied 1V4 ab.
- Eine Manipulation der Handtaster ist durch die Schaltung unterbunden.
- Der Zylinder fährt ein, sobald der pneumatische Näherungsschalter 1B2 betätigt wurde.

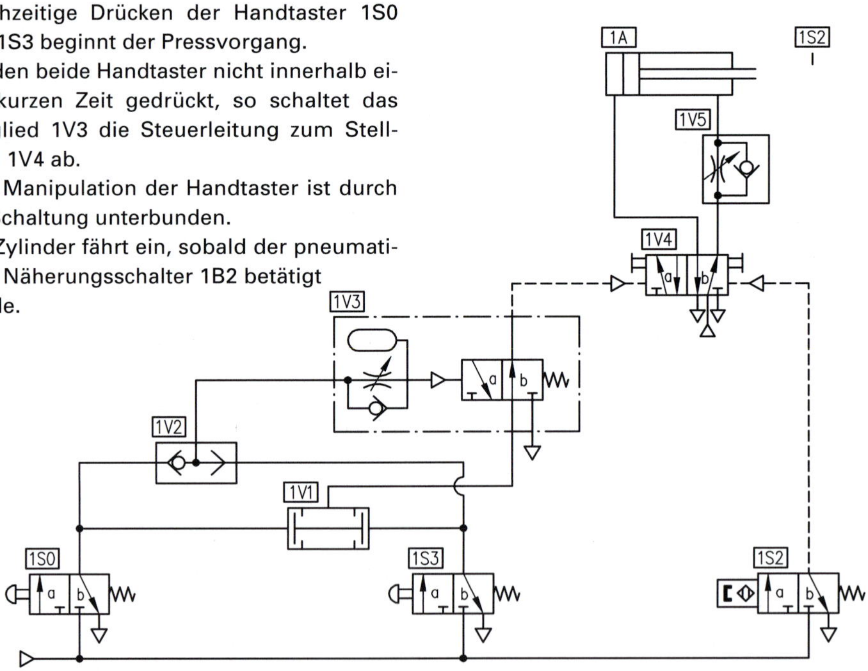

Pneumatikschaltplan

Eine Zweihand-Sicherheitsschaltung kann man durch die Kombination von UND-, ODER- und Verzögerungsventilen erreichen.

2 Elektropneumatik

In der Elektropneumatik steuern elektrische Signale den Energiefluss in pneumatischen Systemen. Im Steuerteil wird elektrische Energie benutzt. Im Leistungsteil setzt man Druckluft als Energieträger ein. Durch geeignete Bauteile werden die beiden Energiekreise verknüpft.

2.1 Bauteile in elektropneumatischen Anlagen

2.1.1 Magnetventil

- **Wirkungsweise**

Die elektromagnetische Betätigung eines Ventils über ein elektrisches Signal stellt die Verknüpfung zwischen dem Stromkreis und dem Druckluftkreis dar. Magnetventile nennt man auch **EP-Wandler.**
Schaltet man den Strom ein, wird die Magnetspule erregt und der Anker in die Spule hineingezogen. Dadurch öffnet sich das Ventil und Druckluft kann von 1 (P) nach 2 (A) strömen.
Schaltet man den Strom ab, ist die magnetische Wirkung erloschen und die Federkraft schließt das Ventil. Die Abluft kann dann von 2 (A) über 3 (R) ausströmen.
Elektromagnetische Ventile können direkt angesteuert oder als vorgesteuerte Ventile betätigt werden.

- **Symbole für Ventile**

Das elektromagnetische Betätigungselement wird im Pneumatikschaltplan und im Stromlaufplan mit einem ähnlichen Symbol dargestellt. In beiden Plänen erhält es die gleiche Ordnungsnummer (z.B. 2M1; früher Y1).
Das Symbol für das Ventil selbst wird in beiden Plänen unterschiedlich dargestellt. Für den Elektroschaltplan gelten DIN EN 60617 und DIN EN 61346-2 als Grundlage, für den Pneumatikschaltplan ist DIN ISO 1219-1 anzuwenden.

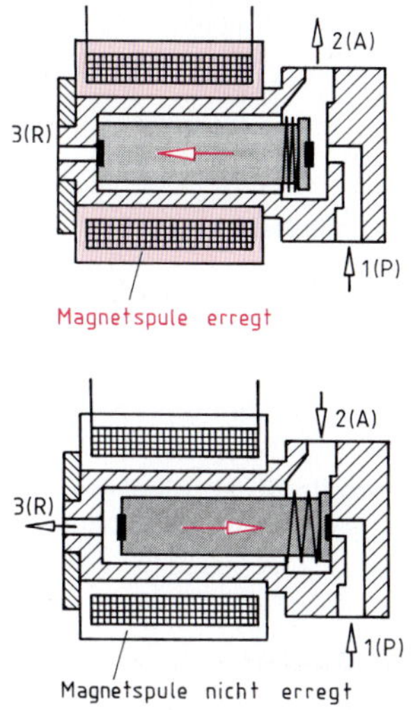

Elektropneumatisches Magnetventil

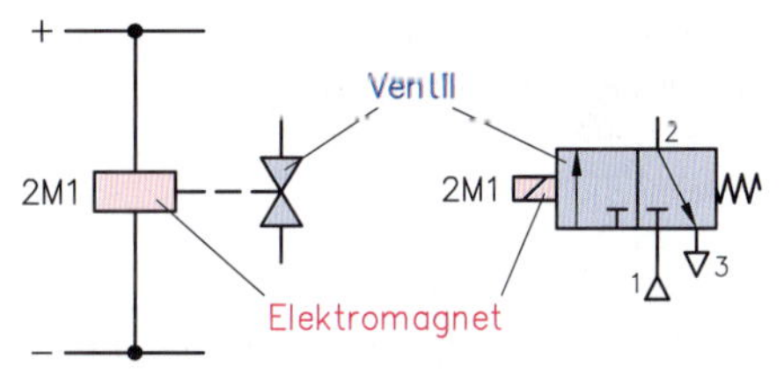

Symbole für Schaltpläne der Elektropneumatik

- **Vorsteuerung und Handhilfsbetätigung von Magnetventilen**

Wird an die Magnetspule eines Magnetventils ein elektrisches Signal angelegt, so entsteht ein Magnetfeld. In diesem Feld wird auf einen Stößel eine Magnetkraft ausgeübt. Die Magnetkraft öffnet das Ventil gegen eine Federkraft und gibt den Durchfluss für die Druckluft frei. Aus der erforderlichen Magnetkraft ergibt sich die Leistung der Magnetspule.

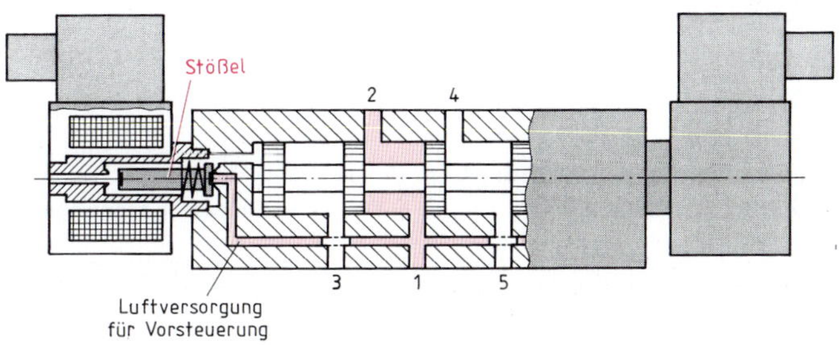

Magnetventil mit Vorsteuerung

Das Bestreben nach niedrigen Leistungsdaten für Magnetspulen hat zum Vorsteuerprinzip bei diesen Ventilen geführt. So haben auch Ventile mit großen Nennweiten eine geringe Leistungsaufnahme. Es können beispielsweise Ventile mit 14 mm Nennweite und einem Normal-Nenndurchfluss von 4000 l/min mit Leistungen von unter 5 W geschaltet werden.

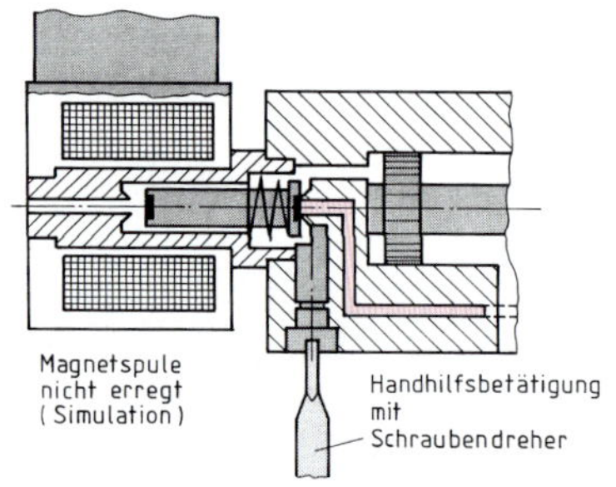

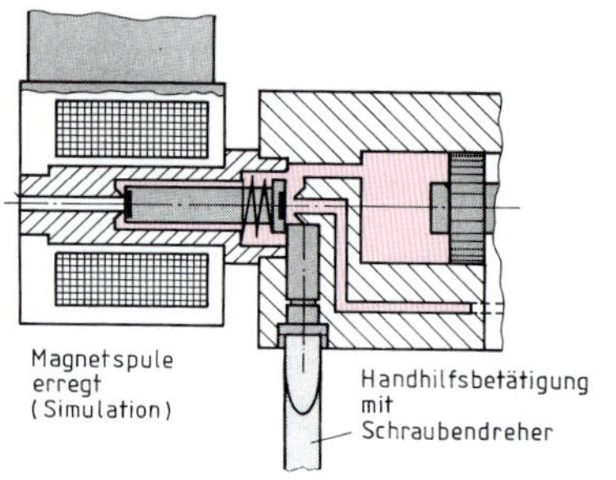

Magnetventil mit Handhilfsbetätigung

Auch bei Magnetventilen sind Handhilfsbetätigungen üblich. Die Handhilfsbetätigung dient zur Funktionskontrolle des Ventiles und zum Einrichten der Anlage.

Die elektromagnetische Betätigung im Magnetventil stellt das Verbindungsglied zwischen dem Stromkreis und dem Druckluftkreis dar.
In dieser Schnittstelle findet die Signalumwandlung von der Elektrik zur Pneumatik statt, deswegen nennt man Magnetventile auch **EP-Wandler**.

2.1.2 Druckschalter

Müssen in elektropneumatischen Steuerungen pneumatische Signale in elektrische Signale umgewandelt werden, so benutzt man **pneumatische Druckschalter,** die auf einen elektrischen Mikroschalter wirken.
Steigt der Druck in der Steuerleitung des Druckschalters, so wird über eine Membrane ein kleiner Stößel gegen eine Federkraft betätigt. Bei genügend großem Betätigungsdruck schaltet dieser Stößel über einen Hebel den angebauten elektrischen Schalter.
Sinkt der Steuerdruck unter den eingestellten Wert, so drückt die Feder den Stößel mit dem Hebel zurück und das elektrische Signal wird umgeschaltet.
In dieser *Schnittstelle* findet die Signalumwandlung von der Pneumatik zur Elektrik statt. Aus diesem Grunde nennt man pneumatisch-elektrische Druckschalter auch **PE-Wandler.**

Je nach Kontaktanordnung ist der elektrische Schalter ein Öffner, Schließer oder Wechsler. Für die Auswahl der elektrischen Kenngrößen von Druckschaltern sind die Hinweise, die bei den Magnetventilen gemacht werden, zu beachten.

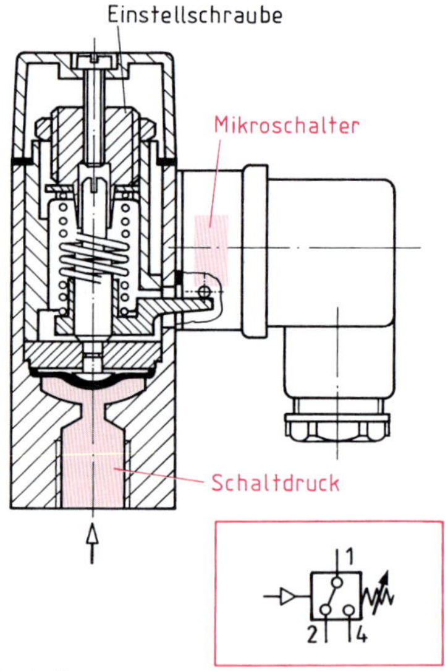

Druckschalter

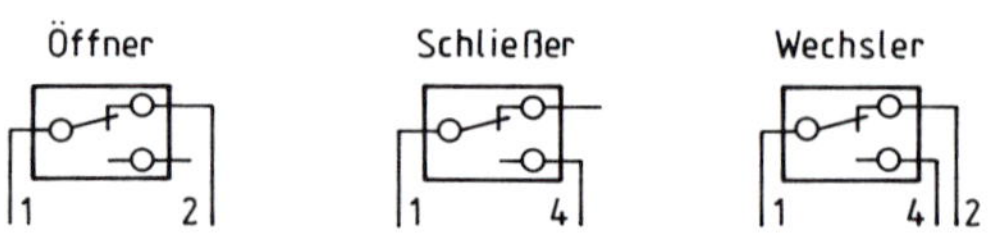

Mögliche Kontaktanordnungen eines Druckschalters

Der Druckschalter stellt ein Verbindungsglied zwischen dem Druckluftkreis und dem Stromkreis dar.
Pneumatisch-elektrische Druckschalter sind PE-Wandler.

2.1.3 Schutzbeschaltung

Beim Abschalten einer Magnetspule bricht das bestehende Magnetfeld schlagartig zusammen. Ein sich änderndes Magnetfeld erzeugt durch Induktion eine Spannung. Diese Induktionsspannung ist wegen des kurzen Abschaltaugenblickes besonders hoch. Es entstehen somit Gefahren für den Bediener, und der Verschleiß der Kontakte wird erheblich erhöht.

Beispiel **für Schutzbeschaltung eines Magnetventiles**

Die einfachste Schutzmaßnahme ist die Parallelschaltung eines Kondensators, **C-Glied,** zum Schalter. Um zu vermeiden, dass sich die Kondensatorladung beim erneuten Einschalten voll über die Kontakte entlädt, ist ein Widerstand, **R-Glied,** erforderlich. Dieser Widerstand wird in Reihe geschaltet und hält den Entladestrom klein. Dieses Element wird auch als **RC-Glied** bezeichnet.

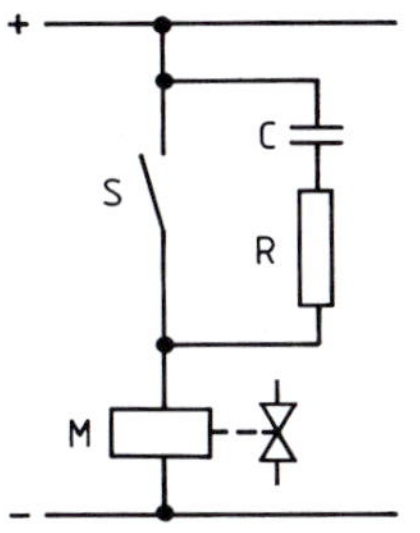

S Schalter
C Kondensator
R Widerstand
M Magnetspule

Schutzbeschaltung durch RC-Glied

2.1.4 Schutzarten

Magnetspulen sind elektrische Betriebsmittel, die wie alle elektrischen Betriebsmittel in Schutzarten eingeteilt werden. Dadurch werden dem Anwender die Einsatzmöglichkeiten und Einsatzgrenzen aufgezeigt. Die Norm DIN VDE 0470 umfasst unter anderem den Schutz für:

- **Personen,**
- **Betriebsmittel.**

Die Schutzarten werden durch ein Kurzzeichen angegeben, das sich aus den zwei stets gleich bleibenden Kennbuchstaben IP und zwei Kennziffern für den Schutzgrad zusammensetzt. Die **Kennbuchstaben IP** kommen von **I**nternational **P**rotection und weisen so auf übernationale Vereinbarungen im Bereich der Schutzarten hin.

Die *erste Kennziffer* zwischen **0** und **6** kennzeichnet die Schutzgrade gegen Berühren und gegen Eindringen von Fremdkörpern. Damit wird der Schutz von Personen gegen Berühren von Teilen, die unter Spannung stehen, oder von Teilen, die sich bewegen, beschrieben. Zusätzlich beschreibt man den Schutz des Betriebsmittels gegen das Eindringen von festen Fremdkörpern.

Die *zweite Kennziffer* zwischen **0** und **8** bezeichnet die Schutzgerade gegen das Eindringen von Wasser in das Betriebsmittel.

Schutzart IP ... nach DIN VDE 0470			
erste Ziffer: Schutz gegen das Eindringen von festen Körpern		**zweite Ziffer:** Schutz gegen das Eindringen von Wasser	
0	nicht vorhanden	**0**	nicht vorhanden
1	größer 30 mm Durchmesser	**1**	Tropfwasser senkrecht
2	größer 12 mm Durchmesser	**2**	Tropfwasser 15° schräg
3	größer 2,5 mm Durchmesser	**3**	Sprühwasser 60° schräg
4	größer 1 mm Durchmesser	**4**	Spritzwasser von überall
5	gegen Staubablagerungen	**5**	Strahlwasser von überall
6	absolut staubdicht	**6**	starkes Strahlwasser
	–	**7**	kurzzeitiges Druckwasser
	–	**8**	dauerndes Druckwasser

Beispiel **für Schutzart an Magnetventilen**

IP 65 in nassen Räumen verwendbar, geschützt gegen Strahlwasser aus allen Richtungen, absolut staubdicht **(übliche Schutzart für Magnetventile)**

ST

Übungsaufgaben ST-9; ST-10; ST-11

2.1.5 Auswahlkriterien für Magnetventile

Bei dem Einsatz von Magnetventilen muss man pneumatische und elektrische Gesichtspunkte beachten. Der Leistungsteil der Anlage bestimmt die Auswahlkriterien für die Wegeventile in Bezug auf Bauart und Nennweite. Die Auswahlkriterien für die elektrischen Elemente werden wesentlich vom Einsatzbereich her festgelegt. Neben den Schutzarten sind noch weitere Gesichtspunkte zu beachten.

Kriterien	Beschreibung	Hinweise
Einschaltdauer	Die Zeit, die ein Gerät eingeschaltet ist, bezeichnet man als Einschaltdauer. Die heute übliche Einschaltdauer beträgt 100% und wird mit **ED 100%** angegeben. Dies bedeutet, das Gerät darf dauernd eingeschaltet sein.	Umgebungstemperatur für Magnetventile nach Europa-Norm bei ED 100% beträgt max. 50 °C
Stromart	Magnetventile gibt es sowohl für Gleichstrom als auch für Wechselstrom.	Anlagen über 24 V dürfen nur von autorisiertem Fachpersonal montiert werden VDO 0113
Spannung	Übliche Spannungen sind 24 V Gleich- oder Wechselspannung bzw. 230 V Wechselspannung.	
Frequenz	Die übliche Frequenz beträgt 50 Hz, in Sonderfällen auch 60 Hz.	
Explosionsgefahr	Für besonders explosionsgefährdete Räume gibt man nach VDE den Schutz durch die Buchstaben Eex, Kurzzeichen der verwendeten Zündschutzart, Betriebsmittelgruppe und Temperaturklasse an.	DIN VDE 0165

2.1.6 Grenztaster

Mit Grenztastern werden Hubkolben, Werkzeugschlitten und andere Maschinenteile beim Erreichen von Endlagen ein- bzw. ausgeschaltet. Dabei ist das genaue Einhalten der Position auch nach mehrmaligem Schalten sehr wichtig. In der Elektropneumatik stehen neben Grenzschaltern auch berührungslose Grenztaster zur Verfügung, die nach verschiedenen physikalischen Prinzipien arbeiten. In der Übersicht sind die im Handel erhältlichen Grenztaster aufgeführt.

Name des Grenztasters und Art des Kontaktes	Erklärung der Funktion	Schaltzeichen
Magnet-Grenztaster mit Reedkontakt magnetisch geschaltet	Ein Permanentmagnet fährt mit der Hubbewegung über die Kontakte und öffnet bzw. schließt so den Stromkreis berührungslos über das Magnetfeld. Vorteilhaft ist, dass der Schaltmagnet in den Zylinder selbst eingebaut werden kann.	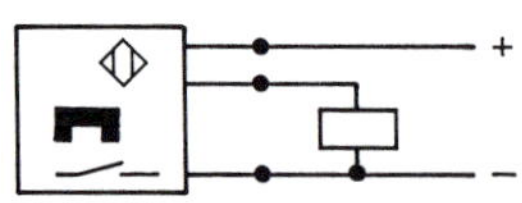
Fotoelektronische Grenztaster geschaltet über Lichtschranke	Bei fotoelektronischen Grenztastern ist der Stromkreis über eine Lichtschranke zwischen Sender und Empfänger geschlossen. Fährt der Hubkolben in seine Endlage, wird die Lichtschranke durchfahren und der Stromkreis ist unterbrochen.	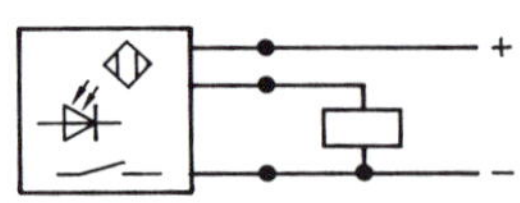
Näherungsschalter als Grenztaster induktiv geschaltet	Beim induktiven Näherungsschalter wird durch den Metallstößel des Hubkolbens ein elektromagnetisches Wechselstromfeld gestört und so der Schaltvorgang ausgelöst.	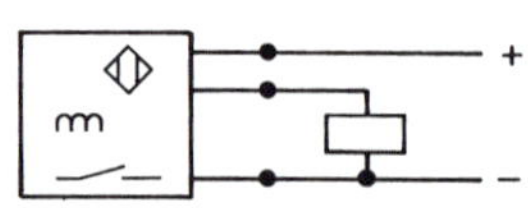
kapazitiv geschaltet	Beim kapazitiven Näherungsschalter wird durch die Hubbewegung die elektrische Kapazität von Kondensatoren gestört und dadurch ein Schaltvorgang ausgelöst. Kapazitive Näherungsschalter können durch jeden beliebigen Werkstoff geschaltet werden.	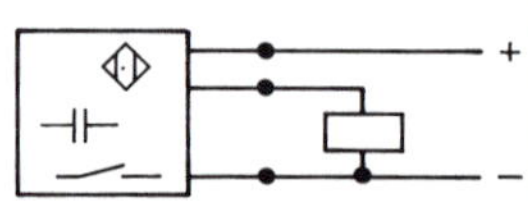

2.1.7 Schütz und Relais

Schütze und Relais sind Tastschalter, die durch Fernbetätigung elektromagnetisch schalten.

Wird z.B. eine Schützspule erregt, d.h. eingeschaltet, so wird der Anker mit den Kontakten in die Spule gezogen und die Kontakte werden geschaltet. Schütze und Relais schalten in der Regel mehrere Kontakte gleichzeitig. Der Unterschied zwischen Schütz und Relais liegt in der Schaltleistung.

- Schütze haben eine Schaltleistung von 1 kW bis 500 kW.
- Relais liegen mit der Schaltleistung wesentlich darunter – wenige mW bis 1 kW.

Zeitrelais schalten zeitverzögert. Ein ansprechverzögertes Zeitrelais schaltet verzögert ein, während ein rückfallverzögertes Zeitrelais verzögert ausschaltet.

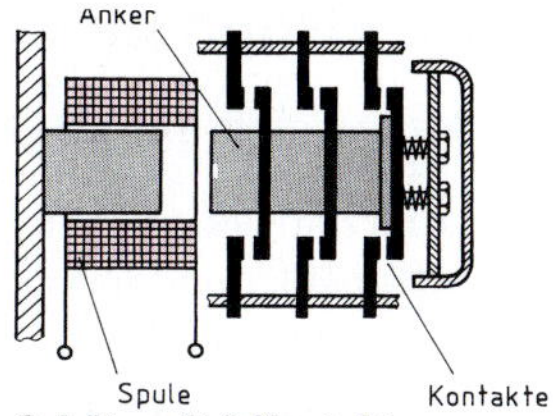

Schütz mit 3 Kontakten

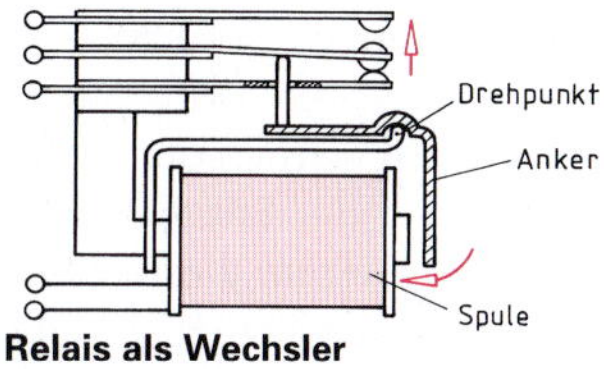

Relais als Wechsler

Schütz und Relais sind Schaltglieder, in denen durch die Magnetkräfte des Steuerstromes Kontakte im Laststromkreis betätigt werden.

2.1.8 Anschlusskennzeichen an Relais

Anschlüsse an Relais und Schütze werden durch zweistellige Zahlen- bzw. Buchstabenkombinationen gekennzeichnet. Die Plusseite der Spule wird mit A1 und die Minusseite mit A2 gekennzeichnet. Für die Kontakte gilt folgendes: die erste Ziffer kennzeichnet die Kontaktbahn, die zweite Ziffer kennzeichnet die Schalterart. Dabei steht 1–2 für Öffnerkontakte und 3–4 für Schließerkontakte.

Beispiel für Anschlusskennzeichen am Relais

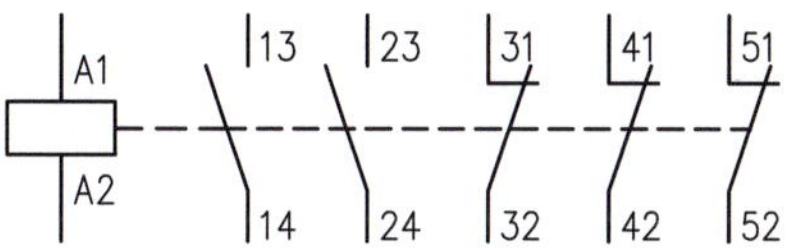

Schaltzeichen mit Anschlusskennzeichen

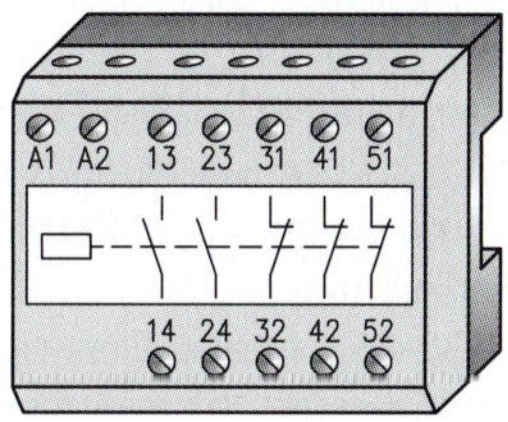

Bauteil

2.1.9 Schaltzeichen für elektrische Bauteile

Schaltzeichen für wichtige elektrische Bauteile in elektropneumatischen Anlagen (Beispiele)

elektrisches Bauteil (Funktion)	Erklärung	Schaltzeichen nach DIN EN 60617
Grenztaster (Wechsler)	Die Betätigung erfolgt über Kolbenhub mechanisch durch eine Rolle.	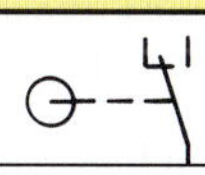
Zeitrelais (Schließer)	Nach Betätigung erfolgt der Schaltvorgang mit einstellbarer Verzögerung – hier Ansprechverzögerung.	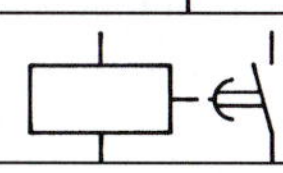
Zeitrelais (Öffner)	Nach Betätigung erfolgt der Schaltvorgang mit verstellbarer Verzögerung – hier Rückfallverzögerung.	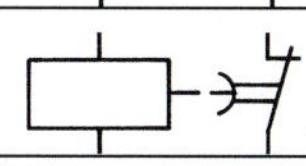
Schütz bzw. Relais (2 Schließer, 1 Öffner)	Die Betätigung mehrerer Schalter erfolgt elektromagnetisch, Fernbedienung und unterschiedliche Kombination von Schaltern sind möglich.	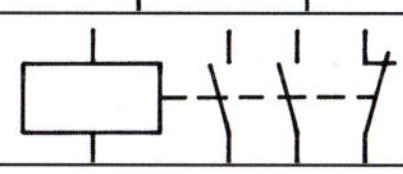
Elektromagnet (Ansprechverzögerung)	Nach Betätigung erfolgt der Schaltvorgang erst nach einer bestimmten einstellbaren Zeit. Über einen Widerstand und einen Kondensator wird die Schaltspannung zeitverzögert erreicht.	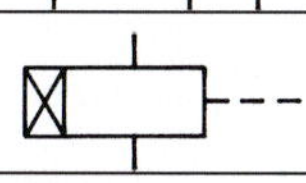
Elektromagnet (Rückfallverzögerung)	Wird das Eingangssignal gelöscht, d.h. ausgeschaltet, bleibt für eine einstellbare Zeit der Elektromagnet angezogen bzw. eingeschaltet.	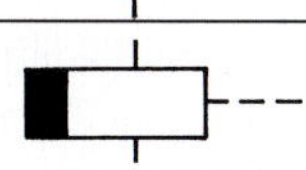

ST

Übungsaufgaben ST-15; ST-16

2.2 Elektropneumatische Steuerungen

2.2.1 Pneumatikschaltplan und Stromlaufplan

In der Industrie hat sich zunehmend eine Verknüpfung von Pneumatik und Elektrik durchgesetzt. Dabei übernimmt die Elektrik die Signalgebung und Signalweiterleitung – **Signalfluss** –, während die Pneumatik die Druckluft als Energie für Maschinen und Vorrichtungen bereitstellt – **Energiefluss** –. In der zeichnerischen Darstellung elektropneumatischer Anlagen werden der Signalfluß durch Stromlaufpläne und der Energiefluss durch Pneumatikschaltpläne getrennt dargestellt.

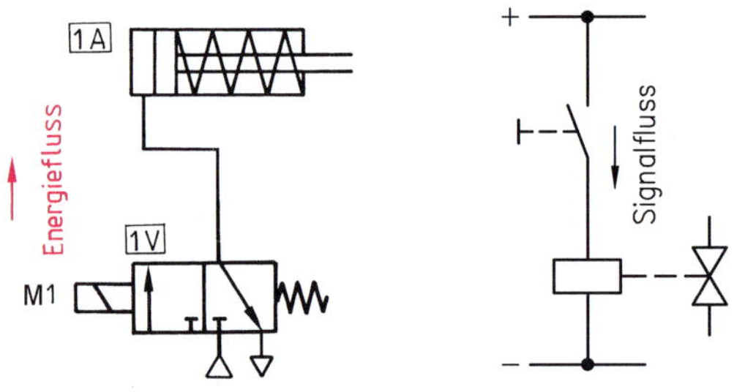

Auszug aus einem Pneumatikschaltplan

Auszug aus einem Stromlaufplan

Schaltpläne in der Elektropneumatik

Der Stromfluss wird im **Stromlaufplan** von oben (+) nach unten (–) angenommen. Die Bauteile sind durch genormte Schaltzeichen dargestellt und in der Reihenfolge des Stromdurchganges angeordnet. Die tatsächliche Lage der Bauteile in der Anlage oder in der Maschine ist aus dem Stromlaufplan nicht ersichtlich.

In der Elektropneumatik werden pneumatisch angetriebene Systeme durch elektrische Signale gesteuert. Als Schaltpläne dienen der Pneumatikschaltplan und der Stromlaufplan.

- **Kennzeichnung der Betriebsmittel**

Weil in der Elektropneumatik verschiedene Technologien ineinander greifen, hat man aus jedem Teilgebiet die entsprechenden Normen zu beachten. Für die Darstellung des pneumatischen Teils ist vor allem die Norm DIN ISO 1219 anzuwenden, während für die Kennzeichnung elektrischer Betriebsmittel auch im Pneumatikschaltplan die DIN EN 61346-2 berücksichtigt werden muss. Die Kennzeichnung der Betriebsmittel muss im Pneumatikschaltplan und im Stromlaufplan einheitlich sein.

Im Pneumatikschaltplan werden die Arbeitselemente mit den zugehörigen Stellgliedern dargestellt. Die lagemäßige Zuordnung der Sensoren zu den Arbeitselementen wird hier ebenfalls erfasst. Durch entsprechende Betätigungssymbole kennzeichnet man die elektromagnetische Betätigung der Stellglieder.

Kennbuchstabe	Art des Betriebsmittels (Beispiele)
B	Sensoren allgemein, Positionsschalter, Näherungsschalter usw.
F	Sicherungen, Schutzeinrichtungen, Druckwächter
H	Signalhorn, Lichthupe
K	Relais
Q	Schütz (für Last)
M	Antriebe (Stellantrieb, Betätigungsspule, Elektromotor, Linearmotor)
R	Widerstand
S	Signalgeber manuell, Tastschalter, Wahlschalter usw.
A	Zylinder
A+	ausfahrende Zylinder
A–	einfahrende Zylinder

- **Schaltgliedertabelle**

Weil in umfangreichen Steuerungen ein Schütz mehrere Schließer und Öffner in verschiedenen Strompfaden betätigt, erleichtert eine **Schaltgliedertabelle** die Übersicht. Schaltgliedertabellen zeichnet man unterhalb des Strompfades, in dem das entsprechende Schütz ist. Vereinbarungsgemäß stehen unter dem Buchstaben S die Pfadnummern, in denen sich Schließer befinden, und unter dem Buchstaben Ö die Pfadnummern mit Öffner.

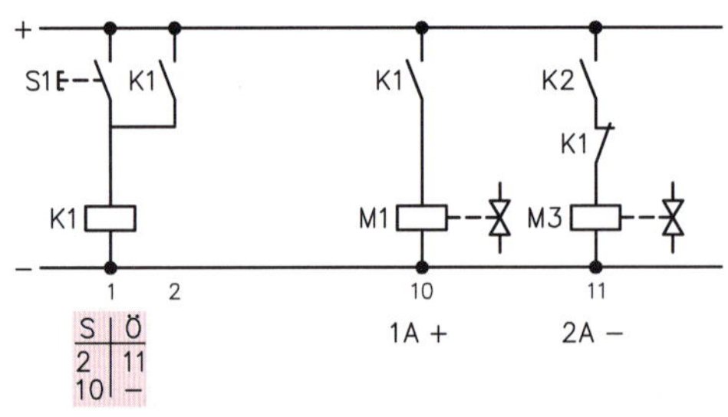

Schaltplanauszug mit Schaltgliedertabelle

Die Schaltgliedertabelle gibt darüber Aufschluss, in welchen Strompfaden sich Schließer bzw. Öffner des über der Tabelle gezeichneten Schützes befinden.

Übungsaufgaben ST-17; ST-18

2.2.2 Reihen- und Parallelschaltung

Für die Ansteuerung von Ventilen können unterschiedliche Bedingungen gefordert sein. Einmal kann es nötig sein, ein Ventil von verschiedenen Stellen aus zu schalten; es kann aber auch erforderlich sein, dass erst mehrere Schalter bedient werden müssen, um ein Ventil zu betätigen. Im Hinblick auf die Ansteuerung unterscheidet man zwei Arten von Schaltungen.

Die **Reihenschaltung** ist eine **UND**-Schaltung. Ein Spannzylinder soll beispielsweise erst spannen, wenn das Werkstück eingelegt worden ist und die Schutzvorrichtung geschlossen wurde. Erst wenn **beide Bedingungen** erfüllt sind, darf das Magnetventil für den Spannzylinder betätigt werden. Schalter S1 und Schalter S2 sind also in Reihe geschaltet. In umfangreichen Schaltplänen wird die Darstellung durch Logikzeichen bevorzugt.

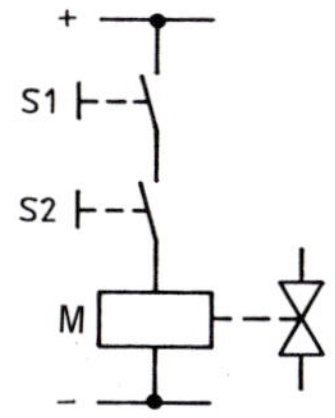

Stromlaufplan einer Reihenschaltung

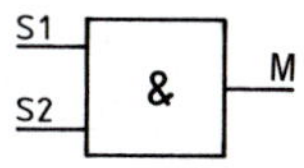

Logikzeichen einer UND-Schaltung

Die **Parallelschaltung** ist eine **ODER**-Schaltung. Mit einer solchen Schaltung kann man z.B. ein Ventil von verschiedenen Stellen aus schalten. **Entweder** wird der Stromkreis für die Ventilbetätigung über den Schalter S1 **oder** den Schalter S2 geschlossen. Die Schalter sind also parallel angeordnet.

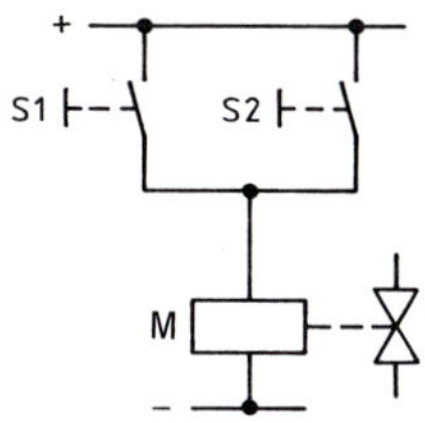

Stromlaufplan einer Parallelschaltung

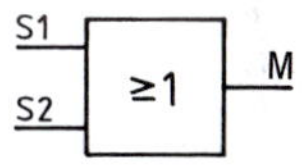

Logikzeichen einer ODER-Schaltung

Elektropneumatische Ventile können angesteuert werden durch:
- Reihenschaltung (UND-Schaltung)
- Parallelschaltung (ODER-Schaltung)

2.2.3 Ansteuerung von Wegeventilen

- **Ventil mit Speicherverhalten durch Permanentmagnete**

Ist z. B. ein 5/2-Wegeventil von beiden Seiten ansteuerbar, so bleibt die geschaltete Stellung erhalten, bis das Gegensignal erfolgt, denn in den Endlagen des Ventils sind Permanentmagnete eingebaut, die die jeweilige Lage der Ventilstellung sichern. Wird das Ventil beispielsweise zum Ansteuern eines Spannzylinders eingesetzt, so bleibt das Werkstück nach dem Spannvorgang so lange gespannt, bis der elektrische Taster zum Lösen betätigt wird.
Vorgesteuerte 5/2-Wegeventile lassen sich mit geringer elektrischer Energie schalten.

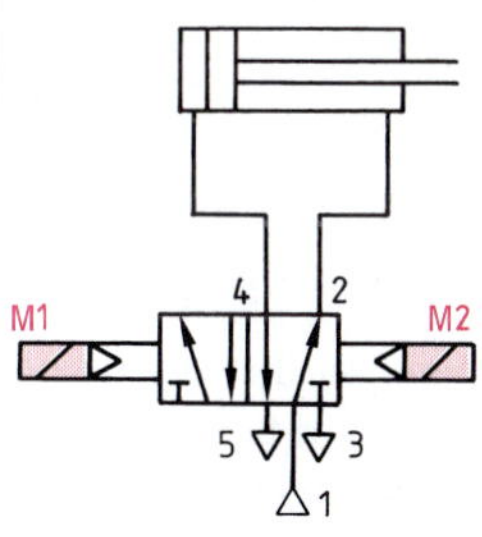

Pneumatikschaltplan

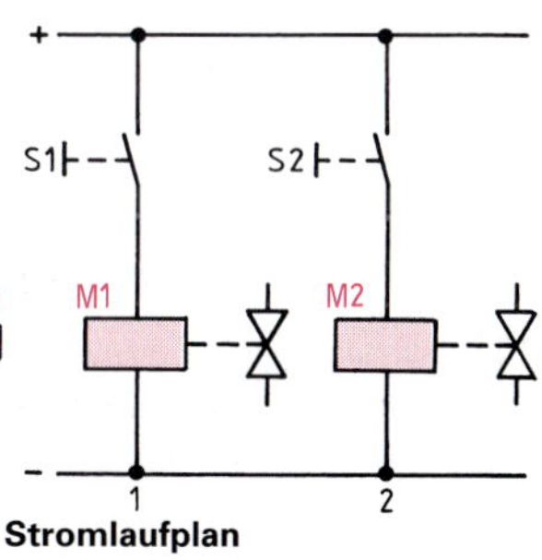

Stromlaufplan

Impulssignale bewirken in elektropneumatischen Wegeventilen mit Speicherverhalten eine andauernde Umschaltung des Ventiles.

- **Ventil mit Speicherverhalten durch Selbsthaltung im Relais**

Schütze und Relais sind fernbetätigte elektromagnetische Schalter, die als Schließer, Öffner oder Wechsler entsprechend der Gesamtaufgabe ausgebildet sind.
Die Ansteuerung eines Wegeventiles mithilfe eines Relais erlaubt eine Daueransteuerung des Ventiles, obwohl das Signalglied nur angetippt zu werden braucht (Taster).

ST

Übungsaufgaben ST-19; ST-20

Ein solches Speicherverhalten in der Steuerung kann man durch eine besondere elektrische Schaltung erreichen.

Von dem Relais wird eine Kontaktbahn genutzt, damit das Relais eingeschaltet bleibt. Man spricht von Selbsthaltung. Erst wenn über einen zusätzlichen Schalter der Steuerkreis unterbrochen wird, kann die Selbsthaltung des Relais aufgehoben werden.

Beispiel **für ein schützgesteuertes Ventil mit Selbsthaltung im Relais**

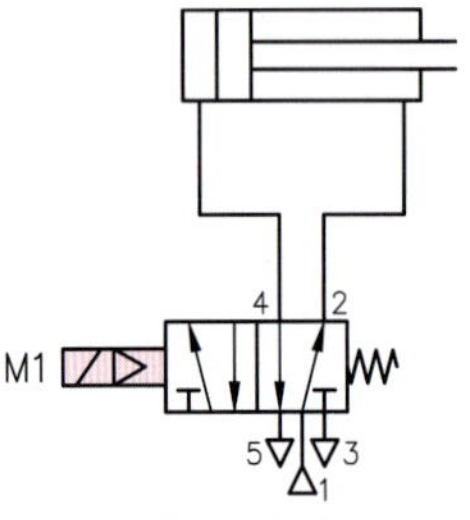

Pneumatikschaltplan

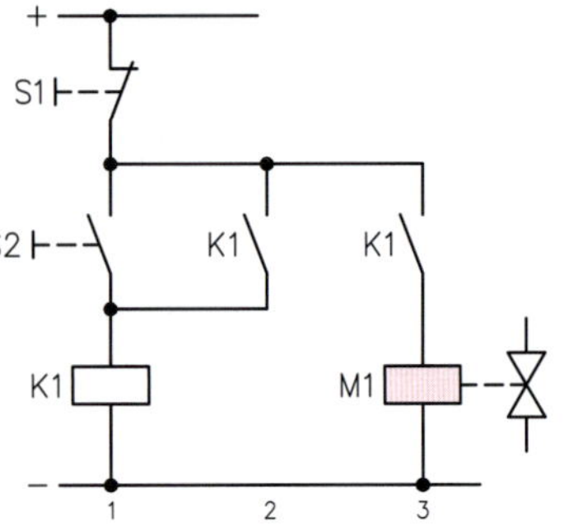

Stromlaufplan

Funktionsbeschreibung

Durch die Betätigung des Schließers S2 wird das Schütz an den Stromkreis geschlossen und schaltet seinerseits elektromagnetisch gleichzeitig zwei Schließer des Schützes K1 in den Strompfaden 2 und 3. Wird S2 durch Loslassen des Tasters wieder geöffnet, so bleibt das Schütz jedoch über K1 im Strompfad 2 an den Stromkreis angeschlossen. Das Schütz K1 fällt also nicht ab, sondern hält sich selbst **(Selbsthaltung eines Schützes)**.

Der geschlossene Kontakt K1 im Strompfad 3 bewirkt die elektromagnetische Betätigung des 5/2-Wegeventiles. Das Ventil schaltet durch und die Kolbenstange fährt aus. Die Selbsthaltung des Schützes hat zur Folge, dass die Kolbenstange ausgefahren bleibt. Wird der Taster S1 betätigt, so ist der gesamte Stromkreis unterbrochen. Das Schütz fällt ab und seine Kontakte K1 öffnen sich. Dadurch wird die Magnetspule M1 stromlos und das Ventil stellt sich durch die Feder in die Ausgangsstellung zurück. Der Weg von 1 nach 2 im Ventil öffnet sich und die Kolbenstange fährt ein.

Impulssignale lassen sich mithilfe von Schützschaltungen in Dauersignale umwandeln. Wegeventile werden dadurch so lange angesteuert, bis die Spannung abgeschaltet wird.

2.2.4 Wegabhängige Steuerungen

In wegabhängigen Steuerungen werden die Bauelemente in Abhängigkeit vom zurückgelegten Kolbenweg geschaltet. Mit Grenztastern und Schützsteuerungen lassen sich solche Schaltungen elektropneumatisch einfach verwirklichen. Grenztaster können Sensoren oder Endschalter sein.

Beispiel **für eine wegabhängige Steuerung**

Aufgabenstellung

Ein doppelt wirkender Zylinder soll aus einem Magazin Bauteile zur weiteren Bearbeitung bereitstellen. Ist das Bauteil verschoben, so soll die ausgefahrene Kolbenstange einen Grenztaster betätigen, der das Einfahren bewirkt.

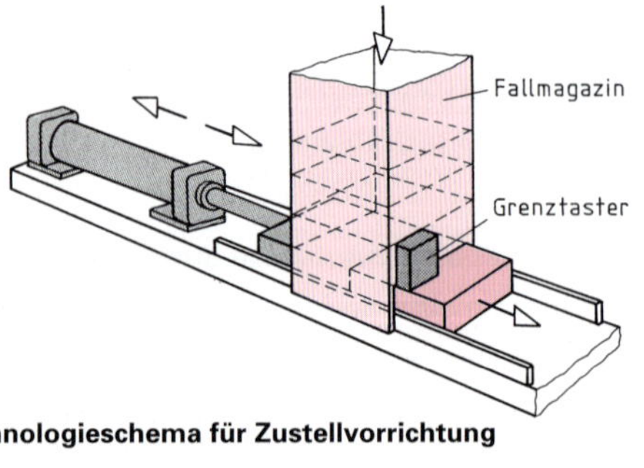

Technologieschema für Zustellvorrichtung

Übungsaufgabe ST-21

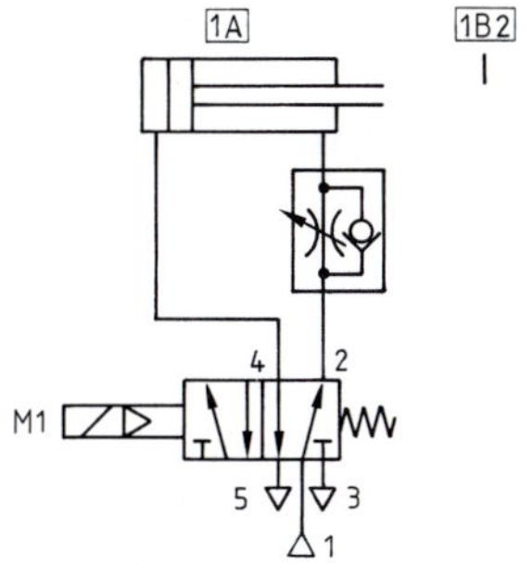

Pneumatikschaltplan

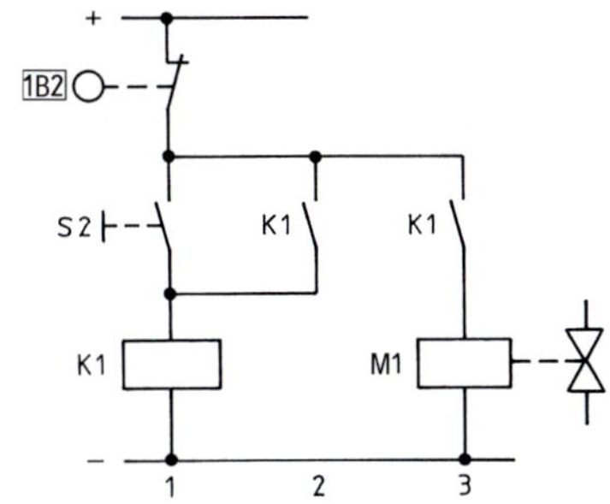

Stromlaufplan

Funktionsbeschreibung

Einschalttaster S2 gibt Strom auf Schütz K1; daraus folgt Selbsthaltung von K1 und Spannung auf Magnetspule M1. Die Kolbenstange fährt aus und betätigt in der Endlage Taster 1B2. Schütz K1 und dadurch Spule M1 werden spannungsfrei, das Ventil schaltet in die Ausgangsstellung, die Kolbenstange fährt ein.

Wegabhängige Steuerungen verwirklicht man in der Elektropneumatik vor allem über Grenztaster (Sensoren, Endschalter) mit Schützsteuerungen.

2.2.5 Weg- und zeitabhängige Steuerungen

Zeitabhängige Steuerungen können in der Elektropneumatik mit Hilfe von Zeitrelais verwirklicht werden. Im Zeitrelais wird über einen verstellbaren Widerstand ein Kondensator aufgeladen. Erst wenn der Kondensator aufgeladen ist, erfolgt der Schaltkontakt.
In einer Klebevorrichtung soll beispielsweise der Spannvorgang für eine bestimmte Zeit aufrechterhalten werden.

Beispiel **für eine weg- und zeitabhängige Steuerung**

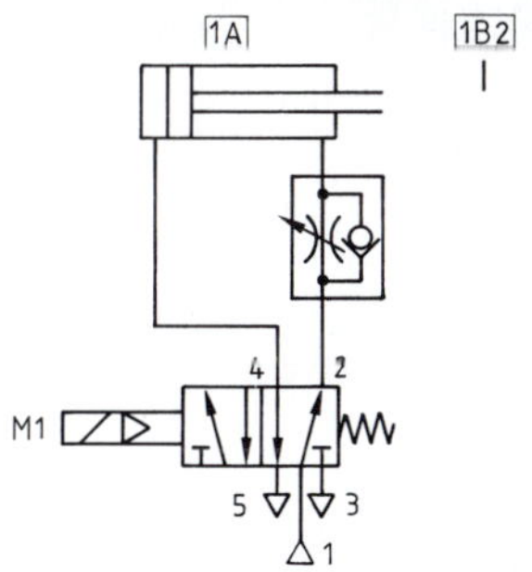

Pneumatikschaltplan

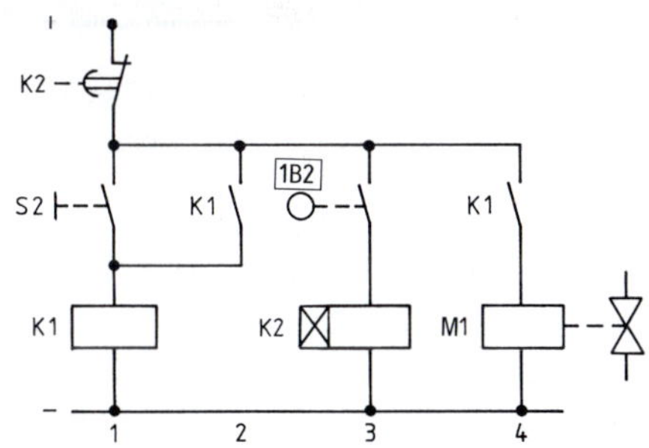

Stromlaufplan

Funktionsbeschreibung

Nach Betätigung von Taster S2 schaltet das Schütz die Kontakte K1 in den Strompfaden 2 und 4 und schließt den Stromkreis. Das Schütz K1 hält sich selbst. Das Ventil wird betätigt, und die Kolbenstange des Zylinders fährt aus. In der Endlage der Kolbenstange betätigt diese den Grenztaster 1B2, wodurch für das Schütz K2 der Stromkreis geschlossen wird. Dieses Schütz schaltet jedoch ansprechverzögert. Der Spannvorgang bleibt aufrechterhalten. Nach der eingestellten Zeitspanne öffnet Schütz K2 den Kontakt K2 im Strompfad 1. Alle Schütze in der Anlage werden stromlos, und die Magnetspule M1 ist spannungsfrei. Die Feder schaltet das Ventil zurück, die Kolbenstange fährt ein.

Zeitabhängige Steuerungen verwirklicht man in der Elektropneumatik vor allem über Zeitrelais, die Signale ansprech- und rückfallverzögert weitergeben.

Übungsaufgaben ST-22; ST-23

3 Hydraulik

3.1 Leistungsumwandlung und Leistungsübertragung in der Hydraulik

Die Hydraulik ist ein Teilgebiet der Antriebstechnik und Steuerungstechnik. In der Antriebstechnik werden Kräfte und Wege in gewünschter Weise an den dafür vorgesehenen Funktionseinheiten einer Maschine wirksam.
Hydraulische Maschinenantriebe sind in erster Linie Funktionseinheiten für die Leistungsumwandlung und Leistungsübertragung.
In der Zerspanungstechnik werden hydraulische Funktionseinheiten zum Spannen und Handhaben von Werkstücken eingesetzt.

Beispiel **für eine hydraulische Spannvorrichtung für ein Bearbeitungszentrum**

In der Spannvorrichtung können vier Hebel gleichzeitig gespannt und nacheinander an den Augen und Bohrungen bearbeitet werden. Im vorliegenden Foto ist zur Verdeutlichung nur ein Hebel aufgelegt.
Zur Nutzung der hydraulischen Spannvorrichtung sind zusätzlich eine Hydraulikpumpe und eine Steuerung zur Übertragung der hydraulischen Leistung notwendig.

Die Leistungsumwandlung und Übertragung bei hydraulischen Antrieben erfolgt in drei Teilsystemen.

- Von außen wird der Maschine oder Anlage Leistung zugeführt. Diese Leistung wird z. B. über die Koppelung von Elektromotor und Hydraulikpumpe in hydraulische Leistung umgewandelt.
- Über Leitungen und Ventile überträgt man diese hydraulische Leistung in die Hydraulikzylinder und Rotationsmotoren.
- In den Zylindern und Rotationsmotoren wird die hydraulische Leistung in die gewünschte mechanische Leistung der Maschine oder Anlage umgewandelt.

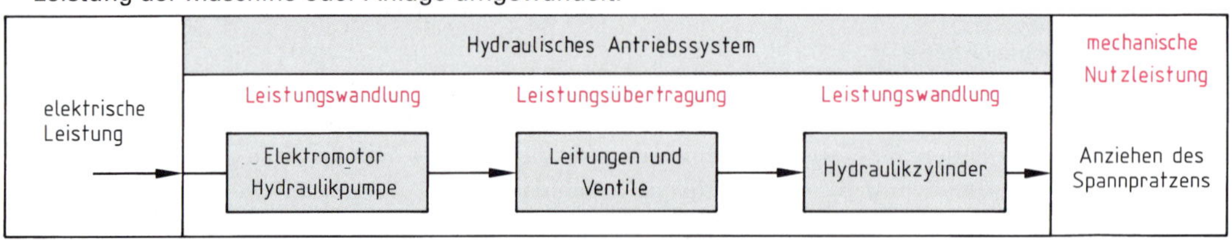

Hydraulisches Antriebssystem in einem hydraulischen Spannsystem

Fluidtechnische Systeme eignen sich besonders dafür, elektrische Signale aufzunehmen und so zu verarbeiten, dass die mechanische Leistung der Maschine in gewünschter Weise erreicht wird. Diese Signalverarbeitung wird mithilfe der Steuerungstechnik durchgeführt.

Übungsaufgaben ST-24; ST-25

3.2 Physikalische Grundlagen

3.2.1 Druck

Wird der geförderten Flüssigkeit in einer Hydraulikanlage kein Widerstand entgegengebracht, so arbeitet die Pumpe fast drucklos. In der Anlage entsteht nur dann ein Druck, wenn der geförderten Flüssigkeit ein Widerstand entgegengesetzt wird. Der Druck steigt so lange an, bis der Widerstand überwunden ist.

Druck p ist das Verhältnis der Kraft F zur Kolbenfläche A.

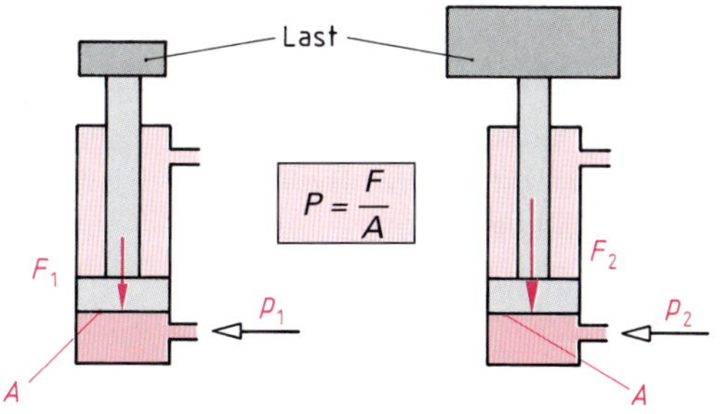

Druck in Hydraulikanlagen

In einer Hydraulikanlage entsteht ein Flüssigkeitsdruck dadurch, dass der geförderten Flüssigkeit ein Widerstand entgegengesetzt wird.

3.2.2 Volumenstrom

In einer Hydraulikanlage fördert die Pumpe die Flüssigkeit aus einem Vorratsbehälter in die Druckleitung der Anlage. Das durchfließende Volumen V errechnet man aus dem gefüllten Querschnitt A der Druckleitung und dem Weg s, den die Flüssigkeit in der Leitung zurücklegt.

Das Volumen, das in einer bestimmten Zeit t durch einen Querschnitt A fließt, bezeichnet man als den Volumenstrom q_V. Der Volumenstrom wird meist in Liter pro Minute angegeben.

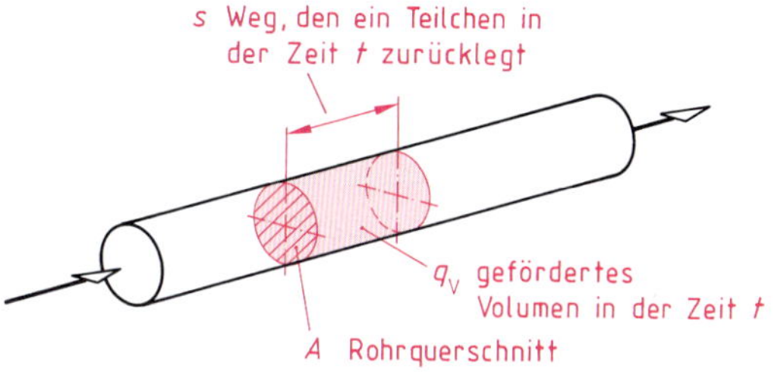

$$V = A \cdot s$$

$$q_V = \frac{V}{t} \Rightarrow q_V = \frac{A \cdot s}{t}$$

Volumenstrom in Hydraulikanlagen

Der Volumenstrom ist das Volumen der Druckflüssigkeit, das je Zeiteinheit durch einen Leitungsquerschnitt fließt.

3.2.3 Durchflussgesetz

Die Flüssigkeit in einer Hydraulikanlage durchströmt Rohre und Ventile mit unterschiedlichen Querschnitten. In gleichen Zeitabständen müssen gleiche Volumenströme durch diese unterschiedlichen Querschnitte der Anlage fließen. Daher muss der Volumenstrom vor einer Engstelle, in einer Engstelle und danach gleich groß sein. Der Volumenstrom passt sich durch unterschiedliche Strömungsgeschwindigkeiten den Querschnitten an. Je kleiner der Querschnitt ist, desto größer ist die Strömungsgeschwindigkeit.

$$A_1 \cdot v_1 = A_2 \cdot v_2$$

Kontinuitätsgleichung

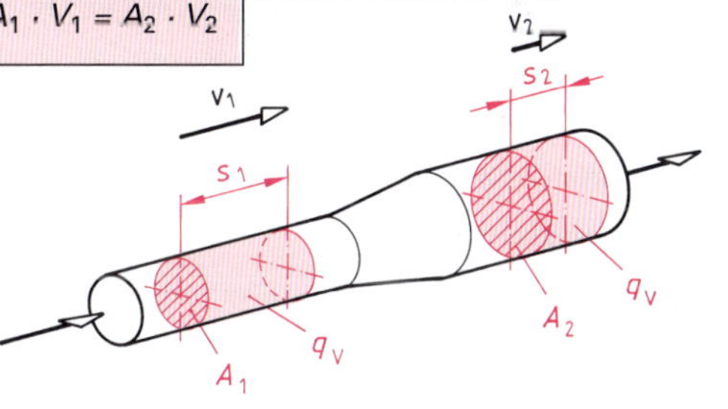

Volumenstrom an verschiedenen Rohrquerschnitten

In hydraulischen Leitungen und Ventilen ist der Volumenstrom unabhängig vom Querschnitt an allen Stellen gleich groß. Die Strömungsgeschwindigkeit ist in kleineren Querschnitten höher als in größeren Querschnitten.

3.2.4 Hydraulische Leistung

Bei der mechanischen Leistung P wird eine Last F in einer bestimmten Zeit t um eine Strecke s angehoben. Diese mechanische Leistung wird in einem Hydrauliksystem von der Hydraulikpumpe aufgebracht. Die Leistung im Hydraulikkreislauf wird von dem vorhandenen Druck p und dem Volumenstrom q_V bestimmt.

$$P = \frac{F \cdot s}{t}$$

$$P = \frac{F}{A}$$

$$q_r = \frac{A \cdot s}{t}$$

$$P = p \cdot q_V$$

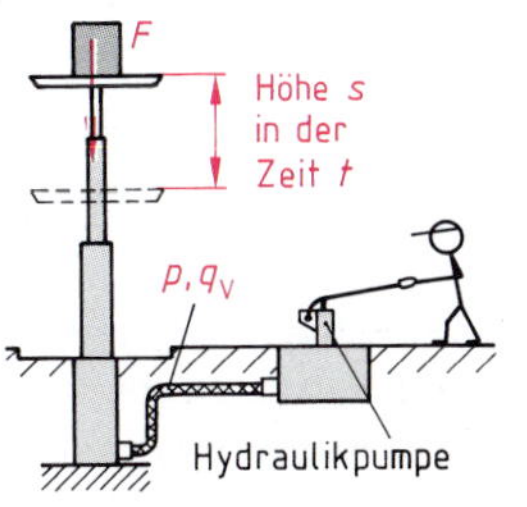

Leistung in Anlagen

Übungsaufgaben ST-26 bis ST-30

3.3 Aufbau und Wirkungsweise einer Hydraulikanlage

3.3.1 Aufbau einer Hydraulikanlage

An einem einfachen Hydraulikantrieb sollen grundlegende Bauelemente einer hydraulischen Anlage dargestellt werden. Der Hydraulikantrieb ist als schematischer Halbschnitt und als Schaltplan nach DIN ISO 1219 gezeichnet.

Beispiel **für Hydraulikantrieb**

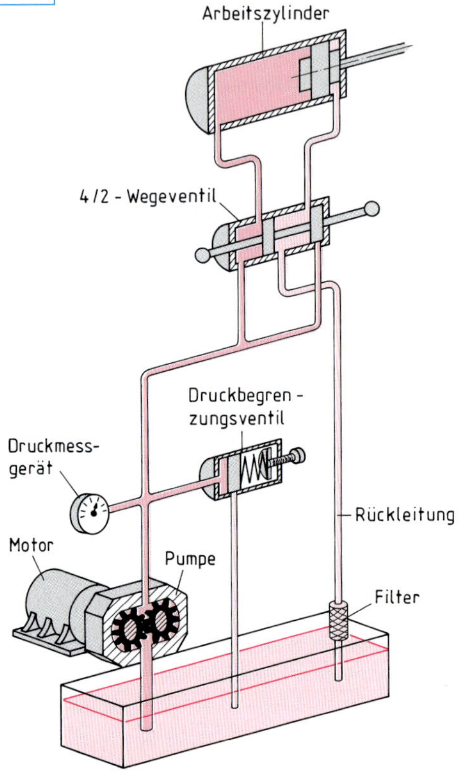

Schema für Hydraulikantrieb

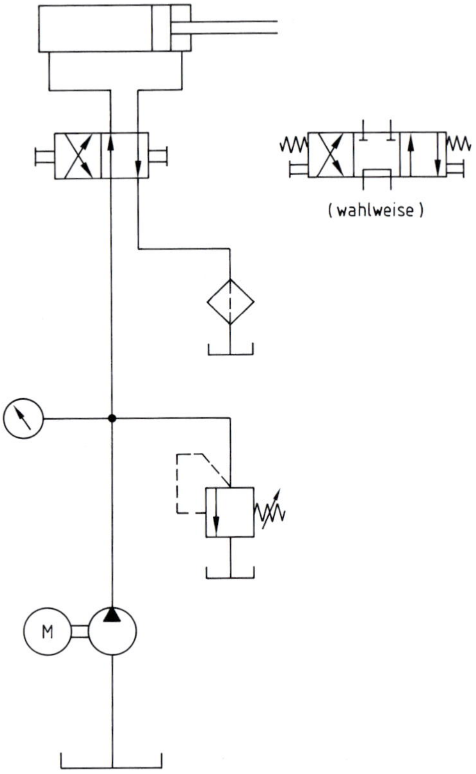

Schaltplan für Hydraulikantrieb

Funktionsbeschreibung

Die Hydraulikpumpe wird von einem Elektromotor angetrieben. Sie saugt aus einem Behälter die Betriebsflüssigkeit an und fördert sie durch Leitungen über ein 4/2-Wegeventil zum Hydraulik-Linearmotor (Zylinder). In der dargestellten Schaltstellung ist die Kolbenstange des Zylinders ausgefahren. Man sagt auch: „der Zylinder hat die Bewegungsrichtung Ausfahren".

Nach dem Umschalten des Wegeventiles fährt die Kolbenstange des Zylinders ein. Man sagt: „Der Zylinder hat die Bewegungsrichtung Einfahren".

Wenn der Zylinder ohne Last fährt, baut sich erst in den jeweiligen Endlagen der Kolbenstange ein Druck auf. Dieser Druck nimmt dann den Maximaldruck an, den man am Druckbegrenzungsventil eingestellt hat. Die Pumpe fördert den gesamten Volumenstrom gegen den Maximaldruck über das Druckbegrenzungsventil in den Behälter.

Die zugeführte Leistung setzt sich dabei in Wärme um. Um solche Verluste zu vermeiden, wird oft ein 4/3-Wegeventil gewählt, das bei Mittelstellung einen freien Umlauf des Volumenstromes ermöglicht. Ein Filter im Rücklauf hält die Verschmutzung der Hydraulikflüssigkeit weitgehend zurück.

Die Pläne für Hydraulik- und Pneumatikanlagen werden nach ISO 1219 gezeichnet. Hydraulikanlagen sind geschlossene Kreisläufe, während Pneumatikanlagen offene Systeme darstellen. Die Hydraulik wird wegen ihrer hohen Leistungsdichte vor allem in der Antriebstechnik eingesetzt.

Übungsaufgaben ST-31; ST-32

3.3.2 Vergleich zwischen Pneumatik- und Hydraulikanlagen

Hydraulische Anlagen sind ähnlich wie pneumatische Anlagen aufgebaut. Man muss jedoch beachten, dass bei der Hydraulik nur mit geschlossenen Kreisläufen gearbeitet werden kann, weil die Flüssigkeit wieder in den Vorratsbehälter zurückgeführt werden muss.
Ein weiterer Unterschied liegt darin, dass in der Hydraulik wesentlich höhere Drücke und damit auch höhere Leistungen genutzt werden als in der Pneumatik.
Die Bildzeichen in der Hydraulik entsprechen weitgehend denen in der Pneumatik. In beiden Fluid-Technologien gilt die Norm DIN ISO 1219. Das Zeichen für die Art des Druckmittels wird anders dargestellt. Die Druckluft wird durch ein offenes Dreieck (△) symbolisiert; für Flüssigkeiten gilt ein ausgefüllte Dreieck (▲).
Die Pläne für hydraulische Anlagen haben außerdem Bildzeichen für Bauteile, die in pneumatischen Anlagen nicht vorkommen. Solche Bauteile sind z.B.: Behälter, Rückleitungen und Leckleitungen.

Beispiel **für die Ähnlichkeit von pneumatischen und hydraulischen Schaltplänen**

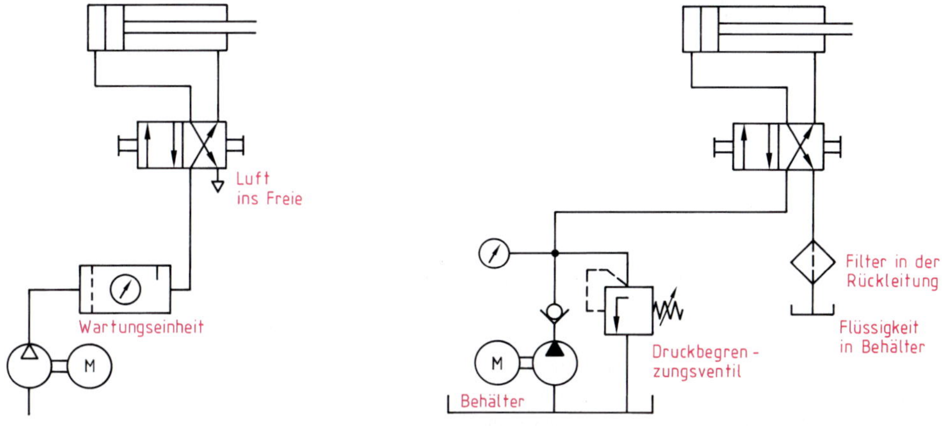

Pneumatikschaltplan **Hydraulikschaltplan**

Ein besonders wichtiges Bauteil in Hydraulikanlagen ist das Druckbegrenzungsventil, das als Sicherheitsventil unbedingt notwendig ist. Ohne Druckbegrenzungsventil würden unzulässig hohe Drücke auftreten, die zu Schäden in der Anlage führen würden. Das Druckbegrenzungsventil wird unmittelbar nach der Pumpe eingebaut.

3.4 Teilsystem zur Leistungsbereitstellung (Antriebsaggregat)

3.4.1 Hydropumpen

In Hydropumpen wird die von außen zugeführte Leistung eines Elektromotors oder Verbrennungsmotors in hydraulische Leistung umgewandelt und für die Anlage bereitgestellt. Hydropumpen fördern einen Volumenstrom. Der Druck in der Anlage entsteht, wenn dem Volumenstrom ein Widerstand entgegengesetzt wird. Hydropumpen unterteilt man nach ihrem Aufbau in Zahnradpumpen, Flügelzellenpumpen und Kolbenpumpen. Weiterhin unterscheidet man sie nach der Arbeitsweise in Konstantpumpen und Verstellpumpen.

- **Konstantpumpen**

In Konstantpumpen ist das Fördervolumen je Umdrehung konstant. Laufen sie mit konstanter Drehzahl, so ist auch der Volumenstrom konstant. Wird in Arbeitspausen keine Druckflüssigkeit benötigt, so kann über das 4/3-Wegeventil mit freiem Umlauf die Flüssigkeit fast drucklos in den Tank zurückgepumpt werden.

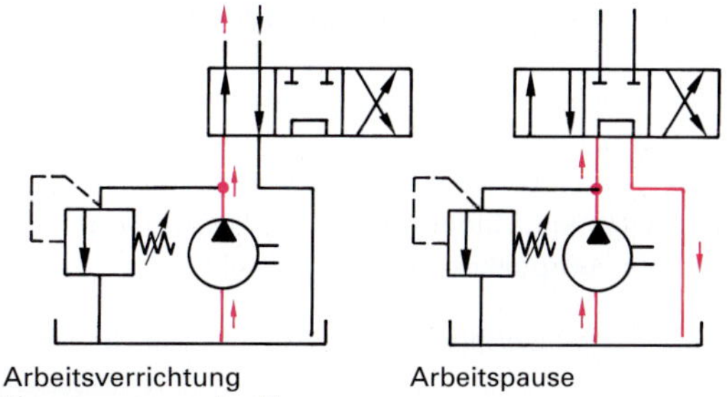

Arbeitsverrichtung Arbeitspause
Konstantpumpe im Einsatz

ST

- **Verstellpumpen**

An Verstellpumpen kann das Fördervolumen je Umdrehung verändert werden. Somit lässt sich der Volumenstrom in der Anlage beeinflussen. Über einen angeschlossenen Regler lassen sich Verstellpumpen so einrichten, dass die Geschwindigkeit des Arbeitshubes an Zylindern bzw. die Drehzahl an Rotationsmotoren den gewünschten Wert annimmt. Ebenso ist es möglich, die Pumpe so zu beeinflussen, dass der Druck konstant bleibt, ohne dass Druckflüssigkeit verlustreich über das Druckbegrenzungsventil in den Tank zurückgepumpt wird.

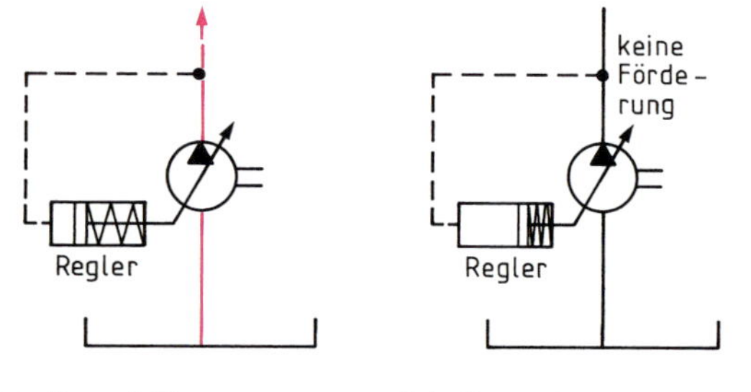

Verstellpumpe als Regelpumpe

In Konstantpumpen ist das spezifische Fördervolumen konstant. In Verstellpumpen kann das spezifische Fördervolumen verändert werden. Geregelte Verstellpumpen liefern gegebenenfalls nur so viel Druckflüssigkeit wie nötig ist, oder sie halten den Druck ohne Förderung konstant.

- **Zahnradpumpen**

Auf der Saugseite der Zahnradpumpe wird die Flüssigkeit aus dem Vorratsbehälter angesaugt und in den Zahnlücken auf der Außenseite der Zahnräder zur Druckseite transportiert. Durch die sich kämmenden Zahnräder wird die Flüssigkeit aus den Zahnlücken verdrängt und in die Druckleitung gefördert.
Beim Ansaugen der Flüssigkeit nutzt man den atmosphärischen Druck aus (maximal 1 bar). Dreht nun die Pumpe schneller als Flüssigkeit nachfließen kann, so werden die Zahnlücken nicht mehr vollständig gefüllt. Es treten Kavitationsschäden auf und zerstören die Pumpe.

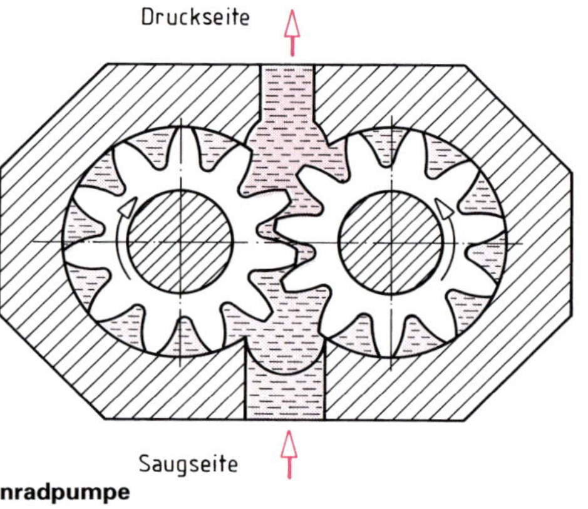

Zahnradpumpe

Zahnradpumpen fördern den Volumenstrom über Zahnlücken von der Saugseite zur Druckseite. In falsch installierten Pumpen, z.B. bei zu kleinen Saugquerschnitten, treten Kavitationsschäden auf.

Die Zahnradpumpe liefert einen nahezu konstanten Volumenstrom, der sich aus dem Verdrängungsvolumen je Umdrehung und der Antriebsfreqeunz errechnet. Zahnradpumpen sind aufgrund ihrer Konstruktion Konstantpumpen.
Da die beweglichen Teile der Pumpe Spiel aufweisen, ist der tatsächlich geförderte Volumenstrom geringer als der theoretisch mögliche Volumenstrom. Es treten Leckverluste auf, weil Flüssigkeit von der Hochdruckseite zur Niederdruckseite fließt. Bei höherem Druck nimmt der Volumenstrom etwas ab, weil mehr Flüssigkeit zwischen den beweglichen Teilen der Pumpe zurückgequetscht wird. Die Abhängigkeit des Volumenstromes vom Druck ist eine kennzeichnende Eigenschaft jeder Hydropumpe. Sie wird als **Pumpenkennlinie** dargestellt.

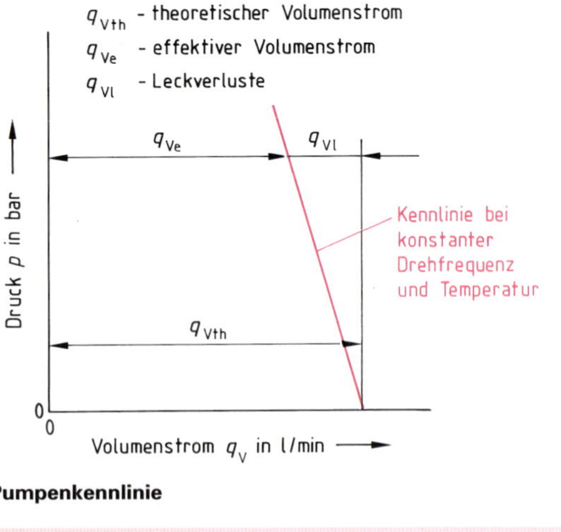

Pumpenkennlinie

Die Pumpenkennlinie einer Pumpe zeigt die Abhängigkeit des Volumenstromes vom Druck. Verschleiß in der Pumpe kann durch entsprechende Messungen festgestellt werden.

Übungsaufgaben ST-35 bis ST-38

3.4.2 Druckbegrenzungsventil

Das Druckbegrenzungsventil hat die Aufgabe, den Maximaldruck in einer Anlage auf einen bestimmten Wert zu begrenzen, um Bauteile und Leitungen vor Überlastung und Beschädigung zu schützen. Deshalb muss das Druckbegrenzungsventil in der Nähe der Pumpe und parallel zu ihr eingebaut werden. Druckbegrenzungsventile können direkt gesteuert oder vorgesteuert sein.

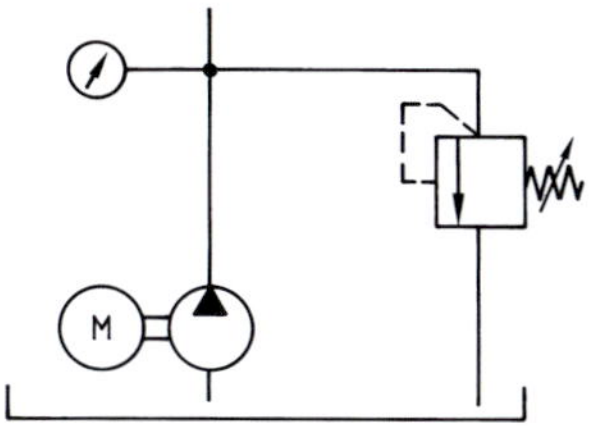

Druckbegrenzungsventil – Einbau

Beim direkt gesteuerten Druckbegrenzungsventil wirkt der Druck p aus der Anlage auf die Fläche A des Ventilkörpers. Die entstehende Druckkraft $F = p \cdot A$ wirkt der Federkraft entgegen, die mit einer Stellschraube verändert werden kann. Steigt der Druck in der Anlage so hoch an, dass die Druckkraft größer als die Federkraft ist, so öffnet das Ventil. Dieser Offenhaltedruck ist vom durchfließenden Volumenstrom abhängig.

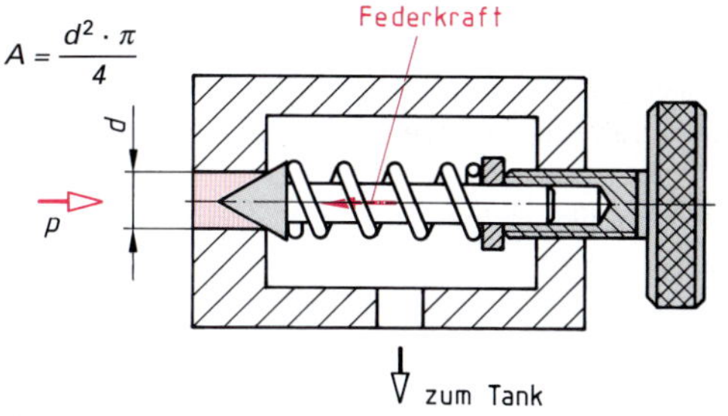

Druckbegrenzungsventil – Aufbau

Die Kennlinie eines direkt gesteuerten Druckbegrenzungsventiles zeigt die Abhängigkeit zwischen dem Druck, der das Ventil öffnet (Offenhaltedruck) und dem durchfließenden Volumenstrom.

Im Idealfall sollte der Offenhaltedruck unabhängig vom durchfließenden Volumenstrom sein. Tatsächlich steigt jedoch der Offenhaltedruck an, wenn der Volumenstrom größer wird.

Erklären kann man sich diesen Zusammenhang wie folgt:

Ein größerer Volumenstrom öffnet das Druckbegrenzungsventil weiter. Dadurch wird die Feder im Ventil mehr zusammengedrückt und die Federkraft erhöht sich. Durch die Erhöhung der Federkraft baut sich ein höherer Druck auf.

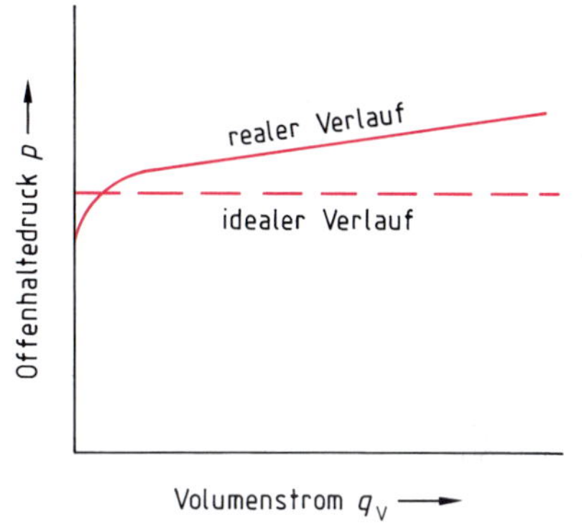

Druckbegrenzungsventil – Kennlinie

Es ist also notwendig, das Druckbegrenzungsventil bei maximalem Volumenstrom einzustellen. Wird der Maximaldruck bei kleinem Volumenstrom, z.B. im unteren Bereich einer Verstellpumpe eingestellt, so erfüllt das Druckbegrenzungsventil seine Aufgabe nicht mehr in der gewünschten Weise. In der Anlage entstehen dann bei größeren Volumenströmen unzulässig große Drücke.

Der Maximaldruck am Druckbegrenzungsventil muss stets bei maximalem Volumenstrom eingestellt werden.

3.4.3 Druckflüssigkeitsbehälter

Jede Hydraulikanlage hat einen eigenen Druckflüssigkeitsbehälter. Die Flüssigkeit wird im Kreislauf durch die Anlage in den Tank zurückgeführt; auch die Leckflüssigkeit leitet man in den Tank.

Im Antriebsaggregat bilden der Druckflüssigkeitsbehälter, die Pumpe und der Motor eine Einheit. Die Pumpe wird möglichst tief eingebaut, damit die Flüssigkeit nicht zusätzlich nach oben angesaugt werden muss. Man montiert die Pumpe möglichst seitlich in den Behälter oder setzt sie direkt in den Behälter unter dem Flüssigkeitsspiegel. Mit einer Flüssigkeitsanzeige lässt sich der Flüssigkeitsstand überwachen.

ST

Übungsaufgaben ST-39 bis ST-42

3.4.4 Druckflüssigkeiten

Die Druckflüssigkeit hat die Aufgabe, Kräfte und Bewegungen und somit Leistung zu übertragen. Darüber hinaus soll die Flüssigkeit für die Schmierung und Korrosionsschutz sorgen. Durch die Reibung in den Bauteilen der Anlage entsteht Wärme, die von der Flüssigkeit abgeführt werden muss.

Die Druckflüssigkeit muss daher entsprechende Eigenschaften haben:

- möglichst geringe Änderung der Viskosität über einen größeren Temperaturbereich,
- gute Schmierwirkung und damit Schutz vor Reibung und Verschleiß;
- guter Korrosionsschutz gegenüber Bauelementen aus unterschiedlichen Metallen;
- Verträglichkeit gegenüber Dichtungen und anderen Kunststoffelementen;
- alterungsbeständig, d.h. geringe Neigung zur Verharzung bzw. Säurebildung;
- gutes Luftabscheidevermögen und geringe Neigung zur Schaumbildung.

Für Hydraulikflüssigkeiten setzt man vor allem Druckflüssigkeiten auf Mineralölbasis und schwer entflammbare Druckflüssigkeiten ein.

Mineralöle sind die am meisten verwendeten Druckflüssigkeiten. Sie werden mit entsprechenden Wirkstoffen vermischt, damit die gewünschten Eigenschaften erreicht werden.

Schwer entflammbare Druckflüssigkeiten weisen eine erheblich höhere Zündtemperatur als Mineralöle auf. Sie haben jedoch im Vergleich zu den Mineralölen geringere Schmierfähigkeit, schlechteres Korrosionsverhalten und niedrigere Viskosität.

Auswahl von Druckflüssigkeiten

Art	Einsatz
	Mineralöl
HL	Industriehydraulik; Druckbereich bis 250 bar
HLP	Industriehydraulik; Druckbereich über 250 bar
	schwer entflammbare Flüssigkeiten
HFC	in feuergefährdeten Anlagen; mäßige Drücke (Lösung mit 35 bis 55% Wasser)
HFD	in feuergefährdeten Anlagen; hohe Drücke (synthetische wasserfreie Flüssigkeit)

3.4.5 Filter

Schmutzteilchen verursachen Störungen in der Hydraulikanlage. Staub, Späne oder Schweißrückstände, die bei der Montage der Anlage nicht entfernt worden sind, gelangen in die Hydraulikflüssigkeit. Durch den Verschleiß bewegter Teile bzw. durch Rostpartikel wird die Flüssigkeit ebenfalls verschmutzt. Auch durch den Fertigungsprozess dringen Verunreinigungen, wie Schleifstaub oder Gusssand, in die Hydraulikflüssigkeit ein. Die Schmutzteilchen selbst verursachen auch wieder Verschleiß oder sie verstopfen Ventilbohrungen bzw. verklemmen Kolben. Man setzt deshalb in Hydraulikanlagen Filter ein. Filter werden je nach Anforderungen an die Druckflüssigkeit in die Saugleitung, in die Hochdruckseite, in den Rücklauf oder in einem gesonderten Kreislauf eingebaut.

Rücklauffilter werden am häufigsten verwendet.

Hochdruckfilter baut man in hochwertige Anlagen zum Schutz für Proportional- bzw. Servoventile ein.

Saugfilter sind grobmaschig und dienen dazu, beim Pumpeneinlauf größere Verunreinigungen zurückzuhalten, sie ersetzen aber keinesfalls den Rücklauffilter.

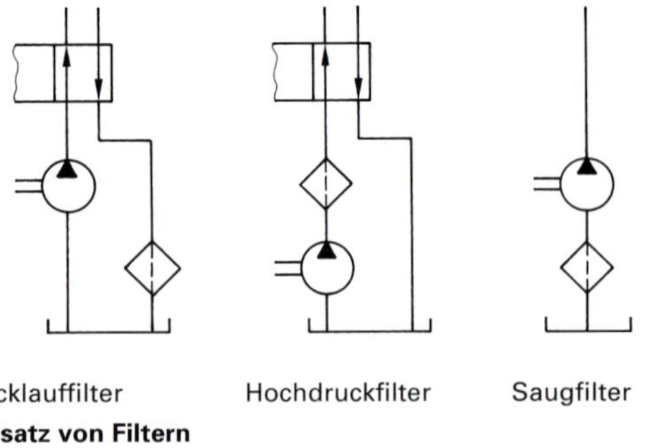

Rücklauffilter Hochdruckfilter Saugfilter

Einsatz von Filtern

Filter sind für die Funktion einer Hydraulikanlage notwendig, sie verringern die Störanfälligkeit und verlängern die Lebensdauer der Bauteile in der Anlage.

Die Feinheit des Filters (Porenweite) wird in Mikrometer angegeben. In der Mobil- und Industriehydraulik verwendet man z. B. Filter mit einer Porenweite zwischen 10 µm und 60 µm. In der Servohydraulik dagegen beträgt die Porenweite etwa 5 µm.
Je nach der Filterwirkung unterscheidet man Oberflächenfilter und Tiefenfilter.

Oberflächenfilter halten die Schmutzteilchen nur an der Oberfläche des Filters zurück. Sie haben kleine Baugrößen, können leicht gereinigt werden, verschmutzen jedoch verhältnismäßig schnell.

Tiefenfilter filtern über den gesamten Querschnitt, sie können mehr Schmutz aufnehmen, lassen sich jedoch schlechter reinigen.

Filter bewirken in der Hydraulikanlage einen Druckabfall. Der Druckabfall ist vom Verschmutzungsgrad des Filters abhängig und wird messtechnisch zur Filterüberwachung genutzt.
Damit bei zugesetztem Filter die Anlage nicht überlastet wird, baut man eine Umgehungsleitung ein. Diese Leitung öffnet sich bei zugesetztem Filter über ein federbelastetes Rückschlagventil (Bypassventil).

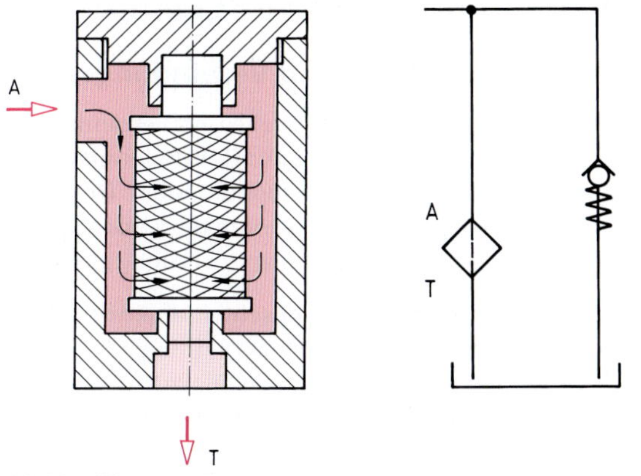

Rücklauffilter und Bypass

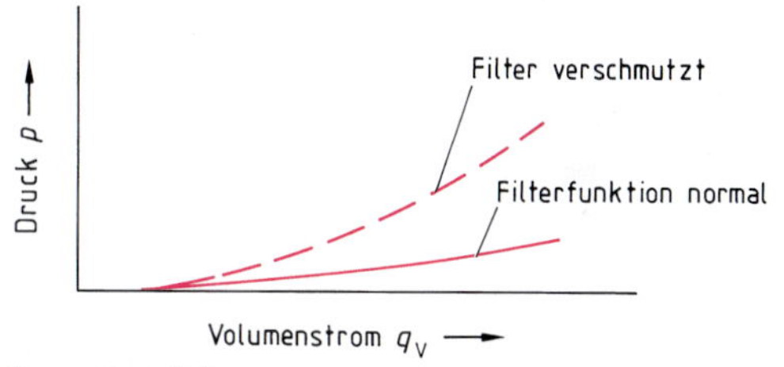

Filter – Kennlinie

Der Verschmutzungsgrad eines Filters wird in der Betriebspraxis meist durch eine am Filter angebrachte Druckmesseinrichtung angezeigt.

3.4.6 Hydrospeicher

In Hydraulikanlagen kann Druckflüssigkeit in begrenztem Maße in Behältern unter Druck gespeichert werden. Diese Behälter bezeichnet man als Hydrospeicher. Am häufigsten wird der gasbelastete Blasenspeicher eingesetzt. Ein **Blasenspeicher** besteht aus einem hochfesten Stahlbehälter, in den eine elastische Kunststoff- oder Gummiblase eingebaut ist. Diese Blase kann über ein Ventil mit Druckgas – meist Stickstoff – gefüllt werden. Leitet man von unten Druckflüssigkeit in den Behälter, so wird je nach Flüssigkeitsvolumen die Gasblase mehr oder weniger zusammengedrückt. Die gespeicherte Druckflüssigkeit kann bei Bedarf an die Anlage abgegeben werden.
Neben dem Blasenspeicher setzt man noch den Membranspeicher und den Kolbenspeicher ein.

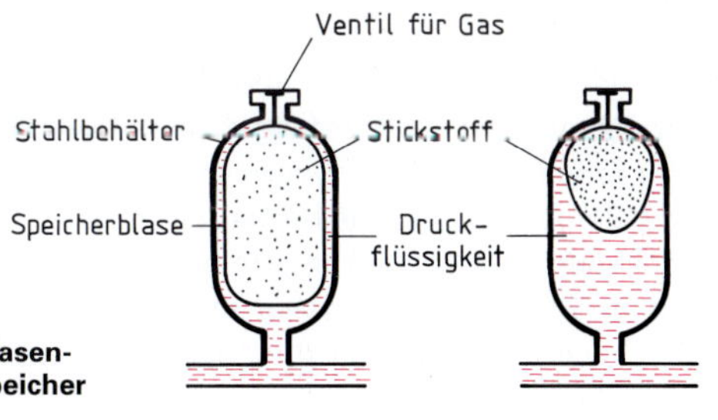

Blasenspeicher

Sicherheitsmaßnahmen
Da gasbelastete Hydrospeicher mit hohem Gasdruck beaufschlagt sind, ist bei ihnen erhöhte Sorgfalt geboten:

- *Füllung mit Sauerstoff* ist wegen der Explosionsgefahr (Öl und Sauerstoff) *verboten.*
- An *Speicherflaschen* dürfen *keine Nacharbeiten* vorgenommen werden; weder Schweißen, Löten noch mechanische Nacharbeitung sind zulässig.
- Ein Speicher kann eine Hydraulikanlage lange unter Druck halten. *Vor Eingriff* in die Anlage muss sie *druckfrei* gemacht werden, um zu verhindern, dass bei abgeschalteter Pumpe noch Bewegungen ausgeführt werden.

ST

Übungsaufgaben ST-44 bis ST-49

3.5 Teilsystem zur Leistungsübertragung

3.5.1 Leitungen und Verbindungen

Durch Rohrleitungen, Schläuche und Verbindungen werden die hydraulischen Bauelemente zu einem geschlossenen System gefügt. Als Rohrleitungen verwendet man fast ausschließlich nahtlose Präzisionsrohre aus Stahl bzw. aus nicht rostendem Stahl. Die Leitungen sind nach Möglichkeit gerade, bzw. in großen Radien zu verlegen. Dadurch werden die Strömungsverluste gering gehalten. Der Rohrquerschnitt ist so groß zu wählen, dass die maximalen Strömungsgeschwindigkeiten die Richtwerte nicht überschreiten.

Richtwerte für Strömungsgeschwindigkeiten:

- Saugleitungen : 0,5 bis 1,5 m/s
- Druckleitungen : 1,5 bis 7 m/s
- Rücklaufleitungen : 2 bis 4 m/s

Als Verbindung hat sich die **Schneidringverschraubung** bewährt. Bei der Schneidringverschraubung wird eine Überwurfmutter angezogen. Dadurch wird der Schneidring durch den Innenkegel verjüngt und der Ring schneidet sich in das Rohr ein. Am Rohr entsteht ein sichtbarer Bund. Die Verschraubung bleibt auch nach mehrmaligem Lösen und Fügen dicht.

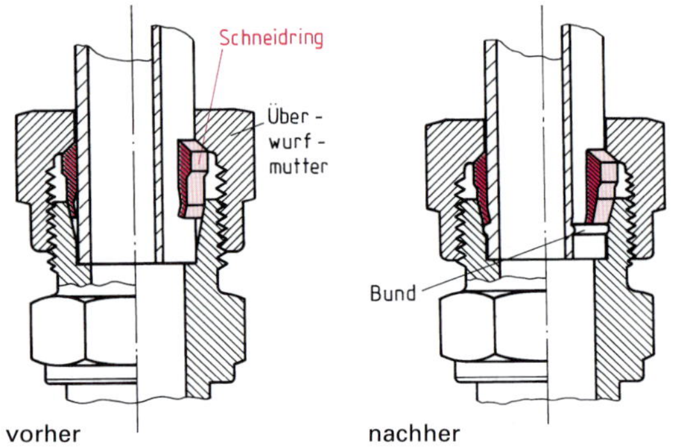

Schneidringverschraubung

Rohrleitungen verbinden die fest stehenden Bauteile in einer Hydraulikanlage. Schneidringverschraubungen benutzt man häufig als Verbindungselement zwischen den Geräten und Rohren.

Über **Schläuche** wird die Druckflüssigkeit beweglichen Arbeitsgliedern zugeführt. Schläuche verwendet man auch, wenn hydraulische Antriebssysteme wiederholt gewechselt werden müssen.

Schläuche werden außerdem dann eingesetzt, wenn in einer Anlage störender Körperschall auftritt und seine Weiterleitung vermieden werden soll.

Schlauchleitungen bestehen aus ölfesten Kunststoffen, die mit Textil- und Metallgeflechten verstärkt sind. Ihr Einsatz ist zeitlich begrenzt, da sie altern. Scharfe Biegungen, Impulsbelastungen und Torsionsbeanspruchungen verringern ebenfalls die Lebensdauer. Besonders sorgfältig muss der Einbau der Schläuche geplant und durchgeführt werden. Grundsätzlich ist darauf zu achten, dass die Schläuche genügend Bewegungsfreiheit haben.

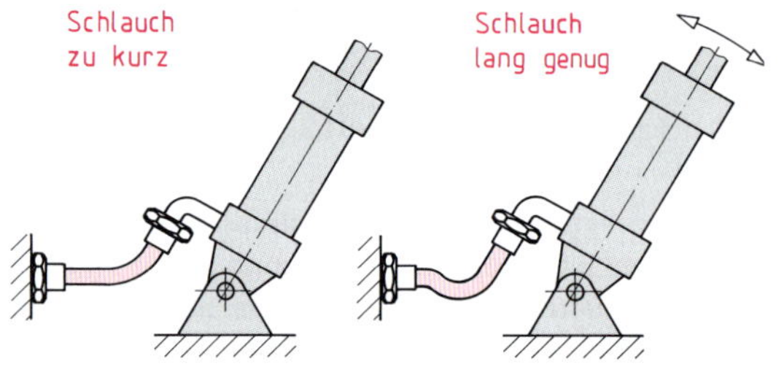

Schlauchverbindung zu Zylindern

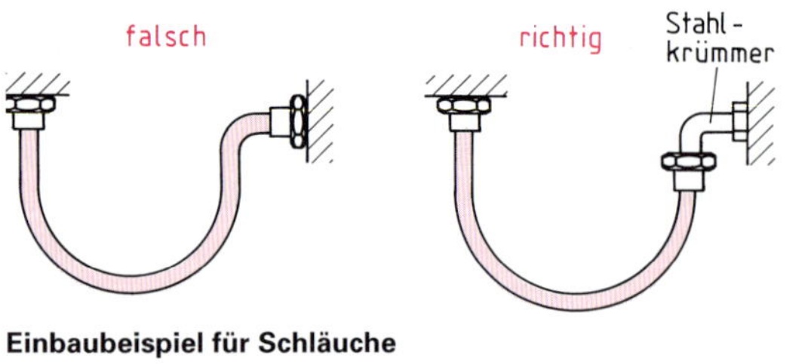

Einbaubeispiel für Schläuche

Schnelltrennkupplungen erlauben in drucklosem Zustand einen einfachen Wechsel von Einzelgeräten bzw. ganzen Baugruppen, wenn man sie mit Schlauchleitungen kombiniert. In Schnelltrennkupplungen tritt jedoch während des Betriebes ein zusätzlicher Druckabfall auf; weiterhin haben sie den Nachteil, dass sie beim Entkuppeln Restöl verlieren.

Schlauchleitungen verbinden bewegliche Bauteile in einer Hydraulikanlage. Werden Antriebssysteme häufig gewechselt, so schließt man die Schläuche mit Schnelltrennkupplungen an die Geräte an.

3.5.2 Wegeventile

Wegeventile sind für die Hydraulik in Bezug auf Bauformen und Funktionen in großer Vielfalt entwickelt worden. Vorwiegend werden Kolbenschieberventile – meist 4/3-Wegeventile – eingesetzt.

Als Beispiel wird der Aufbau und die Funktion eines vorgesteuerten 4/3-Wegeventiles beschrieben.

Die Längsbohrung für den Kolben im Hauptventil hat fünf Ringkanäle. Diese sind mit den Anschlüssen P, A, B und T verbunden. Dem Anschluss T ist über eine Zusatzbohrung ein zweiter Ringkanal zugeordnet, damit das Rücköl in beiden Arbeitsstellungen zum Tank geführt werden kann. Das Vorsteuerventil wird über das Hauptventil mit Drukkflüssigkeit versorgt. Die Arbeitsleitungen des Vorsteuerventiles führen auf die Steuerseiten des Hauptkolbens. Eingebaute Druckfedern halten die Kolben in beiden Ventilen in Nullstellung (Mittellage).

Wird das Vorsteuerventil beispielsweise auf der rechten Seite elektromagnetisch betätigt, so verschiebt sich der Vorsteuerkolben nach rechts und verbindet die rechte Arbeitsleitung des Vorsteuerventiles mit dem Druckanschluss. Somit wirkt auf die rechte Seite des Hauptventiles die Druckflüssigkeit. Der Hauptkolben wird nach links umgeschaltet und versorgt die Arbeitsleitung A mit Arbeitsdruck. Die Rückleitung B öffnet sich gleichzeitig zum Tank hin.

Soll dagegen die Leitung B mit Arbeitsdruck versorgt werden, so muss der Elektromagnet auf der linken Seite des Vorsteuerventiles betätigt werden.

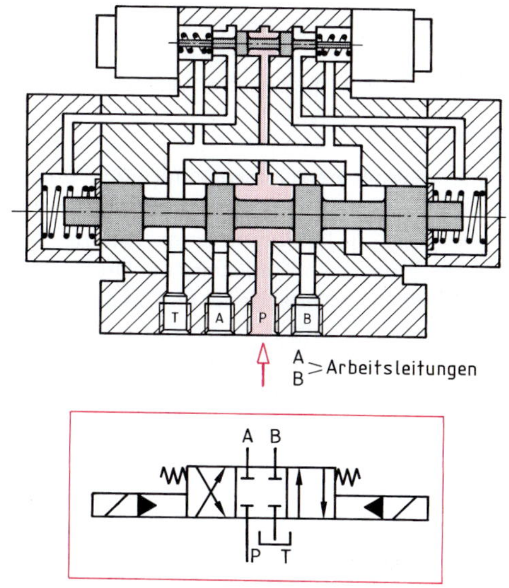

4/3-Wegeventil – Nullstellung

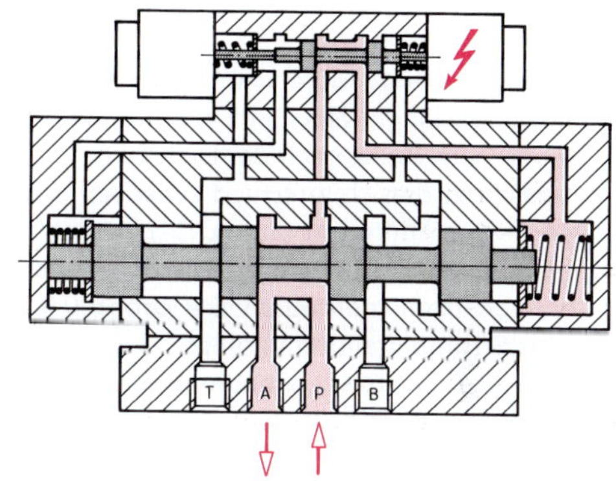

4/3-Wegeventil – Arbeitsstellung

Wegeventile haben in erster Linie die Aufgabe, die Richtung des Volumenstromes zu steuern. Je nach Ventilausführung haben Wegeventile auch die Aufgabe, den Volumenstrom abzusperren.

3.5.3 Druckventile

Hydraulische Druckventile benutzt man entweder als Druckbegrenzungsventile (siehe Kapitel *„Druckbegrenzungsventil"*) oder als Druckminderventile.

Druckminderventile werden eingesetzt, wenn in einem Teil der Hydraulikanlage ein geringerer, aber konstanter Druck herrschen soll als in der Gesamtanlage. Die Wirkung des Druckminderventiles beruht auf dem Vergleich der einstellbaren Federkraft zur Druckkraft aus dem gewünschten Druck p_2.

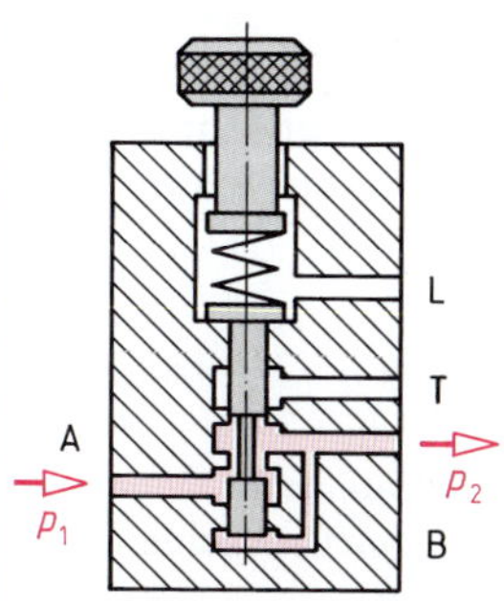

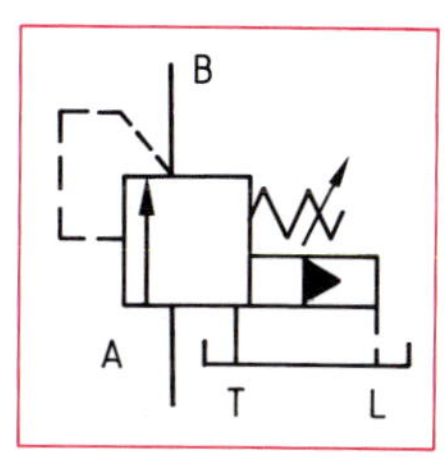

3.5.4 Stromventile

Will man den durchfließenden Volumenstrom in einer Hydraulikanlage beeinflussen, so können Stromventile eingesetzt werden. Durch die richtige Anordnung der Stromventile lässt sich die Geschwindigkeit von Zylindern bzw. die Drehfrequenz von Hydromotoren verändern.

- **Drosselventil**

In einem verstellbaren Drosselventil wird z.B. ein kegeliger Bolzen in den Strömungsquerschnitt geschraubt. Fördert die Pumpe einen Volumenstrom durch das Drosselventil, so steigt der Druck vor der Drosselstelle (dem Widerstand) an. Der gesamte Volumenstrom fließt jedoch durch das Drosselventil. Erst wenn der Widerstand am Drosselventil so groß wird, dass der Druck vor der Drosselstelle den Öffnungsdruck des parallel geschalteten Druckbegrenzungsventiles erreicht, teilt sich der Volumenstrom auf. Ein Teil des Volumenstromes fließt durch die Drosselstelle, während der Reststrom über das Druckbegrenzungsventil abfließt. Die Wirkung des Drosselventiles setzt also erst dann ein, wenn das Druckbegrenzungsventil öffnet und eine *Stromaufteilung* möglich ist.

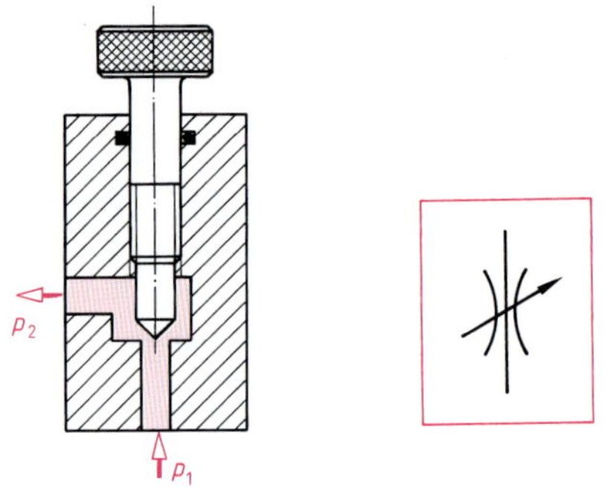

Drosselventil – Aufbau

Der Volumenstrom, der durch eine Drosselstelle fließen kann, ist abhängig von dem Druck vor der Drossel (p_1) und dem Druck nach der Drossel (p_2).
Man bezeichnet den Unterschied zwischen diesen Drücken als Druckdifferenz ($\Delta p = p_1 - p_2$).
Je kleiner die Druckdifferenz ist, desto geringer ist der Volumenstrom, der durch die Drossel fließt, wenn eine Stromaufteilung vorliegt.
Verändern sich die Betriebsbedingungen in einer Anlage, wie z.B. durch Lasterhöhung, so nimmt der Druck nach der Drosselstelle zu. Die Druckdifferenz in der Drossel wird geringer und es verringert sich der Volumenstrom, der durch die Drossel fließt.

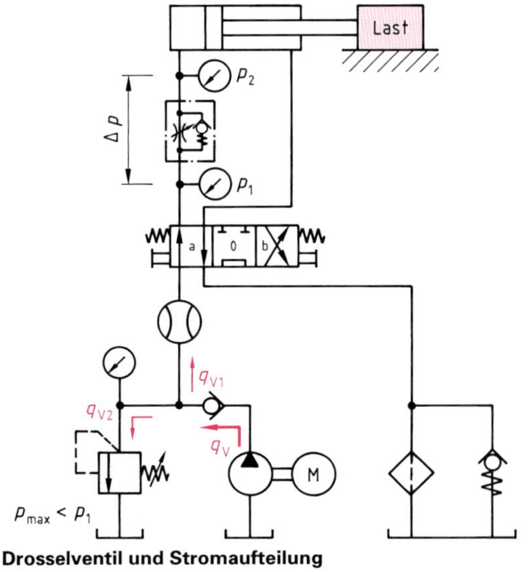

Drosselventil und Stromaufteilung

Wegen der Stromaufteilung fließt jetzt ein größerer Anteil des Volumenstromes über das Druckbegrenzungsventil ab.
Lastschwankungen verursachen daher auch Geschwindigkeitsschwankungen der Arbeitsglieder.
Drosselventile werden deswegen nur dann eingesetzt, wenn kein genauer Volumenstrom notwendig ist, wie z.B. bei Hebebühnen und Spannvorrichtungen.

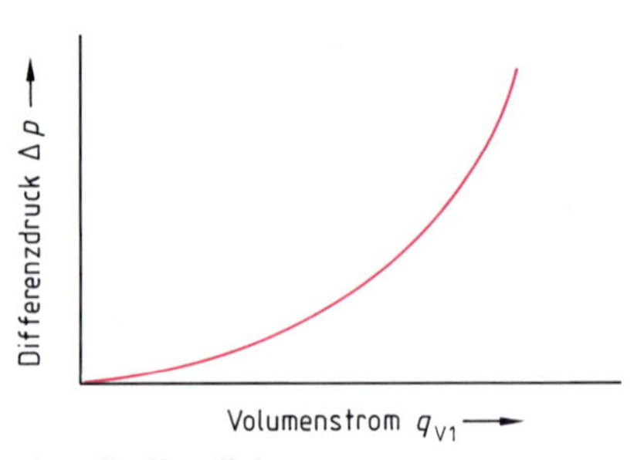

Drosselventil – Kennlinie

Das Drosselventil ist ein hydraulischer Widerstand, vor dem sich ein Druck aufbaut. Die Stromaufteilung und damit die Wirkung des Drosselventiles tritt erst dann auf, wenn sich das parallel geschaltete Druckbegrenzungsventil öffnet.

Übungsaufgaben ST-56; ST-57; ST-58

• Stromregelventile

Benötigt man an einem Arbeitsglied eine konstante Geschwindigkeit, z.B. bei einer Vorschubbewegung die unabhängig von der auftretenden Last sein muss, so setzt man Stromregelventile ein. Man unterscheidet Zweiwege-Stromregelventile und Dreiwege-Stromregelventile.

Zweiwege-Stromregelventil

Durch das Zweiwege-Stromregelventil fließt unabhängig von Druckschwankungen in der Anlage ein weitgehend konstanter Volumenstrom. Eine Stromaufteilung ist notwendig und erfolgt meist über das Druckbegrenzungsventil.
Über eine verstellbare Drossel wird der Querschnitt und somit die Größe des durchfließenden Volumenstromes eingestellt. Vor der Drossel herrscht der höhere Druck p_2, dahinter der kleinere Druck p_3. Nur die Druckdifferenz Δp zwischen p_2 und p_3 ist für die Größe des durchfließenden Volumenstromes maßgebend. Durch die vorgeschaltete Druckwaage wird die Druckdifferenz auch bei Druckänderung konstant gehalten. Wird z.B. an der Arbeitsseite der Druck p_3 verringert, so verringert sich gleichzeitig der Druck auf der linken Kolbenfläche der Waage. Der Kolben wandert etwas nach links; dadurch ändert sich der Einströmquerschnitt und somit auch der Druck p_2 vor der Drossel. Hierdurch wird die ursprüngliche Druckdifferenz zwischen p_2 und p_3 beibehalten.

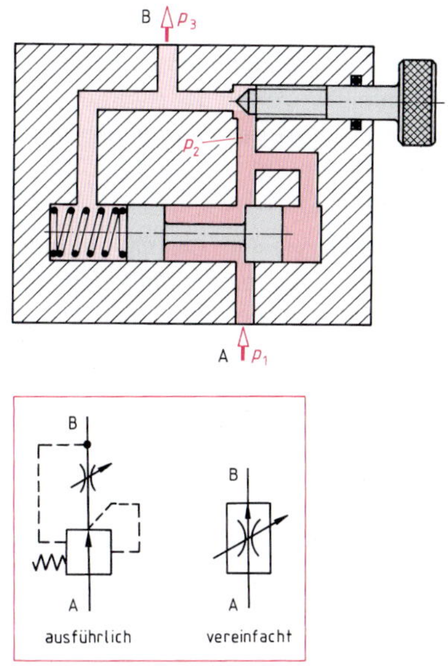

Zweiwege-Stromregelventil

3.5.5 Sperrventile

Sperrventile haben die Aufgabe, den Volumenstrom in einer Richtung zu sperren und in der anderen Richtung freien Durchfluss zu gestatten. In der Hydraulik werden vor allem das Rückschlagventil und das entsperrbare Rückschlagventil eingesetzt.

• Rückschlagventil

Das Rückschlagventil ist ein Sitzventil, dessen Abschlusselement als Kegel oder Kugel ausgeführt sein kann. Normalerweise wird das Abschlusselement durch eine schwache Feder in den Ventilsitz gedrückt. Die Feder hat den Vorteil, dass das Ventil in beliebiger Einbaulage montiert werden kann und dass es in seiner Ruhestellung geschlossen ist.
Der Öffnungsdruck eines Rückschlagventiles hängt von der gewählten Feder ab und ist gegenüber den übrigen Widerständen in einem Hydrauliksystem meist vernachlässigbar klein.

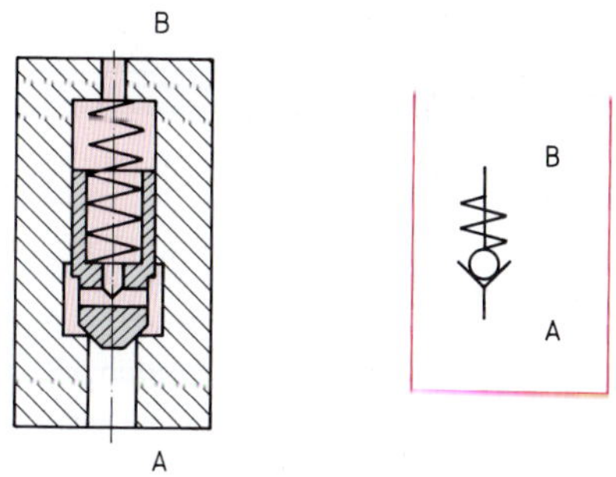

Rückschlagventil

• Entsperrbares Rückschlagventil

Wird in einem Rückschlagventil Durchfluss unter bestimmten Bedingungen auch in Sperrstellung gefordert, so steuert man das Rückschlagventil entsprechend an. Die Ansteuerung erfolgt hydraulisch über einen zusätzlichen Kolben, der bei Druckbeaufschlagung den Ventilsitz entgegen der Schließkraft aus seiner Schließstellung hoch hebt. Eingesetzt wird das entsperrbare Rückschlagventil in Verbindung mit einem Wegeventil in Kolbenschieberausführung, wenn eine schwere Last gegen unerwünschtes Absinken über längere Zeit sicher gehalten werden muss.

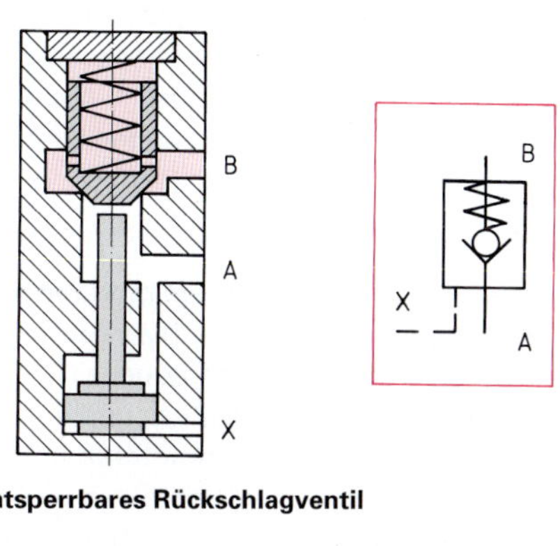

Entsperrbares Rückschlagventil

ST

Übungsaufgaben ST-59 bis ST-64

3.6 Teilsystem zur Leistungswandlung (Motorgruppe)

Die hydraulische Leistung wird mit Arbeitselementen in mechanische Leistung umgewandelt. Je nach Art der Umwandlung unterscheidet man Hydraulikzylinder und Hydraulikmotoren.

3.6.1 Hydraulikzylinder

Hydraulikzylinder, die auch Linearmotore genannt werden, dienen dazu, in Achsrichtung wirkende Kräfte auszuüben. Der Vorteil der Hydraulikzylinder besteht darin, dass sie für sehr große Kräfte verwendet werden können, ohne dass man mechanische Übersetzungssysteme benötigt.

- **Aufbau**

Ein Hydraulikzylinder besteht grundsätzlich aus einem Zylinderrohr, einem Kolben mit Kolbenstange, den Zylinderdeckeln und den Dichtungen und Schmutzabstreifern. Entlüftungs- und Prüfanschlüsse sollten möglichst nah am Zylinder angebracht sein. Die Maße der Zylinder, die Anschlüsse und die verwendeten Druckbereiche sind genormt.

Beispiel für Maße am Zylinder

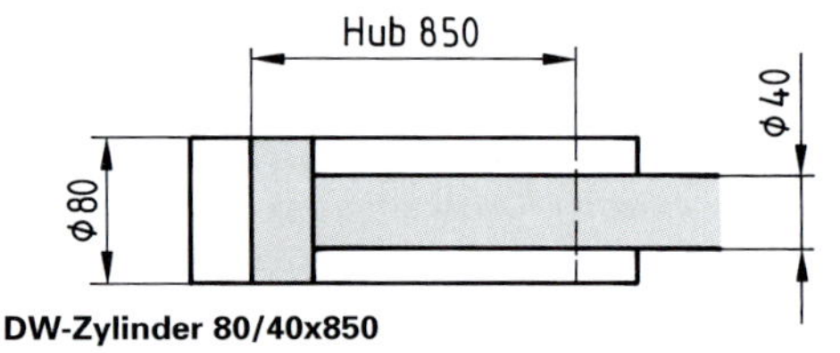

DW-Zylinder 80/40x850

Beispiel für den Aufbau eines doppelt wirkenden Hydraulikzylinders

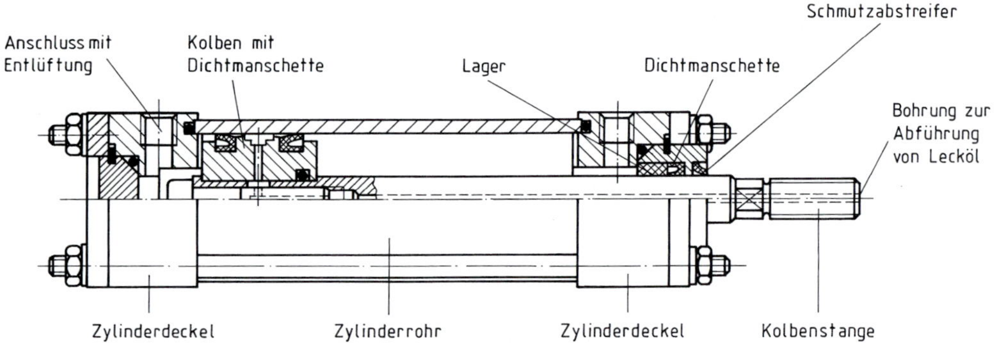

Hinweise:

Bei dem dargestellten Hochdruckzylinder ist der Raum zwischen den Dichtungen am Kolben mit einer Leckölleitung verbunden, die durch die Kolbenstange führt. Je nach Einbaulage sieht man für den Zylinder an der höchstgelegenen Stelle Entlüftungsanschlüsse vor.

- **Wirkungsgrad bei Hydraulikzylindern**

In Hydraulikzylindern mit elastischen Dichtungen sind die Leckverluste vernachlässigbar klein. Bei einwandfreien Dichtungen beträgt der volumetrische Wirkungsgrad nahezu 100%. Durch die gute Dichtwirkung ergeben sich an den Zylindern jedoch erhöhte Reibungskräfte, die den hydraulisch mechanischen Wirkungsgrad vermindern. Lufteinschlüsse sind schädlich, weil es durch die zusammengepressten Luftbläschen zu Zerstörungen an den Dichtungen kommt. Deshalb müssen die Zylinder sorgfältig entlüftet werden.

3.6.2 Hydraulikmotor

Hydraulikmotoren als Rotationsmotoren dienen dazu, die hydraulische Leistung in Drehmomente und Drehbewegungen umzuwandeln. Hydraulische Rotationsmotoren lassen meist in beide Richtungen eine stufenlose Änderung der Drehfrequenz zu. Gegenüber den Elektromotoren haben sie folgende Vorteile: sehr kleine Baugröße, Überlastschutz und große Drehmomentenübertragung auch bei kleinen Drehfrequenzen. Die hydraulischen Rotationsmotoren unterscheidet man nach ihrem Aufbau in Axialkolbenmotoren, Radialkolbenmotoren, Roliflügelmotoren und Zahnradmotoren.

Übungsaufgaben ST-65 bis ST-69

3.7 Grundsteuerungen in der Hydraulik

In den Schaltplan für Hydraulikanlagen wird meist das Teilsystem der Leistungswandlung und Leistungsbereitstellung mit eingerechnet. Zu diesem Teilsystem gehören u.a. Pumpe mit Motor (Elektromotor oder Verbrennungsmotor), Druckbegrenzungsventil, Filter mit Bypass, Druckmessgerät, Temperaturmessgerät und Prüfanschlüsse für Druck- und Volumenstrommessungen.
Da dieser Teil der Anlage in allen hydraulischen Steuerungen durchweg gleich ist, wird er in den folgenden Steuerungsbeispielen nicht mehr gezeichnet.

Beispiel **für Schaltplanausschnitt (Leistungswandlung und Leistungsbereitstellung)**

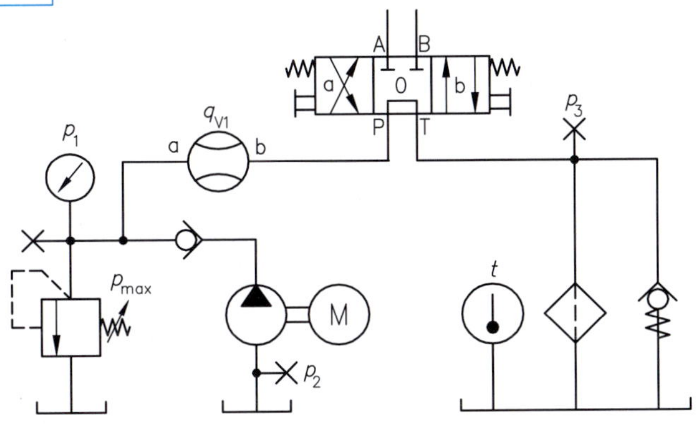

Messanschlüsse für Druckmessungen

Messstelle	Erklärung
p_1	Fest eingebautes Druckmessgerät für die Einstellung des Maximaldruckes mit zusätzlichem Anschluss für ein Prüfmanometer
p_2	Prüfanschluss für die Unterdruckmessung an der Pumpensaugleitung
p_3	Prüfanschluss am Rücklauffilter
q_{v1}	Volumenstrom-Messgerät im Zulauf des Hydraulikkreislaufes
t	Fest eingebautes Temperaturmessgerät zur Messung der Öltemperatur

Steuerungen in der Hydraulik haben meist ein eigenes Antriebsaggregat. Jede Anlage in der Hydraulik muss über ein Druckbegrenzungsventil abgesichert sein.

3.7.1 Richtungssteuerung durch Wegeventile

- **Steuerung mit 4/2-Wegeventil**

Ein doppelt wirkender Zylinder kann mit einem 4/2-Wegeventil angesteuert werden. Die Druckflüssigkeit wird dabei wahlweise auf die eine oder andere Seite des Kolbens gegeben und bewirkt ein Aus- bzw. Einfahren des Kolbens. In beliebigen Zwischenstellungen kann der Kolben nicht gehalten werden, da stets auf einer Seite der Volumenstrom wirkt. Nach dem Aufbau des am Druckbegrenzungsventil eingestellten Druckes öffnet dies, und die Flüssigkeit fließt in den Tank. Der Maximaldruck wird erreicht, wenn die Kolbenstange in die Endlage fährt oder wenn die Last zu groß ist.
Rotationsmotoren lassen sich ebenfalls mit 4/2-Wegeventilen steuern. Beim Umschalten ist nur eine unmittelbar gegenläufige Drehung möglich.

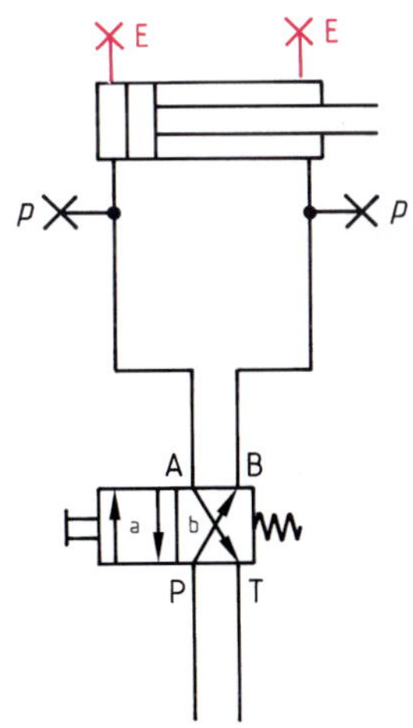

X Entlüftungsstelle (E)
X Messanschluss, Druck (p)
Richtungssteuerung durch ein 4/2-Wegeventil

4/2-Wegeventile dienen zur Richtungsänderung von Volumenströmen und damit auch zur Steuerung der Bewegungen von Hydraulikmotoren.

Übungsaufgaben ST-70; ST-71

- **Steuerung mit 4/3-Wegeventil**

4/3-Wegeventile dienen zur Sperrung oder zur Richtungsänderung von Volumenströmen. Doppelt wirkende Zylinder oder Rotationsmotoren können somit auch über 4/3-Wegeventile angesteuert werden. Das 4/3-Wegeventil hat eine Mittelstellung (0), die unterschiedliche Funktionen haben kann.
Bei der *Umlauf-Mittelstellung* wird die Hydraulikflüssigkeit mit freiem Umlauf in den Tank zurückgepumpt. Der Hydraulikzylinder bleibt bei der Mittelstellung des 4/3-Wegeventiles in der Position stehen, die er beim Umschalten hat. Wirkt jedoch auf den Zylinder eine äußere Last, so verändert die Kolbenstange durch Lecköl am Kolbenschieber des Wegeventils langsam ihre Stellung.
Das genaue Festhalten des Zylinders unter Belastung in jeder Position wird beispielsweise durch den Einsatz eines Rückschlagventiles erreicht. Damit die Kolbenstange einfahren kann, wird das Rückschlagventil entsperrt.

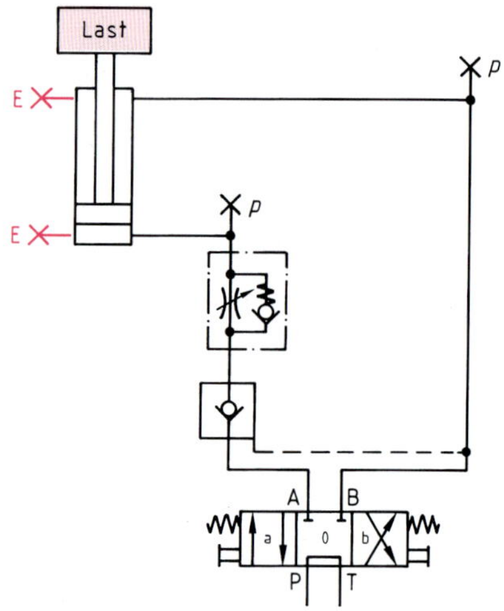

Richtungssteuerung durch ein 4/3-Wegeventil

Durch die unterschiedliche Gestaltung der Mittelstellung bei 4/3-Wegeventilen können unterschiedliche Funktionen im Hydraulikkreislauf verwirklicht werden.

Beispiele **für Gestaltung von Mittelstellungen in 4/3-Wegeventilen**

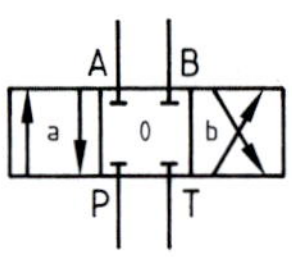

Sperr-Mittelstellung

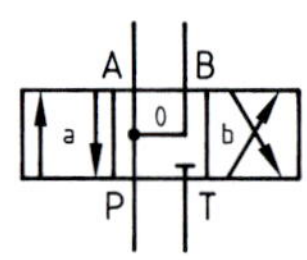

Differential-Mittelstellung (Eilgang-Mittelstellung)

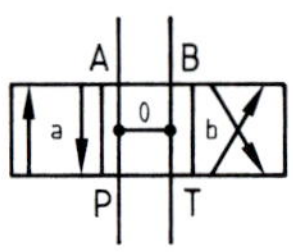

Schwimm-Mittelstellung

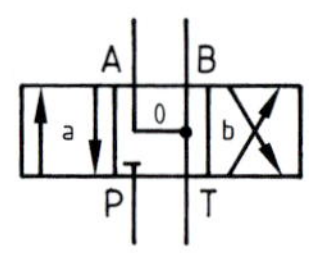

Freigang-Mittelstellung (Schwimm-Ruhestellung)

3.7.2 Geschwindigkeitssteuerung

- **Geschwindigkeitssteuerung im Zulauf**

Die Geschwindigkeitssteuerung im Zulauf ist nur dann möglich, wenn eine Stromaufteilung erfolgt. Erst wenn der Druck in der Anlage den Öffnungsdruck am Druckbegrenzungsventil erreicht, tritt diese Stromaufteilung ein. Bleibt der Druck in der Anlage niedriger als der Druck, der am Druckbegrenzungsventil eingestellt wurde, so wird die Ausfahrgeschwindigkeit des Zylinders nur vom Pumpenförderstrom bestimmt. Sobald das Druckbegrenzungsventil öffnet, wird bei weiterem Anstieg der Last die Abhängigkeit der Steuerung von der Last sichtbar.
Für die praktische Anwendung bedeutet diese Art der Geschwindigkeitssteuerung über Drosselventile eine Abnahme der Geschwindigkeit bei Lastzunahme bzw. eine Zunahme der Ausfahrgeschwindigkeit bei Lastabnahme.

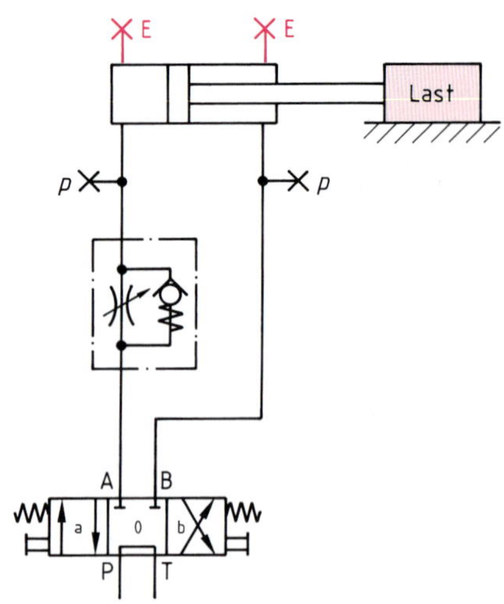

Geschwindigkeitssteuerung im Zulauf

Übungsaufgabe ST-72

- **Geschwindigkeitssteuerung im Ablauf**

Die Geschwindigkeitssteuerung im Ablauf ist ebenfalls nur möglich, wenn eine Stromaufteilung erfolgt. Der Druck im Kolbenringraum kann jedoch durch die Druck-Übersetzung unzulässig hoch ansteigen. Die Druck-Übersetzung entsteht wegen der unterschiedlichen Flächen auf der Kolbenseite und der Kolbenringseite. Deshalb muss bei der Einstellung des Druckbegrenzungsventiles dieser Zusammenhang berücksichtigt werden.
Die Geschwindigkeitssteuerung im Ablauf mit Drosselventilen ist ebenfalls lastabhängig. Die Geschwindigkeit nimmt bei Lastzunahme ab, bei Lastabnahme erhöht sich die Geschwindigkeit. Im Gegensatz zur Geschwindigkeitssteuerung im Zulauf erlaubt der Einbau der Drossel im Ablauf auch eine kontrollierte Bewegung, wenn Lastrichtung und Bewegungsrichtung übereinstimmen.

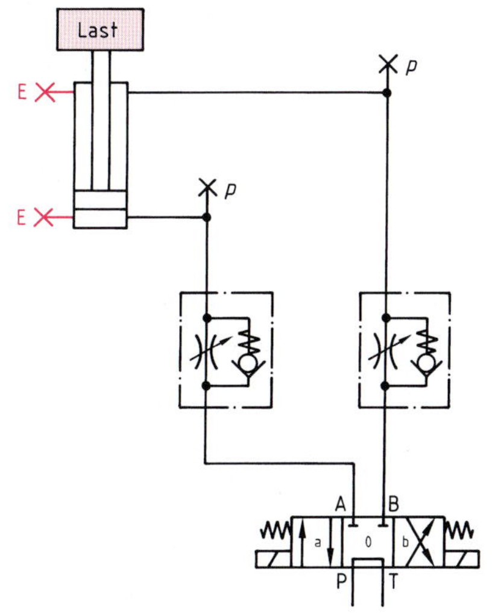

Geschwindigkeitssteuerung im Ablauf

3.7.3 Eilgang-Vorschub-Steuerung

Eine typische Anwendung der Hydraulik in der Fertigungstechnik ist die Eilgang-Vorschub-Steuerung von Werkzeugschlitten. Dabei führt die Hydraulik folgende Bewegungen aus:

- Das Werkzeug wird im Eilgang an das Werkstück herangefahren.
- Der Spanungsvorgang wird mit einem einstellbaren Vorschub durchgeführt.
- Nach dem Spanen wird das Werkzeug mit dem Werkzeugschlitten im Eilrücklauf in die Ausgangsstellung zurückgefahren.

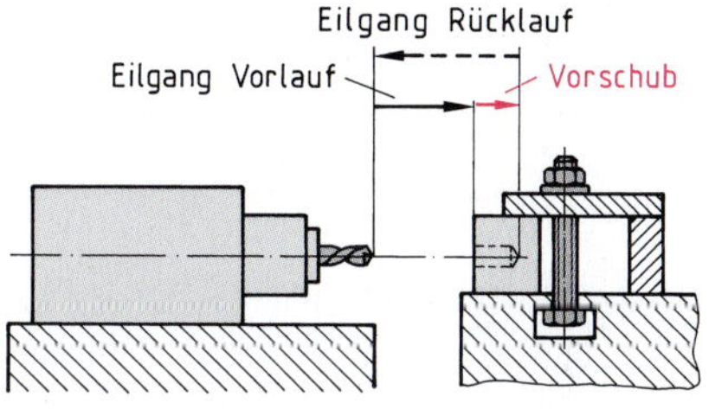

Bewegungen eines Werkzeugschlittens

Aufbau der vereinfachten Steuerung

Vom Antriebsaggregat wird die Anlage mit Druckflüssigkeit versorgt. In der Ausgangsstellung ist der Zylinder eingefahren. Die Anlage ist über das Druckbegrenzungsventil abgesichert. Schaltet man das 4/3-Wegeventil in Schaltstellung a, so fährt der Kolben des Zylinders im Eilgang aus, da das Rücköl über das geöffnete 2/2-Wegeventil ungedrosselt zum Tank abfließen kann. Sobald die Kolbenstange den induktiven Sensor erreicht, wird über ein elektrisches Signal das 2/2-Wegeventil in die Stellung b geschaltet. Das Rücköl kann deshalb nur über das Zweiwege-Stromregelventil in den Tank zurückfließen. Diese ablaufseitige Regelung des Volumenstromes ermöglicht eine einstellbare langsame Vorschubbewegung. Die notwendige Stromaufteilung erfolgt über das Dreiwege-Stromregelventil im Zulauf. Ist der Spanungsvorgang beendet, wird das 4/3-Wegeventil in die Schaltstellung b umgeschaltet; die Kolbenstange fährt schnell ein.

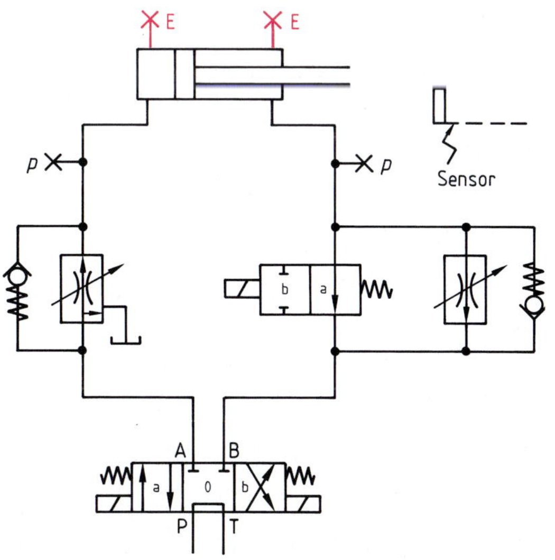

Übungsaufgaben ST-73; ST-74; ST-75

ST

Quellenverzeichnis

Den nachfolgend aufgeführten Firmen danken wir für die Überlassung von Informationsmaterial, Fotos, Vorlagen und fachlicher Beratung:

ABA-Schleifmaschinenwerke, Aschaffenburg
ABB Roboter, Friedberg
Adiro Automatisierungstechnik, Esslingen
AEG, Frankfurt
AEG-Elotherm, Remscheid
AEG-Zentrale, Essen
AGIE Industrielle Elektronik, Losone, Schweiz
Alberg, Remscheid
Alcan Aluminiumwerke, Berlin
Alfred H.Schütte Vertriebsgesellschaft mbH, Hermsdorf
Almat, Oberhausen
Aluminium-Zentrale, Düsseldorf
Alzmetall, Altenmarkt
Amsler Otto Wolpert-Werke, Ludwigshafen
Arbeitsgemeinschaft der Eisen- und Metall-
Atek Antriebstechnik, Prisdorf
Atlas-Copco, Essen

BABTEC, Wuppertal
Bahmüller, Plüdershausen
BASF, Ludwigshafen
Baublies AG , Renningen
Bauer & Schauerte Karcher, Neuss
Bayer, Leverkusen
Beratung Feuerverzinkung, Hagen
Berufsgenossenschaften, Mainz
BHS Getriebe, Sonthofen
Black & Decker, Idstein
Blohm, Hamburg
Blümle, Stuttgart
BMW, München
Boge Kompressoren, Bielefeld
Bosch, Leinfelden
Bosch, Stuttgart
Bosch-Rexroth, Lohr am Rhein
Bundesanstalt für Arbeitsschutz, Dortmund

CalComp, Neuss
Carl Bechem GmbH, Hagen
CeramTec AG, Ebersbach/Fils
CIM-Labor, BS Lüdenscheid
Cloos, Haiger
Continental, Hannover
Contitech, Hannover

Dahmen, Klaus – Fachberater, Eversberg
Dalex-Werke, Wissen
Datos GmbH, Wuppertal
DECKEL, MAHO PFRONTEN GmbH, Pfronten
Deckel, München
Desch Antriebstechnik GmbH, Arnsberg
Desch Antriebstechnik, Arnsberg
Deutsche Shell, Hamburg
Deutsche Star Kugelhalter, Schweinfurt
Deutscher Schraubenverband e.V., Hagen
Diamantwerkzeuge GmbH, Hameln
Dick, Esslingen
Drumag, Bad Säckingen

Effgen, Herrstein
Eickhoff Maschinenfabrik und Eisengießerei GmbH & Co. KG, Bochum
Elb-Schliff, Babenhausen
EMCO Maier GmbH, A-Hallein-Taxach
Emco, Siegsdorf
ESAB CUTTING SYSTEMS GmbH, Karben
Eshed Robotec, Tel Aviv, Israel

FAG-Kugelfischer, Schweinfurt
Fanuc, Frankfurt
Feinprüf-, Feinmess- und Prüfgeräte, Göttingen
Feldmühle, Plochingen
FEPA – Verband der Schleifmittelhersteller, Bonn
FerMeTec Fertigungs- und Messtechnik GmbH, Dietzenbach
Festo, Esslingen
Fette, Schwarzenbek
Firinit, Langenhagen
Flender, Bocholt
FLOTT GmbH, Remscheid
FMB Maschinenbau mbH & Co. KG; Faulbach
Franken, Rückersdorf
Fraunhofer-Institut für Produktionstechnologie, Aachen
Fritz-Werner, Berlin
FUCHS Lubritech GmbH,Weilerbach
FUCHS PETROLUB AG, Mannheim
Fuchs Schraubenwerk GmbH, Siegen

Gebr. Eickhoff Maschinenfabrik und Eisengießerei GmbH & Co. KG, Bochum
Gehring GmbH & Co. KG, Ostfildern
Gemo, Krefeld
Georg Fischer, Schaffhausen
Gildemeister, Bielefeld
GKN Walterscheid, Lohmar
Grundig-Gildemeister, Hannover
Gühring oHG, Albstadt
Guhring, Albstadt
Guilleaume-Werk, Bonn

HaasAutomation Europe, B-Zaventem
Hagen & Goebel, Soest
Hahn & Kolb, Stuttgart
Hahn + Kolb Werkzeuge GmbH, Stuttgart
Halder KG, Achstetten-Bronen
Harmonic Drive AG, Limburg/Lahn
Hauser, Biel Schweiz
Dr. Johannes Heidenhain GmbH, Traunreut
Heidenreich & Harbeck, Hamburg
Hella KgaA, Hueck & Co., Lippstatt
Heller, Nürtingen
Hembrug, NL-BJ Haarlem
Henkel Loctide Deutschland GmbH, München
Hermann Klaeger GmbH, Kernen
Hermes – Schleifmittel, Hamburg
Hermle, Gosheim
Hermsdorfer Institut für Technische Keramik e.V., Hermsdorf
Hertel, Fürth
Hewlett-Packard, Böblingen
Heyd, Bietigheim-Bissingen
Heyligenstaedt, Gießen
Hightech ceram Dr. Steinmann + Partner, Blankenheim
Hoffmann – Werkzeugmaschinen, Krefeld
Hohenstein, Vorrichtungsbau und Spannsysteme GmbH, Hohenstein-Ernstthal

Holz, Robert – Fachautor, Hamburg
Hommelwerke GmbH, Schwenningen
Hüller Hille, Ludwigsburg
Hundhausen GmbH, Schwerte
Hüttig GmbH Technische Kunststoffe, Camburg
Hydraulikring, Stuttgart

ibl Automation, Gotha
IBM Deutschland, Stuttgart
Ina-Wälzlager, Herzogenaurach
Index-Werke GmbH & Co.KG, Esslingen
INDEX-Werke, Esslingen
Informationsstelle
IWF Technische Universität Berlin, Berlin

J. Schmalz, GmbH, Glatten
Junker-Schleiftechnik, Nordrach

Kasto Maschinenbau GmbH & Co. KG, Achern
Kelch, Schorndorf
Kemmler + Riehle, Reutlingen
KENNAMETAL Holding GmbH, Fürth
Kern, Großmaischeid
Klöckner-Möller-SPS, Bonn
Klopp Maschinenbau GmbH & Co. KG, Solingen
Knuth GmbH + Co. Werkzeugmaschinen, Wasbek
Komet Präzisionswerkzeuge Ropert Breuning GmbH, Besigheim
Krautkrämer, Köln
Krebsöge Sinterwerkstücke, Remscheid
Krebsöge, Remscheid
Krupp Widia, Essen
KSB, Lünen
KTR Kupplungstechnik, Rheine
Kuka Schweißanlagen + Roboter, Augsburg
KUKA, Augsburg
Kunzmann, Remchingen
KW-Abrichttechnik, Mainaschaff

Leica Mikroskopie & Systeme, Wetzlar
Leitz, Wetzlar
Leverberg S., Hydraulik-Fachberater, Oberhausen
Liebherr, Kirchdorf
Lorch, Waldenbruch
Lukas-Erzett, Engelskirchen

Maho Hansen, Eppertshausen
Maho, Pfronten
Mahr, Esslingen
Mahr-Perthen, Göttingen
Mannesmann Demag, Wetter
Maschinenbau- und Metall-Berufsgenossenschaft,
Mauser, Oberndorf
Max-Planck-Institut für Eisenforschung, Düsseldorf
MAYR Faserverbundtechnik GmbH, Rosenheim
MBB, München
MD Maschinenbau Durst GmbH, Pfaffenhofen
Mecatool, Flawil, Schweiz
MEILI & Co. GmbH, Hanau
Mennekes, Lennestadt
Messer Griesheim, Frankfurt
Messerschmitt-Bölkow-Blohm, Ottobrunn
Metabo, Nürtingen
Mingori, Schorndorf
Mitutoyo, Neuss
Moeller Electric GmbH, Berlin
Monforts, Mönchengladbach
Mönninghoff, Bochum
Montanwerke Walter, Tübingen
Muhr und Bender, Attendorn

Nassovia Werkzeugmaschinen, Langen
Naxid PRODUKTIONS GMBH, Butzenbach
Naxos-Union Schleifmittel GmbH, Butzenbach
Neumeyer-Fließpressen, Nürnberg
NILES-SIMMONS Industrieanlagen GmbH, Chemnitz
Nordmann, Köln

Oerlikon-Boeringer, Göppingen
OKU, Winterbach
Ortlinghaus-Werke, Wermelskirchen

P.I.V. Antriebe, Hamburg
P.I.V., Bad Homburg
Peddinghaus, Gevelsberg
Perthen, Göttingen
Peter Wolters AG, Niederlassung Süd, Leinfelden-Echterdingen
Peter Wolters AG, Rendsburg
Pfinder KG, Böblingen
Primus-Sievert, Köln
PROCAD, Karlsruhe
Prüftechnik AG, Ismaning

Q-DAS GmbH, Weinheim

R + W Antriebselemente GmbH, Klingenberg
Reform-Maschinenfabrik, Fulda
Rexnord Kette, Betzdorf
Rex-Roth-Hydraulik, Lohr
RJ Lasertechnik, Übach-Palenberg
RJ Lasertechnik, Übach-Palenberg
Robert Maier GmbH, Vaihingen
Röhm, Sontheim
Rollstar AG, Ch-Egiswil
Ruderer Klebetechnik GMBH, Zorneding
Rüggeberg Pferd-Werkzeuge, Marienheide
RWTÜV, Essen

Saazor Wälztechnik, Pforzheim
Sandvik, Düsseldorf
Sauren, Josef – Fachautor, Hamburg
Schiess-Nassovia, Langen
Schleif Maschinenwerk, Chemnitz
Schleifscheibenwerk, Meschede
Schmalz GmbH, Glatten
Schmidt Präzisionswerkzeuge, Esslingen
Schmiedestück-Verwendung, Hagen
Schunk GmbH & Co. KG, Laufen
Schupa, Schalksmühle
Schütte, Alfred – Maschinenfabrik, Köln-Poll
Schwer + Kopka GmbH, Weingarten
Secco Tools GmbH, Erkrath
Seiger GmbH, Lippstadt
Severin Elektrogeräte, Sundern
SEW-Eurodrive, Bruchsal
Siemens AG, Fürth
Siemens SPS, Dortmund
Simon & Schelle, Sundern
Sintermetallwerk Krebsöge, Radevormwald
SKF Kugellagerfabriken, Schweinfurt
SL-Automatisierungstechnik GMBH, Iserlohn
Stahlberatung, Düsseldorf
Stähli Läpptechnik GmbH, Schönaich/Böblingen
Stahl-Informations-Zentrum, Düsseldorf
Stahlwille, Wuppertal
STAMA Maschinenfabrik GmbH, Schlierbach
Strasmann, Remscheid
Stromag, Unna

TANDLER Zahnrad- und Getriebetechnik, Bremen
Technische Antriebselemente GmbH, Hamburg

Texas-Instruments, München
Textron Verbindungstechnik GmbH & Co.ohG, Neuss
Thielenhaus-Microfinish, Wuppertal
Thyssen Guss, Essen
Thyssen Henschel, Kassel
Thyssen Krupp AG, Bochum
Thyssen Krupp AG, Essen
Tinsel, Schorndorf
TITEX PLUS-Präzisionswerkzeuge Günther & Co., Frankfurt
TRAUB-Drehmaschinen, Reichenbach
TRUMPF GmbH + Co. KG, Ditzingen
Tschudin, Grenchen Schweiz

Vautid, Ostfildern
Vogel AG, Berlin
Voith-Turbo, Crailsheim

Walter Hundhausen, Schwerte
Wascut Industrie GmbH, Stadtfilm
Weiler Werkzeugmaschinen GmbH, Emskirchen
Weiler Werkzeugmaschinen GmbH, Emskirchen
Wera Werk Hermann Werner, Wuppertal
Werkzeuge & Zubehör, Dresden
Werkzeugmaschinen-Fabrik Adolf Waldrich Coburg GmbH & Co., Coburg
Werner und Kolb, Berlin
Wilhelm Fette GmbH, Schwarzenbeck
Willi Seiger GmbH, Lippstadt
Winter, Hamburg
WKA, Heidenheim
Wolpert-Werke, Ludwigshafen
Wolters-Werkzeugmaschinen, Rendsburg

Zahnradfabrik, Friedrichshafen
Zarges, Weilheim
Zeiss, Oberkochen
Zentrale für Gussverwendung, Düsseldorf
Ziersch & Baltrusch, Reutlingen
Zoller GmbH & Co. KG, Freiberg/Neckar

Sachwortverzeichnis

G

H

I

K

L

M

T

U